防衛ハンドブック

2024年版

2023年　安全保障関連　国内情勢と国際情勢

*国際情勢は　　で表示してあります。

1月10日　岸田首相、イタリアでメローニ首相と日伊間の外務・防衛担当閣僚協議「2プラス2」創設で一致。

1月10日　インド空軍の主力戦闘機「スホイSu30MKI」等7機が初の訪日。空自との共同訓練「ヴィーア・ガーディアン23」を実施。

1月11日　岸田首相、英国でスナク首相と会談。自衛隊と英国軍による相互訪問時の共同訓練や運用を円滑化する「円滑化協定（RAA）に署名。

1月11日　米・ワシントンで日米安全保障協議委員会（2プラス2）開催。米国の対日防衛義務を定めた日米安保条約の適用対象に宇宙空間も含まれるとの見解を表明。

1月16日　ソレダルの戦いでウクライナ軍がロシア軍に敗北。

1月23日　大型無人偵察機RQ4B「グローバルホーク」を運用する空自偵察航空隊の編成完結式典実施。

1月31日　北大西洋条約機構（NATO）のストルテンベルグ事務総長、空自入間基地を視察。

2月 1日　米国とカナダで中国のものとみられる気球発見。

2月 4日　ロイド・オースティン米国防長官、1日に続く2つ目の気球を米空軍のF-22戦闘機が撃墜したと発表。

2月 6日　トルコ南部でM7.8のトルコ・シリア地震発生。

2月 8日　北朝鮮、軍事パレードを実施。

2月 9日　フィリピンのフェルディナンド・マルコス大統領来日。岸田首相と「フィリピンにおける自衛隊の人道支援・災害救援（HA/DR）活動に関する取り決め（TOR）」を締結。

2月18日　北朝鮮、首都平壌近郊からICBM（大陸間弾道弾）級の弾道ミサイル発射。

2月20日　バイデン米大統領、ロシアによる侵攻後、初めてウクライナを訪問。

2月21日　ロシア、新戦略兵器削減条約（新START）の履行停止を発表。

2月22日　日中両政府、第17回「日中安保対話」を4年ぶりに再開。

2月22日　海自護衛艦「あたご」、日本海で日米韓共同の弾道ミサイル防衛訓練実施。

2月28日　ロシアのプーチン大統領、新戦略兵器削減条約の履行停止を定めた法律に署名し、成立。

3月 6日　空自、海自と米・豪空軍と初のISR（情報収集・警戒監視・偵察）に関する共同訓練を実施。

3月10日　イランとサウジアラビア、中国の仲介で外交関係正常化。

3月10日	中国の全国人民代表大会(全人代)で国家主席などの選挙。習近平氏が国家主席3選。
3月13日	英、「統合的見直し」の刷新を発表。
3月14日	露軍機、黒海上空で米無人機に対して危険飛行を行い、米無人機が墜落。
3月14日	トルコ大地震の被災地支援のため、空自第1輸送航空隊のKC767空中給油・輸送機がパキスタンからトルコまで緊急援助物資を空輸。
3月16日	韓国の尹錫悦大統領が就任後初来日、岸田首相と会談。
3月17日	国際刑事裁判所(ICC)、ロシアのウクライナ侵攻などの戦争犯罪などを理由にプーチン大統領らに逮捕状。
3月18日	プーチン大統領、ロシアが一方的に併合した南部クリミアと東部ドネツク州の要衝マリウポリを訪問。
3月21日	岸田首相、ウクライナ・キーウを電撃訪問し、ゼレンスキー大統領と会談。両国関係を「特別なグローバル・パートナーシップ」に格上げする共同声明を発表。
3月25日	ホンジュラスが台湾と断交。
3月25日	プーチン大統領、ベラルーシに戦術核を配備することでベラルーシ側と合意したと発表。
3月25日	防衛省・自衛隊が東京と大阪に開設していた「自衛隊大規模接種会場」運用終了。
3月26日	ウクライナ外務省、プーチン大統領の戦術核ベラルーシ配備を受け、国連安全保障理事会緊急会合の開催を要請。
3月31日	防衛省、「日中防衛当局間ホットライン」を開設すると発表。
4月 4日	フィンランド、北大西洋条約機構(NATO)に正式加盟。
4月 5日	台湾の蔡英文総統、米ロサンゼルス郊外で米共和党のケビン・マッカーシー下院議長と会談。武器支援等の連携強化で一致。中国は反発。
4月 6日	沖縄・宮古島周辺を飛行していた陸自8飛行隊(高遊原)のUH-60JA多用途ヘリコプターが墜落。坂本雄一8師団長以下10人が殉職。
4月11日	ミャンマー北西部のザガイン管区で同国軍が民主派の式典を空爆。民間人100人以上が死亡。
4月13日	北朝鮮、ICBM級の弾道ミサイルを発射。
4月15日	アフリカ北東部スーダンで同国軍と準軍事組織の即応支援部隊(RSF)が戦闘。
4月17日	日韓両政府、外務・防衛当局の局長級による第12回「日韓安全保障対話」を5年ぶりに開催。
4月20日	スーダンからの在留邦人の退避に備え、空自の輸送機3機をジブチに派遣。うちC-2輸送機が在留邦人とその家族45人をスーダンからジブチに空輸。その後2機を派遣し、5月8日に帰国。
4月22日	浜田防衛相、北朝鮮が打ち上げを予告した「軍事偵察衛星1号機」の落下に備え、弾道ミサイル等の「破壊措置準備命令」発出。

4月28日	有事に防衛相が海上保安庁長官を指揮する手順を定めた「統制要領」を公表。
5月 5日	世界保健機関（WHO）が新型コロナウイルス感染症の緊急事態宣言終了を発表。
5月16日	日中防衛当局間のホットライン運用開始。
5月18日	浜田防衛相、ウクライナのセルギー・コルスンスキー駐日大使と会談。ロシアによる侵略で負傷したウクライナ兵2人を自衛隊中央病院に受け入れる方針伝える。
5月19日	第49回先進国首脳会議を広島で開催。21日まで。2日目にはウクライナのゼレンスキー大統領が出席。
5月24日	ウクライナへの追加支援として計100両規模の自衛隊車両を引き渡し。
5月26日	韓国、国産ロケット打ち上げ。観測衛星を軌道に乗せることに成功。
5月29日	浜田防衛相、北朝鮮の「人工衛星」打ち上げに備え、「破壊措置命令」発出。
5月31日	北朝鮮、弾道ミサイルと思われる物体を同国南方向に向け発射。
6月 6日	ウクライナ南部・ヘルソン州のカホフカ水力発電所でダムが決壊。下流域で洪水が発生。
6月 7日	防衛産業への支援を強化する「防衛生産基盤強化法」が参院本会議で可決。
6月 8日	中国海軍の「シュパン」級測量艦が鹿児島・屋久島周辺の我が国領海内に侵入。
6月11日	防衛省、「破壊措置命令」の期限を当面延長すると発表。
6月14日	陸自の「日野基本射撃場」（岐阜市）で第35普通科連隊（守山）新隊員教育隊の自衛官候補生の男(18)が実弾射撃訓練の指導に当たっていた男性自衛官3人に発砲。2人が死亡し、1人が負傷。
6月14日	ドイツ政府、外交や軍事、経済などの包括的な指針となる初の「国家安全保障戦略」を閣議決定。
6月15日	北朝鮮、同国西岸付近から弾道ミサイル2発を発射し、石川・舳倉島の北北西約250キロの我が国の排他的経済水域（EEZ）内に落下。
6月16日	防衛費増額の財源を確保するための特別措置法（財源確保法）が参院本会議で可決、成立。
6月10日	カナダのトルドー大統領、ウクライナ訪問。新たに5億カナダドル規模の支援を表明。
6月21日	英・ロンドンでウクライナ復興会議。共同声明で新たに600億ドルの支援を発表。22日まで。
6月22日	防衛省・自衛隊と海上保安庁、「統制要領」に基づく初の共同実動訓練を東京・伊豆大島東方の海空域で実施。
6月24日	ロシアの民間軍事会社「ワグネル」創設者のエフゲニー・プリゴジン氏、ロシア国内での武装蜂起を宣言。
6月28日	防衛省、防衛技術基盤の強化に向けた具体的な方針を示す「防衛技術

指針2023～将来にわたり、技術で我が国を守り抜くために～」を策定したと発表。

6月30日　IHI瑞穂工場がアジア太平洋地域におけるF-35戦闘機のエンジンに関する整備拠点（リージョナル・デポ）としての運用を開始。

7月 3日　イスラエル軍、ヨルダン川西岸地区のジェニンで軍事作戦実施。

7月10日　梅雨前線に伴う線状降水帯の発生に伴い、九州地方で記録的な大雨となり、陸自4師団（福岡）が福岡・久留米市と佐賀・唐津市に災害派遣。救助活動を実施。

7月12日　北朝鮮、平壌近郊からICBM級の弾道ミサイルを東方向に発射。

7月17日　ロシア、黒海経由でのウクライナ産穀物の輸出合意の停止を表明。

7月26日　西アフリカのニジェールでクーデター。大統領警護の部隊が大統領を監禁。

7月30日　パキスタンのカイバル・パクトゥンクワ州で過激派組織イスラム国による自爆テロ発生。

8月 8日　防衛省・自衛隊、「女性、平和、安全保障（WPS）推進本部」を立ち上げ、初会合実施。

8月13日　「日豪円滑化協定（RAA）」発効。翌14日に空自と豪空軍の共同訓練「武士道ガーディアン23」で初適用。

8月18日　岸田首相、バイデン米大統領、尹錫悦韓国大統領と米ワシントン郊外で日米韓首脳会談。「日米韓パートナーシップの新時代」の幕開けを宣言。

8月19日　防衛省、新型迎撃ミサイル「滑空段階迎撃用誘導弾」を日米共同開発すると発表。

8月23日　ワグネル創設者のエフゲニー・プリゴジン氏らの乗った航空機が墜落。全員の死亡を確認。

8月23日　インドの無人月探査機「チャンドラヤーン3号」が月の南極付近に軟着陸。月面着陸成功はソ連、米国、中国に次いで4カ国目。南極着陸は世界初。

8月30日　ガボンで軍によるクーデター発生。

9月13日　プーチン大統領と北朝鮮の金正恩総書記がロシアで首脳会談。

9月13日　第2時岸田再改造内閣発足。第25代防衛大臣に木原稔衆院議員が初入閣で就任。

9月13日　中国海軍の空母「山東」、太平洋上で艦載戦闘機とヘリの発着艦を実施。

9月19日　岸田首相、国連総会で一般討論演説。ロシアによるウクライナ侵略を非難。

9月19日　アゼルバイジャンがナゴルノ・カラバフで軍事作戦開始。

9月20日　ゼレンスキー大統領、国連総会で一般討論演説。ロシアの侵略に対して各国首脳らに支援呼びかけ。

9月22日　「自衛隊法施行令の一部を改正する政令」を閣議決定、自衛官の定年年齢を1尉から1曹までが55歳から56歳に、令和6年10月には1佐から3佐、2曹・3曹の定年年齢もそれぞれ1年ずつ引き上げに。

10月 4日	木原防衛相、米国防総省でロイド・オースティン国防長官と会談。米国製の長距離巡航ミサイル「トマホーク」を当初計画より1年前倒しして2025年度の取得開始を目指すことで一致。
10月 7日	パレスチナ自治区ガザ地区のイスラム原理主義組織「ハマス」がイスラエル南部を攻撃。
10月 8日	イスラエル、ハマスに対して宣戦布告し、ガザ地区への攻撃開始。
10月16日	「ハマス」による大規模攻撃によって情勢の緊迫化したイスラエルからの邦人退避のため、17日にかけて空自C-2輸送機2機、KC-767空中給油・輸送機1機がジブチ、ヨルダンに向け出発。
10月17日	ガザ地区のアフリアラブ病院で爆発。ガザ保険省によると471人が死亡。ガザ地区から発射されたロケット弾による可能性が高いとの見方も。
10月24日	三菱電機製の警戒管制レーダー「FPS-3ME」をフィリピン空軍に納入。国産完成装備品の輸出は初。
11月15日	米海兵隊、米軍キャンプ・ハンセンで第12海兵連隊を改編した「第12海兵沿岸連隊(MLR)を発足。
11月15日	陸自と英陸軍による実動訓練「ヴィジラント・アイルズ23」を国内4カ所で実施。「日英円滑化協定(RAA)」を初適用。
11月19日	トルコからインドに向かっていた日本郵船の自動車輸送船「ギャラクシー・リーダー」が紅海でイエメンの反政府武装勢力フーシに乗っ取られたとイスラエル首相府が発表。
11月21日	北朝鮮、初の人工衛星「万里鏡1号」打ち上げ成功。
11月24日	ハマスとイスラエルが4日間の休戦。人質交換。
11月29日	屋久島沖で在日米空軍のオスプレイ墜落。
12月 1日	防衛省・自衛隊、欧州などの有志国からなるウクライナ支援のための「ITコアリション」に参加し、ITと地雷除去の分野でウクライナを支援することを決定。
12月 3日	ナイジェリアのカドゥナ州で同国軍が誤って村をドローン攻撃。民間人85人が死亡。
12月 4日	米国をはじめとする同志国で構成される多国間の枠組み「連合宇宙作戦イニシアチブ」に8カ国目の参加国として日本が参加。
12月12日	ハマスとイスラエルの戦闘をめぐるガザ情勢について、国連総会は緊急特別会合を開き、人道目的の即時停戦を求める決議案を採択。
12月14日	木原防衛相、グラント・シャップス英国防相、グイド・クロセット伊国防相と防衛省で会談。3カ国による次期戦闘機共同開発を合同で管理する国際機関「GIGO」を設立する条約に署名。初代トップは日本人に決定。
12月18日	北朝鮮、平壌近郊からICBM級の弾道ミサイルを北東方向に発射。
12月19日	木原防衛相、オースティン米国防相、申源湜韓国国防相が「共同プレス声明」を発出。北朝鮮のミサイル情報を即時共有するメカニズムの運用を開始したと発表。

12月22日　令和6年度予算案決定。防衛費は前年度当初予算比16.5%増の7兆9496億円を計上し、10年連続で過去最大規模を更新。

12月23日　ナイジェリアのプラトー州で20カ所以上の集落が武装組織の襲撃を受け、160人以上が死亡。

12月28日　米軍普天間飛行場の辺野古移転問題で、必要な設計変更を県に代わって国が承認する代執行実施。

目　　次

11

第12章　防衛に関する政府見解 ……………………………………… 738

14

第13章 国際貢献・邦人輸送 ⋯⋯⋯⋯⋯⋯⋯⋯⋯⋯⋯⋯⋯⋯ 808

2023年版以前の防衛ハンドブックに掲載していた資料のうち、下記のデータについては、朝雲新聞社ホームページ内「防衛ハンドブックダウンロードページ」でダウンロードできます。https://www.asagumo-news.com/hbdl/hbdl-menu.htmlにアクセスして下さい。

●日本の防衛計画
・旧大綱
昭和52年度以降に係る防衛計画の大綱について
　昭和52年度以降に係る防衛計画の大綱について(国防会議・閣議決定)
　「防衛計画の大綱」別表
　「防衛計画の大綱」の決定について(防衛庁長官談話要旨)
平成8年度以降に係る防衛計画の大綱について
　平成8年度以降に係る防衛計画の大綱について(安全保障会議・閣議決定)
　別表
　内閣官房長官談話
　「平成8年度以降に係る防衛計画の大綱」の決定について(防衛庁長官談話)
平成17年度以降に係る防衛計画の大綱について
　平成17年度以降に係る防衛計画の大綱について(安全保障会議・閣議決定)
　別表
　内閣官房長官談話
　新たな「防衛計画の大綱」及び「中期防衛力整備計画」について(防衛庁長官談話)
平成23年度以降に係る防衛計画の大綱について
　平成23年度以降に係る防衛計画の大綱について(安全保障会議・閣議決定)
　別表
　内閣官房長官談話
　「平成23年度以降に係る防衛計画の大綱」及び「中期防衛力整備計画(平成23年度～平成27年度)」の決定について(防衛大臣談話)
平成26年度以降に係る防衛計画の大綱について
　平成26年度以降に係る防衛計画の大綱について(国家安全保障会議・閣議決定)
　別
・防衛力整備に係る諸決定等
　防衛力の整備内容のうち主要な事項の取扱いについて
　当面の防衛力整備について
　昭和62年度予算における「当面の防衛力整備について」
　(昭和51年11月5日閣議決定)の取扱いについて
　内閣官房長官談話
　今後の防衛力整備について

●その他
近代における戦争の死傷者と戦費

第1章　日本の防衛計画

1. 国家安全保障会議

(1) 設置の経緯

　我が国を取り巻く安全保障環境が一層厳しさを増している中、我が国の外交・安全保障政策の司令塔として、国家安全保障に関する諸課題につき、内閣総理大臣を中心に、日常的、機動的に審議する場を創設し、政治の強力なリーダーシップを発揮できる環境を整えることは喫緊の課題であった。

　こうした観点から、第2次安倍内閣において、平成25年2月より「国家安全保障会議の創設に関する有識者会議」を開催し、全6回にわたって、「国家安全保障会議」の所掌、目的、情報の活用・政策判断、組織のあり方等、そのあるべき姿について検討が行われた。ここでの議論を踏まえ、政府は(2)の内容を柱とする「安全保障会議設置法等の一部を改正する法律案」を同年6月7日、国会に提出した。

　第185回国会において同法案が成立し、同年12月4日、内閣に国家安全保障会議が設置された。また、平成26年1月7日、内閣官房に、その事務局でもあり国家安全保障に関する外交・防衛政策の基本方針等の企画立案・総合調整等を行う国家安全保障局が新設された。

(参考)安全保障会議設置(昭和61年7月1日～平成25年12月4日)の経緯

　国防に関する重要事項を審議する機関として、昭和31年7月2日、内閣に設置された国防会議は、発足以来、国防の基本方針、第1次から第4次までの防衛力整備計画、防衛計画の大綱など我が国防衛の根幹をなす問題及び毎年度の防衛力整備に係る主要事項等について決定したり、審議するなど、防衛政策の基本的方針を示し、文民統制上重要な役割を果たしてきた。

　他方、社会全体の複雑高度化、我が国の国際的役割の拡大、我が国周辺地域の国際政治面での重要性の増大などにより、ミグ25事件(昭和51年9月)、ダッカにおけるハイジャック事件(昭和52年9月)、大韓航空機事件(昭和58年9月)のような、我が国の安全に重大な影響を及ぼすおそれのある重大緊急事態が発生する可能性が潜在的に高まってきた。

　こうした緊急事態に迅速、適切に対処し、事態の拡大発展を防止するため、内閣の果たすべき役割が増大してきたことを背景として、第104回国会で「安全保障会議設置法」が成立し、昭和61年7月1日、内閣に新たに安全保障会議が設置されるとともに、従来の国防会議は廃止された。

(2) 任務・組織等

(イ)国家安全保障会議

国家安全保障会議は、審議事項の区分に応じて、四大臣会合、九大臣会合及び緊急事態大臣会合の別に分けられている。

① 四大臣会合

構成：内閣総理大臣(議長)、外務大臣、防衛大臣、内閣官房長官

審議事項：

・国家安全保障に関する外交政策、防衛政策及び経済政策の基本方針並びにこれらの政策に関する重要事項

② 九大臣会合

構成：内閣総理大臣（議長）、内閣法第9条の規定によりあらかじめ指定された国務大臣、総務大臣、外務大臣、財務大臣、経済産業大臣、国土交通大臣、防衛大臣、内閣官房長官及び国家公安委員会委員長

審議事項

・国防の基本方針

・防衛計画の大綱

・産業等の調整計画の大綱

・武力攻撃事態等又は存立危機事態への対処に関する基本的な方針

・武力攻撃事態等又は存立危機事態への対処に関する重要事項

・重要影響事態への対処に関する重要事項

・国際平和共同対処事態への対処に関する重要事項

・国際連合平和維持活動等に対する協力に関する法律第二条第一項に規定する国際平和協力業務の実施等に関する重要事項

・自衛隊法第六章に規定する自衛隊の行動に関する重要事項（国家安全保障会議設置法第二条第一項第四号から第八号までに掲げるものを除く。）

・国防に関する重要事項（上記を除く。）

・その他国家安全保障に関する重要事項

③ 緊急事態大臣会合

構成：内閣総理大臣(議長)、内閣官房長官及び事態の種類に応じてあらかじめ内閣総理大臣により指定された国務大臣

審議事項：

・重大緊急事態（武力攻撃事態等、存立危機事態、重要影響事態、国際平和共同対処事態及び九大臣会合においてその対処措置につき諮るべき事態以外の緊急事態であって、我が国の安全に重大な影響を及ぼすおそれがあるもののうち、通常の緊急事態対処体制によっては適切に対処することが困難な事態をいう。）への対処に関する重要事項

　上記のほか、武力攻撃事態等、存立危機事態及び重要影響事態に関し、事態の分析及び評価について特に集中して審議する必要があると認める場合には、議長、外務大臣、防衛大臣、内閣官房長官及び事態の種類に応じてあらかじめ内閣総理大臣により指定された国務大臣によって事案について審議を行うことができる。

　※1　議長は、必要があると認めるときは、上記以外の国務大臣を、議案を限って、議員として、臨時に会議に参加させることができる。また、緊急の場合その他やむを得ない事由のある場合は、副大臣がその職務を代行することができる。

　※2　内閣官房副長官及び国家安全保障担当内閣総理大臣補佐官は、会議に出席し、議長の許可を受けて意見を述べることができる。また、議長は、必要があると認めるときは、統合幕僚長その他の関係者を会議に出席させ、意見を述べさせることができる。

　※3　会議は、武力攻撃事態等、存立危機事態、重要影響事態及び重大緊急事態に関し、審議した結果、特に緊急に対処する必要があると認めるときは、迅速かつ適切な対処が必要と認められる措置について内閣総理大臣に建議することができる。

(ロ)事態対処専門委員会

　事態対処に関する安全保障の審議を迅速かつ的確に実施するため、必要な事項に関する調査・分析を行い、その結果に基づき、国家安全保障会議に進言する組織として、事態対処専門委員会（委員長：内閣官房長官、委員：内閣官房及び関係行政機関の職員のうちから、内閣総理大臣が任命する。）を、国家安全保障会議に置いている。

(ハ)国家安全保障局

　内閣官房に設置された国家安全保障局は、国家安全保障に関する外交政策、防衛政策及び経済政策の基本方針等の企画立案・総合調整等をつかさどるとともに、国家安全保障会議に直接付随する事務（会議の開催事務、会議資料の取りまとめ、意見及び建議の案の取りまとめ並びにそれらに関する関係機関との連絡調整等）を処理する。

(3) 主要決定事項
国家安全保障会議（九大臣会合・過去5年）

年　月　日	決　定　事　項	備　考
平成31年4月2日	シナイ半島国際平和協力業務の実施について	同日閣議決定
令和元年5月17日	南スーダン国際平和協力業務実施計画の変更について	同日閣議決定
令和元年11月12日	シナイ半島国際平和協力業務実施計画の変更及び海賊対処行動に係る内閣総理大臣の承認について	同日閣議決定
令和元年12月10日	国家安全保障会議特定秘密保護規則等の一部改正について	
令和元年12月20日	令和二年度における防衛力整備内容のうちの主要な事項並びに令和元年度及び令和二年度のF－35Aの取得方法の変更等について	同日閣議決定または同日閣議了解
令和元年12月27日	中東地域における日本関係船舶の安全確保に関する政府の取組について	同日閣議決定
令和2年5月22日	南スーダン国際平和協力業務実施計画の変更について	同日閣議決定
令和2年6月16日	特定秘密の指定及びその解除並びに適性評価の実施に関し統一的な運用を図るための基準の一部変更について	同日閣議決定
令和2年11月10日	シナイ半島国際平和協力業務実施計画の変更及び海賊対処行動に係る内閣総理大臣の承認等について	同日閣議決定
令和2年12月11日	中東地域における日本関係船舶の安全確保に関する政府の取組に関する閣議決定の変更について	同日閣議決定
令和2年12月18日	新たなミサイル防衛システムの整備等及びスタンド・オフ防衛能力の強化について	同日閣議決定
令和2年12月21日	令和三年度における防衛力整備内容のうちの主要な事項及び令和三年度のF－35Aの取得方法の変更等について	同日閣議決定または同日閣議了解
令和3年5月21日	南スーダン国際平和協力業務実施計画の変更及び海賊対処行動に係る内閣総理大臣の承認について	同日閣議決定
令和3年11月16日	シナイ半島国際平和協力業務支援実施計画の変更及び海賊対処行動に係る内閣総理大臣の承認について	同日閣議決定
令和3年11月26日	令和3年度における防衛力整備内容のうちの主要な事項について（第1次補正予算）	同日閣議決定
令和3年12月24日	中東地域における日本関係船舶の安全確保に関する政府の取組の一部変更、令和四年度における防衛力整備内容のうちの主要な事項、令和四年度のF－35Aの取得方法の変更等について	同日閣議決定または同日閣議了解
令和4年3月8日	防衛装備移転三原則の運用指針の一部改正について	

年　月　日	決　定　事　項	備　考
令和4年4月28日	ウクライナ被災民救援国際平和協力業務の実施について	同日閣議決定
令和4年5月20日	南スーダン国際平和協力業務実施計画の変更について	同日閣議決定
令和4年9月16日	重要施設の施設機能及び国境離島等の離島機能を阻害する土地等の利用の防止に関する基本方針について	同日閣議決定
令和4年9月30日	経済施策を一体的に講ずることによる安全保障の確保の推進に関する基本的な方針、特定重要物資の安定的な供給の確保に関する基本指針並びに特定重要技術の研究開発の促進及びその成果の適切な活用に関する基本指針について	同日閣議決定
令和4年11月1日	海賊対処行動に係る内閣総理大臣の承認、中東地域における日本関係船舶の安全確保に関する政府の取組の一部変更及びシナイ半島国際平和協力業務実施計画の変更について	同日閣議決定
令和4年12月16日	国家安全保障戦略、国家防衛戦略及び防衛力整備計画等について	同日閣議決定または同日閣議了解
令和4年12月23日	令和五年度における防衛力整備内容のうちの主要な事項等について	
令和5年4月5日	政府安全保障能力強化支援(OSA)の実施方針について	
令和5年4月28日	特定妨害行為の防止による特定社会基盤役務の安定的な提供の確保に関する基本指針及び特許法の出願公開の特例に関する措置、同法第三十六条第一項の規定による特許出願に係る明細書、特許請求の範囲又は図面に記載された発明に係る情報の適正管理その他公にすることにより外部から行われる行為によって国家及び国民の安全を損なう事態を生ずるおそれが大きい発明に係る情報の流出を防止するための措置に関する基本指針について	
令和5年5月12日	シナイ半島国際平和協力業務実施計画の変更及び南スーダン国際平和協力業務実施計画の変更について	
令和5年11月7日	海賊対処行動に係る内閣総理大臣の承認、中東地域における日本関係船舶の安全確保に関する政府の取組の一部変更及びシナイ半島国際平和協力業務実施計画の変更について	
令和5年12月22日	防衛装備移転三原則の一部改正、防衛装備移転三原則の運用指針の一部改正、「防衛力の整備内容のうち主要な事項の取扱いについて」の一部改正、令和六年度における防衛力整備内容のうちの主要な事項、中東・アフリカ地域における在外邦人等の安全確保に関する政府の取組等について	

(4) 国家安全保障会議、安全保障会議、同議員懇談会の開催状況 （令和5.12.31現在）

年	国家安全保障会議	安全保障会議	同議員懇談会
～昭和63	—	13	10
平成元	—	3	1
2	—	12	2
3	—	9	3
4	—	7	1
5	—	3	1
6	—	6	2
7	—	14	1
8	—	3	1
9	—	6	2
10	—	3	2
11	—	7	1
12	—	8	1
13	—	8	0
14	—	5	0
15	—	10	0
16	—	12	0
17	—	10	0
18	—	14	0
19	—	7	0
20	—	6	0
21	—	13	0
22	—	17	0
23	—	6	0
24	—	8	0
25	9	12	0
26	33	—	—
27	35	—	—
28	48	—	—
29	46	—	—
30	17	—	—
31・令和元	19	—	—
2	43	—	—
3	26	—	—
4	39	—	—
5	21	—	—
計	336	222	28

※国家安全保障会議の計は、四大臣会合、九大臣会合、緊急事態大臣会合の合計
※安全保障会議、同議員懇談会は、国家安全保障会議の発足により解消された。

2. 国防の基本方針

昭和27年夏頃から長期防衛力整備計画の策定準備作業がなされていたが、昭和31年7月、国防に関する重要事項を審議する機関として、内閣に国防会議が設置されたことに伴い、ようやく計画策定の作業が軌道にのり、まず、わが国の国防諸施策の基本をなすものとして、「国防の基本方針」が決定された。

国防の基本方針（昭和32年5月20日国防会議及び閣議決定）

国防の目的は、直接及び間接の侵略を未然に防止し、万一侵略が行われるときはこれを排除し、もって民主主義を基調とするわが国の独立と平和を守ることにある。この目的を達成するための基本方針を次のとおり定める。

(1) 国際連合の活動を支持し、国際間の協調をはかり、世界平和の実現を期する。

(2) 民生を安定し、愛国心を高揚し、国家の安全を保障するに必要な基盤を確立する。

(3) 国力国情に応じ自衛のため必要な限度において、効率的な防衛力を漸進的に整備する。

(4) 外部からの侵略に対しては、将来国際連合が有効にこれを阻止する機能を果たし得るに至るまでは、米国との安全保障体制を基調としてこれに対処する。

3. 国家安全保障戦略
国家安全保障戦略について

$$\left.\begin{array}{l}\text{平 成 25 年 12 月 17 日}\\\text{国家安全保障会議決定}\\\text{閣 議 決 定}\end{array}\right\}$$

国家安全保障戦略について別紙のとおり定める。

本決定は、「国防の基本方針について」（昭和32年5月20日国防会議及び閣議決定）に代わるものとする。

（別紙）

国家安全保障戦略

Ⅰ 策定の趣旨

政府の最も重要な責務は、我が国の平和と安全を維持し、その存立を全うすることである。我が国の安全保障（以下「国家安全保障」という。）をめぐる環境が一層厳しさを増している中、豊かで平和な社会を引き続き発展させていくためには、我が国の国益を長期的視点から見定めた上で、国際社会の中で我が国の進むべき針路を定め、国家安全保障のための方策に政府全体として取り組んでいく必要がある。

我が国は、これまでも、地域及び世界の平和と安定及び繁栄に貢献してきた。グローバル化が進む世界において、我が国は、国際社会における主要なプレーヤーとして、これまで以上に積極的な役割を果たしていくべきである。

このような認識に基づき、国家安全保障に関する基本方針を示すため、ここに国家安全保障戦略を策定する。

本戦略では、まず、我が国の平和国家としての歩みと、我が国が掲げるべき理念である、国際協調主義に基づく積極的平和主義を明らかにし、国益について検証し、国家安全保障の目標を示す。その上で、我が国を取り巻く安全保障環境の動向を見通し、我が国が直面する国家安全保障上の課題を特定する。そして、そのような課題を克服し、目標を達成するためには、我が国が有する多様な資源を有効に活用し、総合的な施策を推進するとともに、国家安全保障を支える国内基盤の強化と内外における理解の促進を図りつつ、様々なレベルにおける取組を多層的かつ協調的に推進することが必要との認識の下、我が国がとるべき外交政策及び防衛政策を中心とした国家安全保障上の戦略的アプローチを示している。

また、本戦略は、国家安全保障に関する基本方針として、海洋、宇宙、サイバー、政府開発援助（ODA）、エネルギー等国家安全保障に関連する分野の政策に指針を与えるものである。

政府は、本戦略に基づき、国家安全保障会議（NSC）の司令塔機能の下、政治の強力なリーダーシップにより、政府全体として、国家安全保障政策を一層戦略的かつ体系的なものとして実施していく。

さらに、国の他の諸施策の実施に当たっては、本戦略を踏まえ、外交力、防衛

力等が全体としてその機能を円滑かつ十全に発揮できるよう、国家安全保障上の観点を十分に考慮するものとする。

　本戦略の内容は、おおむね10年程度の期間を念頭に置いたものであり、各種政策の実施過程を通じ、NSCにおいて、定期的に体系的な評価を行い、適時適切にこれを発展させていくこととし、情勢に重要な変化が見込まれる場合には、その時点における安全保障環境を勘案し検討を行い、必要な修正を行う。

Ⅱ　国家安全保障の基本理念

1．我が国が掲げる理念

　我が国は、豊かな文化と伝統を有し、自由、民主主義、基本的人権の尊重、法の支配といった普遍的価値を掲げ、高い教育水準を持つ豊富な人的資源と高い文化水準を擁し、開かれた国際経済システムの恩恵を受けつつ発展を遂げた、強い経済力及び高い技術力を有する経済大国である。

　また、我が国は、四方を海に囲まれて広大な排他的経済水域と長い海岸線に恵まれ、海上貿易と海洋資源の開発を通じて経済発展を遂げ、「開かれ安定した海洋」を追求してきた海洋国家としての顔も併せ持つ。

　我が国は、戦後一貫して平和国家としての道を歩んできた。専守防衛に徹し、他国に脅威を与えるような軍事大国とはならず、非核三原則を守るとの基本方針を堅持してきた。

　また、我が国と普遍的価値や戦略的利益を共有する米国との同盟関係を進展させるとともに、各国との協力関係を深め、我が国の安全及びアジア太平洋地域の平和と安定を実現してきている。さらに、我が国は、人間の安全保障の理念に立脚した途上国の経済開発や地球規模課題の解決への取組、他国との貿易・投資関係を通じて、国際社会の安定と繁栄の実現に寄与している。特に東南アジア諸国連合（ASEAN）諸国を始めとするアジア諸国は、こうした我が国の協力も支えとなって、安定と経済成長を達成し、多くの国々が民主主義を実現してきている。

　加えて、我が国は、平和国家としての立場から、国連憲章を遵守しながら、国連を始めとする国際機関と連携し、それらの活動に積極的に寄与している。特に冷戦の終結に伴い、軍事力の役割が多様化する中で、国連平和維持活動（PKO）を含む国際平和協力活動にも継続的に参加している。また、世界で唯一の戦争被爆国として、軍縮・不拡散に積極的に取り組み、「核兵器のない世界」を実現させるため、国際社会の取組を主導している。

　こうした我が国の平和国家としての歩みは、国際社会において高い評価と尊敬を勝ち得てきており、これをより確固たるものにしなければならない。

　他方、現在、我が国を取り巻く安全保障環境が一層厳しさを増していることや、我が国が複雑かつ重大な国家安全保障上の課題に直面していることに鑑みれば、国際協調主義の観点からも、より積極的な対応が不可欠となっている。我が国の平和と安全は我が国一国では確保できず、国際社会もまた、我が国が

その国力にふさわしい形で、国際社会の平和と安定のため一層積極的な役割を果たすことを期待している。

　これらを踏まえ、我が国は、今後の安全保障環境の下で、平和国家としての歩みを引き続き堅持し、また、国際政治経済の主要プレーヤーとして、国際協調主義に基づく積極的平和主義の立場から、我が国の安全及びアジア太平洋地域の平和と安定を実現しつつ、国際社会の平和と安定及び繁栄の確保にこれまで以上に積極的に寄与していく。このことこそが、我が国が掲げるべき国家安全保障の基本理念である。

2．我が国の国益と国家安全保障の目標

　国家安全保障の基本理念を具体的政策として実現するに当たっては、我が国の国益と国家安全保障の目標を明確にし、絶えず変化する安全保障環境に当てはめ、あらゆる手段を尽くしていく必要がある。

　我が国の国益とは、まず、我が国自身の主権・独立を維持し、領域を保全し、我が国国民の生命・身体・財産の安全を確保することであり、豊かな文化と伝統を継承しつつ、自由と民主主義を基調とする我が国の平和と安全を維持し、その存立を全うすることである。

　また、経済発展を通じて我が国と我が国国民の更なる繁栄を実現し、我が国の平和と安全をより強固なものとすることである。そのためには、海洋国家として、特にアジア太平洋地域において、自由な交易と競争を通じて経済発展を実現する自由貿易体制を強化し、安定性及び透明性が高く、見通しがつきやすい国際環境を実現していくことが不可欠である。

　さらに、自由、民主主義、基本的人権の尊重、法の支配といった普遍的価値やルールに基づく国際秩序を維持・擁護することも、同様に我が国にとっての国益である。

　これらの国益を守り、国際社会において我が国に見合った責任を果たすため、国際協調主義に基づく積極的平和主義を我が国の国家安全保障の基本理念として、以下の国家安全保障の目標の達成を図る。

　第1の目標は、我が国の平和と安全を維持し、その存立を全うするために、必要な抑止力を強化し、我が国に直接脅威が及ぶことを防止するとともに、万が一脅威が及ぶ場合には、これを排除し、かつ被害を最小化することである。

　第2の目標は、日米同盟の強化、域内外のパートナーとの信頼・協力関係の強化、実際的な安全保障協力の推進により、アジア太平洋地域の安全保障環境を改善し、我が国に対する直接的な脅威の発生を予防し、削減することである。

　第3の目標は、不断の外交努力や更なる人的貢献により、普遍的価値やルールに基づく国際秩序の強化、紛争の解決に主導的な役割を果たし、グローバルな安全保障環境を改善し、平和で安定し、繁栄する国際社会を構築することである。

Ⅲ　我が国を取り巻く安全保障環境と国家安全保障上の課題

1．グローバルな安全保障環境と課題

(1) パワーバランスの変化及び技術革新の急速な進展

　　今世紀に入り、国際社会において、かつてないほどパワーバランスが変化しており、国際政治の力学にも大きな影響を与えている。

　　パワーバランスの変化の担い手は、中国、インド等の新興国であり、特に中国は、国際社会における存在感をますます高めている。他方、米国は、国際社会における相対的影響力は変化しているものの、軍事力や経済力に加え、その価値や文化を源としたソフトパワーを有することにより、依然として、世界最大の総合的な国力を有する国である。また、自らの安全保障政策及び経済政策上の重点をアジア太平洋地域にシフトさせる方針（アジア太平洋地域へのリバランス）を明らかにしている。

　　こうしたパワーバランスの変化は、国際政治経済の重心の大西洋から太平洋への移動を促したものの、世界貿易機関（WTO）の貿易交渉や国連における気候変動交渉の停滞等、国際社会全体の統治構造（ガバナンス）において、強力な指導力が失われつつある一因ともなっている。

　　また、グローバル化の進展や技術革新の急速な進展は、国家間の相互依存を深める一方、国家と非国家主体との間の相対的影響力の変化を助長するなど、グローバルな安全保障環境に複雑な影響を与えている。

　　主権国家は、引き続き国際社会における主要な主体であり、国家間の対立や協調が国際社会の安定を左右する最大の要因である。しかし、グローバル化の進展により、人、物、資本、情報等の国境を越えた移動が容易になった結果、国家以外の主体も、国際社会における意思決定により重要な役割を果たしつつある。

　　同時に、グローバル化や技術革新の進展の負の側面として、非国家主体によるテロや犯罪が国家の安全保障を脅かす状況が拡大しつつある。加えて、こうした脅威が、世界のどの地域において発生しても、瞬時に地球を回り、我が国の安全保障にも直接的な影響を及ぼし得る状況になっている。

(2) 大量破壊兵器等の拡散の脅威

　　我が国は、世界で唯一の戦争被爆国として、核兵器使用の悲惨さを最も良く知る国であり、「核兵器のない世界」を目指すことは我が国の責務である。

　　核・生物・化学（NBC）兵器等の大量破壊兵器及びそれらの運搬手段となり得る弾道ミサイル等の移転・拡散・性能向上に係る問題は、依然として我が国や国際社会にとっての大きな脅威となっている。特に北朝鮮による核・ミサイル開発問題やイランの核問題は、単にそれぞれの地域の問題というより、国際社会全体の平和と安定に対する重大な脅威である。さらに、従来の抑止が有効に機能しにくい国際テロ組織を始めとする非国家主体による大量破壊兵器等の取得・使用についても、引き続き懸念されている。

(3) 国際テロの脅威

テロ事件は世界各地で発生しており、国際テロ組織によるテロの脅威は依然として高い。グローバル化の進展により、国際テロ組織にとって、組織内又は他の組織との間の情報共有・連携、地理的アクセスの確保や武器の入手等がより容易になっている。

こうした中、国際テロ組織は、政情が不安定で統治能力が脆弱な国家・地域を活動や訓練の拠点として利用し、テロを実行している。加えて、かかる国際組織のイデオロギーに共鳴した他の組織や個人がテロ実行主体となる例も見られるなど、国際テロの拡散・多様化が進んでいる。

また、我が国が一部の国際テロ組織から攻撃対象として名指しされている上、現に海外において邦人や我が国の権益が被害を受けるテロが発生しており、我が国及び国民は、国内外において、国際テロの脅威に直面している。

こうした国際テロについては、実行犯及び被害者の多国籍化が見られ、国際協力による対処がますます重要になっている。

(4) 国際公共財（グローバル・コモンズ）に関するリスク

近年、海洋、宇宙空間、サイバー空間といった国際公共財（グローバル・コモンズ）に対する自由なアクセス及びその活用を妨げるリスクが拡散し、深刻化している。

海洋は、国連海洋法条約に代表される海洋に関する国際法によって規律されているものの、既存の国際法を尊重せずに力を背景とした一方的な現状変更を図る動きが増加しつつある。また、宇宙空間やサイバー空間においては、各国間の立場の違いにより、適用されるべき規範の確立が発展途上にある。

こうしたリスクに効果的に対処するため、適切な国際的ルール作りを進め、当該ルールを尊重しつつ国際社会が協力して取り組むことが、経済の発展のみならず安全保障の観点からも一層重要な課題となっている。

「開かれ安定した海洋」は、世界の平和と繁栄の基盤であり、各国は、自ら又は協力して、海賊、不審船、不法投棄、密輸・密入国、海上災害への対処や危険物の除去といった様々な課題に取り組み、シーレーンの安定を図っている。

しかし、近年、資源の確保や自国の安全保障の観点から、各国の利害が衝突する事例が増えており、海洋における衝突の危険性や、それが更なる不測の事態に発展する危険性も高まっている。

特に南シナ海においては、領有権をめぐって沿岸国と中国との間で争いが発生しており、海洋における法の支配、航行の自由や東南アジア地域の安定に懸念をもたらしている。また、我が国が資源・エネルギーの多くを依存している中東地域から我が国近海に至るシーレーンは、その沿岸国における地域紛争及び国際テロ、加えて海賊問題等の諸問題が存在するため、その脆弱性が高まっている。こうした問題への取組を進めることが、シーレーンの安全を維持する上でも重要な課題となっている。

さらに、北極海では、航路の開通、資源開発等の様々な可能性の広がりが予測

されている。このため、国際的なルールの下に各国が協力して取り組むことが期待されているが、同時に、このことが国家間の新たな摩擦の原因となるおそれもある。

宇宙空間は、これまでも民生分野で活用されてきているが、情報収集や警戒監視機能の強化、軍事のための通信手段の確保等、近年は安全保障上も、その重要性が著しく増大している。

他方、宇宙利用国の増加に伴って宇宙空間の混雑化が進んでおり、衛星破壊実験や人工衛星同士の衝突等による宇宙ゴミ（スペースデブリ）の増加、対衛星兵器の開発の動きを始めとして、持続的かつ安定的な宇宙空間の利用を妨げるリスクが存在している。

また、情報システムや情報通信ネットワーク等により構成されたグローバルな空間であるサイバー空間は、社会活動、経済活動、軍事活動等のあらゆる活動が依拠する場となっている。

一方、国家の秘密情報の窃取、基幹的な社会インフラシステムの破壊、軍事システムの妨害を意図したサイバー攻撃等によるリスクが深刻化しつつある。

我が国においても、社会システムを始め、あらゆるものがネットワーク化されつつある。このため、情報の自由な流通による経済成長やイノベーションを推進するために必要な場であるサイバー空間の防護は、我が国の安全保障を万全とするとの観点から、不可欠である。

(5)「人間の安全保障」に関する課題

グローバル化が進み、人、物、資本、情報等が大量かつ短時間で国境を越えて移動することが可能となり、国際経済活動が拡大したことにより、国際社会に繁栄がもたらされている。

一方、貧困、格差の拡大、感染症を含む国際保健課題、気候変動その他の環境問題、食料安全保障、更には内戦、災害等による人道上の危機といった一国のみでは対応できない地球規模の問題が、個人の生存と尊厳を脅かす人間の安全保障上の重要かつ緊急な課題となっている。こうした中、国際社会が開発分野において達成すべき共通の目標であるミレニアム開発目標（MDGs）は、一部の地域、分野において達成が困難な状況にある。また、今後、途上国の人口増大や経済規模の拡大によるエネルギー、食料、水資源の需要増大が、新たな紛争の原因となるおそれもある。

これらの問題は、国際社会の平和と安定に影響をもたらす可能性があり、我が国としても、人間の安全保障の理念に立脚した施策等を推進する必要がある。

(6) リスクを抱えるグローバル経済

グローバル経済においては、世界経済から切り離された自己完結的な経済は存在し難く、一国の経済危機が世界経済全体に伝播するリスクが高まっている。こうした傾向は、金融経済において顕著にみられる。また、分業化を背景に国境を越えてバリューチェーン・サプライチェーンが構築されている今日においては、実体経済においても同様の傾向が生じている。

　このような状況の下で、財政問題の懸念や新興国経済の減速等も生じており、新興国や開発途上国の一部からは、保護主義的な動きや新たな貿易ルール作りに消極的な姿勢も見られるようになっている。

　さらに、近年、エネルギー分野における技術革新が進展する中、資源国による資源ナショナリズムの高揚や、新興国を中心としたエネルギー・鉱物資源の需要増加とそれに伴う資源獲得競争の激化等が見られる。また、食料や水についても、気候変動に伴う地球環境問題の深刻化もあり、世界的な需給の逼迫や一時的な供給問題発生のリスクが存在する。

2．アジア太平洋地域における安全保障環境と課題

（1）アジア太平洋地域の戦略環境の特性

　グローバルなパワーバランスの変化は、国際社会におけるアジア太平洋地域の重要性を高め、安全保障面における協力の機会を提供すると同時に、この地域における問題・緊張も生み出している。

　特に北東アジア地域には、大規模な軍事力を有する国家等が集中し、核兵器を保有又は核開発を継続する国家等も存在する一方、安全保障面の地域協力枠組みは十分に制度化されていない。域内各国の政治・経済・社会体制の違いは依然として大きく、このために各国の安全保障観が多様である点も、この地域の戦略環境の特性である。

　こうした背景の下、パワーバランスの変化に伴い生じる問題や緊張に加え、領域主権や権益等をめぐり、純然たる平時でも有事でもない事態、いわばグレーゾーンの事態が生じやすく、これが更に重大な事態に転じかねないリスクを有している。

　一方、アジア太平洋地域においては、域内諸国の二国間交流と協力の機会の増加がみられるほか、ASEAN地域フォーラム（ARF）等の多国間の安全保障対話や二国間・多国間の共同訓練等も行われ、相互理解の深化と共同対処能力の向上につながっている。地域の安定を確保するためには、こうした重層的な取組を一層促進・発展させていくことが重要である。

（2）北朝鮮の軍事力の増強と挑発行為

　朝鮮半島においては、韓国と北朝鮮双方の大規模な軍事力が対峙している。北朝鮮は、現在も深刻な経済困難に直面しており、人権状況も全く改善しない一方で、軍事面に資源を重点的に配分している。

　また、北朝鮮は、核兵器を始めとする大量破壊兵器や弾道ミサイルの能力を増強するとともに、朝鮮半島における軍事的な挑発行為や我が国に対するものも含め様々な挑発的言動を繰り返し、地域の緊張を高めている。特に北朝鮮による米国本土を射程に含む弾道ミサイルの開発や、核兵器の小型化及び弾道ミサイルへの搭載の試みは、我が国を含む地域の安全保障に対する脅威を質的に深刻化させるものである。また、大量破壊兵器等の不拡散の観点からも、国際社会全体にとって深刻な課題となっている。

　さらに、金正恩国防委員会第1委員長を中心とする体制確立が進められる
中で、北朝鮮内の情勢も引き続き注視していく必要がある。

　加えて、北朝鮮による拉致問題は我が国の主権と国民の生命・安全に関わ
る重大な問題であり、国の責任において解決すべき喫緊の課題である。また、
基本的人権の侵害という国際社会の普遍的問題である。

(3) 中国の急速な台頭と様々な領域への積極的進出

　中国は、国際的な規範を共有・遵守するとともに、地域やグローバルな課
題に対して、より積極的かつ協調的な役割を果たすことが期待されている。
一方、継続する高い国防費の伸びを背景に、十分な透明性を欠いた中で、軍
事力を広範かつ急速に強化している。加えて、中国は、東シナ海、南シナ海
等の海空域において、既存の国際法秩序とは相容れない独自の主張に基づき、
力による現状変更の試みとみられる対応を示している。とりわけ、我が国の
尖閣諸島付近の領海侵入及び領空侵犯を始めとする我が国周辺海空域におけ
る活動を急速に拡大・活発化させるとともに、東シナ海において独自の「防
空識別区」を設定し、公海上空の飛行の自由を妨げるような動きを見せている。

　こうした中国の対外姿勢、軍事動向等は、その軍事や安全保障政策に関す
る透明性の不足とあいまって、我が国を含む国際社会の懸念事項となってお
り、中国の動向について慎重に注視していく必要がある。

　また、台湾海峡を挟んだ両岸関係は、近年、経済分野を中心に結びつきを
深めている。一方、両岸の軍事バランスは変化しており、両岸関係には安定
化の動きと潜在的な不安定性が併存している。

Ⅳ　我が国がとるべき国家安全保障上の戦略的アプローチ

　国家安全保障の確保のためには、まず我が国自身の能力とそれを発揮し得る基盤
を強化するとともに、自らが果たすべき役割を着実に果たしつつ、状況の変化に応
じ、自身の能力を適応させていくことが必要である。

　経済力及び技術力の強化に加え、外交力、防衛力等を強化し、国家安全保障上の
我が国の強靭性を高めることは、アジア太平洋地域を始めとする国際社会の平和と
安定につながるものである。これは、本戦略における戦略的アプローチの中核をなす。

　また、国家安全保障上の課題を克服し、目標を達成するためには、国際協調主義
に基づく積極的平和主義の立場から、日米同盟を基軸としつつ、各国との協力関係
を拡大・深化させるとともに、我が国が有する多様な資源を有効に活用し、総合的
な施策を推進する必要がある。

　こうした観点から、外交政策及び防衛政策を中心とした我が国がとるべき戦略的
アプローチを以下のとおり示す。

1. 我が国の能力・役割の強化・拡大

(1) 安定した国際環境創出のための外交の強化

　国家安全保障の要諦は、安定しかつ見通しがつきやすい国際環境を創出し、

脅威の出現を未然に防ぐことである。国際協調主義に基づく積極的平和主義の下、国際社会の平和と安定及び繁栄の実現に我が国が一層積極的な役割を果たし、我が国にとって望ましい国際秩序や安全保障環境を実現していく必要がある。

そのために、刻一刻と変化する安全保障環境や国際社会の潮流を分析する力がまず必要である。その上で、発生する事象や事件への受け身の対応に追われるのではなく、国際社会の課題を主導的に設定し、能動的に我が国の国益を増進していく力を蓄えなければならない。その中で我が国や我が国国民の有する様々な力や特性を効果的に活用して、我が国の主張を国際社会に浸透させ、我が国の立場への支持を集める外交的な創造力及び交渉力が必要である。また、我が国の魅力を活かし、国際社会に利益をもたらすソフトパワーの強化や我が国企業や国民のニーズを感度高く把握し、これらのグローバルな展開をサポートする力の充実が重要である。加えて国連を始めとする国際機関に対し、邦人職員の増強も含め、より積極的な貢献を行っていくことが積極的平和主義を進める我が国の責務である。このような力強い外交を推進していくため、外交実施体制の強化を図っていく。外交の強化は、国家安全保障の確保を実現するために不可欠である。

(2) 我が国を守り抜く総合的な防衛体制の構築

我が国に直接脅威が及ぶことを防止し、脅威が及ぶ場合にはこれを排除するという、国家安全保障の最終的な担保となるのが防衛力であり、これを着実に整備する。

我が国を取り巻く厳しい安全保障環境の中において、我が国の平和と安全を確保するため、戦略環境の変化や国力国情に応じ、実効性の高い統合的な防衛力を効率的に整備し、統合運用を基本とする柔軟かつ即応性の高い運用に努めるとともに、政府機関のみならず地方公共団体や民間部門との間の連携を深めるなど、武力攻撃事態等から大規模自然災害に至るあらゆる事態にシームレスに対応するための総合的な体制を平素から構築していく。

その中核を担う自衛隊の体制整備に当たっては、本戦略を踏まえ、防衛計画の大綱及び中期防衛力整備計画を含む計画体系の整備を図るとともに、統合的かつ総合的な視点に立って重要となる機能を優先しつつ、各種事態の抑止・対処のための体制を強化する。

加えて、核兵器の脅威に対しては、核抑止力を中心とする米国の拡大抑止が不可欠であり、その信頼性の維持・強化のために、米国と緊密に連携していくとともに、併せて弾道ミサイル防衛や国民保護を含む我が国自身の取組により適切に対応する。

(3) 領域保全に関する取組の強化

我が国領域を適切に保全するため、上述した総合的な防衛体制の構築のほか、領域警備に当たる法執行機関の能力強化や海洋監視能力の強化を進める。

　加えて、様々な不測の事態にシームレスに対応できるよう、関係省庁間の連携を強化する。

　また、我が国領域を確実に警備するために必要な課題について不断の検討を行い、実効的な措置を講ずる。

　さらに、国境離島の保全、管理及び振興に積極的に取り組むとともに、国家安全保障の観点から国境離島、防衛施設周辺等における土地所有の状況把握に努め、土地利用等の在り方について検討する。

(4) 海洋安全保障の確保

　海洋国家として、各国と緊密に連携しつつ、力ではなく、航行・飛行の自由や安全の確保、国際法にのっとった紛争の平和的解決を含む法の支配といった基本ルールに基づく秩序に支えられた「開かれ安定した海洋」の維持・発展に向け、主導的な役割を発揮する。具体的には、シーレーンにおける様々な脅威に対して海賊対処等の必要な措置をとり、海上交通の安全を確保するとともに、各国との海洋安全保障協力を推進する。

　また、これらの取組に重要な我が国の海洋監視能力について、国際的ネットワークの構築に留意しつつ、宇宙の活用も含めて総合的に強化する。さらに、海洋安全保障に係る二国間・多国間の共同訓練等の協力の機会の増加と質の向上を図る。

　特にペルシャ湾及びホルムズ海峡、紅海及びアデン湾からインド洋、マラッカ海峡、南シナ海を経て我が国近海に至るシーレーンは、資源・エネルギーの多くを中東地域からの海上輸送に依存している我が国にとって重要であることから、これらのシーレーン沿岸国等の海上保安能力の向上を支援するとともに、我が国と戦略的利害を共有するパートナーとの協力関係を強化する。

(5) サイバーセキュリティの強化

　サイバーセキュリティを脅かす不正行為からサイバー空間を守り、その自由かつ安全な利用を確保する。また、国家の関与が疑われるものを含むサイバー攻撃から我が国の重要な社会システムを防護する。このため、国全体として、組織・分野横断的な取組を総合的に推進し、サイバー空間の防護及びサイバー攻撃への対応能力の一層の強化を図る。

　そこで、平素から、リスクアセスメントに基づくシステムの設計・構築・運用、事案の発生の把握、被害の拡大防止、原因の分析究明、類似事案の発生防止等の分野において、官民の連携を強化する。また、セキュリティ人材層の強化、制御システムの防護、サプライチェーンリスク問題への対応についても総合的に検討を行い、必要な措置を講ずる。

　さらに、国全体としてサイバー防護・対応能力を一層強化するため、関係機関の連携強化と役割分担の明確化を図るとともに、サイバー事象の監査・調査、感知・分析、国際調整等の機能の向上及びこれらの任務を担う組織の強化を含む各種施策を推進する。

かかる施策の推進に当たっては、幅広い分野における国際連携の強化が不可欠である。このため、技術・運用両面における国際協力の強化のための施策を講ずる。また、関係国との情報共有の拡大を図るほか、サイバー防衛協力を推進する。

(6) 国際テロ対策の強化

原子力関連施設の安全確保等の国内における国際テロ対策の徹底はもとより、世界各地で活動する在留邦人等の安全を確保するため、民間企業が有する危険情報がより効果的かつ効率的に共有されるような情報交換・協力体制を構築するとともに、平素からの国際テロ情勢に関する分析体制や海外における情報収集能力の強化を進めるなど、国際テロ対策を強化する。

(7) 情報機能の強化

国家安全保障に関する政策判断を的確に支えるため、人的情報、公開情報、電波情報、画像情報等、多様な情報源に関する情報収集能力を抜本的に強化する。また、各種情報を融合・処理した地理空間情報の活用も進める。

さらに、高度な能力を有する情報専門家の育成を始めとする人的基盤の強化等により、情報分析・集約・共有機能を高め、政府が保有するあらゆる情報手段を活用した総合的な分析（オール・ソース・アナリシス）を推進する。

加えて、外交・安全保障政策の司令塔となるNSCに資料・情報を適時に提供し、政策に適切に反映していくこと等を通じ、情報サイクルを効果的に稼働させる。

こうした情報機能を支えるため、特定秘密の保護に関する法律（平成25年法律第108号）の下、政府横断的な情報保全体制の整備等を通じ、カウンター・インテリジェンス機能を強化する。

(8) 防衛装備・技術協力

平和貢献・国際協力において、自衛隊が携行する重機等の防衛装備品の活用や被災国等への供与（以下「防衛装備品の活用等」という。）を通じ、より効果的な協力ができる機会が増加している。また、防衛装備品の高性能化を実現しつつ、費用の高騰に対応するため、国際共同開発・生産が国際的主流となっている。こうした中、国際協調主義に基づく積極的平和主義の観点から、防衛装備品の活用等による平和貢献・国際協力に一層積極的に関与するとともに、防衛装備品等の共同開発・生産等に参画することが求められている。

こうした状況を踏まえ、武器輸出三原則等がこれまで果たしてきた役割にも十分配意した上で、移転を禁止する場合の明確化、移転を認め得る場合の限定及び厳格審査、目的外使用及び第三国移転に係る適正管理の確保等に留意しつつ、武器等の海外移転に関し、新たな安全保障環境に適合する明確な原則を定めることとする。

(9) 宇宙空間の安定的利用の確保及び安全保障分野での活用の推進

宇宙空間の安定的利用を図ることは、国民生活や経済にとって必要不可欠

であるのみならず、国家安全保障においても重要である。宇宙開発利用を支える科学技術や産業基盤の維持向上を図るとともに、安全保障上の観点から、宇宙空間の活用を推進する。

特に情報収集衛星の機能の拡充・強化を図る。また、自衛隊の部隊の運用、情報の収集・分析、海洋の監視、情報通信、測位といった分野において、我が国等が保有する各種の衛星の有効活用を図るとともに、宇宙空間の状況監視体制の確立を図る。

また、衛星製造技術等の宇宙開発利用を支える技術を含め、宇宙開発利用の推進に当たっては、中長期的な観点から、国家安全保障に資するように配意するものとする。

(10) 技術力の強化

我が国の高い技術力は、経済力や防衛力の基盤であることはもとより、国際社会が我が国に強く求める価値ある資源でもある。このため、デュアル・ユース技術を含め、一層の技術の振興を促し、我が国の技術力の強化を図る必要がある。

技術力強化のための施策の推進に当たっては、安全保障の視点から、技術開発関連情報等、科学技術に関する動向を平素から把握し、産学官の力を結集させて、安全保障分野においても有効に活用するように努めていく。

さらに、我が国が保有する国際的にも優れた省エネルギーや環境関連の技術等は、国際社会と共に我が国が地球規模課題に取り組む上で重要な役割を果たすものであり、これらを外交にも積極的に活用していく。

2. 日米同盟の強化

日米安全保障体制を中核とする日米同盟は、過去60年余にわたり、我が国の平和と安全及びアジア太平洋地域の平和と安定に不可欠な役割を果たすとともに、近年では、国際社会の平和と安定及び繁栄にもより重要な役割を果たしてきた。

日米同盟は、国家安全保障の基軸である。米国にとっても、韓国、オーストラリア、タイ、フィリピンといった地域諸国との同盟のネットワークにおける中核的な要素として、同国のアジア太平洋戦略の基盤であり続けてきた。

こうした日米の緊密な同盟関係は、日米両国が自由、民主主義、基本的人権の尊重、法の支配といった普遍的価値や戦略的利益を共有していることによって支えられている。また、我が国が地理的にも、米国のアジア太平洋地域への関与を支える戦略的に重要な位置にあること等にも支えられている。

上記のような日米同盟を基盤として、日米両国は、首脳・閣僚レベルを始め、様々なレベルで緊密に連携し、二国間の課題のみならず、北朝鮮問題を含むアジア太平洋地域情勢や、テロ対策、大量破壊兵器の不拡散等のグローバルな安全保障上の課題についても取り組んできている。

また、日米両国は、経済分野においても、後述する環太平洋パートナーシッ

プ（TPP）協定交渉等を通じて、ルールに基づく、透明性が高い形でのアジア太平洋地域の経済的繁栄の実現を目指している。

このように、日米両国は、二国間のみならず、アジア太平洋地域を始めとする国際社会全体の平和と安定及び繁栄のために、多岐にわたる分野で協力関係を不断に強化・拡大させてきた。

また、我が国が上述したとおり安全保障面での取組を強化する一方で、米国としても、アジア太平洋地域を重視する国防戦略の下、同地域におけるプレゼンスの充実、さらには、我が国を始めとする同盟国等との連携・協力の強化を志向している。

今後、我が国の安全に加え、アジア太平洋地域を始めとする国際社会の平和と安定及び繁栄の維持・増進を図るためには、日米安全保障体制の実効性を一層高め、より多面的な日米同盟を実現していく必要がある。このような認識に立って、我が国として以下の取組を進める。

(1) 幅広い分野における日米間の安全保障・防衛協力の更なる強化

我が国は、我が国自身の防衛力の強化を通じた抑止力の向上はもとより、米国による拡大抑止の提供を含む日米同盟の抑止力により、自国の安全を確保している。

米国との間で、具体的な防衛協力の在り方や、日米の役割・任務・能力（RMC）の考え方等についての議論を通じ、本戦略を踏まえた各種政策との整合性を図りつつ、「日米防衛協力のための指針」の見直しを行う。

また、共同訓練、共同の情報収集・警戒監視・偵察（ISR）活動及び米軍・自衛隊の施設・区域の共同使用を進めるほか、事態対処や中長期的な戦略を含め、各種の運用協力及び政策調整を緊密に行う。加えて、弾道ミサイル防衛、海洋、宇宙空間、サイバー空間、大規模災害対応等の幅広い安全保障分野における協力を強化して、日米同盟の抑止力及び対処力を向上させていく。

さらに、相互運用性の向上を含む日米同盟の基盤の強化を図るため、装備・技術面での協力、人的交流等の多面的な取組を進めていく。

(2) 安定的な米軍プレゼンスの確保

日米安全保障体制を維持・強化するためには、アジア太平洋地域における米軍の最適な兵力態勢の実現に向けた取組に我が国も主体的に協力するとともに、抑止力を維持・向上させつつ、沖縄を始めとする地元における負担を軽減することが重要である。

その一環として、在日米軍駐留経費負担を始めとする様々な施策を通じ、在日米軍の円滑かつ効果的な駐留を安定的に支えつつ、在沖縄米海兵隊のグアム移転の推進を始め、在日米軍再編を日米合意に従って着実に実施するとともに、地元との関係に留意しつつ、自衛隊及び米軍による施設・区域の共同使用等を推進する。

また、在日米軍施設・区域の周辺住民の負担を軽減するための措置を着実

に実施する。特に沖縄県については、国家安全保障上極めて重要な位置にあり、米軍の駐留が日米同盟の抑止力に大きく寄与している一方、在日米軍専用施設・区域の多くが集中していることを踏まえ、普天間飛行場の移設を含む負担軽減のための取組に最大限努力していく。

3. 国際社会の平和と安定のためのパートナーとの外交・安全保障協力の強化

　　我が国を取り巻く安全保障環境の改善には、上述したように政治・経済・安全保障の全ての面での日米同盟の強化が不可欠であるが、これに加え、そのために重要な役割を果たすアジア太平洋地域内外のパートナーとの信頼・協力関係を以下のように強化する。

(1) 韓国、オーストラリア、ASEAN諸国及びインドといった我が国と普遍的価値と戦略的利益を共有する国との協力関係を、以下のとおり強化する。

　　——隣国であり、地政学的にも我が国の安全保障にとって極めて重要な韓国と緊密に連携することは、北朝鮮の核・ミサイル問題への対応を始めとする地域の平和と安定にとって大きな意義がある。このため、未来志向で重層的な日韓関係を構築し、安全保障協力基盤の強化を図る。特に日米韓の三か国協力は、東アジアの平和と安定を実現する上で鍵となる枠組みであり、北朝鮮の核・ミサイル問題への協力を含め、これを強化する。さらに、竹島の領有権に関する問題については、国際法にのっとり、平和的に紛争を解決するとの方針に基づき、粘り強く外交努力を行っていく。

　　——地域の重要なパートナーであるオーストラリアとは、普遍的価値のみならず、戦略的利益や関心も共有する。二国間の相互補完的な経済関係の強化に加えて、戦略認識の共有、安全保障協力を着実に進め、戦略的パートナーシップを強化する。また、アジア太平洋地域の秩序の形成や国際社会の平和と安定の維持・強化のための取組において幅広い協力を推進する。その際、日米豪の三か国協力の枠組みも適切に活用する。

　　——経済成長及び民主化が進展し、文化的多様性を擁し、我が国のシーレーンの要衝を占める地域に位置するASEAN諸国とは、40年以上にわたる伝統的なパートナーシップに基づき、政治・安全保障分野を始めあらゆる分野における協力を深化・発展させる。ASEANがアジア太平洋地域全体の平和と安定及び繁栄に与える影響を踏まえ、ASEANの一体性の維持・強化に向けた努力を一層支援する。また、南シナ海問題についての中国との行動規範（COC）の策定に向けた動き等、紛争を力ではなく、法とルールにのっとって解決しようとする関係国の努力を評価し、効果的かつ法的拘束力を持つ規範が策定されるよう支援する。

　　——世界最大となることが見込まれている人口と高い経済成長や潜在的経済力を背景に影響力を増し、我が国のシーレーンの中央に位置する等地政学的にも重要なインドとは、二国間で構築された戦略的グローバ

41

　　　　ル・パートナーシップに基づいて、海洋安全保障を始め幅広い分野で
　　　　関係を強化していく。

(2) 我が国と中国との安定的な関係は、アジア太平洋地域の平和と安定に不可
　　欠の要素である。大局的かつ中長期的見地から、政治・経済・金融・安全保
　　障・文化・人的交流等あらゆる分野において日中で「戦略的互恵関係」を構
　　築し、それを強化できるよう取り組んでいく。特に中国が、地域の平和と安
　　定及び繁栄のために責任ある建設的な役割を果たし、国際的な行動規範を遵
　　守し、急速に拡大する国防費を背景とした軍事力の強化に関して開放性及び
　　透明性を向上させるよう引き続き促していく。その一環として、防衛交流の
　　継続・促進により、中国の軍事・安全保障政策の透明性の向上を図るととも
　　に、不測の事態の発生の回避・防止のための枠組みの構築を含めた取組を推
　　進する。また、中国が、我が国を含む周辺諸国との間で、独自の主張に基づき、
　　力による現状変更の試みとみられる対応を示していることについては、我が
　　国としては、事態をエスカレートさせることなく、中国側に対して自制を求
　　めつつ、引き続き冷静かつ毅然として対応していく。

(3) 北朝鮮問題に関しては、関係国と緊密に連携しつつ、六者会合共同声明や
　　国連安全保障理事会（安保理）決議に基づく非核化等に向けた具体的行動を
　　北朝鮮に対して求めていく。また、日朝関係については、日朝平壌宣言に基
　　づき、拉致・核・ミサイルといった諸懸案の包括的な解決に向けて、取り組
　　んでいく。とりわけ、拉致問題については、この問題の解決なくして北朝鮮
　　との国交正常化はあり得ないとの基本認識の下、一日も早いすべての拉致被
　　害者の安全確保及び即時帰国、拉致に関する真相究明、拉致実行犯の引渡し
　　に向けて、全力を尽くす。

(4) 東アジア地域の安全保障環境が一層厳しさを増す中、安全保障及びエネル
　　ギー分野を始めあらゆる分野でロシアとの協力を進め、日露関係を全体とし
　　て高めていくことは、我が国の安全保障を確保する上で極めて重要である。
　　このような認識の下、アジア太平洋地域の平和と安定に向けて連携していく
　　とともに、最大の懸案である北方領土問題については、北方四島の帰属の問
　　題を解決して平和条約を締結するとの一貫した方針の下、精力的に交渉を
　　行っていく。

(5) これらの取組に当たっては、APECから始まり、EAS、ASEAN+3、
　　ARF、拡大ASEAN国防相会議（ADMMプラス）、環太平洋パートナーシッ
　　プ（TPP）といった機能的かつ重層的に構築された地域協力の枠組み、あ
　　るいは日米韓、日米豪、日米印といった三か国間の枠組みや、地理的に近接
　　する経済大国である日中韓の枠組みを積極的に活用する。また、我が国とし
　　てこれらの枠組みの発展に積極的に寄与していく。さらに、将来的には東ア
　　ジアにおいてより制度的な安全保障の枠組みができるよう、我が国としても
　　適切に寄与していく。

(6) モンゴル、中央アジア諸国、南西アジア諸国、太平洋島嶼国、ニュージーランド、カナダ、メキシコ、コロンビア、ペルー、チリといったアジア太平洋地域の友好諸国とアジア太平洋地域の安定の確保に向けて協力する。太平洋に広大な排他的経済水域と豊富な海洋資源を有する太平洋島嶼国とは、太平洋・島サミット等を通じ海洋協力を含む様々な分野で協力を強化する。

(7) 国際社会の平和と安定に向けて重要な役割を果たすアジア太平洋地域外の諸国と協力関係を強化する。

—— 欧州は、国際世論形成力、主要な国際的枠組みにおける規範形成力、そして大きな経済規模を擁しており、英国、フランス、ドイツ、イタリア、スペイン、ポーランドを始めとする欧州諸国は、我が国と自由、民主主義、基本的人権の尊重、法の支配といった普遍的価値や市場経済等の原則を共有し、国際社会の平和と安定及び繁栄に向けて共に主導的な役割を果たすパートナーである。国際社会のパワーバランスが変化している中で、普遍的価値やルールに基づく国際秩序を構築し、グローバルな諸課題に効果的に対処し、平和で繁栄する国際社会を構築するための我が国の政策を実現していくために、EU、NATO、OSCEとの協力を含め、欧州との関係を更に強化していく。また、我が国が民主化に貢献してきた東欧諸国及びバルト諸国並びにコーカサス諸国と関係を強化する。

—— ブラジル、メキシコ、トルコ、アルゼンチン、南アフリカといった新興国は、国際経済のみならず、国際政治でもその存在感を増しつつあり、二国間関係にとどまらず、グローバルな課題についての協力を推進する。

—— 中東の安定は、我が国にとって、エネルギーの安定供給に直結する国家の生存と繁栄に関わる問題である。湾岸諸国は、我が国にとって最大の原油の供給源であるが、中東の安定を確保するため、これらの国と資源・エネルギーを中心とする関係を超えた幅広い分野での経済面、更には政治・安全保障分野での協力も含めた重層的な協力関係の構築に取り組む。「アラブの春」に端を発するアラブ諸国の民主化の問題、シリア情勢、イランの核問題、中東和平、アフガニスタンの平和構築といった中東の安定に重要な問題の解決に向けて、我が国として積極的な役割を果たす。その際、米国、欧州諸国、サウジアラビア、トルコといった中東地域で重要な役割を果たしている国と協調する。

—— 戦略的資源を豊富に有し、経済成長を持続しているアフリカは有望な経済フロンティアであると同時に国際社会における発言権を強めており、TICADプロセス等を通じて、アフリカの発展と平和の定着に引き続き貢献する。また、国際場裏での協力を推進していく。

4. 国際社会の平和と安定のための国際的努力への積極的寄与

我が国は、国際協調主義に基づく積極的平和主義の立場から、国際社会の平

和と安定のため、積極的な役割を果たしていく。

(1) 国連外交の強化

　国連は、安保理による国際の平和及び安全の維持・回復のための集団安全保障制度を中核として設置されたが、同制度は当初の想定どおりには十分に機能してきていない。

　他方、国連は幅広い諸国が参加する普遍性、専門性に支えられた正統性という強みを活かして世界の平和と安全のために様々な取組を主導している。特に冷戦終結以降、国際の平和と安全の維持・回復の分野における国連の役割はますます高まっている。

　我が国として、これまで安保理の非常任理事国を幾度も務めた経験を踏まえ、国連における国際の平和と安全の維持・回復に向けた取組に更に積極的に寄与していく。

　また、国連のPKOや集団安全保障措置及び予防外交や調停等の外交的手段のみならず、紛争後の緊急人道支援から復旧復興支援に至るシームレスな支援、平和構築委員会を通じた支援等、国連が主導する様々な取組に、より積極的に寄与していく。

　同時に、集団安全保障機能の強化を含め、国連の実効性と正統性の向上の実現が喫緊の課題であり、常任・非常任双方の議席拡大及び我が国の常任理事国入りを含む安保理改革の実現を追求する。

(2) 法の支配の強化

　法の支配の擁護者として引き続き国際法を誠実に遵守するのみならず、国際社会における法の支配の強化に向け、様々な国際的なルール作りに構想段階から積極的に参画する。その際、公平性、透明性、互恵性を基本とする我が国の理念や主張を反映させていく。

　また、国際司法機関に対する人材・財政面の支援、各国に対する法制度整備支援等に積極的に取り組む。

　特に海洋、宇宙空間及びサイバー空間における法の支配の実現・強化について、関心を共有する国々との政策協議を進めつつ、国際規範形成や、各国間の信頼醸成措置に向けた動きに積極的に関与する。また、開発途上国の能力構築に一層寄与する。

　――海洋については、地域的取組その他の取組を推進し、力ではなく法とルールが支配する海洋秩序を強化することが国際社会全体の平和と繁栄に不可欠との国際的な共有認識の形成に向けて主導的役割を発揮する。

　――宇宙空間については、自由なアクセス及び活用を確保することが重要であるとの考え方に基づき、衛星破壊実験の防止や衛星衝突の回避を目的とする国際行動規範策定に向けた努力に積極的に参加し、宇宙空間の安全かつ安定的な利用の確保を図る。

　――サイバー空間については、情報の自由な流通の確保を基本とする考え

方の下、その考えを共有する国と連携し、既存の国際法の適用を前提とした国際的なルール作りに積極的に参画するとともに、開発途上国への能力構築支援を積極的に行う。

(3) 軍縮・不拡散に係る国際努力の主導

我が国は、世界で唯一の戦争被爆国として、「核兵器のない世界」の実現に向けて引き続き積極的に取り組む。

北朝鮮による核開発及び弾道ミサイル開発の進展がもたらす脅威や、アジア太平洋地域における将来の核戦力バランスの動向、軍事技術の急速な進展を踏まえ、日米同盟の下での拡大抑止への信頼性維持と整合性をとりつつ、北朝鮮による核・ミサイル開発問題やイランの核問題の解決を含む軍縮・不拡散に向けた国際的取組を主導する。

また、武器や軍事転用可能な資機材、技術等が、懸念国家等に拡散することを防止するため、国際輸出管理レジームにおける議論への積極的な参画を含め、関係国と協調しつつ、安全保障の観点に立った輸出管理の取組を着実に実施する。さらに、小型武器や対人地雷等の通常兵器に関する国際的な取組においても、積極的に対応する。

(4) 国際平和協力の推進

我が国は20年以上にわたり、国際平和協力のため、カンボジア、ゴラン高原、東ティモール、ネパール、南スーダン等、様々な地域に自衛隊を始めとする要員を派遣し、その実績は内外から高い評価を得てきた。

今後、国際協調主義に基づく積極的平和主義の立場から、我が国に対する国際社会からの評価や期待も踏まえ、PKO等に一層積極的に協力する。その際、ODA事業との連携を図るなど活動の効果的な実施に努める。

また、ODAや能力構築支援の更なる戦略的活用やNGOとの連携を含め、安全保障関連分野でのシームレスな支援を実施するため、これまでのスキームでは十分対応できない機関への支援も実施できる体制を整備する。

さらに、これまでの経験を活用した平和構築人材の育成や、各国PKO要員の育成も政府一体となって積極的に行う。これらの取組を行うに当たっては、米国、オーストラリア、欧州等同分野での経験を有する関係国等とも緊密に連携を図る。

(5) 国際テロ対策における国際協力の推進

テロはいかなる理由をもってしても正当化できず、強く非難されるべきものであり、国際社会が一体となって断固とした姿勢を示すことが重要である。

国際テロ情勢や国際テロ対策協力に関する各国との協議や意見交換、テロリストを厳正に処罰するための国際的な法的枠組みの強化、テロ対処能力が不十分な開発途上国に対する支援等に積極的に取り組み、国家安全保障の観点から国際社会と共に国際テロ対策を推進していく。

また、不法な武器、薬物の取引や誘拐等、組織犯罪の収益がテロリストの

重要な資金源になっており、テロと国際組織犯罪は密接な関係を有している。

こうした認識を踏まえ、国際組織犯罪を防止し、これと闘うための国際協力・途上国支援を強化していく。

5. 地球規模課題解決のための普遍的価値を通じた協力の強化

国際社会の平和と安定及び繁栄の基盤を強化するため、普遍的価値の共有、開かれた国際経済システムの強化を図り、貧困、エネルギー問題、格差の拡大、気候変動、災害、食料問題といった国際社会の平和と安定の阻害要因となりかねない開発問題や地球規模課題の解決に向け、ODAの積極的・戦略的活用を図りつつ、以下の取組を進める。

(1) 普遍的価値の共有

自由、民主主義、女性の権利を含む基本的人権の尊重、法の支配といった普遍的価値を共有する国々との連帯を通じグローバルな課題に貢献する外交を展開する。

1990年代に東欧諸国やASEAN諸国で始まり、2010年代初頭にアラブ諸国に至った世界における民主化の流れは、グローバル化や市場経済化の急速な進展とあいまって、もはや不可逆的なものとなっている。

一方、「アラブの春」に見られるように、民主化は必ずしもスムーズに進んでいるわけではない。我が国は、先進自由民主主義国家として、人間の安全保障の理念も踏まえつつ、民主化支援、法制度整備支援及び人権分野での支援にODAを積極的に活用し、また、人権対話等を通じ国際社会における人権擁護の潮流の拡大に貢献する。

また、女性に関する外交課題に積極的に取り組む。具体的には、紛争予防・平和構築における女性の役割拡大や社会進出促進等について、国際社会と協力していく。

(2) 開発問題及び地球規模課題への対応と「人間の安全保障」の実現

我が国は、これまでODAを活用して、世界の開発問題に積極的に取り組み、国際社会から高い評価を得てきた。開発問題への対応はグローバルな安全保障環境の改善にも資するものであり、国際協調主義に基づく積極的平和主義の一つの要素として、今後とも一層強化する必要がある。

こうした点を踏まえるとともに、「人間の安全保障」の実現に資するため、ODAを戦略的・効果的に活用し、国際機関やNGOを始めとする多様なステークホルダーと連携を図りつつ、ミレニアム開発目標（MDGs）の達成に向け、貧困削減、国際保健、教育、水等の分野における取組を強化する。

また、新たな国際開発目標（ポスト2015年開発アジェンダ）の策定にも主導的役割を果たす。さらに、「人間の安全保障」の実現について、これまで我が国のイニシアティブとして国際社会でも主導的な役割を果たしている。今後とも、国際社会におけるその理念の主流化を一層促す。

我が国は、阪神大震災、東日本大震災を始めとする幾多の自然災害に見舞

われてきた。その教訓・経験を広く共有するとともに、世界各地において災害が巨大化し、頻発していることも踏まえ、防災分野での国際協力を主導し、災害に強い強靭な社会を世界中に広めていく。

(3) 開発途上国の人材育成に対する協力

開発途上国から、将来指導者となることが期待される優秀な学生や行政官を含む幅広い人材を我が国に招致し、その経験や知見を学ぶとともに、我が国の制度や技術・ノウハウに関する教育訓練を提供する。こうした取組により、我が国との相互理解を促進し、出身国の持続的な経済・社会発展に役立てるための人材育成をより一層推進する。

また、人材育成で培ったネットワークの維持・発展を図り、協力関係の基盤の拡大と強化に役立てる。

(4) 自由貿易体制の維持・強化

開放的でルールに基づいた国際経済システムを拡大し、その中で我が国が主要プレーヤーであり続けることは、世界経済の発展や我が国の経済的繁栄を確保していく上で不可欠である。

このような観点を踏まえながら、包括的で高い水準の貿易協定を目指すTPP協定、日EU経済連携協定(EPA)、日中韓自由貿易協定(FTA)及び東アジア地域包括的経済連携(RCEP)を始めとする経済連携を推進し、世界経済の成長に寄与するとともに、その成長を取り込むことによって我が国の成長につなげていく。

また、こうした取組を通じた、アジア太平洋地域での貿易・投資面でのルール作りは、この地域の活力と繁栄を強化するものであり、安全保障面での安定した環境の基礎を強化する戦略的意義を有する。

このような21世紀型のEPAを結んでいくことにより、新たな貿易自由化の魅力的な先進事例を示すこととなり、WTOを基盤とする多角的貿易体制における世界規模の貿易自由化も促進していくことが期待される。

(5) エネルギー・環境問題への対応

エネルギーを含む資源の安定供給は活力ある我が国の経済にとって不可欠であり、国家安全保障上の課題である。資源の安定的かつ安価な供給を確保するため必要な外交的手段を積極的に活用し、各国の理解を得つつ、供給源の多角化等の取組を行っていく。

気候変動分野では、国内の排出削減に向けた一層の取組を行う。優れた環境エネルギー技術や途上国支援等の我が国の強みをいかした攻めの地球温暖化外交戦略(「Actions for Cool Earth(ACE:エース)」)を展開する。また、全ての国が参加する公平かつ実効的な新たな国際枠組み構築に積極的に関与し、世界全体で排出削減を達成し、気候変動問題の解決に寄与する。

(6) 人と人との交流の強化

人と人との交流は、相手国との相互理解や友好関係を増進し国家間の関係を

確固たるものとさせる。加えて、国際社会における我が国に対する適切な理解を深め、安定的で友好的な安全保障環境を整備していく上でも有意義である。

　このような観点から、特に双方向の青少年の交流を拡大するための施策を実施し、将来にわたって各国との関係を強化していく。例えば、文化的多様性を残しつつ地域統合が進んでいるASEANとは友好協力40周年を迎えたところであり、今後、交流事業の更なる活性化を通じて、相互理解を一層促進していく。

　また、2020年に開催される東京オリンピック・パラリンピック競技大会といった世界共通の関心を集めるイベントを活用しつつ、スポーツや文化を媒体とした交流を促進し、個人レベルでの友好関係を構築し、深めていく。

6．国家安全保障を支える国内基盤の強化と内外における理解促進

　国家安全保障を十全に確保するためには、外交力及び防衛力を中心とする能力の強化に加え、これらの能力が効果的に発揮されることを支える国内基盤を整備することが不可欠である。

　また、国家安全保障を達成するためには、国家安全保障政策に対する国際社会や国民の広範な理解を得ることが極めて重要であるとの観点をも踏まえ、以下の取組を進める。

(1) 防衛生産・技術基盤の維持・強化

　防衛生産・技術基盤は、防衛装備品の研究開発、生産、運用、維持整備等を通じて防衛力を支える重要な要素である。限られた資源で防衛力を安定的かつ中長期的に整備、維持及び運用していくため、防衛装備品の効果的・効率的な取得に努めるとともに、国際競争力の強化を含めた我が国の防衛生産・技術基盤を維持・強化していく。

(2) 情報発信の強化

　国家安全保障政策の推進に当たっては、その考え方について、内外に積極的かつ効果的に発信し、その透明性を高めることにより、国民の理解を深めるとともに、諸外国との協力関係の強化や信頼醸成を図る必要がある。

　このため、官邸を司令塔として、政府一体となった統一的かつ戦略的な情報発信を行うこととし、各種情報技術を最大限に活用しつつ、多様なメディアを通じ、外国語による発信の強化等を行う。

　また、政府全体として、教育機関や有識者、シンクタンク等との連携を図りつつ、世界における日本語の普及、戦略的広報に資する人材の育成等を図る。

　世界の安全保障環境が複雑・多様化する中にあっては、各国の利害が対立する状況も生じ得る。このような認識の下、客観的な事実を中心とする関連情報を正確かつ効果的に発信することにより、国際世論の正確な理解を深め、国際社会の安定に寄与する。

(3) 社会的基盤の強化

　国家安全保障政策を中長期的観点から支えるためには、国民一人一人が、

地域と世界の平和と安定及び人類の福祉の向上に寄与することを願いつつ、国家安全保障を身近な問題として捉え、その重要性や複雑性を深く認識することが不可欠である。

そのため、諸外国やその国民に対する敬意を表し、我が国と郷土を愛する心を養うとともに、領土・主権に関する問題等の安全保障分野に関する啓発や自衛隊、在日米軍等の活動の現状への理解を広げる取組、これらの活動の基盤となる防衛施設周辺の住民の理解と協力を確保するための諸施策等を推進する。

(4) 知的基盤の強化

国家安全保障に関する国民的な議論の充実や質の高い政策立案に寄与するため、関係省庁職員の派遣等による高等教育機関における安全保障教育の拡充・高度化、実践的な研究の実施等を図るとともに、これら機関やシンクタンク等と政府の交流を深め、知見の共有を促進する。

こうした取組を通じて、現実的かつ建設的に国家安全保障政策を吟味することができる民間の専門家や行政官の育成を促進するとともに、国家安全保障に知見を有する人材の層を厚くする。

内閣官房長官談話

(平成25年12月17日)

1. 政府は、本日、国家安全保障会議及び閣議において、「国家安全保障戦略」、「平成26年度以降に係る防衛計画の大綱」及び「中期防衛力整備計画（平成26年度〜平成30年度）」を決定いたしました。

これら3つの文書は、先日の国家安全保障会議の設置に続く、安倍内閣の安全保障政策の重要な柱となるものです。

2. 我が国の安全保障をめぐる環境は、一層厳しさを増しています。豊かで平和な社会を引き続き発展させていくためには、我が国の国益を長期的視点から見定めた上で、国家安全保障のための方策に取り組んでいく必要があります。

このような考えの下、9月の総理指示に基づき、我が国で初めて、国家安全保障に関する基本方針として、外交政策及び防衛政策を中心とした「国家安全保障戦略」を策定いたしました。

3. 本戦略においては、国家安全保障の基本理念として、国際協調主義に基づく積極的平和主義を掲げております。

我が国が、平和国家としての歩みを堅持しつつ、また、国際社会の主要プレーヤーとして、米国を始めとする関係国と緊密に連携しながら、我が国の安全と地域の平和と安定を実現しつつ、国際社会の平和と安定、そして繁栄の確保に、これまで以上に積極的に寄与していくとの考えを明らかにしております。

4. こうした基本理念の下、我が国の国益と国家安全保障の目標を示した上で、我が国が直面する国家安全保障上の課題を特定し、こうした課題への対応を的

確に行うための戦略的アプローチとして、総合的な施策を明記しています。

　政府としては、先日設置された国家安全保障会議の司令塔機能の下、本戦略に従って、国家安全保障政策を一層戦略的かつ体系的に実施し、国家安全保障の確保に万全を期す考えです。

5．「平成26年度以降に係る防衛計画の大綱」については、本年1月に閣議決定された「平成25年度の防衛力整備等について」に基づいて、「国家安全保障戦略」を踏まえ、今後の我が国の防衛の在り方について新たな指針を示す文書として策定したものです。

6．新「防衛大綱」では、国際協調主義に基づく積極的平和主義の下、総合的な防衛体制を構築し、各種事態の抑止・対処のための体制を強化するとともに、外交政策と密接な連携を図りながら、日米同盟を強化しつつ、諸外国との二国間・多国間の安全保障協力を積極的に推進するほか、防衛力の能力発揮のための基盤の確立を図ることとしております。

7．我が国の防衛力については、多様な活動を統合運用によりシームレスかつ状況に臨機に対応して機動的に行い得る実効的なものとしていくため、幅広い後方支援基盤の確立に配意しつつ、高度な技術力と情報・指揮通信能力に支えられ、ハード及びソフト両面における即応性、持続性、強靭性及び連接性も重視した「統合機動防衛力」を構築することとしております。

8．「中期防衛力整備計画(平成26年度〜平成30年度)」は、新「防衛大綱」に定める我が国が保有すべき防衛力の水準をおおむね10年で達成するために策定したものであり、当初5年間に達成すべき計画であります。

9．新「中期防」におきましては、「統合機動防衛力」を構築するため、統合機能の更なる充実に留意しつつ、特に、警戒監視能力、情報機能、輸送能力及び指揮統制・情報通信能力のほか、島嶼部に対する攻撃への対応、弾道ミサイル攻撃への対応、宇宙空間及びサイバー空間における対応、大規模災害等への対応並びに国際平和協力活動等への対応のための機能・能力を重視するとの方針の下、防衛力の役割を実効的に果たすための主要事業を掲げております。

10．本計画の実施に必要な防衛力整備の水準に係る金額は、平成25年度価格でおおむね24兆6千7百億円程度を目途としております。本計画期間中、調達改革等を通じ、一層の効率化・合理化を徹底した防衛力整備に努め、おおむね7千億円程度の実質的な財源の確保を図り、本計画の下で実施される各年度の予算の編成に伴う防衛関係費は、おおむね23兆9千7百億円程度の枠内とすることとしております。

11．我が国の安全保障を十全に確保するためには、これを支える国内基盤の強化と内外における理解の促進が不可欠であり、政府は、今回の決定を国会に御報告するとともに、積極的な情報発信に努めてまいります。

　国民の皆様におかれましても、御理解と御協力を切に希望する次第であります。

「国家安全保障戦略」、「平成26年度以降に係る防衛計画の大綱」及び 「中期防衛力整備計画(平成26年度〜平成30年度)」について

(防衛大臣談話)

(平成25年12月17日)

1. 本日、国家安全保障会議及び閣議において、我が国として初の「国家安全保障戦略」が策定され、これを踏まえ、新たな「防衛大綱」及び「中期防衛力整備計画」が決定されました。

2. 「戦略」は、我が国の国益を長期的視点から見定めた上で、外交政策及び防衛政策を中心とした国家安全保障に関する基本方針を定めたものです。これは、国際協調主義に基づく積極的平和主義の立場から、我が国の安全及びアジア太平洋地域の平和と安定を実現しつつ、国際社会の平和と安定及び繁栄の確保にこれまで以上に積極的に寄与していくことを基本理念として明らかにしています。

　「戦略」は、我が国の防衛力について国家安全保障の最終的な担保であるとの位置づけを明らかにしつつ、我が国を守り抜く総合的な防衛体制を構築することとしています。防衛省としては、「戦略」に基づき、実効性の高い統合的な防衛力を整備し、統合運用を基本とする柔軟かつ即応性の高い運用に努めるとともに、政府機関・地方公共団体・民間部門との連携を強化してまいります。

3. 本「戦略」を踏まえた今後の我が国の防衛の在り方については、新「防衛大綱」において具体的に示されています。ここに示された我が国の防衛力の在り方の背景として、前「防衛大綱」が3年前に策定された時の安全保障環境と比較すると、現在の我が国を取り巻く安全保障環境は一層厳しさを増しています。特に、我が国周辺を含むアジア太平洋地域においては、領土や主権、海洋における経済権益等をめぐる、純然たる平時でも有事でもない、いわばグレーゾーンの事態が増加する傾向にあります。

　特に、この一年間の情勢を見ても、北朝鮮は、弾道ミサイルの発射や核実験を強行し、また我が国の具体的地名を挙げ、ミサイルの射撃圏内にあるとするといった挑発的言動を行うなど、その核・ミサイル開発は、我が国の安全に対する重大かつ差し迫った脅威となっています。

　また、中国も、力を背景とした現状変更を試みるなど、高圧的とも言える対応を示しています。例えば、中国政府機関の公船による断続的な我が国領海への侵入や中国機による我が国領空の侵犯が生起しています。これに加え、中国海軍艦艇による海上自衛隊護衛艦に対する火器管制レーダーの照射や、独自の主張に基づく「東シナ海防空識別区」の一方的な設定など、不測の事態を招きかねない危険な行為を引き起こしています。こうした中国の軍事動向等に対し、我が国は強く懸念しています。

4．このように厳しさを増す安全保障環境において、我が国自身の主権・独立を維持し、領域を保全し、我が国国民の生命・身体・財産の安全を確保して、我が国の平和を維持し、その存立を全うするための柱となるのは、①我が国自身の努力、②日米同盟の強化、③安全保障協力の積極的な推進の3点です。

5．第1に、我が国の平和と安全を守る根幹は、我が国が自ら行う努力にほかなりません。我が国を取り巻く安全保障環境は先に述べたとおり、一層厳しさを増しており、自衛隊の対応が求められる事態は急速に増加し、かつ長期化する傾向にあります。事態の深刻化を防止するとともに、万が一状況がエスカレートし、事態が発生した場合には、実効的に対処し、被害を最小化することが極めて重要です。このため、平素から、常時継続的な警戒監視等を実施し、各種兆候を早期に察知するとともに、状況の推移に応じて、訓練や演習を戦略的に実施します。また、部隊を機動的に展開するなど、状況に迅速かつ的確に対応できる態勢を構築します。

　このような観点から、装備の運用水準を高め、その活動量を増加させ、統合運用による適切な活動を迅速かつ持続的に実施していくことに加え、各種活動を下支えする防衛力の「質」と「量」を必要かつ十分に確保し、抑止力及び対処力を高めていきます。

6．その具体的方策として、新「防衛大綱」では、島嶼部に対する攻撃への対応や弾道ミサイル攻撃への対応など、想定される各種事態に対してより実効的に対応できるよう、自衛隊全体の機能・能力に着目し、統合運用を踏まえた能力評価を実施し、総合的な観点から特に重視すべき機能・能力を導き出しました。

　その上で、各自衛隊の体制整備に当たっての重視事項を明示し、限られた資源を重点的かつ柔軟に配分していくこととしています。これにより、防衛力整備の優先順位を明確化し、「質」と「量」を重視しつつ、これまで以上にメリハリのきいた防衛力の構築を目指します。

7．以上を踏まえ、今後の防衛力については、安全保障環境の変化を踏まえ、特に重視すべき機能・能力についての全体最適を図るとともに、多様な活動を統合運用によりシームレスかつ状況に臨機に即応して機動的に行い得る実効的なものとしていくことが必要です。このため、幅広い後方支援基盤の確立に配意しつつ、高度な技術力と情報・指揮通信能力に支えられ、ハード及びソフト両面における即応性、持続性、強靱性及び連接性も重視した「統合機動防衛力」を構築します。

8．第2に日米同盟を強化します。日米同盟は、我が国自身の努力とあいまって、我が国の安全保障の基軸であり、我が国の平和と安全の確保のみならず、地域及び国際社会の平和と安定及び繁栄に極めて重要な役割を担っています。

　このため、「日米防衛協力のための指針」の見直しや、自衛隊と米軍との連携を強化するための取組を幅広く推進し、日米同盟の抑止力及び対処力を強化してまいります。また、在日米軍の円滑かつ効果的な駐留を支える施策を行う

とともに、在日米軍再編を着実に進め、米軍の抑止力を維持しつつ、沖縄県を始めとする地元の負担軽減を図ってまいります。

9. 第3に、関係各国との安全保障協力を積極的に推進します。今日の国際社会においては、国際テロの拡大、海洋・宇宙空間・サイバー空間を巡る問題など、一国のみで対処することが極めて困難な安全保障上の課題が増加しています。

　このため、国際協調主義に基づく積極的平和主義の立場から、二国間・多国間の安全保障協力を強化するとともに、国際平和協力活動等に積極的に取り組み、アジア太平洋地域の平和と安定を追求しつつ、世界の平和と安定及び繁栄の確保にこれまで以上に積極的に寄与してまいります。

10. 新「防衛大綱」はおおむね10年程度の期間を念頭に防衛力整備の目標水準を示しておりますが、新「中期防」は、その下で、最初の5年間の主要事業と経費を一体的に示したものです。これにより、実効性の高い統合的な防衛力を効率的に整備してまいります。その際、特に南西地域の防衛態勢の強化をはじめ、各種事態における実効的な抑止及び対処を実現するための前提となる海上優勢及び航空優勢を確実に維持するとともに、幅広い後方支援基盤の確立に配意しつつ、部隊を迅速に機動展開させて対処する能力も重視します。

　新「中期防」に定める計画の実施に必要な防衛力整備の水準に係る金額は、平成25年度価格でおおむね24兆6,700億円程度を目途としており、前中期防の所要経費から約1兆2,800億円の増となっています。なお、新「中期防」の下での防衛力整備に当たっては、調達改革等を通じ、一層の効率化・合理化に努め、本計画期間中、おおむね7,000億円程度の実質的な財源の確保を図ります。防衛省としては引き続き全体最適に基づく効率的な資源配分に配意しつつ、「統合機動防衛力」の構築に向け、着実な防衛力の整備に努めて参ります。

11. 国の防衛は、国民一人ひとりの支援がなくては成り立ちません。国民の生命・財産と領土・領海・領空を守り抜き、国民の期待と信頼に応えられるよう、防衛省・自衛隊は今後とも全力を尽くしてまいる所存です。国民の皆様におかれましても、御理解と御協力を切に希望する次第であります。

4. 国家安全保障戦略 〔令和4年12月16日決定〕

国家安全保障戦略について

$$\left.\begin{array}{c} \text{令 和 4 年 12 月 16 日} \\ \text{国家安全保障会議決定} \\ \text{閣 議 決 定} \end{array}\right)$$

国家安全保障戦略について別紙のとおり定める。

これに伴い、「国家安全保障戦略について」（平成25年12月17日国家安全保障会議決定及び閣議決定）は廃止する。

（別紙）

Ⅰ 策定の趣旨

国際社会は時代を画する変化に直面している。グローバリゼーションと相互依存のみによって国際社会の平和と発展は保証されないことが、改めて明らかになった。自由で開かれた安定的な国際秩序は、冷戦終焉以降に世界で拡大したが、パワーバランスの歴史的変化と地政学的競争の激化に伴い、今、重大な挑戦に晒されている。その中で、気候変動問題や感染症危機を始め、国境を越えて各国が協力して対応すべき諸課題も同時に生起しており、国際関係において対立と協力の様相が複雑に絡み合う時代になっている。

これまで、我が国を含む先進民主主義国は、自由、民主主義、基本的人権の尊重、法の支配といった普遍的価値を擁護し、共存共栄の国際社会の形成を主導してきた。途上国を含む国際社会の多くの国も、こうした国際秩序を前提に、グローバリゼーションの中で、国際社会の平和と安定と経済発展の果実を享受してきた。

しかし、同時に、拡大する経済格差等に起因する不満は、国内、更には国家間の関係において新たな緊張をもたらしている。普遍的価値を共有しない一部の国家は、独自の歴史観・価値観に基づき、既存の国際秩序の修正を図ろうとする動きを見せている。人類が過去一世紀近くにわたって築き上げてきた武力の行使の一般的禁止という国際社会の大原則が、国際社会の平和及び安全の維持に関する主要な責任を有する国際連合安全保障理事会（以下「国連安保理」という。）の常任理事国により、あからさまな形で破られた。また、海洋における一方的な現状変更及びその試みも継続している。そして、普遍的価値を共有しない一部の国家は、経済と科学技術を独自の手法で急速に発展させ、一部の分野では、学問の自由や市場経済原理を擁護してきた国家よりも優位に立つようになってきている。これらは、既存の国際秩序に挑戦する動きであり、国際関係において地政学的競争が激化している。このような状況において、多くの途上国等は地政学的競争に巻き込まれることを回避しようとしているが、中には普遍的価値を共有しない一部の国家に追随する国も出てきている。

このように地政学的競争が激化すると同時に、国際社会においては、国際社会

全体の協力が不可欠な問題も生じてきている。気候変動、感染症危機等、国境を越えて人類の存在そのものを脅かす地球規模課題への対応のために、国際社会が価値観の相違、利害の衝突等を乗り越えて協力することが、かつてないほど求められている時代になっている。

　我が国周辺に目を向ければ、我が国は戦後最も厳しく複雑な安全保障環境に直面している。ロシアによるウクライナ侵略により、国際秩序を形作るルールの根幹がいとも簡単に破られた。同様の深刻な事態が、将来、インド太平洋地域、とりわけ東アジアにおいて発生する可能性は排除されない。国際社会では、インド太平洋地域を中心に、歴史的なパワーバランスの変化が生じている。また、我が国周辺では、核・ミサイル戦力を含む軍備増強が急速に進展し、力による一方的な現状変更の圧力が高まっている。そして、領域をめぐるグレーゾーン事態、民間の重要インフラ等への国境を越えたサイバー攻撃、偽情報の拡散等を通じた情報戦等が恒常的に生起し、有事と平時の境目はますます曖昧になってきている。さらに、国家安全保障の対象は、経済、技術等、これまで非軍事的とされてきた分野にまで拡大し、軍事と非軍事の分野の境目も曖昧になっている。

　国内に目を転じれば、我が国は、人口減少、少子高齢化、厳しい財政状況等の困難な課題に直面している。こうした我が国国内の困難な経済的・社会的課題を解決し、経済成長を実現していくためにも、産業に不可欠な物資、エネルギー、食料等の貿易や人の移動等の国境をまたぐ経済・社会活動が円滑になされる国際的な環境を確保しなければならない。

　このような世界の歴史の転換期において、我が国は戦後最も厳しく複雑な安全保障環境のただ中にある。その中において、防衛力の抜本的強化を始めとして、最悪の事態をも見据えた備えを盤石なものとし、我が国の平和と安全、繁栄、国民の安全、国際社会との共存共栄を含む我が国の国益を守っていかなければならない。そのために、我が国はまず、我が国に望ましい安全保障環境を能動的に創出するための力強い外交を展開する。そして、自分の国は自分で守り抜ける防衛力を持つことは、そのような外交の地歩を固めるものとなる。

　こうした目標を達成するためには、地政学的競争、地球規模課題への対応等、対立と協力が複雑に絡み合う国際関係全体を俯瞰し、外交力・防衛力・経済力・技術力・情報力を含む総合的な国力を最大限活用して、国家の対応を高次のレベルで統合させる戦略が必要である。このような視点に立ち、我が国の安全保障に関する最上位の政策文書となる国家安全保障戦略を定める。本戦略は、外交、防衛、経済安全保障、技術、サイバー、海洋、宇宙、情報、政府開発援助（ODA）、エネルギー等の我が国の安全保障に関連する分野の諸政策に戦略的な指針を与えるものである。

　2013年に我が国初の国家安全保障戦略（平成25年12月17日国家安全保障会議決定及び閣議決定）が策定され、我が国は、国際協調を旨とする積極的平和主義の下での平和安全法制の制定等により、安全保障上の事態に切れ目なく対応で

きる枠組みを整えた。本戦略に基づく戦略的な指針と施策は、その枠組みに基づき、我が国の安全保障に関する基本的な原則を維持しつつ、戦後の我が国の安全保障政策を実践面から大きく転換するものである。

　同時に、国家としての力の発揮は国民の決意から始まる。伝統的な外交・防衛の分野にとどまらない幅広い分野を対象とする本戦略を着実に実施していくためには、本戦略の内容と実施について国民の理解と協力を得て、国民が我が国の安全保障政策に自発的かつ主体的に参画できる環境を政府が整えることが不可欠である。

　本戦略は次のとおり構成される。

　本戦略は、まず、国家の安全保障戦略を定める際の原点となるべき我が国の国益を示す。次に、その国益を踏まえ、我が国の戦後の安全保障の歴史と経験、国民の選択の中から培われてきた我が国の安全保障に関する基本的な原則を示す。さらに、現在の我が国を取り巻く安全保障環境と我が国の安全保障上の課題を示す。これらを踏まえて、我が国が達成すべき我が国の安全保障上の目標を設定し、この目標を我が国が総合的な国力を用いて達成するための手段と方法、すなわち戦略的なアプローチを明らかにする。さらに、戦略的なアプローチの実施を支える土台である我が国の様々な基盤を示す。

Ⅱ　我が国の国益

　我が国が守り、発展させるべき国益を以下に示す。

1．我が国の主権と独立を維持し、領域を保全し、国民の生命・身体・財産の安全を確保する。そして、我が国の豊かな文化と伝統を継承しつつ、自由と民主主義を基調とする我が国の平和と安全を維持し、その存立を全うする。また、我が国と国民は、世界で尊敬され、好意的に受け入れられる国家・国民であり続ける。

2．経済成長を通じて我が国と国民の更なる繁栄を実現する。そのことにより、我が国の平和と安全をより強固なものとする。そして、我が国の経済的な繁栄を主体的に達成しつつ、開かれ安定した国際経済秩序を維持・強化し、我が国と他国が共存共栄できる国際的な環境を実現する。

3．自由、民主主義、基本的人権の尊重、法の支配といった普遍的価値や国際法に基づく国際秩序を維持・擁護する。特に、我が国が位置するインド太平洋地域において、自由で開かれた国際秩序を維持・発展させる。

Ⅲ　我が国の安全保障に関する基本的な原則

　我が国の国益を守るための安全保障政策の遂行の前提として、我が国の安全保障に関する基本的な原則を以下に示す。

1．国際協調を旨とする積極的平和主義を維持する。その理念を国際社会で一層具現化しつつ、将来にわたって我が国の国益を守る。そのために、我が国を守

る一義的な責任は我が国にあるとの認識の下、刻々と変化する安全保障環境を直視した上で、必要な改革を果断に遂行し、我が国の安全保障上の能力と役割を強化する。

2．自由、民主主義、基本的人権の尊重、法の支配といった普遍的価値を維持・擁護する形で、安全保障政策を遂行する。そして、戦後最も厳しく複雑な安全保障環境の中においても、世界的に最も成熟し安定した先進民主主義国の一つとして、普遍的価値・原則の維持・擁護を各国と協力する形で実現することに取り組み、国際社会が目指すべき範を示す。

3．平和国家として、専守防衛に徹し、他国に脅威を与えるような軍事大国とはならず、非核三原則を堅持するとの基本方針は今後も変わらない。

4．拡大抑止の提供を含む日米同盟は、我が国の安全保障政策の基軸であり続ける。

5．我が国と他国との共存共栄、同志国との連携、多国間の協力を重視する。

Ⅳ　我が国を取り巻く安全保障環境と我が国の安全保障上の課題

我が国の安全保障上の目標を定めるに当たり、我が国を取り巻く安全保障環境と我が国の安全保障上の課題を以下に示す。

1．グローバルな安全保障環境と課題

(1) 2013年の国家安全保障戦略の策定以降も、グローバルなパワーの重心が、我が国が位置するインド太平洋地域に移る形で、国際社会は急速に変化し続けている。この変化は中長期的に続き、国際社会の在り様を変えるほどの歴史的な影響を与えるものとなる可能性が高い。

(2) 国際社会においては、経済発展、技術革新、人的交流、新たな文化の創出等の多くの機会と恩恵がもたらされている。しかし、同時に、我が国の同盟国であり世界最大の総合的な国力を有する米国や、G7等の国際的な枠組みが、国際社会におけるリスクを管理し、自由で開かれた国際秩序を維持・発展させることは、ますます難しくなってきている。国際社会全体の意思を具現すべき国連では、対立が目立ち、その機能が十分に果たせていない。これは、普遍的価値やそれに基づく政治・経済体制を共有しない国家が勢力を拡大し、国際社会におけるリスクが顕在化していることが大きな要因である。具体的には、他国の国益を減ずる形で自国の国益を増大させることも排除しない一部の国家が、軍事的・非軍事的な力を通じて、自国の勢力を拡大し、一方的な現状変更を試み、国際秩序に挑戦する動きを加速させている。このような動きが、軍事、外交、経済、技術等の幅広い分野での国家間の競争や対立を先鋭化させ、国際秩序の根幹を揺るがしている。その結果、現在の国際的な安全保障環境は、国家間の関係や利害がモザイクのように入り組む、複雑で厳しいものとなっている。

(3) 以下に、こうした現在の国際的な安全保障環境の複雑さ、厳しさを表す顕

著な例を挙げる。

ア　他国の領域主権等に対して、軍事的及び非軍事的な手段を組み合わせる形で、力による一方的な現状変更及びその試みがなされている。特に、ロシアによるウクライナ侵略は、武力の行使を禁ずる国際法の深刻な違反であり、国際秩序の根幹を揺るがすものである。

イ　サイバー空間、海洋、宇宙空間、電磁波領域等において、自由なアクセスやその活用を妨げるリスクが深刻化している。特に、相対的に露見するリスクが低く、攻撃者側が優位にあるサイバー攻撃の脅威は急速に高まっている。サイバー攻撃による重要インフラの機能停止や破壊、他国の選挙への干渉、身代金の要求、機微情報の窃取等は、国家を背景とした形でも平素から行われている。そして、武力攻撃の前から偽情報の拡散等を通じた情報戦が展開されるなど、軍事目的遂行のために軍事的な手段と非軍事的な手段を組み合わせるハイブリッド戦が、今後更に洗練された形で実施される可能性が高い。

ウ　サプライチェーンの脆弱性、重要インフラへの脅威の増大、先端技術をめぐる主導権争い等、従来必ずしも安全保障の対象と認識されていなかった課題への対応も、安全保障上の主要な課題となってきている。その結果、安全保障の対象が経済分野にまで拡大し、安全保障の確保のために経済的手段が一層必要とされている。

エ　本来、相互互恵的であるべき国際貿易、経済協力の分野において、一部の国家が、鉱物資源、食料、産業・医療用の物資等の輸出制限、他国の債務持続性を無視した形での借款の供与等を行うことで、他国に経済的な威圧を加え、自国の勢力拡大を図っている。

オ　先端技術研究とその成果の安全保障目的の活用等について、主要国が競争を激化させる中で、一部の国家が、他国の民間企業や大学等が開発した先端技術に関する情報を不法に窃取した上で、自国の軍事目的に活用している。

カ　国際社会におけるパワーバランスの変化や価値観の多様化により、国際社会全体の統治構造において強力な指導力が失われつつある。その結果、気候変動、自由貿易、軍備管理・軍縮・不拡散、テロ、感染症対策を含む国際保健、食料、エネルギー等の国際社会共通の課題への対応において、国際社会が団結しづらくなっている。また、中東、アフリカ、太平洋島嶼部の脆弱な国が、例えば、気候変動がもたらす異常気象・国土面積の減少、感染症の世界的な拡大、食料・エネルギー不足等により、相対的に大きな被害を被っている。

2．インド太平洋地域における安全保障環境と課題

上記のグローバルな安全保障環境と課題は、我が国が位置するインド太平洋地域で特に際立っており、将来、更に深刻さを増す可能性がある。これを踏ま

え、インド太平洋地域における安全保障環境と課題、特に注目すべき国・地域の動向を以下に示す。

(1) インド太平洋地域における安全保障の概観

インド太平洋地域は、世界人口の半数以上を擁する世界の活力の中核であり、太平洋とインド洋の交わりによるダイナミズムは世界経済の成長エンジンとなっている。この地域にある我が国は、その恩恵を受けやすい位置にある。

同時に、インド太平洋地域は安全保障上の課題が多い地域でもある。例えば、核兵器を含む大規模な軍事力を有し、普遍的価値やそれに基づく政治・経済体制を共有しない国家や地域が複数存在する。さらには、歴史的な経緯を背景とする外交関係等が複雑に絡み合っている。また、東シナ海、南シナ海等における領域に関する一方的な現状変更及びその試み、海賊、テロ、大量破壊兵器の拡散、自然災害等の様々な種類と烈度の脅威や課題が存在する。

このようなインド太平洋地域において、我が国が、自由で開かれたインド太平洋（以下「FOIP」という。）というビジョンの下、同盟国・同志国等と連携し、法の支配に基づく自由で開かれた国際秩序を実現し、地域の平和と安定を確保していくことは、我が国の安全保障にとって死活的に重要である。

(2) 中国の安全保障上の動向

中国は、「中華民族の偉大な復興」、今世紀半ばまでの「社会主義現代化強国」の全面的完成、早期に人民解放軍を「世界一流の軍隊」に築き上げることを明確な目標としている。中国は、このような国家目標の下、国防費を継続的に高い水準で増加させ、十分な透明性を欠いたまま、核・ミサイル戦力を含む軍事力を広範かつ急速に増強している。

また、中国は、我が国の尖閣諸島周辺における領海侵入や領空侵犯を含め、東シナ海、南シナ海等における海空域において、力による一方的な現状変更の試みを強化し、日本海、太平洋等でも、我が国の安全保障に影響を及ぼす軍事活動を拡大・活発化させている。さらに、中国は、ロシアとの戦略的な連携を強化し、国際秩序への挑戦を試みている。

中国は、世界第二位の経済力を有し、世界経済を牽引する国としても、また、気候変動を含む地球規模課題についても、その国際的な影響力にふさわしい更なる取組が国際社会から強く求められている。しかし、中国は、主要な公的債権国が等しく参加する国際的な枠組み等にも参加しておらず、開発金融等に関連する活動の実態も十分な透明性を欠いている。また、経済面での安全を確立すべく、戦略的な取組を強化しており、他国の中国への依存を利用して、相手国に経済的な威圧を加える事例も起きている。

中国は、台湾について平和的統一の方針は堅持しつつも、武力行使の可能性を否定していない。さらに、中国は我が国近海への弾道ミサイル発射を含め台湾周辺海空域において軍事活動を活発化させており、台湾海峡の平和と

安定については、我が国を含むインド太平洋地域のみならず、国際社会全体において急速に懸念が高まっている。

中国が、首脳レベルを含む様々なレベルでの意思疎通を通じて、国際社会と建設的な関係を構築すること、また、我が国を含む国際社会との対話と協力を重ねること等により、我が国と共にインド太平洋地域を含む国際社会の平和と安定に貢献することが期待されている。

しかしながら、現在の中国の対外的な姿勢や軍事動向等は、我が国と国際社会の深刻な懸念事項であり、我が国の平和と安全及び国際社会の平和と安定を確保し、法の支配に基づく国際秩序を強化する上で、これまでにない最大の戦略的な挑戦であり、我が国の総合的な国力と同盟国・同志国等との連携により対応すべきものである。

(3) 北朝鮮の安全保障上の動向

朝鮮半島においては、韓国と北朝鮮双方の大規模な軍事力が対峙している。北朝鮮は、累次の国連安保理決議に従った、全ての大量破壊兵器及びあらゆる射程の弾道ミサイルの完全な、検証可能な、かつ、不可逆的な方法での廃棄を依然として行っていない。現在も深刻な経済的困難に直面しており、人権状況も全く改善しない一方で、軍事面に資源を重点的に配分し続けている。

北朝鮮は、近年、かつてない高い頻度で、新たな態様での弾道ミサイルの発射等を繰り返し、急速にその能力を増強している。特に、米国本土を射程に含む大陸間弾道ミサイル（ICBM）級弾道ミサイルの発射、変則軌道で飛翔するミサイルを含む新たな態様での発射、発射台付き車両（TEL）・潜水艦・鉄道といった様々なプラットフォームからの発射等により、ミサイル関連技術及び運用能力は急速に進展している。

さらに、北朝鮮は、核戦力を質的・量的に最大限のスピードで強化する方針であり、ミサイル関連技術等の急速な発展と合わせて考えれば、北朝鮮の軍事動向は、我が国の安全保障にとって、従前よりも一層重大かつ差し迫った脅威となっている。

北朝鮮による拉致問題は、我が国の主権と国民の生命・安全に関わる重大な問題であり、国の責任において解決すべき喫緊の課題である。また、基本的人権の侵害という国際社会の普遍的問題である。

(4) ロシアの安全保障上の動向

ロシアによるウクライナ侵略等、ロシアの自国の安全保障上の目的達成のために軍事力に訴えることを辞さない姿勢は顕著である。また、ロシアは核兵器による威嚇ともとれる言動を繰り返している。

ロシアは、我が国周辺における軍事活動を活発化させている。我が国固有の領土である北方領土でもロシアは軍備を強化しているが、これは、特にオホーツク海がロシアの戦略核戦力の一翼を担う戦略原子力潜水艦の活動領域であることが、その背景にあるとみられる。

さらに、ロシアは、中国との間で、戦略的な連携を強化してきている。特に、近年は、我が国周辺での中露両国の艦艇による共同航行や爆撃機による共同飛行等の共同演習・訓練を継続的に実施するなど、軍事面での連携が強化されている。

ロシアの対外的な活動、軍事動向等は、今回のウクライナ侵略等によって、国際秩序の根幹を揺るがし、欧州方面においては安全保障上の最も重大かつ直接の脅威と受け止められている。また、我が国を含むインド太平洋地域におけるロシアの対外的な活動、軍事動向等は、中国との戦略的な連携と相まって、安全保障上の強い懸念である。

Ⅴ 我が国の安全保障上の目標

以上のような我が国の安全保障上の課題が存在する中で、我が国が国益を確保できるようにするための我が国の安全保障上の目標を以下に示す。この目標は、上記Ⅲで示した我が国の安全保障に関する基本的な原則を踏まえたものである。

1. 我が国の主権と独立を維持し、我が国が国内・外交に関する政策を自主的に決定できる国であり続け、我が国の領域、国民の生命・身体・財産を守る。そのために、我が国自身の能力と役割を強化し、同盟国である米国や同志国等と共に、我が国及びその周辺における有事、一方的な現状変更の試み等の発生を抑止する。万が一、我が国に脅威が及ぶ場合も、これを阻止・排除し、かつ被害を最小化させつつ、我が国の国益を守る上で有利な形で終結させる。

2. 安全保障政策の遂行を通じて、我が国の経済が成長できる国際環境を主体的に確保する。それにより、我が国の経済成長が我が国を取り巻く安全保障環境の改善を促すという、安全保障と経済成長の好循環を実現する。その際、我が国の経済構造の自律性、技術等の他国に対する優位性、ひいては不可欠性を確保する。

3. 国際社会の主要なアクターとして、同盟国・同志国等と連携し、国際関係における新たな均衡を、特にインド太平洋地域において実現する。それにより、特定の国家が一方的な現状変更を容易に行い得る状況となることを防ぎ、安定的で予見可能性が高く、法の支配に基づく自由で開かれた国際秩序を強化する。

4. 国際経済や、気候変動、感染症等の地球規模課題への対応、国際的なルールの形成等の分野において、多国間の協力を進め、国際社会が共存共栄できる環境を実現する。

Ⅵ 我が国が優先する戦略的なアプローチ

我が国は、我が国の安全保障上の目標を達成するために、我が国の総合的な国力をその手段として有機的かつ効率的に用いて、戦略的なアプローチを実施する。

1. 我が国の安全保障に関わる総合的な国力の主な要素

(1) 第一に外交力である。国家安全保障の基本は、法の支配に基づき、平和で安定し、かつ予見可能性が高い国際環境を能動的に創出し、脅威の出現を

61

未然に防ぐことにある。我が国は、長年にわたり、国際社会の平和と安定、繁栄のための外交活動や国際協力を行ってきた。その伝統と経験に基づき、大幅に強化される外交の実施体制の下、今後も、多くの国と信頼関係を築き、我が国の立場への理解と支持を集める外交活動や他国との共存共栄のための国際協力を展開する。

(2) 第二に防衛力である。防衛力は、我が国の安全保障を確保するための最終的な担保であり、我が国を守り抜く意思と能力を表すものである。国際社会の現実を見れば、この機能は他の手段では代替できない。防衛力により、我が国に脅威が及ぶことを抑止し、仮に我が国に脅威が及ぶ場合にはこれを阻止し、排除する。そして、抜本的に強化される防衛力は、我が国に望ましい安全保障環境を能動的に創出するための外交の地歩を固めるものとなる。

(3) 第三に経済力である。経済力は、平和で安定した安全保障環境を実現するための政策の土台となる。我が国は、世界第三位の経済大国であり、開かれ安定した国際経済秩序の主要な担い手として、自由で公正な貿易・投資活動を行う。また、グローバル・サプライチェーンに不可欠な高付加価値のモノとサービスを提供し、我が国の経済成長を実現していく。

(4) 第四に技術力である。科学技術とイノベーションの創出は、我が国の経済的・社会的発展をもたらす源泉である。そして、技術力の適切な活用は、我が国の安全保障環境の改善に重要な役割を果たし、気候変動等の地球規模課題への対応にも不可欠である。我が国が長年にわたり培ってきた官民の高い技術力を、従来の考え方にとらわれず、安全保障分野に積極的に活用していく。

(5) 第五に情報力である。急速かつ複雑に変化する安全保障環境において、政府が的確な意思決定を行うには、質が高く時宜に適った情報収集・分析が不可欠である。そのために、政策部門と情報部門との緊密な連携の下、政府が保有するあらゆる情報収集の手段と情報源を活用した総合的な分析により、安全保障に関する情報を可能な限り早期かつ正確に把握し、政府内外での共有と活用を図る。また、我が国の安全保障上の重要な情報の漏洩を防ぐために、官民の情報保全に取り組む。

2. 戦略的なアプローチとそれを構成する主な方策

(1) 危機を未然に防ぎ、平和で安定した国際環境を能動的に創出し、自由で開かれた国際秩序を強化するための外交を中心とした取組の展開

　　ア　日米同盟の強化

　　　日米安全保障体制を中核とする日米同盟は、我が国の安全保障のみならず、インド太平洋地域を含む国際社会の平和と安定の実現に不可欠な役割を果たす。特に、インド太平洋地域において日米の協力を具体的に深化させることが、米国のこの地域へのコミットメントを維持・強化する

上でも死活的に重要である。これらのことも念頭に、日米の戦略レベルで連携を図り、米国と共に、外交、防衛、経済等のあらゆる分野において、日米同盟を強化していく。

イ　自由で開かれた国際秩序の維持・発展と同盟国・同志国等との連携の強化

我が国は、インド太平洋地域に位置する国家として、日米同盟を基軸としつつ、日米豪印（クアッド）等の取組を通じて、同志国との協力を深化し、FOIPの実現に向けた取組を更に進める。そのために、FOIPというビジョンの国際社会における更なる普遍化、自由で公正な経済圏を広げるためのルール作り、連結性の向上、各国・国際機関のガバナンスの強化、海洋安全保障の確保等の取組を拡充していく。

また、経済的にも発展し、国際社会における影響力が高まっている途上国等への外交的な関与を更に強化する。そのことにより、できるだけ多くの国と共に、法の支配に基づく自由で開かれた国際秩序を強化する。

さらに、同盟国・同志国間のネットワークを重層的に構築するとともに、それを拡大し、抑止力を強化していく。そのために、日米韓、日米豪等の枠組みを活用しつつ、オーストラリア、インド、韓国、欧州諸国、東南アジア諸国連合（ASEAN）諸国、カナダ、北大西洋条約機構（NATO）、欧州連合（EU）等との安全保障上の協力を強化する。具体的には、二国間・多国間の対話を通じた同志国等のインド太平洋地域への関与の強化の促進、共同訓練、情報保護協定・物品役務相互提供協定（ACSA）・円滑化協定（RAA）の締結、防衛装備品の共同開発、防衛装備品の移転、能力構築支援、戦略的コミュニケーション、柔軟に選択される抑止措置（FDO）等の取組を進める。

ウ　我が国周辺国・地域との外交、領土問題を含む諸懸案の解決に向けた取組の強化

日中両国は、地域と国際社会の平和と繁栄にとって、共に重要な責任を有する。我が国は、中国との間で、様々なレベルの意思疎通を通じて、主張すべきは主張し、責任ある行動を求めつつ、諸懸案も含め対話をしっかりと重ね、共通の課題については協力をしていくとの「建設的かつ安定的な関係」を構築していく。このことは、インド太平洋地域を含む国際社会の平和と安定にとって不可欠である。

中国が力による一方的な現状変更の試みを拡大していることについては、これに強く反対し、そのような行為を行わないことを強く求め、冷静かつ毅然として対応する。また、中国の急速な軍事力の強化及び軍事活動の拡大に関しては、透明性等を向上させるとともに、国際的な軍備管理・軍縮等の努力に建設的な協力を行うよう同盟国・同志国等と連携し、強く働きかける。そして、日中間の信頼の醸成のため、中国との安全保障面における意思疎通を強化する。加えて、中国との間における不測の事態の発

生を回避・防止するための枠組みの構築を含む日中間の取組を進める。

同時に、経済、人的交流等の分野において日中双方の利益となる形での協力は可能であり、我が国経済の発展と経済安全保障に資する形で、中国との適切な経済関係を構築しつつ、両国の人的交流を再活性化していく。また、同盟国・同志国や国際機関等と連携し、中国が、国際的なルール・基準を遵守し、自国の透明性と予見可能性を高め、地球規模課題等について協力すべきは協力しつつ、その国際的な影響力にふさわしい責任ある建設的な役割を果たすように促す。

台湾との関係については、我が国は、1972年の日中共同声明を踏まえ、非政府間の実務関係として維持してきており、台湾に関する基本的な立場に変更はない。台湾は、我が国にとって、民主主義を含む基本的な価値観を共有し、緊密な経済関係と人的往来を有する極めて重要なパートナーであり、大切な友人である。また、台湾海峡の平和と安定は、国際社会の安全と繁栄に不可欠な要素であり、両岸問題の平和的解決を期待するとの我が国の立場の下、様々な取組を継続していく。

韓国は、地政学的にも我が国の安全保障にとっても極めて重要な隣国である。北朝鮮への対応等を念頭に、安全保障面を含め、日韓・日米韓の戦略的連携を強化していく。そのためにも、1965年の国交正常化以来築いてきた日韓の友好協力関係の基盤に基づき日韓関係を発展させていくべく、韓国側と緊密に意思疎通を図っていく。二国間の諸懸案については、我が国の一貫した立場に基づいて然るべく対応していく。我が国固有の領土である竹島の領有権に関する問題については、我が国の一貫した立場に基づき毅然と対応しつつ、国際法にのっとり、平和的に紛争を解決するとの方針に基づき、粘り強く外交努力を行う。

北朝鮮による核・ミサイル開発に関しては、米国及び韓国と緊密に連携しつつ、地域の抑止力の強化、国連安保理決議に基づくものを含む対北朝鮮制裁の完全な履行及び外交的な取組を通じ、六者会合共同声明や国連安保理決議に基づく北朝鮮の完全な非核化に向けた具体的行動を北朝鮮に対して求めていく。また、日朝関係については、日朝平壌宣言に基づき、拉致・核・ミサイルといった諸懸案の包括的な解決に向けて取り組んでいく。とりわけ、拉致問題については、時間的な制約のある深刻な人道問題であり、この問題の解決なくして北朝鮮との国交正常化はあり得ないとの基本認識の下、一日も早い全ての拉致被害者の安全確保及び即時帰国、拉致に関する真相究明、拉致実行犯の引渡しに向けて全力を尽くす。

ロシアとの関係については、インド太平洋地域の厳しい安全保障環境を踏まえ、我が国の国益を守る形で対応していく。また、同盟国・同志国等と連携しつつ、ロシアによる国際社会の平和と安定及び繁栄を損なう行動を防ぐ。対露外交上の最大の懸案である北方領土問題については、領土問

題を解決して平和条約を締結するとの基本方針は不変である。

エ　軍備管理・軍縮・不拡散

我が国周辺における核兵器を含む軍備増強の傾向を止め、これを反転させ、核兵器による威嚇等の事態の生起を防ぐことで、我が国を取り巻く安全保障環境を改善し、国際社会の平和と安定を実現する。そのために、軍備管理・軍縮・不拡散の取組を一層強化する。具体的には、唯一の戦争被爆国として、「核兵器のない世界」の実現に向けた国際的な取組を主導する。北朝鮮、イラン等の地域の不拡散問題も踏まえ、核兵器不拡散条約（NPT）を礎石とする国際的な核軍縮・不拡散体制を維持・強化し、現実の国際的な安全保障上の課題に適切に対処しつつ、実践的・現実的な取組を着実に進める。

また、武器や関連機微技術の拡散防止のための国際輸出管理レジームの維持・強化、我が国国内における不拡散措置の適切な実施や、各国の能力構築支援を柱として不拡散政策に取り組む。生物兵器、化学兵器及び通常兵器についても、自律型致死兵器システム（LAWS）を含め、多国間での取組、ルール作り等に積極的に取り組む。

オ　国際テロ対策

テロはいかなる理由をもってしても正当化できず、強く非難されるべきものであり、国際社会と共に、断固とした姿勢を示し、テロ対策を講じていく。具体的には、国際テロ対策を推進し、また、原子力発電所等の重要な生活関連施設の安全確保に関する我が国国内での対策を徹底する。

さらに、在外邦人等の安全を確保するための情報の共有を始め、各国、民間企業等との協力体制を構築する。また、国際テロ情勢に関する情報収集・分析の体制や能力を強化する。

カ　気候変動対策

気候変動は、人類の存在そのものに関わる安全保障上の問題であり、気候変動がもたらす異常気象は、自然災害の多発・激甚化、災害対応の増加、エネルギー・食料問題の深刻化、国土面積の減少、北極海航路の利用の増加等、我が国の安全保障に様々な形で重大な影響を及ぼす。

同盟国・同志国を含むあらゆるステークホルダーと連携して、国内外での取組を主導していく。具体的には、2030年度において温室効果ガスを2013年度から46％削減、2050年までのカーボンニュートラル実現に向けた、再生可能エネルギーや原子力の最大限の活用を始めとするエネルギー・産業部門の構造転換、大胆な投資によるイノベーションの創出等を通じ、脱炭素社会の実現に向けて取り組む。

また、気候変動が国際的な安全保障環境に与える否定的な影響を最小限のものとするよう、国際社会での取組を主導する。その一環として、気候変動問題が切迫した脅威となっている島嶼国を始めとする途上国等に対し

て、持続可能で強靭な経済・社会を構築するための支援を行う。

キ　ODAを始めとする国際協力の戦略的な活用

　FOIPというビジョンの下、自由で開かれた国際秩序を維持・発展させ、国際社会の共存共栄を実現するためにODAを戦略的に活用していく。具体的には、質の高いインフラ、人材育成等による連結性、海洋安全保障、法の支配、経済安全保障等の強化のための支援を行う。そのことにより、開発途上国等との信頼・協力関係を強化する。また、FOIPというビジョンに賛同する幅広い国際社会のパートナーとの協力を進める。

　そして、人間の安全保障の考え方の下、貧困削減、保健、気候変動、環境、人道支援等の地球規模課題の解決のための国際的な取組を主導する。これらの取組を行うに当たり、我が国企業の海外展開の支援や、ODAとODA以外の公的資金との連携等を強化する。さらに、国際機関・NGOを始めとする多様なステークホルダーとの連携を引き続き強化する。

　同志国との安全保障上の協力を深化させるために、開発途上国の経済社会開発等を目的としたODAとは別に、同志国の安全保障上の能力・抑止力の向上を目的として、同志国に対して、装備品・物資の提供やインフラの整備等を行う、軍等が裨益者となる新たな協力の枠組みを設ける。これは、総合的な防衛体制の強化のための取組の一つである。

ク　人的交流等の促進

　人と人、国と国の相互理解の増進は、国家間の緊張を緩和し、平和で安定した国際関係を築く土台となる。海外における日本への理解を促進し、我が国と国民が好意的に受け入れられる国際環境を醸成するために、人的交流、文化交流等に取り組む。具体的には、各国・地域の政府関係者、有識者、文化人等との交流、留学生交流、青少年交流、スポーツ交流等、様々なレベル・分野での人的交流を促進する。さらに、豊かな我が国の文化の海外への紹介、海外での日本語の普及に対する支援等を行う。

(2)　我が国の防衛体制の強化

ア　国家安全保障の最終的な担保である防衛力の抜本的強化

　国際社会において、力による一方的な現状変更及びその試みが恒常的に生起し、我が国周辺における軍備増強が急速に拡大している。ロシアによるウクライナ侵略のように国際秩序の根幹を揺るがす深刻な事態が、将来、とりわけ東アジアにおいて発生することは排除されない。このような安全保障環境に対応すべく、防衛力を抜本的に強化していく。

　そして、強力な軍事能力を持つ主体が、他国に脅威を直接及ぼす意思をいつ持つに至るかを正確に予測することは困難である。したがって、そのような主体の能力に着目して、我が国の安全保障に万全を期すための防衛力を平素から整備しなければならない。また、我が国の防衛力は、科学技術の進展等に伴う新しい戦い方にも対応できるものでなくてはならない。

　このような視点に立ち、宇宙・サイバー・電磁波の領域及び陸・海・空の領域における能力を有機的に融合し、その相乗効果により自衛隊の全体の能力を増幅させる領域横断作戦能力に加え、侵攻部隊に対し、その脅威圏の外から対処するスタンド・オフ防衛能力等により、重層的に対処する。また、有人アセットに加え、無人アセット防衛能力も強化すること等により、様々な防衛能力が統合された防衛力を構築していく。さらに、現有装備品を最大限有効に活用するため、可動率向上や弾薬・燃料の確保、主要な防衛施設の強靱化により、防衛力の実効性を一層高めていくことを最優先課題として取り組む。

　我が国への侵攻を抑止する上で鍵となるのは、スタンド・オフ防衛能力等を活用した反撃能力である。近年、我が国周辺では、極超音速兵器等のミサイル関連技術と飽和攻撃など実戦的なミサイル運用能力が飛躍的に向上し、質・量ともにミサイル戦力が著しく増強される中、ミサイルの発射も繰り返されており、我が国へのミサイル攻撃が現実の脅威となっている。こうした中、今後も、変則的な軌道で飛翔するミサイル等に対応し得る技術開発を行うなど、ミサイル防衛能力を質・量ともに不断に強化していく。

　しかしながら、弾道ミサイル防衛という手段だけに依拠し続けた場合、今後、この脅威に対し、既存のミサイル防衛網だけで完全に対応することは難しくなりつつある。

　このため、相手からミサイルによる攻撃がなされた場合、ミサイル防衛網により、飛来するミサイルを防ぎつつ、相手からの更なる武力攻撃を防ぐために、我が国から有効な反撃を相手に加える能力、すなわち反撃能力を保有する必要がある。

　この反撃能力とは、我が国に対する武力攻撃が発生し、その手段として弾道ミサイル等による攻撃が行われた場合、武力の行使の三要件に基づき、そのような攻撃を防ぐのにやむを得ない必要最小限度の自衛の措置として、相手の領域において、我が国が有効な反撃を加えることを可能とする、スタンド・オフ防衛能力等を活用した自衛隊の能力をいう。

　こうした有効な反撃を加える能力を持つことにより、武力攻撃そのものを抑止する。その上で、万一、相手からミサイルが発射される際にも、ミサイル防衛網により、飛来するミサイルを防ぎつつ、反撃能力により相手からの更なる武力攻撃を防ぎ、国民の命と平和な暮らしを守っていく。

　この反撃能力については、1956年2月29日に政府見解として、憲法上、「誘導弾等による攻撃を防御するのに、他に手段がないと認められる限り、誘導弾等の基地をたたくことは、法理的には自衛の範囲に含まれ、可能である」としたものの、これまで政策判断として保有することとしてこなかった能力に当たるものである。

　この政府見解は、2015年の平和安全法制に際して示された武力の行使

の三要件の下で行われる自衛の措置にもそのまま当てはまるものであり、今般保有することとする能力は、この考え方の下で上記三要件を満たす場合に行使し得るものである。

この反撃能力は、憲法及び国際法の範囲内で、専守防衛の考え方を変更するものではなく、武力の行使の三要件を満たして初めて行使され、武力攻撃が発生していない段階で自ら先に攻撃する先制攻撃は許されないことはいうまでもない。

また、日米の基本的な役割分担は今後も変更はないが、我が国が反撃能力を保有することに伴い、弾道ミサイル等の対処と同様に、日米が協力して対処していくこととする。

さらに、有事の際の防衛大臣による海上保安庁に対する統制を含め、自衛隊と海上保安庁との連携・協力を不断に強化する。

また、政府横断的な連携を図る形での自衛隊のアセットを活用した柔軟に選択される抑止措置（FDO）等を実施する。

現下の我が国を取り巻く安全保障環境を踏まえれば、我が国の防衛力の抜本的強化は、速やかに実現していく必要がある。具体的には、本戦略策定から5年後の2027年度までに、我が国への侵攻が生起する場合には、我が国が主たる責任をもって対処し、同盟国等の支援を受けつつ、これを阻止・排除できるように防衛力を強化する。さらに、おおむね10年後までに、より早期かつ遠方で我が国への侵攻を阻止・排除できるように防衛力を強化する。さらに、今後5年間の最優先課題として、現有装備品の最大限の有効活用と、将来の自衛隊の中核となる能力の強化に取り組む。

上記の自衛隊の体制整備や防衛に関する施策は、かつてない規模と内容を伴うものである。また、防衛力の抜本的強化は、一時的な支出増では対応できず、一定の支出水準を保つ必要がある。そのため、これら施策は、本戦略を踏まえ、国家防衛戦略及び防衛力整備計画に基づき実現するとともに、その財源についてしっかりした措置を講じ、これを安定的に確保していく。

このように、必要とされる防衛力の内容を積み上げた上で、同盟国・同志国等との連携を踏まえ、国際比較のための指標も考慮し、我が国自身の判断として、2027年度において、防衛力の抜本的強化とそれを補完する取組をあわせ、そのための予算水準が現在の国内総生産（GDP）の2％に達するよう、所要の措置を講ずる。

イ　総合的な防衛体制の強化との連携等

我が国の防衛上の課題に対応する上で、防衛力の抜本的強化がその中核となる。しかし、安全保障の対象・分野が多岐にわたるため、防衛力のみならず、外交力・経済力を含む総合的な国力を活用し、我が国の防衛に当たる。このような考えの下、防衛力の抜本的強化を補完し、それと不可分

一体のものとして、研究開発、公共インフラ整備、サイバー安全保障、我が国及び同志国の抑止力の向上等のための国際協力の四つの分野における取組を関係省庁の枠組みの下で推進し、総合的な防衛体制を強化する。

　これに加え、地方公共団体を含む政府内外の組織との連携を進め、国全体の防衛体制を強化する。

ウ　いわば防衛力そのものとしての防衛生産・技術基盤の強化

　我が国の防衛生産・技術基盤は、自国での防衛装備品の研究開発・生産・調達の安定的な確保等のために不可欠な基盤である。したがって、我が国の防衛生産・技術基盤は、いわば防衛力そのものと位置付けられるものであることから、その強化は必要不可欠である。具体的には、力強く持続可能な防衛産業を構築するために、事業の魅力化を含む各種取組を政府横断的に進めるとともに、官民の先端技術研究の成果の防衛装備品の研究開発等への積極的な活用、新たな防衛装備品の研究開発のための態勢の強化等を進める。

エ　防衛装備移転の推進

　防衛装備品の海外への移転は、特にインド太平洋地域における平和と安定のために、力による一方的な現状変更を抑止して、我が国にとって望ましい安全保障環境の創出や、国際法に違反する侵略や武力の行使又は武力による威嚇を受けている国への支援等のための重要な政策的な手段となる。こうした観点から、安全保障上意義が高い防衛装備移転や国際共同開発を幅広い分野で円滑に行うため、防衛装備移転三原則や運用指針を始めとする制度の見直しについて検討する。その際、三つの原則そのものは維持しつつ、防衛装備移転の必要性、要件、関連手続の透明性の確保等について十分に検討する。

　また、防衛装備移転を円滑に進めるための各種支援を行うこと等により、官民一体となって防衛装備移転を進める。

オ　防衛力の中核である自衛隊員の能力を発揮するための基盤の強化

　防衛力の中核である自衛隊員が、その能力を一層発揮できるようにするため、人的基盤を強化する。そのために、より幅広い層から多様かつ優秀な人材の確保を図る。ハラスメントを一切許容しない組織環境や女性隊員が更に活躍できる環境を整備するとともに、隊員の処遇の向上を図り、そして、全ての自衛隊員が高い士気を維持し、自らの能力を十分に発揮できる環境を整備する。

(3) 米国との安全保障面における協力の深化

　我が国の防衛力を抜本的に強化しつつ、米国との安全保障面における協力を深化すること等により、核を含むあらゆる能力によって裏打ちされた米国による拡大抑止の提供を含む日米同盟の抑止力と対処力を一層強化する。具体的には、日米の役割・任務・能力に関する不断の検討を踏まえ、日米の抑

止力・対処力を強化するため、同盟調整メカニズム（ACM）等の調整機能を更に発展させつつ、領域横断作戦や我が国の反撃能力の行使を含む日米間の運用の調整、相互運用性の向上、サイバー・宇宙分野等での協力深化、先端技術を取り込む装備・技術面での協力の推進、日米のより高度かつ実践的な共同訓練、共同の柔軟に選択される抑止措置（FDO）、共同の情報収集・警戒監視・偵察（ISR）活動、日米の施設の共同使用の増加等に取り組む。その際、日米がその能力を十分に発揮できるよう、情報保全、サイバーセキュリティ等の基盤を強化する。

同時に、このような取組を進めつつ、沖縄を始めとする地元の負担軽減を図る観点から、普天間飛行場の移設を含む在日米軍再編を着実に実施する。

(4) 我が国を全方位でシームレスに守るための取組の強化

軍事と非軍事、有事と平時の境目が曖昧になり、ハイブリッド戦が展開され、グレーゾーン事態が恒常的に生起している現在の安全保障環境において、サイバー空間・海洋・宇宙空間、技術、情報、国内外の国民の安全確保等の多岐にわたる分野において、政府横断的な政策を進め、我が国の国益を隙なく守る。

ア　サイバー安全保障分野での対応能力の向上

サイバー空間の安全かつ安定した利用、特に国や重要インフラ等の安全等を確保するために、サイバー安全保障分野での対応能力を欧米主要国と同等以上に向上させる。

具体的には、まずは、最新のサイバー脅威に常に対応できるようにするため、政府機関のシステムを常時評価し、政府機関等の脅威対策やシステムの脆弱性等を随時是正するための仕組みを構築する。その一環として、サイバーセキュリティに関する世界最先端の概念・技術等を常に積極的に活用する。そのことにより、外交・防衛・情報の分野を始めとする政府機関等のシステムの導入から廃棄までのライフサイクルを通じた防御の強化、政府内外の人材の育成・活用の促進等を引き続き図る。

その上で、武力攻撃に至らないものの、国、重要インフラ等に対する安全保障上の懸念を生じさせる重大なサイバー攻撃のおそれがある場合、これを未然に排除し、また、このようなサイバー攻撃が発生した場合の被害の拡大を防止するために能動的サイバー防御を導入する。そのために、サイバー安全保障分野における情報収集・分析能力を強化するとともに、能動的サイバー防御の実施のための体制を整備することとし、以下の（ア）から（ウ）までを含む必要な措置の実現に向け検討を進める。

（ア）重要インフラ分野を含め、民間事業者等がサイバー攻撃を受けた場合等の政府への情報共有や、政府から民間事業者等への対処調整、支援等の取組を強化するなどの取組を進める。

（イ）国内の通信事業者が役務提供する通信に係る情報を活用し、攻撃者に

よる悪用が疑われるサーバ等を検知するために、所要の取組を進める。
（ウ）国、重要インフラ等に対する安全保障上の懸念を生じさせる重大な
　　サイバー攻撃について、可能な限り未然に攻撃者のサーバ等への侵入・
　　無害化ができるよう、政府に対し必要な権限が付与されるようにする。

　　能動的サイバー防御を含むこれらの取組を実現・促進するために、
内閣サイバーセキュリティセンター（NISC）を発展的に改組し、サ
イバー安全保障分野の政策を一元的に総合調整する新たな組織を設
置する。そして、これらのサイバー安全保障分野における新たな取組
の実現のために法制度の整備、運用の強化を図る。これらの取組は総
合的な防衛体制の強化に資するものとなる。

　　また、経済安全保障、安全保障関連の技術力の向上等、サイバー安
全保障の強化に資する他の政策との連携を強化する。

　　さらに、同盟国・同志国等と連携した形での情報収集・分析の強化、
攻撃者の特定とその公表、国際的な枠組み・ルールの形成等のために
引き続き取り組む。

イ　海洋安全保障の推進と海上保安能力の強化

　四方を海に囲まれ、世界有数の広大な管轄海域を有する海洋国家として、
同盟国・同志国等と連携し、航行・飛行の自由や安全の確保、法の支配を
含む普遍的価値に基づく国際的な海洋秩序の維持・発展に向けた取組を進
める。具体的には、シーレーンにおける脅威に対応するための海洋状況監
視、他国との積極的な共同訓練・演習や海外における寄港等を推進し、多
国間の海洋安全保障協力を強化する。また、海上交通の安全を確保するた
めに、海賊対処や情報収集活動等を実施する。

　そして、これらの取組に関連する国際協力を進めつつ、南シナ海等にお
ける航行及び上空飛行の自由の確保、国際法に基づく紛争の平和的解決の
推進、シーレーン沿岸国との関係の強化、北極海航路の利活用等を図る。
さらに、シーレーンの安定的利用の確保等のためにも、ジブチにおける拠
点を引き続き活用する。

　我が国の安全保障において、海上法執行機関である海上保安庁が担う役
割は不可欠である。尖閣諸島周辺を含む我が国領域の警備を万全にし、複
数の重大事案発生時にも有効に対応していくため、我が国の海上保安能力
を大幅に強化し、体制を拡充する。具体的には、新たな海上保安能力強化
に関する方針に基づき、海上保安庁によるアセットの増強や新たな技術の
導入、十分な運航費の確保や老朽船の更新、海上保安庁の職員の確保・育
成等を速やかに図る。

　また、有事の際の防衛大臣による海上保安庁に対する統制を含め、海上
保安庁と自衛隊の連携・協力を不断に強化する。

　さらに、米国、東南アジア諸国等の海上法執行機関との国際的な連携・

協力も強化する。

ウ 宇宙の安全保障に関する総合的な取組の強化

経済・社会活動にとって不可欠な宇宙空間の安全かつ安定した利用等を確保するため、宇宙の安全保障の分野での対応能力を強化する。具体的には、自衛隊、海上保安庁等による宇宙空間の利用を強化しつつ、宇宙航空研究開発機構（JAXA）等と自衛隊の連携の強化等、我が国全体の宇宙に関する能力を安全保障分野で活用するための施策を進める。

また、不測の事態における政府の意思決定に関する体制の構築、宇宙領域の把握のための体制の強化、スペースデブリへの対応の推進、相手方の指揮統制・情報通信等を妨げる能力の整備の拡充、国際的な行動の規範策定を含む同盟国・同志国等との連携の強化を進める。

さらに、我が国の宇宙産業を支援・育成することで、衛星コンステレーションの構築を含め、我が国の民間の宇宙技術を我が国の防衛に活用する。そして、それが更に我が国の宇宙産業の発展を促すという好循環を実現する。

このような宇宙の安全保障の分野の課題と政策を具体化させる政府の構想を取りまとめた上で、それを宇宙基本計画等に反映させる。

エ 技術力の向上と研究開発成果の安全保障分野での積極的な活用のための官民の連携の強化

最先端の科学技術は加速度的に進展し、民生用の技術と安全保障用の技術の区別は実際には極めて困難となっている。このこと等を踏まえ、我が国の官民の高い技術力を幅広くかつ積極的に安全保障に活用するために、安全保障に活用可能な官民の技術力を向上させ、研究開発等に関する資金及び情報を政府横断的に活用するための体制を強化する。具体的には、総合的な防衛体制の強化に資する科学技術の研究開発の推進のため、防衛省の意見を踏まえた研究開発ニーズと関係省庁が有する技術シーズを合致させるとともに、当該事業を実施していくための政府横断的な仕組みを創設する。また、経済安全保障重要技術育成プログラムを含む政府全体の研究開発に関する資金及びその成果の安全保障分野への積極的な活用を進める。

さらに、先端重要技術の情報収集・開発・育成に向けた更なる支援の強化と体制の整備を図る。

そして、民間のイノベーションを推進し、その成果を安全保障分野において積極的に活用するため、関係者の理解と協力を得つつ、広くアカデミアを含む最先端の研究者の参画促進等に取り組む。また、防衛産業が他の民間のイノベーションの成果を十分に活かしていくための環境の整備に政府横断的に取り組む。

オ 我が国の安全保障のための情報に関する能力の強化

　健全な民主主義の維持、政府の円滑な意思決定、我が国の効果的な対外発信に密接に関連する情報の分野に関して、我が国の体制と能力を強化する。具体的には、国際社会の動向について、外交・軍事・経済にまたがり幅広く、正確かつ多角的に分析する能力を強化するため、人的情報、公開情報、電波情報、画像情報等、多様な情報源に関する情報収集能力を大幅に強化する。特に、人的情報については、その収集のための体制の充実・強化を図る。

　そして、画像情報については、情報収集衛星の機能の拡充・強化を図るとともに、内閣衛星情報センターと防衛省・自衛隊の協力・連携を強化するなどして、収集した情報の更なる効果的な活用を図る。

　また、統合的な形での情報の集約を行うための体制を整備する。政策部門と情報部門の連携を強化し、情報部門については、人工知能（AI）等の新たな技術の活用も含め、政府が保有するあらゆる情報手段を活用した総合的な分析（オール・ソース・アナリシス）により、政策部門への高付加価値の分析結果の提供を行えるよう、情報分析能力を強化する。

　そして、経済安全保障分野における新たなセキュリティ・クリアランス制度の創設の検討に関する議論等も踏まえつつ、情報保全のための体制の更なる強化を図る。

　また、偽情報等の拡散を含め、認知領域における情報戦への対応能力を強化する。その観点から、外国による偽情報等に関する情報の集約・分析、対外発信の強化、政府外の機関との連携の強化等のための新たな体制を政府内に整備する。さらに、戦略的コミュニケーションを関係省庁の連携を図った形で積極的に実施する。

　そして、地理空間情報の安全保障面での悪用を防ぐための官民の実効的な措置の検討を速やかに行う。

カ　有事も念頭に置いた我が国国内での対応能力の強化

　我が国に直接脅威が及んだ場合も念頭に、我が国国内における幅広い分野での対応能力を強化する。具体的には、総合的な防衛体制の強化の一環として、自衛隊・海上保安庁による国民保護への対応、平素の訓練、有事の際の展開等を目的とした円滑な利用・配備のため、自衛隊・海上保安庁のニーズに基づき、空港・港湾等の公共インフラの整備や機能を強化する政府横断的な仕組みを創設する。あわせて、有事の際の対応も見据えた空港・港湾の平素からの利活用に関するルール作り等を行う。これらの取組は、地方公共団体、住民等の協力を得つつ、推進する。

　自衛隊、米軍等の円滑な活動の確保のために、自衛隊の弾薬、燃料等の輸送・保管の制度の整備、民間施設等の自衛隊、米軍等の使用に関する関係者・団体との調整、安定的かつ柔軟な電波利用の確保、民間施設等によって自衛隊の施設や活動に否定的な影響が及ばないようにするための措置を

とる。

　原子力発電所等の重要な生活関連施設の安全確保対策、国境離島への不法上陸事案対策等に関し、武力攻撃事態のほか、それには至らない様々な態様・段階の危機にも切れ目なく的確に対処できるようにする。そのために、自衛隊、警察、海上保安庁等による連携枠組みを確立するとともに、装備・体制・訓練の充実など対処能力の向上を図る。

キ　国民保護のための体制の強化

　国、地方公共団体、指定公共機関等が協力して、住民を守るための取組を進めるなど、国民保護のための体制を強化する。具体的には、武力攻撃より十分に先立って、南西地域を含む住民の迅速な避難を実現すべく、円滑な避難に関する計画の速やかな策定、官民の輸送手段の確保、空港・港湾等の公共インフラの整備と利用調整、様々な種類の避難施設の確保、国際機関との連携等を行う。

　また、こうした取組の実効性を高めるため、住民避難等の各種訓練の実施と検証を行った上で、国、地方公共団体、指定公共機関等の連携を推進しつつ、制度面を含む必要な施策の検討を行う。

　さらに、全国瞬時警報システム（J－ALERT）の情報伝達機能を不断に強化しつつ、弾道ミサイルを想定した避難行動に関する周知・啓発に取り組む。

ク　在外邦人等の保護のための体制と施策の強化

　紛争、自然災害、感染症、テロ等の脅威から在外邦人を守るための体制と施策を強化する。具体的には、平素からの邦人に対する啓発、時宜に適った現地危険情報の提供、退避手段の確保、関係国との連携強化等のための取組を行う。

　この関連で、在外邦人を保護する上で最も重要な拠点となる在外公館における領事業務に関する体制と能力の強化を図る。

　同時に、在外邦人等の退避等のために、必要かつ可能な場合には、自衛隊等を迅速に活用することとし、その実現のための関係省庁間の連携を強化する。

　さらに、ジブチ政府の理解を得つつ、在外邦人等の保護に当たっても、海賊対処のために運営されているジブチにある自衛隊の活動拠点を活用していく。

ケ　エネルギーや食料など我が国の安全保障に不可欠な資源の確保

　我が国の経済・社会活動を国内外において円滑にし、また、有事の際の我が国の持続的な対応能力等を確保するとの観点から、国民の生活や経済・社会活動の基盤となるエネルギー安全保障、食料安全保障等、我が国の安全保障に不可欠な資源を確保するための政策を進める。エネルギー安全保障の確保に向けては、資源国との関係強化、供給源の多角化、調達リスク

評価の強化等の手法に加え、再生可能エネルギーや原子力といったエネルギー自給率向上に資するエネルギー源の最大限の活用、そのための戦略的な開発を強化する。同盟国・同志国や国際機関等とも連携しながら、我が国のエネルギー自給率向上に向けた方策を強化し、有事にも耐え得る強靱なエネルギー供給体制を構築する。

　食料安全保障に関し、国際社会における食料の需給や貿易等をめぐる状況が不安定かつ不透明であり、食料や生産資材の多くを海外からの輸入に依存する我が国の食料安全保障上のリスクが顕在化している中、我が国の食料供給の構造を転換していくこと等が重要である。具体的には、安定的な輸入と適切な備蓄を組み合わせつつ、国内で生産できるものはできる限り国内で生産することとし、海外依存度の高い品目や生産資材の国産化を図る。その観点から、穀物等の生産拡大、飼料の増産、堆肥等の国内資源の利用拡大を進めるほか、国内で調達困難なものの安定的な輸入を確保するための対策や適切な備蓄等を併せて講ずることにより、国民への安定的な食料供給を確保し、我が国の食料安全保障の強化を図る。

　そして、国際的な食料安全保障の危機に対応するために、同盟国・同志国や国際機関等と連携しつつ、食料供給に関する国際環境の整備、食料生産の向上及び脆弱な国への支援等を実施していく。

(5) 自主的な経済的繁栄を実現するための経済安全保障政策の促進

　我が国の平和と安全や経済的な繁栄等の国益を経済上の措置を講じ確保することが経済安全保障であり、経済的手段を通じた様々な脅威が存在していることを踏まえ、我が国の自律性の向上、技術等に関する我が国の優位性、不可欠性の確保等に向けた必要な経済施策に関する考え方を整理し、総合的、効果的かつ集中的に措置を講じていく。具体的には、経済安全保障政策を進めるための体制を強化し、同盟国・同志国等との連携を図りつつ、民間と協調し、以下を含む措置に取り組む。なお、取り組んでいく措置は不断に検討・見直しを行い、特に、各産業等が抱えるリスクを継続的に点検し、安全保障上の観点から政府一体となって必要な取組を行う。

ア　経済施策を一体的に講ずることによる安全保障の確保の推進に関する法律（令和4年法律第43号。以下「推進法」という。）の着実な実施と不断の見直し、更なる取組を強化する。

イ　サプライチェーン強靱化について、特定国への過度な依存を低下させ、次世代半導体の開発・製造拠点整備、レアアース等の重要な物資の安定的な供給の確保等を進めるほか、重要な物資や技術を担う民間企業への資本強化の取組や政策金融の機能強化等を進める。

ウ　重要インフラ分野について、地方公共団体を含む政府調達の在り方や、推進法の事前審査制度の対象拡大の検討等を進める。

エ　データ・情報保護について、機微なデータのより適切な管理や情報通信

技術サービスの安全性・信頼性確保に向けた更なる対策を講ずる。また、主要国の情報保全の在り方や産業界等のニーズも踏まえ、セキュリティ・クリアランスを含む我が国の情報保全の強化に向けた検討を進める。

オ　技術育成・保全等の観点から、先端重要技術の情報収集・開発・育成に向けた更なる支援強化・体制整備、投資審査や輸出管理の更なる強化、強制技術移転への対応強化、研究インテグリティの一層の推進、人材流出対策等について具体的な検討を進める。

カ　外国からの経済的な威圧に対する効果的な取組を進める。

(6) 自由、公正、公平なルールに基づく国際経済秩序の維持・強化

特定の国家による非軍事的な圧力により、国家の自主的な外交政策の意思決定や健全な経済発展が阻害されることを防ぎ、開かれ安定した国際経済秩序を維持・強化していく。具体的には、世界貿易機関（WTO）を中核とした多角的貿易体制の維持・強化を図りつつ、不公正な貿易慣行や経済的な威圧に対抗するために、我が国の対応策を強化しつつ、同盟国・同志国等と連携し国際規範の強化のために取り組んでいく。

また、インド太平洋地域の経済秩序の発展と持続可能で包摂的な経済成長を実現し、自由で公正な経済秩序を広げるために、環太平洋パートナーシップに関する包括的及び先進的な協定（CPTPP）の高いレベルの維持や、地域的な包括的経済連携（RCEP）協定の完全な履行の確保、その他の経済連携協定交渉、インド太平洋経済枠組み（IPEF）の具体化等に取り組む。

さらに、相互互恵的な経済協力の実施と国際的な枠組み・ルールの維持・強化を図る。具体的には、一部の国家等による不透明な形での途上国支援に起因して、被援助国が「債務の罠」に陥る状況を回避するために、各国等が国際的なルール・基準を遵守し、透明で公正な開発金融を行うよう、国際的な取組を主導する。

また、同盟国・同志国や開発金融機関等と協調した支援等を含め、途上国の自立性を高めるための能力強化支援や途上国の経済発展のための魅力ある選択肢の提示等を行う。

(7) 国際社会が共存共栄するためのグローバルな取組

我が国の安全保障は、国際社会の平和と安定があってこそ全うされる。国際社会との共存共栄を図っていくため、我が国の国際的な地位と経済力・技術力にふさわしい国際社会への協力を行う。

ア　多国間協力の推進、国際機関や国際的な枠組みとの連携の強化

我が国はこれまで様々な協力を通じて、政治・経済体制等の相違にかかわらず、多くの国との間で信頼関係を築いてきた。これを基礎として、多国間外交の場を通じて、これらの国との丁寧な意思疎通や国連を始めとする国際機関等との連携強化により、我が国が重視する目標の実現を図るとともに、国際社会の共存共栄のために協力していく。

特に国連は、紛争対処、人道支援、平和構築、人権の擁護・促進、気候変動、食料危機、自然災害、難民問題等の幅広い分野で役割を果たしており、国連及び国連をめぐる各国との協力を強化し、多国間協力を一層進める。同時に、国連安保理常任理事国が紛争当事者の場合には国連安保理が十分に機能しないなど、国連に内在する限界が顕在化していることを踏まえ、国連安保理の改革を含めた国連の機能強化に向けた取組を主導する。

国連を始めとする国際機関等で邦人が職員として更に活躍できるための取組を強化する。

イ　地球規模課題への取組

2015年9月に国連で採択された持続可能な開発目標（以下「SDGs」という。）は、誰一人取り残すことなく、平和、法の支配や人権も含む、地球規模課題に統合的に取り組むための国際社会全体の目標である。各目標に個別に対処するのではなく、人間の安全保障の考え方に基づき、相互に関連する複合的リスクへの対応及び予防に取り組み、国際社会のSDGs達成に貢献する。

また、我が国の安全保障に直接・間接に影響を及ぼしている気候変動、感染症、エネルギー・食料問題、環境等の地球規模課題について、同盟国・同志国のみならず、多くの国等との協力を広げ、国際的な取組を強化する。

感染症対策を含む国際保健が、経済・社会のみならず安全保障上の大きなリスクを包含する国際社会の重要課題であることを十分認識し、同盟国・同志国や国際機関等と連携し、新型コロナウイルスへの対応の経験を踏まえ、将来の感染症危機に対する予防、備えと対応を平素から万全にする。その際、同盟国・同志国や国際機関等と連携しつつ、感染症危機の初期段階から、国内における確実な医療の提供や、医薬品を含む感染症対策物資を確保できるようにしつつ、科学的知見等に基づく感染症対応能力の強化等に取り組む。そして、感染症危機に対応する司令塔機能の強化に取り組む。また、途上国等の感染症対応能力強化に資する保健システムや国際的な枠組みの強化等に取り組む。
そして、より強靭、より公平で、より持続可能なユニバーサル・ヘルス・カバレッジ（UHC）の実現に向けた国際的な取組を主導していく。

近年、世界中で急速に高まっている人道支援の需要に適切に対応すべく、迅速かつ十分な規模の人道支援を行うために必要な取組を強化する。さらに、外国における戦争、自然災害等のために発生した避難民を積極的に受け入れていく。

人権擁護は全ての国の基本的な責務であり、深刻な人権侵害には声を上げると同時に、様々な国と人権保護・促進に向けた対話と協力を重ねていく。

紛争下での女性の脆弱な立場を踏まえ、女性の人権保護・救済促進に向

けた国際的な取組を主導する。また、あらゆる分野におけるジェンダー平等の実現と女性のエンパワーメントの促進のために国際的な取組を行っていく。

我が国が国連平和維持活動（PKO）等の分野で長年貢献をしてきた国際平和協力は、国際社会の平和と安定に資するとともに、他の要員派遣国との連携促進及び我が国の人材の育成にも繋がるものである。要員派遣や能力構築支援の戦略的活用を含む多様な協力について引き続き積極的に取り組んでいく。

Ⅶ　我が国の安全保障を支えるために強化すべき国内基盤

1．経済財政基盤の強化

我が国の経済が成長できる安全保障環境を確保しつつ、経済成長が我が国の安全保障の更なる改善を促すという安全保障と経済成長の好循環を実現する。

また、幅広い分野において有事の際の持続的な対応能力を確保する。そのために、エネルギーや食料等の確保、インフラの整備、安全保障に不可欠な部品等の安定的なサプライチェーンの構築等のための官民の連携を強化する。

そして、我が国の経済は海外依存度が高いことから、有事の際の資源や防衛装備品等の確保に伴う財政需要の大幅な拡大に対応するためには、国際的な市場の信認を維持し、必要な資金を調達する財政余力が極めて重要となる。このように我が国の安全保障の礎である経済・金融・財政の基盤の強化に不断に取り組む。このことは、防衛力の抜本的強化を含む安全保障政策を継続的かつ安定的に実施していく前提でもある。

2．社会的基盤の強化

平素から国民や地方公共団体・企業を含む政府内外の組織が安全保障に対する理解と協力を深めるための取組を行う。また、諸外国やその国民に対する敬意を表し、我が国と郷土を愛する心を養う。そして、自衛官、海上保安官、警察官など我が国の平和と安全のために危険を顧みず職務に従事する者の活動が社会で適切に評価されるような取組を一層進める。さらに、これらの者の活動の基盤となる安全保障関連施設周辺の住民の理解と協力を確保するための施策にも取り組む。

また、領土・主権に関する問題、国民保護やサイバー攻撃等の官民にまたがる問題、自衛隊、在日米軍等の活動の現状等への理解を広げる取組を強化する。そして、将来の感染症危機に備えた官民の対応能力の向上、防災・減災のための施策等を進める。

3．知的基盤の強化

安全保障における情報や技術の重要性が増しており、それらを生み出す知的基盤の強化は、安全保障の確保に不可欠である。

そのような観点から、安全保障分野における政府と企業・学術界との実践的

な連携の強化、偽情報の拡散、サイバー攻撃等の安全保障上の問題への冷静かつ正確な対応を促す官民の情報共有の促進、我が国の安全保障政策に関する国内外での発信をより効果的なものとするための官民の連携の強化等の施策を進める。

Ⅷ 本戦略の期間・評価・修正

国家安全保障戦略は、その内容が実施されて、初めて完成する。本戦略に基づく施策は、国家安全保障会議の司令塔機能の下、戦略的かつ持続的な形で適時適切に実施される。さらに、安全保障環境や本戦略に基づく施策の実施状況等は、国家安全保障会議が定期的かつ体系的な評価を行う。本戦略はおおむね10年の期間を念頭に置き、安全保障環境等について重要な変化が見込まれる場合には必要な修正を行う。

Ⅸ 結語

歴史の転換期において、我が国は戦後最も厳しく複雑な安全保障環境の下に置かれることになった。将来の国際社会の行方を楽観視することは決してできない。

しかし、我々がこれまで築き上げてきた世界は、これからも、活力にあふれる貿易・投資活動から生まれる経済的な繁栄、異なる才能の国際的な交わりから生まれるイノベーション、そして、新しく魅力あふれる文化を生み出すことができる。我々は、このような希望を持ち続けるべきである。

我々は今、希望の世界か、困難と不信の世界のいずれかに進む分岐点にあり、そのどちらを選び取るかは、今後の我が国を含む国際社会の行動にかかっている。我が国は、国際社会が対立する分野では、総合的な国力により、安全保障を確保する。国際社会が協力すべき分野では、諸課題の解決に向けて主導的かつ建設的な役割を果たし続けていく。我が国の国際社会におけるこのような行動は、我が国の国際的な存在感と信頼を更に高め、同志国等を増やし、我が国を取り巻く安全保障環境を改善することに繋がる。

希望の世界か、困難と不信の世界かの分岐点に立ち、戦後最も厳しく複雑な安全保障環境の下にあっても、安定した民主主義、確立した法の支配、成熟した経済、豊かな文化を擁する我が国は、普遍的価値に基づく政策を掲げ、国際秩序の強化に向けた取組を確固たる覚悟を持って主導していく。

（別紙）

5. 国家防衛戦略について

防衛計画

国家防衛戦略について

〔令和4年12月16日
国家安全保障会議決定
閣議決定〕

国家防衛戦略について別紙のとおり定める。

本決定は、「平成31年度以降に係る防衛計画の大綱について」（平成30年12月18日国家安全保障会議決定及び閣議決定）に代わるものとする。

（別紙）

Ⅰ 策定の趣旨

国民の命と平和な暮らし、そして、我が国の領土・領海・領空を断固として守り抜く。

これは我が国政府の最も重大な責務であり、安全保障の根幹である。戦後、我が国は、東西冷戦とその終結後の安全保障環境の大きな変化の中にあっても、我が国自身の外交力、防衛力等を強化し、日米同盟を基軸として、各国との協力を拡大・深化させ、77年もの間、我が国の平和と安全を守ってきた。また、その際、日本国憲法の下、専守防衛に徹し、他国に脅威を与えるような軍事大国にならないとの基本方針に従い、文民統制を確保し、非核三原則を堅持してきた。今後とも、我が国は、こうした基本方針の下で、平和国家としての歩みを決して変えることはない。

我が国を含む国際社会は、今、ロシアによるウクライナ侵略が示すように、深刻な挑戦を受け、新たな危機に突入している。中国は東シナ海、南シナ海において、力による一方的な現状変更やその試みを推し進め、北朝鮮はかつてない高い頻度で弾道ミサイルを発射し、核の更なる小型化を追求するなど行動をエスカレートさせ、ロシアもウクライナ侵略を行うとともに、極東地域での軍事活動を活発化させている。今後、インド太平洋地域、とりわけ東アジアにおいて、戦後の安定した国際秩序の根幹を揺るがしかねない深刻な事態が発生する可能性が排除されない。我が国は、こうした動きの最前線に位置しており、我が国の今後の安全保障・防衛政策の在り方が地域と国際社会の平和と安定に直結すると言っても過言ではない。

国際連合安全保障理事会（以下「国連安保理」という。）常任理事国であるロシアがウクライナへの侵略を行った事実は、自らの主権と独立の維持は我が国自身の主体的、自主的な努力があって初めて実現するものであり、他国の侵略を招かないためには自らが果たし得る役割の拡大が重要であることを教えている。また、今や、どの国も一国では自国の安全を守ることはできない。戦後の国際秩序への挑戦が続く中、我が国は普遍的価値と戦略的利益等を共有する同盟国・同志国等と協力・連携を深めていくことが不可欠である。この協力・連携が大きな成果を収めるために

80

は、我が国自身の努力を従来にも増して強化することが必要であり、同盟国・同志国等も我が国が国力にふさわしい役割を果たすことを期待している。我が国と、同盟国・同志国等が共通の努力を行い、更なる相乗効果を発揮することで、力による一方的な現状変更やその試みを許さないことが求められている。

戦後、最も厳しく複雑な安全保障環境の中で、国民の命と平和な暮らしを守り抜くためには、その厳しい現実に正面から向き合って、相手の能力と新しい戦い方に着目した防衛力の抜本的強化を行う必要がある。こうした防衛力の抜本的強化とともに国力を総合した国全体の防衛体制の強化を、戦略的発想を持って一体として実施することこそが、我が国の抑止力を高め、日米同盟をより一層強化していく道であり、また、同志国等との安全保障協力の礎となるものである。

特に、本年、米国は、新たな国家防衛戦略を策定したところであり、地域の平和と安定に大きな責任を有する日米両国がそれぞれの戦略を擦り合わせ、防衛協力を統合的に進めていくことは時宜にかなう。

こうした認識の下、政府は、1976年以降6回策定してきた自衛隊を中核とした防衛力の整備、維持及び運用の基本的指針である防衛計画の大綱に代わって、我が国の防衛目標、防衛目標を達成するためのアプローチ及びその手段を包括的に示すため、「国家防衛戦略」を策定する。

今般、本戦略及び「防衛力整備計画」（令和4年12月16日国家安全保障会議決定及び閣議決定）において、政府が決定した防衛力の抜本的強化とそれを裏付ける防衛力整備の水準についての方針は、戦後の防衛政策の大きな転換点となるものである。中長期的な防衛力強化の方向性と内容を示す本戦略の策定により、こうした大きな転換点の意義について、国民の理解が深まるよう政府として努力していく。

Ⅱ 戦略環境の変化と防衛上の課題

1．戦略環境の変化

情報化社会の進展や国際貿易の拡大等に伴い、国家間の経済や文化を巡る関係が一層拡大・深化する一方、普遍的価値やそれに基づく政治・経済体制を共有しない国家が勢力を拡大している。また、力による一方的な現状変更やその試みは、法の支配に基づく自由で開かれた国際秩序に対する深刻な挑戦であり、ロシアによるウクライナ侵略は、最も苛烈な形でこれを顕在化させている。国際社会は戦後最大の試練の時を迎え、新たな危機の時代に突入しつつある。

また、グローバルなパワーバランスが大きく変化し、政治・経済・軍事等にわたる国家間の競争が顕在化している。特に、インド太平洋地域においては、こうした傾向が顕著であり、その中で中国が力による一方的な現状変更やその試みを継続・強化している。また、中国のみならず、北朝鮮やロシアが、これまで以上に行動を活発化させている。

特に、中国と米国の国家間競争は、様々な分野で今後も激しさを増していくと思われるが、そのような中、米国は、中国との競争において今後の10年が

決定的なものになるとの認識を示している。

さらに、科学技術の急速な進展が安全保障の在り方を根本的に変化させ、各国は将来の戦闘様相を一変させる、いわゆるゲーム・チェンジャーとなり得る先端技術の開発を行っている。その中でも中国は「軍民融合発展戦略」の名の下に、技術のイノベーションの活発化と軍事への応用を急速に推進しており、特に人工知能（AI）を活用した無人アセット等を前提とした軍事力の強化を加速させている。こうした動向によって従来の軍隊の構造や戦い方に根本的な変化が生じている。

加えて、サイバー領域等におけるリスクの深刻化、偽情報の拡散を含む情報戦の展開、気候変動等のグローバルな安全保障上の課題も存在する。

２．我が国周辺等の軍事動向

中国は、2017年の中国共産党全国代表大会（以下「党大会」という。）での報告において、2035年までに「国防と軍隊の現代化を基本的に実現」した上で、今世紀半ばに「世界一流の軍隊」を築き上げることを目標に掲げ、2020年の第19期中央委員会第5回全体会議（5中全会）では、2027年には「建軍100年の奮闘目標」を達成することを目標に加えた。2022年の党大会における報告においては、「世界一流の軍隊」を早期に構築することが「社会主義現代化国家」の全面的建設の戦略的要請であることが新たに明記され、そうした目標の下、「新型挙国体制」を掲げ、「機械化・情報化・智能化」の融合発展を推進し、軍事力の質・量を広範かつ急速に強化している。その上で、中国は、今後5年が自らの目指す「社会主義現代化国家」の全面的建設をスタートさせる肝心な時期と位置付けている。

中国の公表国防費は、1998年度に我が国の防衛関係費を上回って以降、急速なペースで増加しており、2022年度には我が国の防衛関係費の約4.8倍に達している。また、中国の公表国防費は、実際に軍事目的に支出している額の一部に過ぎないとみられ、国防費の急速な増加を背景に、中国は、我が国を上回る数の近代的な海上・航空アセットを保持するに至っており、さらに、宇宙・サイバー等の新たな領域における能力も強化している。核戦力については、2020年代末までに少なくとも1,000発の運搬可能な核弾頭の保有を企図している可能性が高いとみられる。ミサイル戦力については、中距離核戦力（INF）全廃条約の枠組みの外にあった中国は、周辺地域への他国の軍事力の接近・展開を阻止し、当該地域での軍事活動を阻害する軍事能力（いわゆる「接近阻止／領域拒否」（「A2／AD」）能力）の強化等の観点から、同条約が規制していた地上発射型中距離ミサイルを多数配備しつつ、対艦弾道ミサイルや長射程対地巡航ミサイルの戦力化及び極超音速滑空兵器（HGV）の開発・配備等を進めている。また、無人アセットの開発・配備を進めているとみられ、無人アセットの我が国周辺における活動の活発化も確認されている。

このような軍事力を背景として、中国は、尖閣諸島周辺を始めとする東シナ

防衛計画

82

海、日本海、さらには伊豆・小笠原諸島周辺を含む西太平洋等、いわゆる第一列島線を越え、第二列島線に及ぶ我が国周辺全体での活動を活発化させるとともに、台湾に対する軍事的圧力を高め、さらに、南シナ海での軍事拠点化等を推し進めている。

特に、我が国周辺においては、中国海軍艦艇が、尖閣諸島周辺海域での活動を活発化させており、そうした状況の下、中国海警局に所属する船舶が尖閣諸島周辺の我が国領海への侵入を繰り返している。また、中国海軍艦艇が南西諸島周辺の我が国領海や接続水域を航行する例がみられている。

中国は、台湾に関して、2022年の党大会における報告で「最大の誠意と努力を尽くして平和的統一の実現を目指すが、決して武力行使の放棄を約束しない」と改めて表明した。同時に、「両岸関係の主導権と主動権をしっかり握った」「祖国の完全統一は必ず実現しなければならず、必ず実現できる」とも表明した。近年、中台の軍事バランスは全体として中国側に有利な方向に急速に傾斜する形で変化しているが、そうした中、中国は、台湾周辺での軍事活動を活発化させてきている。中国は、台湾周辺での一連の活動を通じ、中国軍が常態的に活動している状況の既成事実化を図るとともに、実戦能力の向上を企図しているとみられる。さらに、中国は、2022年8月4日に我が国の排他的経済水域（EEZ）内への5発の着弾を含む計9発の弾道ミサイルの発射を行った。このことは、地域住民に脅威と受け止められた。このように、台湾周辺における威圧的な軍事活動を活発化させており、台湾海峡の平和と安定については、我が国を含むインド太平洋地域のみならず、国際社会全体において急速に懸念が高まっている。

このような中国の対外的な姿勢や軍事動向等は、我が国と国際社会の深刻な懸念事項であり、我が国の平和と安全及び国際社会の平和と安定を確保し、法の支配に基づく国際秩序を強化する上で、これまでにない最大の戦略的な挑戦であり、我が国の防衛力を含む総合的な国力と同盟国・同志国等との協力・連携により対応すべきものである。

北朝鮮は体制を維持するため、大量破壊兵器や弾道ミサイル等の増強に集中的に取り組んでおり、技術的には我が国を射程に収める弾道ミサイルに核兵器を搭載し、我が国を攻撃する能力を既に保有しているものとみられる。大量破壊兵器の運搬手段である弾道ミサイルについては、その発射の態様を多様化させるなどして、関連技術・運用能力を急速に向上させており、特に近年、低空を変則的な軌道で飛翔する弾道ミサイルの実用化を追求し、これらを発射台付き車両（TEL）、潜水艦、鉄道といった様々なプラットフォームから発射することで、発射の兆候把握・探知・迎撃を困難にすることを企図しているとみられる。また、「極超音速滑空飛行弾頭」、米国本土を射程に含む「固体燃料推進式大陸間弾道ミサイル（ICBM）」等の実現を優先課題に掲げて研究開発を進めているとみられ、今後の技術進展が懸念される。このような北朝鮮の核・弾

道ミサイル開発等は、累次の国連安保理決議等に違反するものであり、地域と国際社会の平和と安全を著しく損なっている。こうした軍事動向は、我が国の安全保障にとって、従前よりも一層重大かつ差し迫った脅威となっている。

　ロシアによるウクライナ侵略は国際秩序の根幹を揺るがすものであり、欧州方面における防衛上の最も重大かつ直接の脅威と受け止められている。また、我が国周辺においても北方領土を含む極東地域において、ロシア軍は新型装備の配備や、大規模な軍事演習の実施等、軍事活動を活発化させている。さらに、近年は中国と共に、艦艇の共同航行や爆撃機の共同飛行を実施するなど、軍事面での連携を強化している。こうしたロシアの軍事動向は、我が国を含むインド太平洋地域において、中国との戦略的な連携と相まって防衛上の強い懸念である。

　さらに、今後、インド太平洋地域において、こうした活動が同時に行われる場合には、それが地域にどのような影響を及ぼすかについて注視していく必要がある。

3．防衛上の課題

　国際の平和及び安全の維持に関する主要な責任を負う国連安保理常任理事国であり、核兵器国でもあるロシアが、ウクライナを公然と侵略し、核兵器による威嚇ともとれる言動を繰り返す、前代未聞といえる事態が生起している。これは戦後国際社会が築いてきた国際秩序の根幹を揺るがすものであり、こうした欧州で起きている力による一方的な現状変更は、インド太平洋地域でも生起し得る。

　ロシアがウクライナを侵略するに至った軍事的な背景としては、ウクライナのロシアに対する防衛力が十分ではなく、ロシアによる侵略を思いとどまらせ、抑止できなかった、つまり、十分な能力を保有していなかったことにある。

　また、どの国も一国では自国の安全を守ることはできない中、外部からの侵攻を抑止するためには、共同して侵攻に対処する意思と能力を持つ同盟国との協力の重要性が再認識されている。

　さらに、高い軍事力を持つ国が、あるとき侵略という意思を持ったことにも注目すべきである。脅威は能力と意思の組み合わせで顕在化するところ、意思を外部から正確に把握することには困難が伴う。国家の意思決定過程が不透明であれば、脅威が顕在化する素地が常に存在する。

　このような国から自国を守るためには、力による一方的な現状変更は困難であると認識させる抑止力が必要であり、相手の能力に着目した自らの能力、すなわち防衛力を構築し、相手に侵略する意思を抱かせないようにする必要がある。戦い方も、従来のそれとは様相が大きく変化してきている。これまでの航空侵攻・海上侵攻・着上陸侵攻といった伝統的なものに加えて、精密打撃能力が向上した弾道・巡航ミサイルによる大規模なミサイル攻撃、偽旗作戦を始めとする情報戦を含むハイブリッド戦の展開、宇宙・サイバー・電磁波の領域や

無人アセットを用いた非対称的な攻撃、核保有国が公然と行う核兵器による威嚇ともとれる言動等を組み合わせた新しい戦い方が顕在化している。こうした新しい戦い方に対応できるかどうかが、今後の防衛力を構築する上で大きな課題となっている。

海に囲まれ長大な海岸線を持つ我が国は、本土から離れた多くの島嶼及び広大なEEZ・大陸棚を有しており、そこに広く存在する国民の生命・身体・財産、領土・領海・領空及び各種資源を守り抜くことが課題である。また、海洋国家であり、資源や食料の多くを海外との貿易に依存する我が国にとって、自由で開かれた海洋秩序を強化し、航行・飛行の自由や安全を確保することは必要不可欠である。

一方、我が国は、大きな被害を伴う自然災害が多発することに加え、都市部に産業・人口・情報基盤が集中するとともに、沿岸部に原子力発電所等の重要施設が多数存在しており、様々な脅威から、国民と重要施設を防護することも課題となっている。

これらに加えて、我が国においては、人口減少と少子高齢化が急速に進展しているとともに、厳しい財政状況が続いていることを踏まえれば、予算・人員をこれまで以上に効率的に活用することが必要不可欠である。

Ⅲ　我が国の防衛の基本方針

我が国の防衛の根幹である防衛力は、我が国の安全保障を確保するための最終的な担保であり、我が国に脅威が及ぶことを抑止するとともに、脅威が及ぶ場合には、これを阻止・排除し、我が国を守り抜くという意思と能力を表すものである。

この防衛力については、我が国は戦後一貫して節度ある効率的な整備を行うものとしてきた。特に、1976年の「防衛計画の大綱について」(昭和51年10月29日国防会議決定及び閣議決定)策定以来、我が国が防衛力を保持する意義は、特定の脅威に対抗するというよりも、我が国自らが力の空白となって我が国周辺地域における不安定要因とならないことにあるとされてきた。

冷戦終結後、自衛隊の役割と任務は、国内外での大規模災害等への対応や国際平和協力活動等に拡大され、様々な事態に対応するものとされた。また、2010年の「平成23年度以降に係る防衛計画の大綱について」(平成22年12月17日安全保障会議決定及び閣議決定)では防衛力の存在自体による抑止効果を重視した「基盤的防衛力構想」によらないこととされ、さらに、2013年の「平成26年度以降に係る防衛計画の大綱について」(平成25年12月17日国家安全保障会議決定及び閣議決定)では、厳しさを増す安全保障環境を現実のものとして見据え、真に実効的な防衛力を構築することとし、防衛力を強化してきた。しかしながら、我が国周辺国等は、その後も、軍事的な能力の大幅な強化に加え、ミサイル発射や軍事的示威活動を急速に拡大・活発化させており、

我が国と地域の安全保障を脅かしている。

今後、こうした活動のエスカレーションに伴って、いついかなる形で意思が変わり、力による一方的な現状変更が起こるのか予測が極めて困難な状況にある。一旦、力による一方的な現状変更が起こると、極めて甚大な人的・物的被害が発生するとともに、地域のみならず世界の経済・金融・エネルギー・海上交通・航空交通等が混乱し、人々の日常生活に大きな影響を与えることは、ロシアによるウクライナ侵略から明らかである。

このようなことから、今後の防衛力については、相手の能力と戦い方に着目して、我が国を防衛する能力をこれまで以上に抜本的に強化するとともに、新たな戦い方への対応を推進し、いついかなるときも力による一方的な現状変更やその試みは決して許さないとの意思を明確にしていく必要がある。こうした努力は、我が国一国でなし得るものではなく、同盟国・同志国等と緊密に協力・連携して実施していく必要がある。このため、本戦略において、我が国の防衛目標を明確にした上で、防衛目標を達成するためのアプローチと具体的な手段を示し、あらゆる努力を統合して実施していく必要がある。

○ 我が国の防衛目標は以下のとおり。

第一の目標は、力による一方的な現状変更を許容しない安全保障環境を創出することである。

第二の目標は、我が国の平和と安全に関わる力による一方的な現状変更やその試みについて、我が国として、同盟国・同志国等と協力・連携して抑止することである。また、これが生起した場合でも、我が国への侵攻につながらないように、あらゆる方法により、これに即応して行動し、早期に事態を収拾することである。

第三の目標は、万が一、抑止が破れ、我が国への侵攻が生起した場合には、その態様に応じてシームレスに即応し、我が国が主たる責任をもって対処し、同盟国等の支援を受けつつ、これを阻止・排除することである。

また、核兵器の脅威に対しては、核抑止力を中心とする米国の拡大抑止が不可欠であり、第一から第三までの防衛目標を達成するための我が国自身の努力と、米国の拡大抑止等が相まって、あらゆる事態から我が国を守り抜く。

○ 防衛目標を実現するためのアプローチは以下のとおりであり、それぞれのアプローチの中で具体的な手段を示すものとする。

第一のアプローチは、我が国自身の防衛体制の強化として、我が国の防衛の中核となる防衛力を抜本的に強化するとともに、国全体の防衛体制を強化することである。

第二のアプローチは、同盟国である米国との協力を一層強化することにより、日米同盟の抑止力と対処力を更に強化することである。

第三のアプローチは、自由で開かれた国際秩序の維持・強化のために協力する同志国等との連携を強化することである。

1．我が国自身の防衛体制の強化

　　我が国を守り抜くのは我が国自身の努力にかかっていることは言うまでもない。自らの国は自らが守るという強い意思と努力があって初めて、いざというときに同盟国等と共に守り合い、助け合うことができる。このため、第一のアプローチとして、防衛力の抜本的強化を中核として、国力を統合した我が国自身の防衛体制を今まで以上に強化していく。

(1) 我が国の防衛力の抜本的強化

　　我が国の安全保障を最終的に担保する防衛力については、これまで、想定される各種事態に真に実効的に対処し、抑止できるものを目指してきた。具体的には、2018年の「平成31年度以降に係る防衛計画の大綱について」（平成30年12月18日国家安全保障会議決定及び閣議決定）において、平時から有事までのあらゆる段階における活動をシームレスに実施できるよう、宇宙・サイバー・電磁波の領域と陸・海・空の領域を有機的に融合させつつ、統合運用により機動的・持続的な活動を行い得る多次元統合防衛力を構築してきた。

　　国際社会が戦後最大の試練の時を迎える中で、相手の能力と新しい戦い方を踏まえ、想定される各種事態への対応について、能力評価等を通じた分析により将来の防衛力の在り方を検討してきた。こうしたことも踏まえつつ、力による一方的な現状変更やその試みから、今後も国民の命と平和な暮らしを守っていくため、これまでの多次元統合防衛力を抜本的に強化し、その努力を更に加速して進めていく。

　　防衛力の抜本的強化の基本的考え方は以下のとおりである。

ア　まず、抜本的に強化された防衛力は、防衛目標である我が国自体への侵攻を我が国が主たる責任をもって阻止・排除し得る能力でなくてはならない。これは相手にとって軍事的手段では我が国侵攻の目標を達成できず、生じる損害というコストに見合わないと認識させ得るだけの能力を我が国が持つことを意味する。さらに、我が国に対する侵攻を阻止・排除できる防衛力を我が国が保有できれば、同盟国たる米国の能力と相まって、我が国への侵攻のみならず、インド太平洋地域における力による一方的な現状変更やその試みを抑止でき、ひいてはそれを許容しない安全保障環境を創出することにつながる。

イ　さらに、抜本的に強化された防衛力は、我が国への侵攻を抑止できるよう、常続的な情報収集・警戒監視・偵察（ISR）や事態に応じて柔軟に選択される抑止措置（FDO）としての訓練・演習等に加え、対領空侵犯措置等を行い、かつ事態にシームレスに即応・対処できる能力でなければならない。

　　これを実現するためには、部隊の活動量が増える中であっても、自衛隊員の能力や部隊の練度向上に必要な訓練・演習等を十分に実施できるよう、

内外に訓練基盤を確保し、柔軟な勤務態勢を構築すること等により、高い即応性・対処力を保持した防衛力を構築する必要がある。

ウ　次に、抜本的に強化された防衛力は新しい戦い方に対応できるものでなくてはならない。領域横断作戦、情報戦を含むハイブリッド戦、ミサイルに対する迎撃と反撃といった多様な任務を統合し、米国と共同して実施していく必要がある。このため、国家安全保障戦略、本戦略及び防衛力整備計画に示された方針、さらにこれらと整合された統合的な運用構想により、我が国の防衛上必要な機能・能力を導き、その能力を陸上自衛隊・海上自衛隊・航空自衛隊のいずれが保有すべきかを決めていく。

エ　上記ウの我が国の防衛上必要な機能・能力として、まず、我が国への侵攻そのものを抑止するために、遠距離から侵攻戦力を阻止・排除できるようにする必要がある。このため、「スタンド・オフ防衛能力」と「統合防空ミサイル防衛能力」を強化する。

また、万が一、抑止が破れ、我が国への侵攻が生起した場合には、これらの能力に加え、有人アセット、さらに無人アセットを駆使するとともに、水中・海上・空中といった領域を横断して優越を獲得し、非対称的な優勢を確保できるようにする必要がある。このため、「無人アセット防衛能力」、「領域横断作戦能力」、「指揮統制・情報関連機能」を強化する。

さらに、迅速かつ粘り強く活動し続けて、相手方の侵攻意図を断念させられるようにする必要がある。このため、「機動展開能力・国民保護」、「持続性・強靱性」を強化する。

オ　このような防衛力の抜本的強化は、いついかなる形で力による一方的な現状変更が生起するか予測困難であることから、速やかに実現していく必要がある。

具体的には、5年後の2027年度までに、我が国への侵攻が生起する場合には、我が国が主たる責任をもって対処し、同盟国等の支援を受けつつ、これを阻止・排除できるように防衛力を強化する。さらに、おおむね10年後までに、この防衛目標をより確実にするため更なる努力を行い、より早期かつ遠方で侵攻を阻止・排除できるように防衛力を強化する。

今後5年間の最優先課題は、現有装備品を最大限有効に活用するため、可動率向上や弾薬・燃料の確保、主要な防衛施設の強靱化への投資を加速するとともに、将来の中核となる能力を強化することである。

この防衛力の構築は、刻々と変化する我が国を取り巻く安全保障環境を踏まえ、不断に見直し、その変化に適応していくものとする。

カ　この防衛力の抜本的強化には大幅な経費と相応の人員の増加が必要となるが、防衛力の抜本的強化の実現に資する形で、スクラップ・アンド・ビルドを徹底して、自衛隊の組織定員と装備の最適化を実施するとともに、効率的な調達等を進めて大幅なコスト縮減を実現してきたこれまでの努力

を、防衛生産基盤に配意しつつ、更に継続・強化していく。あわせて、人口減少と少子高齢化を踏まえ、無人化・省人化・最適化を徹底していく。

キ　以上の防衛力の抜本的強化の目的は、あくまで力による一方的な現状変更やその試みを許さず、我が国への侵攻を抑止することにある。我が国が自らの防衛力を抜本的に強化することによって、日米同盟の抑止力・対処力が更に強化され、同志国等との連携が強化される。そのことにより、我が国の意思と能力を相手にしっかりと認識させ、我が国を過小評価させず、相手方にその能力を過大評価させないことにより我が国への侵攻を抑止する。それが我が国の防衛力の抜本的強化の目的である。

ク　我が国への侵攻を抑止する上で鍵となるのは、スタンド・オフ防衛能力等を活用した反撃能力である。

近年、我が国周辺では、極超音速兵器等のミサイル関連技術と飽和攻撃など実戦的なミサイル運用能力が飛躍的に向上し、質・量ともにミサイル戦力が著しく増強される中、ミサイルの発射も繰り返されており、我が国へのミサイル攻撃が現実の脅威となっている。

こうした中、今後も、変則的な軌道で飛翔するミサイル等に対応し得る技術開発を行うなど、ミサイル防衛能力を質・量ともに不断に強化していく。

しかしながら、弾道ミサイル防衛という手段だけに依拠し続けた場合、今後、この脅威に対し、既存のミサイル防衛網だけで完全に対応することは難しくなりつつある。

このため、相手からミサイルによる攻撃がなされた場合、ミサイル防衛網により、飛来するミサイルを防ぎつつ、相手からの更なる武力攻撃を防ぐために、我が国から有効な反撃を相手に加える能力、すなわち反撃能力を保有する必要がある。

この反撃能力とは、我が国に対する武力攻撃が発生し、その手段として弾道ミサイル等による攻撃が行われた場合、武力の行使の三要件に基づき、そのような攻撃を防ぐのにやむを得ない必要最小限度の自衛の措置として、相手の領域において、我が国が有効な反撃を加えることを可能とする、スタンド・オフ防衛能力等を活用した自衛隊の能力をいう。

こうした有効な反撃を加える能力を持つことにより、武力攻撃そのものを抑止する。その上で、万一、相手からミサイルが発射される際にも、ミサイル防衛網により、飛来するミサイルを防ぎつつ、反撃能力により相手からの更なる武力攻撃を防ぎ、国民の命と平和な暮らしを守っていく。

この反撃能力については、1956年2月29日に政府見解として、憲法上、「誘導弾等による攻撃を防御するのに、他に手段がないと認められる限り、誘導弾等の基地をたたくことは、法理的には自衛の範囲に含まれ、可能である」としたものの、これまで政策判断として保有することとしてこなかった能力に当たるものである。

この政府見解は、2015年の平和安全法制に際して示された武力の行使の三要件の下で行われる自衛の措置にもそのまま当てはまるものであり、今般保有することとする能力は、この考え方の下で上記三要件を満たす場合に行使し得るものである。

この反撃能力は、憲法及び国際法の範囲内で、専守防衛の考え方を変更するものではなく、武力の行使の三要件を満たして初めて行使され、武力攻撃が発生していない段階で自ら先に攻撃する先制攻撃は許されないことはいうまでもない。

また、日米の基本的な役割分担は今後も変更はないが、我が国が反撃能力を保有することに伴い、弾道ミサイル等の対処と同様に、日米が協力して対処していくこととする。

(2) 国全体の防衛体制の強化

我が国を守るためには自衛隊が強くなければならないが、我が国全体で連携しなければ、我が国を守ることはできないことも自明である。このため、防衛力を抜本的に強化することに加えて、我が国が持てる力、すなわち、外交力、情報力、経済力、技術力を含めた国力を統合して、あらゆる政策手段を体系的に組み合わせて国全体の防衛体制を構築していく。その際、政府一体となった取組を強化していくため、政府内の縦割りを打破していくことが不可欠である。こうした観点から、防衛力の抜本的強化を補完する不可分一体の取組として、我が国の国力を結集した総合的な防衛体制を強化する。また、政府と地方公共団体、民間団体等との協力を推進する。

ア　力による一方的な現状変更を許さない取組において重要なのは、我が国自身の防衛体制の強化に裏付けられた外交努力である。我が国として、自由で開かれたインド太平洋（FOIP）というビジョンの推進等を通じて力強い外交を推進することにより、平和で安定し予見可能性が高い国際環境を能動的に創出し、力による一方的な現状変更を未然に防ぐとともに、我が国の平和と安全、地域と国際社会の平和と安定及び繁栄を確保していく。このような外交努力と相まって、防衛省・自衛隊においては、同盟国との協力及び同志国等との多層的な連携を推進し、望ましい安全保障環境の創出に取り組んでいくこととする。また、力による一方的な現状変更やその試みを抑止するとの意思と能力を示し続け、相手の行動に影響を与えるために、FDOとしての訓練・演習等や、戦略的コミュニケーション（SC）を、政府一体となって、また同盟国・同志国等と共に充実・強化していく必要がある。

イ　平素からの常続的なISR及び分析を関係省庁が連携して実施することにより、事態の兆候を早期に把握するとともに、事態に応じて政府全体で迅速な意思決定を行い、関係機関が連携していくことが重要である。その際、認知領域を含む情報戦について、偽情報の流布等に対応したファ

　クト・チェック機能やカウンター発信機能等を強化し、有事はもとより、平素から、政府全体での対応を強化していく。

ウ　政府全体の意思決定に基づき、関係機関が連携して行動することにより、力による一方的な現状変更を許さないことが重要である。このため、平素から政府全体として、連携要領を確立しつつ、シミュレーションや統合的な訓練・演習を行い、対処の実効性を向上させる。特に、原子力発電所等の重要施設の防護、離島の周辺地域等における外部からの武力攻撃に至らない侵害や武力攻撃事態への対応については、有事を念頭に平素から警察や海上保安庁と自衛隊との間で訓練や演習を実施し、特に武力攻撃事態における防衛大臣による海上保安庁の統制要領を含め、必要な連携要領を確立する。

エ　宇宙・サイバー・電磁波の領域は、国民生活にとっての基幹インフラであるとともに、我が国の防衛にとっても領域横断作戦を遂行する上で死活的に重要であることから、政府全体でその能力を強化していく。宇宙空間については、情報収集、通信、測位等の目的での安定的な利用を確保することは国民生活と防衛の双方にとって死活的に重要であり、防衛省・自衛隊においては、宇宙航空研究開発機構（JAXA）を含めた関係機12関や民間事業者との間で、研究開発を含めた協力・連携を強化することとする。その際、民生技術の防衛分野への一層の活用を図ることで、民間における技術開発への投資を促進し、我が国全体としての宇宙空間における能力の向上につなげる。

　サイバー領域においては、諸外国や関係省庁及び民間事業者との連携により、平素から有事までのあらゆる段階において、情報収集及び共有を図るとともに、我が国全体としてのサイバー安全保障分野での対応能力の強化を図ることが重要である。政府全体において、サイバー安全保障分野の政策が一元的に総合調整されていくことを踏まえ、防衛省・自衛隊においては、自らのサイバーセキュリティのレベルを高めつつ、関係省庁、重要インフラ事業者及び防衛産業との連携強化に資する取組を推進することとする。電磁波領域については、陸・海・空、宇宙、サイバー領域に至るまで、活用範囲や用途が拡大し、現在の戦闘様相における攻防の最前線となっている。このため、電磁波領域における優勢を確保することが抑止力の強化や領域横断作戦の実現のために極めて重要である。民生用の周波数利用と自衛隊の指揮統制や情報収集活動等のための周波数利用を両立させ、自衛隊が安定的かつ柔軟な電波利用を確保できるよう、関係省庁と緊密に連携する。

オ　先進的な技術に裏付けられた新しい戦い方が勝敗を決する時代において、先端技術を防衛目的で活用することが死活的に重要となっている。この際、総合的な防衛体制の強化のための府省横断的な仕組みの下、防

衛省・自衛隊のニーズを踏まえ、政府関係機関が行っている先端技術の研究開発を防衛目的に活用していく。また、防衛産業を活用しつつ、スタートアップ等各種企業、各種研究機関の研究開発の成果を早期の実装化につなげていく取組を実施することとする。

カ　国民の命を守りながら我が国への侵攻に対処し、また、大規模災害を含む各種事態に対処するに当たっては、国の行政機関、地方公共団体、公共機関、民間事業者が協力・連携して統合的に取り組む必要がある。まず、防衛上のニーズを踏まえ、総合的な防衛体制の強化のための府省横断的な仕組みの下、特に南西地域における空港・港湾等を整備・強化するとともに、既存の空港・港湾等を運用基盤として、平素からの訓練を含めて使用するために、関係省庁間で調整する枠組みの構築等、必要な措置を講ずる。また、自衛隊の機動展開のための民間船舶・民間航空機の利用拡大について関係機関等との連携を深めるとともに、当該船舶・航空機を利用した国民保護措置を計画的に行えるよう調整・協力する。加えて、防衛省・自衛隊においては、政府全体で実施する武力攻撃事態等を念頭に置いた国民保護訓練の強化、弾道ミサイル等による攻撃を受ける事態に備えた全国瞬時警報システム（J−ALERT）の情報伝達機能の強化等に協力していくこととする。さらに、海空域や電波を円滑に利用し、防衛関連施設の機能を十全に発揮できるよう、風力発電施設の設置等の社会経済活動との調和を図る効果的な仕組みを確立する。あわせて、自衛隊の弾薬・燃料等の輸送・保管について、関係省庁との連携を強化し、更なる円滑化のための措置を講ずる。各種事態において日米共同対処を円滑に実施するため、これらと同様の取組を推進する。

キ　海洋国家である我が国にとって、海洋の秩序を強化し、航行・飛行の自由や安全を確保することは、我が国の平和と安全にとって極めて重要である。このため、我が国の領海等における国益や我が国の重要なシーレーンの安定的利用の確保等に取り組んでいく。まず、防衛省・自衛隊においては、我が国における海洋の安全保障の担い手である海上保安庁と緊密に協力・連携しつつ、同盟国・同志国、さらにインド太平洋地域の沿岸国と共に、FOIPというビジョンの下、海洋安全保障に関する協力を推進していくこととする。また、シーレーンの安定的利用を確保するために、関係機関との協力・連携の下、海賊対処や日本関係船舶の安全確保に必要な取組を実施していく。この際、ジブチにおける拠点を長期的・安定的に活用する。

ク　自衛隊及び在日米軍が、平素からシームレスかつ効果的に活動できるよう、自衛隊施設及び米軍施設周辺の地方公共団体や地元住民の理解及び協力をこれまで以上に獲得していく。日頃から防衛省・自衛隊の政策や活動、さらには、在日米軍の役割に関する積極的な広報を行い、地元に対する説

明責任を果たしながら、地元の要望や情勢に応じた調整を実施する。同時に、騒音等への対策を含む防衛施設周辺対策事業についても、我が国の防衛への協力促進という観点も踏まえ、引き続き推進する。また、地方によっては、自衛隊の部隊による急患輸送や存在そのものが地域コミュニティーの維持・活性化に大きく貢献していることを踏まえ、部隊の改編や駐屯地・基地等の配備・運営に当たっては、地方公共団体や地元住民の理解を得られるよう、地域の特性や地元経済への寄与に配慮する。

２．日米同盟による共同抑止・対処

第二のアプローチは、日米同盟の更なる強化である。米国との同盟関係は、我が国の安全保障政策の基軸であり、我が国の防衛力の抜本的強化は、米国の能力のより効果的な発揮にも繋がり、日米同盟の抑止力・対処力を一層強化するものとなる。日米は、こうした共同の意思と能力を顕示することにより、グレーゾーンから通常戦力による侵攻、さらに核兵器の使用に至るまでの事態の深刻化を防ぎ、力による一方的な現状変更やその試みを抑止する。その上で、我が国への侵攻が生起した場合には、日米共同対処によりこれを阻止する。このため、日米両国は、その戦略を整合させ、共に目標を優先付けることにより、同盟を絶えず現代化し、共同の能力を強化する。その際、我が国は、我が国自身の防衛力の抜本的強化を踏まえて、日米同盟の下で、我が国の防衛と地域の平和及び安定のため、より大きな役割を果たしていく。具体的には、以下の施策に取り組んでいく。

（1）日米共同の抑止力・対処力の強化

我が国の防衛戦略と米国の国防戦略は、あらゆるアプローチと手段を統合させて、力による一方的な現状変更を起こさせないことを最優先とする点で軌を一にしている。これを踏まえ、即応性・抗たん性を強化し、相手にコストを強要し、我が国への侵攻を抑止する観点から、それぞれの役割・任務・能力に関する議論をより深化させ、日米共同の統合的な抑止力をより一層強化していく。具体的には、日米共同による宇宙・サイバー・電磁波を含む領域横断作戦を円滑に実施するための協力及び相互運用性を高めるための取組を一層深化させる。あわせて、我が国の反撃能力については、情報収集を含め、日米共同でその能力をより効果的に発揮する協力態勢を構築する。さらに、今後、防空、対水上戦、対潜水艦戦、機雷戦、水陸両用作戦、空挺作戦、情報収集・警戒監視・偵察・ターゲティング（ISRT）、アセットや施設の防護、後方支援等における連携の強化を図る。また、我が国の防衛力の抜本的強化を踏まえた日米間の役割・任務分担を効果的に実現するため、日米共同計画に係る作業等を通じ、運用面における緊密な連携を確保する。加えて、より高度かつ実践的な演習・訓練を通じて同盟の即応性や相互運用性を始めとする対処力の向上を図っていく。

さらに、核抑止力を中心とした米国の拡大抑止が信頼でき、強靱なもので

あり続けることを確保するため、日米間の協議を閣僚レベルのものも含めて一層活発化・深化させる。

　力による一方的な現状変更やその試み、さらには各種事態の生起を抑止するため、平素からの日米共同による取組として、共同FDOや共同ISR等をさらに拡大・深化させる。その際には、これを効果的に実現するため、同志国等の参画や自衛隊による米軍艦艇・航空機等の防護といった取組を積極的に実施する。

　さらに、日米一体となった抑止力・対処力の強化の一環として、日頃から、双方の施設等の共同使用の増加、訓練等を通じた日米の部隊の双方の施設等への展開等を進める。

(2) 同盟調整機能の強化

　いついかなる事態が生起したとしても、日米両国による整合的な共同対処を行うため、同盟調整メカニズム（ACM）を中心とする日米間の調整機能をさらに発展させる。

　これらに加え、日米同盟を中核とする同志国等との連携を強化するため、ACM等を活用し、運用面におけるより緊密な調整を実現する。

(3) 共同対処基盤の強化

　あらゆる段階における日米共同での実効的な対処を支える基盤を強化する。まず、日米がその能力を十分に発揮できるよう、あらゆるレベルにおける情報共有を更に強化するために、情報保全及びサイバーセキュリティに係る取組を抜本的に強化する。また、同盟の技術的優位性、相互運用性、即応性、さらには継戦能力を確保するため、先端技術に関する共同分析や共同研究、装備品の共同開発・生産、相互互換性の向上、各種ネットワークの共有及び強化、米国製装備品の国内における生産・整備能力の拡充、サプライチェーンの強化に係る取組等、装備・技術協力を一層強化する。

(4) 在日米軍の駐留を支えるための取組

　厳しい安全保障環境に対応する、日米共同の態勢の最適化を図りつつ、在日米軍再編の着実な進展や在日米軍の即応性・抗たん性強化を支援する取組等、在日米軍の駐留を安定的に支えるための各種施策を推進する。

特に、安全保障上極めて重要な位置にある沖縄においては、一層厳しさを増す安全保障環境に対応しつつ、普天間飛行場の移設を含む在沖縄米軍施設・区域の整理・統合・縮小、部隊や訓練の移転等を着実に実施することにより、負担軽減を図っていく。

　以上のような日米共同の取組を円滑かつ効果的に実施するためには、国民の理解が不可欠であり、その意義・必要性を積極的に発信するなどの取組を強化する。

3. 同志国等との連携

第三のアプローチは、同志国等との連携の強化である。力による一方的な現

状変更やその試みに対抗し、我が国の安全保障を確保するためには、同盟国のみならず、一か国でも多くの国々と連携を強化することが極めて重要である。その観点から、FOIPというビジョンの実現に資する取組を進めていく。

まずは、日米同盟を重要な基軸と位置付けつつ、地域の特性や各国の事情を考慮した上で、多角的・多層的な防衛協力・交流を積極的に推進していく。その際、同志国等との連携強化を効果的に進める観点から、円滑化協定（RAA）、物品役務相互提供協定（ACSA）、防衛装備品・技術移転協定等の制度的枠組みの整備を更に推進する。

オーストラリアとの間では、インド太平洋地域の「特別な戦略的パートナー」として新たな「安全保障協力に関する日豪共同宣言」で方向付けたとおり、日米防衛協力に次ぐ緊密な協力関係を構築し、外務・防衛閣僚級協議（「2+2」）を含む各レベルでの協議、共同訓練、防衛装備・技術協力等を深化させる。また、RAA等の整備を踏まえ、オーストラリアにおける訓練の実施やローテーション展開等を図り、事態生起時には、我が国、米国及びオーストラリアが協力することも念頭に置きながら、相互に協議し、後方支援や情報共有等を中心に連携する。

こうした事態への効果的な対応を確保する観点から、平素より運用面の協力の範囲、目的及び形態に関する議論を推進する。

インドとの間では、特別戦略的グローバル・パートナーシップを構築しており、戦略的な連携を強化する観点から、「2+2」等の枠組みも活用しつつ、海洋安全保障やサイバーセキュリティ等を始めとする幅広い分野において、二国間及び多国間の軍種間交流等を更に深化させるとともに、共同訓練、防衛装備・技術協力等を推進する。

英国、フランス、ドイツ、イタリア等との間では、グローバルな安全保障上の課題のみならず、欧州及びインド太平洋地域の課題に相互に関与を強化する。その上で、北大西洋条約機構（NATO）等による米国との同盟関係を基軸として、緊密な協力関係を構築し、「2+2」等の各レベルでの協議、共同訓練、次期戦闘機の共同開発を含む防衛装備・技術協力、艦艇・航空機等の相互派遣等を実施する。その際、共同で実施する北朝鮮に向けた瀬取り監視やソマリア沖・アデン湾における海賊対処を通じて連携を強化する。

NATO及び欧州連合（EU）との間では、これら欧州諸国との二国間関係を基礎として、国際的なルール形成やインド太平洋地域における安全保障への関与に関して連携を強化していく。

韓国との間では、北朝鮮による核・ミサイルの脅威に対し、日米同盟及び米韓同盟の抑止力・対処力の強化の重要性を踏まえ、日米韓三か国による共同訓練を始めとした取組により日米韓の連携を強化する。

カナダ及びニュージーランドとの間では、インド太平洋地域の課題に更に連携して取り組むため、各レベルでの協議、共同訓練・演習、二国間で連携した第

三国との協力等を推進する。

ロシアによるウクライナ侵略を含む力による一方的な現状変更やその試みに直面し、情報戦、サイバーセキュリティ、SC、ハイブリッド戦等の先進的な取組を進める北欧・バルト諸国等との連携や、日本との関係強化に関心を示すチェコ・ポーランド等の中東欧諸国との連携を強化していく。

東南アジア諸国との間では、まず東南アジア諸国連合（ASEAN）の中心性・一体性の強化に向けて、東アジア首脳会議、ASEAN地域フォーラム、拡大ASEAN国防相会議、日ASEAN防衛担当大臣会合等を通じ、その動きを支援する。その上で、インド太平洋地域の安全保障を安定化させる観点から、各国の状況に合わせ、「2+2」を含む各レベルでの協議、戦略的寄港・寄航、共同訓練等を実施する。また、地域の安定化を目指し、防衛力強化に資する防衛装備移転、能力構築支援等を実施する。

モンゴルとの間では、中露の間に位置する民主主義国家という戦略的重要性に鑑み、各レベルでの交流、能力構築支援、多国間共同訓練等に加え、政治・安全保障分野での協力を新たな次元に高めるべく、防衛装備・技術協力を推進する。

中央アジア諸国との間では、アジアと欧州の間に位置する地政学的に重要な地域である一方で、防衛交流実績が少なく空白地帯となっていることから、双方が関心のある分野において、能力構築支援を含む防衛交流を積み重ねていく。太平洋島嶼国との間では、重要なパートナーとして、同盟国・同志国等とも連携して能力構築支援等の協力に取り組んでいく。その際、軍隊以外の組織である沿岸警備隊等を対象とすること等を検討する。

インド洋沿岸国・中東諸国との間では、我が国のシーレーンの安定的利用やエネルギー・経済の観点からの重要性を踏まえ、防衛協力を進めていく。同時に、アフリカ諸国等との間でも、グローバルな課題に対応するという観点から、防衛協力を強化する。特に、海賊対処、在外邦人等の保護・輸送等、この地域における運用基盤の強化等のため、ジブチとの連携を強化し、同国において運営している自衛隊の活動拠点を長期的・安定的に活用する。同志国等との連携の推進の一方で、中国やロシアとの意思疎通についても留意していく。

中国との間では、「建設的かつ安定的な関係」の構築に向けて、日中安保対話を含む多層的な対話や交流を推進していく。その際、中国がインド太平洋地域の平和と安定のために責任ある建設的な役割を果たし、国際的な行動規範を遵守するとともに、軍事力強化や国防政策に係る透明性を向上するよう引き続き促す一方で、我が国として有する懸念を率直に伝達していく。また、両国間における不測の事態を回避するため、ホットラインを含む「日中防衛当局間の海空連絡メカニズム」を運用していく。

ロシアとの関係については、力による一方的な現状変更は認められないとの

考えの下、ウクライナ侵略を最大限非難しつつ、G7を始めとした国際社会と緊密に連携し、適切に対応する。同時に、隣国であるロシアとの間で、不測の事態や不必要な摩擦を招かないために必要な連絡を絶やさないようにする。

Ⅳ 防衛力の抜本的強化に当たって重視する能力

本戦略等に示された基本方針及びこれらと整合された統合的な運用構想により導き出された、我が国の防衛上必要な7つの機能・能力の基本的な考え方とその内容は以下のとおり。

1．スタンド・オフ防衛能力

東西南北、それぞれ約3,000キロに及ぶ我が国領域を守り抜くため、島嶼部を含む我が国に侵攻してくる艦艇や上陸部隊等に対して脅威圏の外から対処するスタンド・オフ防衛能力を抜本的に強化する。

まず、我が国への侵攻がどの地域で生起しても、我が国の様々な地点から、重層的にこれらの艦艇や上陸部隊等を阻止・排除できる必要かつ十分な能力を保有する。次に、各種プラットフォームから発射でき、また、高速滑空飛翔や極超音速飛翔といった多様かつ迎撃困難な能力を強化する。

このため、2027年度までに、地上発射型及び艦艇発射型を含めスタンド・オフ・ミサイルの運用可能な能力を強化する。その際、国産スタンド・オフ・ミサイルの増産体制確立前に十分な能力を確保するため、外国製のスタンド・オフ・ミサイルを早期に取得する。

今後、おおむね10年後までに、航空機発射型スタンド・オフ・ミサイルを運用可能な能力を強化するとともに、変則的な軌道で飛翔することが可能な高速滑空弾、極超音速誘導弾、その他スタンド・オフ・ミサイルを運用する能力を獲得する。

あわせて、スタンド・オフ防衛能力に不可欠な、艦艇や上陸部隊等に関する精確な目標情報を継続的に収集し、リアルタイムに伝達し得る指揮統制に係る能力を保有する。対処実施後の成果の評価も含む情報分析能力や、情報ネットワークの抗たん性・冗長性も併せて保有する。

2．統合防空ミサイル防衛能力

四面環海の日本は、経空脅威への対応が極めて重要である。近年、弾道ミサイル、巡航ミサイル、航空機等の能力向上に加え、対艦弾道ミサイル、極超音速兵器や無人機等の出現により、この経空脅威は多様化・複雑化・高度化している。

このため、探知・追尾能力や迎撃能力を抜本的に強化するとともに、ネットワークを通じて各種センサー・シューターを一元的かつ最適に運用できる体制を確立し、統合防空ミサイル防衛能力を強化する。

相手からの我が国に対するミサイル攻撃については、まず、ミサイル防衛システムを用いて、公海及び我が国の領域の上空で、我が国に向けて飛来するミ

サイルを迎撃する。その上で、弾道ミサイル等の攻撃を防ぐためにやむを得ない必要最小限度の自衛の措置として、相手の領域において、有効な反撃を加える能力として、スタンド・オフ防衛能力等を活用する。こうした有効な反撃を加える能力を持つことにより、相手のミサイル発射を制約し、ミサイル防衛による迎撃を行い易くすることで、ミサイル防衛と相まってミサイル攻撃そのものを抑止していく。

このため、2027年度までに、警戒管制レーダーや地対空誘導弾の能力を向上させるとともに、イージス・システム搭載艦を整備する。また、指向性エネルギー兵器等により、小型無人機等に対処する能力を強化する。

今後、おおむね10年後までに、滑空段階での極超音速兵器への対処能力の研究や、小型無人機等に対処するための非物理的な手段による迎撃能力を一層導入することにより、統合防空ミサイル防衛能力を強化する。

3．無人アセット防衛能力

無人アセットは、有人装備と比べて、比較的安価であることが多く、人的損耗を局限し、長期連続運用ができるといった大きな利点がある。さらに、この無人アセットをAIや有人装備と組み合わせることにより、部隊の構造や戦い方を根本的に一変させるゲーム・チェンジャーとなり得ることから、空中・水上・水中等での非対称的な優勢を獲得することが可能である。このため、こうした無人アセットを情報収集・警戒監視のみならず、戦闘支援等の幅広い任務に効果的に活用する。また、有人機の任務代替を通じた無人化・省人化により、自衛隊の装備体系、組織の最適化の取組を推進する。

このため、2027年度までに、無人アセットを早期装備化やリース等により導入し、幅広い任務での実践的な能力を獲得する。特に、水中優勢を獲得・維持するための無人潜水艇（UUV）の早期装備化を進める。

今後、おおむね10年後までに、無人アセットを用いた戦い方を更に具体化し、我が国の地理的特性等を踏まえた機種の開発・導入を加速し、本格運用を拡大する。さらに、AI等を用いて複数の無人アセットを同時制御する能力等を強化する。

4．領域横断作戦能力

宇宙・サイバー・電磁波の領域及び陸・海・空の領域における能力を有機的に融合し、相乗効果によって全体の能力を増幅させる領域横断作戦により、個別の領域が劣勢である場合にもこれを克服し、我が国の防衛を全うすることがますます重要になっている。

(1) 宇宙領域においては、衛星コンステレーションを含む新たな宇宙利用の形態を積極的に取り入れ、情報収集、通信、測位等の機能を宇宙空間から提供されることにより、陸・海・空の領域における作戦能力を向上させる。同時に、宇宙空間の安定的利用に対する脅威に対応するため、地表及び衛星からの監視能力を整備し、宇宙領域把握（SDA)体制を確立するとともに、

様々な状況に対応して任務を継続できるように宇宙アセットの抗たん性強化に取り組む。

このため、2027年度までに、宇宙を利用して部隊行動に必要不可欠な基盤を整備するとともに、SDA能力を強化する。

今後、おおむね10年後までに、宇宙利用の多層化・冗長化や新たな能力の獲得等により、宇宙作戦能力を更に強化する。

(2) サイバー領域では、防衛省・自衛隊において、能動的サイバー防御を含むサイバー安全保障分野における政府全体での取組と連携していくこととする。その際、重要なシステム等を中心に常時継続的にリスク管理を実施する態勢に移行し、これに対応するサイバー要員を大幅増強するとともに、特に高度なスキルを有する外部人材を活用することにより、高度なサイバーセキュリティを実現する。このような高いサイバーセキュリティの能力により、あらゆるサイバー脅威から自ら防護するとともに、その能力を生かして我が国全体のサイバーセキュリティの強化に取り組んでいくこととする。

このため、2027年度までに、サイバー攻撃状況下においても、指揮統制能力及び優先度の高い装備品システムを保全できる態勢を確立し、また防衛産業のサイバー防衛を下支えできる態勢を確立する。

今後、おおむね10年後までに、サイバー攻撃状況下においても、指揮統制能力、戦力発揮能力、作戦基盤を保全し任務が遂行できる態勢を確立しつつ、自衛隊以外へのサイバーセキュリティを支援できる態勢を強化する。

(3) 電磁波領域においては、相手方からの通信妨害等の厳しい電磁波環境の中においても、自衛隊の電子戦及びその支援能力を有効に機能させ、相手によるこれらの作戦遂行能力を低下させる。また、電磁波の管理機能を強化し、自衛隊全体でより効率的に電磁波を活用する。

(4) 宇宙・サイバー・電磁波の領域において、相手方の利用を妨げ、又は無力化するために必要な能力を拡充していく。

(5) 領域横断作戦の基本となる陸上防衛力・海上防衛力・航空防衛力については、海上優勢・航空優勢を維持・強化するための艦艇・戦闘機等の着実な整備や、先進的な技術を積極的に活用し、無人アセットとの連携を念頭に置きつつ、新型護衛艦の導入や次期戦闘機の開発を進めるなど、抜本的に強化していく。

5. 指揮統制・情報関連機能

今後、より一層、戦闘様相が迅速化・複雑化していく状況において、戦いを制するためには、各級指揮官の適切な意思決定を相手方よりも迅速かつ的確に行い、意思決定の優越を確保する必要がある。このため、AIの導入等を含め、リアルタイム性・抗たん性・柔軟性のあるネットワークを構築し、迅速・確実なISRTの実現を含む領域横断的な観点から、指揮統制・情報関連機能の強化

を図る。

　このため、2027年度までに、ハイブリッド戦や認知領域を含む情報戦に対処可能な情報能力を整備する。また、衛星コンステレーション等によるニアリアルタイムの情報収集能力を整備する。

　今後、おおむね10年後までに、AIを含む各種手段を最大限に活用し、情報収集・分析等の能力を更に強化する。また、情報収集アセットの更なる強化を通じ、リアルタイムで情報共有可能な体制を確立する。

　また、これまで以上に、我が国周辺国等の意思と能力を常時継続的かつ正確に把握する必要がある。このため、動態情報から戦略情報に至るまで、情報の収集・整理・分析・共有・保全を実効的に実施できるよう、情報本部を中心とした電波情報、画像情報、人的情報、公刊情報等の機能別能力を強化するとともに、地理空間情報の活用を含め統合的な分析能力を抜本的に強化していく。あわせて、情報関連の国内関係機関との協力・連携を進めていくとともに、情報収集衛星により収集した情報を自衛隊の活動により効果的に活用するために必要な措置をとる。

　これに加え、偽情報の流布を含む情報戦等に有効に対処するため、防衛省・自衛隊における体制・機能を抜本的に強化するとともに、同盟国・同志国等との情報共有や共同訓練等を実施していく。

6．機動展開能力・国民保護

　島嶼部を含む我が国への侵攻に対しては、海上優勢・航空優勢を確保し、我が国に侵攻する部隊の接近・上陸を阻止するため、平素配備している部隊が常時活動するとともに、状況に応じて必要な部隊を迅速に機動展開させる必要がある。

　このため、自衛隊自身の海上輸送力・航空輸送力を強化するとともに、民間資金等活用事業（PFI）等の民間輸送力を最大限活用する。
また、これらによる部隊への輸送・補給等がより円滑かつ効果的に実施できるように、統合による後方補給態勢を強化し、特に島嶼部が集中する南西地域における空港・港湾施設等の利用可能範囲の拡大や補給能力の向上を実施していくとともに、全国に所在する補給拠点の近代化を積極的に推進する。

　自衛隊は島嶼部における侵害排除のみならず、強化された機動展開能力を住民避難に活用するなど、国民保護の任務を実施していく。

　このため、2027年度までに、PFI船舶の活用の拡大等により、輸送能力を強化することで、南西方面の防衛態勢を迅速に構築可能な能力を獲得し、住民避難の迅速化を図る。

　今後、おおむね10年後までに、輸送能力を更に強化しつつ、補給拠点の改善により輸送・補給を一層迅速化する。

7．持続性・強靱性

(1) 将来にわたり我が国を守り抜く上で、弾薬、燃料、装備品の可動数といっ

た現在の自衛隊の継戦能力は、必ずしも十分ではない。こうした現実を直視し、有事において自衛隊が粘り強く活動でき、また、実効的な抑止力となるよう、十分な継戦能力の確保・維持を図る必要がある。このため、弾薬の生産能力の向上及び製造量に見合う火薬庫の確保を進め、必要十分な弾薬を早急に保有するとともに、必要十分な燃料所要量の確保や計画整備等以外の装備品が全て可動する体制を早急に確立する。

このため、2027年度までに、弾薬については、必要数量が不足している状況を解消する。また、優先度の高い弾薬については製造態勢を強化するとともに、火薬庫を増設する。さらに、部品不足を解消して、計画整備等以外の装備品が全て可動する体制を確保する。

今後、おおむね10年後までに、弾薬及び部品の適正な在庫の確保を維持するとともに、火薬庫の増設を完了する。装備品については、新規装備品分も含め、部品の適正な在庫の確保を維持する。

(2) さらに、平素においては自衛隊員の安全を確保し、有事においても容易に作戦能力を喪失しないよう、主要司令部等の地下化や構造強化、施設の離隔距離を確保した再配置、集約化等を実施するとともに、隊舎・宿舎の着実な整備や老朽化対策を行う。さらに、装備品の隠ぺい及び欺まん等を図り、抗たん性を向上させる。

また、気候変動の問題は、将来のエネルギーシフトへの対応を含め、今後、防衛省・自衛隊の運用や各種計画、施設、防衛装備品、さらに我が国を取り巻く安全保障環境により一層の影響をもたらすことは必至であるため、これに伴う各種課題に対応していく。

このため、2027年度までに、司令部の地下化、主要な基地・駐屯地内の再配置・集約化を進め、各施設の強靱化を図る。また、災害の被害想定が甚大かつ運用上重要な基地・駐屯地から津波等の災害に対する施設及びインフラの強靱化を推進する。

今後、おおむね10年後までに、防衛施設の更なる強靱化を図る。

(3) 自衛隊員の生命を救い、身体に対する危険を軽減することによって、自衛隊がより長く、より強靱に我が国への侵攻に対処できるように、隊員の救命率向上のため、応急救護能力を強化するとともに、第一線から最終後送先に至るまでのシームレスな医療・後送体制を構築することによって、衛生機能を変革する。

V 将来の自衛隊の在り方

1．7つの重視分野における自衛隊の役割

防衛力の抜本的強化に当たって重視する能力の7つの分野において、各自衛隊は以下の役割を担う。

スタンド・オフ防衛能力については、侵攻してくる艦艇や上陸部隊に対し、

　脅威圏外から多様な対処を行い得るよう、各自衛隊は、車両、艦艇、航空機からのスタンド・オフ・ミサイル発射能力を必要十分な数量整備する。

　統合防空ミサイル防衛能力については、海上自衛隊の護衛艦が上層、陸上自衛隊及び航空自衛隊の地対空誘導弾が下層における迎撃を担うことを基本として、極超音速兵器等の将来の経空脅威への対応能力を強化する。また、各自衛隊は、スタンド・オフ防衛能力等を反撃能力として活用する。

　無人アセット防衛能力については、各自衛隊は、各々の任務分担に従い、既存部隊の見直しを進めつつ、航空・海上・水中・陸上の無人アセット防衛能力を大幅に強化する。

　領域横断作戦のうち、宇宙領域では、航空自衛隊においてSDA能力を始めとする各種機能を強化する。サイバー領域では、防衛省・自衛隊として我が国全体のサイバーセキュリティ強化に貢献するため、自衛隊全体で強化を図り、特に、陸上自衛隊が人材育成等の基盤拡充の中核を担っていくこととする。電磁波領域については、各自衛隊において、電子戦装備を取得・増強し、電磁波を活用した欺まん装備の導入等を推進する。また、我が国周辺国等の通常戦力の急速な増強を踏まえ、これらの領域における能力と連携して領域横断作戦を展開する各自衛隊の装備品の質・量の強化も引き続き行う。

　指揮統制・情報関連機能については、各自衛隊の情報収集能力の強化、収集した情報に基づく意思決定の迅速化、指揮命令を確実に行い得るネットワークの整備等を行う。また、スタンド・オフ・ミサイルの運用に必要なISRTを含む情報本部の情報機能を抜本的に強化するとともに、指揮統制機能との連携を強化する。

　機動展開能力・国民保護については、我が国への侵攻が想定される事態において、島嶼部等への部隊の展開を迅速に行うため、陸上自衛隊は中型・小型船舶等を、海上自衛隊は輸送艦等を、航空自衛隊は輸送機等を確保することにより、機動・展開能力を強化する。陸上自衛隊においては、沖縄における国民保護をも目的として、部隊強化を含む体制強化を図る。

　持続性・強靱性については、一連の任務遂行を持続的に行うため、各自衛隊は、平素より弾薬・燃料及び可動装備品を必要数確保するとともに、能力発揮の基盤となる防衛施設の抗たん性を強化させる。

2．自衛隊の体制整備の考え方

　以上のような7つの分野における役割を踏まえ、統合運用体制並びに各自衛隊及び情報本部の体制は、次のような基本的考え方により整備を行う。

統合運用の実効性を強化するため、既存組織の見直しにより、陸海空自衛隊の一元的な指揮を行い得る常設の統合司令部を創設する。また、統合運用に資する装備体系の検討を進める。

　陸上自衛隊は、領域横断作戦能力の強化及び利点の多い地上発射型スタンド・オフ防衛能力の強化による遠方からの侵攻部隊の阻止、持続性・強靱性の保持、

南西地域の島嶼部への迅速かつ分散した機動展開能力の強化、無人アセットの導入、ドローン等への対処を含む統合防空ミサイル防衛能力の向上、分散展開した部隊に必要なシステムを含む指揮統制・情報関連機能を重視した体制を整備する。

海上自衛隊は、近年のミサイルの脅威の高まり等を踏まえ、防空能力の強化及び省人化・無人化の推進、情報戦能力の強化、水中優勢の確保、スタンド・オフ防衛能力の強化、洋上後方支援能力の強化、持続性・強靱性の確保を重視し、高い迅速性と活動量を求められる部隊運用を持続的に遂行可能な体制を整備する。

特に、領域横断作戦の中でも重要な水中優勢を獲得・維持し得る体制を整備することとする。

航空自衛隊は、高脅威環境下における強靱かつ柔軟な運用による粘り強い任務遂行のため、航空防衛力の質・量の見直し・強化、効果的なスタンド・オフ防衛能力の保持、実効的なミサイル防空態勢の確保、各種無人アセットの導入に必要な体制を整備する。また、宇宙作戦能力を強化し、宇宙利用の優位性を確保し得る体制を整備することにより、航空自衛隊を航空宇宙自衛隊とする。

情報本部は、電波情報、画像情報、人的情報、公刊情報等の収集・分析に加え、我が国の防衛における情報戦対応の中心的な役割を担うこととし、他国の軍事活動等を常時継続的かつ正確に把握し、分析・発信する能力を抜本的に強化する。

さらに、領域横断作戦能力の強化及びスタンド・オフ防衛能力の強化に併せ、既存の体制を強化するとともに、関係する他機関との協力・連携を切れ目なく実施できるように強化する。

防衛省・自衛隊においては、能動的サイバー防御を含むサイバー安全保障分野に係る政府の取組も踏まえつつ、我が国全体のサイバーセキュリティに貢献する体制を抜本的に強化することとする。

3．政策立案機能の強化

自衛隊が能力を十分に発揮し、厳しさ、複雑さ、スピード感を増す戦略環境に対応するためには、宇宙・サイバー・電磁波の領域を含め、戦略的・機動的な防衛政策の企画立案が必要とされており、その機能を抜本的に強化していく。この際、有識者から政策的な助言を得るための会議体を設置する。また、自衛隊の将来の戦い方とそのために必要な先端技術の活用・育成・装備化について、関係省庁や民間の研究機関、防衛産業を中核とした企業との連携を強化しつつ、戦略的な観点から総合的に検討・推進する態勢を強化する。さらに、こうした取組を推進し、政策の企画立案を支援するため、防衛研究所を中心とする防衛省・自衛隊の研究体制を見直し・強化し、知的基盤としての機能を強化する。

Ⅵ　国民の生命・身体・財産の保護・国際的な安全保障協力への取組

1．国民の生命・身体・財産の保護に向けた取組

我が国が備えるべき事態は、力による一方的な現状変更やその試み、そして

我が国への侵攻のみではない。大規模テロやそれに伴う原子力発電所を始めとした重要インフラに対する攻撃、地震や台風等の大規模災害、新型コロナウイルス感染症といった感染症危機等は、国民の生命・身体・財産に対する深刻な脅威であり、我が国として、国の総力をあげて全力で対応していく必要がある。それらの対応に当たって、防衛省・自衛隊においては、抜本的に強化された防衛力を活用し、警察、海上保安庁、消防、地方公共団体等の関係機関と緊密に連携して、大規模テロや重要インフラに対する攻撃に際しては実効的な対処を行い、大規模災害等に際しては効果的に人命救助、応急復旧、生活支援等を行うこととする。また、外国での災害・騒乱等が発生した際には、外交当局と緊密に連携して、在外邦人等を迅速かつ的確に保護し、輸送する。

防衛力を活用しつつ、このような対応を円滑に実施するためには、平素から関係機関と連携態勢を構築しておくことが必須である。地方公共団体やインフラ事業者を含む関係機関と共に、各種計画等を踏まえつつ、その実効性を担保するために、総合的な訓練を実施する。また、このような連携態勢を活用し、我が国への侵攻が予測される場合には、住民の避難誘導を含む国民保護のための取組を円滑に実施できるようにする。

2．国際的な安全保障協力への取組

我が国の平和と安全のためには、国際社会の平和と安定及び繁栄が確保されていなければならない。そのため、防衛省・自衛隊としても、抜本的に強化された防衛力を活用しつつ、国際協調を旨とする積極的平和主義の立場から、世界各地における紛争・対立の解決に向けた努力、気候変動等に起因する国際的な大規模災害に際しての人道支援・災害救援、大量破壊兵器の不拡散等の国際的な課題への対応に積極的に取り組んでいく必要がある。

国連平和維持活動（PKO）を始めとする国際平和協力業務、国際緊急援助活動等の国際平和協力活動については、平和安全法制も踏まえ、必要に応じ、遠隔地であっても、情報関連機能を用いて精緻な情報を収集し、機動展開能力により必要な部隊を迅速に移動させ、我が国が得意とする施設、衛生等といった分野を中心として活動を実施していく。また、高い専門性を有する自衛官の特性を生かし、引き続き、現地ミッション司令部要員等を派遣していく。加えて、これまで蓄積した経験を活かし、能力構築支援を実施していく。

我が国を取り巻く安全保障環境を改善する観点からは、核兵器・化学兵器・生物兵器といった大量破壊兵器等の軍備管理・軍縮及び不拡散についても、関係国や国際機関等と協力しつつ、取組を推進していく。その際、防衛省・自衛隊の知見を活かし、国際機関や国際輸出管理レジームの実効性の向上に協力していく。

Ⅶ　いわば**防衛力そのものとしての防衛生産・技術基盤**

防衛生産・技術基盤は、自国での装備品の研究開発・生産・調達を安定的に確

保し、新しい戦い方に必要な先端技術を防衛装備品に取り込むために不可欠な基盤であることから、いわば防衛力そのものと位置付けられるものであり、その強化は必要不可欠である。そのため、新たな戦い方に必要な力強く持続可能な防衛産業の構築、様々なリスクへの対処、販路の拡大等に取り組んでいく。汎用品のサプライチェーン保護、民生先端技術の機微技術管理・情報保全等の政府全体の取組に関しては、防衛省が防衛目的上必要な措置を実施していくことと併せて、関係省庁間の取組と連携していく。

1. 防衛生産基盤の強化

我が国の防衛産業は、自衛隊の任務遂行に当たっての装備品の確保の面から、防衛省・自衛隊と共に国防を担うパートナーというべき重要な存在であり、高度な装備品を生産し、高い可動率を確保できる能力を維持・強化していく必要がある。そのためには、防衛産業において、防衛技術基盤の強化を通じた高度な技術力及び品質管理能力を確保することに加え、装備品の生産・維持・整備、改修・能力向上等を確保していく。

防衛産業が、このような大きな役割を果たすために、サプライチェーン全体を含む基盤強化を図っていく。その際、防衛産業のコスト管理や品質管理に関する取組を適正に評価し、適正な利益を確保するための新たな利益率の算定方式を導入することで、事業の魅力化を図るとともに、既存のサプライチェーンの維持・強化と新規参入促進を推進する。

また、装備品の取得に際して、企業の予見可能性を図りつつ、国内基盤を維持・強化する観点を一層重視し、技術的、質的、時間的な向上を図るとともに、こうした措置を講じてもなお、他に手段がない場合、国自身が製造施設等を保有する形態を検討していく。

さらに、防衛産業のサプライチェーンリスクに対応するとともに、国際水準を踏まえたサイバーセキュリティを含む産業保全を強化し、併せて機微技術管理の強化に取り組む。こうした観点から、同盟国・同志国等の防衛当局と、防衛産業に関するサプライチェーン保護、機微技術管理等を実施していく。

2. 防衛技術基盤の強化

新しい戦い方に必要な装備品を取得するためには、我が国が有する技術を如何に活用していくかが極めて重要である。そのために、防衛省・自衛隊においては、防衛関連企業等から提案を受け、新しい戦い方に適用し得るかを踏まえた上で、当該企業が有する装備品特有の技術や社内研究成果、さらには、非防衛産業から取り込んで装備品に活用できる技術を早期装備化に繋げていくための取組を積極的に推進していくこととする。特に、政策的に緊急性・重要性が高い事業の実施に当たっては、研究開発リスクを許容しつつ、想定される成果を考慮した上で、一層早期の研究開発や実装化を実現する。

また、試作品を部隊で運用しながら仕様を改善し、必要な装備品を部隊配備する取組を強化する。

　さらに、我が国の防衛に資する装備品を取得する手段として、我が国主導の国際共同開発を推進するなど、同盟国・同志国等との協力・連携を進めていく。加えて、スタートアップ企業や国内の研究機関・学術界等の民生先端技術を積極活用するための枠組みを構築するほか、総合的な防衛体制強化のための府省横断的な仕組みを活用する。

　防衛装備庁の研究開発関連組織のスクラップ・アンド・ビルドにより、装備化に資するマルチユース先端技術を見出し、防衛イノベーションにつながる装備品を生み出すための新たな研究機関を創設するとともに、政策・運用・技術の面から総合的に先端技術の活用を検討・推進する体制を拡充する。こうした体制の下、予見可能性を高める観点から、新しい戦い方を踏まえて、重視する技術分野や研究開発の見通しについて戦略的に発信する。

3．防衛装備移転の推進

　防衛装備品の海外への移転は、特にインド太平洋地域における平和と安定のために、力による一方的な現状変更を抑止して、我が国にとって望ましい安全保障環境の創出や、国際法に違反する侵略や武力の行使又は武力による威嚇を受けている国への支援等のための重要な政策的な手段となる。こうした観点から、安全保障上意義が高い防衛装備移転や国際共同開発を幅広い分野で円滑に行うため、防衛装備移転三原則や運用指針を始めとする制度の見直しについて検討する。その際、三つの原則そのものは維持しつつ、防衛装備移転の必要性、要件、関連手続の透明性の確保等について十分に検討する。また、防衛装備移転を円滑に進めるため、基金を創設し、必要に応じた企業支援を行うこと等により、官民一体となって防衛装備移転を進める。

Ⅷ　防衛力の中核である自衛隊員の能力を発揮するための基盤の強化

1．人的基盤の強化

　防衛力の中核は自衛隊員である。防衛力の抜本的強化を実現するに当たっては、自衛官の定員は増やさずに必要な人員を確保するとともに、自衛隊員には、これまで以上の知識・技能・経験が求められているほか、偽情報等に惑わされない素養を身に着ける必要が生じていることも踏まえつつ、全ての隊員が高い士気と誇りを持ちながら、個々の能力を発揮できる環境を整備する必要がある。生活・勤務環境の改善、処遇の向上、栄典・礼遇に関する施策の推進、自衛隊員の家族や関係団体等との連携を含めた家族支援の拡充、人事管理の柔軟化等を通じた女性隊員が更に活躍できる環境醸成、ワークライフバランスの推進、若年で退職する自衛官の再就職支援の充実等に引き続き取り組む。特に、高い即応性、長期の任務、社会と隔絶された厳しい環境での勤務を求められる隊員には一定の配慮が必要である。また、ハラスメントは人の組織である自衛隊の根幹を揺るがすものであることを各自衛隊員が改めて認識し、ハラスメントを一切許容しない組織環境を構築する。これらの取組は、中途退職による戦力低

下を防止するだけでなく、有為な人材を確保するためにも重要である。

採用については、質の高い人材を必要数確保するため、募集能力の一層の強化を図る。あわせて、精強性の維持に配慮しつつ、定年年齢を更に引き上げるとともに、退職する自衛官の再任用を拡大することにより、熟練した技能の有効活用を図る。さらに、柔軟な人材活用を進め、サイバー領域等の専門的な知識・技能を有する民間人材を含めた幅広い層からの人材確保を推進する。特に、充足率の低い艦艇乗組員や、レーダーサイトの警戒監視要員等の人材確保に資する施策を総合的に講じていく。なお、常備自衛官の補完等に当たる予備自衛官等については、サイバー領域を含め、採用を大幅に増やすべく、その制度の見直しや体制強化に取り組む。また、退職した自衛隊員等との連携を強化する。

採用した人材の育成については、自衛隊員へのリスキリングや防衛大学校、各自衛隊の学校等の教育基盤の強化を図る。この際、サイバー領域等の専門性が高い分野や、統合教育・研究を特に強化するとともに、希少な専門人材を有効に活用するための施策を講じる。また、防衛省における事務官等は、防衛力の一要素として自衛隊の活動を支えるとともに、防衛力の抜本的強化やそれに伴う政策の企画立案、部隊における運用支援等のために重要な役割を果たすものである。そのために必要となる事務官・技官等を確保し、さらに必要な制度の検討を行うなど、人的基盤の強化に取り組む。

このように、自衛隊員が育児、出産、介護といった各種のライフイベントを迎える中にあっても、遺憾なくその能力を発揮できる組織環境づくりにも配慮し、自衛隊員としてのライフサイクル全般に着目した大胆な施策を講じる。

2. 衛生機能の変革

自衛隊衛生については、これまで自衛隊員の壮健性の維持を重視してきたが、持続性・強靱性の観点から、有事において危険を顧みずに任務を遂行する隊員の生命・身体を救う組織に変革する。

このため、各種事態への対処や国内外における多様な任務に対応し得るよう、各自衛隊で共通する衛生機能等を一元化して統合的な運用を推進するとともに、防衛医科大学校も含めた自衛隊衛生の総力を結集できる態勢を構築し、戦傷医療能力向上のための抜本的改革を推進する。

この際、南西地域の第一線から本州等の後送先病院までの役割の明確化を図った上で、第一線から後送先病院までのシームレスな医療・後送態勢を確立し、後送に係る衛生資器材の共通化を図るとともに、医療・後送に際して必要となる医療情報を第一線を含む全国の医療拠点・施設で共有するシステムを整備する。また、部隊の救護能力の強化、外傷医療に不可欠な血液・酸素を含む衛生資器材の確保、南西地域の医療拠点の整備も行う。

さらに、防衛医科大学校での戦傷医療についての教育研究の強化を進めるとともに、医官及び看護官の臨床経験をより充実させるために必要な運営改善を進める。また、積極的な部外研修によって医官及び看護官の臨床経験を補完す

る。その上で、戦傷医療についての統合教育・訓練を通じ各自衛隊共通の知識・技能の向上を図る。

Ⅸ 留意事項

1. 本戦略は、国家安全保障戦略の下、他の分野の戦略と整合をもって実施される。
　防衛目標達成のためのアプローチと手段が適切にとられているのか、特に国全体の防衛体制の強化が確実に実施されているのかについて、国家安全保障会議において定期的に体系的な評価を行う。また、安全保障環境の変化、特に相手方の能力に着目し、統合的な運用構想に基づき、実効的に対処できる防衛力を構築していくため、必要な能力に関する評価を常に実施する。

2. 本戦略に基づく防衛力の抜本的強化は、将来にわたり、維持・強化していく必要がある。このため、防衛力の抜本的強化の在り方について中長期的な観点から不断に検討を行う。

3. 本戦略はおおむね10年間の期間を念頭に置いているが、国際情勢や技術的水準の動向等について重要な変化が見込まれる場合には必要な修正を行う。

6. 防衛力整備計画について

防衛力整備計画について

$$\left\{\begin{array}{l}令和4年12月16日\\国家安全保障会議決定\\閣\quad議\quad決\quad定\end{array}\right\}$$

　防衛力整備計画について、「国家防衛戦略について」（令和4年12月16日国家安全保障会議決定及び閣議決定）に従い、別紙のとおり定める。

　これに伴い、「中期防衛力整備計画（平成31年度～平成35年度）について」（平成30年12月18日国家安全保障会議決定及び閣議決定）は廃止する。

防衛力整備計画

I　計画の方針

　「国家防衛戦略」（令和4年12月16日国家安全保障会議決定及び閣議決定）に従い、宇宙・サイバー・電磁波領域を含む全ての領域における能力を有機的に融合し、平時から有事までのあらゆる段階における柔軟かつ戦略的な活動の常時継続的な実施を可能とする多次元統合防衛力を抜本的に強化し、相手の能力と新しい戦い方に着目して、5年後の2027年度までに、我が国への侵攻が生起する場合には、我が国が主たる責任をもって対処し、同盟国等の支援を受けつつ、これを阻止・排除できるように防衛力を強化する。おおむね10年後までに、防衛力の目標をより確実にするため更なる努力を行い、より早期かつ遠方で侵攻を阻止・排除できるように防衛力を強化する。

　以上を踏まえ、以下を計画の基本として、防衛力の整備、維持及び運用を効果的かつ効率的に行う。

1. 我が国の防衛上必要な機能・能力として、まず、我が国への侵攻そのものを抑止するために、遠距離から侵攻戦力を阻止・排除できるようにする必要がある。このため、「スタンド・オフ防衛能力」と「統合防空ミサイル防衛能力」を強化する。

　　また、万が一、抑止が破れ、我が国への侵攻が生起した場合には、これらの能力に加え、有人アセット、さらに無人アセットを駆使するとともに、水中・海上・空中といった領域を横断して優越を獲得し、非対称的な優勢を確保できるようにする必要がある。このため、「無人アセット防衛能力」、「領域横断作戦能力」、「指揮統制・情報関連機能」を強化する。

　　さらに、迅速かつ粘り強く活動し続けて、相手方の侵攻意図を断念させられるようにする必要がある。このため、「機動展開能力・国民保護」、「持続性・強靱性」を強化する。また、いわば防衛力そのものである防衛生産・技術基盤に加え、防衛力を支える人的基盤等も重視する。

109

2．装備品の取得に当たっては、能力の高い新たな装備品の導入、既存の装備品の延命、能力向上等を適切に組み合わせることにより、必要十分な質・量の防衛力を確保する。その際、研究開発を含む装備品のライフサイクルを通じたプロジェクト管理の強化等によるコストの削減に努め、費用対効果の向上を図る。また、自衛隊の現在及び将来の戦い方に直結し得る分野のうち、特に政策的に緊急性・重要性が高い事業については、民生先端技術の取り込みも図りながら、着実に早期装備化を実現する。

3．人口減少と少子高齢化が急速に進展し、募集対象者の増加が見込めない状況においても、自衛隊の精強性を確保し、防衛力の中核をなす自衛隊員の人材確保と能力・士気の向上を図る観点から、採用の取組強化、予備自衛官等の活用、女性の活躍推進、自衛官の定年年齢引上げ、再任用自衛官を含む多様かつ優秀な人材の有効な活用、生活・勤務環境の改善、人材の育成、処遇の向上、再就職支援等の人的基盤の強化に関する各種施策を総合的に推進する。

4．日米共同の統合的な抑止力を一層強化するため、宇宙・サイバー・電磁波を含む領域横断作戦に係る協力及び相互運用性の向上等を推進するとともに、あらゆる段階における日米共同での実効的な対処力を支える基盤を強化するため、日米間の情報共有を促進するための情報保全及びサイバーセキュリティに係る取組並びに装備・技術協力を強化する。また、在日米軍の駐留を支えるための施策を着実に実施する。

　自由で開かれたインド太平洋というビジョンを踏まえ、多角的・多層的な防衛協力・交流を積極的に推進するため、円滑化協定（RAA）、物品役務相互提供協定（ACSA）、情報保護協定等、防衛装備品・技術移転協定等の制度的枠組みの整備に更に推進するとともに、共同訓練・演習、防衛装備・技術協力、能力構築支援、軍種間交流を含む取組等を推進する。

5．防衛力の抜本的強化に当たっては、スクラップ・アンド・ビルドを徹底して、組織定員と装備の最適化を実施するとともに、効率的な調達等を進めて大幅なコスト縮減を実現してきたこれまでの努力を更に強化していく。あわせて、人口減少と少子高齢化を踏まえ、無人化・省人化・最適化を徹底していく。

Ⅱ　自衛隊の能力等に関する主要事業

2027年度までに、我が国への侵攻に対し、我が国が主たる責任をもって対処し、同盟国等の支援を受けつつ、これを阻止・排除できる防衛力を構築するため、防衛力の抜本的強化に当たって重視する主要事業を1から7までのとおり実施することとする。

1．スタンド・オフ防衛能力

我が国に侵攻してくる艦艇や上陸部隊等に対して、脅威圏外から対処する能力を強化するため、12式地対艦誘導弾能力向上型（地上発射型・艦艇発射型・航空機発射型）、島嶼防衛用高速滑空弾及び極超音速誘導弾の開発・試作を実施・

継続する。島嶼防衛用高速滑空弾及び極超音速誘導弾を始め、各種誘導弾の長射程化を実施する。防衛力の抜本的強化を早期に実現するため、上記のスタンド・オフ・ミサイルの量産弾を取得するほか、米国製のトマホークを始めとする外国製スタンド・オフ・ミサイルの着実な導入を実施・継続する。

　また、発射プラットフォームの更なる多様化のための研究・開発を進めるとともに、スタンド・オフ・ミサイルの運用能力向上を目的として、潜水艦に搭載可能な垂直ミサイル発射システム（VLS）、輸送機搭載システム等を開発・整備する。

　スタンド・オフ防衛能力の実効性確保のため、目標情報の一層効果的な収集を行う観点から、衛星コンステレーションを活用した画像情報等の取得や無人機（UAV）、目標観測弾の整備等を行い、情報収集・分析機能及び指揮統制機能を強化する。スタンド・オフ・ミサイルの運用は、目標情報の収集、各部隊への目標の割当てを含む一連の指揮統制を一元的に行う必要があるため、統合運用を前提とした態勢を構築する。スタンド・オフ・ミサイル等を保管するための火薬庫を増設するとともに、射場利用の確保を含め、試験・整備等に必要な施策を着実に実施することで、スタンド・オフ・ミサイルの開発・運用に必要な一連の機能を確保する。

２．統合防空ミサイル防衛能力

　極超音速滑空兵器（HGV）等の探知・追尾能力を強化するため、固定式警戒管制レーダー(FPS)等の整備及び能力向上、次期警戒管制レーダーの換装・整備を図る。また、地対空誘導弾ペトリオット・システムを改修し、新型レーダー（LTAMDS）を導入することで、能力向上型迎撃ミサイル（PAC－3MSE）による極超音速滑空兵器（HGV）等への対処能力を向上させる。

　各種事態により実効的に対応するため、航空自衛隊の高射部隊の編成及び配置の見直しに着手するとともに、中距離地対空誘導弾部隊と合わせた重層的な要域防空体制を構築し、平素からの展開配置のための部隊運用を行う。また、基地防空用地対空誘導弾の能力向上を推進する。加えて、滑空段階での極超音速滑空兵器（HGV）等への対処を行い得る誘導弾システムの調査及び研究を実施する。

　極超音速滑空兵器（HGV）等に対処する能力を強化するため、03式中距離地対空誘導弾（改善型）の能力向上を図るほか、弾道ミサイル防衛用迎撃ミサイル（SM－3ブロックⅡA）、能力向上型迎撃ミサイル（PAC－3MSE）、長距離艦対空ミサイル（SM－6）等を取得する。ネットワーク化による効果的かつ効率的な対処の実現のため、護衛艦等の間で連携した射撃を可能とするネットワークシステム（FCネットワーク）を取得し、共同交戦能力（CEC）を保持する。また、地対空誘導弾ペトリオット・システムの情報調整装置(ICC)を改修することで、各種誘導弾システムをネットワークで連接する。

　我が国の防空能力強化のため、主に弾道ミサイル防衛に従事するイージス・

システム搭載艦を整備する。

高出力レーザーや高出力マイクロ波（HPM）等の指向性エネルギー技術の組み合わせにより、小型無人機（UAV）等への非物理的な手段による対処能力を早期に整備する。

なお、我が国に対する武力攻撃が発生し、その手段として弾道ミサイル等による攻撃が行われた場合、武力の行使の三要件に基づき、そのような攻撃を防ぐのにやむを得ない必要最小限度の自衛の措置として、相手の領域において、我が国が有効な反撃を加えることを可能とする、スタンド・オフ防衛能力等を活用した自衛隊の能力を反撃能力として用いる。この反撃能力の運用は、統合運用を前提とした一元的な指揮統制の下で行う。

３．無人アセット防衛能力

人的損耗を局限しつつ任務を遂行するため、既存の装備体系・人員配置を見直しつつ、各種無人アセットを早期に整備する。その整備に当たっては、安全性の確保と効果的な任務遂行の両立を図るものとする。

隙のない情報収集・警戒監視・偵察・ターゲティング（ISRT）を実施するため、洋上監視に資する滞空型無人機（UAV）及び艦載型の無人アセットや相手の脅威圏内において目標情報を継続的に収集し得る偵察用無人機（UAV）のほか、用途に応じた様々な情報収集・警戒監視・偵察・ターゲティング（ISRT）用無人アセットを整備する。また、広域に分散展開した部隊、離隔した基地、艦艇等への迅速な補給品の輸送を実施するため、輸送用無人機（UAV）の導入について検討の上、必要な措置を講じる。

我が国への侵攻を阻止・排除するため、空中から人員・車両・艦艇等を捜索・識別し、迅速に目標に対処することが可能となるよう、各種攻撃機能を効果的に保持した多用途／攻撃用無人機（UAV）及び小型攻撃用無人機（UAV）を整備する。

艦艇と連携し、効果的に各種作戦運用が可能な無人水上航走体（USV）を開発・整備する。また、水中優勢を獲得するための各種無人水中航走体（UUV）を整備する。

このほか、無人車両（UGV）と無人機（UAV）を効果的に組み合わせることにより、駐屯地・基地等や重要施設の警備及び防護体制の効率化を図る。加えて、有人機と無人機（UAV）の連携を強化するとともに、複数の無人アセットを同時に運用する能力の強化を図る。

４．領域横断作戦能力

（１）宇宙領域における能力

スタンド・オフ・ミサイルの運用を始めとする領域横断作戦能力を向上させるため、宇宙領域を活用した情報収集、通信等の各種能力を一層向上させる。具体的には、米国との連携を強化するとともに、民間衛星の利用等を始めとする各種取組によって補完しつつ、目標の探知・追尾能力の獲得を目的

とした衛星コンステレーションを構築する。また、衛星を活用した極超音速滑空兵器（HGV）の探知・追尾等の対処能力の向上について、米国との連携可能性を踏まえつつ、必要な技術実証を行う。さらに、増大する衛星通信の需要に対応するため、従来のXバンド通信に加え、より抗たん性の高い通信帯域を複層化する取組を進める。

宇宙領域の安定的利用に対する脅威が増大する中、宇宙領域への対応として、相手方の指揮統制・情報通信等を妨げる能力を更に強化する。また、平素からの宇宙領域把握（SDA）に関する能力を強化するため、2026年度に打ち上げ予定の宇宙領域把握（SDA）衛星の整備に加え、更なる複数機での運用についての検討を含めた各種取組を推進する。さらに、我が国の衛星を含む宇宙システムの抗たん性を強化するため、準天頂衛星を含む複数の測位信号の受信や民間衛星等の利用を推進しつつ、衛星通信の抗たん性技術の開発実証に着手する。

諸外国との協力について、米国等と宇宙領域把握（SDA）に係る情報共有を推進するほか、高い抗たん性を有する通信波を多国間で共同使用するなどの連携強化を推進する。

宇宙領域に係る組織体制・人的基盤を強化するため、宇宙航空研究開発機構（JAXA）等の関係機関や米国等の同盟国・同志国との交流による人材育成を始めとした連携強化を図るほか、関係省庁間で蓄積された宇宙分野の知見等を有効に活用する仕組みを構築するなど、宇宙領域に係る人材の確保に取り組む。

(2) サイバー領域における能力

政府全体において、サイバー安全保障分野の政策が一元的に総合調整されることを踏まえ、防衛省・自衛隊においては、自らのサイバーセキュリティのレベルを高めつつ、関係省庁、重要インフラ事業者及び防衛産業との連携強化に資する取組を推進することとする。

サイバー攻撃を受けている状況下において、指揮統制能力及び優先度の高い装備品システムを保全し、自衛隊の任務遂行を保証できる態勢を確立するとともに、防衛産業のサイバー防衛を下支えできる態勢を構築する。

このため、最新のサイバー脅威を踏まえ、境界型セキュリティのみでネットワーク内部を安全に保ち得るという従来の発想から脱却し、もはや安全なネットワークは存在しないとの前提に立ち、サイバー領域の能力強化の取組を進める。この際、ゼロトラストの概念に基づくセキュリティ機能の導入を検討するとともに、常時継続的にリスクを管理する考え方を基礎に、情報システムの運用開始後も継続的にリスクを分析・評価し、適切に管理する「リスク管理枠組み（RMF）」を導入する。さらに、装備品システムや施設インフラシステムの防護態勢を強化するとともに、ネットワーク内部に脅威が既に侵入していることも想定し、当該脅威を早期に検知するた

めのサイバー・スレット・ハンティング機能を強化する。また、防衛関連企業に対するサイバーセキュリティ対策の強化を下支えするための取組を実施する。

防衛省・自衛隊のサイバーセキュリティ態勢の強化のため、陸上自衛隊通信学校を陸上自衛隊システム通信・サイバー学校に改編し、サイバー要員を育成する教育基盤を拡充する。さらに、我が国へのサイバー攻撃に際して当該攻撃に用いられる相手方のサイバー空間の利用を妨げる能力の構築に係る取組を強化する。

これらの取組を行う組織全体としての能力を強化するため、2027年度を目途に、自衛隊サイバー防衛隊等のサイバー関連部隊を約4,000人に拡充し、さらに、システム調達や維持運営等のサイバー関連業務に従事する隊員に対する教育を実施する。これにより、2027年度を目途に、サイバー関連部隊の要員と合わせて防衛省・自衛隊のサイバー要員を約2万人体制とし、将来的には、更なる体制拡充を目指す。

(3) 電磁波領域における能力

自衛隊の通信妨害やレーダー妨害能力の強化と併せて、電磁波の探知・識別能力の強化や電磁波を用いた欺まんの手段を獲得するなど電子戦能力を向上させるとともに、レーザー等を活用した小型無人機（UAV）への対処等の電磁波の利用方法を拡大する。また、自衛隊の使用する電磁波の利用状況を適切に管理・調整する機能を強化する。このため、通信・レーダー妨害機能を有するネットワーク電子戦システム（NEWS）の整備、脅威圏外から通信妨害等を行うスタンド・オフ電子戦機及び脅威圏内において各種電子妨害を行うスタンド・イン・ジャマー等の開発、電波探知器材の搭載による艦艇及び固定翼哨戒機の信号探知・識別能力の向上、陸上からレーダー妨害を行う対空電子戦装置の整備を行う。また、固定翼哨戒機等への電子妨害能力の付与について、試験的に検証し、必要な措置を講じる。加えて、小型無人機（UAV）に対処する車両搭載型レーザー装置の運用を開始するとともに、高出力レーザー、高出力マイクロ波（HPM）等の指向性エネルギー技術の早期装備化を図る。防衛省・自衛隊のシステムに電磁波の利用状況を把握・管理するための機能を整備するとともに、関係省庁と緊密に連携し、自衛隊の各種活動に必要な電波利用を確保していく。

(4) 陸・海・空の領域における能力各自衛隊において、装備品等の取得及び能力向上等を加速し、領域横断作戦の基本となる陸・海・空の領域の能力を強化する。先進的な技術を積極的に活用し、各自衛隊の装備品等を着実に整備するとともに、無人アセットと連携する高度な運用能力を獲得する。

5．指揮統制・情報関連機能

(1) 指揮統制機能の強化

迅速・確実な指揮統制を行うため、抗たん性のある通信、システム・ネッ

トワーク及びデータ基盤を構築し、スタンド・オフ防衛能力及び統合防空ミサイル防衛能力を始めとする各種能力を統合的に運用するため、リアルタイムに指揮統制を行う態勢を概成するとともに、各自衛隊の一元的な指揮を可能とする指揮統制能力に関する検討を進め、必要な措置を講じる。

このため、領域横断作戦に資する情報共有機能の強化を図るため、共通基盤としてのクラウドの整備、自衛隊の指揮統制機能及び関係省庁等との連接機能を強化する中央指揮システムの換装を行う。また、陸上自衛隊の自律的な作戦遂行能力を強化する将来指揮統制システムの整備、海上自衛隊の意思決定サイクルを一層高速化する指揮統制システムの換装、航空自衛隊の指揮統制機能の抗たん性を強化する自動警戒管制システム（JADGE）の換装、指揮統制機能の機動性・柔軟性の強化、宇宙関連装備品の運用を一元的に指揮統制する宇宙作戦指揮統制システムの整備及び衛星利用の抗たん性強化を行う。さらに、それらの情報を共有するために必要な防衛情報通信基盤（DII）の強化を行う。

(2) 情報収集・分析等機能の強化

我が国周辺における軍事動向等を常時継続的に情報収集し、その処理、分析、共有等を行う能力及び態勢を抜本的に強化することにより、隙のない情報収集・分析体制を構築するとともに、政策判断や部隊運用に資する情報を迅速に提供することができる態勢を確立する。加えて、米軍との情報共有態勢及び無人アセットに係る統合運用の在り方について検討し、必要な措置を講じる。

このため、我が国の防衛における情報機能の中核を担う情報本部を中心に、電波情報、画像情報、人的情報、公刊情報等の機能別能力を強化するとともに、分析官等の育成基盤の拡充や地理空間情報の活用、防衛駐在官制度の充実を始めとする情報収集・分析等に関する体制を強化する。特に、情報収集衛星・民間衛星等を活用した宇宙領域からの情報収集能力を強化するとともに、米国との連携強化や、民間衛星の利用等を始めとする各種取組によって補完しつつ、目標の探知・追尾能力の獲得を目的とした衛星コンステレーションを構築する。また、効果的な情報収集・警戒監視・偵察・ターゲティング（ISRT）の実施に必要な無人機（UAV）等を取得する。

(3) 認知領域を含む情報戦等への対処

国際社会において、紛争が生起していない段階から、偽情報や戦略的な情報発信等を用いて他国の世論・意思決定に影響を及ぼすとともに、自らの意思決定への影響を局限することで、自らに有利な安全保障環境の構築を企図する情報戦に重点が置かれている状況を踏まえ、我が国として情報戦に確実に対処できる体制・態勢を構築する。

このため、情報戦対処の中核を担う情報本部において、情報収集・分析・発信に関する体制を強化する。さらに、各国等の動向に関する情報を常時

継続的に収集・分析することが可能となる人工知能（AI）を活用した公開情報の自動収集・分析機能の整備、各国等による情報発信の真偽を見極めるためのSNS上の情報等を自動収集する機能の整備、情勢見積りに関する将来予測機能の整備を行う。

6．機動展開能力・国民保護

島嶼部への侵攻阻止に必要な部隊等を南西地域に迅速かつ確実に輸送するため、輸送船舶（中型級船舶（LSV）、小型級船舶（LCU）及び機動舟艇）、輸送機（C－2）、空中給油・輸送機（KC－46A等）、輸送・多用途ヘリコプター（CH－47J/JA、UH－2）等の各種輸送アセットの取得を推進する。また、海上輸送力を補完するため、車両及びコンテナの大量輸送に特化した民間資金等活用事業（PFI）船舶を確保する。

南西地域への輸送における自己完結性を高めるため、輸送車両（コンテナトレーラー）及び荷役器材（大型クレーン、大型フォークリフト等）を取得する。また、港湾規模に制約のある島嶼部への輸送の効率性を高めるため、揚陸支援システムの研究開発を進める。同時に、輸送を必要とする補給品の南西地域への備蓄により、輸送所要を軽減する取組を講じる。

また、自衛隊の機動展開や国民保護の実効性を高めるために、平素から各種アセット等の運用を適切に行えるよう、政府全体として、特に南西地域における空港・港湾等を整備・強化する施策に取り組むとともに、既存の空港・港湾等を運用基盤として使用するために必要な措置を講じる。さらに、自衛隊の機動展開のための民間船舶・航空機の利用の拡大について関係機関等との連携を深めるとともに、当該船舶・航空機に加え自衛隊の各種輸送アセットも利用した国民保護措置を計画的に行えるよう調整・協力する。その際、政府全体として、武力攻撃事態等を念頭に置いた国民保護訓練の強化や様々な種類の避難施設の確保を行う。また、国民保護にも対応できる自衛隊の部隊の強化、予備自衛官の活用等の各種施策を推進する。

7．持続性・強靱性

(1) 弾薬等の整備

12式地対艦誘導弾能力向上型等のスタンド・オフ・ミサイル、弾道ミサイル防衛用迎撃ミサイル（SM－3ブロックⅡA）、能力向上型迎撃ミサイル（PAC－3MSE）、長距離艦対空ミサイル（SM－6）、03式中距離地対空誘導弾（改善型）能力向上型等の各種弾薬について、必要な数量を早期に整備する。加えて、早期かつ安定的に弾薬を量産するために、防衛産業による国内製造態勢の拡充等を後押しする。さらに、弾薬の維持整備体制の強化を図る。

また、増加する弾薬の保管所要に対応するため、火薬庫の増設及び不用弾薬の廃棄を促進する。

(2) 燃料等の確保

　自衛隊が行う作戦に必要な燃料所要量を早期かつ安定的に確保するため、燃料タンクの新規整備及び民間燃料タンクの借り上げを実施する。加えて、糧食・被服の必要数量を確保する。

(3) 防衛装備品の可動数向上

　防衛装備品の高度化・複雑化に対応しつつ、リードタイムを考慮した部品費と修理費の確保により、部品不足による非可動を解消し、2027 年度までに装備品の可動数を最大化する。

　このため、需給予測の精緻化を図るとともに、部隊が部品を受け取るまでの時間を短縮化するため、補給倉庫の改修を進める。可動数の増加に当たっては、限られた資源を有効に活用するため、維持整備等の部外委託を推進するなど、部外力を活用する。加えて、後方支援分野においてもデジタルトランスフォーメーション（DX）の導入を推進し、維持整備の最適化を図る。また、維持整備に係る成果の達成に応じて対価を支払う契約方式（PBL）等を含む包括契約の拡大を図る。

(4) 施設整備

　スタンド・オフ・ミサイルを始めとした各種弾薬の取得に連動して、必要となる火薬庫を整備する。また、火薬庫の確保に当たっては、各自衛隊の効率的な協同運用、米軍の火薬庫の共同使用、弾薬の抗たん性の確保の観点から島嶼部への分散配置を追求、促進する。主要な装備品、司令部等を防護し、粘り強く戦う態勢を確保するため、主要司令部等の地下化・構造強化・電磁パルス（EMP）攻撃対策、戦闘機用の分散パッド、アラート格納庫のえん体化、ライフライン多重化等を実施する。あわせて、省人化を図りつつ、基地警備機能を強化する。

　また、無人アセット等の新たな装備品を効率的に運用可能な施設整備を行う。

　既存施設の更新に際しては、爆発物、核・生物・化学兵器、電磁波、ゲリラ攻撃等に対する防護性能を付与するものとし、施設の機能・重要度に応じた構造強化、離隔距離確保のための再配置、集約化等を実施する。

　大規模災害時等における自衛隊施設の被災による機能低下を防ぐため、被害想定が甚大かつ運用上重要な駐屯地・基地等から、津波等の災害対策等を推進する。今後、気候変動に伴う各種課題へ適応・対応し、的確に任務・役割を果たしていけるよう、駐屯地・基地等の施設及びインフラの強靱化等を進める。

　こうした施設整備は、関係省庁や民間の知見を活用しつつ、5年間で集中して、円滑に執行していく。

Ⅲ　自衛隊の体制等

　計画の方針に基づき、各自衛隊の体制等を1から5までのとおり整備する。

117

1．統合運用体制

(1) 各自衛隊の統合運用の実効性の強化に向けて、平素から有事まであらゆる段階においてシームレスに領域横断作戦を実現できる体制を構築するため、常設の統合司令部を創設する。この際、我が国を取り巻く安全保障環境が急速に厳しさを増していることを踏まえ、速やかに当該司令部を創設するとともに、共同の部隊を含め、各自衛隊の体制の在り方を検討する。

(2) サイバー領域における更なる能力向上のため、防衛省・自衛隊のシステム・ネットワークを常時継続的に監視するとともに、我が国へのサイバー攻撃に際して当該攻撃に用いられる相手方によるサイバー空間の利用を妨げる能力等、サイバー防衛能力を抜本的に強化し得るよう、共同の部隊としてサイバー防衛部隊を保持する。

(3) また、南西地域への機動展開能力を向上させるため、共同の部隊として海上輸送部隊を新編する。

2．陸上自衛隊

(1) 保有すべき防衛力の水準

ア　作戦基本部隊に関して、南西地域における防衛体制を強化するため、第15旅団を師団に改編するとともに、各種事態に即応し、実効的かつ機動的に抑止及び対処し得るよう、その他の8個師団、5個旅団、1個機甲師団については機動運用を基本とする。また、専門的機能を備えた空挺部隊、水陸機動部隊、空中機動部隊を機動的に運用する。

この際、良好な訓練環境を踏まえ、統合輸送能力により迅速に展開・移動させることを前提として、高い練度を維持した1個師団、2個旅団、1個機甲師団を北海道に配置する。

こうした施策の前提として、組織の最適化を徹底するとともに、中長期的な体制の在り方を検討する。

イ　スタンド・オフ防衛能力を強化するため、12式地対艦誘導弾能力向上型を装備した地対艦ミサイル部隊を保持するとともに、島嶼防衛用高速滑空弾を装備した部隊、島嶼防衛用高速滑空弾（能力向上型）及び極超音速誘導弾を装備した長射程誘導弾部隊を新編する。

ウ　多様な経空脅威から重要拠点等を防護するため、03式中距離地対空誘導弾（改善型）能力向上型を装備した高射特科部隊を保持する。

(2) 基幹部隊の見直し等

ア　領域横断作戦能力を強化するため、対空電子戦部隊を新編するとともに、島嶼部の電子戦部隊を強化する。さらに、情報収集、攻撃機能等を保持した多用途無人航空機部隊を新編する。また、サイバー戦や電子戦との連携により、認知領域を含む情報戦において優位を確保するための部隊を新編する。

イ　持続性・強靱性を強化するため、南西地域に補給処支処を新編するとと

もに、補給統制本部を改編し、各補給処を一元的に運用することで後方支援体制を強化する。

ウ　スタンド・オフ防衛能力、サイバー領域等における能力の強化に必要な増員所要を確保するため、即応予備自衛官を主体とする部隊を廃止し、同部隊所属の常備自衛官を増員所要に充てる。また、即応予備自衛官については、補充要員として管理する。

3．海上自衛隊
(1) 保有すべき防衛力の水準

ア　平素からの周辺海域における常時継続的かつ重層的な情報収集・警戒監視態勢の保持に資するとともに、安定した経済活動の基盤となる海上交通の安全確保、各国との安全保障協力等のための海外展開の実施等、増加する活動量に対応し得るよう、哨戒艦等の導入により増強された水上艦艇部隊を保持する。また、有事においては、我が国の領域及び周辺海域を防衛するとともに、所要の海上交通の安全を確保するため、対潜水艦戦、対水上戦、対機雷戦等の各種作戦を有効かつ持続的に遂行し得るよう、増強及び強化された護衛艦部隊、掃海艦艇部隊を保持するとともに、強化された哨戒ヘリコプター部隊を保持する。加えて、主に弾道ミサイル防衛に従事するイージス・システム搭載艦を整備する。

イ　平素からの周辺海域における常時継続的かつ重層的な情報収集・警戒監視態勢の保持に資するとともに、有事においては、領域横断作戦の中でも重要な水中優勢を獲得・維持し得るよう、強化された潜水艦部隊を保持する。

ウ　平素からの周辺海域における常時継続的かつ重層的な情報収集・警戒監視態勢の保持に資するとともに、有事においては、平素からの活動に加え、偵察、ターゲティング及び対潜水艦戦を始めとする各種作戦を有効かつ持続的に遂行し得るよう、強化された固定翼哨戒機部隊を保持する。

(2) 基幹部隊の見直し等

ア　認知領域を含む情報戦への対応能力を強化し、迅速な意思決定が可能な態勢を整備するため、所要の研究開発を実施するとともに、情報、サイバー、通信、気象海洋等といった機能・能力を有する部隊を整理・集約し、総合的に情報戦を遂行するため、体制の在り方を検討した上で海上自衛隊情報戦基幹部隊を新編する。

イ　重層的な警戒監視態勢を構築するとともに水中及び海上優勢の確保や人的資源の損耗を低減させるため、各種無人アセット（滞空型無人機（UAV）、既存艦艇の活用を含む無人水上航走体（USV）、無人水中航走体（UUV）等）を導入するとともに、無人機部隊を新編する。

ウ　統合運用体制の下、高い迅速性と活動量を求められる部隊運用を持続的に遂行可能な体制を構築するため、基幹部隊の体制の見直し等に着手し、

119

　　　　所要の改編等を実施する。

　　エ　統合任務部隊を運用し得る自衛艦隊等の司令部の継戦能力を向上させる
　　　とともに、部隊運用の持続性・強靱性を確保するためのロジスティクス
　　　に係る態勢の見直し等に着手し、必要な措置を講じる。

　　オ　護衛艦（DDG・DD・FFM）等に12式地対艦誘導弾能力向上型等のス
　　　タンド・オフ・ミサイルを搭載する。

　　カ　上記のオに加え、水中優勢獲得のための能力強化として、潜水艦（SS）
　　　に垂直ミサイル発射システム（VLS）を搭載し、スタンド・オフ・ミサ
　　　イルを搭載可能とする垂直発射型ミサイル搭載潜水艦の取得を目指し開
　　　発する。

　　キ　就役から相当年数が経過し、拡張性等に限界がある艦艇等の早期除籍等
　　　を図り、省人化した護衛艦（FFM）等を早期に増勢する。加えて、分散
　　　機動運用等の多様な作戦を可能にするため、防空中枢艦を増勢するとと
　　　もに、護衛艦（DDG・DD・FFM）の防空能力、電子戦能力等の能力を
　　　向上させる。さらに、機雷戦能力を強化するため、掃海用無人アセット
　　　を管制する掃海艦艇を増勢するとともに、洋上における後方支援能力強
　　　化のため、補給艦を増勢する。また、有事における航空攻撃への対処等
　　　のため、戦闘機（F－35B）の運用が可能となるよう、護衛艦（「いずも」
　　　型）の改修を推進する。

　　ク　能力向上した固定翼哨戒機（P－1）及び哨戒ヘリコプター（SH－60K（能
　　　力向上型））の整備を進めるとともに、固定翼哨戒機の電子戦、対艦攻撃
　　　等の能力を向上させる。

4．航空自衛隊

(1) 保有すべき防衛力の水準

　　ア　太平洋側の広大な空域を含む我が国周辺空域を常時継続的に警戒監視す
　　　るとともに、我が国に飛来する弾道ミサイルに加え、極超音速滑空兵器
　　　（HGV）等の新たな経空脅威を探知・追尾し得る固定式警戒管制レーダー
　　　を備えた警戒管制部隊のほか、いわゆるグレーゾーン事態等の情勢緊迫
　　　時において、より広域で長期間にわたり我が国周辺の空域における警戒
　　　監視・管制を有効に行うため、増強された警戒航空部隊から構成される
　　　航空警戒管制部隊を保持する。

　　イ　戦闘機とその支援機能が一体となって我が国の防空等を総合的な態勢で
　　　行うため、質・量ともに大幅に洗練・増強された戦闘機部隊を保持する。
　　　また、戦闘機部隊等が我が国周辺空域等で高烈度化する各種航空作戦に
　　　おいて粘り強く戦闘を継続するため、増強された空中給油・輸送部隊及
　　　び航空救難部隊を保持する。

　　ウ　部隊等の機動展開、国際平和協力活動等を効果的に実施するため、増強
　　　された航空輸送部隊を保持する。

エ 重要地域の防空を実施する上で陸上自衛隊の地対空誘導弾部隊と連携するとともに、弾道ミサイル攻撃から我が国を多層的に防護する際に終末段階で対処する機能を備え、多様化・複雑化する経空脅威に対応するため、増強された高射部隊を保持する。

オ 宇宙空間の安定的利用を確保するため、宇宙領域把握（SDA）能力を増強した宇宙領域専門部隊を保持する。

カ 我が国から比較的離れた地域での情報収集や事態が緊迫した際の空中での常時継続的な監視を実施するため、無人機部隊を保持する。

(2) 基幹部隊の見直し等

ア 我が国の航空戦力の質・量を更に洗練・強化するため、近代化改修に適さない戦闘機（F－15）について、戦闘機（F－35A及びF－35B）への代替ペースを加速させる。また、近代化改修を行った戦闘機（F－15）について、電子戦能力の向上、スタンド・オフ・ミサイルの搭載、搭載ミサイル数の増加等の能力向上を引き続き行う。さらに、戦闘機（F－2）については、スタンド・オフ防衛能力の強化の観点から、12式地対艦誘導弾能力向上型の搭載能力等を付与するため、計2個飛行隊分の能力向上事業を推進する。加えて、航空戦力の量的強化を更に進めるため、2027年度までに必要な検討を実施し、必要な措置を講じる。この際、無人機（UAV）の活用可能性について調査を行う。

イ 次期戦闘機について、戦闘機（F－2）の退役が見込まれる2035年度までに、将来にわたって航空優勢を確保・維持することが可能な戦闘機を配備できるよう、改修の自由や同盟国との相互運用性を確保しつつ、英国及びイタリアと次期戦闘機の共同開発を推進する。この際、戦闘機そのものに加え、無人機（UAV）等を含むシステムについても、国際協力を視野に開発に取り組む。

ウ さらに、戦闘機（F－35）や次期戦闘機といった最先端の戦闘機のパイロットの効率的な育成のため、地上教育及び練習機による飛行訓練を教育システムとして一体化することも含め、あるべき教育体系について検討の上、必要な措置を講じる。

エ 粘り強く戦闘を継続するため、各所に機動分散運用を実施し得るよう、展開基盤の迅速な整備等を行う体制を構築する。また、航空戦力を我が国への侵攻正面に柔軟に集中・指向し得るよう、航空戦力の運用の在り方について必要な検討を行う。

オ 高烈度の航空作戦にも対応し、また、粘り強く戦闘を継続する観点から、空中給油機能を強化するため、空中給油・輸送機（KC－46A等）を増勢するとともに、救難機（UH－60J）を更新する。また、太平洋側の広大な空域を含む我が国周辺空域における防空態勢を強化するため、太平洋側の島嶼部等への移動式警戒管制レーダー等の整備を推進するとともに

に、早期警戒機（E－2D）を増勢する。陸上部隊等の迅速な機動展開等を実施するため、輸送機（C－2）を整備する。

カ　スタンド・オフ・ミサイルの運用能力を向上させるため、相手の脅威圏内において目標情報を継続的に収集し得る無人機（UAV）を導入するほか、部隊の任務遂行に必要な情報機能の強化のため、空自作戦情報基幹部隊を新編する。

キ　多様化・複雑化する経空脅威に対応するため、地対空誘導弾ペトリオット・システム等の能力向上を引き続き進める。

ク　宇宙作戦能力を強化するため、宇宙領域把握（SDA）態勢の整備を着実に推進し、将官を指揮官とする宇宙領域専門部隊を新編するとともに、航空自衛隊を航空宇宙自衛隊とする。

5．組織定員の最適化

2027年度末の常備自衛官定数については、2022年度末の水準を目途とし、陸上自衛隊、海上自衛隊及び航空自衛隊それぞれの常備自衛官定数は組織定員の最適化を図るため、適宜見直しを実施することとする。また、統合運用体制の強化に必要な定数を各自衛隊から振り替えるとともに、海上自衛隊及び航空自衛隊の増員所要に対応するため、必要な定数を陸上自衛隊から振り替える。このため、おおむね2,000名の陸上自衛隊の常備自衛官定数を共同の部隊、海上自衛隊及び航空自衛隊にそれぞれ振り替える。

なお、2027年度末までは、自衛官の定数の総計を増やさず、所要の施策を講じることで、必要な人員を確保する。

Ⅳ　日米同盟の強化

1．日米防衛協力の強化

日米共同の統合的な抑止力を一層強化するため、平素からの連携を図る態勢を構築するとともに、宇宙・サイバー・電磁波を含む領域横断作戦に係る協力、相互運用性を高めるための取組、我が国による反撃能力の行使に係る協力、防空、対水上戦・潜水艦戦、機雷戦、水陸両用作戦、空挺作戦、情報収集・警戒監視・偵察・ターゲティング（ISRT）、アセットや施設の防護、後方支援等における連携を推進する。また、より高度かつ実践的な演習・訓練を通じて同盟の即応性や相互運用性を始めとする対処力の向上を図る。

力による一方的な現状変更やその試み、更には各種事態の生起を抑止するため、日米共同による、事態に応じて柔軟に選択される抑止措置（FDO）、情報収集・警戒監視・偵察（ISR）等を拡大・深化させるとともに、平素から、日米双方の施設等の共同使用の増加、訓練等を通じた日米の部隊の双方の施設等への展開等を進める。また、日米間の調整機能を一層強化するとともに、日米同盟を中核とした同志国等との運用面における緊密な調整を実現する。

あらゆる段階における日米共同での実効的な対処を支える基盤を強化するた

め、日米間の情報共有を促進するための情報保全及びサイバーセキュリティに係る取組を強化するとともに、先端技術に関する共同分析や共同研究、装備品の共同開発・生産、相互互換性の向上、各種ネットワークの共有及び強化、米国製装備品の国内における生産・整備能力の拡充、サプライチェーンの強化に係る取組等、装備・技術協力を一層強化する。

2．在日米軍の駐留を支えるための施策の着実な実施

在日米軍の安定的なプレゼンスを支えるだけでなく、日米同盟の抑止力・対処力を強化していく観点から、「同盟強靱化予算」を始めとする在日米軍の駐留に関連する経費を安定的に確保する。

Ｖ　同志国等との連携

我が国にとって望ましい安全保障環境を創出することは、我が国の防衛の根幹に関わり、また、我が国の防衛そのものに資する極めて重要かつ不可欠な取組であるとの認識の下、自由で開かれたインド太平洋というビジョンも踏まえつつ、二国間・多国間の防衛協力・交流を一層推進する。特に、国家防衛戦略に示す同志国等との連携の方針を踏まえ、ハイレベル交流、政策対話、軍種間交流、連絡官等の人的交流に加え、自衛隊と各国軍隊との相互運用性の向上や我が国のプレゼンスの強化等を目的として、地域の特性や相手国の実情を考慮しつつ、戦略的寄港・寄航、共同訓練・演習、装備・技術協力、能力構築支援、国際平和協力活動等といった具体的な取組を各軍種の特性に応じ適切に組み合わせて、戦略的に実施する。

こうした防衛協力・交流の意義を踏まえ、より相互に連携し、具体的かつ踏み込んだ取組を行うべく、業務要領の改善、体制の整備、処遇を含む制度の見直しや秘匿回線を含む各国とのホットラインの整備といった基盤の整備等を進めるとともに、部隊運用に際して、防衛協力・交流に関する所要を一層反映していく。また、防衛協力・交流に係る取組を実施するに当たっては、関係省庁との連携、諸外国や非政府組織、民間部門等との連携を図るとともに、取組について戦略的に発信する。その際、特に以下を重視する。

1．共同訓練・演習

防衛協力・交流としての意義も十分に踏まえつつ、ロジスティクス協力を含む二国間・多国間の共同訓練・演習を積極的に推進する。これにより、望ましい安全保障環境の創出に向けた我が国の意思と能力を示すとともに、各国との相互運用性の向上や他国との関係強化等を図る。

2．装備・技術協力

装備品に関する協力は、構想から退役まで半世紀以上に及ぶ取組であることを踏まえ、防衛装備の海外移転や国際共同開発を含む、装備・技術協力の取組の強化を通じ、相手国軍隊の能力向上や相手国との中長期にわたる関係の維持・強化を図る。特に、防衛協力・交流、訓練・演習、能力構築支援等の他の取組

とも組み合わせることで、これを効果的に進める。その際、就役から相当年数が経過し、拡張性等に限界がある装備品の早期用途廃止、早期除籍等の活用による同志国への移転を検討する。

3．能力構築支援

インド太平洋地域の各国軍隊等に対し、能力構築支援の取組を一層強化し、我が国にとって望ましい安全保障環境の創出を目指すとともに、支援対象国との関係強化も推進する。その際、外交政策との調整を十分図るほか、米国、オーストラリア等の同盟国・同志国等とも緊密に連携することで、最大の効果が得られるように努める。東南アジア諸国等に対するものに加え、太平洋島嶼国に対する能力構築支援を拡充する。

Ⅵ　防衛力を支える要素

1．訓練・演習

各種事態発生時に効果的に対処し、抑止力の実効性を高めるため、自衛隊の統合訓練・演習や日米の共同訓練・演習に加え、オーストラリア、インド、欧州・東南アジア諸国等との二国間、多国間の訓練・演習についても計画的かつ目に見える形で実施し、力による一方的な現状変更やその試みは認められないとの意思と能力を示していく。その際、事態に応じて柔軟に選択される抑止措置（FDO）としての訓練・演習等の充実強化を図るとともに、円滑化協定（RAA）の整備等を踏まえ、海外の良好な訓練環境を活かした訓練内容の充実や新たな訓練の実施を図る。

また、有事において、部隊等の能力を最大限発揮するため、北海道を始めとする国内の演習場等を整備し、その活用を拡大するとともに、国内において必要な訓練基盤の整備・充実を着実に進める。米軍施設・区域の自衛隊による共同使用や民間の空港、港湾施設等の利用拡大を図るとともに、南西地域の島嶼部等に部隊を迅速に展開するための訓練を強化し、島嶼部における外部からの武力攻撃に至らない侵害や武力攻撃に適切に対応するため、警察、海上保安庁、消防、地方公共団体等との共同訓練、国民保護訓練等を強化する。

こうした訓練を拡大していくためには、関係する地方公共団体や地元住民の理解や協力を得る必要があるため、訓練の安全確保に万全を期しつつ、北海道を始めとする国内の演習場等を含め、訓練基盤の周辺環境への配慮をしていく。

2．海上保安庁との連携・協力の強化

あらゆる事態に適切に対応するため、海上保安庁との連携・協力を一層強化する。このため、海上保安庁との情報共有・連携体制を深化するとともに、武力攻撃事態時における防衛大臣による海上保安庁の統制要領の作成や共同訓練の実施を含め、各種の対応要領や訓練の充実を図る。

3．地域コミュニティーとの連携

自衛隊及び在日米軍が、平素からシームレスかつ効果的に活動できるよう、

自衛隊施設及び米軍施設周辺の地方公共団体や地元住民の理解及び協力をこれまで以上に獲得していく。日頃から防衛省・自衛隊の政策や活動、在日米軍の役割に関する積極的な広報を行い、地元に対する説明責任を果たしながら、地元の要望や情勢に応じた調整を実施する。同時に、騒音等への対策を含む防衛施設周辺対策事業についても、我が国の防衛への協力促進という観点も踏まえ、引き続き推進する。また、各種事態において自衛隊が迅速かつ確実に活動を行うため、地方公共団体、警察・消防等の関係機関との連携を一層強化する。

　地方によっては、自衛隊の部隊の存在が地域コミュニティーの維持・活性化に大きく貢献し、あるいは、自衛隊による急患輸送が地域医療を支えている場合等が存在することを踏まえ、部隊の改編や駐屯地・基地等の配置・運営に当たっては、地方公共団体や地元住民の理解を得られるよう、地域の特性に配慮する。また、中小企業者に関する国等の契約の方針を踏まえ、効率性にも配慮しつつ、地元中小企業の受注機会の確保を図るなど、地元経済に寄与する各種施策を推進する。

4．政策立案機能の強化等

　自衛隊が能力を十分に発揮し、厳しさ、複雑さ、スピード感を増す戦略環境に対応するためには、宇宙・サイバー・電磁波領域を含め、戦略的・機動的な防衛政策の企画立案が必要とされており、その機能を抜本的に強化していくこの際、有識者から政策的な助言を得るための会議体を設置する。また、自衛隊の将来の「戦い方」とそのために必要な先端技術の活用・育成・装備化について、関係省庁や民間の研究機関、防衛産業を中核とした企業との連携を強化しつつ、戦略的な観点から総合的に検討・推進する態勢を強化する。さらに、こうした取組を推進し、政策の企画立案を支援するため、防衛研究所を中心とする防衛省・自衛隊の研究体制を見直し・強化し、知的基盤としての機能を強化する。

　また、国民が安全保障政策に関する知識や情報を正確に認識できるよう教育機関等への講師派遣、公開シンポジウムの充実等を通じ、安全保障教育の推進に寄与するほか、安全保障に係る研究成果等への国民のアクセスが向上するよう効率的かつ信頼性の高い情報発信に努めるとともに、多様化が進むソーシャルネットワークの一層の活用や、外国語によるものも含む情報発信の能力を高める各種施策を推進する。また、防衛研究所を中心とする防衛省・自衛隊の研究・教育機能を一層強化するため、国内外の研究・教育機関や大学、シンクタンク等とのネットワーク及び組織的な連携を拡充する。

Ⅶ　国民の生命・身体・財産の保護・国際的な安全保障協力への取組

1．大規模災害等への対応

　南海トラフ巨大地震等の大規模自然災害や原子力災害を始めとする特殊災害といった各種の災害に際しては、統合運用を基本としつつ、十分な規模の部隊を迅速に輸送・展開して初動対応に万全を期すとともに、無人機（UAV）（狭

域用）汎用型、ヘリコプター衛星通信システム、人命救助システム及び非常用電源の整備を始めとする対処態勢を強化するための措置を講じる。

また、関係省庁、地方公共団体及び民間部門と緊密に連携・協力しつつ、各種の訓練・演習の実施や計画の策定、被災時の代替機能、展開基盤の確保等の各種施策を推進する。

さらに、原子力発電所が多数立地する地域等において、関係機関と連携して訓練を実施し、連携要領を検証するとともに、原子力発電所の近傍における展開基盤の確保等について検討の上、必要な措置を講じる。

2. 海洋安全保障及び既存の国際的なルールに基づく空の利用に関する取組

開かれ安定した海洋及び既存の国際的なルールに基づく空の利用は、海洋国家である我が国の平和と繁栄の基礎という認識の下、自由で開かれたインド太平洋というビジョンも踏まえ、海洋安全保障及び既存の国際的なルールに基づく空の利用について認識を共有する諸外国との共同訓練・演習、装備・技術協力、能力構築支援、情報共有等の様々な機会を捉えた艦艇や航空機の寄港・寄航等の取組を推進する。これにより、海洋秩序及び既存の国際的なルールに基づく空の利用の安定のための我が国の意思と能力を積極的かつ目に見える形で示す。

3. 国際平和協力活動等

国際平和協力活動等については、平和安全法制も踏まえ、派遣の意義、派遣先国の情勢、我が国との政治的・経済的関係等を総合的に勘案しながら、引き続き推進する。特に、これまでに蓄積した経験をいかしつつ、安全保障環境の改善に寄与するため、現地ミッション司令部等への要員派遣、国連三角パートナーシッププログラム（ＴＰＰ）等の国連ＰＫＯに係る能力構築支援、国連本部等への幕僚派遣等を積極的に推進する。また、国際情勢の不安定化を踏まえ在外邦人等の保護措置及び輸送に係るものを含め、国際的な活動に係る体制を強化するため、中央即応連隊及び国際活動教育隊の一体化による、高い即応性及び施設分野や無人機運用等の高い技術力を有する国際活動部隊を新編する。

国際平和協力センターにおける教育内容を拡充するとともに、国際平和協力活動等における関係省庁や諸外国、非政府組織等との連携・協力の重要性を踏まえ、同センターにおける自衛隊員以外への教育を拡大するなど、教育面での連携の充実を図る。

なお、ジブチにおいて海賊対処のために運営している自衛隊の活動拠点について、中東・アフリカ地域における在外邦人等の保護措置及び輸送等に際する活用を含め地域における安全保障協力等のための長期的・安定的な活用のため、老朽化した設備の更新や施設の整備を推進する。

Ⅷ 早期装備化のための新たな取組

スタンド・オフ防衛能力、海洋アセット、ソフトキル、無人アセット防衛能力、

人工知能（AI）、次世代情報通信、宇宙、デジタルトランスフォーメーション（DX）、高出力エネルギー、情報戦といった分野のほか、自衛隊の現在及び将来の戦い方に直結し得る分野のうち、特に政策的に緊急性・重要性の高いものについて、防衛関連企業等から提案を受けて、又は、スタートアップ企業や国内の研究機関等の技術を活用することにより、民生先端技術の取り込みも図りながら、着実に早期装備化を実現する。そのため、早期装備化の障害となり得る防衛省内の業務上の手続、契約方式等を柔軟に見直すほか、運用実証・評価・改善等の集中的な反復を通じて、5年以内に装備化し、おおむね10年以内に本格運用するための枠組みを新設する。

Ⅸ　いわば防衛力そのものとしての防衛生産・技術基盤

1．防衛生産基盤の強化

我が国の防衛産業は装備品のライフサイクルの各段階を担っており、装備品と防衛産業は一体不可分であり、防衛生産・技術基盤はいわば防衛力そのものと位置付けられるものである。

企業にとって、防衛事業は高度な要求性能や保全措置への対応に多大な経営資源の投入を必要とする一方で、収益性は調達制度上の水準より低く、現状では、販路が自衛隊に限られ成長が期待されないなど産業としての魅力が乏しいこと、サプライチェーン上のリスクやサイバー攻撃といった様々なリスクが顕在化しているなど、多様な課題を抱えている。

これらの課題に対応するため、各企業の防衛事業に対する品質管理、コスト管理、納期管理等を評価して企業のコストや利益を適正に算定する方式を導入し、防衛産業の魅力化を図る。また、企画提案方式等、企業の予見可能性を図りつつ、国内基盤を維持・強化する観点を一層重視した装備品の取得方式を採用していく。有償援助（FMS）調達する装備品についても、国内企業の参画を促進するための取組を行うとともに、合理化・効率化に努める。

様々なリスクへの対応や防衛生産基盤の維持・強化のため、製造等設備の高度化、サイバーセキュリティ強化、サプライチェーン強靱化、事業承継といった企業の取組に対し、適切な財政措置、金融支援等を行う。

サプライチェーンリスクを把握するため、サプライチェーン調査を実施する。新規参入を促進することでサプライチェーン強靱化と民生先端技術の取り込みを図る。さらに、同盟国・同志国等の防衛当局と協力してサプライチェーンの相互補完を目指す。これにより、安定的な調達に資するサプライチェーンの強靱化を行っていく。

サイバー攻撃を含む諸外国の情報活動等からの情報保護は、防衛生産及び国際装備・技術協力の前提であり、防衛産業サイバーセキュリティ基準の防衛産業における着実な実施、防衛産業保全マニュアルを策定・適用するための施策を講じるとともに、産業保全制度の強化を行う。また、特許出願非公開制度等

の経済安全保障施策と連携した機微技術管理を実施する。

2．防衛技術基盤の強化

　　将来の戦い方に必要な研究開発事業を特定し、装備品の取得までの全体像を整理することにより、研究開発プロセスにおける各種取組による早期装備化を実現する。将来の戦い方を実現するための装備品を統合運用の観点から体系的に整理した統合装備体系も踏まえ、将来の戦い方に直結する以下（1）から（6）までの装備・技術分野に集中的に投資を行うとともに、従来装備品の能力向上等も含めた研究開発プロセスの効率化や新しい手法の導入により、研究開発に要する期間を短縮し、早期装備化につなげていく。その際、成果の見込みが低い研究開発については、速やかに事業廃止する仕組みを構築する。

　　将来にわたって技術的優越を確保し、他国に先駆け、先進的な能力を実現するため、民生先端技術を幅広く取り込む研究開発や海外技術を活用するための国際共同研究開発を含む技術協力を追求及び実施するとともに、防衛用途に直結し得る技術を対象に重点的に投資し、早期の技術獲得を目指す。その際、関係省庁におけるプロジェクトとの連携、その成果の積極活用を進める。

　　以上を踏まえ、政策部門、運用部門及び技術部門が一体となった体制で、将来の戦い方の検討と先端技術の活用に係る施策を推進する。

　　我が国の科学技術力を結集する観点から、防衛省が重視する技術分野や研究開発の見通しを戦略的に発信し、企業等の予見可能性を高める。加えて、防衛イノベーションや画期的な装備品等を生み出す機能を抜本的に強化するため、防衛装備庁の研究開発関連組織のスクラップ・アンド・ビルドにより、2024年度以降に新たな研究機関を防衛装備庁に創設するほか、研究開発体制の充実・強化を実行する。さらに、先端技術に関する取組を効果的に実施する観点から、国内の研究機関のほか、米国・オーストラリア・英国といった同盟国・同志国との技術協力を強力に推進する。

　　開発段階から装備移転を見越した装備品の開発や、自衛隊独自仕様の見直しを推進する。装備品の開発に当たっては、量産段階・維持整備段階のコスト低減を考慮する。また、弾薬や車両等の従来技術について、その生産・技術基盤を維持するための措置を講じる。

（1）スタンド・オフ防衛能力

　　我が国に侵攻してくる艦艇、上陸部隊等に対して、脅威圏の外から対処する能力を獲得する。

　ア　12式地対艦誘導弾能力向上型（地上発射型・艦艇発射型・航空機発射型）について開発を継続し、地上発射型については2025年度まで、艦艇発射型については2026年度まで、航空機発射型については2028年度までの開発完了を目指す。

　イ　高い隠密性を有して行動できる潜水艦から発射可能な潜水艦発射型スタンド・オフ防衛能力の構築を進める。

ウ　高高度・高速滑空飛しょうし、地上目標に命中する島嶼防衛用高速滑空
　　弾の研究を継続し、早期装備型について2025年度までの事業完了を目指
　　すとともに、本土等のより遠方から、島嶼部に侵攻する相手部隊等を撃
　　破するための島嶼防衛用高速滑空弾（能力向上型）を開発する。

エ　極超音速の速度域で飛行することにより迎撃を困難にする極超音速誘導
　　弾について、研究を推進し2031年度までの事業完了を目指すとともに、
　　派生型の開発についても検討する。

オ　長射程化、低レーダー反射断面積（RCS）化、高機動化を図りつつ、
　　モジュール化による多機能性を有した島嶼防衛用新対艦誘導弾を研究す
　　る。

(2)　極超音速滑空兵器（HGV）等対処能力

既存装備品での探知や迎撃が困難である極超音速滑空兵器（HGV）等に
対処するための技術を獲得する。

ア　巡航ミサイル等に加えて、極超音速滑空兵器（HGV）や弾道ミサイル
　　対処を可能とする03式中距離地対空誘導弾（改善型）能力向上型を開発
　　する。

イ　極超音速で高高度を高い機動性を有しながら飛しょうする極超音速滑空
　　兵器（HGV）に対処する、極超音速滑空兵器（HGV）対処用誘導弾シス
　　テムの調査及び研究を実施する。

(3)　ドローン・スウォーム攻撃等対処能力

脅威が急速に高まっているドローン・スウォームの経空脅威に対して、経
済的かつ効果的に対処するための技術を獲得し、早期装備化を目指す。

ア　小型無人機（UAV）等の経空脅威を迎撃する高出力レーザーの各種研
　　究を継続する。

イ　高出力マイクロ波（HPM）を照射して小型無人機（UAV）等を無力
　　化する技術の研究を継続する。

(4)　無人アセット

防衛装備品の無人化・省人化を推進するため、既存の装備体系・人員配置
を見直しつつ、無人水中航走体（UUV）等に係る技術を獲得する。

ア　管制型試験無人水中航走体（UUV）から被管制用無人水中航走体（UUV）
　　を管制する技術等の研究を実施し、水中領域における作戦機能を強化す
　　る。

イ　有人車両から複数の無人戦闘車両（UGV）をコントロールする運用支
　　援技術や自律的な走行技術等に関する研究を実施する。

ウ　水上艦艇の更なる省人化・無人化を実現するため、無人水上航走体
　　（USV）に関する技術等の研究を継続する。

(5)　次期戦闘機に関する取組

ア　次期戦闘機の英国及びイタリアとの共同開発を着実に推進し、2035年

度までの開発完了を目指す。次期戦闘機等の有人機と連携する戦闘支援無人機（UAV）についても研究開発を推進する。

イ　これらの研究開発に際しては、我が国主導を実現すべく、数に勝る敵に有効に対処できる能力を保持することを前提に、将来にわたって適時適切な能力向上が可能となる改修の自由や高い即応性等を実現する国内生産・技術基盤を確保するものとする。

(6) その他抑止力・対処力の強化

ア　各種経空脅威への対処能力向上のための将来レールガンに関する研究を継続する。

イ　脅威となるレーダー等の電波器材に誤情報を付与して複数の脅威が存在すると誤認させる欺まん装置技術に関する研究を実施する。

ウ　複雑かつ高速に推移する戦闘様相に対して、人工知能（AI）により行動方針を分析し、指揮官の意思決定を支援する技術を装備品に反映するための研究を行う。

エ　情報収集能力等を向上した多用機（EP-3）の後継機となる次期電子情報収集機について必要な検討を実施の上、研究開発を進める。

オ　警戒監視中の艦艇等から迅速に機雷を敷設するため、小型かつ遠隔からが可能な新型小型機雷を開発する。

カ　極超音速誘導弾の要素研究の成果を活用した極超音速地対空誘導弾の研究開発に着手する。

3．防衛装備移転の推進

防衛装備移転については、同盟国・同志国との実効的な連携を構築し、力による一方的な現状変更や我が国への侵攻を抑止するための外交・防衛政策の戦略的な手段となるのみならず、防衛装備品の販路拡大を通じた、防衛産業の成長性の確保にも効果的である。このため、政府が主導し、官民の一層の連携の下に装備品の適切な海外移転を推進するとともに、基金を創設し、必要に応じた企業支援を行っていく。

4．各種措置と制度整備の推進

以上のような政策を実施するため、必要な予算措置等、これに必要な法整備、及び政府系金融機関等の活用による政策性の高い事業への資金供給を行うとともに、その執行状況を不断に検証し、必要に応じて制度を見直していく。

X　防衛力の中核である自衛隊員の能力を発揮するための基盤の強化

1．人的基盤の強化

防衛力の抜本的強化のためには、これまで以上に個々の自衛隊員に知識・技能・経験が求められていること、また、領域横断作戦、情報戦等に確実に対処し得る素養を身に着けた隊員を育成する必要があることに留意しつつ、必要な自衛官及び事務官等を確保し、更に必要な制度の検討を行うなど、人的基盤を

強化していく。その一環として、研究開発事業に係る職員を確保し、技能等の能力を向上させる。この際、特にサイバー領域等を含む分野については、教育体制の強化や民間人材の活用を図る。

このため、育児、出産及び介護といったライフイベントを迎える中でも、全ての自衛隊員が能力を発揮できる環境を整備するとともに、自衛隊員へのリスキリングを含め、採用から始まるライフサイクル全般に着目した施策を総合的に講じる。

(1) 採用の取組強化

少子化による募集対象人口の減少という厳しい採用環境の中で優秀な人材を安定的に確保するため、採用広報のデジタル化・オンライン化等を含めた多様な募集施策を推進するとともに、地方協力本部の体制強化や地方公共団体及び関係機関等との連携を強化する。

また、任期制自衛官の魅力を向上する観点から、自衛官候補生の在り方の見直し、任期満了後の再就職、大学への進学等に対する支援の充実を図る。さらに、少子高学歴化を踏まえ、非任期制自衛官の採用の拡大や大卒者等を含む採用層の拡大に向けた施策を推進する。この際、貸費学生制度の拡充を通じ、有為な人材の早期確保を図る。

さらに、サイバー領域等で活躍が見込まれる専門的な知識・技能を有する人材を取り込むため、柔軟な採用・登用が可能となる新たな自衛官制度を構築するほか、自衛隊を退職した者を含む民間の人材を活用するために必要な施策を講じる。

(2) 予備自衛官等の活用

作戦環境の変化や自衛隊の任務が多様化する中で、予備自衛官等が常備自衛官を効果的に補完するため、充足率の向上のみならず、予備自衛官等に係る制度を抜本的に見直し、体制強化を図る。このため、即応予備自衛官及び予備自衛官が果たすべき役割を再整理した上で、自衛官未経験者からの採用の拡大や、年齢制限、訓練期間等について現行制度の見直しを行う。

(3) 人材の有効活用

女性隊員の採用や、意欲・能力・適性に応じた登用を引き続き積極的に行うとともに、女性の活躍を支える教育基盤の整備や、女性自衛官の増勢を見据えた隊舎・艦艇等における女性用区画の計画的な整備を行う。

また、知識・技能・経験等を豊富に備えた人材の一層の活用を図るため、精強性にも配慮しつつ、自衛官の定年年齢の引上げを行うとともに、再任用自衛官が従事できる業務を大幅に拡大し、再任用による退職自衛官の活用を強力に推進する。

中途退職者の抑制は急務であり、効果的な施策の検討の資とするため、中途退職に関する自衛隊員の意識等の調査を実施する。任務や勤務環境の特殊性も踏まえ、必要となる施策については不断に検討し、講じていく。

(4) 生活・勤務環境の改善等

メントは、自衛隊員相互の信頼関係を失墜させ組織の根幹を揺るがす決してあってはならないものであるとの認識の下、ハラスメント防止に係る有識者会議における検討結果等を踏まえた新たな対策を確立し、全ての自衛隊員に徹底させる。さらに、時代に即した対策が講じられるよう、その見直しを継続的に行い、ハラスメントを一切許容しない組織環境とする。

また、部隊の新編・改編や即応性を確保するために必要な宿舎の着実な整備を進めるほか、隊舎・宿舎の近代化や予防保全を含む計画的な老朽化及び耐震化のための対策を講じる。さらに、生活・勤務用備品の所要数整備や確実な老朽更新、また、日用品等の所要数の確実な確保といった隊員の生活・勤務環境の改善を図る。この際、艦艇のように特殊な環境であっても働きやすい環境となるよう留意する。これらの施策により自衛隊員の士気向上を図る。

家庭との両立を支援する制度の整備・普及を始めとするワークライフバランス確保の取組を進めるとともに、隊員のニーズを踏まえた託児施設の整備、緊急登庁時におけるこどもの一時預かり等の施策を推進する。また、地方公共団体や関係団体等と連携した家族支援施策を拡充する。

(5) 人材の育成

より高度な領域横断作戦における統合運用に資する人材確保のため、統合幕僚学校や各自衛隊の幹部学校等における統合教育を強化する。各自衛隊、防衛大学校及び防衛研究所においては、部隊の中核となり得る優秀な人材の確保・輩出のため、サイバー領域等を含む教育・研究の内容及び体制を強化する。また、陸上自衛隊高等工科学校については各自衛隊の共同化及び男女共学化を実施する。

さらに、各自衛隊の相互補完を一層推進するため、教育課程の共通化を図るとともに、先端技術を活用し、効果的かつ効率的な教育・研究を推進する。加えて、一元的な教育の実施及び教育効果の向上のため、海上自衛隊第1術科学校及び第2術科学校を統合するほか、いわゆる第5世代戦闘機操縦者養成等のための飛行教育・練成訓練環境の最適化等に資する初等練習機（T－7）・中等練習機（T－4）後継機及び関連するシステムの整備等を実施する。

(6) 処遇の向上及び再就職支援

自衛隊員の超過勤務の実態調査等を通じ、任務や勤務環境の特殊性を踏まえた給与・手当とし、特に艦艇やレーダーサイト等で厳しい任務に従事する隊員を引き続き適正に処遇するとともに、反撃能力を始めとする新たな任務の増加を踏まえた隊員の処遇の向上を図る。諸外国の軍人の給与制度等を調査し、今後の自衛官の給与等の在り方について検討する。自衛官として長年にわたり任務に精励した功績にふさわしい栄典・礼遇に関する施策を進める。

また、若年定年制又は任期制の下にある自衛官の退職後の生活基盤の確保は国の責務であることを踏まえ、退職予定自衛官に対する進路指導体制や職

業訓練機会等を充実させるとともに、地方公共団体、関係機関及び民間企業等との連携を強化するなど、再就職支援の一層の充実・強化を図る。

2．衛生機能の変革

　各種事態への対処や国内外における多様な任務に対応し得るよう、各自衛隊で共通する衛生機能等を一元化して統合衛生運用を推進するとともに、防衛医科大学校も含めた自衛隊衛生の総力を結集できる態勢を構築し、戦傷医療対処能力向上の抜本的改革を推進する。

　有事において、危険を顧みずに任務を遂行する隊員の生命・身体を救うため、第一線から後送先までのシームレスな医療・後送態勢を確立することが必要である。このため、応急的な措置を講じる第一線、戦傷者を後送先病院まで輸送する各自衛隊の各種アセットを有効に利用した後送間救護、最終後送先となる病院それぞれの機能を強化していく必要がある。

　まず、第一線救護については、実際に第一線で活動を行う衛生隊員に准看護師及び救急救命士の資格取得を推進するとともに、これらの養成基盤の更なる強化を図る。また、第一線救護に引き続いて実施する緊急外科手術に関して、新たに統合の教育課程を新設し、計画的な要員の育成を図る。さらに、艦艇での洋上外科手術についても上記課程修了者に必要な教育訓練を実施し洋上医療の強化を図る。

　航空後送間救護については、新たに航空後送間救護のための訓練装置を導入し、傷病者搬送時の救護能力向上のための教育訓練環境を整備する。これらの教育訓練の実施に当たっては、各自衛隊間での共通化、統合化を推進し、共通の知識・技能の向上を図る。

　南西地域における衛生機能の強化に当たっては、自衛隊那覇病院の機能及び抗たん性を拡充することが有効と考えられることから、同病院の病床の増加、診療科の増設、地下化等の機能強化を図る。その他の後送先となる自衛隊病院についても、建替え等の機会を捉え、同様の機能強化を図る。

　衛生機能については、各自衛隊で共通する機能が多いことから、衛生資器材の整備について、各自衛隊間の相互運用性を考慮して共通化を推進する。また、医療・後送に際して必要となる各自衛隊の医療情報を自衛隊病院等において陸上自衛隊・海上自衛隊・航空自衛隊の隊員の区別なくタイムリーに取得できるよう、隊員の身体歴情報を電子化し、各隊員の医療情報を速やかに検索・閲覧できる態勢を整える。

　戦傷医療における死亡の多くは爆傷、銃創等による失血死であり、これを防ぐためには輸血に使用する血液製剤の確保が極めて重要であることから、自衛隊において血液製剤を自律的に確保・備蓄する態勢の構築について検討する。また、血液製剤と並び戦傷医療において重要な医療用酸素の確保のため、酸素濃縮装置等についても整備を行う。

　さらに、防衛医科大学校においては、近年の医療技術等の進展が著しい中、

戦傷医療対処能力向上を始めとした教育研究の強化を進めるとともに、臨床の現場となる防衛医科大学校病院については、医官及び看護官への高度な医療教育や自衛隊の衛生隊員の技能向上を図るほか、戦傷者の受け入れに対応するため、運営の抜本的改革を図るとともに、病院の建替え等の機会を捉え、機能強化を図る。また、それを補完するものとして、医官及び看護官の部外研修についてもその確保に努める。

XI 最適化の取組

1. 装備品

陸上自衛隊については、航空体制の最適化のため、一部を除き師団・旅団の飛行隊を廃止し、各方面隊にヘリコプター機能を集約するとともに、対戦車・戦闘ヘリコプター（AH）及び観測ヘリコプター（OH）の機能を多用途/攻撃用無人機（UAV）及び偵察用無人機（UAV）等に移管し、今後、用途廃止を進める。その際、既存ヘリコプターの武装化等により最低限必要な機能を保持する。

海上自衛隊については、広域での洋上監視能力強化のため、滞空型無人機（UAV）を取得することに伴い、固定翼哨戒機（P-1）の取得数を一部見直す。護衛艦（「いずも」型）への戦闘機（F-35B）の搭載等、艦載所要の見直しにより、哨戒ヘリコプター（SH-60K（能力向上型））の取得数を一部見直す。多用機（U-36A）の用途廃止を進める。

航空自衛隊については、保有機種の最適化のため、救難捜索機（U-125A）等の用途廃止を進める。

更なる装備品の効果的・効率的な取得の取組として、長期契約の適用拡大による装備品の計画的・安定的な取得を通じてコスト低減を図り、企業の予見可能性を向上させ効率的な生産を促すことに加え、他国を含む装備品の需給状況を考慮した調達、コスト上昇の要因となる自衛隊独自仕様の絞り込み等により、装備品のライフサイクルを通じたプロジェクト管理の実効性を高める。

2. 人員

統合運用体制強化に必要な定数を各自衛隊から振り替えるとともに、海上自衛隊及び航空自衛隊の増員所要に対応するために必要な定数を陸上自衛隊から振り替える。このため、陸上自衛隊の常備自衛官定数のおおむね2,000名を共同の部隊、海上自衛隊及び航空自衛隊に振り替え、自衛隊の組織定員の最適化を図る。

また、自衛官の定数の総計を増やさず、既存部隊の見直しや民間委託等の部外力の活用を進める。

XII 整備規模

この計画の下で抜本的に強化される防衛力の5年後とおおむね10年後の達成目

標は、別表1のとおりとする。

　前記Ⅱ及びⅢに示す装備品のうち、主要なものの具体的な整備規模は、別表2のとおりとする。

　また、おおむね10年後における各自衛隊の主要な編成定数、装備等の具体的規模については、別表3のとおりとする。

Ⅻ　所要経費等

1. 2023年度から2027年度までの5年間における本計画の実施に必要な防衛力整備の水準に係る金額は、43兆円程度とする。
2. 本計画期間の下で実施される各年度の予算の編成に伴う防衛関係費は、以下の措置を別途とることを前提として、40兆5,000億円程度（2027年度は、8兆9,000億円程度）とする。
   (1) 自衛隊施設等の整備の更なる加速化を事業の進捗状況等を踏まえつつ機動的・弾力的に行うこと（1兆6,000億円程度）。
   (2) 一般会計の決算剰余金が6の想定よりも増加した場合にこれを活用すること（9,000億円程度）。

　なお、格段に厳しさを増す財政事情と国民生活に関わる他の予算の重要性等を勘案し、国の他の諸施策との調和を図りつつ、防衛力整備の一層の効率化・合理化を徹底し、重要度の低下した装備品の運用停止、費用対効果の低いプロジェクトの見直し、徹底したコスト管理・抑制や長期契約を含む装備品の効率的な取得等の装備調達の最適化、その他の収入の確保等を行うこととし、上記剰余金が増加しない場合にあっては、この取組を通じて実質的な財源確保を図る。

　各年度の予算編成においては、情勢の変化等の不測の事態にも対応できるよう配意するとともに、別表2に示す装備品の整備を含め、各事業の進捗状況、実効性、実現可能性を精査し、必要に応じてその見直しを柔軟に行う。

3. この計画を実施するために新たに必要となる事業に係る契約額（物件費）は、43兆5,000億円程度（維持整備等の事業効率化に資する契約の計画期間外の支払相当額を除く）とし、各年度において後年度負担についても適切に管理することとする。
4. 本計画期間中、2023年度から2027年度までの5年間において、装備品の取得・維持整備、施設整備、研究開発、システム整備等を集中的に実施するため、その後の整備計画においては、これを適正に勘案した内容とし、2027年度の水準を基に安定的かつ持続可能な防衛力整備を進めるものとする。
5. この計画については、中長期的な防衛と財政の見通しを踏まえつつ、その時点における国際情勢、情報通信技術を始めとする技術的水準の動向、防衛力強化の裏付けとなる経済力・財政基盤の状況等の内外諸情勢を勘案し、必要に応じ見直しを行う。
6. 2027年度以降、防衛力を安定的に維持するための財源、及び、2023年度か

ら2027年度までの本計画を賄う財源の確保については、歳出改革、決算剰余金の活用、税外収入を活用した防衛力強化資金の創設、税制措置等、歳出・歳入両面において所要の措置を講ずることとする。

XIV 留意事項

沖縄県を始めとする地元の負担軽減を図るため、在日米軍の兵力態勢見直し等についての具体的措置及び沖縄に関する特別行動委員会（SACO）関連事業については、着実に実施する。

別表1　抜本的に強化された防衛力の目標と達成時期

分野	2027年度までの5年間（※）	おおむね10年後まで
	我が国への侵攻が生起する場合には、我が国が主たる責任をもって対処し、同盟国等からの支援を受けつつ、これを阻止・排除し得る防衛力を構築	左記防衛構想をより確実にするための更なる努力（より早期・遠方で侵攻を阻止・排除し得る防衛力を構築）
スタンド・オフ防衛能力	●スタンド・オフ・ミサイルを実践的に運用する能力を獲得	●より先進的なスタンド・オフ・ミサイルを運用する能力を獲得 ●必要かつ十分な数量を確保"
統合防空ミサイル防衛能力	●極超音速兵器に対処する能力を強化 ●小型無人機（UAV）に対処する能力を強化	●広域防空能力を強化 ●より効率的・効果的な無人機（UAV）対処能力を強化
無人アセット防衛能力	●無人機（UAV）の活用を拡大し、実践的に運用する能力を強化	●無人アセットの複数同時制御能力等を強化
領域横断作戦能力	●宇宙領域把握（SDA）能力、サイバーセキュリティ能力、電磁波能力等を強化 ●領域横断作戦の基本となる陸・海・空の領域の能力を強化	●宇宙作戦能力を更に強化 ●自衛隊以外の組織へのサイバーセキュリティ支援を強化 ●無人機と連携する陸海空能力を強化
指揮統制・情報関連機能	●ネットワークの抗たん性を強化しつつ、人工知能（AI）等を活用した意思決定を迅速化 ●認知領域の対応も含め、戦略・戦術の両面で情報を取得・分析する能力を強化	●人工知能（AI）等を活用し、情報収集・分析能力を強化しつつ、常時継続的な情報収集・共有体制を強化
機動展開能力・国民保護	●自衛隊の輸送アセットの強化、PFI船舶の活用等により、輸送・補給能力を強化（部隊展開・国民保護）	●輸送能力を更に強化 ●補給拠点の改善等により、輸送・補給を迅速化
持続性・強靱性	●弾薬・誘導弾の数量を増加 ●整備中以外の装備品が最大限可動する体制確保 ●有事に備え、主要な防衛施設を強靱化 ●保管に必要な火薬庫等を確保	●弾薬・誘導弾の適正在庫を維持・確保 ●可動率を維持 ●防衛施設を更に強靱化 ●弾薬所要に見合った火薬庫等を更に確保
防衛生産・技術基盤	●サプライチェーンの強靱化対策等により、強力な防衛生産基盤を確立 ●将来の戦い方に直結する装備分野に集中投資するとともに、研究開発期間を大幅に短縮し、早期装備化を実現	●革新的な装備品を実現し得る強力な防衛生産基盤を維持 ●将来における技術的優位を確保すべく、技術獲得を追求
人的基盤	●募集能力強化や新たな自衛官制度の構築等により、民間を含む幅広い層から優秀な人材を必要数確保 ●教育・研究を強化（サイバー等の新領域、統合、衛生） ●隊舎・宿舎の老朽化や備品不足を解消し、生活・勤務環境及び処遇を改善	●募集対象者人口の減少の中でも、専門的な知識・技能を持つ人材を含め、必要な人材を継続的・安定的に確保 ●教育・研究を更に強化 ●全ての隊員が高い士気を持ちながら個々の能力を発揮できる組織環境を醸成

※現有装備品を最大限活用するため、弾薬確保や可動率向上、主要な防衛施設の強靱化への投資を加速するとともに、スタンド・オフ防衛能力や無人アセット防衛能力等、将来の防衛力の中核となる分野の抜本的強化に重点。

別表２

区分	種類	整備規模
(1)スタンド・オフ防衛能力	12式地対艦誘導弾能力向上型 （地上発射型、艦艇発射型、航空機発射型）	地上発射型 11個中隊
	島嶼防衛用高速滑空弾	—
	極超音速誘導弾	—
	トマホーク	—
(2)統合防空ミサイル防衛能力	03式中距離地対空誘導弾(改善型)能力向上型	14個中隊
	イージス・システム搭載艦	2隻
	早期警戒機(E－2D)	5機
	弾道ミサイル防衛用迎撃ミサイル (SM－3ブロックⅡA)	—
	能力向上型迎撃ミサイル(PAC－3MSE)	—
	長距離艦対空ミサイルSM－6	—
(3)無人アセット防衛能力	各種UAV	—
	USV	—
	UGV	—
	UUV	—
(4)領域横断作戦能力	護衛艦	12隻
	潜水艦	5隻
	哨戒艦	10隻
	固定翼哨戒機(P－1)	19機
	戦闘機(F－35A)	40機
	戦闘機(F－35B)	25機
	戦闘機(F－15)の能力向上	54機
	スタンド・オフ電子戦機	1機
	ネットワーク電子戦システム(NEWS)	2式
(5)指揮統制・情報関連機能	電波情報収集機(RC－2)	3機
(6)機動展開能力・国民保護	輸送船舶	8隻
	輸送機(C－2)	6機
	空中給油・輸送機(KC－46A等)	13機

別表3（おおむね10年後）

共同の部隊	サイバー防衛部隊 海上輸送部隊		1個防衛隊群 1個輸送群
陸上自衛隊	基幹部隊	作戦基本部隊	9個師団 5個旅団 1個機甲師団
		空挺部隊 水陸機動部隊 空中機動部隊	1個空挺団 1個水陸機動団 1個ヘリコプター団
		スタンド・オフ・ミサイル部隊	7個地対艦ミサイル連隊
			2個島嶼防衛用高速滑空弾大隊
			2個長射程誘導弾部隊
		地対空誘導弾部隊	8個高射特科群
		電子戦部隊（うち対空電子戦部隊）	1個電子作戦隊 （1個対空電子戦部隊）
海上自衛隊	基幹部隊	水上艦艇部隊（護衛艦部隊・掃海艦艇部隊） 潜水艦部隊 哨戒機部隊（うち固定翼哨戒機部隊） 無人機部隊 情報戦部隊	6個群（21個隊） 6個潜水隊 9個航空隊（4個隊） 2個隊 1個部隊
	主要装備	護衛艦（うちイージス・システム搭載護衛艦） イージス・システム搭載艦 哨戒艦 潜水艦 作戦用航空機	54隻（10隻） 2隻 12隻 22隻 約170機
航空自衛隊	主要部隊	航空警戒管制部隊 戦闘機部隊 空中給油・輸送部隊 航空輸送部隊 地対空誘導弾部隊 宇宙領域専門部隊 無人機部隊 作戦情報部隊	個航空警戒管制団 1個警戒航空団（3個飛行隊） 13個飛行隊 2個飛行隊 3個飛行隊 4個高射群（24個高射隊） 1個隊 1個飛行隊 1個隊
	主要装備	作戦用航空機（うち戦闘機）	約430機（約320機）

※（常備自衛官定数　149,000人）

注1：上記、陸上自衛隊の15個師・旅団のうち、14個師・旅団は機動運用を基本とする。
注2：戦闘機部隊及び戦闘機数については、航空戦力の量的強化を更に進めるため、2027年度までに必要な検討を実施し、必要な措置を講じる。この際、無人機（UAV）の活用可能性について調査を行う。

7. 平成31年度以降に係る防衛計画の大綱について

平成31年度以降に係る防衛計画の大綱について

$$\left\{\begin{array}{l}\text{平 成 30 年 12 月 18 日}\\\text{国家安全保障会議決定}\\\text{閣 議 決 定}\end{array}\right\}$$

　平成31年度以降に係る防衛計画の大綱について別紙のとおり定める。

　これに伴い、「平成26年度以降に係る防衛計画の大綱について」（平成25年12月17日国家安全保障会議決定及び閣議決定）は、平成30年度限りで廃止する。

（別紙）

平成31年度以降に係る防衛計画の大綱

Ⅰ　策定の趣旨

　我が国は、戦後一貫して、平和国家としての道を歩んできた。これは、平和主義の理念の下、先人達の不断の努力によって成し遂げられてきたものである。

　我が国政府の最も重大な責務は、我が国の平和と安全を維持し、その存立を全うするとともに、国民の生命・身体・財産、そして、領土・領海・領空を守り抜くことである。これは、我が国が独立国家として第一義的に果たすべき責任であり、我が国が自らの主体的・自主的な努力によってかかる責任を果たしていくことが、我が国の安全保障の根幹である。我が国の防衛力は、これを最終的に担保するものであり、平和国家である我が国の揺るぎない意思と能力を明確に示すものである。そして、我が国の平和と安全が維持されることは、我が国の繁栄の不可欠の前提である。

　現在、我が国を取り巻く安全保障環境は、極めて速いスピードで変化している。国際社会のパワーバランスの変化は加速化・複雑化し、既存の秩序をめぐる不確実性は増大している。また、宇宙・サイバー・電磁波といった新たな領域の利用の急速な拡大は、陸・海・空という従来の物理的な領域における対応を重視してきたこれまでの国家の安全保障の在り方を根本から変えようとしている。

　我が国は、その中にあっても、平和国家としてより力強く歩んでいく。そのためには、激変する安全保障環境の中、我が国自身が、国民の生命・身体・財産、領土・領海・領空、そして、主権・独立は主体的・自主的な努力によって守る体制を抜本的に強化し、自らが果たし得る役割の拡大を図っていく必要がある。今や、どの国も一国では自国の安全を守ることはできない。日米同盟や各国との安全保障協力の強化は、我が国の安全保障にとって不可欠であり、我が国自身の努力なくしてこれを達成することはできない。国際社会もまた、我が国が国力にふさわしい役割を果たすことを期待している。

　今後の防衛力の強化に当たっては、以上のような安全保障の現実に正面から向

き合い、従来の延長線上ではない真に実効的な防衛力を構築するため、防衛力の質及び量を必要かつ十分に確保していく必要がある。特に、宇宙・サイバー・電磁波といった新たな領域については、我が国としての優位性を獲得することが死活的に重要となっており、陸・海・空という従来の区分に依拠した発想から完全に脱却し、全ての領域を横断的に連携させた新たな防衛力の構築に向け、従来とは抜本的に異なる速度で変革を図っていく必要がある。一方、急速な少子高齢化や厳しい財政状況を踏まえれば、過去にとらわれない徹底した合理化なくして、かかる防衛力の強化を実現することはできない。

　日米同盟は、我が国自身の防衛体制とあいまって、引き続き我が国の安全保障の基軸であり続ける。上述のとおり、我が国が独立国家としての第一義的な責任をしっかりと果たしていくことこそが、日米同盟の下での我が国の役割を十全に果たし、その抑止力と対処力を一層強化していく道であり、また、自由で開かれたインド太平洋というビジョンを踏まえ、安全保障協力を戦略的に進めていくための基盤である。

　このような考え方の下、「国家安全保障戦略について」（平成25年12月17日国家安全保障会議決定及び閣議決定。以下「国家安全保障戦略」という。）を踏まえ、我が国の未来の礎となる防衛の在るべき姿について、「平成31年度以降に係る防衛計画の大綱」として、新たな指針を示す。

Ⅱ　我が国を取り巻く安全保障環境

1．現在の安全保障環境の特徴

　　国際社会においては、国家間の相互依存関係が一層拡大・深化する一方、中国等の更なる国力の伸長等によるパワーバランスの変化が加速化・複雑化し、既存の秩序をめぐる不確実性が増している。こうした中、自らに有利な国際秩序・地域秩序の形成や影響力の拡大を目指した、政治・経済・軍事にわたる国家間の競争が顕在化している。

　　このような国家間の競争は、軍や法執行機関を用いて他国の主権を脅かすことや、ソーシャル・ネットワーク等を用いて他国の世論を操作することなど、多様な手段により、平素から恒常的に行われている。また、いわゆるグレーゾーンの事態は、国家間の競争の一環として長期にわたり継続する傾向にあり、今後、更に増加・拡大していく可能性がある。こうしたグレーゾーンの事態は、明確な兆候のないまま、より重大な事態へと急速に発展していくリスクをはらんでいる。さらに、いわゆる「ハイブリッド戦」のような、軍事と非軍事の境界を意図的に曖昧にした現状変更の手法は、相手方に軍事面にとどまらない複雑な対応を強いている。

　　また、情報通信等の分野における急速な技術革新に伴い、軍事技術の進展は目覚ましいものとなっている。こうした技術の進展を背景に、現在の戦闘様相は、陸・海・空のみならず、宇宙・サイバー・電磁波といった新たな領

域を組み合わせたものとなり、各国は、全般的な軍事能力の向上のため、新たな領域における能力を裏付ける技術の優位を追求している。宇宙領域やサイバー領域は、民生分野でも広範に活用されており、この安定的な利用が妨げられれば、国家・国民の安全に重大な影響が及ぶおそれがある。

軍事技術の進展により、現在では、様々な脅威が容易に国境を越えてくるものとなっている。さらに、各国は、ゲーム・チェンジャーとなり得る最先端技術を活用した兵器の開発に注力するとともに、人工知能（AI）を搭載した自律型の無人兵器システムの研究にも取り組んでいる。今後の更なる技術革新は、将来の戦闘様相を更に予見困難なものにするとみられる。

国際社会においては、一国のみでの対応が困難な安全保障上の課題が広範化・多様化している。宇宙領域やサイバー領域に関しては、国際的なルールや規範作りが安全保障上の課題となっている。海洋においては、既存の国際秩序とは相容れない独自の主張に基づいて自国の権利を一方的に主張し、又は行動する事例がみられ、公海における自由が不当に侵害される状況が生じている。また、核・生物・化学兵器等の大量破壊兵器や弾道ミサイルの拡散及び深刻化する国際テロは、引き続き、国際社会にとっての重大な課題である。

こうした中、我が国の周辺には、質・量に優れた軍事力を有する国家が集中し、軍事力の更なる強化や軍事活動の活発化の傾向が顕著となっている。

2．各国の動向

米国は、依然として世界最大の総合的な国力を有しているが、あらゆる分野における国家間の競争が顕在化する中で、世界的・地域的な秩序の修正を試みる中国やロシアとの戦略的競争が特に重要な課題であるとの認識を示している。

米国は、軍事力の再建のため、技術革新等による全ての領域における軍事的優位の維持、核抑止力の強化、ミサイル防衛能力の高度化等に取り組んでいる。また、同盟国やパートナー国に対しては、防衛のコミットメントを維持し、戦力の前方展開を継続するとともに、責任分担の増加を求めている。さらに、インド太平洋地域を優先地域と位置付け、同盟とパートナーシップを強化するとの方針を掲げている。

また、米国を始めとする北大西洋条約機構（NATO）加盟国は、力を背景とした現状変更や「ハイブリッド戦」に対応するため、戦略の再検討等を行うとともに、安全保障環境の変化等を踏まえ、国防費を増加させてきている。

中国は、今世紀中葉までに「世界一流の軍隊」を建設することを目標に、透明性を欠いたまま、高い水準で国防費を増加させ、核・ミサイル戦力や海上・航空戦力を中心に、軍事力の質・量を広範かつ急速に強化している。その際、指揮系統の混乱等を可能とするサイバー領域や電磁波領域における能力を急速に発展させるとともに、対衛星兵器の開発・実験を始めとする宇宙

　領域における能力強化も継続するなど、新たな領域における優勢の確保を重視している。また、ミサイル防衛を突破するための能力や揚陸能力の向上を図っている。このような軍事能力の強化は、周辺地域への他国の軍事力の接近・展開を阻止し、当該地域での軍事活動を阻害する軍事能力、いわゆる「接近阻止／領域拒否」（「A2／AD」）能力の強化や、より遠方での作戦遂行能力の構築につながるものである。これらに加え、国防・科学技術・工業の軍民融合政策を推進するとともに、軍事利用が可能とされる先端技術の開発・獲得に積極的に取り組んでいる。このほか、海上法執行機関と軍との間では連携が強化されている。

　中国は、既存の国際秩序とは相容れない独自の主張に基づき、力を背景とした一方的な現状変更を試みるとともに、東シナ海を始めとする海空域において、軍事活動を拡大・活発化させている。我が国固有の領土である尖閣諸島周辺においては、我が国の強い抗議にもかかわらず公船による断続的な領海侵入や海軍艦艇による恒常的な活動等を行っている。太平洋や日本海においても軍事活動を拡大・活発化させており、特に、太平洋への進出は近年高い頻度で行われ、その経路や部隊構成が多様化している。南シナ海においては、大規模かつ急速な埋立てを強行し、その軍事拠点化を進めるとともに、海空域における活動も拡大・活発化させている。

　こうした中国の軍事動向等については、国防政策や軍事力の不透明性とあいまって、我が国を含む地域と国際社会の安全保障上の強い懸念となっており、今後も強い関心を持って注視していく必要がある。中国には、地域や国際社会において、より協調的な形で積極的な役割を果たすことが強く期待される。

　北朝鮮は、近年、前例のない頻度で弾道ミサイルの発射を行い、同時発射能力や奇襲的な攻撃能力等を急速に強化してきた。また、核実験を通じた技術的成熟等を踏まえれば、弾道ミサイルに搭載するための核兵器の小型化・弾頭化を既に実現しているとみられる。北朝鮮は、朝鮮半島の完全な非核化に向けた意思を表明し、核実験場の爆破を公開する等の動きは見せたものの、全ての大量破壊兵器及びあらゆる弾道ミサイルの完全な、検証可能な、かつ、不可逆的な方法での廃棄は行っておらず、北朝鮮の核・ミサイル能力に本質的な変化は生じていない。

　また、北朝鮮は、非対称的な軍事能力として、サイバー領域について、大規模な部隊を保持するとともに、軍事機密情報の窃取や他国の重要インフラへの攻撃能力の開発を行っているとみられる。これらに加え、大規模な特殊部隊を保持している。

　このような北朝鮮の軍事動向は、我が国の安全に対する重大かつ差し迫った脅威であり、地域及び国際社会の平和と安全を著しく損なうものとなっている。国際社会も、国際連合安全保障理事会決議において、北朝鮮の核及び

弾道ミサイル関連活動が国際の平和及び安全に対する明白な脅威であるとの認識を明確にしている。

ロシアは、核戦力を中心に軍事力の近代化に向けた取組を継続することで軍事態勢の強化を図っており、ウクライナ情勢等をめぐり、欧米と激しく対立している。また、北極圏、欧州、米国周辺、中東に加え、北方領土を含む極東においても軍事活動を活発化させる傾向にあり、その動向を注視していく必要がある。

3. 我が国の特性

四面環海で長い海岸線を持つ我が国は、本土から離れた多くの島嶼及び広大な排他的経済水域を有しており、そこには守り抜くべき国民の生命・身体・財産、領土・領海・領空及び各種資源が広く存在している。また、海洋国家であり、資源や食料の多くを海外との貿易に依存する我が国にとって、法の支配、航行の自由等の基本的ルールに基づく、「開かれ安定した海洋」の秩序を強化し、海上交通及び航空交通の安全を確保することが、平和と繁栄の基礎である。

一方、我が国は、大きな被害を伴う自然災害が多発することに加え、都市部に産業・人口・情報基盤が集中するとともに、沿岸部に原子力発電所等の重要施設が多数存在している。

これらに加えて、我が国においては、人口減少と少子高齢化が経験をしたことのない速度で急速に進展しているとともに、厳しい財政状況が続いている。

4. まとめ

以上を踏まえると、今日の我が国を取り巻く安全保障環境については、冷戦期に懸念されていたような主要国間の大規模武力紛争の蓋然性は引き続き低いと考えられる一方、「平成26年度以降に係る防衛計画の大綱」(平成25年12月17日国家安全保障会議決定及び閣議決定。以下「前大綱」という。)を策定した際に想定したものよりも、格段に速いスピードで厳しさと不確実性を増している。

我が国に対する脅威が現実化し、国民の命と平和な暮らしを脅かすことを防ぐためには、この現実を踏まえた措置を講ずることが必要となっている。

Ⅲ 我が国の防衛の基本方針

我が国は、国家安全保障戦略を踏まえ、積極的平和主義の観点から、我が国自身の外交力、防衛力等を強化し、日米同盟を基軸として、各国との協力関係の拡大・深化を進めてきた。また、この際、日本国憲法の下、専守防衛に徹し、他国に脅威を与えるような軍事大国にならないとの基本方針に従い、文民統制を確保し、非核三原則を守ってきた。

今後とも、我が国は、こうした基本方針等の下で、平和国家としての歩みを決

して変えることはない。その上で、我が国は、これまでに直面したことのない安全保障環境の現実の中でも、国民の生命・身体・財産、領土・領海・領空及び主権・独立を守り抜くといった、国家安全保障戦略に示した国益を守っていかなければならない。このため、我が国の防衛について、その目標及びこれを達成するための手段を明示した上で、これまで以上に多様な取組を積極的かつ戦略的に推進していく。

　防衛の目標として、まず、平素から、我が国が持てる力を総合して、我が国にとって望ましい安全保障環境を創出する。また、我が国に侵害を加えることは容易ならざることであると相手に認識させ、脅威が及ぶことを抑止する。さらに、万が一、我が国に脅威が及ぶ場合には、確実に脅威に対処し、かつ、被害を最小化する。

　これらの防衛の目標を確実に達成するため、その手段である我が国自身の防衛体制、日米同盟及び安全保障協力をそれぞれ強化していく。これは、格段に変化の速度を増し、複雑化する安全保障環境に対応できるよう、宇宙・サイバー・電磁波といった新たな領域における優位性を早期に獲得することを含め、迅速かつ柔軟に行っていかなければならない。

　また、核兵器の脅威に対しては、核抑止力を中心とする米国の拡大抑止が不可欠であり、我が国は、その信頼性の維持・強化のために米国と緊密に協力していくとともに、総合ミサイル防空や国民保護を含む我が国自身による対処のための取組を強化する。同時に、長期的課題である核兵器のない世界の実現へ向けて、核軍縮・不拡散のための取組に積極的・能動的な役割を果たしていく。

１．我が国自身の防衛体制の強化

　(1) 総合的な防衛体制の構築

　　これまでに直面したことのない安全保障環境の現実に正面から向き合い、防衛の目標を確実に達成するため、あらゆる段階において、防衛省・自衛隊のみならず、政府一体となった取組及び地方公共団体、民間団体等との協力を可能とし、我が国が持てる力を総合する防衛体制を構築する。特に、宇宙、サイバー、電磁波、海洋、科学技術といった分野における取組及び協力を加速するほか、宇宙、サイバー等の分野の国際的な規範の形成に係る取組を推進する。

　　我が国が有するあらゆる政策手段を体系的に組み合わせること等を通じ、平素からの戦略的なコミュニケーションを含む取組を強化する。有事やグレーゾーンの事態等の各種事態に対しては、文民統制の下、これまでも態勢の強化に努めてきたが、今後、政治がより強力なリーダーシップを発揮し、迅速かつ的確に意思決定を行うことにより、政府一体となってシームレスに対応する必要があり、これを補佐する態勢も充実させる。また、国民の生命・身体・財産を守る観点から、各種災害への対応及び国民の保護のための体制を引き続き強化し、地方公共団体と連携して避難施設の確保に取り組むとともに、緊急事態における在外邦人等の迅速な退避及び安全の確保のために万

全の態勢を整える。さらに、電力、通信といった国民生活に重要なインフラや、サイバー空間を守るための施策を進める。

　以上の取組に加え、各種対応を的確に行うため、平素から、関連する計画等の体系化を図りつつ、それらの策定又は見直しを進めるとともに、シミュレーションや総合的な訓練・演習を拡充し、対処態勢の実効性を高める。

(2) 我が国の防衛力の強化

ア　防衛力の意義・必要性

　防衛力は、我が国の安全保障を確保するための最終的な担保であり、我が国に脅威が及ぶことを抑止するとともに、脅威が及ぶ場合にはこれを排除し、独立国家として国民の生命・身体・財産と我が国の領土・領海・領空を主体的・自主的な努力により守り抜くという、我が国の意思と能力を表すものである。

　同時に、防衛力は、平時から有事までのあらゆる段階で、日米同盟における我が国自身の役割を主体的に果たすために不可欠のものであり、我が国の安全保障を確保するために防衛力を強化することは、日米同盟を強化することにほかならない。また、防衛力は、諸外国との安全保障協力における我が国の取組を推進するためにも不可欠のものである。

　このように、防衛力は、これまでに直面したことのない安全保障環境の現実の下で、我が国が独立国家として存立を全うするための最も重要な力であり、主体的・自主的に強化していかなければならない。

イ　真に実効的な防衛力—多次元統合防衛力

　厳しさを増す安全保障環境の中で、軍事力の質・量に優れた脅威に対する実効的な抑止及び対処を可能とするためには、宇宙・サイバー・電磁波といった新たな領域と陸・海・空という従来の領域の組合せによる戦闘様相に適応することが死活的に重要になっている。

　このため、今後の防衛力については、個別の領域における能力の質及び量を強化しつつ、全ての領域における能力を有機的に融合し、その相乗効果により全体としての能力を増幅させる領域横断（クロス・ドメイン）作戦により、個別の領域における能力が劣勢である場合にもこれを克服し、我が国の防衛を全うできるものとすることが必要である。

　また、不確実性を増す安全保障環境の中で、我が国を確実に防衛するためには、平時から有事までのあらゆる段階における活動をシームレスに実施できることが重要である。これまでも、多様な活動を機動的・持続的に行い得る防衛力の構築に努めてきたが、近年では、平素からのプレゼンス維持、情報収集・警戒監視等の活動をより広範かつ高頻度に実施しなければならず、このため、人員、装備等に慢性的な負荷がかかり、部隊の練度や活動量を維持できなくなるおそれが生じている。

　このため、今後の防衛力については、各種活動の持続性・強靭性を支え

る能力の質及び量を強化しつつ、平素から、事態の特性に応じた柔軟かつ戦略的な活動を常時継続的に実施可能なものとすることが必要である。

さらに、我が国の防衛力は、日米同盟の抑止力及び対処力を強化するものであるとともに、多角的・多層的な安全保障協力を推進し得るものであることが必要である。

以上の観点から、今後、我が国は、統合運用による機動的・持続的な活動を行い得るものとするという、前大綱に基づく統合機動防衛力の方向性を深化させつつ、宇宙・サイバー・電磁波を含む全ての領域における能力を有機的に融合し、平時から有事までのあらゆる段階における柔軟かつ戦略的な活動の常時継続的な実施を可能とする、真に実効的な防衛力として、多次元統合防衛力を構築していく。

(3) 防衛力が果たすべき役割

我が国の防衛力は、我が国にとって望ましい安全保障環境を創出するとともに、脅威を抑止し、これに対処するため、以下の役割をシームレスかつ複合的に果たせるものでなければならない。特に、国民の命と平和な暮らしを守る観点から、平素から様々な役割を果たしていくことがこれまで以上に重要である。

ア 平時からグレーゾーンの事態への対応

積極的な共同訓練・演習や海外における寄港等を通じて平素からプレゼンスを高め、我が国の意思と能力を示すとともに、こうした自衛隊の部隊による活動を含む戦略的なコミュニケーションを外交と一体となって推進する。また、全ての領域における能力を活用して、我が国周辺において広域にわたり常時継続的な情報収集・警戒監視・偵察（ISR）活動（以下「常続監視」という。）を行うとともに、柔軟に選択される抑止措置等により事態の発生・深刻化を未然に防止する。これら各種活動による態勢も活用し、領空侵犯や領海侵入といった我が国の主権を侵害する行為に対し、警察機関等とも連携しつつ、即時に適切な措置を講じる。

弾道ミサイル等の飛来に対しては、常時持続的に我が国を防護し、万が一被害が発生した場合にはこれを局限する。

イ 島嶼部を含む我が国に対する攻撃への対応

島嶼部を含む我が国への攻撃に対しては、必要な部隊を迅速に機動・展開させ、海上優勢・航空優勢を確保しつつ、侵攻部隊の接近・上陸を阻止する。海上優勢・航空優勢の確保が困難な状況になった場合でも、侵攻部隊の脅威圏の外から、その接近・上陸を阻止する。万が一占拠された場合には、あらゆる措置を講じて奪回する。

ミサイル、航空機等の経空攻撃に対しては、最適の手段により、機動的かつ持続的に対応するとともに、被害を局限し、自衛隊の各種能力及び能力発揮の基盤を維持する。

ゲリラ・特殊部隊による攻撃に対しては、原子力発電所等の重要施設の

防護並びに侵入した部隊の捜索及び撃破を行う。

ウ　あらゆる段階における宇宙・サイバー・電磁波の領域での対応

　平素から、宇宙・サイバー・電磁波の領域において、自衛隊の活動を妨げる行為を未然に防止するために常時継続的に監視し、関連する情報の収集・分析を行う。かかる行為の発生時には、速やかに事象を特定し、被害の局限、被害復旧等を迅速に行う。

　我が国への攻撃に際しては、こうした対応に加え、宇宙・サイバー・電磁波の領域を活用して攻撃を阻止・排除する。

　また、社会全般が宇宙空間やサイバー空間への依存を高めていく傾向等を踏まえ、関係機関との適切な連携・役割分担の下、政府全体としての総合的な取組に寄与する。

エ　大規模災害等への対応

　大規模災害等の発生に際しては、国民の生命・身体・財産を守るため、所要の部隊を迅速に輸送・展開し、初動対応に万全を期するとともに、必要に応じ、対応態勢を長期間にわたり持続する。また、被災者や被災した地方公共団体のニーズに丁寧に対応するとともに、関係機関、地方公共団体及び民間部門と適切に連携・協力し、人命救助、応急復旧、生活支援等を行う。

オ　日米同盟に基づく米国との共同

　平時から有事までのあらゆる段階において「、日米防衛協力のための指針」を踏まえ、日米同盟における我が国自身の役割を主体的に果たすことにより、2で後述するような日米共同の活動を効果的に実施する。

カ　安全保障協力の推進

　地域の特性や相手国の実情を考慮した方針の下、共同訓練・演習、防衛装備・技術協力、能力構築支援、軍種間交流等を含む防衛協力・交流を戦略的に推進するなど、3で後述するような安全保障協力の強化のための取組を積極的に実施する。

2．日米同盟の強化

　日米安全保障条約に基づく日米安全保障体制は、我が国自身の防衛体制とあいまって、我が国の安全保障の基軸である。また、日米安全保障体制を中核とする日米同盟は、我が国のみならず、インド太平洋地域、さらには国際社会の平和と安定及び繁栄に大きな役割を果たしている。

　国家間の競争が顕在化する中、普遍的価値と戦略的利益を共有する米国との一層の関係強化は、我が国の安全保障にとってこれまで以上に重要となっている。また、米国も、同盟国との協力がより重要になっているとの認識を示している。

　日米同盟は、平和安全法制により新たに可能となった活動等を通じて、これまでも強化されてきたが、我が国を取り巻く安全保障環境が格段に速いスピードで厳しさと不確実性を増す中で、我が国の防衛の目標を達成するためには、

「日米防衛協力のための指針」の下で、一層の強化を図ることが必要である。

　日米同盟の一層の強化に当たっては、我が国が自らの防衛力を主体的・自主的に強化していくことが不可欠の前提であり、その上で、同盟の抑止力・対処力の強化、幅広い分野における協力の強化・拡大及び在日米軍駐留に関する施策の着実な実施のための取組を推進する必要がある。

(1) 日米同盟の抑止力及び対処力の強化

　平時から有事までのあらゆる段階や災害等の発生時において、日米両国間の情報共有を強化するとともに、全ての関係機関を含む両国間の実効的かつ円滑な調整を行い、我が国の平和と安全を確保するためのあらゆる措置を講ずる。

　このため、各種の運用協力及び政策調整を一層深化させる。特に、宇宙領域やサイバー領域等における協力、総合ミサイル防空、共同訓練・演習、共同のISR活動及び日米共同による柔軟に選択される抑止措置の拡大・深化、共同計画の策定・更新の推進、拡大抑止協議の深化等を図る。これらに加え、米軍の活動を支援するための後方支援や、米軍の艦艇、航空機等の防護といった取組を一層積極的に実施する。

(2) 幅広い分野における協力の強化・拡大

　自由で開かれた海洋秩序を維持・強化することを含め、望ましい安全保障環境を創出するため、インド太平洋地域における日米両国のプレゼンスを高めることも勘案しつつ、海洋分野等における能力構築支援、人道支援・災害救援、海賊対処等について、日米共同の活動を実施する。

　また、日米共同の活動に当たり、日米がその能力を十分に発揮するため、装備、技術、施設、情報協力・情報保全等に関し、協力を強化・拡大する。

　特に、日米共同の活動に資する装備品の共通化や各種ネットワークの共有を推進する。また、我が国周辺における米軍の持続的な活動を支援し、我が国装備品の高い可動率の確保にも資するため、米国製装備品の国内における整備能力を確保する。

　また、日米の能力を効率的に強化すべく、防衛力強化の優先分野に係る共通の理解を促進しつつ、有償援助（FMS）調達の合理化による米国の高性能の装備品の効率的な取得、日米共同研究・開発等を推進する。

　さらに、訓練施設や訓練区域を含む自衛隊施設及び米軍施設・区域について、共同使用に係る協力や、強靭性の向上のための取組を推進する。

(3) 在日米軍駐留に関する施策の着実な実施

　接受国支援を始めとする様々な施策を通じ、在日米軍の円滑かつ効果的な駐留を安定的に支えるとともに、在日米軍再編を着実に進め、米軍の抑止力を維持しつつ、地元の負担を軽減していく。

　特に、沖縄については、安全保障上極めて重要な位置にあり、米軍の駐留が日米同盟の抑止力に大きく寄与している一方、在日米軍施設・区域の多く

が集中していることを踏まえ、近年、米軍施設・区域の返還等の沖縄の負担軽減を一層推進してきているところであり、引き続き、普天間飛行場の移設を含む在沖縄米軍施設・区域の整理・統合・縮小、負担の分散等を着実に実施することにより、沖縄の負担軽減を図っていく。

3. 安全保障協力の強化

　自由で開かれたインド太平洋というビジョンを踏まえ、地域の特性や相手国の実情を考慮しつつ、多角的・多層的な安全保障協力を戦略的に推進する。その一環として、防衛力を積極的に活用し、共同訓練・演習、防衛装備・技術協力、能力構築支援、軍種間交流等を含む防衛協力・交流に取り組む。また、グローバルな安全保障上の課題への対応にも貢献する。こうした取組の実施に当たっては、外交政策との調整を十分に図るとともに、日米同盟を基軸として、普遍的価値や安全保障上の利益を 共有する国々との緊密な連携を図る。

(1) 防衛協力・交流の推進

　オーストラリアとの間では、相互運用性の更なる向上等のため、外務・防衛閣僚協議（「2＋2」）等の枠組みも活用しつつ、共同訓練・演習の拡充、防衛装備・技術協力を一層推進するとともに、地域の平和と安定のため、二国間で連携した能力構築支援等の協力を進める。また、普遍的価値と戦略的利益を共有する日米豪三国間の枠組みによる協力関係を一層強化する。

　インドとの間では、戦略的な連携を強化する観点から、「2＋2」等の枠組みも活用しつつ、海洋安全保障を始めとする幅広い分野において、共同訓練・演習や防衛装備・技術協力を中心とする協力を推進する。また、日米印三国間の連携を強化する。

　東南アジア諸国との間では、地域協力の要となる東南アジア諸国連合（ASEAN）の中心性・一体性の強化の動きを支援しつつ、共同訓練・演習、防衛装備・技術協力、能力構築支援等の具体的な二国間・多国間協力を推進する。

　韓国との間では、幅広い分野での防衛協力を進めるとともに、連携の基盤の確立に努める。また、地域における平和と安定を維持するため、日米韓三国間の連携を引き続き強化する。

　英国やフランスとの間では、インド太平洋地域における海洋秩序の安定等のため、「2＋2」等の枠組みも活用しつつ、より実践的な共同訓練・演習、防衛装備・技術協力、二国間で連携した第三国との協力等を推進する。欧州諸国並びにNATO及び欧州連合（EU）との協力を強化する。

　カナダ及びニュージーランドとの間では、共同訓練・演習、二国間 で連携した第三国との協力等を推進する。

　中国との間では、相互理解・信頼関係を増進するため、多層的な対話や交流を推進する。この際、中国がインド太平洋地域の平和と安定のために責任ある建設的な役割を果たし、国際的な行動規範を遵守するとともに、軍事力

　強化に係る透明性を向上するよう引き続き促していく。また、両国間における不測の事態を回避すべく、「日中防衛当局間の海空連絡メカニズム」を両国間の信頼関係の構築に資する形で運用していく。中国による我が国周辺海空域等における活動に対しては、冷静かつ毅然として対応する。

　ロシアについては、相互理解・信頼関係の増進のため、「2+2」を始めとする安全保障対話、ハイレベル交流及び幅広い部隊間交流を推進するとともに、共同訓練・演習を深化させる。

　太平洋島嶼国との間では、自衛隊の部隊による寄港・寄航を行うとともに、各自衛隊の能力・特性を活かした交流や協力を推進する。

　中央アジア・中東・アフリカ諸国との間では、協力関係の構築・強化を図るため、ハイレベルを含めた交流や国連平和維持活動に係る能力構築支援等の協力を推進する。

　また、多国間枠組みについては、インド太平洋地域の安全保障分野に係る議論や協力・交流の重要な基盤となっている東アジア首脳会議（EAS）、拡大ASEAN国防相会議（ADMMプラス）、ASEAN地域フォーラム（ARF）等を重視し、域内諸国間の協力・信頼関係の強化に貢献していく。

(2) グローバルな課題への対応

　海洋における航行・飛行の自由や安全を確保する観点から、インド、スリランカ等の南アジア諸国、東南アジア諸国といったインド太平洋地域の沿岸国自身の海洋安全保障に関する能力の向上に資する協力を推進する。また、共同訓練・演習や部隊間交流、これらに合わせた積極的な寄港等を推進するとともに、関係国と協力した海賊への対応や海洋状況把握（MDA）の能力強化に係る協力等の取組を行う。

　宇宙領域の利用については、関係国との協議や情報共有、多国間演習への積極的な参加等を通じ、宇宙状況監視（SSA）や宇宙システム全体の機能保証等を含めた様々な分野での連携・協力を推進する。また、サイバー領域の利用については、脅威認識の共有、サイバー攻撃対処に関する意見交換、多国間演習への参加等により、関係国との連携・協力を強化する。

　大量破壊兵器及びその運搬手段となり得るミサイルの拡散や武器及び軍事転用可能な貨物・機微技術の拡散については、関係国や国際機関等と協力しつつ、それらの不拡散のための取組を推進する。また、自衛隊が保有する知見・人材を活用しつつ、自律型致死兵器システム（LAWS）に関する議論を含む国際連合等による軍備管理・軍縮に係る諸活動に関与する。

　国際平和協力活動等については、平和安全法制も踏まえ、派遣の意義、派遣先国の情勢、我が国との政治・経済的関係等を総合的に勘案しながら、主体的に推進する。特に、これまでに蓄積した経験を活かし、人材育成等に取り組みつつ、現地ミッション司令部要員等の派遣や我が国が得意とする分野における能力構築支援等の活動を通じ積極的に貢献する。なお、ジブチ共和

国において海賊対処のために運営している自衛隊の活動拠点について、地域における安全保障協力等のための長期的・安定的な活用に向け取り組む。

Ⅳ 防衛力強化に当たっての優先事項

1．基本的考え方

防衛力の強化は、格段に速度を増す安全保障環境の変化に対応するために、従来とは抜本的に異なる速度で行わなければならない。また、人口減少と少子高齢化の急速な進展や厳しい財政状況を踏まえれば、予算・人員をこれまで以上に効率的に活用することが必要不可欠である。

このため、防衛力の強化に当たっては、特に優先すべき事項について、可能な限り早期に強化することとし、既存の予算・人員の配分に固執することなく、資源を柔軟かつ重点的に配分するほか、所要の抜本的な改革を行う。

この際、あらゆる分野での陸海空自衛隊の統合を一層推進し、縦割りに陥ることなく、組織及び装備を最適化する。特に、宇宙・サイバー・電磁波といった新たな領域における能力、総合ミサイル防空、被害復旧、輸送、整備、補給、警備、教育、衛生、研究等の幅広い分野において統合を推進する。

一方、主に冷戦期に想定されていた大規模な陸上兵力を動員した着上陸侵攻のような侵略事態への備えについては、将来における情勢の変化に対応するための最小限の専門的知見や技能の維持・継承に必要な範囲に限り保持することとし、より徹底した効率化・合理化を図る。

2．領域横断作戦に必要な能力の強化における優先事項

(1) 宇宙・サイバー・電磁波の領域における能力の獲得・強化

領域横断作戦を実現するため、優先的な資源配分や我が国の優れた科学技術の活用により、宇宙・サイバー・電磁波といった新たな領域における能力を獲得・強化する。この際、新たな領域を含む全ての領域における能力を効果的に連接する指揮統制・情報通信能力の強化・防護を図る。

ア 宇宙領域における能力

情報収集、通信、測位等のための人工衛星の活用は領域横断作戦の実現に不可欠である一方、宇宙空間の安定的利用に対する脅威は増大している。

このため、宇宙領域を活用した情報収集、通信、測位等の各種能力を一層向上させるとともに、宇宙空間の状況を地上及び宇宙空間から常時継続的に監視する体制を構築する。また、機能保証のための能力や相手方の指揮統制・情報通信を妨げる能力を含め、平時から有事までのあらゆる段階において宇宙利用の優位を確保するための能力の強化に取り組む。

その際、民生技術を積極的に活用するとともに、宇宙航空研究開発機構（JAXA）等の関係機関や米国等の関係国との連携強化を図る。また、宇宙領域を専門とする部隊や職種の新設等の体制構築を行うとともに、宇宙分野での人材育成と知見の蓄積を進める。

イ　サイバー領域における能力

　サイバー領域を活用した情報通信ネットワークは、様々な領域における自衛隊の活動の基盤であり、これに対する攻撃は、自衛隊の組織的な活動に重大な障害を生じさせるため、こうした攻撃を未然に防止するための自衛隊の指揮通信システムやネットワークに係る常時継続的な監視能力や被害の局限、被害復旧等の必要な措置を迅速に行う能力を引き続き強化する。また、有事において、我が国への攻撃に際して当該攻撃に用いられる相手方によるサイバー空間の利用を妨げる能力等、サイバー防衛能力の抜本的強化を図る。

　その際、専門的な知識・技術を持つ人材を大幅に増強するとともに、政府全体の取組への寄与にも留意する。

ウ　電磁波領域における能力

　電磁波は、活用範囲や用途の拡大により、現在の戦闘様相における攻防の最前線として、主要な領域の一つと認識されるようになってきている。電磁波領域の優越を確保することも、領域横断作戦の実現のために不可欠である。

　このため、情報通信能力の強化、電磁波に関する情報収集・分析能力の強化及び情報共有態勢の構築を推進するとともに、相手からの電磁波領域における妨害等に際して、その効果を局限する能力等を向上させる。また、我が国に対する侵攻を企図する相手方のレーダーや通信等を無力化するための能力を強化する。こうした各種活動を円滑に行うため、電磁波の利用を適切に管理・調整する機能を強化する。

(2) 従来の領域における能力の強化

　領域横断作戦の中で、宇宙・サイバー・電磁波の領域における能力と一体となって、航空機、艦艇、ミサイル等による攻撃に効果的に対処するための能力を強化する。

ア　海空領域における能力

　我が国への攻撃に実効的に対応するため、海上優勢・航空優勢を獲得・維持することが極めて重要である。

　このため、我が国周辺海空域における常続監視を広域にわたって実施する態勢を強化する。

　また、無人水中航走体（UUV）を含む水中・水上における対処能力を強化する。

　さらに、柔軟な運用が可能な短距離離陸・垂直着陸（STOVL）機を含む戦闘機体系の構築等により、特に、広大な空域を有する一方で飛行場が少ない我が国太平洋側を始め、空における対処能力を強化する。その際、戦闘機の離発着が可能な飛行場が限られる中、自衛隊員の安全を確保しつつ、戦闘機の運用の柔軟性を更に向上させるため、必要な場合には現有の

艦艇からのSTOVL機の運用を可能とするよう、必要な措置を講ずる。

イ　スタンド・オフ防衛能力

　　各国の早期警戒管制能力や各種ミサイルの性能が著しく向上していく中、自衛隊員の安全を確保しつつ、我が国への攻撃を効果的に阻止する必要がある。

　　このため、島嶼部を含む我が国への侵攻を試みる艦艇や上陸部隊等に対して、脅威圏の外からの対処を行うためのスタンド・オフ火力等の必要な能力を獲得するとともに、軍事技術の進展等に適切に対応できるよう、関連する技術の総合的な研究開発を含め、迅速かつ柔軟に強化する。

ウ　総合ミサイル防空能力

　　弾道ミサイル、巡航ミサイル、航空機等の多様化・複雑化する経空脅威に対し、最適な手段による効果的・効率的な対処を行い、被害を局限する必要がある。

　　このため、ミサイル防衛に係る各種装備品に加え、従来、各自衛隊で個別に運用してきた防空のための各種装備品も併せ、一体的に運用する体制を確立し、平素から常時持続的に我が国全土を防護するとともに、多数の複合的な経空脅威にも同時対処できる能力を強化する。将来的な経空脅威への対処の在り方についても検討を行う。

　　また、日米間の基本的な役割分担を踏まえ、日米同盟全体の抑止力の強化のため、ミサイル発射手段等に対する我が国の対応能力の在り方についても引き続き検討の上、必要な措置を講ずる。

エ　機動・展開能力

　　島嶼部への攻撃を始めとする各種事態に実効的に対応するためには、適切な地域で所要の部隊が平素から常時継続的に活動するとともに、状況に応じた機動・展開を行うことが必要である。

　　このため、水陸両用作戦能力等を強化する。また、迅速かつ大規模な輸送のため、島嶼部の特性に応じた基幹輸送及び端末輸送の能力を含む統合輸送能力を強化するとともに、平素から民間輸送力との連携を図る。

(3) 持続性・強靱性の強化

　　平時から有事までのあらゆる段階において、必要とされる各種活動を継続的に実施できるよう、後方分野も含めた防衛力の持続性・強靱性を強化することが必要である。

　　このため、弾薬、燃料等の確保、海上輸送路の確保、重要インフラの防護等に必要な措置を推進する。特に、関係省庁等とも連携を図りつつ、弾薬、燃料等の安全かつ着実な整備・備蓄等により持続性を向上させる。また、自衛隊の運用に係る基盤等の分散、復旧、代替等により、多層的に強靱性を向上させる。さらに、従来の維持整備方法の見直し等により、より効果的・効率的な維持整備を図り、装備品の高い可動率を確保する。

3．防衛力の中心的な構成要素の強化における優先事項
　(1) 人的基盤の強化

　　　防衛力の中核は自衛隊員であり、自衛隊員の人材確保と能力・士気の向上は防衛力の強化に不可欠である。これらは人口減少と少子高齢化の急速な進展によって喫緊の課題となっており、防衛力の持続性・強靱性の観点からも、自衛隊員を支える人的基盤の強化をこれまで以上に推進していく必要がある。

　　　このため、地方公共団体等との連携を含む募集施策の推進、大卒者等を含む採用層の拡大や女性の活躍推進のための取組、自衛官の定年年齢の適切な引上げや退職自衛官の活用、予備自衛官等の活用や充足向上のための取組といった、より幅広い層から多様かつ優秀な人材を確保するための制度面を含む取組に加え、人工知能等の技術革新の成果を活用した無人化・省人化を推進する。

　　　また、全ての自衛隊員が高い士気を維持し自らの能力を十分に発揮し続けられるよう、生活・勤務環境の改善を図るとともに、ワークライフバランスの確保のため、防衛省・自衛隊における働き方改革を推進する。

　　　さらに、統合教育・研究の強化等、自衛隊の能力及びその一体性を高めるための教育・研究の充実を促進するほか、防衛省・自衛隊の組織マネジメント能力に関する教育の強化を図る。これらに加え、栄典・礼遇に関する施策の推進、任務の特殊性等を踏まえた給与面の改善といった処遇の向上や、若年定年退職制度の下にある自衛官の生活基盤の確保が国の責務であることを踏まえた再就職支援の一層の充実を図る。

　(2) 装備体系の見直し

　　　現有の装備体系を統合運用の観点も踏まえて検証し、合理的な装備体系を構築する。その際、各自衛隊の運用に必要な能力等を踏まえつつ、装備品のファミリー化、装備品の仕様の最適化・共通化、各自衛隊が共通して保有する装備品の共同調達等を行うとともに、航空機等の種類の削減、重要度の低下した装備品の運用停止、費用対効果の低いプロジェクトの見直しや中止等を行う。

　(3) 技術基盤の強化

　　　軍事技術の進展を背景に戦闘様相が大きく変化する中、我が国の優れた科学技術を活かし、政府全体として、防衛装備につながる技術基盤を強化することがこれまで以上に重要となっている。

　　　このため、新たな領域に関する技術や、人工知能等のゲーム・チェンジャーとなり得る最先端技術を始めとする重要技術に対して選択と集中による重点的な投資を行うとともに、研究開発のプロセスの合理化等により研究開発期間の大幅な短縮を図る。この際、企画提案方式の積極的な活用や、今後の我が国の防衛に必要な能力に関する研究開発ビジョンの策定等による予見可能性の向上により、企業の先行投資の促進を図るとともに、その力を最大限に

引き出す。

さらに、国内外の関係機関との技術交流や関係府省との連携の強化、安全保障技術研究推進制度の活用等を通じ、防衛にも応用可能な先進的な民生技術の積極的な活用に努める。

国内外の先端技術動向について調査・分析等を行うシンクタンクの活用や創設等により、革新的・萌芽的な技術の早期発掘やその育成に向けた体制を強化する。

(4) 装備調達の最適化

自衛隊の装備品の質及び量を必要かつ十分に確保するためには、高性能の装備品を可能な限り安価に取得する必要があり、予算の計上のみならず執行に際しても、徹底したコスト管理・抑制を行う必要がある。

このため、長期契約を含め、装備品の効率的な調達に資する計画的な取得方法の活用や維持整備の効率化を推進する。また、国内外の企業間競争の促進を図るとともに、国際共同開発・生産や海外移転も念頭に置いた装備品の開発等を推進する。さらに、米国の高性能な装備品を効率的に調達するため、FMS調達の合理化を推進するとともに、米軍等との調達時期・仕様の整合に努める。これらに際しては、ライフサイクル全体を通じたプロジェクト管理の取組を更に強化する。

(5) 産業基盤の強靱化

我が国の防衛産業は、装備品の生産・運用・維持整備に必要不可欠の基盤である。高性能な装備品の生産と高い可動率を確保するため、少量多種生産による高コスト化、国際競争力の不足等の課題を克服し、変化する安全保障環境に的確に対応できるよう、産業基盤を強靱化する必要がある。

このため、装備体系、技術基盤及び装備調達に係る各種施策に加え、企業へのインセンティブの付与も含め、企業間の競争環境の創出に向けた契約制度の見直しを行う。また、装備品のサプライチェーンのリスク管理を強化するとともに、輸入装備品等の維持整備等に我が国の防衛産業が更に参画できるよう努める。さらに、我が国の安全保障に資する場合等に装備移転を認め得るとする防衛装備移転三原則の下、装備品の適切な海外移転を政府一体となって推進するため、必要な運用改善に努める。同時に、装備品に係る重要技術の流出を防ぐため、知的財産管理、技術管理及び情報保全の強化を進める。以上の各種施策を通じて、コストダウンと企業競争力の向上を図ることにより、強靱な産業基盤の構築を目指すとともに、そのための更なる方策についても検討していく。

(6) 情報機能の強化

政策判断や部隊運用に資する情報支援を適時・適切に実施するため、情報機能を強化する。特に、各種事態等の兆候を早期に察知し迅速に対応するとともに、中長期的な軍事動向等を踏まえた各種対応を行うため、情報の収集・

処理、分析・共有、保全の各段階における機能を強化する。

その際、情報処理分野における技術動向にも留意しつつ、新たな領域に係るものも含め、電波情報、画像情報、人的情報、公開情報等に関する収集能力・態勢を強化するとともに、情報収集衛星を運用する内閣衛星情報センター等の国内の関係機関や同盟国等との連携を強化する。また、情報収集・分析要員の確保・育成や、情報共有のためのシステムの整備・連接等を進める。さらに、より強固な情報保全体制を確立するとともに、カウンターインテリジェンスに係る機能を強化する。

Ⅴ　自衛隊の体制等

宇宙・サイバー・電磁波といった新たな領域を含め、領域横断作戦を実現するため、1のとおり統合運用を強化するとともに、各自衛隊の体制を2から4までのとおり整備することとする。また、将来の主要な編成、装備等の具体的規模については、別表のとおりとする。

1．領域横断作戦の実現のための統合運用

(1) あらゆる分野で陸海空自衛隊の統合を一層推進するため、自衛隊全体の効果的な能力発揮を迅速に実現し得る効率的な部隊運用態勢や新たな領域に係る態勢を統合幕僚監部において強化するとともに、将来的な統合運用の在り方について検討する。また、各自衛隊間の相互協力の観点を踏まえた警備及び被害復旧に係る態勢を構築するなど、各自衛隊の要員の柔軟な活用を図る。

(2) 宇宙空間の状況を常時継続的に監視するとともに、機能保証や相手方の指揮統制・情報通信を妨げることを含め、平時から有事までのあらゆる段階において宇宙利用の優位を確保し得るよう、航空自衛隊において宇宙領域専門部隊を保持するとともに、統合運用に係る態勢を強化する。

(3) 自衛隊の情報通信ネットワークを常時継続的に監視するとともに、我が国への攻撃に際して当該攻撃に用いられる相手方によるサイバー空間の利用を妨げる能力等、サイバー防衛能力を抜本的に強化し得るよう、共同の部隊としてサイバー防衛部隊を保持する。

(4) 電磁波の利用を統合運用の観点から適切に管理・調整し得るよう、統合幕僚監部における態勢を強化する。また、電磁波領域に係る情報収集・分析や、侵攻を企図する相手方のレーダーや通信等の無力化を行い得るよう、各自衛隊における態勢を強化する。

(5) 平素から常時持続的に我が国全土を防護するとともに、多数の複合的な経空脅威に同時対処し得るよう、陸上自衛隊において地対空誘導弾部隊及び弾道ミサイル防衛部隊、海上自衛隊においてイージス・システム搭載護衛艦、航空自衛隊において地対空誘導弾部隊を保持し、これらを含む総合ミサイル防空能力を構築する。

(6) 平時から有事までのあらゆる段階において、統合運用の下、自衛隊の部隊等の迅速な機動・展開を行い得るよう、共同の部隊として海上輸送部隊を保持する。

2．陸上自衛隊の体制

(1) 各種事態に即応し得るよう、高い機動力や警戒監視能力を備え、機動運用を基本とする作戦基本部隊（機動師団、機動旅団及び機甲師団）のほか、サイバー領域や電磁波領域における各種作戦、空挺、水陸両用作戦、特殊作戦、航空輸送、特殊武器防護、各国等との安全保障協力等を有効に実施し得るよう、専門的機能を備えた部隊を、機動運用部隊として保持する。

この際、良好な訓練環境を踏まえ、統合輸送能力により迅速に展開・移動させることを前提として、高い練度を維持した機動運用を基本とする作戦基本部隊の半数を北海道に保持する。

また、水陸機動団等の機動運用部隊による艦艇と連携した活動や各種の訓練・演習といった平素からの常時継続的な機動、自衛隊配備の空白地域となっている島嶼部への部隊配備、海上自衛隊及び航空自衛隊とのネットワーク化の確立等により、抑止力・対処力の強化を図る。

(2) 島嶼部等に対する侵攻に対処し得るよう、地対艦誘導弾部隊及び島嶼防衛用高速滑空弾部隊を保持する。

(3) (1) に示す機動運用を基本とする部隊以外の作戦基本部隊（師団・旅団）について、戦車及び火砲を中心として部隊の編成・装備を見直すほか、各方面隊直轄部隊についても航空火力に係る部隊の編成・装備を見直し、効率化・合理化を徹底した上で、地域の特性に応じて適切に配置する。

3．海上自衛隊の体制

(1) 常続監視や対潜戦・対機雷戦等の各種作戦の効果的な遂行による周辺海域の防衛や海上交通の安全確保、各国等との安全保障協力等を機動的に実施し得るよう、多様な任務への対応能力を向上させた護衛艦等を含む増強された護衛艦部隊、掃海艦艇部隊及び艦載回転翼哨戒機部隊を保持し、これら護衛艦部隊及び掃海艦艇部隊から構成される水上艦艇部隊を編成する。また、我が国周辺海域における平素からの警戒監視を強化し得るよう、哨戒艦部隊を保持する。

その際、多様な任務への対応能力を向上させた護衛艦について、複数クルーでの交替勤務の導入や、警戒監視能力に優れた哨戒艦との連携により、常続監視のための態勢を強化する。

(2) 水中における情報収集・警戒監視を平素から我が国周辺海域で広域にわたり実施するとともに、周辺海域の哨戒及び防衛を有効に行い得るよう、増強された潜水艦部隊を保持する。

その際、試験潜水艦の導入により、潜水艦部隊の運用効率化と能力向上の加速を図り、常続監視のための態勢を強化する。

(3) 洋上における情報収集・警戒監視を平素から我が国周辺海域で広域にわたり実施するとともに、周辺海域の哨戒及び防衛を有効に行い得るよう、固定翼哨戒機部隊を保持する。

4．航空自衛隊の体制

(1) 太平洋側の広大な空域を含む我が国周辺空域の常時継続的な警戒監視等を行い得る警戒管制部隊のほか、グレーゾーンの事態等の情勢緊迫時において、長期間にわたり空中における警戒監視・管制を有効に行い得る増強された警戒航空部隊からなる航空警戒管制部隊を保持する。

(2) 太平洋側の広大な空域を含む我が国周辺空域において、戦闘機とその支援機能が一体となって我が国の防空等を総合的な態勢で行い得るよう、能力の高い戦闘機で増強された戦闘機部隊を保持する。また、戦闘機部隊、警戒航空部隊等が各種作戦を広域かつ持続的に遂行し得るよう、増強された空中給油・輸送部隊を保持する。

(3) 陸上部隊等の機動・展開、各国等との安全保障協力等を効果的に実施し得るよう、航空輸送部隊を保持する。

(4) 我が国から比較的離れた地域での情報収集や事態が緊迫した際の空中での常時継続的な監視を実施し得るよう、無人機部隊を保持する。

VI 防衛力を支える要素

防衛力がその真価を発揮するためには、平素から絶えずその能力を維持・向上させるとともに、国民の幅広い理解を得ることが必要である。

1．訓練・演習

自衛隊の戦術技量の維持・向上のため、必要に応じて、関係機関、地方公共団体や民間部門とも連携しながら、より実践的で効果的かつ計画的な訓練・演習を実施する。その際、より実践的に訓練を行うため、北海道を始めとした国内の演習場等や国外の良好な訓練環境の整備・活用に加え、米軍施設・区域の共同使用、自衛隊施設や米軍施設・区域以外の場所の利用等を促進するとともに、シミュレーター等をより積極的に導入する。さらに、事態に対処するための各種計画を不断に検証し、見直すため、訓練・演習を積極的に活用する。

2．衛生

自衛隊員の壮健性を維持するとともに、各種事態への対処や国内外における多様な任務に対応し得るよう、衛生機能を強化する必要がある。このため、隊員の生命を最大限守れるよう、第一線から最終後送先までのシームレスな医療・後送態勢を強化する。その際、地域の特性を踏まえつつ、南西地域における自衛隊の衛生機能の強化を重視する。また、自衛隊病院の拠点化・高機能化等により、効率的で質の高い医療体制を確立する。さらに、自衛隊の部隊の衛生に係る人材確保のため、防衛医科大学校の運営改善を始めとする取組や、戦傷医療対処能力の向上を含む教育・研究を充実・強化する。このほか、能力構築支

援を含む様々な国際協力に必要な態勢の整備を推進する。

3．地域コミュニティーとの連携

　一層厳しさと不確実性を増す安全保障環境の下、自衛隊及び在日米軍の活動及び訓練・演習の多様化、装備品の高度化等が進んでおり、防衛施設周辺の地方公共団体や地元住民の理解及び協力を得ることはこれまで以上に重要となっている。

　このため、地方公共団体や地元住民に対し、平素から防衛省・自衛隊の政策や活動に関する積極的な広報を行うとともに、自衛隊及び在日米軍の部隊や装備品の配備、訓練・演習等の実施に当たっては、地元に対する説明責任を十分に果たしながら、地元の要望や情勢に応じたきめ細かな調整を実施する。同時に、騒音等への対策を含む防衛施設周辺対策事業を引き続き推進する。

　また、各種事態において自衛隊が迅速かつ確実に活動を行うため、地方公共団体、警察・消防機関といった関係機関との連携を一層強化する。

　地方によっては、自衛隊の部隊の存在が地域コミュニティーの維持・活性化に大きく貢献し、あるいは、自衛隊による急患輸送が地域医療を支えている場合等が存在することを踏まえ、部隊の改編や駐屯地・基地等の配置に当たっては、地方公共団体や地元住民の理解を得られるよう、地域の特性に配慮する。同時に、駐屯地・基地等の運営に当たっては、地元経済への寄与に配慮する。

4．知的基盤

　安全保障・危機管理に対する国民の理解を促進するため、教育機関等における安全保障教育の推進に取り組む。また、防衛省・自衛隊において、防衛研究所による研究と政策支援を高い水準で両立させるため、政策部門との間の連携を促進するとともに、防衛研究所を中心とする研究体制を一層強化する。その際、政府内の他の研究教育機関や国内外における優れた大学、シンクタンク等との教育・研究に係る組織的な連携を推進する。

Ⅶ　留意事項

1．本大綱に定める防衛力の在り方は、おおむね10年程度の期間を念頭に置いたものであり、各種施策・計画の実施過程を通じ、国家安全保障会議において定期的に体系的な評価を行う。また、安全保障環境の変化を見据え、真に実効的な防衛力を構築していくため、今後の我が国の防衛に必要な能力に関する検証を実施する。

2．評価・検証の中で、情勢に重要な変化が見込まれる場合には、その時点における安全保障環境等を勘案して検討を行い、所要の修正を行う。

3．格段に厳しさを増す財政事情と国民生活に関わる他の予算の重要性等を勘案し、防衛力整備の一層の効率化・合理化を図り、経費の抑制に努めるとともに、国の他の諸施策との調和を図りつつ、防衛力全体として円滑に十全な機能を果たし得るようにする。

共同の部隊		サイバー防衛部隊 海上輸送部隊	1個防衛隊 1個輸送群
陸上自衛隊		編成定数 　常備自衛官定員 　即応予備自衛官員数	15万9千人 15万1千人 8千人
	基幹部隊	機動運用部隊	3個機動師団 4個機動旅団 1個機甲師団 1個空挺団 1個水陸機動団 1個ヘリコプター団
		地域配備部隊	5個師団 2個旅団
		地対艦誘導弾部隊	5個地対艦ミサイル連隊
		島嶼防衛用高速滑空弾部隊	2個高速滑空弾大隊
		地対空誘導弾部隊	7個高射特科群／連隊
		弾道ミサイル防衛部隊	2個弾道ミサイル防衛隊
海上自衛隊	基幹部隊	水上艦艇部隊 　うち護衛艦部隊 　護衛艦・掃海艦艇部隊 潜水艦部隊 哨戒機部隊	 4個群（8個隊） 2個群（13個隊） 6個潜水隊 9個航空隊
	主要装備	護衛艦 （イージス・システム搭載護衛艦） 潜水艦 哨戒艦 作戦用航空機	54隻 （8隻） 22隻 12隻 約190機
航空自衛隊	基幹部隊	航空警戒管制部隊 戦闘機部隊 空中給油・輸送部隊 航空輸送部隊 地対空誘導弾部隊 宇宙領域作戦部隊 無人機部隊	28個警戒隊 1個警戒航空団（3個飛行隊） 13個飛行隊 2個飛行隊 3個飛行隊 4個高射群（24個高射隊） 1個隊 1個飛行隊
	主要装備	作戦用航空機 　うち戦闘機	約370機 約290機

注1：戦車及び火砲の現状（平成30年度末定数）の規模はそれぞれ約600両、約500両／門であるが、将来の規模はそれぞれ約300両、約300両／門とする。

注2：上記の戦闘機部隊13個飛行隊は、STOVL機で構成される戦闘機部隊を含むものとする。

8. 中期防衛力整備計画（平成31年度～平成35年度）

中期防衛力整備計画（平成31年度～平成35年度）について

$$\left\{\begin{array}{l}\text{平 成 30 年 12 月 18 日}\\\text{国家安全保障会議決定}\\\text{閣 議 決 定}\end{array}\right\}$$

　平成31年度から平成35年度までを対象とする中期防衛力整備計画について、「平成31年度以降に係る防衛計画の大綱について」（平成30年12月18日国家安全保障会議決定及び閣議決定）に従い、別紙のとおり定める。

（別紙）

中期防衛力整備計画（平成31年度～平成35年度）

I　計画の方針

　平成31年度から平成35年度（2023年度）までの防衛力整備に当たっては、「平成31年度以降に係る防衛計画の大綱について」（平成30年12月18日国家安全保障会議決定及び閣議決定）に従い、統合運用による機動的・持続的な活動を行い得るものとするという、「平成26年度以降に係る防衛計画の大綱について」（平成25年12月17日国家安全保障会議及び閣議決定）に基づく統合機動防衛力の方向性を深化させつつ、宇宙・サイバー・電磁波を含む全ての領域における能力を有機的に融合し、平時から有事までのあらゆる段階における柔軟かつ戦略的な活動の常時継続的な実施を可能とする、真に実効的な防衛力として、多次元統合防衛力の構築に向け、防衛力の大幅な強化を行う。

　この際、格段に速度を増す安全保障環境の変化に対応するため、従来とは抜本的に異なる速度で防衛力を強化する。また、人口減少と少子高齢化の急速な進展や厳しい財政状況を踏まえ、既存の予算・人員の配分に固執することなく、資源を柔軟かつ重点的に配分し、効果的に防衛力を強化する。さらに、あらゆる分野での陸海空自衛隊の統合を一層推進し、縦割りに陥ることなく、組織及び装備を最適化する。

　以上を踏まえ、以下を計画の基本として、防衛力の整備、維持及び運用を効果的かつ効率的に行うこととする。

1.　領域横断作戦を実現するため、優先的な資源配分や我が国の優れた科学技術の活用により、宇宙・サイバー・電磁波といった新たな領域における能力を獲得・強化するとともに、新たな領域を含む全ての領域における能力を効果的に連接する指揮統制・情報通信能力の強化・防護を図る。また、領域横断作戦の中で、宇宙・サイバー・電磁波の領域における能力と一体となって、航空機、艦艇、ミサイル等による攻撃に効果的に対処するため、海空領域における能力、スタンド・オフ防衛能力、総合ミサイル防空能力、機動・展開能力を強化する。さらに、平時から有事までのあらゆる段階において、必要とされる各種活動を継

続的に実施できるよう、後方分野も含めた防衛力の持続性・強靭性を強化する。

2．装備品の取得に当たっては、能力の高い新たな装備品の導入と既存の装備品の延命や能力向上等を適切に組み合わせることにより、必要かつ十分な「質」及び「量」の防衛力を効率的に確保する。その際、研究開発を含む装備品のライフサイクルを通じたプロジェクト管理の強化等によるライフサイクルコストの削減に努め、費用対効果の向上を図る。また、最先端技術等に対して選択と集中による重点的な投資を行うとともに、研究開発のプロセスの合理化等により研究開発期間を大幅に短縮する。

3．人口減少と少子高齢化が急速に進展する中、自衛隊の精強性を確保し、防衛力の中核をなす自衛隊員の人材確保と能力・士気の向上を図る観点から、採用層の拡大や女性の活躍推進、予備自衛官等の活用を含む多様かつ優秀な人材の確保、生活・勤務環境の改善、働き方改革の推進、処遇の向上等、人的基盤の強化に関する各種施策を総合的に推進する。

4．米国の我が国及びインド太平洋地域に対するコミットメントを維持・強化し、我が国の安全を確保するため、我が国自身の能力を強化することを前提として、「日米防衛協力のための指針」の下、幅広い分野における各種の協力や協議を一層充実させるとともに、在日米軍の駐留をより円滑かつ効果的にするための取組等を積極的に推進する。

　　　自由で開かれたインド太平洋というビジョンを踏まえ、多角的・多層的な安全保障協力を戦略的に推進するため、防衛力を積極的に活用し、共同訓練・演習、防衛装備・技術協力、能力構築支援、軍種間交流を含む防衛協力・交流のための取組等を推進する。

5．なお、主に冷戦期に想定されていた大規模な陸上兵力を動員した着上陸侵攻のような侵略事態への備えについては、徹底した効率化・合理化により、将来における情勢の変化に対応するための最小限の専門的知見や技能の維持・継承に必要な範囲に限り保持する。

6．格段に厳しさを増す財政事情と国民生活に関わる他の予算の重要性等を勘案し、我が国の他の諸施策との調和を図りつつ、一層の効率化・合理化を徹底した防衛力整備に努める。

Ⅱ　基幹部隊の見直し等

1．宇宙・サイバー・電磁波といった新たな領域を含め、領域横断作戦を実現できる体制を構築し得るよう、統合幕僚監部において、自衛隊全体の効果的な能力発揮を迅速に実現し得る効率的な部隊運用態勢や新たな領域に係る態勢を強化するほか、将来的な統合運用の在り方として、新たな領域に係る機能を一元的に運用する組織等の統合運用の在り方について検討の上、必要な措置を講ずるとともに、強化された統合幕僚監部の態勢を踏まえつつ、大臣の指揮命令を適切に執行するための平素からの統合的な体制の在り方について検討の上、結

論を得る。また、各自衛隊間の相互協力の観点を踏まえた警備及び被害復旧に係る態勢を構築するなど、各自衛隊の要員の柔軟な活用を図る。

宇宙空間の状況を常時継続的に監視するとともに、平時から有事までのあらゆる段階において宇宙利用の優位を確保し得るよう、航空自衛隊において宇宙領域専門部隊1個隊を新編する。

自衛隊の情報通信ネットワークを常時継続的に監視するとともに、我が国への攻撃に際して当該攻撃に用いられる相手方によるサイバー空間の利用を妨げる能力等、サイバー防衛能力を抜本的に強化し得るよう、共同の部隊としてサイバー防衛部隊1個隊を新編する。

電磁波の利用を統合運用の観点から適切に管理・調整し得るよう、統合幕僚監部における態勢を強化するとともに、各自衛隊において、電磁波利用に関する能力強化のための取組を推進する。

平素から常時持続的に我が国全土を防護するとともに、多数の複合的な経空脅威に同時対処し得るよう、陸上自衛隊において弾道ミサイル防衛部隊2個隊を新編する。また、弾道ミサイル対処能力の向上に伴い、指揮統制を含め、より効率的な部隊運用を行い得るよう、航空自衛隊において地対空誘導弾部隊24個高射隊は維持しつつ、6個高射群から4個高射群に改編する。

平時から有事までのあらゆる段階において、統合運用の下、自衛隊の部隊等の迅速な機動・展開を行い得るよう、共同の部隊として海上輸送部隊1個群を新編する。

2．陸上自衛隊については、新たな領域における作戦能力を強化するため、陸上総隊の隷下部隊にサイバー部隊及び電磁波作戦部隊を新編する。

各種事態に即応し、実効的かつ機動的に抑止及び対処し得るよう、1個師団及び2個旅団について、高い機動力や警戒監視能力を備え、機動運用を基本とする1個機動師団及び2個機動旅団に改編する。機動師団・機動旅団に加え、1個水陸機動連隊の新編等により強化された水陸機動団が、艦艇と連携した活動や各種の訓練・演習といった平素からの常時継続的な機動を行うことにより、抑止力・対処力の強化を図る。また、引き続き、初動を担任する警備部隊、地対空誘導弾部隊及び地対艦誘導弾部隊の新編等を行い、南西地域の島嶼部の部隊の態勢を強化する。さらに、島嶼部等に対する侵攻に対処し得るよう、島嶼防衛用高速滑空弾部隊の新編に向け、必要な措置を講ずる。

大規模な陸上兵力を動員した着上陸侵攻のような侵略事態への備えのより一層の効率化・合理化を徹底しつつ、迅速かつ柔軟な運用を可能とする観点から、機動戦闘車を装備する部隊の順次新編と北海道及び九州以外に所在する作戦基本部隊が装備する戦車の廃止に向けた事業を着実に進める。また、北海道以外に所在する作戦基本部隊が装備する火砲について、新編する各方面隊直轄の特科部隊への集約に向けた事業を着実に進める。さらに、戦闘ヘリコプターについて、各方面隊直轄の戦闘ヘリコプター部隊を縮小するとともに、効果的かつ

効率的に運用できるよう配備の見直し等を検討する。

3. 海上自衛隊については、常時継続的な情報収集・警戒監視・偵察（ISR）活動（以下「常続監視」という。）や対潜戦、対機雷戦等の各種作戦の効果的な遂行により、周辺海域を防衛し、海上交通の安全を確保するほか、各国との安全保障協力等を機動的に実施し得るよう、1隻のヘリコプター搭載護衛艦(DDH)と2隻のイージス・システム搭載護衛艦（DDG)を中心として構成される4個群に加え、多様な任務への対応能力を向上させた新型護衛艦（FFM）や掃海艦艇から構成される2個群を保持し、これら護衛艦部隊及び掃海部隊から構成される水上艦艇部隊を新編する。また、我が国周辺海域における平素からの警戒監視を強化し得るよう、哨戒艦部隊を新編する。さらに、既存の潜水艦を種別変更した試験潜水艦の導入により、潜水艦部隊の運用効率化と能力向上の加速を図り、常続監視のための態勢を強化するとともに、我が国周辺海域において水中における情報収集・警戒監視、哨戒及び防衛を有効に行い得るよう、引き続き潜水艦増勢のために必要な措置を講ずる。

4. 航空自衛隊については、太平洋側の広大な空域を含む我が国周辺空域における防空態勢の充実や効率的な運用を図るため、航空警戒管制部隊について8個警戒群及び20個警戒隊から28個警戒隊への改編のほか、1個警戒航空団を新編するとともに、戦闘機部隊1個飛行隊の新編に向け、必要な措置を講ずる。

　　偵察機(RF－4)の退役に伴い、航空偵察部隊1個飛行隊を廃止するとともに、空中給油・輸送機能を強化するため、空中給油・輸送部隊1個飛行隊を新編する。

　　我が国から比較的離れた地域での情報収集や事態が緊迫した際の空中での常時継続的な監視を実施し得るよう、無人機部隊1個飛行隊を新編する。

5. 陸上自衛隊の計画期間末の編成定数については、おおむね15万9千人程度、常備自衛官定数についてはおおむね15万1千人程度、即応予備自衛官員数についてはおおむね8千人程度を目途とする。また、海上自衛隊及び航空自衛隊の計画期間中の常備自衛官定数については、平成30年度末の水準を目途とする。

　　なお、計画期間中においては、重要性が低下した既存の組織及び業務を見直し、宇宙・サイバー・電磁波といった新たな領域を中心に人員を充当するなどの組織や業務を最適化する取組を推進する。

Ⅲ　自衛隊の能力等に関する主要事業

1. 領域横断作戦に必要な能力の強化における優先事項

　(1) 宇宙・サイバー・電磁波の領域における能力の獲得・強化

　　(ア) 宇宙領域における能力

　　　　宇宙空間の安定的利用を確保するため、宇宙領域専門部隊の新編や宇宙状況監視（SSA）システムの整備等により、関係府省との適切な役割分担の下、宇宙空間の状況を常時継続的に監視する体制を構築するとともに、宇宙設置型光学望遠鏡及びSSAレーザー測距装置を新たに導入する。

　宇宙領域を活用した情報収集、通信、測位等の各種能力を一層向上させるため、様々なセンサーを有する各種の人工衛星を活用した情報収集能力を引き続き充実させるほか、高機能なXバンド衛星通信網の着実な整備により、指揮統制・情報通信能力を強化するとともに、準天頂衛星を含む複数の測位衛星信号の受信や情報収集衛星（IGS）・超小型衛星を含む商用衛星等の利用等により、冗長性の確保に努める。また、継続的にこれらの能力を利用できるよう、必要な調査研究を行った上で、我が国衛星の脆弱性への対応を検討・演練するための訓練用装置や我が国衛星に対する電磁妨害状況を把握する装置を新たに導入する。このような状況を把握する態勢の強化により、電磁波領域と連携して、相手方の指揮統制・情報通信を妨げる能力を構築する。

　その際、宇宙領域を専門とする職種の新設や教育の充実を図るほか、民生技術を積極的に利活用するとともに、宇宙航空研究開発機構（JAXA）等の関係機関や米国等の関係国に宇宙に係る最先端の技術・知見が蓄積されていることを踏まえ、人材の育成も含め、これらの機関等との協力を進める。

（イ）サイバー領域における能力

　サイバー攻撃に対して常時十分な安全を確保し、我が国への攻撃に際して当該攻撃に用いられる相手方によるサイバー空間の利用を妨げる能力を保持し得るよう、統合機能の充実と資源配分の効率化に配慮しつつ、サイバー防衛隊等の体制を拡充するとともに、自衛隊の指揮通信システムやネットワークの抗たん性の向上、情報収集機能や調査分析機能の強化、サイバー防衛能力の検証が可能な実戦的な訓練環境の整備等、所要の態勢整備を行う。また、民間部門との協力、同盟国等との戦略対話や共同演習等を通じ、サイバー・セキュリティに係る最新のリスク、対応策、技術動向等を常に把握するよう努める。

　サイバー攻撃の手法が高度化・複雑化している中、専門的知見を備えた優秀な人材の安定的な確保が不可欠であることを踏まえ、部内における専門教育課程の拡充、国内外の高等教育機関等への積極的な派遣、専門性を高める人事管理の実施等により、優秀な人材を計画的に育成するとともに、部外の優れた知見を活用し、自衛隊のサイバー防衛能力を強化する。

　サイバー領域において、政府全体として総合的な対処を行い得るよう、平素から、防衛省・自衛隊の知見や人材の提供等を通じ、関係府省等との緊密な連携を強化するとともに、訓練・演習の充実を図る。

（ウ）電磁波領域における能力

　防衛省・自衛隊における効果的・効率的な電磁波の利用に係る企画立案及び他府省との調整機能を強化するため、内部部局及び統合幕僚監部にそれぞれ専門部署を新設する。

電磁波に関する情報収集・分析能力の強化及び情報共有態勢を構築するため、電波情報収集機や地上電波測定装置等の整備、自動警戒管制システム（JADGE）の能力向上、防衛情報通信基盤（DII）を含む各自衛隊間のシステムの連接及びデータリンクの整備を推進する。

我が国に対する侵攻を企図する相手方のレーダーや通信等を無力化し得るよう、戦闘機（F－35A）及びネットワーク電子戦装置の整備並びに戦闘機（F－15）及び多用機（EP－3及びUP－3D）の能力向上を進めるとともに、スタンド・オフ電子戦機、高出力の電子戦装備、高出力マイクロウェーブ装置、電磁パルス（EMP）弾等の導入に向けた調査や研究開発を迅速に進める。

(2) 従来の領域における能力の強化

（ア）海空領域における能力

(i) 常続監視態勢の強化

太平洋側の広大な空域を含む我が国周辺海空域で広域において常続監視を行い、各種兆候を早期に察知する態勢を強化するため、多様な任務への対応能力を向上させた新型護衛艦（FFM）、潜水艦、哨戒艦、固定翼哨戒機（P－1）、哨戒ヘリコプター（SH－60K及びSH－60K（能力向上型）及び艦載型無人機の整備並びに既存の護衛艦、潜水艦、固定翼哨戒機（P－3C）及び哨戒ヘリコプター（SH－60J及びSH－60K）の延命を行うとともに、固定翼哨戒機（P－1）等の能力向上を行う。この際、新型護衛艦（FFM）については複数クルーでの交替勤務の導入による稼働日数の増加や新たに導入する哨戒艦との連携、潜水艦については既存の潜水艦を種別変更した試験潜水艦の導入による潜水艦部隊の平素における運用機会の増加により、常続監視のための態勢を強化する。また、早期警戒機（E－2D）及び滞空型無人機（グローバルホーク）の整備、現有の早期警戒管制機（E－767）の能力向上並びに新たな固定式警戒管制レーダーの開発を行うほか、前記Ⅱ4に示すとおり、航空警戒管制部隊に1個警戒航空団を新編するとともに、移動式警戒管制レーダー等を運用するための基盤の太平洋側の島嶼部への整備及び見通し外レーダー機能の強化により、隙のない情報収集・警戒監視態勢を保持する。

(ii) 航空優勢の獲得・維持

太平洋側の広大な空域を含む我が国周辺空域における防空能力の総合的な向上を図る。

近代化改修に適さない戦闘機（F－15）について、戦闘機（F－35A）の増勢による代替を進めるとともに、戦闘機の離発着が可能な飛行場が限られる中、戦闘機運用の柔軟性を向上させるため、短距離離陸・垂直着陸が可能な戦闘機（以下「STOVL機」という。）を新たに導入する。この際、隊員の安全確保を図りつつ、戦闘機運用の柔軟性を更に

向上させ、かつ、特に、広大な空域を有する一方で飛行場が少ない我が国太平洋側を始めとして防空態勢を強化するため、有事における航空攻撃への対処、警戒監視、訓練、災害対処等、必要な場合にはSTOVL機の運用が可能となるよう検討の上、海上自衛隊の多機能のヘリコプター搭載護衛艦（「いずも」型）の改修を行う。同護衛艦は、改修後も、引き続き、多機能の護衛艦として、我が国の防衛、大規模災害対応等の多様な任務に従事するものとする。なお、憲法上保持し得ない装備品に関する従来の政府見解には何らの変更もない。また、近代化改修を行った戦闘機（F-15）について、電子戦能力の向上、スタンド・オフ・ミサイルの搭載、搭載ミサイル数の増加等の能力向上を行う。さらに、戦闘機（F-2）について、ネットワーク機能等の能力向上を行う。

将来戦闘機について、戦闘機（F-2）の退役時期までに、将来のネットワーク化した戦闘の中核となる役割を果たすことが可能な戦闘機を取得する。そのために必要な研究を推進するとともに、国際協力を視野に、我が国主導の開発に早期に着手する。

中距離地対空誘導弾を引き続き整備するとともに、巡航ミサイルや航空機への対処と弾道ミサイル防衛の双方に対応可能な能力向上型迎撃ミサイル（PAC-3MSE）を搭載するため、地対空誘導弾ペトリオットの能力向上を引き続き行う。また、空中給油・輸送機（KC-46A）及び救難ヘリコプター（UH-60J）を引き続き整備する。

(iii) 海上優勢の獲得・維持

常続監視や対潜戦、対機雷戦等の各種作戦の効果的な遂行により、周辺海域を防衛し、海上交通の安全を確保するため、前記（i）に示すとおり、新型護衛艦（FFM）等の整備、既存の護衛艦等の延命及び固定翼哨戒機（P-1）等の能力向上を行うとともに、掃海・輸送ヘリコプター（MCH-101）の整備を行う。また、掃海艦艇及び救難飛行艇（US-2）を引き続き整備するとともに、戦術開発・教育訓練能力の向上を図るための体制を整備する。さらに、地対艦誘導弾を引き続き整備するとともに、更なる射程延伸を図った新たな地対艦誘導弾及び空対艦誘導弾を導入する。加えて、太平洋側の広域における洋上監視能力の強化のため、滞空型無人機の導入について検討の上、必要な措置を講ずる。このほか、指揮統制・情報通信能力の着実な向上を図るとともに、無人水中航走体（UUV）等の配備を行い、海洋観測や警戒監視等に活用すべく、更なる能力向上に向けた研究開発を推進する。

(イ) スタンド・オフ防衛能力

我が国への侵攻を試みる艦艇や上陸部隊等に対して、自衛隊員の安全を確保しつつ、侵攻を効果的に阻止するため、相手方の脅威圏の外から対処可能なスタンド・オフ・ミサイル（JSM、JASSM及びLRASM）の整

備を進めるほか、島嶼防衛用高速滑空弾、新たな島嶼防衛用対艦誘導弾及び極超音速誘導弾の研究開発を推進するとともに、軍事技術の進展等に適切に対応できるよう、関連する技術の総合的な研究開発を含め、迅速かつ柔軟に強化する。

（ウ）総合ミサイル防空能力

　弾道ミサイル、巡航ミサイル、航空機等の多様化・複雑化する経空脅威に対し、最適な手段による効果的・効率的な対処を行い、被害を局限するため、ミサイル防衛に係る各種装備品に加え、従来、各自衛隊で個別に運用してきた防空のための各種装備品も併せ、一体的に運用する体制を確立し、平素から常時持続的に我が国全土を防護するとともに、多数の複合的な経空脅威にも同時対処できる能力を強化する。この際、各自衛隊が保有する迎撃手段について、整備・補給体系も含め共通化・合理化を図る。

　弾道ミサイル攻撃に対し、我が国全体を多層的かつ常時持続的に防護する体制の強化に向け、陸上配備型イージス・システム（イージス・アショア）を整備するほか、現有のイージス・システム搭載護衛艦（DDG）の能力向上を引き続き行うとともに、前記（ア）(ii) に示すとおり、地対空誘導弾ペトリオットの能力向上を引き続き行う。また、日米共同の弾道ミサイル対処態勢の実効性向上のため共同訓練・演習を行う。

　ミサイル攻撃等に実効的に対処するため、弾道ミサイル防衛用迎撃ミサイル(SM－3ブロックIB及びブロックIIA)、能力向上型迎撃ミサイル(PAC－3MSE)、長距離艦対空ミサイル（SM－6）、中距離地対空誘導弾等を整備する。

　ミサイル等の探知・追尾能力を強化し、各自衛隊が保有する各種装備品を一元的に指揮統制するため、自動警戒管制システム（JADGE）の能力向上及び対空戦闘指揮統制システム（ADCCS）の整備、新たな固定式警戒管制レーダーの開発、E－2Dへの共同交戦能力（CEC）の付与、汎用護衛艦（DD）間で連携した射撃を可能とするネットワークシステム（FCネットワーク）の研究開発、衛星搭載型2波長赤外線センサの研究等の取組を推進するとともに、将来の経空脅威への対処の在り方についても検討を行う。

　日米間の基本的な役割を踏まえ、日米同盟全体の抑止力の強化のため、ミサイル発射手段等に対する我が国の対応能力の在り方についても引き続き検討の上、必要な措置を講ずる。

　ミサイル等による攻撃に併せ、同時並行的にゲリラ・特殊部隊による攻撃が発生した場合を考慮し、警戒監視態勢の向上、原子力発電所等の重要施設の防護及び侵入した部隊の捜索・撃破のため、引き続き、各種監視・対処器材、機動戦闘車、輸送ヘリコプター(CH－47JA)、無人航空機(UAV)等を整備するとともに、部隊間のネットワーク化を進め、情報共有を強化し、効果的かつ効率的に対処する能力を向上する。また、原子力発電所が

多数立地する地域等において、関係機関と連携して訓練を実施し、連携要領を検証するとともに、原子力発電所の近傍における展開基盤の確保等について検討の上、必要な措置を講ずる。

(エ) 機動・展開能力

多様な事態に迅速かつ大規模な輸送・展開能力を確保し、実効的な抑止及び対処能力の向上を図るため、統合幕僚監部における輸送調整機能の強化を含め、平素からの各自衛隊の輸送力の一元的な統制・調整の在り方を検討の上、必要な措置を講ずる。

輸送機(C-2)及び輸送ヘリコプター(CH-47JA)を引き続き整備するほか、新たな多用途ヘリコプターを導入するとともに、陸上自衛隊のオスプレイ(V-22)を速やかに配備するため、関係地方公共団体等の協力を得られるよう取組を推進する。こうした航空輸送力の整備に当たっては、役割分担を明確にし、機能の重複の回避を図るなど、一層の効率化・合理化について検討の上、必要な措置を講ずる。

島嶼部への輸送機能を強化するため、中型級船舶(LSV)及び小型級船舶(LCU)を新たに導入するとともに、今後の水陸両用作戦等の円滑な実施に必要な新たな艦艇の在り方について検討する。また、民間事業者の資金や知見を活用した船舶については、災害派遣や部隊輸送等に効果的に用いられている現状も踏まえ、自衛隊の輸送力と連携して大規模輸送を効率的に実施できるよう、引き続き、積極的に活用しつつ、更なる拡大について検討する。

前記Ⅱ2に示す機動運用を基本とする作戦基本部隊(機動師団・機動旅団)に、航空機等での輸送に適した機動戦闘車等を装備し、各種事態に即応する即応機動連隊を引き続き新編する。機動師団・機動旅団に加え、1個水陸機動連隊の新編等により強化された水陸機動団が、艦艇と連携した活動や各種の訓練・演習といった平素からの常時継続的な機動を行う。また、引き続き、南西地域の島嶼部に初動を担任する警備部隊の新編等を行うとともに、島嶼部への迅速な部隊展開に向けた機動展開訓練を実施する。

(3) 持続性・強靱性の強化

(ア) 継続的な運用の確保

平時から有事までのあらゆる段階において、部隊運用を継続的に実施し得るよう、弾薬及び燃料の確保、自衛隊の運用に係る基盤等の防護等に必要な措置を推進する。

弾薬の確保については、統合運用上の所要を踏まえた上で、航空優勢の確保に必要な対空ミサイル、海上優勢の確保に必要な魚雷、脅威圏外からの対処に必要なスタンド・オフ火力、弾道ミサイル防衛用迎撃ミサイルを優先的に整備する。

燃料の確保については、有事の燃料供給の安定化の観点から、緊急調達

等の実効性を確保するとともに、油槽船を新たに導入するなどの必要な施策を推進する。

各種攻撃からの被害を局限し、機能を早期回復し得るよう、電磁パルス攻撃からの防護の観点も踏まえ、自衛隊の運用に係る基盤等の分散、復旧、代替等の取組を推進するとともに、各自衛隊間の相互協力の観点を踏まえた警備及び被害復旧に係る態勢を構築する。また、各種事態発生時に民間空港・港湾の自衛隊による速やかな使用を可能とするための各種施策を推進する。

補給基盤の強化については、即応性を確保するため、所要の弾薬や補用部品等を運用上最適な場所に保管し、必要な施設整備を進めるほか、一部の弾薬庫について拡張及び各自衛隊による協同での使用を可能とするとともに、後方補給を含む後方支援の在り方に関し、統合運用の観点等から最適化するため、検討の上、必要な措置を講ずる。

駐屯地・基地等の近傍等において必要な宿舎の着実な整備を進めるほか、施設の老朽化対策及び耐震化対策を推進するとともに、対処態勢の長期にわたる持続を可能とする観点から、隊員の家族に配慮した各種の家族支援施策を推進する。

（イ）装備品の可動率確保

各種事態に即応し、実効的に対処するためには、取得した装備品に係る高い可動率の確保のため、装備品の維持整備に必要十分な経費を確保するほか、維持整備に係る成果の達成に応じて対価を支払う契約方式（PBL）等の包括契約の拡大及び補給データに関する官民の情報共有を図るとともに、複雑形状を迅速かつ高精度で造形する三次元積層造形(3Dプリンター)等の活用、部品等の国際市場からの調達等の措置を推進する。

2．防衛力の中心的な構成要素の強化における優先事項

（1）人的基盤の強化

人口減少と少子高齢化が急速に進展する一方、装備品が高度化・複雑化し、任務が多様化・国際化する中、より幅広い層から多様かつ優秀な人材の確保を図るとともに、全ての自衛隊員が高い士気を維持し、自らの能力を十分に発揮できる環境の整備に向けた取組を重点的に推進する。

（ア）採用の取組強化

少子高齢化等に伴う厳しい採用環境の中でも、優秀な人材を将来にわたり安定的に確保するため、非任期制士の採用の拡大や大卒者等を含む採用層の拡大に向けた施策を推進する。また、自衛隊が就職対象として広く意識されるよう、採用広報の充実や採用体制の強化を含め、多様な募集施策を推進するとともに、地方公共団体や関係機関等との連携を強化する。さらに、採用における魅力化を図るため、生活・勤務環境を改善するとともに、任期満了退職後の公務員への再就職や大学への進学等に対する支援の充実を図る。

171

（イ）人材の有効活用

　　女性自衛官の全自衛官に占める割合の更なる拡大に向け、女性の採用を積極的に行うとともに、女性の活躍を推進し、これを支える女性自衛官に係る教育・生活・勤務環境の基盤整備を推進する。

　　精強性にも配意しつつ、知識・技能・経験等を豊富に備えた高齢人材の一層の活用を図るため、自衛官の若年定年年齢の引上げを行うとともに、再任用の拡大や、自衛隊の専門性の高い分野において部隊等における退職自衛官の技能等の活用を推進する。また、民間の人材の有効活用により、専門性の高い分野を担う部隊等の人員を確保する。

（ウ）生活・勤務環境の改善

　　厳しい安全保障環境に対応して部隊等の活動が長期化する中、国民の命と平和な暮らしを守るという崇高な任務に取り組む全ての隊員が自らの能力を十分に発揮し、士気高く任務を全うできるよう、必要な隊舎・宿舎の確保及び建て替えを加速し、同時に、施設の老朽化対策及び耐震化対策を推進するほか、老朽化した生活・勤務用備品の確実な更新、日用品等の所要数の確実な確保、複数クルーでの交替勤務の導入による艦艇要員1名当たりの洋上勤務日数の縮減を行うなど、生活・勤務環境の改善を図る。

（エ）働き方改革の推進

　　社会構造の大きな変化により育児や介護等で時間や移動に制約のある隊員が増えていく中にあって、全ての隊員が能力を十分に発揮し活躍できるよう、ワークライフバランスの確保のため、長時間労働の是正や休暇の取得促進等、防衛省・自衛隊における働き方改革を推進する。さらに、庁内託児所の整備等の取組を進めるとともに、緊急登庁せざるを得ない隊員のための子供一時預かり等、地方公共団体等との連携を強化しつつ、家族支援施策を推進する。

（オ）教育の充実

　　各自衛隊及び防衛大学校において、安全保障に関する幅広い視野を涵養するための必要な学術知識や国際感覚を含め、教育訓練の内容及び体制の充実を図るほか、自衛隊の能力及びその一体性を高め、領域横断的な統合運用を推進するため、統合運用に関する教育及び研究の在り方について、既存の組織において十分な教育及び研究が可能か検討の上、必要な措置を講ずるとともに、防衛省・自衛隊の組織マネジメント能力に関する教育の強化を図る。また、各自衛隊の相互補完を一層推進するため、教育課程の共通化を図るとともに、先端技術を活用し、効果的かつ効率的な教育を推進する。さらに、防衛大学校等を卒業した留学生のネットワーク化を図り、防衛協力・交流の強化の一助とする。なお、教育訓練を着実に実施するため、現有の初等練習機（T－7）の後継となる新たな初等練習機の整備について検討の上、必要な措置を講ずる。

（カ）処遇の向上及び再就職支援

　　隊員が高い士気と誇りを持って任務を遂行できるよう、防衛功労章の拡充を始めとした栄典・礼遇に関する施策や、任務・勤務環境の特殊性等を踏まえた給与面の改善を含む処遇の向上を推進するとともに、家族支援を含めた福利厚生の充実を図る。

　　若年定年退職制度の下にある自衛官の生活基盤の確保が国の責務であることを踏まえ、職業訓練課目の拡充や段階的な資格取得等の支援を行うとともに、退職自衛官の知識・技能・経験を活用するとの観点から、地方公共団体や関係機関との連携を強化しつつ、地方公共団体の防災関係部局等及び関係府省における退職自衛官の更なる活用を進めるなど、再就職支援の一層の充実を図る。

（キ）予備自衛官等の活用

　　多様化・長期化する事態における持続的な部隊運用を支えるため、即応予備自衛官及び予備自衛官のより幅広い分野・機会での活用を進める。また、予備自衛官等の充足向上のため、自衛官経験のない者を対象とする予備自衛官補の採用者数を拡大するとともに、予備自衛官補出身の予備自衛官から即応予備自衛官への任用を進める。さらに、予備自衛官等が訓練招集に応じやすくなるよう、教育訓練基盤の強化及び訓練内容の見直しに取り組むとともに、雇用企業等の理解と協力を得るための施策を実施する。

(2) 装備体系の見直し

　　現有の装備体系を検証し、統合運用の観点から実効的かつ合理的な装備体系を構築するための統合幕僚監部の機能を強化するほか、装備品のファミリー化及び仕様の共通化・最適化、各自衛隊が共通して保有する装備品の共同調達等を行うとともに、航空機等の種類の削減、重要度の低下した装備品の運用停止、費用対効果の低いプロジェクトの見直しや中止等を行う。

　　限られた人材を最大限有効に活用して防衛力を最大化するため、情報処理や部隊運用等に係る判断を始めとする各分野への人工知能（AI）の導入、無人航空機（UAV）の整備、無人水上航走体（USV）及び無人水中航走体（UUV）の研究開発等の無人化の取組を積極的に推進するとともに、新型護衛艦（FFM）や潜水艦等の設計の工夫、レーダーサイト等の各種装備品のリモート化等による省人化の取組を積極的に推進する。

(3) 技術基盤の強化

　　新たな領域に関する技術や、人工知能等のゲーム・チェンジャーとなり得る最先端技術を始めとする重要技術に対して重点的な投資を行うことで、戦略的に重要な装備・技術分野において技術的優越を確保し得るよう、中長期技術見積りを見直すとともに、将来の統合運用にとって重要となり得る技術等について、戦略的な視点から中長期的な研究開発の方向性を示す研究開発ビジョンを新たに策定する。

　島嶼防衛用高速滑空弾、新たな島嶼防衛用対艦誘導弾、無人水中航走体（UUV）、極超音速誘導弾等について、研究開発のプロセスの合理化等により、研究開発期間の大幅な短縮を図るため、ブロック化、モジュール化等の新たな手法を柔軟かつ積極的に活用するとともに、研究開発段階の初期において技術実証を用いた代替案分析を行うなどして、装備品の能力を早期に可視化する。

　国内外の関係機関との技術交流や関係府省との連携の強化、安全保障技術研究推進制度の活用等を通じ、防衛にも応用可能な先進的な民生技術の積極的な活用に努める。この際、ゲーム・チェンジャー技術に大規模な投資を行う米国等との協力関係を強化・拡大し、相互補完的な国際共同研究開発を推進する。また、国内外の先端技術動向について調査・分析等を行うシンクタンクの活用や創設等により、革新的・萌芽的な技術の早期発掘やその育成に向けた体制を強化する。

(4) 装備調達の最適化

　装備品の効果的・効率的な取得を一層推進するため、装備品の開発段階から量産以降の段階のコスト低減に資する取組を要求事項として盛り込むことや、民生分野における成功事例の装備品製造等への取り込み、民間の知見の活用に資する企画競争方式等の契約方式の積極的な適用、コスト管理の厳格化等により、装備品のライフサイクルを通じたプロジェクト管理の実効性及び柔軟性を高める。その際、プロジェクト管理の対象品目を拡大するとともに、ライフサイクルコストとの関係も含め、仕様や事業計画の見直しに関する基準の適正化を図り、これを適用する。

　市場価格のない装備品の価格積算について、装備品の製造等に要する加工費等の算定の精緻化・適正化を行うなど、より適正な費用の算定に取り組むほか、情報システムについて適切な価格水準で調達を行う。また、こうした取組を効果的に実施するため、専門的な知識・技能・経験を有する民間の人材を活用するなど、人材育成・配置を積極的に行うとともに、企業の見積資料・契約実績及び装備品の各部位を単位とした価格等の情報のデータベース化を推進する。

　長期契約を含め、装備品の効率的な調達に資する計画的な取得方法の活用及びPBL等の包括契約の拡大を含む維持整備の効率化を推進する。また、国内調達の費用対効果が低い装備品について、輸入における価格低減の検討、国内向け独自仕様の縮小等の検討により、国内外の企業間競争の促進を図る。さらに、有償援助調達（以下「FMS調達」という。）における価格、納期等の管理の重要性が増していることを踏まえ、日米協議等を通じて米国政府等と緊密に連携し、米軍等との調達時期・仕様を整合させた装備品の取得や履行状況の適時適切な管理に努めるなど、FMS調達の合理化に向けた取組を推進する。

(5) 産業基盤の強靭化

　装備品の生産・運用・維持整備にとって必要不可欠である我が国の防衛産

業基盤を強靭化するため、競争環境に乏しい我が国の防衛産業に競争原理を導入し、民生分野の知見及び技術を取り入れ、装備品に係るサプライチェーンを強化するなど、政府として主体的な取組を推進する。こうした取組の一環として、防衛産業の競争力の強化に資する取組の程度を評価指標とする企業評価制度の導入を含め、企業間の競争環境の創出に向けた契約制度の見直しを行う。また、防衛技術の民生分野へのスピンオフ及び革新的な製造技術を含む民生分野における先端技術の防衛産業へのスピンオンを推進する。さらに、装備品に係るサプライチェーンの調査等を通じてその脆弱性等に係るリスク管理を強化するとともに、輸入装備品等の維持整備等における我が国の防衛産業の参画を促進する。

　我が国の安全保障に資する場合等に装備移転を認め得るとする防衛装備移転三原則の下、装備品の適切な海外移転を政府一体となって推進するため、諸外国との安全保障・防衛分野の協力の進展等を踏まえ、必要な運用改善に努めるとともに、情報収集・発信等のための官民連携の推進や、海外移転に際して装備品に係る重要技術の流出を防ぐための技術管理及び知的財産管理の強化、海外移転を念頭に置いた装備品の開発を進める。また、我が国の防衛産業が国際的な取引を行うために必要となる情報セキュリティに係る措置の強化及び防衛産業を対象とした情報保全指標の整備を行う。さらに、我が国の強みをいかし、諸外国との間で、国際共同開発・生産を積極的に進める。

　このほか、装備品の製造プロセスの効率化や徹底した原価の低減などの施策に取り組み、これらの結果生じ得る企業の再編や統合も視野に、我が国の防衛産業基盤の効率化・強靭化を図る。

(6) 情報機能の強化

　政策判断や部隊運用に資する情報支援を適時・適切に実施し得るよう、情報の収集・分析・共有・保全等の各段階における情報機能を総合的に強化するための取組を推進する。

　情報収集・分析機能については、情報収集施設の整備や能力向上、情報収集衛星・商用衛星等の活用、滞空型無人機を含む新たな装備品による情報収集手段の多様化等により、電波情報・画像情報の収集態勢を強化するとともに、防衛駐在官制度の充実を始めとする人的情報の収集態勢の強化、公開情報の収集態勢の強化、同盟国等との協力の強化等により、新たな領域に関するものも含め、ニーズに十分に対応できるよう、情報収集・分析機能を抜本的に強化する。その際、情報処理における最新の技術の積極的活用等により、一層効果的・効率的な態勢の実現を図るとともに、多様な情報源を融合したオールソース分析を推進する。また、情報を有効に活用する観点から、情報共有のためのシステムの効果的な整備・連接を図る。

　多様化するニーズに情報部門が的確に応えていくため、能力の高い情報収集・分析要員の確保・育成を進め、採用、教育・研修、人事配置等の様々な

面において着実な措置を講じ、総合的な情報収集・分析機能を強化する。

情報保全については、関係部局間で連携しつつ、教育等を通じて、知るべき者の間での情報共有を徹底し、情報漏えい防止のための措置を講じる等、情報保全のための取組を徹底するとともに、関係機関との連携の推進等により、防衛省・自衛隊におけるカウンターインテリジェンス機能の強化を図る。

3．大規模災害等への対応

南海トラフ巨大地震等の大規模自然災害や原子力災害を始めとする特殊災害といった各種の災害に際しては、統合運用を基本としつつ、十分な規模の部隊を迅速に輸送・展開して初動対応に万全を期すとともに、災害用ドローン、ヘリコプター衛星通信システム（ヘリSAT）、人命救助システム及び非常用電源の整備を始め対処態勢を強化するための措置を進める。また、関係府省、地方公共団体及び民間部門と緊密に連携・協力しつつ、各種の訓練・演習の実施や計画の策定、被災時の代替機能や展開基盤の確保等の各種施策を推進する。

4．日米同盟の強化

(1) 日米防衛協力の強化

米国の我が国及びインド太平洋地域に対するコミットメントを維持・強化し、我が国の安全を確保するため、我が国自身の能力を強化することを前提として、「日米防衛協力のための指針」の下、日米防衛協力を一層強化する。

宇宙領域やサイバー領域等における協力、総合ミサイル防空、共同訓練・演習や共同のISR活動を推進するとともに、共同計画の策定・更新、拡大抑止協議等の各種の運用協力や政策調整を一層深化させる。

日米共同の活動に当たり、日米がその能力を十分に発揮するため、日米共同の活動に資する装備品の共通化、各種ネットワークの共有、米国製装備品の国内における整備能力の確保、情報協力・情報保全の取組等を進める。また、日米の能力を効率的に強化すべく、防衛力強化の優先分野に係る共通の理解を促進しつつ、FMS調達の合理化による米国の高性能の装備品の効率的な取得、日米共同研究・開発等を推進する。さらに、自衛隊及び米軍施設・区域の共同使用に係る協力や、強靱性向上のための取組を推進する。

(2) 在日米軍駐留に関する施策の着実な実施

在日米軍の駐留をより円滑かつ効果的にするとの観点から、在日米軍駐留経費を安定的に確保する。

5．安全保障協力の強化

我が国にとって望ましい安全保障環境を創出することは、我が国の防衛の根幹に関わり、また、我が国防衛そのものに資する極めて重要かつ不可欠な取組であるとの認識の下、自由で開かれたインド太平洋のビジョンも踏まえつつ、二国間・多国間の防衛協力・交流を一層推進する。特に、ハイレベル交流、政策対話、軍種間交流に加え、自衛隊と各国軍隊との相互運用性の向上や我が国のプレゼンスの強化等を目的として、地域の特性や相手国の実情を考慮しつつ、

共同訓練・演習、装備・技術協力、能力構築支援といった具体的な取組を各軍種の特性に応じ適切に組み合わせて、戦略的に実施する。

こうした防衛協力・交流の意義を踏まえ、より相互に連携し、具体的かつ踏み込んだ取組を行うべく業務要領の改善、体制の整備、制度の見直し等を進めるとともに、部隊運用に際して、防衛協力・交流に関する所要を一層反映していく。また、取組を実施するに当たっては、関係府省との連携、諸外国や非政府組織、民間部門等との連携を図るとともに、取組について戦略的に発信する。その際、特に以下を重視する。

(1) 共同訓練・演習

防衛協力・交流としての意義も十分に踏まえつつ、二国間・多国間の共同訓練・演習を積極的に推進する。これにより、望ましい安全保障環境の創出に向けた我が国の意思と能力を示すとともに、各国との相互運用性の向上や他国との関係強化等を図る。

(2) 装備・技術協力

防衛装備の海外移転を含む装備・技術協力の取組を強化し、相手国軍隊の能力向上や相手国との中長期にわたる関係の維持・強化を図る。特に、必要に応じて、訓練・演習や能力構築支援等の他の取組とも組み合わせることで、これを効果的に進める。

(3) 能力構築支援

インド太平洋地域の各国等に対して、その能力向上に向けた自律的・主体的な取組が着実に進展するよう協力することにより、相手国軍隊等が国際の平和及び地域の安定のための役割を適切に果たすことを促進し、我が国にとって望ましい安全保障環境を創出することを目指す。その際、自衛隊がこれまで蓄積してきた知見を有効に活用するほか、外交政策との調整を十分に図るとともに、能力構築支援を実施する米国・オーストラリア等との連携を図り、多様な手段を組み合わせて最大の効果が得られるよう効率的に取り組む。

(4) 海洋安全保障

開かれ安定した海洋は海洋国家である我が国の平和と繁栄の基礎という認識の下、自由で開かれたインド太平洋のビジョンも踏まえ、海洋安全保障について認識を共有する諸外国との共同訓練・演習、装備・技術協力、能力構築支援、情報共有、様々な機会を捉えた艦艇や航空機の寄港等の取組を推進する。これにより、海洋秩序の安定のための我が国の意思と能力を積極的かつ目に見える形で示す。

(5) 国際平和協力活動等

国際平和協力活動等については、平和安全法制も踏まえ、派遣の意義、派遣先国の情勢、我が国との政治・経済的関係等を総合的に勘案しながら、主体的に推進する。特に、これまでに蓄積した経験をいかしつつ、現地ミッション司令部要員等の派遣、工兵マニュアルの普及、我が国が得意とする分野におけ

177

る能力構築支援等の活動を積極的に推進する。また、平和安全法制を踏まえた任務に対応する教育訓練を推進するとともに、陸上自衛隊において、中央即応連隊及び国際活動教育隊の統合による、高い即応性及び施設分野や無人機運用等の高い技術力を有する国際活動部隊の新編に向け、必要な措置を講ずる。

国際平和協力センターにおける教育内容を拡充するとともに、国際平和協力活動等における関係府省や諸外国、非政府組織等との連携・協力の重要性を踏まえ、同センターにおける教育対象者を自衛隊員以外に拡大するなど、教育面での連携の充実を図る。

なお、ジブチ共和国において海賊対処のために運営している自衛隊の活動拠点について、地域における安全保障協力等のための長期的・安定的な活用に向け取り組む。

(6) 軍備管理・軍縮及び不拡散

大量破壊兵器及びその運搬手段となり得るミサイルの拡散や武器及び軍事転用可能な貨物・機微技術の拡散については、関係国や国際機関等と協力しつつ、それらの不拡散のための取組を推進する。また、自衛隊が保有する知見・人材を活用しつつ、自律型致死兵器システム（LAWS）に関する議論を含む国際連合等による軍備管理・軍縮に係る諸活動に関与する。

6. 防衛力を支える要素

(1) 訓練・演習

各種事態発生時に効果的に対処し、抑止力の実効性を高めるため、演習場等周辺の環境を十分把握し、安全確保に万全を期しつつ、自衛隊の統合訓練・演習や日米の共同訓練・演習を計画的かつ目に見える形で実施するとともに、これらの訓練・演習の教訓等を踏まえ、事態に対処するための各種計画を不断に検証し、見直しを行う。その際、北海道を始めとする国内の演習場等の整備・活用を拡大し、効果的な訓練・演習を行う。また、地元との関係に留意しつつ、米軍施設・区域の自衛隊による共同使用の拡大を促進する。さらに、自衛隊施設や米軍施設・区域以外の場所の利用や米国・オーストラリア等の国外の良好な訓練環境の活用を促進するとともに、シミュレーター等を一層積極的に導入する。このほか、陸上自衛隊及び海上自衛隊による米海兵隊等と連携した訓練・演習の実施により、水陸両用作戦能力の更なる充実を図る。こうした国内外の訓練環境を活用した訓練・演習を有機的に連携させることにより、平素からの部隊の迅速かつ継続的な展開の実効性向上やプレゼンスの強化を図る。

各種事態に国として一体的に対処し得るよう、警察、消防、海上保安庁などの関係機関との連携を強化する。また、国民保護を含め、自衛隊の統合訓練・演習や日米間での共同訓練・演習の機会を、自衛隊の実運用のための計画等の検討・検証のみならず、総合的な課題の検討・検証の場としても積極的に活用する。

(2) 衛生

　　自衛隊員の壮健性を維持するとともに、各種事態への対処や国内外におけ
る多様な任務に対応し得る衛生機能の強化を図る。

　　各種事態に対応するため、統合運用の観点も含め、第一線から最終後送先
までのシームレスな医療・後送態勢の強化として、速やかに医療拠点を展開
し患者の症状を安定化させるためのダメージコントロール手術を行う機能及
び後送中の患者を管理する機能の充実を図る。その際、患者情報について第
一線から最終後送先まで共有するシステムを整備する。また、衛生資材の相
互運用性を考慮して共通化等を図るとともに、必要な衛生資材の備蓄を図る。
さらに、患者搬送を安全に実施するため、装甲化した救急車の導入に向け、
必要な措置を講ずる。こうした整備に当たっては、地域の特性を踏まえつつ、
南西地域における衛生機能の強化を重視する。

　　平素からの自衛隊の衛生運用に係る統制・調整を行うため、統合幕僚監部
の組織強化を図る。また、自衛隊病院の拠点化・高機能化等をより一層推進
し、効率的で質の高い医療体制を確立する。さらに、防衛医科大学校の運営
改善及び研究機能の強化を進め、優秀な人材の確保に努めるとともに、医官
の臨床経験を充実させ、医官の充足向上を図りつつ、医師である予備自衛官
の任用を推進する。加えて、戦傷医療対処能力を向上させるために必要な各
自衛隊共通の衛生教育訓練基盤等の整備や、能力構築支援を含む様々な国際
協力に必要な態勢の整備を推進する。

(3) 地域コミュニティーとの連携

　　地方公共団体や地元住民に対し、平素から防衛省・自衛隊の政策や活動に
関する積極的な広報等を行うとともに、自衛隊及び在日米軍の部隊や装備品
の配備、訓練・演習の実施等に当たっては、地元に対する説明責任を十分に
果たしながら、地元の要望や情勢に応じたきめ細やかな調整を実施する。同
時に、住宅防音事業の更なる促進を含め防衛施設周辺対策事業を引き続き推
進する。また、各種事態において自衛隊が迅速かつ確実に活動を行うため、
地方公共団体、警察・消防機関などの関係機関との連携を一層強化する。

　　地方によっては、自衛隊の部隊の存在が地域コミュニティーの維持・活性
化に大きく貢献し、あるいは、自衛隊による急患輸送が地域医療を支えてい
る場合等が存在することを踏まえ、部隊の改編や駐屯地・基地等の配置・運
営に当たっては、地方公共団体や地元住民の理解を得られるよう、地域の特
性に配慮する。また、中小企業者に関する国等の契約の方針を踏まえ、効率
性にも配慮しつつ、地元中小企業の受注機会の確保を図るなど、地元経済に
寄与する各種施策を推進する。

(4) 知的基盤

　　国民が安全保障政策に関する知識や情報を正確に認識できるよう教育機関
等への講師派遣や公開シンポジウムの充実等を通じ、安全保障教育の推進に

寄与するほか、安全保障に係る研究成果等への国民のアクセスが向上するよう効率的かつ信頼性の高い情報発信に努めるとともに、多様化が進むソーシャルネットワークの一層の活用や、外国語によるものも含む情報発信の能力を高める各種施策を推進する。また、防衛研究所を中心とする防衛省・自衛隊の研究体制を一層強化するため、国内外の研究教育機関や大学、シンクタンク等とのネットワーク及び組織的な連携を拡充する。さらに、高度な専門知識と研究力に裏付けされた質の高い研究成果等を政策立案部門等に適時・適切に提供することによって政策立案に寄与することを図る。

Ⅳ 整備規模

前記Ⅲに示す装備品のうち、主要なものの具体的整備規模は、別表のとおりとする。

Ⅴ 所要経費

1. この計画の実施に必要な防衛力整備の水準に係る金額は、平成30年度価格でおおむね27兆4,700億円程度を目途とする。

2. 本計画期間中、国の他の諸施策との調和を図りつつ、防衛力整備の一層の効率化・合理化を徹底し、重要度の低下した装備品の運用停止や費用対効果の低いプロジェクトの見直し、徹底したコスト管理・抑制や長期契約を含む装備品の効率的な取得などの装備調達の最適化及びその他の収入の確保などを通じて実質的な財源確保を図り、本計画の下で実施される各年度の予算の編成に伴う防衛関係費は、おおむね25兆5,000億円程度を目途とする。なお、格段に速度を増す安全保障環境の変化に対応するため、従来とは抜本的に異なる速度で防衛力の強化を図り、装備品等の整備を迅速に図る観点から、事業管理を柔軟かつ機動的に行うとともに、経済財政事情等を勘案しつつ、各年度の予算編成を実施する。

3. この計画を実施するために新たに必要となる事業に係る契約額（物件費）は、平成30年度価格でおおむね17兆1,700億円程度（維持整備等の事業効率化に資する契約の計画期間外の支払相当額を除く）の枠内とし、後年度負担について適切に管理することとする。

4. この計画については、3年後には、その時点における国際情勢、情報通信技術を始めとする技術的水準の動向、財政事情等の内外諸情勢を勘案し、必要に応じ見直しを行う。

Ⅵ 留意事項

米軍の抑止力を維持しつつ、沖縄県を始めとする地元の負担軽減を図るための在日米軍の兵力態勢見直し等についての具体的措置及びSACO（沖縄に関する特別行動委員会）関連事業については、着実に実施する。

別　表

区　分	種　類	整 備 規 模
陸上自衛隊	機動戦闘車	134両
	装甲車	29両
	新多用途ヘリコプター	34機
	輸送ヘリコプター(CH－47JA)	3機
	地対艦誘導弾	3個中隊
	中距離地対空誘導弾	5個中隊
	陸上配備型イージス・システム(イージス・アショア)	2基
	戦車	30両
	火砲(迫撃砲を除く)	40両
海上自衛隊	護衛艦	10隻
	潜水艦	5隻
	哨戒艦	4隻
	その他	4隻
	自衛艦建造数計	23隻
	(トン数)	(約6.6万トン)
	固定翼哨戒機(P－1)	12機
	哨戒ヘリコプター(SH－60K/K(能力向上型))	13機
	艦載型無人機	3機
	掃海・輸送ヘリコプター(MCH－101)	1機
航空自衛隊	早期警戒機(E－2D)	9機
	戦闘機(F－35A)	45機
	戦闘機(F－15)の能力向上	20機
	空中給油・輸送機(KC－46A)	4機
	輸送機(C－2)	5機
	地対空誘導弾ペトリオットの能力向上	4個群
	(PAC－3 MSE)	(16個高射隊)
	滞空型無人機(グローバルホーク)	1機

注1：哨戒ヘリコプターと艦載型無人機の内訳については、「平成31年度以降に係る防衛計画の大綱」
完成時に、有人機75機、無人機20機を基本としつつ、総計95機となる範囲内で「中期防衛
力整備計画(平成31年度〜平成35年度)」の期間中に検討することとする。

注2：戦闘機(F－35A)の機数45機のうち、18機については、短距離離陸・垂直着陸機能を有する
戦闘機を整備するものとする。

防衛計画の大綱及び中期防衛力整備計画の閣議決定等について

（防衛大臣閣議後発言）

（平成30年12月18日）

1．本日の閣議におきまして、新たな「防衛計画の大綱」と「中期防衛力整備計画」が決定されました。その内容につきまして、私から簡潔に御説明をさせていただきたいと思います。

2．我が国を取り巻く安全保障環境は、格段に速いスピードで厳しさと不確実性を増しております。

3．この中で、平和国家として今後も歩んでいくためには、我が国自身が、国民の生命・身体・財産と領土・領海・領空を主体的・自主的な努力によって守る体制を強化する必要がございます。専守防衛を前提に、従来の延長線上ではない、真に実効的な防衛力のあるべき姿を見定めるために、防衛省内での検討や、閣僚間での議論を重ね、本日、結論を得るに至ったところでございます。

4．新たな大綱では、まず、望ましい安全保障環境の創出、脅威の抑止、さらには、万が一の場合における脅威への対処といった3つの防衛の目標を明確に示しております。

5．また、これを達成する手段である、我が国の防衛体制につきまして、すべての領域の能力を融合させる領域横断作戦等を可能とする、真に実効的な防衛力として、「多次元統合防衛力」を構築してまいります。また、ガイドラインの役割分担の下、引き続き日米同盟を強化してまいります。さらに、「自由で開かれたインド太平洋」というビジョンを踏まえまして、防衛力を活用しながら、多角的・多層的に安全保障協力を推進してまいります。

6．このための防衛力強化は安全保障環境の変化に対応するため、従来とは異なったスピード・速さで行う必要があると考えております。新大綱・中期防におきましては、優先事項を早急・早期に強化するために、既存の予算・人員の配分に固執せず、資源を柔軟かつ重点的に配分することとしております。

7．具体的には、領域横断作戦に必要な能力を優先的に強化することとしており、特に、宇宙・サイバー・電磁波といった新たな領域における能力の獲得・強化を目指しております。

8．また、従来の領域につきましては、太平洋側を始め、防空態勢を強化するために、有事における航空攻撃への対処、警戒監視、訓練、災害対処といった必要な場合に、短距離で離陸し垂直に着陸できる、いわゆるSTOVL機の運用が可能となるよう、「いずも」型護衛艦を改修し、多機能の護衛艦として多様な任務に従事させることといたします。また、F−2の後継となります将来戦闘機については、国際協力を視野に、我が国主導の開発に早期に着手することとしており、我が国主導で総力を結集して、将来の防空態勢の中核となり得る能

力の高い戦闘機を作るべく、今後、全力で取り組んでまいりたいと思います。

9. 同時に、少子高齢化の進展や、軍事技術の発展に対応するため、人的基盤、技術基盤、産業基盤等の強化にも優先的に取り組んでまいります。

10. これらに必要な事業を積み上げました結果、中期防の防衛力整備の水準は、おおむね27兆4700億円を目途としております。その上で、装備調達の最適化を含め、一層の効率化・合理化を進めることによって実質的な財源の確保を図り、おおむね25兆5000億円を目途に、各年度の予算編成を実施することとしております。また、新規後年度負担に係る説明責任を果たしていく観点から、新たな事業に係る物件費の契約額を、おおむね17兆1700億円の枠内として示しております。

11. 今後、防衛省・自衛隊としては、ただいま申し上げたような方針に基づいて防衛力を強化し、これまで以上に我が国の防衛に万全を期してまいります。国民の皆様の期待と信頼に応えられるよう、今後とも全力を尽くしてまいる決意です。

9. 防衛力整備に係る諸決定等

弾道ミサイル防衛システムの整備等について

$$\left(\begin{array}{l}\text{平成 15 年 12 月 19 日　安全保障会議決定}\\\text{平成 15 年 12 月 19 日　閣　議　決　定}\end{array}\right)$$

（弾道ミサイル防衛システムの整備について）

1. 弾道ミサイル防衛（BMD）については、大量破壊兵器及び弾道ミサイルの拡散の進展を踏まえ、我が国として主体的取組が必要であるとの認識の下、「中期防衛力整備計画（平成13年度～平成17年度）」（平成12年12月15日安全保障会議及び閣議決定。以下「現中期防」という。）において、「技術的な実現可能性等について検討の上、必要な措置を講ずる」こととされているが、最近の各種試験等を通じて、技術的な実現可能性が高いことが確認され、我が国としてのBMDシステムの構築が現有のイージス・システム搭載護衛艦及び地対空誘導弾ペトリオットの能力向上並びにその統合的運用によって可能となった。このようなBMDシステムは、弾道ミサイル攻撃に対して我が国国民の生命・財産を守るための純粋に防御的な、かつ、他に代替手段のない唯一の手段であり、専守防衛を旨とする我が国の防衛政策にふさわしいものであることから、政府として同システムを整備することとする。

（我が国の防衛力の見直し）

2. 我が国をめぐる安全保障環境については、我が国に対する本格的な侵略事態生起の可能性は低下する一方、大量破壊兵器や弾道ミサイルの拡散の進展、国際テロ組織等の活動を含む新たな脅威や平和と安全に影響を与える多様な事態（以下「新たな脅威等」という。）への対応が国際社会の差し迫った課題となっており、我が国としても、我が国及び国際社会の平和と安定のため、日米安全保障体制を堅持しつつ、外交努力の推進及び防衛力の効果的な運用を含む諸施策の有機的な連携の下、総合的かつ迅速な対応によって、万全を期す必要がある。このような新たな安全保障環境やBMDシステムの導入を踏まえれば、防衛力全般について見直しが必要な状況が生じている。

　このため、関係機関や地域社会との緊密な協力、日米安全保障体制を基調とする米国との協力関係の充実並びに周辺諸国をはじめとする関係諸国及び国際機関等との協力の推進を図りつつ、新たな脅威等に対して、その特性に応じて、実効的に対応するとともに、我が国を含む国際社会の平和と安定のための活動に主体的・積極的に取り組み得るよう、防衛力全般について見直しを行う。その際、テロや弾道ミサイル等の新たな脅威等に実効的に対応し得るなどの必要な体制を整備するとともに、本格的な侵略事態にも配意しつつ、従来の整備構想や装備体系について抜本的な見直しを行い適切に規模の縮小等を図ることとし、これらにより新たな安全保障環境に実効的に対応できる防衛力を構築する。

　上記の考え方を踏まえ、自衛隊の新たな体制への転換に当たっては、即応性、

機動性、柔軟性及び多目的性の向上、高度の技術力・情報能力を追求しつつ、既存の組織・装備等の抜本的な見直し、効率化を図る。その際、以下の事項を重視して実効的な体制を確立するものとする。

(1) 現在の組織等を見直して、統合運用を基本とした自衛隊の運用に必要な防衛庁長官の補佐機構等を設ける。

(2) 陸上、海上及び航空自衛隊の基幹部隊については、新たな脅威等により実効的に対処し得るよう、新たな編成等の考え方を構築する。

(3) 国際社会の平和と安定のための活動を実効的に実施し得るよう、所要の機能、組織及び装備を整備する。

(4) 将来の予測し難い情勢変化に備えるため、本格的な侵略事態に対処するための最も基盤的な部分は確保しつつも、我が国周辺地域の状況等を考慮し、

　ア　陸上自衛隊については、対機甲戦を重視した整備構想を転換し、機動力等の向上により新たな脅威等に即応できる体制の整備を図る一方、戦車及び火砲等の在り方について見直しを行い適切に規模の縮小等を図る。

　イ　海上自衛隊については、対潜戦を重視した整備構想を転換し、弾道ミサイル等新たな脅威等への対応体制の整備を図る一方、護衛艦、固定翼哨戒機等の在り方について見直しを行い適切に規模の縮小等を図る。

　ウ　航空自衛隊については、対航空侵攻を重視した整備構想を転換し、弾道ミサイル等新たな脅威等への対応体制の整備を図る一方、作戦用航空機等の在り方について見直しを行い適切に規模の縮小等を図る。

（経費の取り扱い）

3．BMDシステムの整備という大規模な事業の実施に当たっては、上記2に基づく自衛隊の既存の組織・装備等の抜本的な見直し、効率化を行うとともに、我が国の厳しい経済財政事情等を勘案し、防衛関係費を抑制していくものとする。このような考え方の下、現中期防に代わる新たな中期防衛力整備計画を平成16年末までに策定し、その総額の限度を定めることとする。

（新たな防衛計画の大綱の策定）

4．新たな中期防衛力整備計画の策定の前提として、新たな安全保障環境を踏まえ、上記1及び2に述べた考え方に基づき、自衛隊の国際社会の平和と安定のための活動の位置付けを含む今後の防衛力の在り方を明らかにするため、「平成8年度以降に係る防衛計画の大綱について」（平成7年11月28日安全保障会議及び閣議決定）に代わる新たな防衛計画の大綱を前もって策定する。

内閣官房長官談話

（平成15年12月19日）

　1．政府は、本日、安全保障会議及び閣議において、「弾道ミサイル防衛システムの整備等について」を決定いたしました。本決定は弾道ミサイル防衛（BMD）システムの導入の考え方を明らかにするとともに、BMDシステムの導入や新

たな安全保障環境を踏まえた我が国の防衛力の見直しの方向性を示すものであります。政府としては、本決定に基づき、平成16年末までに新たな防衛計画の大綱及び中期防衛力整備計画を策定することとしております。

2．政府は、大量破壊兵器及び弾道ミサイルの拡散が進展している状況の下、BMDシステムについて、近年関連技術が飛躍的に進歩し、我が国としても技術的に実現可能性が高いと判断し、また、BMDが専守防衛を旨とする我が国防衛政策にふさわしいものであることを踏まえ、我が国としてイージスBMDシステムとペトリオットPAC-3による多層防衛システムを整備することとしました。

3．BMDシステムの技術的な実現可能性については、米国における迎撃試験や各種性能試験等の結果を通じて、また、我が国独自のシミュレーションによっても、確認されています。したがって、これらのシステムは技術的信頼性が高く、米国も初期配備を決定したことなどにもみられるように、その導入が可能な技術水準に達しているものと判断されます。

4．BMDシステムは、弾道ミサイル攻撃に対し、我が国国民の生命・財産を守るための純粋に防御的な、かつ、他に代替手段のない唯一の手段として、専守防衛の理念に合致するものと考えております。したがって、これは周辺諸国に脅威を与えるものではなく、地域の安定に悪影響を与えるものではないと考えております。

5．集団的自衛権との関係については、今回我が国が導入するBMDシステムは、あくまでも我が国を防衛することを目的とするものであって、我が国自身の主体的判断に基づいて運用し、第三国の防衛のために用いられることはないことから、集団的自衛権の問題は生じません。なお、システム上も、迎撃の実施に当たっては、我が国自身のセンサでとらえた目標情報に基づき我が国自らが主体的に判断するものとなっています。

6．BMDシステムの運用にかかる法的な考え方としては、武力攻撃としての弾道ミサイル攻撃に対する迎撃は、あくまでも武力攻撃事態における防衛出動により対応することが基本です。なお、弾道ミサイルの特性等にかんがみ、適切に対応し得るよう、法的措置を含む所要の措置を具体的に検討する考えです。

7．現在実施中の日米共同技術研究は、今回導入されるシステムを対象としたものではなく、より将来的な迎撃ミサイルの能力向上を念頭においたものであり、我が国の防衛に万全を期すためには引き続き推進することが重要です。なお、その将来的な開発・配備段階への移行については、今後の国際情勢等を見極めつつ、別途判断を行う考えです。

8．我が国としては、BMDについて、今後とも透明性を確保しつつ国際的な認識を広げていくとともに、米国とも技術面や運用面等において一層の協力を行い、我が国の防衛と大量破壊兵器及び弾道ミサイルの拡散の防止に万全を期すべく努めていく所存です。

「弾道ミサイル防衛用能力向上型迎撃ミサイルに関する日米共同開発」に関する内閣官房長官談話

（平成17年12月24日）

1．政府は、本日の安全保障会議決定及び閣議決定を経て、弾道ミサイル防衛（BMD）用能力向上型迎撃ミサイルに関する日米共同開発に着手することを決定いたしました。

2．政府としては、大量破壊兵器及び弾道ミサイルの拡散が進展している状況において、BMDシステムが弾道ミサイル攻撃に対して、我が国国民の生命・財産を守るための純粋に防御的な、かつ、他に代替手段のない唯一の手段であり、専守防衛を旨とする我が国の防衛政策にふさわしいものであることから、平成11年度から海上配備型上層システムの共同技術研究に着手し、推進してきたところです。これは、平成16年度から整備に着手したBMDシステムを対象としたものでなく、より将来的な迎撃ミサイルの能力向上を念頭においたものであり、我が国の防衛に万全を期すために推進してきたものであります。

3．「中期防衛力整備計画（平成17年度～平成21年度）について」（平成16年12月10日安全保障会議及び閣議決定）においては、「その開発段階への移行について検討の上、必要な措置を講ずる」とされておりますが、これまで実施してきた日米共同技術研究の結果、当初の技術的課題を解決する見通しを得たところであり、現在の国際情勢等において、今後の弾道ミサイルの脅威への対処能力を確保するためには、依然として厳しい財政事情を踏まえつつ、BMD用能力向上型迎撃ミサイルに関する日米共同開発を効率的に推進することが適切であると考えております。なお、同ミサイルの配備段階への移行については、日米共同開発の成果等を踏まえ、判断することとします。

4．武器輸出三原則等との関係では、「平成17年度以降に係る防衛計画の大綱について」（平成16年12月10日安全保障会議及び閣議決定）の内閣官房長官談話において、「弾道ミサイル防衛システムに関する案件については、日米安全保障体制の効果的な運用に寄与し、我が国の安全保障に資するとの観点から、共同で開発・生産を行うこととなった場合には、厳格な管理を行う前提で武器輸出三原則等によらないこと」としております。また、武器の輸出管理については、武器輸出三原則等のよって立つ平和国家としての基本理念にかんがみ、今後とも引き続き慎重に対処するとの方針を堅持します。これらを踏まえ、本件日米共同開発において米国への供与が必要となる武器については、武器の供与のための枠組みを今後米国と調整し、厳格な管理の下に供与することとします。

5．我が国としては、BMDについて、今後とも透明性を確保しつつ国際的な認識を広げていくとともに、米国とも政策面、運用面、装備・技術面における協力を一層推進させ、我が国の防衛と大量破壊兵器及び弾道ミサイルの拡散の防止に万全を期すべく努めていく所存です。

弾道ミサイル防衛能力の抜本的向上について

〔 平 成 29 年 12 月 19 日
国家安全保障会議決定
閣　議　決　定 〕

(新たな弾道ミサイル防衛システムの整備について)

1．現在、弾道ミサイルの脅威に対しては、「平成26年度以降に係る防衛計画の大綱」（平成25年12月17日国家安全保障会議及び閣議決定）及び「中期防衛力整備計画（平成26年度〜平成30年度）」（平成25年12月17日国家安全保障会議及び閣議決定。以下「中期防」という。）に基づき対応してきているが、北朝鮮の核・ミサイル開発は、我が国の安全に対する、より重大かつ差し迫った新たな段階の脅威となっており、平素から我が国を常時・持続的に防護できるよう弾道ミサイル防衛能力の抜本的な向上を図る必要がある。

2．このため、新たな弾道ミサイル防衛システムとして、弾道ミサイル攻撃から我が国を常時・持続的に防護し得る陸上配備型イージス・システム（イージス・アショア）2基を導入し、これを陸上自衛隊において保持する。これにより、イージス・システム搭載護衛艦及び地対空誘導弾（ペトリオット）部隊とともに弾道ミサイル攻撃から我が国を多層的に防護し得る能力の向上を図る。

(経費の取扱いについて)

3．平成29年度及び平成30年度における陸上配備型イージス・システム（イージス・アショア）の整備に要する経費については、中期防の総額の範囲内において措置する。

新たなミサイル防衛システムの整備等及びスタンド・オフ防衛能力の強化について

〔 令 和 2 年 12 月 18 日
国家安全保障会議決定
閣　議　決　定 〕

(新たなミサイル防衛システムの整備等について)

1．多様な経空脅威に対しては、これまで「平成31年度以降に係る防衛計画の大綱」（平成30年12月18日国家安全保障会議及び閣議決定）及び「中期防衛力整備計画（平成31年度〜平成35年度）」（平成30年12月18日国家安全保障会議及び閣議決定。以下「中期防」という。）に基づき対応してきているが、厳しさを増す我が国を取り巻く安全保障環境により柔軟かつ効果的に対応していくための、あるべき方策の一環として、陸上配備型イージス・システムに替えて、イージス・システム搭載艦2隻を整備する。同艦は海上自衛隊が保持する。同艦に付加する機能及び設計上の工夫等を含む詳細については、引き続き検討を実施し、必要な措置を講ずる。

また、抑止力の強化について、引き続き政府において検討を行う。

（スタンド・オフ防衛能力の強化について）

2．自衛隊員の安全を確保しつつ、我が国への攻撃を効果的に阻止する必要があることから、島嶼部を含む我が国への侵攻を試みる艦艇等に対して、脅威圏の外からの対処を行うためのスタンド・オフ防衛能力の強化のため、中期防において進めることとされているスタンド・オフ・ミサイルの整備及び研究開発に加え、多様なプラットフォームからの運用を前提とした12式地対艦誘導弾能力向上型の開発を行う。

平成22年度の防衛力整備等について

平成21年12月17日
安全保障会議決定
閣　議　決　定

（「平成17年度以降に係る防衛計画の大綱」の見直し等について）

1．「平成17年度以降に係る防衛計画の大綱」（平成16年12月10日安全保障会議決定・閣議決定。以下「現大綱」という。）は、我が国の安全保障、防衛力の在り方等についての指針を示すものであり、策定から5年後には、その時点における安全保障環境、技術水準の動向等を勘案し検討を行い、必要な修正を行うこととされている。かかる現大綱の見直しについては、国家の安全保障にかかわる重要課題であり、政権交代という歴史的転換を経て、新しい政府として十分な検討を行う必要があることから、平成22年中に結論を得ることとする。その際には、国際情勢のすう勢や我が国を取り巻く安全保障環境、我が国の防衛力や自衛隊の現状等を分析、評価した上で、我が国の安全保障の基本方針を策定するとともに、効果的な防衛力の効率的な整備に向けて取り組むこととする。

　　また、「中期防衛力整備計画（平成17年度〜平成21年度）」（平成16年12月10日安全保障会議決定・閣議決定）は、現大綱に定める防衛力の水準を達成するための中期的な整備計画、対象期間内の防衛関係費の総額の限度等を定めるものであるが、次期の中期的な防衛力の整備計画は、現大綱の見直しの結論を踏まえて策定することとする。

（平成22年度の防衛予算の編成の準拠となる方針）

2．現大綱の見直し等の結論は平成23年度以降に反映されることとなる中で、平成22年度の防衛予算を編成するに当たって、その準拠となる方針を別紙のとおり定め、平成22年度の防衛予算と現大綱との関係、中期的な防衛力の整備計画がない中で適切に防衛力の整備を行うための方針等を明らかにすることとする。

（別紙）

平成22年度の防衛予算の編成の準拠となる方針

1．考慮すべき環境

　　我が国を取り巻く安全保障環境については、基本的には現大綱が示す認識を前

提としつつ、北朝鮮の核・弾道ミサイル問題の深刻化や周辺諸国の軍事力の拡充・近代化及び活動の活発化がみられる一方、アジア太平洋地域における安全保障協力や国際社会における平和と安定のための取組が進展するといった我が国の安全保障に影響を及ぼし得る新たな動向とともに、日米間の安全保障面での協力の深化も考慮する必要がある。

また、財政事情については、「平成22年度予算編成の方針」(平成21年9月29日閣議決定)において、「マニフェストに従い、新規施策を実現するため、全ての予算を組み替え、新たな財源を生み出す」こととされていることに配慮が必要である。

2．基本的考え方

平成22年度においては、現大綱が定める防衛力の役割を実効的に果たせるよう、現大綱の考え方に基づき防衛力を整備することとする。

その際、我が国を取り巻く安全保障環境を踏まえ、現下の喫緊の課題に対応するとともに、以下の事項を重視しつつ、老朽化した装備品の更新や旧式化しつつある現有装備の改修による有効利用を中心として防衛力整備を効率的に行うことを原則とする。また、自衛官の実員について、極力効率化を図りつつ、第一線部隊の充足を高め、即応性・精強性の向上を図る。

(1) 各種事態の抑止及び即応・実効的対応能力の確保

弾道ミサイル攻撃、特殊部隊攻撃、島嶼部における事態への対応、平素からの常時継続的な警戒監視・情報収集、大規模・特殊災害への対応等に必要な装備品等を整備し、これら事態等への対応能力等を確保する。

(2) 地域の安全保障環境の一層の安定化

アジア太平洋地域における安全保障環境の一層の安定化を図るため、人道支援・災害救援をはじめとする各種協力、二国間及び多国間の対話等をさらに推進する。

(3) グローバルな安全保障環境の改善に向けた取組の推進

大量破壊兵器や弾道ミサイルの拡散防止、テロ・海賊への対処、国連平和維持活動等国際社会が協力して行う各種の活動に主体的かつ積極的に対応するため、各種訓練への参加等を推進するとともに、国際平和協力活動に活用し得る装備品等を整備する。

(4) 効率化・合理化に向けた取組

厳しい財政事情の下、効果的・効率的な防衛力整備を行うため、事業の優先順位を明確にしつつ、人的資源の効果的・効率的活用、装備品等の効率的な取得等の取組を推進する。

3．弾道ミサイル攻撃への対応

平成22年度については、現大綱に定める体制の下、航空自衛隊の地対空誘導弾部隊のうち弾道ミサイル防衛にも使用し得る高射群について、弾道ミサイル対処能力の向上を図る。また、弾道ミサイル防衛能力を付加されていない高射群に

ついては、現有機能の維持に必要なシステム改修に取り組む。

4．留意事項

　我が国を取り巻く安全保障環境の新たな動向に対応するため、以下の事項について特に留意する。

(1)　装備品等のライフサイクルコスト管理の活用の推進等を通じた調達コストの縮減その他装備取得の一層の効率化等を図るための取組を強化するとともに、中長期的な視点から我が国の防衛生産・技術基盤の在り方について検討すること。

(2)　人員を効率的・効果的に活用するため、可能な業務について部外委託等を行うほか、質の高い人材の確保・育成を図り、教育を充実するとともに、社会の少子化、高学歴化が進む中で自衛隊の任務の多様化等に対応し得る隊員の階級・年齢構成等の在り方について検討すること。

(3)　地域住民・地域社会との関係の緊密化に留意しつつ、陸海空自衛隊が全体として効果的・効率的に能力を発揮できる体制をめざす観点から、部隊等の効率化・合理化等について検討すること。

(4)　統合運用体制移行後の運用の実績等を踏まえつつ、自衛隊がその任務を実効的に果たし得るよう、統合運用を強化すること。

5．経費の取扱い

　国の最も基本的な施策の一つである防衛の重要性を踏まえつつ、厳しさを増す財政事情を勘案し、歳出額及び新規後年度負担額を極力抑制する。

平成25年度の防衛力整備等について

平成25年1月25日
安全保障会議決定
閣　議　決　定

(「平成23年度以降に係る防衛計画の大綱」の見直し等について)

1. 「平成23年度以降に係る防衛計画の大綱」(平成22年12月17日安全保障会議決定・閣議決定。以下「現大綱」という。)が策定されて以降、我が国周辺の安全保障環境は、一層厳しさを増している。北朝鮮は、「人工衛星」と称するミサイルの発射を行った。また、中国は、我が国領海侵入及び領空侵犯を含む我が国周辺海空域における活動を急速に拡大させている。

　　一方、米国は、新たな国防戦略指針の下、アジア太平洋地域におけるプレゼンスを強調し、我が国を含む同盟国等との連携・協力の強化を指向している。なお、東日本大震災における自衛隊の活動においても、対応が求められる教訓が得られている。

　　このような変化を踏まえ、日米同盟を更に強化するとともに、現下の状況に即応して我が国の防衛態勢を強化していく観点から現大綱を見直し、自衛隊が求められる役割に十分対応できる実効的な防衛力の効率的な整備に向けて取り組むこととし、平成25年中にその結論を得ることとする。

　　また、「中期防衛力整備計画(平成23年度〜平成27年度)」(平成22年12月17日安全保障会議決定・閣議決定)は、これを廃止することとし、今後の中期的な防衛力の整備計画については、現大綱の見直しと併せて検討の上、必要な措置を講ずることとする。

(平成25年度の防衛予算の編成の準拠となる方針)

2. 現大綱の見直し等の結論は平成26年度以降に反映されることとなる中で、平成25年度の防衛予算を編成するに当たっては、その準拠とする方針を別紙のとおり定め、上記の安全保障環境の変化への対応に必要な防衛力を整備することとする。

(別紙)

平成25年度の防衛予算の編成の準拠となる方針

1. 考慮すべき環境

　　我が国周辺の安全保障環境については、北朝鮮が引き続き核・弾道ミサイルの開発を推進し、地域の重大な不安定要因であり続けているほか、周辺国による軍事力の近代化及び軍事的活動の活発化が継続している。また、最近の中国による領海侵入及び領空侵犯を含む我が国周辺海空域における活動の活発化については十分に考慮する必要がある。さらに、東日本大震災という未曽有の大災害の経験により、大規模災害に対する備えの重要性が改めて認識されている。

　　また、財政事情については、「平成25年度予算編成の基本方針」(平成25年1月24日閣議決定)において、「平成25年度予算は、緊急経済対策に基づく大型補正予算と一体的なものとして、いわゆる「15ヶ月予算」として編成する」、また、

「財政状況の悪化を防ぐため、民主党政権時代の歳出の無駄を最大限縮減しつつ、中身を大胆に重点化する」こととされていることに配慮が必要である。

2．基本的考え方

平成25年度においては、「1.考慮すべき環境」に示した我が国周辺の安全保障環境を踏まえ、以下の事項を重視しつつ、我が国の領土、領海、領空及び国民の生命・財産を守る態勢の強化に取り組む。

(1) 各種事態への実効的な対応及び即応性の向上

南西地域を始めとする我が国周辺における情報収集・警戒監視及び安全確保に関する能力、島嶼防衛のための輸送力・機動力・防空能力、サイバー攻撃や弾道ミサイル攻撃への対応能力の向上に重点的に取り組む。また、かかる任務等の遂行に不可欠な情報機能や指揮通信能力を強化するとともに、装備品の可動率の向上等の即応性強化のための施策を推進する。

さらに、大規模自然災害や特殊な災害に際して、国民の生命・財産を守るため、東日本大震災の教訓を踏まえた自衛隊の災害対応能力を強化する。なお、自衛官の定数については、現大綱の見直し等の結論を得るまで変更しないこととする。

(2) 日米同盟の強化

我が国周辺の安全保障環境が一層厳しさを増していることから、「日米防衛協力のための指針」の見直しの検討を含め、日米防衛協力の実効性を更に強化するための施策を推進する。

米軍の抑止力を維持しつつ、沖縄県を始めとする地元の負担軽減を図るため、普天間飛行場の移設を含む在日米軍の兵力態勢の見直し等についての具体的措置を着実に実施する。

(3) 国際的な安全保障環境の一層の安定化への取組

アジア太平洋地域を始めとする国際的な安全保障環境の一層の安定化を図るため、人道支援・災害救援その他の分野における各種協力、二国間及び多国間の対話等を更に推進する。

また、大量破壊兵器や弾道ミサイルの拡散防止、テロ・海賊への対処、国連平和維持活動等の活動に主体的かつ積極的に対応するため、自衛隊による国際活動基盤の強化等に取り組む。

(4) 効果的・効率的な防衛力整備

厳しい財政事情を踏まえ、現下の安全保障環境における喫緊の課題への対応に重点的に取り組むとともに、精強性向上の観点から自衛官の階級・年齢構成の適正化など人的資源の効果的な活用を図るほか、装備品等の効率的な取得のための取組を推進する。

特に、ライフサイクルコストの抑制を徹底して費用対効果を高めるとともに、昨年の調達に係る不適切な事案を踏まえ、調達プロセスの透明化及び契約制度の適正化を推進する。

193

10. Ｐ－３Ｃの整備関係

(1) 次期対潜哨戒機の整備について

（昭和52年12月28日国防会議決定、同年12月29日閣議了解）

　海上自衛隊の現用対潜哨戒機の減耗を補充し、その近代化を図るための次期対潜哨戒機については、昭和53年度以降、Ｐ－３Ｃ45機を国産（一部を輸入）により取得するものとする。

　なお、各年度の具体的整備に際しては、そのときどきにおける経済財政事情等を勘案し、国の他の諸施策との調和を図りつつ、これを行うものとする。

(2) Ｐ－３Ｃの取得数の変更について

（昭和57年7月23日国防会議決定及び閣議了解）

　昭和52年12月28日に国防会議において決定され、同月29日に閣議了解されたＰ－３Ｃの取得数45機を75機とする

(3) Ｐ－３Ｃの取得数の変更について

（昭和60年9月18日国防会議決定及び閣議了解）

　昭和57年7月23日に国防会議において決定され、閣議了解されたＰ－３Ｃの取得数75機を100機とする。

(4) Ｐ－３Ｃの取得数の変更について

（平成2年12月20日安全保障会議決定及び閣議了解）

　昭和60年9月18日に国防会議において決定され、閣議了解されたＰ－３Ｃの取得数100機を104機とする。

(5) Ｐ－３Ｃの取得数の変更について

（平成4年12月18日安全保障会議決定及び閣議了解）

　平成2年12月20日に安全保障会議において決定され、閣議了解されたＰ－３Ｃの取得数104機を101機とする。

11. F－15の整備関係

(1) 新戦闘機の整備について

(昭和52年12月28日国防会議決定、昭和52年12月29日閣議了解)

航空自衛隊の現用要撃戦闘機の減耗を補充し、その近代化を図るための新戦闘機については、昭和53年度以降、F－15百機を国産（一部を輸入）により取得するものとする。

なお、各年度の具体的整備に際しては、そのときどきにおける経済財政事情等を勘案し、国の他の諸施策との調和を図りつつ、これを行うものとする。

(2) F－15の取得数の変更について

(昭和57年7月23日国防会議決定及び閣議了解)

昭和52年12月28日に国防会議において決定され、同月29日に閣議了解されたF－15の取得数100機を155機とする。

(3) F－15の取得数の変更について

(昭和60年9月18日国防会議決定及び閣議了解)

昭和57年7月23日に国防会議において決定され、閣議了解されたF－15の取得数155機を187機とする。

(4) F－15の取得数の変更について

(平成2年12月20日安全保障会議決定及び閣議了解)

昭和60年9月18日に国防会議において決定され、閣議了解されたF－15の取得数187機を223機とする。

(5) F－15の取得数の変更について

(平成4年12月18日安全保障会議決定及び閣議了解)

平成2年12月20日に安全保障会議において決定され、閣議了解されたF－15の取得数223機を210機とする。

(6) F－15の取得数の変更について

(平成7年12月14日安全保障会議決定、平成7年12月15日閣議了解)

平成4年12月18日に安全保障会議において決定され、閣議了解されたF－15の取得数210機を213機とする。

(参考1)

F－15及びP－3Cを保有することの可否について

(昭和53年2月14日　衆議院予算委員会要求資料)

1. 憲法第9条第2項が保持を禁じている「戦力」は、自衛のための必要最小限度を超えるものである。

右の憲法上の制約の下において保持を許される防衛力の具体的な限度については、その時々の国際情勢、軍事技術の水準その他の諸条件により変わり得る相対的な面を有することは否定し得ない。もっとも、性能上専ら他国の国土の潰滅的

破壊のためにのみ用いられる兵器（例えばICBM、長距離戦略爆撃機等）については、いかなる場合においても、これを保持することが許されないのはいうまでもない。

　これらの点は、政府のかねがね申し述べてきた見解であり、今日においても変わりはない。

2．自衛隊の要撃戦闘機や対潜哨戒機は、我が国の自衛のための防空作戦や対潜作戦の諸機能の重要な要素として従来から保持してきたものであり、今回のF−15及びP−3Cの導入は、軍事技術の水準の変化にも配慮しつつ、これらの機能に係る現有兵器の減耗を補充するために行うものである。

3．F−15は、要撃性能に主眼がおかれた、専守防衛にふさわしい性格の戦闘機であり、その付随的に有する対地攻撃性能も限定的なものであること等から、他国に侵略的、攻撃的脅威を与えるようなものでないことは明らかであり、F−4の場合のような配慮を要するものではない。

　また、P−3Cは、哨戒及び対潜作戦に使用するものであって、他国に侵略的、攻撃的脅威を与えるようなものでないことはいうまでもない。

4．したがって、F−15及びP−3Cを導入し、自衛隊がこれを保有しても、憲法が禁じている「戦力」にはならず、従来の政府の見解にもとるものではないと考える。

（参考2）
Ｆ−15の対地攻撃機能及び空中給油装置について

（昭和53年3月4日　衆議院予算委員会要求資料）

1．航空自衛隊の要撃戦闘機は、我が国を攻撃するために侵入する他国の航空機を速やかに迎え撃つ要撃戦闘の機能を主たる機能とするものであり、このために必要とされる要撃性能としては、速力や上昇力はもちろん、旋回性能その他空対空戦闘のための性能が極めて重要なものとなって来ている。

　今回導入しようとするF−15は、このような要撃性能に主眼がおかれた、専守防衛にふさわしい性格の戦闘機である。

2．航空自衛隊は、要撃戦闘の機能のほか、侵略部隊が我が国に上陸してくるような場合に、陸上自衛隊又は海上自衛隊を支援するため、侵略部隊を空から攻撃する対地攻撃の機能を持つことも必要であるが、航空自衛隊の有する支援戦闘機の数は、必ずしも十分でないので、これを補うため、要撃戦闘機は、付随的に対地攻撃機能を有することを必要とし、従来とも限定的ではあるが、この機能を維持して来たものである。

　F−15も、ある程度の対地攻撃機能を付随的に併有しているが、空対地誘導弾や核爆撃のための装置あるいは地形の変化に対応しつつ低空から目標地点に侵入するための装置をとう載しておらず、この機能は、主として目視による目標識別及び照準を行うことができる状況下において、通常爆弾による支援戦闘を行うための限定されたものである。なお、F−15は、対地攻撃専用の計算装置等を有し

ておらず、対地攻撃の機能に必要な情報処理等は、要撃戦闘に用いられる計算装置等を使用してなされるものである。

3．かつて、F-4の採用に当たっては、いわゆる「爆撃装置」すなわち爆弾投下用計算装置、核管制装置及びブルパップ誘導制御装置を同機から取りはずしたが、その背景には、これを取りはずす前のF-4は、要撃性能において優れているばかりでなく、その「爆撃装置」を用いる対地攻撃の機能においても当時としてはかなり優れた性能を有しており、そのような対地攻撃機能を重視してF-4を採用した国が多かったという事情があったものである。このような背景もあって、同機の行動半径の長さを勘案すればいわゆる「爆撃装置」を施したままでは他国に侵略的、攻撃的脅威を与えるようなものとの誤解を生じかねないとの配慮の下に、同機には同装置を施さないこととしたところであり、この点は、昭和47年11月7日の衆議院予算委員会において政府見解として述べたとおりである。

また、同日の同委員会において、増原防衛庁長官は、「周辺諸国の領海領空深く入っていけるものは、許容されざる足の長さ」と答弁したが、これは、当時論議の対象となったF-1（当時FST2改と称したもの）が対地攻撃のための性能に主眼がおかれた戦闘機であることを前提として申し述べたものである。

F-15は、F-1はもちろん、F-4に比しても行動半径が長いが、先に述べたように、要撃性能に主眼がおかれた戦闘機であって、そのとう載装置からみても、他国に侵略的、攻撃的脅威を与えるようなものではなく、また、F-4の場合のような配慮を要するものでもないと考えている。

4．F-4の空中給油装置については、昭和48年の国会における同装置の必要性に関する論議を踏まえて、これを地上給油用に改修した。当時の論議の中には、空中給油を行うことは専守防衛にもとるとの主張もあったが、政府としては、そのような見地からではなく、有事の際我が国の領空ないしその周辺において空中警戒待機の態勢をとることの有効性は認めつつも、F-4が我が国の主力戦闘機である期間においては、同装置を必要とするとは判断しなかったため、右の改修を行ったものである。

しかし、航空軍事技術の進歩は著しく、超低空侵入、高々度高速侵入等航空機による侵入能力は従前に比して更に高まるすう勢にある。このようなすう勢からみてF-15が我が国の主力戦闘機となるであろう時期（1980年代中期以降の時期）においては、有事の際に空中警戒待機の態勢をとるため空中給油装置が必要となることが十分予想されるところである。

したがって、当面空中給油装置を使うことは考えていないが、将来の運用を配慮せずに現段階で同装置を取りはずしてしまうことは適当でないとの見地から、これを残置しておくこととしたものである。

5．政府としては、従来から憲法にのっとり、専守防衛の立場を堅持して来たが、今後もこの姿勢に変わりはなく、他国に侵略的、攻撃的脅威を与えるような兵器を保有することはない。

　　今回のF-15の導入は、前述のことから明らかなように、右の立場を何ら損なうものでない。

(参考3)

わが国の戦闘機の「爆撃装置」について

（衆・予算委昭和47年11月7日　増原防衛庁長官答弁資料）

1. わが国の防衛力として保有すべき装備は、憲法上の制約により、わが国の自衛のために必要最小限度のものに限られることはいうまでもない。
2. 3次防に基づく新要撃戦闘機(F-X)の選定による係る国会の論議(43.10.22衆議院内閣委員会)において増田防衛庁長官が将来選ぶべき戦闘機(F-X)には「爆撃装置」は施さないと答弁したのは、当時選定を予定していたF-Xは、要撃戦闘を任務とするものであるが、ある程度行動半径の長いもの(要撃戦闘上は滞空時間が長いということで利点がある。)を選定することとしていたので、「爆撃装置」を施すことによって他国に侵略的・攻撃的脅威を与えるようなものとの誤解を生じかねないとの配慮のもとに、同装置を施さない旨を申し述べたものと考える。
3. 4次防で整備する新支援戦闘機FS-T2改は、わが国土及び沿岸海域において、わが国の防衛に必要な支援戦闘を実施することを主目的とする戦闘機であるので、この任務を効率的に遂行するために必要な器材として、「爆撃装置」をつけることにしている。しかしながら、同機の行動半径は短く、他国に侵略的・攻撃的脅威を与える恐れを生ずるようなものではない。

(参考4)

F-4EJの試改修に関する防衛庁長官答弁

（昭和57年3月9日　衆議院予算委員会）

○伊藤国務大臣　お答えを申し上げます。

　　昭和43年の増田元長官の答弁は、わが国は他国に侵略的・攻撃的脅威を与えるような装備はもたないという基本的な方針を述べ、このような観点に立ち、当時の軍事技術の水準等諸般の情勢を考慮して、次期戦闘機には他国に侵略的・攻撃的脅威を与えるものとの誤解を生じかねないような爆撃装置は施さない旨を述べたものと理解をしております。

　　今回のF-4EJの試改修は、同機の10年程度の延命にあわせ、低高度目標対処能力の改善、搭載ミサイルの拡大近代化等により要撃性能の向上を図ることを主眼としております。その際、新たにF-15と同じセントラルコンピューターを装備いたしますが、この活用により、現在パイロットの技量に依存をしております目視照準がこのコンピューターの計算によって正確なものとなるということで、付随的に爆撃機能が改善されることになるのでございます。この爆撃計算機能は、F-4EJの導入時に取り外しました専用の爆撃装置によるものとは異なっており

して、限定的なものでございます。

　今回の改修は、このような能力向上が実際可能であるかどうか、代表機1機に対して試改修を行うものでございまして、その結果、将来所期の成果が得られますならば、さらに費用対効果等を検討の上、その量産改修について国防会議に付議することになるのでございます。国防会議においてお認めをいただきますならば、F－4EJに爆撃計算機能を付与することになります。しかし、その機能は、最近における軍事技術の進歩等を考慮しますならば、他国に侵略的・攻撃的脅威を与えるという誤解を生ずるおそれは全くないものでもございます。

　昭和43年の増田元長官の答弁を変更したか否かという点につきましては、政府は、他国に侵略的・攻撃的脅威を与えるような装備はもたないという基本的な方針を今日においても変更する考えはございません。しかし、以上の方針の枠内で保有することが許される装備は、軍事技術の進歩等の条件の変化に応じて変わり得るものでございます。

　昭和43年当時から今日までの間に、各国の軍事技術が著しく進歩した等の条件の変化があることは疑いもない事実であり、十数年前には他国に侵略的・攻撃的脅威を与えるという誤解を生ずるおそれがあると判断された装備が、今日ではもはやそのようなおそれはないと判断されることは当然あり得ることでもございます。

　現在、F－4EJに爆撃計算機能を付与することを検討しておりますが、これは他国に侵略的・攻撃的脅威を与えるような装備はもたないという基本的な方針の具体的な適用の態様は、軍事技術の進歩等の条件の変化に応じて変わり得ること、また、最近十数年間における軍事技術の進歩等を考慮しますならば、F－4EJへの爆撃計算機能の付与は他国に侵略的・攻撃的脅威を与えるという誤解を生ずるおそれの全くないものであると判断されますことを踏まえて行っているものでございます。

12. ペトリオットの整備関係

新地対空誘導弾の整備について

（昭和60年9月18日国防会議決定、閣議了解）

　航空自衛隊の現用地対空誘導弾ナイキJの減耗を補充し、その近代化を図るための新地対空誘導弾については、昭和61年度以降、ペトリオット6個高射群を国産により取得するものとする。

　なお、各年度の具体的整備に際しては、そのときどきにおける経済財政事情等を勘案し、国の他の諸施策との調和を図りつつ、これを行うものとする。

13. Ｆ－２の整備関係

(1) 次期支援戦闘機の整備について

（平成7年12月14日　安全保障会議決定、平成7年12月15日　閣議了解）

　航空自衛隊の現用の支援戦闘機及び高等練習機の減耗を補充し、その近代化を図る等のための次期支援戦闘機については、平成8年度以降、Ｆ－2　130機を国産により取得するものとする。

　なお、各年度の具体的整備に際しては、その時々における経済財政事情等を勘案し、国の他の諸施策との調和を図りつつ、これを行うものとする。

(2) Ｆ－２の取得数の変更について

（平成16年12月10日　安全保障会議決定及び閣議了解）

　平成7年12月14日に安全保障会議において決定され、同月15日に閣議了解されたＦ－2の取得数130機を98機とする。

(3) Ｆ－２の取得数の変更について

（平成18年12月24日　安全保障会議決定及び閣議了解）

　平成16年12月10日に安全保障会議において決定され、閣議了解されたＦ－2の取得数98機を94機とする。

14. Ｐ－１の整備関係

(1) 次期固定翼哨戒機の整備について

（平成19年12月24日　安全保障会議決定及び閣議了解）

　海上自衛隊の現用固定翼哨戒機の減耗を補充し、その近代化を図るための次期固定翼哨戒機については、平成20年度以降、作戦用航空機として、Ｐ－1　65機を国産により取得するものとする。

　なお、各年度の具体的整備に際しては、その時々における経済財政事情等を勘案し、国の他の諸施策との調和を図りつつ、これを行うものとする。

(2) 「次期固定翼哨戒機の整備について」の一部改正について

（令和4年12月16日　国家安全保障会議決定及び閣議了解）

　次期固定翼哨戒機の整備について（平成19年12月24日安全保障会議決定及び閣議了解）の一部を次のように改正する。

　本文中「作戦用航空機として、Ｐ－1　65機」を「Ｐ－1　61機」に改める。

15. Ｆ－３５Ａの整備関係

(1) 次期戦闘機の整備について

（平成23年12月20日　安全保障会議決定及び閣議了解）

　航空自衛隊の現用戦闘機の減耗を補完し，その近代化を図るための次期戦闘

機については、平成24年度以降、Ｆ－35Ａ42機を取得するものとする。

　なお、一部の完成機輸入を除き、国内企業が製造に参画することとし、また、各年度の具体的整備に際しては、その時々における経済財政事情等を勘案し、国の他の諸施策との調和を図りつつ、これを行うものとする。

(2) Ｆ－35Ａの取得数の変更について

（平成30年12月18日　国家安全保障会議決定及び閣議了解）

　平成23年12月20日に安全保障会議において決定され、閣議了解されたＦ－35Ａの取得数42機を147機とし、平成31年度以降の取得は、完成機輸入によることとする。なお、取得方法については、今後のＦ－35Ａの製造状況を踏まえ、より安価な手段がある場合には、これを適切に見直す。

　新たな取得数のうち、42機については、短距離離陸・垂直着陸機能を有する戦闘機の整備に替え得るものとする。

(3) 令和元年度及び令和２年度のＦ－35Ａの取得方法の変更について

（令和元年12月20日　国家安全保障会議決定及び閣議了解）

　「Ｆ－35Ａの取得数の変更について」（平成30年12月18日国家安全保障会議決定及び閣議了解）において、「平成31年度以降の取得は、完成機輸入によることとする。なお、取得方法については、今後のＦ－35Ａの製造状況を踏まえ、より安価な手段がある場合には、これを適切に見直す。」とされていることに基づき、令和元年度及び令和２年度のＦ－35Ａの取得は、より安価な手段であることが確認された国内企業が参画した製造によることとする。

(4) 令和３年度のＦ－35Ａの取得方法の変更について

（令和２年12月21日　国家安全保障会議決定及び閣議了解）

　「Ｆ－35Ａの取得数の変更について」（平成30年12月18日国家安全保障会議決定及び閣議了解）において、「平成31年度以降の取得は、完成機輸入によることとする。なお、取得方法については、今後のＦ－35Ａの製造状況を踏まえ、より安価な手段がある場合には、これを適切に見直す。」とされていることに基づき、令和３年度のＦ－35Ａの取得は、より安価な手段であることが確認された国内企業が参画した製造によることとする。

(5) 令和４年度のＦ－35Ａの取得方法の変更について

（令和３年12月24日　国家安全保障会議決定及び閣議了解）

　「Ｆ－35Ａの取得数の変更について」（平成30年12月18日国家安全保障会議決定及び閣議了解）において、「平成31年度以降の取得は、完成機輸入によることとする。なお、取得方法については、今後のＦ－35Ａの製造状況を踏まえ、より安価な手段がある場合には、これを適切に見直す。」とされていることに基づき、令和４年度のＦ－35Ａの取得は、より安価な手段であることが確認された国内企業が参画した製造によることとする。

(6) 令和５年度から令和９年度までのＦ－35Ａの取得方法の変更について

（令和４年12月16日　国家安全保障会議決定及び閣議了解）

　「Ｆ－35Ａの取得数の変更について」（平成30年12月18日国家安全保障会議決定及び閣議了解）において、「平成31年度以降の取得は、完成機輸入によることとする。なお、取得方法については、今後のＦ－35Ａの製造状況を踏まえ、より安価な手段がある場合には、これを適切に見直す。」とされていることに基づき、令和5年度から令和9年度までのＦ－35Ａの取得は、より安価な手段であることが確認された国内企業が参画した製造によることとする。

16. 空中給油機能について

(1) 平成12年12月14日の与党間合意について

「1. 次期防本文においては、次の旨を盛り込むこととする。

　　戦闘機の訓練の効率化、事故防止、基地周辺の騒音軽減及び人道支援等の国際協力活動の迅速な実施と多目的な輸送に資するとともに、我が国の防空能力の向上を図るため、空中に於ける航空機に対する給油機能及び国際協力活動にも利用できる輸送機能を有する航空機を整備する。

2. 次期防別表においては、本件航空機の整備機数を4機とする。

3. この航空機の機種選定については、安全保障会議で慎重審議の上、平成13年度中に決定するものとする。

4. 13年度予算において、本件航空機1機の調達を取りやめることとし、これに代えて、この航空機の整備に必要な事項の調査に要する経費を盛り込むこととする。」

(2) 空中給油・輸送機の機種選定について

（平成13年12月14日　安全保障会議了承）

「空中給油・輸送機の機種については、ボーイング767空中給油・輸送機とすることを了承する。」

17. 令和4年度以降の防衛力整備の主要な事項

(1) 令和4年度における防衛力整備内容のうちの主要な事項について

（令和3年12月24日国家安全保障会議決定）

令和4年度における防衛力整備内容のうちの主要な事項については、次のとおりとする。

1. 自衛官の定数の変更

自衛官の定数を次の通り変更とする。

陸上自衛隊	90人減
海上自衛隊	14人減
航空自衛隊	66人増
共同の部隊	134人増
統合幕僚監部	1人増

2. 装備についての種類及び数量

別表のとおり調達し、又は建造に着手する。

別 表

区 分	種 類	数 量
陸上自衛隊	16式機動戦闘車 03式中距離地対空誘導弾（改） 10式戦車 19式装輪自走155mmりゅう弾砲	33両 1個中隊 6両 7両
海上自衛隊	護衛艦（3,900トン型） 潜水艦（3,000t型） 掃海艦（690トン型） 音響測定艦（2,900トン型） 海洋観測艦（3,500トン型） 掃海・輸送ヘリコプター（MCH−101）	2隻 1隻 1隻 1隻 1隻 1機
航空自衛隊	戦闘機（F−35A） 戦闘機（F−35B）	8機 4機

(2) 令和5年度における防衛力整備内容のうちの主要な事項等について

（令和4年12月23日国家安全保障会議決定）

「国家防衛戦略について」（令和4年12月16日国家安全保障会議決定及び閣議決定）及び「防衛力整備計画について」（令和4年12月16日国家安全保障会議決定及び閣議決定）を踏まえ、令和6年度以降の防衛力整備内容のうちの主要な事項の決定の在り方については今後検討の上、必要な措置を講ずる。

なお、「防衛力の整備内容のうち主要な事項の取り扱いについて」（昭和51年11月5日国防会議及び閣議決定）に基づいて決定する令和5年度における防衛力整備内容のうちの主要な事項については、次のとおりとする。

1．自衛官の定数の変更

　　自衛官の定数を次の通り変更とする。

陸上自衛隊	255人減
海上自衛隊	121人増
航空自衛隊	18人減
共同の部隊	144人増
統合幕僚監部	8人増

2．装備についての種類及び数量

　　別表のとおり調達し、又は建造に着手する。

3．開発項目

　　極超音速誘導弾の研究開発に着手する。

　　島嶼防衛用高速滑空弾（能力向上型）の研究開発に着手する。

　　03式中距離地対空誘導弾（改善型）能力向上型の研究開発に着手する。

別　表

区　分	種　類	数　量
陸上自衛隊	12式地対艦誘導弾能力向上型（仮称）	1個中隊
	島嶼防衛用高速滑空弾（仮称）	3個中隊
	03式中距離地対空誘導弾（改善型）	1個中隊
	12式短距離地対空誘導弾	3式
	多用途ヘリコプター（UH-2）	13機
	16式機動戦闘車	24両
	中距離多目的誘導弾	9セット
	10式戦車	9両
	19式装輪自走155mmりゅう弾砲	12両
海上自衛隊	護衛艦（3,900トン型）	2隻
	潜水艦（3,000トン型）	1隻
	固定翼哨戒機（P-1）	3機
	哨戒ヘリコプター(SH-60K（能力向上型）)	6機
	掃海・輸送ヘリコプター（MCH-101）	2機
	トマホーク	1
航空自衛隊	早期警戒期（E-2D）	5機
	戦闘機（F-35A）	8機
	戦闘機（F-35B）	8機
	戦闘機（F-15）の能力向上	18機
	輸送機（C-2）	2機

（注）上記整備数量のほか、イージス・システム搭載艦の構成品等を取得

(3) 令和6年度における防衛力整備内容のうちの主要な事項について

(令和5年12月22日国家安全保障会議決定)

「防衛力の整備内容のうち主要な事項の取扱いについて」(昭和51年11月5日国防会議及び閣議決定) に基づいて決定する令和6年度における防衛力整備内容のうちの主要な事項については、次のとおりとする。

1. 自衛隊法 (昭和29年法律第165号) の改正を要する部隊の組織、編成又は配置の変更

   統合作戦司令部 (仮称) を新編する。

   海上自衛隊大湊地方隊を改編する。

2. 自衛官の定数の変更

陸上自衛隊	478人減
海上自衛隊	38人増
航空自衛隊	31人増
共同の部隊	461人増
統合幕僚監部	51人減
防衛装備庁	1人減

3. 装備についての種類及び数量

   別表のとおり調達し、又は建造に着手する。

4. 開発項目

   新地対艦・地対地精密誘導弾の研究開発に着手する。

   新艦対空誘導弾 (能力向上型) の研究開発に着手する。

   GPI (滑空段階迎撃用誘導弾) の日米共同開発に着手する。

別　表

区　分	種　類	数　量
スタンド・オフ・ミサイル	12式地対艦誘導弾能力向上型（地上発射型）	2個中隊
統合防空ミサイル防衛に用いる装備	03式中距離地対空誘導弾（改善型） 11式短距離地対空誘導弾 イージス・システム搭載艦	2個中隊 3個中隊 2隻
護衛艦、潜水艦及び作戦用航空機（スタンド・オフ・ミサイル及び統合防空ミサイル防衛に用いる装備を除く。）	護衛艦 潜水艦 戦闘機（F-35A） 戦闘機（F-35B） 固定翼哨戒機（P-1） 哨戒ヘリコプター（SH-60L） 多用途ヘリコプター（UH-2） 輸送ヘリコプター（CH-47JA） 輸送ヘリコプター（CH-47J）	2隻 1隻 8機 7機 3機 6機 16機 12機 5機
整備に数か年の長期を要し、かつ、多額の経費を要するもの（スタンド・オフ・ミサイル、統合防空ミサイル防衛に用いる装備、護衛艦、潜水艦及び作戦用航空機を除く。）	補給艦 電波情報収集機（RC-2）	1隻 1機

18. 弾道ミサイル防衛（BMD:Ballistic Missile Defense）

1. BMDに関する政策面の要点

○防衛戦略上の意義

　BMDは、弾道ミサイル攻撃に対し、我が国の防衛能力を獲得するものであって、我が国国民の生命・財産を守るための純粋に防御的な手段として、専守防衛の理念に合致するもの。また、日米同盟関係の強化といった意義が挙げられる。

○安全保障環境への影響

・　BMDは、相手方が弾道ミサイルを発射しなければ応ずるものではなく、それ自体がいわゆる攻撃能力を有さない、我が国が主体的に運用する純粋に防御的なシステムであり、周辺国に脅威を与えるものではない。

・　他方、周辺国・地域に対しては、本システムは特定の国・地域を対象としたものではなく、周辺地域の安定に悪影響を与えるものではない旨、必要に応じ説明し、透明性を確保しつつ、国際的な認識を広げていくことが重要。

○技術的実現可能性

・　2002年12月、米国は2004-2005年のBMD初期配備を決定・公表し、以降毎年1兆円近くの予算を計上。これは、レーガン政権からの研究開発が初めて実を結んだとの意義を有し、技術的基盤が既に確立してきていることを意味する。

・　特にペトリオットPAC-3は、良好な試験結果を経て、2003年のイラクに対する武力行使にも試験的に投入され、既に量産段階に至っており、イージス艦を用いたシステムも良好な試験結果の下、2004年9月から弾道ミサイル探知追尾能力を持ったイージス艦の配備が、2006年秋から迎撃能力を有するイージス艦の配備がそれぞれ開始されている。

○迎撃等に関する規定

・　2005年7月、防衛出動が下命されていない状況において、我が国に飛来する弾道ミサイル等を破壊できるよう、自衛隊法の改正法が成立。

　なお、同改正では、迅速かつ適切な対処とシビリアンコントロールの確保に留意。

○武器輸出三原則等との関係

・　2004年12月の新防衛大綱に関する官房長官談話の中で、武器輸出三原則等については、弾道ミサイル防衛（BMD）システムは、日米安保体制の効果的な運用に寄与し、我が国の安全保障に資するとの観点から、共同で開発・生産を行うこととなった場合には、厳格な管理を行う前提で武器輸出三原則等によらないこととした。なお、平成26年4月に策定された防衛装備移転三原則においても、引き続き、海外移転を認め得るものとされている。

2. 我が国のこれまでの取組と日米協力

○TMD日米作業グループ（平成5年12月以降）

　米国のTMDプログラムの概要等について、事務レベルで情報交換を実施。

○我が国のBMDの在り方に関する検討

　BMDシステムの具体的な内容、技術的実現可能性等多岐にわたり、総合的見地から十分に検討することが必要であるとの観点から、米側の協力も得ながら、平成7年度より「我が国の防空システムの在り方に関する総合的調査研究」を実施。

○日米弾道ミサイル防衛共同研究（平成7年〜9年）

　弾道ミサイルの特性やBMDシステムの技術的可能性等について、日米の専門家レベルで研究作業等を実施。

○日米共同技術研究

・　平成10年10月25日に安全保障会議が開催され、「弾道ミサイル防衛（BMD）に係る日米共同技術研究」について審議を行い、弾道ミサイル防衛に対する認識及び政策上考慮すべき要素の検討結果を踏まえ、平成11年度より海上配備型システムを対象とした日米共同技術研究に着手すること等について了承し、政府として着手を決定。平成11年度から平成18年度までに関連経費として約269億円を計上してきた。

・　平成11年8月13日の閣議決定を経て、同8月16日に弾道ミサイル防衛（BMD）に係る日米共同技術研究に関する書簡が外務大臣と駐日米国大使との間で交換されたことを受け、防衛庁と米国防省との間で、同研究を実施するための了解覚書（MOU）を署名。

○弾道ミサイル防衛に関する包括的協力枠組み

・　平成16年12月14日の閣議決定を経て、同日に弾道ミサイル防衛協力に関する書簡が外務大臣と駐日米国大使との間で取り交わされたことを受け、防衛庁と米国防省との間で「弾道ミサイル防衛に関する了解覚書（日／米BMD MOU）」を締結。

○能力向上型迎撃ミサイル（SM−3ブロックⅡA）に関する日米共同開発への移行

・　平成17年12月、これまで行ってきた海上配備型上層システムの主要4構成品（ノーズコーン、第2段ロケットモーター、キネティック弾頭、赤外線シーカー）について、要素技術の確認が終了し、技術的な課題解明の見通しを得たことを受け、安全保障会議及び閣議において共同開発へ移行することを決定。平成18年6月、日米両政府間で正式に合意され、日米共同開発が開始。

○SM−3ブロックⅡAの共同生産・配備段階への移行

・　平成28年12月22日、国家安全保障会議（NSC）9大臣会合において、SM−3ブロックⅡAの共同生産・配備段階への移行が決定された。

能力向上型迎撃ミサイルの概要

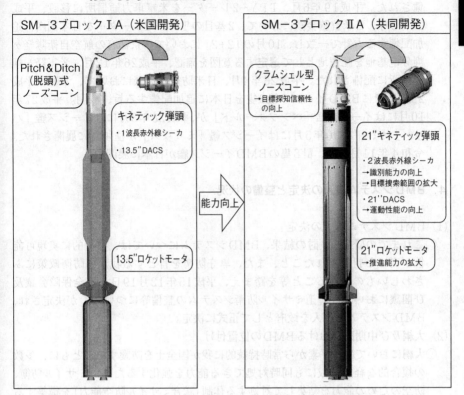

SM－3ブロックⅠA（米国開発）

Pitch & Ditch
（脱頭）式
ノーズコーン

キネティック弾頭
・1波長赤外線シーカ
・13.5"DACS

13.5"ロケットモータ

能力向上

SM－3ブロックⅡA（共同開発）

クラムシェル型
ノーズコーン
→目標探知信頼性
の向上

21"キネティック弾頭
・2波長赤外線シーカ
→識別能力の向上
→目標捜索範囲の拡大
・21"DACS
→運動性能の向上

21"ロケットモータ
→推進能力の拡大

3. 米国BMDシステムの初期配備の決定及び日本周辺への展開

○平成13年12月17日にブッシュ大統領は抑止態勢の新たな3本柱の1つである防衛システムの一部と位置付けられたミサイル防衛について、2004年から2005年までの間に、地上配備型ミッドコース防衛システム・海上配備型ミッドコース防衛システム（イージスBMDシステム）及びペトリオットPAC-3からなるBMDシステムの初期配備を決定した。平成17年10月及び平成18年5月の「2+2」において合意された共同文書において、米国は適切な場合に、日本及びその周辺に補完的な能力を追加的に展開し、日本のミサイル防衛を支援するためにその運用につき調整すること、新たな米軍のXバンドレーダーを航空自衛隊車力分屯基地に配備すること、米国の条約上のコミットメントを支援するため、米国は、適切な場合に、ペトリオットPAC-3やスタンダード・ミサイル（SM-3）といった積極防御能力を展開すること等が決定された。この決定に基づき、平成18年6月、TPY-2レーダーを青森県の航空自衛隊車力分屯基地に配備し、8月にはミッドコースでの弾道ミサイル迎撃能力を保有するイージス艦「シャイロー」が横須賀に展開。

9月には、米軍のペトリオットPAC-3が、沖縄県の在日米軍嘉手納基地に配備された。平成19年6月、TPY-2レーダーを米軍車力通信所に移設、平成25年2月、日米首脳会談において、2基目のTPY-2レーダーを日本国内に追加配備する方針で一致し、10月の「2+2」において、京都府の航空自衛隊経ヶ岬分屯基地を配備地として選定する意図を確認、平成26年12月、米軍経ヶ岬通信所に配備された。平成26年4月、日米防衛相会談において、米国が平成29年までにBMDイージス艦2隻を日本に追加配備する旨、表明。平成27年10月にはイージス艦「ベンフォールド」が、平成28年3月にはイージス艦「バリー」が、平成30年5月にはイージス艦「ミリウス」が横須賀に展開された。令和4年11月現在、計8隻のBMDイージス艦が日本に展開中。。

4. BMDシステム導入の決定と整備の状況

(1) BMDシステム導入の決定
　○これまでの研究・検討の結果、BMDシステムについては、技術的に実現可能性が高いと判断されたこと、また、専守防衛を旨とする我が国防衛政策にふさわしいものであること等を踏まえ、平成15年12月19日、安全保障会議及び閣議において「弾道ミサイル防衛システムの整備等について」が決定され、BMDシステムの導入を政府として正式に決定。
(2) 大綱及び中期防におけるBMDの位置付け
　○大綱においては、平素から常時持続的に我が国全土を防護するとともに、多数の複合的な経空脅威にも同時対処できる能力を強化するため、ミサイル防衛、防空のための能力を結集して対処する体制（総合ミサイル防空能力）を構築することとされた。
　○中期防においては、陸上配備型イージス・システム（イージス・アショア）及び弾道ミサイル防衛用迎撃ミサイル（SM-3ブロックⅡA）を配備するほか、引き続きイージス・システム搭載護衛艦（DDG）、地対空誘導弾ペトリオット、及び自動警戒管制システム（JADGE）の能力向上を行うこととされた。また、陸上自衛隊において弾道ミサイル防衛部隊2個隊を新編するほか、航空自衛隊において地対空誘導弾部隊24個高射隊は維持しつつ、6個高射群から4個高射群に改編することが明記された。
(3) 陸上配備型イージス・システム（イージス・アショア）の導入等について
　○北朝鮮の核・ミサイル開発は、我が国の安全に対する、より重大かつ差し迫った新たな段階の脅威となっており、平素から我が国を常時・持続的に防護できるよう弾道ミサイル防衛能力の技術的な向上を図る必要があり、平成29年12月19日、「弾道ミサイル防衛能力の抜本的向上について」を国家安全保障会議（NSC）9大臣会合及び閣議で決定。新たな弾道ミサイル防衛システムとして弾道ミサイル攻撃から我が国を常時・持続的に防護し得る陸上配備型イージス・

システム（イージス・アショア）2基を導入し、これを陸上自衛隊において保持することとした。

○イージス・アショアとした理由については、イージス・アショアは、広域の防衛を目的としたアセットであり、2基で我が国を常時・持続的に防護することが可能であり、イージス艦の整備体制や教育体制を活用することが可能であることから、費用対効果や可及的速やかに導入する観点を踏まえたもの。

○陸上自衛隊においてイージス・アショアを保持する理由としては、北朝鮮は弾道ミサイル能力の増強を進めており、我が国に対するこれまでにない重大かつ差し迫った脅威となっている中、陸海空自衛隊がそれぞれ持てる資源を最大限活用し、陸海空自衛隊の総力を結集する形で統合運用を一層進め、北朝鮮の弾道ミサイルから防衛する態勢を構築することが必要であること、また、イージス・アショアは、陸上に迎撃用の装備品を固定的に設置するものであり、このことから、平素の施設警備について高い能力が必要であることを総合的に勘案したもの。

○しかしながら、その後、引き続き米側との協議を行い、検討を進めてきた結果、令和2（2020）年5月下旬、SM-3の飛翔経路をコントロールし、むつみ演習場内又は新屋演習場など沿岸部の場所にあっては海上にブースターを確実に落下させるためには、ソフトウェアのみならず、ハードウェアを含め、システム全体の大幅改修が必要となり、相当のコストと期間を要することが判明した。

○防衛省としては、この追加のコスト及び期間に鑑み、イージス・アショアの配備に関するプロセスを停止することとし、同年6月15日、その旨を公表するに至ったもの。

○同9月以降、イージス・アショアの代替策に関し、イージス・アショアの構成品を移動式の洋上プラットフォームに搭載する方向で、米国政府や日米の民間事業者を交え、技術的実現性などについて検討を進め、イージス・アショアの構成品を洋上プラットフォームへ搭載することが技術的に可能であることを確認した。

○検討の結果、同年12月、厳しさを増すわが国を取り巻く安全保障環境により柔軟かつ効果的に対応していくための、あるべき方策の一環として、陸上配備型イージス・システム（イージス・アショア）に替えて、イージス・システム搭載艦2隻を整備することを閣議決定した。

［30大綱別表（抜粋）］

陸上自衛隊	基幹部隊	弾道ミサイル防衛部隊		2個弾道ミサイル防衛部隊
海上自衛隊	主要装備	（イージス・システム搭載護衛艦）		（8隻）
航空自衛隊	基幹部隊	航空警戒管制部隊		28個警戒隊
		地対空誘導弾部隊		4個高射群（24個高射隊）

(注) 陸上配備型イージス・システム（イージス・アショア）2基を整備することに伴い、「2個弾道ミサイル防衛隊」を保持することとしたが、2020年12月の閣議決定により、陸上配備型イージス・システム（イージス・アショア）に替えて、イージス・システム搭載艦2隻を整備し、同艦は海上自衛隊が保持することとなった。

(4) 予算の状況

○平成23年度予算：約473億円（契約ベースの金額。以下同じ。）
○平成24年度予算：約570億円
○平成24年度補正予算：約109億円
○平成25年度予算：約283億円
○平成26年度予算：約606億円
○平成27年度予算：約2,449億円
○平成28年度予算：約2,193億円
○平成28年度補正予算：約1,491億円
○平成29年度予算：約649億円
○平成29年度補正予算：約768億円
○平成30年度予算：約1,365億円
○平成31年度予算：約3,543億円
○令和2年度予算：約1,134億円
○令和3年度予算：約1,139億円
○令和3年度補正予算：643億円
○令和4年度予算案：731億円

(5) これまでのBMDシステムの整備状況

○16大綱におけるBMDシステム整備計画

16大綱におけるBMD整備計画については、イージス艦4隻へのBMD能力の付与、3個高射群及び教育所要（※16個高射隊）のペトリオットPAC-3、4基のFPS-5及び7基のFPS-3改（能力向上型）を整備することとし、平成23年度（平成16年度から8年間）をもって、16大綱の整備目標を達成した。

※第1、2、4高射群（12個高射隊）＋教育所要としての高射教導隊（3個高射隊）、第2術科学校（1個高射隊）で計16個高射隊となる。

○22大綱におけるBMDシステム整備計画

　22大綱においては、常続的な待機体制を強化し、弾道ミサイル対処能力全般の更なる強化を図るため、イージス艦については、新たに「あたご」型2隻にBMD能力を付与し、ペトリオットPAC-3については、新たに1個高射隊をPAC-3化するとともに、全国にPAC-3を再配置することとした。（平成29年度予算案における「あしがら」のBMD能力付与に必要な経費の計上により、平成30年度をもって整備目標を達成する見込み。）

○25大綱におけるBMDシステム整備計画

　25大綱においては、即応態勢、同時対処能力及び継続的に対処できる能力を強化し、我が国全域を防護し得る能力の強化を図るため、イージス・システム搭載護衛艦や地対空誘導弾ペトリオットの更なる能力向上を行うこととした。さらに、弾道ミサイルの探知・追尾能力を強化するため、自動警戒管制システムや固定式警戒管制レーダーの整備及び能力向上を推進することとした。

我が国のミサイル防衛（MD）体制

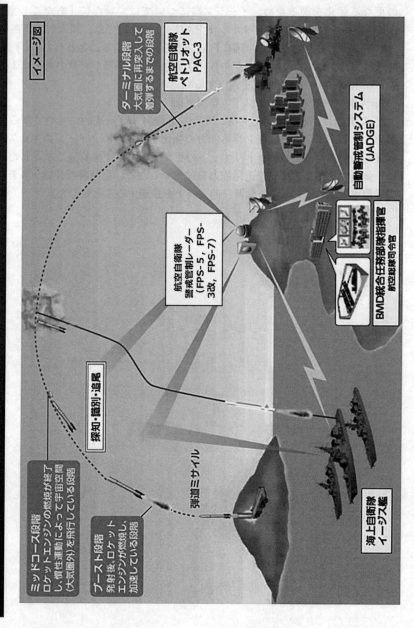

イメージ図

ターミナル段階
大気圏に再突入して
着弾するまでの段階

**航空自衛隊
パトリオット
PAC-3**

**自動警戒管制システム
（JADGE）**

**航空自衛隊
警戒管制レーダー
（FPS-5，FPS-
3改，FPS-7）**

**BMD統合任務部隊指揮官
航空総隊司令官**

探知・識別・追尾

弾道ミサイル

**海上自衛隊
イージス艦**

ミッドコース段階
ロケットエンジンの燃焼が終了
し、慣性運動によって宇宙空間
（大気圏外）を飛行している段階

ブースト段階
発射後、ロケット
エンジンが燃焼し、
加速している段階

19. 防衛力整備の推移

(1) 防衛力整備の推移 （平成30～令和5年度）

		30年度	令和元年度	令和2年度	令和3年度	令和4年度	令和5年度
陸上自衛隊	編成定数	158,909人	158,758人	158,676人	158,571人	158,481人	158,226人
	常備自衛官定員	150,834人	150,777人	150,695人	150,590人	150,500人	150,245人
	即応予備自衛官員数	8,075人	7,981人	7,981人	7,981人	7,981人	7,981人
	予備自衛官	46,000人	46,000人	46,000人	46,000人	46,000人	46,000人
	予備自衛官補	4,600人	4,600人	4,600人	4,600人	4,600人	4600人
	基幹部隊	5個方面隊	5個方面隊	5個方面隊	5個方面隊	5個方面隊	5個方面隊
		9個師団	9個師団	9個師団	9個師団	9個師団	9個師団
		6個旅団	6個旅団	6個旅団	6個旅団	6個旅団	6個旅団
		陸上総隊	陸上総隊	陸上総隊	陸上総隊	陸上総隊	陸上総隊
	地対空誘導弾部隊	6個群/1個連隊	6個群/1個連隊	6個群/1個連隊	6個群/1個連隊	6個群/1個連隊	7個群/1個連隊
海上自衛隊	艦艇	約496,000トン	約504,000トン	約511,000トン	約512,000トン	約523,000トン	約525,000トン
	航空機	約270機	約270機	約270機	約270機	約270機	約260機
	護衛隊群	4群	4群	4群	4群	4群	4群
	掃海隊群	1群	1群	1群	1群	1群	1群
	潜水隊群	2群	2群	2群	2群	2群	2群
	航空群	7群	7隊	7隊	7隊	7隊	7隊
	地方隊	5隊	5隊	5隊	5隊	5隊	5隊
航空自衛隊	航空機	約760機	約750機	約730機	約740機	約740機	約750機
	戦闘機部隊	20隊	20隊	20隊	20隊	20隊	20隊
		12隊	12隊	12隊	12隊	12隊	12隊
	偵察機部隊	1隊	1隊	一	一	一	一
	輸送機部隊	3隊	3隊	3隊	3隊	3隊	3隊
	空中給油・輸送機部隊	1隊	1隊	2隊	2隊	2隊	2隊
	警戒航空部隊	3隊	3隊	3隊	3隊	3隊	3隊
	航空警戒管制部隊	8群	8群	8群	28群	28群	28群
		20隊	20隊	20隊			
	地対空誘導弾部隊	6群	6群	6群	6群	4群	4群

(2) 令和5年度の主要な事項関連勢力推移 (令和5.12.22現在)

主要装備等		5年度予算案完成時見込(注)	6年度予算案による増加	6年度予算案完成時見込(注)	備考
自衛官定数	陸上自衛隊	158,226人	△478人	157,748人	
	常備自衛官定数	150,245人	△478人	149,767人	
	即応予備自衛官員数	7,981人	—	7,981人	
	海上自衛隊	45,414人	38人	45,452人	
	航空自衛隊	46,976人	31人	47,007人	
	共同の部隊	1,732人	461人	2,193人	
	統合幕僚監部	394人	△51人	343人	
	情報本部	1,936人	—	1,936人	
	内部部局	50人	—	50人	
	防衛装備庁	407人	△1人	406人	
	計	247,154人	—	247,154人	
		255,135人	—	255,135人	
予備自衛官員数		47,900人	—	47,900人	
即応予備自衛官員数		4,621人	—	4,621人	
主要装備	陸上自衛隊　甲車両	約1,000両	60	約1,030両	
	水陸両用車	約50両	—	約50両	
	戦闘用航空機	約330機	28	約350機	
	地対艦誘導弾連隊	7個連隊／1個連隊	1個連隊	7個連隊／1個連隊	
	戦車	約300両	10	約300両	
	火砲	約300両	16	約300両	
	機動戦闘車	約220両	19	約240両	
	海上自衛隊　艦艇	140隻	4	139	
	護衛艦	52隻	2	53	
	潜水艦	22隻	1	22	
	その他艦艇	66隻	1	64	
	作戦用航空機	約160機	7	約160機	
	航空自衛隊　作戦用航空機	約370機	15機	約380機	
	戦闘機	約290機	5機	約310機	
	偵察機	—	—	—	
	輸送機	約10機	—	約10機	
	空中給油・輸送機	約50機	—	約50機	
	早期警戒管制機	約20機	—	約20機	
	地対空誘導弾	4群	—	4群	

(注)1　完成時見込は、自衛官定数及び予備自衛官員数については当該年度末であるが、主要装備については、その調達完了年度末の見込を示しており、一律の年度ではない。主要装備については、調達に2年以上を要するものが大部分である。

(注)2　（　）内は、即応予備自衛官を除いた自衛官の定数である。

20. 自衛隊の任務と行動

(1) 自衛隊の任務

1. 自衛隊は、我が国の平和と独立を守り、国の安全を保つため、我が国を防衛することを主たる任務とし、必要に応じ、公共の秩序の維持に当たるものとする。

2. 自衛隊は、前項に規定するもののほか、同項の主たる任務の遂行に支障を生じない限度において、かつ、武力による威嚇又は武力の行使に当たらない範囲において、次に掲げる活動であつて、別に法律で定めるところにより自衛隊が実施することとされるものを行うことを任務とする。

(一) 我が国の平和及び安全に重要な影響を与える事態に対応して行う我が国の平和及び安全の確保に資する活動

(二) 国際連合を中心とした国際平和のための取組への寄与その他の国際協力の推進を通じて我が国を含む国際社会の平和及び安全の維持に資する活動

(自衛隊法第3条第1項、第2項)

（2）自衛隊の行動

　自衛隊が任務遂行のため行う行動の概要は下表のとおりである。

区分　項目	防　衛　出　動	同　　待　　機	防御施設構築の措置	防衛出動下令前の行動関連措置
自衛隊法等上の根拠	76条	77条	77条の2	77条の3及び米軍等行動関連措置法
対象事態	わが国に対する外部からの武力攻撃が発生した事態又は武力攻撃が発生する明白な危険が切迫していると認められるに至った事態及び我が国と密接な関係にある他国に対する武力攻撃が発生し、これにより我が国の存立が脅かされ、国民の生命、自由及び幸福追求の権利が根底から覆される明白な危険がある事態に際して、わが国を防衛するため必要があると認める場合	事態が緊迫し、防衛出動命令が発せられることが予測される場合において、これに対処するため必要があると認めるとき	事態が緊迫し、防衛出動命令（武力攻撃事態におけるものに限る）が発せられることが予測される場合において、出動を命ぜられた自衛隊の部隊を展開させることが見込まれ、かつ、防備をあらかじめ強化しておく必要があると認める地域（展開予定地域）があるとき	事態が緊迫し、防衛出動命令が発せられることが予測される場合
手続き等	国会（又は緊急集会）の承認。ただし緊急時は命令後直ちにその承認を求める	国会の承認（対処基本方針の閣議決定後）。内閣総理大臣の承認	国会の承認（対処基本方針の閣議決定後）。内閣総理大臣の承認	（物品提供）－（役務提供）国会の承認（対処基本方針の閣議決定後）。内閣総理大臣の承認
命令権者	内閣総理大臣	防衛大臣	防衛大臣	（物品提供）防衛大臣又はその委任を受けた者（役務提供）防衛大臣
内容	自衛隊の全部又は一部の出動	自衛隊の全部又は一部の出動待機	陣地その他の防御のための施設の構築	行動関連措置としての物品及び役務の提供

218

項目＼区分	国民保護派遣	命令による治安出動	同　待　機	治安出動下令前に行う情報収集
自衛隊法等上の根拠	77条の4	78条	79条	79条の2
対象事態	国民保護法の規定により国民保護措置を円滑に実施するため必要があるとして都道府県知事から要請を受けた場合において事態やむを得ないと認めるとき、又は武力攻撃事態等対策本部長（緊急対処事態対策本部長）から求めがあったとき	間接侵略その他の緊急事態に際して、一般の警察力をもっては治安を維持することができないと認められる場合	事態が緊迫し、治安出動命令が発せられることが予測される場合において、これに対処するため必要があると認めるとき	治安出動が下令されること及び小銃、機関銃などの強力な武器を所持した者による不法行為が行われることが予測される場合において、当該事態の状況の把握に資する情報の収集を行うため特別の必要があると認めるとき
手続き等	都道府県知事の要請又は対策本部長の求め及び内閣総理大臣の承認	出動を命じた日から20日以内に国会に付議、その承認を求める	内閣総理大臣の承認	国家公安委員会と協議の上、内閣総理大臣の承認
命令権者	防衛大臣	内閣総理大臣	防衛大臣	防衛大臣
内容	部隊等の派遣	自衛隊の全部又は一部の出動	自衛隊の全部又は一部の出動待機	武器を携行する自衛隊の部隊による情報の収集

区分 項目	要請による治安出動	警 護 出 動	海上における警備行動	海賊対処行動
自衛隊法等上の根拠	81条	81条の2	82条	82条の2及び海賊対処法
対象事態	都道府県知事が治安維持上重大な事態につきやむを得ないと認め、かつ内閣総理大臣が事態やむを得ないと認める場合	自衛隊の施設や在日米軍の施設・区域において大規模なテロ攻撃が行われるおそれがあり、かつ、その被害を防止するため特別の必要があると認める場合	海上における人命若しくは財産の保護又は治安の維持のため特別の必要がある場合	海賊行為に対処するための特別の必要がある場合
手続き等	都道府県知事が公安委員会と協議の上、内閣総理大臣に要請	道府県知事の意見聴取、防衛大臣と国家公安委員会との間で協議させた上で、警護を行うべき施設等及び期間を指定	内閣総理大臣の承認	関係行政機関の長と協議して、対処要項を作成し、内閣総理大臣に提出した上で、内閣総理大臣の承認を得る
命令権者	内閣総理大臣	内閣総理大臣	防衛大臣	防衛大臣
内容	部隊等の出動	自衛隊施設又は在日米軍の施設及び区域の警護	自衛隊の部隊の海上における必要な行動	自衛隊の部隊による海賊対処行動

区分　項目	弾道ミサイル等に対する破壊措置	災害派遣	地震防災派遣	原子力災害派遣
自衛隊法等上の根拠	82条の3	83条	83条の2	83条の3
対象事態	弾道ミサイル等が我が国に飛来するおそれがあり、その落下による我が国領域における人命又は財産に対する被害を防止するため必要があると認めるとき（第1項）、又は事態が急変し、総理の承認を得るいとまがない緊急の場合（第3項）	都道府県知事その他政令で定める者から天災地変その他の災害に際して、人命又は財産の保護のために必要があるとして要請を受けた場合において、事態やむを得ないと認めるとき	大規模地震対策特別措置法の規定により地震応急対策を的確かつ迅速に実施する必要があるとして地震災害警戒本部長から要請を受けたとき	原子力災害対策特別措置法の規定により原子力災害対策を的確かつ迅速に実施する必要があるとして原子力災害対策本部長から要請を受けたとき
手続き等	内閣総理大臣の承認（第1項）防衛大臣が作成し、内閣総理大臣の承認を受けた緊急対処要領に従う（第3項）	都道府県知事その他政令で定める者の要請（ただし緊急を要する場合は要請を待たない）	地震災害警戒本部長（内閣総理大臣）の要請	原子力災害対策本部長（内閣総理大臣）の要請
命令権者	防衛大臣	防衛大臣又はその指定する者	防衛大臣	防衛大臣
内容	我が国に向けて飛来する弾道ミサイル等を我が国領域又は公海（海洋法に関する国際連合条約に規定する排他的経済水域を含む。）の上空において破壊する措置	部隊等の派遣	部隊等の派遣	

区分／項目	対領空侵犯措置	機雷等の除去	在外邦人等の保護措置	在外邦人等の輸送
自衛隊法等上の根拠	84条	84条の2	84条の3	84条の4
対象事態	外国の航空機が国際法規又は航空法その他の法令の規定に違反してわが国の領域の上空に侵入したとき		外国における緊急事態	外国における災害、騒乱その他の緊急事態
手続き等			外務大臣からの生命又は身体に危害が加えられるおそれがある邦人の警護、救出その他の当該邦人の生命又は身体の保護のための措置を行うことの依頼。外務大臣と当該措置についての協議の上、内閣総理大臣の承認。	外務大臣からの生命又は身体の保護を要する邦人の輸送の依頼。外務大臣と当該輸送において予想される危険及びこれを避けるための方策についての協議。
命令権者	防衛大臣	防衛大臣	防衛大臣	防衛大臣
内容	領空侵犯機を着陸させ、又は退去させるために必要な自衛隊の部隊の措置	海上における機雷その他の爆発性の危険物の除去及びこれらの処理	在外邦人等の警護、救出その他の当該邦人の生命又は身体の保護のための措置（輸送を含む。）	在外邦人等の輸送

区分／項目	後方支援活動等	協力支援活動等	国際緊急援助活動	国際平和協力業務
自衛隊法等上の根拠	84条の5、重要影響事態安全確保法及び船舶検査活動法	84条の5、国際平和支援法及び船舶検査活動法	84条の5及び国際緊急援助隊法	84条の5及び国際平和協力法
対象事態	我が国の平和及び安全に重要な影響を与える事態	国際社会の平和及び安全を脅かす事態であって、その脅威を除去するために国際社会が国際連合憲章の目的に従い共同して対処する活動を行い、かつ、我が国が国際社会の一員としてこれに主体的かつ積極的に寄与する必要があるもの	海外の地域、特に開発途上にある海外の地域において大規模な災害が発生し、又は発生しようとしている場合	
手続き等	国会の承認（基本計画の閣議決定後。原則事前承認）。内閣総理大臣の承認（実施要項）。	国会の承認（基本計画の閣議決定後。例外なき事前承認）。内閣総理大臣の承認（実施要項）。	被災国政府等より国際緊急援助隊派遣の要請があった場合で特に必要と認める場合、外務大臣との協議。	国際平和協力本部長（内閣総理大臣）の要請。自衛隊の部隊等が国際連合平和維持活動又は国際連携平和安全活動のために平和維持隊の本隊業務又は安全確保業務を行う場合に限り、国会の承認（原則事前承認）。
命令権者	（物品提供）防衛大臣又はその委任を受けた者（役務提供、捜索救助活動、船舶検査活動）防衛大臣	（物品提供）防衛大臣又はその委任を受けた者（役務提供、捜索救助活動、船舶検査活動）防衛大臣	防衛大臣	防衛大臣
内容	後方支援活動：合衆国軍隊等に対する物品及び役務の提供、便宜の供与その他の支援措置　捜索救助活動：重要影響事態において行われた戦闘行為によって遭難した戦闘参加者について、その捜索又は救助を行う活動（救助した者の輸送を含む。）　船舶検査活動：船舶の積荷及び目的地を検査し、確認する活動並びに必要に応じ当該船舶の航路又は目的港もしくは目的地の変更を要請する活動	協力支援活動：諸外国の軍隊等に対する物品及び役務の提供　捜索救助活動：諸外国の軍隊等の活動に際して行われた戦闘行為によって遭難した戦闘参加者について、その捜索又は救助を行う活動（救助した者の輸送を含む。）　船舶検査活動：船舶の積荷及び目的地を検査し、確認する活動並びに必要に応じ当該船舶の航路又は目的港もしくは目的地の変更を要請する活動	国際緊急援助活動及び当該活動に係る輸送	部隊等による国際平和協力業務、委託に基づく輸送等

21. 不審船への対応

(1) 能登半島沖不審船事案

① 能登半島沖不審船事案の経緯

平成11年3月23日(火):

0642〜	P−3Cが、佐渡島西方約10海里の領海内において、不審船らしいものを視認した。「はるな」を確認に向かわせた。
0925	P−3Cが、能登半島東方約25海里の領海内において、不審船らしいものを視認した。
1100	能登半島東方沖に進出した「はるな」が、不審船らしいものの船名(第二大和丸ほか1隻)を確認し、海上保安庁に通報した。
1210	佐渡島西方に移動した「はるな」が、不審船らしいものの船名(第一大西丸)を確認した。
1303	「はるな」が、さらに1隻の不審な漁船(第一大西丸)を発見した旨、海上保安庁に通報した。
1306	「みょうこう」が、第二大和丸の追尾を開始した。
2347	「はるな」は、レーダーにより、第一大西丸の停船を確認した。

3月24日(水):

0009	「はるな」は、第一大西丸の航行再開を確認した。
0030	運輸大臣から、防衛庁長官に対し、海上保安庁の能力を超える事態に至ったので、この後は内閣において判断されるべきものである旨の連絡があった。防衛庁長官は、内閣総理大臣に対して、海上における警備行動の承認の申請を行った。
0045	内閣総理大臣は、海上警備行動を承認した。(安全保障会議、閣議決定)
0050	防衛庁長官により海上警備行動が発令された。
0100	「はるな」が、第1大西丸に停船命令(無線及び発光信号)を実施した。
0118	「みょうこう」が、第2大西丸に停船命令(無線及び発光信号)を実施した。
0119〜0224	「みょうこう」が、第2大西丸に13回(計13発)警告射撃を実施した。
0132〜0438	「はるな」が、第1大西丸に12回(計22発)警告射撃を実施した。
0312〜0313	P−3Cが、第二大和丸の周辺に爆弾(4発)を警告投下した。
0320	第二大和丸が防空識別圏を通過し、同船への追尾を終了した。
0401	別のP−3Cが、第一大西丸の周辺に爆弾(4発)を警告投下した。
0541	上記2機と異なるP−3Cが、第一大西丸の周辺に爆弾(4発)を警告投下した。
0606	第一大西丸が防空識別圏を通過し、同船への追尾を終了した。
1530	防衛庁長官より、海上警備行動の終結が発令された。

② **衆議院運輸委員会における柳澤運用局長報告**（平成11年3月30日）

1. 能登半島沖で発見された2隻の不審船舶に対する自衛隊の対応について御報告申し上げます。

   3月23日、警戒監視活動を実施中の海上自衛隊の航空機P-3Cが、2隻の不審船舶を発見しました。このため、訓練に向かっていた護衛艦を現場に向かわせ不審船舶を確認し海上保安庁に通報しました。当該不審船舶に対しては海上保安庁の航空機及び巡視船艇が停船命令を発するとともに、巡視船艇が威嚇射撃を実施する等の必要な措置が講じられましたが、不審船が速度をあげたために海上保安庁の巡視船艇等による追尾が困難となり、24日未明に持ち回りの安全保障会議及び閣議を経て、防衛庁長官が自衛隊法第82条の規定に基づく海上における警備行動を発令いたしました。

2. 海上警備行動下令後の経過の概要について申し上げますと、2隻の不審船舶に対し、海上自衛隊の護衛艦及び航空機（P-3C）により追跡、停船命令、警告射撃等を行いました。しかしながら、不審船舶は、これらの停船命令等を無視し、我が国の防空識別圏を越えて北朝鮮方向に逃走したので、それ以上の追跡は相手国を刺激し、事態の拡大を招く恐れがあると判断し、追尾を中止したところであります。その後、不審船舶は我が国の防空識別圏において活動中の航空機（P-3C）から探知できなくなるほど遠くへ移動し、我が国周辺海域においても特異事象が見られないことから、24日15時30分をもって今回の海上警備行動を終結することとしたものであります。

   なお、防衛庁におきまして、入手した種々の情報を総合的に分析した結果、本件不審船舶は、25日早朝までに北朝鮮北部の港湾に到達したものと判断されます。

3. 今回の自衛隊の行動については、残念ながら不審船の逃走を許すという結果となりました。防衛庁としては、海上保安庁との緊密な連携の在り方等について、今後、今回の経験を踏まえ、遺漏の無きよう、万全を期して参りたいと考えております。

③ **能登半島沖不審船事案における教訓・反省事項**

　　　　　　　　　　　　　　　（平成11年6月4日　関係閣僚会議とりまとめ）

1. 関係省庁間の情報連絡や協力の在り方

   ① 海上保安庁及び防衛庁は、不審船を視認した場合には、速やかに相互通報するとともに、他の関係省庁へ連絡。内閣官房は、情報の一元化を図りつつ、官邸への報告及び関係省庁への伝達を迅速に実施

   ② 民間関係者から不審船情報を速やかに入手できる体制の強化など

2. 海上保安庁及び自衛隊の対応能力の整備

   ① 海上保安庁の対応能力の整備（巡視船艇の能力の強化、航空機の能力の強化、既存の高速小型巡視船の配備の見直し、新たな捕捉手法の検討）

   ② 海上自衛隊の対応能力の整備（艦艇の能力の強化、航空機の能力の強化、

　　立入検査用装備の整備、新たな捕捉手法の検討）

③ 海上保安庁と自衛隊間の相互の情報通信体制の強化など

３．海上警備行動の迅速かつ適切な発令の在り方

　　状況により、官邸対策室を設置するとともに、必要に応じ関係閣僚会議を開催し、海上警備行動の発令を含め対応について協議。海上警備行動の発令が必要となった場合には、安全保障会議及び閣議を迅速に開催

４．実際の対応に当たっての問題点

① 不審船に対しては、漁業法、関税法等で対応。今後、各種の事案を想定しつつ、具体的な運用要領の充実を実施。所要の法整備の必要性の有無については、更に検討

② 停船手段、停船後の措置についての運用研究及びマニュアルの作成

③ 海上保安庁・自衛隊の間の共同対処マニュアルの整備

④ 要員の養成及び訓練の実施など

５．適切な武器使用の在り方

　　不審船への対応については、警察機関としての活動であることを考慮すれば、警察官職務執行法の準用による武器の使用が基本。但し、不審船を停船させ、立入検査を行うという目的を十分達成するとの観点から、対応能力の整備や運用要領の充実に加え、危害射撃の在り方を中心に法的な整理を含め検討

６．各国との連携の在り方

① 平素からの関係国との連絡体制の整備

② 関係国への適時適切な情報の提供及び協力の要請など

７．広報等の在り方

　　国民の理解を得るため、迅速かつ十分な対外公表を実施

④ **不審船に係る共同対処マニュアルの概要**

　　平成11年3月23日に発生した能登半島沖不審船事案を受けて、内閣安全保障・危機管理室によりとりまとめられ、6月4日に関係閣僚会議において了承された「能登半島沖不審船事案における教訓・反省事項について」において、自衛隊と海上保安庁の間の共同対処マニュアルの整備が指摘された。

　　これを受け、防衛庁と海上保安庁の間で不審船に係る具体的な連携の考え方について整理し、防衛庁長官及び海上保安庁長官の決裁を得た上で、12月27日に運用局長及び海上保安庁次長が「不審船に係る共同対処マニュアル」に調印した。

（概要）

１．基本的考え方

○不審船への対処は、警察機関たる海上保安庁が第一に対処

○海上保安庁では対処することが不可能又は著しく困難と認められる事態に至った場合には、防衛庁は、内閣総理大臣の承認を得て、迅速に海上警備行動を発令

○防衛庁は、海上保安庁と連携、共同して不審船に対処

2．情報連絡体制等

○海上保安庁及び防衛庁は、所定の情報連絡体制を確立し、初動段階から行動終了まで的確な連絡通報を実施

3．海上警備行動発令前における共同対処

○海上保安庁が必要な勢力を投入し、第一に不審船に対処

○海上自衛隊は、海上保安庁からの求めに応じ可能な協力を実施

4．海上警備行動発令下における共同対処

○海上警備行動が発令された場合には、海上自衛隊は、海上保安庁と連携、共同して停船のための措置等を実施

5．共同訓練等

○防衛庁及び海上保安庁は、定期的な相互研修、情報交換及び共同訓練等を実施

(2) 九州南西海域不審船事案

① 九州南西海域不審船事案の経緯

平成13年12月21日（金）：

1418　海上自衛隊鹿屋基地所属のP－3Cが、通常の警戒監視活動のために鹿屋基地を離陸。以後、多数の船舶を識別。この過程で16時半頃、一般の外国漁船と判断される船舶を視認。念のため17時過ぎに再視認、写真撮影を実施

1830　上記P－3C哨戒機が、鹿屋基地に帰投。以後、鹿屋基地で上記P－3Cが撮影した全画像の識別を開始。この過程で、同船について、上級機関の精緻な解析を求める必要があるものと判断

2000頃　鹿屋基地より海上幕僚監部等に同船の写真を電送開始

2206　海上幕僚監部にて、同船の写真の出力開始。以後、海上幕僚監部の専門家が写真解析を開始

12月22日（土）：

0030頃　防衛庁としては、北朝鮮の工作船の可能性が高い不審な船舶と判断。総理等秘書官及び内閣官房（内調）に連絡

0110　防衛庁から海上保安庁に連絡

1120　護衛艦「こんごう」佐世保基地を出港

1132　護衛艦「やまぎり」佐世保基地を出港

1312～　巡視船「いなさ」及び海保航空機により繰り返し停船命令を実施

1422　巡視船「いなさ」が射撃警告を開始

1436～　巡視船「いなさ」が威嚇攻撃（上空、海面）を実施

1613～　巡視船「いなさ」「みずき」が威嚇のための船体射撃を実施

1724　同船より出火後、停船

1753	同船は再び逃走を開始。以後、停船、逃走を繰り返す
1852	巡視船「きりしま」が同船に接舷を実施
2135〜	巡視船「みずき」が威嚇のための船体射撃を実施
2200	巡視船「あまみ」「きりしま」が同船に対し挟撃(接舷)を開始
2209頃	同船からの攻撃により、巡視船「あまみ」、「きりしま」、「いなせ」が被弾(海上保安官3名が負傷)。巡視船「あまみ」「いなさ」が正当防衛のため、同船に対して射撃を実施
2213	同船沈没。以後、同船乗組員及び漂流物の捜索・救助を実施

12月23日(日):

0015頃	護衛艦「こんごう」現場到着。以後、周辺の警戒監視活動を実施
0035頃	護衛艦「やまぎり」現場到着。以後、周辺の警戒監視活動を実施
1020	第10管区海上保安本部長から海自第1航空群司令(鹿屋)に災害派遣要請(航空機による捜索依頼)。P−3C哨戒機1機により捜索を実施
1600頃	護衛艦2隻は、現場を離脱

② **これまでの不審船事案を踏まえた対応について**

1．装備・組織面における対応について

Ⅰ　これまでの対応

平成11年3月の能登半島沖不審船事案を踏まえ、不審船を有効に停船させるために必要な装備の整備等、海上自衛隊の不審船に対する対応能力の向上を図ってきたところである。装備・組織の面において、これまで実施してきた主要な事業は、以下の通り。

1．組織等の充実・強化

○特別警備隊の新編

不審船の武装解除・無力化を実施するための部隊を平成13年3月に江田島に新編。約70名。

○充足率の向上

立ち入り検査活動を円滑に行うための艦艇要員確保のため、充足率を向上

【平成12年度】0.50％増 (234人の増員)

【平成13年度】0.48％増 (215人の増員)

2．教育・訓練器材の充実

○特別警備隊の射撃訓練用の映像射撃シミュレーターを整備

○高速の不審船を想定した自走式水上標的を整備

3．装備の充実・近代化

○ミサイル艇の能力向上

11年度のミサイル艇整備に当たり、高速の不審船を追尾するため速力を向上 (約44ノット)。15年度末までに佐世保、舞鶴に3隻ずつ配備予定

○立入検査用器材の整備

護衛艦に立入検査用器材を整備（酸素濃度計、ガス探知機、携帯無線機、防弾救命胴衣等）

○強制停船措置用装備品の研究を実施。その結果として、有効な停船措置である平頭弾の装備化に平成14年度より着手

※先端部を平坦にし、跳弾を防止した無炸薬の76ミリ砲用弾薬。射撃指揮装置により定点を射撃可能

○艦艇・航空機の能力強化

護衛艦・哨戒ヘリコプターへの機関銃の搭載等、艦艇・航空機の能力強化（平成12年度より実施）

II 今後の対応

九州南西海域不審船事案を踏まえ、防衛庁としては、装備の側面において、以下1.のような措置を講じていくこととした。また、以下2.の通り、それまでに講じてきた措置についても、引き続き着実に進展させていくこととしたところ。

1. 不審船の発見・分析能力の向上

○P－3Cから基地への船舶の画像伝送能力の強化

P－3Cが滞空のまま画像を基地まで伝送する能力を強化するため、P－3C用に静止画像伝送装置及び衛星通信装置の整備を加速化

基地に航空地球局の整備

※鹿屋、那覇基地への機動展開用の静止画像伝送装置を13年度末に緊急取得

○基地から海上幕僚監部等への画像伝送時間短縮のため、13年末にマニュアル整備、メール用回線の高速化を緊急に措置

2. 現場隊員の安全を確保しつつ対処するための装備の充実

○不審船事案に対応する可能性のある船舶等の防弾対策

艦橋等への防弾措置を実施した新型ミサイル艇の就役（13年度末に舞鶴に2隻配備、14年度末2隻、15年度末2隻）

○遠距離から正確な射撃を行うための武器の整備

護衛艦等の射撃精度の向上、「平頭弾」の整備の推進等

2. 海上自衛隊及び海上保安庁による不審船共同対処等に係る訓練について（過去5年）

○海上保安制度創設70周年記念観閲式及び総合訓練（平成30年5月19日、20日）

① 場　所：東京湾

② 参加部隊：海自：護衛艦×1隻

海保：巡視船×20隻、航空機×10機

○不審船対処に係る海上保安庁との共同訓練（実動訓練）（平成30年12月11日）

① 場　所：鹿児島南方海空域

② 参加部隊：海自：ミサイル艇×1隻、艦載ヘリ×1機

　　　　　　海保：巡視船艇×3隻
○不審船対処に係る海上保安庁との共同訓練（令和2年3月5日）
　①　場　　所：若狭湾
　②　参加部隊：海自：ミサイル艇×1隻、艦載ヘリ×1機
　　　　　　　　海保：巡視船×2隻
○不審船対処に係る海上保安庁との共同訓練（令和3年3月3日）
　①　場　　所：九州西方海空域
　②　参加部隊：海自：護衛艦×1隻、ミサイル艇×1隻、航空機×2機
　　　　　　　　海保：巡視船×2隻
○不審船対処に係る海上保安庁との共同訓練（令和3年4月6日）
　①　場　　所：若狭湾
　②　参加部隊：海自：護衛艦×1隻、ミサイル艇×1隻、航空機×2機
　　　　　　　　海保：巡視船×1隻、航空機1機
○不審船対処に係る海上保安庁との共同訓練（令和3年8月25日）
　①　場　　所：東シナ海
　②　参加部隊：海自：護衛艦×1隻、航空機×1機
　　　　　　　　海保：巡視船艇×2隻、航空機×1機、機動救難士
○不審船対処に係る海上保安庁との共同訓練（令和3年9月24日）
　①　場　　所：若狭湾
　②　参加部隊：海自：ミサイル艇×1隻、航空機×1機、水中処分母船×1隻
　　　　　　　　海保：巡視船艇×3隻、航空機×1機
○不審船対処に係る海上保安庁との共同訓練（令和3年10月21日）
　①　場　　所：東シナ海
　②　参加部隊：海自：佐世保地方総監部、護衛艦×1隻
　　　　　　　　海保：第十管区海上保安本部、巡視船×4隻、航空機×1機
○海上保安庁との共同訓練（令和3年12月22日）
　①　場　　所：伊豆大島東方
　②　参加部隊：海自：自衛艦隊司令部、護衛艦×2隻
　　　　　　　　海保：第三管区海上保安本部、巡視船×2隻
○海上保安庁との共同訓練（令和4年4月9日）
　①　場　　所：鳥取沖
　②　参加部隊：海自：護衛艦×1隻
　　　　　　　　海保：第八管区海上保安部、航空機×1機
○海上保安庁との共同訓練（令和4年6月30日）
　①　場　　所：伊豆大島東方
　②　参加部隊：海自：自衛艦隊司令部、護衛艦×2隻、航空機×1機
　　　　　　　　海保：第三管区海上保安本部、巡視船×2隻、航空機×1機
○不審船対処に係る海上保安庁との共同訓練（令4年10月12日）

　① 場　　所：日本海
　② 参加部隊：海自：舞鶴地方総監部、護衛艦×1隻、ミサイル艇×1隻、航空
　　　　　　　　　　機×1機
　　　　　　　海保：第八管区海上保安本部、巡視船艇× 4隻
○不審船対処に係る海上保安庁との共同訓練（令4年10月13日）
　① 場　　所：日本海
　② 参加部隊：海自：大湊地方総監部、護衛艦×1隻
　　　　　　　海保：第二管区海上保安部、巡視船艇×4隻、航空機×1機
○不審船対処に係る海上保安庁との共同訓練（令和4年10月19日）
　① 場　　所：東シナ海
　② 参加部隊：海自：佐世保地方総監部、護衛艦×1隻、ミサイル艇×1隻、
　　　　　　　　　　航空機×1機
　　　　　　　海保：第七管区海上保安部、巡視船×3隻
○海上保安庁との共同訓練（令和4年12月19日）
　① 場　　所：伊豆大島東方
　② 参加部隊：海自：自衛艦隊司令部、護衛艦×2隻
　　　　　　　海保：第三管区海上保安本部、巡視船×1隻、航空機×1機
○海上保安庁との共同訓練（令和5年10月4日）
　① 場　　所：秋田沖
　② 参加部隊：海自：護衛艦×1隻
　　　海保：航空機×2機
○海上保安庁との共同訓練（令和5年10月26日）
　① 場　　所：北海道西方
　② 参加部隊：海自：大湊地方総監部、ミサイル艇×1隻
　　　海保：第一管区海上保安本部、巡視船×2隻
※海保との通信訓練
　平成11年3月の能登半島沖不審船事案を契機として、海自と海保との通
信連絡体制の強化の一環として、平成11年8月以来、HF、VHF通信及び
船舶電話等を利用し、航空機、艦艇、巡視船及び各陸上施設の間の通信訓練
を年間を通じて実施している。
③ **九州南西海域不審船事案対処の検証結果について**

平成14年4月
内 閣 官 房
海 上 保 安 庁
防　衛　庁
外　務　省

1．不審船の発見・分析
（1）自衛隊哨戒機から基地への船舶の画像の伝送

　　　○自衛隊哨戒機から基地への画像伝送能力を強化するため、静止画像伝送
　　　　装置（航空機搭載用）及び航空地球局（基地に設置）の整備等を推進。
　(2)　基地から海上幕僚監部等への画像の伝送
　　　○基地から海上幕僚監部等への画像伝送時間短縮のためのマニュアル整
　　　　備、メール用回線の高速化（措置済み）。
２．不審船情報の連絡
　(1)　防衛庁から海上保安庁等への不審船情報の連絡
　　　○対処体制を早期に整えるため、不確実であっても早い段階から、内閣官
　　　　房・防衛庁・海上保安庁間で不審船情報を適切に共有。
　(2)　内閣官房から関係省庁への不審船情報の連絡
　　　○現行の連絡体制に基づき、不審船情報をその他の関係省庁に確実に連絡。
３．停船のための対応
　(1)　EEZ（排他的経済水域）で発見した不審船を取り締まる法的根拠
　　　○EEZにおける沿岸国の権利は、国際法上、漁業、鉱物資源、環境保護等
　　　　に限定される。EEZで発見した不審船を取り締まる法的根拠については、
　　　　国際法上の制約を踏まえ、また、外国の事例等も研究しつつ、さらに検討。
　(2)　EEZで発見した不審船に対する武器使用権限
　　　○EEZで発見した不審船に対する武器使用要件の緩和については、国際
　　　　法を踏まえつつ、慎重に検討。
　(3)　海上保安庁巡視船艇・航空機の不審船追跡能力等
　　　○荒天の影響を受けにくい高速大型巡視船を整備。
　　　○能登半島沖事案後進めた高速特殊警備船の整備をさらに推進。
　　　○特殊警備隊を活用して不審船に対処するため航空輸送能力等を強化。
　(4)　海上保安庁巡視船・航空機の情報・通信・監視能力
　　　○現場の状況を本庁・官邸等でも的確に把握するため、画像情報を含む情
　　　　報通信システムの整備を推進。
　　　○現場職員の安全確保と夜間・荒天下等における対処能力の強化のため、
　　　　巡視船艇・航空機の昼夜間の監視能力を強化。
　(5)　職員・隊員の安全確保
　　　○不審船事案に対応する船舶及び航空機の防弾対策。
　　　　・巡視船艇等の防弾対策（海上保安庁）
　　　　・艦橋等へ防弾措置を講じた新型ミサイル艇の就役（防衛庁）
　　　○遠距離からの正確な射撃を行うための武器の整備、訓練等の推進。
　　　　・巡視船搭載武器の高機能化等（海上保安庁）
　　　　・護衛艦等の射撃精度の向上、跳弾しにくい「平頭弾」の整備等（防衛庁）
　(6)　自衛隊艦艇の派遣
　　　○不審船に対しては、海上保安庁と自衛隊が連携して的確に対処。警察機関
　　　　たる海上保安庁がまず第一に対処し、海上保安庁では対処することが不可

　　　能若しくは著しく困難と認められる場合には、機を失することなく海上警
　　　備行動を発令し、自衛隊が対処。
　　○工作船の可能性の高い不審船については、不測の事態に備え、政府の方
　　　針として、当初から自衛隊の艦艇を派遣。
４．停船後の対応
　(1) 停船した不審船への対処
　　○職員・隊員の安全を確保しつつ効果的に対処するため、停船した不審船に
　　　対する戦術、装備等を改善。
５．全般
　(1) 政府全体の対応方針と対応体制
　　○早い段階から情報を分析・評価し、政府の初動の方針を確認。
　　○事態の進展に応じて、政府としての対応について適切に判断。
　　○政府としての武装不審船に対する対応要領を策定し、不審船対処の基本、
　　　情報の集約・評価、対応体制等について定める。
　(2) 関係国との連絡
　　○関係国との連絡の重要性に鑑み、引き続き日頃から関係国との連絡体制を維持。
　　○事案発生時には、関係国への適時適切な情報提供及び協力要請を実施。
　(3) 広報
　　○事態対処官庁が対応状況について、内閣官房か政府の基本方針等につい
　　　て広報に当たる。

以上

(3) 日本海中部事案

平成14年9月13日
内　閣　官　房
防　　衛　　庁
海　上　保　安　庁
警　　察　　庁
外　　務　　省

不審船の疑いのある船舶への対応経過の概要

| 9月4日 |

16：02　　　　　警戒監視活動を実施していた海自P－3Cが不審船の疑いの
　　　　　　　　ある船舶を能登半島の北北西約400km（我が国の排他的経
　　　　　　　　済水域外）において視認（北緯40度20分、東経134度49分、
　　　　　　　　針路250度、速力6ノット）。引き続き、確認作業を実施

16：02頃〜35頃　P－3Cが当該船舶の航跡や形状の確認を継続。航跡が不正
　　　　　　　　確に見えること、船尾に観音開きらしい扉が見えたことから
　　　　　　　　不審船の可能性があると判断

233

17：00すぎ	不審船である可能性があると考えられる船舶についての報告を受けた防衛庁本庁は、関係省庁に所要の連絡を実施。また、P－3Cによる追尾を継続するとともに、佐渡（両津）にて訓練中の護衛艦「あまぎり」を派遣
17：15	連絡を受けた海上保安庁は、本庁に海上保安庁日本海中部海域不審船対策室、第二・七・九管区海上保安本部に不審船対策室を設置。高速特殊警備船「つるぎ」、「のりくら」等計15隻の巡視船を発動
17：30	官房長官秘書官から、官房長官に状況を報告
18：00	総理秘書官を通じて、総理に状況を報告
18：00	警察庁は、関係各県警察に対し関連情報の収集と沿岸部の警戒を指示
18：00頃	海上自衛隊厚木基地を出発したP－3Cが当該船舶の撮影を実施。その後、厚木基地に向けて静止画像を電送
18：15	内閣危機管理監の下で関係省庁局長級会議を開催し、状況の把握と動向を監視する方針を確認
18：30	第八管区海上保安本部に不審船対策室を設置
19：20	当該船舶はEEZ外を西南西に向け航行を継続（北緯40度16分、東経134度12分、針路260度、速力約9ノット）。P－3Cは引き続き当該船舶を把握しながら必要な警戒監視を継続
21：15	官邸危機管理センターから公表資料「不審船の疑いのある船舶への対応について」を貼り出し
22：35	巡視船「のりくら」が当該船舶らしき船影をレーダー映像で確認（北緯40度16分、東経133度30分）。以後、当該船舶を追尾。当該船舶は西に向け速力約10ノット（時速約19キロ）で航行を継続

9月5日

00：37	当該船舶が防空識別圏（ADIZライン）を西方に向け通過（北緯40度17分、東経133度00分）
03：19	巡視船「のりくら」のレーダーから当該船舶の船影が消滅。引き続き監視活動を実施
09：26	P－3Cのレーダーから当該船舶の船影が消滅。引き続き監視活動を実施
11：50	特異な事象が見られないことから当該船舶に対する対処を終結
12：30	海上保安庁は、海上保安庁日本海中部海域不審船対策室を解

散
12：45 　官邸危機管理センターから公表資料「不審船の疑いのある船舶への対応について(最終報)」を貼り出し

(4) 潜水艦探知事案について

$$\left(\begin{array}{c}\text{平成 16 年 11 月 17 日}\\\text{内閣官房・防衛庁・外務省}\end{array}\right)$$

1. 平成16年11月10日午前8時45分、内閣総理大臣の承認を得て、防衛庁長官が海上警備行動を発令した。これは、同日早朝から国籍不明の潜水艦が先島群島周辺海域の我が国の領海内を南方向から北方向へ向け潜水航行しているのを海上自衛隊の対潜哨戒機（P-3C）が確認したことから、当該潜没潜水艦に対して海面上を航行し、かつ、その旗を掲げる旨要求すること及び当該潜水艦がこれに応じない場合には我が国の領海外への退去要求を行うために発令したものである。

　　その後、対潜哨戒機に加え、対潜ヘリコプター（SH-60J）及び護衛艦により所要の追尾を行ってきたところである。

2. 12日午後1時頃までに、防空識別圏（ADIZ）を越え、東シナ海の公海上（沖縄本島の北西約500km）まで、追尾を行った結果、当該潜水艦が我が国周辺海域から離れて航行していった方向（概ね北北西の方向）を把握できたこと、及び、当該潜水艦が当面再度我が国領海に戻ってくるおそれはないと判断したことから、同日午後3時50分に、防衛庁長官が、今般の海上警備行動の終結命令を発した。

3. 政府としては、当該潜水艦が我が国周辺海域から離れて航行していった方向や、当該潜水艦は原子力潜水艦であると考えられることをはじめとする諸情報を総合的に勘案した結果、当該潜水艦は中国海軍に属するものであると判断した。

4. この判断に基づき、12日夕方、町村外務大臣より程永華在京中国大使館公使に抗議を行った。

22. 領空侵犯に対する措置

(1) 領空侵犯に対する警戒待機態勢 （自衛隊法第84条）

航空方面隊等	基 地	航 空 団 等	地上待機の態勢
北 部	千 歳	第 2 航 空 団	昼夜間待機
	三 沢	第 3 航 空 団	
中 部	百 里	第 7 航 空 団	同 上
	小 松	第 6 航 空 団	
西 部	新 田 原	第 5 航 空 団	同 上
	築 城	第 8 航 空 団	
南 西	那 覇	第 9 航 空 団	同 上
航 空 総 隊	浜 松	警 戒 航 空 団	同 上

(2) 緊急発進 (スクランブル) の実績 （過去10年間）　　　　　　（令和5.3.31現在）

年度	平成25	26	27	28	29	30	令和元	2	3	4
件数	810	943	873	1,168	904	999	947	725	1,004	778

23. ACSA、GSOMIA締結等状況

(1) 物品役務相互提供協定（ACSA）署名状況

正式名称	署名年月日	日本側署名者	相手国側署名者	備考
日本国の自衛隊とアメリカ合衆国軍隊との間における後方支援，物品又は役務の相互の提供に関する日本国政府とアメリカ合衆国政府との間の協定（略称：日・米物品役務相互提供協定＝日米ACSA）	平成28年9月26日	岸田文雄外務大臣	キャロライン・B・ケネディ駐日大使	※平成8年締結、平成11、16年改正。平和安全法制成立を受けて平成28年新たなACSAに署名。
日本国の自衛隊とオーストラリア国防軍との間における物品又は役務の相互の提供に関する日本国政府とオーストラリア政府との間の協定（略称：日・豪物品役務相互提供協定＝日豪ACSA）	平成29年1月14日	草賀純男駐豪州大使	ブルース・ミラー駐日豪大使	平成22年署名。平和安全法制成立を受けて平成29年新たなACSAに署名。
日本国の自衛隊とグレートブリテン及び北アイルランド連合王国の軍隊との間における物品又は役務の相互の提供に関する日本国政府とグレートブリテン及び北アイルランド連合王国政府との間の協定（略称：日・英物品役務相互提供協定＝日英ACSA）	平成29年1月26日	鶴岡公二駐英国大使	ボリス・ジョンソン英国外務・英連邦大臣	
日本国の自衛隊とカナダ軍隊との間における物品又は役務の提供に関する日本国政府とカナダ政府との間の協定（略称：日・加物品役務相互提供協定＝日加ACSA）	平成30年4月21日	河野太郎外務大臣	クリスティア・フリーランド・カナダ外務大臣	

正　式　名　称	署名年月日	日本側署名者	相手国側署名者	備　　考
日本国の自衛隊とフランス共和国の軍隊との間における物品又は役務の提供に関する日本国政府とフランス共和国政府との間の協定（略称：日・仏物品役務相互提供協定＝日仏ACSA）	平成30年7月13日	河野太郎外務大臣	フロランス・パルリ・フランス共和国軍事大臣	
日本国の自衛隊とインド軍隊との間における物品又は役務の相互の提供に関する日本国政府とインド共和国政府との間の協定（略称：日・インド物品役務相互提供協定＝日印ACSA）	令和2年9月9日	鈴木哲駐インド大使	アジャイ・クマールインド国防次官	
日本国の自衛隊とドイツ連邦共和国の軍隊との間における物品又は役務の相互の提供に関する日本国政府とドイツ連邦共和国政府との間の協定（略称：日・独物品役務相互提供協定＝日独ACSA）	令和6年1月29日	上川陽子外務大臣	フォン・ゲッツェ駐日独大使	

※日米ACSAについては608ページ参照。

（2）秘密軍事情報保護協定（GSOMIA）／情報保護協定（GSOIA）締結状況

正式名称	年月日	日本側署名者	相手国側署名者	備考
秘密軍事情報の保護のための秘密保持の措置に関する日本国政府とアメリカ合衆国政府との間の協定（日米秘密軍事情報保護協定）	平成19年8月10日署名・発効	麻生太郎外務大臣	ジョン・トーマス・シーファー駐日米国大使	
情報及び資料の保護に関する日本国政府と北大西洋条約機構との間の協定（日・NATO情報保護協定）	平成22年6月25日署名・発効	横田淳駐ベルギー大使	アナス・フォー・ラスムセンNATO事務総長	
情報の保護に関する日本国政府とフランス共和国政府との間の協定（日仏情報保護協定）	平成23年10月24日署名・発効	玄葉光一郎外務大臣	フランソワ＝グザヴィエ・レジェ駐日フランス共和国臨時代理大使	
情報の保護に関する日本国政府とオーストラリア政府との間の協定（日豪情報保護協定）	平成24年5月17日署名 平成25年3月22日発効	玄葉光一郎外務大臣	ボブ・カー外相	
情報の保護に関する日本国政府とグレートブリテン及び北アイルランド連合王国政府との間の協定（日英情報保護協定）	平成25年7月4日署名 平成26年1月1日発効	林景一駐英大使	ウィリアム・ヘーグ外相	平成26年10月20日、改正議定書に署名。平成27年4月1日発効
秘密軍事情報の保護のための秘密保持の措置に関する日本国政府とインド共和国政府との間の協定（日印秘密軍事情報保護協定）	平成27年12月12日署名・発効	平松賢司駐インド大使	G.モハン・クマール・インド国防次官	
情報の保護に関する日本国政府とイタリア共和国政府との間の協定（日伊情報保護協定）	平成28年3月19日署名 平成28年6月7日発効	岸田文雄外務大臣	パオロ・ジェンティローニ外務・国際協力大臣	
秘密軍事情報の保護に関する日本国政府と大韓民国政府との間の協定（日韓秘密軍事情報保護協定）	平成28年11月23日署名・発効	長嶺安政駐韓国日本大使	韓民求（ハン・ミング）韓国国防部長官	
情報の保護に関する日本国政府とドイツ連邦共和国政府との間の協定（日独情報保護協定）	令和3年3月22日署名・発効	茂木敏充外務大臣	イナ・レーペル駐日ドイツ大使	

第2章　組織・編成

1．防衛省・自衛隊組織図 (令和6.3.31見込)

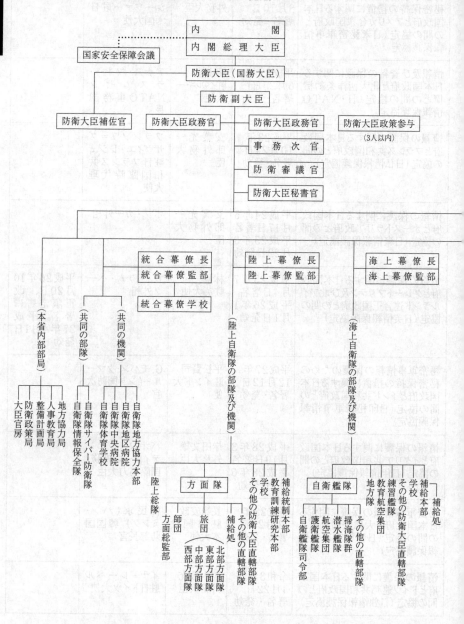

組織編成

防衛装備庁長官
防衛装備庁

航空幕僚長
航空幕僚監部

防衛技監

（内部部局）

防衛調達審議会

航空装備研究所

陸上装備研究所

艦艇装備研究所

次世代装備研究所

千歳試験場

下北試験場

岐阜試験場

調達事業部
調達管理部
技術戦略部
プロジェクト管理部
装備政策部
長官官房

（航空自衛隊の部隊及び機関）

航空総隊

航空総隊司令部
航空方面隊
警戒航空団
航空救難団
航空戦術教導団
その他の直轄部隊

航空教育集団
航空開発実験集団
航空支援集団
その他の防衛大臣直轄部隊
学校
補給本部
補給処

自衛隊員倫理審査会
防衛施設中央審議会
防衛人事審議会
防衛大学校
防衛医科大学校
防衛研究所
防衛会議
情報本部
防衛監察本部
地方防衛局

（臨時または特例で置くものを除く。） (8)

241

2. 陸上自衛隊の組織及び編成 （令和6.3.31見込）

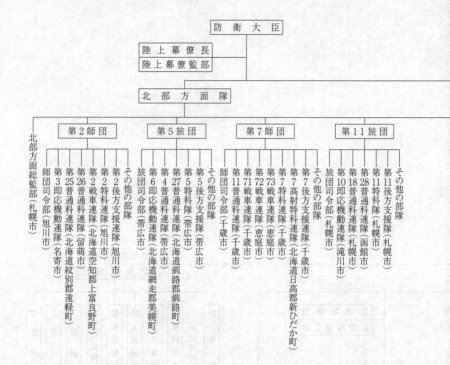

防衛大臣

陸上幕僚長
陸上幕僚監部

北部方面隊

第2師団　第5旅団　第7師団　第11旅団

北部方面隊
- 北部方面総監部（札幌市）

第2師団
- 師団司令部（旭川市）
- 第3即応機動連隊（名寄市）
- 第25普通科連隊（北海道紋別郡遠軽町）
- 第26普通科連隊（留萌市）
- 第2戦車連隊（北海道空知郡上富良野町）
- 第2特科連隊（旭川市）
- 第2後方支援連隊（旭川市）
- その他の部隊

第5旅団
- 旅団司令部（帯広市）
- 第6即応機動連隊（北海道網走郡美幌町）
- 第4普通科連隊（帯広市）
- 第27普通科連隊（北海道釧路郡釧路町）
- 第5特科隊（帯広市）
- 第5後方支援隊（帯広市）
- その他の部隊

第7師団
- 師団司令部（千歳市）
- 第11普通科連隊（千歳市）
- 第71戦車連隊（恵庭市）
- 第72戦車連隊（恵庭市）
- 第73戦車連隊（千歳市）
- 第7特科連隊（千歳市）
- 第7高射特科連隊（北海道日高郡新ひだか町）
- 第7後方支援連隊（千歳市）
- その他の部隊

第11旅団
- 旅団司令部（札幌市）
- 第10即応機動連隊（滝川市）
- 第18普通科連隊（札幌市）
- 第28普通科連隊（函館市）
- 第11特科隊（札幌市）
- 第11後方支援隊（札幌市）
- その他の部隊

242

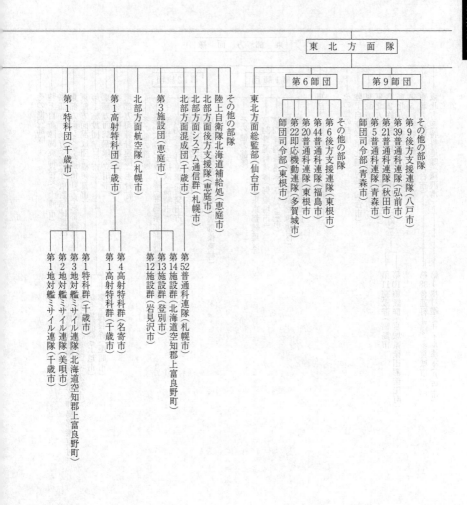

東北方面隊

第6師団　第9師団

第1特科団（千歳市）

第1高射特科団（千歳市）

北部方面航空隊（札幌市）

第3施設団（恵庭市）

北部方面混成団（千歳市）

北部方面システム通信群（札幌市）

北部方面後方支援隊（恵庭市）

陸上自衛隊北海道補給処（恵庭市）

その他の部隊

東北方面総監部（仙台市）

師団司令部（東根市）

第22即応機動連隊（多賀城市）

第20普通科連隊（東根市）

第44普通科連隊（福島市）

第6普通科連隊（東根市）

第6後方支援連隊（東根市）

その他の部隊

師団司令部（青森市）

第5普通科連隊（青森市）

第21普通科連隊（秋田市）

第39普通科連隊（弘前市）

第9後方支援連隊（八戸市）

その他の部隊

第1地対艦ミサイル連隊（千歳市）

第2地対艦ミサイル連隊（美唄市）

第3地対艦ミサイル連隊（北海道空知郡上富良野町）

第1特科群（千歳市）

第4高射特科群（名寄市）

第1高射特科群（千歳市）

第12施設群（岩見沢市）

第13施設群（登別市）

第14施設群（北海道空知郡上富良野町）

第52普通科連隊（札幌市）

243

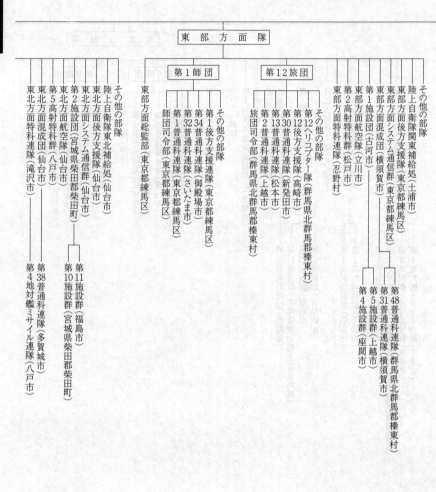

東部方面隊

第1師団　　第12旅団

その他の部隊

東北方面特科連隊（滝沢市）
東北方面混成団（仙台市）
第5高射特科群（八戸市）
第2施設団（宮城県柴田郡柴田町）
東北方面システム通信群（仙台市）
東北方面後方支援隊（仙台市）
陸上自衛隊東北補給処（仙台市）
その他の部隊

東部方面総監部（東京都練馬区）

師団司令部（東京都練馬区）
第1普通科連隊（東京都練馬区）
第32普通科連隊（さいたま市）
第34普通科連隊（御殿場市）
第1後方支援連隊（東京都練馬区）
その他の部隊

旅団司令部（群馬県北群馬郡榛東村）
第2普通科連隊（上越市）
第13普通科連隊（松本市）
第30普通科連隊（新発田市）
第12後方支援隊（高崎市）
第12ヘリコプター隊（群馬県北群馬郡榛東村）
その他の部隊

東部方面特科連隊（忍野村）
第2高射特科群（松戸市）
第1施設団（古河市）
東部方面航空隊（立川市）
東部方面混成団（横須賀市）
東部方面システム通信群（東京都練馬区）
東部方面後方支援隊（東京都練馬区）
陸上自衛隊関東補給処（土浦市）
その他の部隊

第4地対艦ミサイル連隊（八戸市）
第38普通科連隊（多賀城市）

第10施設群（宮城県柴田郡柴田町）
第11施設群（福島市）

第4施設群（座間市）
第5施設群（上越市）
第31普通科連隊（横須賀市）
第48普通科連隊（群馬県北群馬郡榛東村）

244

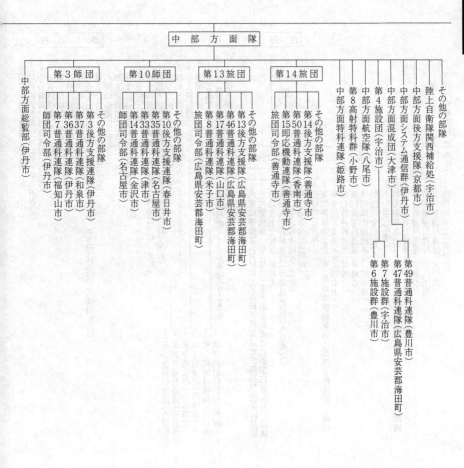

中部方面隊

第3師団
- 師団司令部(伊丹市)
- 第3後方支援連隊(伊丹市)
- 第37普通科連隊(和泉市)
- 第36普通科連隊(伊丹市)
- 第7普通科連隊(福知山市)
- その他の部隊

第10師団
- 師団司令部(名古屋市)
- 第10後方支援連隊(春日井市)
- 第35普通科連隊(名古屋市)
- 第33普通科連隊(津市)
- 第14普通科連隊(金沢市)
- その他の部隊

第13旅団
- 旅団司令部(広島県安芸郡海田町)
- 第13後方支援隊(広島県安芸郡海田町)
- 第46普通科連隊(広島県安芸郡海田町)
- 第17普通科連隊(山口市)
- 第8普通科連隊(米子市)
- その他の部隊

第14旅団
- 旅団司令部(善通寺市)
- 第15即応機動連隊(善通寺市)
- 第50普通科連隊(香南市)
- 第14後方支援隊(善通寺市)
- その他の部隊

- 中部方面特科連隊(姫路市)
- 第8高射特科群(小野市)
- 中部方面航空隊(八尾市)
- 第4施設団(宇治市)
  - 第6施設群(豊川市)
  - 第7施設群(宇治市)
  - 第49普通科連隊(豊川市)
  - 第47普通科連隊(広島県安芸郡海田町)
- 中部方面混成団(大津市)
- 中部方面システム通信群(伊丹市)
- 中部方面後方支援隊(京都市)
- 陸上自衛隊関西補給処(宇治市)
- その他の部隊

- 中部方面総監部(伊丹市)

245

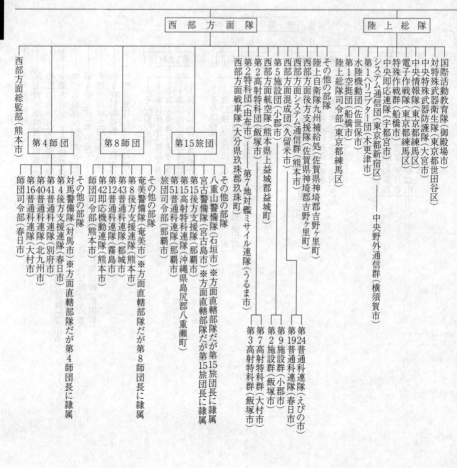

組織編成

西 部 方 面 隊

陸 上 総 隊

西部方面総監部（熊本市）

第4師団

第8師団

第15旅団

その他の部隊
西部方面戦車隊（大分県玖珠郡玖珠町）
第2特科団（由布市）
第2高射特科団（飯塚市）
第5施設団（小郡市）
西部方面航空隊（熊本県上益城郡益城町）
西部方面混成団（久留米市）
西部方面システム通信群（熊本市）
陸上自衛隊九州補給処（佐賀県神埼郡吉野ヶ里町）
西部方面後方支援隊（佐賀県神埼郡吉野ヶ里町）
陸上総隊司令部（東京都練馬区）
その他の部隊

第1ヘリコプター団（木更津市）
水陸機動団（佐世保市）
第1空挺団（船橋市）
中央即応連隊（宇都宮市）
特殊作戦群（船橋市）
電子作戦隊（東京都練馬区）
中央情報隊（東京都練馬区）
中央特殊武器防護隊（大宮市）
対特殊武器衛生隊（東京都世田谷区）
システム通信団（東京都新宿区）
国際活動教育隊（御殿場市）

—— 中央野外通信群（横須賀市）

師団司令部（春日市）
第16普通科連隊（大村市）
第40普通科連隊（北九州市）
第41普通科連隊（別府市）
第4後方支援連隊（春日市）
対馬警備隊（対馬市）※方面直轄部隊だが第4師団長に隷属
その他の部隊

師団司令部（熊本市）
第42即応機動連隊（熊本市）
第12普通科連隊（都城市）
第43普通科連隊（都城市）
第8後方支援連隊（霧島市）
奄美警備隊（奄美市）※方面直轄部隊だが第8師団長に隷属
その他の部隊

旅団司令部（那覇市）
第51普通科連隊（那覇市）
第15高射特科連隊（沖縄県島尻郡八重瀬町）
第15後方支援隊（那覇市）
宮古警備隊（宮古島市）※方面直轄部隊だが第15旅団長に隷属
八重山警備隊（石垣市）※方面直轄部隊だが第15旅団長に隷属
その他の部隊

第7地対艦ミサイル連隊（うるま市）

第3高射特科群（えびの市）
第7高射特科群（大村市）
第2施設群（小郡市）
第9施設群（飯塚市）
第19普通科連隊（春日市）
第24普通科連隊（飯塚市）

246

組織編成

（共同機関）

- 自衛隊地方協力本部（都道府県庁所在地（北海道は札幌市、旭川市、帯広市、函館市））
- 自衛隊那覇病院（那覇市）
- 自衛隊熊本病院（熊本市）
- 自衛隊福岡病院（春日市）
- 自衛隊阪神病院（川西市）
- 自衛隊富士病院（静岡県駿東郡小山町）
- 自衛隊仙台病院（仙台市）
- 自衛隊札幌病院（札幌市）
- 自衛隊中央病院（東京都世田谷区）
- 自衛隊体育学校（東京都練馬区）

その他の防衛大臣直轄部隊
- 陸上自衛隊補給統制本部（東京都北区）
- 陸上自衛隊教育訓練研究本部（東京都目黒区）──陸上自衛隊開発実験団（静岡県駿東郡小山町）
- 陸上自衛隊高等工科学校（横須賀市）
- 陸上自衛隊化学学校（さいたま市）
- 陸上自衛隊衛生学校（東京都世田谷区）
- 陸上自衛隊小平学校（小平市）
- 陸上自衛隊輸送学校（東京都練馬区）
- 陸上自衛隊需品学校（松戸市）
- 陸上自衛隊武器学校（茨城県稲敷郡阿見町）
- 陸上自衛隊システム通信・サイバー学校（横須賀市）
- 陸上自衛隊施設学校（ひたちなか市）
- 陸上自衛隊航空学校（伊勢市）
- 陸上自衛隊情報学校（静岡県駿東郡小山町）
- 陸上自衛隊高射学校（千葉市）
- 陸上自衛隊富士学校（静岡県駿東郡小山町）──富士教導団（静岡県駿東郡小山町）──※──┌機甲教導連隊（御殿場市）
- 陸上自衛隊幹部候補生学校（久留米市）　　　　　　　　　　　　　　　　　　　　　　└普通科教導連隊（御殿場市）
- 警務隊（東京都新宿区）

※防衛大臣直轄部隊だが、陸上自衛隊富士学校長に隷属

247

3. 海上自衛隊の組織及び編成 （令和6.3.31見込）

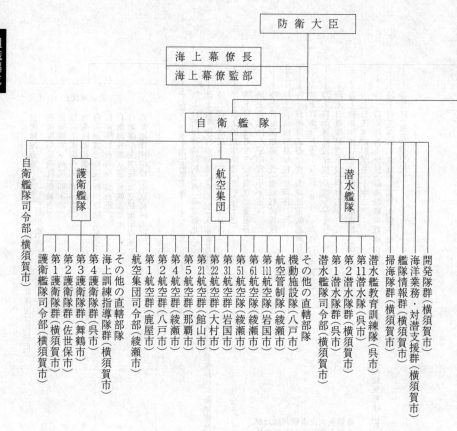

防衛大臣

海上幕僚長
海上幕僚監部

自衛艦隊

護衛艦隊
航空集団
潜水艦隊

自衛艦隊司令部（横須賀市）

護衛艦隊司令部（横須賀市）
第1護衛隊群（横須賀市）
第2護衛隊群（佐世保市）
第3護衛隊群（舞鶴市）
第4護衛隊群（呉市）
海上訓練指導隊群（横須賀市）
その他の直轄部隊

航空集団司令部（綾瀬市）
第1航空群（鹿屋市）
第2航空群（八戸市）
第4航空群（綾瀬市）
第5航空群（那覇市）
第21航空群（館山市）
第22航空群（大村市）
第31航空群（岩国市）
第51航空群（綾瀬市）
第61航空群（綾瀬市）
第111航空群（岩国市）
航空管制隊（綾瀬市）
機動施設隊（八戸市）
その他の直轄部隊

潜水艦隊司令部（横須賀市）
第1潜水隊群（呉市）
第2潜水隊群（横須賀市）
第11潜水隊（呉市）
潜水艦教育訓練隊（呉市）
掃海隊群（横須賀市）
艦隊情報群（横須賀市）
海洋業務・対潜支援群（横須賀市）
開発隊群（横須賀市）

248

組織編成

（共同機関）
自衛隊呉病院（呉市）
自衛隊横須賀病院（横須賀市）

横須賀地方隊（横須賀市）
呉地方隊（呉市）
佐世保地方隊（佐世保市）
舞鶴地方隊（舞鶴市）
大湊地方隊（むつ市）

教育航空集団
　小月教育航空群（下関市）
　徳島教育航空群（徳島県板野郡松茂町）
　下総教育航空群（柏市）
　その他の直轄部隊
　教育航空集団司令部（柏市）

練習艦隊（呉市）
システム通信隊群（東京都新宿区）
海上自衛隊幹部学校（東京都目黒区）
海上自衛隊幹部候補生学校（江田島市）
海上自衛隊第１術科学校（江田島市）
海上自衛隊第２術科学校（横須賀市）
海上自衛隊第３術科学校（柏市）
海上自衛隊第４術科学校（舞鶴市）
海上自衛隊補給本部（東京都北区）
その他の防衛大臣直轄部隊
　海上自衛隊航空補給処（木更津市）
　海上自衛隊艦船補給処（横須賀市）

4. 航空自衛隊の組織及び編成 （令和6.3.31見込）

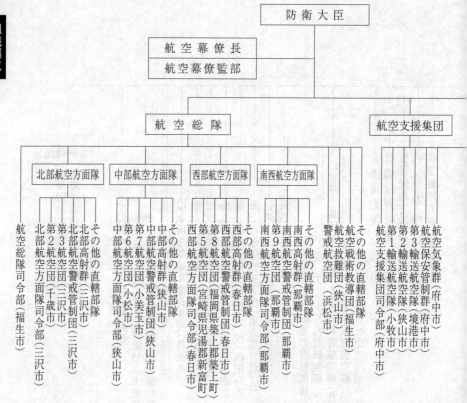

防衛大臣

航空幕僚長
航空幕僚監部

航空総隊

北部航空方面隊

航空総隊司令部（福生市）

北部航空方面隊司令部（三沢市）

第23航空団（千歳市）

第2航空団（三沢市）

北部航空警戒管制団（三沢市）

その他の直轄部隊

中部航空方面隊

中部航空方面隊司令部（狭山市）

第67航空団（小美玉市）

第6航空団（小松市）

中部航空警戒管制団（狭山市）

中部高射群（狭山市）

その他の直轄部隊

西部航空方面隊

西部航空方面隊司令部（春日市）

第58航空団（宮崎県児湯郡新富町）

第5航空団（福岡県築上郡築上町）

西部航空警戒管制団（春日市）

西部高射群（春日市）

その他の直轄部隊

南西航空方面隊

南西航空方面隊司令部（那覇市）

第9航空団（那覇市）

南西航空警戒管制団（那覇市）

南西高射群（那覇市）

その他の直轄部隊

警戒航空団（浜松市）

航空救難団（狭山市）

航空戦術教導団（福生市）

その他の直轄部隊

航空支援集団

航空支援集団司令部（府中市）

第1輸送航空隊（小牧市）

第2輸送航空隊（狭山市）

第3輸送航空隊（境港市）

航空保安管制群（府中市）

航空気象群（府中市）

〔空　幕〕

航空教育集団

- 飛行点検隊（狭山市）
- 特別航空輸送隊（千歳市）
- 航空機動衛生隊（小牧市）
- 航空教育集団司令部（浜松市）
- 第1航空団（浜松市）
- 第4航空団（松島市）
- 第11飛行教育団（静浜市）
- 第12飛行教育団（防府市）
- 第13飛行教育団（宮崎県児湯郡新富町）
- 航空教育隊（防府市）
- 飛行教育団（福岡県遠賀郡芦屋町）
- 教材整備隊（浜松市）
- 航空自衛隊幹部候補生学校（奈良市）※
- 航空自衛隊第1術科学校（浜松市）※
- 航空自衛隊第3術科学校（福岡県遠賀郡芦屋町）※　※
- 航空自衛隊第4術科学校（熊谷市）※　※
- 航空自衛隊第5術科学校（小牧市）※

航空開発実験集団

- 航空開発実験集団司令部（府中市）
- 飛行開発実験団（各務原市）
- 電子開発実験群（府中市）
- 航空医学実験隊（狭山市）

- 航空自衛隊補給本部（東京都北区）
  - 航空自衛隊第1補給処
  - 航空自衛隊第2補給処（各務原市）
  - 航空自衛隊第3補給処（狭山市）
  - 航空自衛隊第4補給処（狭山市）
- 航空自衛隊幹部学校（東京都目黒区）
- 宇宙作戦群（府中市）
- その他の防衛大臣直轄部隊

（共同機関）
自衛隊入間病院（入間市）

※航空教育集団司令官の
　指揮監督を受ける機関（学校）

5. 主要部隊の編成（陸上自衛隊）（令和6.3.31見込）

(1) 第6師団の編成

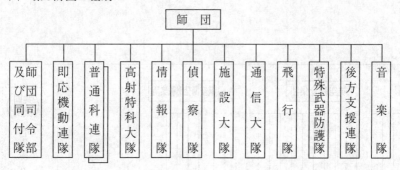

(2) 第8師団の編成

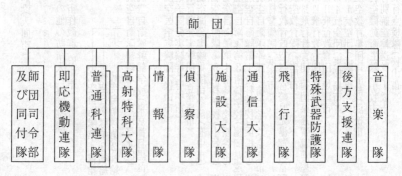

(3) 第2師団の編成

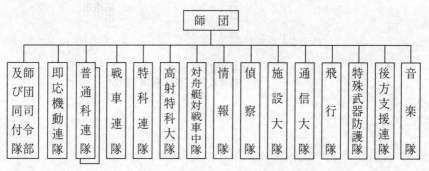

(4) 第9師団の編成

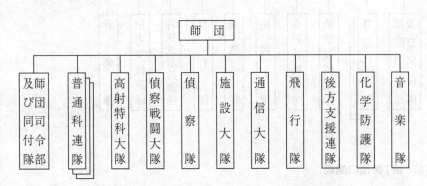

師団

- 師団司令部及び同付隊
- 普通科連隊
- 高射特科大隊
- 偵察戦闘大隊
- 偵察隊
- 施設大隊
- 通信大隊
- 飛行隊
- 後方支援連隊
- 化学防護隊
- 音楽隊

(5) 第10師団の編成

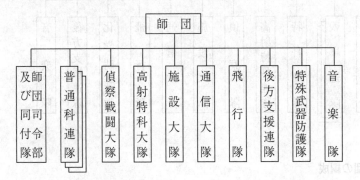

師団

- 師団司令部及び同付隊
- 普通科連隊
- 偵察戦闘大隊
- 高射特科大隊
- 施設大隊
- 通信大隊
- 飛行隊
- 後方支援連隊
- 特殊武器防護隊
- 音楽隊

(6) 第3師団の編成

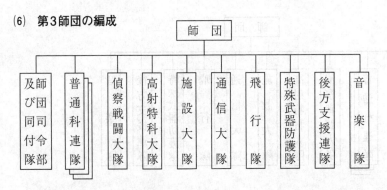

師団

- 師団司令部及び同付隊
- 普通科連隊
- 偵察戦闘大隊
- 高射特科大隊
- 施設大隊
- 通信大隊
- 飛行隊
- 特殊武器防護隊
- 後方支援連隊
- 音楽隊

(7) **第4師団の編成**

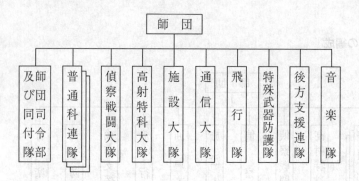

師団

師団司令部及び同付隊 / 普通科連隊 / 偵察戦闘大隊 / 高射特科大隊 / 施設大隊 / 通信大隊 / 飛行隊 / 特殊武器防護隊 / 後方支援連隊 / 音楽隊

(8) **第7師団の編成**

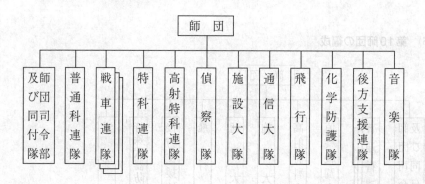

師団

師団司令部及び同付隊 / 普通科連隊 / 戦車連隊 / 特科連隊 / 高射特科連隊 / 偵察隊 / 施設大隊 / 通信大隊 / 飛行隊 / 化学防護隊 / 後方支援連隊 / 音楽隊

(9) **第1師団の編成**

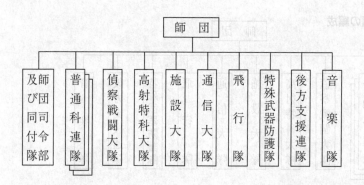

師団

師団司令部及び同付隊 / 普通科連隊 / 偵察戦闘大隊 / 高射特科大隊 / 施設大隊 / 通信大隊 / 飛行隊 / 特殊武器防護隊 / 後方支援連隊 / 音楽隊

(10) **第11旅団の編成**

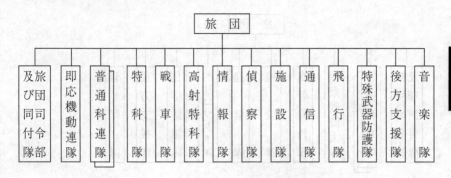

(11) **第14旅団の編成**

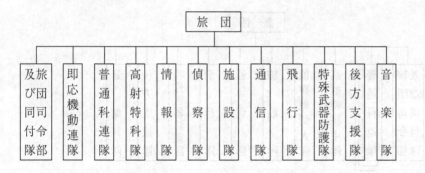

(12) **第5旅団の編成**

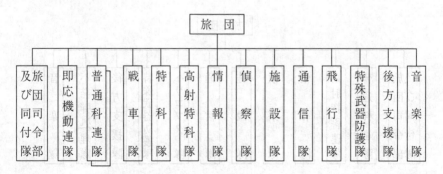

(13) **第12旅団の編成**

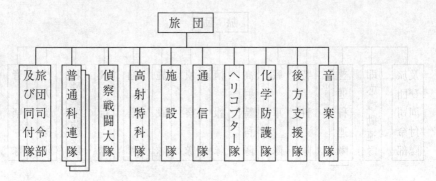

旅団
- 旅団司令部及び同付隊
- 普通科連隊
- 偵察戦闘大隊
- 高射特科隊
- 施設隊
- 通信隊
- ヘリコプター隊
- 化学防護隊
- 後方支援隊
- 音楽隊

(14) **第13旅団の編成**

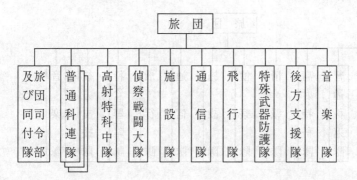

旅団
- 旅団司令部及び同付隊
- 普通科連隊
- 高射特科中隊
- 偵察戦闘大隊
- 施設隊
- 通信隊
- 飛行隊
- 特殊武器防護隊
- 後方支援隊
- 音楽隊

(15) **第15旅団の編成**

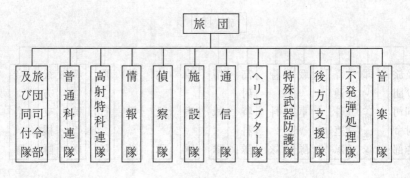

旅団
- 旅団司令部及び同付隊
- 普通科連隊
- 高射特科連隊
- 情報隊
- 偵察隊
- 施設隊
- 通信隊
- ヘリコプター隊
- 特殊武器防護隊
- 後方支援隊
- 不発弾処理隊
- 音楽隊

6. 護衛隊群の編成 （海上自衛隊）（令和6.3.31見込）

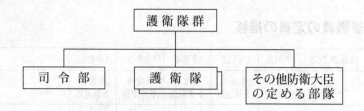

（備考）1個護衛隊は護衛艦4隻

7. 航空団の編成 （一例）（航空自衛隊）（令和6.3.31見込）

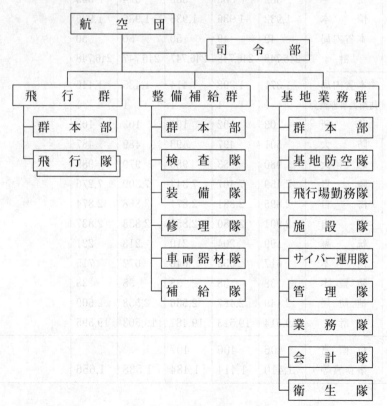

257

第3章　人　事

1.　防衛省職員の定員の推移

組織別等		改正次数等 施行日	（令和2） 年度末 予算定員	（令和3） 年度末 予算定員	（令和4） 年度末 予算定員	（令和5） 年度末 予算定員	（令和6） 年度末 予算定員	
防衛省本省	自衛官		人	人	人	人	人	（注） 大臣、副大臣、大臣政務官及び大臣補佐官は含まない。
		陸　　自	150,695	150,590	150,500	150,245	149,767	
		海　　自	45,329	45,307	45,293	45,414	45,452	
		空　　自	46,943	46,928	46,994	46,976	47,007	
		共同の部隊	1,418	1,552	1,588	1,732	2,193	
		統　　幕	382	385	386	394	343	
		情　　本	1,932	1,936	1,936	1,936	1,936	
		本省内局	49	49	50	50	50	
		計	246,748	246,748	246,747	246,747	246,748	
	事務官等	本省内局	1,371	1,398	1,414	1,435	1,446	
		防衛人事審議会	1	1	1	1	1	
		防　研	103	102	102	103	102	
		防　大	501	497	493	489	487	
		防医大	980	983	980	979	989	
		陸　自	7,459	7,407	7,344	7,309	7,276	
		海　自	2,895	2,881	2,871	2,868	2,874	
		空　自	2,901	2,880	2,852	2,838	2,837	
		統　幕	199	204	210	213	221	
		情　本	617	635	646	672	715	
		防監本	38	38	38	38	38	
		地防局	2,449	2,487	2,536	2,558	2,609	
		計	19,514	19,513	19,487	19,503	19,595	
防衛装備庁	自衛官		406	406	407			
	事務官等		1,410	1,414	1,484	1,538	1,656	

2. 自衛官現員の推移

(令和5.3.31現在)

年度＼隊別	陸　自	海　自	空　自	統幕等	計
平成元	156,100	43,967	46,317	160	246,544
2	148,413	42,245	43,359	160	234,177
3	151,176	43,538	45,392	160	240,266
4	150,339	42,238	44,820	160	237,557
5	146,114	43,032	44,512	160	233,818
6	151,155	43,748	44,574	160	239,637
7	152,515	44,135	45,883	160	242,693
8	152,371	43,668	45,336	1,334	242,709
9	151,836	43,842	45,606	1,356	242,640
10	145,928	43,838	45,223	1,379	236,368
11	148,557	42,655	44,207	1,402	236,821
12	148,676	44,227	45,377	1,527	239,807
13	148,197	44,404	45,582	1,656	239,839
14	148,226	44,375	45,483	1,722	239,806
15	146,960	44,390	45,459	1,770	238,579
16	147,737	44,327	45,517	1,849	239,430
17	148,302	44,528	45,913	2,069	240,812
18	148,631	44,495	45,733	2,111	240,970
19	138,422	44,088	45,594	2,187	230,291
20	140,251	42,431	43,652	2,202	228,536
21	140,536	42,131	43,506	3,184	229,357
22	140,278	41,755	42,748	3,169	227,950
23	139,323	42,117	43,192	3,216	227,848
24	136,573	42,007	42,733	3,213	224,526
25	137,850	41,907	42,751	3,204	225,712
26	138,168	42,209	43,099	3,266	226,742
27	138,610	42,052	43,027	3,650	227,339
28	135,713	42,136	42,939	3,634	224,422
29	138,126	42,289	42,785	3,589	226,789
30	137,634	42,550	42,750	3,613	226,547
令和元	138,060	42,850	42,828	3,704	227,442
2	141,443	43,419	43,830	3,817	232,509
3	139,620	43,435	43,720	3,979	230,754
4	137,024	43,106	43,694	4,019	227,843

人
事

3. 医官等の定員と現員

		陸自	海自	空自	計
医官等	定員	708	215	168	1,091
	現員	654	220	163	1,037
歯科医官等	定員	166	44	37	247
	現員	121	37	37	195

（注）1.定員は、予算定員である。
　　　2.現員には、休職人員を含まない。
　　　3.非自衛官を含む。

4. 女性自衛官の現員

（令和5.3.31現在）

区分	幹部	准・曹	士	計
陸	1,778 (678)	5,907 (5,789)	3,808 (3,795)	11,493 (10,262)
海	490 (402)	2,068 (2,057)	1,312 (1,298)	3,870 (3,778)
空	444 (391)	2,008 (1,987)	2,051 (2,016)	4,503 (4,394)
計	2,712 (1,492)	9,983 (9,833)	7,171 (7,106)	19,866 (18,434)

注：（　）は、医官、歯科医官、看護、任期付を除いた一般自衛官の数

5. 即応予備自衛官の員数と現員

（令和5.3.31現在）

年度	員　数	現　員
平成30	8,075	4,314
令和元	7,981	4,265
2	7,981	4,188
3	7,981	4,120
4	7,981	4,050

6. 予備自衛官の員数と現員

（令和5.3.31現在）

年度	区分	員数	現員
平成30	陸	46,000	32,945
	海	1,100	504
	空	800	526
	計	47,900	33,975
令和元	陸	46,000	33,319
	海	1,100	523
	空	800	529
	計	47,900	34,371
2	陸	46,000	32,327
	海	1,100	527
	空	800	532
	計	47,900	33,386
3	陸	46,000	32,346
	海	1,100	532
	空	800	533
	計	47,900	33,411
4	陸	46,000	32,346
	海	1,100	528
	空	800	524
	計	47,900	33,352

人事

7. 自衛官等の応募及び採用状況の推移 （令和5.3.31現在）

(1) 一般幹部候補生（男子）

年度	隊別	応募者数	採用者数
平成 30	陸	1,875	144
	海	1,035	53
	空	1,055	45
	計	3,965	242
令和 元	陸	1,592	177
	海	838	66
	空	892	52
	計	3,322	295
2	陸	1,921	187
	海	1,049	69
	空	1,294	59
	計	4,264	315
3	陸	1,882	150
	海	945	72
	空	1,176	55
	計	4,003	277
4	陸	1,611	169
	海	869	99
	空	984	74
	計	3,464	342

(2) 一般幹部候補生（女子）

年度	隊別	応募者数	採用者数
平成 30	陸	286	27
	海	159	8
	空	289	12
	計	734	47
令和 元	陸	282	28
	海	162	9
	空	238	16
	計	682	53
2	陸	317	28
	海	203	12
	空	355	21
	計	875	61
3	陸	376	24
	海	220	17
	空	399	15
	計	995	56
4	陸	327	25
	海	181	20
	空	324	27
	計	832	72

※応募者数及び採用者数は募集年度に対応するものである。

人事

(3) 医科・歯科・薬剤科幹部候補生

年度	隊別	応募者数	採用者数
平成30	陸	38	11
	海	23	4
	空	17	4
	計	78	19
令和元	陸	41	7
	海	28	6
	空	17	6
	計	86	19
2	陸	43	11
	海	22	7
	空	7	2
	計	72	20
3	陸	32	10
	海	20	9
	空	9	3
	計	61	22
4	陸	36	8
	海	22	8
	空	24	5
	計	82	21

(4) 防衛大学校学生

年度	期別	隊別	応募者数	採用者数
平成30	67	人社	6,059	124
		理工	7,867	392
		計	13,926	516
令和元	68	人社	5,773	114
		理工	7,599	369
		計	13,372	483
2	69	人社	5,347	111
		理工	7,220	391
		計	12,567	502
3	70	人社	4,984	108
		理工	6,669	380
		計	11,653	488
4	71	人社	4,408	109
		理工	6,230	413
		計	10,638	522

(5) 防衛医科大学校医学科学生

年度	期別	応募者数	採用者数
平成30	46	6,113	84
令和元	47	5,800	81
2	48	5,287	84
3	49	5,704	83
4	50	6,006	80

(6) 防衛医科大学校看護学科学生（自衛官候補看護学生）

年度	期別	応募者数	採用者数
平成30	6	1,905	74
令和元	7	1,956	74
2	8	1,775	75
3	9	1,719	75
4	10	1,484	73

(7) 航空学生

年度	隊別	応募者数	採用者数
平成30	海	792	86
	空	1,955	73
	計	2,747	159
令和元	海	811	79
	空	1,731	72
	計	2,542	151
2	海	699	73
	空	1,583	73
	計	2,282	146
3	海	762	78
	空	1,287	72
	計	2,049	150
4	海	651	70
	空	1,216	75
	計	1,867	145

※応募者数及び採用者数は募集年度に対応するものである。

人事

(8) 一般曹候補生

年度	隊別	応募者数	採用者数
平成30	陸	15,699	4,001
	海	4,388	1,486
	空	7,493	977
	計	27,580	6,464
令和元	陸	15,822	4,067
	海	4,906	1,599
	空	7,582	981
	計	28,310	6,647
2	陸	17,937	4,179
	海	4,725	1,494
	空	7,186	1,071
	計	29,848	6,744
3	陸	16,808	4,027
	海	5,007	1,510
	空	6,611	913
	計	28,426	6,450
4	陸	14,058	3,448
	海	4,583	1,351
	空	6,200	1,333
	計	24,841	6,132

(9) 自衛官候補生（男子）

年度	隊別	応募者数	採用者数
平成30	陸	14,483	3,549
	海	3,863	767
	空	4,503	1,424
	計	22,849	5,740
令和元	陸	14,663	3,612
	海	3,509	640
	空	5,038	1,648
	計	23,210	5,900
2	陸	15,057	3,099
	海	3,392	534
	空	4,610	1,618
	計	23,059	5,251
3	陸	14,030	2,484
	海	3,627	533
	空	4,604	1,231
	計	22,261	4,248
4	陸	11,480	1,832
	海	3,282	461
	空	3,796	834
	計	18,558	3,127

※応募者数及び採用者数は募集年度に対応するものである。

人事

(10) 自衛官候補生（女子）

年度	隊別	応募者数	採用者数
平成30	陸	3,301	1,002
	海	922	204
	空	1,073	129
	計	5,296	1,335
令和元	陸	3,434	1,167
	海	932	131
	空	1,268	161
	計	5,634	1,459
2	陸	3,578	1,072
	海	845	105
	空	1,421	236
	計	5,844	1,413
3	陸	3,479	683
	海	930	140
	空	1,602	279
	計	6,011	1,102
4	陸	2,772	437
	海	852	127
	空	1,652	297
	計	5,276	861

(11) 陸上自衛隊高等工科学校生徒

年度	隊別	応募者数	採用者数
平成30	陸	2,228	346
令和元	陸	2,039	347
2	陸	1,844	344
3	陸	1,779	341
4	陸	1,943	353

※応募者数及び採用者数は募集年度に対応するものである。

8. 自衛官等の募集要項

(1) 2023年度募集要項

区　　分			資　　格	第1次試験	第2次試験	受付場所
				内　　容		
幹部候補生	一般	大卒程度試験	22歳以上26歳未満の者（20歳以上22歳未満の者は大卒（見込含）、修士課程修了者等（見込含）は28歳未満）	・筆記試験（大学教養課程修了程度の一般教養科目、同課程・大学専門課程修了程度の専門科目） ・筆記式操縦適性検査（飛行要員希望者のみ）	・小論文試験 ・口述試験 ・身体検査（飛行要員希望者のみ航空身体検査） **第3次試験**（海上、航空の飛行要員のみ） ・航空身体検査の一部（海上） ・操縦適性検査及び医学適性検査（航空）	自衛隊地方協力本部
		院卒者試験	修士課程修了者等（見込含）で、20歳以上28歳未満の者			
	歯科・薬剤科		専門の大卒（見込含）20歳以上30歳未満の者（薬剤科は20歳以上28歳未満の者）で入校日までに歯科医師・薬剤師国家試験に合格していること	・筆記試験（大学教養課程修了程度の一般教養科目、大学専門課程修了程度の専門科目）		
医科・歯科幹部			医師・歯科医師の免許取得者のうち、業務経験等、一定の要件を満たす者	・筆記試験（小論文） ・口述試験 ・身体検査		
海上・航空自衛隊公募幹部			大卒以上の者で、応募資格に定められた学部・専攻学科等を卒業後、業務経験等、一定の要件を満たす者	・筆記試験（一般教養及び小論文） ・口述試験 ・身体検査		
技術海曹・空曹			20歳以上の者で国家免許資格所有者	・筆記試験（一般教養、作文及び（語学での受験のみ）語学試験） ・口述試験 ・身体検査		
航空学生			海：高卒（見込含）又は高専3年次修了（見込含）18歳以上23歳未満の者 空：高卒（見込含）又は高専3年次修了（見込含）18歳以上21歳未満の者	・筆記試験（国語、数学、英語及び世界史A、日本史A、地理A、現代社会、倫理、政治経済、物理基礎、化学基礎、生物基礎、地学基礎のうちから1科目選択） ・適性検査	・航空身体検査 ・口述試験 ・適性検査 **第3次試験** ・航空身体検査の一部（海上） ・操縦適性検査及び医学適性検査（航空）	

人事

区　　分		資　格	第1次試験		第2次試験	受付場所
			内　　　容			
一般曹候補生		18歳以上33歳未満の者(32歳の者は、採用予定月の末日現在、33歳に達していない者)	・筆記試験(国語、数学、英語、作文) ・適性検査		・口述試験 ・身体検査	自衛隊地方協力本部
自衛官候補生		18歳以上33歳未満の者(32歳の者は、採用予定月の末日現在、33歳に達していない者)	・筆記試験(国語、数学、地理歴史、公民、作文) ・口述試験 ・適性検査及び身体検査及び経歴評定			
防衛大学校学生	推薦	18歳以上21歳未満の者 高卒(見込含)又は高専3年次修了(見込含)で、成績優秀かつ生徒会活動等に顕著な実績を収め、学校長が推薦できる者	人文・社会科学専攻	・学力試験(英語、小論文) ・口述試験 ・身体検査		
			理工学専攻	・学力試験(英語、数学及び理科(物理・化学)から1科目選択 ・口述試験 ・身体検査		
	総合選抜	18歳以上21歳未満の者(自衛官は23歳未満) 高卒者(見込含)又は高専3年次修了者(見込含)	人文・社会科学専攻	・学力試験(英語、小論文)	・適応能力試験 ・問題解決能力試験 ・基礎体力試験 ・口述試験 ・身体検査	
			理工学専攻	・学力試験(英語、数学及び理科(物理・化学))から1科目選択		
	一般	18歳以上21歳未満の者(自衛官は23歳未満) 高卒者(見込含)又は高専3年次修了者(見込含)	人文・社会科学専攻	・学力試験(英語、数学・社会より1科目選択、国語、小論文)	・口述試験 ・身体検査	
			理工学専攻	・学力試験(英語、数学、理科(物理・化学から1科目選択)、小論文)		

区　分		資　格	第1次試験	第2次試験	受付場所
			内　　容		
防衛医科大学校医学科学生		18歳以上21歳未満の者 高卒者（見込含）又は高専3年次修了者（見込含）	筆記試験(英語、数学、国語、理科(物理、化学、生物より2科目選択))、小論文	・口述試験 ・身体検査	自衛隊地方協力本部
防衛医科大学校看護学科学生（自衛官候補看護学生）		18歳以上21歳未満の者 高卒者（見込含）又は高専3年次修了者（見込含）	筆記試験(英語、数学、国語、理科(物理、化学、生物より2科目選択))、小論文	・口述試験 ・身体検査	
陸上自衛隊高等工科学校生徒	推薦	男子で中卒（見込含）15歳以上17歳未満の、成績優秀かつ生徒会活動等に顕著な実績を修め、学校長が推薦できる者	・口述試験 ・筆記試験(作文を含む) ・身体検査		
	一般	男子で中卒（見込含）15歳以上17歳未満の者	・筆記試験(国語、社会、数学、理科、英語、作文)	・口述試験(個別面接) ・身体検査	
貸費学生	技術	大学の理学部、工学部の3・4年次または大学院(専門職大学院を除く)修士課程在学(正規の修業年限を終わる年の4月1日現在で26歳未満（大学院修士課程在学者は28歳未満）	・筆記試験(英語、数学、物理、化学、小論文) ・口述試験 ・身体検査		
予備自衛官補	一般	18歳以上34歳未満の者	・筆記試験(国語、数学、地理歴史及び公民、作文) ・口述試験(個別面接) ・適性検査(予備自衛官補としての適性を判定する検査) ・身体検査		
	技能	18歳以上で国家免許資格等を有する者(資格により年齢の上限あり)	・筆記試験(小論文) ・口述試験(個別面接) ・適性検査(予備自衛官補としての適性を判定する検査) ・身体検査		

注）資格欄中の「高卒」は、中等教育学校卒業者を含む。

(2) 教育等の内容及び将来

区　　　分	教 育 等 の 内 容 及 び 将 来
一般幹部候補生 （陸・海・空）	一般大学等出身の幹部自衛官候補者。採用とともに陸・海・空曹長に任命され、幹部候補生として約1年間の教育を受けた後、3等陸・海・空尉（大学院修士課程修了者は2尉）に昇任し、幹部自衛官となる。
医科・歯科・薬剤科 幹部候補生 （陸・海・空）	自衛隊の衛生分野において、医療衛生業務に従事する幹部自衛官となる。
自衛隊貸費学生 （陸・海・空）	医科、歯科又は理工系の大学又は大学院に在学する者で卒業後自衛隊に勤務しようとするものに学資金（月額54,000円）を貸与するもの。大学卒業または大学院修了後は陸・海・空曹長に任命され、幹部候補生として教育を受けた後、2〜3等陸・海・空尉に昇任し幹部自衛官となる。なお、一定期間勤務した者は、学資金の返還が免除される。
防衛大学校学生	幹部自衛官になるために必要な識見及び能力を与え、かつ伸展性のある資質を育成する。学生舎で共同生活を送るのが特徴で学生手当等も支給される。卒業後は、陸・海・空曹長に任命され、幹部候補生として約1年間の教育を受けた後、3等陸・海・空尉に昇任し幹部自衛官となる。
防衛医科大学校学生	医師である幹部自衛官になるために必要な識見及び能力を与え、かつ伸展性のある資質を育成する。学生舎で共同生活を送るのが特徴で、学生手当等も支給される。卒業後は、陸・海・空曹長に任命され、幹部候補生として約6週間の教育を受け、医師国家試験に合格した後、2等陸・海・空尉に昇任し幹部自衛官となる。そして、引き続き2年間の臨床研修の後、医官として勤務する。なお、卒業後9年間を超えて勤続しない場合は、償還金を償還しなければならない。
防衛医科大学校 看護学科学生 （自衛官候補看護学生）	保健師、看護師である幹部自衛官となるべき者を育成する課程で、4年間の教育を受け保健師・看護師の国家資格の取得を目指す。免許取得後は陸・海・空各幹部候補生学校に入校し、幹部自衛官に必要な知識と技能を学び、自衛隊看護官として全国の自衛隊病院や衛生科部隊で勤務する。
航空学生（海・空）	海・空自衛隊のパイロット及び戦術航空士（海上自衛隊）となるための基礎教育を約2年間受ける。2士として採用されるが、約6年で3尉に昇任し、幹部自衛官となる。

区　　分	教 育 等 の 内 容 及 び 将 来
一般曹候補生 （陸・海・空）	採用後所要の教育を修了すると各種部隊に勤務し、部隊勤務を通じて曹としての教育を受け採用後約2年9か月経過以降、選抜により3曹に昇任する。また将来幹部への道も開かれている。
自衛官候補生 （陸・海・空）	任期制士となる者については、自衛官候補生（防衛省職員の定員外。自衛隊員）として採用される。自衛官候補生は、約3月間、任期制士として必要な知識及び技能等の修得のため教育訓練に専従する。この間、隊務には従事しない。自衛官候補生としての教育訓練の修了後、2士に任官する。任期制士の任期は、自衛官候補生の期間を通じ原則として陸2年、海空3年である。希望者には、選考により2年を任期として継続任用の道が開かれており、さらに本人の努力次第で選抜試験により曹・幹部に昇任することができる。職域に関連した資格を取る機会もあり、夜間又は通信教育による上級学校への進学も隊務に支障なくかつ許可された場合、可能である。
陸上自衛隊 高等工科学校生徒	技術関係の業務に従事する陸曹の将来の基幹要員となるために必要な知識及び技能を養う。生徒舎での共同生活を送り、陸上自衛隊高等工科学校において高等学校の教育に相当する一般教育や通信・情報分野における専門教育を受ける。（卒業後は、高等学校卒業の資格が与えられる。）生徒である期間中は生徒手当が支給される。卒業後は、陸士長に任命され、生徒陸曹候補生として約1年間の教育を受けた後、3等陸曹に昇任する。また幹部への道も開かれている。なお、陸上自衛隊高等工科学校での修業期間は3年である。
技術海曹 技術空曹	海・空自衛隊の技術曹として、現業技術部門等において部隊勤務する。幹部への道も開かれている。
予備自衛官補	予備自衛官としての素養を養うとともに、予備自衛官として必要な知識及び技能をそれぞれ修得するため、予備自衛官補（一般）は3年以内に50日、予備自衛官補（技能）は2年以内に10日の教育訓練を受け、教育訓練修了の翌日に、予備自衛官に任用される。

9. 本籍都道府県別階級自衛官数

本籍	幹部計	准尉	曹士計	合計	本籍	幹部計	准尉	曹士計	合計
北海道	4,520	902	23,552	28,974	滋　賀	235	23	941	1,199
青　森	1,093	248	7,867	9,208	京　都	725	79	3,077	3,881
岩　手	421	65	2,966	3,452	大　阪	1,304	45	4,771	6,120
宮　城	1,087	173	5,356	6,616	兵　庫	1,370	76	4,693	6,139
秋　田	390	56	2,622	3,068	奈　良	269	10	890	1,169
山　形	497	91	2,736	3,324	和歌山	235	15	1,015	1,265
福　島	678	84	3,660	4,422	鳥　取	225	25	1,237	1,487
茨　城	753	71	3,365	4,189	島　根	254	43	1,335	1,632
栃　木	411	37	1,916	2,364	岡　山	464	37	1,697	2,198
群　馬	492	47	2,084	2,623	広　島	1,197	125	4,794	6,116
埼　玉	1,944	127	5,767	7,838	山　口	727	60	2,591	3,378
千　葉	1,458	107	5,071	6,636	徳　島	232	23	1,208	1,463
東　京	3,170	112	6,900	10,182	香　川	334	27	1,358	1,719
神奈川	2,241	172	6,728	9,141	愛　媛	503	31	1,765	2,299
新　潟	506	53	2,819	3,378	高　知	218	29	1,288	1,535
富　山	195	14	779	988	福　岡	2,549	239	9,132	11,920
石　川	415	31	1,745	2,191	佐　賀	689	66	2,718	3,473
福　井	236	25	875	1,136	長　崎	1,496	205	7,399	9,100
山　梨	166	11	794	971	熊　本	1,810	261	7,294	9,365
長　野	338	29	1,651	2,018	大　分	762	81	3,053	3,896
岐　阜	509	40	1,861	2,410	宮　崎	1,182	147	5,359	6,688
静　岡	998	96	3,948	5,042	鹿児島	1,549	171	6,829	8,549
愛　知	1,248	85	5,060	6,393	沖　縄	311	58	2,876	3,245
三　重	384	31	1,487	1,902	計	42,790	4,583	178,929	226,302

人事

10. 学歴別階級別自衛官数

区分＼学歴	大　学	短　大	高　校	中　学	防　大	防医大	計
幹部計	10,512	997	20,392	355	9,487	1,047	42,790
准　尉	236	88	4,170	89	0	0	4,583
曹士計	22,672	12,165	141,502	2,208	376	6	178,929
合　計	33,420	13,250	166,064	2,652	9,863	1,053	226,302

注：外務省等出向者及び休職者は含まない。

11. 防衛省職員の給与の種目及び支給基準

給与の区分＼職員の区分	定員内				定員外						概　要
	指定職	事務官等	常勤の防衛大臣政策参与	将・将補（一）	自衛官	自衛官候補生	学生	生徒	即応予備自衛官	予備自衛官	予備自衛官補	
俸給	○	○	○	○	○							自衛隊教官俸給表、自衛官俸給表並びに一般職給与法、一般職任期付研究員法及び一般職任期付職員法の俸給表（事務官等）。
俸給の調整額		○										1. 結核病棟又は精神病棟等勤務の看護師等（調整基本額×調整数（1～3））。 2. 自衛隊サイバー防衛隊に所属し、一定のスキルを有して勤務する事務官等（調整基本額×調整数（3～5））。
俸給の特別調整額		○			○							管理又は監督の地位にある官職を占める職員の属する職務の級・階級における最高の号俸による俸給月額の25/100を超えない範囲内で、級・階級ごと、種別ごとの定額を支給する。
本府省業務調整手当		○			○							本省内部部局又はこれに相当する組織の業務に従事する職員（管理職員を除く）に対して支給。支給額は階級又は職務の級別の定額制。
扶養手当		○			○	○						配偶者及び父母等6,500円、子10,000円。配偶者及び父母等に係る手当については、本省課長級は不支給、本省室長級は3,500円。ただし、扶養親族たる子のうち満16歳の年度初めから満22歳の年度末までの間にある子がいる場合は、それぞれ5,000円加算。

給与の区分 ＼ 職員の区分	定員内					定員外						概要
	指定職	事務官等	常勤の防衛大臣政策参与	将・将補（一）	自衛官	自衛官候補生	学生	生徒	即応予備自衛官	予備自衛官	予備自衛官補	
初任給調整手当		○		○								1. 医療職俸給表（一）の適用を受ける事務官等及び医師又は歯科医師である自衛官には35か年支給。勤務地の区分により、初年度月415,600円（僻地）〜185,000円（大都市）、いずれも16年間据置、17年目以降逓減。 2. 医療職俸給表（一）以外の適用を受ける医師又は歯科医師である事務官等には35か年支給。初年度月51,100円、6年間据置、7年目以降逓減。
地域手当	○	○	○	○	○							1. 自衛官以外は（俸給＋扶養手当＋俸給の特別調整額＋専門スタッフ職調整手当）の20％、16％、15％、12％、10％、6％、3％。 2. 自衛官は（俸給＋扶養手当＋俸給の特別調整額＋営外手当）の20％、16％、15％、12％、10％、6％、3％。
広域異動手当	○	○		○	○							官署を異にして異動をした場合等に、異動前後の官署間の距離及び住居と異動後の官署の距離いずれも60km以上であるとき、俸給等に次の支給割合を乗じた額を3年間支給。 異動距離 60km以上300km未満：5％ 300km以上：10％

給与の区分 ＼ 職員の区分	定員内				定員外							概要
	指定職	事務官等	常勤の防衛大臣政策参与	将・将補（一）	自衛官	自衛官候補生	学生	生徒	即応予備自衛官	予備自衛官	予備自衛官補	
住居手当		○		○								借家・借間居住者に対しては家賃月額が16,000円を超え27,000円以下の場合には家賃月額から16,000円を控除した額、家賃月額が27,000円を超える場合には家賃月額から27,000円を控除した額の1/2の額を11,000円に加算した額（月額28,000円で打切り）。転勤者に対する特例措置として、単身赴任手当受給者の留守家族の居住する借家・借間に対し、現行手当額の2分の1を支給。
専門スタッフ職調整手当		○										専門スタッフ職俸給表3級の職員が重要度・困難度が特に高い業務に従事する場合に支給（俸給月額の10％）。
通勤手当	○	○	○	○	○							交通機関等利用者には運賃相当額月額55,000円まで全額、6ヶ月定期等に相当する額を当初に一括支給。自動車等利用者には2,000円〜31,600円。転勤者に対する特例措置として、異動等に伴い新幹線等を利用することが必要となった職員に対し、特急料金等の2分の1の額を2万円を限度として加算。
単身赴任手当	○	○		○	○							基礎額：月額30,000円。職員の住居から家族の住居までの距離に応じて8,000円〜70,000円加算。
在宅勤務手当	○	○		○	○							在宅勤務等を中心とした働き方をする職員に月額3,000円

273

職員の区分 / 給与の区分	定員内					定員外						概要
	指定職	事務官等	常勤の防衛大臣政策参与	将 将補（一）	自衛官	自衛官候補生	学生	生徒	即応予備自衛官	予備自衛官	予備自衛官補	
特地勤務手当	○	○		○	○							特地官署への異動又は採用の日において受けていた俸給及び扶養手当の月額の合計額の1/2と現に受ける俸給及び扶養手当の月額の合計額の1/2を合算した額に支給割合を乗じた額。支給割合は級別区分（1〜6級）により（事務官等）25%〜4%（自衛官）23%〜4%。
寒冷地手当	○	○		○	○							事務官等及び自衛官ともに一般職と同じ。ただし営内者等は1/2。
国際平和協力手当		○			○							国際平和協力業務が行われる派遣先国の勤務環境及びその業務の特質に応じ、政令でその都度規定。
超過勤務手当		○										時間当たり、勤務1時間当たりの給与額の125%又は135%（深夜は150%又は160%）、月60時間を超える超過勤務に係る支給割合150%（深夜は175%）。
休日給		○										時間当たり、勤務1時間当たりの給与額の135%。
夜勤手当		○										午後10時〜翌日午前5時までの正規勤務に対し時間当たり、勤務1時間当たりの給与額の25%。
宿日直手当		○										一般の当直1回につき、4,400円等。医師の当直1回につき、21,000円等。
管理職員特別勤務手当	○	○		○	○							週休日等の勤務1回につき6,000円〜18,000円（6時間を超える場合は50%増）週休日等以外の午前0時から午前5時の勤務1回につき3,000円〜6,000円（指定職は除く）。

職員の区分／給与の区分	定員内				定員外						概要
	指定職	事務官等	常勤の防衛大臣政策参与	将・将補（一）	自衛官	自衛官候補生	学生	生徒	即応予備自衛官	予備自衛官・予備自衛官補	
航空手当				○	○						戦闘機等の乗員：初号による俸給月額（将補（二）～3佐は当該額に84.5%～94.2%を乗じて得た額）の80%～15%。上記以外の乗員：初号による俸給月額（将補（二）～3佐は当該額に84.5%～94.2%を乗じて得た額）の60%～15%。
乗組手当				○	○						俸給月額（乗組員である陸上自衛官（自衛隊海上輸送群（仮称）に所属する者を除く）は初号による俸給月額）の43%（潜水艦55.5%、特務艇27.5%）、輸送艇・支援船等は初号による俸給月額（将補（二）～3佐は当該額に84.5%～94.2%を乗じて得た額）の26.4%又は16.5%。
落下傘隊員手当				○	○						初号による俸給月額（将補（二）～3佐は当該額に84.5%～94.2%を乗じて得た額）の30.25%～24%。
特殊作戦隊員手当				○	○						初号による俸給月額（将補（二）～3佐は当該額に84.5%～94.2%を乗じて得た額）の49.5%～8.25%。
特別警備隊員手当				○	○						初号による俸給月額（将補（二）～3佐は当該額に84.5%～94.2%を乗じて得た額）の49.5%又は39.6%。
航海手当				○	○						水域（1区～4区）別に階級により日額1区590円～1,410円…4区1,670円～3,980円、南極2,120円～3,980円。
営外手当					○						月額6,680円。（曹士のみ）

給与の区分 ＼ 職員の区分	定員内					定員外						概要
	指定職	事務官等	常勤の防衛大臣政策参与	将 将補（一）	自衛官	自衛官候補生	学生	生徒	即応予備自衛官	予備自衛官	予備自衛官補	
期末手当	○	○	○	○	○		○	○				(1)⑦12月1.225分、6月1.225月分〔基礎：俸給＋扶養手当＋地域手当＋広域異動手当＋営外手当〕。④特定管理職員においては、12月1.025月分、6月1.025月分〔基礎：俸給＋扶養手当＋専門スタッフ職調整手当＋地域手当＋広域異動手当〕。⑨指定職及び将、将補（一）においては、12月0.65月分、6月0.65月分（俸給＋地域手当＋広域異動手当）。④学生においては12月1.7月分、6月1.7月分。⑦生徒においては、12月1.7月分、6月1.7月分。⑦常勤の防衛大臣政策参与においては、12月1.7月分、6月1.7月分。 (2)官職の職制上の段階を考慮した加算を受ける者は、(1)の合計額に俸給＋地域手当＋広域異動手当＋営外手当の20％〜5％加えたもの（④の職員については俸給＋専門スタッフ職調整手当＋地域手当＋広域異動手当）。自衛官は20％、18％、14％、9％、5％、事務官等は20％、15％、10％、5％。 (3)管理監督の地位にある者は、(2)の合計額に俸給月額の25％〜5％を加えたもの。自衛官は21％、11％、5％、事務官等は25％、15％、10％。

給与の区分 ＼ 職員の区分	定員内					定員外						概　要
	指定職	事務官等	常勤の防衛大臣政策参与	将・将補（一）	自衛官	自衛官候補生	学生	生徒	即応予備自衛官	予備自衛官	予備自衛官補	
勤勉手当	○	○		○	○							(1)⑦12月1.025月分、6月1.025月分〔基礎：俸給＋専門スタッフ職調整手当＋地域手当＋広域異動手当＋営外手当〕。④特定管理職員においては、12月1.225月分、6月1.225月分（俸給＋専門スタッフ職調整手当＋地域手当＋広域異動手当）。⑦指定職及び将、将補（一）においては、12月1.05月分、6月1.05月分（俸給＋地域手当＋広域異動手当）。(2) 官職の職制上の段階を考慮した加算を受ける者は(1) の合計額に俸給＋地域手当＋広域異動手当＋営外手当の20％～5％を加えたもの（④の職員については、俸給＋専門スタッフ職調整手当＋地域手当）。自衛官は20％、18％、14％、9％、5％。事務官等は20％、15％、10％、5％。(3) 管理監督の地位にある者は、(2)の合計額に俸給月額の25％～5％を加えたもの。自衛官は21％、11％、5％、事務官等は25％、15％、10％。
任期付研究員業績手当		○										12月1日（基準日）に在職する任期付研究員のうち任期付研究員として採用された日から基準日までの間にその者の研究業績に関し、特に顕著な研究業績を挙げたと認められる場合に期末手当の支給日に俸給月額に相当する額を「任期付研究員業績手当」として支給。

人
事

給与の区分	指定職	事務官等	常勤の防衛大臣政策参与	将・将補(一)	自衛官	自衛官候補生	学生	生徒	即応予備自衛官	予備自衛官	予備自衛官補	概要
	定員内					**定員外**						
特定任期付職員業績手当	○											12月1日(基準日)に在職する特定任期付職員のうち特定任期付職員として採用された日から基準日までの間にその者の特定任期付職員としての業務に関し、特に顕著な業績を挙げたと認められる場合に期末手当の支給日に支給。
予備自衛官手当										○		月額4,000円。
即応予備自衛官手当									○			月額16,000円。
訓練招集手当									○	○		(1) 予備自衛官　即応予備自衛官となるための訓練招集に応じた期間1日につき日額8,300円　上記以外の訓練招集に応じた期間1日につき日額8,100円 (2) 即応予備自衛官　教育訓練招集に応じた期間1日につき 階級／日額：2尉 14,200円／3尉 13,700円／准尉 13,200円／曹長 13,200円／1曹 13,200円／2曹 12,600円／3曹 11,300円／士長 10,400円／1士 10,400円
教育訓練招集手当											○	教育訓練招集に応じた期間1日につき日額8,800円。

給与の区分		定員内					定員外						概要
	職員の区分	指定職	事務官等	常勤の防衛大臣政策参与	将・将補(一)	自衛官	自衛官候補生	学生	生徒	即応予備自衛官	予備自衛官	予備自衛官補	
	学生手当							○					月額131,300円。
	自衛官候補生手当						○						月額157,100円。
	生徒手当								○				月額117,900円。
特殊勤務手当	爆発物取扱作業等手当		○			○							(1) 不発弾その他爆発のおそれのある物件の取扱いの業務等 日額250円〜10,400円 (2) X線等の放射能を人体に対して照射する作業等 月額7,000円
	航空作業手当		○			○							(1) 航空機に搭乗して行う航空作業 日額1,200円〜5,100円 (2) 危険な飛行を行う航空機に搭乗して行う航空作業 日額620円〜3,400円。
	異常圧力内作業等手当		○			○							(1) 低圧室内における航空生理訓練等又は高圧室内における飽和潜水作業等 低圧：1回900円〜2,400円 高圧：時間210円〜7,350円 (2) 潜水器具を着用して行う潜水作業等 時間310円〜11,200円、潜水艦救難潜水装置に乗り組んで行う作業 日額1,400円 (3) 潜水艦により長期間潜航する作業等 日額500円〜1,750円 (4) 航空医学のために行う加速度実験の業務 日額900円〜2,100円
	落下傘降下作業手当					○							落下傘降下の作業 1回850円〜12,600円
	駐留軍関係業務手当		○			○							駐留軍に対する施設・区域の提供等のための利害関係人等との折衝等の作業 日額650円
	南極手当		○			○							南緯55度以南の地域における南極地域への輸送業務 日額1,800円〜4,100円

給与の区分	職員の区分	定員内					定員外						概要
		指定職	事務官等	常勤の防衛大臣政策参与	将補（二）	自衛官	自衛官候補生	学生	生徒	即応予備自衛官	予備自衛官	予備自衛官補	
特殊勤務手当	夜間看護等手当		○			○							看護師等が行う深夜における患者看護等の業務　1回1,620円～6,800円
	除雪手当		○			○							夜間における自衛隊専用道路又は暴風雪警報発令下における除雪作業　日額300円又は450円
	小笠原手当		○			○							小笠原諸島に所在する官署における業務　日額300円～5,510円
	死体処理手当		○			○							医療施設での死体処理又は災害派遣における死体収容等の業務　日額1,000円～3,200円
	災害派遣等手当		○			○							大規模な災害が発生した場合において行う遭難者の救助等の業務　日額1,620円又は3,240円
	対空警戒対処等手当					○							(1) 弾道ミサイル等対処時に屋外に展開して行う業務等　日額1,100円 (2) 所在する基地を離れて長期間にわたり行う航空警戒管制に関する業務　日額560円 (3) レーダーサイト、防空管制群及び作戦システム運用隊に所属し、弾道ミサイル等対処や対領空侵犯措置に関する業務　日額740円 (4) 作戦システム運用隊が行う弾道ミサイル等の警戒監視業務（(3)を除く。）日額440円 (5) レーダーサイトに在勤する航空自衛隊の隊員　日額860円
	夜間特殊業務手当		○			○							正規の勤務時間の一部又は全部にわたり深夜において行う通信設備の保守等の業務　1回410円～1,100円
	航空管制手当					○							航空機の管制に関する業務に必要な技能を有すると認定された者が行う当該業務　日額340円～770円

給与の区分	職員の区分	定員内					定員外						概要
		指定職	事務官等	常勤の防衛大臣政策参与	将・将補（一）	自衛官	自衛官候補生	学生	生徒	即応予備自衛官	予備自衛官	予備自衛官補	
特殊勤務手当	国際緊急援助等手当		○			○							(1)国際緊急援助活動が行われる海外の地域における当該業務　日額1,400円〜4,000円 (2)在外邦人等の輸送が行われる海外の地域における当該業務　日額1,400円〜7,500円 (3)在外邦人等の保護措置のうち警護業務（輸送を含む）が行われる海外の地域における当該業務　日額1,400円〜15,000円
	海上警備等手当		○			○							(1)特別警備業務、特別海賊対処業務及び特別警備隊員輸送業務　日額7,700円 (2)不審船舶への立入検査業務又は海賊対処立入検査業務（(1)の業務を除く）　日額2,000円 (3)海賊行為から航行中の船舶を防護するために海外の地域において行う業務　日額400円〜4,000円 (4)自衛艦に乗り組んで行う我が国の防衛に資する情報収集業務のうち困難なもの　日額550円〜1,100円 (5)日本関係船舶の航行の安全の確保に関する取組の一環として海外の地域において行う情報収集業務のうち困難なもの　日額840円〜4,000円
	分べん取扱手当		○			○							出生証明書又は死産証明書を作成することとなる分べんの取扱いに従事する業務　1件10,000円
	感染症看護等手当		○			○							自衛隊の病院において感染症の患者を入院させる病棟に配置されて看護等に従事する業務　日額290円（俸給の調整額を受ける者を除く。）
	救急救命処置手当		○			○							医師が同乗していない艦船又は航空機における以下の業務 (1)救急救命士が行う救急救命処置業務　日額2,000円 (2)准看護師が行う救急救命処置の補助を行う業務　日額1,000円

12. 防衛省職員俸給表

(1) 自衛隊教官俸給表

職員の区分	職務の級 号俸	1級 俸給月額	2級 俸給月額	職員の区分	職務の級 号俸	1級 俸給月額	2級 俸給月額	職員の区分	職務の級 号俸	1級 俸給月額	2級 俸給月額
		円	円			円	円			円	円
定年前再任用短時間勤務職員以外の職員	1	219,700	337,600	定年前再任用短時間勤務職員以外の職員	53	322,000	424,200	定年前再任用短時間勤務職員以外の職員	105	400,400	
	2	221,400	339,600		54	323,500	425,700		106	401,300	
	3	222,900	341,600		55	325,000	427,300		107	402,200	
	4	224,400	343,600		56	326,500	428,900		108	403,100	
	5	226,100	345,600		57	328,200	430,400		109	403,900	
	6	227,400	347,200		58	330,200	431,900		110	404,800	
	7	228,600	348,800		59	332,200	433,100		111	405,600	
	8	229,900	350,300		60	334,100	434,300		112	406,400	
	9	231,600	351,800		61	335,900	435,500		113	407,000	
	10	233,300	353,800		62	337,900	436,800		114	407,700	
	11	235,000	355,800		63	339,900	438,100		115	408,400	
	12	236,600	357,700		64	341,800	439,300		116	409,100	
	13	238,100	359,600		65	343,500	440,500		117	409,700	
	14	240,100	361,500		66	345,500	441,700		118	410,200	
	15	242,000	363,300		67	347,500	442,900		119	410,600	
	16	243,900	364,900		68	349,500	444,100		120	411,000	
	17	245,600	366,500		69	351,300	445,300		121	411,300	
	18	248,000	368,300		70	353,200	446,500		122	411,600	
	19	250,400	370,100		71	355,100	447,700		123	411,900	
	20	252,800	371,900		72	357,000	448,900		124	412,100	
	21	255,200	373,500		73	358,600	450,000		125	412,300	
	22	257,600	375,400		74	360,500	450,600		126	412,600	
	23	259,900	377,100		75	362,300	451,100		127	412,900	
	24	262,100	378,800		76	364,200	451,600		128	413,100	
	25	264,300	380,100		77	366,000	452,100		129	413,300	
	26	266,500	381,900		78	367,700			130	413,600	
	27	268,900	383,700		79	369,300			131	413,900	
	28	271,000	385,600		80	370,900			132	414,100	
	29	273,300	387,400		81	372,300			133	414,300	
	30	275,600	389,200		82	373,800			134	414,600	
	31	277,800	391,100		83	375,200			135	414,900	
	32	279,900	393,000		84	376,500			136	415,100	
	33	282,000	394,600		85	377,600			137	415,300	
	34	284,200	396,300		86	379,000			138	415,600	
	35	286,300	397,900		87	380,400			139	415,900	
	36	288,200	399,600		88	381,700			140	416,100	
	37	290,300	400,800		89	382,900			141	416,300	
	38	292,000	402,200		90	384,200			142	416,600	
	39	293,800	403,600		91	385,300			143	416,900	
	40	295,500	405,000		92	386,500			144	417,100	
	41	296,800	406,600		93	387,700			145	417,300	
	42	298,800	408,000		94	388,800					
	43	300,700	409,300		95	390,000					
	44	302,700	410,700		96	391,200				基準報酬月額	基準報酬月額
	45	304,700	412,100		97	392,600					
	46	306,800	413,400		98	393,600					
	47	309,000	414,900		99	394,600		定年前再任用短時間勤務職員			
	48	311,200	416,400		100	395,600					
	49	313,300	418,000		101	396,500				275,300	332,200
	50	315,600	419,400		102	397,500					
	51	317,800	421,000		103	398,600					
	52	319,900	422,500		104	399,700					

(2) 自衛官俸給表

職員の区分 — 再任用職員以外の職員

単位：円（俸給月額）

号俸	陸将/海将/空将 (一)	陸将補/海将補/空将補 (一)	陸将補/海将補/空将補 (二)	1等陸佐/1等海佐/1等空佐 (一)	1等陸佐/1等海佐/1等空佐 (二)	1等陸佐/1等海佐/1等空佐 (三)	2等陸佐/2等海佐/2等空佐	3等陸佐/3等海佐/3等空佐	1等陸尉/1等海尉/1等空尉	2等陸尉/2等海尉/2等空尉	3等陸尉/3等海尉/3等空尉	准陸尉/准海尉/准空尉	陸曹長/海曹長/空曹長	1等陸曹/1等海曹/1等空曹	2等陸曹/2等海曹/2等空曹	3等陸曹/3等海曹/3等空曹	陸士長/海士長/空士長	1等陸士/1等海士/1等空士	2等陸士/2等海士/2等空士
1		708,000	515,100	464,200	452,700	399,100	352,500	329,300	294,900	270,800	263,800	256,700	249,800	249,700	241,500	220,800	206,500	206,300	198,800
2		763,000	518,300	467,200	454,700	401,700	354,900	331,000	296,400	272,700	264,700	258,500	251,600	251,500	243,500	223,800	208,400	208,200	200,000
3		820,000	521,500	470,200	456,700	404,300	357,300	332,700	297,900	274,600	265,600	260,300	253,400	253,300	245,500	226,800	210,300	210,100	201,200
4		898,000	524,700	473,200	458,700	407,000	359,700	334,500	299,400	276,500	266,500	262,100	255,200	255,100	247,600	229,800	212,100	211,900	202,400
5	968,000		528,000	476,300	460,500	409,600	362,000	336,200	300,700	278,500	267,200	264,000	257,000	256,900	249,600	232,600	213,900	213,700	203,600
6	1,038,000		531,200	479,300	462,400	412,300	364,400	338,200	302,000	280,400	268,100	265,700	258,800	258,700	251,400	234,700	215,600	214,500	204,800
7	1,110,000		534,400	482,300	464,300	415,000	366,800	340,200	303,300	282,300	269,000	267,400	260,600	260,500	253,200	236,800	217,300	215,400	206,000
8	1,178,000		537,600	485,300	466,200	417,700	369,200	342,600	304,600	284,200	269,900	269,100	262,400	262,300	255,000	238,900	219,000	216,300	207,200
9			540,900	488,200	468,200	420,300	371,700	344,100	305,900	286,100	270,800	270,800	264,100	264,000	256,800	241,100	220,500	217,000	208,300
10			543,400	491,000	470,000	422,900	374,300	346,600	307,200	287,600	272,700	272,700	265,900	265,800	258,600	243,100	222,800	218,000	209,500
11			545,900	493,800	471,800	425,500	377,000	349,100	308,500	289,100	274,600	274,600	267,700	267,600	260,400	245,100	225,100	219,000	210,700
12			548,400	496,600	473,600	428,100	379,700	351,600	309,800	290,600	276,500	276,500	269,600	269,500	262,200	247,100	227,400	220,000	211,900
13			550,700	499,200	475,400	430,700	382,100	354,100	310,900	292,000	278,400	278,200	271,300	271,100	263,900	249,200	229,500	221,000	213,000
14			552,500	501,800	477,300	433,000	384,400	356,300	312,100	293,100	279,900	279,700	272,800	272,700	265,700	250,700	231,400	221,700	214,000
15			553,700	504,400	479,300	435,300	386,700	358,600	313,300	294,200	281,400	281,200	274,300	274,200	267,500	252,200	233,300	222,400	215,000
16			555,200	507,000	481,200	437,600	389,000	360,900	314,600	295,300	282,900	282,700	275,800	275,700	269,300	253,700	235,200	223,100	216,000
17			556,800	509,600	483,000	439,700	391,300	362,700	315,600	296,500	284,300	284,300	277,300	277,200	271,000	255,300	237,100	223,800	217,000
18			558,300	512,200	484,900	441,700	393,600	364,700	316,800	297,800	285,400	285,200	278,300	278,200	272,500	256,900	239,000		
19			559,800	514,800	486,800	443,700	395,900	366,700	318,000	299,100	286,500	286,100	279,300	279,200	274,000	258,500	240,900		
20			561,300	517,400	488,700	445,700	398,200	368,700	319,200	300,400	287,600	287,100	280,300	280,300	275,500	260,100	242,800		
21			562,800	519,800	490,600	447,500	400,300	370,600	320,200	301,500	288,500	288,000	281,300	281,200	277,000	261,700			
22			564,400	521,700	492,200	449,300	402,500	372,800	321,800	302,600	289,600	289,200	282,400	282,300	278,000	263,600			
23			566,000	523,600	493,800	451,100	404,700	375,000	323,400	303,700	290,700	290,200	283,500	283,400	279,000	265,500			
24			567,600	525,500	495,400	452,900	406,900	377,200	325,000	304,800	291,800	291,300	284,600	284,500	280,000	267,400			
25			569,100	527,200	496,800	454,500	409,000	379,400	326,400	305,900	292,800	292,400	285,600	285,500	280,800	269,200			
26			570,600	528,400	498,200	456,300	411,200	381,500	328,400	306,900	293,800	293,400	286,600	286,500	282,000	270,500			
27			572,100	529,600	499,600	458,100	413,400	383,600	330,400	307,900	294,800	294,400	287,600	287,500	283,200	271,800			
28			573,600	530,800	501,000	459,900	415,600	385,700	332,400	308,900	295,800	295,400	288,600	288,500	284,400	273,100			
29			575,100	531,800	502,200	461,500	417,700	387,600	334,300	310,000	296,600	296,200	289,500	289,400	285,400	274,400			

号俸	2等陸士 2等海士 2等空士 俸給月額	1等陸士 1等海士 1等空士 俸給月額	陸士長 海士長 空士長 俸給月額	3等陸曹 3等海曹 3等空曹 俸給月額	2等陸曹 2等海曹 2等空曹 俸給月額	1等陸曹 1等海曹 1等空曹 俸給月額	陸曹長 海曹長 空曹長 俸給月額	准陸尉 准海尉 准空尉 俸給月額	3等陸尉 3等海尉 3等空尉 俸給月額	2等陸尉 2等海尉 2等空尉 俸給月額	1等陸尉 1等海尉 1等空尉 俸給月額	3等陸佐 3等海佐 3等空佐 俸給月額	2等陸佐 2等海佐 2等空佐 俸給月額	1等陸佐 1等海佐 1等空佐 俸給月額（三）	1等陸佐 1等海佐 1等空佐 俸給月額（二）	1等陸佐 1等海佐 1等空佐 俸給月額（一）	陸将補 海将補 空将補 俸給月額（二）	陸将補 海将補 空将補 俸給月額（一）	陸将 海将 空将 俸給月額	職員の区分
	円	円	円	円	円	円	円	円	円	円	円	円	円	円	円	円	円	円	円	
30			257,000	275,400	286,400	290,500	290,700	297,300	297,600	311,200	336,000	389,800	419,800	462,800	503,000	532,900	576,500			
31			258,000	276,400	287,400	291,600	291,700	298,400	298,600	312,400	337,700	392,000	421,900	464,100	503,800	534,000	577,900			
32			259,000	277,400	288,400	292,700	292,800	299,500	299,600	313,600	339,400	394,200	424,000	465,400	504,600	535,100	579,300			
33			259,900	278,200	289,200	293,600	293,700	300,400	300,500	314,600	341,000	396,200	425,900	466,500	505,400	536,100	580,500			
34				279,200	290,200	294,400	294,500	301,200	301,400	316,000	342,800	398,200	428,000	467,800	506,200	537,100	581,900			
35				280,200	291,200	295,200	295,300	302,000	302,300	317,400	344,600	400,200	430,100	469,100	507,000	538,100	583,300			
36				281,200	292,300	296,000	296,100	302,800	303,200	318,800	346,400	402,200	432,200	470,400	507,800	539,100	584,700			
37				282,300	293,300	296,800	296,800	303,500	304,000	320,200	348,300	404,100	434,100	471,500	508,400	539,900	585,900			
38				283,200	294,100	297,600	297,800	304,500	305,000	321,900	349,800	406,200	436,100	472,300	509,200	540,800	587,100			
39				284,100	294,900	298,500	298,800	305,500	306,000	323,600	351,400	408,300	438,100	473,100	510,000	541,700	588,300			
40				285,000	295,700	299,700	299,800	306,500	307,000	325,500	353,000	410,400	440,100	473,900	510,800	542,600	589,500			
41				285,700	296,600	300,400	300,600	307,300	308,000	327,000	354,500	412,300	441,900	474,700	511,400	543,300	590,600			
42				286,700	297,500	301,800	302,000	308,700	309,500	328,700	356,400	414,400	443,700	475,300	511,900	544,200	591,600			
43				287,700	298,400	303,200	303,200	310,100	311,000	330,400	358,300	416,500	445,500	476,300	512,400	545,100	592,600			
44				288,700	299,300	304,600	304,800	311,500	312,500	332,100	360,200	418,600	447,300	477,100	512,900	546,000	593,600			
45				289,600	300,000	305,900	306,000	312,900	313,900	333,700	362,100	420,500	449,100	477,700	513,200	546,700	594,400			再任用職員以外の職員
46				290,500	301,400	307,400	307,500	314,400	315,500	335,600	363,700	422,500	450,600	478,500	513,700					
47				291,400	302,800	308,900	309,000	315,900	317,100	337,500	365,300	424,500	452,100	479,300	514,200					
48				292,300	304,200	310,400	310,600	317,400	318,700	339,400	366,900	426,500	453,600	480,100	514,700					
49				293,000	305,500	311,700	311,800	318,800	320,300	341,300	368,300	428,400	455,200	480,700	515,000					
50				293,800	307,000	313,400	313,500	320,400	322,000	342,900	370,100	429,500	456,400	481,400	515,500					
51				294,600	308,500	315,000	315,200	322,000	323,700	344,500	371,900	430,600	457,600	482,100	516,000					
52				295,400	310,000	316,800	316,900	323,600	325,400	346,100	373,700	431,700	458,800	482,800	516,500					
53				296,100	311,400	318,300	318,500	325,200	327,000	347,800	375,400	432,600	460,100	483,400	516,800					
54				297,200	312,800	319,800	320,000	326,700	328,700	349,600	377,000	433,500	461,300	484,000	517,200					
55				298,300	314,200	321,200	321,500	328,200	330,400	351,400	378,700	434,400	462,500	484,600	517,600					
56				299,400	315,600	322,600	323,000	329,800	332,100	353,200	380,400	435,300	463,700	485,200	518,000					
57				300,300	316,900	324,000	324,300	331,200	333,800	354,800	381,800	436,200	464,700	485,800	518,500					
58				301,400	318,200	325,400	325,800	332,900	335,500	356,500	383,600	437,100	465,600	486,400						
59				302,500	319,500	326,800	327,300	334,600	337,100	358,200	385,500	438,000	466,500	487,000						
60				303,700	320,800	328,200	328,800	336,300	338,700	359,900	387,400	438,900	467,400	487,600						

職員の区分	号俸	陸将 海将 空将 俸給月額 (円)	陸将補 海将補 空将補 俸給月額 (一)(円)	(二)	1等陸佐 1等海佐 1等空佐 俸給月額 (一)	(二)	(三)	2等陸佐 2等海佐 2等空佐 俸給月額 (円)	3等陸佐 3等海佐 3等空佐 俸給月額 (円)	1等陸尉 1等海尉 1等空尉 俸給月額 (円)	2等陸尉 2等海尉 2等空尉 俸給月額 (円)	3等陸尉 3等海尉 3等空尉 俸給月額 (円)	准陸尉 准海尉 准空尉 俸給月額 (円)	陸曹長 海曹長 空曹長 俸給月額 (円)	1等陸曹 1等海曹 1等空曹 俸給月額 (円)	2等陸曹 2等海曹 2等空曹 俸給月額 (円)	3等陸曹 3等海曹 3等空曹 俸給月額 (円)	陸士長 海士長 空士長 俸給月額 (円)	1等陸士 1等海士 1等空士 俸給月額 (円)	2等陸士 2等海士 2等空士 俸給月額 (円)
再任用職員以外の職員	61						488,200	468,400	439,700	389,000	361,600	340,300	337,900	330,200	329,700	322,200	304,500			
	62						488,700	469,000	440,500	390,700	363,200	342,200	339,600	331,900	331,300	323,400	305,600			
	63						489,200	469,600	441,300	392,400	364,800	344,100	341,300	333,600	332,900	324,600	306,700			
	64						489,700	470,200	442,100	394,200	366,400	346,000	343,000	335,400	334,500	325,800	307,800			
	65						490,100	470,700	442,700	395,700	367,800	347,700	344,500	336,900	336,000	326,900	308,800			
	66						490,600	471,200	443,500	397,300	369,400	349,500	346,100	338,500	337,500	328,100	309,700			
	67						491,100	471,700	444,300	398,900	371,000	351,300	347,700	340,100	339,000	329,300	310,600			
	68						491,600	472,200	445,100	400,500	372,600	353,100	349,400	341,800	340,500	330,500	311,500			
	69						492,100	472,600	445,700	402,100	374,100	354,900	350,700	343,100	341,900	331,700	312,300			
	70						492,600	473,100	446,500	403,300	375,800	356,500	352,400	344,800	343,600	333,100	312,800			
	71						493,100	473,600	447,300	404,500	377,500	358,100	354,100	346,500	345,300	334,500	313,300			
	72						493,600	474,100	448,100	405,700	379,200	359,700	355,800	348,200	347,000	335,800	313,800			
	73						494,100	474,600	448,700	406,800	380,700	361,100	357,400	349,800	348,500	337,200	314,100			
	74						494,600	475,100	449,500	407,900	382,500	362,800	359,200	351,500	350,300	338,600				
	75						495,100	475,600	450,300	409,000	384,300	364,500	361,000	353,200	352,100	340,000				
	76						495,600	476,100	451,100	410,200	386,100	366,200	362,800	354,900	353,900	341,400				
	77						496,100	476,600	451,700	411,200	387,900	367,700	364,500	356,600	355,500	342,800				
	78						496,600	477,100	452,400	412,300	389,500	369,400	366,200	358,200	357,000	344,200				
	79						497,100	477,600	453,100	413,400	391,100	371,100	367,900	359,800	358,500	345,600				
	80						497,600	478,100	453,800	414,500	392,700	372,800	369,600	361,400	360,000	347,000				
	81						497,900	478,600	454,400	415,500	394,100	374,500	371,100	362,900	361,600	348,300				
	82							479,100	455,000	416,200	395,600	376,200	372,600	364,500	363,000	349,600				
	83							479,600	455,600	416,900	397,100	377,900	374,100	366,100	364,400	350,900				
	84							480,100	456,200	417,700	398,600	379,600	375,600	367,700	365,800	352,300				
	85							480,600	456,700	418,300	400,200	381,100	376,900	369,100	367,300	353,600				
	86							481,100	457,300	419,100	401,400	382,700	378,300	370,400	368,600	354,900				
	87							481,600	457,900	419,900	402,600	384,200	379,700	371,700	369,900	356,200				
	88							482,100	458,500	420,700	403,800	385,700	381,100	373,000	371,200	357,500				
	89							482,600	458,900	421,400	404,900	387,100	382,300	374,400	372,300	358,700				
	90							483,100	459,400	422,300	406,100	388,600	383,800	375,900	373,800	359,800				
	91							483,600	459,900	423,200	407,300	390,100	385,300	377,400	375,300	360,900				

285

職員の区分	号俸	陸将/海将/空将 俸給月額	陸将補/海将補/空将補 (一)	陸将補/海将補/空将補 (二)	1等陸佐/1等海佐/1等空佐 (一)	1等陸佐/1等海佐/1等空佐 (二)	1等陸佐/1等海佐/1等空佐 (三)	2等陸佐/2等海佐/2等空佐 俸給月額	3等陸佐/3等海佐/3等空佐 俸給月額	1等陸尉/1等海尉/1等空尉 俸給月額	2等陸尉/2等海尉/2等空尉 俸給月額	3等陸尉/3等海尉/3等空尉 俸給月額	准陸尉/准海尉/准空尉 俸給月額	陸曹長/海曹長/空曹長 俸給月額	1等陸曹/1等海曹/1等空曹 俸給月額	2等陸曹/2等海曹/2等空曹 俸給月額	3等陸曹/3等海曹/3等空曹 俸給月額	陸士長/海士長/空士長 俸給月額	1等陸士/1等海士/1等空士 俸給月額	2等陸士/2等海士/2等空士 俸給月額
		円	円	円	円	円	円	円	円	円	円	円	円	円	円	円	円	円	円	円
	92							484,100	460,400	424,100	408,500	391,600	386,800	378,900	377,000					
	93							484,600	460,900	424,800	409,600	393,200	388,200	380,300	378,400	362,000				
	94							485,100	461,400	425,600	410,500	394,600	389,900	381,900	379,900	363,100				
	95							485,600	461,900	426,400	411,400	396,000	391,600	383,500	381,400	364,300				
	96							486,100	462,400	427,200	412,300	397,400	393,300	385,100	382,900	365,500				
	97							486,600	462,900	427,800	413,200	398,800	394,800	386,800	384,400	366,700				
	98							487,100	463,400	428,500	414,100	400,100	396,100	388,100	385,600	367,900				
	99							487,600	463,900	429,200	415,000	401,500	397,400	389,400	386,600	368,900				
	100							488,100	464,400	429,900	415,900	402,900	398,700	390,700	388,000	369,900				
	101							488,400	464,900	430,600	416,600	404,100	399,800	391,800	389,400	370,900				
	102							488,900	465,400	431,300	417,400	405,000	400,900	392,800	389,800	371,700				
	103							489,400	465,900	432,000	418,200	406,000	401,900	393,900	390,600	372,600				
	104							489,900	466,400	432,700	419,000	407,000	402,900	395,000	391,400	373,500				
	105							490,200	466,800	433,400	419,800	407,800	403,700	395,800	392,000	374,400				
	106								467,300	434,000	420,700	408,800	404,800	396,800	392,800	375,200				
	107								467,800	434,600	421,600	409,800	405,900	397,800	393,600	376,100				
	108								468,300	435,200	422,500	410,800	407,000	398,800	394,400	377,000				
	109								468,600	435,800	423,200	411,700	407,900	399,900	395,200	377,900				
	110								469,100	436,400	424,000	412,600	408,800	400,700	396,000	378,600				
	111								469,600	437,000	424,800	413,500	409,700	401,500	396,800	379,400				
	112								470,100	437,600	425,600	414,400	410,600	402,300	397,600	380,200				
再任用職員以外の職員	113								470,400	438,100	426,200	415,300	411,600	403,200	398,400	381,900				
	114									438,700	426,900	416,200	412,600	404,000	399,200					
	115									439,300	427,600	417,100	413,600	404,800	400,000					
	116									439,900	428,300	418,000	414,600	405,600	400,800					
	117									440,400	429,000	418,900	415,400	406,500	401,600					
	118									441,000	429,700	419,600	416,300	407,300	402,400					
	119									441,600	430,400	420,400	417,200	408,100	403,200					
	120									442,200	431,100	421,200	418,100	408,900	404,000					
	121									442,700	431,700	422,000	418,800	409,800	404,800					

職員の区分 号俸	陸将/海将/空将 俸給月額(一)	陸将補/海将補/空将補 俸給月額(二)	1等陸佐/1等海佐/1等空佐 俸給月額(一)	(二)	(三)	2等陸佐/2等海佐/2等空佐 俸給月額	3等陸佐/3等海佐/3等空佐 俸給月額	1等陸尉/1等海尉/1等空尉 俸給月額	2等陸尉/2等海尉/2等空尉 俸給月額	3等陸尉/3等海尉/3等空尉 俸給月額	准陸尉/准海尉/准空尉 俸給月額	陸曹長/海曹長/空曹長 俸給月額	1等陸曹/1等海曹/1等空曹 俸給月額	2等陸曹/2等海曹/2等空曹 俸給月額	3等陸曹/3等海曹/3等空曹 俸給月額	陸士長/海士長/空士長 俸給月額	1等陸士/1等海士/1等空士 俸給月額	2等陸士/2等海士/2等空士 俸給月額
	円	円	円	円	円	円	円	円	円	円	円	円	円	円	円	円	円	円
122						432,400	422,800	443,300	432,400	422,800	419,600	410,600	405,600					
123								443,900	433,100	423,600	420,400	411,400	406,400					
124								444,500	433,800	424,400	421,200	412,200	407,200					
125								445,000	434,400	425,000	422,100	413,100	408,000					
126								445,600	435,100	425,700	422,900	413,900	408,900					
127								446,200	435,800	426,400	423,700	414,700	409,800					
128								446,800	436,500	427,100	424,500	415,500	410,700					
129								447,300	437,100	427,900	425,400	416,400	411,400					
130									437,800	428,700	426,200	417,200						
131									438,500	429,500	427,000	418,000						
132									439,200	430,300	427,800	418,800						
133									439,800	431,200	428,700	419,700						
134									440,500	432,000	429,500	420,500						
135									441,300	432,800	430,300	421,300						
136									441,900	433,600	431,100	422,100						
137									442,500	434,300	431,900	423,000						
138										435,200	432,700	423,800						
139										436,100	433,500	424,600						
140										437,000	434,300	425,400						
141											435,100	426,200						
142											435,900							
143											436,700							
144											437,500							
145											438,300							
職員再任用	—	507,500	464,100	449,000	393,800	355,200	337,400	306,300	289,000	283,300	283,100	276,500	275,000	266,800	250,100	—	—	—

備考一 統合幕僚長その他の政令で定める官職以外の官職を占める者で陸将、海将又は空将の官職を受ける職員は、この表の規定にかかわらず、陸将補、海将補及び空将補の一の政令で定める官職に準ずる官職を占める者で政令で定めるものとす。

二 この表の陸将補、海将補及び空将補の俸給は、備考一の政令で定める官職を占める者で政令で定めるものとす。

三 この表の1等陸佐、1等海佐及び1等空佐の一欄又は二欄に定める額の俸給の支給を受ける額の範囲は、官職及び一般職に属する国家公務員の俸給及び退職手当に関する法律による職員との均衡を考慮して、政令で定める。

四 退職の日に昇任した職員(その者の事情によらないで引き続いて勤続することを困難とする理由により退職した職員を除く。)については、退職の日の前日に属していた階級の俸給の欄に定める額の俸給を支給するものとする。

(3)　行政職俸給表（一）

職員の区分	職務の級／号俸	1級 俸給月額	2級 俸給月額	3級 俸給月額	4級 俸給月額	5級 俸給月額	6級 俸給月額	7級 俸給月額	8級 俸給月額	9級 俸給月額	10級 俸給月額
		円	円	円	円	円	円	円	円	円	円
定年前再任用短時間勤務職員以外の職員	1	162,100	208,000	240,900	271,600	295,400	323,100	365,500	410,300	459,900	523,100
	2	163,200	209,700	242,400	273,200	297,500	325,300	368,100	412,700	463,000	526,000
	3	164,400	211,400	243,800	274,700	299,500	327,500	370,500	415,200	466,000	529,100
	4	165,500	212,900	245,200	276,300	301,400	329,500	372,900	417,600	469,000	532,200
	5	166,600	214,400	246,600	277,800	303,200	331,500	374,800	419,500	472,000	535,300
	6	167,700	216,200	248,000	279,500	305,000	333,500	377,300	421,600	475,000	537,600
	7	168,800	217,900	249,500	281,300	306,600	335,400	379,600	423,700	478,000	540,100
	8	169,900	219,600	250,900	283,100	308,200	337,300	382,100	425,900	481,100	542,500
	9	170,900	221,100	252,000	284,800	309,800	339,200	384,500	427,800	483,800	544,900
	10	172,300	222,600	253,400	286,700	312,000	341,200	387,100	429,900	486,900	546,700
	11	173,600	224,100	254,900	288,500	314,200	343,200	389,700	432,000	489,900	548,500
	12	174,900	225,600	256,200	290,300	316,200	345,200	392,300	433,900	493,000	550,400
	13	176,100	226,800	257,500	292,100	318,200	347,000	394,600	435,600	495,700	552,100
	14	177,600	228,200	258,700	293,700	320,200	349,000	396,900	437,400	498,000	553,500
	15	179,100	229,600	259,900	295,100	322,100	350,900	399,100	439,300	500,300	554,800
	16	180,700	231,000	261,100	296,500	324,000	352,800	401,400	441,200	502,600	555,900
	17	181,800	232,400	262,300	298,000	325,900	354,500	403,200	443,000	504,600	557,200
	18	183,200	234,000	263,600	300,000	327,900	356,500	405,100	444,800	506,000	558,200
	19	184,600	235,500	264,900	302,000	329,800	358,300	407,000	446,600	507,500	559,100
	20	186,000	236,900	266,200	303,800	331,700	360,200	408,800	448,300	508,900	560,000
	21	187,300	238,100	267,600	305,500	333,400	362,100	410,600	450,100	510,100	560,900
	22	189,600	239,700	269,100	307,400	335,400	364,000	412,400	451,600	511,500	
	23	191,800	241,200	270,700	309,300	337,400	365,900	414,200	453,000	513,000	
	24	194,000	242,600	272,200	311,100	339,300	367,800	416,000	454,500	514,500	
	25	196,200	243,600	273,800	312,800	340,700	369,700	417,600	455,900	515,600	
	26	197,900	245,100	275,500	314,800	342,600	371,600	419,100	457,200	516,700	
	27	199,400	246,400	277,100	316,800	344,500	373,500	420,600	458,500	517,900	
	28	200,900	247,600	278,700	318,700	346,400	375,400	422,100	459,700	519,100	
	29	202,400	248,700	280,300	320,400	348,000	376,900	423,600	460,700	520,100	
	30	203,800	249,700	281,800	322,400	349,900	378,700	424,900	461,400	521,000	
	31	205,200	250,600	283,300	324,400	351,700	380,500	426,200	462,200	521,900	
	32	206,600	251,500	284,800	326,400	353,500	382,100	427,400	462,900	522,800	
	33	208,000	252,400	285,900	327,600	355,300	383,800	428,600	463,600	523,600	
	34	209,300	253,300	287,500	329,600	357,100	385,200	429,900	464,400	524,500	
	35	210,600	254,100	289,000	331,500	358,800	386,600	431,200	465,100	525,200	
	36	211,900	254,900	290,500	333,500	360,500	388,000	432,400	465,700	525,700	
	37	213,200	255,600	291,900	335,400	361,900	389,400	433,600	466,200	526,400	
	38	214,400	256,700	293,500	337,300	363,200	390,600	434,400	466,800	527,000	
	39	215,600	257,900	295,100	339,200	364,500	391,800	435,200	467,400	527,800	
	40	216,700	259,000	296,700	341,100	365,900	392,800	436,000	468,000	528,400	
	41	217,800	260,200	298,200	342,900	367,000	393,900	436,600	468,500	528,900	
	42	218,900	261,400	299,800	344,800	367,900	395,100	437,300	469,000		
	43	219,900	262,500	301,300	346,600	368,900	396,200	438,000	469,400		
	44	220,900	263,600	302,800	348,400	370,000	397,300	438,700	469,700		
	45	221,800	264,700	304,400	349,900	370,800	398,000	439,500	470,000		
	46	222,700	265,800	306,000	351,300	371,700	398,700	440,300			
	47	223,600	266,900	307,600	352,700	372,600	399,400	440,700			
	48	224,500	267,900	309,100	354,200	373,400	400,100	441,400			
	49	225,400	268,900	310,000	355,700	374,200	400,700	441,900			
	50	226,300	269,900	311,500	356,500	375,000	401,300	442,300			
	51	227,200	270,900	313,000	357,500	375,800	401,800	442,700			
	52	228,100	271,800	314,600	358,500	376,500	402,200	443,100			
	53	228,900	272,700	316,200	359,400	377,200	402,600	443,500			
	54	229,800	273,600	317,800	360,500	377,900	402,900	443,900			
	55	230,700	274,500	319,300	361,400	378,600	403,200	444,300			
	56	231,500	275,400	320,800	362,400	379,300	403,500	444,600			
	57	231,800	276,300	322,200	363,300	379,800	403,800	444,900			
	58	232,600	277,200	323,400	364,000	380,400	404,100	445,300			
	59	233,300	278,100	324,500	364,700	381,000	404,400	445,600			
	60	233,900	279,000	325,600	365,300	381,700	404,700	445,900			
	61	234,500	280,000	326,300	365,700	382,100	405,000	446,200			
	62	235,200	281,000	327,200	366,300	382,800	405,300				
	63	235,800	281,900	328,000	367,000	383,400	405,600				
	64	236,300	282,800	328,800	367,700	384,000	405,900				
	65	236,800	283,300	329,600	368,000	384,400	406,200				
	66	237,300	284,000	330,000	368,700	385,000	406,500				
	67	237,800	284,700	330,600	369,400	385,600	406,800				
	68	238,400	285,600	331,300	370,000	386,200	407,100				

職員の区分	職務の級 号俸	1級 俸給月額	2級 俸給月額	3級 俸給月額	4級 俸給月額	5級 俸給月額	6級 俸給月額	7級 俸給月額	8級 俸給月額	9級 俸給月額	10級 俸給月額
		円	円	円	円	円	円	円	円	円	円
定年前再任用短時間勤務職員以外の職員	69	238,900	286,600	332,100	370,300	386,600	407,300				
	70	239,400	287,400	332,800	370,900	387,100	407,600				
	71	239,900	288,200	333,500	371,600	387,600	407,900				
	72	240,400	289,000	334,100	372,200	388,200	408,100				
	73	240,900	289,700	334,600	372,500	388,500	408,300				
	74	241,400	290,200	335,200	373,100	388,600	408,600				
	75	241,800	290,600	335,700	373,800	389,300	408,900				
	76	242,300	291,000	336,300	374,400	389,700	409,100				
	77	242,800	291,200	336,600	374,800	390,000	409,300				
	78	243,300	291,500	337,100	375,300	390,300	409,600				
	79	243,800	291,700	337,500	375,900	390,600	409,900				
	80	244,300	292,000	337,900	376,400	390,800	410,100				
	81	244,700	292,200	338,300	376,900	391,000	410,300				
	82	245,200	292,400	338,800	377,500	391,300	410,600				
	83	245,600	292,700	339,300	378,000	391,600	410,900				
	84	246,000	292,900	339,800	378,300	391,800	411,100				
	85	246,400	293,200	340,100	378,700	392,000	411,300				
	86	246,800	293,500	340,500	379,200	392,300					
	87	247,200	293,800	341,000	379,600	392,600					
	88	247,600	294,100	341,400	380,000	392,800					
	89	248,000	294,400	341,700	380,400	393,000					
	90	248,500	294,800	342,100	380,900	393,300					
	91	248,800	295,100	342,600	381,300	393,600					
	92	249,100	295,500	343,000	381,700	393,800					
	93	249,400	295,700	343,200	382,000	394,000					
	94		295,900	343,600							
	95		296,000	344,100							
	96		296,600	344,500							
	97		296,800	344,700							
	98		297,100	345,100							
	99		297,500	345,500							
	100		297,900	345,800							
	101		298,100	346,100							
	102		298,400	346,500							
	103		298,800	346,900							
	104		299,100	347,300							
	105		299,300	347,800							
	106		299,600	348,200							
	107		300,000	348,600							
	108		300,300	349,000							
	109		300,500	349,500							
	110		300,900	349,900							
	111		301,300	350,200							
	112		301,600	350,500							
	113		301,800	351,000							
	114		302,000								
	115		302,300								
	116		302,700								
	117		302,900								
	118		303,100								
	119		303,400								
	120		303,700								
	121		304,100								
	122		304,300								
	123		304,600								
	124		304,900								
	125		305,200								
定年前再任用短時間勤務職員		基準俸給月額 円 187,700	基準俸給月額 円 215,200	基準俸給月額 円 255,200	基準俸給月額 円 274,600	基準俸給月額 円 289,700	基準俸給月額 円 315,100	基準俸給月額 円 356,800	基準俸給月額 円 389,900	基準俸給月額 円 441,000	基準俸給月額 円 521,400

備考㈠　この表は、他の俸給表の適用を受けない全ての職員に適用する。ただし、第二十二条及び附則第二項に規定する職員を除く。

　　　㈡　2級の1号俸を受ける職員のうち、新たにこの表の適用を受けることとなった職員で人事院規則で定めるものの俸給月額は、この表の額にかかわらず、189,700円とする。

(4) 研究職俸給表

職員の区分	職務の級 / 号俸	1級 俸給月額	2級 俸給月額	3級 俸給月額	4級 俸給月額	5級 俸給月額	6級 俸給月額
		円	円	円	円	円	円
	1	162,500	210,100	291,600	338,900	391,500	524,700
	2	163,600	213,200	294,000	341,000	394,300	527,800
	3	164,800	215,900	296,300	342,900	396,900	530,900
	4	165,900	218,400	298,600	344,600	399,600	534,000
	5	167,000	220,900	300,700	346,300	401,700	537,100
	6	168,300	222,600	302,600	347,800	404,400	539,500
	7	169,600	224,300	304,400	349,200	407,100	541,900
	8	170,900	226,200	306,100	350,400	409,800	544,300
	9	171,900	228,100	307,800	351,900	412,300	546,700
	10	173,600	230,300	310,100	353,800	414,900	548,400
	11	175,200	232,700	312,300	355,800	417,600	550,300
	12	176,900	234,700	314,700	357,500	420,200	552,200
	13	178,300	236,700	316,500	359,300	422,800	553,900
	14	180,200	239,100	318,800	361,100	425,500	555,200
	15	182,100	241,600	321,200	362,700	428,300	556,400
	16	184,100	243,900	323,500	364,200	431,000	557,400
	17	185,800	246,100	325,700	365,700	433,500	558,500
	18	187,900	248,500	327,900	367,600	436,000	559,200
	19	190,100	251,100	329,800	369,300	438,500	559,800
	20	192,100	253,600	331,700	371,200	440,900	560,400
再定前再任用短時	21	194,100	256,000	333,700	372,700	443,300	561,100
	22	196,100	258,300	335,100	374,600	445,900	
	23	198,100	260,500	336,300	376,300	448,500	
	24	199,900	262,700	337,700	378,000	450,800	
	25	201,700	265,000	339,300	379,400	453,000	
	26	203,900	267,300	341,000	381,100	455,300	
	27	206,000	269,500	342,800	383,000	457,800	
	28	208,100	271,600	344,400	384,900	460,200	
	29	210,200	273,900	346,000	386,600	462,700	
	30	211,300	276,000	347,600	388,400	465,200	
	31	212,600	277,900	349,000	390,300	467,700	
	32	213,900	279,700	350,300	392,100	470,100	
	33	215,600	281,400	351,500	393,600	472,400	
	34	217,300	283,400	352,900	395,400	474,800	
	35	219,100	285,400	354,200	397,000	477,200	
	36	220,700	287,200	355,500	398,700	479,700	
	37	222,200	288,900	356,700	399,900	482,100	
	38	224,100	290,000	357,900	401,300	484,600	
	39	226,000	291,100	359,100	402,700	487,000	
	40	227,700	292,200	360,300	404,100	489,500	
	41	229,400	293,200	361,000	405,400	491,800	
	42	231,000	293,900	362,100	406,700	494,000	
	43	232,700	294,400	363,300	408,200	496,200	
	44	234,200	294,900	364,400	409,700	498,400	
	45	235,700	295,400	365,500	410,900	500,000	
	46	237,200	296,300	366,700	412,100	501,500	
	47	238,700	297,300	367,900	413,700	503,100	
	48	240,100	298,200	369,000	415,200	504,600	
	49	241,500	299,200	370,000	416,500	506,300	
	50	243,200	300,200	371,300	417,900	507,700	
	51	244,800	301,100	372,600	419,300	509,100	
	52	246,200	302,000	373,800	420,700	510,600	
	53	247,400	303,000	374,500	422,100	511,700	
	54	249,000	303,900	375,500	423,500	512,900	
	55	250,600	304,700	376,400	424,900	514,100	
	56	252,000	305,500	377,200	426,300	515,300	
	57	253,200	305,900	377,900	427,400	516,200	
	58	254,400	306,600	378,600	428,700	517,200	
	59	255,300	307,500	379,300	430,100	518,200	
	60	256,200	308,200	380,000	431,400	519,200	
	61	257,100	308,900	380,600	432,200	520,300	
	62	257,900	309,900	381,300	433,100	521,200	
	63	258,700	310,800	382,100	434,100	521,900	
	64	259,500	311,700	382,900	435,000	522,600	

人
事

職員の区分	職務の級 号俸	1級 俸給月額	2級 俸給月額	3級 俸給月額	4級 俸給月額	5級 俸給月額	6級 俸給月額
		円	円	円	円	円	円
再定前再任用短時	65	260,300	312,500	383,500	435,900	523,400	
	66	261,100	313,400	384,300	436,700	524,200	
	67	261,800	314,300	385,000	437,300	525,000	
	68	262,400	315,200	385,700	438,100	525,800	
	69	263,000	316,100	386,300	438,500	526,500	
	70	264,000	317,100	387,000	439,100	527,300	
	71	265,200	318,100	387,700	439,600	528,100	
	72	266,200	319,100	388,400	440,100	528,900	
	73	267,400	319,600	389,100	440,600	529,600	
	74	268,600	320,600	389,700			
	75	269,600	321,700	390,300			
	76	270,600	322,700	391,000			
	77	271,600	323,800	391,700			
	78	272,600	324,800	392,300			
	79	273,600	325,700	392,900			
	80	274,500	326,600	393,500			
	81	275,500	327,500	394,100			
	82	276,600	328,300	394,700			
	83	277,700	329,000	395,300			
	84	278,600	329,600	395,900			
	85	279,500	330,100	396,400			
	86	280,400	330,600	396,900			
	87	281,300	331,100	397,400			
	88	282,000	331,500	398,100			
	89	282,800	331,800	398,500			
	90	283,900	332,300				
	91	284,900	332,800				
	92	285,900	333,200				
	93	286,800	333,500				
	94	287,700	333,900				
	95	288,700	334,300				
	96	289,600	334,700				
	97	289,900	335,200				
	98	290,800	335,700				
	99	291,500	336,200				
	100	292,400	336,700				
	101	293,300	337,200				
	102	293,900	337,700				
	103	294,600	338,200				
	104	295,300	338,700				
	105	295,800	339,100				
	106	296,300	339,500				
	107	296,800	340,000				
	108	297,200	340,400				
	109	297,400	340,900				
	110	297,800	341,300				
	111	298,100	341,800				
	112	298,300	342,200				
	113	298,600	342,700				
	114	298,900	343,100				
	115	299,200	343,600				
	116	299,500	344,000				
	117	299,800	344,500				
	118	300,100	344,900				
	119	300,300	345,300				
	120	300,600	345,700				
	121	300,900	346,100				
定年前再任用短時間勤務職員	基準 俸給月額 円	218,500	259,700	284,500	327,000	385,700	524,500

備考　この表は、試験所、研究所等で人事院の指定するものに勤務し、試験研究又は調査研究業務に従事する職員で人事院規則で定めるものに適用する。

13. 任期制隊員に対する特例の退職手当

任期	第1任期		第2任期	第3任期	第4任期以降
	2年	3年			
支給日数	87日	137日	200日	150日	75日

(注) 任期制隊員が希望した場合には、任期満了のつど当該隊員に対する特例の退職手当を支給しないで、その後の勤続期間に対するものと合わせて退職時に一括して支給される。

14. 定年一覧

(1) 自衛官と各国軍人の定年比較

階級 ＼ 区分	自衛官	アメリカ	フランス	イギリス	ドイツ	
大 将	↑	↑	↑	↑	↑	
中 将	60	64	63		62	
少 将	↓				↓	
准 将	—	↓				
大 佐	57				62	
中 佐	56			60	61	
少 佐		62	59		59	
大 尉	↑				上級大尉	59
	56				大　　尉	56
中 尉					↑	
少 尉	↓	↓	↓	↓	56 ↓	

(注) 1. この表の定年年齢は標準であって、医官、音楽職種、その他特別の配置によって特例がある。
　　2. この表における国別の階級は、代表的なものを記載している。また、自衛官の階級は各国と異なり、大将、中佐、少尉等の名称は用いないが、便宜上各国の階級と同一にしてある。
　　3. 自衛官の定年年齢は令和5年10月、それ以外の国々の定年年齢は令和3年9月調査による。
　　4. 令和6年以降に自衛官の佐官の定年を、それぞれ1歳ずつ引上げを行うこととしている。

(2) 自衛官と旧軍人の定年

区分＼階級	自衛官	旧 陸 軍			旧 海 軍	
将	60	大　将		65		65
		中　将		62		62
将　補	60	少　将	(60)	58	(60)	58
1　佐	57	大　佐	(56)	55	(60)	54
2　佐	56	中　佐	(54)	53	(56)	50
3　佐	56	少　佐	(52)	50	(52)	47
1　尉	56	大　尉	(52)	50	(54)(49)	45
2　尉	56	中　尉	(47)	46	(52)(47)	40
3　尉	56	少　尉	(47)	46	(52)(42)	40
准　尉	56	准　尉	(48)	40		48
曹　長	56	曹　長	(45)	40		40
1　曹	56					
2　曹	54	軍　曹	(45)	40		40
3　曹	54	伍　長	(45)	40		40

1. 旧陸軍の（ ）内は、各部（技術、経理、衛生等）
2. 旧海軍の上段（ ）内は、特務士官、下段（ ）内は将校担当官（軍医、主計、法務等）
3. 医師・歯科医師・薬剤師たる自衛官並びに音楽、警務又は通信情報の業務に従事する自衛官の定年は60歳である。
4. 統合幕僚長、陸上幕僚長、海上幕僚長又は航空幕僚長については、定年は62歳である。
5. 自衛隊と旧軍とでは制度が異なるため正確な対比はできない。特に、自衛隊の将及び将補と旧軍の大将、中将、少将並びに自衛隊の曹長以下と旧軍の下士官の対比は困難である。
6. 自衛官の定年年齢は令和5年10月現在である。
7. 令和6年以降に1佐から3佐及び2曹・3曹までの定年を、それぞれ1歳ずつ引上げを行うこととしている。

293

15. 階級の推移

階級	警察予備隊 S.25.8.10〜 (25.8.24〜)	警察予備隊 (27.3.11〜)	海上警備隊 (27.4.26〜)	保安庁 S.27.8.1〜 保安隊 (27.10.15〜)	警備隊 (27.8.1〜)	自衛隊 S.29.7.1〜 (29.7.1〜)	防衛庁 (45.5.25〜)	H.19.1.9〜 防衛省 (55.11.29〜)	隊 (22.10.1〜)
階	警察監	警察監補	海上警備監	保安監	警備監	将	将	将	将
	警察監補		海上警備監補	保安監補	警備監補	補	補	補	補
	1等警察正	1等警察正	1等海上警備正	1等保安正	1等警備正	1 佐	1 佐	1 佐	1 佐
	2等警察正	2等警察正	2等海上警備正	2等保安正	2等警備正	2 佐	2 佐	2 佐	2 佐
	3等警察正	3等警察正	3等海上警備正	3等保安正	3等警備正	3 佐	3 佐	3 佐	3 佐
	1等警察士	1等警察士	1等海上警備士	1等保安士	1等警備士	1 尉	1 尉	1 尉	1 尉
	2等警察士	2等警察士	2等海上警備士	2等保安士	2等警備士	2 尉	2 尉	2 尉	2 尉
		3等警察士	3等海上警備士	3等保安士	3等警備士	3 尉	3 尉	3 尉	3 尉
	—	—	—	—	—	—	准尉	准尉	准尉
級	1等警察士補	1等警察士補	1等海上警備士補	1等保安士補	1等警備士補	—	曹	曹長	曹長
	2等警察士補	2等警察士補	2等海上警備士補	2等保安士補	2等警備士補	1 曹	1 曹	1 曹	1 曹
	3等警察士補	3等警察士補	3等海上警備士補	3等保安士補	3等警備士補	2 曹	2 曹	2 曹	2 曹
						3 曹	3 曹	3 曹	3 曹
	警査長	警査長	海上警備員長	保査長	警査長	士長	士長	士長	士長
	1等警査	1等警査	1等海上警備員	1等保査	1等警査	1 士	1 士	1 士	1 士
	2等警査	2等警査	2等海上警備員	2等保査	2等警査	2 士	2 士	2 士	2 士
		3等警査	3等海上警備員			3 士	3 士	3 士	—

16. 防衛駐在官の派遣状況

地 域	国　　　名	人　　員		備　　考
ア ジ ア	インド	3	（陸海空各1）	バングラデシュ兼轄
	インドネシア	1	（海）	※1
	シンガポール	1	（海）	
	タイ	1	（陸）	
	大韓民国	3	（陸海空各1）	
	中華人民共和国	3	（陸海空各1）	
	パキスタン	1	（陸）	
	フィリピン	2	（海1、空1）	
	ベトナム	2	（陸1、空1）	カンボジア、ラオス兼轄
	マレーシア	2	（陸1、海1）	ブルネイ兼轄
	ミャンマー	1	（陸）	
	モンゴル	1	（陸）	
大洋州	オーストラリア	3	（陸海空各1）	※2
	ニュージーランド	1	（空）	トンガ兼轄
北　米	アメリカ合衆国	6	（陸海空各2）	
	カナダ	1	（空）	
中南米	チリ	1	（陸）	
	ブラジル	1	（陸）	
欧 州	イタリア	1	（海）	アルバニア、マルタ兼轄
	ウクライナ	1	（空）	モルドバ兼轄
	英国	2	（陸1、海1）	
	オーストリア	1	（陸）	※3
	オランダ	1	（陸）	
	カザフスタン	1	（陸）	キルギス、ジョージア、タジキスタン兼轄
	スウェーデン	1	（陸）	ノルウェー、デンマーク兼轄
	スペイン	1	（海）	
	ドイツ	2	（陸1、空1）	チェコ兼轄
	フィンランド	1	（陸）	エストニア兼轄
	フランス	2	（海1、空1）	
	ベルギー	2	（陸1、空1）	NATO及びEU日本政府代表部兼轄
	ポーランド	1	（陸）	セルビア兼轄
	リトアニア	1	（海）	ラトビア兼轄
	ルーマニア	1	（空）	
	ロシア	1	（陸）	アゼルバイジャン、アルメニア兼轄
中 東	アラブ首長国連邦	1	（海）	
	イスラエル	2	（陸1、空1）	
	イラン	1	（陸）	
	カタール	2	（陸1、空1）	クウェート兼轄
	サウジアラビア	1	（海）	オマーン、イエメン兼轄
	トルコ	1	（海）	
	ヨルダン	1	（陸）	イラク兼轄
	レバノン	1	（陸）	
ア フ リ カ	アルジェリア	1	（空）	チュニジア兼轄
	エジプト	1	（陸）	
	エチオピア	1	（陸）	※4
	ケニア	1	（海）	※5
	ジブチ	1	（海）	
	ナイジェリア	1	（陸）	
	南アフリカ	1	（陸）	モザンビーク兼轄
	モロッコ	1	（空）	セネガル、モーリタニア兼轄
代表部	国際連合日本政府代表部	1	（陸）	（在ニューヨーク）
	軍縮会議日本政府代表部	1	（空）	（在ジュネーブ）
合　計	50大使館及び2政府代表部	75名		

※1　ASEAN日本政府代表部、東ティモール兼轄
※2　パプアニューギニア、フィジー
※3　コソボ、北マケドニア共和国、モンテネグロ兼轄
※4　スーダン、南スーダン、AU日本政府代表部兼轄
※5　ウガンダ、セーシェル、ソマリア、タンザニア、マダガスカル兼轄

人事

17. 歴代大臣、副大臣、大臣政務官、事務次官、統幕長、陸海空幕長一覧

（令和6.1.15現在）

年	総理大臣	防衛庁長官	政務次官	事務次官
昭和 25	23.10.15 〜	（警察予備本部長官） 8.14　増原惠吉　①		（警察予備隊本部次長） 8.14　江口見登留①
26		26.1.23 〜 27.7.31 警察予備隊担当国務大臣 大橋武夫		
27	吉田　茂	（保安庁長官事務取扱） 8.1　吉田　茂　② （保安庁長官） 10.30　木村篤太郎③	8.1　平井太郎　① 11.10　岡田五郎　②	（保安庁次長と改称） 8.1　増原惠吉　②
28			5.25　前田正男　③	
29		7.1 （防衛庁長官と改称） 12.10　大村清一　④	8.4　江藤夏雄　④ 12.14　高橋禎一　⑤	7.1 （防衛庁次長と改称）
30	12.10 〜 鳩山一郎	3.19　杉原荒太　⑤ 7.31　砂田重政　⑥ 11.22　船田　中　⑦	3.22　田中久雄　⑥ 11.25　永山忠則　⑦	
31		（事務取扱） 12.23　石橋湛山　⑧		
32	12.23 〜 石橋湛山 1.31 〜 ※岸信介	（事務代理） 1.31　岸　信介　⑨ 2.2　小滝　彬　⑩ 7.10　津島寿一　⑪	1.30　高橋　等　⑧ 7.16　小山長規　⑨	（代理） 6.3　門叶宗雄 6.15　今井　久　③ 8.1　（防衛事務次官と改称）
33		6.12　左藤義詮　⑫	6.17　辻　寛一　⑩	
34		1.12　伊能繁次郎⑬ 6.18　赤城宗徳　⑭	6.30　小幡治和　⑪	
35		7.19　江崎真澄　⑮ 12.8　西村直己　⑯	7.22　塩見俊二　⑫ 12.9　白浜仁吉　⑬	12.27　門叶宗雄　④
36	7.19 〜 池田勇人	7.18　藤枝泉介　⑰	7.25　笹本一雄　⑭	
37		7.18　志賀健次郎⑱	7.27　生田宏一　⑮	
38		7.18　福田篤泰　⑲	7.30　井原岸高　⑯	8.2　加藤陽三　⑤
39	11.19 〜	7.18　小泉純也　⑳	7.24　高橋清一郎　⑰	11.17　三輪良雄　⑥

※ ＝1.31 〜 2.25は臨時代理

統 合 幕 僚 会 議 議 長	陸 上 幕 僚 長	海 上 幕 僚 長	航 空 幕 僚 長
	（警察予備隊中央本部長・改称） 10.9　林　敬三　① 12.29 （総隊総監と改称）		
		（海上警備隊総監） 27.4.26　山崎小五郎 ①	
	8.1 （第1幕僚長と改称）	8.1 （第2幕僚長と改称）	
7.1　　林　敬三　①	（陸上幕僚長と改称） 7.1　　筒井竹雄　②	7.1 （海上幕僚長と改称） 8.3　　長沢　浩　②	7.1　　上村健太郎①
			7.3　　佐薙　毅　②
	8.2　　杉山　茂　③		
		8.15　庵原　貢　③	
			7.18　源田　実　③
	3.11　杉田一次　④		
		8.15　中山定義　④	
	3.12　大森　寛　⑤		4.7　　松田　武　④
		7.1　　杉江一三　⑤	
8.14　杉江一三　②		8.14　西村友晴　⑥	4.17　浦　　茂　⑤

297

年	総理大臣	防衛庁長官	政務次官	事務次官
昭和40	39.11.9〜	6.3　松野頼三 ㉑	6.8　井村重雄 ⑱	
41		8.1　上林山栄吉㉒ 12.3　増田甲子七㉓	8.2　長谷川仁 ⑲	
42			2.17　浦野幸男 ⑳ 11.28　三原朝雄 ㉑	12.5　小幡久男 ⑦
43	佐藤栄作	11.30　有田喜一 ㉔	12.3　坂村吉正 ㉒	
44				
45		1.14　中曽根康弘㉕	1.20　土屋義彦 ㉓	11.20　内海　倫 ⑧
46		7.5　増原恵吉 ㉖ 8.2　西村直己 ㉗ 12.3　江崎真澄 ㉘	7.9　野呂恭一 ㉔	
47		7.7　増原恵吉 ㉙	7.12　古内広雄 ㉕ 10.17　箕輪　登 ㉖	5.23　島田　豊 ⑨
48	7.7〜 田中角栄	5.29　山中貞則 ㉚	11.27　木野晴夫 ㉗	
49		11.11　宇野宗佑 ㉛ 12.9　坂田道太 ㉜	11.15　棚辺四郎 ㉘	6.7　田代一正 ⑩
50	12.9〜 三木武夫		12.26　加藤陽三 ㉙	7.15　久保卓也 ⑪
51		12.24　三原朝雄 ㉝	9.20　中村弘海 ㉚ 12.27　浜田幸一 ㉛	7.16　丸山　昂 ⑫
52	12.24〜 福田赳夫	11.28　金丸　信 ㉞	11.30　竹中修一 ㉜	
53		12.7　山下元利 ㉟	12.12　有馬元治 ㉝	11.1　亘理　彰 ⑬
54	12.7〜 大平正芳	11.9　久保田円次㊱	11.13　染谷　誠 ㉞	
55	※ 7.17〜	2.4　細田吉蔵 ㊲ 7.17　大村襄治 ㊳	7.18　山崎　拓 ㉟	6.6　原　徹 ⑭

※＝6.12〜伊東正義(臨時代理)

統 合 幕 僚 会 議 議 長	陸 上 幕 僚 長	海 上 幕 僚 長	航 空 幕 僚 長
	1.16　天野良英 ⑥		4.7　松田　武 ④
4.30　天野良英 ③	4.30　吉江誠一 ⑦	4.30　板谷隆一 ⑦	4.30　牟田弘國 ⑥
11.15　牟田弘國 ④			11.15　大室　孟 ⑦
	3.14　山田正雄 ⑧		
7.1　板谷隆一 ⑤		7.1　内田一臣 ⑧	4.25　緒方景俊 ⑧
	7.1　衣笠駿雄 ⑨		
7.1　衣笠駿雄 ⑥	7.1　中村龍平 ⑩		7.1　上田泰弘 ⑨ 8.10　石川貫之 ⑩
		3.16　石田捨雄 ⑨	
2.1　中村龍平 ⑦	2.1　曲　壽郎 ⑪	12.1　鮫島博一 ⑩	7.1　白川元春 ⑪
7.1　白川元春 ⑧	7.1　三好秀男 ⑫		7.1　角田義隆 ⑫
3.16　鮫島博一 ⑨	10.15　栗栖弘臣 ⑬	3.16　中村悌次 ⑪	10.15　平野　晃 ⑬
10.20　栗栖弘臣 ⑩	10.20　高品武彦 ⑭	9.1　大賀良平 ⑫	
7.28　高品武彦 ⑪	7.28　永野茂門 ⑮		3.16　竹田五郎 ⑭
8.1　竹田五郎 ⑫			8.1　山田良市 ⑮
	2.12　鈴木敏通 ⑯	2.15　矢田次夫 ⑬	

人
事

299

年	総理大臣	防衛庁長官	政務次官	事務次官
昭和56	55.7.17～ 鈴木善幸	11.30 伊藤宗一郎 ㊴	12.2 堀之内久男 ㊱	
57		11.27 谷川和穂 ㊵	11.30 林 大幹 ㊲	7.9 吉野 實 ⑮
58	11.27～ 中曽根康弘	12.27 栗原祐幸 ㊶	12.28 中村喜四郎 ㊳	6.29 夏目晴雄 ⑯
59		11.1 加藤紘一 ㊷	11.2 村上正邦 ㊴	
60			12.28 北口 博 ㊵	6.25 矢崎新二 ⑰
61		7.22 栗原祐幸 ㊸	7.23 森 清 ㊶	
62		11.6 瓦 力 ㊹	11.10 高村正彦 ㊷	6.23 宍倉宗夫 ⑱
63	11.6～ 竹下 登	8.24 田澤吉郎 ㊺	12.28 榎本和平 ㊸	6.14 西廣整輝 ⑲
平成1	6.3～ 宇野宗佑	6.3 山崎 拓 ㊻ 8.10 松本十郎 ㊼	6.3 鈴木宗男 ㊹ 8.11 鈴木宗男 ㊺	
2	1.8.10～ 海部俊樹	2.28 石川要三 ㊽ 12.29 池田行彦 ㊾	2.28 谷垣禎一 ㊻ 12.29 江口一雄 ㊼	7.2 依田智治 ⑳
3		11.5 宮下創平 ㊿	11.6 魚住汎英 ㊽	10.18 日吉 章 ㉑
4	11.5～ 宮澤喜一	12.12 中山利生 (51)	12.26 三原朝彦 ㊾	
5		8.9 中西啓介 (52) 12.2 愛知和男 (53)	6.22 鈴木宗男 ㊿ 8.12 山口那津男 (51)	6.25 畠山 蕃 ㉒
6	8.9～ 細川護熙 4.28～ 羽田 孜	4.28 神田 厚 (54) 6.30 玉澤徳一郎 (55)	5.10 東 順治 (52) 7.1 渡瀬憲明 (53)	
7	6.30～ 村山富市	8.8 衛藤征士郎 (56)	8.10 矢野哲朗 (54)	4.21 村田直昭 ㉓

統 合 幕 僚 会 議 議 長	陸 上 幕 僚 長	海 上 幕 僚 長	航 空 幕 僚 長
2.16　矢田次夫　⑬	6.1　村井澄夫　⑰	2.16　前田　優　⑭	2.17　生田目修　⑯
3.16　村井澄夫　⑭	3.16　渡部敬太郎⑱	4.26　吉田　学　⑮	4.26　森　繁弘　⑰
7.1　渡部敬太郎⑮	7.1　中村守雄　⑲		
		8.1　長田　博　⑯	
2.6　森　繁弘　⑯	3.17　石井政雄　⑳		2.6　大村　平　⑱
12.11 石井政雄　⑰	12.11 寺島泰三　㉑	7.7　東山収一郎⑰	12.11 米川忠吉　⑲
		8.31　佐久間一　⑱	
3.16　寺島泰三　⑱	3.16　志摩　篤　㉒		7.9　鈴木昭雄　⑳
7.1　佐久間一　⑲		7.1　岡部文雄　⑲	
	3.16　西元徹也　㉓		6.16　石塚　勲　㉑
7.1　西元徹也　⑳	7.1　冨澤　暉　㉔	7.1　林崎千明　⑳	
		12.15 福地建夫　㉑	7.1　杉山　蕃　㉒
	6.30　渡邊信利　㉕		

人
事

年	総理大臣	防衛庁長官	総括政務次官	政務次官	事務次官
8		1.11 臼井日出男(55) 11.7 久間章生(58)		1.12 中島洋次郎(55) 11.8 浅野勝人(56)	
	11.1～ 橋本龍太郎				
9				9.12 栗原裕康(57)	7.1 秋山昌廣㉔
10	7.30～ 小渕恵三	7.30 額賀福志郎(59) 11.20 野呂田芳成(60)		7.31 浜田靖一(58)	11.20 江間清二㉕
11		10.5 瓦　力(61)	10.5 依田智治①	10.5 西村眞悟(59) 10.20 西川太一郎(60)	
12	4.5～ 森　喜朗	7.4 虎島和夫(62) 12.5 斉藤斗志二(63)	7.4 仲村正治② 12.6 石破　茂③	7.4 鈴木正孝(61) （～12.6）	1.18 佐藤　謙㉖

年	総理大臣	防衛庁長官	副　長　官	長官政務官(2)	事務次官
13	森　喜朗 4.26～ 小泉純一郎	斉藤斗志二(63) 4.26 中谷　元(64)	1.6 石破　茂① 5.1 萩山教嚴②	1.6 米田建三① 　　岩屋　毅① 5.7 嘉数知賢② 　　平沢勝栄②	佐藤　謙㉖
14		9.30 石破　茂(65)	10.2 赤城徳彦③	1.8 木村太郎③ 　　山下善彦③ 10.4 小島敏男④ 　　佐藤昭郎④	1.18 伊藤康成㉗
15			9.25 浜田靖一④	9.25 嘉数知賢⑤ 　　中島啓雄⑤	8.1 守屋武昌㉘
16		9.27 大野功統(66)	9.29 今津　寛⑤	9.30 北村誠吾⑥ 　　柏村武昭⑥	
17		10.31 額賀福志郎(67)	11.2 木村太郎⑥	9.22 愛知治郎⑦ 11.2 高木　毅⑦	
18	9.26～ 安倍晋三	9.26 久間章生(68)	9.27 木村隆秀⑦	9.27 大前繁雄⑧ 　　北川イッセイ⑧	

年	総理大臣	防衛大臣	副　大　臣	大臣政務官	事務次官
	18.9.26～ 安倍晋三	1.9 (防衛大臣と改称) 　　久間章生①	1.9 (副大臣と改称) 　　木村隆秀①	1.9 (大臣政務官と改称) 　　大前繁雄① 　　北川イッセイ①	9.1 増田好平㉙
19	9.26～ 福田康夫	7.4 小池百合子② 8.27 高村正彦③ 9.26 石破　茂④	8.29 江渡聡徳② 9.27 江渡聡徳③	8.30 寺田　稔② 　　秋元　司② 9.27 寺田　稔③ 　　秋元　司③	
20	9.24～ 麻生太郎	8.2 林　芳正⑤ 9.24 浜田靖一⑥	8.5 北村誠吾④ 9.29 北村誠吾⑤	8.6 武田良太④ 　　岸　信夫④ 9.29 武田良太⑤ 　　岸　信夫⑤	

統合幕僚 会議議長	陸上幕僚長	海上幕僚長	航空幕僚長
3.25　杉山蕃 ㉑		3.25　夏川和也 ㉒	3.25　村木鴻二 ㉓
10.13　夏川和也 ㉒	7.1　藤縄祐爾 ㉖	10.13　山本安正 ㉓	12.8　平岡裕治 ㉔
3.31　藤縄祐爾 ㉓	3.31　磯島恒夫 ㉗	3.31　藤田幸生 ㉔	7.9　竹河内捷次 ㉕

統合幕僚 会議議長	陸上幕僚長	海上幕僚長	航空幕僚長
藤縄祐爾 ㉓ 3.27　竹河内捷次 ㉔	1.11　中谷正寛 ㉘	藤田幸生 ㉔ 3.27　石川亨 ㉕	竹河内捷次 ㉕ 3.27　遠竹郁夫 ㉖
	12.2　先崎一 ㉙		
1.28　石川亨 ㉕		1.28　古庄幸一 ㉖	3.27　津曲義光 ㉗
8.30　先崎一 ㉖	8.30　森勉 ㉚		
		1.12　齋藤隆 ㉗	1.12　吉田正 ㉘
3.27(統合幕僚長と改称) 8.4　齋藤隆 ②		8.4　吉川榮治 ㉘	

統合幕僚長	陸上幕僚長	海上幕僚長	航空幕僚長
18.8.4　齋藤隆 ②	3.28　折木良一 ㉛	18.8.4　吉川榮治 ㉘	3.28　田母神俊雄 ㉙
		3.28　赤星慶治 ㉙	11.7　外薗健一朗 ㉚

303

人事

年	総理大臣	防衛大臣	副大臣	大臣政務官	事務次官
21	9.16～ 鳩山由紀夫	9.16 北澤俊美 ⑦	9.18 榛葉賀津也 ⑥	9.18 長島昭久 ⑥ / 楠田大蔵 ⑥	8.25 中江公人 ㉚
22	6.8～ 菅直人	6.8 北澤俊美 ⑧	6.9 榛葉賀津也 ⑦ 9.21 安住 淳 ⑧	6.9 長島昭久 ⑦ / 楠田大蔵 ⑦ 9.21 松本大輔 ⑧ / 広田 一 ⑧	
23	9.2～ 野田佳彦	9.2 一川保夫 ⑨	1.18 小川勝也 ⑨ 9.5 渡辺 周 ⑩	9.5 下條光康 ⑨ （下条みつ） 9.5 神風英男 ⑨	
24		1.13 田中直紀 ⑩ 6.4 森本 敏 ⑪			1.10 金澤博範 ㉛
	12.26～ 安倍晋三	12.26 小野寺五典 ⑫	10.2 長島昭久 ⑪ 12.27 江渡聡徳 ⑫	10.2 宮島大典 ⑩ / 大野元裕 ⑩ 12.27 左藤 章 ⑪ / 佐藤正久 ⑪	
25			9.30 武田良太 ⑬	9.30 若宮健嗣 ⑫ / 木原 稔 ⑫	4.1 西 正典 ㉜
26		9.3 江渡聡徳 ⑬ 12.24 中谷 元 ⑭	9.4 左藤 章 ⑭ 12.25 左藤 章 ⑮	9.4 原田憲治 ⑬ / 石川博崇 ⑬ 12.25 原田憲治 ⑭ / 石川博崇 ⑭	
27			10.9 若宮健嗣 ⑯	10.9 藤丸 敏 ⑮ / 熊田裕通 ⑮	10.1 黒江哲郎 ㉝
28		8.3 稲田朋美 ⑮		8.5 宮澤博行 ⑯ / 小林鷹之 ⑯	
29		7.28 岸田文雄 ⑯ 8.3 小野寺五典 ⑰ 11.1 小野寺五典 ⑱	8.4 山本ともひろ ⑰ 11.1 山本ともひろ ⑱	8.4 福田達夫 ⑰ / 大野敬太郎 ⑰ 11.1 福田達夫 ⑱ / 大野敬太郎 ⑱	7.28 豊田 硬 ㉞
30		10.2 岩屋 毅 ⑲	10.4 原田憲治 ⑲	10.4 鈴木貴子 ⑲ / 山田 宏 ⑲	8.3 髙橋憲一 ㉟
31					

統 合 幕 僚 長	陸 上 幕 僚 長	海 上 幕 僚 長	航 空 幕 僚 長
3.24～ 　　折木良一 ③	3.24　火箱芳文 ㉜		
		7.26　杉本正彦 ㉚	12.24 岩﨑　茂　㉛
	8.5　君塚栄治 ㉝		
1.31　岩﨑　茂 ④		7.26　河野克俊 ㉛	1.31　片岡晴彦　㉜
	8.27　岩田清文 ㉞		8.22　齊藤治和　㉝
10.14　河野克俊 ⑤		10.14　武居智久 ㉜	
			12.1　杉山良行　㉞
	7.1　岡部俊哉 ㉟	12.22　村川　豊 ㉝	
	8.8　山崎幸二 ㊱		
			12.20　丸茂吉成 ㉟
4.1　山崎幸二 ⑥	4.1　湯浅悟郎 ㊲	4.1　山村　浩 ㉞	

年	総理大臣	防衛大臣	副大臣	大臣政務官	事務次官
令和1		9.11 河野太郎 ⑳	9.13 山本ともひろ⑳	9.13 渡辺孝一 ⑳ 岩田和親 ⑳	
2	9.16～ 菅義偉	9.17 岸信夫 ㉑	9.18 中山泰秀 ㉑	9.18 大西宏幸 ㉑ 松川るい ㉑	8.5 島田和久 ㊱
3	10.4～ 岸田文雄	10.4 岸信夫 ㉒ 11.10 岸信夫 ㉓	10.6 鬼木誠 ㉒ 11.11 鬼木誠 ㉓	10.6 大西宏幸 ㉒ 岩本剛人 ㉒ 11.11 中曽根康隆㉓ 岩本剛人 ㉓	
4		8.10 浜田靖一 ㉔	8.12 井野俊郎 ㉔	8.12 木村次郎 ㉔ 小野田紀美㉔	7.1 鈴木敦夫 ㊲
5		9.13 木原稔 ㉕	9.15 宮澤博行 ㉕ 12.15 鬼木誠 ㉕	9.15 三宅伸吾 ㉕ 松本尚 ㉕	7.14 増田和夫 ㊳

人事

統 合 幕 僚 長	陸 上 幕 僚 長	海 上 幕 僚 長	航 空 幕 僚 長
			8.25　井筒俊司　㊱
	3.26　吉田圭秀　㊳		
		3.30　酒井　良　㉟	
3.30 吉田圭秀　⑦	3.30 森下泰臣　㊴		3.30 内倉浩昭　㊲

第4章　教育訓練

1.　自衛官の心がまえ（昭和36年6月28日制定）

　古い歴史とすぐれた伝統をもつわが国は、多くの試練を経て、民主主義を基調とする国家として発展しつつある。

　その理想は、自由と平和を愛し、社会福祉を増進し、正義と秩序を基とする世界平和に寄与することにある。これがためには民主主義を基調とするわが国の平和と独立を守り、国の存立と安全を確保することが必要である。

　世界の現実をみるとき、国際協力による戦争の防止のための努力はますます強まっており、他方において、巨大な破壊力をもつ兵器の開発は大規模な戦争の発生を困難にし、これを抑制する力を強めている。しかしながら国際間の紛争は依然としてあとを絶たず、各国はそれぞれ自国の平和と独立を守るため、必要な防衛態勢を整えてその存立と安全をはかっている。

　日本国民は、人類の英知と諸国民の協力により、世界に恒久の平和が実現することを心から願いつつ、みずから守るため今日の自衛隊を築きあげた。

　自衛隊の使命は、わが国の平和と独立を守り、国の安全を保つことにある。

　自衛隊は、わが国に対する直接及び間接の侵略を未然に防止し、万一侵略が行なわれるときは、これを排除することを主たる任務とする。

　自衛隊は、つねに国民とともに存在する。したがって民主政治の原則により、その最高指揮官は内閣の代表としての内閣総理大臣であり、その運営の基本については国会の統制を受けるものである。

　自衛官は、有事においてはもちろん平時においても、つねに国民の心を自己の心とし、一身の利害を越えて公につくすことに誇りをもたなければならない。

　自衛官の精神の基盤となるものは健全な国民精神である。わけても自己を高め、人を愛し、民族と祖国をおもう心は、正しい民族愛、祖国愛としてつねに自衛官の精神の基調となるものである。

　われわれは自衛官の本質にかえりみ、政治的活動に関与せず、自衛官としての名誉ある使命に深く思いをいたし、高い誇りをもち、次に掲げるところを基本として日夜訓練に励み、修養を怠らず、ことに臨んでは、身をもって職責を完遂する覚悟がなくてはならない。

1　使命の自覚
　(1) 祖先より受けつぎ、これを充実発展せしめて次の世代に伝える日本の国、その国民と国土を外部の侵略から守る。
　(2) 自由と責任の上に築かれる国民生活の平和と秩序を守る。

2　個人の充実
　(1) 積極的でかたよりのない立派な社会人としての性格の形成に努め、正しい判

断力を養う。

(2) 知性、自発率先、信頼性及び体力等の諸要素について、ひろく調和のとれた個性を伸展する。

3 責任の遂行

(1) 勇気と忍耐をもって、責任の命ずるところ、身をていして任務を遂行する。

(2) 僚友互いに真愛の情をもって結び、公に奉ずる心を基とし、その持場を守りぬく。

4 規律の厳守

(1) 規律を部隊の生命とし、法令の遵守と命令に対する服従は、誠実厳正に行なう。

(2) 命令を適切にするとともに、自覚に基づく積極的な服従の習性を育成する。

5 団結の強化

(1) 卓越した統率と情味ある結合のなかに、苦難と試練に耐える集団としての確信をつちかう。

(2) 陸、海、空、心を一にして精強に励み、祖国と民族の存立のため、全力をつくしてその負託にこたえる。

2. 教育組織図 (令和6.3.31見込)

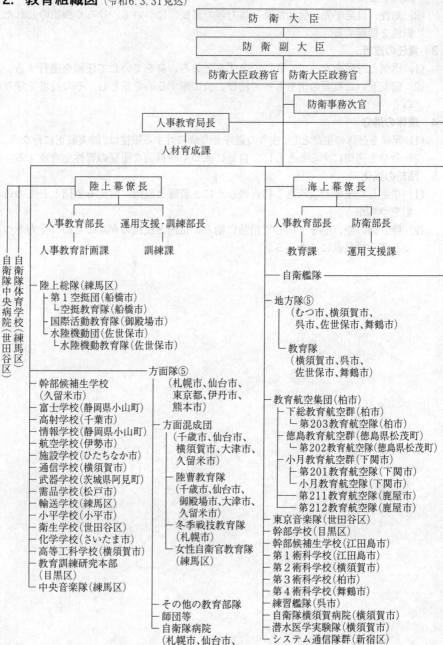

```
┌─── 防衛大学校(横須賀市)
├─── 防衛医科大学校(所沢市)
├─── 防衛研究所(新宿区)
└─── 統 合 幕 僚 長 ─ 統合幕僚学校(目黒区)
        総務部長
        人事教育課
```

航 空 幕 僚 長

```
人事教育部長        運用支援・情報部長

人事教育計画課      運用支援課
```

```
護衛艦隊(横須賀市)
└ 海上訓練指導隊群(横須賀市)
    ├ 横須賀海上訓練指導隊
    │ (横須賀市)
    └ 水上戦術開発指導隊
      (横須賀市)

航空集団(綾瀬市)
├ 第51航空隊(綾瀬市)
├ 第31航空群(岩国市)
│ └ 標的機整備隊(江田島市)
└ 航空管制隊(綾瀬市)

潜水艦隊(横須賀市)
├ 潜水艦教育訓練隊(呉市)
└ 横須賀潜水艦教育訓練分遣隊
  (横須賀市)

海洋業務・対潜支援群(横須賀市)
└ 対潜資料隊(横須賀市)

開発隊群(横須賀市)
├ 海上システム開発隊(横須賀市)
└ 航空プログラム開発隊
  (綾瀬市)

艦隊情報群(横須賀市)
└ 電磁情報隊(横須賀市)

掃海隊群(横須賀市)
└ 水陸両用戦・機雷戦戦術支援隊
  (呉市)
```

```
航空総隊(福生市) ──────────── 航空方面隊④
├ 警戒航空団(三沢市、浜松市、那覇市)    (三沢市、狭山市、
├ 航空救難団(狭山市)              春日市、那覇市)
│ ├ 整備群(小牧市)          └ 第3航空団(三沢市)
│ ├ 救難教育隊(小牧市)
│ └ 入間ヘリコプター空輸隊(狭山市)
└ 航空戦術教導団(福生市)
  └ 航空支援隊(福岡県築上町)

航空支援集団(府中市)
├ 第1輸送航空隊(小牧市)
├ 第2輸送航空隊(狭山市)
├ 第3輸送航空隊(境港市)
├ 特別航空輸送隊(千歳市)
└ 飛行点検隊(狭山市)

航空教育集団(浜松市)
├ 第1航空団(浜松市)
├ 第4航空団(東松島市)
├ 第11飛行教育団(焼津市)
├ 第12飛行教育団(防府市)
├ 第13飛行教育団(福岡県芦屋町)
├ 飛行教育航空隊(宮崎県新富町)
├ 航空教育隊(防府市) ──── ┬ 第1教育群(防府市)
├ 幹部候補生学校(奈良市)   └ 第2教育群(熊谷市)
├ 第1術科学校(浜松市)
├ 第3術科学校(福岡県芦屋町)
├ 第4術科学校(熊谷市)
└ 第5術科学校(小牧市)

航空開発実験集団(府中市) ──── ┬ 飛行開発実験団(各務原市)
航空システム通信隊(新宿区)   └ 航空医学実験隊(狭山市)
航空安全管理隊(狭山市)
幹部学校(目黒区)
補給本部(北区) ──── 第4補給処東北支処(青森県東北町)
自衛隊入間病院(狭山市)
```

3. 陸上自衛隊教育体系 (令和6.3.31見込)

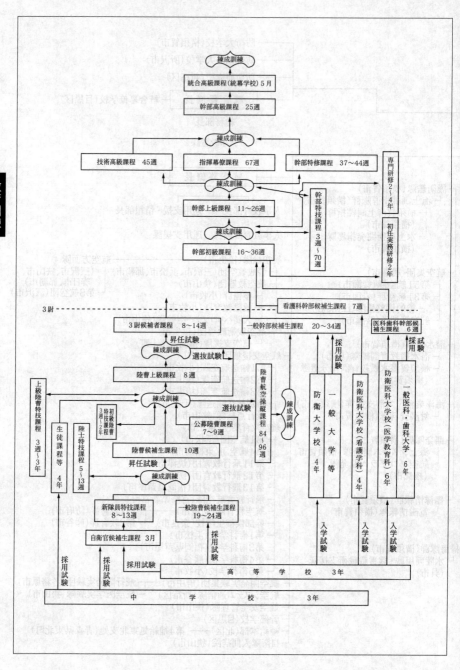

4. 海上自衛隊教育体系 (令和6.3.31見込)

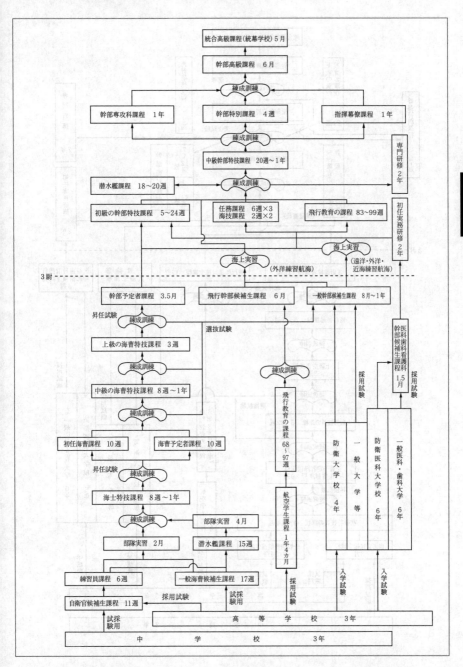

313

5. 航空自衛隊教育体系 (令和6.3.31見込)

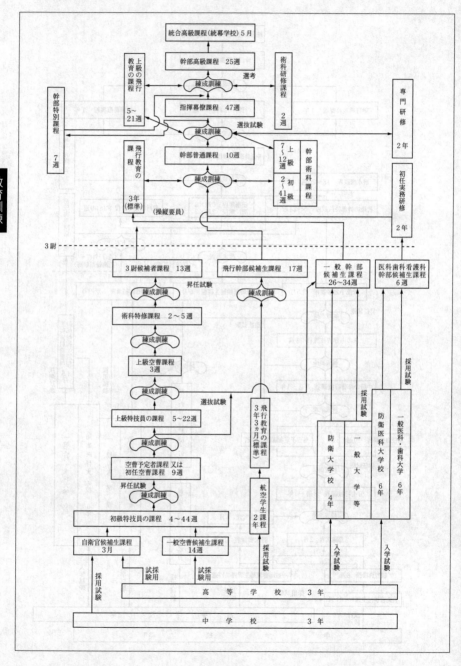

6. 海上自衛隊遠洋練習航海の実績

回次 (年度)	参加 艦艇	参加人員 (実習員)	期日(日) (航程:マイル)	主要訪問 方　　面	訪問国
59 平成 (27)	練習艦2 護衛艦1	約700 (約170)	160 (約32,000)	中米 南米	米国、グアテマラ、コロンビア、ホンジュラス、ドミニカ、ブラジル、ウルグアイ、アルゼンチン、チリ、ペルー、ニカラグア、メキシコ
60 (28)	練習艦2 護衛艦1	約740 (約190)	169 (約33,000)	北米 欧州	米国、パナマ、フランス、英国、リトアニア、ドイツ、ベルギー、マルタ、イタリア、ジブチ、ケニア、スリランカ、フィリピン
61 (29)	練習艦1 護衛艦1	約580 (約190)	164 (約33,000)	北米 中南米	米国、メキシコ、キューバ、チリ、エクアドル、カナダ、ロシア、韓国
62 (30)	練習艦1 護衛艦1	約580 (約190)	163 (約31,000)	中東 欧州 北米	インドネシア、アラブ首長国連邦、バーレーン、サウジアラビア、スペイン、スウェーデン、フィンランド、英国、米国、メキシコ
63 令和 (元)	練習艦1 護衛艦1	約580 (約190)	157 (約26,000)	環太平洋	米国、グアテマラ、ペルー、エクアドル、メキシコ、仏領ポリネシア、フィジー、ニュージーランド、オーストラリア、パプアニューギニア、パラオ
64 (2)	前期 練習艦2 後期 練習艦1	前期 約500 (約200) 後期 約310 (約110)	前期 44 (約10,000) 後期 55 (約12,000)	前期 東南アジア 後期 環太平洋	前期 シンガポール 後期 米国
65 (3)	前期 練習艦2 後期 練習艦1	前期 約510 (約150) 後期 約320 (約110)	前期 56 (約12,000) 後期 64 (約13,000)	前期 東南アジア 後期 環太平洋	前期 ブルネイ、スリランカ、インドネシア、東ティモール、フィリピン 後期 米国、マーシャル諸島
66 (4)	練習艦2	約530 (約160)	121 (約27,560)	中東 欧州 北米	スリランカ、オマーン、ジブチ、フランス、英国、米国、パナマ
67 (5)	練習艦2	約540 (約160)	149 (約28,290)	北米 中米 南米	米国、カナダ、メキシコ、ペルー、チリ、アルゼンチン、ブラジル、コロンビア

7. 防衛大学校教育課程と大学設置基準の対比表　（令和6.1.1現在）

科　目　区　分		防　衛　大　学　校				大学設置基準に規定する卒業に必要な最低単位数
		卒業に必要な単位数				
		人文・社会科学専攻		理工学専攻		
		単位	％	単位	％	
教　養　教　育		24	15.8	24	15.8	
外国語　英語／英語以外の外国語（独・仏・露・中国・朝鮮・アラビア・ポルトガル語）		12｜2 ＝ 14	9.2	12｜2 ＝ 14	9.2	
体　　　育		6	3.9	6	3.9	
専　門　基　礎		18	11.8	30	19.7	
専門	人文・社会科学専攻　人間文化学科／公共政策学科／国際関係学科	66	43.4			124単位以上
	理工学専攻　応用物理学科／応用化学科／地球海洋学科／電気電子工学科／通信工学科／情報工学科／機能材料工学科／機械工学科／機械システム工学科／航空宇宙工学科／建設環境工学科			54	35.5	
防　　衛　　学		24	15.8	24	15.8	
合　　　計		152	100.0	152	100.0	

（注）％については四捨五入により合計と合致しないものがある。

8. 防衛医科大学校教育課程と大学設置基準の対比表　（令和6.1.1現在）

防　衛　医　科　大　学　校　（　医　学　科　）				開設単位数	卒業に必要な修得単位数		大学設置基準に規定する卒業に必要な最低単位数
					単位数	％	
進学課程	一般教育科目	行動科学系	倫　　理　　学	1	必　修	18.2	188単位以上
			心　　理　　学	1			
			哲　　　　　学	1			
			社　　会　　学	1			
			法　　　　　学	1			
			コミュニケーション技法	1			
		人文系	史　　　　　学	1	6単位	18.2	
			国　語　・　国　文　学	2			
		社会科学系	政　　治　　学	1			
			経　　済　　学	1			
			人　文　地　理	1			

防衛医科大学校（医学科）			開設単位数	卒業に必要な修得単位数		大学設置基準に規定する卒業に必要な最低単位数
授　業　科　目				単位数	％	
進学課程	一般教育科目	総合	教　養　講　座	1	6単位	18.2	
			数　理　論　理　学	1			
			情　報　技　術	1			
			医　学　導　入　教　育	1	必　修	3	
	外国語科目		英　　　　　　語	5	必　修	15.1	
			英　　会　　話	2	2単位	6.1	
			独　　　　　　語	2			
			仏　　　　　　語	2			
			中　　国　　語	2			
	保健体育科目		体　育　理　論	1	必　修	9.1	
			体　育　実　技	2			
	基礎教育科目		数　　　　　　学	1	必　修	30.3	
			物　　　理　　　学	3			
			化　　　　　　学	3			
			生　　　物　　　学	3			
進　学　課　程　計			42単位	33単位	100	
専門課程	専門教育科目		社　会　医　学　系	6	必　修	100	188単位以上
			形　態　医　学　系	12			
			血液・造血器・リンパ系	3			
			神　　経　　系	6			
			感　覚　器　系	5			
			運　動　器　系	3			
			循　環　器　系	4			
			呼　吸　器　系	3			
			消　化　器　系	7			
			腎　・　尿　路　系	3			
			精　　神　　系	2			
			生　殖　機　能　系	3			
			内分泌・代謝・成長発育系	3			
			感　染　症　系	5			
			免疫・アレルギー・膠原病系	4			
			救急・総合医学系	9			
			機　能　医　学　系	17			
			防　衛　医　学　系	4			
			基本的診療技能実習	2			
			内　科　系　臨　床　実　習	38			
			外　科　系　臨　床　実　習	34			
専　門　課　程　計			173単位	173単位	100	

（注）　％については四捨五入により合計と合致しないものがある。

教育訓練

9. 砕氷艦の南極地域観測協力実績

回次 (年度)	期　間	行動 日数	南極圏 行動日数	物資 輸送量	観測 隊員	越冬 隊員	総航程 (海里)
第54次 (24年度)	24.11.11 〜25.4.10	151日	99日	約680 トン	55人	31人	約21,000
第55次 (25年度)	25.11.8 〜 26.4.7	151日	99日	約1,160 トン	46人	30人	約20,000
第56次 (26年度)	26.11.11 〜27.4.10	151日	99日	約1,017 トン	53人	24人	約18,000
第57次 (27年度)	27.11.16 〜28.4.14	151日	89日	約1,040 トン	52人	30人	約24,000
第58次 (28年度)	28.11.11 〜29.4.10	151日	99日	約1,060 トン	62人	33人	約20,000
第59次 (29年度)	29.11.12 〜30.4.11	151日	99日	約1,000 トン	59人	27人	約20,000
第60次 (30年度)	30.11.10 〜31.4.9	151日	99日	約1,000 トン	57人	31人	約20,000
第61次 (令和元年度)	1.11.12 〜2.4.10	151日	99日	約1,000 トン	57人	31人	約20,000
第62次 (2年度)	2.11.20 〜3.2.22	95日	49日	約1,100 トン	43人	27人	約16,000
第63次 (3年度)	3.11.10 〜4.3.28	139日	99日	約1,160 トン	69人	31人	約18,000
第64次 (4年度)	4.11.11 〜5.4.10	151日	99日	約1,123 トン	69人	28人	約20,000
第65次 (5年度)	5.11.10 〜6.4.8	151日	99日	約1,197 トン	75人	25人	約18,000

※第65次(令和5年度)は、計画値。　　　　　　　　　　　（平成23年度以前は既年版参照）

教育訓練

10. 国民体育大会の協力実績

（平成20年以前は既年版参照）

開催年次	回数	大会季別	開催県	協力担当	協力・支援規模				
					人員	車両	艦艇	航空機	通信機
平成21	64	冬	新　潟	陸自	240	39			5
		秋	新　潟	陸自・海自	202	35			24
22	65	冬	北海道	陸自	61	3			
		秋	千　葉	陸自・空自	109	23		6	
23	66	冬	秋　田	陸自	95	9			6
		夏	山　口	陸自・海自	301	43	1		115
24	67	冬	岐　阜	陸自	101				7
		夏	岐　阜	陸自	248	15			38
25	68	冬	秋　田	陸自	95	9			6
		夏	東　京	陸自・空自	138	18	5	6	10
26	69	冬	山　形	陸自	1,621	136			36
		夏	長　崎	陸自・海自・空自	361	29	19	6	11
27	70	冬	群　馬	陸自	680	16			3
		秋	和歌山	陸自・空自	2,179	387		6	264
28	71	冬	岩　手	陸自	216	29			
		秋	岩　手	陸自・海自	207	31	2		40
29	72	冬	長　野	陸自	65	11			
		秋	愛　媛	陸自・海自	396	41	13	6	38
30	73	冬	山梨・新潟	陸自	179	21			
		秋	福　井	陸自・海自・空自	164	14	7	6	10
令和元	74	秋	茨　城	陸自・空自	83	11	4	6	
2	75	冬	富　山	陸自	158	31			
4	77	冬	秋　田	陸自	95	18			
		秋	栃　木	陸自・海自・空自	234		8	6	27
5	特別	冬	岩　手	陸自	80				
		秋	鹿児島	陸自・海自・空自	339	32	18	6	16

※第75回本大会(鹿児島)、第76回冬季大会(秋田)及び第76回本大会(三重)については、大会中止。

教育訓練

11. オリンピック大会・アジア大会・世界選手権大会の入賞者一覧

（平成30年度以降）

教育訓練

年度	大会名	入賞者		成　　　績			順位	備　考
		階級	氏　名	種　目		記　録		
平成30	世界選手権大会	1陸士	並木月海	ボクシング	女子フライ級		3	
		2陸尉	濵田尚里	柔道	女子78kg級		1	
	第18回アジア大会（ジャカルタ）	3陸尉	入江ゆき	レスリング	女子50kg級		2	
		2陸曹	高谷大地		フリー65kg級		2	
		2陸尉	成松大介	ボクシング	ライトウェルター級		3	
		1陸尉	松本崇志	射撃	50mライフル3姿勢	441.4点	3	
		2陸曹	田中太郎	重量挙げ	男子105kg級	S：172kg J：200kg T：372kg	6	
		3陸曹	勝木隼人	陸上	50km競歩	4時間03分30秒	1	
	第18回アジア大会（ジャカルタ）	3陸尉	江原騎士	水泳	400m自由形	3分47秒14	2	
					4×200mフリーリレー	7分05秒17	1	第1泳者
					200m自由形	1分47秒66	5	
		2陸曹	山田優	フェンシング	エペ団体		1	
		3陸曹	岩元勝平	近代五種	男子個人	1367点	8	
		3陸曹	島津玲奈		女子個人	1283点	4	
		2陸曹	藤嶋大規	カヌー	500mカヤックフォア	1分26秒939	4	計4人乗りの艇に2人乗艇
		3陸曹	松下桃太郎					
		3陸曹	松下桃太郎	カヌー	200mカナディアンシングル	37秒163	7	
令和元	世界選手権大会	2陸曹	古市雅子	レスリング	女子72kg級		3	
		2陸曹	奥井眞生	レスリング	男子フリー74kg級		5	
		2陸尉	濵田尚里	柔道	女子78kg級		2	
		2陸尉	濵田尚里	柔道	男女混合団体		1	

年度	大会名	入賞者		成　　績				備考
		階級	氏　名	種　　目		記　録	順位	
令和3	第32回オリンピック大会（東京）	2陸曹	乙黒拓斗	レスリング	男子フリー65kg級		1	
		3陸曹	並木月海	ボクシング	女子フライ級		3	
		1陸曹	濵田尚里	柔道	女子78kg級		1	
		1陸尉	濵田尚里	柔道	男女混合団体		2	
		2陸尉	山田優	フェンシング	男子エペ団体		1	
		2陸尉	山田優	フェンシング	男子エペ個人		6	
	世界選手権大会	2陸曹	坪井智也	ボクシング	男子バンタム級		1	
		2陸曹	古田隆起	レスリング	男子フリー79kg級		5	
		2陸曹	古市雅子	レスリング	女子72kg級		1	
		3陸尉	新添左季	柔道	男女混合団体		1	
令和4	世界選手権大会	1陸尉	古市雅子	レスリング	女子72kg級		3	
		1陸尉	濵田尚里	柔道	女子78kg級		5	
		3陸尉	新添左季	柔道	女子70kg級		3	
					男女混合団体		1	
		3陸曹	武内響	射撃	RFP団体	552点	8	
		2海曹	新山政樹	水泳	4×50ミックスメドレーリレー	1分38秒38	6	
令和5	第19回アジア大会（杭州）	3陸尉	坪井智也	ボクシング	男子フライ級		3	
		3海曹	佐藤大宗	近代五種	男子個人		6	
					男子団体		3	
		3陸曹	内田美咲	近代五種	女子個人		4	
					女子団体		2	
		3海曹	梅村華苗	近代五種	女子個人		6	
					女子団体		2	
		2陸曹	石田昂	競歩	35km団体	5時間22分11秒	2	
		2陸尉	野田明宏	競歩	20km		4	
		2空曹	森栄太	射撃	25mピストル団体		6	
		3陸尉	山田聡子	射撃	25mピストル団体		6	
					混合10mピストル個人		5	
		2陸曹	島田敦	射撃	10mライフル団体		6	
					10mライフル個人		7	
		3陸曹	梶木真凜	ラグビー	女子7人制		2	
	世界選手権大会	2陸尉	高谷大地	レスリング	男子フリー74kg級		3	
		3陸尉	奥野春奈	レスリング	女子55kg級		1	
		2陸曹	小川航大	レスリング	男子フリー61kg級		5	
		3陸尉	坪井智也	ボクシング	男子フライ級		5	
		1陸尉	濵田尚里	柔道	女子78kg級		5	
		3陸尉	新添左季	柔道	女子70kg級		1	
					男女混合団体		1	
		3陸尉	山田聡子	射撃	10mピストル団体		7	
		2陸尉	野田明宏	競歩	35km		6	

※令和5年度の入賞者はR5.12.31現在のもの

321

12. 自衛隊の主要演習実績（令和3〜5年度）

(1) 統合訓練

（令和5年12月末現在）

年度	訓練名	期間	場所	参加部隊等	訓練内容及び目的
令和3	自衛隊統合演習（実動演習）	3.11.19〜11.30	種子島、津多羅島、自衛隊施設及び在日米軍射爆撃場並びに我が国周辺海空域等	自衛隊 各幕僚監部、情報本部、陸上総隊、各方面隊、自衛艦隊、各地方隊、航空総隊、航空支援集団、自衛隊情報保全隊、自衛隊指揮通信システム隊等 人員　約30,000名 車両　約1,900両 艦艇　約10隻 航空機　約140機 米軍 第7艦隊、第3海兵機動展開部隊、太平洋空軍 人員　約5,800名	防衛及び警備に係る自衛隊の統合運用について演練し、領域横断作戦を含む自衛隊の統合運用能力の維持・向上を図る。
令和4	在外邦人等輸送訓練	4.8.31〜9.7	航空自衛隊府中基地、入間基地、千歳基地、八雲分屯基地、計根別場外離着陸場及びこれらを結ぶ経路並びに周辺空域	統合幕僚監部等、陸上自衛隊（陸上総隊、警務隊等）、航空自衛隊（航空総隊、航空支援集団、航空教育集団、航空自衛隊補給本部） 人員　約280名 車両　約20両 航空機　5機	在外邦人等輸送に係る統合運用能力の向上及び自衛隊と関係機関との連携の強化を図る。
令和4	統合展開・行動訓練（中東アフリカ地域）	4.12.3〜12.18	本邦、ジブチ共和国、ヨルダン・ハシェミット王国及びこれらを結ぶ経路並びに周辺空域	統合幕僚監部等、陸上自衛隊（陸上総隊、警務隊等）、航空自衛隊 人員　約160名 航空機　1機	在外邦人等保護措置における派遣統合任務部隊の展開後の在外邦人等の警護及び輸送について演練し、自衛隊と関係機関並びに米軍、伊軍及び仏軍との連携強化を図る。
令和5	自衛隊統合演習（指揮所演習）	5.1.27〜2.3	防衛省市ヶ谷地区及び演習参加部隊等の所在地	陸上自衛隊 陸上総隊、各方面隊等 海上自衛隊 自衛艦隊、各地方隊等 航空自衛隊 航空総隊、航空支援集団等 共同の部隊 自衛隊情報保全隊及び自衛隊サイバー防衛隊 幕僚監部等 内部部局、各幕僚監部及び情報本部	防衛、警備等計画に係る自衛隊の統合運用について演練・検証し、自衛隊の統合運用能力の維持・向上を図る。

年度	訓練名	期間	場所	参加部隊等	訓練内容及び目的
令和5	自衛隊統合演習（実動演習）	5.11.10 〜 11.20	自衛隊施設、在日米軍施設及び区域民間空港・港湾川崎市、柏崎市、御前崎市、唐津市、佐世保市、諫早市、対馬市、壱岐市、奄美市、奥尻町、東通村、楢葉町、東海村、大和村、徳之島町、天城町、伊仙町、与那国町 我が国周辺海空域	自衛隊 各幕僚監部、情報本部 陸上総隊、各方面隊等 自衛艦隊、各地方隊等 航空総隊、航空支援集団等自衛隊情報保全隊、自衛隊サイバー防衛隊 人員 約30,800名 車両 約3,500両 艦艇 約20隻 航空機 約210機 米軍 太平洋陸軍、太平洋艦隊、太平洋空軍、太平洋海兵隊及び在日米軍 人員 約10,200名	防衛及び警備に係る自衛隊の統合運用について演練し、自衛隊の統合運用能力の維持・向上を図る。

(2) 陸上自衛隊

(令和5年12月末現在)

年度	訓練名	期間	場所	参加部隊等	訓練内容及び目的
令和3	陸上自衛隊演習	3.9.15 〜 11月下旬	全国の各駐・分屯地、各演習場等	陸上総隊、各方面隊、各防衛大臣直轄部隊及び機関、海上自衛隊、航空自衛隊、在日米陸軍	令和3年度陸上自衛隊演習を実施して、任務遂行能力及び運用の実効性向上を図り、抑止力・対処力の強化に寄与する。この際、作戦準備における陸上自衛隊としての各種部隊行動を演練し、運用の実効性向上に資する。
令和4	方面隊実動演習（西部方面隊）	4.10.2 〜 10.9	西部方面区域内の駐屯地、演習場等	西部方面隊、陸上総隊・北部方面隊・中部方面隊の一部等	島嶼侵攻事態対処に係る演習を実施し、各種事態への対処能力の向上を図る。
		4.11.10 〜 11.19	鹿児島県種子島（中種子町及び南種子町）、海上自衛隊小松島基地及び四国南海域	西部方面隊、陸上総隊・中部方面隊の一部	

323

(3) 海上自衛隊

年度	訓練名	期間	場所	参加部隊等	訓練内容及び目的
令和3	海上自衛隊演習（図上演習（日米共同演習））	3.9.28〜10.1	海上作戦センター及び演習参加部隊等の所在地	自衛艦隊、佐世保地方隊、システム通信隊群、海上自衛隊補給本部、米海軍、米海兵隊	平素から情勢緊迫時を経て武力攻撃事態に至るまでの情勢の推移に応じた上級指揮官の情勢判断、当該判断に基づく部隊運用要領等を演練し、海上自衛隊の任務遂行に必要な技量の向上及び米軍との連携強化を図る。
	海上自衛隊演習（実動演習（日米共同演習及び日米豪加独共同訓練））	3.11.21〜11.30	日本周辺	海上自衛隊 　艦　艇　約20隻 　航空機　約40機 米海軍 　艦　艇　約10隻 豪海軍 　艦　艇　　2隻 加海軍 　艦　艇　　1隻 独海軍 　艦　艇　　1隻	各級指揮官の戦術判断、部隊運用要領を演練、海上自衛隊の任務遂行能力の向上、米海軍との共同対処能力及び相互運用性の向上、海上自衛隊とオーストラリア海軍、カナダ海軍及びドイツ海軍との連携強化
令和5	海上自衛隊演習（図上演習（共同演習））	5.10.3〜10.6	海上作戦センター及び演習参加部隊等の所在地	自衛艦隊、各地方隊、システム通信隊群、海上自衛隊補給本部等	平時から武力攻撃事態における、統合運用及び日米共同を踏まえた自衛艦隊の対応要領を共有するとともに、過去の演習等の課題について検討を深化させ、海上自衛隊の任務遂行に必要な資を得る
	海上自衛隊演習（実動演習（共同演習））	5.11.10〜11.20	日本周辺海空域	海上自衛隊 　艦　艇　約15隻 　航空機　約20機 米海軍 　艦　艇　約10隻 　航空機　約10機 豪海空軍 　艦　艇　　2隻 　航空機　　1機 カナダ海空軍 　艦　艇　　3隻 　航空機　　1機 フィリピン海軍	各級指揮官の戦術判断、部隊運用要領を演練 海上自衛隊の任務遂行能力の向上 海上自衛隊と米海軍、オーストラリア海空軍、カナダ海空軍及びフィリピン海軍との連携の強化

教育訓練

(4) 航空自衛隊

年度	訓練名	期間	場所	参加部隊等	訓練内容及び目的
令和3	航空総隊総合訓練（実動訓練）	3.11.10～11.23	自衛隊施設等及び周辺空域	航空総隊、航空支援集団 人　員　　約300名 航空機　　約20機 車　両　　約40両	わが国の防衛に係る航空自衛隊の作戦運用について演練し、後方支援施設が不十分な飛行場等への航空機部隊等の迅速な展開能力の維持・向上を図る。
令和4	航空総隊総合訓練	4.10.26～11.19	自衛隊基地、わが国周辺空域等	航空総隊、航空支援集団 人　員　　約250名 航空機　　約20機 車　両　　約20両	わが国の防衛に係る航空自衛隊の作戦運用について演練し、後方支援施設が不十分な飛行場への航空機部隊の迅速な機動展開能力及び高射部隊の機動展開能力の維持・向上を図る。
令和5	航空総隊総合訓練	5.10.30～11.2	自衛隊基地及び同周辺空域等	航空総隊、航空支援集団 人　員　　約400名 航空機　　約110機 車　両　　約20両	統合運用に資する航空総隊の総合的な能力の維持及び向上を図る。

教育訓練

13. 米国派遣訓練（令和3～5年度）

(1) ホーク・中SAM年次射撃訓練

(令和5年12月末現在)

年度	訓練名	期間	場所	参加部隊等	訓練内容及び目的
令和3	ホーク・中SAM部隊実射訓練	3.8.9～11.19	米国ニューメキシコ州マクレガー射場	各高射特科群、第15高射特科連隊及び高射教導隊等	地対空誘導弾の実射に関する一連の行動を訓練し、ホーク・中SAM部隊の任務遂行能力の向上を図る。
令和4	ホーク・中SAM部隊実射訓練	4.9.13～11.24	米国ニューメキシコ州マクレガー射場	各高射特科群、各高射特科隊、第15高射特科連隊及び高射教導隊	地対空誘導弾の実射に関する一連の行動を訓練し、ホーク・中SAM部隊の任務遂行能力の向上を図る。
令和5	ホーク・中SAM（03式中距離地対空誘導弾）部隊実射訓練	5.9.12～12.6	アメリカ合衆国ニューメキシコ州マクレガー射場	各高射特科群、第15高射特科連隊及び高射教導隊	地対空誘導弾の実射に関する一連の行動を訓練し、ホーク・中SAM部隊の任務遂行能力の向上を図る。

(2) 地対艦誘導弾年次射撃訓練

(令和5年12月末現在)

年度	訓練名	期間	場所	参加部隊等	訓練内容及び目的
令和3	地対艦ミサイル部隊実射訓練	3.5.20～7.31	米国カリフォルニア州ポイントマグー射場	第1特科団等	地対艦ミサイルの実射に関する一連の行動を訓練し、地対艦ミサイル部隊の任務遂行能力の向上を図る。
令和5	地対艦ミサイル部隊実射訓練	5.10.8～10.21	アメリカ合衆国カリフォルニア州ポイントマグー射場	第1特科団	地対艦ミサイルの実射に関する一連の行動を訓練し、地対艦ミサイル部隊の任務遂行能力の向上を図る。

教育訓練

(3) 高射部隊年次射撃

年度	訓練名	期間	場所	参加部隊等	訓練内容及び目的
令和3	高射部隊実弾射撃訓練	3.8.17〜11.21	米国ニューメキシコ州マクレガー射場	6個高射群、高射教導群等	米国においてミサイル実射に関する一連の行動に係る訓練を実施し、任務遂行能力の向上を図るとともに戦闘能力を確認する。
令和4	高射部隊実弾射撃訓練	4.9.20〜11.7	米国ニューメキシコ州マクレガー射場	各高射群及び支援部隊	
令和5	令和5年度高射部隊実弾射撃訓練	5.9.11〜11.14	アメリカ合衆国ニューメキシコ州マクレガー射場	各高射群及び支援部隊	米国においてミサイル実射に関する一連の行動に係る訓練を実施し、任務遂行能力の向上を図る。

(4) 米国派遣訓練（護衛艦）

（令和5年12月末現在）

年度	訓練名	期間	場所	参加部隊等	訓練内容及び目的
令和3	米国派遣訓練（護衛艦）	3.2.26〜4.4	日本からハワイ諸島に至る海空域	人員　約180名 艦艇　1隻 航空機　1機	米海軍の協力を得て、洋上訓練を実施することにより、戦術技量の向上を図る。
令和4	米国派遣訓練（護衛艦）	5.6.2〜7.13	ハワイ諸島周辺	艦艇　1隻 航空機 人員　約180名	海上自衛隊の戦術技量の向上
令和5	米国派遣訓練（護衛艦）	5.6.2〜7.13	ハワイ諸島周辺	艦艇　1隻 航空機 人員　約180名	海上自衛隊の戦術技量の向上

(注) この他、各年度、潜水艦等を米国に派遣し、訓練を実施している。

(5) 米国高等空輸戦術訓練センターにおける訓練

（令和5年12月末現在）

年度	訓練名	期間	場所	参加部隊等	訓練内容及び目的
令和4	米国高等空輸戦術訓練センターにおける訓練	4.10.26〜11.19	米国ミズーリ州ローズ・クランズ州空軍基地及びアリゾナ州リビー陸軍飛行場並びにこれらの周辺空域	航空支援集団 人員　約30名 航空機　1機 （C−130H×1機）	米国高等空輸戦術訓練センターが主催する実戦的訓練環境を活用した訓練に参加し、部隊の戦術技量の向上を図る。

教育訓練

14. 日米共同訓練（令和3〜5年度）

(1) 統合訓練

年度	訓練名	期間	場所	参加部隊等		訓練内容及び目的
				日本側	米国側	
令和3	日米共同統合防空・ミサイル防衛訓練	3.2.22〜2.26	陸上自衛隊松戸駐屯地、古河駐屯地、下志津駐屯地、青野原駐屯地、飯塚駐屯地、宮古島駐屯地及び八重瀬分屯地、海上自衛隊横須賀地区並びに航空自衛隊三沢基地、百里基地、横田基地、入間基地、小松基地及び那覇基地	統合幕僚監部、陸上総隊、東部方面隊、西部方面隊、陸上自衛隊高射学校、自衛艦隊、航空総隊	第7艦隊司令部艦艇数隻他	弾道ミサイル対処及び防空戦闘に関するシミュレーション訓練を実施し、弾道ミサイル等対処に係る自衛隊の統合運用能力及び日米共同対処能力の維持・向上を図る。
	日米共同統合演習（指揮所演習）	4.1.27〜2.3	防衛省市ヶ谷地区、その他の演習参加部隊等の所在地及びアメリカ合衆国ハワイ州パールハーバー・ヒッカム統合基地等	陸上総隊、各方面隊等、自衛艦隊、各地方隊等、航空総隊、航空支援集団等、自衛隊情報保全隊、自衛隊指揮通信システム隊、内部部局、各幕僚監部及び情報本部		我が国防衛のための日米共同対処及び自衛隊の統合運用について演練及び検証を行い、共同統合運用能力の維持及び向上を図る。
	日米共同統合防空・ミサイル防衛訓練	4.2.21〜2.25	陸上自衛隊松戸駐屯地、下志津駐屯地、青野原駐屯地、飯塚駐屯地、宮古島駐屯地及び八重瀬分屯地、海上自衛隊横須賀地区並びに航空自衛隊横田基地、入間基地、春日基地、築城基地、新田原基地及び那覇基地	統合幕僚監部、陸上総隊、東部方面隊、中部方面隊、西部方面隊、陸上自衛隊高射学校、自衛艦隊及び航空総隊	第7艦隊司令部、艦艇数隻、他	弾道ミサイル対処及び防空戦闘に関する訓練を実施し、自衛隊の統合運用能力及び日米共同対処能力の維持・向上を図る。
令和4	日米共同訓練	4.5.25	日本海上の空域	第2航空団（F−15戦闘機×4機）	第35戦闘航空団（F−16戦闘機×4機）	強固な日米同盟に基づき、自衛隊と米軍の即応態勢を確認し、日米同盟の更なる強化を図る。

教育訓練

328

年度	訓練名	期間	場所	参加部隊等		訓練内容及び目的
				日本側	米国側	
	日米共同弾道ミサイル対処訓練	4.6.5		艦艇 等		強固な日米同盟の下、自衛隊と米軍の即応態勢を確認し、弾道ミサイルの脅威に対処する日米の強い意思と緊密な連携を内外に示すとともに、同盟関係の更なる強化を図る
	日米共同訓練	4.6.7	日本海上の空域	第2航空団（F-15戦闘機×4機）	第35戦闘航空団（F-16戦闘機×2機）	強固な日米同盟の下、自衛隊と米軍の連携要領を確認し、あらゆる事態に対処する日米の強い意思と緊密な連携を内外に示すとともに、強固な同盟関係の更なる強化を図る。
令和4	日米共同訓練	4.6.28	アラビア海北部	艦艇 1隻	艦艇 1隻	海上自衛隊の戦術技量の向上及び米海軍との連携の強化
	日米共同訓練	4.10.4	九州西方の空域	第5航空団（F-15戦闘機×4機）、第8航空団（F-2戦闘機×4機）	第12海兵航空群（F-35B戦闘機×4機）	自衛隊と米軍の即応態勢を確認し、あらゆる事態に対処する日米の強い意思と緊密かつ隙のない連携を内外に示すとともに、日米同盟の抑止力・対処力を一層強化。
	日米共同訓練	4.10.1以降	日本周辺（日本海を含む。）	艦艇 1隻	艦艇 4隻	自衛隊と米軍の連携要領を確認し、あらゆる事態に対処する日米の強い意思と緊密かつ隙のない連携を内外に示すとともに、日米同盟の抑止力・対処力をより一層強化。

教育訓練

年度	訓練名	期間	場所	参加部隊等		訓練内容及び目的
				日本側	米国側	
令和4	日米共同訓練	4.11.5	九州北西の空域	第8航空団（F-2戦闘機×5機）	第28爆撃航空団（B-1B爆撃機×2機） 第35戦闘航空団（F-16戦闘機×2機）	強固な日米同盟の下、自衛隊と米軍の即応態勢を確認し、あらゆる事態に対処する日米の強い意思と緊密な連携を内外に示すとともに、共同作戦能力の更なる強化を図る。
	日米共同統合演習（実動演習）「Keen Sword23」	4.11.10～11.19	自衛隊施設、在日米軍施設、津多羅島、奄美大島、徳之島、我が国周辺海空域等	統合幕僚監部、陸上幕僚監部、海上幕僚監部、航空幕僚監部、情報本部、自衛隊サイバー防衛隊、陸上総隊、各方面隊等、自衛艦隊、各地方隊等、航空総隊、航空支援集団、宇宙作戦群等 人　員　約26,000名 艦　艇　　約20隻 航空機　　約250機	インド太平洋軍、太平洋陸軍、太平洋艦隊、太平洋空軍、太平洋海兵隊、在日米軍、宇宙軍等 人　員約10,000名 艦　艇　約10隻 航空機　約120機 一部の訓練に豪・加・英軍艦艇、豪・加軍航空機が参加	グレーゾーン事態から武力攻撃事態等における自衛隊の運用要領及び日米共同対処要領を演練し、自衛隊の即応性及び日米の相互運用性の向上を図る。
	日米共同訓練	4.11.18	日本海上の空域	第6航空団（F-15戦闘機×4機）	第35戦闘航空団（F-16戦闘機×4機）	あらゆる事態に対処する日米の強い意思と自衛隊と米軍の即応態勢を確認するとともに、日米同盟の抑止力・対処力を一層強化。
	日米共同訓練	4.11.19	九州北西の空域	第8航空団（F-2戦闘機×5機）	第28爆撃航空団（B-1B爆撃機×2機）	強固な日米同盟の下、あらゆる事態に対処する日米の強い意思と自衛隊と米軍の即応態勢を確認するとともに、共同作戦能力の更なる強化を図る。

年度	訓練名	期間	場所	参加部隊等		訓練内容及び目的
				日本側	米国側	
令和4	日米共同統合防空・ミサイル防衛訓練	5.2.17、2.20～2.22	陸上自衛隊松戸駐屯地、下志津駐屯地、青野原駐屯地、飯塚駐屯地、宮古島駐屯地及び八重瀬分屯地、海上自衛隊横須賀地区及び佐世保地区並びに航空自衛隊千歳基地、三沢基地、横田基地、入間基地、小松基地、春日基地、築城基地、新田原基地及び那覇基地	統合幕僚監部、陸上総隊、東部方面隊、中部方面隊、西部方面隊、陸上自衛隊高射学校、自衛艦隊及び航空総隊	第7艦隊司令部、第5空軍、艦艇 数隻他	統合防空ミサイル防衛に関する訓練を実施し、自衛隊の統合運用能力及び日米共同対処能力の維持・向上を図る。
	日米共同訓練	5.2.19	日本海上の空域	第2航空団（F－15戦闘機×3機）	B－1B爆撃機×2機 F－16戦闘機×4機	あらゆる事態に対処する日米の強い意思と自衛隊と米軍の即応態勢を確認するとともに、日米同盟の抑止力・対処力を一層強化
	日米共同訓練	5.3.17	日本海上の空域	第2航空団（F－15戦闘機×4機）	第35戦闘航空団（F－16戦闘機×4機）	あらゆる事態に対処する日米の強い意思と自衛隊と米軍の即応態勢を確認するとともに、日米同盟の抑止力・対処力を一層強化
	日米共同訓練	5.3.18	日本海	艦艇 1隻	艦艇 1隻	あらゆる事態に対処する日米の強い意思と自衛隊と米軍の即応態勢を確認するとともに、日米同盟の抑止力・対処力を一層強化
	日米共同訓練	5.3.19	日本海	艦艇 1隻	艦艇 1隻	あらゆる事態に対処する日米の強い意思と自衛隊と米軍の即応態勢を確認するとともに、日米同盟の抑止力・対処力を一層強化

教育訓練

年度	訓練名	期間	場所	参加部隊等		訓練内容及び目的
				日本側	米国側	
令和4	日米共同訓練	5.3.19	日本海上の空域	第2航空団 （F−15戦闘機×4機）	B−1B爆撃機×2機、F−16戦闘機×4機	あらゆる事態に対処する日米の強い意思と自衛隊と米軍の即応態勢を確認するとともに、日米同盟の抑止力・対処力を一層強化
	日米共同訓練	5.4.13	日本海上の空域	第7航空団 （F−2戦闘機×4機）	第35戦闘航空団 （F−16戦闘機×4機）	あらゆる事態に対処する日米の強い意思と自衛隊と米軍の即応態勢を確認するとともに、日米同盟の抑止力・対処力を一層強化
令和5	日米共同訓練	5.4.14	日本海上の空域	F−15戦闘機×4機 （第6航空団）	B−52爆撃機×2機、F−35戦闘機×4機、KC−135空中給油機×2機	日米同盟の下、あらゆる事態に対処する日米の強い意思と自衛隊と米軍の即応態勢を確認するとともに、共同作戦能力の更なる強化
	日米共同訓練	5.6.16	日本海上の空域	第8航空団（築城） （F−2戦闘機×4機）	F−35A戦闘機×4機及びKC−135空中給油機×1機	あらゆる事態に対処する日米の強い意思と自衛隊と米軍の即応態勢を確認するとともに、日米同盟の抑止力・対処力を一層強化
	日米共同訓練	5.6.19	日本海	艦艇　　　　1隻	艦艇　　　　1隻	あらゆる事態に対処する日米の強い意思と自衛隊と米軍の即応態勢を確認するとともに、日米同盟の抑止力・対処力を一層強化

年度	訓練名	期間	場所	参加部隊等		訓練内容及び目的
				日本側	米国側	
令和5	日米共同訓練	5.7.12	九州西方の空域	第8航空団（築城）（F-2戦闘機×4機）	F-15C戦闘機×2機及びKC-135空中給油機×1機	あらゆる事態に対処する日米の強い意思と自衛隊と米軍の即応態勢を確認するとともに、日米同盟の抑止力・対処力を一層強化
	日米共同訓練	5.7.13	九州西方の空域	第8航空団（築城）（F-2戦闘機×4機）	B-52爆撃機×1機、KC-135空中給油機×1機	あらゆる事態に対処する日米の強い意思と自衛隊と米軍の即応態勢を確認するとともに、日米同盟の抑止力・対処力を一層強化
	日米共同訓練	5.8.30	日本海上の空域	第2航空団（千歳）（F-15戦闘機×4機）、第7航空団（百里）（F-2戦闘機×4機）、第8航空団（築城）（F-2戦闘機×4機）	B-1×2機	あらゆる事態に対処する日米の強い意思と自衛隊と米軍の即応態勢を確認するとともに、日米同盟の抑止力・対処力を一層強化
	日米共同訓練	5.11.22	日本海上の空域	第2航空団（千歳）（F-15戦闘機×4機）	F-16戦闘機×4機	あらゆる事態に対処する日米の強い意思と自衛隊と米軍の即応態勢を確認するとともに、日米同盟の抑止力・対処力を一層強化
	日米共同訓練	5.12.19	日本海上の空域	第2航空団（千歳）（F-15戦闘機×4機）	F-16戦闘機×4機	あらゆる事態に対処する日米の強い意思と自衛隊と米軍の即応態勢を確認するとともに、日米同盟の抑止力・対処力を一層強化

教育訓練

（注）この他、令和3年度自衛隊統合演習（実動演習）では一部の訓練において、日米共同訓練を実施している。

(2) 陸上自衛隊

年度	訓練名	期間	場所	参加部隊等 日本側	参加部隊等 米国側	訓練内容及び目的
令和3	国内における米陸軍との実動訓練（オリエント・シールド21）	3.6.18〜7.11	伊丹駐屯地、奄美駐屯地、明野駐屯地、経ヶ岬分屯基地、米軍経ヶ岬通信所、饗庭野演習場、矢臼別演習場等	中部方面隊、第1特科団、中央特殊武器防護隊等	在日米陸軍司令部、第40歩兵師団司令部、第17砲兵旅団、第28歩兵連隊第1大隊、第38防空砲兵旅団第1防空砲兵連隊第1大隊等	陸上自衛隊及び米陸軍の部隊が、それぞれの指揮系統に従い、共同して作戦を実施する場合における相互連携要領を実行動により演練し、共同対処能力の向上を図る。
	米国における米陸軍との実動訓練（共同降下訓練等）	3.7.9〜8.3 実動訓練:7.24〜7.30	米国グアム島アンダーセン米空軍基地等	陸上総隊司令部、第1空挺団 等	第1特殊部隊群等	固定翼機からの空挺降下及び降下に引き続く降着戦闘から地上戦闘までの一連の行動を日米共同で演練し、即応性の強化及び空挺作戦に係る日米の高い共同作戦遂行能力の更なる向上を図る。
	日米共同方面隊指揮所演習（日本）（YS-81）	3.12.1〜12.13	伊丹駐屯地、霞目駐屯地、朝霞駐屯地、座間駐屯地、相浦駐屯地等	陸上幕僚監部、陸上総隊、中部方面隊、教育訓練研究本部、統合幕僚監部、海上自衛隊、航空自衛隊 等	太平洋陸軍司令部、在日米陸軍司令部、第1軍団、第25歩兵師団、第3海兵機動展開旅団 等	陸上自衛隊及び米陸上部隊が、それぞれの指揮系統に従い、共同して作戦を実施する場合における指揮幕僚活動を演練して、同活動に係る能力の維持及び向上を図る。
	米国における米陸軍との実動訓練（ライジング・サンダー21）	3.12.1〜12.15	アメリカ合衆国ワシントン州ヤキマ演習場	第32普通科連隊、第1戦闘ヘリコプター隊	第2-2ストライカー旅団戦闘団第1-17歩兵大隊、第16戦闘航空旅団 等	米国における米陸軍との実動訓練を実施し、部隊の戦術技量の向上を図るとともに、日米の相互運用性の向上を図る。
	国内における米海兵隊との実動訓練（レゾリュート・ドラゴン21）	3.12.4〜12.17	王城寺原演習場、岩手山演習場、八戸演習場、霞目駐屯地、矢臼別演習場等	第9師団第5普通科連隊基幹、東北方面特科隊、東北方面航空隊 等	第3海兵師団第4海兵連隊第2-8大隊基幹、第1海兵航空団第36海兵航空群 等	陸上自衛隊及び米海兵隊の部隊が、それぞれの指揮系統に従い、共同して作戦を実施する場合における相互連携要領を実行動により訓練し、日米の連携強化及び共同対処能力の向上を図る。

教育訓練

334

年度	訓練名	期間	場所	参加部隊等		訓練内容及び目的
				日本側	米国側	
令和3	第31海兵機動展開隊との共同訓練	4.3.4～3.25	東富士演習場及び沼津海浜訓練場	水陸機動団第1水陸機動連隊基幹、第1ヘリコプター団	第31海兵機動展開隊、第1海兵航空団	陸上自衛隊及び米海兵隊の部隊が、それぞれの指揮系統に従い、共同して作戦を実施する場合における相互連携要領を実行動により訓練し、日米の連携強化及び共同対処能力の向上を図る。
令和4	国内における米陸軍との実動訓練（オリエント・シールド22）	4.8.14～9.9	健軍駐屯地、奄美駐屯地、福岡駐屯地、えびの駐屯地、高遊原分屯地、瀬戸内分屯地、霧島演習場、大矢野原演習場等	西方総監部、第4師団、西方特科隊、第2高射特科団、西方システム通信群 等	在日米陸軍司令部、第1マルチ・ドメイン・タスクフォース、第1－24歩兵大隊、第17砲兵旅団、第38防空砲兵旅団 等	陸上自衛隊及び米陸軍の部隊が、それぞれの指揮系統に従い、共同して作戦を実施する場合における相互連携要領を実行動により演練し、共同対処能力の向上を図る。
	国内における米海兵隊との実動訓練（レゾリュート・ドラゴン22）	4.10.1～10.14	上富良野演習場、然別演習場、矢臼別演習場、静内対空射撃場（静内駐屯地を含む。）及び航空自衛隊計根別場外離着陸場、札幌飛行場（丘珠駐屯地を含む。）及び十勝飛行場（帯広駐屯地を含む。）	第2師団司令部、第3即応機動連隊、第1特科団、第13電子隊、第3施設団、北部方面航空隊、第2後方支援連隊等	12海兵連隊、第3／3海兵大隊、第36海兵航空群、第3海兵後方支援群の他、米海軍、米空軍の一部等	陸上自衛隊及び米海兵隊の部隊が、それぞれの指揮系統に従い、共同して作戦を実施する際の相互連携要領を実行動により訓練し、日米の連携強化及び共同対処能力の向上を図る。
	米国における米陸軍との実動訓練（ジョイント・レディネス・トレーニング・センター22）	4.10.20～11.25	米国ルイジアナ州 フォート・ポルク	1コ普通科中隊／第33普通科連隊基幹	第82空挺師団第1旅団 基幹	米国において普通科部隊に必要な戦術行動及び戦闘要領並びに米陸軍との相互連携要領に係る実動訓練を実施し、その能力の向上及び日米陸軍種間の相互運用性の向上を図る。
	日米共同方面隊指揮所演習（日本）（YS－83）	4.11.28～12.13	朝霞駐屯地、東千歳駐屯地、健軍駐屯地等	陸上幕僚監部、陸上総隊、北部方面隊、西部方面隊、教育訓練研究本部等、統合幕僚監部、海上自衛隊及び航空自衛隊	太平洋陸軍司令部、在日米陸軍司令部、第1軍団、第11空挺師団、第7歩兵師団、第3海兵師団等、太平洋艦隊、太平洋空軍等	陸上自衛隊及び米陸上部隊が、それぞれの指揮系統に従い、共同して作戦等を実施する場合における指揮幕僚活動を演練して、同活動に係る能力の維持及び向上を図る。

年度	訓練名	期間	場所	参加部隊等		訓練内容及び目的
				日本側	米国側	
令和4	日米共同方面隊指揮所演習（YS-83）	4.11.28〜12.13	朝霞駐屯地、東千歳駐屯地、健軍駐屯地等	陸上幕僚監部、陸上総隊、北部方面隊、西部方面隊、教育訓練研究本部等	太平洋陸軍司令部、在日米陸軍司令部、第1軍団、第11空挺師団、第7歩兵師団、第3海兵師団等	陸上自衛隊及び米陸上部隊が、それぞれの指揮系統に従い、共同して作戦等を実施する場合における指揮幕僚活動を演練して、同活動に係る能力の維持及び向上を図る。
令和5	米国における実動訓練	5.1〜2	米国	特殊作戦群	米陸軍特殊作戦コマンド	米陸軍特殊作戦コマンドと実動訓練を実施し、陸上自衛隊特殊作戦群の作戦遂行能力の向上を図る。
	第3海兵機動展開部隊との共同訓練（アイアン・フィスト23）	5.2.16〜3.12	日出生台演習場、徳之島、喜界島、キャンプ・ハンセン（訓練地区）等	陸上総隊（水陸機動団、第1空挺団、第1ヘリコプター団等）、西部方面隊（西部方面航空隊等）、掃海隊群（輸送艦「おおすみ」等	米海兵隊第31海兵機動展開隊等米海軍第7艦隊（強襲揚陸艦「アメリカ」、ドッグ型輸送揚陸艦「グリーンベイ」、ドッグ型揚陸艦「アシュランド」等)	水陸両用作戦に係る行動を共同・統合により演練し、共同対処能力の向上を図る。
	国内における米海兵隊との実動訓練（レゾリュート・ドラゴン23）前段（指揮所演習）	5.7.10〜7.17	健軍駐屯地、北熊本駐屯地、南那覇駐屯地（那覇病院）、牧港補給地区等	西部方面総監部、第8師団、西部方面情報隊、西部方面特科団、第2高射特科団、第5施設団、西部方面航空隊、西部方面システム通信群、西部方面後方支援隊、西部方面衛生隊、九州補給処等	第3海兵機動展開部隊司令部、第3機動展開部隊情報群、第12海兵連隊、第1海兵航空団、第3海兵兵站群等	陸上自衛隊及び米海兵隊の部隊が、それぞれの指揮系統に従い、共同して作戦を実施する際の相互連携要領を指揮所演習により演練し、日米の連携強化及び共同対処能力の向上を図る。
	米陸軍との実動訓練（オリエント・シールド23）	5.9.14〜9.23	東千歳駐屯地、上富良野演習場、矢臼別演習場、静内対空射場、帯広駐屯地、丘珠駐屯地、奄美駐屯地、瀬戸内分屯地等	北部方面総監部、第5旅団、第1特科団、第1高射特科団、第1電子隊、北部方面システム通信群等	米陸軍在日米陸軍司令部、第1マルチドメイン・タスクフォース、第5-20歩兵大隊、第1-181野戦砲連隊、第38防空砲兵旅団、第10支援群等	陸上自衛隊及び米陸軍の部隊が、それぞれの指揮系統に従い、共同して作戦を実施する場合における相互連携要領を実動行動により演練し、共同対処能力の向上を図る。

年度	訓練名	期間	場所	参加部隊等		訓練内容及び目的
				日本側	米国側	
令和5	米海兵隊との実動訓練（レゾリュート・ドラゴン23）後段（実動訓練）	5.10.14〜10.31	健軍駐屯地、高遊原分屯地、日出生台演習場、十文字原演習場、霧島演習場、瀬戸内分屯地、矢白別演習場、沖縄県内の一部の自衛隊施設及び在日米軍施設等	西部方面総監部、第8師団、第15旅団、西部方面情報隊、西部方面特科隊、第2高射特科団、第5施団、西部方面航空隊、西部方面システム通信群、西部方面後方支援隊、西部方面衛生隊、九州補給処、陸上総隊（第1ヘリコプター団）等	米海兵隊等第3海兵機動展開部隊司令部、第3海兵師団司令部、第4海兵連隊、第12海兵連隊、第3機動展開部隊情報群、第1海兵航空団、第3海兵兵站群、米陸軍・米海軍・米空軍の一部等	陸上自衛隊及び米海兵隊の部隊が、それぞれの指揮系統に従い、共同して作戦を実施する際の相互連携要領を実行動により演練し、日米の連携強化及び共同対処能力の向上を図る。
	米国における実動訓練（ライジング・サンダー23）	5.10.29〜11.13	アメリカ合衆国ワシントン州ヤキマ演習場	中部方面総監、第8普通科連隊、第15即応機動連隊、第14情報隊、第5対戦車ヘリコプター隊、西部方面システム通信群等	第17砲兵旅団等	米国の良好な訓練基盤を活用して、部隊の作戦遂行に必要な戦術及び戦闘行動を演練し、作戦遂行能力及び戦術技量の向上を図る。

（注）この他、陸上自衛隊と米軍の間で平素より小規模な訓練等を実施している。

（3）海上自衛隊

（令和5年12月末現在）

年度	訓練名	期間	場所	参加部隊等				訓練内容及び目的
				日本側		米国側		
令和3	日米共同訓練	3.4.5	奄美東方	航空機	1機	航空機	1機	海上自衛隊の戦術技量及び米海軍との相互運用性の向上
	日米共同訓練	3.4.13〜4.15	東シナ海	航空機	1機	航空機	1機	海上自衛隊の戦術技量及び米海軍との相互運用性の向上
	日米共同訓練	3.4.20	相模湾周辺	航空機	2機	航空機	1機	海上自衛隊の戦術技量及び米海軍との相互運用性の向上
	日米共同訓練	3.5.11〜5.16	関東南方	艦艇	1隻	艦艇	1隻	海上自衛隊の戦術技量及び米海軍との相互運用性の向上
	日米共同訓練（ILEX21−2）	3.5.22	四国南方	艦艇	1隻	艦艇	1隻	海上自衛隊の戦術技量及び米海軍との相互運用性の向上

教育訓練

年度	訓練名	期間	場所	参加部隊等		訓練内容及び目的
				日本側	米国側	
	日米共同訓練	3.5.26 ～ 5.29	沖縄東方	艦艇　　1隻	艦艇　　3隻	海上自衛隊の戦術技量及び米海軍との相互運用性の向上
	日米共同訓練	3.6.4	日本海	艦艇　　1隻	航空機　2機	海上自衛隊の戦術技量及び米海軍との相互運用性の向上
	日米共同訓練	3.6.12 ～ 6.14	沖縄東方	艦艇　　1隻	艦艇　　3隻	海上自衛隊の戦術技量及び米海軍との相互運用性の向上
	日米共同訓練（サイバー共同対処訓練）	3.6.15	護衛艦「いずも」	システム通信隊群保全監査隊	米海軍NIOC－Y（U.S.Navy Information OperationCommand Yokosuka)	海上自衛隊CPTの戦術技量及び米海軍CPTとの相互運用性の向上を図る。(CPT：Cyber Protection Team)
	日米共同訓練	3.6.21	インド洋	艦艇　　2隻	艦艇　　3隻	海上自衛隊の戦術技量及び米海軍との相互運用性の向上
令和3	対潜特別訓練	3.6.22 ～ 6.24	紀伊半島沖	艦艇　　1隻　航空機　3機	航空機　4機	海上自衛隊の戦術技量及び米海軍との相互運用性の向上
	日米共同訓練	3.6.23	グアム西方	艦艇　　1隻	艦艇　　2隻	海上自衛隊の戦術技量の向上及び米海軍との連携の強化
	日米共同訓練	3.6.23 ～ 6.24	関東南方	艦艇　　4隻	艦艇　　1隻	海上自衛隊の戦術技量及び米海軍との相互運用性の向上
	日米共同訓練	3.6.25 ～ 6.30	オーストラリア北方	艦艇　　1隻　航空機　1機	艦艇　　2隻	海上自衛隊の戦術技量及び米海軍との相互運用性の向上
	機雷戦訓練（陸奥湾）及び掃海特別訓練（日米共同訓練）	3.7.18 ～ 7.30	陸奥湾	艦艇　　14隻　航空機　7機	艦艇　　1隻	海上自衛隊の機雷戦能力及び米海軍との共同作戦能力の向上
	日米共同訓練	3.8.14 ～ 8.15	東シナ海	艦艇　　1隻	艦艇　　1隻	海上自衛隊の戦術技量及び米海軍との相互運用性の向上

年度	訓練名	期間	場所	参加部隊等		訓練内容及び目的
				日本側	米国側	
令和3	日米共同訓練	3.8.22 〜 8.23	沖縄東方	艦艇 1隻	艦艇 1隻	海上自衛隊の戦術技量及び米海軍との相互運用性の向上
	日米共同訓練 (ILEX21－3)	3.8.26	東シナ海	艦艇 1隻	艦艇 1隻	海上自衛隊の戦術技量及び米沿岸警備隊との連携の強化
	日米共同訓練	3.9.2	関東南方	艦艇 1隻	艦艇 1隻	海上自衛隊の戦術技量の向上及び米海軍との相互運用性の向上
	日米共同訓練 (ILEX21－4)	3.9.4	東シナ海	艦艇 1隻	艦艇 1隻	海上自衛隊の戦術技量及び米海軍との相互運用性の向上
	日米共同訓練 (サイバー共同対処訓練)	3.9.16	米海軍横須賀基地	システム通信隊群保全監査隊	米 海 軍 NIOC －Y（U.S.Navy Information Operation Command Yokosuka)	海上自衛隊 CPT の戦術技量及び米海軍 CPT との相互運用性の向上を図る。(CPT: Cyber Protection Team)
	日米共同訓練	3.9.18 〜 10.1	沖縄南方	艦艇 4隻	艦艇 4隻	海上自衛隊の戦術技量及び米海軍との相互運用性の向上
	日米共同訓練	3.9.21	日本海	艦艇 1隻 航空機 3機	航空機 1機	海上自衛隊の戦術技量及び米海軍との相互運用性の向上
	海上自衛隊演習（図上演習（日米共同演習))	3.9.28 〜 10.1	海上作戦センター及び演習参加部隊等の所在地	自衛艦隊、佐世保地方隊、システム通信隊群、海上自衛隊補給本部	米海軍、米海兵隊	平素から情勢緊迫時を経て武力攻撃事態に至るまでの情勢の推移に応じた上級指揮官の情勢判断、当該判断に基づく部隊運用要領等を演練し、海上自衛隊の任務遂行に必要な技量の向上及び米軍との連携強化を図る。
	日米共同訓練	3.9.29	インド洋東方	艦艇 2隻	艦艇 1隻	海上自衛隊の戦術技量及び米海軍との相互運用性の向上

教育訓練

339

年度	訓練名	期間	場所	参加部隊等		訓練内容及び目的
				日本側	米国側	
令和3	日米共同訓練（サイバー共同対処訓練）	3.10.8	海上自衛隊保全監査隊（市ヶ谷地区）	海上自衛隊システム通信隊群（中央システム通信隊、横須賀システム通信隊及び保全監査隊）	米海軍NIOC－Y（U.S. Navy Information OperationCommand Yokosuka）	海上自衛隊のサイバーセキュリティに関する技量の向上及び米海軍サイバー対処部隊との相互運用性の向上を図る。
	日米共同訓練	3.10.12〜10.16	四国南方から関東南方	艦艇　1隻	艦艇　2隻	海上自衛隊の戦術技量及び米海軍との相互運用性の向上
	日米共同訓練	3.10.19〜10.23	南シナ海	艦艇　1隻	艦艇　1隻	海上自衛隊の戦術技量及び米海軍との相互運用性の向上
	日米共同訓練	3.10.19〜10.24	南シナ海	艦艇　1隻	艦艇　1隻	海上自衛隊の戦術技量及び米海軍との相互運用性の向上
	日米共同訓練	3.10.28	房総半島南方	航空機　2機	航空機　1機	海上自衛隊の戦術技量及び米海軍との相互運用性の向上
	日米共同訓練	3.10.28	南シナ海	艦艇　1隻	艦艇　1隻	海上自衛隊の戦術技量及び米海軍との相互運用性の向上
	日米共同訓練	3.10.28〜11.4	南シナ海、東シナ海、日本海	艦艇　1隻	艦艇　2隻	海上自衛隊の戦術技量及び米海軍との相互運用性の向上
	日米共同訓練	3.10.29〜11.4	南シナ海	艦艇　2隻	艦艇　4隻	海上自衛隊の戦術技量及び米海軍との相互運用性の向上
	日米共同訓練	3.11.3	東シナ海	艦艇　7隻	艦艇　1隻	海上自衛隊の戦術技量及び米海軍との相互運用性の向上
	日米共同訓練（ILEX21－5）	3.11.3	東シナ海	艦艇　1隻	艦艇　1隻	海上自衛隊の戦術技量及び米海軍との相互運用性の向上
	日米共同訓練	3.11.5	厚木航空基地	航空機　1機	航空機　2機	海上自衛隊の戦術技量及び米海軍との相互運用性の向上

年度	訓練名	期間	場所	参加部隊等		訓練内容及び目的
				日本側	米国側	
令和3	日米共同訓練	3.11.8～11.12	南シナ海	艦艇 2隻	艦艇 1隻	海上自衛隊の戦術技量及び米海軍との相互運用性の向上
	日米共同訓練	3.11.14～11.17	南シナ海	艦艇 2隻	艦艇 1隻	海上自衛隊の戦術技量及び米海軍との相互運用性の向上
	日米共同対潜訓練	3.11.16	南シナ海	艦艇 3隻 航空機 1機	艦艇 1隻 航空機 1機	海上自衛隊の戦術技量及び米海軍との相互運用性の向上
	機雷戦訓練（日向灘）及び掃海特別訓練（日米共同訓練）	3.11.18～11.28	日向灘	艦艇 18隻 航空機 2機	艦艇 2隻 航空機 2機	海上自衛隊の機雷戦能力及び米海軍との共同作戦能力の向上
	海上自衛隊演習（（実動演習）（日米共同演習及び日米豪加独共同訓練））	3.11.21～11.30	日本周辺	艦艇 約20隻 航空機 約40機	艦艇 約10隻	各級指揮官の戦術判断、部隊運用要領を演練、海上自衛隊の任務遂行能力の向上、米海軍との共同対処能力及び相互運用性の向上、海上自衛隊と豪海軍、カナダ海軍及びドイツ海軍との連携強化
	対潜特別訓練	3.12.14	房総半島南方	艦艇 1隻 航空機 2機	航空機 2機	海上自衛隊の戦術技量及び米海軍との相互運用性の向上
	日米共同訓練（サイバー共同対処訓練）	3.12.16～12.17	米海軍横須賀基地	海上自衛隊システム通信隊群保全監査隊	米海軍NIOC－HAWAII N3J部 (U.S. Navy Information Operation Command Hawaii N3J部)	海上自衛隊のサイバーセキュリティに関する技量の向上及び米海軍サイバー対処部隊との相互運用性の向上を図る。
	日米共同訓練	4.1.17～1.22	沖縄南方	艦艇 1隻	艦艇 10隻	海上自衛隊の戦術技量及び米海軍との相互運用性の向上
	対潜特別訓練	4.1.28～2.1	関東南方	艦艇 2隻 航空機 1	艦艇 1隻 航空機	海上自衛隊の戦術技量及び米海軍との相互運用性の向上
	機雷戦訓練（伊勢湾）及び掃海特別訓練（日米共同訓練）	4.2.1～2.10	伊勢湾	艦艇 15隻 航空機 1～3機	人員 約5名	海上自衛隊の機雷戦能力及び米海軍との共同作戦能力の向上

教育訓練

341

教育訓練

年度	訓練名	期間	場所	参加部隊等		訓練内容及び目的
				日本側	米国側	
令和3	日米共同訓練	4.2.4 ～ 2.7	東シナ海及び西太平洋	艦艇　　　1隻 航空機　　1機 第1ヘリコプター団 水陸機動団	艦艇　　11隻 航空機	海上自衛隊の戦術技量及び米海軍との相互運用性の向上
	日米共同訓練	4.2.16 ～ 2.17	沖縄東方	艦艇　　　2隻	艦艇　　　3隻	海上自衛隊の戦術技量及び米海軍との相互運用性の向上
	日米共同訓練	4.2.19 ～ 2.22	沖縄周辺	艦艇　　　1隻	艦艇　　　3隻	海上自衛隊の戦術技量及び米海軍との相互運用性の向上
	日米共同訓練	4.2.28 ～ 3.4	関東南方からグアム北方	艦艇　　　2隻 水陸機動団	艦艇　　　5隻 第3海兵機動展開部隊第5航空 艦砲連絡中隊	海上自衛隊の戦術技量の向上、海上自衛隊と陸上自衛隊との協同による作戦能力の向上、海上自衛隊と米海軍及び米海兵隊との相互運用性の向上
	日米共同訓練	4.3.8	日本周辺（太平洋）	航空機　　3機	航空機	海上自衛隊の戦術技量及び米海軍との相互運用性の向上
	日米共同訓練	4.3.8、 3.10	相模湾	航空機　　1機	航空機	海上自衛隊の戦術技量及び米海軍との相互運用性の向上
	日米共同訓練	4.3.17 ～ 3.18	三陸沖	航空機　　1機	航空機	海上自衛隊の戦術技量及び米海軍との相互運用性の向上
	日米共同訓練	4.3.28 ～ 3.29	東シナ海	航空機　　1機	航空機	海上自衛隊の戦術技量及び米海軍との相互運用性の向上
令和4	日米共同訓練	4.4.8 ～ 4.17	日本周辺（東シナ海及び日本海を含む。）	艦艇　　　2隻	艦艇　　　5隻	海上自衛隊の戦術技量及び米海軍との相互運用性の向上
	日米共同訓練	4.4.13 ～ 4.14	日本海	艦艇　　　1隻	艦艇　　　2隻	海上自衛隊の戦術技量及び米海軍との相互運用性の向上
	日米共同訓練	4.5.8 ～ 5.16	関東南方	艦艇　　　1隻 航空機　　2機	艦艇　　　2隻	海上自衛隊の戦術技量及び米海軍との相互運用性の向上

年度	訓練名	期間	場所	参加部隊等		訓練内容及び目的
				日本側	米国側	
	日米共同訓練	4.5.9	南シナ海	艦　艇　　2隻	艦　艇　　1隻	海上自衛隊の戦術技量及び米海軍との相互運用性の向上
	日米共同訓練（サイバー共同対処訓練）	4.5.11～5.12	米海軍横須賀基地	海上自衛隊システム通信隊群保全監査隊	米海軍ＮＩＯＣ－ＨＡＷＡＩＩ　Ｎ3Ｊ部（U.S. Navy Information Operation Command-Hawaii N 3J 部）	海上自衛隊のサイバーセキュリティに関する技量の向上及び米海軍サイバー対処部隊との相互運用性の向上を図る
	日米共同訓練	4.5.18	相模湾	航空機　　1機	航空機	海上自衛隊の戦術技量及び米海軍との相互運用性の向上
	日米共同訓練（ILEX 22－1）	4.5.18	沖縄周辺	艦　艇　　1隻	艦　艇　　1隻	海上自衛隊の戦術技量及び米海軍との相互運用性の向上
	日米共同訓練	4.5.24～5.26	関東南方	艦　艇　　1隻	艦　艇　　3隻	海上自衛隊の戦術技量及び米海軍との相互運用性の向上
令和4	対潜特別訓練	4.5.31	房総半島南方	艦　艇　　1隻 航空機　　1機	航空機	海上自衛隊の戦術技量及び米海軍との相互運用性の向上
	日米共同訓練	4.6.5、6.7	南シナ海	艦　艇　　1隻	艦　艇　　2隻	海上自衛隊の戦術技量及び米海軍との相互運用性の向上
	日米共同訓練	4.6.17～6.19	太平洋	艦　艇　　2隻	艦　艇　　2隻	海上自衛隊の戦術技量及び米海軍との相互運用性の向上
	実機雷処分訓練及び掃海特別訓練	4.6.21～6.30	硫黄島周辺	艦　艇　　7隻	人　員　約10名	実任務に即応できる経験者層の拡充と装備武器等の能力の確認、米海軍との共同作戦能力の向上
	日米共同訓練（ILEX 22－2）	4.6.25	太平洋	艦　艇　　2隻	艦　艇　　1隻	海上自衛隊の戦術技量及び米海軍との相互運用性の向上
	日米共同訓練（サイバー共同対処訓練）	4.6.27～6.29	ハワイ（米海軍ヒッカム統合基地及び護衛艦「いずも」）	海上自衛隊システム通信隊群保全監査隊	米海軍NIOC-HAWAII（U.S. Navy Information Operation Command-Hawaii）	海上自衛隊のサイバーセキュリティに関する技量の向上及び米海軍サイバー対処部隊との相互運用性の向上

343

年度	訓練名	期間	場所	参加部隊等				訓練内容及び目的
				日本側		米国側		
令和4	日米共同訓練 （ILEX 22−3）	4.7.6	大西洋	艦　艇	2隻	艦　艇	1隻	海上自衛隊の戦術技量及び米海軍との相互運用性の向上
	日米共同訓練	4.7.13	南西諸島周辺	航空機	1機	航空機		海上自衛隊の戦術技量及び米海軍との相互運用性の向上
	機雷戦訓練（陸奥湾）及び掃海特別訓練	4.7.17～7.29	陸奥湾	艦　艇 航空機	13隻 8機	艦　艇 航空機	2隻 2機	海上自衛隊の機雷戦能力及び米海軍との共同作戦能力の向上
	日米共同訓練	4.7.23～7.24	太平洋	艦　艇	1隻	艦　艇	2隻	海上自衛隊の戦術技量及び米海軍との相互運用性の向上
	日米共同訓練	4.7.25	日本周辺（太平洋上）	艦　艇 航空機	5隻 4機	航空機		海上自衛隊の戦術技量及び米海軍との相互運用性の向上
	日米共同訓練	4.7.25	相模湾	艦　艇	1隻	航空機	2機	海上自衛隊と米陸軍との相互運用性の向上
	日米共同訓練 （ILEX 22−4）	4.7.30	ミクロネシア周辺	艦　艇	1隻	艦　艇	1隻	海上自衛隊の戦術技量及び米海軍との相互運用性の向上
	日米共同訓練 （ILEX 22−5）	4.8.1	太平洋	艦　艇	2隻	艦　艇	1隻	海上自衛隊の戦術技量及び米海軍との相互運用性の向上
	日米共同訓練 （ILEX 22−6）	4.8.7	ハワイ周辺	艦　艇	2隻	艦　艇	1隻	海上自衛隊の戦術技量及び米海軍との相互運用性の向上
	日米共同訓練	4.8.8	ソロモン諸島周辺	艦　艇	1隻	艦　艇	1隻	海上自衛隊の戦術技量及び米海軍との相互運用性の向上
	日米共同訓練 （ILEX 22−7）	4.8.10	太平洋	艦　艇	2隻	艦　艇	1隻	海上自衛隊の戦術技量及び米海軍との相互運用性の向上
	日米共同訓練	4.8.13～8.24	沖縄東方	艦　艇	2隻	艦　艇	4隻	海上自衛隊の戦術技量及び米海軍との相互運用性の向上

年度	訓練名	期間	場所	参加部隊等		訓練内容及び目的
				日本側	米国側	
令和4	対潜特別訓練	4.8.25	房総半島南方	艦艇 1隻 航空機 1機	航空機	海上自衛隊の戦術技量及び米海軍との相互運用性の向上
	日米共同訓練	4.9.12 ～9.22	日本周辺（東シナ海を含む。）	艦艇 1隻	艦艇 5隻	海上自衛隊の戦術技量及び米海軍との相互運用性の向上
	日米共同訓練（輸送特別訓練）	4.9.16 ～9.19	日本周辺（太平洋上）及び沼津海浜訓練場	艦艇 2隻	艦艇 3隻 航空機	海上自衛隊の戦術技量及び米海軍との相互運用性の向上、大規模災害が生起した場合に備えた日米共同対処能力の向上
	日米共同訓練	4.9.21 ～9.23	東シナ海	航空機 2機	航空機	海上自衛隊の戦術技量及び米海軍との相互運用性の向上
	日米共同訓練（ノーブル・フュージョン22)	4.10.19 ～10.21	南シナ海	艦艇 1隻	艦艇 1隻	海上自衛隊の戦術技量及び米海軍との相互運用性の向上
	日米共同訓練	4.10.26 ～10.27	日本周辺（太平洋上）	航空機 1機	航空機	海上自衛隊の戦術技量及び米海軍との相互運用性の向上
	日米共同訓練	4.10.27 ～10.28	沖縄南方	航空機 1機	航空機	海上自衛隊の戦術技量及び米海軍との相互運用性の向上
	日米共同訓練（サイバー共同対処訓練）	4.11.1 ～11.2	米海軍横須賀基地	海上自衛隊システム通信隊群保全監査隊	米海軍NIOC－HAWAII N3J部(U.S. Navy Information Operation Command-Hawaii N 3J部)	海上自衛隊のサイバーセキュリティに関する技量の向上及び米海軍サイバー対処部隊との相互運用性の向上を図る
	機雷戦訓練（日向灘）及び掃海特別訓練（日米共同訓練）	4.11.18 ～11.28	日向灘	艦艇 20隻 航空機 3機	艦艇 2隻 航空機 2機	海上自衛隊の機雷戦能力及び米海軍との共同作戦能力の向上
	日米共同訓練	4.11.21	相模湾	艦艇 1隻	航空機 2機	海上自衛隊と米陸軍との相互運用性の向上
	日米共同訓練	4.12.2 ～12.8	関東南方から四国南方に至る海空域	艦艇 1隻	艦艇 3隻	海上自衛隊の戦術技量及び米海軍との相互運用性の向上

教育訓練

年度	訓練名	期間	場所	参加部隊等 日本側	参加部隊等 米国側	訓練内容及び目的
令和4	対潜特別訓練	4.12.6	関東南方	艦　艇　　2隻 航空機　　1機	航空機	海上自衛隊の戦術技量及び米海軍との相互運用性の向上
	日米共同訓練	4.12.19	硫黄島南方からグアム東方に至る海空域	航空機　　1機	艦　艇　　1隻 航空機	海上自衛隊の戦術技量及び米海空軍との相互運用性の向上
	機雷戦訓練（日向灘）及び掃海特別訓練（日米共同訓練）	5.2.1 〜 2.10	伊勢湾	艦　艇　　10隻 航空機　　3機	人　員　約15名	海上自衛隊の機雷戦能力及び米海軍との共同作戦能力の向上
	日米共同訓練	5.2.5	南シナ海	艦　艇　　1隻	艦　艇　　1隻	海上自衛隊の戦術技量及び米海軍との相互運用性の向上
	日米共同訓練（ILEX23−2）	5.2.22	日本海	艦　艇　　1隻	艦　艇　　1隻	海上自衛隊の戦術技量及び米海軍との相互運用性の向上
	日米共同訓練	5.2.22	グアム周辺	艦　艇　　2隻	艦　艇　　3隻	海上自衛隊の戦術技量及び米海軍との相互運用性の向上
	日米共同訓練	5.2.27 〜 3.12	広島湾及び九州西方から沖縄周辺	艦　艇　　54隻	艦　艇　　7隻 航空機	海上自衛隊の戦術技量及び米海軍との相互運用性の向上
	日米共同訓練（コープ・エンジェル）	5.2.28 〜 3.3	四国南方及び九州南方	航空機	航空機	海上自衛隊の戦術技量及び米海軍との相互運用性の向上
	日米共同訓練	5.3.1	相模湾	航空機	航空機	海上自衛隊の戦術技量及び米海軍との相互運用性の向上
	日米共同訓練	5.3.24、 3.25	南シナ海	艦　艇　　1隻	艦　艇　　2隻	海上自衛隊の戦術技量及び米海軍との相互運用性の向上
	日米共同訓練	5.3.23 〜 3.26	太平洋から東シナ海	西部方面隊 艦　艇　　1隻	艦　艇　　3隻	(1) 海上自衛隊の戦術技量の向上 (2) 海上自衛隊と陸上自衛隊との協同による作戦能力の向上 (3) 海上自衛隊と米海軍との相互運用性の向上

年度	訓練名	期間	場所	参加部隊等		訓練内容及び目的
				日本側	米国側	
	日米共同訓練	5．4．4 ～ 4．6	東シナ海から太平洋	艦艇 1隻	艦艇 4隻	海上自衛隊の戦術技量及び米海軍との相互運用性の向上
	日米共同訓練	5.4.13	相模湾	航空機	航空機	海上自衛隊の戦術技量及び米海軍との相互運用性の向上
	日米共同訓練	5.4.13、4.14	南シナ海	艦艇 1隻	艦艇 1隻	海上自衛隊の戦術技量及び米海軍との相互運用性の向上
	日米共同訓練	5.4.19、4.20	日本周辺（太平洋上）	航空機	航空機	海上自衛隊の戦術技量及び米海軍との相互運用性の向上
	日米共同訓練	5.4.21	相模湾	艦艇 1隻	航空機	海上自衛隊の戦術技量及び米海軍との相互運用性の向上
	日米共同訓練（対潜特別訓練）	5.4.21	房総沖	艦艇 1隻 航空機	航空機	海上自衛隊の戦術技量及び米海軍との相互運用性の向上
令和5	日米共同訓練	5．5．8 ～ 5.10	日本周辺（太平洋上）	航空機	航空機	海上自衛隊の戦術技量及び米海軍との相互運用性の向上
	日米共同減圧症患者対処訓練	5.5.10	海上自衛隊潜水医学実験隊及び自衛隊横須賀病院	海上自衛隊潜水医学実験隊、自衛隊横須賀病院	横須賀米海軍病院	米海軍内で発症した減圧症患者に対し、米軍内で高気圧酸素治療が実施できないため海上自衛隊に治療を依頼し、実際に模擬患者を搬送し治療を開始する訓練を行い、情報の適切な受領、関係各所との調整等を演練することにより相互の連携強化を図る。
	米海軍横須賀病院との医療連携訓練	5.5.17	自衛隊横須賀病院、横須賀米海軍病院	自衛隊横須賀病院	横須賀米海軍病院	震災による大量傷者発生に際し、日米共同で治療優先度の選別、病院内対処要領等を演練することにより、自衛隊横須賀病院の傷者収容能力の向上及び日米間の連携強化を図る。

年度	訓練名	期間	場所	参加部隊等		訓練内容及び目的
				日本側	米国側	
令和5	日米共同訓練	5.5.18、5.19	太平洋から東シナ海	艦　艇　　1隻	艦　艇　　2隻	海上自衛隊の戦術技量及び米海軍との相互運用性の向上
	日米共同訓練	5.5.23、5.24	本州南方	艦　艇　　1隻	艦　艇　　3隻	海上自衛隊の戦術技量及び米海軍との相互運用性の向上
	日米共同訓練	5.5.25	相模湾	航空機	航空機	海上自衛隊の戦術技量及び米海軍との相互運用性の向上
	日米共同訓練	5.6.4	ダッチハーバー周辺	艦　艇　　2隻	艦　艇　　1隻	海上自衛隊の戦術技量の向上及び米沿岸警備隊との連携の強化
	実機雷処分訓練及び掃海特別訓練	5.6.20～6.29	硫黄島周辺	艦　艇　　7隻	人　員　約20名	(1) 実任務に即応できる経験者層の拡充と装備武器等の能力の確認 (2) 米海軍との共同作戦能力の向上
	日米共同訓練	5.7.11	四国南方	艦　艇　　1隻	艦　艇　　1隻	海上自衛隊の戦術技量及び米海軍との相互運用性の向上
	日米共同訓練（ILEX23-3）	5.7.17	日本海	艦　艇　　1隻	艦　艇　　1隻	海上自衛隊の戦術技量及び米海軍との相互運用性の向上
	日米共同訓練（ILEX23-4）	5.7.28	紀伊半島南東	艦　艇　　1隻	艦　艇　　1隻	海上自衛隊の戦術技量及び米海軍との相互運用性の向上
	日米共同訓練	5.8.21～8.25	沖縄東方から関東南方	艦　艇　　1隻	艦　艇　　1隻	海上自衛隊の戦術技量及び米海軍との相互運用性の向上
	日米共同訓練	5.8.29～9.1	東シナ海	航空機	航空機	海上自衛隊の戦術技量及び米海軍との相互運用性の向上
	日米共同訓練（ILEX23-5）	5.9.19	サンディエゴ沖	艦　艇　　2隻	艦　艇　　1隻	海上自衛隊の戦術技量及び米海軍との相互運用性の向上
	日米共同訓練	5.9.21	相模湾	艦　艇　　1隻	艦　艇　　1隻	海上自衛隊の戦術技量及び米海軍との相互運用性の向上

年度	訓練名	期間	場所	参加部隊等		訓練内容及び目的
				日本側	米国側	
	日米共同訓練（輸送特別訓練）	5.9.25 ～ 10.3	九州西方から四国沖を経て駿河湾に至る海空域及び沼津海浜訓練場	艦艇　　5隻 航空機	艦艇　　1隻	(1) 海上自衛隊の戦術技量及び米海軍との相互運用性の向上 (2) 大規模災害が生起した場合に備えた日米共同対処能力の向上
	日米共同訓練	5.9.27	関東南方	艦艇　　1隻	艦艇　　3隻	海上自衛隊の戦術技量及び米海軍との相互運用性の向上
	日米共同訓練	5.9.30 ～ 10.7	関東南方から東シナ海	艦艇　　2隻	艦艇　　4隻	海上自衛隊の戦術技量及び米海軍との相互運用性の向上
	米海軍横須賀病院との医療連携訓練	5.10.3 ～ 10.5	自衛隊横須賀病院及び横須賀米海軍病院	自衛隊横須賀病院	横須賀米海軍病院	米海軍横須賀病院等が実施する訓練の見学及び搬送調整、更に自衛隊横須賀病院へ搬送される患者の受入れ及び処置について演練し相互の連携強化を図る。
令和5	海上自衛隊演習（図上演習（共同演習））	5.10.3 ～ 10.6	海上作戦センター、演習参加部隊等の所在地	自衛艦隊、各地方隊、システム通信隊群、海上自衛隊補給本部等	―	平時から武力攻撃事態における、統合運用及び日米共同を踏まえた自衛艦隊の対応要領を共有するとともに、過去の演習等の課題について検討を深化させ、海上自衛隊の任務遂行に必要な資を得る。
	日米共同訓練（ILEX23-6）	5.10.6 ～ 10.8	佐世保港、九州西方海域	艦艇　　1隻	艦艇　　1隻	海上自衛隊の戦術技量及び米海軍との相互運用性の向上
	日米共同訓練	5.10.16 ～ 10.18	南シナ海	艦艇　　1隻	艦艇　　2隻	海上自衛隊の戦術技量及び米海軍との相互運用性の向上
	日米共同訓練	5.10.16 ～ 10.18	東シナ海	艦艇　　1隻	艦艇　　4隻	海上自衛隊の戦術技量及び米海軍との相互運用性の向上
	日米共同訓練	5.10.30、10.31	沖縄南方	航空機	航空機	海上自衛隊の戦術技量及び米海軍との相互運用性の向上

教育訓練

年度	訓練名	期間	場所	参加部隊等		訓練内容及び目的
				日本側	米国側	
令和5	日米共同訓練	5.10.30、10.31	日本周辺（太平洋上）	航空機	航空機	海上自衛隊の戦術技量及び米海軍との相互運用性の向上
	日米共同訓練	5.11.4〜11.7	沖縄南方	艦艇　1隻	艦艇　10隻	海上自衛隊の戦術技量及び米海軍との相互運用性の向上
	機雷戦訓練（日向灘）及び掃海特別訓練（日米共同訓練）	5.11.17〜11.27	日向灘	艦艇　20隻　航空機　2機	艦艇　2隻　航空機　2機	(1) 海上自衛隊の機雷戦能力の向上 (2) 米海軍との共同作戦能力の向上
	日米共同訓練	5.11.19〜11.21	四国南方から東シナ海	艦艇　1隻	艦艇　6隻	海上自衛隊の戦術技量及び米海軍との相互運用性の向上
	日米共同訓練	5.11.26〜11.30	東シナ海から沖縄南方	艦艇　1隻	艦艇　5隻	海上自衛隊の戦術技量及び米海軍との相互運用性の向上
	日米共同訓練	5.11.30	相模湾	航空機　1機	航空機　1機	海上自衛隊の戦術技量及び米海軍との相互運用性の向上
	日米共同訓練	5.12.6〜12.7	南シナ海	艦艇　1隻	艦艇　1隻	海上自衛隊の戦術技量及び米海軍との相互運用性の向上
	日米衛生特別訓練	5.12.13	自衛隊横須賀病院、横須賀米海軍病院	横須賀地方総監部、自衛隊横須賀病院、横須賀衛生隊	横須賀米海軍病院	大量傷者発生時における治療優先度の選別、傷者対応要領及び病院内傷者収療要領等を共同で演練し、日米衛生の連携強化及び相互運用性の向上を図る。

（注）この他、米国派遣訓練（毎年度）の際に日米共同訓練を実施している。また、海上自衛隊と米軍の部隊の間で平素より小規模な訓練等を実施している。

(4) 航空自衛隊

年度	訓練名	期間	場所	参加部隊等 日本側	参加部隊等 米国側	訓練内容及び目的
令和3	米軍との共同訓練	3.4.1	三沢西方の日本海上の空域	第3航空団 航空機 4機 （F－35A×4機）	航空機 7機 （F－22×4機、F－16×1機 KC－135×2機）	航空自衛隊の戦術技量及び日米共同対処能力の向上
	米軍との共同訓練	3.4.8	九州西方の東シナ海上の空域	第5航空団、第8航空団 航空機 8機 （F－15×4機、F－2×4機）	米空軍 航空機 7機 （F－15×4機、E－3×1機、KC－135×2機） 米海兵隊 航空機 2機 （F－35B×2機）	航空自衛隊の戦術技量及び日米共同対処能力の向上
	米軍との共同訓練	3.4.27	陸上自衛隊日出生台演習場	航空救難団芦屋救難隊 航空機 2機 （U－125A×1機、UH－60J×1機）	米海兵隊 航空機 2機 （F/A－18×2機）	航空自衛隊の戦術技量及び日米共同対処能力の向上
	米軍との共同訓練	3.4.27	日本海、沖縄北方を含む東シナ海上の空域	第2航空団、第5航空団、第6航空団、第7航空団、第9航空団 航空機 15機 （F－15×13機、F－2×2機）	航空機 2機 （B－52×2機）	航空自衛隊の戦術技量及び日米共同対処能力の向上
	米空軍の実施する演習（レッド・フラッグ・アラスカ）	3.6.11 ～ 6.26	米国アラスカ州アイルソン空軍基地及びエレメンドルフ・リチャードソン統合基地並びに同周辺空域等	第9航空団、警戒航空団 人員 約170名 航空機 7機 （F－15×6機、E－767×1機）		米空軍が実施する演習に参加し、日米共同訓練を実施することにより、部隊の戦術技量及び日米共同対処能力の向上を図る。
	米軍との共同訓練	3.8.31	日本海、東シナ海及び沖縄周辺空域	第2航空団、第5航空団、第6航空団、第7航空団、第8航空団、第9航空団 航空機 19機 （F－15×13機、F－2×6機）	航空機 1機 （B－52×1機）	航空自衛隊の戦術技量及び日米共同対処能力の向上
	米軍再編に係る嘉手納飛行場から千歳基地への訓練移転	3.9.13 ～ 9.22	千歳基地、北海道西方空域及び三沢東方空域	第2航空団、航空救難団 航空機14機程度 （F－15×12機程度、U－125A×1機、UH－60J×1機）	第18航空団 人員240名程度 航空機13機程度 （F－15×12機程度、E－3C×1機）	相互運用性の向上

351

年度	訓練名	期間	場所	参加部隊等		訓練内容及び目的
				日本側	米国側	
令和3	米軍との共同訓練	3.9.14～16	那覇北西の東シナ海上の空域	航空救難団 航空機 1機 （UH－60J×1機）	航空機 1機 （MC－130×1機）	航空自衛隊の戦術技量及び日米共同対処能力の向上
	米軍との共同訓練	3.9.21	日本海、東シナ海及び沖縄周辺空域	第2航空団、第5航空団、第7航空団、第8航空団 航空機 14機 （F－15×8機、F－2×6機）	航空機 2機 （B－52×2機）	航空自衛隊の戦術技量及び日米共同対処能力の向上
	米軍との共同訓練	3.9.24	那覇北西の東シナ海上の空域	第9航空団 航空機 2機 （F－15×2機）	米空軍 航空機 1機 （B－52×1機） 米海兵隊 航空機 2機 （F－35B×2機）	航空自衛隊の戦術技量及び日米共同対処能力の向上
	米軍との共同訓練	3.10.21	関東東方の太平洋上の空域	第7航空団 航空機 3機 （F－2×3機）	航空機 2機 （B－1×1機、KC－135×1機）	航空自衛隊の戦術技量及び日米共同対処能力の向上
	米軍との共同訓練	3.10.28	那覇北西の東シナ海上の空域	第9航空団、第1輸送航空隊、第2輸送航空隊、第3輸送航空隊、航空救難団 航空機 17機 （F－15×12機、C－130H×1機、C－1×1機、C－2×1機、U－125A×1機、UH－60J×1機）	航空機 13機 （F－15×10機、KC－135×1機、MC－130J×1機、C－130J×1機）	航空自衛隊の戦術技量及び日米共同対処能力の向上
	米軍との共同訓練	3.11.9	宮古島・石垣島北方の海空域	航空救難団 航空機 2機 （U－125A×1機、UH－60J×1機）	航空機 2機 （CV－22×1機、MC－130J×1機）	航空自衛隊の戦術技量及び日米共同対処能力の向上
	米軍との共同訓練	3.12.9	日本海上の空域	第2航空団、第6航空団、第7航空団、第8航空団 航空機 16機 （F－15×8機、F－2×8機）	航空機 9機 （B－52×1機、F－35A×7機、KC－135×1機）	航空自衛隊の戦術技量及び日米共同対処能力の向上
	米軍再編に係る岩国飛行場から百里基地への訓練移転	3.12.13～12.17	百里基地、百里沖空域	第7航空団 航空機8機程度 （F－2×8機程度）	第12海兵航空群 人員170名程度 航空機8機程度 （F/A－18×8機程度）	相互運用性の向上

年度	訓練名	期間	場所	参加部隊等		訓練内容及び目的
				日本側	米国側	
令和3	米軍との共同訓練	4.1.11	日本海及び三沢東方の太平洋上の空域	第3航空団、第6航空団、第7航空団 航空機 6機 (F-35A×2機、F-15×2機、F-2×2機)	航空機 2機 (B-1×2機)	航空自衛隊の戦術技量及び日米共同対処能力の向上
	米軍との共同訓練	4.1.18 ～ 1.19	那覇南東の太平洋上の空域	第9航空団、南西航空警戒管制団、警戒航空団、第1輸送航空隊、第2輸送航空隊 航空機 11機 (F-15×8機、E-2C×1機、C-130H×1機、C-1×1機)	航空機 19機 (F-15×14機、E-3×1機、KC-135×2機、HH-60×2機)	航空自衛隊の戦術技量及び日米共同対処能力の向上
	米軍との共同訓練	4.2.15 ～ 2.17	那覇南東の太平洋上の空域	第9航空団F-15、南西航空警戒管制団	米海兵隊F-35B、米空軍F-15	航空自衛隊の戦術技量及び日米共同対処能力の向上
	米軍との共同訓練	4.2.24	那覇南東の太平洋上の空域	第9航空団 航空機 2機 (F-15×2機)	航空機 5機 (B-52×2機、F-35A×2機、KC-135×1機)	航空自衛隊の戦術技量及び日米共同対処能力の向上
	米軍との共同訓練	4.3.4	那覇北西の東シナ海上の空域	第9航空団、南西航空警戒管制団 航空機 6機 (F-15×6機)	航空機 2機 (F-35A×2機)	航空自衛隊の戦術技量及び日米共同対処能力の向上
	米軍との共同訓練	4.3.10	青森県三沢西方の日本海上の空域	第3航空団、北部航空警戒管制団 航空機 4機 (F-35A×4機)	航空機 4機 (F-35A×4機)	航空自衛隊の戦術技量及び日米共同対処能力の向上
令和4	米軍との共同訓練	4.6.3	青森県東方の太平洋上の空域	第2航空団、北部航空警戒管制団 航空機 2機 (F-15×2機)	航空機 2機 (B-1×2機)	航空自衛隊の戦術技量及び日米共同対処能力の向上
	米軍との共同訓練	4.6.22	那覇南方の太平洋上の空域	第9航空団、南西航空警戒管制団 航空機 2機 (F-15×2機)	航空機 2機 (B-1×2機)	航空自衛隊の戦術技量及び日米共同対処能力の向上

教育訓練

353

年度	訓練名	期間	場所	参加部隊等		訓練内容及び目的
				日本側	米国側	
令和4	米軍との共同訓練	4.6.29	東シナ海及び日本海上の空域	第2航空団、第6航空団、第8航空団、北部航空警戒管制団、中部航空警戒管制団、西部航空警戒管制団 航空機 12機（F−15×8機、F−2×4機）	第34爆撃飛行隊 航空機 2機（B−1×2機）	航空自衛隊の戦術技量及び日米共同対処能力の向上
	米軍との共同訓練	4.7.6、7.11〜7.12	日本海、太平洋及び東シナ海上の空域	第5航空団、第8航空団、第9航空団、西部航空警戒管制団、南西航空警戒管制団 航空機 20機（F−15×12機、F−2×8機）	米空軍 航空機 31機（F−22×12機、F−35A×4機、F−15C×13機、E−3×1機、KC−135×1機）米海軍 航空機 1機（P−8×1機）	航空自衛隊の戦術技量及び日米共同対処能力の向上
	米軍との共同訓練	4.8.4	沖縄周辺空域	第9航空団、南西航空警戒管制団 航空機 3機（F−15×3機）	航空機 2機（F−15C×2機）	航空自衛隊の戦術技量及び日米共同対処能力の向上
	米軍との共同訓練	4.8.9	沖縄周辺空域	第9航空団、南西航空警戒管制団 航空機 4機（F−15×4機）	第18航空団 航空機 6機（F−15C×6機）	航空自衛隊の戦術技量及び日米共同対処能力の向上
	米軍との共同訓練	4.9.9	青森県西方の日本海上の空域	第2航空団、北部航空警戒管制団 航空機 4機（F−15×4機）	米空軍第35戦闘航空団、第18航空団 航空機 17機（F−16×15機、KC−135×2）米海兵隊第12海兵航空群 航空機 4機（F−35B×4機）	航空自衛隊の戦術技量及び日米共同対処能力の向上
	米軍との共同訓練	4.9.13、9.15	那覇南方の太平洋上の空域	第9航空団、警戒航空団、第1輸送航空隊、航空救難団、南西航空警戒管制団 航空機 27機（F−15×23機、E−2C×1機、C−130H×1機、U−125A×1機、UH−60J×1機）	第18航空団 航空機 18機（F−15C×16機、KC−135×2機）	航空自衛隊の戦術技量及び日米共同対処能力の向上

354

年度	訓練名	期間	場所	参加部隊等		訓練内容及び目的
				日本側	米国側	
令和4	日米共同戦術空輸訓練	4.9.25 ～ 9.30	アメリカ合衆国ハワイ州パールハーバーヒッカム統合基地及びその周辺空域	航空支援集団 人員　　20名 航空機　　1機 （C-2×1機）		航空自衛隊の戦術輸送に係る技量及び日米対処能力の向上
	米軍との共同訓練	4.9.28	沖縄周辺空域	第9航空団、南西航空警戒管制団 航空機　　4機 （F-15×4機）	米空軍第18航空団米 航空機　　8機 （F-15C×4機、KC-135×1機） 海兵隊第12海兵航空群 航空機　　3機 （F-35B×3機）	航空自衛隊の戦術技量及び日米共同対処能力の向上
	米軍との共同訓練	4.10.13	沖縄周辺空域	第9航空団、南西航空警戒管制団 航空機　　2機 （F-15×2機）	第18航空団 航空機　　2機 （F-15C×2機）	航空自衛隊の戦術技量及び日米共同対処能力の向上
	米軍との共同訓練	4.10.18	沖縄周辺空域	第9航空団、南西航空警戒管制団 航空機　　2機 （F-15×2機）	第18航空団 航空機　　6機 （F-15C×6機）	航空自衛隊の戦術技量及び日米共同対処能力の向上
	米軍との共同訓練	4.10.26	沖縄周辺空域	第9航空団、南西航空警戒管制団 航空機　20機 （F-15×20機）	米空軍第18航空団 航空機　　11機 （F-15C×8機、KC-135×3機） 米海兵隊第12海兵航空群 航空機　　3機 （FA-18×2機、KC-130×1機）	航空自衛隊の戦術技量及び日米共同対処能力の向上
	米軍との共同訓練	4.10.27	宮古島・多良間島北方の海空域	航空救難団 航空機　　2機 （U-125A×1機、UH-60J×1機）	第353特殊作戦航空団 航空機　　2機 （CV-22×1機、MC-130J×1機）	航空自衛隊の戦術技量及び日米共同対処能力の向上
	米軍との共同訓練	4.10.27	日本海上の空域	第2航空団、第7航空団、第8航空団、北部航空警戒管制団、中部航空警戒管制団、西部航空警戒管制団 航空機　12機 （F-15×4機、F-2×8機）	第5爆撃航空団 航空機　　2機 （B-52×2機）	航空自衛隊の戦術技量及び日米共同対処能力の向上

355

年度	訓練名	期間	場所	参加部隊等		訓練内容及び目的
				日本側	米国側	
令和4	米軍との共同訓練	4.11.29	沖縄周辺空域	第9航空団、南西航空警戒管制団 航空機　4機 （F-15×4機）	米空軍第3航空団、第18航空団 航空機　3機 （F-22×2機、KC-135×3機） 米海軍第5空母航空団 航空機　2機 （EA-18G×2機） 米海兵隊第1海兵航空団 航空機　4機 （F-35B×4機）	航空自衛隊の戦術技量及び日米共同対処能力の向上
	米軍との共同訓練	4.12.14	沖縄周辺空域	第9航空団、南西航空警戒管制団 航空機　4機 （F-15×4機）	米空軍第18航空団 航空機　3機 （F-15C×1機、KC-135×2機） 米海軍第5空母航空団 航空機　2機 （EA-18G×2機） 米海兵隊第1海兵航空団 航空機　2機 （F-35B×2機）	航空自衛隊の戦術技量及び日米共同対処能力の向上
	米軍との共同訓練	4.12.20	日本海上の空域	第6航空団、第8航空団、中部航空警戒管制団、西部航空警戒管制団 航空機　8機 （F-15×4機、F-2×4機）	航空機　3機 （B-52×2機、C-17×1機）	航空自衛隊の戦術技量及び日米共同対処能力の向上
	米軍との共同訓練	4.12.21	青森県西方の日本海上の空域	第3航空団、北部航空警戒管制団 航空機　3機 （F-35A×3機）	米空軍 航空機　14機 （F-16×14機） 米海軍 航空機　2機 （EA-18G×2機）	航空自衛隊の戦術技量及び日米共同対処能力の向上
	米軍との共同訓練	5.1.10	沖縄周辺空域	第9航空団、南西航空警戒管制団 航空機　2機 （F-15×2機）	米空軍 第28爆撃航空団 航空機　2機 （B-1×2機）	航空自衛隊の戦術技量及び日米共同対処能力の向上

年度	訓練名	期間	場所	参加部隊等 日本側	参加部隊等 米国側	訓練内容及び目的
令和4	米軍との共同訓練	5.1.19	沖縄周辺空域	第8航空団、第9航空団、警戒航空団、南西航空警戒管制団 航空機 16機（F-2×3機、F-15×12機、E-767×1機）	米空軍 第18航空団 航空機 14機（F-15×10機、KC-135×1機、E-3×1機、HH-60×2機） 米海軍 第10哨戒飛行隊 航空機 1機（P-8×1機）	航空自衛隊の戦術技量及び日米共同対処能力の向上
	米軍との共同訓練	5.2.28	茨城県東方の太平洋上の空域	第7航空団、中部航空警戒管制団 航空機 2機（F-2×2機）	米空軍 第2爆撃航空団 航空機 2機（B-52×2機）	航空自衛隊の戦術技量及び日米共同対処能力の向上
	米軍との共同訓練	5.3.2	日本海上の空域	第3航空団、第7航空団、第8航空団、北部航空警戒管制団、中部航空警戒管制団、西部航空警戒管制団 航空機 12機（F-35A×4機、F-2×8機）	米空軍 第28爆撃航空団、第35戦闘航空団、第18航空団 航空機 7機（B-1×2機、F-16×4機、KC-135×1機）	航空自衛隊の戦術技量及び日米共同対処能力の向上
	米軍との共同訓練	5.3.3	日本海上の空域	第3航空団、第6航空団、第8航空団、北部航空警戒管制団、中部航空警戒管制団、西部航空警戒管制団 航空機 12機（F-35A×4機、F-15×4機、F-2×4機）	米空軍 第28爆撃航空団 航空機 2機（B-1×2機）	航空自衛隊の戦術技量及び日米共同対処能力の向上
	米軍との共同訓練	5.3.6	日本海上の空域	第8航空団、西部航空警戒管制団 航空機 2機（F-2×2機）	米空軍 第2爆撃航空団 航空機 1機（B-52×1機）	航空自衛隊の戦術技量及び日米共同対処能力の向上
	米軍との共同訓練	5.3.14	沖縄周辺空域	第9航空団、南西航空警戒管制団 航空機 4機（F-15×4機）	米空軍 航空機 7機（F-22×2機、F-16×4機、KC-135×1機）	航空自衛隊の戦術技量及び日米共同対処能力の向上
	米軍との共同訓練	5.3.30	日本海及び東シナ海上の空域	第2航空団、第6航空団、第5航空団、第8航空団、北部航空警戒管制団、中部航空警戒管制団、西部航空警戒管制団 航空機 16機（F-15×12機、F-2×4機）	米空軍 第2爆撃航空団 航空機 2機（B-52×2機）	航空自衛隊の戦術技量及び日米共同対処能力の向上

教育訓練

357

年度	訓練名	期間	場所	参加部隊等		訓練内容及び目的
				日本側	米国側	
	米軍との共同訓練	5.4.24	東シナ海上の空域	第8航空団、西部航空警戒管制団 航空機 4機 (F−2×4機)	米空軍 航空機 9機 (B−52×2機、F−35A×6機、KC−135×1機)	航空自衛隊の戦術技量及び日米共同対処能力の向上
	米軍との共同訓練	5.5.16	沖縄周辺空域	第9航空団、警戒航空団、南西航空警戒管制団 航空機 9機 (F−15×8機、E−2C×1機)	米空軍 航空機 8機 (F−15E×6機、KC−135×2機) 米海軍 航空機 7機 (F/A−18×4機、EA−18G×2機、E−2C×1機) 米海兵隊 航空機 4機 (F−35B×4機)	航空自衛隊の戦術技量及び日米共同対処能力の向上
令和5	米空軍の実施する演習（レッド・フラッグ・アラスカ）	5.5.26 〜 7.1	米国アラスカ州アイルソン空軍基地及びエレメンドルフ·リチャードソン統合基地並びに同周辺空域	第2航空団、警戒航空団、第3輸送航空隊 人員 約260名 航空機 8機 (F−15J/DJ×6機、E−767×1機、C−2×1機)	―	米空軍が実施する演習に参加し、日米同盟による抑止力及び対処力を強化するため、日米共同訓練を実施することにより、部隊の戦術技量及び米空軍との相互運用性の向上を図る
	米空軍との共同訓練	5.6.28	沖縄周辺空域	第9航空団、南西航空警戒管制団 航空機 4機 (F−15×4機)	米空軍 航空機 7機 (F−35A×4機、B−52×2機、KC−135×1機)	航空自衛隊の戦術技量及び日米共同対処能力の向上
	米空軍との共同訓練	5.6.30	沖縄周辺空域	第9航空団、南西航空警戒管制団 航空機 2機 (F−15×2機)	米空軍 航空機 2機 (B−52×2機)	航空自衛隊の戦術技量及び日米共同対処能力の向上
	ノーザン・エッジ23−2における日米共同訓練	5.7.4 〜 7.18	百里基地、築城基地、海上自衛隊硫黄島航空基地及び日本周辺空域	第7航空団、第5航空団、第8航空団、第9航空団、警戒航空団、航空救難団 航空機 (F−2、F−15、E−767、E−2C、U−125A、UH−60)	―	米空軍等と日米共同訓練を実施し、部隊の戦術・戦技技量、日米共同対処能力及び相互運用性の向上を図る

358

年度	訓練名	期間	場所	参加部隊等		訓練内容及び目的
				日本側	米国側	
	米軍との共同訓練	5.8.8	青森県東方の太平洋上の空域	第3航空団、北部航空警戒管制団航空機　2機（F-35A×2機）	米空軍航空機　7機（F-16×7機）米海軍航空機　1機（EA-18G×1機）米海兵隊航空機　2機（F-35B×2機）	航空自衛隊の戦術技量及び日米共同対処能力の向上
	米空軍との共同訓練	5.8.10	沖縄周辺空域	第9航空団、南西航空警戒管制団航空機　2機（F-15×2機）	米空軍航空機　1機（B-52×1機）	航空自衛隊の戦術技量及び日米共同対処能力の向上
	米軍との共同訓練	5.9.15	青森県西方の日本海上の空域	第2航空団、北部航空警戒管制団航空機　4機（F-15×4機）	米空軍航空機　16機（F-16×15機、AC-130×1機）米海軍航空機　5機（EA-18G×5機）米海兵隊航空機　8機（F-35B×8機）	航空自衛隊の戦術技量及び日米共同対処能力の向上
令和5	米軍再編に係る三沢飛行場から千歳基地への訓練移転	5.9.26～10.4	北海道西方空域、三沢東方空域、三沢対地射爆撃場	第2航空団航空機8機程度（F-15×8機程度）	米空軍人員220名程度第35戦闘航空団航空機12機程度（F-16×12機程度）第18航空団航空機　1機（E-3G×1機）	二国間の相互運用性の向上と米軍飛行場の周辺地域における訓練活動の影響の軽減のため
	米軍との共同訓練	5.9.28	四国南方の太平洋上の空域	第8航空団、西部航空警戒管制団航空機　4機（F-2×4機）	米空軍航空機　3機（F-15E×2機、KC-135×1機）米海兵隊航空機　4機（F-35B×4機）	航空自衛隊の戦術技量及び日米共同対処能力の向上
	米軍との共同訓練	5.10.6	茨城県東方の太平洋上の空域及び沖縄周辺空域	第7航空団、第9航空団、中部航空警戒管制団、南西航空警戒管制団航空機　6機（F-2×2機、F-15×4機）	米空軍航空機　10機（B-52×2機、F-35A×4機、F-15E×4機）米海兵隊航空機　4機（F-35B×4機）	航空自衛隊の戦術技量及び日米共同対処能力の向上

年度	訓練名	期間	場所	参加部隊等		訓練内容及び目的
				日本側	米国側	
令和5	米空軍との共同訓練	5.10.17	日本海上の空域及び沖縄周辺空域	第2航空団、第6航空団、第9航空団、北部航空警戒管制団、中部航空警戒管制団、南西航空警戒管制団 航空機　12機（F-15×12機）	米空軍 航空機　9機（B-52×2機、F-35A×6機、KC-135×1機）	航空自衛隊の戦術技量及び日米共同対処能力の向上
	日米共同訓練（RESCUE FLAG OKINAWA）	5.10.23～10.27	与那国島東方、宮古島東方及び沖縄本島南方の海空域	航空自衛隊 航空救難団 航空機　2機（U-125A×1機、UH-60J×1機） 海上自衛隊 第71航空群 航空機　1機（US-2×1機）	米軍 第353特殊作戦航空団、第33救難中隊 航空機　3機（MC-130J×1機、HH-60G×2機）	海上自衛隊と航空自衛隊の協同による作戦能力及び部隊の戦術技量並びに日米共同対処能力の向上を図る
	米軍との共同訓練	5.11.7	沖縄周辺空域	第9航空団（那覇）航空機　4機（F-15×4機） 南西航空警戒管制団（那覇）	米空軍 航空機　6機（B-52×2機、KC-135×2機及びKC-46AA×2機） 米海軍 航空機　18機（F-35C×4機、F/A-18×12機及びEA-18G×2機） 米海兵隊 航空機　4機（F-35B×4機）	航空自衛隊の戦術技量及び日米共同対処能力の向上
	米軍再編に係る嘉手納飛行場から築城基地への訓練移転	5.12.5～12.15	山口北方沖空域及び九州西方空域	第8航空団 航空機8機程度（F-2×8機程度）	米空軍 人員200名程度 第18航空団 航空機12機程度（F-35A×12機程度）	二国間の相互運用性の向上と米軍飛行場の周辺地域における訓練活動の影響の軽減のため
	米軍再編に係る岩国飛行場から新田原基地への訓練移転	5.12.8～12.20	四国沖空域及び九州西方空域	第5航空団 航空機12機程度（F-15×12機程度）	米海兵隊 人員300名程度 第12海兵航空群 航空機11機程度（FA-18×10機程度、KC-130×1機程度）	二国間の相互運用性の向上と米軍飛行場の周辺地域における訓練活動の影響の軽減のため

年度	訓練名	期間	場所	参加部隊等		訓練内容及び目的
				日本側	米国側	
令和5	米軍との共同訓練	5.12.14	青森県西方の日本海上の空域	第3航空団（三沢）北部航空警戒管制団（三沢）航空機 4機（F-35A×4機）	米空軍 航空機 8機（F-16×7機及びKC-135×1機）米海軍 航空機2機（EA-18G×2機）	航空自衛隊の戦術技量及び日米共同対処能力の向上
	米軍との共同訓練	5.12.12、12.15	沖縄周辺空域	第9航空団（那覇）南西航空警戒管制団（那覇）航空機 8機（F-15×8機）	米空軍 航空機 6機（F-35A×6機）米海軍 航空機 6機（EA-18G×6機）米海兵隊 航空機 7機 F-35B×5機及びKC-130×2機	航空自衛隊の戦術技量及び日米共同対処能力の向上

教育訓練

（注）この他、航空自衛隊と米軍の部隊の間で平素より小規模な訓練等を実施している。

15. 多国間訓練実績（令和3〜5年度）

年度	訓練名	期間	場所	参加国	参加部隊等	訓練内容及び目的
令和3	日仏米豪印共同訓練（ラ・ペルーズ21）	3.4.5〜4.7	ベンガル湾	フランス、米国、豪州、インド	海上自衛隊 艦艇 1隻 フランス海軍 艦艇 2隻 米海軍 艦艇 1隻 豪海軍 艦艇 2隻 インド海軍 艦艇 2隻 航空機 1機	海上自衛隊の戦術技量及び仏米豪印海軍との相互運用性の向上
	日豪加共同訓練	3.4.8	スマトラ島西方	豪州、カナダ	海上自衛隊 艦艇 1隻 豪海軍 艦艇 2隻 カナダ海軍 艦艇 1隻	海上自衛隊の戦術技量及び豪加海軍との相互運用性の向上
	フランス海軍等との海賊対処共同訓練	3.5.1	アデン湾	フランス、米国	海上自衛隊 艦艇 1隻 フランス海軍 艦艇 2隻 米海軍 艦艇 1隻	海上自衛隊の海賊対処に係る能力の向上及びフランス海軍等との連携の強化
	EU海上部隊（イタリア海軍及びスペイン空軍）及びジブチ海軍等との海賊対処共同訓練	3.5.10	アデン湾	イタリア、スペイン、ジブチ	海上自衛隊 艦艇 1隻 イタリア海軍 艦艇 1隻 スペイン空軍 航空機 1機 ジブチ海軍及び沿岸警備隊 艦艇 1隻	海上自衛隊の海賊対処能力及び海賊対処に係る連携の強化
	国内における仏陸軍及び米海兵隊との実動訓練（ARC21）	3.5.11〜5.17	相浦駐屯地、霧島演習場及び九州西方海空域	米国、フランス	陸上自衛隊 水陸機動団、西部方面航空隊 フランス陸軍 第6軽機甲旅団 米海兵隊 第3海兵師団、第3海兵站群、第1海兵航空団	戦術技量の向上を図るとともに、陸自とフランス陸軍との連携の強化及び陸自と米海兵隊との共同作戦能力の向上に資する。
	日米豪仏共同訓練（ARC21）	3.5.11〜5.17	東シナ海	米国、豪州、フランス	海上自衛隊 艦艇 8隻 航空機 1機 米海軍 艦艇 1隻 航空機 2機 豪海軍 艦艇 1隻 フランス海軍 艦艇 2隻	島嶼防衛に係る海上自衛隊の戦術技量の向上及び米豪仏海軍との連携の強化

年度	訓練名	期間	場所	参加国	参加部隊等	訓練内容及び目的
令和3	豪州における米豪軍との実動訓練（SJ21）	3.5.23～7.4	豪州ノーザンテリトリー州マウント・バンディ演習場	米国、豪州	陸上自衛隊 第14旅団第50普通科連隊基幹 豪陸軍 第1旅団 米海兵隊 第3海兵機動展開部隊ダーウィンローテーション部隊	戦術技量の向上及び米豪軍との連携を図る。
	豪州における米豪英軍との実動訓練（タリスマン・セイバー21）	3.6.25～8.7	豪州クイーンズランド州ショールウォーターベイ演習場等	米国、豪州、英国	陸上自衛隊 水陸機動団第2水陸機動連隊 豪陸軍 第1師団 米海兵隊 第3海兵機動展開部隊ダーウィンローテーション部隊 英海兵隊 ロイヤルマリーンコマンドゥ	部隊の水陸両用作戦に係る戦術技量の向上及び4カ国の連携強化を図る。
	米豪主催多国間共同訓練（タリスマン・セイバー21）	3.7.18～7.27	オーストラリア東方	米国、豪州、カナダ、韓国	海上自衛隊 艦艇　　　1隻 航空機　　1機 米海軍 艦艇　　　6隻 航空機　　1機 豪海軍 艦艇　　　5隻 航空機　　1機 カナダ海軍 艦艇　　　1隻 韓国海軍 艦艇　　　1隻	海上自衛隊の戦術技量の向上及び参加国海軍との連携の強化
	米スリランカ主催共同訓練（CARAT）	3.6.30	トリンコマリー沖	米国、スリランカ	海上自衛隊 艦艇　　　1隻 米海軍 艦艇　　　1隻 航空機　　1機 スリランカ海軍 艦艇　　　2隻 スリランカ空軍 航空機　　1機	海上自衛隊の戦術技量の向上、米海軍との相互運用性の向上及びスリランカ海空軍との連携の強化
	日米豪韓共同訓練	3.6.30～7.3	オーストラリア東方	米国、豪州、韓国	海上自衛隊 艦艇　　　1隻 航空機　　1機 米海軍 艦艇　　　1隻 豪海軍 艦艇　　　1隻 韓国海軍 艦艇　　　1隻	海上自衛隊の戦術技量の向上、米海軍、豪海軍及び韓国海軍との連携強化

教育訓練

年度	訓練名	期間	場所	参加国	参加部隊等	訓練内容及び目的
令和3	日米豪韓共同訓練（パシフィック・ヴァンガード21）	3．7．5～7．10	オーストラリア東方	米国、豪州、韓国	海上自衛隊 艦艇 1隻 航空機 1機 米海軍 艦艇 1隻 航空機 1機 豪海軍 艦艇 2隻 航空機 1機 韓国海軍 艦艇 1隻	海上自衛隊の戦術技量の向上並びに米海軍、豪海軍及び韓国海軍との連携の強化
	多国間共同訓練コブラ・ゴールド21	3．7．10～8．23	タイ王国及び防衛省市ヶ谷地区	タイ、米国、インドネシア、マレーシア、シンガポール、韓国、中国、インド及び豪州	統合幕僚監部、情報本部、自衛艦隊、自衛隊指揮通信システム隊 人員 約20名	自衛隊の国際平和共同対処事態における協力支援活動、サイバー攻撃等対処に係る統合運用能力の維持・向上を図り、参加各国との連携の強化及び相互理解の増進を図る。
	英空母打撃群との海賊対処共同訓練	3．7．11～7．12	アデン湾	英国、米国、オランダ	海上自衛隊 艦艇 1隻 航空機 英海軍 艦艇 5隻 米海軍 艦艇 1隻 オランダ海軍 艦艇 1隻	海上自衛隊の海賊対処に係る能力の向上及び英・米・オランダ海軍との連携の強化
	日豪韓共同訓練	3．7．14～7．17	オーストラリア東方	豪州、韓国	海上自衛隊 艦艇 1隻 航空機 1機 豪海軍 艦艇 2隻 韓国海軍 艦艇 1隻	海上自衛隊の戦術技量の向上並びに豪海軍及び韓国海軍との連携の強化

年度	訓練名	期間	場所	参加国	参加部隊等	訓練内容及び目的
令和3	米国主催大規模広域訓練2021（LSGE21：Large-Scale Global Exercise 2021）	3.8.2～8.8	珊瑚海からフィリピン東方に至る海空域	米国、豪州	海上自衛隊 艦艇　　　　1隻 航空機 米軍 艦艇　　　　2隻 豪軍 艦艇　　　　2隻 航空機	自衛隊の戦術技量の向上並びに米軍及び豪軍との連携の強化を図る。
		3.8.24	沖縄南方海空域	米国、英国、オランダ	陸上自衛隊 水陸機動団 第1ヘリコプター団 西部方面航空隊 海上自衛隊 艦艇　　　　2隻 航空機 航空自衛隊 第9航空団 南西航空警戒管制団 米軍 艦艇　　　　3隻 航空機 英軍 艦艇　　　　3隻 航空機 オランダ軍 艦艇　　　　1隻	自衛隊の戦術技量の向上並びに米軍、英軍及びオランダ軍との連携の強化を図る。
	米海軍主催多国間共同訓練（SEACAT 2021）	3.8.10～8.20	シンガポール共和国及び所定場所(リモート形式)	米国等	海上幕僚監部 人員　　　　2名	米海軍との連携の強化並びに参加国海軍等との相互理解の増進及び信頼関係の強化

教育訓練

365

年度	訓練名	期間	場所	参加国	参加部隊等	訓練内容及び目的
令和3	日米印豪共同訓練（マラバール2021）フェーズ1	前段：3.8.23〜9.10	グアム島及び同島周辺海域	米国、インド、豪州	海上自衛隊　特別警備隊　米海軍　艦艇　3隻　航空機　2機　太平洋特殊作戦コマンド　インド海軍　艦艇　2隻　航空機　1機　海軍特殊作戦部隊　豪海軍　艦艇　1隻	海上自衛隊の戦術技量の向上並びに米海軍、インド海軍及び豪海軍との連携の強化
		後段：3.8.26〜8.29	フィリピン海	米国、インド、豪州	海上自衛隊　艦艇　4隻　航空機　1機　米海軍　艦艇　2隻　航空機　1機　インド海軍　艦艇　2隻　航空機　1機　豪海軍　艦艇　1隻	海上自衛隊の戦術技量の向上並びに米海軍、インド海軍及び豪海軍との連携の強化
	日英米蘭共同訓練（PACIFIC CROWN21-1）	3.8.25〜8.26	沖縄南方	英国、米国、オランダ	海上自衛隊　艦艇　2隻　航空機　英海軍　艦艇　3隻　米海軍　艦艇　1隻　オランダ海軍　艦艇　1隻	海上自衛隊の戦術技量及び参加国海軍との連携の強化
	日英米蘭共同訓練（PACIFIC CROWN21-2）	3.8.27〜8.28	沖縄東方から東シナ海	英国、米国、オランダ	海上自衛隊　艦艇　2隻　航空機　英海軍　艦艇　4隻　米海軍　艦艇　1隻　オランダ海軍　艦艇　1隻	海上自衛隊の戦術技量の向上及び参加国海軍との連携の強化

年度	訓練名	期間	場所	参加国	参加部隊等	訓練内容及び目的
令和3	日英米蘭加共同訓練（PACIFIC CROWN21-3）	3.9.2〜9.7	東シナ海から四国南方を経て関東南方に至る海空域	英国、米国、オランダ、カナダ	海上自衛隊 艦艇 8隻 航空機 航空自衛隊 航空機 英軍 艦艇 2隻 航空機 米軍 艦艇 1隻 航空機 オランダ海軍 艦艇 1隻 カナダ海軍 艦艇 1隻	海上自衛隊の戦術技量の向上及び参加国海軍との連携の強化
	日英米蘭加共同訓練（PACIFIC CROWN21-4）	3.9.8〜9.9	関東東方	英国、米国、オランダ、カナダ	海上自衛隊 艦艇 2隻 航空機 航空自衛隊 航空機 英軍 艦艇 4隻 航空機 米軍 航空機 オランダ海軍 艦艇 1隻 カナダ海軍 艦艇 1隻	海上自衛隊の戦術技量の向上及び参加国海軍との連携の強化
	日英米蘭加共同訓練（PACIFIC CROWN21）	3.9.2〜9.9	四国沖及び関東東方の太平洋上の空域並びに横田基地	英国、米国、オランダ、カナダ	航空自衛隊 第3航空団、第5航空団、第8航空団、第9航空団、警戒航空団、第1輸送航空隊 航空機 17機 海上自衛隊 艦艇 6隻 航空機 英軍 艦艇 4隻 航空機 米軍 艦艇 1隻 航空機 オランダ海軍 艦艇 1隻 カナダ海軍 艦艇 1隻	部隊の戦術技量及び英海空軍等との連携の強化を図る。

教育訓練

367

年度	訓練名	期間	場所	参加国	参加部隊等	訓練内容及び目的
令和3	日米英蘭加新共同訓練	3.10.2〜10.3	沖縄南西	米国、英国、オランダ、カナダ、ニュージーランド	海上自衛隊 艦艇 3隻 米海軍 艦艇 6隻 英海軍 艦艇 5隻 オランダ海軍 艦艇 1隻 カナダ海軍 艦艇 1隻 ニュージーランド海軍 艦艇 1隻	海上自衛隊の戦術技量の向上及び参加国海軍との連携の強化
	日米英蘭加新共同訓練	3.10.4〜10.9	南シナ海	米国、英国、オランダ、カナダ、ニュージーランド	海上自衛隊 艦艇 1隻 米海軍 艦艇 1隻 英海軍 艦艇 5隻 オランダ海軍 艦艇 1隻 カナダ海軍 艦艇 1隻 ニュージーランド海軍 艦艇 1隻	海上自衛隊の戦術技量の向上及び参加国海軍との連携の強化
	日米印豪共同訓練（マラバール2021）フェーズ2	3.10.11〜10.14	ベンガル湾	米国、インド、豪州	海上自衛隊 艦艇 2隻 米海軍 艦艇 4隻 航空機 1機 インド海軍 艦艇 3隻 航空機 1機 豪海軍 艦艇 2隻	海上自衛隊の戦術技量の向上並びに米海軍、インド海軍及び豪海軍との連携の強化
	日米豪英共同訓練（Maritime Partnership Exercise）	3.10.15〜10.18	ベンガル湾	米国、豪州、英国	海上自衛隊 艦艇 2隻 米海軍 艦艇 5隻 航空機 1機 豪海軍 艦艇 1隻 英海軍 艦艇 5隻	海上自衛隊の戦術技量の向上及び参加国海軍との連携の強化

年度	訓練名	期間	場所	参加国	参加部隊等	訓練内容及び目的
	日米豪共同訓練	3.10.25	沖縄東方	米国、豪州	海上自衛隊 艦艇　　　　1隻 米海軍 艦艇　　　　1隻 豪海軍 艦艇　　　　1隻	海上自衛隊の戦術技量の向上並びに米海軍及び豪海軍との連携強化
	シンガポール主催「拡散に対する安全保障構想（PSI）」訓練「Deep Sabre 21」	3.10.28 ～ 10.29	日本国内（テレビ会議による参加）	シンガポール等	統合幕僚監部、陸上自衛隊中央特殊武器防護隊 人員　　　　3名	大量破壊兵器等の拡散阻止に係る活動要領の演練等をすることにより、当該活動に係る技量向上、我が国関係機関との連携強化及び参加国関係機関との相互理解の深化を図る。
令和3	海上自衛隊演習（（実動演習）（日米共同訓練及び日米豪加独共同訓練））	3.11.21 ～ 11.30	日本周辺	米国、豪州、カナダ、ドイツ	海上自衛隊 艦艇　　約20隻 航空機　約40機 米海軍 艦艇　　約10隻 豪海軍 艦艇　　　　2隻 カナダ海軍 艦艇　　　　1隻 ドイツ海軍 艦艇　　　　1隻	各級指揮官の戦術判断、部隊運用要領を演練、海上自衛隊の任務遂行能力の向上、米海軍との共同対処能力及び相互運用性の向上、海上自衛隊と豪海軍、カナダ海軍及びドイツ海軍との連携強化
	ミクロネシア連邦等における人道支援・災害救援共同訓練（クリスマス・ドロップ）	3.12.1 ～ 12.13	米国グアム島アンダーセン空軍基地、米国北マリアナ諸島、パラオ共和国及びミクロネシア連邦並びに同周辺空域	米国等	航空自衛隊 第1輸送航空隊 人員　　約20名 航空機　　　1機	人道支援・災害救援に係る能力の向上
	令和3年度米海軍主催固定翼哨戒機多国間共同訓練（シードラゴン2022）	4.1.2 ～ 1.20	グアム島周辺	米国等	海上自衛隊 航空機　　　2機 人員　約50名	海上自衛隊の戦術技量の向上及び参加国海空軍等との連携の強化

教育訓練

369

年度	訓練名	期間	場所	参加国	参加部隊等	訓練内容及び目的
令和3	コープ・ノース22における日米豪共同訓練等	日米豪共同訓練：4.1.19～3.4（訓練期間：4.2.2～2.18）	アメリカ合衆国グアム島アンダーセン空軍基地及びファラロン・デ・メディニラ空対地射場並びにこれらの周辺空域	米国、豪州	日米豪共同訓練：航空自衛隊第2航空団、第8航空団、航空戦術教導団、航空救難団、警戒航空団、第1輸送航空隊　航空機　16機　人員　約380名　海上自衛隊　航空機　1機　人員　約30名	日米豪の共同訓練を実施し、実戦的訓練環境の下、部隊の戦術技量、日米共同対処能力及び参加国間の相互運用性の向上を図る。
		人道支援・災害救援共同訓練：4.1.19～3.4（訓練期間：4.2.2～2.18）	アメリカ合衆国グアム島アンダーセン空軍基地及び北マリアナ諸島並びにこれらの周辺空域	米国、豪州、フランス、インド、シンガポール	人道支援・災害救援共同訓練：航空救難団、第1輸送航空隊、第2輸送航空隊、第3輸送航空隊、航空保安管制群、航空気象群、航空機動衛生隊　航空機　2機　人員　約150名	米国、豪州、フランス、インド及びシンガポールと人道支援・災害救援活動に係る共同訓練を実施し、部隊の能力及び参加国間の連携要領の向上を図る。
	米国主催国際海上訓練（IMX/CE22）	4.1.31～2.17	バーレーン周辺	米国等	海上自衛隊　艦艇　2隻　人員　約200名	海上自衛隊の戦術技量の向上並びに参加国海軍等との連携強化及び相互理解の増進
	多国間共同訓練コブラ・ゴールド22	4.2.18～3.4	タイ及び日本国内（防衛省市ヶ谷地区及び陸上自衛隊朝霞駐屯地）	タイ、米国、インドネシア、マレーシア、シンガポール、韓国、中国、インド、豪州	統合幕僚監部、陸上総隊、自衛艦隊、システム通信隊群、航空システム通信隊、自衛隊指揮通信システム隊、情報本部　人員　約60名	多国間共同訓練コブラ・ゴールド22に参加し、国際平和共同対処事態における協力支援活動、サイバー攻撃等対処及び国際平和協力活動等に係る自衛隊の統合運用能力の維持・向上を図り、参加各国との連携の強化及び相互理解の増進を図る。
	インド海軍主催多国間共同訓練（MILAN2022）	(1) 停泊フェーズ4.2.25～2.28　(2) 洋上フェーズ4.3.1～3.4	インド東部ヴィシャーカパトナム周辺	インド等	海上自衛隊　(1) 停泊フェーズ　人員　6名　(2) 洋上フェーズ　艦艇　1隻	海上自衛隊の戦術技量の向上並びに参加国海軍との連携の強化及び相互理解の増進

年度	訓練名	期間	場所	参加国	参加部隊等	訓練内容及び目的
令和3	日米豪共同訓練	4.3.14～3.16	南シナ海	米国、豪州	海上自衛隊 艦艇 1隻 米海軍 艦艇 1隻 航空機 1機 豪海軍 艦艇 1隻 豪空軍 航空機	海上自衛隊の戦術技量の向上並びに米海軍、オーストラリア海軍及びオーストラリア空軍との連携の強化
令和4	ポリネシア駐留仏軍主催HA/DR多国間訓練「MARARA22」	4.5.8～5.19	フランス領ポリネシア	フランス、米国、豪州、ブルネイ、カナダ、コロンビア、クック諸島、フィジー、インドネシア、韓国、マレーシア、パナマ、ペルー、フィリピン、サモア、シンガポール、タイ	統幕、海幕、陸上総隊 人員 5名	ポリネシア駐留仏軍主催HA／DR多国間訓練「MARARA22」に参加し、国際緊急援助活動に係る運用能力の向上を図るとともに、参加国との相互理解の増進及び信頼関係の強化を図る。
	豪州における米豪軍との実動訓練（サザン・ジャッカルー22）	4.5.9～5.27	ショールウォーターベイ演習場及びガリポリバラックス（クイーンズランド州）	米国、豪州	陸上自衛隊第13普通科連隊及び中央即応連隊 豪陸軍 第7旅団 第6歩兵連隊 米海兵隊 第1海兵機動展開部隊 ダーウィン・ローテーション部隊	豪州における米豪軍との実動訓練を実施して、陸自の対ゲリラ・コマンドウ作戦に係る作戦遂行能力及び
	日NATO共同訓練	4.6.6	地中海	イタリア、トルコ	海上自衛隊 艦艇 2隻 イタリア海軍 艦艇 1隻 トルコ海軍 艦艇 1隻	海上自衛隊の戦術技量の向上及びNATO常設海上部隊との連携の強化
	多国間訓練（カーン・クエスト22）	4.6.6～6.20	モンゴル国	豪州、バングラデシュ、カナダ、フランス、ドイツ、インド、日本、マレーシア、モンゴル、ネパール、カタール、韓国、シンガポール、トルコ、東ティモール、米国	陸上総隊司令部、中央即応連隊、国際活動教育隊及び第18普通科連隊	モンゴル及び米国が共催する多国間訓練（カーン・クエスト22）に参加して、陸自の国連平和維持活動等への派遣に資する各種能力の維持・向上、ノウハウの獲得・蓄積及び参加各国軍との相互理解の促進・信頼関係の強化を図る。

年度	訓練名	期間	場所	参加国	参加部隊等	訓練内容及び目的
令和4	日米豪共同訓練（ＮＯＢＬＥ　ＰＡＲＴＮＥＲ　22）	4.6.19～6.24	太平洋	米国、豪州	海上自衛隊 艦艇 2隻 米海軍 艦艇 5隻 豪海軍 艦艇 3隻	海上自衛隊の戦術技量の向上並びに米海軍及びオーストラリア海軍との連携の強化
	米海軍主催多国間共同訓練（ＲＩＭＰＡＣ2022）	4.6.29～8.4	ハワイ諸島及び同周辺海空域等	米国等	海上自衛隊 第1水上部隊、第1航空部隊 艦艇 2隻 航空機 4機 人員 40名 陸上自衛隊 西部方面隊	海上自衛隊の戦術技量の向上並びに参加国との相互理解の増進及び信頼関係の強化
		4.7.3～7.25	ハワイ州カウアイ島太平洋ミサイル射撃場		陸上自衛隊 西部方面特科隊 第5地対艦ミサイル連隊（12式地対艦ミサイル）等 海上自衛隊 第3航空隊 航空機 米軍 第17砲兵旅団、哨戒機部隊、無人偵察機部隊	米国における環太平洋合同演習（ＲＩＭＰＡＣ2022）に参加し、米軍との共同による対艦射撃を実施し、作戦遂行能力・戦術技量及び相互運用性の向上を図るとともに、陸自と米陸軍の更なる連携の強化を図る。
	日米豪共同訓練	4.7.4～7.6	東シナ海から沖縄東方に至る海空域	米国、豪州	海上自衛隊 艦艇 1隻 米海軍 艦艇 1隻 豪海軍 艦艇 1隻	海上自衛隊の戦術技量の向上並びに米海軍及びオーストラリア海軍との連携の強化
	パシフィック・パートナーシップ2022（日米英パラオ多国間捜索救難訓練（SAREX））	4.7.15～7.19	パラオ共和国及び同周辺	米国、英国、パラオ	海上自衛隊 艦艇 1隻 米海軍 艦艇 1隻 米沿岸警備隊 巡視船 1隻 英海軍 艦艇 1隻 パラオ共和国海上保安局 巡視船 1隻	海上自衛隊の戦術技量の向上並びに米海軍、米沿岸警備隊、英海軍及びパラオ共和国海上保安局との連携の強化

年度	訓練名	期間	場所	参加国	参加部隊等	訓練内容及び目的
令和4	米国及び尼国における米尼陸軍との実動訓練（ガルーダ・シールド22）	4.7.26～8.5	米国グアム島アンダーセン米空軍基地及びその周辺、尼国スマトラ島バトゥラジャ演習場及びその周辺	米国、インドネシア	陸上自衛隊第1空挺団米軍第11空挺師団、第374空輸航空団等尼陸軍第18空挺旅団	令和4年度米国及び尼国における米尼陸軍との実動訓練（ガルーダ・シールド22）に参加し、空挺作戦に必要な戦術及び戦闘要領並びに日米尼の相互連携要領を米尼陸軍と実行動により訓練し、その能力の維持・向上を図る。
	米国主催「拡散に対する安全保障構想（PSI）」訓練「Fortune Guard 22」	4.8.8～8.12	米国（ハワイ）	米国等	統合幕僚監部、陸上自衛隊化学学校人員　　　4名	米国主催PSI訓練に参加し、大量破壊兵器等の拡散阻止に係る活動要領等について演練し、当該活動に係る識能向上、我が国関係機関との連携強化及び参加国関係機関との相互理解の深化を図る。
	日米豪韓加ミサイル警戒演習（PACIFIC DRAGON 2022）	4.8.8～8.14	ハワイ周辺	米国、豪州、韓国、カナダ	海上自衛隊艦艇　　　1隻米海軍艦艇　　　2隻航空機豪海軍艦艇　　　1隻韓国海軍艦艇　　　1隻カナダ海軍艦艇　　　1隻	海上自衛隊の戦術技量の向上及び参加国海軍との連携の強化
	日加新共同訓練	4.8.9	太平洋	カナダ、ニュージーランド	海上自衛隊艦艇　　　2隻カナダ海軍艦艇　　　1隻ニュージーランド海軍艦艇　　　1隻	海上自衛隊の戦術技量の向上並びにカナダ海軍及びニュージーランド海軍との連携の強化

年度	訓練名	期間	場所	参加国	参加部隊等	訓練内容及び目的
令和4	豪空軍演習（ピッチ・ブラック22）（訓練期間：4.8.20～9.8）	4.8.9～9.17	豪北部準州ダーウィン空軍基地及び同周辺空域	豪州等	航空総隊 航空機 6機 人員 約150名	豪空軍が実施する多国間訓練に参加し、実戦的環境において豪空軍、米軍その他参加国の空軍と共同訓練を実施し、部隊の戦術技量向上並びに豪空軍及び米軍との相互運用性を向上させるとともに参加国との相互理解の深化を図る。
	日米豪韓加共同訓練（PACIFIC VAN GUARD 22）	4.8.21～8.29	グアム島及び同周辺	米国、豪州、韓国、カナダ	海上自衛隊 艦艇 3隻 航空機 2機 陸上自衛隊 水陸機動団等 米海軍 艦艇 2隻 航空機 米海兵隊 第3海兵機動展開部隊第5航空艦砲連絡中隊 豪海軍 艦艇 2隻 韓国海軍 艦艇 2隻 カナダ海軍 艦艇 1隻	海上自衛隊の戦術技量の向上、海上自衛隊と参加国海軍等との連携の強化、海上自衛隊と陸上自衛隊との協同による作戦能力の向上
		4.8.25～8.29	グアム島及び同周辺海空域		陸上自衛隊 水陸機動団等 海上自衛隊 艦艇 2隻等 米海軍 艦艇 2隻 米海兵隊 第3海兵機動展開部隊第5航空艦砲連絡中隊 豪海軍 艦艇 1隻等 韓国海軍 艦艇 1隻等 カナダ海軍 艦艇 1隻	作戦遂行能力の向上を図るとともに、「自由で開かれたインド太平洋」の維持・強化へ寄与する。

年度	訓練名	期間	場所	参加国	参加部隊等	訓練内容及び目的
	日仏豪共同訓練（ラ・ペルーズ22）	4.8.30～9.1	ニューカレドニア周辺	フランス、豪州	海上自衛隊 艦艇 1隻 フランス海軍 艦艇 1隻 豪海軍 艦艇 1隻	海上自衛隊の戦術技量の向上並びにフランス領ニューカレドニア駐留フランス軍及びオーストラリア海軍との連携の強化
	日米加共同訓練（ノーブル・レイヴン22）	4.8.30～9.7	グアム周辺から南シナ海	米国、カナダ	海上自衛隊 艦艇 2隻 米海軍 艦艇 3隻 カナダ海軍 艦艇 1隻	海上自衛隊の戦術技量の向上並びに米海軍及びカナダ海軍との連携の強化
	豪州海軍主催多国間共同訓練（KAKADU2022）	4.9.12～9.26	ダーウィン周辺	豪州等	海上自衛隊 艦艇 1隻	海上自衛隊の戦術技量の向上及び参加国海軍等との連携の強化
令和4	日米加共同訓練（ノーブル・レイヴン22-2）	4.9.23～10.1	南シナ海	米国、カナダ	海上自衛隊 艦艇 3隻 米海軍 艦艇 2隻 カナダ海軍 艦艇 1隻	海上自衛隊の戦術技量の向上並びに米海軍及びカナダ海軍との連携の強化
	日米韓共同訓練	4.9.30	日本海	米国、韓国	海上自衛隊 艦艇 1隻 米海軍 艦艇 5隻 韓国海軍 艦艇 1隻	海上自衛隊の戦術技量の向上並びに米海軍及び韓国海軍との連携強化
	比国における米比海兵隊との実動訓練（カマンダグ22）	4.10.3～10.14	比国ルソン島海軍教育訓練ドクトリンコマンド（NETDC）及びその周辺地域	米国、フィリピン	陸上自衛隊 水陸機動団、中央特殊武器防護隊及び対特殊武器衛生隊 米海兵隊 第31海兵機動展開隊 米海軍 第7艦隊 比海兵隊 第6海兵大隊等	水陸両用作戦能力を活用した国外における災害救助能力及び米比海兵隊等との相互運用性を向上させるとともに、同部隊等との信頼関係及び連携の強化を図り、自由で開かれたインド太平洋の維持・強化に寄与する。

年度	訓練名	期間	場所	参加国	参加部隊等	訓練内容及び目的
令和4	日米豪加共同訓練（ノーブル・ミスト22）	4.10.4～10.8	南シナ海	米国、豪州、カナダ	海上自衛隊 艦艇 1隻 米海軍 艦艇 2隻 豪海軍 艦艇 3隻 カナダ海軍 艦艇 1隻 米沿岸警備隊 巡視船 1隻	海上自衛隊の戦術技量の向上及び参加国海軍等との連携の強化
	日米韓共同訓練	4.10.6	日本海	米国、韓国	海上自衛隊 艦艇 1隻 米軍 艦艇 1隻 韓国軍 艦艇 1隻	北朝鮮が我が国上空を通過させる形で弾道ミサイルを発射する等、我が国を取り巻く安全保障環境がより一層厳しさを増す中、地域の安全保障上の課題に対応するための3か国協力を推進するものであり、共通の安全保障と繁栄を保護するとともに、ルールに基づく国際秩序を強化していくという日米韓3か国のコミットメントを示すもの。
	日米韓共同訓練	4.10.6	我が国周辺海域	米国、韓国	海上自衛隊 艦艇 1隻 米軍 艦艇 数隻 韓国軍 艦艇 数隻	北朝鮮が我が国上空を通過させる形で弾道ミサイルを発射する等、我が国を取り巻く安全保障環境がより一層厳しさを増す中、地域の安全保障上の課題に対応するための3か国協力を推進するものであり、共通の安全保障と繁栄を保護するとともに、ルールに基づく国際秩序を強化していくという日米韓3か国のコミットメントを示すもの。

年度	訓練名	期間	場所	参加国	参加部隊等	訓練内容及び目的
令和4	米豪比主催共同訓練（Exercise SAMASAMA/LUMBAS 2022）	4.10.11～10.18	スールー海	米国、豪州、フィリピン、フランス、英国	海上自衛隊 艦艇　　　　1隻 航空機　　　1機 米海軍 艦艇　　　　1隻 航空機 豪海軍 艦艇　　　　2隻 フィリピン海軍 艦艇　　　　1隻 航空機 フランス領ポリネシア駐留フランス軍 航空機 英海軍 艦艇　　　　1隻	海上自衛隊の戦術技量の向上及び参加国海軍等との連携の強化
	スペイン海軍及びトルコ海軍との第151連合任務群の計画による 海賊対処共同訓練	4.10.25、10.28	アデン湾	スペイン、トルコ等	海上自衛隊 艦艇　　　　1隻 スペイン海軍 艦艇　　　　1隻 トルコ海軍 艦艇　　　　1隻	海上自衛隊の海賊対処能力及び海賊対処に係る連携の強化
	多国間共同訓練	4.11.6～11.7	関東南方	豪州、カナダ、インド、インドネシア、マレーシア、パキスタン、韓国、シンガポール、タイ、米国	艦艇　　約30隻 航空機　　　2機	海上自衛隊の戦術技量の向上及び参加国海軍との相互理解の増進
	日米印豪共同訓練（マラバール2022）	4.11.8～11.15	関東南方	米国、豪州、インド	海上自衛隊 艦艇　　　　6隻 航空機　　　2機 特別警備隊 米海軍 艦艇　　　　3隻 航空機 特殊作戦部隊 インド海軍 艦艇　　　　2隻 航空機 特殊作戦部隊 豪海軍 艦艇　　　　3隻 豪空軍 航空機	海上自衛隊の戦術技量の向上並びに米海軍、インド海軍及びオーストラリア海空軍との相互運用性の向上

年度	訓練名	期間	場所	参加国	参加部隊等	訓練内容及び目的
	ニューカレドニア駐留仏軍主催HA/DR多国間訓練「赤道22」	4.11.14～11.25	フランス領ニューカレドニア	フランス、米国、オーストラリア、カナダ、ニュージーランド、イギリス、ドイツ、オランダ、フィリピン、インドネシア、フィジー、パプアニューギニア、トンガ、バヌアツ	統幕、海幕、陸上総隊 人員 4名	ニューカレドニア駐留仏軍主催HA/DR多国間訓練「赤道22」に参加し、国際緊急援助活動に係る運用能力向上を図るとともに、参加国との相互理解の増進及び信頼関係の強化を図る。
	日米豪共同訓練	4.11.19～11.20	関東南方から四国南方	米国、豪州	海上自衛隊 艦艇 1隻 米海軍 艦艇 3隻 豪海軍 艦艇 1隻	海上自衛隊の戦術技量並びに米海軍及びオーストラリア海軍との相互運用性の向上
令和4	ミクロネシア等における人道支援・災害救援共同訓練（クリスマス・ドロップ）	4.11.30～12.12	アメリカ合衆国グアム島アンダーセン空軍基地、北マリアナ諸島、パラオ及びミクロネシア並びにこれらの周辺空域	米国等	航空支援集団 人員 約20名 航空機 1機	人道支援・災害救援活動に関し多国間共同訓練を実施し、人道支援・災害救援に係る能力並びに米空軍及び豪空軍との相互運用性の向上並びにその他の参加国との相互理解の深化を図る。
	仏空母打撃群との共同訓練	5.1.9～1.14	アデン湾西部及びアラビア海北部	フランス、米国	海上自衛隊 艦艇 1隻 フランス海軍 艦艇 4隻 米海軍 艦艇 1隻	海上自衛隊の戦術技量の向上及び仏海軍並びに米海軍との連携の強化
	米スリランカ主催共同訓練（CARAT2023）	5.1.19～1.27	コロンボ沖	米国、スリランカ、モルディブ	海上幕僚監部	海上自衛隊の戦術技量の向上及び参加国海軍等との連携の強化

年度	訓練名	期間	場所	参加国	参加部隊等	訓練内容及び目的
令和4	コープ・ノース23における日米豪共同訓練	5．2．8〜2．24	アメリカ合衆国グアム島、アメリカ合衆国北マリアナ諸島及びその周辺空域、パラオ共和国ロマン・トメトゥチェル国際空港、海上自衛隊硫島航空基地	米国、豪州等	第8航空団（築城）、第9航空団（那覇）、航空戦術教導団（百里等）、航空救難団（入間等）、警戒航空団（浜松）、第1輸送航空隊（小牧）、第2輸送航空隊（入間）、第3輸送航空隊（美保）、航空保安管制群（府中）、航空気象群（府中）及び航空機動衛生隊（小牧）航空機　19機人員　約500名	日米豪の共同訓練を実施し、実戦的訓練環境の下、部隊の戦術技量、日米共同対処能力及び参加国間の相互運用性の向上を図る。また、日米豪の3カ国にフランス及びカナダも加えて人道支援・災害救援活動に係る共同訓練を実施し、部隊の能力及び参加国間の連携要領の向上を図る
	パキスタン海軍主催多国間共同訓練（AMAN23）	5．2．9〜2．14	アラビア海北部	パキスタン等	海上幕僚監部艦艇　1隻	(1)海上自衛隊の戦術技量の向上(2)参加国海軍等との相互理解の増進及び信頼関係の強化
	多国間共同訓練コブラ・ゴールド23	5．2．9〜3．10	タイ王国及び日本国内（防衛省市ヶ谷地区）	タイ、米国、インドネシア、マレーシア、韓国、シンガポール、オーストラリア、中国及びインド	内局、統合幕僚監部、陸上幕僚監部、陸上総隊、自衛艦隊、システム通信隊群、航空幕僚監部、航空総隊、航空支援集団、航空教育集団、航空システム通信隊、航空自衛隊補給本部、自衛隊サイバー防衛隊及び情報本部（人員　約130名及び装備品等）	多国間共同訓練コブラ・ゴールド23に参加し、国際平和共同対処事態及び宇宙・サイバー攻撃等対処に係る幕僚訓練、在外邦人等の保護措置に係る実動訓練並びに人道支援・災害救援活動に係わる机上演習、実動訓練及び建設活動に参加し、自衛隊の統合運用能力の維持・向上を図るとともに、参加各国との連携の強化及び相互理解の増進を図る

教育訓練

年度	訓練名	期間	場所	参加国	参加部隊等	訓練内容及び目的
令和4	日米韓共同訓練	5.2.22	日本海	米国、韓国	海上自衛隊 艦　艇　　　1隻 米　軍 艦　艇　　　1隻 韓国軍 艦　艇　　　1隻	北朝鮮がICBM級弾道ミサイルを発射し、我が国の排他的経済水域（EEZ）内に着弾させる等、我が国を取り巻く安全保障環境がより一層厳しさを増す中、地域の安全保障上の課題に対応するための3か国協力を推進するものであり、共通の安全保障と繁栄を保護するとともに、ルールに基づく国際秩序を強化していくという日米韓3か国のコミットメントを示すもの
	米国主催国際海上訓練 （IMX／CE23）	5.2.26 ～ 3.19	バーレーン周辺	米国等	艦　艇　　　2隻 人　員　約200名	(1)海上自衛隊の戦術技量の向上 (2)参加国海軍等との連携、信頼関係の強化及び相互理解の増進
	日米豪共同訓練	5.3.6 ～ 3.8	九州周辺	米国、豪州	海上自衛隊 航空機　　　2隻 航空自衛隊 航空機　　　1機 米空軍 航空機　　　1機 豪空軍 航空機　　　1機	(1)海上自衛隊の戦術技量の向上 (2)海上自衛隊と航空自衛隊との協同による作戦能力の向上 (3)海上自衛隊と米空軍及び豪空軍との相互運用性の向上
	日仏米豪印英加新共同訓練 （ラ・ペルーズ23）	5.3.13、 3.14	スリランカ東方	フランス、米国、豪州、インド、英国、カナダ、ニュージーランド	海上自衛隊 艦　艇　　　1隻 フランス海軍 艦　艇　　　2隻 米海軍 艦　艇　　　1隻 豪海軍 艦　艇　　　1隻 インド海軍 艦　艇　　　2隻 英海軍 艦　艇　　　1隻 カナダ海軍 カナダ海軍司令部等 ニュージーランド海軍ニュージーランド海軍司令部等	海上自衛隊の戦術技量の向上及び参加国海軍との連携の強化

年度	訓練名	期間	場所	参加国	参加部隊等	訓練内容及び目的
令和4	令和4年度米海軍主催固定翼哨戒機多国間共同訓練（シードラゴン2023）	5.3.13 ～ 3.30	グアム島及び同周辺海空域	米国等	航空機 人員　約40名	海上自衛隊の戦術技量の向上及び参加国海空軍との連携の強化
令和5	日米韓共同訓練	5.4.3、4.4	東シナ海	米国、韓国	海上自衛隊 艦艇　　　1隻 米海軍 艦艇　　　3隻 韓国海軍 艦艇　　　4隻	海上自衛隊の戦術技量の向上並びに米海軍及び韓国海軍との連携の強化
	日米韓共同訓練	5.4.17	日本海	米国、韓国	海上自衛隊 艦艇　　　1隻 米海軍 艦艇　　　1隻 韓国海軍 艦艇　　　1隻	北朝鮮がICBM級弾道ミサイルの可能性がある弾道ミサイルを高い角度で発射する等、我が国を取り巻く安全保障環境がより一層厳しさを増す中、地域の安全保障上の課題に対応するための3か国協力を力強く推進するものであり、法の支配に基づく自由で開かれた国際秩序を守り抜くという日米韓3か国のコミットメントを示すもの
	米国主催大規模広域訓練2023（LSGE23: Large Scale Global Exercise 2023)	5.5.15 ～ 8.19	インド太平洋地域	米軍等	自衛隊 陸上自衛隊、海上自衛隊及び航空自衛隊 米軍 陸軍、海軍、空軍、海兵隊及び宇宙軍	自衛隊の戦術技量の向上及び日米共同抑止力・対処力の強化並びに同志国軍との協力・連携の強化を図る

教育訓練

381

年度	訓練名	期間	場所	参加国	参加部隊等	訓練内容及び目的
令和5	多国間「拡散に対する安全保障構想（PSI）」訓練 Eastern Endeavor 23	5.5.31	韓国（済州島周辺海域）	米国、豪州、ニュージーランド、韓国、シンガポール	護衛艦　　　1隻	PSIにおいては、我が国、オーストラリア、ニュージーランド、韓国、シンガポール及び米国の6か国が持ち回りで訓練を主催しており、我が国として、これまで積極的に参加してきたところ、今年度は韓国が主催するPSI訓練に参加し、大量破壊兵器等の拡散防止に係る諸外国の対応等を把握し、関係国との平素からの協力体制を構築するとともに、PSI活動に係る知識・技能を修得し自衛隊の技量向上及び関係国との相互理解を図る
	日米豪加共同訓練（ノーブル・ウルフ）	5.6.3〜6.5	東シナ海	米国、豪州、カナダ	海上自衛隊　艦　艇　　　1隻　航空機　米海軍　艦　艇　　　1隻　豪海軍　艦　艇　　　1隻　カナダ海軍　艦　艇　　　2隻	海上自衛隊の戦術技量の向上及び参加国海軍との連携の強化
	日米豪共同訓練	5.6.3〜6.15	日本周辺（太平洋上）	米国、豪州	海上自衛隊　艦　艇　　　1隻　航空機　米海軍　航空機　豪空軍　航空機	海上自衛隊の戦術技量並びに米海軍及び豪空軍との相互運用性の向上
	インドネシア海軍主催多国間共同訓練コモド2023	5.6.4〜6.9	インドネシア共和国マカッサル	インドネシア等	海上自衛隊医官及び海上幕僚監部勤務者	海上自衛隊の戦術技量の向上　参加国海軍等との相互理解の増進及び信頼関係の強化

年度	訓練名	期間	場所	参加国	参加部隊等	訓練内容及び目的
	日米仏共同訓練（Multi Big Deck Event）	5.6.7〜6.10	沖縄東方から東シナ海	米国、フランス	海上自衛隊 艦艇　　　2隻 航空自衛隊 航空機　　4機 米海軍 艦艇　　　9隻 米空軍 航空機 フランス海軍 艦艇　　　1隻	海上自衛隊の戦術技量の向上 海上自衛隊と参加国海軍等との連携の強化 部隊の戦術技量の向上及び多国間における海空軍種間の連携強化並びに相互理解の推進を図る
	日米加仏共同訓練（ノーブル・タイフーン）	5.6.10〜6.14	沖縄南方から南シナ海	米国、カナダ、フランス	海上自衛隊 艦艇　　　2隻 米海軍 艦艇　　　6隻 カナダ海軍 艦艇　　　1隻 フランス海軍 艦艇　　　1隻	海上自衛隊の戦術技量の向上 海上自衛隊と参加国海軍との連携の強化
	日米仏共同訓練（ノーブル・バッファロー）	5.6.14〜6.19	南シナ海	米国、フランス	海上自衛隊 艦艇　　　1隻 米海軍 艦艇　　　2隻 フランス海軍 艦艇　　　1隻	海上自衛隊の戦術技量の向上 海上自衛隊と参加国海軍との連携の強化
令和5	日米加共同訓練（ノーブル・レイブン23）	5.6.14〜6.19	南シナ海	米国、カナダ	海上自衛隊 艦艇　　　1隻 米海軍 艦艇　　　1隻 カナダ海軍 艦艇　　　1隻	海上自衛隊の戦術技量の向上 海上自衛隊と参加国海軍との連携の強化
	令和5年度多国間訓練（カーン・クエスト23）	5.6.19〜7.2	モンゴル国（ファイブヒルズ訓練場）	豪州、バングラデシュ、カナダ、中国、フランス、ドイツ、インド、インドネシア、マレーシア、モンゴル、ネパール、フィリピン、カタール、韓国、シンガポール、タイ、トルコ、英国、米国及びベトナム	陸上自衛隊 陸上総隊司令部、中央即応連隊及び国際活動教育隊、第11普通科連隊等	モンゴル及び米国が共催する多国間訓練（カーン・クエスト23）に参加し、国連平和維持活動（PKO）等への派遣に資する各種能力の維持・向上、ノウハウの獲得・蓄積を図る。この際、国内外に対し、国際社会の平和と安定に寄与する我が国の意志を顕示するとともに、参加各国と相互理解を促進し、信頼関係を強化する

年度	訓練名	期間	場所	参加国	参加部隊等	訓練内容及び目的
令和5	令和5年度豪州における米豪軍との実動訓練（サザン・ジャッカルー23）	5.6.22〜7.13	豪州クイーンズランド州 タウンズビル演習場等	米国、豪州	陸上自衛隊 第44普通科連隊1コ普通科中隊 東北方面特科連隊1コ特科中隊 米海兵隊 第1海兵機動展開部隊ダーウィン・ローテーション部隊 豪軍 豪陸軍第7旅団	豪州において日米豪の実動訓練を実施し、対ゲリラ・コマンドウ対処に係る作戦遂行能力及び米豪軍との相互運用性の向上を図る豪州の良好な訓練基盤を活用し国内では制約を受ける訓練を実施して戦術技量の向上を図るとともに、米豪軍の攻撃・防御に係る戦闘要領について教訓を収集して陸自の戦闘要領への反映の資を獲得する
	日米豪韓共同訓練（PACIFIC VANGUARD 23）	5.7.1〜7.10	グアム島周辺	米国、豪州、韓国	海上自衛隊 艦艇 2隻 米海軍 艦艇 4隻 航空機 米海兵隊 豪海軍 豪空軍韓国海軍 艦艇 1隻	海上自衛隊の戦術技量の向上 海上自衛隊と参加国海軍等との連携の強化
	モビリティ・ガーディアン23における多国間共同訓練	5.7.3〜7.21	航空自衛隊小牧基地及び同周辺空域 航空自衛隊八雲分屯基地 アメリカ合衆国イリノイ州スコット空軍基地 アメリカ合衆国グアム島アンダーセン空軍基地及び同周辺空域 アメリカ合衆国ハワイ州パールハーバー・ヒッカム統合基地 アメリカ合衆国北マリアナ諸島 パラオ共和国ロマン・トメトゥチェル国際空港	米国等	航空自衛 航空機 2機 人員 約240名	米空軍が実施する「モビリティ・ガーディアン23」において多国間共同訓練を実施し、実戦的訓練環境の下、部隊の戦術技量、多国間共同対処能力及び参加国との相互運用性の向上を図る

年度	訓練名	期間	場所	参加国	参加部隊等	訓練内容及び目的
令和5	日米韓共同訓練	5.7.16	日本海	米国、韓国	海上自衛隊 艦艇　　　1隻 米海軍 艦艇　　　1隻 韓国海軍 艦艇　　　1隻	北朝鮮がICBM級弾道ミサイルを発射する等、我が国を取り巻く安全保障環境がより一層厳しさを増す中、地域の安全保障上の課題に対応するための3か国協力を力強く推進するものであり、法の支配に基づく自由で開かれた国際秩序を守り抜くという日米韓3か国のコミットメントを示すもの
	機雷戦訓練（陸奥湾）及び掃海特別訓練（日米印伊共同）	5.7.16 ～7.28	陸奥湾	米国、インド、イタリア	海上自衛隊 艦艇　　　11隻 航空機　　8機 米海軍 艦艇　　　2隻 航空機　　2機 インド海軍 イタリア海軍	海上自衛隊の機雷戦能力の向上海上自衛隊と参加国海軍との連携の強化
	令和5年度豪州における米豪軍等との実動訓練（タリスマン・セイバー23）	5.7.20 ～8.4	豪州クイーンズランド州ショールウォーターベイ演習場、ミッジポイント、スタネージ、ジャービスベイ特別地域	豪州、カナダ、フィジー、フランス、ドイツ、インドネシア、ニュージーランド、パプアニューギニア、韓国、トンガ、英国及び米国	陸上自衛隊 　水陸機動団、第1ヘリコプター団、第2高射特科群、第5地対艦ミサイル連隊、特科教導隊、第2情報隊 海上自衛隊 　掃海隊群 米軍 　第31海兵機動展開隊、第7艦隊 豪軍 　第816飛行隊、第822X飛行隊 独軍 　第1艦隊	豪州の良好な訓練基盤を活用し、各国と連携した水陸両用作戦、中SAM・12SSMの実射を含む対空戦闘及び対艦戦闘に係る作戦遂行能力・戦術技量・相互運用性の向上を図る

年度	訓練名	期間	場所	参加国	参加部隊等	訓練内容及び目的
令和5	米豪主催多国間共同訓練（タリスマン・セイバー23）	5.7.20～8.4	オーストラリア連邦クイーンズランド州ミッジポイント及びスタネージ並びに同周辺海空域	米国、豪州、カナダ、フィジー、フランス、ドイツ、インドネシア、ニュージーランド、パプアニューギニア、韓国、トンガ、英国	海上自衛隊 艦艇 3隻 陸上自衛隊 車両 航空機 米海軍 艦艇 3隻 米海兵隊 等	海上自衛隊は、米豪主催多国間共同訓練（タリスマン・セイバー23）の参加を通じて、水陸両用作戦における自衛隊の戦術技量及び相互運用性の向上を図り、もってインド太平洋地域の平和と安定に寄与する。豪州の良好な訓練基盤を活用し、各国と連携した水陸両用作戦、中SAM・12SSMの実射を含む対空戦闘及び対艦戦闘に係る作戦遂行能力・戦術技量・相互運用性の向上を図る
	米空軍主催多国間共同訓練（シルバー・フラッグ）	5.8.5～8.12	アメリカ合衆国グアム島アンダーセン空軍基地	米国等	航空自衛隊 人員 約20名	米空軍その他参加国の空軍と共同訓練を実施し、部隊の戦術技量及び米空軍との相互運用性の向上並びに参加国との相互理解の深化を図る
	米比主催パシフィック・エアリフト・ラリー23における多国間共同訓練及び日比人道支援・災害救援共同訓練	5.8.6～8.19	フィリピン共和国パンパンガ州クラーク空軍基地及び同周辺空域	米国、フィリピン、マレーシア、インドネシア等	航空自衛隊 航空機 1機 人員 約20名	航空自衛隊は、人道支援・災害救援活動に関する多国間共同訓練及びフィリピン空軍との共同訓練を実施し、航空自衛隊の人道支援・災害救援に係る能力の向上及び参加国空軍及びフィリピン空軍との連携の強化を図る

年度	訓練名	期間	場所	参加国	参加部隊等	訓練内容及び目的
令和5	日米印豪共同訓練（マラバール2023）	5.8.11〜8.21	シドニー及び豪州東方海空域	米国、インド、豪州	海上自衛隊 艦艇　1隻 米海軍 艦艇　3隻 航空機 特殊作戦部隊 インド海軍 艦艇　2隻 豪海軍 艦艇　3隻 特殊作戦部隊 豪空軍 航空機	海上自衛隊の戦術技量の向上並びに米海軍、インド海軍及びオーストラリア海空軍との相互運用性の向上
	米海軍主催多国間共同訓練（SEACAT2023）	5.8.14〜8.16	シンガポール共和国	米国等	海上自衛隊 艦艇　1隻等	海上自衛隊の戦術技量の向上 海上自衛隊と参加国海軍等との相互理解の増進及び信頼関係の強化
	多国間共同訓練GPOIキャップストーン演習（クリス・アマン2）	5.8.13〜8.26	マレーシア	オーストラリア、バングラデシュ、ブルネイ、タイ、カナダ、フィジー、インドネシア、モンゴル、ネパール、ペルー、フィリピン、シンガポール、韓国、スリランカ、米国、ウルグアイ、ベトナム、エルサルバドル、ニュージーランド、マレーシア（計20か国）		多国間共同訓練GPOI（※）キャップストーン演習（クリス・アマン2）に参加して、国連平和維持活動に係る能力の維持・向上を図るとともに、望ましい安全保障環境の創出に寄与する。 （※）GPOI（Global Peace Operations Initiative）
	日米加共同訓練（ノーブル・チヌーク）	5.8.21〜8.28	千島列島東方から関東南方	米国、カナダ	海上自衛 艦艇　1隻 米海軍 艦艇　1隻 カナダ海軍 艦艇　3隻	海上自衛隊の戦術技量の向上 海上自衛隊と米海軍及びカナダ海軍との連携の強化
	日豪共同訓練	5.8.23〜9.15	小松基地及び同基地周辺空域	米国、豪州	航空自衛隊 航空機　27機 豪空軍 航空機　9機 人員　約140名	豪空軍との共同訓練を実施し、航空自衛隊の戦術技量の向上及び相互理解の促進を図るとともに、日豪空軍種間の相互運用性を向上し、「自由で開かれたインド太平洋」の実現のための防衛協力の更なる深化を図る

年度	訓練名	期間	場所	参加国	参加部隊等	訓練内容及び目的
令和5	日米豪比共同訓練	5.8.24	マニラ周辺	米国、豪州、フィリピン	海上自衛隊　艦艇　2隻　米海軍　艦艇　1隻　豪海軍　艦艇　2隻　豪空軍　航空機　1機　フィリピン海軍　艦艇　1隻	海上自衛隊の戦術技量の向上　海上自衛隊と米海軍、オーストラリア海空軍及びフィリピン海軍との連携の強化
	令和5年度米尼軍等との実動訓練（スーパー・ガルーダ・シールド23）	5.8.27 ～ 9.13	尼ジャワ島アセンバグス演習場、グラディ降下場等　国内習志野演習場等	米国、インドネシア、豪州、シンガポール、英国等	陸上自衛隊　第1空挺団、水陸機動団等　米軍　第25歩兵師団、第11空挺師団、第31海兵機動展開隊等　尼軍　第2師団等　豪軍　第9旅団　英軍　第16空中強襲旅団　シンガポール軍　GUARDS等	島嶼奪回における空挺作戦及び水陸両用作戦に係る行動を共同により演練し、作戦遂行能力及び戦術技量の向上を図る
	日米韓共同訓練	5.8.29	東シナ海	米国、韓国	海上自衛隊　艦艇　1隻　米海軍　艦艇　1隻　韓国海軍　艦艇　1隻	北朝鮮が弾道ミサイル技術を使用した発射を強行する等、我が国を取り巻く安全保障環境がより一層厳しさを増す中、地域の安全保障上の課題に対応するための3か国協力を力強く推進するものであり、法の支配に基づく自由で開かれた国際秩序を守り抜くという日米韓3か国のコミットメントを示すもの
	日米加共同訓練（ノーブル・スティングレイ）	5.9.5、9.6	沖縄南方	米国、カナダ	海上自衛隊　艦艇　3隻　米海軍　艦艇　1隻　カナダ海軍　艦艇　1隻	海上自衛隊の戦術技量の向上　海上自衛隊と米海軍及びカナダ海軍との連携の強化

年度	訓練名	期間	場所	参加国	参加部隊等	訓練内容及び目的
令和5	米比主催共同訓練（EXERCISE SAMASAMA 2023）	5.10.2～10.13	マニラ及びレガズピ周辺海空域	米国、フィリピン、カナダ、イギリス	海上自衛隊 艦艇 1隻 米海軍 艦艇 1隻 フィリピン海軍 艦艇 1隻 航空機 カナダ海軍 艦艇 1隻 イギリス海軍 艦艇 1隻	海上自衛隊の戦術技量の向上 海上自衛隊と参加国海軍との相互理解の増進及び信頼関係の強化
	日米韓共同訓練	5.10.9、10.10	東シナ海	米国、韓国	海上自衛隊 艦艇 1隻 米海軍 艦艇 4隻 韓国海軍 艦艇 2隻	海上自衛隊の戦術技量の向上並びに米海軍及び韓国海軍との連携の強化
	日米韓共同訓練	5.10.22	九州北西の空域	米国、韓国	航空自衛隊 航空機 4機 米空軍 航空機 4機 韓国空軍 航空機 2機	航空自衛隊の戦術技量の向上並びに米空軍及び韓国空軍との連携の強化
	日米豪加新共同訓練（ノーブル・カリブー）	5.10.23	南シナ海	米国、豪州、カナダ、ニュージーランド	海上自衛隊 艦艇 1隻 米海軍 艦艇 1隻 豪州海軍 艦艇 1隻 カナダ海軍 艦艇 1隻 ニュージーランド海軍 艦艇 1隻	海上自衛隊の戦術技量の向上 海上自衛隊と参加国海軍との連携の強化
	海上自衛隊演習（実動演習（共同演習））	5.11.10～11.20	日本周辺海空域	米国、豪州、カナダ	海上自衛隊 艦艇 約15隻 航空機 約20機 米海軍 艦艇 約10隻 航空機 約10機 豪州海空軍 艦艇 2隻 航空機 1機 カナダ海空軍 艦艇 3隻 航空機 1機 フィリピン海軍	各級指揮官の戦術判断、部隊運用要領を演練 海上自衛隊の任務遂行能力の向上 海上自衛隊と米海軍、オーストラリア海空軍、カナダ海空軍及びフィリピン海軍との連携の強化

教育訓練

年度	訓練名	期間	場所	参加国	参加部隊等	訓練内容及び目的
	日米韓共同訓練	5.11.26	東シナ海	米国、韓国	海上自衛隊 艦艇　1隻 米海軍 艦艇　3隻 韓国海軍 艦艇　1隻	我が国を取り巻く安全保障環境がより一層厳しさを増す中、地域の安全保障上の課題に対応するための3か国協力を力強く推進するものであり、法の支配に基づく自由で開かれた国際秩序を守り抜くという日米韓3か国のコミットメントを示すもの
	ミクロネシア等における人道支援・災害救援共同訓練（クリスマス・ドロップ）	5.11.29～12.12	アメリカ合衆国グアム島アンダーセン空軍基地、アメリカ合衆国北マリアナ諸島、パラオ及びミクロネシア並びにこれらの周辺空域	米国等	航空自衛隊 航空機　1機 人員　約20名	人道支援・災害救援に係る能力及び米空軍との相互運用性の向上並びに参加国間の連携強化
令和5	令和5年度日米豪共同指揮所演習（YS-85）	5.11.30～12.13	朝霞駐屯地、東千歳駐屯地、仙台駐屯地等	米国、豪州	陸上自衛隊 陸上幕僚監部、陸上総隊、北部方面隊、東北方面隊、教育訓練研究本部、補給統制本部等 米軍 太平洋陸軍司令部、在日米陸軍司令部、第1軍団、第7歩兵師団、第11空挺師団、第3マルチドメイン・タスクフォース、第8戦域戦力維持コマンド等 豪軍 第1師団	陸上自衛隊、米陸上部隊及び豪陸軍が共同して作戦を実施する場合における指揮幕僚活動を演練し、その能力の維持・向上を図る
	日米豪基地警備共同訓練	5.12.4～12.8	入間基地	米国、豪州	航空自衛隊 人員　約10名 米空軍 人員　約10名 豪空軍 人員　約5名	航空自衛隊の基地警備対処能力に係る部隊の戦技技量の向上を図るとともに、日米豪の相互理解を深め、それぞれの運用要領を共有・確認することで、基地警備態勢の強化を図る

年度	訓練名	期間	場所	参加国	参加部隊等	訓練内容及び目的
令和5	日米韓共同訓練	5.12.20	九州北西の空域	米国、韓国	航空自衛隊　航空機　4機 米空軍　航空機　5機 韓国空軍　航空機　2機	我が国を取り巻く安全保障環境がより一層厳しさを増す中、地域の安全保障上の課題に対応するための3か国協力を力強く推進するものであり、法の支配に基づく自由で開かれた国際秩序を守り抜くという日米韓3か国のコミットメントを示すもの

（注）この他、他国の艦船の訪日時等に親善訓練を行っている。また、下線部は主催国

教育訓練

1. 災害派遣実績（昭和26〜令和4年度）

陸海空別／年度	陸・海・空自衛隊合計				
	件 数	人 員	車 両	航空機	艦 艇
昭和26〜63	19,670	4,182,018	434,079	32,015	8,798
平成元〜6	4,520	2,193,174	385,954	20,107	1,140
7	775	494,612	92,216	3,246	21
8	898	175,827	15,422	1,822	947
9	857	34,388	2,424	1,897	210
10	863	24,226	3,314	1,074	9
11	815	26,367	2,154	1,033	20
12	878	177,435	45,122	2,945	421
13	845	44,045	2,881	1,117	270
14	868	14,018	1,547	949	10
15	811	23,954	3,892	1,010	19
16	884	161,790	44,379	1,885	18
17	892	34,026	5,660	1,271	5
18	812	24,275	4,130	1,009	86
19	679	105,380	36,980	1,972	117
20	606	41,191	9,585	1,410	26
21	559	33,700	3,909	885	126
22	529	39,646	6,637	649	2
23	586	43,494	12,177	968	2
24	520	12,410	2,068	684	1
25	555	89,049	7,949	1,255	51
26	521	66,267	9,621	1,232	0
27	541	30,035	5,170	888	2
28	515	33,123	5,824	725	110
29	503	105,788	10,480	961	39
30	443	1,190,566	70,242	1,206	188
令和元	449	1,051,047	57,334	2,328	116
2	530	58,828	8,132	567	4
3	382	約18,000	約3,200	約450	0
4	381	約50,000	約5,600	約660	20

（注）主な活動内容
1. 台風・豪雨・豪雪・地震などによる被災地への救援（防疫を含む。）
2. 遭難した人や航空機・船舶などの捜索救助
3. 重症患者の空輸
4. 断水や水不足の地域への給水
5. 民家火災や山火事などの消火
※ 東日本大震災、平成28年熊本地震及び令和2年7月豪雨、令和3年7月1日からの大雨は除く
※ 災害派遣実績の令和2年度については活動人員

東日本大震災に係る自衛隊災害派遣実績（平成22〜23年度）

	人　員	航空機	艦　艇
計	延べ 約1,066万人	延べ 50,179機	延べ 4,818隻

平成28年熊本地震に係る自衛隊災害派遣実績（平成28年度）

	人　員	航空機	艦　艇
計	延べ 約814,200人	延べ 2,618機	延べ 300隻

令和2年7月豪雨に係る自衛隊災害派遣実績（令和2年度）

	人　員	航空機	艦　艇
計	延べ 約350,000人	延べ 約270機	延べ 4隻

災派・民生

2. 災害派遣の主な事案

事　業　名	時　期	派　遣　先	人　員	車　両	航空機	艦艇
大雪被害に係る災害派遣	22.12.26～12.27 23.1.1～1.2 23.1.31～2.1 23.2.3～2.6	福島県 鳥取県・島根県 福井県 新潟県	約1,230	約290		
鳥インフルエンザへの対応に係る災害派遣	23.1.24～2.2 23.2.5～2.14 23.2.15～2.17 23.2.26～3.3	宮崎県 和歌山県 三重県	約3,770	約700		
東日本大震災	23.3.11～12.26		10,664,870	集計なし	50,179	4,818
平成23年台風12号	23.9.3～9.29 23.9.4～9.14 23.9.4～10.14	和歌山県 三重県 奈良県	約28,790	約8,190	180	
平成23年台風15号	23.9.20～9.21 23.9.21～9.22 23.9.22	愛知県 宮城県 福島県	約690	約130		
大雪被害に係る災害派遣	24.1.17～1.22 24.2.2 24.2.2～2.3 24.2.14～2.16	北海道 青森県 滋賀県 北海道	1,622	609	1	
茨城県等における突風災害に係る災害派遣	24.5.6～24.5.8	茨城県	160	53		
平成24年7月九州北部豪雨に係る災害派遣	24.7.12～24.7.21	熊本県、大分県、福岡県	5,348	1,279	35	
北海道における暴風雪に伴う人命救助等に係る災害派遣	25.3.2～25.3.3	北海道	93	15		
平成25年台風26号に係る災害派遣	25.10.16～11.8	東京都	64,013	4,631	335	51
平成26年2月豪雪に係る災害派遣	26.2.15～2.23	宮城県、東京都、福島県、山梨県、群馬県、静岡県、長野県、埼玉県	5,056	985	131	
広島県広島市における人命救助に係る災害派遣	26.8.20～9.11	広島県	約14,970	約3,240	66	
御嶽山における噴火に係る災害派遣	26.9.27～10.16	長野県	約7,150	約1,840	298	
口永良部島の噴火に係る災害派遣	27.5.29～6.1	鹿児島県	約430	約20	44	0
御嶽山噴火における行方不明者再捜索に係る災害派遣	27.7.22～7.25 27.7.29～8.7	長野県	約1,160	約210	48	0
平成27年9月関東・東北豪雨に係る災害派遣	27.9.10～9.19	茨城県	約7,535	約2,150	105	
大雪等による給水支援に係る災害派遣	28.1.25～2.1	島根県、広島県、福岡県、佐賀県、長崎県、大分県、宮崎県、鹿児島県	約1,860	約340	0	
平成28年熊本地震に係る災害派遣	28.4.14～5.30	熊本県 大分県	約814,200	集計なし	2,618	300
台風10号に伴う大雨に係る災害派遣	28.8.30～9.18	北海道 岩手県	約3,795	約1,480	96	5
鳥取県中部を震源とする地震に係る災害派遣	28.10.21～10.28	鳥取県	約620	約140	13	0
鳥インフルエンザに係る災害派遣	28.11.28～12.4 28.12.16～12.22 28.12.19～12.21 28.12.27～12.28 29.1.14～1.16 29.1.24～1.26 29.2.4～2.6 29.3.24～3.25 29.3.24～3.27	新潟県 北海道 宮崎県 熊本県 岐阜県 宮崎県 佐賀県 千葉県 宮城県	約9,105	約1,510	0	0

災派・民生

394

事業名	時期	派遣先	人員	車両	航空機	艦艇
平成29年7月九州北部豪雨に係る災害派遣	29.7.5～29.8.20 29.7.5～29.7.13	福岡県 大分県	約81,950	約7,140	169	0
群馬県草津白根山噴火に係る災害派遣	30.1.23	群馬県	約280	約75	9	0
福井県における大雪に係る災害派遣	30.2.6～30.2.10 30.2.15～30.2.18	福井県	約4,960	約820	0	0
山林火災に係る災害派遣	29.4.30～29.5.10 29.5.2～29.5.3 29.5.7～29.5.8 29.5.8～29.5.9 29.5.8～29.5.15 29.6.4～29.6.5 29.12.18～29.12.19 30.1.4 30.1.10～30.1.11 30.2.5～30.2.6 30.3.29～30.3.30	福島県 静岡県 長野県 福島県 岩手県 大分県 山梨県 東京都 群馬県 兵庫県 島根県	約10,800	約1,270	約300	0
大阪府北部を震源とする地震に係る災害派遣	30.6.18～30.6.26	大阪府	約1,100	約280	約10	
平成30年7月豪雨に係る自衛隊の災害派遣	30.7.6～30.8.18	京都府、高知県、福岡県、広島県、岡山県、愛媛県、山口県、兵庫県	約957,000	約49,000	約340	約150
CSF（豚コレラ）に係る災害派遣	30.12.25～30.12.27 31.1.29～31.1.30 31.2.6～31.2.9 31.2.6～31.2.8 31.2.6～31.2.8 31.2.14～31.2.20 31.2.19～31.2.21 31.3.27～31.3.30	岐阜県 岐阜県 愛知県 岐阜県 長野県 愛知県 岐阜県 愛知県	約6,200	約960	1	0
令和元年8月前線に伴う大雨に係る災害派遣	R1.8.28～10.7	佐賀県	約32,000			
令和元年房総半島台風に係る災害派遣	R1.9.10～10.4	千葉県、神奈川県	約96,000			
令和元年東日本台風に係る災害派遣	R1.10.12～11.30	12都県	約880,000			
新型コロナウイルス感染症の感染拡大防止に係る災害派遣	R2.1.31～3.16	神奈川県、埼玉県、千葉県	約20,200	約850	1	
令和2年7月豪雨に係る自衛隊災害派遣	R2.7.4～8.7	熊本県、福岡県、大分県、山形県等	約350,000	約13,000	約270	4
令和3年7月1日からの大雨に係る災害派遣	R3.7.3～7.31	静岡県	約27,000	約3,500	約30	0
北海道知床沖における遊覧船事故に係る災害派遣	R4.4.23～6.1	北海道	約7,100	約210	約200	約10
台風第14号及び台風第15号に係る災害派遣	R4.9.19～10.3	宮崎県、静岡県	約2,200	約600	約10	0
特定家畜伝染病（鳥インフルエンザ）に係る災害派遣	R4.4～R5.3	北海道、青森県、茨城県、群馬県、千葉県、新潟県、愛知県、鳥取県、岡山県、広島県、福岡県、宮崎県、鹿児島県	約33,000	約3,900	0	0
山林火災に係る災害派遣	R4.4～R5.3	青森県、福島県、栃木県、宮崎県	約1,300	約140	約50	0

注1　長期災害派遣は雲仙岳噴火の1,658日である。
注2　過去の最大の災害派遣は23年3月11日の東日本大震災に関するもので、派遣人員延べ約1,066万人（派遣日数291日）である。
注3　派遣規模は延べ数。

3. 爆発物の処理

(1) 不発弾処理
（自衛隊法附則第4項）

（令和5.3.31現在）

年　度	件　数	トン数
昭和33〜63	81,859	5,176
平成元〜6	12,100	587
7	1,732	84
8	1,595	98
9	1,698	70
10	2,374	94
11	2,359	79
12	2,233	66
13	2,121	61
14	2,580	69
15	3,052	60
16	2,560	146
17	2,228	69
18	2,403	63
19	1,310	36
20	1,416	42
21	1,668	66
22	1,589	50
23	1,578	38
24	1,430	46
25	1,560	57
26	1,379	57
27	1,392	43
28	1,372	42
29	1,607	50
30	1,480	53
令和元	1,441	33
2	1,194	22
3	1,255	32
4	1,372	42
合　計	143,937	6,431

(2) 掃海
（自衛隊法第84条の2）

（令和5.3.31現在）

年　度	感応機雷	浮遊機雷	掃海海面
	個	個	平方キロ
昭和63年以前	6,157	745	32038.7
平成元〜6	21	0	0
7	10	0	0
8	7	0	0
9	4	0	0
10	3	0	0
11	8	0	0
12	9	0	0
13	2	0	0
14	3	0	0
15	3	0	0
16	2	0	0
17	2	0	0
18	7	0	0
19	3	0	0
20	2	0	0
21	0	0	0
22	3	0	0
23	1	0	0
24	1	0	0
25	1	0	0
26	1	0	0
27	0	0	0
28	0	1	0
29	0	12	0
30	0	0	0
令和元	0	0	0
2	2	0	0
3	0	0	0
4	0	0	0
合　計	6,252	758	32,039

（注）その他、平成3年度には、ペルシャ湾において機雷34個を処分。

災派・民生

4. 部外土木工事

年　　　度	工 事 別 実 施 件 数				
	計	整　地	道　路	除　雪	その他
昭和63年以前	7,987	5,152	2,208	307	320
平成元	39	33	4	2	0
2	40	33	5	2	0
3	29	23	6	0	0
4	27	23	4	0	0
5	25	22	2	0	1
6	20	19	1	0	0
7	20	15	5	0	0
8	10	7	3	0	0
9	11	9	2	0	0
10	13	11	2	0	0
11	12	10	1	0	1
12	10	9	1	0	0
13	7	6	1	0	0
14	5	5	0	0	0
15	3	3	0	0	0
16	2	2	0	0	0
17	1	1	0	0	0
18	0	0	0	0	0
19	0	0	0	0	0
20	2	2	0	0	0
21	0	0	0	0	0
22	0	0	0	0	0
23	1	1	0	0	0
24	0	0	0	0	0
25	1	0	1	0	0
26	2	0	2	0	0
27	1	1	0	0	0
28	1	0	1	0	0
29	0	0	0	0	0
30	0	0	0	0	0
令和元	0	0	0	0	0
2	1	1	0	0	0
3	1	0	1	0	0
4	1	1	0	0	0
5	0	0	0	0	0
計	8,272	5,388	2,251	311	322

災派・民生

397

第6章 予 算

1. 防衛関係費の推移

（単位：億円）

区分 ＼ 年度	27	28	29	30	令和元
1 防衛関係費〔A〕	48,221	48,607	48,996	49,388	50,070
(1) 防衛本省	47,338	47,152	47,325	47,893	48,333
(2) 地方防衛局	186	193	198	199	201
(3) 防衛装備庁	698	1,263	1,473	1,296	1,535
2 国内総生産〔B〕	5,049,000	5,188,000	5,535,000	5,643,000	5,661,000
3 一般会計歳出〔C〕	963,420	967,218	974,547	977,128	994,291
4 比率（%）					
(1) $\frac{A}{B}$	0.955	0.937	0.885	0.875	0.884
(2) $\frac{A}{C}$	5.01	5.03	5.03	5.05	5.04

区分 ＼ 年度	2	3	4	5	6
1 防衛関係費〔A〕	50,688	51,235	51,788	66,001	77,249
(1) 防衛本省	48,886	49,523	49,599	62,342	73,189
(2) 地方防衛局	204	204	217	238	250
(3) 防衛装備庁	1,597	1,438	1,973	3,422	3,810
2 国内総生産〔B〕	5,702,000	5,595,000	5,646,000	5,719,000	6,153,000
3 一般会計歳出〔C〕	1,008,791	1,066,097	1,075,964	1,143,812	1,125,717
4 比率（%）					
(1) $\frac{A}{B}$	0.889	0.916	0.917	1.154	1.255
(2) $\frac{A}{C}$	5.02	4.81	4.81	5.77	6.86

（注）1. 予算は当初予算。令和6年度は政府案。
2. 国内総生産は当初見通し。
3. 計数は四捨五入によっているので計と符合しないことがある。
4. SACO関係経費、米軍再編関係経費のうち地元負担軽減分、新たな政府専用機の導入に伴う経費及び防災・減災、国土強靱化のための3か年緊急対策に係る経費を除く。
5. 「防衛関係費」は、防衛省が所管する経費のみを記載。ただし、令和3年度以降予算額にはデジタル庁に係る経費を含む。

予

算

2. 一般会計主要経費の推移 （平成27年度以前は既年版参照）

（単位：億円、％）

年度 事項	28			29			30		
	予算	伸び率	構成比	予算	伸び率	構成比	予算	伸び率	構成比
一般会計歳出	967,218	0.4	100	974,547	0.8	100	977,128	0.3	100
社 会 保 障 関 係 費	319,738	1.4	33.06	324,735	1.5	33.32	329,732	1.5	33.75
文 教 及 び 科学振興費	53,580	△ 0.0	5.54	53,567	△0.0	5.50	53,646	0.1	5.49
公 共 事 業 関 係 費	59,737	0.0	6.18	59,763	0.0	6.13	59,789	0.0	6.12
防衛関係費	48,607	0.8	5.03	48,996	0.8	5.03	49,388	0.8	5.05

年度 事項	令和元			2			3		
	予算	伸び率	構成比	予算	伸び率	構成比	予算	伸び率	構成比
一般会計歳出	994,291	1.8	100	1,008,791	1.5	100	1,066,097	5.7	100
社 会 保 障 関 係 費	339,914	3.1	34.19	358,121	5.4	35.50	358,421	0.1	33.62
文 教 及 び 科学振興費	53,824	0.3	5.41	53,912	0.2	5.34	53,969	0.1	5.06
公 共 事 業 関 係 費	60,596	1.3	6.09	60,669	0.1	6.01	60,695	0.0	5.69
防衛関係費	50,070	1.4	5.04	50,688	1.2	5.02	51,235	1.1	4.81

年度 事項	4			5			6		
	予算	伸び率	構成比	予算	伸び率	構成比	予算	伸び率	構成比
一般会計歳出	1,075,964	0.9	100	1,143,812	6.3	100	1,125,717	△1.6	100
社 会 保 障 関 係 費	362,735	1.2	33.71	368,889	1.7	32.25	377,193	2.3	33.51
文 教 及 び 科学振興費	53,901	△ 0.1	5.01	54,158	0.5	4.73	54,716	1	4.86
公 共 事 業 関 係 費	60,575	△ 0.2	5.63	60,600	0.0	5.30	60,828	0.4	5.4
防衛関係費	51,788	1.1	4.81	66,001	27.4	5.77	77,249	17	6.86

（注）　1. 予算は当初予算。令和6年度は政府案。
　　　　2.「防衛関係費」は、防衛省が所管する経費であり、令和3年度以降予算額にはデジタル庁に係る
　　　　　経費を含む。また、SACO関係経費、米軍再編関係経費のうち地元負担軽減分、新たな政府専
　　　　　用機の導入に伴う経費及び防災・減災、国土強靱化のための3か年緊急対策に係る経費を除く。

予
算

3. ジェットパイロット1人当たり養成経費 (令和6年度)

(単位：千円)

区　　　　　　分	F-2 操縦者	F-15 操縦者
階　　　　　　級	2士→1曹	2士→1曹
標 準 養 成 期 間	5年3.00ヶ月	5年2.50ヶ月
養 　成 　経 　費	596,504	713,725

(注) 1. 本経費は、航空学生出身者の場合で計算した。
(注) 2. 本経費の基礎数値は、令和6年度政府案である。

4. 使途別予算の推移 （平成26年度以前は既年版参照）

（単位：億円、%）

区分 ＼ 年度	27 金額	27 構成比	28 金額	28 構成比	29 金額	29 構成比	30 金額	30 構成比	令和元 金額	令和元 構成比
人件・糧食費	21,121	43.8	21,473	44.2	21,662	44.2	21,850	44.2	21,831	43.6
物 件 費	27,100	56.2	27,135	55.8	27,334	55.8	27,538	55.8	28,239	56.4
装備品等購入費	7,404	15.4	7,659	15.8	8,406	17.2	8,191	16.6	8,329	16.6
研究開発費	1,411	2.9	1,055	2.2	1,217	2.5	1,034	2.1	1,283	2.6
施設整備費	1,293	2.7	1,461	3.0	1,571	3.2	1,752	3.5	1,407	2.8
営舎費・被服費等	1,292	2.7	1,260	2.6	1,233	2.5	1,252	2.5	1,260	2.5
訓練活動経費	10,516	21.8	10,447	21.5	9,655	19.7	10,091	20.4	10,767	21.5
基 地 対 策	4,425	9.2	4,509	9.3	4,529	9.2	4,449	9.0	4,470	8.9
そ の 他	758	1.6	744	1.5	723	1.5	768	1.6	723	1.4
合 計	48,221	100.0	48,607	100.0	48,996	100.0	49,388	100.0	50,070	100.0

区分 ＼ 年度	2 金額	2 構成比	3 金額	3 構成比	4 金額	4 構成比	5 金額	5 構成比	6 金額	6 構成比
人件・糧食費	21,426	42.3	21,919	42.8	21,740	42.0	21,969	33.3	22,290	28.9
物 件 費	29,262	57.7	29,316	57.2	30,048	58.0	44,032	66.7	54,960	71.1
装備品等購入費	8,544	16.9	9,186	17.9	8,165	15.8	13,622	20.6	17,262	22.3
研究開発費	1,273	2.5	1,133	2.2	1,644	3.2	2,201	3.3	2,606	3.4
施設整備費	1,513	3.0	2,030	4.0	1,932	3.7	2,465	3.7	3,044	3.9
営舎費・被服費等	1,301	2.6	1,303	2.5	1,315	2.5	1,989	3.0	2,188	2.8
訓練活動経費	11,308	22.3	10,306	20.1	11,473	22.2	16,742	25.4	22,303	28.9
基 地 対 策	4,584	9.0	4,618	9.0	4,718	9.1	4,872	7.4	4,995	6.5
そ の 他	739	1.5	741	1.4	802	1.5	2,141	3.2	2,562	3.3
合 計	50,688	100.0	51,235	100.0	51,788	100.0	66,001	100.0	77,249	100

（注）1．予算は当初予算。令和6年度は政府案。
　　　2．装備品等購入費は、武器車両等の購入費、航空機購入費、艦船建造費である。
　　　3．計数は四捨五入によっているので計と符合しないことがある。
　　　4．SACO関係経費、米軍再編関係経費のうち地元負担軽減分、新たな政府専用機の導入に伴う経費及び防災・減災、国土強靱化のための3か年緊急対策に係る経費を除く。
　　　5．令和3年度以降予算額にはデジタル庁に係る経費を含む。

予算

1.　装備品等の開発及び生産のための基盤の強化に関する基本的な方針

令和5年10月12日

はじめに

　　政府は、令和4年12月、国家安全保障戦略、国家防衛戦略及び防衛力整備計画を策定した。その中で、防衛生産・技術基盤は、自国での装備品等の研究開発・生産・調達を安定的に確保し、新しい戦い方に必要な先端技術を装備品等に取り込むために不可欠な、いわば防衛力そのものであり、その強化が必要不可欠であるとされるとともに、我が国の防衛産業は装備品等のライフサイクルの各段階（研究、開発、生産、維持・整備、補給、用途廃止等）を担っており、装備品等と防衛産業は一体不可分であって、防衛産業が高度な装備品等を生産し、高い可動率を確保できる能力を維持・強化していくため、国は必要な予算措置等、これに必要な法整備、及び政府系金融機関等の活用による政策性の高い事業への資金供給を行うとされた。令和5年2月にこれらを実現するための法律案が国会に提出され、国会における審議を経て、同年6月7日に「防衛省が調達する装備品等の開発及び生産のための基盤の強化に関する法律」（令和5年法律第54号。以下「法」又は「本法」という。）が成立した。

　　法第3条において、防衛大臣は、装備品等の開発及び生産のための基盤の強化に関する基本的な方針（以下「本基本方針」という。）を定めることとしている。

　　装備品等の開発及び生産のための基盤（以下「基盤」という。）の強化に関する施策は、基盤の強化を通じて装備品等の安定的な製造等の確保を図り、防衛力の整備や自衛隊の任務遂行を円滑かつ確実なものとすることを通じ、我が国の平和と独立を守り、国の安全を保つことに寄与するものでなければならない。こうした観点から、本法で規定された施策が適切に実施され有効に効果を発揮するために、本基本方針を定める。また、本基本方針を定めることで、平成26年に策定した「防衛生産・技術基盤戦略」に代わり、今後の基盤の維持・強化の方向性を新たに示す。

　　なお、本基本方針において使用する用語は、本法において使用する用語の例による。

第1章　我が国を含む国際社会の安全保障環境及び装備品等に係る技術の進展の動向に関する基本的な事項

第1節　我が国を含む国際社会の安全保障環境

　　我が国を含む国際社会は、今、ロシアによるウクライナ侵略が示すように、深

刻な挑戦を受け、新たな危機に突入している。

　我が国周辺国の軍事動向に目を向けると、中国は、国防費を継続的に高い水準で増加させ、十分な透明性を欠いたまま、核・ミサイル戦力を含む軍事力を広範かつ急速に増強している。また、東シナ海、南シナ海等における海空域において、力による一方的な現状変更の試みを強化している。さらに、中国は、ロシアとの戦略的な連携を強化し、国際秩序への挑戦を試みている。開発金融等に関する活動の実態も十分な透明性を欠いており、また、他国の中国への依存を利用して相手国に経済的な威圧を加える事例も起きている。中国は、台湾について平和的統一の方針は堅持しつつも、武力行使の可能性を否定せず、さらに、台湾周辺海空域において軍事活動を活発化させている。現在の中国の対外的な姿勢や軍事動向等は、我が国と国際社会の深刻な懸念事項であり、我が国の平和と安全及び国際社会の平和と安定を確保し、法の支配に基づく国際秩序を強化する上で、これまでにない最大の戦略的な挑戦であり、我が国の総合的な国力と同盟国・同志国等との連携により対応すべきものである。北朝鮮は体制を維持するため、大量破壊兵器や弾道ミサイル等の増強に集中的に取り組んでおり、近年、かつてない高い頻度での弾道ミサイルの発射等を繰り返し、関連技術・運用能力を急速に向上させている。こうした北朝鮮の軍事動向は、我が国の安全保障にとって、従前よりも一層重大かつ差し迫った脅威となっている。ロシアによるウクライナ侵略は国際秩序の根幹を揺るがすものであり、欧州方面における防衛上の最も重大かつ直接の脅威と受け止められている。また、我が国周辺においても北方領土を含む極東地域において、ロシア軍は活発な軍事活動を継続している。こうしたロシアの軍事動向は、我が国を含むインド太平洋地域において、中国との戦略的な連携と相まって防衛上の強い懸念である。

　また、科学技術の急速な進展が安全保障の在り方を根本的に変化させ、各国は将来の戦闘様相を一変させる、いわゆるゲーム・チェンジャーとなり得る先端技術の開発を行っている。加えて、サイバー領域等におけるリスクの深刻化、偽情報の拡散を含む情報戦の展開、気候変動等のグローバルな安全保障上の課題も存在する。

第2節 装備品等に係る技術の進展の動向

　科学技術は、社会や人々の生活だけでなく安全保障の在り様を大きく変え、近年は特に、民生分野において様々な技術が急速に発展しており、安全保障にも大きな影響を与えている。

　人工知能（以下「AI」という。）や情報通信技術等の分野では、民生用と安全保障用の技術の区別が極めて困難になっている。ロシアによるウクライナ侵略においては、これらの技術が応用された無人機による攻撃や監視・偵察活動が実施されている。AIを搭載した無人機の開発は世界各国で進められており、最近では、スウォーム（群れ）飛行ができる小型無人機や潜水艦発見用の無人艦、空対空戦闘の自動化等、多様な研究開発が行われている。また、情報通信技術の発達により

装備

403

サイバー攻撃が頻発しており、社会に深刻な影響を及ぼしているほか、安全保障にとっても現実の脅威となっている。

このほか、社会に変革をもたらす重要な技術として、量子技術に注目が集まっている。特に、量子暗号通信や量子センサ、量子コンピュータ、更に量子コンピュータでは解読できない耐量子計算機暗号といった、軍事分野への応用が期待されている技術の実用化に向けた研究開発が各国において進められている。また、3Dプリンタのような積層製造技術も実用化が加速している。積層製造技術を活用することにより、複雑な構造物の製造が低コストで可能となり、在庫に頼らない部品調達によって兵站に革命が起きる可能性があるとされている。

近年開発が進められている極超音速滑空兵器は、通常の弾道ミサイルとは異なる低い軌道を、マッハ5を超える極超音速で長時間飛翔すること、機動性を有すること等から、探知や迎撃がより困難になると指摘されている。また、多様な経空脅威に対処するための手段として、レールガンや高出力レーザー兵器、高出力マイクロ波等の高出力エネルギー兵器の開発が進められている。

さらに、将来的な技術として例えば、鳥や昆虫の飛行に必要な構造や機能等を模倣した生物模倣技術の活用が研究されている。情報収集が可能な小型の虫型ドローン等、世界各国でこれまでにない画期的な装備品等の研究開発が進められている。

こうした中、我が国を守り抜くためには、重要な技術分野を特定・育成し、他国に先駆けた先進的な能力や技術的優位性を確保することで、画期的な装備品等の創製につなげることが極めて重要である。例えば、物理分野で優位性を獲得するために必要な技術として、無人化・自律化技術や、将来の戦いに適応し得る宇宙関連技術・微小ロボット技術、従来使われていなかったエネルギーを活用するための技術、新たな機能を実現する素材・材料関連技術等があげられる。

また、情報分野においては、より早く、正確に情報を得るためのセンシング技術や、膨大な情報を瞬時に処理するためのコンピューティング技術、これまで見えなかったものを検知するための量子イルミネーション技術や素粒子検出技術、仮想・架空情報を活用するためのメタバース技術や立体ホログラム投影技術、部隊内外において瞬時に情報共有を可能とするBeyond 5G技術、効率的・効果的にサイバー空間を防御するためのサイバーキルチェーン自動分断・対処技術等があげられる。認知分野では、脳科学を活用した認知能力向上のためのトレーニング技術や、認知分野可視化技術等があげられる。このような先端技術に加えて、防衛特有の従来技術分野においても、デジタル技術の活用等により、既存の装備品等の着実な能力向上に取り組むことが重要である。

このように、装備品等に係る技術の進展の動向は大きく様変わりしており、新たな技術が常時現れ、旧来の技術に取って代わる速度も著しく加速化している。我が国周辺の安全保障環境が急速に厳しさを増している中、科学技術・イノベーションの創出は、我が国の経済的・社会的発展をもたらす源泉である。新しい戦

装
備

い方に必要な装備品等の調達、ひいては我が国の安全保障環境の改善のためには、官民の先端技術研究の成果や新たに生み出される様々な技術を、従来の考え方にとらわれず積極的かつ迅速に活用していくことが重要である。

第3節　基盤を取り巻く環境

　我が国における基盤には、いくつかの特徴がある。まず前提として、工廠（装備品等に係る国営工場）を持たない我が国においては、基盤の重要な役割を民間企業に大きく依存している。したがって、防衛力の抜本的強化が求められる中、自衛隊の任務遂行に必要な装備品等の確保を担保する防衛産業の重要性はますます高まっている。その上で、装備品等の製造等に当たっては、高度な要求性能や保全措置への対応が必要となり、企業がそのための投資に踏み込むには、経済合理性の観点から一定の予見可能性が必要となる。また、これら企業は得てして独自仕様、少量多種生産を求められ、装備品等の運用期間の長さから、長期にわたる製造等の体制確保も必要となる。さらに、顧客は基本的には防衛省・自衛隊に限定されることもあり、企業にとって投資回収の機会は限られる。加えて、依然として日本社会においては、防衛事業に対する忌避感やレピュテーションリスクといった問題がある。

　上記のような特徴にも起因し、基盤の弱体化が進んでいる。高度な要求性能や保全措置への対応の必要性等により、多大な経営資源の投入を必要とする一方、収益性は調達制度上の水準より低い。諸外国では営業利益率が10%を超える防衛関連企業もある中、我が国の防衛産業の利益率の実態は2~3%にとどまるという産業界の調査結果もある。

　また、防衛関連企業の売上高に占める防衛部門の比率も、我が国の企業は諸外国と比して低い傾向にある。そうした中、防衛事業からの撤退や事業規模の縮小を決断する企業が断続的に現れており、加えて、既存の企業による新たな投資や新規参入も低調になりがちである。その結果、自衛隊の運用に必要不可欠な装備品等の安定的な調達に支障が生じるだけでなく、長期的には、適正な競争環境やイノベーションが失われ、安全保障分野における我が国の技術的優位性を喪失するおそれもある。

　さらに、近年、基盤を取り巻く様々なリスクが顕在化している。産業全体のICT化が進展する昨今、民生技術を含め外国の先端技術を収集し、軍事に転用する動きが活発化する中、装備品等に関する機微な情報を保有する防衛産業に対しては、軍を含む国家が関与する疑いのあるサイバー攻撃の脅威が深刻化している。例えば、令和3年、外国軍が関与している可能性が高いとされるサイバー攻撃集団によって、防衛関連企業を含む国内の約200の企業や研究機関等に対して大規模なサイバー攻撃が実行されたことが判明した。また、装備品等の製造等に用いる設備や部品に、外国由来の悪意ある要素が入り込み、サプライチェーンの安全性・信頼性を揺るがす情報窃取等の懸念が生じている。さらに、重要な物資

の囲い込みが国際的に進む中、例えば外国政府による輸出規制の動きに伴い、装備品等の製造等に必要な原材料等が確保できず、結果として安定的な供給が確保できなくなるリスクも現実味を帯びている。このような比較的新しいリスクの低減も念頭に置き、政府は施策を講じる必要がある。

第2章　基盤の維持・強化に関する基本的な考え方

第1節　基盤の維持・強化に関する基本的な考え方及び方向性
1．基盤の維持・強化の意義

　国内に基盤を維持・強化する意義については、以下の三点が挙げられてきた。第一に、我が国の安全保障の主体性の確保である。我が国の国土の特性、政策等に適合した運用構想に基づく要求性能を有する装備品等の取得を可能とすること、取得後の維持・整備、改善・改修、技術的支援、部品供給等の継続的な運用支援や装備品等の追加取得等を円滑にすること、機密保持等の観点から外国に依存できない装備品等の調達を可能とすることは、国内の基盤の存在が前提であり、我が国の安全保障の主体性を高める意義がある。新しい戦い方に対応した高度な装備品等の早期獲得や、自衛隊の十分な継戦能力の維持・確保が求められる中、こうした意義は一層増大している。

　第二に、対外的な安全保障上の効果である。防衛力を自らの意思で、一定の迅速性を持って構築できる能力を我が国が備えていることを対外的に認識させることは、抑止力の向上に潜在的に寄与する。また、装備品等を外国からの輸入により取得する、あるいは他国と国際共同開発・生産を含む防衛装備・技術協力を実施する場合において、国内に一定の基盤を保持することは、条件交渉を有利にする効果も期待できる。

　第三に、国内産業への経済的・技術的寄与である。基盤の重要な担い手たる我が国の防衛産業は、防衛省と直接の契約関係にあるプライム企業と、その下に広がる中小企業を中心とした広範多重なサプライヤーから構成されており、その裾野は広い。また、技術に係る民生・軍事の境界はなくなりつつあることから、装備品等の分野における技術的進展は直ちに民生分野へ波及し得るとともに、逆もまた然りである。したがって、国内の基盤を維持・強化する営みは、民生分野を含め広く国内産業を経済的に強化し、技術的に高度化させる意義が期待される。

　その上で、国内において基盤を維持・強化する意義については、近年、新たな要素が出現している。経済的手段による外的脅威が顕在化し、経済安全保障の観点から我が国の自律性の向上、技術的優位性、不可欠性の確保等が喫緊の課題となっている。また、新型コロナウイルス感染症の感染拡大によるサプライチェーンの途絶に伴い、重要物資及びそのサプライチェーンのブロック化が進行し、諸外国において、国内産業重視の動きが活発化してきた。同盟国とい

えども、最先端技術については、厳しい技術管理政策の下で容易に開示・供与しない傾向が強まっている。こうした中、我が国防衛に直結する装備品等の安定的な製造等及び技術的優位性を確保する観点から、基盤を装備品等の完成品からその部品・構成品に至るまで幅広く国内に維持・強化する必要性は一段と高くなっている。

2．基盤の維持・強化の対象

　装備品等は、多数の部品・構成品の集合体であり、また、その製造等を担う企業も、完成品を防衛省に納めるプライム企業に加え、部品・構成品のプライム企業への納入等を担う多数のサプライヤーが存在しており、装備品等の安定的な製造等を確保するには、いずれも同様に重要である。このような観点から、基盤の維持・強化のための方策を講じるに当たっては、完成品としての装備品等のみならず、それに用いる部品・構成品の安定的な製造等の確保も念頭に置き、プライム企業のみならずサプライヤーも含めた装備品等のサプライチェーン全体を対象としていく。

3．装備品等の取得に関する考え方

　装備品等の取得方法を決定することは、当該装備品等のライフサイクルの各段階における我が国の基盤の在り方を決定するに等しく、基盤に直接的な影響を及ぼす。したがって、先述の基盤の維持・強化の意義を踏まえ、その趣旨を担保する取得方法を確立させる必要がある。装備品等の取得については、現在、国内開発、ライセンス国産及び輸入といった複数の方法を採用しているが、そのいずれを採用するかを決定するに当たっては、我が国を防衛するための装備品等の運用構想に合致する所要の性能を有するものを取得することが当然の前提であり、また、経費面においても継続的な取得や維持整備が可能であることが必要である。その上で、我が国に比較優位がある分野を育成し、劣後する分野や欠落する分野を必要に応じ補完する観点に加え、本節第1項のとおり、基盤を国内に維持・強化する必要性が一段と高くなっていることを踏まえ、取得方法を決定していく必要がある。

　そのため、装備品等を新たに取得するに当たっては、以下の分野を中心に国産による取得を追求する。

　　　ア　運用構想、性能、取得経費、ライフサイクルコスト、スケジュール等の諸条件を国内技術で満たすことができるもの

　　　イ　有事の際の継戦能力の維持と平素からの運用、維持整備に係る改善能力の確保の観点から不可欠なもの（例：弾薬、艦船）

　　　ウ　機密保持の観点から外国に依存すべきでないもの（例：通信、暗号技術）

　　　エ　我が国の地理的、政策的な特殊性を踏まえた運用構想の実現に不可欠なものオ　外国からの最新技術の入手が困難なもの

　　　カ　経済的手段による外的脅威の対象となり得るもの

　また、国産による取得により難い場合であっても、我が国への技術移転によ

る技術力向上や将来的な我が国による改修の自由度の確保に努める観点から、国際共同開発・生産又はライセンス国産による取得を追求する。

その上で、装備品等の取得に当たり、国産のものと海外のものが共に存在し、いずれもアに示す諸条件を満たす場合において選定を行う必要があるときには、選定対象となる装備品等のライフサイクルの各段階への国内企業の参画や我が国への技術移転等の範囲及び規模等を評価した上で、国産のものと海外のものいずれの装備品等を取得するか選定する。なお、こうした選定の適切性の検証を可能とする観点から、プロセスの透明化に取り組むとともに、選定後のライフサイクルの各段階でマイルストーンを定め、コスト、スケジュール等を国民に説明できるよう徹底した管理を推進する。

また、装備品等の取得の在り方は、事業者の事業計画にも大きく影響を及ぼす。したがって、主要な装備品等の調達予定数量を可能な限り明確にする等、防衛事業に係る将来の予見可能性の向上を図っていく。

4．国際協力に関する考え方

各国が軍事分野での研究開発にしのぎを削り、技術の進展が著しい昨今、必要な基盤を自国のみで維持することは困難であり、装備・技術面での国際協力を推進していくことが不可欠となっている。他国に依存すべきでない装備品等に係る基盤は国内において維持・強化することを基本としつつも、国際共同研究・開発、更には生産を見据えた積極的な国際協力やライセンス国産を推進し、各国の優れた技術を我が国の装備品等に取り込むことが必要である。

他方、国際共同開発・生産をはじめとする国際協力については、国家間の調整や事業管理に多大な労力が必要となる場合が多く、その調整次第では、我が国が求める要求性能が十分に満たされない可能性がある。また、技術流出のリスクや我が国で管理できないコスト上昇のリスク等を伴うため、装備・技術面での国際協力を推進するに当たっては、こうした課題にも留意する必要がある。

その上で、装備・技術面での国際協力は、相手国との安全保障上の協力関係や相互運用性の強化に貢献し、我が国自身にとって有用であるのみならず、我が国と共通の価値観を有する国々の能力が向上することによって、地域の安定に寄与することが期待できるという面もあり、こうした意義も踏まえて戦略的に推進していく。

また、重要な技術や物資の各国による囲い込みが進展する中、装備品等のサプライチェーンを自国のみで完結させることは不可能であり、同盟国・同志国と相互に補い合う関係を構築することが不可欠となっている。装備品等を安定的に調達するためには、取得のみならずその後の維持・整備も見据えてサプライチェーンを維持する必要があることも踏まえ、同盟国・同志国との連携強化を通じ、グローバルなサプライチェーンの脆弱性や国家・地域間の相互依存リスクの低減に努める必要がある。

さらに、ロシアによるウクライナ侵略に際し、各国が装備品等の供与により

ウクライナを支援する状況を見ても、装備品等の他国との相互運用可能性及び相互交換可能性を担保するために仕様の共通化等を図る必要性が顕在化している。装備品等の開発に当たっては、有事の際の継戦能力の維持の観点や国際協力の観点も踏まえ、国際標準に準拠した仕様を念頭に置いて開発していくことが必要である。

装備移転は、特にインド太平洋地域における平和と安定のために、力による一方的な現状変更を抑止して、我が国にとって望ましい安全保障環境の創出や、国際法に違反する侵略や武力の行使又は武力による威嚇を受けている国への支援等のための重要な政策的な手段となる。こうした観点から、安全保障上意義が高い装備移転や国際共同開発を幅広い分野で円滑に進めるため、基金を創設し、必要に応じた企業支援を行うこと等により、官民一体となって推進していく。

5．防衛産業のあるべき姿

基盤の維持・強化を企図した各種取組は、その結果として実現すべき防衛産業のあるべき姿を念頭に置きながら推進される必要がある。国の立場からは、基盤は、自国での装備品等の製造等を安定的に確保し、新しい戦い方に必要な先端技術を装備品等に取り込むために不可欠な、いわば防衛力そのものであるという認識の下、防衛産業においては、必要な装備品等の製造等を行い、高い可動率を支えることのできる能力が維持されることが最も重要である。また、国内企業や外国企業との間で適正な競争環境が維持されることは、切磋琢磨を促し、装備品等の価格適正化や関連する技術等の改善につながり得る。加えて、新規企業が積極的に防衛事業に参入するとともに、既に防衛事業に従事する企業によっても新規事業への投資、生産工程の改善が活発になされることは、防衛産業の活性化の観点から重要である。特に、民生分野で進展の著しいAIや情報通信技術等の分野における先端ソフトウェア技術を有するスタートアップ企業等、従来防衛分野との関連が薄かった企業を防衛産業に取り込んでいくことが不可欠である。さらに、今後、国際共同研究・開発・生産を含む装備・技術面での国際協力を積極的に推進していく観点からは、国内における適正な競争環境の維持にとどまらず、企業が国際的なマーケットにおける競争力を獲得できるよう、技術革新をキャッチアップし、技術的優位性を獲得することも求められる。また、近年顕在化している経済的手段による外的脅威を含む、様々なリスクに対して適切に対応可能な能力を備えることは、喫緊の課題となっている。

一方、企業の立場からは、収益性や安定性があること、防衛事業により得られた技術が当該企業の民生事業にスピンオフし、相乗効果があること、敵対的買収を防ぐ抑止力になり得ること等の総合的な観点から、サプライチェーンの各層にあるそれぞれの企業にとって、防衛事業に従事するメリットが具体的に期待できることが求められる。

装備

欧米等諸外国の防衛関連企業は、防衛事業を主体としている場合が多いのに比し、我が国の大手防衛関連企業は基本的に民生事業を主体としており、各企業の総売上高に占める防衛事業の売上高の比率（防需依存度）は10%未満にとどまるものがほとんどである。防需依存度が低いと、当該企業体内におけるリソース配分等の優先度が低下する傾向があること等から、国際的な競争力を持った防衛産業としていくためには、防需依存度が高い企業が主体となった防衛産業を構築していくことが重要である。なお、個々の企業の組織の在り方は、あくまで各社の経営判断によるものであることに留意する必要がある。競争力を持った防衛産業とするために、どのような施策が効果的かについては、他省庁の施策とも連携しつつ、企業の事業連携及び部門統合等も含め、引き続き官民間でよく意見交換していくことが必要である。

第2節　装備品等の安定的な製造等の確保を図るための国及び装備品製造等事業者の役割

　国及び装備品製造等事業者は、自国での装備品等の製造等を安定的に確保し、新しい戦い方に必要な先端技術を装備品等に取り込むために不可欠である基盤を、いわば防衛力そのものと認識し、両者分担して、法に基づく措置のほか、基盤の維持・強化に係る各種施策に取り組む必要がある。また、国は、次章及び第4章に記載する各種施策を実行するための十分な体制を構築する必要がある。

　もとより、企業は営利を目的とすることから、民生事業と同様、収益性や安定性があること、防衛事業により得られた技術が当該企業の民生事業にスピンオフし、相乗効果があること、敵対的買収を防ぐ抑止力になり得ること等の総合的な観点から、防衛事業に従事するメリットを装備品製造等事業者が具体的に期待できることが必要となる。したがって、国は、装備品製造等事業者が防衛事業に携わり、更に継続すると判断するに足る環境を整えることを重視し、基盤の維持・強化を進めることが重要である。一方、装備品製造等事業者においても、自らが国防を担う重要な存在であるとの認識を改めて強く持った上で、国が実施する各種施策も活用しながら、基盤の維持・強化に主体的に取り組むことが期待される。その際、我が国を取り巻く安全保障環境や我が国の安全保障政策の方向性を踏まえ、自衛隊の運用を支える装備品等の安定的な製造等の確保に必要な生産力・技術力を維持するとともに、民生事業を含めた企業が有する技術のほか、スタートアップ企業等の先端技術も積極的に取り入れ、防衛事業に積極的に活用することが期待される。

　いずれにしても、防衛省・自衛隊は防衛力であり、また、防衛生産・技術基盤は、いわば防衛力そのものと位置づけられるものである関係上、防衛省・自衛隊及び装備品製造等事業者は、防衛力整備・運用の構想等について、共通の認識に立った上で、相互の役割を分担して果たしていくことが重

要であり、そのために、双方が各レベルにおいて緊密な意思疎通を継続的・日常的に行っていくことが求められる。

第3章　本法に基づく措置に関する基本的な事項

　第1章で述べたように、我が国の装備品製造等事業者においては、防衛事業からの撤退や事業規模の縮小、既存の装備品製造等事業者による新たな投資や新規参入の停滞、装備品等に関する機微な情報を保有する装備品製造等事業者に対するサイバー攻撃の脅威の深刻化、装備品等の開発や生産に用いる設備や部品に外国由来の悪意ある要素が入り込むことでサプライチェーンの安全性・信頼性を揺るがす情報窃取等の懸念、外国政府による原材料等の輸出規制により装備品等の安定的な製造等を確保できなくなるリスク、といった様々な課題がある。

　他方で、このような装備品製造等事業者から構成される基盤は、いわば我が国の防衛力そのものであることから、これを強化しなければならない。本法は、かかる観点から特に喫緊の対処が必要となる基盤の強化のための施策を規定するものである。

　なお、民生品の製造基盤の強化については、本法以外の他の施策により措置することが適当であることから、本法に規定する措置の対象となる装備品等には、基本的に民生品を含めないこととしている。

第1節　装備品等の安定的な製造等の確保を図るための装備品製造等事業者に対する財政上の措置その他の措置に関する基本的な事項

1．特定取組の基本的な考え方

　装備品等の製造等に際しては、外国政府が輸出を規制して原材料等の輸入が困難となるリスク、老朽化した設備が更新されず生産性や技術水準が低迷し納入遅延や要求性能未達となるリスク、工程においてマルウェアやスパイウェアが混入するといった懸念部品のリスク、サイバー攻撃によって性能等の情報が流出するリスク、事業継続が困難となって防衛事業から撤退するリスクといった、装備品等の安定的な製造等を損なう様々なリスクが想定される。

　このようなリスクに効果的に対応し、プライム企業とサプライヤーから構成されるサプライチェーンが効果的・効率的に機能し、安定的な製造等に寄与するよう、以下の特定取組がなされる必要があり、特定取組の種類ごとに、その基本的な考え方を明らかにする。

（1）供給網強靱化

　装備品等のサプライチェーンには、代替性の低い特殊な設備や技術を有するサプライヤーや、入手ルートが限定される原材料等が存在しており、一般の工業製品と比較し、その脆弱性が懸念される。また、サプライヤーの買収・撤退、天災・事故等が生じた場合には、生産・物流の機能低下、装備品等の製造等に必要な部品・構成品の調達遅延及びコスト上昇が懸念される。その

装備

ため、装備品等の運用に支障を来すことがないよう、サプライチェーンの冗長性や代替性の確保等、サプライチェーンリスクへの対応が急務である。このため、装備品安定製造等確保計画の認定を受けた装備品製造等事業者は、当該計画に基づいて、例えば以下のような措置を実施することが求められる。

- ・供給途絶リスクに備えて原材料等の輸入元を当該リスクのある外国から当該リスクの小さい複数の外国に切り替えること
- ・希少性の高い原材料等を、調達・補給計画等の想定を踏まえ備蓄しておくこと
- ・指定装備品等の製造等に供給途絶リスクのある原材料等を必要としないようにするため若しくは当該原材料等がより少量で足りるようにするための原材料等の国産化等のための生産技術の導入又は代替品及び仕様変更品のために研究・開発・改良をすること
- ・指定装備品等に誤作動や情報漏えいを生じさせる部品やプログラムの混入の余地を排除するため、製造等の工程や設備等を変更等すること

(2) 製造工程効率化

　民生部門では、AIや3Dプリンタ等の先端技術を活用する等の製造設備等の高度化が急速に進展している。一方、防衛部門では、装備品等に特有の多品種少量生産及び投下資本回収の長期化に加え、安全保障環境への依存による将来需要の不確実性を背景とする、設備の老朽化、作業員の高齢化等による生産性や品質の低下、防衛事業からの撤退の可能性等、指定装備品等の安定的な製造等が困難となるリスクが存在する。このようなリスクを低減するためには、例えば以下のような取組を通じて、原価低減、柔軟な製造体制の構築、開発期間や調達リードタイムの短縮等、指定装備品等の製造工程等の効率化を図ることが求められる。

- ・製造工程の合理化・省人化
- ・熟練作業者の経験値等、製造工程上のノウハウの電子データ化とその分析
- ・装備品等の製造等に特有の多品種少量生産や長期間にわたる部品等の製造等に柔軟に対応するための製造方法等の改善
- ・製造等に供する設備の故障頻度の低下

　これらの観点から、装備品安定製造等確保計画の認定を受けた装備品製造等事業者は、当該計画に基づき、以下のような効率化に資する設備投資及び設備の導入可能性調査を実施することが求められる。

- ・最新の工作機械や3Dプリンタ等の先端技術を備えた機器の導入により製造工程の効率化を図ること
- ・AI等のプログラムの導入により製造工程の自動化を図ること
- ・デジタルトランスフォーメーションによる製造工程の効率化を図ること

(3) サイバーセキュリティ強化

指定装備品等の製造等を行う装備品製造等事業者から、その保有する技術や設計図等の情報が流出すれば、我が国の防衛戦略や技術的優位性に深刻な悪影響を与え、装備品等の安定的な調達及び同盟国等との信頼関係に著しい支障が生じかねない。そのため、防衛省は「防衛産業サイバーセキュリティ基準」（装備品等及び役務の調達における情報セキュリティの確保について（防装庁（事）第137号。令和4年3月31日））を定めて、令和5年度から逐次適用を開始している。当該基準を満たし、複雑化・巧妙化するサイバー攻撃に対応するためには、官民共用のクラウドである防衛セキュリティゲートウェイを活用することのほか、自社が保有する情報システムに対して、当該基準に適合した追加的な情報セキュリティ対策を講ずることが適当となる場合があり、そのためには、自社において、高度な情報セキュリティ対策に対応する機能を備えた情報システム・施設等の整備といった設備投資等を行う必要がある。

このため、装備品安定製造等確保計画の認定を受けた装備品製造等事業者は、当該計画に基づいて、例えば以下のような措置を実施していくことが求められる。

- ・多要素によるシステム利用者の認証
- ・システムの常時監視とログの分析
- ・脆弱性スキャンの実施と結果の分析
- ・情報セキュリティ事故等への対処テストの実施
- ・電子錠等を備えた入退管理機器による施設の物理的セキュリティの確保

(4) 事業承継等

指定装備品等の全部又は大部分の製造等の事業を行う装備品製造等事業者が当該事業から撤退することは、当該事業者の経営判断によるものである。

この際、かかる防衛事業からの撤退による装備品等の供給途絶や、事業承継等に係る調整の長期化により、装備品等について納入の遅延や可動率の低下が生じるおそれがある。そのような事態を生じさせないため、装備品製造等事業者が円滑かつ確実に事業承継等を進めることができるよう、製造設備や技術資料等の取得等を行う必要がある。

このため、装備品安定製造等確保計画の認定を受けた装備品製造等事業者は、当該計画に基づいて、例えば以下のような措置を実施していくことが求められる。

- ・安定的かつ効率的な製造能力の確保が期待できる施設や設備の取得等
- ・製造等に必要な技術資料やライセンスの取得
- ・教育訓練等による従業員の育成

2．装備品安定製造等確保計画の対象

装備品安定製造等確保計画の対象となる「指定装備品等」とは、自衛隊の任務遂行に不可欠な装備品等であって、その製造等を行う特定の装備品製造等事業者による製造等が停止された場合において、防衛省によるその適確な調達に支障が生ずるおそれがある装備品等である。

　なお、自衛隊の任務遂行に不可欠な装備品等とは、具体的には、武器、弾火薬、車両、艦船、航空機、レーダー、誘導武器、情報システム、各種需品等といったものが挙げられ、それが欠けることで自衛隊の任務の達成が困難となるもののことをいう。

3．財政上の措置に関する事項

　防衛大臣は、装備品製造等事業者から提出された特定取組に係る装備品安定製造等確保計画について、それが当該装備品製造等事業者の上位サプライヤーやプライム企業が把握又は管理する製造等の方針に適合し、防衛省に納入される指定装備品等の安定的な製造等に不可欠であるかどうかを確認した上で、当該装備品安定製造等確保計画を認定する。防衛省は、かかる特定取組に必要な費用を確認した上で、特定取組に係る契約を認定装備品安定製造等確保事業者と締結し、当該事業者に対して直接、当該契約の定めに従って遅滞なく対価を支払うものとする。

第2節　装備品等の安定的な製造等の確保に資する装備移転が適切な管理の下で円滑に行われるための措置に関する基本的な事項

1．装備移転仕様等調整に係る取組の基本的な考え方

　装備移転は、特にインド太平洋地域における平和と安定のために、力による一方的な現状変更を抑止して、我が国にとって望ましい安全保障環境の創出や、国際法に違反する侵略や武力の行使又は武力による威嚇を受けている国への支援等のための重要な政策手段であり、我が国はこれを官民一体となって推進しているところである。また、装備移転については、同盟国・同志国との実効的な連携を構築し、力による一方的な現状変更や我が国への侵攻を抑止するための外交・防衛政策の戦略的な手段となる。さらに、我が国と外国政府との防衛協力を実施していくに当たって、装備移転の適切な管理が確保され、円滑に移転が実施されることで、結果として装備品等の販路が拡大されれば、防衛産業の成長にも効果的である。

　装備移転に際しては、我が国政府が、我が国と外国政府との協力関係を十分に考慮した上で、我が国の安全保障環境上の観点から適切な仕様・性能の変更・調整を装備品製造等事業者に実施させる必要がある。とりわけ我が国の装備品等に用いられている先進的な技術に係る情報を保全することにより、我が国の防衛分野における技術面での諸外国に対する優位性が失われる懸念について適切に対応する等の必要がある。

　このような問題意識から、本法においては、防衛装備移転三原則による適切

装
備

な管理の下、装備移転を安全保障上適切なものとするための取組を促進することを目的とし、装備移転を実施しようとする装備品製造等事業者が行う装備移転仕様等調整に要する費用を助成することとした。

2. 助成金交付の対象となる装備品製造等事業者

装備移転仕様等調整は、相手国政府との防衛の分野における協力の関係の内容に応じて、装備品等に係る秘密の保全その他の我が国の安全保障上の観点から適切なものとするために防衛大臣の求めに応じて行われる仕様及び性能の調整のことをいい、移転先の国が使用するものとして適切な水準とするために行われる。助成金は、このような装備移転仕様等調整を実施した上で、外国政府に対して装備移転を実施しようとする装備品製造等事業者に対して交付される。この場合の装備品製造等事業者については、移転先の外国政府に完成品を製造・販売するプライム企業のみに限定されるものではなく、設計等の一部を担うサプライヤーも対象となり得る。

3. 助成金の使途

装備移転に当たっては、これを安全保障上の観点から適切なものとするため、防衛大臣の求めに応じ、装備品製造等事業者が認定装備移転仕様等調整計画に基づき、移転対象物品の仕様や性能を変更するための設計の変更や、それに伴って必要となる一連の作業を実施することになるところ、これらに要する費用について助成金を交付する。なお、装備移転仕様等調整は、このような安全保障上の必要性から防衛大臣が装備品製造等事業者に求めるものであるため、その費用については、国が負担するべきものである。また、仮に装備移転仕様等調整を行った後、国際競争入札等において見込まれた装備移転が実現しなかった場合でも、装備移転仕様等調整に要した費用の返還を装備品製造等事業者に対して求めることはない。

第3節 装備移転支援業務及び基金に関して指定装備移転支援法人が果たすべき役割に関する基本的な事項

1. 指定装備移転支援法人の役割

指定装備移転支援法人は、基金から装備移転仕様等調整を行うために必要な資金を認定装備移転事業者に対し助成する業務を実施するものであり、認定装備移転仕様等調整計画に従って、装備移転の実施に際して必要な基金を管理し、助成金を交付するという役割を担う。その他、装備品製造等事業者による装備移転仕様等調整に関する事項について、照会及び相談に応じ、並びに必要な助言を行うといった業務についても実施することとなる。

前節で述べたように、装備移転は、我が国の防衛にとって重要な政策手段であり、官民一体となって推進しているところ、指定装備移転支援法人が担う上記の装備移転支援業務は、装備移転が防衛省の政策目的に適合したものとして認定装備移転事業者によって円滑に行われるようにする点で重要であり、適切

415

にその役割を果たすことができる法人にこれを実施させる必要がある。

2．基金に関する事項

指定装備移転支援法人は、認定装備移転事業者への支援に関し、基金から助成金を交付するに先立って必要な審査をし、交付決定後は検査の実施等により適正に執行するものとする。また、基金の管理に当たっては、防衛大臣が定める装備移転支援実施基準等の範囲で、基金の資産を毀損することのないよう適正な運用を行うものとする。

具体的には、次に掲げる事項に留意するものとする。

・ 助成金の執行に当たっては、指定装備移転支援法人は、防衛大臣と連携し、認定装備移転仕様等調整計画が適正かつ確実に遂行されていることを確認するものとする。

・ 防衛大臣が認定装備移転仕様等調整計画の認定を取り消す等の措置を講じた場合には、その措置の内容に応じ、助成金の返還等の所要の手続を遅滞なく実施するものとする。

・ 基金は他の事業との区分経理を求められているところ、本法の規定に従い、適正な会計処理を実施するものとする。

・ 基金の管理については、本法の規定を踏まえ、資産運用の安全性と資金管理の透明性が確保される方法により行うものとし、運用上のリスクが低い方法で運用するものとする。

第4節　装備品等契約における秘密の保全措置に関する基本的な事項
1．装備品等に含まれる秘密の保全の意義

装備品等のライフサイクルの各段階を担う契約事業者は装備品等の安定的な調達・使用のために一体不可分の関係にある。

装備品等の製造等に当たっては、より質の高い装備品等を安定的に調達するため、先端技術等の装備品等に含まれる秘密情報を、契約事業者に提供している。

一方で、近年、安全保障上の懸念国によるサイバー攻撃、産業スパイ、企業買収等の働きかけ等、装備品等に含まれる秘密情報の流出の脅威がこれまで以上に高まっており、仮に契約事業者から情報が漏えいした場合には、装備品等の性能等が明らかになり、自衛隊の円滑な運用、ひいては我が国の防衛上の支障が生じるおそれがある。

これに加え、諸外国からの装備品等の調達や次期戦闘機の開発をはじめ、国際的な共同研究・開発・生産が進展する中で、装備品等に含まれる秘密情報の諸外国との共有に当たって、仮に契約事業者から情報が漏えいした場合には、当該諸外国からの信頼低下や共同開発の継続が困難となり、国際的な連携に齟齬を来すおそれがある。

今般の措置は、こうした装備品等に含まれる秘密情報の保全の必要性を踏ま

え、秘密情報を取り扱うこととなる契約事業者の従業者に対して、これまでの契約上の守秘義務に加え、法律上の守秘義務も課すこととし、情報を漏えい等した場合の罰則を設けることで、産業保全制度のより一層の強化を図り、また、国家間の信頼関係の強化や情報管理の徹底による契約事業者の信頼性の向上により、もって基盤の強化につなげるものである。

2．装備品等秘密の保全の基本的な考え方

今般の措置は、これまで契約による担保の下に契約事業者に提供していた秘密情報を「装備品等秘密」として改めて指定し、これを取り扱う契約事業者及びその従業者に装備品等秘密であることを明示し、情報管理の徹底を求めるものである。こうした秘密情報を含む文書等を契約事業者に提供する必要がある場合には、装備品等秘密に指定するとともに、装備品等秘密の表示や指定の有効期間等を記載した「装備品等秘密指定書」を併せて契約事業者に提供することにより、これまで以上に契約事業者及びその従業者による情報管理ができることとなる。

なお、法第27条に規定する装備品等秘密は、自衛隊法（昭和29年法律第165号）第59条第1項の規定により自衛隊員が漏らしてはならないとされる秘密のうち、日米相互防衛援助協定等に伴う秘密保護法（昭和29年法律第166号）第1条第3項に規定する「特別防衛秘密」及び特定秘密の保護に関する法律（平成25年法律第108号）第3条第1項に規定する「特定秘密」は含まれないものであって、秘密保全に関する訓令（平成19年防衛省訓令第36号）第16条第1項及び防衛装備庁における秘密保全に関する訓令（平成27年防衛装備庁訓令第26号）第16条第1項の規定により「秘」に指定された、いわゆる省秘を想定している。また、今般措置する漏えい時の罰則は、故意に漏えいした者や外部から漏えいを働きかけた者等を対象としており、現在、自衛隊員等を対象にした秘密漏えい時の罰則と同様の措置とすることで、装備品等秘密を取り扱う関係者に対し、より効果的に漏えい等の防止をする。

こうした措置を講ずるに当たり、事業者に対しては装備品等秘密の保護の必要性等について十分な説明を行って理解を得つつ、従来からの施設の保全措置、保全教育、定期検査等の各種保全措置を引き続き確実に実施することによって、防衛省及び契約事業者の双方が、装備品等秘密の情報管理の徹底を図っていく。

第5節　防衛大臣による指定装備品製造施設等の取得及びその管理の委託に関する基本的な事項

1．基本的な考え方

法第2章の規定による措置では防衛省による適確な調達を図ることができないと認める場合には、当該指定装備品等の製造等をする施設である指定装備品製造施設等を防衛省が取得することができることとする。これにより、法第2

章の措置でも安定的な製造等の確保が困難な装備品等について、装備品製造等事業者が固定資産を保有することにより負うリスクを軽減して、装備品等の製造等の事業継続を確保し、供給途絶を防ぐことを期する。

本制度が適用されるのは、例えば、

　　○ 装備品等の製造等からの事業撤退に際し、

　　　・自ら指定装備品製造施設等を所有するリスクを負わないのであれば装備品等の製造等の事業を行える装備品製造等事業者が存在する場合

　　　・事業承継先の装備品製造等事業者は存在するものの、撤退に係る現在の指定装備品製造施設等が耐用年数を経過し老朽化しており、承継先の事業者がこれを新規取得することは困難なため、国が新規に建設する場合

　　○ 指定装備品製造施設等が事故や災害で滅失し、装備品製造等事業者による復旧の目途が立たない場合に、国が新規に建設するとき等が想定されるところ、様々な事例における必要性を踏まえ、個別具体的に検討していくことが必要である。なお、指定装備品製造施設等の防衛省による取得は、管理の委託を受けて指定装備品等の製造等を行う装備品製造等事業者が存在することが前提である。

　　また、法第30条第1項に基づき、防衛省から委託を受けて管理する指定装備品製造施設等において指定装備品等の製造等を行う事業主体は民間企業であり、通常の企業活動と何ら変わりなく、効率的な運営が実施されることを期待するものである。

2．指定装備品製造施設等の管理を委託される者に関する事項

　　基本的に、施設委託管理者は、防衛大臣から管理の委託を受ける指定装備品製造施設等（以下「受託指定装備品製造施設等」という。）において指定装備品等の製造等を行うこととなる装備品製造等事業者である。

3．取得する指定装備品製造施設等に関する事項

　　防衛大臣による取得の対象は、指定装備品等の製造等を行うことができる土地、施設及び設備である。取得すべき指定装備品製造施設等は、個別の事例に応じて選定するものとする。

4．施設委託管理業務の内容、権利義務関係その他の実施体制に関する事項

　　施設委託管理者は、受託指定装備品製造施設等を、指定装備品等の製造等が必要となった場合に直ちにこれを安定的に行うことができるよう維持管理するものとする。また、施設委託管理者は、受託指定装備品製造施設等の維持管理のため、十分な従業員を確保し、その技能を維持するものとする。

　　防衛大臣は、受託指定装備品製造施設等の維持管理に必要な費用を負担する。ただし、維持管理又は指定装備品等の製造等に際して施設委託管理者の善管注意義務違反によって受託指定装備品製造施設等の破損が生じた場合には、この限りでない。

5．目的外使用に関する事項

　受託指定装備品製造施設等については、指定装備品等の製造等という主目的を達成することを前提として、防衛大臣が、その目的外の使用を例外的に承認することができる。

　このような主目的を達成する観点から、受託指定装備品製造施設等における施設委託管理者による指定装備品等以外の製品（以下「他製品」という。）の製造等を行う期間は、基本的に、指定装備品等の製造等を行う期間を超えないものとする。また、他製品の製造等を行う期間に、指定装備品等の製造等が必要となった場合には、当該指定装備品等の製造等を優先するものとする。

なお、防衛大臣は、他製品の製造等のために受託指定装備品製造施設等を使用する施設委託管理者から、適正な対価を徴収しなければならない。

6．受託指定装備品製造施設等の譲渡に関する事項

　指定装備品製造施設等の国による取得については、財政上の措置等のあらゆる手段を講じてもなお、指定装備品等の適確な調達を図ることができない場合に用いる政策手段であること等に鑑み、法第33条第1項の規定により、できるだけ早期に、取得した指定装備品製造施設等の譲渡に努めることとする。一方で、本法においては、装備品等の安定的な製造等の確保を進めることを目的としているところ、これに支障が生じてまで、早期に譲渡する努力義務を防衛大臣に課しているものではない。

　このため、法第33条第2項において防衛大臣は、指定装備品等の円滑な製造等に支障が生ずることがないよう配慮することとし、装備品等の調達の安定性及び経済合理性を踏まえつつ、法の趣旨に即した適切な時期の中でできるだけ早期に譲渡を進めることとする。なお、具体的な譲渡の時期等については、施設委託管理先の装備品製造等事業者の声も聞きつつ、個別の事例に即して適切に検討する。

装
備

第4章　基盤の維持・強化に関するその他の必要な事項

　基盤を強化するため、法に基づく措置のほか、以下の施策を実施する。また、必要に応じて、関係省庁と連携し、政府一体として基盤の強化を図る。

1．防衛事業の魅力化（適正な利益の算定等）

　防衛事業は高度な要求性能や保全措置への対応の必要性等により、多大な経営資源の投入を必要とする一方、収益性は調達制度上の水準より低い傾向にある。営利を追求する民間企業にとって、防衛事業を維持する必要性をステークホルダーに説明するに当たり、収益性や安定性があること、防衛事業により得られた技術が当該企業の民生事業にスピンオフし、相乗効果があること、敵対的買収を防ぐ抑止力になり得ること等の総合的な観点から、防衛事業に従事するメリットを企業が具体的に期待できることが重要となる。

　原価計算方式の価格算定において、企業努力を正当に評価し、企業の適正な

利益を算定する仕組を構築して、その運用を確立するほか、調達制度についても、適正性を確保しつつ、より一層の効率化を促すための各種契約制度の見直しを不断に行い、防衛事業の魅力化を進める。

また、防衛事業に対する忌避感やレピュテーションリスクを低減させていくため、防衛産業の重要性やその技術的優位性、経済力や科学技術力に波及する効果等についても、政府として積極的に訴求する等の施策を講じていく。

２．企業の競争力・技術力の維持・強化

魅力が低下する防衛産業においては、企業による新たな投資や新規参入のインセンティブが低調である。これを放置すれば、適正な競争環境・イノベーションは失われ、ひいては安全保障分野における我が国の技術的優位性の喪失につながるおそれがある。

第2章第1節第3項で示した装備品等の取得に関する考え方に基づき、国内の基盤を維持・強化する観点を一層重視した装備品等の取得を促進する。また、会計法令に則り、財務大臣通知「公共調達の適正化について」（平成18年8月25日付財計第2017号）の趣旨を踏まえつつ、随意契約の活用も検討する等、契約制度の柔軟な運用を推進するとともに、防衛事業における長期資金の需要に応え、防衛産業の持続的発展を促すため、政府系金融機関等の活用により、金融面から支援を行う。さらに、新たな研究開発手法の導入や研究機関の創設をはじめ、我が国の基盤を強化する各種取組を推進し、将来の戦い方に直結する、我が国を守り抜くために必要な機能・装備を早期に実現するとともに、官民の連携の下で、我が国が持つ科学技術・イノベーション力を結集して、将来にわたって防衛分野における技術的優位性を確保し、他国に先駆け先進的な能力を実現する。その際、防衛に用途が限定される分野においては、従来技術の維持向上にも留意する。

３．防衛産業の活性化（新規参入促進）

事業としての魅力が低い中、防衛産業への新規参入は低調にとどまる。このままでは、産業全体の活力が失われるとともに、民生分野での先端技術を安全保障分野に取り込む機会を逸するおそれもある。

企業向けのマッチングイベントの開催や、新規参入企業のための相談窓口の設置等を進め、中小企業やスタートアップ等による防衛事業への新規参入を促すとともに、防衛事業への参入障壁の解消に努める。

４．撤退企業への適切な対応

近年、企業による防衛事業からの撤退や事業規模の縮小の判断が断続的に生起している。こうした動きは防衛産業の衰退のみならず、装備品等の安定的な製造等にも重大な支障となり得る。

第一に、防衛事業の魅力化に係る取組を進めるとともに、防衛力整備の見通しに係る適時の説明等、企業の防衛事業に係る将来の予見性を高める取組を推進することで、撤退を生起させないよう努める。その上で、サプライチェー

ン調査の実効的な実施等により、撤退の予兆を早期に把握し、事業撤退が不可避の場合には、円滑な事業承継を担保し、装備品等の安定的な製造等の確保に努める。

5．強靱なサプライチェーンの構築

装備品等のサプライチェーンをめぐっては、輸出規制等により原材料等の供給が途絶するリスクや、懸念ある設備や部品により情報が窃取されるリスク等が存在し得る。こうした脆弱性を放置しては、装備品等の安定的な製造等を脅かすとともに、情報窃取により我が国の相対的な技術的優位性を毀損するおそれがある。

サプライチェーン調査の実効的な実施等により、サプライチェーン上のリスクを早期に把握した上で、そうしたリスクを低減するための装備品製造等事業者による取組を後押しする。調査の実施に当たっては、指定装備品等の安定的な製造等の確保の観点からその実効性を向上させるため、装備品製造等事業者による主体的な協力を促す。また、装備品等のサプライチェーンを相互に補完する関係を構築するため、米国をはじめ諸外国との連携を強化する。

6．産業保全の強化

先端技術をめぐる国家間の競争が激化し、国家による様々な手段による軍民双方の技術情報の獲得が試みられており、防衛産業は、その最前線の様相を呈している。装備品等や防衛産業のICT化が急速に進む中、近年、国家の関与が疑われる集団によるものとみられる防衛関連企業へのサイバー攻撃と被害が生じており、サイバー脅威への対策が急務となっている。また、米国をはじめとする諸外国と実質的に同等となるハイレベルの国際的な保全水準を確保しなければ、米国からの最先端装備品等の導入や、諸外国との国際的な共同研究・開発・生産の更なる進展にとって支障となりかねない。

国際水準を踏まえた産業保全施策を推進するとともに、それに対応するために企業が投資するに当たっては、防衛調達における経費負担等により、政府として下支えする。加えて、防衛省・企業間の安全な情報共有環境を創出する等、防衛事業に関して機微情報を取り扱う企業が一定の必要な保全体制を整えるよう取り組む。

7．機微技術管理の強化

先端技術をめぐる国家間の競争が激化し、民生技術を含めた先端技術が様々な手段により収集され、軍事に転用される動きが活発化する中、国家としての機微技術の管理を強化することが必要となっている。

機微技術を適切に管理する体制を構築するとともに、そのための諸外国との連携を推進する。

8．装備移転の推進

装備移転については、同盟国・同志国との実効的な連携を構築し、力による一方的な現状変更や我が国への侵攻を抑止するための外交・防衛政策の戦略的

装
備

な手段となるのみならず、装備品等の販路拡大を通じた、防衛産業の成長性の確保にも効果的であるにもかかわらず、現状は十分に進展していない。

　政府が主導し、官民の一層の連携の下に適切な装備移転を推進するとともに、基金を創設し、必要に応じた企業支援を行っていく。

9. 有償援助調達の合理化

　有償援助調達（以下「FMS」という。）は、高い性能や機密性を有する装備品等を調達でき、米国等と共同購入することでスケールメリットが期待できる一方、価格は見積りで納期が確定でないことや、原則前払いで納入後に精算を行う等の特徴が存在している。また、近年、FMS調達額が高水準で推移しており、国内の基盤の維持・強化とのバランスに留意する必要がある。

　外部人材も活用して防衛装備庁の米国における活動を強化する等、FMS調達の合理化に一層取り組むとともに、FMS装備品等の製造等に国内の企業が参画することを促進し、これへの裨益を重視した在り方を追求していく。

2. 防衛生産・技術基盤

(1) 防衛生産・技術基盤戦略
～防衛力と積極的平和主義を支える基盤の強化に向けて～

平成26年6月19日
総合取得改革推進委員会決定

1. 防衛生産・技術基盤戦略策定の背景
(1) 防衛生産・技術基盤戦略策定の背景とその位置付け

　我が国の防衛生産・技術基盤は、終戦に伴いその大部分が喪失されたが、昭和29年の自衛隊創設後、米国からの供与・貸与に依存する時期を経て、徐々に防衛装備品の国産化に取り組み、昭和45年に策定された装備の生産及び開発に関する基本方針等（いわゆる「国産化方針」）[1] に基づいて官民で連携し、主要防衛装備品のライセンス国産や研究開発を通じた国産化に取り組み、防衛生産・技術基盤の強化に努めてきた結果、所要の基盤を保持する状況となっている。

　他方で、いわゆる冷戦が終結した1990年代以降の約25年間において、我が国を取り巻く厳しい財政事情、高度化・複雑化に伴う単価や維持・整備経費の上昇、海外企業の競争力強化など防衛装備品を取り巻く環境は大きく変化した。平成25年12月に、我が国として初めて策定された「国家安全保障戦略」では、「限られた資源で防衛力を安定的かつ中長期的に整備、維持及び運用していくため、防衛装備品の効果的・効率的な取得に努めるとともに、国際競争力の強化を含めた我が国の防衛生産・技術基盤を維持・強化していく」とされ、これを受けて、「平成26年度以降に係る防衛計画の大綱（以下「大綱」という。）」においては、「我が国の防衛生産・技術基盤の維持・強化を早急に図るため、我が国の防衛生産・

技術基盤全体の将来ビジョンを示す戦略を策定する」とされた。

本戦略は、以上を踏まえ、「国産化方針」に代わり、今後の防衛生産・技術基盤の維持・強化の方向性を新たに示し、防衛力と積極的平和主義を支える基盤の強化を行うための新たな指針とする。

防衛生産・技術基盤は、防衛装備品の研究開発、生産、運用、維持・整備等を通じて、防衛力を支える重要かつ不可欠な要素であり、その存在は、潜在的な抑止力及び対外的なバーゲニング・パワーの維持・向上にも寄与するものである。また、その基盤に支えられる防衛装備品は、防衛装備・技術協力等を通じて、世界と地域の平和と安定に貢献するためのツールともなる。さらに、防衛技術からのスピンオフ等を通じて、産業全般への波及も期待される等、我が国の産業力・技術力を牽引する潜在力を有するものである。このため、本戦略の具体化にあたっては、防衛生産・技術基盤の維持・強化が我が国の安全保障の主体性確保のための防衛政策であると同時に、防衛装備品の生産という民間企業の経済活動に波及効果のある産業政策の要素も併せ有していることに鑑み、防衛省のみならず関係府省が連携して取り組む必要がある。

本戦略は、大綱と同じくおおむね今後10年程度の期間を念頭に置くが、昨今の安全保障環境等の変化が著しく速いことを踏まえつつ、今後の防衛生産・技術基盤の状況変化も考慮し、国家安全保障会議に防衛省から必要な報告を行った上で、適宜見直しを実施していく。

(2) 防衛生産・技術基盤の特性

我が国の防衛生産・技術基盤は諸外国における基盤及び我が国のその他の産業基盤とは異なる独自の特徴を有する。

まず、我が国には工廠（国営武器工場）が存在せず、防衛省・自衛隊の防衛装備品は、生産の基盤と技術の基盤に加え、維持・整備の基盤の多くの部分を民間企業である防衛産業に依存している。防衛装備品の開発・製造には一般的な民生品とは異なった特殊かつ高度な技能、技術力及び設備が必要となり、防衛需要に対応してこれらに投資するためには、一定の予見可能性が求められる。そして、一旦その基盤を喪失すると回復には長い年月と膨大な費用が必要となる。加えて、防衛装備品の多くは、防衛省と直接契約を行うプライム企業の下に広がる中小企業を中心とした広範多重な関連企業に依存している。一方で、防衛装備の海外移転については、昭和42年の佐藤総理による国会答弁（武器輸出三原則）により一定の対象地域[2]への輸出が禁止された上、昭和51年の三木内閣の政府統一見解によって武器輸出三原則の禁止対象地域以外の地域についても武器の輸出を慎むものとしたことから、実質的には全ての地域に対して輸出を認めないこととなった。その結果、防衛産業にとっての市場は国内の防衛需要に限定されてきた。

このような特性に鑑みると、我が国の防衛力を支える防衛生産・技術基盤の維持・強化は、他の民生需要を市場とする産業とは異なり、市場メカニズム、市場競争のみに委ねることはできず、これを適切に補完すべく防衛省及び関係府省が

装備

連携し、必要な施策を講じることが必要となる。

(3) 防衛生産・技術基盤を取り巻く環境変化

我が国を取り巻く安全保障環境が一層厳しさを増している中、実効性の高い統合的な防衛力を効率的に整備し、各種事態の抑止・対処のための体制を強化していく必要がある。また、我が国の国益を守り、国際社会において我が国に見合った責任を果たすため、国際協調主義に基づく積極的平和主義の立場から、積極的な対応が不可欠となっている。

これらの目標を実現するための国内基盤の一つである我が国の防衛生産・技術基盤については、生産基盤・技術基盤の脆弱化という課題に直面するとともに、欧米企業の再編と国際共同開発の進展という国際的な環境変化に晒されている。他方で、平成26年4月に新たに決定された防衛装備移転三原則(3)に基づく、防衛装備の海外移転という新たな制度環境の変化も生まれている。

① 生産基盤・技術基盤の脆弱化

近年の防衛装備品の高度化・複雑化等により、調達単価は大きく上昇し、防衛装備品の維持・整備に要する経費が増加している。防衛予算が平成24年度まで減少傾向にあった中、単価の上昇、維持・整備経費の増大は、調達経費を圧迫し、調達数量の減少を招来している。その減少は、防衛産業における仕事量及び作業量の減少となり、若手技術者の採用抑制、育成機会の減少が生じている。その結果、高い技能をもつ熟練技術者の維持・育成、熟練技術者から若手技術者への技能伝承が行えない等の問題が生じている。また、調達数量の減少の結果、その影響への対応が不可能となった中小企業を含めた一部企業においては、防衛事業からの撤退等が生じている。

企業の技術基盤を維持するためのリソースの一部となる防衛省の研究開発費についても、防衛装備品の高性能化等により、研究開発コストは上昇傾向にあるが、防衛関係費に占める研究開発費の割合は、近年横ばいである。防衛省による研究開発事業は、企業の技術力の維持・向上にとって不可欠なものであるが、民生需要のみによる技術基盤の維持が期待できない防衛装備品分野においては、研究開発費の動向や研究開発事業の有無により、企業の技術者の育成、ひいては、技術基盤の維持に影響しうる。

② 欧米企業の再編と国際共同開発・生産の進展

1990年代以降、冷戦終結に伴う防衛予算の頭打ちをきっかけに、欧米諸国においては、国境を越えた防衛産業の再編により規模の拡大、更なる競争力の強化を指向している。これに加え、防衛装備品に係る技術革新や開発コスト高騰等により、欧米主要国においても一国で全ての防衛生産・技術基盤を維持・強化することは、資金的にも技術的にも困難となっており、航空機などについては、国際共同開発・生産が主流となっている。

他方で、我が国は防衛装備の海外移転については、武器輸出三原則等に基づき慎重に対処することを基本としてきた。このような方針は、我が国

が平和国家としての道を歩む中で一定の役割を果たしてきたが、防衛生産・技術基盤を取り巻く環境変化に対し、武器輸出三原則等の我が国の特有の事情により乗り遅れ、我が国の技術は、最新鋭戦闘機やミサイル防衛システムなどの一部先端装備システム等において米国等に大きく劣後する状況となっている。

③ 防衛装備移転三原則の策定

先述したとおり、我が国は武器輸出三原則等により、実質的には全ての地域に対して防衛装備の輸出を認めないこととなったため、政府は、個別の必要性に応じて例外化措置を重ねてきており、平成23年12月には、平和貢献・国際協力に伴う案件と我が国の安全保障に資する防衛装備品等の国際共同開発・生産に伴う案件については、厳格な管理を前提として、武器輸出三原則等の例外化措置を講じた。

本年閣議決定された防衛装備移転三原則においては、これまで積み重ねてきた例外化の実例を踏まえ、これを包括的に整理し、移転を禁止する場合が明確化されるとともに、平和貢献・国際協力の積極的な推進に資する場合又は我が国の安全保障に資する場合については、適正な管理を前提に、移転を認め得ることとされた。

防衛装備の適切な海外移転は、国際平和協力等を通じた平和への貢献や、国際的な協力の機動的かつ効果的な実施を通じた国際的な平和と安全の維持の一層積極的な推進に資するものであり、また、同盟国である米国及びそれ以外の諸国との安全保障・防衛分野における協力の強化に資するものである。さらに、国際共同開発・生産は、防衛装備品の高性能化を実現しつつ開発・生産費用の高騰に対応することを可能とするために、国際的に主流となっており、また、我が国の防衛生産・技術基盤の維持・強化、ひいては、我が国の防衛力の向上に資するものである。

今後、我が国の防衛生産・技術基盤の維持・強化を図るためには、上記の環境変化を踏まえた上で、それぞれの防衛装備品の特性等に合致した調達方法を戦略的に採用するとともに、適切な施策の充実・強化を図る必要がある。

2. 防衛生産・技術基盤の維持・強化の目標・意義

本戦略に基づく防衛生産・技術基盤の維持・強化を通じ、（1）安全保障の主体性の確保、（2）抑止力向上への潜在的な寄与及びバーゲニング・パワーの維持・向上、ひいては、（3）先端技術による国内産業高度化への寄与を図るものとする。

(1) 安全保障の主体性の確保

我が国の国土の特性、政策などに適合した運用構想に基づく要求性能を有する防衛装備品の取得を実施することが重要であり、コスト、スケジュール等の条件を満たす場合には、我が国の状況に精通した国内企業から取得することが望ましい。また、国内の基盤は、部隊の能力発揮に必要な防衛装備品の維持・整備、改善・

装
備

425

改修、技術的支援、部品供給等の運用支援を実現するための基盤となる。さらに、機密保持の観点から国産でなければ支障が生じうる防衛装備品及び各国が国防上の理由により輸出を制限している等、入手が困難な技術を伴う防衛装備品を調達するには、国内における基盤維持が必須となる。このように、国内において防衛装備品を供給し、維持・整備等の運用支援基盤の提供を可能ならしめる一定の防衛生産・技術基盤を保持することで、我が国の安全保障の主体性の確保を図る。

(2) 抑止力向上への潜在的な寄与及びバーゲニング・パワーの維持・向上

前述のとおり、防衛生産・技術基盤を保持することは実際の防衛装備品の供給源を確保することとなるが、その基盤の存在自体が対外的に安全保障上有益な効果をもたらす。我が国の製造業は戦後の我が国の復興及び成長の大きな原動力となり、その産業基盤及び技術基盤の先進性は広く世界に認知されているところ、我が国の防衛産業が有する防衛生産・技術基盤をベースに、防衛力を自らの意思で、一定の迅速性を持って構築できる能力（顕在化力）を持つことで、抑止力の向上にも潜在的に寄与することができる。

さらに、仮に防衛装備品を外国からの輸入により取得する場合も、国内に一定の基盤を保持し、国内開発の可能性を示すことで、価格交渉等を有利に進めることを可能とする。また、他国と国際共同開発・生産を含む防衛装備・技術協力を実施するためには、相手国に見合う能力を持つ国内基盤の存在が必要不可欠であり、さらに、我が国が国際的に比較優位にある技術を保持していればより有利な条件で交渉を進めることができる。このように、防衛生産・技術基盤を維持・強化することで、抑止力向上に潜在的に寄与し、またバーゲニング・パワーの維持・向上を図る。

(3) 先端技術による国内産業高度化への寄与

防衛産業は先端技術が牽引する摺合せ型の産業であり、幅広い裾野産業を必要とし、その安定的な活動は国内雇用の受け皿となるほか、地域や国全体に対して経済効果を及ぼすことが期待される。さらに、防衛技術と民生技術との間でデュアル・ユース化、ボーダーレス化が進展している中、両者の相乗効果が生じることがより一層期待される状況となっている。

今後、防衛生産・技術基盤の維持・強化のために民生技術を積極的に活用する施策を推進するが、それと軌を一にして防衛関連事業で得られた成果等を民生技術に活用することを積極的に推進することは、我が国の産業力及び技術力向上を牽引し、産業全般への波及効果をもたらすことも期待できる。

これらの3つの目標・意義に鑑み、我が国がこれまでに培った我が国の防衛生産・技術基盤を、防衛装備品取得の効率化・最適化との両立を図りつつ、保持していくこととする。

3. 施策推進に際しての基本的視点

防衛生産・技術基盤の維持・強化を図るにあたっては、(1) 官民の長期的パー

トナーシップの構築、(2) 国際競争力の強化、(3) 防衛装備品取得の効率化・最適化との両立、といった基本的視点を踏まえ、必要な施策を推進する必要がある。

(1) 官民の長期的パートナーシップの構築

防衛装備品の開発等を担う企業側には、その特殊なニーズを満たすために必要な特殊な専用技術を持つ技術者及び技能者と、設備に対する投資が必要となる。また、防衛装備品は、これまで武器輸出三原則等のもと、買手が原則として防衛省・自衛隊のみに限定されるという我が国特有の環境の下におかれていた。

このため、防衛生産・技術基盤の維持・強化を図るためには、市場メカニズムのみに委ねることはできず、それを適切に補完する必要があるところ、公正性・透明性に配慮しつつ、適切で緊張感のある長期的な官民のパートナーシップの構築を実現する必要がある。そのためには、防衛省・自衛隊として、将来的な装備政策の方向性を示し、企業の予見可能性の向上を図り、企業が長期的な視点からの投資、研究開発、人材育成に取り組める環境を整える必要がある。他方で、契約履行等に係る企業のガバナンスの強化及びコンプライアンスの遵守については、企業側の不断の取組が求められるとともに、防衛省としても、適切な関係を構築するための措置を講じていく必要がある。

(2) 国際競争力の強化

欧米諸国においては、国境を越えた防衛産業の大規模な再編・統合等により、技術と資金のある国際競争力をもった巨大企業が出現し、先端装備システムをグローバルに供給している。防衛省・自衛隊としても安全保障環境の急速な変化の中で、我が国の防衛産業が劣後、欠落する防衛装備品分野については、海外からの導入を選択せざるを得ない状況となっている。このような中、我が国の防衛産業が勝ち残るためには、それらの環境変化に対応し、国際競争力をつけていくことが必要となる。このため、ライセンス国産による技術移転の可能性が年々厳しくなる中、我が国に比較優位がある分野（強み）を育成し、劣後する分野や欠落する分野（弱み）を必要に応じ補完するため、その強みや弱みを明らかにし、研究開発事業、国際共同開発やデュアル・ユース技術の活用を、メリハリを付けて戦略的に行う必要がある。

(3) 防衛装備品取得の効率化・最適化との両立

防衛生産・技術基盤の維持・強化のためには、防衛産業の再投資を可能とする適正な利益が確保される必要があるが、かかる利益を確保しつつも、ユーザー側である自衛隊の適正な運用要求に過不足なく応え、同時に、最も効率的な取得を行うことを追求する必要がある。

4. 防衛装備品の取得方法

防衛装備品の取得については、現在、国内開発、ライセンス国産及び輸入といった複数の取得方法を採用しているが、その取得方法の在り方は、防衛生産・技術基盤に直接的な影響を及ぼす。今後、防衛生産・技術基盤の維持・強化を効果的・

効率的に行うためには、新たに策定された防衛装備移転三原則によって、より機動的・弾力的な取組が可能となった国際共同開発・生産を含め、防衛装備品の特性に応じ、それぞれの取得方法を適切に選択することが必要となるため、その基本的な考え方を示す。

(1) 国内開発が望ましいと考えられる分野

国内開発は防衛生産・技術基盤の維持・強化に直結する取得方法であるところ、自衛隊の要求性能、運用支援、ライフサイクルコスト、導入スケジュール等の条件を既存の国内技術で満たすことのできるものについては、基本的には国内開発を選択することとする。また、要求性能を明らかにすると我が国の安全保障が脅かされるため、外国に依存すべきでない分野といった理由から、海外からの導入が困難なものについては国内開発を基本とする。

他方で、国内開発には技術的リスク、開発費及び調達価格の上昇リスク等を伴うことに留意する。

(2) 国際共同開発・生産が望ましいと考えられる分野

国際共同開発・生産に参加することのメリットとしては、①他の参加国が保有する先端技術へのアクセスを通じ、その技術を取り込むことで、国内の技術の向上が図れること、②参加国間の相互依存が高まることによって同盟・友好関係が強化され、防衛装備品の相互運用性の向上が期待されること、③参加国間で開発・生産コストの低減と開発に係るリスク負担が期待できることがある。

我が国として比較優位がある分野（強み）、無い分野（弱み）を考慮し、国際共同開発・生産への参加により、上記のメリットがもたらされる場合については、国際共同開発・生産による取得を検討する。

他方で、国際共同開発・生産については、参加国の思惑が事業に影響するため、国家間の調整や事業管理に多大な労力が必要となる場合が多い。さらに、要求性能については、参加国のニーズを集約の上、その内容を決定する必要があることから、我が国が求める要求性能が十分に満たされない可能性がある。また、技術的リスク、開発費及び調達価格の上昇リスク等を伴うことについても留意する必要がある。

(3) ライセンス国産が望ましいと考えられる分野

防衛装備品の要求性能を満たすために必要な技術が我が国には無いため、当面の間、国内開発できないもの、または、開発のために膨大な経費を要するもので、維持・整備といった運用支援基盤の確保のため国内に防衛生産・技術基盤を保持しておく必要があるものについては、ライセンス国産を追求する。なお、ライセンス国産を選択する場合は、コスト、スケジュール等の観点から国際共同開発・生産という選択肢をとることが難しい場合を前提とする。また、ライセンス国産を実施する場合には、それを通じて国内に技術を蓄積し、将来的に国内開発の選択肢を確保しうるようにする。

他方で、ライセンス国産は輸入に比べて調達価格が割高になる傾向があり、また、我が国独自の防衛装備品改善はライセンスの条件により困難な場合がある。

加えて、近年、ライセンス国産による技術移転の可能性は厳しくなる方向であることにも留意する必要がある。

(4) 民生品等の活用

　防衛装備品に要求される技術が防衛需要に特化しておらず、民生部門における技術向上において要求性能が満たされるものについては、民生品をベースにした上で、防衛装備品の仕様に変更するといったことをより積極的に行う等、民生部門における成果の活用を推進する。

　その場合は、民生品のライフサイクルは市場のニーズに迅速に合致させる必要等から、防衛装備品のライフサイクルに比べて相対的に短いため、部品供給の枯渇の可能性があるなど、維持・整備の面で留意が必要となる。

(5) 輸入

　我が国の防衛生産・技術基盤が保持する技術が劣後する機能・防衛装備品であって一定期間内に整備が必要なもので、性能、ライフサイクルコスト、導入スケジュール等の面で問題がないもの、また、少量・特殊な防衛装備品である等の理由により取得するものについては、輸入を通じ取得する。

　他方で、当該防衛装備品の戦略性が将来的に高まると見込まれるものについては、将来的に国内開発を選択しうる潜在的な国内技術基盤を失うことがないよう、技術研究の継続的な実施及び維持・整備の態勢を国内に保持することなどについて検討する。また、供給国側の都合により、調達価格の上昇、納期遅延、維持・整備の継続についてのリスクがあることにも留意する必要がある。

5. 防衛生産・技術基盤の維持・強化のための諸施策

　防衛生産・技術基盤の維持・強化を図るためには、それぞれの特性に合致した取得方法を効率的に組み合わせるとともに、基盤の維持・強化のための施策を推進することとなるが、その際には、第一に防衛装備品に関する技術分野全般について、我が国に比較優位がある分野と劣後する分野を個別具体的に明らかにし、第二に防衛技術の動向を勘案し、将来の防衛装備品が備えるべき機能・性能を想定することで、そのために必要となる技術の方向性を見極めた上で、これと合致する基盤を有する企業や大学等研究機関に支援を行うなど、厳しい財政事情を勘案してメリハリと効率性を重視した諸施策を展開する必要がある。

　このような考え方を基本とし、今後、(1) 契約制度等の改善、(2) 研究開発に係る施策、(3) 防衛装備・技術協力等、(4) 防衛産業組織に関する取組、(5) 防衛省における体制の強化、(6) 関係府省と連携した取組、について推進していく。

(1) 契約制度等の改善

　防衛装備品の取得に係る契約の在り方は、企業の人員・設備に係る投資判断や、投資回収など、企業の経営判断、行動に大きな影響を与える。このため、契約制度の在り方に関しては、防衛装備品を担う企業の特性等を考慮しつつ、官民の長期的パートナーシップの構築を実現し、防衛装備品取得の効率化・最適化との両

装
備

429

立が図れるよう、以下に記述する契約制度等の改善を推進していく必要がある。

① 随意契約の活用

防衛装備品を含めた公共調達については、競争性及び透明性を確保する観点から、平成18年以降、一般競争入札を原則とすることが再確認された⑷。このため、防衛装備品分野においても、一般競争入札を原則とした契約を行うこととしたが、防衛装備品の特性等によりその多くが1者応募・応札となるなど、手続が事実上形骸化しているという状況となっていた。このため、法令等の制約や事業の性格から、およそ競争性が期待できない防衛装備品の調達や、防衛省の制度を利用してコストダウンに取り組む企業の調達について、随意契約の対象類型として拡大してきたところである。今後も、取得業務の迅速かつ効率的な実施及び防衛産業側の予見可能性の向上のため、透明性・公平性を確保しつつ、引き続き随意契約の対象を類型化・明確化するための整理を行い、その活用を推進する。

② 更なる長期契約（複数年度一括調達）

国の契約については、財政法の規定により、契約の期間は、原則として5年を上限とすることとされている。他方、防衛装備品については、企業の将来の予見可能性を高め、安定的・効率的な設備投資や人員配置の実現及び部品・材料に係るスケールメリットの追求等により、調達コスト低減にもつながることが見込まれる場合もあり、更なる長期契約の導入の可否に向けて検討を進める。

③ ジョイント・ベンチャー（JV）型等の柔軟な受注体制の構築

防衛省では、技術的に最適な防衛装備品の取得、防衛生産・技術基盤の強化などの観点から、いわゆる「長官指示⑤」により、調達の相手方を選定してきたが、平成18年以降、先述の「公共調達の適正化」の趣旨に鑑みて、基本的に、長官指示に基づく調達の相手方の選定を自粛していた。一方で、再編・統合を繰り返し、競争力を強化している欧米諸国の防衛産業の技術力に鑑みると、我が国も、各企業が保持する強みをいかした方策が必要となるところ、各企業の最も優れた技術を結集させ、国際競争力を有する防衛装備品の取得を可能とする企業選定方式と、要すれば共同企業体という枠組みを用いて、透明性・公平性を確保しつつより最適な受注体制の構築に関して検討の上、必要な措置を講じる。その際には、従来実施された「長官指示」の趣旨もいかすことを検討する。

④ 調達価格の低減と企業のコストダウン意欲の向上

防衛装備品の調達においては、市場価格の存在しないものが多数存在するという特殊性があることを踏まえ、調達価格の低減と企業のコストダウン意欲の向上を同時に達成することが必要である。このため、防衛省においては、実際に要した原価が監査され、これに応じて最終的な支払金額を確定する特約を付した契約（原価監査付契約）により、契約履行後に企業に生じた超過利益の返納を求めるなど、調達価格の低減に努めてきているところである。他方、超過

利益返納条項については、契約金額の支払後に年度末の決算をまたいで返納を求めるなど、企業のコストダウン・インセンティブが働きにくいとの指摘もあることから、企業のコストダウン・インセンティブがより働きやすい契約手法についても、防衛装備品の効率的な調達の実現という視点を踏まえつつ、検討を進める。また、より適正な取得価格を独自に積算し、契約価格の妥当性の説明責任を果たすために必要となる、防衛装備品調達に係るコストデータベースを企業の協力の下に構築することや、プロジェクト管理を進めるに際してコストの当初見積もりと実績が乖離する場合には事業を中止するなどの仕組みについても検討する。

⑤ **ライフサイクルを通じたプロジェクト管理の強化**

防衛装備品のライフサイクル全体を通じて、防衛省・自衛隊が必要とする防衛装備品のパフォーマンスを適切なコストにてスケジュールの遅延なく確保するため、主要な防衛装備品の取得について、プロジェクト・マネージャー（PM）の下、組織横断的な統合プロジェクトチーム（IPT：Integrated Project Team）を設置し、構想から廃棄までのプロジェクト管理を一元的に実施する体制を整備する。

(2) 研究開発に係る施策

戦後の我が国の防衛生産・技術基盤の維持・強化は、ライセンス国産を通じての技術導入に加えて、我が国独自の研究開発によって実現されてきた。研究開発事業は、我が国の国土の特性、政策などに適合した防衛装備品を開発するという第一義的な役割を有するが、それを通じて、我が国の防衛産業の国際競争力の強化を図るとともに、企業の技術力の維持・向上にも寄与するものである。他方で、防衛装備品の高性能化等により、研究開発コストは上昇傾向にあり、格段に厳しさを増す財政事情を勘案して、より効果的・効率的な研究開発を進めていく必要がある。

同時に、国内のどの分野で、どの企業・大学等が、防衛装備品に適用可能などのような防衛生産・技術基盤を有しているかの全体像を企業・大学等の協力を得て把握（マッピング）できるよう努めた上で、国としてそれらの分野についての重要性や将来性についての評価（マッチング）を行って、その結果に応じたメリハリのある施策を行うことが重要である。

① **研究開発ビジョンの策定**

将来的に主要な防衛装備品について中長期的な研究開発の方向性を定める研究開発ビジョンを策定し、将来を見据えた防衛装備品のコンセプトとそれに向けた研究開発のロードマップを提示し、効果的・効率的な研究開発を実現するとともに、企業にとっての予見可能性を向上させる。研究開発ビジョンを策定する対象防衛装備品は、統合運用を踏まえた将来の戦い方、能力見積り及び戦闘様相の変化等を踏まえ、おおむね20年後までに我が国の主要な防衛装備品となり得るものを対象とし、スマート化[(6)]、ネットワーク化[(7)]、無人化といった防衛技術の動向を踏まえ、必要となる技術基盤の育成・向上が必要なものを

装
備

選定する。また、策定した研究開発ビジョンについては、防衛省として公表し、中長期的な研究開発計画を防衛産業側とも共有した上で、企業にとって予見可能性を向上させ、安定的・効率的な設備投資や人員配置を促すと共に、研究開発ビジョンにのっとり、より効果的で効率的な研究開発の実現に努める。

② 民生先進技術も含めた技術調査能力の向上

防衛技術と民生技術との差異が減少している現在の状況下において、防衛装備品の効果的・効率的な取得のためには、外部から防衛技術に適用できる優れた民生先進技術（潜在的シーズ）を適切に取り込んでいく必要がある。そのため、デュアル・ユース技術活用の促進や、企業等における先進的な防衛装備品を目指した研究（芽出し研究）育成のため、民生先進技術の調査範囲を拡大し、技術調査能力の向上を図り、民生技術の動向も踏まえた中長期的な技術戦略（中長期技術見積り）を策定し、公表する。

③ 大学や研究機関との連携強化

我が国の大学及び独立行政法人の研究機関等の中には、世界でも屈指の技術及び研究環境を持つ組織があるが、米国等の諸外国に比べ、それらの機関と防衛省の連携は必ずしも進んでいない。今後、独立行政法人の研究機関や大学等との連携を深めることで、防衛装備品にも応用可能な民生技術の積極的な活用に努める。

④ デュアル・ユース技術を含む研究開発プログラムとの連携・活用

デュアル・ユース技術活用の効率的な推進のためには、大学や研究機関との連携強化を図るとともに、政府等が主導する個別の研究開発プログラム等を活用していく必要がある。平成25年12月には研究開発力強化法[8]が改正され、我が国の安全に係る研究開発等を推進することの重要性に鑑み、これらに必要な資源の配分を行うこととされた。今後、平成26年に開始された「革新的研究開発推進プログラム（ImPACT）」など、他府省が推進する国内先進技術育成プログラムを注視し、デュアル・ユース技術として利用できる研究開発の成果を活用するなど積極的に連携を推進する。

⑤ 防衛用途として将来有望な先進的な研究に関するファンディング

防衛装備品への適用面から着目される大学、独立行政法人の研究機関や企業等における独創的な研究を発掘し、将来有望である芽出し研究を育成するため、その成果を将来活用することを目指して、防衛省独自のファンディング制度について、競争的資金[9]制度をひな形に検討を行う。

⑥ 海外との連携強化

防衛装備品に係る技術や、デュアル・ユース技術を活用するため我が国の技術基盤の効果的な維持・強化を図る観点から、情報交換や共同研究などの国際協力を積極的に進める。

(3) 防衛装備・技術協力等

先述したとおり、平成26年4月に防衛装備移転三原則が策定されたところ、

それに基づき、防衛生産・技術基盤の維持・強化及び平和貢献・国際協力の推進に資するよう政府主導の下に積極的・戦略的に国際共同開発・生産等の防衛装備・技術協力を推進するための必要な措置を講じる。

① 米国との防衛装備・技術協力関係の深化

米国との間では、既に昭和58年の対米武器技術供与取極の締結以降、同取極及びその後の対米武器・武器技術供与取極に基づき、協力を行ってきたところであり、装備・技術問題に関する意見交換の場である日米装備・技術定期協議[10]等を通じて装備及び技術に関する二国間の協力を深化する。

現在、日米間で進めている弾道ミサイル防衛用能力向上型迎撃ミサイル（SM－3ブロックⅡA）の共同開発については、我が国の防衛生産・技術基盤の維持・強化を考慮に入れた上で、必要な国内生産基盤の在り方も含め、その生産・配備段階への移行について検討の上、必要な措置を講ずる。

また、平成24年度から調達を開始したF－35A戦闘機については、平成25年度以降は国内企業が製造に参画した機体を取得することとしており、平成25年度に、機体の最終組立・検査（FACO：Final Assembly and Check Out）のほか、エンジン部品やレーダー部品について国内企業の製造参画を開始し、また、平成26年度は、エンジンの最終組立・検査（エンジンFACO）等に係る予算を計上した。平成27年度以降の国内企業参画の範囲については、防衛生産・技術基盤の維持・強化といった国内企業参画の意義、米国政府等との調整状況、我が国の財政状況等を勘案して、検討を行う。

また、将来的な防衛装備・技術協力の円滑化を図るため、米国が同盟国及び友好国との間で、防衛装備品の規格化や相互運用を促進することを目的に作成している互恵的な防衛調達に係る枠組み[11]についても調整を進める。

② 新たな防衛装備・技術協力関係の構築

英国との間では、平成25年7月、防衛装備品等の共同開発等に係る政府間枠組みを締結し、化学・生物防護技術に係る共同研究を開始した。フランスとの間では、平成26年1月、防衛装備品協力及び輸出管理措置に関するそれぞれの対話の枠組みを設置し、同年5月には、防衛装備移転に関する協定の交渉を開始したところであるが、今後このような枠組みのもと、競争力ある防衛産業を擁する欧州主要国との防衛装備・技術協力関係の構築・深化を通じ、我が国の防衛産業の競争力向上を図る。

また、豪州との間では、平成26年6月、防衛装備品及び技術の移転に係る協定に実質合意するとともに、船舶の流体力学分野に関する共同研究について、平成27年度からの事業開始に向けて調整を進めているところであるが、その豪州を含め、インド、東南アジアなどアジア太平洋地域の友好国との間でも、我が国との防衛装備・技術協力に係る関心や期待が寄せられているところであり、海洋安全保障や災害救助、海賊対処など非伝統的安全保障の分野等において防衛装備・技術協力の関係構築を積極的に図る。

装

備

③ 国際的な後方支援面での貢献

　近年、欧米においては、防衛装備品の開発にとどまらず、F－35のALGS[12]のように、維持・整備においても、共通の防衛装備品を運用する諸国で部品等の融通を行うといったグローバルな枠組みの構築が進んでいる。このような中、日本企業の強み（センサー、半導体等の部材、複合材や先端材料、高品質・納期遵守のものづくり力等）や、これまでの企業間のライセンス契約などの蓄積をいかして、補給部品の供給などを通じ、グローバルロジスティクス、特にアジア太平洋地域における整備拠点としての後方支援面での貢献を拡大する。

④ 防衛装備・技術協力のための基盤整備

　新たな防衛装備・技術協力を進めていく際には、協力の前提となる「枠組み」が必要となる。近年の国際共同開発・生産の多くが多国間で実施されていることも踏まえ、国際共同開発・生産等の相手国となる可能性が高い国々については、相手国や企業の予見可能性を高め、協力を促進していくためにも、防衛装備品の移転を可能とする枠組みの策定を進めていく。

　また、防衛装備品の移転に際しては、移転に際しての相手国政府から提示される条件等との調整や防衛装備品の運用に係る教育・訓練や維持・整備等について、防衛省が保有する情報等を相手国や関連事業者へ移転することも必要となる場合もあることから、移転する防衛装備品のライフサイクルを通じて、政府の関与と管理の下、円滑に協力を進めるための体制・仕組みについて検討を行う。

⑤ 民間転用の推進

　民間転用[13]については、これを推進することにより、我が国の防衛装備品の市場拡大が期待でき、防衛生産・技術基盤の維持・強化に資するとともに、量産効果により、防衛装備品の費用低減が期待できる。防衛省においては、現在までに化学防護衣等のNBC器材及びソフトウェア無線機を活用した移動型の野外通信システムについて他府省にも提供した実績があり、海外に関しては、捜索・救難飛行艇の導入を検討しているインド政府との間で海上自衛隊の救難飛行艇US－2についての協議の枠組みを設けるなど、開発成果の多面的な活用を検討している。今後、外国政府、他府省、自治体、民間企業等に対する防衛装備品の民間転用を推進するため、防衛省の組織・体制及び関係府省との連携をより一層強化する。また、国と企業の双方にメリットがあるような形で、航空機分野[14]以外においても国が保有する技術資料の利用料の在り方等についての制度設計を進める。

⑥ 技術管理・秘密保全

　今後、産学官連携を強化し、国際的な防衛装備・技術協力を推進するに際しては、防衛技術の機微性・戦略性を適正に評価し、我が国の「強み」として、守るべき技術は、これを守るとともに、デュアル・ユース技術の機微性・戦略性を適切に評価し、我が国の安全保障への影響を念頭に、関係国とも連携しつつ懸念国での武器転用のリスクを回避するなど、技術管理機能を強化する必要

装
備

がある。今後、経済産業省との連携を推進するとともに防衛装備移転三原則における厳格審査及び適正管理への寄与を図る。防衛装備・技術協力を推進するにあたっては、保護を必要とする機微な技術情報の共有の基盤となる情報保護協定の締結や特許制度の特例 (15) が必要となる場合もあることから、必要に応じ関係府省に協力するなど連携の上、検討していくこととする。

(4) 防衛産業組織に関する取組

我が国の防衛産業組織の特徴としては、欧米のような巨大な防衛専業企業は存在せず、また、企業の中での防衛事業のシェアは総じて低く、企業の経営トップへの影響力は一般的に少ない状況にあり、欧米諸国と比べて、企業の再編も進んでいない。他方で、企業によっては収益性・成長性等の観点から防衛事業から撤退しているところもあり、防衛生産・技術基盤のサプライチェーンの維持の観点からの問題が懸念されている状況となっている。そのような状況下において、企業の経営トップが、防衛事業の重要性・意義を理解することを促進し、また、企業にとっては、他社と相互に補完し合うことによる国際競争力の強化、防衛省にとっては調達の効率化・安定化という観点から事業連携、部門統合等の産業組織再編・連携（アライアンス）(16) は有効な手段であるところ、その防衛産業組織の在り方について、今後検討していく必要がある。

① 防衛事業・防衛産業の重要性に対する理解促進

企業の経営トップが、収益性のみならず、我が国の防衛力を支える重要な要素であるといった防衛事業の重要性・意義を適切に認識、評価しうる環境整備について検討する。また、広く国民に対しても、防衛産業が我が国の安全保障に果たす重要性・意義について、防衛白書などを活用し、理解の促進に努める。

② 強靱なサプライチェーンの維持

防衛産業は、プライム企業を頂点とする重層的なサプライチェーンからなる。そのサプライチェーンの中で、他社では代替不能な技術・技能を有する企業が撤退すれば、チェーンが寸断されることになる。このため、国とプライム企業が連携して主要防衛装備品におけるサプライチェーンの実態を適切に把握するとともに、その維持についての方策を検討する。その際、開発段階からサプライチェーンを考慮することにより、強靱な生産・技術基盤を構築することについても検討する。また、サプライチェーンの中でのスパイウェアの混入の防止等のセキュリティ面についても必要な措置を検討する。

さらに、限られた防衛予算の中で、平時・有事を問わず効率的な維持・補給を行うため、民間企業が保有するサプライチェーンマネジメントのノウハウを活用した PBL 契約 (17) の拡大等、維持・補給の在り方の検討を行う。

③ 産業組織と契約制度の運用

防衛装備品の生産は、その特殊性から、技術と資本について、相当の蓄積を必要とする。その中で、類似の機能を有する複数の企業が競争入札において、過度の価格競争を行った場合、結果として、落札した企業においては、利益の

装
備

減少という状況に、また落札できなかった企業においても、人員の再配置化・設備の稼働率の低下という状況に陥ることとなり、我が国の防衛生産・技術基盤の弱体化が生じうる。このような分野では、企業の「強み」を結集できるような企業選定方式の導入や、複数年一括契約による契約対象企業の絞り込み等の契約制度の運用を含め、産業組織の適正化を検討する。

(5) 防衛省における体制の強化

防衛省においては、不祥事再発防止策はもとより、厳しい安全保障環境の下、シビリアン・コントロールを貫徹しつつ、自衛隊をより積極的・効率的に機能させるとの観点から、防衛省の業務や組織の在り方の改革に取り組んでいるところである。その一環として、防衛装備品に関しては、ライフサイクルを通じたプロジェクト管理について、組織的にも適切に実施でき、また、防衛力整備の全体最適化や防衛生産・技術基盤の維持・強化にも寄与するよう、内部部局、各幕僚監部、技術研究本部及び装備施設本部の装備取得関連部門を統合し、外局の設置を視野に入れた組織改編を行うべく検討を実施している。同改革においては、ライフサイクルを通じたプロジェクト管理に加え、関係府省と連携して本戦略に示された防衛装備・技術協力等の施策を組織的に適切に実施できるよう検討を進める。その際、調達について更なる公正を期するための監査機能の強化及びプロジェクト管理・調達に関する人材の育成についても検討する。

(6) 関係府省と連携した取組

防衛産業の強化には、防衛省における契約制度、研究開発等の取組のほか、他府省の施策を利用した支援策についても、あわせて検討する必要がある。例えば、各種税制・補助金の利用等に関し、経済産業省との連携を強化し、中小企業を含めた防衛産業がそのような支援スキームを円滑に利用できるような取組を行うことが効果的である。さらに、企業による防衛装備品の海外移転等の防衛生産・技術基盤の維持・強化に資する取組に対する財政投融資などを活用した支援策についても今後検討の上、必要な措置を講じる。また、防衛産業に関係する法規制についても不断の検証を行う。

6. 各防衛装備品分野の現状及び今後の方向性

本節では、主な防衛装備品分野（陸上装備、需品等、艦船、航空機、弾火薬、誘導武器、通信電子・指揮統制システム、無人装備、サイバー・宇宙）の防衛生産・技術基盤の現状を分析するとともに、前節までに示された防衛生産・技術基盤の維持・強化に係る考え方及び方針、防衛大綱で示された自衛隊の体制整備にあたっての重視事項等を踏まえ、それぞれの分野における防衛生産・技術基盤の維持・強化及びそれぞれの防衛装備品の取得の今後の方向性を示し、防衛省としての方針とするとともに、企業側にとっての予見可能性の向上を図る。

(1) 陸上装備について

① 陸上装備の防衛生産・技術基盤の現状

車両、火器等の陸上装備は多種多様な数多くの防衛装備品からなるのが特性であるが、我が国の高度な工業力に支えられており、少量生産である等の我が国の特殊な事情により、諸外国における同等の防衛装備品と比して割高となっているものの、基本的には、高い技術水準の防衛装備品の生産が可能な基盤を保持している。また、防衛需要に特化する企業が多く存在し、防衛省・自衛隊の調達数量が、その経営及びそれらが保持する基盤に直接的な影響を及ぼす。

　技術の水準に関しては、例えば、戦車については、10式戦車に代表されるように先進性を有している分野である。特に、小型・低燃費、高出力の動力装置（伝達装置を含む。）技術や自動装填技術は世界的に見ても高い水準にある。また、移動目標へのスラローム走行間射撃や多目標同時追尾を行える射撃統制装置も高い水準を保持しており、現在開発中の機動戦闘車にいかされている。

　なお、水陸両用車については、一部の要素技術については強みを有するものの、防衛装備品トータルとしては、その基盤を有していない。

　火器等については、小火器や火砲等の多くはライセンス国産を通じて、国際水準の生産基盤を保持するに至っている。また、小銃など一部小火器については、国内開発・生産基盤を保持している。

② 今後の方向性

　戦車・火砲については、技術・技能の維持・継承により、不確実な将来情勢の変化に対応するため、世界的に高い水準にある強みをいかし、適切な水準の生産・技術基盤の維持に努める。また、各種事態に対する迅速かつ柔軟な対応を可能とする機動戦闘車など、我が国を取り巻く安全保障環境の変化に対応した陸上装備の生産・技術基盤の構築を目指す。

　装輪車両については、防衛省から広範多岐にわたる機能・性能が求められているため、多品種少量生産の傾向にあるが、仕様の更なる共通化（ファミリー化）の推進などを通じて防衛装備品の効果的・効率的な取得を図り、生産・技術基盤の維持・強化を図る。

　今後は、島嶼部に対する侵攻に対処するために、その重要性を増す水陸両用機能など、我が国が技術的に弱みとする面を必要に応じて補強するとともに、強みをいかした防衛装備・技術協力等を推進する。また、企業の予見可能性を高めるなどの努力により、技術・技能の維持・継承など基盤の維持を図る。

(2) 需品等について

① 需品等の防衛生産・技術基盤の現状

　本分野については、個人装備から部隊装備まで多岐にわたる防衛装備品の生産・技術基盤を有しており、防弾チョッキ等、防衛需要に特化したものから、民生分野の技術を活用している被服などまで幅広く国内からの調達が可能となっている。その中でも繊維などの素材に関する技術に強みがある。

② 今後の方向性

　日本人の身体特性等への人間工学的な適合性に加え、隊員個人の身近にある

装備

ものが中心であることから、隊員の安全性及び隊員の士気といった点も踏まえると、基本的には、今後も引き続き国内企業からの調達を行うことを可能にするため、基盤の維持が図れるよう企業の予見可能性を高める等の方策を推進する。また、化学防護装備といった我が国の強みをいかせる分野については、民間転用や防衛装備・技術協力等を検討する。

(3) 艦船について

① 艦船の防衛生産・技術基盤の現状

我が国の艦船建造基盤は、長い歴史に培われた高い品質管理、コスト削減、工程管理の能力を有する国内造船所の建造基盤及び高度な特殊技術を有する中小の下請負メーカーの能力を活用して成り立っている。また、軍事用の艦船基盤は民間船の技術とは乖離があるため、防衛省・自衛隊の調達数量が、基盤の状況に直接的な影響を及ぼす。

護衛艦は、軽量高強度の高張力薄板鋼板を用い、民間船に比べ高密度ぎ装を施し、砲、発射装置、各種センサーなどの武器等、民間船では必要とされない高度な設計、建造技術を用いて建造されている。

潜水艦は、高水圧環境下での運用に対応した固有技術が多く、超高張力鋼材を用い、護衛艦よりもさらに高密度なぎ装を施し、潜水艦用部品等の専業下請負メーカーの協力の下、民間船に無い設計、建造技術を用いて建造されており、その生産には水上艦の基盤に加え潜水艦固有の基盤が必要となる。

艦船分野は国際的にも高い水準にあり、その強みは、護衛艦の建造に係る高張力薄板鋼板技術、溶接技術、潜水艦の建造に係る超高張力鋼材技術、溶接技術、艦船全般の高密度ぎ装技術、戦闘指揮システムと各種センサーシステムとの最適な連接を行うシステムインテグレーション技術、特殊部品の製造を支える下請負メーカーの存在が挙げられる。

② 今後の方向性

海上優勢の獲得・維持の観点から、常続監視や対潜戦等の各種作戦の効果的な遂行により、周辺海域を防衛し、海上交通の安全を確保するにあたり、艦艇はその中核を担う重要な防衛装備品である。現在、艦艇については、一部の国で輸出や技術移転が実施されているものの、最新鋭のものを取得することは難しく、ステルス性能等の最新技術に対応できるよう、複数のプライム企業が参入した形で生産・技術基盤を維持・強化していくことが必要である。

護衛艦については、各種作戦の効果的な遂行による周辺海域の防衛や海上交通の安全確保及び国際平和協力活動等を機動的に実施し得るよう、建造技術基盤及び艦船修理基盤の維持・強化等に留意しつつ、設計の共通化が図られた複数艦一括発注を検討する。その際、価格低減効果を念頭に契約の在り方の見直しを検討する。

潜水艦については、周辺海空域における安全確保のため、平素より広域において常続監視を行い、各種兆候を早期に察知する態勢を強化するため、引き続

装
備

き22隻に増勢することとしている。我が国の潜水艦の造船技術は国際的に見ても高い水準にあり、我が国の強みでもあることから、今後も引き続き、能力向上に向けた研究開発等を行いつつ、現有の基盤を維持・強化する。

　また、維持・整備の面においては、艦船の可動率を維持・向上させるため、財政上の制約条件を踏まえつつ、可能な限りの検査・修理の効率化等を検討することが必要である。

　我が国企業の強みをいかし、海洋安全保障分野などを含め、防衛装備・技術協力を推進する。

(4) 航空機について

① 航空機の防衛生産・技術基盤の現状

　我が国は戦後、国内開発、ライセンス国産及び国際共同開発・生産を通じて航空機の生産・技術基盤を確立してきた。

　戦闘機については、F-4等のライセンス国産を経て、米国との間でF-2の共同開発・国内生産を実施したところであるが、平成23年で国内生産は終了している。平成24年度から取得を開始したF-35Aについては、武器輸出三原則等の制約があった中、国際共同開発のパートナー国とはなっていないため、国内企業の製造参画は一部にとどまり、防衛生産・技術基盤の維持・強化の観点から、関連する企業の経営資源の防衛事業への投下を維持することが課題となっている。また、国際的競争力の面では、一部の部品、素材等については国際的に比較優位があるが、システム全体としては比較優位が無い状況となっている。

　輸送機や哨戒機、救難機及び回転翼については、ライセンス国産を通じて技術を蓄積した結果、一部の機種の国内開発を実現してきたところであり、これらについては、国際的にみても遜色ない水準となっている。

　航空機の開発・生産については、技術の高度化・開発費の高価格化の影響により、国際的には、国際共同開発・生産が主流となっているとともに、維持・整備を含む後方支援の面でもグローバル化が推進されていく見込みである。

② 今後の方向性

　航空優勢の獲得・維持の観点から、防空能力の総合的な向上を図ることとしており、F-35Aの整備等を推進することとしている。F-35Aの取得においては、生産・技術基盤の維持・高度化の観点から国内企業の製造参画を戦略的に推進し、将来的にアジア太平洋地域のリージョナルな維持・整備拠点を我が国へ設置することも視野に入れ、関係国等との調整に努める。

　将来戦闘機については、国際共同開発の可能性も含め、F-2の退役時期までに開発を選択肢として考慮できるよう、国内において戦闘機関連技術の蓄積・高度化を図るため、実証研究を含む戦略的な検討を推進し、必要な措置を講じる。

　輸送機、救難飛行艇等については、民間転用や諸外国との防衛装備・技術協力の可能性など開発成果の多面的な活用を推進する。

装備

回転翼機に関しては、ライセンス国産を通じた海外からの技術導入及び国内開発により培った技術をもとに、今後は、民生需要と防衛需要の双方も見据え、国際共同開発・生産も選択肢の一つとして考慮する。

航空機の維持・整備は、PBLのような新たな契約方式やF－35のALGSのような国際的な後方支援システムの導入といった効率性等を向上させるための新たな取組が進められている分野であり、我が国企業の取組を促進するための施策を検討の上、必要な措置を講じる。

(5) 弾火薬について

① 弾火薬の防衛生産・技術基盤の現状

弾火薬については、ライセンス国産も含め、国内に生産・技術基盤を保持している。また、本分野は、防衛需要に特化するものであり、防衛依存度が高い企業が多く、防衛省・自衛隊の調達数量が、企業の経営、基盤の状況に直接的な影響を及ぼす。

弾火薬の製造に関しては、例えば、弾殻、発射薬、信管、てん薬及び組立について、製造企業が異なっている場合が通常であり、主要な各企業が相互に補完しあってサプライチェーンが形成されている。このため、弾火薬企業1社の事故・倒産などが、業界全体へ波及する危険性をはらんでいる。

魚雷の取得及び研究開発は、継続的に行われており、生産・技術基盤は安定的に維持されている。技術的には、高速で静粛性の高い魚雷用エンジンを可能にした動力推進技術や、誘導制御部の音響センサーの広帯域化や音響画像処理を用いた誘導制御技術は世界的に見ても優れている。

② 今後の方向性

弾火薬は継戦能力の基本であり、その基盤の維持は、我が国の防衛の主体性を確保する上で重要な要素である。今後とも、効率的な取得との両立を図り、国内企業からの一定規模の調達を継続することを可能にし、各種の事態に際して、多様な調達手段と併せ、必要な規模の弾火薬の確保を可能とする基盤を維持する。あわせて、官民双方にとっての将来的な予見可能性を向上するための施策を検討の上、必要な措置を講じる。

魚雷については、動力装置の更なる静粛化、誘導制御部の広帯域化、浅海域対応など、今後も継続的に研究開発を実施し、魚雷の能力向上及び技術基盤の向上を行う。

(6) 誘導武器について

① 誘導武器の防衛生産・技術基盤の現状

本分野については、戦後当初の輸入による取得からライセンス国産を経て技術力を高めた結果、現在は、少量生産である等の理由により、諸外国における同等の防衛装備品と比して割高となっているものの、多くの誘導弾については国産での取得が可能な生産・技術基盤を保持している。

技術基盤については、我が国の高度な半導体技術、赤外線センサー技術、固

体ロケット技術や、米国との共同研究開発により、世界的に見ても高度な誘導技術や推進技術等を有している。また、民生需要が存在しない分野であるため、防衛専用の特殊な技術開発や生産基盤が必要となり、防衛省・自衛隊の調達数量が、基盤の状況に直接的な影響を及ぼす。

② 今後の方向性

対象脅威の能力向上に迅速に対応し、技術的優位性を確保するため、一定の誘導武器について今後も国内開発を継続できる基盤を維持・強化していく。

防空能力の向上のため、陸上自衛隊の中距離地対空誘導弾と航空自衛隊の地対空誘導弾ペトリオットの能力を代替することも視野に入れ、将来地対空誘導弾の技術的検討を進めることにより、更なる技術基盤の強化を図る。また、新たな脅威に対応し、効果的な運用を確保できるよう、各種誘導武器の射程延伸等の能力向上に必要な固体ロケットモーター等の推進装置を含め、将来の誘導武器の技術的検討を実施するための研究開発ビジョンを策定する。

本分野では、国際的に国際共同開発・生産の事例が増加してきているところであり、状況に応じて、国際共同開発への参加を一つのオプションとし、同盟・友好関係国との相互運用性の向上という点も踏まえ、効率的な取得方法を選択する。また、SM−3ブロックⅡAについては、日米共同開発を引き続き推進し、生産・技術基盤の維持・強化を考慮し、その生産・配備段階への移行について検討の上、必要な措置を講ずる。

(7) 通信電子・指揮統制システムについて

① 通信電子・指揮統制システムの防衛生産・技術基盤の現状

レーダー装置、データ通信装置、指揮統制システムなどに代表される通信電子分野は、警戒監視、情報収集、指揮統制能力などの中核をなす戦略的に重要な分野である。我が国は、これまでの旺盛な民生需要を背景として、防衛装備品に関する技術力の向上に努めた結果、国内の複数企業が優れた開発・製造能力を保有するに至っている。

防衛装備品用として主流となっているアクティブ・フェーズド・アレイ・レーダーは、戦闘機用として我が国が世界で初めて実用化を達成したものであり、2波長赤外線センサーや高出力半導体などは世界的に高い水準にあるなど、レーダーやセンサー素子について世界的に高い技術力を保持している。

また、ソーナーについては、潜水艦のえい航式ソーナーや護衛艦用アクティブソーナーなどに使用される光ファイバー受波器や圧電素子を使用した広帯域化送受波器は世界的に高い水準にある。

指揮統制システムは、民間における情報処理システムの技術と共通する部分が多いところ、これまでの旺盛な民生需要を背景として、システムに関する技術力の向上に努めた結果、国内の複数企業が優れた開発・製造能力を保有するに至っている。

② 今後の方向性

装備

我が国の防衛にとって戦略的に重要な警戒監視能力、情報機能の能力向上は、通信電子の技術力によるところが大きい。通信電子技術は民生需要をベースとすることが多いが、その中でも、固定式警戒管制レーダー装置の探知能力向上や、複数のソーナーの同時並行的な利用による探知能力向上など、防衛需要ベースの先進技術に関する研究開発を重点的に実施していくとともに、民生先端技術の適用可能性を追求する等により技術基盤を維持・強化していく。

　今後の指揮統制システムにおいては、統合運用を円滑に行うためのシステムの統合化、指揮官の意思決定を支援する機能の強化などネットワーク・データ中心の戦いに対応したシステムが必要となる。このため、最新の技術水準を反映した適時のシステム換装が可能になるよう、統合的なシステム構築技術、データ処理技術等の進展の著しい民生技術基盤の活用を図る。

　ソフトウェア無線技術や高出力半導体を用いたレーダー技術等の防衛需要ベースの技術であって、我が国が強みを有する分野については、生産・技術基盤の強化の観点からも、防衛装備・技術協力や民間転用等を推進する。

(8) 無人装備について

① 無人装備の防衛生産・技術基盤の現状

　我が国は、農業用または観測用の無人回転翼機、海洋探査用の水中無人探査機、またはレスキュー用無人機など遠隔操縦式の無人機においては、民生の分野で優れた技術基盤を保有する。防衛用においては、民生技術を適用し、爆発物処理用ロボットなど、無人機の研究開発を実施したものの、その適用例は限定的である。また、小型の固定翼無人機については、現在、国内開発を通じ、自律飛行制御技術等の蓄積を実施しているが、当該分野の先進国と比較すると大きく遅れている。

② 今後の方向性

　本分野は、今後の軍事戦略や戦力バランスに大きな影響を与え得るものである。現時点においては、自衛隊の現有防衛装備品は少ないが、世界的に開発が進んでいる分野であり、我が国においても積極的に技術基盤の向上に努めていく必要がある。しかし、他の分野の防衛装備品に比べ、要求される機能・性能やその運用方法について未確定なことも多く、将来戦闘様相及びスマート化やネットワーク化のような防衛技術の動向を踏まえ、統合運用の観点に留意しつつ、自律型等の将来の無人航空機などの無人装備の方向性を示すために、研究開発ビジョンを策定するとともに、積極的な研究を行い、技術基盤の向上を図る。

　また、民生に優れた技術を有する研究機関も多く、防衛用途に使い得るロボットまたは無人機関連の要素技術研究に対して、研究機関との研究協力を推進し、無人機関連技術の底上げに努める。さらに、本分野は、諸外国において先進的な研究開発や防衛装備品の運用がなされているところであり、それらの諸外国との共同研究開発といった防衛装備・技術協力を進め、我が国として、早期の技術基盤の高度化を図るよう努める。

装
備

(9) サイバー・宇宙について

① サイバー・宇宙の防衛生産・技術基盤の現状

　　サイバー・宇宙は、近年、防衛省として取組を強化していくこととしている分野である。サイバー分野は、サイバー攻撃の態様が一層複雑・巧妙化するなど、サイバー空間を取り巻くリスクが深刻化していることから、サイバー攻撃対処能力向上の重要性が高まっている。また、宇宙分野は、情報収集及び警戒監視機能を強化するために重要となっている。これらの状況を踏まえ、民生部門における技術を活用しつつ、防衛需要に対応しているところである。

② 今後の方向性

　　防衛省におけるサイバー攻撃対処能力向上への取組及び宇宙開発利用に係る方針と連携しつつ、我が国の防衛の観点から、将来的に必要とされる防衛生産・技術基盤の在り方を検討していく。

(1)　「装備の生産及び開発に関する基本方針、防衛産業整備方針並びに研究開発振興方針について（通達）」（防装管第1535号。45.7.16)
(2)　(1) 共産圏諸国向けの場合、(2) 国連安保理決議により武器等の輸出を禁止されている国向けの場合、(3) 国際紛争の当事国又はそのおそれのある国向けの場合については、武器輸出は認められないとされた。
(3)　原則1：移転を禁止する場合を明確化し、次に掲げる場合は移転しない。
　　　①我が国が締結した条約その他の国際約束に基づく義務に違反する場合、②国連安保理の決議に基づく義務に違反する場合、③紛争当事国への移転となる場合。
　　　原則2：移転を認め得る場合を次の場合に限定し、透明性を確保しつつ、厳格審査。
　　　①平和貢献・国際協力の積極的な推進に資する場合、②我が国の安全保障に資する場合。
　　　原則3：目的外使用及び第三国移転について適正管理が確保される場合に限定。
(4)　平成17年6月の橋梁談合問題、平成18年1月から2月に発覚した防衛施設庁官製談合問題、防衛施設技術協会、建設弘済会等との随意契約問題等を背景とし、平成18年8月に「公共調達の適正化について（財務大臣通知）」が発出され、防衛省においてもライセンス国産を除き、一般競争入札等、競争性のある方式へ移行した。
(5)　長官指示：防衛庁長官（平成19年の省移行後は「防衛大臣」。）が、「装備品等及び役務の 調達実施に関する訓令（昭和49年防衛庁訓令第4号）」に基づき、新たに、法令に基づく製造に関する許可又はライセンスの取得を必要とする場合や、航空機における適切な開発体制を構築する場合などに、契約に先立って、調達の相手方を選定することをいう。
(6)　スマート化：情報通信技術を駆使した情報収集と、コンピュータによる高度な制御・処理能力を有すること。
(7)　ネットワーク化：複数、異種の装備システムがデータリンク等を介して有機的に連携すること。
(8)　研究開発システムの改革の推進等による研究開発能力の強化及び研究開発等の効率的推進等に関する法律（平成20年法律第63号）
(9)　競争的資金：資源配分主体が、広く研究開発課題等を募り、提案された課題の中から、専門家を含む複数の者による科学的・技術的な観点を中心とした評価に基づいて実施すべき課題を採択し、研究者等に配分する研究開発資金。
(10)　昭和55年5月、防衛庁において亘理事務次官（当時）と米国防総省ペリー次官（当時）との間で、装備・技術問題に関し、日米相互の意志疎通の緊密化を図るため、双方の装備技術の責任者が定期的に意見の交換を行う場として日米装備・技術定期協議（S&TF：Systems and Technology Forum）を設けることについて合意がなされ、同年9月に第1回S&TFが開催され、平成25年8月までの間に26回開催された。
(11)　米国は同盟国及び友好国との間で、相互に防衛装備品の調達を効率化すること等を促進するため、RDP MOU（Reciprocal Defense Procurement Memorandum of Understanding）という文書をこれまでに欧州主要国等23カ国と作成している。
(12)　ALGS：F－35の後方支援システムであり、徹底的なコスト削減の観点から、米国 政府の一元的な管理の下、F－35ユーザー国間で部品等を融通し合う多国間の枠組み。 各国はALGS（Autonomic Logistics Global Sustainment）に参加することで、米国政府 が管理する共通の部品・構成品のプールから必要な時に速やかに補修修理を受ける。
(13)　民間転用とは、防衛装備品の開発過程で得られた技術成果等について、開発担当企業が自社製品として、外国政府、他府省、自治体、民間企業等向けに製品を開発・生産・販売すること。
(14)　防衛省開発航空機については、民間転用に必要な技術資料の利用に関する手続き及び利用料の算定についての計算式等のルールを策定済み（技術資料の利用に関する手続き（平成23年4月）及び利用料の算定要領（平成24年6月）についてそれぞれ定め、民間転用機による利益が発生した際に企業から国に対して一定割合の利用料を支払う要領を策定した。）。
(15)　例えば、多くの先進諸国においては、秘密保護法制の一環として、安全保障上の機密技術について国防関連省庁の判断に基づいて出願後公開を行わない、いわゆる秘密特許制度が導入されている。
(16)　アライアンスの形態としては、合併、合弁会社、共同出資会社、ジョイント・ベンチャー（JV）、コンソーシアム等が挙げられる。
(17)　PBL（Performance Based Logistics）契約：防衛装備品の維持・整備に係る業務について、部品の個数や役務の工数に応じた契約を結ぶのではなく、役務提供等により得られる成果（可動率の維持、修理時間の短縮、安定在庫の確保等）に主眼を置いて包括的な業務範囲に対し長期契約を結ぶもの。

装
備

（2）装備の生産及び開発に関する基本方針、防衛産業整備方針並びに研究開発振興方針について

・装備の生産及び開発に関する基本方針

1. 防衛力の充実にあたっては、装備面からみた防衛力は工業力を中心とするその国の産業力を基盤としているという観点に立ってわが国の防衛に必要な装備を充実するとともに、生産体制の整備について配意するものとする。

2. 防衛の本質からみて、国を守るべき装備はわが国の国情に適したものを自ら整えるべきものであるので、装備の自主的な開発及び国産を推進する。

3. 装備の開発及び生産は、主として民間企業の開発力及び技術力を活用してこれにあたらせるものとする。

4. 装備の開発及び生産は、長期的観点に立ち、その効率性、経済性及び安定性を考慮しつつ、計画的に推進するものとする。

5. 民間企業における開発力及び技術力の向上並びに適正価格の形成は、適正な競争により促進されることにかんがみ、装備の開発及び生産には、積極的に競争原理の導入を行いその確立に努めるものとする。

・防衛産業整備方針

1. 適正な競争原理の導入
競争原理の導入にあたっては、各分野において適正規模、適正数の民間企業が存在し、それらの間において適正な競争原理が働くことが必要であるが、（1）防衛はその特殊性から、技術と資本について相当の蓄積を必要とするので、競争を適正に維持しうる限度において各分野における民間企業の数は少数に限定するとともに、（2）競争基盤の乏しい分野については、競争原理を導入しうる基盤の育成を図るものとする。

2. 適正価格による調達
装備の調達は、適正価格による調達が基本である。そのためには、計画立案、予算要求、契約締結及び履行等の各段階について、機構、制度等の確立を図るものとする。

3. 適正な生産規模の確保
防衛生産の規模は、当面、直接必要とする防衛力の維持と、緊急時において一般工業力を防衛生産に顕在化しうる顕在化力の維持とを考慮して、適正規模を維持するものとする。

4. 武器の輸出
装備の開発及び生産は、もっぱらわが国防衛上の見地を中心に考慮するものとし、特に武器に該当するものの輸出は、内外の情勢にかんがみ、慎重に処理するものとする。

5. 秘密保全措置の徹底
装備については、その特質上秘密保全を必要とするものが多いが、自主的な開発及び国産の推進に際しては、特に民間企業における今後の開発、生

産態勢を考慮した秘密保全に留意し、その措置の徹底を期するものとする。

6. 適正な防衛生産基盤の確立

装備の開発及び生産にあたっては、特定企業に集中することのないよう配慮し、適正な防衛生産基盤の確立に留意するものとする。

7. 自国産業による開発、生産

自主防衛の見地から、わが国を防衛すべき装備の開発及び生産は、わが国産業自らがあたることが望ましいので、今後の装備の開発及び生産は、原則として自国産業に限定するものとする。

・研究開発振興方針

1. 重点的な研究開発の実施

装備の研究開発は、主要装備について重点的に行うものとする。当面、主として航空機、誘導武器及び電子機器等の分野において開発を進めることが必要である。

2. 長期開発計画の策定

装備の研究開発は、わが国の長期的な防衛構想に立脚した長期開発計画を策定し、これに基づき計画的に実施するものとする。

長期開発計画の策定にあたっては、各自衛隊間の重複、間隙を避け、効果的な開発を行うため、任務別装備体系を考慮する。

3. 研究開発の選択可能性の拡大

研究開発基盤の向上を図り、装備開発の選択可能性を拡大するため、装備に関するざん新な構想、考案等を積極的に引き出しうるよう、資金の確保を図る等所要措置について推進する。

4. 競争原理の導入による開発能力の向上

競争原理の導入にあたっては、(1) 設計、試作等研究開発の各段階に適した競争方式を採るものとし、(2) 競争基盤のある分野については、適正な競争の維持を図り、(3) 競争基盤の乏しい分野については、競争原理を導入しうる基盤の育成を図るとともに、(4) 競争試作を必要とするものについては、複数企業の競争試作を可能とする開発経費の確保に努めるものとする。

5. 開発成果の国への帰属

民間企業に委託する装備の開発試作とその量産は分離するものとし、民間企業に委託する研究開発の成果は、原則として国に帰属する方向で推進するものとする。このため、民間企業に委託する設計、試作等研究開発の各段階においてその適正経費を確保する。

6. 開発体制の整備、充実

国が行う装備の研究開発は、開発部門を重視し、開発の計画、試験及び審査の能力及び施設等の充実並びに弾力的開発体制の確立に努める。

7. 研究開発の評価の徹底

民間及び国の行う研究開発の実施にあたっては、計画、設計、試作等の各

装
備

段階における評価の徹底を図り、各段階において研究開発の継続、中止等の適確な措置をとるものとする。

8. 技術情報能力の確保

装備の研究開発は、科学技術の予測を行うとともに、その進歩に即応することが防衛上不可欠であるので、防衛技術情報能力の整備、向上、確保に努めるものとする。このため、(1) 海外主要国への技術駐在官の設置を考慮するとともに、(2) 国の内外における最新の技術資料及び技術情報の収集整理、集中管理及び効率的活用を図る。

9. 研究開発要員の充実

研究開発における要員の重要性にかんがみ、研究開発要員の確保とその質的向上を図るものとする。

このため、国内留学及び外国留学の充実に努めるとともに、研究開発要員の地位及び給与については、技術能力を十分生かしうるよう特別の配慮を行う等の措置をとるものとする。

3. 防衛装備品等の海外移転について

(1) 防衛装備移転三原則

1. 防衛装備移転三原則の概要

国家安全保障戦略(平成25年12月17日閣議決定)に基づき、平成26年4月1日、防衛装備の海外移転に関する新たな原則として、「防衛装備移転三原則」を閣議決定した（令和5年12月22日一部改正）。

国際連合憲章を遵守するとの平和国家としての基本理念及びこれまでの平和国家としての歩みを引き続き堅持しつつ、今後は次の三つの原則に基づき防衛装備の海外移転の管理を行うこととした。

1) 移転を禁止する場合の明確化（第一原則）

移転を禁止する場合を①わが国が締結した条約その他の国際約束に基づく義務に違反する場合、②国連安保理の決議に基づく義務に違反する場合および③紛争当事国（武力攻撃が発生し、国際の平和および安全を維持または回復するため、国連安全保障理事会がとっている措置の対象国をいう。）への移転となる場合とに明確化した。

2) 移転を認め得る場合の限定並びに厳格審査および情報公開（第二原則）

移転を認め得る場合を①平和貢献・国際協力の積極的な推進に資する場合および②わが国の安全保障に資する場合などに限定した。また、移転先の適切性や安全保障上の懸念などを個別に厳格に審査するとともに、審査基準や手続きなどについても、明確化・透明化を図り、国家安全保障会議での審議を含め、政府全体として厳格な審査体制を構築することとした。

3) 目的外使用および第三国移転にかかる適正管理の確保（第三原則）

　防衛装備の海外移転に際しては、適正管理が確保される場合に限定するとして、具体的には、原則として目的外使用および第三国移転についてわが国の事前同意を相手国政府に義務付けることとした。ただし、平和貢献・国際協力の積極的な推進のため適切と判断される場合、部品などを融通し合う国際的なシステムに参加する場合、部品などをライセンス元に納入する場合などにおいては、仕向先の管理体制の確認をもって適正な管理を確保することも可能とした。

2. 防衛装備移転三原則

$$\left(\begin{array}{c} \text{平 成 2 6 年 4 月 1 日} \\ \text{国家安全保障会議決定} \\ \text{閣 　 議 　 決 　 定} \\ \text{令和 5 年 1 2 月 2 2 日} \\ \text{一 　 部 　 改 　 正} \end{array}\right)$$

　政府は、防衛装備の海外移転については、昭和42年の佐藤総理による国会答弁（以下「武器輸出三原則」という。）及び昭和51年の三木内閣の政府統一見解によって慎重に対処することを基本としてきた。このような方針は、我が国が平和国家としての道を歩む中で一定の役割を果たしてきたが、一方で、共産圏諸国向けの場合は武器の輸出は認めないとするなど時代にそぐわないものとなっていた。また、武器輸出三原則の対象地域以外の地域についても武器の輸出を慎むものとした結果、実質的には全ての地域に対して輸出を認めないこととなったため、政府は、個別の必要性に応じて例外化措置を重ねてきた。このような中、平成26年4月1日、防衛装備の海外移転に係るこれまでの政府の方針につき改めて検討を行い、これまでの方針が果たしてきた役割に十分配意した上で、新たな安全保障環境に適合するよう、これまでの例外化の経緯を踏まえ、包括的に整理し、明確な原則として本原則を定めた。今般、「国家安全保障戦略について」（令和4年12月16日国家安全保障会議及び閣議決定）を踏まえ、一部改正をすることとした。

　我が国は、戦後一貫して平和国家としての道を歩んできた。専守防衛に徹し、他国に脅威を与えるような軍事大国とはならず、非核三原則を守るとの基本原則を堅持してきた。他方、現在、我が国は、戦後最も厳しく複雑な安全保障環境に直面している。そして、我が国が位置するインド太平洋地域は安全保障上の課題が多い地域であり、この地域において、我が国が、自由で開かれたインド太平洋というビジョンの下、同盟国・同志国等と連携し、法の支配に基づく自由で開かれた国際秩序を実現し、地域の平和と安定を確保していくことは、我が国の安全保障にとって死活的に重要である。

　これらを踏まえ、我が国は、平和国家としての歩みを引き続き堅持し、また、国際社会の主要プレーヤーとして、同盟国・同志国等と連携し、国際協調を旨と

装
備

する積極的平和主義の立場から、我が国の安全及びインド太平洋地域の平和と安定を実現しつつ、一方的な現状変更を容易に行い得る状況の出現を防ぎ、安定的で予見可能性が高く、法の支配に基づく自由で開かれた国際秩序を強化することとしている。

　こうした我が国の安全保障上の目標を達成する上で、防衛装備の海外への移転は、特にインド太平洋地域における平和と安定のために、力による一方的な現状変更を抑止して、我が国にとって望ましい安全保障環境の創出や、国際法に違反する侵略や武力の行使又は武力による威嚇を受けている国への支援等のための重要な政策的な手段となる。そして、防衛装備の適切な海外移転は、国際平和協力、国際緊急援助、人道支援及び国際テロ・海賊問題への対処や途上国の能力構築といった平和への貢献や国際的な協力（以下「平和貢献・国際協力」という。）の機動的かつ効果的な実施を通じた国際的な平和と安全の維持の一層積極的な推進に資するものであり、また、同盟国である米国及び同志国等との安全保障・防衛分野における協力の強化、ひいては地域における抑止力の向上に資するものである。さらに、防衛装備の高性能化を実現しつつ、費用の高騰に対応するため、国際共同開発・生産が国際的主流となっていることに鑑み、防衛装備の適切な海外移転は、いわば防衛力そのものと位置付けられる我が国の防衛生産・技術基盤の維持・強化、ひいては我が国の防衛力の向上に資するものである。

　他方、防衛装備の流通は、国際社会への安全保障上、社会上、経済上及び人道上の影響が大きいことから、各国政府が様々な観点を考慮しつつ責任ある形で防衛装備の移転を管理する必要性が認識されている。その際、経済安全保障の観点も踏まえ、技術等に関する我が国の優位性、不可欠性の確保等にも留意する必要がある。

　以上を踏まえ、我が国としては、国際連合憲章を遵守するとの平和国家としての基本理念及びこれまでの平和国家としての歩みを引き続き堅持しつつ、次の三つの原則に基づき防衛装備の海外移転の管理を行った上で、官民一体となって防衛装備の海外移転を進めることとする。また、武器製造関連設備の海外移転については、これまでと同様、防衛装備に準じて取り扱うものとする。

１．移転を禁止する場合の明確化

　次に掲げる場合は、防衛装備の海外移転を認めないこととする。

① 当該移転が我が国の締結した条約その他の国際約束に基づく義務に違反する場合、

② 当該移転が国際連合安全保障理事会の決議に基づく義務に違反する場合、又は

③ 紛争当事国（武力攻撃が発生し、国際の平和及び安全を維持し又は回復するため、国際連合安全保障理事会がとっている措置の対象国をいう。）への移転となる場合

２．移転を認め得る場合の限定並びに厳格審査及び情報公開

　上記１以外の場合は、移転を認め得る場合を次の場合に限定し、透明性を確保しつつ、厳格審査を行う。具体的には、防衛装備の海外移転は、平和貢献・国際協力の積極的な推進に資する場合、同盟国たる米国を始め我が国との間で安全保障面での協力関係がある諸国（以下「同盟国等」という。）との国際共同開発・生産の実　施、同盟国等との安全保障・防衛分野における協力の強化並びに装備品の維持を含む自衛隊の活動及び邦人の安全確保の観点から我が国の安全保障に資する場合等に認め得るものとし、仕向先及び最終需要者の適切性並びに当該防衛装備の移転が我が国の安全保障上及ぼす懸念の程度を厳格に審査し、国際輸出管理レジームのガイドラインも踏まえ、輸出審査時点において利用可能な情報に基づいて、総合的に判断する。

　また、我が国の安全保障の観点から、特に慎重な検討を要する重要な案件については、国家安全保障会議において審議するものとする。国家安全保障会議で審議された案件については、行政機関の保有する情報の公開に関する法律（平成11年法律第42号）を踏まえ、政府として情報の公開を図ることとする。

３．目的外使用及び第三国移転に係る適正管理の確保

　上記２を満たす防衛装備の海外移転に際しては、適正管理が確保される場合に限定する。具体的には、原則として目的外使用及び第三国移転について我が国の事前同意を相手国政府に義務付けることとする。ただし、平和貢献・国際協力の積極的な推進のため適切と判断される場合、部品等を融通し合う国際的なシステムに参加する場合、部品等をライセンス元に納入する場合等においては、仕向先の管理体制の確認をもって適正な管理を確保することも可能とする。

以上の方針の運用指針については、国家安全保障会議において決定し、その決定に従い、経済産業大臣は、外国為替及び外国貿易法（昭和24年法律第228号）の運用を適切に行う。その上で、運用指針は、安全保障環境の変化や安全保障上の必要性等に応じて、時宜を得た形で改正を行う。

　本原則において「防衛装備」とは、武器及び武器技術をいう。「武器」とは、輸出貿易管理令（昭和24年政令第378号）別表第1の1の項に掲げるもののうち、軍　隊が使用するものであって、直接戦闘の用に供されるものをいい、「武器技術」とは、武器の設計、製造又は使用に係る技術をいう。

　政府としては、国際協調を旨とする積極的平和主義の立場から、国際社会の平和と安定のために積極的に寄与していく考えであり、防衛装備並びに機微な汎用品及び汎用技術の管理の分野において、武器貿易条約の履行及び国際輸出管理レジームの更なる強化に向けて、一層積極的に取り組んでいく考えである。

装
備

3. 防衛装備移転三原則の運用指針

平成 2 6 年 4 月 1 日
国家安全保障会議決定
平成 2 7 年 1 1 月 2 4 日
一　　部　　改　　正
平成 2 8 年 3 月 2 2 日
一　　部　　改　　正
令和 4 年 3 月 8 日
一　　部　　改　　正
令和 5 年 1 2 月 2 2 日
一　　部　　改　　正

　防衛装備移転三原則（平成26年4月1日閣議決定。以下「三原則」という。）に基づき、三原則の運用指針（以下「運用指針」という。）を次のとおり定める。
（注）用語の定義は三原則によるほか、6のとおりとする。

1. 防衛装備の海外移転を認め得る案件

　防衛装備の海外移転を認め得る案件は、次に掲げるものとする。

(1) 平和貢献・国際協力の積極的な推進に資する海外移転として次に掲げるもの（平和貢献・国際協力の観点から積極的な意義がある場合に限る。）

　ア　移転先が外国政府である場合

　イ　移転先が国際連合若しくはその関連機関、国連決議に基づいて活動を行う機関、国際機関の要請に基づいて活動を行う機関又は活動が行われる地域の属する国の要請があってかつ国際連合の主要機関のいずれかの支持を受けた活動を行う機関である場合

(2) 我が国の安全保障に資する海外移転として次に掲げるもの（我が国の安全保障の観点から積極的な意義がある場合に限る。）

　ア　米国を始め我が国との間で安全保障面での協力関係がある諸国との国際共同開発・生産に関する海外移転であって、次に掲げるもの

　　(ｱ) 国際共同開発・生産のパートナー国に対する防衛装備の海外移転

　　(ｲ) 国際共同開発・生産のパートナー国以外の国に対する部品や役務の提供

　イ　米国を始め我が国との間で安全保障面での協力関係がある諸国との安全保障・防衛協力の強化に資する海外移転であって、次に掲げるもの

　　(ｱ) 法律に基づき自衛隊が実施する物品又は役務の提供に含まれる防衛装備の海外移転転

　　(ｲ) 米国との相互技術交流の一環としての武器技術の提供

450

（ウ）我が国との間で安全保障面での協力関係がある国からのライセンス生産品に係る防衛装備のライセンス元国からの要請に基づく提供（ライセンス元国からの更なる提供を含む。）に関する防衛装備の海外移転（自衛隊法上の武器（弾薬を含む。以下同じ。）に該当するライセンス生産品に係る防衛装備をライセンス元国以外の国に更に提供する場合にあっては、我が国の安全保障上の必要性を考慮して特段の事情がない限り、武力紛争の一環として現に戦闘が行われていると判断される国へ提供する場合を除く。）

（エ）我が国との間で安全保障面での協力関係がある国への修理等の役務提供

（オ）我が国との間で安全保障面での協力関係がある国に対する次に掲げるものに関する防衛装備の海外移転

① 部品

② 救難、輸送、警戒、監視及び掃海に係る協力に関する完成品（当該本来業務の実施又は自己防護に必要な自衛隊法上の武器を含む。）

ウ 自衛隊を含む政府機関（以下「自衛隊等」という。）の活動（自衛隊等の活動に関する外国政府又は民間団体等の活動を含む。以下同じ。）又は邦人の安全確保のために必要な海外移転であって、次に掲げるもの

（ア）自衛隊等の活動に係る、装備品の一時的な輸出、購入した装備品の返送及び技術情報の提供（要修理品を良品と交換する場合を含む。）

（イ）公人警護又は公人の自己保存のための装備品の輸出

（ウ）危険地域で活動する邦人の自己保存のための装備品の輸出

(2) 国際法に違反する侵略や武力の行使又は武力による威嚇を受けている国に対する防衛装備（自衛隊法上の武器及びその技術情報を除く。）の海外移転

(3) 誤送品の返送、返送を前提とする見本品の輸出、海外政府機関の警察官により持ち込まれた装備品の再輸出等の我が国の安全保障上の観点から影響が極めて小さいと判断される場合の海外移転

２．海外移転の厳格審査の視点

(1) 個別案件の輸出許可

個別案件の輸出許可に当たっては、１に掲げる防衛装備の海外移転を認め得る案件に該当するものについて、

・仕向先及び最終需要者の適切性

・当該防衛装備の海外移転が我が国の安全保障上及ぼす懸念の程度の２つの視点を複合的に考慮して、移転の可否を厳格に審査するものとする。

具体的には、仕向先の適切性については、平和貢献・国際協力の観点や我が国の安全保障の観点から積極的な意義があるかなど、仕向国・地域が国際的な平和及び安全並びに我が国の安全保障にどのような影響を与えている

装
備

か等を踏まえて検討し、最終需要者の適切性については、最終需要者による防衛装備の使用状況及び適正管理の確実性等を考慮して検討する。特に、自衛隊法上の武器に該当する完成品に係る防衛装備の海外移転については、仕向国・地域において武力紛争の一環として現に戦闘が行われているか否かを含めた国際的な平和及び安全への影響、仕向国・地域と我が国の安全保障上の関係等を考慮して、慎重に検討する。

また、安全保障上の懸念の程度については、移転される防衛装備の性質、技術的機微性、用途（目的）、数量、形態（完成品又は部品か、貨物又は技術かを含む。）並びに目的外使用及び第三国移転（以下「第三国移転等」という。）の可能性等を考慮して検討する。なお、最終的な移転を認めるか否かについては、国際輸出管理レジームのガイドラインも踏まえ、移転時点において利用可能な情報に基づいて、上述の要素を含む視点から総合的に判断することとする。

(2) 第三国移転等に係る事前同意

第三国移転等に係る事前同意に当たっては、事前同意を与える相手国にとっての安全保障上の意義等を考慮しつつ、(1) における
・仕向先及び最終需要者の適切性
・当該防衛装備の第三国移転等が我が国の安全保障上及ぼす懸念の程度
の２つの我が国の視点を複合的に考慮して、事前同意の可否を厳格に審査するものとする。

3. 適正管理の確保

防衛装備の海外移転に当たっては、海外移転後の適正な管理を確保するため、原則として第三国移転等について我が国の事前同意を相手国政府に義務付けることとする。ただし、次に掲げる場合には、仕向先の管理体制の確認をもって適正な管理を確保することも可能とする。その場合であっても、技術的機微性が高い場合等については、原則として相手国政府に義務付けることとする。

(1) 平和貢献・国際協力の積極的推進のため適切と判断される場合として、次のいずれかに該当する場合
　ア　緊急性・人道性が高い場合
　イ　移転先が国際連合若しくはその関連機関又は国連決議に基づいて活動を行う機関である場合
　ウ　国際入札の参加に必要となる技術情報又は試験品の提供を行う場合
　エ　金額が少額かつ数が少量で、安全保障上の懸念が小さいと考えられる場合
(2) 部品等を融通し合う国際的なシステムに参加する場合
(3) 移転先国以外の国の輸出管理制度の下で適切に管理されている完成品に係る部品等を移転する場合
(4) 部品等をライセンス元に納入又は輸入元に移転する場合

(5) 他国政府又は他国企業が主導する装備品等のサプライチェーンに参画するために部品等を納入する場合

(6) 我が国から移転する部品及び技術の、相手国への貢献が相当程度小さいと判断できる場合

(7) 自衛隊等の活動又は邦人の安全確保に必要な海外移転である場合

(8) 誤送品の返送、返送を前提とする見本品の輸出、貨物の仮陸揚げ等の我が国の安全保障上の観点から影響が極めて小さいと判断される場合

　仕向先の管理体制の確認に当たっては、合理的である限りにおいて、政府又は移転する防衛装備の管理に責任を有する者等の誓約書等の文書による確認を実施することとする。そのほか、移転先の防衛装備の管理の実態、管理する組織の信頼性、移転先の国又は地域の輸出管理制度やその運用実態等についても、移転時点において利用可能な情報に基づいて確認するものとする。

　海外移転後の防衛装備が適切に管理されていないことが判明した場合、当該防衛装備を移転した者等に対する外国為替及び外国貿易法（昭和24年法律第228号。以下「外為法」という。）に基づく罰則の適用を含め、厳正に対処することとする。

　なお、我が国から防衛装備が移転された移転先が我が国の事前同意に基づき第三国移転するに当たっては、当該移転先又はその政府による当該第三国移転先に対する適正な管理の確認をもって我が国として適正な管理を確保することも可能とする。

4. 審査に当たっての手続

(1) 国家安全保障会議での審議

　防衛装備の海外移転に関し、次の場合は、国家安全保障会議で審議するものとする。イ、ウ又はエに該当する防衛装備の海外移転について外為法に基づく経済産業大臣の許可の可否を判断するに当たっては、当該審議を踏まえるものとする。

ア　基本的な方針について検討するとき。

イ　移転を認める条件の適用について特に慎重な検討を要するとき。

ウ　防衛装備の海外移転又は第三国移転等に係る事前同意に当たって、仕向先等の適切性、安全保障上の懸念の程度等について特に慎重な検討を要するとき。

エ　同様の類型について、過去に政府として自衛隊法上の武器の海外移転又は第三国移転等に係る事前同意を認め得るとの判断を行った実績がないとき（1 (2)ウ又は1 (4)に掲げる防衛装備の海外移転を認め得る案件を除く。）。

オ　防衛装備の海外移転の状況について報告を行うとき。

(2) 国家安全保障会議幹事会での審議

装備

防衛装備の海外移転に関し、次の場合には、国家安全保障会議幹事会で審議するものとする。イ又はウに該当する防衛装備の海外移転について外為法に基づく経済産業大臣の許可の可否を判断するに当たっては、当該審議を踏まえるものとする。

ア　基本的な方針について検討するとき。

イ　同様の類型について、過去に政府として海外移転又は第三国移転等に係る事前同意を認め得るとの判断を行った実績がないとき（外国政府や外国企業との調整段階における技術情報の提供であって、相手国への貢献が相当程度小さいと判断できる場合を除く。）。

ウ　同様の類型について、過去に政府として自衛隊法上の武器の海外移転又は第三国移転等に係る事前同意を認め得るとの判断を行った実績がある仕向先に対して、新たに同様の自衛隊法上の武器を海外移転するとき（1（2）ウ又は1（4）に掲げる防衛装備の海外移転を認め得る案件を除く。）。

エ　防衛装備の海外移転の状況について報告を行うとき。

(3) 関係省庁間での連携

　防衛装備の海外移転の可否の判断においては、総合的な判断が必要であることを踏まえ、防衛装備の海外移転案件に係る調整、適正管理の在り方において、関係省庁が緊密に連携して対応することとし、各関係省庁の連絡窓口は、次のとおりとする。ただし、個別案件ごとの連絡窓口は必要に応じて別の部局とすることができるものとする。

ア　内閣官房国家安全保障局

イ　外務省総合外交政策局安全保障政策課

ウ　経済産業省貿易経済協力局貿易管理部安全保障貿易管理課

エ　防衛省防衛装備庁装備政策部国際装備課

5. 定期的な報告及び情報の公開

(1) 定期的な報告

　経済産業大臣は、防衛装備の海外移転の許可（第三国移転等に係る事前同意を含む。）の状況につき、年次報告書を作成し、国家安全保障会議において報告の上、公表するものとする。

(2) 情報の公開

　4（1）の規定により国家安全保障会議で審議された案件（第三国移転等に係る事前同意に係るものを含む。）については、行政機関の保有する情報の公開に関する法律（平成11年法律第42号）を踏まえ、政府として情報の公開を図ることとする。情報の公開に当たっては、従来個別に例外化措置を講じてきた場合に比べて透明性に欠けることのないよう留意する。

6．その他

（1）定義

ア 「国際共同開発・生産」とは、我が国の政府又は企業が参加する国際共同開発（国際共同研究を含む。以下同じ。）又は国際共同生産であって、以下のものを含む。

（ア）我が国政府と外国政府との間で行う国際共同開発

（イ）外国政府による防衛装備の開発への我が国企業の参画

（ウ）外国からのライセンス生産であって、我が国企業が外国企業と共同して行うもの

（エ）我が国の技術及び外国からの技術を用いて我が国企業が外国企業と共同して行う開発又は生産

（オ）部品等を融通し合う国際的なシステムへの参加

（カ）国際共同開発又は国際共同生産の実現可能性の調査のための技術情報又は試験品の提供

イ 「自衛隊法上の武器」とは、火器、火薬類、刀剣類その他直接人を殺傷し、又は武力闘争の手段として物を破壊することを目的とする機械、器具、装置等をいう（なお、本来的に、火器等を搭載し、そのもの自体が直接人の殺傷又は武力闘争の手段としての物の破壊を目的として行動する護衛艦、戦闘機、戦車のようなものを含み、部品を除く。）。

ウ 「部品」とは、完成品の一部として組み込まれているものをいう。ただし、それのみで装備品としての機能を発揮できるものを除く。

（2）これまでの武器輸出三原則等との整理

三原則は、これまでの武器輸出三原則等を整理しつつ新しく定められた原則であることから、今後の防衛装備の海外移転に当たっては三原則を踏まえて外為法に基づく審査を行うものとする。三原則の決定前に、武器輸出三原則等の下で講じられてきた例外化措置については、引き続き三原則の下で海外移転を認め得るものと整理して審査を行うこととする。

（3）施行期日

この運用指針は、平成26年4月1日から施行する。

（4）改正

この運用指針は、安全保障環境の変化や安全保障上の必要性等に応じて、速やかに改正の要否について検討を行った上で、時宜を得た形で改正を行う。三原則は外為法の運用基準であることを踏まえ、この運用指針の改正は、経済産業省が内閣官房、外務省及び防衛省と協議して案を作成し、国家安全保障会議で決定することにより行う。

装備

(2) 国家安全保障会議で海外移転を認め得るとされた案件

1. ペトリオットPAC - 2の部品（シーカージャイロ）の米国への移転
2. 英国との共同開発のためのシーカーに関する技術情報の移転
3. 豪州との潜水艦の共同開発・生産の実現可能性の調査のための技術情報の移転
4. イージス・システムに係るソフトウェア及び部品等の米国への移転
5. 豪州将来潜水艦の共同開発・生産を我が国が実施することとなった場合の構成品等の豪州への移転
6. TC - 90等のフィリピンへの移転
7. F100エンジン部品の米国への移転
8. 警戒管制レーダー等のタイへの移転
9. 防弾チョッキのウクライナへの移転
10. ペトリオット・ミサイルの米国への移転

(3) 諸外国との防衛装備・技術協力に係る政府間の枠組み

1. 米国

米国政府から、日米間の防衛分野における技術の相互交流の要請があったことを背景として、昭和58年1月に中曽根内閣が官房長官談話により、米国への武器技術供与を例外化。同年11月に米国との間で対米武器技術供与取極（※）を締結。

平成18年6月に対米武器技術供与取極の下で米国へ供与が行われてきた武器技術に加え、弾道ミサイル防衛（BMD）の分野に関する日米共同開発・生産等に必要な武器及び武器技術の米国への供与を実施するため、対米武器・武器技術供与取極（※）を締結。

※正式名称
—「日本国とアメリカ合衆国との間の相互防衛援助協定に基づくアメリカ合衆国に対する武器技術の供与に関する交換公文」
—「日本国とアメリカ合衆国との間の相互防衛援助協定に基づくアメリカ合衆国に対する武器及び武器技術の供与に関する交換公文」

2. 英国

平成24年4月の日英首脳会談において、防衛装備品の第三国移転等に係る厳格な管理を確保する政府間の取決めについて検討することを決定。翌25年6月の日英首脳会談において、防衛装備品協力のための枠組みにつき実質的に合意。同年7月、防衛装備品等の共同開発等に係る政府間枠組み（※）を締結。

※正式名称「防衛装備品及び他の関連物品の共同研究、共同開発及び共同生産を実施するために必要な武器及び武器技術の移転に関する日本国政府とグレートブリテン及び北アイルランド連合王国政府との間の協定」

3. 豪州

平成26年4月の日豪首脳会談において、防衛装備・技術分野における枠組の

合意に向けて交渉を開始することを決定。同年4月の日豪防衛相会談において、防衛装備・技術協力の枠組の協議を加速させることで一致。同年6月の日豪2+2において、防衛装備品・技術移転協定交渉の実質合意を確認。同年7月の日豪首脳会談において、両首脳が日豪防衛装備品・技術移転協定（※）に署名し、同年12月に発効。

　※正式名称「防衛装備品及び技術の移転に関する日本国政府とオーストラリア政府との間の協定」

4. 仏国

　平成26年5月の日仏首脳会談において、防衛装備に関する協力の枠組みとなる政府間協定の締結に向けた交渉を開始。平成27年3月の日仏2+2において、両防衛相が日仏防衛装備品・技術移転協定（※）に署名し、平成28年12月に発効。

　※正式名称「防衛装備品及び技術の移転に関する日本国政府とフランス共和国政府との間の協定」

5. インド

　平成26年9月の日印首脳会談において、今後の装備・技術協力を促進するための事務レベル協議の開始について合意。平成27年12月の日印首脳会談において防衛装備品・技術移転協定（※）に署名し、平成28年3月に発効。

　※正式名称「防衛装備品及び技術の移転に関する日本国政府とインド共和国政府との間の協定」

6. フィリピン

　平成27年1月の日比防衛相会談において、「防衛装備・技術協力の可能性を検討するため、事務レベルでの議論を開始する」ことで合意。同年6月には、日比首脳会談において、防衛装備移転協定（※）の交渉開始で合意。平成28年2月に同協定に署名し、同年4月に発効。

　※正式名称「防衛装備品及び技術の移転に関する日本国政府とフィリピン共和国政府との間の協定」

7. イタリア

　平成29年3月、日伊首脳会談において、防衛装備品・技術移転協定の交渉の開始について合意。同年5月に同協定に署名し、平成31年4月に発効。

　※正式名称「防衛装備品及び技術の移転に関する日本国政府とイタリア共和国政府との間の協定」

8. ドイツ

　平成27年7月、防衛装備品・技術移転協定（※）の交渉を開始。平成29年7月に同協定に署名された（平成29年7月に発効）。

　※正式名称「防衛装備品及び技術の移転に関する日本国政府とドイツ連邦共和国政府との間の協定」

9. マレーシア

　平成27年5月、日馬首脳会談において、防衛装備品・技術移転協定（※）締結

装
備

に向けた交渉の開始で一致。平成30年4月、同協定が署名された。（平成30年4月に発効）

※正式名称「防衛装備品及び技術の移転に関する日本国政府とマレーシア政府との間の協定」

10．インドネシア

平成27年12月、日尼2＋2において、防衛装備品・技術移転協定（※）の交渉を開始することで一致。令和3年3月の日尼2＋2において、同協定に署名し、即日発効した。

※正式名称「防衛装備品及び技術の移転に関する日本国政府とインドネシア共和国政府との間の協定」

11．ベトナム

令和元年7月、日越首脳ワーキングランチにおいて、防衛装備品・技術移転協定（※）の正式交渉開始で一致。令和3年9月の岸防衛大臣訪越時に、両国間で同協定に署名し、即日発効した。

※正式名称「防衛装備品及び技術の移転に関する日本国政府とベトナム社会主義共和国政府との間の協定」

12．タイ

平成29年11月、防衛装備品・技術移転協定（※）の早期締結を含め今後の二国間の防衛装備・技術協力を推進していくことで一致。令和4年5月、岸田総理のタイ訪問の際に同協定に署名し、即日発効した。

※正式名称「防衛装備品及び技術の移転に関する日本国政府とタイ王国政府との間の協定」

13．スウェーデン

令和4年12月に防衛装備品・技術移転協定（※）に署名し、即日発効した。

※正式名称「防衛装備品及び技術の移転に関する日本国政府とスウェーデン王国政府との間の協定」

14．シンガポール

令和4年6月、日星首脳会談において、防衛装備品・技術移転協定（※）の交渉を開始することで一致。令和5年6月に同協定に署名し、即日発効した。

※正式名称「防衛装備品及び技術の移転に関する日本国政府とシンガポール共和国政府との間の協定」

15．アラブ首長国連邦（UAE）

平成30年5月、日UAE防衛相会談において、防衛装備品・技術移転協定（※）の交渉を開始することで一致。令和5年5月、中東地域の国との間では初の同協定に署名をし、令和6年1月に発効した。

※正式名称「防衛装備品及び技術の移転に関する日本国政府とアラブ首長国連邦政府との間の協定」

（4）武器輸出三原則等

1. 武器輸出三原則（昭和42年4月　佐藤総理答弁）

政府の運用方針として、次の場合には武器の輸出を認めない。

①共産圏諸国向けの場合

②国連決議により武器等の輸出が禁止されている国向けの場合

③国際紛争当事国又はそのおそれのある国向けの場合

2. 武器輸出に関する政府統一見解（昭和51年2月　三木総理答弁）

「武器」の輸出については、（中略）今後とも、次の方針により処理するものとし、その輸出を促進することはしない。

①三原則対象地域については、「武器」の輸出を認めない。

②三原則対象地域以外の地域については、憲法及び外国為替及び外国貿易管理法の精神にのっとり、「武器」の輸出を慎むものとする。

③武器製造関連設備の輸出については「武器」に準じて取り扱うものとする。

3. 武器輸出三原則等に準ずるもの

①武器技術（昭和51年6月　河本通産大臣答弁）

武器技術についても、武器輸出三原則に照らして処理する。

②投資〈昭和52年（1977年）10月　福田総理答弁〉

武器輸出三原則の精神にもとるような投資は厳に抑制する。

③建設工事〈昭和56年（1981年）2月　斉藤建設大臣〉

軍事施設の建設に関わる工事請負については武器輸出に関する政府方針に沿って対処している。

（5）武器輸出三原則等の例外化措置

1. 対米武器技術供与

米国政府から日米間の防衛分野における技術の相互交流の要請があったことを背景として、昭和58年1月に中曽根内閣が、官房長官談話により、米国への武器技術供与を例外化。供与した技術について、厳格な管理（注：目的外使用や第三国移転は、我が国の事前同意がない限り認められない）を行う前提で武器輸出三原則等によらないこととした。

2. 以下の事例において個別に例外化措置を実施

・国際平和協力業務等※（平成3年）

・国際緊急援助隊への自衛隊参加※（平成3年）

・日米物品役務相互援助協定（平成8年、平成10年、平成16年）

・人道的な対人地雷除去活動（平成9年）

・在外邦人等の輸送※（平成10年）

・弾道ミサイル防衛（BMD）に係る日米共同技術研究（平成10年）

・中国遺棄化学兵器処理事業（平成12年）

・テロ対策特別措置法（平成13年）

装

備

459

・イラク人道復興支援特別措置法（平成15年）
・弾道ミサイル防衛(BMD)システムに関する米国との共同開発・生産（平成16年）
・平成17年度以降に係る防衛大綱（平成16年）
・ODAによるインドネシアへの巡視船の輸出（平成18年）
・補給支援特別措置法（平成19年）
・海賊対処法等（平成21年）
・日豪物品役務相互提供協定（平成22年）
・防衛装備品等の海外移転に関する基準（平成23年）
・F-35の製造等に係る国内企業の参画（平成25年）
・国連南スーダンミッションに係る物資協力（平成25年）
※関係する法律制定に伴う、関係省庁了解を根拠とした例外化。その他は官房長官談話によるもの。

(6) 開発途上国装備協力規定の新設

　経済規模や財政事情により独力では十分な装備品を調達することができない友好国の中には、以前から、不用となった自衛隊の装備品を活用したいとのニーズがあったものの、自衛隊の装備品を含む国の財産を他国に譲渡又は貸し付ける場合には、財政法第9条第1項の規定により、適正な対価を得なければならないこととされているため、無償又は時価よりも低い対価での譲渡は、法律に基づく場合を除き認められていなかった。

　こうした中、友好国のニーズに応えていくため、自衛隊で不用となった装備品を、開発途上地域の政府に対し無償又は時価よりも低い対価で譲渡できるよう、財政法第9条第1項15の特例規定を自衛隊法に新設した（当該規定を含む防衛省設置法等の一部を改正する法律は17（同29）年5月に成立）。

　なお、この規定により無償又は時価よりも低い対価で譲渡できるようになった場合においても、いかなる場合にいかなる政府に対して装備品の譲渡などを行うかについては、防衛装備移転三原則などを踏まえ、個別具体的に判断されることとなる。また、譲渡した装備品のわが国の事前の同意を得ない目的外使用や第三者移転を防ぐため、相手国政府との間では国際約束を締結する必要がある。

　平成29年10月には、同規定を初めて適用する案件として、海自練習機TC-90をフィリピンに無償譲渡することを同国との防衛相会談で表明し、翌11月に防衛当局間の取決めに署名の上、平成30年3月に計5機を無償譲渡した。加えて、平成30年6月の日比防衛相会談では、UH-1H部品等の無償譲渡についても確認し、同年11月、防衛当局間の取決めに署名し、令和元年9月にUH-1H部品等の引き渡しが完了した。

　また、令和4年2月のロシアによるウクライナ侵略の開始を受けて、ウクライナ政府からの装備品等の提供要請を踏まえ、自衛隊法に基づき非殺傷の物資を防衛装備移転三原則の範囲内で提供するべく、令和4年3月から、防弾チョッキ、

鉄帽（ヘルメット）、防寒服、天幕、カメラ、衛生資材・医療用資器材、非常用糧食、双眼鏡、照明器具、個人装具、防護マスク、防護衣、小型のドローン、民生車両を自衛隊機等により輸送し、ウクライナ政府への提供を実施している。

自衛隊法（昭和二十九年第百六十五号）（抜粋）

（開発途上地域の政府に対する不用装備品等の譲渡に係る財政法の特例）

　第百十六条の三　防衛大臣は、開発途上にある海外の地域の政府から当該地域の軍隊が行う災害応急対策のための活動、情報の収集のための活動、教育訓練その他の活動（国際連合憲章の目的と両立しないものを除く。）の用に供するために装備品等（装備品、船舶、航空機又は需品をいい、武器（弾薬を含む。）を除く。以下この条において同じ。）の譲渡を求める旨の申出があつた場合において、当該軍隊の当該活動に係る能力の向上を支援するため必要と認めるときは、当該政府との間の装備品等の譲渡に関する国際約束（我が国から譲渡された装備品等が、我が国の同意を得ないで、我が国との間で合意をした用途以外の用途に使用され、又は第三者に移転されることがないようにするための規定を有するものに限る。）に基づいて、自衛隊の任務遂行に支障を生じない限度において、自衛隊の用に供されていた装備品等であつて行政財産の用途を廃止したもの又は物品の不用の決定をしたものを、当該政府に対して譲与し、又は時価よりも低い対価で譲渡することができる。

装備

4. 陸上自衛隊の主要火器の性能諸元

（令和5.11.30現在）

品　　目	口径 (mm)	全長 (m)	重量 (kg)	給弾方式
89式5.56mm小銃	5.56	0.92	3.5	弾倉式
64式7.62mm小銃	7.62	0.99	4.4	弾倉式
20式5.56mm小銃	5.56	0.85	3.5	弾倉式
62式7.62mm機関銃	7.62	1.2	10.7	ベルト給弾
5.56mm機関銃MINIMI	5.56	1.0	7.0	弾倉/ベルト
12.7mm重機関銃	12.7	1.65	38.1 （脚なし）	リンク給弾
96式40mm自動てき弾銃	40	0.98	24.5	リンクベルト給弾
対人狙撃銃	7.62	1.09	5.5	弾倉式
81mm迫撃砲L16	81	1.28	38	手動/単発
84mm無反動砲(M2)	84	1.1	16.1	手動/単発
155mmりゅう弾砲FH70	155	12.4 （射撃時）	約9,600	自動装填
120mm迫撃砲RT	120	2.1	600	手動/単発

装
備

5. 陸上自衛隊の主要車両の性能諸元

品　目	全長 (m)	全幅 (m)	全高 (m)	車両総重量 (t)	最高速度 (km/h)	乗員 (人)	主要搭載火器
	約	約	約	約	約	約	
74式戦車	9.4	3.2	2.3	38	53	4	105mm戦車砲
90式戦車	9.8	3.4	2.3	50	70	3	120mm戦車砲
10式戦車	9.4	3.2	2.3	44	70	3	120mm戦車砲
73式装甲車	5.8	2.9	2.2	13	60	12	12.7mm重機関銃
96式装輪装甲車	6.8	2.5	1.9	14.5	100	10	40mm自動てき弾銃または12.7mm重機関銃
82式指揮通信車	5.7	2.5	2.4	13.6	100	8	12.7mm重機関銃
87式偵察警戒車	6.0	2.5	2.8	15	100	5	25mm機関砲
軽装甲機動車	4.4	2.0	1.9	4.5	100	4	
輸送防護車	7.2	2.5	2.7	14.5	100	10	
16式機動戦闘車	8.5	3.0	2.9	26.0	100	4	105mm施線砲
水陸両用車（AAV7）	8.2	3.3	3.3	21.8	陸上72 海上13	24	12.7mm重機関銃、40mm自動てき弾銃
203mm自走りゅう弾砲	10.7	3.2	3.1	28.5	54	5	203mmりゅう弾砲
99式自走155mmりゅう弾砲	11.3	3.2	3.9	40.0	47	4	155mmりゅう弾砲
多連装ロケットシステム自走発射機M270	7.0	3.0	2.6	25.0	65	3	ロケット弾発射装置
19式装輪自走155mmりゅう弾砲	11.2	2.5	3.4	25.0	90	5	155mmりゅう弾砲

装備

463

6. 海上自衛隊の主要艦艇の性能諸元

(令和5.11.30現在)

種別	型別	現有数	基準排水量（トン）	速力（ノット）	主要装備
護衛艦	ひゅうが型	2	13,950	30	高性能20ミリ機関砲×2、VLS装置×1、短魚雷発射管×2、哨戒ヘリコプター×3
	いずも型	2	19,950	30	高性能20ミリ機関砲×2、対艦ミサイル防御装置×2、魚雷防御装置一式、哨戒ヘリコプター×7、輸送・救難ヘリコプター×2
	こんごう型	4	7,250	30	127ミリ砲×1、高性能20ミリ機関砲×2、イージス装置×1、VLS装置×1、SSM装置×1、短魚雷発射管×2
	あたご型	2	7,750	30	5インチ砲×1、高性能20ミリ機関砲×2、イージス装置×1、VLS装置×1、SSM装置×1、短魚雷発射管×2、哨戒ヘリコプター×1
	まや型	2	8,200	30	5インチ砲×1、高性能20ミリ機関砲×2、イージス装置×1、VLS装置×1、SSM装置×1、短魚雷発射管×2
	あさぎり型	8	{3,500}{3,550}	30	76ミリ砲×1、高性能20ミリ機関砲×2、短SAM装置×1、SSM装置×1、アスロック装置×1、短魚雷発射管×2、哨戒ヘリコプター×1
	むらさめ型	9	4,550	30	76ミリ砲×1、高性能20ミリ機関砲×2、VLS装置×1、SSM装置×1、短魚雷発射管×2、哨戒ヘリコプター×1
	たかなみ型	5	4,650	30	127ミリ砲×1、高性能20ミリ機関砲×2、VLS装置×1、短魚雷発射管×2、SSM装置×1、哨戒ヘリコプター×1
	あきづき型	4	{5,050}{5,100}	30	5インチ砲×1、高性能20ミリ機関砲×2、VLS装置×1、SSM装置×1、短魚雷発射管×2、哨戒ヘリコプター×1
	あぶくま型	6	2,000	27	76ミリ砲×1、高性能20ミリ機関砲×1、SSM装置×1、アスロック装置×1、短魚雷発射管×2
	あさひ型	2	5,100	30	5インチ砲×1、VLS装置×1、SSM装置×1、短魚雷発射管×2、高性能20ミリ機関砲×2、哨戒ヘリコプター×1
	もがみ型	4	約3,900	30	5インチ砲×1、seaRAM×1、遠隔管制機関銃×2、VLS装置×1、簡易型機雷敷設装置×1

装備

種別	型別	現有数	基準排水量 (トン)	速力 (ノット)	主要装備
潜水艦	おやしお型	8	2,750	(水中) 20	水中発射管一式
	そうりゅう型	12	2,950	(水中) 20	水中発射管一式
	たいげい型	2	3,000	(水中) 20	水中発射管一式
掃海艦	あわじ型	3	690	14	20ミリ機関砲×1、深深度掃海装置一式
掃海艇	すがしま型	10	510	14	20ミリ機関砲×1、掃海装置一式
	ひらしま型	3	570	14	20ミリ機関砲×1、掃海装置一式
	えのしま型	3	570	14	20ミリ機関砲×1、掃海装置一式
掃海母艦	うらが型	2	{5,650} {5,700}	22	機雷敷設装置×1,76ミリ砲×1(「ぶんご」のみ)
ミサイル艇	はやぶさ型	6	200	44	76ミリ砲×1、SSM装置×1
輸送艦	おおすみ型	3	8,900	22	高性能20ミリ機関砲×2、輸送用エアクッション艇×2
輸送艇	輸送艇1号型	1	420	12	20ミリ機関砲×1
エアクッション艇	エアクッション艇1号型	6	85	40	
練習艦	かしま型	1	4,050	25	76ミリ砲×1、水上発射管×2
	はたかぜ型	2	{4,600} {4,650}	30	5インチ砲×2、高性能20ミリ機関砲×2、ターター装置×1、SSM装置×1、アスロック装置×1、短魚雷発射管×2
練習潜水艦	おやしお型	2	2,750	(水中) 20	水中発射管一式
訓練支援艦	くろべ型	1	2,200	20	76ミリ砲×1、対空射撃訓練支援装置一式
	てんりゅう型	1	2,450	22	76ミリ砲×1、対空射撃訓練支援装置一式
多用途支援艦	ひうち型	5	980	15	えい航装置
海洋観測艦	ふたみ型	1	2,050	16	各種海洋観測装置一式
	にちなん型	1	3,350	18	各種海洋観測装置一式
	しょうなん型	1	2,950	16	各種海洋観測装置一式

装
備

種別	型別	現有数	基準排水量（トン）	速力（ノット）	主要装備
音響測定艦	ひびき型	3	$\begin{Bmatrix} 2,850 \\ 2,900 \end{Bmatrix}$	11	サータス装置一式
砕氷艦	しらせ型	1	12,650	19	輸送用大型ヘリ×2
敷設艦	むろと型	1	4,950	16	埋設装置一式
潜水艦救難艦	ちはや型	1	5,450	21	深海救難装置一式
	ちよだ型	1	5,600	20	深海救難艇、深海救難装置一式
試験艦	あすか型	1	4,250	27	
補給艦	とわだ型	3	$\begin{Bmatrix} 8,100 \\ 8,150 \end{Bmatrix}$	22	洋上補給装置一式、補給品艦内移送装置一式
	ましゅう型	2	13,500	24	洋上補給装置一式、補給品艦内移送装置一式
特務艦（艇）	はしだて型	1	400	20	

（注）同型艦の性能諸元及び主要装備には、多少の違いがある。

7. 海上自衛隊の就役艦船の隻数及び総トン数　（令和5.11.30現在）

区　　　　　　分		数	トン数（千トン）
自衛艦	護　　衛　　艦	50	279
	潜　　水　　艦	22	63
	掃　海　艦　艇	21	22
	哨　戒　艦　艇	6	1
	輸　送　艦　艇	10	28
	補　助　艦　艇	29	130
	計	138	523
支　　　援　　　船		293	35
計		431	559

（注）トン数は単位未満を四捨五入したので計と符合しないことがある。

8. 陸・海・空自衛隊の主要航空機の保有数・性能諸元 （令和5.11.30現在）

所属	型式	機種	用途	現有数	最大速度 （ノット）	乗員 （人）	全長 （m）	全幅 （m）	エンジン （形式）	取得方法
陸上自衛隊	固定翼	LR-2	連絡偵察	8	300	2 (8)	14.2	17.7	ターボプロップ	輸入
	回転翼	AH-1S	対戦車	41	120	2	13.6	3.6	ターボシャフト	ラ国
		AH-64D	戦闘	12	150	2	15.0	5.7	ターボシャフト	ラ国
		OH-1	観測	37	140	2	12.0	3.3	ターボシャフト	国産
		UH-1J	多用途	108	110	2 (11)	12.7	2.8	ターボシャフト	ラ国
		UH-60JA	多用途	39	150	2 (12)	15.6	5.5	ターボシャフト	ラ国
		UH-2	多用途	7	130	2 (11)	13.1	2.9	ターボシャフト	国産
		CH-47J/JA	輸送	49	150/140	3 (55)	15.9	3.8/4.8	ターボシャフト	ラ国
	ティルト・ローター機	V-22	輸送	14	280	3 (24)	17.5	15.5	ターボシャフト	FMS
海上自衛隊	固定翼	P-3C	哨戒	34	400	11	35.6	30.4	ターボプロップ	FMS・ラ国
		P-1	哨戒	34	450	11	38.0	35.4	ターボファン	国産
		US-2	救難	7	320	11	33.3	33.2	ターボプロップ	国産
	回転翼	MCH-101	掃海・輸送	10	150	4	19.5	5.1	ターボシャフト	ラ国
		SH-60J/K	哨戒	79	150/140	4	15.3/15.9	4.4	ターボシャフト	輸入・ラ国
航空自衛隊	固定翼	F-35A	観測	38	1.6マッハ	1	15.6	10.7	ターボファン	FMS
		F-15J/DJ	観測	200	2.5マッハ	1/2	19.4	13.1	ターボファン	FMS・ラ国
		F-2A/B	戦闘	91	2.0マッハ	1/2	15.5	11.1	ターボファン	国産
		C-1	輸送	5	0.76マッハ	5 (60)	29.0	30.6	ターボファン	国産
		C-2	輸送	16	0.82マッハ	2〜5 (110)	43.9	44.4	ターボファン	国産
		C-130H	輸送	13	320	6 (92)	29.8	40.4	ターボプロップ	FMS
		E-2C	早期警戒	10	320	5	17.6	24.6	ターボプロップ	FMS
		E-2D	早期警戒	5	350	5	17.6	24.6	ターボプロップ	FMS
		E-767	早期警戒管制	4	450	20	48.5	47.6	ターボファン	輸入・FMS
	回転翼	UH-60J	救難	38	140	5	15.7	5.4	ターボシャフト	ラ国
		CH-47J	輸送	15	160	5 (48)	15.9	4.8	ターボシャフト	ラ国

注1. 現有数は国有財産台帳数値による。
注2. ラ国はライセンス国産、FMS は有償援助の略。
注3. 乗員欄の（ ）は、輸送人員を示す。
注4. 回転翼機及びティルト・ローター機の全長、全幅はローター径を含まない数値である。
注5. 最大速度は概数である。

装備

9. 誘導弾の性能諸元

用途	名　　称	所属	重量（kg）	全長（m）	直径（cm）	誘　導　方　式
対弾道弾	SM-3	海	約1,500	約6.6	約35	指令＋赤外線画像ホーミング
	ペトリオット（PAC-3）	空	約300	約5.2	約26	プログラム＋指令＋レーダー・ホーミング
	ペトリオット（PAC-3MSE）		約400	約5.2	約43	プログラム＋指令＋レーダー・ホーミング
対航空機	改良ホーク	陸	約640	約5.0	約36	レーダー・ホーミング
	03式中距離地対空誘導弾		約570	約4.9	約32	レーダー・ホーミング
	81式短距離地対空誘導弾（改）（SAM-1C）		約100	約2.7/2.9	約16	画像＋赤外線画像ホーミングレーダー・ホーミング
	81式短距離地対空誘導弾（SAM-1）	陸空	約100	約2.7	約16	赤外線ホーミング
	91式携帯地対空誘導弾（SAM-2）	陸	約12	約1.4	約8	画像＋赤外線ホーミング
	91式携帯地対空誘導弾（B）（SAM-2B）		約13	約1.5	約8	赤外線画像ホーミング
	93式近距離地対空誘導弾（SAM-3）		約12	約1.4	約8	画像＋赤外線ホーミング
	11式短距離地対空誘導弾		約100	約2.9	約16	レーダー・ホーミング
	基地防空用地対空誘導弾	空	約100	約2.9	約16	レーダー・ホーミング
	スタンダード（SM-1）	海	約590	約4.6	約34	レーダー・ホーミング
	スタンダード（SM-2）		約710	約4.7	約30	指令＋レーダー・ホーミング
	シースパロー（RIM-7F/M）		約230	約3.7	約20	レーダー・ホーミング
	シースパロー（RIM-162）		約300	約3.8	約25	レーダー・ホーミング
	RAM（RIM-116）		約73	約2.8	約13	パッシブ・レーダー・ホーミング＋赤外線ホーミング
	スパロー（AIM-7M）	空	約230	約3.7	約20	レーダー・ホーミング
	99式空対空誘導弾（AAM-4）		約220	約3.7	約20	レーダー・ホーミング
	99式空対空誘導弾（B）（AAM-4B）		約220	約3.7	約20	レーダー・ホーミング
	90式空対空誘導弾（AAM-3）		約91	約3.0	約13	赤外線ホーミング
	04式空対空誘導弾（AAM-5）		約95	約3.1	約13	赤外線画像ホーミング
	AAM-5B		約95	約3.1	約13	赤外線画像ホーミング
	AMRAAM（AIM-120）		約161	約3.7	約18	レーダー・ホーミング
	ペトリオット（PAC-2）		約900	約5.3	約41	プログラム＋指令＋TVM

装備

468

用途	名　　　　称	所属	重量（kg）	全長（m）	直径（cm）	誘　導　方　式
対艦船	88式地対艦誘導弾（SSM-1）	陸	約660	約5.1	約35	慣性誘導＋レーダー・ホーミング
	12式地対艦誘導弾		約700	約5.0	約35	慣性誘導＋レーダーホーミング＋GPS
	ハープーン（SSM）	海	約680	約4.6	約34	慣性誘導＋レーダー・ホーミング
	ハープーン（USM）		約680	約4.6	約34	慣性誘導＋レーダー・ホーミング
	ハープーン（ASM）		約530	約3.8	約34	慣性誘導＋レーダー・ホーミング
	90式艦対艦誘導弾（SSM-1B）		約660	約5.1	約35	慣性誘導＋レーダー・ホーミング
	17式艦対艦誘導弾		800	約6.2	約35	慣性誘導＋レーダーホーミング＋GPS
	91式空対艦誘導弾（ASM-1C）		約510	約4.0	約35	慣性誘導＋レーダー・ホーミング
	マーベリック		約300	約2.5	約31	赤外線画像ホーミング
	80式空対艦誘導弾（ASM-1）	空	約600	約4.0	約35	慣性誘導＋レーダー・ホーミング
	93式空対艦誘導弾（ASM-2）		約540	約4.0	約35	慣性誘導＋赤外線画像ホーミング
	93式空対艦誘導弾（B）（ASM-2B）		約530	約4.0	約35	慣性誘導＋赤外線画像ホーミング＋GPS
対戦車	87式対戦車誘導弾	陸	約12	約1.1	約11	レーザー・ホーミング
	01式軽対戦車誘導弾		約11	約0.9	約12	赤外線画像ホーミング
	TOW		約18	約1.2	約15	赤外線半自動有線誘導
対舟艇対戦車	79式対舟艇対戦車誘導弾	陸	約33	約1.6	約15	赤外線半自動有線誘導
	96式多目的誘導弾システム（MPMS）		約59	約2.0	約16	慣性誘導＋赤外線画像光ファイバーTVM
	中距離多目的誘導弾		約26	約1.4	約14	赤外線画像ホーミング、レーザー・ホーミング
	ヘルファイア	陸海	約47	約1.6	約18	レーザー・ホーミング

装備

469

10. 国内で開発した主要な装備品等

装備

項　　　　目	主契約会社	項　　　　目	主契約会社
高等練習機(T−2)	三菱重工業	中距離多目的誘導弾	川崎重工業
戦闘機(F−1)	三菱重工業	99式空対空誘導弾(B) (AAM−4B)	三菱電機
中等練習機(T−4)	川崎重工業	11式短距離地対空誘導弾	東芝
戦闘機(F−2)	三菱重工業	基地防空用地対空誘導弾	東芝
哨戒ヘリコプター(SH−60J)	三菱重工業	12式地対艦誘導弾	三菱重工業
固定翼哨戒機(P−1)	川崎重工業	AAM−5B	三菱重工業
救難飛行艇(US−2)	新明和工業	ASM−3	三菱重工業
輸送機(C−2)	川崎重工業	87式自走高射機関砲	三菱重工業 日本製鋼所
哨戒ヘリコプター(SH−60K)	三菱重工業		
観測ヘリコプター(OH−1)	川崎重工業	73式装甲車	三菱重工業 小松製作所
多用途ヘリコプター(UH−2)	SUBARU		
87式対戦車誘導弾(ATM−3)	川崎重工業	74式戦車	三菱重工業
88式地対艦誘導弾(SSM−1)	三菱重工業	82式指揮通信車	小松製作所
90式艦対艦誘導弾(SSM−1B)	三菱重工業	87式偵察警戒車	小松製作所
17式艦対艦誘導弾	三菱重工業	軽装甲機動車	小松製作所
90式空対空誘導弾(AAM−3)	三菱重工業	89式装甲戦闘車	三菱重工業
91式空対艦誘導弾(ASM−1C)	三菱重工業	90式戦車	三菱重工業
91式携帯地対空誘導弾 (SAM−2)	東芝	96式装輪装甲車	小松製作所
91式携帯地対空誘導弾(B) (SAM−2B)	東芝	99式自走155mmりゅう弾砲	日本製鋼所
		19式装輪自走155mmりゅう弾砲	日本製鋼所
93式近距離地対空誘導弾 (SAM−3)	東芝	10式戦車	三菱重工業
		16式機動戦闘車	三菱重工業
93式空対艦誘導弾(ASM−2)	三菱重工業	97式魚雷	三菱重工業
99式空対空誘導弾(AAM−4)	三菱電機	12式魚雷	三菱重工業
01式軽対戦車誘導弾	川崎重工業	18式魚雷	三菱重工業
03式中距離地対空誘導弾 (中SAM)	三菱電機	86式えい航式パッシブソーナー (OQR−1)	沖電気工業
03式中距離地対空誘導弾 (改善型)	三菱電機	固定式警戒管制レーダ (J/FPS−5)	三菱電機
04式空対空誘導弾(AAM−5)	三菱重工業	対空戦闘指揮統制システム	三菱電機
81式短距離地対空誘導弾(改) (SAM−1C)	東芝	火力戦闘指揮統制システム	東芝
96式多目的誘導弾システム(MPMS)	川崎重工業	自律型水中航走式機雷探知機 (OZZ−5)	三菱重工業

第8章 施 設

1. 防衛省所管国有財産現在高

（令和5.3.31現在）

区分及び種目	令和4年度末現在高	
年度 数量価格	数 量	価 格
土　　　　　地	1,013,093千㎡	4,277,833百万円
立　木　　竹	－	20,929百万円
建　　　　物	延18,086千㎡	985,731百万円
工　　作　　物	－	512,220百万円
機　械　器　具	－	－
船　　　　舶	478隻	1,319,039百万円
航　　空　　機	1,369機	968,972百万円
地　上　権　等	525千㎡	671百万円
特　許　権　等	328件	18百万円
政　府　出　資　等	－	－
不動産の信託の受益権	－	－
合　　　　計		8,085,413百万円

（注）1．上記国有財産は、すべて行政財産である。
　　　2．単位未満を四捨五入したので計と符合しないことがある。

施
設

施設

2. 自衛隊施設（土地・建物）推移表

面積単位：万平方メートル（令和5.3.31現在）

年度末区分	施設件数	土地面積				建物延面積			
		行政財産	他省庁財産	民公有財産	合 計	行政財産	他省庁財産	民公有財産	計
平成5	2,911	93,371	1,719	12,128	107,217	1,219	36	147	1,401
6	2,917	93,445	1,719	12,132	107,296	1,260	35	151	1,446
7	2,904	93,586	1,718	12,079	107,383	1,302	34	153	1,489
8	2,939	93,704	1,724	12,068	107,495	1,349	34	159	1,542
9	2,947	93,887	1,719	12,057	107,662	1,384	33	162	1,579
10	2,932	93,987	1,707	12,030	107,723	1,414	33	163	1,610
11	2,940	94,074	1,701	12,004	107,790	1,468	33	163	1,663
12	2,895	94,151	1,696	12,009	107,851	1,493	22	162	1,677
13	2,831	94,589	1,426	11,995	108,024	1,539	3	159	1,701
14	2,775	94,644	1,431	11,984	108,070	1,556	3	157	1,716
15	2,727	94,731	1,435	12,081	108,150	1,580	3	155	1,739
16	2,793	94,783	1,446	12,082	108,309	1,596	3	149	1,748
17	2,748	94,917	1,434	12,081	108,434	1,615	3	148	1,766
18	2,675	94,972	1,440	12,128	108,540	1,622	3	147	1,772
19	2,676	95,024	1,421	12,030	108,476	1,636	2	146	1,784
20	2,641	95,044	1,420	12,008	108,471	1,650	2	146	1,798
21	2,635	95,233	1,423	11,989	108,644	1,669	5	145	1,819
22	2,636	95,276	1,425	11,986	108,686	1,685	5	140	1,830
23	2,590	95,277	1,442	11,954	108,673	1,700	5	133	1,838
24	2,549	95,277	1,437	11,984	108,698	1,712	5	128	1,844
25	2,539	95,273	1,433	12,017	108,723	1,729	5	121	1,855
26	2,452	95,280	1,423	12,016	108,719	1,745	5	113	1,863
27	2,332	95,353	1,413	12,011	108,778	1,733	5	109	1,847
28	2,348	95,508	1,420	12,031	108,961	1,741	5	106	1,853
29	2,405	95,622	1,359	12,036	109,013	1,749	5	103	1,857
30	2,387	95,671	1,344	12,037	109,041	1,764	5	100	1,870
令和元	2,386	96,338	1,333	12,037	109,708	1,768	6	96	1,869
2	2,379	96,379	1,316	12,061	109,757	1,780	6	92	1,878
3	2,322	96,390	1,313	12,052	109,755	1,798	6	87	1,891
4	2,288	96,422	1,320	12,079	109,822	1,809	6	83	1,898

注1：平成18年度までの数値には、防衛施設庁、防衛施設局の庁舎、宿舎は含まれていない。
注2：単位未満を四捨五入したので計と符合しないことがある。

3. 自衛隊施設

面積　土地：千平方メートル
建物：延千平方メートル（令和5.3.31現在）

用　　　途	施設件数	面　　積			
		行政財産	他省庁財産	民公有財産	合計
総　　　計	2,288	964,220	13,204	120,793	1,098,217
(1) 営 舎 施 設	159	53,639	164	2,243	56,045
(2) 演 習 場 施 設	70	704,737	5,330	103,168	813,234
(3) 射 撃 場 施 設	76	24,277	40	1,962	26,278
(4) 訓 練 場 施 設	66	11,104	568	3,891	15,562
(5) 港 湾 施 設	31	464	—	0	464
(6) 飛 行 場 施 設	46	66,721	6,792	7,389	80,901
(7) 着 陸 場 施 設	9	4,024	140	8	4,172
(8) 通 信 施 設	188	13,829	147	1,501	15,477
(9) 教 育 研 究 施 設	48	24,863	0	2	24,865
(10) 補 給 施 設	73	47,057	0	572	47,628
(11) 医 療 施 設	12	234	—	0	234
(12) 事 務 所 施 設	425	310	1	6	317
(13) 宿 舎 施 設	1,019	5,405	16	50	5,471
(14) そ の 他 の 施 設	66	7,558	6	3	7,568

用　　　途	建　　物			
	行政財産	他省庁財産	民公有財産	合計
総　　　計	18,085	57	834	18,976
(1) 営 舎 施 設	6,333	—	0	6,334
(2) 演 習 場 施 設	162	—	—	162
(3) 射 撃 場 施 設	108	—	—	108
(4) 訓 練 場 施 設	362	—	0	362
(5) 港 湾 施 設	77	—	—	77
(6) 飛 行 場 施 設	3,567	2	—	3,569
(7) 着 陸 場 施 設	3	—	—	3
(8) 通 信 施 設	485	—	0	485
(9) 教 育 研 究 施 設	2,169	—	—	2,169
(10) 補 給 施 設	1,561	—	—	1,561
(11) 医 療 施 設	166	—	—	166
(12) 事 務 所 施 設	414	55	32	500
(13) 宿 舎 施 設	2,576	—	802	3,377
(14) そ の 他 の 施 設	103	—	—	103

注1：単位未満を四捨五入したので計と符合しないことがある。
注2：「0」は単位未満を、「—」は該当数量のないことを示す。

施
設

4. 演習場一覧

区分	名　称	所在地	土　地　面　積			
			行政財産	他省庁財産	民公有財産	合　計
大演習場	矢　臼　別	北　海　道	168,134	—	15	168,149
	北　海　道　＊	〃	95,802	50	106	95,958
	王　城　寺　原	宮　　城	42,487	11	4,059	46,557
	北　富　士	山　　梨	19,659	6	26,930	46,595
	東　富　士	静　　岡	29,338	5,139	53,831	88,308
	日　出　生　台	大　　分	49,870	—		49,870
	計　6件		405,289	5,205	84,942	495,436
中演習場	鬼　志　別	北　海　道	14,925	—	—	14,925
	上　富　良　野	〃	42,851	—	17	42,867
	然　　別	〃	33,288	—	4	33,292
	岩　手　山	岩　　手	22,891	—	0	22,891
	白　河　布　引　山	福　　島	18,108	1	1,716	19,825
	相　馬　原	群　　馬	6,312	—	2,725	9,036
	関　　山	新　　潟	15,856	—	2,994	18,850
	饗　庭　野	滋　　賀	22,555	—	2,234	24,789
	青　野　ケ　原	兵　　庫	6,085	—	—	6,085
	日　本　原	岡　　山	14,654	—	4,982	19,635
	大　野　原	長崎、佐賀	5,992	—	83	6,075
	大　矢　野　原	熊　　本	16,328	12	—	16,340
	十　文　字　原	大　　分	6,328	—	79	6,407
	霧　　島	宮崎、鹿児島	11,093	5	—	11,098
	計　14件		237,266	19	14,833	252,117
小演習場	50件		62,182	106	3,393	65,681
合計	70件		704,737	5,330	103,168	813,234

＊ 有明、西岡、島松、島松着弾地、恵庭、千歳、東千歳の7地区
注1：単位未満を四捨五入したので計と符合しないことがある。
注2：「0」は単位未満を、「—」は該当数量のないことを示す。

施設

5. 飛行場及び主要着陸場一覧

(令和5.12.31現在)

区　　分	隊別	施設名	滑走路規模 長さ(m)×幅(m)	備　　考
(1) 防衛大臣または防衛庁長官（当時）が設置告示した飛行場	陸	旭　川　飛行場	800×50	
		十　勝　　〃	1,500×45	
		札　幌　　〃	1,500×45	公共用指定、米軍と共同使用(2-4-b)
		霞　　目	708×30	米軍と共同使用(2-4-b)
		宇都宮　　〃	1,700×45	
		相馬原　　〃	500×30	ヘリポート
		霞ヶ浦　　〃	550×15	
		立　川　　〃	900×45	
		明　野　　〃	｛500×30 　500×30	
		目達原　　〃	660×30	
	海	大　湊　飛行場	600×45	
		八　戸　　〃	2,250×45	米軍と共同使用(2-4-b)
		館　山　　〃	｛300×45 　270×270	ヘリポート
		下　総　　〃	2,250×45	
		厚　木　　〃	2,438×45	米軍と共同使用(2-4-b)
		硫黄島　　〃	2,650×60	米軍と共同使用(2-4-b)
		舞　鶴　　〃	400×45	ヘリポート
		徳　島　　〃	2,500×45	公共用指定
		小松島　　〃	250×45	ヘリポート
		小　月　　〃	｛1,200×60 　900×45	
		大　村　　〃	1,200×30	米軍と共同使用(2-4-b)
		鹿　屋　　〃	｛2,250×45 　1,200×40	米軍と共同使用(2-4-b) 米軍と共同使用(2-4-b)
	空	千　歳　飛行場	｛3,000×60 　2,700×45	公共用指定、米軍と共同使用(2-4-b) 公共用指定、米軍と共同使用(2-4-b)
		松　島　　〃	｛2,700×45 　1,500×45	
		百　里　　〃	｛2,700×45 　2,700×45	公共用指定、米軍と共同使用(2-4-b) 公共用指定
		入　間　　〃	2,000×45	
		浜　松　　〃	1,500×45	
		静　浜　　〃	2,550×60	
		小　松　　〃	2,700×45	公共用指定、米軍と共同使用(2-4-b)
		岐　阜　　〃	2,700×45	米軍と共同使用(2-4-b)
		美　保　　〃	2,500×45	公共用指定、米軍と共同使用(2-4-b)
		防　府　　〃	｛1,480×45 　1,180×45	陸自と共用 陸自と共用
		芦　屋　　〃	1,640×45	
		築　城　　〃	2,400×45	米軍と共同使用(2-4-b)
		新田原　　〃	2,700×45	米軍と共同使用(2-4-b)
(2) 自衛隊が共用する民間空港	陸	山　形　空　港	2,000×45	
		八　尾　　〃	｛1,490×45 　1,200×30	
		熊　本　　〃	3,000×45	
	空	秋　田　空　港	2,500×60	
		新　潟　　〃	｛1,314×45 　2,500×45	
		名古屋　飛行場	2,740×45	
		福　岡　空　港	2,800×60	
		那　覇　　〃	｛3,000×45 　2,700×60	陸・海自と共用 陸・海自と共用
(3) 自衛隊の飛行部隊が共同使用する米軍飛行場	陸	木更津飛行場	1,830×45	
	海	岩国飛行場	2,440×60	公共用指定
	空	三沢飛行場	3,048×46	公共用指定

施設

475

6. 防衛施設周辺整備の概要

　自衛隊施設及び在日米軍施設・区域の周辺の生活環境の整備等については、「防衛施設周辺の生活環境の整備等に関する法律」（昭和49年法律第101号）に基づき、次のような施策を実施している。

(1) 障害防止工事の助成

　自衛隊等の機甲車両その他重車両の頻繁な使用、射爆撃等の頻繁な実施等の行為により生ずる障害を防止し、又は軽減するため、地方公共団体その他の者が農業用施設、道路、河川、防砂施設、水道、下水道等について必要な工事を行うときは、その者に対し、その費用の全部又は一部を補助する。

(2) 学校、病院等の防音工事の助成

　自衛隊等の航空機の離着陸等の頻繁な実施等により生ずる音響で著しいものを防止し、又は軽減するため、地方公共団体その他の者が学校、病院、診療所、助産所、保育所、障害児入所施設等について必要な工事（防音工事）を行うときは、その者に対し、その費用の全部又は一部を補助する。

(3) 飛行場等周辺の航空機騒音対策

　自衛隊等の飛行場及び射爆撃場の周辺地域における航空機の離着陸等の頻繁な実施により生ずる音響に起因する障害の程度を音響の強度、発生回数及び時刻等を考慮して定めた算定方法によって算定し、その程度により防衛大臣が第一種区域、第二種区域及び第三種区域を指定する。

　　注：平成24年度以前の区域指定にあっては、第一種区域はWECPNL値75以上の区域、第二種区域はWECPNL値90以上の区域、第三種区域はWECPNL値95以上の区域。平成25年度以降の区域指定にあっては、第一種区域はLden値62以上の区域、第二種区域はLden値73以上の区域、第三種区域はLden値76以上の区域。

　ア　住宅の防音工事の助成

　　第一種区域内の住宅の防音工事について助成を行う。

　イ　移転の補償等

　　第二種区域から建物等を移転し、又は除却する者に対する移転等の補償、土地の買入れ、買い入れた土地の無償使用を行うほか、地方公共団体その他の者が移転先地において行う道路、水道、排水施設等の公共施設の整備について助成する。

　ウ　緑地帯の整備等

　　第三種区域内に所在する土地について、緑地帯その他の緩衝地帯として整備する。

(4) 民生安定施設の整備の助成

　防衛施設の設置又は運用により周辺地域の住民の生活又は事業活動が阻害されると認められる場合において、その障害の緩和に資するため、生活環境施設（道路、

消防施設、公園、水道、し尿処理施設、ごみ処理施設、公民館、体育館、図書館等）又は事業経営の安定に寄与する施設（農林漁業用施設等）の整備について必要な措置をとる地方公共団体に対し、その整備に要する費用の一部を補助する。

(5) 特定防衛施設周辺整備調整交付金の交付

ジェット機が離着陸する飛行場、砲撃又は航空機による射爆撃が実施される演習場、港湾、大規模な弾薬庫等のうち、その設置又は運用が周辺地域における生活環境又はその周辺地域の開発に及ぼす影響の程度及び範囲その他の事情を考慮し、当該周辺地域を管轄する市町村がその区域内において行う公共用の施設の整備又はその他の生活環境の改善若しくは開発の円滑な実施に寄与する事業について特に配慮する必要があると認められる防衛施設があるときは、当該防衛施設を特定防衛施設として、また、当該市町村を特定防衛施設関連市町村として、それぞれ指定し、指定した市町村に対し、公共用の施設の整備又はその他の生活環境の改善若しくは開発の円滑な実施に寄与する事業を行うための費用に充てさせるため、特定防衛施設周辺整備調整交付金を交付する。

(6) その他

以上の施策のほか、航空機の離着陸等の頻繁な実施等の自衛隊の行為による農林漁業等の事業経営上の損失の補償、障害防止工事を行う者又は民生安定施設の整備を行う地方公共団体への資金の融通又はあっせん、普通財産の譲渡又は貸付け等の規定が設けられている。

以上の施策を表に示すと以下のようになる。

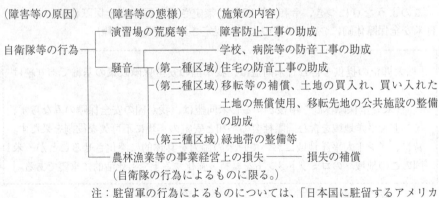

（障害等の原因）　　（障害等の態様）　　（施策の内容）

自衛隊等の行為
- 演習場の荒廃等 —— 障害防止工事の助成
- 騒音
  - 学校、病院等の防音工事の助成
  - （第一種区域）住宅の防音工事の助成
  - （第二種区域）移転等の補償、土地の買入れ、買い入れた土地の無償使用、移転先地の公共施設の整備の助成
  - （第三種区域）緑地帯の整備等
- 農林漁業等の事業経営上の損失 —— 損失の補償
  （自衛隊の行為によるものに限る。）

注：駐留軍の行為によるものについては、「日本国に駐留するアメリカ合衆国軍隊等の行為による特別損失の補償に関する法律」（昭和28年法律第246号）により損失の補償を行っている。

防衛施設の設置・運用
- 生活又は事業活動の阻害 —— 民生安定施設の整備の助成
- 生活環境又は開発に及ぼす影響 —— 特定防衛施設周辺整備調整交付金の交付

施設

477

第9章 日米安全保障体制

1. 日米安全保障体制の意義

(1) 意義

　現在の国際社会において、国の平和、安全及び独立を確保するためには、核兵器の使用をはじめとする様々な態様の侵略から、軍事力による示威や恫喝に至るまで、あらゆる事態に対応できる隙のない防衛態勢を構築することが必要である。このため、わが国は、民主主義、人権の尊重、法の支配、資本主義経済といった基本的な価値観や世界の平和と安全の維持への関心を共有し、経済面においても関係が深く、かつ、強大な軍事力を有する米国との安全保障体制を基調として、わが国の平和と安全を確保してきている。

　また、わが国周辺を含むインド太平洋地域においては、核兵器を含む大規模な軍事力を有し、普遍的な価値やそれに基づく政治・経済体制を共有しない国家や地域が複数存在する。更に、東シナ海、南シナ海等における領域に関する一方的な現状変更及びその試み、海賊、テロ、大量破壊兵器の拡散、自然災害等の様々な種類と烈度の脅威や課題が存在する。こうした安全保障環境の中で、日米安保体制は、地域における様々な安全保障上の課題や不安定要因に起因する不測の事態の発生に対する抑止力として機能し、わが国や米国の利益を守るのみならず、周辺地域の諸国に大きな安心をもたらしている。

　このような点につき、令和4年12月に策定された国家安全保障戦略において、日米安全保障体制については次のように規定されている。（抜粋）

　「拡大抑止の提供を含む日米同盟は、我が国の安全保障政策の基軸であり続ける。」

　「日米安全保障体制を中核とする日米同盟は、我が国の安全保障のみならず、インド太平洋地域を含む国際社会の平和と安定の実現に不可欠な役割を果たす。特に、インド太平洋地域において日米の協力を具体的に深化させることが、米国のこの地域へのコミットメントを維持・強化する上でも死活的に重要である。」

---

(2) 日米安保共同宣言

　日米両国は、冷戦終結後の新たな時代における日米安保体制の意義などについて閣僚や事務レベルの対話を精力的に行い、平成8年4月17日にその成果を首脳レベルの日米安全保障共同宣言という形で総括した。

　その後、同宣言を踏まえ、同年12月にSACO最終報告が取りまとめられたほか、平成9年9月に新たな「日米防衛協力のための指針」が策定された。

日米安全保障共同宣言
—21世紀に向けての同盟—
（仮訳）

1. 本日、総理大臣と大統領は、歴史上最も成功している二国間関係の一つである日米関係を祝した。両首脳は、この関係が世界の平和と地域の安定並びに繁栄に深甚かつ積極的な貢献を行ってきたことを誇りとした。日本と米国との間の堅固な同盟関係は、冷戦の期間中、アジア太平洋地域の平和と安全の確保に役立った。我々の同盟関係は、この地域の力強い経済成長の土台であり続ける。両首脳は、日米両国の将来の安全と繁栄がアジア太平洋地域の将来と密接に結びついていることで意見が一致した。

　　この同盟関係がもたらす平和と繁栄の利益は、両国政府のコミットメントのみによるものではなく、自由と民主主義を確保するための負担を分担してきた日米両国民の貢献にもよるものである。総理大臣と大統領は、この同盟関係を支えている人々、とりわけ、米軍を受け入れている日本の地域社会及び、故郷を遠く離れて平和と自由を守るために身を捧げている米国の人々に対し、深い感謝の気持ちを表明した。

2. 両国政府は、過去一年余、変わりつつあるアジア太平洋地域の政治及び安全保障情勢並びに両国間の安全保障面の関係の様々な側面について集中的な検討を行ってきた。この検討に基づいて、総理大臣と大統領は、両国の政策を方向づける深遠な共通の価値、即ち自由の維持、民主主義の追求、及び人権の尊重に対するコミットメントを再確認した。両者は、日米間の協力の基盤は引き続き堅固であり、21世紀においてもパートナーシップが引き続き極めて重要であることで意見が一致した。

地域情勢

3. 冷戦の終結以来、世界的な規模の武力紛争が生起する可能性は遠のいている。ここ数年来、この地域の諸国の間で政治及び安全保障についての対話が拡大してきている。民主主義の諸原則が益々尊重されてきている。歴史上かつてないほど繁栄が広がり、アジア太平洋という地域社会が出現しつつある。アジア太平洋地域は、今や世界で最も活力ある地域となっている。

　　しかし同時に、この地域には依然として不安定性及び不確実性が存在する。朝鮮半島における緊張は続いている。核兵器を含む軍事力が依然大量に集中している。未解決の領土問題、潜在的な地域紛争、大量破壊兵器及びその運搬手段の拡散は全て地域の不安定化をもたらす要因である。

日米同盟関係と相互協力及び安全保障条約

4. 総理大臣と大統領は、この地域の安定を促進し、日米両国が直面する安

全保障上の課題に対処していくことの重要性を強調した。

　これに関連して総理大臣と大統領は、日本と米国との間の同盟関係が持つ重要な価値を再確認した。両者は、「日本国とアメリカ合衆国との間の相互協力及び安全保障条約」（以下、日米安保条約）を基盤とする両国間の安全保障面の関係が、共通の安全保障上の目標を達成するとともに、21世紀に向けてアジア太平洋地域において安定的で繁栄した情勢を維持するための基礎であり続けることを再確認した。

(a)　総理大臣は、冷戦後の安全保障情勢の下で日本の防衛力が適切な役割を果たすべきことを強調する1995年11月策定の新防衛大綱において明記された日本の基本的な防衛政策を確認した。総理大臣と大統領は、日本の防衛のための最も効果的な枠組みは、日米両国間の緊密な防衛協力であるとの点で意見が一致した。この協力は、自衛隊の適切な防衛能力と日米安保体制の組み合わせに基づくものである。両首脳は、日米安保条約に基づく米国の抑止力は引き続き日本の安全保障の拠り所であることを改めて確認した。

(b)　総理大臣と大統領は、米国が引き続き軍事的プレゼンスを維持することは、アジア太平洋地域の平和と安定の維持のためにも不可欠であることで意見が一致した。両首脳は、日米間の安全保障面の関係は、この地域における米国の肯定的な関与を支える極めて重要な柱の一つとなっているとの認識を共有した。

　大統領は、日本の防衛及びアジア太平洋地域の平和と安定に対する米国のコミットメントを強調した。大統領は、冷戦の終結以来、アジア太平洋地域における米軍戦力について一定の調整が行われたことに言及した。米国は、周到な評価に基づき、現在の安全保障情勢の下で米国のコミットメントを守るためには、日本におけるほぼ現在の水準を含め、この地域において、約10万人の前方展開軍事要員からなる現在の兵力構成を維持することが必要であることを再確認した。

(c)　総理大臣は、この地域において安定的かつ揺るぎのない存在であり続けるとの米国の決意を歓迎した。総理大臣は、日本における米軍の維持のために、日本が、日米安保条約に基づく施設及び区域の提供並びに接受国支援等を通じ適切な寄与を継続することを再確認した。大統領は、米国は日本の寄与を評価することを表明し、日本に駐留する米軍に対し財政的支援を提供する新特別協定が締結されたことを歓迎した。

日米間の安全保障面の関係に基づく二国間協力

5．総理大臣と大統領は、この極めて重要な安全保障面での関係の信頼性を強化することを目的として、以下の分野での協力を前進させるために努力を払うことで意見が一致した。

(a)　両国政府は、両国間の緊密な防衛協力が日米同盟関係の中心的要素であることを認識した上で、緊密な協議を継続することが不可欠であることで意見が一致した。両国政府は、国際情勢、とりわけアジア太平洋地域についての情報及び意見の交換を一層強化する。同時に、国際的な安全保障情勢において起こりうる変化に対応して、両国政府の必要性を最も良く満たすような防衛政策並びに日本における米軍の兵力構成を含む軍事態勢について引き続き緊密に協議する。

(b)　総理大臣と大統領は、日本と米国との間に既に構築されている緊密な協力関係を増進するため、1978年の「日米防衛協力のための指針」の見直しを開始することで意見が一致した。

　　両首脳は、日本周辺地域において発生しうる事態で日本の平和と安全に重要な影響を与える場合における日米間の協力に関する研究をはじめ、日米間の政策調整を促進する必要性につき意見が一致した。

(c)　総理大臣と大統領は、「日本国の自衛隊とアメリカ合衆国軍隊との間の後方支援、物品又は役務の相互の提供に関する日本国政府とアメリカ合衆国政府との間の協定」が1996年4月15日署名されたことを歓迎し、この協定が日米間の協力関係を一層促進するものとなるよう期待を表明した。

(d)　両国政府は、自衛隊と米軍との間の協力のあらゆる側面における相互運用性の重要性に留意し、次期支援戦闘機(F-2)等の装備に関する日米共同研究開発をはじめとする技術と装備の分野における相互交流を充実する。

(e)　両国政府は、大量破壊兵器及びその運搬手段の拡散は、両国の共通の安全保障にとり重要な意味合いを有するものであることを認識した。両国政府は、拡散を防止するため共に行動していくとともに、既に進行中の弾道ミサイル防衛に関する研究において引き続き協力を行う。

6．総理大臣と大統領は、日米安保体制の中核的要素である米軍の円滑な日本駐留にとり、広範な日本国民の支持と理解が不可欠であることを認識した。両首脳は、両国政府が、米軍の存在と地位に関連する諸問題に対応するためあらゆる努力を行うことで意見が一致した。両首脳は、また、米軍と日本の地域社会との間の相互理解を深めるため、一層努力を払うことで意見が一致した。

　　特に、米軍の施設及び区域が高度に集中している沖縄について、総理大臣と大統領は、日米安保条約の目的との調和を図りつつ、米軍の施設及び区域を整理し、統合し、縮小するために必要な方策を実施する決意を再確認した。このような観点から、両首脳は、「沖縄に関する特別行動委員会」(SACO)を通じてこれまで得られた重要な進展に満足の意を表するとともに、1996年4月15日のSACO中間報告で示された広範な措置を歓迎した。両首脳は、1996年11月までに、SACOの作業を成功裡に結実させる

との確固たるコミットメントを表明した。

地域における協力

7. 総理大臣と大統領は、両国政府が、アジア太平洋地域の安全保障情勢をより平和的で安定的なものとするため、共同でも個別にも努力することで意見が一致した。これに関連して、両首脳は、日米間の安全保障面の関係に支えられたこの地域への米国の関与が、こうした努力の基盤となっていることを認識した。

　両首脳は、この地域における諸問題の平和的解決の重要性を強調した。両首脳は、この地域の安定と繁栄にとり、中国が肯定的かつ建設的な役割を果たすことが極めて重要であることを強調し、この関連で、両国は中国との協力を更に深めていくことに関心を有することを強調した。ロシアにおいて進行中の改革のプロセスは、地域及び世界の安定に寄与するものであり、引き続き慫慂し、協力するに足るものである。両首脳は、また、アジア太平洋地域の平和と安定にとり、東京宣言に基づく日露関係の完全な正常化が重要である旨述べた。両者は、朝鮮半島の安定が日米両国にとり極めて重要であることにも留意し、そのために両国が、韓国と緊密に協力しつつ、引き続きあらゆる努力を払っていくことを再確認した。

　総理大臣と大統領は、ASEAN地域フォーラムや、将来的には北東アジアに関する安全保障対話のような、多数国間の地域的安全保障についての対話及び協力の仕組みを更に発展させるため、両国政府が共同して、及び地域内の他の国々と共に、作業を継続することを再確認した。

地球的規模での協力

8. 総理大臣と大統領は、日米安保条約が日米同盟関係の中核であり、地球的規模の問題についての日米協力の基盤たる相互信頼関係の土台となっていることを認識した。

　総理大臣と大統領は、両国政府が平和維持活動や人道的な国際救援活動等を通じ、国際連合その他の国際機関を支援するための協力を強化することで意見が一致した。

　両国政府は、全面的核実験禁止条約（CTBT）交渉の促進並びに大量破壊兵器及びその運搬手段の拡散の防止を含め、軍備管理及び軍縮等の問題についての政策調整及び協力を行う。両首脳は、国連及びAPECにおける協力や、北朝鮮の核開発問題、中東和平プロセス及び旧ユーゴスラヴィアにおける和平執行プロセス等の問題についての協力を行うことが、両国が共有する利益及び基本的価値が一層確保されるような世界を構築する一助となるとの点で意見が一致した。

結語

9. 最後に、総理大臣と大統領は、安全保障、政治及び経済という日米関係の三本の柱は全て両国の共有する価値観及び利益に基づいており、また、日米安保条約により体現された相互信頼の基盤の上に成り立っているとの点で意見が一致した。総理大臣と大統領は、21世紀を目前に控え、成功を収めてきた安全保障協力の歴史の上に立って、将来の世代のために平和と繁栄を確保すべく共に手を携えて行動していくとの強い決意を再確認した。

1996年4月17日

東京

日本国内閣総理大臣　　　　　　　　　　　　　　アメリカ合衆国大統領

(3) 日米安保体制をとり巻く環境

　これまでの安全保障環境においては、9・11テロに代表される国際テロや大量破壊兵器及びその運搬手段である弾道ミサイルの拡散などの新たな脅威の台頭やグローバル化などの変化が見られ、このような変化に対応するため、日米間で日米同盟の将来に関する協議が行われ、その成果として、2005年2月の日米安全保障協議委員会（「2+2」）において、この日米協議の第1段階である共通の戦略目標を確認するとともに、第2段階の日米間の役割・任務・能力、第3段階の在日米軍の兵力構成見直しについて、数ヶ月間集中的に協議することとされた。また、同年10月に実施された「2+2」会合においては、これまでの検討をとりまとめた共同文書が承認された。

　さらに、2006年5月に実施された「2+2」会合において、それまでの一連の協議の成果として、「再編の実施のための日米ロードマップ」が承認され、兵力態勢の再編の取りまとめがなされた。2007年5月の「2+2」においては、再編に係る進展を確認・評価した。

　2010年1月の「2+2」共同発表以降、日米両国は日米安保50周年を契機に、新たな安全保障環境にふさわしい形で日米同盟を深化・発展させるための協議を行ってきた。この結果、2011年6月の「2+2」共同発表において、2005年及び2007年の共通の戦略目標の見直し及び再確認を行い、日米間の安全保障・防衛協力を深化・発展させることとした。また、併せて2010年5月及び今回の「2+2」共同発表によって補完されたロードマップにおいて述べられている再編案の着実な実施を確認するとともに、東日本大震災及び原発事故における自衛隊と米軍の連携・協力を踏まえ、日米の多様な事態へ対処する能力強化を図ることで一致した。

　2012年1月、オバマ政権は、新たな国防戦略指針を公表し、将来の米軍について、より小規模で引き締まったものとすると同時に、より柔軟で、展開性に富み、技術的に優れたものとする旨表明した。さらに、米国の安全保障戦略を、アジア太平洋地域により重点を置くとし、同盟国との関係強化に触れている。2012年4月の「2

安保体制

＋2」共同発表において、我が国政府は、このようなアジア太平洋重視の意図及び米国の取組を歓迎する旨表明した。また、同共同発表では、再編のロードマップに示された計画を調整することを決定し、抑止力を維持しつつ地元への米軍の影響を軽減する取組みを推進することにしている。

　近年のわが国を取り巻く安全保障環境は、周辺国の軍事活動などの活発化、国際テロ組織などの新たな脅威の発生、海洋・宇宙・サイバー空間といった国際公共財の安定的利用に対するリスクの顕在化など、様々な課題や不安定要因が顕在化・先鋭化・深刻化している。加えて、海賊対処活動、PKO、国際緊急援助活動のように自衛隊の活動もグローバルな規模に拡大してきている。

　このような安全保障環境の変化を背景として、13（平成25）年2月の日米首脳会談において、安全保障とアジア太平洋地域情勢についての意見交換がなされ、安倍内閣総理大臣からオバマ米大統領に対し、「安全保障環境の変化を踏まえ、日米の役割・任務・能力（RMC＝Role Mission Capability）の考え方についての議論を通じ、「指針」の見直しの検討を進めたい」旨述べた。

　以上のような経緯を経て、13（平成25）年10月の「2＋2」会合において、防衛協力小委員会（SDC＝Subcommittee for Defense Cooperation）に対して、現「指針」の変更に関する勧告を作成するよう指示され、14（同26）年末までに「指針」を見直すこととなった。

　日米間で精力的に見直し作業を行ってきた結果、15（平成27）年4月27日に行われた「2＋2」会合において、日米安全保障協議委員会（SCC）は、防衛協力小委員会（SDC）が勧告した新ガイドラインを了承した。これにより、13（平成25）年10月に閣僚から示されたガイドラインの見直しの目的が達成された。97ガイドラインに代わる新ガイドラインは、日米両国の役割及び任務についての一般的な大枠及び政策的な方向性を更新するとともに、同盟を現代に適合したものとし、また、平時から緊急事態までのあらゆる段階における抑止力及び対処力を強化することで、より力強い同盟とより大きな責任の共有のための戦略的な構想を明らかにするものである。

2. 日米安全保障条約の経緯の概要

(1) 旧日米安全保障条約（正式名称：日本国とアメリカ合衆国との間の安全保障条約）はサンフランシスコ講和条約とともに1951年9月8日に締結された（署名者は、日本側は吉田首相、米国側はアチソン国務長官以下4名）。

(2) この旧条約は、講和成立当時の特殊な事態の下に締結されたものであるため、日本の自主性その他の面で幾つかの不備があった。このため、1957年の岸首相の訪米を端緒として改定交渉が行われた結果1960年1月19日、ワシントンにおいて、現行の日米安全保障条約（正式名称：日本国とアメリカ合衆国との間の相互協力及び安全保障条約）が締結された（署名者は、日本側は岸首相以下5名、米国側ハーター国務長官以下3名）。

(3) 現行条約は、発効後10年の固定期間が経過した後は、一方の終了通告があれば、1年後に終了する旨規定している。右10年の期間は、1970年6月22日に経過したが、日本政府は同日、引き続きこの条約を堅持する旨の声明を発表し、その後今日まで自動継続されてきている。

安保体制

3. 日米安全保障条約の仕組みの概要

(1) 日米安保条約は、単に軍事面における協力だけでなく、平和的かつ友好的な国際関係の発展に対する貢献や両国間の経済的協力の促進についての規定（前文及び第2条）をも含んでおり、いわば日米関係全体のあり方を示したものと言うこともできるが、安全保障の観点からその核心を構成しているのは、第5条及び第6条である。

(2) 第5条は「各締約国は、日本国の施政の下にある領域における、いずれか一方に対する攻撃が、自国の平和及び安全を危うくするものであることを認め、自国の憲法上の規定及び手続に従って共通の危険に対処するように行動することを宣言する。」旨規定している。

(3) 第6条は、「日本国の安全に寄与し、並びに極東における国際の平和及び安全の維持に寄与するため、アメリカ合衆国は、その陸軍・空軍及び海軍が日本国において施設及び区域を使用することを許される。」旨規定している。

　イ．極東の範囲
　○政府統一見解（抜粋）

（昭和35年2月26日）

　　一般的な用語としてつかわれる『極東』は、別に地理学上正確に画定されたものではない。しかし、日米両国が、条約にいうとおり共通の関心をもっているのは、極東における国際の平和及び安全の維持ということである。この意味で実際問題として両国共通の関心の的となる極東の区域は、この条約に関する限り、在日米軍が日本の施設及び区域を使用して武力攻撃に対する防衛に寄与しうる区域である。かかる区域は、大体において、フィリピン以北並びに日本及びその周辺の地域であって、韓国及び中華民国の支配下にある地域もこれに含まれている。（「中華民国の支配下にある地域」は「台湾地域」と読み替えている。）

　　新（安保）条約の基本的な考え方は、右のとおりであるが、この区域に対して武力攻撃が行われ、あるいは、この区域の安全が周辺地域に起こった事情のため脅威されるような場合、米国がこれに対処するため執ることのある行動の範囲は、その攻撃又は脅威の性質いかんにかかるのであって、必ずしも前記の区域に局限されるわけではない。

　　しかしながら米国の行動には、基本的な制約がある。すなわち米国の行動は常に国際連合憲章の認める個別的又は集団的自衛権の行使として、侵略に抵抗するためにのみ執られることとなっているからである。

　ロ．事前協議
　○条約第6条の実施に関する岸総理とハーター国務長官との間の交換公文（抜粋）

（昭和35年1月19日）

　　合衆国軍隊の日本国への配置における重要な変更、同軍隊の装備における重

要な変更並びに日本国から行われる戦闘作戦行動（前記の条約第5条の規定に基づいて行なわれるものを除く。）のための基地としての日本国内の施設及び区域の使用は、日本国政府との事前の協議の主題とする。

○岸・アイゼンハウァー共同声明第2項（抜粋）（昭和35年1月19日）
　　大統領は、総理大臣に対し、同条約の下における事前協議にかかる事項については米国政府は日本国政府の意思に反して行動する意図のないことを保証した。

○日米安保条約上の事前協議について
　　日本政府は、次のような場合に日米安保条約上の事前協議が行なわれるものと了解している。
① 「配置における重要な変更」の場合
　　陸上部隊の場合は1個師団程度、空軍の場合はこれに相当するもの、海軍の場合は1機動部隊程度の配置
② 「装備における重要な変更」の場合
　　核弾頭及び中・長距離ミサイルの持込み並びにそれらの基地の建設
③ わが国から行なわれる戦闘作戦行動（条約第5条に基づいて行なわれるものを除く。）のための基地としての日本国内の施設・区域の使用
(4) 日米安保条約は、上記の他、両国の防衛力の維持・発展（第3条）や条約の実施に関する随時協議及び脅威が生じた際の協議（第4条）などの条項を含んでいる。

安保体制

4. 安全保障問題等に関する日米間の主な協議の場

（2023年1月現在）

協議の場	根 拠	目 的	構 成 員 又 は 参 加 者	
			日 本 側	米 国 側
日 米 安 全 保 障 協 議 委 員 会 （ＳＣＣ） （「2+2」会合）	安保条約第4条を根拠とし、昭35.1.19付内閣総理大臣と米国国務長官との往復書簡に基づき設置（2.12.26書簡交換によって米側の構成員を国務長官及び国防長官とした）	日米両政府間の理解の促進に役立ち、及び安全保障の分野における協力関係の強化に貢献するような問題で安全保障の基盤をなし、かつ、これに関連するものについて検討	外務大臣 防衛大臣	国務長官 国防長官 （平2.12.26以前は駐日米大使、太平洋軍司令官）
日 米 安 全 保 障 高 級 事 務 レベル協議 （ＳＳＣ）	安保条約第4条	日米相互にとって関心のある安全保障上の諸問題について意見交換	参加者は一定していない（両国次官・局長クラス等事務レベル要人より適宜行なわれている）	
日 米 合 同 委 員 会	地位協定第25条	地位協定の実施に関して協議	外務省北米局長 防衛省地方協力局長等	在日米大使館公使・参事官 在日米軍副司令官等
防 衛 協 力 小 委 員 会 （ＳＤＣ）	昭51.7.8第16回安全保障協議委員会において同委員会の下部機構として設置。平成9年9月23日の日米安全保障協議委員会で、日本側の構成員に防衛庁の運用局長（当時）を加えた	緊急時における自衛隊と米軍との間の整合のとれた共同対処行動を確保するために取るべき措置に関する指針を含め、日米間の協力のあり方に関する研究協議	外務省北米局長 防衛省防衛政策局長 統合幕僚監部の代表	国務次官補 国防次官補 在日米大使館、在日米軍、統参本部等の代表
日 米 装 備 ・ 技 術 定 期 協 議 （Ｓ＆ＴＦ）	防衛事務次官と米国次官（研究・技術担当）との合意に基づき設置	日米間の装備・技術分野における諸問題について意見交換	防衛装備庁長官 防衛省整備計画局長	国防次官（取得・技術及び兵站）

安保体制

488

5. 日米安全保障協議委員会共同発表

日米安全保障協議委員会（日米「2＋2」）
（概要）

2019年4月19日
外務省・防衛省

　4月19日午前8時45分（米国時間）から、米国ワシントンDCにおいて、約1時間にわたり、日米安全保障協議委員会（日米「2＋2」）が開催され、日本側からは、河野太郎外務大臣及び岩屋毅防衛大臣が、米側からは、マイク・ポンペオ国務長官及びパトリック・シャナハン国防長官代行がそれぞれ出席したところ、概要以下のとおり（また、今回の会合後、共同発表が発出された）。

1. 総論
　四閣僚は、一層複雑さを増す安全保障環境を踏まえ、率直な意見交換を行い、大きく以下の三点につき確認した。

● 四閣僚は、日米同盟が、インド太平洋地域の平和、安全及び繁栄の礎であることで一致するとともに、日米両国が共に、「自由で開かれたインド太平洋」の実現に取り組むことで一致した。このために、四閣僚は、共同訓練や寄港などを通じ、地域のパートナー国とも連携しつつ、日米が共同で地域におけるプレゼンスを高めていくことを確認した。

● 四閣僚は、我が国の新たな「防衛大綱」を含む日米両国の戦略的政策文書の整合性を歓迎し、宇宙、サイバー及び電磁波といった新たな領域における能力向上を含む領域横断（クロス・ドメイン）作戦のための協力を強化していくことで一致した。

● 四閣僚は、安保理決議に従って、北朝鮮の全ての大量破壊兵器及びあらゆる射程の弾道ミサイルの完全な、検証可能な、かつ不可逆的な方法での放棄を実現すべく取り組むことで一致するとともに、「瀬取り」への対処を含む国連安保理決議の完全な履行に関し、他のパートナー国とも連携して日米で引き続き協力していくことを確認した。また、四閣僚は、地域における米軍の態勢が強固であり続けることを再確認するとともに、地域における抑止力や安全の確保について対話を深めることで一致した。また、四閣僚は、今後も日米、日米韓で緊密に連携していくことで一致した。さらに、四閣僚は、北朝鮮に対し、日本人拉致問題を即時に解決するよう求めることで一致した。

2. 地域の安全保障環境
　四閣僚は、インド太平洋地域の安全保障環境について率直な意見交換を行い、東シナ海及び南シナ海における現状を変更しようとする一方的かつ威圧的な試み

安保体制

に関し、深刻な懸念及び強い反対の意を表明した。また、四閣僚は、東シナ海の平和と安定の確保のために協働する決意を再確認するとともに、日米安全保障条約第5条が尖閣諸島に適用されること及び両国は同諸島に対する日本の施政を損なおうとするいかなる一方的な行動にも反対することを再確認した。

3. 二国間の安全保障・防衛協力の強化

(1)四閣僚は、領域横断（クロス・ドメイン）作戦のための協力の重要性を強調した。四閣僚は、宇宙関連能力に係る協力を深めることを確認し、日本によるディープ・スペース・レーダーの開発や日本の準天頂衛星への米国の宇宙状況監視（SSA）ペイロードの搭載を通じたSSA能力向上のための協力を促進していくことで一致した。また、四閣僚は、サイバー分野における協力を強化していくことで一致し、国際法がサイバー空間に適用されるとともに、一定の場合には、サイバー攻撃が日米安保条約第5条にいう武力攻撃に当たり得ることを確認した。

(2)四閣僚は、日米同盟の抑止力・対処力を高めるため、効率的かつ効果的な防衛力整備を進めることが重要であることを確認し、高性能の装備品の日本への導入を進めるとともに、FMS調達の合理化を更に進めるために協力していくことで一致した。

(3)四閣僚は、情報保全の重要性を確認するとともに、任務保証に必要となる、防衛産業基盤、政府ネットワーク及び重要インフラに対する脅威に留意しつつ、一層のサプライチェーン・セキュリティの必要性につき一致した。

(4)四閣僚は、日米同盟の即応性を高めるため、相互のアセット防護、後方支援、共同ISRといった運用面における協力を更に深化させることで一致した。

4. 在日米軍

　四閣僚は、日米同盟の抑止力を維持しつつ、沖縄を始めとする地元の負担軽減を図る観点から、在日米軍再編を着実に推進することで一致した。特に、四閣僚は、普天間飛行場代替施設（FRF）の建設にかかる意義のある進展を歓迎しつつ、普天間飛行場の固定化を避けるためには、辺野古への移設が唯一の解決策であることを改めて確認した。河野外務大臣から、こうした米軍再編を着実に実施しつつ、米軍の運用や地位協定をめぐる課題について、一つ一つ前に進めることを含め、地域住民の負担を軽減していくことが重要である旨を米側に伝達した。岩屋防衛大臣からは、外来機の騒音を含め、米軍の運用が地元に与える影響が最小限となるよう米側に要請した。また、両大臣から、事件・事故の防止についても米側に要請した。

日米安全保障協議委員会（日米「2＋2」）
（概要）

令和3年3月16日
外務省・防衛省

3月16日午後3時から約1時間半、日米安全保障協議委員会（日米「2＋2」）が開催され、日本側からは、茂木敏充外務大臣及び岸信夫防衛大臣が、米側からは、アントニー・ブリンケン国務長官及びロイド・オースティン国防長官がそれぞれ出席したところ、概要以下のとおり（また、今回の会合後、共同発表が発出された。）。

1．総論

四閣僚は、日米同盟がインド太平洋地域の平和、安全及び繁栄の礎であり続けることを確認した上で、両国の日米同盟への揺るぎないコミットメントを新たにした。また、拡大する地政学的な競争や新型コロナウイルス、気候変動、民主主義の再活性化といった課題の中で、四閣僚は、自由で開かれたインド太平洋とルールに基づく国際秩序を推進していくことで一致した。

四閣僚は、厳しい安全保障環境を踏まえ、日米同盟の抑止力・対処力の強化に向けた連携をより一層深めることで一致した。また、日本は、国防及び同盟の強化に向け、自らの能力を向上させる決意を表明し、米国は、核を含むあらゆる種類の米国の能力による日本の防衛に対する揺るぎないコミットメントを強調した。

四閣僚は、「2＋2」の議論や共同発表を踏まえ、同盟の強化に向けた具体的な作業を進めることを担当部局に指示した。また、その成果を確認するべく、年内に日米安全保障協議委員会を改めて開催することで一致した。

2．地域の安全保障環境

四閣僚は、地域の安全保障環境について率直な意見交換を行い、認識のすりあわせを行った。

(1)四閣僚は、中国による、既存の国際秩序と合致しない行動は、日米同盟及び国際社会に対する政治的、経済的、軍事的及び技術的な課題を提起しているとの認識で一致した。また、ルールに基づく国際体制を損なう、地域の他者に対する威圧や安定を損なう行動に反対することを確認した。

(2)四閣僚は、東シナ海及び南シナ海を含め、現状変更を試みるいかなる一方的な行動にも反対するとともに、中国による海警法に関する深刻な懸念を表明した。また、日本側から、日本の領土をあらゆる手段で守る決意を表明した。四閣僚は、尖閣諸島に対する日米安保条約第5条の適用を再確認するとともに、同諸島に対する日本の施政を損なおうとする一方的な行動に引き続き反対することを確認した。

(3)四閣僚は、南シナ海における、中国の不法な海洋権益に関する主張及び活動へ

安保体制

の反対を改めて表明した。

(4) 四閣僚は、台湾海峡の平和と安定の重要性を強調した。また、香港及び新疆ウイグル自治区の人権状況について深刻な懸念を共有した。

(5) 四閣僚は、北朝鮮の完全な非核化の実現に向けて、国連安保理決議の完全な履行の重要性を確認し、日米及び日米韓3か国で引き続き協力していくことで一致した。また、拉致問題の即時解決の必要性についても確認した。

(6) 四閣僚は、日米豪印を通じた協力を確認した。また、ASEANの中心性及び一体性並びに「インド太平洋に関するASEANアウトルック」への強固な支持を確認しつつ、ASEANと協働することを誓約した。

3. 安全保障・防衛協力の強化

四閣僚は、一層深刻化する地域の安全保障環境を認識した上で、役割・任務・能力に関する協議を通じ、日米同盟の抑止力・対処力の強化に向けた連携をより深めることで一致した。

(1) 四閣僚は、米国で各種政策レビューが行われる中、日米の戦略・政策を緊密にすり合わせていくことで一致した。

(2) 四閣僚は、全ての領域を横断する防衛協力を深化させ、拡大抑止を強化することで一致した。また、宇宙及びサイバーに関する協力の重要性並びに情報保全を更に強化していくことを強調した。

(3) 四閣僚は、同盟の運用の即応性・抑止態勢を維持し、将来的な課題に対処するため、実践的な二国間及び多国間の演習及び訓練の必要性を改めて表明した。

4. 戦力態勢及び在日米軍

四閣僚は、日米同盟の抑止力を維持しつつ、沖縄を始めとする地元の負担軽減を図る観点から、在日米軍再編を着実に推進することで一致した。

(1) 四閣僚は、米軍再編の取組に係る進展を歓迎するとともに、地元への影響を軽減しつつ、運用の即応性及び持続可能なプレゼンスを維持できるように現在の取決めを実施していくことに対するコミットメントを再確認した。

(2) 四閣僚は、普天間飛行場代替施設をキャンプ・シュワブ辺野古崎地区及びこれに隣接する水域に建設する計画が、普天間飛行場の継続的な使用を回避するための唯一の解決策であり、早期完了に取り組むことを再確認した。

(3) 四閣僚は、在日米軍駐留経費負担につき、現行の特別協定を1年延長する改正に合意したことを受け、双方の交渉官に、双方が裨益する新たな複数年度の合意に向けて取り組むことを指示した。

(4) 日本側から、米軍再編を着実に進める重要性を強調し、在日米軍の地元への影響に最大限配慮した安全な運用や事件・事故での円滑な対応等について要請した。

(5) 日本側から、東日本大震災における米側の支援に対して改めて謝意を表した上で、四閣僚は、犠牲者を追悼し、日米同盟の協力の精神を再確認した。

日米安全保障協議委員会（日米「2＋2」）
（概要）

> 令和4年1月7日
> 外務省・防衛省

　1月7日午前7時半から約1時間半、日米安全保障協議委員会（日米「2＋2」）がテレビ会議形式で開催され、日本側からは、林芳正外務大臣及び岸信夫防衛大臣が、米側からは、アントニー・ブリンケン国務長官及びロイド・オースティン国防長官がそれぞれ出席したところ、概要以下のとおり（また、今回の会合後、共同発表が発出された。）。

1．総論

(1) 冒頭、米側から、今次日米「2＋2」が対面で開催できなかったことは残念であるが、様々な安全保障上の課題に直面する中で日米同盟はかつてないほど重要であり、こうして本日の会合を開催できたことは喜ばしい。自由で開かれたインド太平洋を実現するために強固な日米同盟の一層の強化に強くコミットしている旨発言があった。林大臣から、この一年のスタートを両長官との日米「2＋2」で切ることができるのは時宜にかなっている、日米の安全保障を確保するだけではなく、法の支配に基づく自由で開かれた国際秩序を維持し、地域の平和、安定、繁栄を確かなものとする上で、戦略的利益と普遍的価値を共有する日米両国が結束してリーダーシップを発揮することがいまだかつてなく重要である旨発言があった。また、岸大臣から、テレビ会議であれ、日米両政府が日米「2＋2」を開催し、日米の強固な連帯を対外的に示すこと、そして、今後の同盟の進むべき方向について認識を共有することは極めて意義深いことである旨発言があった。

(2) 日米双方は、自由で開かれたインド太平洋へのコミットメント、そして、地域の平和、安全及び繁栄の礎としての日米同盟の重要な役割を確認し、日米が一体となって新たな安全保障上の課題に対応するため、同盟の能力を継続的に前進させることにつき一致した。

(3) 日本側から、自国の防衛を強固なものとし、地域の平和と安定に貢献するため、防衛力を抜本的に強化する旨述べた。米側は、これを歓迎するとともに、インド太平洋における態勢及び能力を最適化させていくとの決意を表明した。

(4) また米側は、核を含むあらゆる種類の能力を用いた対日防衛義務への揺るぎないコミットメントを表明し、日米安保条約第5条が尖閣諸島に適用されることを改めて確認した。日米双方は、拡大抑止が信頼でき、強靱なものであることを確保する決定的な重要性を確認した。

2．地域情勢

　四閣僚は、変化する地域の戦略環境に関して認識を詳細に共有した上で、同志

国との連携の強化について意見交換を行った。

(1) 日米双方は、インド太平洋地域と世界全体の平和、安定及び繁栄に対して中国が及ぼす影響について突っ込んだ意見交換を行い、尖閣諸島に対する日本の施政を損なおうとする、いかなる一方的な行動にも引き続き日米が結束して反対すること、南シナ海における、中国の不法な海洋権益に関する主張、軍事化及び威圧的な活動への強い反対、そして、地域における安定を損なう行動をともに抑止し、必要であれば対処することについて一致した。

(2) また、日米双方は、新疆ウイグル自治区及び香港の人権問題について、深刻な、かつ継続する懸念を表明した。

(3) さらに、台湾に関し、日米双方は、台湾海峡の平和と安定の重要性を強調し、両岸問題の平和的解決を促した。

(4) 北朝鮮について、日米双方は、北朝鮮の完全な非核化へのコミットメントを再確認し、5日の弾道ミサイル発射を始め、核・ミサイル開発の進展への強い懸念を表明した。また、林大臣から、拉致問題の即時解決への理解と協力を求め、米側から支持が表明された。

(5) 同志国との協力について、日米双方は、昨年9月の日米豪印首脳会合において確認した自由で開かれたルールに基づく秩序の推進へのコミットメントを改めて確認したほか、豪州、欧州、韓国、ASEAN等との連携及び協力の強化の重要性に関して一致した。

(6) 加えて日米双方は、ウクライナ情勢を含む共通の関心事項について意見交換を行い、ウクライナの主権及び領土一体性への一貫した支持を改めて表明した。

3．安全保障・防衛協力の強化

四閣僚は、現在直面する挑戦に効果的に対処するため、日米同盟の抑止力・対処力の抜本的強化に向けた議論を具体化した。さらに、情報保全の一層の強化、宇宙・サイバー分野での協力深化、新興技術を取り込む技術協力の推進など、日米同盟の優位性を将来にわたって維持するための継続的な努力を精力的に進め、将来を見越した同盟の能力強化のための投資を行っていくことの重要性について一致した。

(1) 岸大臣から、ミサイルの脅威に対抗するための能力を含め、あらゆる選択肢を排除せず、防衛力を速やかに、抜本的に強化するため、新たな国家安全保障戦略、防衛計画の大綱、中期防衛力整備計画の策定に取り組んでいく旨説明した。米側から、日本側の決意を歓迎するとともに、日米双方は、両国の戦略及び政策をすり合わせるために引き続き緊密に連携することを確認した。

(2) 日本側から、日米同盟の役割、任務及び能力に関する議論を通じて、日米の能力を最大化する旨発言した。その上で、日米双方は、役割・任務・能力の進化及び共同計画作業に関する力強い進展を歓迎した。

(3) 日米双方は、領域横断的な能力の強化の重要性を強調した。林大臣から、サイ

バー空間における脅威の増大を踏まえ、外交的取組、同盟の対処能力の強化、第三国の能力構築等における日米連携の強化の重要性について発言し、岸大臣から、サイバー領域に関する自衛隊の体制整備を着実に進め、米側と一層連携を深めていきたい旨発言があった。また、宇宙領域における協力について、林大臣から、宇宙における「責任ある行動」に関する連携や、宇宙における深刻な事態に対する同盟としての対応について議論を深化させる重要性を強調し、岸大臣から、宇宙領域に関する自衛隊と、米側との協力の重要性を強調した。その上で、日米双方は、両領域における安全保障協力の更なる強化を確認した。

(4) 日米双方は、共同研究・開発・生産等に関する枠組み交換公文に基づき、新興技術での協力を進展させることを確認した。また、林大臣から経済安全保障の強化についても発言があり、日米で緊密に連携していくことを確認した。

4．米軍の態勢

　四閣僚は、日米同盟の抑止力を維持しつつ、沖縄を始めとする地元の負担軽減を図る観点から、在日米軍再編を着実に推進することの重要性について一致した。

(1) 日米双方は、普天間飛行場代替施設をキャンプ・シュワブ辺野古崎地区及びこれに隣接する水域に建設する計画が、普天間飛行場の継続的な使用を回避するための唯一の解決策として、その推進にコミットした。

(2) 岸大臣から、馬毛島における施設整備を進めることとし、環境影響評価プロセス終了後に着手する建設工事の経費を来年度予算案に計上したことを説明の上、早期の整備に向け政府全体として努力していく旨表明し、米側は日本側の取組を歓迎した。また、日米双方は、沖縄統合計画に基づく嘉手納以南の土地返還の取組及び2024年に開始される約4，000人の米海兵隊の要員の沖縄からグアムへの移転を含む、在日米軍再編に係る二国間の取組を加速化させる重要性を確認した。

(3) 林大臣及び岸大臣から、在日米軍による地元への影響に最大限配慮した安全な運用、早期の通報を含む事件事故での適切な対応、PFOS等をめぐる課題について協力を要請し、日米双方は、引き続き緊密に連携することを確認した。また、両大臣から、最近の在日米軍の新型コロナ感染状況を踏まえ、在日米軍従業員を含めた地元の不安解消に向け、外出制限の導入を含め、感染症拡大防止の措置の強化と徹底を米側に強く求めた。これに対し、ブリンケン長官から、日本側の要望は明確に理解した、国防省や統合参謀本部と共に、日本における懸念を解消するために努力したい、また、オースティン長官からは、既にブリンケン長官から昨日の林大臣とのやり取りの説明を受けている、地域住民と米軍兵士の安全を引き続き重視しており、軍指導部とも協議している、地域住民と米軍兵士の安全ほど重要なものはなく、そのためにできる限りのことをしたいとの返答があった。

安保体制

(4) 日米双方は、同盟の即応性と抗たん性を高める、新たな在日米軍駐留経費負担（「同盟強靱化予算」）に係る実質合意及び特別協定への署名を歓迎した。

日米安全保障協議委員会（日米「2＋2」）
（概要）

〔令和5年1月12日〕
〔外 務 省・防 衛 省〕

　1月12日4時00分（米国時間：11日14時00分）から、米国ワシントンD.C.において、約2時間30分、日米安全保障協議委員会（日米「2＋2」）が開催され、日本側からは、林芳正外務大臣及び浜田靖一防衛大臣が、米側からは、アントニー・ブリンケン国務長官及びロイド・オースティン国防長官がそれぞれ出席したところ、概要以下のとおり（また、今回の会合後、共同発表が発出された。）。

1．総論
(1) 冒頭、米側から、両大臣の訪米を心から歓迎する、今般、日米「2＋2」を日米両国の戦略文書発表直後という時宜を得た形で約2年ぶりに対面で開催することができたのは大変喜ばしい、安全保障環境が一層厳しさを増す中で、日米同盟の重要性はかつてないほど高まっており、自由で開かれたインド太平洋を実現するため、米国のインド太平洋地域への揺るぎないコミットメントを示していきたい旨発言があった。日本側から、双方の戦略文書を踏まえ、安全保障環境についての両国の認識をすり合わせつつ、日米同盟の更なる深化について議論する絶好の機会である、日米同盟を絶えず強化することに完全にコミットしており、両長官と緊密に連携していくことを心から楽しみにしている、戦略は策定して終わるものではなく、今後、日米が連携してそれぞれの戦略を速やかに実行していくことが重要である旨発言した。
(2) 日米双方は、それぞれの国家安全保障戦略及び国家防衛戦略の公表を歓迎し、両者のビジョン、優先事項及び目標がかつてないほど整合していることを確認した。
(3) 日本側から、相当増額した防衛予算の下で、新たな能力の獲得や継戦能力の増強等を早期に行い、防衛力を強化していく旨発言した。これに対して米側から、同盟の抑止力・対処力を強化する重要な取組であり、強く支持する旨発言があった。
(4) 米側は、核を含むあらゆる種類の米国の能力を用いた日米安全保障条約の下での日本の防衛に対する揺るぎないコミットメントを再確認するとともに、日米安全保障条約第5条が尖閣諸島に適用されることを改めて確認した。

2．地域情勢
　日本側から、日本は平和で安定した国際環境を能動的に創出すべく、外交・安

496

全保障上の役割を強化し、法の支配に基づく自由で開かれた国際秩序を強化していく旨発言した上で、日米双方は、下記のとおり情勢認識のすりあわせを行った。

(1) 日米双方は、自らの利益のために国際秩序を作り変えることを目指す中国の外交政策に基づく行動は同盟及び国際社会全体にとっての深刻な懸念であり、インド太平洋地域及び国際社会全体における最大の戦略的挑戦であるとの見解で一致した。

(2) また、米側は、尖閣諸島に対する日本の長きにわたる施政を損なおうとする行為を通じたものを含む、中国による東シナ海における力による一方的な現状変更の試みが強まっていることに強い反対の意を改めて表明した。

(3) 日米双方は、台湾に関する両国の基本的な立場に変更はないことを認識するとともに、国際社会の安全と繁栄に不可欠な要素である台湾海峡の平和と安定の維持の重要性を改めて表明し、両岸問題の平和的解決を促した。

(4) 日米双方は、北朝鮮による昨年来の、前例のない数の不法かつ無謀な弾道ミサイルの発射を強く非難した。日本側から、戦術核の大量生産の方針等を明らかにしている北朝鮮が核実験に踏み切れば、過去6回の核実験とは一線を画すものである旨発言した。また、拉致問題について、米側から引き続き全面的な支援を得た。

(5) 日米双方は、ロシアによるウクライナに対する残虐でいわれのない不当な戦争を強く非難した。日本側から、欧州とインド太平洋地域の安全保障は相互に不可分と言えるものであり、本年のG7議長国として、ロシアへの対応及びウクライナ支援に向けた議論をリードしていく旨発言した。

3. 同盟の現代化

日本側から、日米双方の戦略は、抑止力を強化するため、自らの防衛力を抜本的に強化し、そのための投資も増加させること、そして同盟国や同志国等との連携強化を目指すといった点において、軌を一にしている旨発言した上で、そのような戦略の下、同盟としての抑止力・対処力を最大化する方策について議論を行った。

(1) 日本側から、抜本的に強化された日本の防衛力を前提とした、日米間でのより効果的な役割・任務の分担を実現していく必要がある旨発言した。日米双方は、起こり得るあらゆる事態に適時かつ統合された形で対処するため、同盟調整メカニズムを通じた二国間調整を更に強化する必要性を改めて強調した。また、米側からは、日本による常設の統合司令部設置の決定を歓迎する旨発言があった。

(2) 日米双方は、米国との緊密な連携の下での、日本の反撃能力の効果的な運用に向けて、日米間での協力を深化させることを決定した。

(3) 日米双方は、情報収集、警戒監視及び偵察(ISR)活動並びに柔軟に選択される抑止措置(FDO)を含む二国間協力を深化させることを決定した。

(4) 日本側から、装備・技術面での協力は、同盟の技術的優位性の確保、日本の防衛力強化の速やかな実現の双方において重要であり、更に加速する必要がある旨発言し、米側から、技術的優位性の確保に向け、日米で共に努力していきたい旨発言があった。

(5) 日本側から、宇宙・サイバー領域における協力の深化は同盟の近代化における核となるものである旨発言した。日米双方は、宇宙関連能力に係る協力の深化にコミットした。その上で、日米双方は、宇宙領域に関し、宇宙への、宇宙からの又は宇宙における攻撃が、同盟の安全に対する明確な挑戦であると考え、一定の場合には、当該攻撃が、日米安全保障条約第5条の発動につながることがあり得ることを確認した。日本側から、本件は同盟全体の抑止力強化の観点で重要な成果である旨発言した。

(6) 日本側から、多国間協力については、同盟国・同志国のネットワークの重層的な構築・拡大を図り、抑止力を強化していく旨発言した。

4．拡大抑止
　　日米双方は、米国の「核態勢の見直し」の公表も踏まえ、拡大抑止を議題の1つとし、時間を割いて突っ込んだ議論を行った。

(1) 日米双方は、米国の拡大抑止が信頼でき、強靱なものであり続けることを確保することの決定的な重要性を改めて確認した。

(2) さらに、日米双方は、日米拡大抑止協議及び様々なハイレベル協議を通じ、実質的な議論を深めていくことで一致した。

5．米軍の態勢
　　日米双方は、地域における安全保障上の増大する課題に対処するために、日本の南西諸島の防衛のためのものを含め、向上された運用構想及び強化された能力に基づいて同盟の戦力態勢を最適化する必要性を確認するとともに、普天間飛行場の固定化を避けるための唯一の解決策である辺野古への移設を含め、在日米軍再編を着実に推進することの重要性について一致した。

(1) 日米双方は、現下の厳しい安全保障環境を踏まえ、在日米軍の態勢見直しに関する再調整で一致した。日米双方は、厳しい競争環境に直面し、日本における米軍の前方態勢が、同盟の抑止力及び対処力を強化するため、強化された情報収集・警戒監視・偵察能力、対艦能力及び輸送力を備えた、より多面的な能力を有し、より強靱性があり、そして、より機動的な戦力を配置することで向上されるべきであることを確認した。そのような政策に即して、2012年4月27日の日米安全保障協議委員会で調整された再編の実施のための日米ロードマップは再調整され、第3海兵師団司令部及び第12海兵連隊は沖縄に残留し、第12海兵連隊は2025年までに第12海兵沿岸連隊に改編されることを確認した。この取組は、地元の負担に最大限配慮した上で、2012年の再編計画の基本的

な原則を維持しつつ進められる。

(2) 日本側から、厳しい安全保障環境に対応するための、在日米軍の献身的な活動への謝意を述べた。また、日本側から普天間飛行場代替施設の建設事業や馬毛島における施設整備が着実に進捗していることを紹介した上で、日米双方は、在日米軍の施設及び区域の再編を支える現在行われている事業の着実な実施並びに地元との関係の重要性を再確認し、普天間飛行場の継続的な使用を回避するための唯一の解決策である、キャンプ・シュワブ辺野古崎地区及びこれに隣接する水域における普天間飛行場代替施設の建設継続へのコミットメントを強調した。また、馬毛島における自衛隊施設の整備の進展及び将来の見通しを歓迎した。

(3) 日米双方は、沖縄における移設先施設の建設及び土地返還並びに2024年に開始される米海兵隊要員の沖縄からグアムへの移転を含む、米軍再編に係る二国間の取組を加速化させる重要性を確認した。日本側から、地元への影響に最大限配慮した安全な運用、早期の通報を含む事件・事故での適切な対応、環境問題などについても米側に改めて要請し、日米双方は緊密に連携していくことを確認した。

6. 日米防衛相会談

日米防衛相会談等の開催状況及び概要

① 日米防衛相会談実施状況（平成4年1月以降）

年	月 日	会談者	場 所	備 考
平成4				12.18「中期防衛力整備計画(平成3年度～平成7年度)の修正について」
5	5.3 9.27 11.2	中山・アスピン 中西・アスピン 中西・アスピン	ワシントン ワシントン 東京	
6	4.21 9.15 10.22	愛知・ペリー 玉沢・ペリー 玉沢・ペリー	東京 ワシントン 東京	
7	5.2 9.1 11.1	玉沢・ペリー 衛藤・ペリー 衛藤・ペリー	ワシントン ホノルル 東京	11.28 新防衛大綱策定 12.15 中期防衛力整備計画(平成8年度～平成12年度)策定
8	4.14～15 9.19 12.2	臼井・ペリー 臼井・ペリー 久間・ペリー	東京 ワシントン 東京	4.17 日米安全保障共同宣言
9	4.7 9.24	久間・コーエン 久間・コーエン	東京 ワシントン	9.23 新日米防衛協力のための指針策定
10	1.20 9.21	久間・コーエン 額賀・コーエン	東京 ワシントン	1.20 包括的メカニズムの構築
11	1.13 7.28	野呂田・コーエン 野呂田・コーエン	東京 東京	
12	1.5 3.16 9.12 9.22	瓦・コーエン 瓦・コーエン 虎島・コーエン 虎島・コーエン	ワシントン 東京 ワシントン 東京	9.10 調整メカニズムの構築 11.30 船舶検査活動法成立
13	6.22 12.10	中谷・ラムズフェルド 中谷・ラムズフェルド	ワシントン ワシントン	10.29テロ対策特措法成立
14	12.17	石破・ラムズフェルド	ワシントン	
15	11.15	石破・ラムズフェルド	東京	8.1 イラク特措法成立 10.21テロ対策特措法延長 12.19弾道ミサイル防衛システムの整備等について 　　　閣議決定・安全保障会議決定

年	月　日	会談者	場　所	備　考
16	11.19	大野・ラムズフェルド	ワシントン	12.10 新防衛大綱策定 中期防衛力整備計画（平成17年度 ～平成21年度）策定
17	2.19 6.4	大野・ラムズフェルド 大野・ラムズフェルド	ワシントン シンガポール	10.26 テロ対策特措法延長
18	1.17 4.23 5.3 6.4	額賀・ラムズフェルド 額賀・ラムズフェルド 額賀・ラムズフェルド 額賀・ラムズフェルド	ワシントン ワシントン ワシントン シンガポール	1.6　在日米軍駐留経費負担に係る新特 　　　別協定署名 5.1　「再編実施のための日米のロードマッ 　　　プ」発表 6.29 「新世紀の日米同盟」発表 10.27 テロ対策特措法延長
19	4.30 8.8 11.8	久間・ゲイツ 小池・ゲイツ 石破・ゲイツ	ワシントン ワシントン 東京	5.23 米軍再編特措法成立 6.20 イラク特措法延長 11.1 テロ対策特措法失効
20	5.31	石破・ゲイツ	シンガポール	1.11 補給支援特措法成立 1.25 在日米軍駐留経費負担に係る新特 　　　別協定署名 12.12 補給支援特措法延長
21	5.1 5.30 10.21	浜田・ゲイツ 浜田・ゲイツ 北澤・ゲイツ	ワシントン シンガポール 東京	2.17 在沖縄海兵隊のグアム移転に係る協 　　　定署名 6.24 海賊対処法成立
22	5.25 10.11	北澤・ゲイツ 北澤・ゲイツ	ワシントン ハノイ	1.15 補給支援特措法失効 12.17 新防衛大綱策定 中期防衛力整備計画（平成23年度 ～平成27年度）策定
23	1.13 6.3 10.25	北澤・ゲイツ 北澤・ゲイツ 一川・パネッタ	東京 シンガポール 東京	1.21 在日米軍駐留経費負担に係る新特 　　　別協定署名
24	8.3 9.17	森本・パネッタ 森本・パネッタ	ワシントン 東京	
25	4.29 8.28 10.3	小野寺・ヘーゲル 小野寺・ヘーゲル 小野寺・ヘーゲル	ワシントン ブルネイ 東京	
26	4.6 5.31 7.11	小野寺・ヘーゲル 小野寺・ヘーゲル 小野寺・ヘーゲル	東京 シンガポール ワシントン	

安保体制

年	月　日	会談者	場　所	備　　考
27	4.8	中谷・カーター	東京	
	4.28	中谷・カーター	ワシントン	4.27 新「日米防衛協力のための指針」公表
	5.30	中谷・カーター	シンガポール	
	11.3	中谷・カーター	クアラルンプール	11.3 同盟調整メカニズム（ACM）及び共同計画策定メカニズム（BPM）の設置
28	6.4	中谷・カーター	シンガポール	1.22 在日米軍駐留経費負担に係る新特別協定署名
	9.15	稲田・カーター	ワシントン	9.26 日米物品役務相互提供協定署名
	12.7	稲田・カーター	東京	
29	2.4	稲田・マティス	東京	
	6.3	稲田・マティス	シンガポール	
	8.17	小野寺・マティス	ワシントン	
	10.23	小野寺・マティス	フィリピン	
30	4.20	小野寺・マティス	ワシントン	
	5.29	小野寺・マティス	ハワイ	
	6.29	小野寺・マティス	東京	
	10.19	岩屋・マティス	シンガポール	
31	1.16	岩屋・シャナハン	ワシントン	
	4.19	岩屋・シャナハン	ワシントン	
令和元	6.4	岩屋・シャナハン	東京	
	8.7	岩屋・エスパー	東京	
	11.18	河野・エスパー	バンコク	
2	1.14	河野・エスパー	ワシントン	
	8.29	河野・エスパー	グアム	
3	3.16	岸・オースティン	東京	
4	5.4	岸・オースティン	ワシントン	
	9.14	浜田・オースティン	ワシントン	
5	1.12	浜田・オースティン	ワシントン	
	6.1	浜田・オースティン	東京	
	10.4	木原・オースティン	ワシントン	

※平成18年6月4日に開催された会談までは、「日米防衛首脳会談」との呼称が用いられている。

安保体制

日米防衛相会談の概要

〔平成31年1月16日
防　衛　省〕

平成31年1月16日、14時05分（現地時間）から約90分間、岩屋防衛大臣とシャナハン米国防長官代行は、米国防省において会談を行ったところ、概要次のとおり。

1．日米防衛協力

　双方は、昨年12月に策定された新たな防衛計画の大綱及び中期防衛力整備計画を踏まえ意見交換を行った。この際、シャナハン長官代行は、大綱・中期防を支持するとともに、日本が大綱・中期防により、防衛体制を強化し、自らが果たし得る役割の拡大を図っていく強い決意を示したことを歓迎した。

　双方は、現在の安全保障環境について、国家間の競争が顕在化していること、また、宇宙・サイバー・電磁波といった新たな領域における技術優位の重要性が高まっているとの認識を共有した。

　また、双方は、防衛計画の大綱や中期防衛力整備計画、米国国家防衛戦略に基づき双方が行う取組において緊密に連携すること、また、日米ガイドラインの下、日米同盟の抑止力・対処力の一層の強化に取り組むこと、さらには、自由で開かれたインド太平洋というビジョンを踏まえ、他国とも連携しながら日米が基軸となって、望ましい安全保障環境の創出に取り組むことで一致するとともに、下記の各点を含め、幅広い分野における協力を強化・拡大させていくことを確認した。

● 宇宙、サイバー、電磁波といった「新たな領域」における日米協力を推進していくこと。米国は、日本のシュリーバー演習への初の参加を歓迎。

● インド太平洋地域における日米両国のプレゼンスを高めることも勘案し、共同訓練、能力構築支援等の分野において緊密に連携していくこと。

● 自衛隊による米軍の警護や、米軍への物品・役務の提供等、平和安全法制及びガイドラインの下での運用面での日米協力が進捗していることを歓迎し、より一層推進していくこと。

● FMSに関わる諸課題の改善等が進捗していることを歓迎しつつ、FMS合理化に引き続き取り組むこと。価格の透明性確保や精算遅延の改善、複数年度調達の実現・促進に係る取組の強化についての協力。

● イージス・アショア、E－2D、F－35を始めとする高性能な米国製装備品の導入について、引き続き導入コストの管理を含め、円滑かつ速やかに日本側が導入できるよう協力すること。

● 日米共同研究・開発の推進を含め、防衛装備・技術協力を強化していくこと。

2．地域情勢等

　双方は、直近の北朝鮮問題を巡る状況を踏まえ意見交換を行い、北朝鮮による

安保体制

全ての大量破壊兵器及びあらゆる射程の弾道ミサイルの完全な、検証可能な、かつ不可逆的な廃棄に向け、引き続き、国連安保理決議の完全な履行を求めていくことを確認した。双方は、北朝鮮による「瀬取り」に対し、引き続き日米が有志国と連携して取り組むことで一致した。また、双方は、日米同盟と米韓同盟に基づく抑止力は地域の安全保障に不可欠との認識を共有しつつ日米共同訓練を着実に実施することで一致した。

双方は、東シナ海・南シナ海について、力を背景とした一方的な現状変更の試みに反対するとともに、法の支配、航行の自由等の定着に向けた協力の重要性を確認した。また、その文脈で、尖閣諸島が日米安全保障条約第5条の適用範囲であること、同諸島に対する日本の施政を損なおうとするいかなる一方的な行動にも反対することを改めて確認し、東シナ海の平和と安定のため日米が協力していくことを確認した。

3．在日米軍

双方は、普天間飛行場代替施設の建設工事に係る最近の進展を確認し、普天間飛行場の辺野古崎沖への移設が、普天間飛行場の継続的な使用を回避するための唯一の解決策であることを確認するとともに、岩屋大臣から、沖縄をはじめとする地元の負担軽減に向けた協力を要請し、双方は、引き続き、米軍再編計画の着実な進展や訓練移転の着実な実施のため、日米で緊密に協力していくことで一致した。双方は、米軍の安全な運用の確保の重要性を確認した。

日米防衛相会談

$$\left[\begin{array}{l}\text{平成31年4月19日}\\\text{防 衛 省}\end{array}\right]$$

平成31年4月19日、13時00分（現地時間）から約120分間、岩屋防衛大臣とシャナハン米国防長官代行は、米国防省において会談を行ったところ、概要次のとおり。

1．総論

双方は、日米「2＋2」が成功裏に開催されたことを歓迎するとともに、今後とも、日米両国の国防当局間で緊密に連携して日米同盟強化に取り組むことを確認した。

2．北朝鮮

双方は、北朝鮮による全ての大量破壊兵器及びあらゆる射程の弾道ミサイルの完全な、検証可能な、かつ不可逆的な廃棄に向け、引き続き、国連安保理決議の完全な履行を確保することの重要性を確認した。また、双方は、北朝鮮による「瀬

取り」に対し、引き続き日米が有志国と連携して取り組むことで一致した。双方は、日米同盟と米韓同盟に基づく抑止力の重要性について確認するとともに、日米共同訓練を着実に実施することで一致した。

3．日米防衛協力

双方は、領域横断作戦のための日米協力を推進することで一致し、宇宙・サイバー・電磁波領域における協力をより一層進展させることを確認した。

双方は、FMS調達の合理化に引き続き取り組むことを確認するとともに、日米共同研究・開発を推進し、防衛装備・技術協力を強化していくことで一致した。

4．在日米軍

双方は、米軍再編計画の着実な進展のため、日米で緊密に協力していくことで一致した。

日米防衛相会談

〔令和元年6月4日〕
〔防　衛　省〕

令和元年6月4日、12時25分から約70分間、岩屋防衛大臣とシャナハン米国防長官代行は、防衛省において会談を行ったところ、概要次のとおり。

1．日米防衛協力

岩屋大臣は、今般、米国が発表した「インド太平洋戦略レポート」を歓迎し、双方は、これに記載された取組も含め、両国の戦略文書に基づき双方が行う取組について、日米「2＋2」会合で確認された方針に沿って緊密に連携することを確認した。

双方は、宇宙・サイバー・電磁波といった新たな領域について、日米連携の深化をスピード感をもって進める必要性について確認し、相互運用性の向上を通じた運用協力の強化、各種演習を通じた2国間連携要領の検証を含め、領域横断作戦のための日米協力を推進していくことを確認した。

2．自由で開かれたインド太平洋

双方は、自由で開かれたインド太平洋の重要性についてあらためて認識を共有した。岩屋大臣は、米国の「インド太平洋戦略レポート」で示された、自由で開かれたインド太平洋を維持・強化するための米国の取組との連携を強化したい旨述べ、双方は、多様なパートナーと協力していくことの重要性を確認した。

3．地域情勢等

双方は、先のシャングリラ会合での議論等を踏まえて地域情勢等について議論を行った。特に、北朝鮮情勢については、双方は、直近の北朝鮮問題を巡る状況を踏まえ意見交換を行い、北朝鮮による全ての大量破壊兵器及びあらゆる射程の弾道ミサイルの完全な、検証可能な、かつ不可逆的な廃棄に向け、引き続き、国連安保理決議の完全な履行を確保することの重要性を確認しつつ、今後も日米、日米韓で緊密に連携していくことを確認した。

4．在日米軍

岩屋大臣から、沖縄をはじめとする地元の負担軽減に向けた協力を要請し、双方は、引き続き、普天間飛行場の辺野古移設を含めた米軍再編計画の着実な進展のため、日米で緊密に協力していくことで一致した。岩屋大臣から、外来機の騒音を含め、米軍の運用が地元に与える影響が最小限となるよう要請した。双方は、米軍の安全な運用の確保の重要性を確認した。

安保体制

日米防衛相会談

〔令和元年8月7日〕
〔防　衛　省〕

令和元年8月7日、11時03分から約70分間、岩屋防衛大臣とエスパー米国防長官は、防衛省において会談を行ったところ、概要次のとおり。

1．地域情勢等

両閣僚は、北朝鮮による全ての大量破壊兵器及びあらゆる射程の弾道ミサイルの完全な、検証可能な、かつ不可逆的な廃棄に向け、引き続き、国連安保理決議の完全な履行を確保することの重要性を確認した。両閣僚は、北朝鮮による「瀬取り」に対し、引き続き日米が関係国と連携して取り組むことで一致した。また、両閣僚は、在韓米軍を含む地域の米軍の抑止力の重要性を確認した。

両閣僚は、東シナ海・南シナ海について、力を背景とした一方的な現状変更の試みに反対するとともに、法の支配、航行の自由等の定着に向けた協力の重要性を確認した。両閣僚は、尖閣諸島が日米安全保障条約第5条の適用範囲であること、同諸島に対する日本の施政を損なおうとするいかなる一方的な行動にも反対することを改めて確認し、東シナ海の平和と安定のため日米が協力していくことを確認した。

2．日米防衛協力

両閣僚は、両国の戦略文書に基づき双方が行う取組について緊密に連携すること、日米同盟の抑止力・対処力の一層の強化に取り組むことで一致した。また、両閣僚は、自由で開かれたインド太平洋を維持・強化するため、日米が基軸となって、共同訓練や能力構築支援の実施を含め、多様なパートナーと協力していくことの重要性を確認した。両閣僚は、FMS調達の合理化に引き続き取り組むことを確認した。

3．在日米軍

両閣僚は、普天間飛行場の辺野古への移設が、普天間飛行場の継続的な使用を回避するための唯一の解決策であることを確認した。岩屋大臣から、沖縄をはじめとする地元の負担軽減に向けた協力を要請し、両閣僚は、引き続き、米軍再編計画の着実な進展のため、日米で緊密に協力していくことで一致した。岩屋大臣から、米軍の運用が地元に与える影響が最小限となるよう要請し、米軍の安全な運用の確保の重要性を確認した。

安保体制

日米防衛相会談

〔令和元年11月18日 / 防　衛　省〕

令和元年11月18日（月）、第6回拡大ASEAN国防相会議（ADMMプラス）出席のためタイを訪問中の河野防衛大臣は、エスパー米国防長官と会談を行ったところ、概要以下のとおり。

1. 地域情勢

両閣僚は、最近の北朝鮮による弾道ミサイルの発射が地域の安全保障にとって重大な脅威となることを確認した。また、両閣僚は、北朝鮮による全ての大量破壊兵器及びあらゆる射程の弾道ミサイルの完全な、検証可能な、かつ不可逆的な廃棄に向け、引き続き、国連安保理決議の完全な履行を確保することの重要性を確認した。

両閣僚は、東シナ海・南シナ海について、力を背景とした一方的な現状変更の試みに反対するとともに、法の支配、航行の自由の定着等に向けた協力の重要性を確認した。

2. 日米防衛協力

両閣僚は、整合する両国の戦略を具体化するため、引き続き日米間で緊密に連携して新たな領域における協力の推進を含め、日米同盟の抑止力・対処力の一層の強化に取り組むことで一致した。また、両閣僚は、自由で開かれたインド太平洋を維持・強化するため、日米が基軸となって、共同訓練や能力構築支援の実施を含め、多様なパートナーと協力していくことの重要性を確認した。両閣僚は、FMS調達の合理化に引き続き取り組むことを確認した。

3. 在日米軍

両閣僚は、在日米軍の即応性維持の重要性を確認するとともに、その即応性維持のためにも地元の理解と協力が不可欠であるとの認識の下、引き続き日米で協力していくことで一致した。両閣僚は、普天間飛行場の辺野古への移設が、普天間飛行場の継続的な使用を回避するための唯一の解決策であることを確認した。河野大臣から、沖縄をはじめとする地元の負担軽減に向けた協力を要請し、両閣僚は、引き続き、米軍再編計画の着実な進展のため、日米で緊密に協力していくことで一致した。河野大臣から、米軍の運用が地元に与える影響が最小限となるよう要請し、両閣僚は、米軍の安全な運用の確保の重要性を確認した。

安保体制

日米防衛相会談の概要

〔令和2年1月15日〕
〔防 衛 省〕

令和2年1月14日、14時05分（現地時間）から約60分間、河野防衛大臣とエスパー米国防長官は、米国防省において会談を行ったところ、概要次のとおり。

1．地域情勢等

両閣僚は、中東地域の情勢について意見交換を行った。河野大臣からは中東地域が緊迫の度を高めていくことを深く憂慮している旨述べ、両閣僚は事態の更なるエスカレーションを避けるべきという点で一致した。また、河野大臣から、昨年12月に閣議決定した中東地域への自衛隊派遣について説明した。両閣僚は直近の北朝鮮問題を巡る状況を踏まえ意見交換を行い、北朝鮮のたび重なる弾道ミサイルの発射は、我が国のみならず、国際社会に対する深刻な挑戦であることを確認した。また、両閣僚は、北朝鮮による全ての大量破壊兵器及びあらゆる射程の弾道ミサイルの完全な、検証可能な、かつ不可逆的な廃棄に向け、引き続き、国連安保理決議の完全な履行を確保することの重要性を確認し、北朝鮮による「瀬取り」対策に関し、引き続き日米が有志国と連携して取り組むことで一致した。両閣僚は、東シナ海・南シナ海について、力を背景とした一方的な現状変更の試みに反対するとともに、法の支配、航行の自由の定着等に向けた協力の重要性を確認した

2．日米防衛協力

両閣僚は、日米安全保障条約署名から60周年を迎える現在において、日米同盟が最も強固な関係にあることを歓迎し、整合する両国の戦略を具体化するため、引き続き日米間で緊密に連携し、日米同盟の抑止力・対処力の一層の強化に取り組むことで一致した。また、両閣僚は、自由で開かれたインド太平洋を維持・強化するため、日米が基軸となって、共同訓練や能力構築支援の実施を含め、多様なパートナーと協力していくことの重要性を確認した。

3．在日米軍

両閣僚は、恒常的な空母艦載機着陸訓練（FCLP）の候補地となっている馬毛島について、日本政府による土地の取得に関する最近の進展を歓迎するとともに、引き続き、米軍再編計画の着実な進展のため、日米で緊密に協力していくことで一致した。両閣僚は、普天間飛行場の辺野古への移設が、普天間飛行場の継続的な使用を回避するための唯一の解決策であることを確認し、河野大臣から、沖縄をはじめとする地元の負担軽減に向けた協力を要請した。また、PFOS等への対応についても日米間の協力に関する議論を行い、包括的に検討を進めていくこ

安保体制

とで一致した。両閣僚は、在日米軍の即応性維持の重要性を確認するとともに、その即応性維持のためにも地元の理解と協力が不可欠であるとの認識の下、引き続き日米で協力していくことで一致した。両閣僚は、米軍の安全な運用の確保の重要性を確認した。

日米防衛相会談の概要

［令和2年8月29日
防　衛　省］

令和2年8月29日、14時40分（現地時間）から約120分間、河野防衛大臣とエスパー米国防長官は、米グアム準州アンダーセン空軍基地において会談を行ったところ、概要次のとおり。

1. 地域情勢等

両閣僚は、インド太平洋地域の最新情勢について意見交換を行った。

両閣僚は、東シナ海情勢・南シナ海問題に関し、力を背景とした一方的な現状変更の試みに反対するとともに、法の支配、航行の自由の定着等に向けた協力の重要性を確認した。また、両閣僚は、東シナ海の平和と安定の確保のため、より緊密に協働していくことで一致し、日米安全保障条約第5条が尖閣諸島に適用されること、及び両国は同諸島に対する日本の施政を損なおうとするいかなる一方的な行動にも反対することを再確認した。さらに両閣僚は、自由で開かれたインド太平洋を維持・強化するため、日米が基軸となって、共同訓練や能力構築支援の実施などを通じ、地域内外の多様なパートナーとの協力を強化していくことの重要性を確認した。

両閣僚は北朝鮮問題を巡る直近の状況について意見交換を行うとともに、北朝鮮のたび重なる弾道ミサイルの発射は、国連安保理決議違反であり、我が国のみならず、国際社会に対する深刻な挑戦であることを確認した。また、両閣僚は、北朝鮮による全ての大量破壊兵器及びあらゆる射程の弾道ミサイル計画の完全な、検証可能な、かつ不可逆的な廃棄に向け、引き続き、国連安保理決議の完全な履行を確保することの重要性を確認し、北朝鮮による「瀬取り」対策に関し、引き続き日米が有志国と連携して取り組むことで一致した。

2. 日米防衛協力

両閣僚は、ポストコロナの時代も見据え、強固な日米同盟関係を基盤として日米両国がアジア太平洋地域の平和と繁栄により一層大きな役割を果たしていくことを確認した。両閣僚は、整合する両国の戦略を具体化するため、日米間で緊密に連携し、日米同盟の抑止力・対処力の一層の強化に取り組むことで一致した。その一環として、両閣僚は、周辺国における軍事活動の活発化や軍事技術の進展

安保体制

も踏まえ、総合ミサイル防空能力やISR能力を強化していく必要性について一致した。

3．在日米軍

両閣僚は、グアム移転事業の進捗を確認し、その着実な進展を歓迎した。両閣僚は、普天間飛行場の辺野古への移設が、普天間飛行場の継続的な使用を回避するための唯一の解決策であることを確認し、河野大臣から、沖縄をはじめとする地元の負担軽減に向けた協力を要請した。両閣僚は、米軍再編計画の着実な進展のため、その他の事業についても日米で引き続き緊密に協力していくことで一致した。両閣僚は、新型コロナウイルス感染症の拡大防止及びその影響を緩和するために、日米で緊密に連携していくことを確認した。両閣僚は、在日米軍の即応性維持の重要性を確認するとともに、その即応性維持のためにも地元の理解と協力が不可欠であるとの認識の下、引き続き日米で協力していくことで一致した。両閣僚は、米軍の安全な運用の確保の重要性を確認した。

日米防衛相会談の概要

$$\left[\begin{array}{c}令和3年3月16日\\防\quad衛\quad省\end{array}\right]$$

令和3年3月16日、12時50分から約90分間、岸防衛大臣とオースティン米国防長官が会談を行ったところ、概要次のとおり。

1．総論

両閣僚は、急激に厳しさを増す安全保障環境の中、日米同盟が地域の平和と安定にとってこれまでになく重要であることを確認した。両閣僚は、自由で開かれたインド太平洋を維持・強化するため、日米が基軸となって取り組んでいくことを確認した。岸防衛大臣は、日本の防衛に対する断固たる決意を述べるとともに、地域の平和と安定のために日本が積極的に役割を果たしていく考えを述べた。オースティン国防長官は、これを歓迎するとともに、米国による日本の防衛に対するコミットメントが揺るぎないことを確認した。両閣僚は、日米同盟の抑止力・対処力の一層の強化に取り組むことで一致した。

2．地域情勢等

両閣僚は、中国による、既存の国際秩序と整合的でない行動が、同盟及び国際社会に対して課題となっている中、防衛当局としてとるべき対応について協議していくことで一致した。これに関連し、岸防衛大臣は、国際法との整合性に問題のある規定を含む中国海警法により、東シナ海や南シナ海などの海域において緊張を高めることになることは断じて受け入れられない旨を述べ、両閣僚は深刻な

懸念を表明した。また、両閣僚は、台湾海峡の平和と安定の重要性について認識を共有した。

両閣僚は、北朝鮮の完全な非核化に向けたコミットメントを再確認するとともに、北朝鮮に対して国連安保理決議の下での義務に従うことを求めた。また、北朝鮮関連船舶による違法な「瀬取り」対策に関し、引き続き日米が有志国と連携して取り組むことで一致した。

両閣僚は、自由で開かれたインド太平洋を維持・強化するため、地域内外の多様なパートナーとの協力を強化していくことの重要性を確認した。

3．日米防衛協力

両閣僚は、双方の戦略を緊密な協議を通じて擦り合わせ、宇宙・サイバー領域を含む全ての領域において、協力を深めていくことで一致した。

また、両閣僚は、同盟の抑止力・対処力を高めるためには、自衛隊と在日米軍の双方が、日米共同訓練を含む各種の高度な訓練の実施等を通じ、即応性を強化していくことが重要であることで一致した。

4．米軍再編／在日米軍

両閣僚は、米国による「世界的な戦力態勢見直し（GPR）」に関し、今後緊密に調整していくことを確認した。両閣僚は、普天間飛行場の辺野古移設及び馬毛島の施設整備を含む米軍再編計画のこれまでの取組を歓迎するとともに、今後の着実な進展のため、引き続き日米で緊密に協力していくことで一致した。両閣僚は、普天間飛行場の辺野古への移設が、普天間飛行場の継続的な使用を回避するための唯一の解決策であることを再確認し、これを進めていくことで一致した。

両閣僚は、在日米軍の安定的な駐留と日々の活動には、地域社会の理解と協力が不可欠であること、また、米軍の安全かつ環境に配慮した運用の確保が重要であることを確認した。

日米防衛相会談の概要

〔令和4年5月5日〕
〔防　衛　省〕

令和4年5月4日、11時10分（現地時間）から、テタテ（一対一）の会談を含め約75分間、岸防衛大臣とオースティン米国防長官は、米国防省において会談を行ったところ、概要次のとおり。

1．地域情勢等

両閣僚は、ロシアによるウクライナ侵略は、力による一方的な現状変更であるとともに、国際秩序に対する深刻な挑戦であり断じて容認できないとして、これを厳しく非難した。両閣僚は、引き続き、日米が連携し、ウクライナへできる限

りの支援を継続していくことを確認した。オースティン国防長官は、ウクライナへの支援において日本が発揮しているリーダーシップに謝意を述べた。また、岸防衛大臣は、インド太平洋地域と欧州の安全保障は区別して考えることができないとの観点から、欧州の安全保障へのコミットメントを強化していく考えを述べた。

両閣僚は、自由で開かれたインド太平洋へのコミットメントを再確認するとともに、法に基づく国際秩序を支える規範、価値観、制度を促進する決意を新たにした。

両閣僚は、東シナ海・南シナ海における威圧的な行動など、インド太平洋地域における中国の最近の行動について議論した。両閣僚は、インド太平洋地域における力による一方的な現状変更を許容しないことを決意し、これを抑止し、必要であれば対処するために連携を強化していくことを確認した。オースティン国防長官は、尖閣諸島は日本の施政下にある領域であり、日米安全保障条約第5条が尖閣諸島に適用されること、尖閣諸島の現状変更を試みる、または、日本の施政を損なおうとするいかなる一方的な行動にも反対する旨を表明した。また、両閣僚は、台湾海峡の平和と安定の重要性を改めて強調した。

両閣僚は、北朝鮮による度重なる弾道ミサイル発射や核開発等は、地域と国際社会の平和と安定に対する深刻な脅威であり、断じて容認できないとの認識で一致するとともに、北朝鮮の挑発行動に対しては、日米、日米韓で緊密に連携していくことを確認した。

さらに、両閣僚は、豪州、インド、東南アジア、太平洋島嶼国及び欧州諸国といった地域内外のパートナー国との防衛協力を強化していくことで一致した。

2．日米防衛協力

両閣僚は、急速に厳しさを増す安全保障環境の中、本年1月の「2＋2」においても確認した日米同盟の抑止力・対処力の強化に向けた取組を速やかに具体化していくことで一致した。

岸防衛大臣は、国家安全保障戦略等の策定を通じた、日本の防衛力の抜本的強化に対する断固たる決意を述べた。オースティン国防長官は、これを歓迎するとともに、両閣僚は、双方の戦略を緊密な協議を通じて擦り合わせていくことを確認した。

オースティン国防長官は、日本に対する核を含めた米国の拡大抑止のコミットメントは揺るぎないものである旨を述べた。岸防衛大臣は、現下の国際情勢において核抑止が信頼でき、強靱なものであり続けるためのあらゆるレベルでの二国間の取組が従来にも増して重要である旨を述べ、オースティン国防長官との間で認識を共有した。

また、両閣僚は、日米防衛協力の基盤である情報保全・サイバーセキュリティの重要性を確認するとともに、その強化に取り組んでいくことで一致した。

両閣僚は、同盟の技術的優位性を確保するため、極超音速技術に対抗するための技術を含め、装備・技術分野での協力をさらに深化させることで一致した。

3. 米軍再編/在日米軍

　両閣僚は、普天間飛行場の辺野古移設及び馬毛島の施設整備を含む米軍再編計画のこれまでの取組を歓迎するとともに、今後の着実な進展のため、引き続き日米で緊密に協力していくことで一致した。

　両閣僚は、日米双方が引き続き緊密に連携し、本年、本土復帰50周年を迎える沖縄の負担軽減について、協力を一層加速させていくことの重要性を共有した。

日米防衛相会談の概要

〔令和4年9月15日〕
〔　防　衛　省　〕

　令和4年9月14日11時10分(現地時間)から約95分間、浜田防衛大臣とオースティン米国防長官は、米国防省において防衛相会談を行ったところ、概要次のとおり。

1. 地域情勢等

　両閣僚は、日米同盟を取り巻く厳しい安全保障環境について幅広く意見交換を行った。

　両閣僚は、我が国のEEZ内への着弾を含む、先月上旬の中国による弾道ミサイルの発射について、日本の安全保障及び国民の安全に関わる重大な問題として強く非難した。両閣僚は、改めて台湾海峡の平和と安定の重要性を確認するとともに、両岸問題の平和的解決を促すことで一致した。また、両閣僚は、インド太平洋地域における力による一方的な現状変更を許容しないこと、そのために緊密かつ隙のない連携を図っていくことを確認した。

　両閣僚は、ロシアによるウクライナ侵略は、国際秩序の根幹を揺るがす暴挙であり、引き続き、日米が連携し、ウクライナへの支援を継続していくことを確認した。

　また、両閣僚は、北朝鮮の核・ミサイル問題に関し、先月のミサイル警戒演習「パシフィック・ドラゴン」における日米韓共同訓練の実施を歓迎し、北朝鮮の挑発行為に対して一致して迅速に対応できるよう、日米、日米韓の連携をさらに緊密なものにしていくことを確認した。

　両閣僚は、自由で開かれたインド太平洋を維持・強化するため、地域内外のパートナー国との協力を強化していくことで一致した。

2. 日米防衛協力

　浜田防衛大臣は、新たな国家安全保障戦略等の策定において、いわゆる「反撃

能力」を含めたあらゆる選択肢を検討し、日本の防衛力の抜本的強化を実現するとの決意を表明した。さらに、浜田防衛大臣は、その裏付けとなる防衛予算の相当な増額に取り組んでいることを述べた。オースティン国防長官は、これらの取組に対する強い支持を表明した。両閣僚は、双方の戦略の方向性が一致していることを確認し、同盟の強化に向け、さらに緊密に擦り合わせていくことで一致した。

オースティン国防長官は、日本に対する核を含めた米国の拡大抑止のコミットメントは揺るぎないものである旨を改めて述べた。両閣僚は、核を含めた米国の拡大抑止が信頼でき、強靱なものであり続けるための取組について、閣僚レベルでも議論を深めていくことを確認した。

両閣僚は、情報収集、警戒監視及び偵察（ISR）能力の強化が、日米同盟の抑止力・対処力の強化にとって重要であることを確認した。かかる観点から、両閣僚は、米空軍無人機MQ－9の海上自衛隊鹿屋航空基地への一時展開に向けた進捗を歓迎した。浜田防衛大臣は、MQ－9の一時展開は、自衛隊における無人機によるISR活動の深化に資する旨を述べた。両閣僚は、MQ－9を含む日米のアセットが取得した情報を日米共同で分析することで一致した。

両閣僚は、同盟の技術的優位性を確保するための装備技術分野での協力をさらに加速していくことで一致した。かかる観点から、両閣僚は、極超音速技術に対抗するための技術について、共同分析の進捗を踏まえ、要素技術・構成品レベルでの日米共同研究の検討を開始することで合意した。また両閣僚は、次期戦闘機等と連携する無人機に係る協力、サプライチェーン強化のための取組等を加速させることで一致した。

両閣僚は、情報保全・サイバーセキュリティが日米防衛協力の深化のために死活的に重要であることで一致し、浜田防衛大臣は、サイバーセキュリティの抜本的強化に取り組む考えを説明した。

3．米軍再編／在日米軍

両閣僚は、在日米軍の安定的な駐留と日々の活動には、地域社会の理解と協力、また、米軍の安全かつ環境に配慮した運用が重要であることを確認した。また、両閣僚は、緊密な協力の下、普天間飛行場の辺野古への移設及び馬毛島の施設整備も含め、米軍再編計画を着実に進展させていくことで一致した。両閣僚は、沖縄をはじめとする地元の負担軽減について、引き続き取り組んでいくことを確認した。

日米防衛相会談の概要

〔令和5年1月13日〕
〔防　衛　省〕

令和5年1月12日16時(現地時間)から60分間、浜田防衛大臣とオースティン米国防長官は、米国防省において日米防衛相会談を行ったところ、概要次のとおり。

1. 日米防衛協力

両閣僚は、日米「2+2」を踏まえ、それぞれの新たな国家安全保障戦略及び国家防衛戦略について、速やかに実行に移していくことで一致し、その具体的な取組について議論を行った。

浜田防衛大臣は、新たな戦略の下、相当な増額をされる防衛予算によって、反撃能力を含めた防衛力の抜本的強化を早期に実現する強い決意を述べた。オースティン国防長官は、日本の取組に対して、強い支持を表明した。

両閣僚は、抜本的に強化される日本の防衛力の下での同盟の役割・任務の分担について集中的な議論を速やかに実施させることを確認した。両閣僚は、そのような議論においては、日米協力の下での反撃能力の効果的な運用、事態の発生を抑止するための平素からの日米共同による取組、あらゆる段階における迅速かつ効果的な日米間の調整などについて議論を深めていく必要があることで一致した。

オースティン国防長官は、日本に対する核を含めた米国の拡大抑止のコミットメントは揺るぎないものである旨を改めて述べた。両閣僚は、日米「2+2」における議論も含め、核を含めた米国の拡大抑止がより信頼でき、より強靱なものであり続けるための取組をさらに深化させていくことを確認した。

両閣僚は、情報収集、警戒監視及び偵察(ISR)能力強化の観点から、米空軍無人機MQ-9の鹿屋航空基地への一時展開及び日米共同情報分析組織(BIAC)の運用開始を歓迎した。

両閣僚は、同盟の抑止力・対処力にとって技術的優位性の確保が死活的に重要であるとの認識に立ち、装備・技術協力を加速させることで一致した。その基盤を構成する枠組として、両閣僚は、研究、開発、試験及び評価プロジェクトに関する了解覚書及びサプライチェーン協力の強化に向けた防衛装備品等の供給の安定化に係る取決めに署名した。また、両閣僚は、極超音速技術に対抗するための技術、高出力マイクロ波及び自律型システムでの共同研究・開発に向けた議論の進捗を歓迎した。

両閣僚は、情報保全・サイバーセキュリティが同盟の根幹であるとの認識を共有し、連携をさらに強化することを確認した。浜田防衛大臣は、その抜本的強化に向けた取組を徹底していく決意を表明した。

2. 米軍再編/在日米軍

両閣僚は、同盟の抑止力・対処力を実質的に強化することになる、日米「2+2」

安保体制

で確認された米軍の態勢の取組を実行することで合意し、これらの取組の実施に向けて協議を継続することを確認した。浜田防衛大臣から、沖縄の負担軽減の重要性を述べるとともに、両閣僚は、在日米軍の安定的な駐留と日々の活動には、地域社会の理解と協力が重要であることで一致した。

日米防衛相会談の概要

〔令和5年6月1日〕
〔防　衛　省〕

令和5年6月1日9時20分から約75分間、浜田防衛大臣とオースティン米国防長官は、防衛省において防衛相会談を行ったところ、概要次のとおり。

1. 地域情勢等

両閣僚は、この厳しい競争の時代において、ルールに基づく国際秩序と、自由で開かれたインド太平洋を維持していく決意を改めて確認した。また、両閣僚は、インド太平洋地域において力による一方的な現状変更やその試みを許容しないこと、そのためにこれまで以上に日米が緊密に連携していくことを確認した。

両閣僚は、ロシアによる違法で、不当で、いわれのないウクライナ侵略は、国際秩序の根幹を揺るがす暴挙であり、引き続き、日米が連携し、ウクライナへできる限りの支援を継続していくことを確認した。

両閣僚は、中国をめぐる諸課題への対応に当たり、引き続き日米で緊密に連携していくことで一致した。また、両閣僚は、中国との率直な対話の重要性を確認した。さらに、両閣僚は、台湾海峡の平和と安定の重要性を強調するとともに、両岸問題の平和的解決を促した。

両閣僚は、北朝鮮の核・ミサイル問題に関し、4月に開催された日米韓防衛実務者協議（DTT）の成果を歓迎するとともに、日米、日米韓の連携をさらに緊密なものにしていくことを確認した。

両閣僚は、日米豪3か国の協力がかつてないレベルにまで深まっていることを歓迎した。両閣僚は、日本と豪州との間の円滑化協定により、訓練機会を拡大し、3か国の相互運用性を向上させていくことを確認した。

2. 日米防衛協力

両閣僚は、G7広島サミットで確認された、法の支配に基づく自由で開かれた国際秩序を守り抜く決意を着実に実行に移すため、本年1月の日米「2+2」においても確認した日米同盟の抑止力・対処力の強化に向けた取組について議論を行った。両閣僚は、日米協力の下での反撃能力の効果的な運用を含めた、同盟の役割・任務・能力に係る議論が進展していることを歓迎した。

オースティン国防長官は、日本に対する核を含めた米国の拡大抑止のコミットメントは揺るぎないものである旨を改めて述べた。両閣僚は、核を含めた米国の

安保体制

拡大抑止が信頼でき、強靱なものであり続けるため、拡大抑止に関する議論を一層強化していくことを確認した。また、両閣僚は、反撃能力を含む日本の防衛力の抜本的強化が同盟の抑止力を強化するものであることを認識し、抑止力の強化に向けて引き続き日米で連携していくことを確認した。

両閣僚は、海上自衛隊鹿屋航空基地に一時展開している米空軍無人機MQ-9及び日米共同情報分析組織が、同盟の情報収集、警戒監視及び偵察（ISR）能力の強化に大きな役割を果たしていることを確認した。また、両閣僚は、地域におけるISR能力を維持・強化していくことの必要性を確認した。

両閣僚は、無人機に関する協力に加え、極超音速技術に対抗するための将来のインターセプターの共同開発の可能性に関する議論を前進させ協力を深めて行くことを確認した。

両閣僚は、情報保全・サイバーセキュリティの確保が同盟の根幹であることを確認した。浜田防衛大臣は、サイバーセキュリティを抜本的に強化していく強い決意を表明した。

3. 米軍再編／在日米軍

両閣僚は、日米「2＋2」で確認された米軍の態勢の取組の実施に向けて引き続き協議を継続していくことを確認した。両閣僚は、普天間飛行場の辺野古移設及び馬毛島の施設整備を含む米軍再編計画のこれまでの取組を歓迎するとともに、今後の着実な進展のため、引き続き日米で緊密に協力していくことで一致した。

両閣僚は、沖縄をはじめとする地元の負担軽減について、引き続き取り組んでいくことを確認するとともに、在日米軍の安定的な駐留と日々の活動には、地域社会の理解と協力が重要であることで一致した。

日米防衛相会談の概要

$$\left[\begin{array}{l}令和5年10月5日\\防\quad衛\quad省\end{array}\right]$$

令和5年10月4日13時10分（現地時間）から約55分間、木原防衛大臣とオースティン米国防長官は、米国防省において防衛相会談を行ったところ、概要次のとおり。

1. 地域情勢等

両閣僚は、力による一方的な現状変更やその試みは、インド太平洋を含めたどの地域でも許容してはならず、そのためにも同盟の抑止力・対処力を強化していく必要があることを確認した。また、両閣僚は、日米安全保障条約第5条が尖閣諸島に適用される旨米国が表明していることの重要性に留意した。

両閣僚は、ロシアによるウクライナ侵略は、アジアを含む国際秩序の根幹を揺るがす暴挙であって、断じて容認できず、引き続き、日米が連携して、ウクライ

ナ支援を継続していくことを確認した。

　両閣僚は、ロシアとの連携を含む中国の軍事活動の活発化を踏まえ、これまで以上に連携を強化していくことで一致した。また、両閣僚は、台湾海峡の平和と安定の重要性を改めて強調した。

　また、両閣僚は、本年8月の首脳会合で確認された、日米韓のパートナーシップが3か国全ての国民、地域、そして世界の安全と繁栄を増進するとの考え方のもと、地域の安全保障上の課題に日米韓が連携して対応する重要性を確認した。両閣僚は、北朝鮮の核・ミサイル脅威に関し、本年末までのミサイル警戒情報のリアルタイムでの共有の運用開始に向けた取組を始めとして、引き続き日米韓の3か国で防衛協力を推進することを確認した。

　両閣僚は、日本と豪州との間で円滑化協定（RAA）を適用して訓練機会が拡大していることを歓迎した。また、共同訓練を含む様々な分野で日米豪3か国の防衛協力を深化させることを確認した。

2．日米防衛協力

　両閣僚は、新たな戦略の下で同盟の抑止力・対処力を強化する取組を着実に進めていくことを確認した。日米協力の下での反撃能力の効果的な運用を含め、同盟の役割・任務・能力に係る議論を加速することを確認した。

　オースティン長官は、日本の常設の統合司令部の設置に向けた取組を歓迎し、両閣僚は日米間の連携要領の在り方について議論をしていくことを確認した。

　オースティン長官は、日本に対する核を含めた米国の拡大抑止のコミットメントは揺るぎないものである旨を改めて述べた。両閣僚は、拡大抑止について、日米間の実質的な議論が深化していることを歓迎し、今後も継続的に突っ込んだ議論をしていくことで一致した。

　両閣僚は、南西地域における日米の共同プレゼンスを拡大していく重要性について一致した。

　両閣僚は、海上自衛隊鹿屋航空基地に一時展開している米空軍無人機MQ－9及び日米共同情報分析組織が、同盟の情報収集、警戒監視及び偵察（ISR）能力の強化にとって極めて重要であることを改めて確認した。

　両閣僚は、技術的優位性の確保の観点から、無人機関連の協力を拡大するとともに、GPI（Glide Phase Interceptor：滑空段階迎撃用誘導弾）について、共同開発の成功に向けて協力を深めていくことを確認した。

　両閣僚は、情報保全・サイバーセキュリティが同盟の根幹であるとの認識を共有し、木原大臣は、米側と共に抜本的強化に取り組んでいく強い決意を述べ、オースティン長官はそれを歓迎した。

3．米軍再編／在日米軍

　両閣僚は、日米「2＋2」で確認された米軍の態勢に係る取組を着実に実施する

安保体制

とともに、引き続き日米で連携していくことを確認した。両閣僚は、米軍再編計画のこれまでの取組を歓迎するとともに、今後の着実な進展のため、引き続き日米で緊密に協力していくことで一致した。

両閣僚は、在日米軍の安定的な駐留と日々の活動には、地域社会の理解と協力が不可欠であることを確認し、沖縄をはじめとする地元の負担軽減について、引き続き取り組んでいくことを確認した。

7. 日米首脳会談

日米首脳会談

平成31年4月27日

　4月26日、ワシントンDCを訪問中の安倍晋三内閣総理大臣は、ドナルド・トランプ米国大統領(The Honorable Donald J. Trump、President of the United States of America)と日米首脳会談を行ったところ、概要は以下のとおりです。(16時35分(ワシントンDC時間)頃から計105分間、テタテ(1対1)会合を約45分間、少人数会合を約25分間、拡大会合を約35分間実施。)。

1．両首脳は、第2回米朝首脳会談や、露朝首脳会談を含む最新の北朝鮮情勢を踏まえ、北朝鮮問題に関して方針の綿密なすり合わせを行い、朝鮮半島の完全な非核化に向け日米、日米韓3か国で引き続き緊密に連携していくことを確認しました。

2．また、安倍総理から、第2回米朝首脳会談の際にトランプ大統領から金正恩委員長に対し、2度にわたり拉致問題について提起したことに改めて謝意を伝達し、両首脳は、引き続き拉致問題の早期解決に向けて緊密に連携していくことを確認しました。トランプ大統領からは、今後も全面的に協力するという力強い言葉がありました。

3．両首脳は、19日に開催された日米安全保障協議委員会(「2＋2」)の成果を歓迎するとともに、引き続き日米同盟の抑止力、対処力を強化していくことで一致しました。また、両首脳は、自由で開かれたインド太平洋の実現に向けた協力を一層強化していくとの意思を再確認しました。

4．日米貿易交渉について、両首脳は、茂木大臣とライトハイザー米国通商代表との間で、昨年9月の日米共同声明に沿って、物品貿易について議論が進んでいることを歓迎しました。また、両首脳は、日米貿易交渉での早期の成果達成に向けて、今後も日米の信頼関係に基づき議論をさらに加速させることでも一致しました。

5．加えて、両首脳は、自由で開かれたインド太平洋を促進するための公正なルールに基づく経済発展を歓迎しました。

6．両首脳は、G20大阪サミットの成功に向けて、貿易、デジタル経済、海洋プラスチックごみ、インフラ投資、女性のエンパワーメントを始め、主要論点の合意形成に日米で緊密に連携していくことを確認しました。

安保体制

521

7．安倍総理から、来月、皇太子殿下が御即位されてから初の国賓としてトランプ
大統領夫妻をお迎えできることは、日米同盟の揺るぎない絆を象徴するものであ
り、この訪日を通じ広く内外に日米同盟が史上かつてなく強固であることを示し
たい旨の発言がありました。これに対し、トランプ大統領からも、日本訪問を楽
しみにしている旨の発言がありました。両首脳は、引き続きハイレベルでの要人
往来を通じ、二国間関係を強化していくことで一致しました。

日米首脳会談

令和元年5月27日

5月27日、安倍晋三内閣総理大臣は、国賓として訪日中のドナルド・トランプ
米国大統領（The Honorable Donald J. Trump, President of the United
States of America）と日米首脳会談を行ったところ、概要は以下のとおりです。（テ
タテ会合：11時5分頃から約45分間、少人数会合：11時50分頃から約75分間、ワー
キングランチ：13時15分頃から約35分間。）。

1．日米関係
　冒頭、安倍総理から、令和の時代における初の国賓として大統領夫妻をお迎え
できたことを心から歓迎する旨を述べ、トランプ大統領から、新たな時代の初の
外国賓客として天皇皇后両陛下にお目にかかれたことは光栄である、日本国民の
歓迎に感謝する旨を述べました。
　両首脳は、平和安全法制を始めとする近年の同盟強化に資する取組及び首脳間
の強固な個人的関係により、日米同盟は史上かつてなく強固であり、今や日米同盟
は世界で最も緊密な同盟であるとの認識で一致しました。その上で、両首脳は、新
たな時代においても、日米の揺るぎない絆を一層強化し、真のグローバル・パートナー
として、地域・国際社会の平和と繁栄を主導していくとの決意を確認しました。

2．北朝鮮
　両首脳は、最新の北朝鮮情勢を踏まえ、十分な時間をかけて方針の綿密なすり
合わせを行いました。両首脳は国連安保理決議の完全な履行の重要性を含め、今
回も、日米の立場が完全に一致していることを改めて確認しました。
　安倍総理から、前回のトランプ大統領の訪日（平成29年11月）に引き続き、ト
ランプ大統領に拉致被害者の御家族と面会いただくことに謝意を述べた上で、拉
致問題の解決に向け、自らが金正恩委員長と直接向き合わなければならないとの
決意を述べました。また、安倍総理から、条件を付けずに金正恩委員長と会って
率直に虚心坦懐に話をしたい旨述べました。これに対し、トランプ大統領から、
安倍総理の決意を全面的に支持する旨の発言がありました。

3．中国

　トランプ大統領から、米国の対中関税引き上げ措置に関する説明があり、安倍総理から、問題解決のため米中交渉が継続していることを支持しつつ、建設的な形で問題解決が図られることに期待している旨を述べました。

　両首脳は、安全保障及び経済分野も含め、中国政府と建設的な対話を継続することの重要性を確認しました。

4．地域情勢

　両首脳は、地域情勢についても議論を行い、日米同盟を基軸とした米国の地域におけるプレゼンス、米国の地域に対する関与とコミットメントの重要性を再確認しました。両首脳は、東シナ海及び南シナ海の現状について懸念を表明し、引き続き日米で連携していくことを再確認しました。

　両首脳は、日米印、日米豪、日米豪印を含め、地域における同盟国・友好国のネットワークを引き続き強化・拡大していくことで一致しました。

5．自由で開かれたインド太平洋

　両首脳は、エネルギー、デジタル及びインフラ分野を含め、「自由で開かれたインド太平洋」の実現に向けた日米協力が着実に進展していることを歓迎し、今後とも、日米で手を携え、この日米共通のビジョンの実現に向けた協力を力強く推進していくとの意思を再確認しました。

6．経済

　両首脳は、茂木内閣府特命担当大臣（経済財政政策）とライトハイザー米国通商代表との交渉について、昨年9月の共同声明（PDF）に沿って、議論が進められていることを歓迎し、日米ウィン・ウィンとなる形での早期成果達成に向けて、日米の信頼関係に基づき、議論を更に加速させることで一致しました。

　また、両首脳は、不公正な貿易慣行に対処するため日米及び日米欧三極で連携することを再確認しました。

7．宇宙

　両首脳は、安全保障・探査・産業の各面での宇宙協力の強化を確認しました。また、月探査に関する協力について議論を加速することで一致しました。

8．G20大阪サミット

　安倍総理からトランプ大統領に対し、同大統領が先般、来月開催されるG20大阪サミットの際に再び日本を訪問する旨表明したことに謝意を表しました。両首脳は、G20大阪サミットの成功に向けて、引き続き日米で緊密に連携していくことを確認しました。

安保体制

日米首脳会談

令和元年6月28日

6月28日、午前8時35分頃から約35分間、安倍晋三内閣総理大臣は、G20大阪サミット出席のため訪日中のドナルド・トランプ米国大統領（The Honorable Donald J. Trump, President of the United States of America）と日米首脳会談を行ったところ、概要は以下のとおりです。

1. 両首脳は、4月の安倍総理訪米、5月のトランプ大統領夫妻の国賓としての訪日に加え、改めてトランプ大統領が訪日するなど、短期間にこれだけ頻繁に首脳の往来があることは、日米同盟が史上かつてなく強固である証であるとの認識を共有し、揺るぎない日米同盟を今後とも一層強化していくことで一致しました。

2. 両首脳は、G20大阪サミットにおいて、世界経済の持続的成長などへの貢献に向けた力強いメッセージを発出すべく、日米両首脳間で緊密に連携し、サミットを成功させることで一致しました。

3. また、両首脳は、茂木経済再生担当大臣とライトハイザー米国通商代表との間での貿易交渉について、昨年9月の日米共同声明に沿って、日米ウィンウィンとなる形での早期の成果達成に向けて、日米の信頼関係に基づき更に加速させることを確認しました。

   安倍総理からは、トランプ大統領に対し、日本企業による米国への投資を通じた米国の雇用と輸出の拡大への貢献等を説明しました。これに対し、トランプ大統領から高い評価が示されました。

4. さらに、両首脳は、北朝鮮をめぐる拉致、核・ミサイルといった諸懸案の解決に向け、引き続き緊密に連携していくことを確認しました。加えて、両首脳は、中東を含む地域情勢に関し意見交換を行い、日米の緊密な連携を確認しました。

日米首脳会談

令和元年8月25日

8月25日、午前11時30分頃（現地時間）から約50分間、G7ビアリッツ・サミット出席のためフランスを訪問中の安倍晋三内閣総理大臣は、ドナルド・トランプ米国大統領（The Honorable Donald J. Trump, President of the United States of America）と日米首脳会談を行ったところ、概要は以下のとおりです。

1. 両首脳は、本年5月の「令和」初の国賓としてのトランプ大統領夫妻の訪日に

象徴される、両首脳の活発な往来を通じ、日米同盟は史上かつてなく強固であるとの認識を再確認し、揺るぎない日米同盟を今後とも一層強化していくことで一致しました。

2．安倍総理からトランプ大統領に対し、G20大阪サミットでの協力に改めて感謝し、両首脳はG7ビアリッツ・サミットで議論された諸課題への対応に当たり、日米両首脳間で緊密に連携していくことで一致しました。

3．また、両首脳は、日米貿易交渉について、昨年9月26日の日米共同声明に沿って、茂木大臣とライトハイザー通商代表との間で交渉が進められ、農産品、工業品の主要項目について意見の一致を見たことを確認し、9月末の協定の署名を目指して、残された作業を加速させることで一致しました。

4．さらに、両首脳は、北朝鮮をめぐる拉致、核・ミサイルといった諸懸案の解決に向け、引き続き日米で緊密に連携していくことを確認しました。

日米首脳会談

令和元年9月25日

9月25日、12時頃（現地時間）から日米共同声明署名式が約20分間行われ、引き続き、12時20分頃から約70分間、米国訪問中の安倍晋三内閣総理大臣は、ドナルド・トランプ米国大統領（The Honorable Donald J. Trump, President of the United States of America）と日米首脳会談を行ったところ、概要は以下のとおりです。

1．両首脳は、本年5月の「令和」初の国賓としてのトランプ大統領夫妻の訪日を始め、今年に入って既に5回目となる日米首脳会談の開催を通じ、日米同盟が史上かつてなく強固であるとの認識を再確認し、揺るぎない日米同盟を今後とも一層強化していくことで一致しました。

2．両首脳は、日米貿易交渉について、日米貿易協定及び日米デジタル貿易協定が最終合意に達したことを確認し、日米共同声明を発出しました。

3．また、安倍総理からは、トランプ大統領に対し、トランプ政権発足後、これまで累計で257億ドルにのぼる日本の対米投資が発表され、雇用創出数は5万人を超え、日本が対米ナンバー1の投資国になったことなど日本企業による米国への投資を通じた米国の雇用への貢献を説明しました。これに対し、トランプ大統領から高い評価が示されました。

4．さらに、両首脳は、拉致、核・ミサイルといった諸懸案を含む北朝鮮情勢についても意見交換を行い、引き続き日米、日米韓で緊密に連携していくことを確認しました。

5．両首脳は、中東における緊張緩和と情勢の安定化に向け、引き続き日米両国で協力していくことで一致しました。この関連で、両首脳は、先般のサウジアラビアの石油施設への攻撃を強く非難しました。安倍総理からは、ホーシー派の能力に鑑みれば、本件攻撃がホーシー派によってなし得るものと考えることは困難であるが、本事案の評価については情報収集・分析を進めており、引き続き米国を含む関係国と連携していく旨述べました。

6．また、安倍総理からは、昨日、ローハニ大統領に対し、イランが情勢の沈静化に向けて自制し、イランとして建設的に影響力を行使するよう働きかけた旨述べるとともに、中東に平和と安定をもたらすため、米国と緊密に連携して対応したい旨述べました。

日米首脳電話会談

令和2年3月13日

3月13日午前9時頃から約50分間、安倍晋三内閣総理大臣は、ドナルド・トランプ米国大統領（The Honorable Donald J.Trump, President of the United States of America）からの要請を受けて電話会談を行ったところ、概要は以下のとおりです。

1．両首脳は、新型コロナウイルス感染症に関し、両国内の状況や感染拡大防止策について意見交換を行いました。その中で、東京オリンピック・パラリンピック及び世界経済についてもやり取りを行いました。安倍総理からは、新型コロナウイルスの感染拡大の抑制に積極的に取り組んできている旨述べ、引き続き果断かつタイムリーに対応したい旨発言しました。

2．また、東京オリンピック・パラリンピックについては、両首脳が、こうしたコロナウイルスとの闘いについての双方の努力を議論する中で、安倍総理から、オリンピックの開催に向け努力している旨述べました。これに対して、トランプ大統領からは、日本の透明性のある努力を評価する旨の発言がありました。その上で、両首脳は、日米の協力を一層強化していきたいと述べ、引き続き日米間で緊密に連携していくことで一致しました。

3．両首脳は、北朝鮮を含む地域情勢についても意見交換を行いました。

日米首脳電話会談

令和2年3月25日

　3月25日午前10時頃から約40分間、安倍晋三内閣総理大臣は、ドナルド・トランプ米国大統領(The Honorable Donald J. Trump, President of the United States of America)と電話会談を行ったところ、概要は以下のとおりです。

1. 東京オリンピック・パラリンピックに関し、安倍総理から、昨日のバッハIOC会長との電話会談において、世界のアスリートが最高のコンディションでプレイでき、観客にとって安全で安心な大会とするために、おおむね1年程度延期し、遅くとも2021年の夏までに開催することで合意した旨説明しました。これに対し、トランプ大統領からは、開催延期は大変素晴らしく賢明な決定であると繰り返しつつ、日本国民にもそうした自分の考えを伝えて欲しいと述べ、安倍総理の立場を100%支持するとの発言がありました。両首脳は、人類が新型コロナ感染症に打ち勝った証として、東京オリンピック・パラリンピックを「完全な形」で開催するため、緊密に連携していくことを確認しました。

2. また、両首脳は、新型コロナウイルス感染症に関し、治療薬やワクチンの開発等を含む日米協力や情報共有について、引き続き連携していくことで一致しました。

3. さらに、両首脳は、26日に行われるG20首脳テレビ会議や今後のG7首脳テレビ会議に向けた日米間の連携を確認しました。

4. なお、両首脳は、北朝鮮情勢についても意見交換を行いました。

日米首脳電話会談

令和2年5月8日

　5月8日午前10時頃から約45分間、安倍晋三内閣総理大臣は、ドナルド・トランプ米国大統領(The Honorable Donald J. Trump, President of the United States of America)との電話会談を行ったところ、概要は以下のとおりです。

1. 両首脳は、新型コロナウイルス感染症に関し、両国内の状況や感染拡大防止策、治療薬やワクチン開発、経済の再開に向けた取組等における日米協力や情報共有について意見交換を行い、引き続き日米間で緊密に連携していくことで一致しました。

2. 両首脳は、北朝鮮を含む地域情勢についても意見交換を行いました。

安保体制

日米首脳電話会談

令和2年8月31日

　8月31日午前10時頃から約30分間、安倍晋三内閣総理大臣は、ドナルド・トランプ米国大統領（The Honorable Donald J.Trump,President of the United States of America）との電話会談を行ったところ、概要は以下のとおりです。

1．冒頭、安倍総理から、大きな被害をもたらしているハリケーン「ローラ」の被害に対してお見舞いを述べるとともに、先日、トランプ大統領の御令弟のロバート・トランプ氏が逝去されたことに、心からのお悔やみを述べた。

2．続いて、安倍総理から、内閣総理大臣の職を辞することとなったことを説明するとともに、トランプ大統領との深い信頼関係の下、数多くの往来、電話を重ねることによって協力を深め、日米関係がこれまでになく強固になったことへの謝意を述べた。また、日米同盟を更に深化させるべく、ミサイル阻止に関する安全保障政策の新たな方針の具体化を進めていきたい旨の発言があった。これに対し、トランプ大統領からは、安倍総理との特別な友情に対する謝意が述べられるとともに、安倍総理の強いリーダーシップに感謝する旨の発言が繰り返し述べられた。

3．さらに、安倍総理から、拉致問題に関し、これまでの協力に謝意を表明した上で、同問題の解決に向け、引き続きの支持を求めた。

4．新型コロナウイルス感染症に関する取組について説明をするとともに、引き続き、治療薬やワクチンの開発・普及における日米協力を進めていくことで一致した。

安保体制

日米首脳電話会談

令和2年9月20日

　9月20日、午後9時35分から約25分間、菅義偉内閣総理大臣は、ドナルド・トランプ米国大統領（The Honorable Donald J.Trump,President of the United States of America）と日米首脳電話会談を行ったところ、概要は以下のとおりです。

1．冒頭、菅総理大臣から、トランプ大統領に対して、日米同盟は地域や国際社会の平和と安定の礎であり、安倍前総理大臣とトランプ大統領の深い信頼関係の下でかつてなく強固になった日米同盟を、トランプ大統領とともに一層強化していきたい旨述べました。これに対し、トランプ大統領から、内閣総理大臣就任への祝意が述べられた上で、自分も全く同感であり、菅総理大臣とともに日米関係を一層強固なものとしていきたい旨述べました。

2．続いて、両首脳は新型コロナウイルス感染症に関する取組について議論し、引き続き、治療薬やワクチンの開発・普及における日米協力を進めていくことで一致しました。

3．さらに、両首脳は、北朝鮮などの地域情勢への対応や自由で開かれたインド太平洋の実現に向けて、日米で緊密に連携していくことで一致しました。特に、北朝鮮による拉致問題については、菅総理から、拉致問題の早期解決に向け果断に取り組んでいく考えである旨述べ、同問題の解決に向け、引き続きの全面的な支援を求めました。

4．また、トランプ大統領からは、必要があれば24時間いつでも連絡して欲しい旨発言がありました。

菅総理大臣とバイデン次期米国大統領との電話会談

令和2年11月12日

　11月12日午前8時20分から約15分間、菅義偉内閣総理大臣は、ジョセフ・バイデン次期米国大統領（The Honorable Joseph R.Biden, President-elect of the United States of America）と電話会談を行ったところ、概要は以下のとおりです。

1．冒頭、菅総理から、バイデン次期大統領及び女性初となるハリス次期副大統領の選出に、祝意を伝えました。

2．その上で、菅総理から、日米同盟は、厳しさを増す我が国周辺地域、そして国

安保体制

529

際社会の平和と繁栄にとって不可欠であり、一層の強化が必要である旨、また、「自由で開かれたインド太平洋」の実現に向けて連携していきたい旨述べました。

3．これに対し、バイデン次期大統領からは、日米安保条約第5条の尖閣諸島への適用についてコミットする旨の表明があり、日米同盟を強化し、また、インド太平洋地域の平和と安定に向けて協力していくことを楽しみにしている旨発言がありました。

4．また、コロナ対策や気候変動問題といった国際社会共通の課題についても、日米で緊密に連携していくことで一致しました。菅総理から拉致問題での協力も要請しました。

5．今後、しかるべきタイミングで調整することになりますが、両者は、コロナの感染状況を見つつ、できる限り早い時期に会おうということで一致しました。

日米首脳電話会談

令和3年1月28日

1月28日午前0時45分から約30分間、菅義偉内閣総理大臣は、ジョセフ・バイデン米国大統領（The Honorable Joseph R. Biden, Jr. President of the United States of America）と電話会談を行ったところ、概要は以下のとおりです。

1．冒頭、菅総理から、バイデン大統領の就任及び政権発足に祝意を述べ、これに対して、バイデン大統領から謝意が述べられました。

2．両首脳は、日米同盟を一層強化すべく、日米で緊密に連携していくことで一致しました。また、バイデン大統領から、日米安保条約第5条の尖閣諸島への適用を含む日本の防衛に対する揺るぎないコミットメントが表明され、米国の日本に対する拡大抑止の提供に対する決意も再確認されました。

3．両首脳は、米国のインド太平洋地域におけるプレゼンスの強化が重要であること及び「自由で開かれたインド太平洋」の実現に向けて緊密に連携するとともに、地域の諸課題にも共に取り組んでいくことで一致しました。

4．バイデン大統領から、日米豪印の日本の貢献に対する高い評価が示され、今後とも推進していくことで一致しました。

5．両首脳は、安保理決議に従い、北朝鮮の非核化が実現するよう、日米で緊密に

連携していくことで一致しました。また、菅総理から拉致問題の早期の解決に向けて理解と協力を求め、バイデン大統領から支持を得ました。

6．菅総理から、米国のパリ協定への復帰決定、WHOからの脱退通知の撤回とコバックスへの参加表明を歓迎しました。その上で、両首脳は、気候変動問題やコロナ対策、イノベーションといった国際社会共通の課題について、日米で緊密に連携していくことで一致しました。バイデン大統領から、気候変動サミットへの招待がなされました。

7．両首脳は、菅総理の訪米については、今後、コロナの感染状況も見つつ、早期の実現を念頭に、しかるべきタイミングで調整していくことで一致しました。

日米首脳会談

令和3年4月16日

　現地時間16日午後13時40分（日本時間午前2時40分）から、ワシントンDC訪問中の菅義偉内閣総理大臣は、ジョセフ・バイデン米国大統領（The Honorable Joseph R. Biden, Jr. President of the United States of America）と日米首脳会談を行ったところ、概要以下のとおりです（計150分間実施。）。また、両首脳は共同声明を発出しました。

1．冒頭、バイデン大統領から、バイデン政権発足後初めて訪米する外国首脳として菅総理を心から歓迎する旨述べました。これに対して、菅総理から、バイデン大統領の友情とおもてなしに対する深い謝意を述べました。

2．両首脳は、自由、民主主義、人権、法の支配等の普遍的価値を共有し、インド太平洋地域の平和と繁栄の礎である日米同盟をより一層強化していくことで一致しました。また、「自由で開かれたインド太平洋」の実現に向けて、日米両国が、豪州やインド、ASEANといった同志国等と連携しつつ、結束を固め、協力を強化していくことを確認しました。

3．また、両首脳は、中国、北朝鮮、韓国、ミャンマー等の地域情勢について意見交換を行いました。
　(1)両首脳は、インド太平洋地域と世界全体の平和と繁栄に対して中国が及ぼす影響について意見交換を行いました。東シナ海や南シナ海における一方的な現状変更の試みや、威圧に反対することで一致しました。その上で、こうした問題に対処する観点から、中国との率直な対話の必要性が指摘されるとともに、普遍的価値を擁護しつつ、国際関係における安定を追求していくことで一致しました。

(2)北朝鮮については、両首脳は、北朝鮮の完全な非核化へのコミットメントを再確認し、北朝鮮に対して国連安保理決議の下での義務に従うことを求めることで一致しました。また、菅総理から、拉致問題の即時解決に向けて引き続きの理解と協力を求め、バイデン大統領から、拉致問題の即時解決を求める米国のコミットメントが改めて示されました。さらに、両首脳は、日米韓の三カ国協力が安全保障と繁栄に不可欠であるとの認識で一致しました。

(3)ミャンマーについては、ミャンマー国軍・警察の実力行使により多数の民間人が死傷している状況を強く非難し、民間人に対する暴力の即時停止、被拘束者の解放、民主的な政治体制の早期回復をミャンマー国軍に対し日米で連携しながら強く求めていく方針を改めて確認しました。

4．こうした一層深刻化する地域の安全保障環境を踏まえ、両首脳は、日米同盟の抑止力・対処力を強化していくことで一致しました。両首脳は、同盟強化の具体的方途につき、検討を加速することで一致しました。菅総理から、日本の防衛力強化への決意を述べ、バイデン大統領からは、日米安保条約第5条の尖閣諸島への適用を含む、米国による日本の防衛へのコミットメントが確認されました。同時に、両首脳は、沖縄を始めとする地元の負担軽減を図る観点から、普天間飛行場の固定化を避けるための唯一の解決策である辺野古への移設を含め、在日米軍再編を着実に推進することで一致しました。

5．両首脳は、日米間の緊密な経済関係を更に発展させていくことで一致するとともに、インド太平洋地域やグローバルな経済における日米協力の重要性を確認しました。

6．両首脳は、こうした議論を踏まえて、日米首脳共同声明「新たな時代における日米グローバル・パートナーシップ」を発出することで一致しました。この声明は、今後の日米同盟の「羅針盤」となるものです。

7．また、両首脳は、両国が世界の「より良い回復」をリードしていく観点から、「日米競争力・強靱性（コア）パートナーシップ」に合意し、日米共通の優先分野であるデジタルや科学技術の分野における競争力とイノベーションの推進、コロナ対策、グリーン成長・気候変動などの分野での協力を推進していくことでも一致しました。

8．気候変動については、米国主催の気候サミットを始め、COP26及びその先に向け、日米で世界の脱炭素化をリードしていくことを確認しました。また、パリ協定の実施、クリーンエネルギー技術、途上国の脱炭素移行の各分野での協力を一層強化していくために、「野心、脱炭素化及びクリーンエネルギーに関する日米気候パートナーシップ」を立ち上げることで一致しました。

9. また、菅総理から、本年夏、世界の団結の象徴として、東京オリンピック・パラリンピック競技大会の開催を実現する決意を述べたのに対して、バイデン大統領から改めて支持が表明されました。菅総理から、東日本大震災後にとられた福島県産のコメを含む日本産食品の米国の輸入停止措置について、撤廃を要請しました。

10. 両首脳は、初の対面での会談を通じて日米同盟の結束を再確認し、菅総理から、バイデン大統領の早期訪日を招請しました。両首脳は、引き続き、新型コロナ感染症の状況を見極めつつ、ハイレベルでの要人往来を通じ、二国間関係を強化していくことで一致しました。

日米首脳電話会談

令和3年10月5日

10月5日、午前8時15分から約20分間、岸田文雄内閣総理大臣は、ジョセフ・バイデン米国大統領(The Honorable Joseph R. Biden, Jr. President of the United States of America)と電話会談を行ったところ、概要は以下のとおりです。

1. 冒頭、岸田総理大臣から、バイデン大統領と共に協力していけることを嬉しく思う、自分の内閣の下でも日米同盟が日本外交・安全保障の基軸であることに変わりはない旨述べました。これに対して、バイデン大統領から、岸田総理大臣の就任及び政権発足に祝意が述べられました。

2. 両首脳は、日米同盟を一層強化し、「自由で開かれたインド太平洋」の実現を通じて、地域及び国際社会の平和と安定に取り組んでいくことで一致しました。

3. 両首脳は、日米同盟の更なる強化の重要性についても同意しました。両首脳は、厳しさを増す地域の安全保障環境に対応するため、日米同盟の抑止力・対処力を一層強化していくことで一致しました。バイデン大統領から、日米安保条約第5条の尖閣諸島への適用を含む、対日防衛コミットメントについて力強い発言がありました。

4. 中国や北朝鮮をはじめとする地域情勢やその他の主要課題について、両首脳は本年4月の日米首脳共同声明を踏まえて日米で緊密に連携していくことで一致しました。拉致問題については、岸田総理大臣から即時解決に向けて引き続きの理解と協力を求め、バイデン大統領から支持を得ました。

5. さらに、両首脳は、新型コロナ、気候変動、「核兵器のない世界」に向けた取組といった地球規模課題への対応でも、緊密に連携していくことで一致しました。

6．両首脳は、対面での日米首脳会談を早期に実現することを念頭に、しかるべき
タイミングで調整していくことで一致しました。

日米首脳テレビ会談

令和4年1月22日

1月21日、午後10時から約80分間、岸田文雄内閣総理大臣は、ジョセフ・バ
イデン米国大統領（The Honorable Joseph R. Biden, Jr., President of the
United States of America）とテレビ会談を行ったところ、概要は以下のとおりです。

1．両首脳は、「自由で開かれたインド太平洋」の実現に向け、強固な日米同盟の下、
日米両国が緊密に連携していくとともに、豪州、インド、ASEAN、欧州等の同
志国との協力を深化させることで一致しました。この関連で、岸田総理大臣から、
バイデン大統領の訪日を得て日米豪印首脳会合を本年前半に日本で主催する考え
である旨述べ、バイデン大統領から、支持が表明されました。

2．両首脳は、最近の地域情勢について意見交換を行いました。
 (1)両首脳は、東シナ海や南シナ海における一方的な現状変更の試みや経済的威圧
に反対するとともに、中国をめぐる諸課題への対応に当たり日米両国で緊密
に連携していくことで一致しました。また、両首脳は、台湾海峡の平和と安
定の重要性を強調するとともに、両岸問題の平和的解決を促しました。さらに、
両首脳は、香港情勢や新疆ウイグル自治区の人権状況について深刻な懸念を
共有しました。
 (2)両首脳は、本年1月の弾道ミサイル発射を始めとした北朝鮮による核・ミサイ
ル活動は、日本、地域及び国際社会の平和と安定を脅かすものであるとの共
通認識のもと、安保理決議に沿った北朝鮮の完全な非核化に向け、引き続き
日米・日米韓で緊密に連携していくことで一致しました。また、岸田総理大
臣から、拉致問題の即時解決に向けて引き続きの理解と協力を求め、バイデ
ン大統領から、改めて支持を得ました。さらに、岸田総理大臣とバイデン大
統領は、共通の課題への対応における日米韓の緊密な協力の重要性を確認し、
日米韓の強固な三か国関係が不可欠であることを強調しました。
 (3)両首脳は、ウクライナ情勢について、引き続き日米で連携していくことで一致
しました。両首脳は、ロシアによるウクライナへの侵攻を抑止するために共に
緊密に取り組むことにコミットしました。岸田総理大臣は、いかなる攻撃に
対しても強い行動をとることについて、米国、他の友好国・パートナー及び
国際社会と緊密に調整を続けていくことを約束しました。

3．両首脳は、本年1月7日の日米「2+2」の共同発表を支持するとともに、地域

534

の安全保障環境が一層厳しさを増す中、日米同盟の抑止力・対処力を一層強化することで一致しました。岸田総理大臣から、新たに国家安全保障戦略、防衛計画の大綱、中期防衛力整備計画を策定し、日本の防衛力を抜本的に強化する決意を表明し、バイデン大統領は、これに支持を表明するとともに、極めて重要な防衛分野における投資を今後も持続させることの重要性を強調しました。また、バイデン大統領から、日米安保条約第5条の尖閣諸島への適用を含む、揺るぎない対日防衛コミットメント及び拡大抑止について力強い発言がありました。さらに、両首脳は、宇宙・サイバー、情報保全、先進技術等に関する協力を進めていくことを確認しました。そして、両首脳は、在日米軍施設・区域及びその周辺における日米の取組の調整を含め、新型コロナウイルス感染症の拡大防止のために引き続き緊密に協力することで一致しました。

4．岸田総理大臣は「新しい資本主義」の考え方を説明し、両首脳は、次回首脳会合で、持続可能で包摂的な経済社会の実現のための新しい政策イニシアティブについて議論を深めていくことで一致しました。また、両首脳は、経済安全保障について緊密な連携を確認しました。さらに、両首脳は、閣僚レベルの日米経済政策協議委員会（経済版「2＋2」）の立ち上げに合意するとともに、「日米競争力・強靭性（コア）パートナーシップ」等に基づき、日米間の経済協力及び相互交流を拡大・深化させていくことで一致しました。また、両首脳は、こうした経済面での日米協力をインド太平洋地域に拡大していくことを確認するとともに、岸田総理大臣は、インド太平洋経済枠組み（IPEF）を含む米国の地域へのコミットメントを歓迎しました。

5．岸田総理大臣から、現実主義に基づく核軍縮の考えを説明し、バイデン大統領から、支持が表明され、両首脳は、「核兵器のない世界」に向けて共に取り組んでいくことを確認しました。また、両首脳は、NPTに関する日米共同声明が1月21日に発出されたことの意義を強調しました。その他、両首脳は、新型コロナウイルス感染症、気候変動問題などの地球規模課題への対応に当たり、日米両国が国際社会を主導していく強い決意を確認しました。

6．両首脳は、重層的な人的交流が重要であるとの共通認識のもと、マンスフィールド研修計画や「カケハシ・プロジェクト」、日米豪印フェローシップ等を通じた人的交流を引き続き促進し、将来の両国を支える架け橋を築いていくことを確認しました。

7．両首脳は、対面での会談を含め、引き続き緊密に意思疎通していくことで一致しました。

日米首脳会談

令和4年5月23日

　5月23日11時00分から計約2時間15分間、岸田文雄内閣総理大臣は、訪日中のジョセフ・バイデン米国大統領（The Honorable Joseph R. Biden, Jr., President of the United States of America）と日米首脳会談を行ったところ、概要は以下のとおりです（極少人数会合：11時00分から約30分間、少人数会合：11時30分から約50分間、拡大会合（ワーキング・ランチ）：12時25分から約55分間。）。

1．冒頭、岸田総理大臣から、今回のバイデン大統領の訪日は、米国がいかなる状況にあってもインド太平洋地域にコミットし続けることを示すものであり、心から歓迎する旨述べました。これに対し、バイデン大統領から、大統領として初めて訪日でき嬉しく思う、日本側のおもてなしに心から感謝する、今回の訪日を通じて、米国のインド太平洋地域への揺るぎないコミットメントを示していきたい旨述べました。

2．両首脳は、ロシアによるウクライナ侵略が国際秩序の根幹を揺るがす中、法の支配に基づく自由で開かれた国際秩序を断固として守り抜く必要性を改めて確認しました。その上で、両首脳は、欧州で進行中の危機のいかんにかかわらず、インド太平洋地域こそがグローバルな平和、安全及び繁栄にとって極めて重要であるとの認識の下、「自由で開かれたインド太平洋」の実現に向け、基本的価値を共有する同盟国である日米が国際社会を主導し、引き続き豪州、インド、ASEAN、欧州、カナダ等の同志国と緊密に連携していくことで一致しました。この関連で、両首脳は、24日の日米豪印首脳会合において、「自由で開かれたインド太平洋」の実現に向け、様々な実践的協力の進捗を確認し、更に推進していくことで一致しました。

3．両首脳は、地域情勢について意見交換を行いました。

（1）両首脳は、ロシアによるウクライナ侵略について、引き続きG7を始めとする国際社会と緊密に連携しながら、対露制裁措置を講じつつウクライナ支援を進めていくことを改めて確認しました。また、両首脳は、今回の侵略のような力による一方的な現状変更の試みをいかなる地域においても許してはならず、その試みには重大なコストが伴うことを明確に示していくことが重要との認識で一致しました。さらに、両首脳は、今回の侵略によりいかなる国にも誤った教訓を与えず、また機会が訪れたと誤信させぬよう、引き続き日米で緊密に連携していくことで一致しました。そして、岸田総理大臣から、インド太平洋地域を含む国際社会の連帯に向け、日本が各国に積極的に働きかけていることを説明し、バイデン大統領から、日本の取組を高く評価するとともに、

安保体制

536

米国も引き続き国際社会に対して結束を訴えていく旨述べました。

(2) 両首脳は、ウクライナ情勢がインド太平洋地域に及ぼし得る影響について議論し、最近の中露両国による共同軍事演習等の動向を注視していくことで一致しました。また、両首脳は、東シナ海や南シナ海における力による一方的な現状変更の試みや経済的威圧に強く反対し、香港情勢や新疆ウイグル自治区の人権状況を深刻に懸念するとともに、中国をめぐる諸課題への対応に当たり、引き続き日米で緊密に連携していくことで一致しました。さらに、両首脳は、台湾に関する両国の基本的な立場に変更はないことを確認し、国際社会の安全と繁栄に不可欠な要素である台湾海峡の平和と安定の重要性を強調するとともに、両岸問題の平和的解決を促しました。そして、両首脳は、中国と対話を継続し、共通の諸課題については協力していくことで一致しました。

(3) 両首脳は、ICBM級弾道ミサイルの発射を始めとする北朝鮮による核・ミサイル開発活動を非難した上で、安保理決議に沿った朝鮮半島の完全な非核化へのコミットメントを再確認し、北朝鮮に対してこれらの決議の下での義務に従うことを求めました。また、岸田総理大臣から、バイデン大統領が拉致被害者の御家族と面会することに謝意を伝えつつ、拉致問題の即時解決に向けた全面的な理解と協力を改めて求め、バイデン大統領から、一層の支持を得ました。

(4) 両首脳は、韓国新政権の発足を歓迎するとともに、安全保障協力を含む日米韓の三か国協力を一層強化していくことで一致しました。

(5) 両首脳は、イラン核合意をめぐる情勢についても議論し、引き続き日米で緊密に連携していくことで一致しました。

4．両首脳は、地域の安全保障環境が一層厳しさを増す中、日米同盟の抑止力・対処力を早急に強化していくことで一致しました。バイデン大統領から、日本の防衛へのコミットメントが改めて表明され、両首脳は、今後も拡大抑止が揺るぎないものであり続けることを確保するため、閣僚レベルも含め、日米間で一層緊密な意思疎通を行っていくことで一致しました。また、両首脳は、尖閣諸島に対する日本の長きにわたる施政を損なおうとするいかなる一方的な行動にも反対することを改めて表明しました。さらに、岸田総理大臣から、日本の防衛力を抜本的に強化し、その裏付けとなる防衛費の相当な増額を確保する決意を表明し、バイデン大統領から、これに対する強い支持を得た上で、両首脳は、日米の能力の相乗効果を最大化し、日米同盟の優位性を将来にわたって堅持するため、宇宙・サイバーの領域や先進技術の分野を含め、日米間の安全保障・防衛協力を拡大・深化させていくことで一致しました。そして、両首脳は、沖縄を始めとする地元の負担軽減の観点から、普天間飛行場の固定化を避けるための唯一の解決策である辺野古への移設を含め、在日米軍再編を着実に推進することで一致しました。

5．両首脳は、地域の経済秩序への米国の関与がますます重要となっているとの認識を共有した上で、バイデン大統領から、インド太平洋経済枠組み（IPEF）の立上げを表明し、岸田総理大臣から、IPEFとその立上げに係るバイデン大統領のリーダーシップを評価し、日本として参加・協力する旨述べつつ、戦略的な観点から、米国のTPP復帰を促しました。また、両首脳は、日米両国の競争力・強靱性の強化のため、「日米競争力・強靱性（コア）パートナーシップ」の下、がん研究や宇宙等の分野において引き続き協力していくとともに、最先端半導体の開発を含む、経済安全保障の確保に向けた協力を強化していくことで一致しました。さらに、両首脳は、ロシアによるウクライナ侵略により、エネルギー・食料をめぐる状況が大きく悪化している中、G7や国際機関と緊密に連携して対応していくことで一致しました。こうした議論を更に掘り下げるため、両首脳は、1月のテレビ会談の際に立上げに合意した、閣僚レベルの日米経済政策協議委員会（経済版「2+2」）を本年7月に開催することで一致しました。そして、岸田総理大臣の進める「新しい資本主義」に関し、バイデン大統領から、改めて力強い支持が示され、岸田総理大臣から、中間層重視の政策を掲げるバイデン大統領と協力して、主要国に共通する経済政策の大きな潮流を作っていきたい旨述べました。

6．両首脳は、地球規模課題について意見交換を行いました。
　(1) 岸田総理大臣から、国際社会の平和と安全に主要な責任を負う安保理を含む、国連の改革と強化の必要性について述べ、バイデン大統領から、同意するとともに、改革された安保理において日本が常任理事国になることを支持する旨述べました。
　(2) 両首脳は、安全保障上の課題に適切に対処しつつ、核軍縮・不拡散に関する現実的・実効的な取組を進め、「核兵器のない世界」に向け日米で共に取り組んでいくことで一致しました。
　(3) 両首脳は、国際保健や気候変動、人権・民主主義の保護・促進等への対応についても議論し、引き続き日米で国際社会の取組を主導していくことで一致しました。

7．両首脳は、ポスト・コロナに向けて各種交流事業を再開させ、「自由で開かれたインド太平洋」の実現に向けた人材育成や交流や更なる日系人の参画を含め、日米間の揺るぎない絆を支える重層的な人的交流を促進していくことで一致しました。

8．両首脳は、今回の会談の成果として、日米首脳共同声明「自由で開かれた国際秩序の強化」（英文（PDF）別ウィンドウで開く／和文（PDF）別ウィンドウで開く）を発出しました。この声明は、現下の国際情勢やインド太平洋地域の戦略的重要性を踏まえた、法の支配に基づく自由で開かれた国際秩序の維持・発展を目指す

日米の共同戦略を示すものです。

9. 日本が2023年にG7議長国を務めることに議論が及び、岸田総理大臣から、G7として平和へのコミットメントを示す上で、広島ほどふさわしい場所はないという考えの下、G7サミットの開催地を決定したことを紹介し、両首脳は、2023年の広島でのG7サミットの成功に向け、共に取り組んでいくことを確認しました。

10. 両首脳は、様々な機会を通じて意思疎通を継続し、引き続き緊密に連携していくことで一致しました。

日米首脳共同声明
「自由で開かれた国際秩序の強化」

2022年5月23日

今日、日米両国は、その歴史上かつてないほど強固で深いパートナーシップを確認している。共通の価値に導かれ、民主主義と法の支配に対する共通のコミットメントに支えられ、両国の経済の革新と技術的ダイナミズムに刺激され、そして両国間の人と人との深いつながりに根ざした日米関係は、自由で開かれたインド太平洋地域の礎となるものである。

この精神に基づき、岸田文雄内閣総理大臣は、ジョセフ・バイデン大統領の、大統領としての初めての訪日を歓迎した。バイデン大統領は、日米豪印（クアッド）首脳会合を含む岸田総理のグローバルなリーダーシップを称賛した。

グローバル・パートナーとして、日米両国は、ルールに基づく国際秩序は不可分であり、いかなる場所における国際法及び自由で公正な経済秩序に対する脅威も、あらゆる場所において我々の価値と利益に対する挑戦となることを確認する。岸田総理及びバイデン大統領は、この秩序に対する当面の最大の脅威は、ロシアによるウクライナに対する残虐でいわれのない不当な侵略であるとの見解で一致した。両首脳は、ロシアの行動を非難し、ロシアがその残虐行為の責任を負うことを求めた。両首脳は、ウクライナの主権及び領土一体性に対する支持を改めて確認した。岸田総理及びバイデン大統領は、国際社会の結束の重要性を強調し、ロシアに長期的な経済的コストを課すために志を同じくする国々と共にとる、金融制裁、輸出管理及びその他の措置を含む制裁を通じて、ロシアの侵略に対処する中でウクライナの人々との連帯を表明した。

両首脳は、国連が、人権の尊重を含む、国連憲章に規定された共通の原則と普遍的価値に立脚した、ルールに基づく国際秩序の基盤であるとの認識を共有した。両

首脳は、ロシアによるウクライナへの侵略を非難し、国連人権理事会の資格を停止するという前例のない世界的な結束を国連加盟国が示したことを称賛した。両首脳は、国連安全保障理事会が加盟国を代表して国際の平和と安全の維持に主要な責任を有することを認識し、ロシアによる常任理事国としての無責任な行動と拒否権の濫用、特に他の加盟国に対する侵略についての説明責任から逃れようとする試みに深い憂慮を表明した。両首脳は、国連を強化し、全ての加盟国に対し、国連憲章に謳われたビジョンと価値に改めてコミットするよう慫慂するとの決意を表明した。両首脳は、21世紀の課題に多国間システムがより良く対応できるよう、これを強化し、現代化させる必要性を表明した。

　バイデン大統領は、改革された国連安全保障理事会において日本が常任理事国となること、また、多国間協力の重要な擁護者であり常任理事国を目指すその他の国に対し、改めて支持を表明した。両首脳はまた、彼らが直面する課題に効果的に対処するため、民主主義国家及び志を同じくするパートナー間の連携を強化することの重要性を強調した。

「自由で開かれたインド太平洋」の推進
　欧州で進行中の危機のいかんにかかわらず、両首脳は、インド太平洋がグローバルな平和、安全及び繁栄にとって極めて重要な地域であり、ルールに基づく国際秩序に対する高まる戦略的挑戦に直面していることを改めて確認した。この観点から、岸田総理及びバイデン大統領は、自由で開かれたインド太平洋地域という共通のビジョンを推進するために行動することにコミットした。岸田総理は、米国の「インド太平洋戦略」を歓迎した。バイデン大統領は、この地域に対する米国の揺るぎないコミットメントを強調し、また、同戦略が資源配分と着実な実施により裏付けられることを強調した。両首脳は、我々の共通のビジョンを支える、ますます活気に満ち、多層的で相互に結び付いた、この地域におけるアーキテクチャーを歓迎した。両首脳は、ASEAN一体性及び中心性の重要性を確認し、クアッド、AUKUS及びその他の多国間フォーラムの重要な取組を強調した。両首脳はまた、欧州やカナダ等、その他の地域の志を同じくするパートナーとの協力の重要性を強調した。

地域情勢：厳しさを増す地域の安全保障環境への対応
　岸田総理及びバイデン大統領は、中国に対し、国際社会と共に、ウクライナにおけるロシアの行動を明確に非難するよう求めた。両首脳は、経済的なもの及び他の方法による威圧を含む、ルールに基づく国際秩序と整合しない中国による継続的な行動について議論した。両首脳は、中国による核能力の増強に留意し、中国に対し、核リスクを低減し、透明性を高め、核軍縮を進展させるアレンジメントに貢献するよう要請した。両首脳はまた、地域の平和及び安定を維持するための抑止力を強化するため協力することで一致した。両首脳は、東シナ海におけるあらゆる一方的な

現状変更の試みに強く反対し、南シナ海における、中国の不法な海洋権益に関する主張、埋立地の軍事化及び威圧的な活動への強い反対を改めて強調するとともに、国連海洋法条約（UNCLOS）に整合した形での、航行及び上空飛行の自由を含む法の支配に対する確固たるコミットメントを強調した。岸田総理及びバイデン大統領は、台湾に関する両国の基本的な立場に変更はないことを述べ、国際社会の安全と繁栄に不可欠な要素である台湾海峡の平和と安定の重要性を改めて強調した。両首脳は、両岸問題の平和的解決を促した。両首脳は、地域の懸念の声に応じることなく、不透明な形で締結された最近の中国とソロモン諸島との間の安全保障協定に懸念を表明した。岸田総理及びバイデン大統領はまた、香港における動向と新疆ウイグル自治区における人権問題について深刻かつ継続する懸念を共有した。両首脳は、首脳レベルを含む、中国との率直な意思疎通の重要性を強調し、共通の利益を有する分野において可能な場合に中国と協力する意思を表明した。

岸田総理及びバイデン大統領は、韓国の新政権発足を歓迎し、安全保障関係を含む、日本、米国及び韓国の間の緊密な関係及び協力の決定的な重要性を強調した。両首脳は、最近の大陸間弾道ミサイル（ICBM）発射を含む、北朝鮮の進展している核及びミサイル開発活動を非難した。両首脳は、国連安保理決議に従った朝鮮半島の完全な非核化へのコミットメントを改めて確認し、北朝鮮に対し、これらの決議の下での義務に従うことを求めた。両首脳は、拉致問題の即時解決への米国のコミットメントを改めて確認した。両首脳は、北朝鮮に対する調整のとれた外交的アプローチへの支持を表明し、真剣かつ持続的な対話への北朝鮮の関与を求めた。

岸田総理及びバイデン大統領は、ミャンマーにおけるクーデターとミャンマー軍による市民への残虐な攻撃を非難し、暴力の即時停止、不当に拘束されている全ての人々の解放、阻害されない国全体への人道アクセス、そして民主主義への早期回復を強く求める行動を取り続けることにコミットした。

両首脳は、日本周辺におけるロシア軍の活動の活発化に懸念を表明するとともに、軍事面における中露間の協力に引き続き注意を払っていくことにコミットした。

日米同盟：抑止力及び対処力の強化
　両首脳は、同盟の抑止力及び対処力を強化することへのコミットメントを新たにした。岸田総理は、ミサイルの脅威に対抗する能力を含め、国家の防衛に必要なあらゆる選択肢を検討する決意を表明した。岸田総理は、日本の防衛力を抜本的に強化し、その裏付けとなる防衛費の相当な増額を確保する決意を表明し、バイデン大統領は、これを強く支持した。

　バイデン大統領は、核を含むあらゆる種類の能力によって裏付けられた、日米安

安保体制

全保障条約の下での日本の防衛に対する米国のコミットメントを改めて表明し、両首脳は、情勢が進展する際のあらゆる段階を通じて、同盟調整メカニズム（ACM）を通じた二国間の十分な調整を確保する意思を改めて確認した。両首脳は、米国の拡大抑止が信頼でき、強靱なものであり続けることを確保することの決定的な重要性を確認した。両首脳は、安全保障協議委員会（SCC）や拡大抑止協議を通じたものを含め、拡大抑止に関する日米間の協議を強化することの意義を改めて確認した。バイデン大統領は、日米安全保障条約第5条が尖閣諸島に適用されることを改めて確認し、両首脳は、尖閣諸島に対する日本の長きにわたる施政を損なおうとするいかなる一方的な行動にも反対することを改めて表明した。両首脳は、サイバー及び宇宙領域並びに新興技術の分野における協力を加速させることを決定した。両首脳は、サイバーセキュリティ及び情報保全が緊密な同盟協力の基盤を形成しており、今後も我々の協力の焦点であり続けるとの認識を共有した。両首脳は、日米で共に戦略を整合させ、目標を優先付けることなどにより、同盟を絶えず現代化させ、二国間の役割及び任務を進化させ、共同の能力を強化させていく決意を表明した。

　岸田総理及びバイデン大統領は、日米の海上保安当局間の協力によるものを含め、共同訓練及び第三国の能力構築に関する協力を深化させる意思を確認し、海上保安庁と沿岸警備隊との間の協力に関する覚書の附属文書への署名を歓迎した。

　両首脳は、普天間飛行場の継続的な使用を回避するための唯一の解決策である辺野古における普天間飛行場代替施設の建設、馬毛島における空母艦載機着陸訓練施設の整備、米海兵隊部隊の沖縄からグアムへの移転を含む、在日米軍再編を着実に実施することを確認した。

より強靭で持続可能かつ包摂的な経済成長の実現
　両首脳は、共通の繁栄を更に確保する機会について議論した。両首脳は、岸田総理の「新しい資本主義」及びバイデン大統領のボトムアップ及びミドルアウトから作り上げるという計画を含め、技術の進歩を促進する大胆な経済政策の重要性について意見交換を行うとともに、そのような進展の利益が全てのコミュニティの人々にもたらされ、不平等を解消し、両国において中間層の人々を強化するようなものでなければならないことを認識した。両首脳はまた、新たな技術の出現であれ、気候変動の影響であれ、又は、感染症等の国境をまたぐ脅威であれ、国際社会にとって最も顕著な課題に対処する上で、日米両国が積極的な役割を果たすという決意を表明した。

　両首脳は、日米両国が、輸出管理の活用を通じたものを含め、重要技術を保護し、及び育成し、それぞれの競争優位を支援し、並びにサプライチェーンの強靱性を確保するために協力していくことを確認した。両首脳は、日米商務・産業パート

ナーシップ(JUCIP)において採択された「半導体協力基本原則」に基づき、次世代半導体の開発を検討するための共同タスクフォースを設立することで一致した。バイデン大統領は、サプライチェーンの強靱性、基幹インフラの防護、技術の開発及び特許出願の保護に焦点を置いた、「経済施策を一体的に講ずることによる安全保障の確保の推進に関する法律」案が日本の国会で成立したことに留意した。両首脳は、経済安全保障を強化するための更なる協力を追求していくことで一致した。

両首脳は、昨年発表された「日米競争力・強靱性(コア)パートナーシップ」の下での現在までの作業を賞賛し(ファクトシート別添)、また、閣僚級の日米経済政策協議委員会(経済版「2+2」)を2022年7月に開催する意思を表明した。

岸田総理は、バイデン大統領のインド太平洋経済枠組み(IPEF)に対する支持を表明し、両首脳は、将来の交渉に向けたIPEFパートナー間の議論の立上げを歓迎した。

両首脳は、自由で公正な経済ルールに基づく多角的貿易体制の重要性を認識し、また、G7、G20、WTOやOECDといった国際的な枠組みを通じ、多角的貿易体制と相容れない、非市場的政策及び慣行並びに経済的威圧に対処するため、共に緊密に取り組んでいくことを確認した。両首脳はまた、二国間及び多国間の通商問題に関する最近の進展、及びデジタル貿易や強制労働との戦いといった分野における緊密な協力を進めることに関する最近の進展を歓迎した。両首脳は、強制労働の利用を無くすことの道徳的及び経済的な必要性を再確認し、サプライチェーンにおける人権を尊重する企業にとっての予見可能性を高め、また、取り組みやすい環境を促進することの重要性を認識しつつ、共に取り組んでいくことで一致した。

岸田総理及びバイデン大統領は、「質の高いインフラ投資に関するG20原則」を実施することの重要性を再確認し、G7及び地域のパートナーと協力しつつ、世界のインフラ需要を満たすための取組をより一層推進していくことを確認した。両首脳は、G20の「共通枠組み」の下で、債務の持続可能性及び透明性を促進することの重要性を改めて表明した。両首脳はまた、公正で開かれた貸付慣行の重要性を強調した。両首脳は、主要な債権国に対する国際的に認知されたルール及びスタンダードの重要性を改めて表明した。

両首脳は、ロシアによるウクライナへの侵略の影響により脅威にさらされているエネルギー及び食料の安定的な供給を確保するための国際社会による最近の取組を歓迎した。岸田総理は、グローバルな供給制約の緩和において米国の液化天然ガス(LNG)が果たしている重要な役割を強調し、石油及び天然ガスを増産するための米国産業界による投資を歓迎した。両首脳はまた、エネルギー安全保障及び温室効

安保体制

543

果ガス排出実質ゼロの両方を達成するための「日米クリーンエネルギー・エネルギーセキュリティ・イニシアティブ」（CEESI）の設立を歓迎した。両首脳は、エネルギー及び食料安全保障について二国間及び多数国間で取り組み、また、特に開発途上国において、クリーン・エネルギーを促進し、エネルギー供給の混乱による影響を緩和するため、国際エネルギー機関といった国際機関と協力するとの両国のコミットメントを確認した。

両首脳は、ロシアのエネルギーへの依存を低減するとのG7各国のコミットメントを基に、アジアのパートナーに、エネルギー安全保障を強化するための支援を提供する取組を探求することで一致した。

岸田総理及びバイデン大統領は、輸入石油への依存を低減するため、持続可能な航空燃料（SAF）や道路用燃料用のものを含め、日本のバイオエタノールの需要を2030年までに倍増させるため、あらゆる可能な手段を取るという日本のコミットメントを歓迎した。

両首脳はまた、重要鉱物についての強靱で多様化されたサプライチェーンを強化し、重要鉱物部門における環境、社会及びガバナンスに関するスタンダードを高める必要性を共有した。

両首脳は、日米間の宇宙協力の深い伝統を称賛した。両首脳は、ゲートウェイに並びに有人及びロボットによる月面探査に、日本人宇宙飛行士を含めるという共通の意思を改めて確認することを含め、アルテミス計画における協力の進展を表明した。両首脳は、枠組協定及びゲートウェイに関する協力のための実施取決めの交渉を2022年に完了させることにコミットした。

地球規模課題：新たな時代の人間の安全保障の実現

岸田総理及びバイデン大統領は、新型コロナウイルス感染症による危機を克服し、将来のパンデミックへの予防、備え及び対応のための健康安全保障を強化するため、クアッド、新型コロナウイルス感染症に関する「グローバル行動計画」及びG20財務・保健合同会議といった枠組みを通じたものを含め、引き続き協力していくことを確認した。両首脳は、ワクチンへの公平なアクセスを向上させるため、COVAXを通じた支援及び「ラスト・ワンマイル支援」計画のための支援を行うとともに、治療、診断及び保健システムの強化に共に取り組むことを確認した。両首脳はまた、ユニバーサル・ヘルス・カバレッジの達成のため、WHOの改革、世界銀行における新たなパンデミックへの備え及び世界健康安全保障のための基金の設立、財政当局と保健当局との間の連携体制の強化によるものを含め、グローバルヘルス・アーキテクチャーを強化する必要性を確認した。

両首脳は、がんの治療法に関する日米共同研究の更なる進展を歓迎し、このような協力を可能にする覚書の更新を歓迎した。バイデン大統領は、2017年以来、がんムーンショットプログラムの下で国際協力を推進している日本の国立がん研究センターの役割を強調し、そのイニシアティブを拡大する米国のコミットメントを強調した。

　岸田総理及びバイデン大統領は、気候危機による存亡に係る脅威を認識し、2020年代を気候行動のための決定的な10年とすることにコミットした。両首脳は、パリ協定の下での野心的な2030年の国が決定する貢献（NDC）と2050年実質ゼロ排出目標の実施によって、長期的なエネルギー安全保障に取り組みつつ、今日のエネルギー需要を満たす意思を確認した。これらの目標のため、両首脳は、日米気候パートナーシップの下での協力を強化する意思を確認した（ファクトシート別添）。

　両首脳は、二酸化炭素を排出しない電力及び産業用の熱の重要かつ信頼性の高い供給源としての原子力の重要性を認識した。このため、両首脳は、原子力協力を拡大し、輸出促進及びキャパシティ・ビルディングの手段を共同で用いることにより、革新原子炉及び小型モジュール炉（SMR）の開発及び世界展開を加速させることにコミットした。両首脳はまた、既存及び新規の原子炉の双方に対する、ウラン燃料を含むより強靱な原子力サプライチェーンを構築するために協力することで一致した。

　岸田総理及びバイデン大統領は、「核兵器のない世界」に向けて協働する意思を改めて確認した。特に、両首脳は、国際的な核不拡散・軍縮体制の礎石として核兵器不拡散条約（NPT）を強化することへのコミットメントを確認した。岸田総理は、安全保障上の課題に対処しつつ核軍縮に関する現実的な取組を進める重要性に言及し、バイデン大統領は同意した。両首脳は、世界規模で高濃縮ウラン（HEU）保有量を最小化するという共通の目標を促進させる、東京大学研究炉「弥生」及びその他の国内研究炉の全ての高濃縮ウラン燃料の米国への返還を含む核セキュリティに関する協力における最近の進展を歓迎した。

　岸田総理及びバイデン大統領は、パンデミックがジェンダー公正の促進をかつてなく重要なものとしたことを認識しつつ、ジェンダーについてのアイデンティティにかかわらず、全ての人が完全な潜在力を達成することができるようにすることは、道徳的かつ戦略的に不可欠であり、社会及び経済のあらゆる側面にとって極めて重要であることについて一致した。両首脳はまた、紛争関連の性的暴力を含め、ジェンダーに基づく暴力の予防と対応の重要性を強調した。

人的交流：「自由で開かれたインド太平洋」を支える多様かつ包摂的なネットワークの創出
　両首脳は、「自由で開かれたインド太平洋」を推進する次世代のリーダーを育成す

るため、相互の交流及び協力の重要性を強調した。両首脳は、各種留学プログラム、JETプログラム、カケハシ・プロジェクト及びトモダチ・イニシアティブ、マンスフィールド研修計画並びに国際交流基金等が実施するものを含む研究者及び実務家が参加するフェローシップ及び協働事業等、様々な交流を再開・拡充することで一致した。岸田総理は、先端技術、気候変動及び災害対策等の分野における専門家及び実務家の交流を拡充し、また沖縄、広島及び長崎に重点を置いてカケハシ・プロジェクトを実施していく意思を表明した。両首脳はまた、日系米国人の歴史、貢献、文化的伝統に敬意を表し、将来の日米協力に次世代の日系米国人リーダーを参画させていくことで一致した。両首脳はまた、人的交流における日米文化教育交流会議（カルコン）の役割を再確認した。

未来志向の日米関係の構築に向けて

　民主主義的な二大経済大国として、日米両国は、民主的な価値、規範及び原則を支持し、平和、繁栄及び自由が確保される未来へのビジョンを推進するという独自の義務を負っている。岸田総理及びバイデン大統領は、共にこの責任を引き受けた。両首脳は、2023年に日本がG7の議長国を務め、米国がAPECを主催することに留意しつつ、この共通のビジョンを推進するために、志を同じくすパートナーとの連合を構築することの重要性を確認した。

日米首脳会談

令和4年11月13日

　現地時間11月13日午後2時55分（日本時間13日午後4時55分）から約40分間、ASEAN関連首脳会議出席のためカンボジア・プノンペンを訪問中の岸田文雄内閣総理大臣は、ジョセフ・バイデン米国大統領（The Honorable Joseph R. Biden, Jr., President of the United States of America）と会談を行ったところ、概要は以下のとおりです。

1. 冒頭、両首脳は、ロシアによるウクライナ侵略、北朝鮮の度重なる挑発行動、東シナ海・南シナ海における力による一方的な現状変更の試みの継続等により、我々を取り巻く安全保障環境は厳しさを増しているとの認識を共有しました。その上で、両首脳は、強固な日米関係が地域及び国際社会の平和と安定に果たすべき役割は大きいとの認識を共有し、日米同盟の抑止力・対処力の一層の強化を図るとともに、「自由で開かれたインド太平洋」の実現に向けた取組を推進し、地域及び国際社会の平和と繁栄を確保すべく日米で協働していくことで一致しました。

2. 両首脳は、地域情勢について意見交換を行いました。

(1) 両首脳は、中国をめぐる諸課題への対応に当たり、引き続き日米で緊密に連携していくことで一致しました。また、両首脳は、地域の平和と安定の重要性を確認しました。

(2) 両首脳は、北朝鮮による前例のない頻度と態様での弾道ミサイル発射は断じて容認できないことで一致した上で、国連安保理決議に従った北朝鮮の完全な非核化に向け、引き続き日米、日米韓で緊密に連携していくことを確認しました。また、岸田総理大臣から、拉致問題の解決に向けた米国の引き続きの理解と協力を求め、バイデン大統領から、全面的な支持を得ました。

(3) 両首脳は、ロシアによるウクライナ侵略について、引き続きG7を始めとする同志国と結束して、強力な対露制裁及びウクライナ支援に取り組んでいくとともに、グローバル・サウスへの働きかけを強化していくことで一致しました。また、両首脳は、ロシアによる核の脅しを深刻に懸念しており、断じて受け入れられず、ましてやその使用は決してあってはならないことを確認しました。

3. 岸田総理大臣から、日本を取り巻く安全保障環境が一段と厳しさを増す中、本年末までに新たな国家安全保障戦略を策定すべくプロセスを進めている旨述べ、我が国の防衛力を抜本的に強化し、その裏付けとなる防衛費の相当な増額を確保する決意を改めて示したのに対し、バイデン大統領から、力強い支持を得ました。

4. 両首脳は、IPEF及び経済版「2+2」に係る進展を歓迎するとともに、地域の経済秩序や経済安保に対する米国の関与がますます重要となっているとの認識を共有し、岸田総理大臣から、戦略的観点を踏まえ、米国の早期のTPP復帰を改めて促しました。また、岸田総理大臣から、米国による環境配慮車両への優遇措置に対する我が国の考えを伝達しました。

5. 両首脳は、2023年のG7広島サミットの成功に向けて、引き続き日米で緊密に連携していくことで一致しました。

日米首脳会談

令和5年1月13日

現地時間1月13日午前11時30分(日本時間14日午前1時30分)から計約2時間、米国・ワシントンD.C.を訪問中の岸田文雄内閣総理大臣は、ジョセフ・バイデン米国大統領(The Honorable Joseph R. Biden, Jr., President of the United States of America)と会談を行ったところ、概要は以下のとおりです(少人数会合:現地時間13日午前11時30分(日本時間14日午前1時30分)から約45分間、テタテ会合:現地時間13日午後0時15分(日本時間14日午前2時15分)から約15分間、拡大会合(ワーキング・ランチ):現地時間13日午後0時30分(日本時間14日午前2時30分)

から約60分間）。

　なお、会談に先立ち、岸田総理大臣は、ホワイトハウスの南正面玄関でバイデン大統領による出迎えを受け、両首脳は、庭園を見渡す柱廊を二人で歩きながら会談の会場へ向かうなど、会談の節々にバイデン大統領の岸田総理大臣に対する歓迎の意が見られました。

1．冒頭、岸田総理大臣から、2023年という新しい年を迎え、総理大臣として初めて米国・ワシントンD.C.を訪問し、親しい友人であるバイデン大統領と会談できることを嬉しく思う旨述べたのに対し、バイデン大統領から、岸田総理大臣の訪米を歓迎する、両首脳間のパートナーシップ、そして日米同盟はかつてなく強固である旨述べました。

2．岸田総理大臣から、日米両国が近年で最も厳しく複雑な安全保障環境に直面している中、我が国として、昨年12月に発表した新たな国家安全保障戦略等に基づき、反撃能力の保有を含む防衛力の抜本的強化及び防衛予算の相当な増額を行っていく旨述べたのに対し、バイデン大統領から、改めて全面的な支持を得ました。また、岸田総理大臣から、同年10月に発表された米国の国家安全保障戦略を高く評価する旨述べたのに対し、バイデン大統領から、日本の防衛に対する揺るぎないコミットメントが改めて表明されました。その上で、両首脳は、日米両国の国家安全保障戦略が軌を一にしていることを歓迎するとともに、日米両国の戦略を実施するに当たって相乗効果を生み出すようにすることを含め、日米同盟の抑止力・対処力を一層強化していくとの決意を新たにしました。両首脳は、11日に開催された日米安全保障協議委員会（「2＋2」）でのやり取りも踏まえつつ、安全保障分野での日米協力に関する具体的協議を更に深化させるよう指示しました。

3．両首脳は、インド太平洋地域、とりわけ東アジアにおいて、力による一方的な現状変更の試みを許してはならないという観点も踏まえつつ、地域情勢について意見交換を行いました。

(1) 両首脳は、中国をめぐる諸課題への対応に当たり、引き続き日米で緊密に連携していくことで一致しました。また、両首脳は、中国と共通の課題については協力していくことの重要性を確認しました。さらに、両首脳は、台湾海峡の平和と安定の重要性を強調するとともに、両岸問題の平和的解決を促しました。

(2) 両首脳は、国連安保理決議に従った北朝鮮の完全な非核化に向け、日米韓の安全保障協力を含む地域の抑止力強化や安保理での対応において、引き続き日米、日米韓で緊密に連携していくことで一致しました。また、岸田総理大臣から、拉致問題の即時解決に向けた米国の引き続きの理解と協力を求め、

バイデン大統領から、改めて全面的な支持を得ました。

(3) 両首脳は、ロシアによるウクライナ侵略について、引き続きG7を始めとする同志国と緊密に連携しながら、対露制裁及びウクライナ支援を強力に推進していくことで一致しました。また、両首脳は、ロシアによる核の威嚇は断じて受け入れられず、ましてやその使用は決してあってはならないことを改めて確認しました。

4. 岸田総理大臣から、G7広島サミットでは、法の支配に基づく国際秩序を守り抜くというG7のビジョンや決意を示していく、また、インド太平洋についてもしっかり議論したいとの考えを説明しました。また、岸田総理大臣から、唯一の戦争被爆国である日本の総理大臣として、バイデン大統領を含むG7首脳と共に、核兵器の惨禍を人類が二度と起こさないとの誓いを広島から世界に向けて発信したい旨述べた上で、両首脳は、厳しい安全保障環境も踏まえつつ、「核兵器のない世界」に向けて、日米で共に取り組んでいくことで一致しました。さらに、両首脳は、エネルギー・食料安全保障を含む世界経済、経済安全保障、そして気候変動、保健、開発といった地球規模の課題等の分野でG7が結束して取り組むことが重要との認識で一致しました。両首脳は、G7広島サミットの成功に向けて、引き続き日米で緊密に連携していくことを改めて確認しました。

(1) 両首脳は、2022年は、日米経済政策協議委員会（経済版「2＋2」）やインド太平洋経済枠組み（IPEF）の立上げ・進展が見られ、日米経済関係が戦略的な段階に押し上げられた一年であったとの認識で一致しました。その上で、両首脳は、本年は日本がG7、米国がAPECの議長国を務める中、持続的・包摂的な経済成長の実現及びルールに基づく自由で公正な国際経済秩序の維持・強化に向けて、本年の経済版「2＋2」も活用しながら、日米で国際社会を主導していくことで一致しました。また、岸田総理大臣から、米国による環境配慮車両への優遇措置に対する我が国の考えを改めて伝達しました。さらに、両首脳は、地域の経済秩序に対する米国の関与がますます重要となっているとの認識を共有し、IPEFの交渉進展に向けて協力していくことで一致するとともに、岸田総理大臣から、戦略的観点を踏まえ、TPPについての我が国の立場を伝えました。そして、両首脳は、信頼性のある自由なデータ流通（DFFT）を推進していくことで一致しました。

(2) 両首脳は、経済的威圧を含む経済安全保障上の課題に対処すべく、同志国でサプライチェーン強靱化を進めていくことで一致しました。また、両首脳は、半導体のみならず、バイオ、量子及びAIを含む重要技術の育成や保護に向けて協力していくとともに、サプライチェーン等に関する協力を強化していくことを確認しました。さらに、両首脳は、エネルギー安全保障の強化に向けて取り組む重要性を共有しました。

(3) 両首脳は、宇宙分野での日米協力を一層推進していくことで一致しました。

(4) 両首脳は、法の支配に基づく自由で開かれた国際秩序へのコミットメントがかつてなく重要になっているとの認識を共有しました。その上で、岸田総理大臣から、「自由で開かれたインド太平洋（FOIP）」実現に向けた取組を強化していく考えである旨述べたのに対し、バイデン大統領から、岸田総理大臣の取組への支持を得るとともに、米国の地域に対する揺るぎないコミットメントが改めて表明されました。両首脳は、地域及び国際社会の平和と繁栄の確保に向けて、日米でFOIP実現に向けた取組を推進していくことで一致しました。

(5) 両首脳は、自由で開かれたインド太平洋と平和で繁栄した世界という共通のビジョンに根ざし、法の支配を含む共通の価値に導かれた、前例のない日米協力を改めて確認し、日米共同声明を発出しました。

日米首脳会談

令和5年5月18日

5月18日午後6時から約1時間10分、岸田文雄内閣総理大臣は、G7広島サミット出席のため訪日中のジョセフ・バイデン米国大統領（The Honorable Joseph R. Biden, Jr., President of the United States of America）と会談を行ったところ、概要は以下のとおりです。

1．冒頭、岸田総理大臣から、本年1月の訪米以来の再会を嬉しく思う旨述べた上で、日米同盟はインド太平洋地域の平和と安定の礎であり、日米関係は、安全保障や経済にとどまらず、あらゆる分野で重層的な協力関係にあると述べたのに対し、バイデン大統領から、日米両国は基本的価値を共有しており、日米同盟はかつてなく強固である旨述べました。

2．岸田総理大臣から、ディープテック分野のイノベーション及びスタートアップのエコシステムを構築するため、「グローバル・スタートアップ・キャンパス」を東京都心（目黒・渋谷）に創設すべく、米国のリーディング大学の一つであるマサチューセッツ工科大学（MIT）と連携しフィージビリティ・スタディを実施し、米国の協力も得つつ構想の具体化を強力に進める旨述べ、両首脳はスタートアップ、イノベーションの分野で両国が緊密に連携することの重要性で一致しました。また、両首脳は、教育・科学技術分野における日米間の協力に関する覚書が作成されることを歓迎しました。

3．両首脳は、日米安全保障協力について意見交換を行い、1月の日米安全保障協議委員会（日米「2＋2」）や日米首脳会談の成果を踏まえた日米同盟の抑止力・対処力の一層の強化に向けた協力を継続していくことを改めて確認しました。また、両首脳は、米国の拡大抑止が日本の強化される防衛力と相まって、日本の安

安保体制

550

全及び地域の平和と安定の確保に果たす不可欠な役割を再確認しました。

4．バイデン大統領からは、核を含むあらゆる種類の米国の能力によって裏付けられた、日米安全保障条約の下での日本の防衛に対する米国のコミットメントが改めて表明され、両首脳は、そうした文脈において、情勢が進展する際のあらゆる段階において二国間の十分な調整を確保する意思を改めて確認しました。両首脳は、直近の日米「2＋2」や日米拡大抑止協議における、米国の拡大抑止に関する活発かつ突っ込んだ議論を評価し、こうした議論を一層強化していくことの重要性を改めて確認しました。

5．両首脳は、インド太平洋地域、とりわけ東アジアにおいて、力による一方的な現状変更の試みを許してはならないという観点も踏まえつつ、地域情勢について意見交換を行いました。

(1) 両首脳は、中国をめぐる諸課題への対応に当たり、引き続き日米で緊密に連携していくことで一致しました。また、両首脳は、中国と共通の課題については協力していくことの重要性を確認しました。さらに、両首脳は、台湾海峡の平和と安定の重要性を強調するとともに、両岸問題の平和的解決を促しました。

(2) 岸田総理大臣から、今月上旬の訪韓に触れつつ、日韓関係を更に進展させていく旨述べたのに対し、バイデン大統領から、日韓関係の改善を歓迎する旨述べました。両首脳は、国連安保理決議に従った北朝鮮の完全な非核化に向け、日米韓の安全保障協力を含む地域の抑止力強化や安保理での対応において、引き続き日米、日米韓で緊密に連携していくことで一致しました。また、岸田総理大臣から、拉致問題の即時解決に向けた米国の引き続きの理解と協力を求め、バイデン大統領から、改めて全面的な支持を得ました。

(3) 両首脳は、ロシアによるウクライナ侵略について、引き続きG7を始めとする同志国と緊密に連携しながら、厳しい対露制裁と強力なウクライナ支援を継続していくことで一致しました。

(4) 両首脳は、いわゆるグローバル・サウスへの関与や支援の重要性を確認しました。

6．両首脳は、明19日から行われるG7広島サミットに向け、国際社会や地域の課題に対するG7の揺るぎない結束を世界に示すべく、日米でも緊密に連携していくことで一致しました。

(1) 両首脳は、地域の経済秩序に対する米国の関与がますます重要となっているとの認識を共有し、IPEFについても意見交換するとともに、岸田総理大臣から、環太平洋パートナーシップに関する包括的及び先進的な協定（CPTPP）についての我が国の考えと取組を伝えました。

(2) 両首脳は、重要技術の育成・保護の重要性に関する認識を共有し、量子及び半導体分野における日米間の大学及び企業間でのパートナーシップ締結が予定されていることを歓迎するとともに、バイオやAIといった分野にも協力を広げていくことで一致しました。さらに、両首脳は、エネルギー安全保障の強化に向けて取り組む重要性を共有しました。また、日米経済政策協議委員会（経済版「2＋2」）において、経済安全保障の協力を具体化させることで一致しました。

日米首脳会談

令和5年8月18日

現地時間8月18日午前10時35分（日本時間18日午後11時35分）から約30分、日米韓首脳会合出席のため米国キャンプ・デービッドを訪問中の岸田文雄内閣総理大臣は、ジョセフ・バイデン米国大統領（The Honorable Joseph R. Biden, Jr., President of the United States of America）と会談を行ったところ、概要は以下のとおりです。

1. 冒頭、岸田総理大臣から、ハワイ州マウイ島での山火事に関し改めてお見舞いの言葉を述べるとともに、我が国として、被災者救援のための支援を行うことを決めた旨述べ、今般の日米韓首脳会合の開催は極めて有意義である旨述べたのに対し、バイデン大統領から、安全保障環境が一層厳しさを増す中で日米、日米韓の協力を深めていきたい旨述べました。

2. 両首脳は、地域情勢について意見交換を行いました。
   (1) 両首脳は、ロシアによるウクライナ侵略について、引き続きG7を始めとする同志国と緊密に連携しながら、厳しい対露制裁と強力なウクライナ支援を継続していくことで一致しました。
   (2) 両首脳は、中国をめぐる諸課題への対応に当たり、引き続き日米で緊密に連携していくことで一致しました。また、両首脳は、中国と共通の課題については協力していくことの重要性を確認しました。さらに、両首脳は、台湾海峡の平和と安定の重要性を強調するとともに、両岸問題の平和的解決を促しました。
   (3) 岸田総理大臣から、米国側がALPS処理水に関する我が国の取組について支持と理解を表明していることに謝意を述べました。また、両首脳は、ALPS処理水に関する偽情報の拡散防止における連携等についても意見交換を行いました。

3. 両首脳は、あらゆる種類の米国の能力によって裏付けられた、日本の防衛に対

する米国のコミットメントを認識し、日米同盟の抑止力・対処力の一層の強化のため、GPI（Glide Phase Interceptor：滑空段階迎撃用誘導弾）の共同開発を開始できることを歓迎しました。

日米首脳会談

令和5年11月16日

　現地時間11月16日午後5時15分（日本時間17日午前10時15分）から約15分間、APEC首脳会議に出席するため米国サンフランシスコを訪問中の岸田文雄内閣総理大臣は、ジョセフ・バイデン米国大統領（The Honorable Joseph R. Biden, Jr., President of the United States of America）と会談を行ったところ、概要は以下のとおりです。

1. 冒頭、岸田総理大臣から、歴史的なキャンプ・デービッドでの日米韓首脳会合以来の再会を嬉しく思う旨述べた上で、中東、ウクライナ、中国や北朝鮮を含むインド太平洋地域の諸課題もあり、日米の連携はこれまで以上に必要である旨述べたのに対し、バイデン大統領から、日米同盟の重要性はこれまでになく高まっており、日米間の連携を一層強化していきたい旨述べました。また、岸田総理大臣から、インド太平洋経済枠組み（IPEF）の大きな進展を歓迎するとともに、日米経済政策協議委員会（経済版「2＋2」）の開催も時宜を得たものである旨述べました。

2. 両首脳は、地域情勢について意見交換を行いました。
   (1) 岸田総理大臣から、イスラエル・パレスチナ情勢をめぐるバイデン大統領のリーダーシップ及び人道的休止の実現を含む米国の外交努力を高く評価する旨述べ、両首脳は、ハマス等のテロ攻撃を非難するとともに、ガザ地区の人道状況の改善と「二国家解決」の実現に向け、引き続き緊密に連携していくことで一致しました。
   (2) 両首脳は、ロシアによるウクライナ侵略について、厳しい対露制裁と強力なウクライナ支援を継続していくことで一致しました。
   (3) 両首脳は、15日に行われた米中首脳会談の結果を踏まえつつ、中国をめぐる諸課題への対応に当たり、引き続き日米で緊密に連携していくことで一致しました。また、両首脳は、中国と共通の課題については協力していくことの重要性を確認しました。

安保体制

8. 日米防衛協力のための指針

日米安全保障協議委員会が了承した防衛協力小委員会の報告

（昭和53年11月27日）

　昭和51年7月8日に開催された日米安全保障協議委員会で設置された防衛協力小委員会は、今日まで8回の会合を行った。防衛協力小委員会は、日米安全保障協議委員会によって付託された任務を遂行するに当たり、次の前提条件及び研究・協議事項に合意した。

1．前提条件
　(1) 事前協議に関する諸問題、日本の憲法上の制約に関する諸問題及び非核3原則は、研究・協議の対象としない。
　(2) 研究・協議の結論は、日米安全保障協議委員会に報告し、その取扱いは、日米両国政府のそれぞれの判断に委ねられるものとする。この結論は、両国政府の立法、予算ないし行政上の措置を義務づけるものではない。
2．研究・協議事項
　(1) 日本に武力攻撃がなされた場合又はそのおそれのある場合の諸問題
　(2) (1)以外の極東における事態で日本の安全に重要な影響を与える場合の諸問題
　(3) その他（共同演習・訓練等）
　防衛協力小委員会は、研究・協議を進めるに当たり、日本に対する武力攻撃に際しての日米安保条約に基づく日米間の防衛協力のあり方についての日本政府の基本的構想を聴取し、これを研究・協議の基礎として作業を進めることとした。防衛協力小委員会は、小委員会における研究・協議の進捗を図るため、下部機構として、作戦、情報及び後方支援の3部会を設置した。これらの部会は、専門的な立場から研究・協議を行なった。更に、防衛協力小委員会は、その任務内にあるその他の日米間の協力に関する諸問題についても研究・協議を行った。
　防衛協力小委員会がここに日米安全保障協議委員会の了承を得るため報告する「日米防衛協力のための指針」は、以上のような防衛協力小委員会の結果である。

日米防衛協力のための指針

　この指針は、日米安保条約及びその関連取極に基づいて日米両国間が有している権利及び義務に何ら影響を与えるものと解されてはならない。
　この指針が記述する米国に対する日本の便宜供与及び支援の実施は、日本の関係法令に従うことが了解される。

Ⅰ．侵略を未然に防止するための態勢
1．日本は、その防衛政策として自衛のため必要な範囲内において適切な規模の防衛力を保有するとともに、その最も効率的な運用を確保するための態勢を整備・

維持し、また、地位協定に従い、米軍による在日施設・区域の安定的かつ効果的な使用を確保する。また、米国は、核抑止力を保持するとともに、即応部隊を前方展開し、及び来援し得るその他の兵力を保持する。

2．日米両国は日本に対する武力攻撃がなされた場合に共同対処行動を円滑に実施し得るよう、作戦、情報、後方支援等の分野における自衛隊と米軍との間の協力態勢の整備に努める。このため、

(1) 自衛隊及び米軍は、日本防衛のための整合のとれた作戦を円滑かつ効果的に共同して実施するため、共同作戦計画についての研究を行う。また、必要な共同演習及び共同訓練を適時実施する。

　更に、自衛隊及び米軍は、作戦を円滑に共同して実施するため作戦上必要と認める共通の実施要領をあらかじめ研究し、準備しておく。この実施要領には、作戦、情報及び後方支援に関する事項が含まれる。また、通信電子活動は指揮及び連絡の実施に不可欠であるので、自衛隊及び米軍は、通信電子活動に関しても相互に必要な事項をあらかじめ定めておく。

(2) 自衛隊及び米軍は、日本防衛に必要な情報を作成し、交換する。自衛隊及び米軍は、情報の交換を円滑に実施するため、交換する情報の種類並びに交換の任務に当たる自衛隊及び米軍の部隊を調整して定めておく。また、自衛隊及び米軍は、相互間の通信連絡体系の整備等所要の措置を講ずることにより緊密な情報協力態勢の充実を図る。

(3) 自衛隊及び米軍は、日米両国がそれぞれ自国の自衛隊又は軍の後方支援について責任を有するとの基本原則を踏まえつつ、適時、適切に相互支援を実施し得るよう、補給、輸送、整備、施設等の各機能について、あらかじめ緊密に相互に調整し又は研究を行う。この相互支援に必要な細目は、共同の研究及び計画作業を通じて明らかにされる。特に、自衛隊及び米軍は、予想される不足補給品目、数量、補完の優先順位、緊急取得要領等についてあらかじめ調整しておくとともに、自衛隊の基地及び米軍の施設・区域の経済的かつ効率的な利用のあり方について研究する。

Ⅱ．日本に対する武力攻撃に際しての対処行動等

1．日本に対する武力攻撃がなされるおそれのある場合

　日米両国は、連絡を一層密にして、それぞれ所要の措置をとるとともに、情勢の変化に応じて必要と認めるときは、自衛隊と米軍との間の調整機関の開設を含め、整合のとれた共同対処行動を確保するために必要な準備を行う。

　自衛隊及び米軍は、それぞれが実施する作戦準備に関し、日米両国が整合のとれた共通の準備段階を選択し自衛隊及び米軍がそれぞれ効果的な作戦準備を協力して行うことを確保することができるよう、共通の基準をあらかじめ定めておく。

　この共通の基準は、情報活動、部隊の行動準備、移動、後方支援その他の作戦準備に係る事項に関し、部隊の警戒監視のための態勢の強化から部隊の戦闘

準備の態勢の最大限の強化にいたるまでの準備段階を区分して示す。

自衛隊及び米軍は、それぞれ、日米両国政府の合意によって選択された準備段階に従い必要と認める作戦準備を実施する。

2．日本に対する武力攻撃がなされた場合

(1) 日本は、原則として、限定的かつ小規模な侵略を独力で排除する。侵略の規模、態様等により独力で排除することが困難な場合には、米国の協力をまって、これを排除する。

(2) 自衛隊及び米軍が日本防衛のための作戦を共同して実施する場合には、双方は、相互に緊密な調整を図り、それぞれの防衛力を適時かつ効果的に運用する。

(イ) 作戦構想

自衛隊は主として日本の領域及びその周辺海空域において防勢作戦を行い、米軍は自衛隊の行う作戦を支援する。米軍は、また自衛隊の能力の及ばない機能を補完するための作戦を実施する。

自衛隊及び米軍は、陸上作戦、海上作戦及び航空作戦を次のとおり共同して実施する。

(a) 陸上作戦

陸上自衛隊及び米陸上部隊は、日本防衛のための陸上作戦を共同して実施する。

陸上自衛隊は、阻止、持久及び反撃のための作戦を実施する。

米陸上部隊は、必要に応じ来援し、反撃のための作戦を中心に陸上自衛隊と共同して作戦を実施する。

(b) 海上作戦

海上自衛隊及び米海軍は、周辺海域の防衛のための海上作戦及び海上交通の保護のための海上作戦を共同して実施する。

海上自衛隊は、日本の重要な港湾及び海峡の防備のための作戦並びに周辺海域における対潜作戦、船舶の保護のための作戦その他の作戦を主体となって実施する。

米海軍部隊は、海上自衛隊の行う作戦を支援し、及び機動打撃力を有する任務部隊の使用を伴うような作戦を含め、侵攻兵力を撃退するための作戦を実施する。

(c) 航空作戦

航空自衛隊及び米空軍は、日本防衛のための航空作戦を共同して実施する。

航空自衛隊は、防空、着上陸侵攻阻止、対地支援、航空偵察、航空輸送等の航空作戦を実施する。

米空軍部隊は、航空自衛隊の行う作戦を支援し、及び航空打撃力を有する航空部隊の使用を伴うような作戦を含め、侵攻兵力を撃退するための作戦を実施する。

(d) 陸上作戦、海上作戦及び航空作戦を実施するに当たり、自衛隊及び米軍は、情報、後方支援等の作戦に係る諸活動について必要な支援を相互に与える。

(ロ) 指揮及び調整

自衛隊及び米軍は、緊密な協力の下にそれぞれの指揮系統に従って行動する。自衛隊及び米軍は、整合のとれた作戦を共同して効果的に実施することができるよう、あらかじめ調整された作戦運用上の手続に従って行動する。

(ハ) 調整機関

自衛隊及び米軍は、効果的な作戦を共同して実施するため、調整機関を通じ、作戦、情報及び後方支援について相互に緊密な調整を図る。

(ニ) 情報活動

自衛隊及び米軍は、それぞれの情報組織を運営しつつ、効果的な作戦を共同して遂行することに資するため緊密に協力して情報活動を実施する。このため、自衛隊及び米軍は、情報の要求、収集、処理及び配布の各段階につき情報活動を緊密に調整する。自衛隊及び米軍は、保全に関しそれぞれ責任を負う。

(ホ) 後方支援活動

自衛隊及び米軍は、日米両国間の関係取極に従い、効率的かつ適切な後方支援活動を緊密に協力して実施する。

このため、日本及び米国は、後方支援の各機能の効率性を向上し及びそれぞれの能力不足を軽減するよう、相互支援活動を次のとおり実施する。

(a) 補給

米国は、米国製の装備品等の補給品の取得を支援し、日本は、日本国内における補給品の取得を支援する。

(b) 輸送

日本及び米国は、米国から日本への補給品の航空輸送及び海上輸送を含む輸送活動を緊密に協力して実施する。

(c) 整備

米国は、米国製の品目の整備であって日本の整備能力が及ばないものを支援し、日本は、日本国内において米軍の装備品の整備を支援する。整備支援には、必要な整備要員の技術指導を含める。関連活動として、日本は、日本国内におけるサルベージ及び回収に関する米軍の需要についても支援を与える。

(d) 施設

米軍は、必要なときは、日米安保条約及びその関連取極に従って新たな施設・区域を提供される。また、効果的かつ経済的な使用を向上するため自衛隊の基地及び米軍の施設・区域の共同使用を考慮することが必要な場合には、自衛隊及び米軍は、同条約及び取極に従って、共同使用を実施する。

Ⅲ. 日本以外の極東における事態で日本の安全に重要な影響を与える場合の日米間の協力

日米両政府は、情勢の変化に応じ随時協議する。

日本以外の極東における事態で日本の安全に重要な影響を与える場合に日本が米軍に対して行う便宜供与のあり方は、日米安保条約、その関連取極、その他の日米間の関係取極及び日本の関係法令によって規律される。日米両政府は、日本が上記の法的枠組みの範囲内において米軍に対し行う便宜供与のあり方について、あらかじめ相互に研究を行う。このような研究には、米軍による自衛隊の基地の共同使用その他の便宜供与のあり方に関する研究が含まれる。

「指針」に基づく研究

防衛庁では、「指針」に基づいて、現在、共同作戦計画の研究その他の研究作業を実施している。
(1) 主な研究項目
「指針」で予定されている主要な研究項目は、大略、次のとおりである。
　ア. 「指針」第1項及び第2項に基づく研究項目
　　(ｱ) 共同作戦計画
　　(ｲ) 作戦上必要な共通の実施要領
　　(ｳ) 調整機関のあり方
　　(ｴ) 作戦準備の段階区分と共通の基準
　　(ｵ) 作戦運用上の手続
　　(ｶ) 指揮及び連絡の実施に必要な通信電子活動に関し相互に必要な事項
　　(ｷ) 情報交換に関する事項
　　(ｸ) 補給、輸送、整備、施設等後方支援に関する事項
　イ. 「指針」第3項に基づく研究項目
　　日本以外の極東における事態で、日本の安全に重要な影響を与える場合の米軍に対する便宜供与のあり方
(2) 「指針」第1項及び第2項に基づく研究の進捗状況
　ア. 「指針」に基づき、自衛隊が米軍との間で実施することが予定されている共同作戦計画の研究その他の研究作業については、防衛庁と米軍との間で、これまで、統合幕僚会議事務局と在日米軍司令部が中心となって実施してきた。

　　これまでの研究作業においては、共同作戦計画の研究を優先して進め、わが国に対する侵略の一つの態様を想定の上、研究を行い、昭和56年夏に一応の概成をみた。以後、この研究を補備充実する作業を実施し、昭和59年末、一応の区切りがつき、現在は情勢に応じた見直しなどの作業を行っている。また、新たな研究については、従来から日米間で話し合いが行われ、昭和63年夏頃から具体的に研究を行い、平成7年4月に一応の区切りをみた。

イ．昭和57年の第14回日米安全保障事務レベル協議において、シーレーン防衛に関する研究を「指針」に基づく共同作戦計画の研究の一環として行っていくことで日米両国間に意見の一致をみた。これを受け、昭和58年3月に開催された第9回日米防衛協力小委員会において、同研究の前提条件等研究の基本的な枠組の確認が行われ、研究作業に着手した。

本研究は、「指針」作成の際の前提条件及び「指針」に示されている基本的な制約、条件、構想等の範囲内において、日本に武力攻撃がなされた場合、シーレーン防衛のための日米共同対処をいかに効果的に行うかを研究するものである。本研究によりわが国のシーレーン防衛についての自衛隊と米軍との具体的な協力のあり方が現在以上に明確になり、日米安全保障体制の効果的な運用に資することになるものと考えられている。この研究については、脅威の分析、シナリオの設定等を終え、現在、日米の作戦能力の分析作業を行っている。

その他の日米調整機関、情報交換に関する事項、共通の作戦準備等の研究作業についても、逐次研究を実施しているところである。

なお、日米間のインターオペラビリティ（相互運用性）の問題についても、「指針」に基づく各種の研究を実施するに当たって考慮をしてきているが、平成元年9月、通信面を対象とした研究に一応の区切りがついたところである。

(3) 「指針」第3項に基づく研究について

日本以外の極東における事態で、日本の安全に重要な影響を与える場合の米軍に対する便宜供与のあり方の研究については、昭和57年1月に開催された日米安全保障協議委員会において、研究を開始することで意見の一致が見られ、現在、日米両国間で研究作業が進められているところである。

Ⅰ．旧「指針」の見直し

① 防衛協力小委員会（SDC）の改組について

(平成8年6月28日)

1996年4月17日に発表された日米安保共同宣言に従って、日米両国政府は、1978年の「日米防衛協力のための指針」の見直しを行うため、安全保障協議委員会（SCC、"2＋2"）の下部機構である防衛協力小委員会（SDC）を下記のとおり改組した上で、見直しの為の作業を行うこととしている。

1．構成員

(1) 小委員会の構成は次のとおり。

○日本側：外務省北米局長（共同議長）、防衛庁防衛局長（共同議長）、統合幕僚会議の代表

○米側：国務次官補（東アジア担当）（共同議長）、国防次官補（国際安全保障政策担当）（共同議長）、在日米国大使館、在日米軍、統合参謀本部、太平洋軍の代表

(2) 審議官・次官補代理レベルの代理会議を設ける。

2．「指針」見直しにかかる主な研究・協議事項

○平素から行う協議：
　　情報交換、政策調整等の平素から行うべき日米間の協力の緊密化について研究・協議を行う。

○日本に対する武力攻撃に際しての対処行動等（武力攻撃が差し迫った場合も含む）：
　　現行「指針」策定後の日米防衛協力の進展等を踏まえ、共同対処行動等のあり方の充実を図るための研究・協議を行う。

○日本周辺地域において発生し得る事態で日本の平和と安全に重要な影響を与える場合の協力：
　　日米間の協力体制の構築を目指し、上述の事態に際しての協力のあり方について研究・協議を行う。その際には、現在日本政府部内で進められている緊急事態対応策の検討をも念頭に置く。

② 「日米防衛協力のための指針」の見直しの進捗状況報告（平成8年9月19日）
　　「日米防衛協力のための指針」の見直しの進捗状況報告（仮訳）

1996年9月19日
日米安全保障協議委員会
於　ワシントン

　橋本総理とクリントン大統領は1996年4月17日に東京において署名した日米安全保障共同宣言において、日本と米国との間に既に構築されている緊密な協力関係を増進するため、1978年の「日米防衛協力のための指針」（以下「指針」）の見直しを開始することで意見が一致した。また、両首脳は、日本周辺地域において発生しうる事態で日本の平和と安全に重要な影響を与える場合における日米間の協力に関する研究をはじめ、日米間の政策調整を促進する必要性につき意見が一致した。

　1996年6月28日、日米両国政府は、日米安全保障協議委員会（SCC）の下部機構である防衛協力小委員会（SDC）を改組することとした。この小委員会は、見直しを有効に行うための方法として次の構成をとることとした。

(1) 平素から行う協力

(2) 日本に対する武力攻撃に際しての対処行動等（武力攻撃が差し迫った場合も含む）

(3) 日本周辺地域において発生しうる事態で日本の平和と安全に重要な影響を与える場合の協力

防衛協力小委員会は、この見直し作業の取り進め方について一連の協議を行った。これらの協議に基づき、防衛協力小委員会は、この見直し作業に際しての目的、基本的考え方及び研究・協議事項について、次のとおりSCCに勧告し、同委員会はこれを了承した。SCCは防衛協力小委員会に対し、1997年秋に終了することを目途に見直し作業を進めるよう指示した。

1．「指針」見直しの基本的目的及び考え方

　(1)　この「指針」見直しは、新防衛大綱及び日米安全保障共同宣言を踏まえ、現行「指針」の下で進められてきた日米間の防衛協力を基礎として、新しい時代におけるより効果的な日米の防衛協力関係を構築することを目的として行われる。

　(2)　日米双方は、次の目標を設定した。

　　(イ)　アジア太平洋地域情勢をはじめ、安全保障環境の諸般の変化を踏まえて、新しい時代における日米防衛協力のあり方について内外に明らかにすること。

　　(ロ)　より効果的な協力関係の基盤を構築することを目的として行われる共同研究等各種の共同作業の円滑化・促進を図るため、そのような作業が行われるべき大枠ないし方向性を示すこと。

　(3)　日米双方は、「指針」見直しは次の基本的考え方に従って行われることについて意見が一致した。

　　(イ)　「指針」見直しは、日米安全保障条約及びその関連取極に基づく権利及び義務を変更するものではない。

　　(ロ)　「指針」見直しは、日米同盟関係の基本的枠組みを変更しようとするものではない。

　　(ハ)　「指針」見直しは、日本国憲法の枠内で行われる。

2．主な研究・協議事項

　(1)　平素から行う協力

　　　　より安定した安全保障環境を構築するとともに、日本に対する武力攻撃を未然に防止するために、日米両国が平素から緊密な協力体制を維持することは極めて重要である。また、各種の分野及び様々なレベルにおいて協議を充実していくことが重要である。これには、次の分野における協力及び協議の拡充が含まれる。

　　(イ)　情報交換

　　(ロ)　防衛政策及び軍事態勢

　　(ハ)　共同研究、共同演習及び共同訓練

　　(ニ)　国際社会の平和と安定のために日米両国が採る政策についての調整

　　(ホ)　防衛・安全保障対話

　(2)　日本に対する武力攻撃に際しての対処行動等（武力攻撃が差し迫った場合も含む）

　　　　日本に対する武力攻撃に際しての日米の共同対処行動等は、引き続き日米防

衛協力の中核的要素である。この分野においては、現行「指針」の下で既に緊密な協力が行われてきたが、今後、このような協力を一層強化していく必要がある。両国は、これまでの実績の積み重ねを基礎としつつ、現行「指針」策定後の諸情勢の変化も踏まえ、所要の見直しを行うこととする。防衛協力小委員会は、日本の新防衛大綱や米国の東アジア戦略報告に明示されているような冷戦終結後の両国の安全保障政策を勘案しつつ、今後協力の対象となり得る新たな分野について、検討・整理していくものとする。

(3) 日本周辺地域において発生しうる事態で日本の平和と安全に重要な影響を与える場合の協力

日米両国がこのような事態に対応するため円滑かつ効果的な枠組みを構築することは極めて重要である。両国は、このような枠組みにより、危険発生前から危機終了後の全段階を通じて、このような事態をより効果的に未然に防止し、その拡大を抑制するとともに、その収拾を図り得ることとなる。

防衛協力小委員会は、日米両国の防衛政策や保有する装備等を踏まえつつ、両国のニーズを考慮するとともに、日本国内で行われている緊急事態対応策についての検討作業の進捗を勘案して、日米防衛協力の今後の在り方について検討を行う。この日米防衛協力の対象となり得る機能及び分野には次のものが含まれる。

(イ) 人道的援助活動

(ロ) 非戦闘員を退避させるための活動

(ハ) 米軍による施設の使用

(ニ) 米軍活動に対する後方地域支援

(ホ) 自衛隊の運用と米軍の運用

③ 日米防衛協力のための指針の見直しに関する中間とりまとめ

1997年6月7日

防衛協力小委員会

於　ハワイ州ホノルル

I．「日米防衛協力のための指針」の見直しの背景

日米同盟関係は、日本の安全の確保にとって必要不可欠なものであり、また、アジア太平洋地域における平和と安定を維持するために引き続き重要な役割を果たしている。また、日米同盟関係は、この地域における米国の肯定的な関与を支えるものである。この同盟関係は、自由、民主主義及び人権の尊重等の共通の価値観を反映するとともに、より安定した国際的な安全保障環境の構築のための日米共同の努力をはじめとする広範な協力の政治的な基礎となっている。

1996年4月に橋本総理大臣とクリントン大統領により発表された「日米安全保障共同宣言」は、日米安全保障関係が、共通の安全保障上の目標を達成するとともに、21世紀に向けてアジア太平洋地域において安定的で繁栄した情勢を維持するための

基礎であり続けることを再確認した。この同盟関係によって醸成された安定的で繁栄した情勢は、この地域のすべての者の利益となる。

1978年11月27日の第17回日米安全保障協議委員会（SCC）で了承された「日米防衛協力のための指針」（「指針」）は、防衛の分野における包括的な協力態勢に関する研究・協議の結果として策定された。その後、日米両国の関係者は、共同作戦計画についての研究をはじめ、各種の共同の取組みを進めてきた。これらの共同の取組みは、日米安全保障体制の信頼性を増進させた。

冷戦の終結にもかかわらず、この地域には不安定性と不確実性が依然として存在しており、日本周辺地域における平和と安定の維持は、日本の安全のために一層重要になっている。日米両国政府は、冷戦後の情勢の変化に鑑み、「指針」の下での成果を基礎として、日米防衛協力を強化するための方途を検討することを決定し、以下の分野について検討を行ってきている。

平素から行う協力

日本に対する武力攻撃に際しての対処行動等

日本周辺地域における事態で日本の平和と安全に重要な影響を与える場合（「周辺事態」）の協力

Ⅱ．新たな指針の目的

新たな指針の最も重要な目的の一つは、日本に対する武力攻撃又は周辺事態に際して、日米が協力して効果的にこれに対応しうる態勢を構築することである。新たな指針は、平素からの及び緊急事態における日米各々の役割並びに相互間の協力及び調整の在り方について、一般的な大枠及び方向性を示すものであり、今年秋の策定後に日米両国の関係者が行うこととなる共同の取組みに対するガイダンスを与えるものである。

Ⅲ．「指針」見直しの経緯と現況／基本的な前提及び考え方

1996年6月、日米両国政府は、1995年11月の日本の「防衛計画の大綱」及び「日米安全保障共同宣言」を踏まえて「指針」の見直しを行うため、SCCの下にある防衛協力小委員会（SDC）を改組した。1996年7月以降、日米両国政府の代表者は、種々のレベルで見直しを行ってきた。1996年9月、SCCは、SDCが提出した「日米防衛協力のための指針の見直しの進捗状況報告」を了承し、SDCに対して1997年秋に終了することを目途に見直し作業を進めるよう指示した。

「指針」見直し及び新たな指針の下での取組みは、以下の基本的な前提及び考え方に従って行われる。

1．日米安全保障条約及びその関連取極に基づく権利及び義務並びに日米同盟関係の基本的な枠組みは、変更されない。

2．日本のすべての行為は、日本の憲法上の制約の範囲内において、専守防衛、非核三原則等の日本の基本的な方針に従って行われる。

3．日米両国のすべての行為は、紛争の平和的解決及び主権平等を含む国際法の基本原則並びに国際連合憲章をはじめとする関連する国際約束に合致するものである。

4．「指針」見直し及び新たな指針の下での作業は、いずれの政府にも、立法上、予算上又は行政上の措置をとることを義務づけるものではない。しかしながら、日米協力のための効果的な態勢の構築が「指針」見直し及び新たな指針の下での作業の目標であることから、日米両国政府が、各々の判断に従い、このような努力の結果を各々の具体的な政策や措置に適切な形で反映することが期待される。日本のすべての行為は、その時々において適用のある国内法令に従う。

Ⅳ．新たな指針の下における日米協力に関するSDC協議の概要

SDCは、より効果的な日米協力に資するような考え方及び具体的な項目を洗い出すことを目標として検討を行ってきた。SDCは、その作業の概要を公に明らかにするものとして、この中間とりまとめを発表する。この中間とりまとめは、見直しに対する理解を促進すること及び国内における議論の基礎を提供することを目的とするものである。この中間とりまとめに示された考え方及び具体的な項目の取扱いについては、日米両国内における更なる検討に委ねられる。この検討には、これらの考え方及び具体的な項目に関する法的及び政策的な側面の検討が含まれる。

新たな指針の下における日米協力に関するSDCの協議の概要は、以下のとおりである。なお、以下の考え方や具体的な協力項目は、これまでのSDCの作業に基づくものであり、今後の更なる作業の結果、修正・追加があり得る。

1．平素から行う協力

（1）基本的な防衛態勢

日米両国は、日米安全保障体制を堅持する。日本は、「防衛計画の大綱」に則り、自衛のために必要な範囲内で防衛力を保持する。米国は、そのコミットメントを達成するため、核抑止力を保持するとともに、アジア太平洋地域における前方展開兵力を維持し、かつ、来援しうるその他の兵力を保持する。

（2）情報交換及び政策協議

正確な情報及び的確な分析は安全保障の基礎である。日米両国政府は、アジア太平洋地域の情勢を中心として両国が関心を有する国際情勢についての情報及び意見の交換を強化するとともに、防衛政策及び軍事態勢についての緊密な協議を継続する。

このような情報交換及び政策協議は、SCC及び日米安全保障高級事務レベル協議（SSC）を含むあらゆる機会をとらえ、できる限り広範なレベル及び分野において行われる。

（3）安全保障面での種々の協力

日米両国政府は、この地域における安全保障対話・防衛交流及び国際的な軍備管理・軍縮の推進のため各々努力し、また、必要に応じて協力する。

日米いずれかの又は両国の政府が国際連合平和維持活動又は人道的な国際

救援活動に参加する場合には、日米両国政府は、必要に応じて、相互支援のため密接に協力する。日米両国政府は、輸送、医療、情報交換及び教育訓練等の分野における協力の要領を準備する。

　大規模災害の発生を受け、日米いずれかの又は両国の政府が関係政府又は国際機関の要請に応じて緊急援助活動を行う場合には、日米両国政府は、必要に応じて密接に協力する。

(4) 日米共同の取組み

　日米両国政府は、日本に対する武力攻撃及び周辺事態に際して効果的な協力が行われるよう、計画についての検討を含む共同作業を進め、日米協力の基礎を構築する。

　日米両国政府は、このような共同作業を検証するとともに、自衛隊及び米軍をはじめとする日米両国の関係機関による円滑かつ効果的な対応を可能とするため、共同演習・訓練を強化する。また、日米両国の関係機関の関与を得て、両国間の調整メカニズムを平素から構築しておく。

2. 日本に対する武力攻撃に際しての対処行動等

(1) 日本に対する武力攻撃が差し迫っている場合

　日米両国政府は、情報交換及び政策協議を強化するとともに、日米両国間の調整メカニズムの運用を早期に開始する。日米両国政府は、適切に協力しつつ、合意によって選択された準備段階に従い、整合のとれた対応を確保するために必要な準備を行う。また、日米両国政府は、情勢の変化に応じ、情報収集、警戒監視及び不法行為対処の態勢を強化するとともに、事態の拡大を抑制するための措置を講ずる。

　なお、周辺事態の推移によって日本に対する武力攻撃が差し迫ったものとなるような場合には、日本の防衛のための準備と周辺事態への対応又はその準備との間の密接な相互関係に留意する。

(2) 日本に対する武力攻撃がなされた場合

　日本は、日本に対する武力攻撃に即応して主体的に行動し、極力早期に侵略を排除する。その際、米国は、日本に対して適切に協力する。このような日米協力の在り方、武力攻撃の規模、態様、事態の推移その他の要素により異なるが、これには、共同対処行動の実施、そのための準備、事態の拡大を抑制するための措置、警戒監視及び情報交換についての協力が含まれ得る。

　自衛隊及び米軍が作戦を共同して実施する場合には、双方は、整合性を確保しつつ、適時かつ適切な形で、各々の防衛力を運用する。その際、自衛隊は、主として日本の領域及びその周辺海空域において防勢作戦を行い、米軍は、自衛隊の行う作戦を支援する。米軍は、また、自衛隊の能力の及ばない機能を補完するための作戦を実施する。

　共同で実施する作戦については、新たな作戦の考え方装備技術の進展、弾道ミサイルによる攻撃等の新たな様相の脅威等の要素を勘案しつつ、「指針」に

示された「作戦の構想」及び前記の共同対処の基本的な考え方を踏まえて構想を検討する。特に、自衛隊及び米軍の各々の統合運用の重要性に留意する。

その際、「指針」を踏まえつつ、以下の機能に関する協力及び調整を強化する。

(イ) 指揮及び調整

(ロ) 調整メカニズム

(ハ) 通信電子活動

(ニ) 情報活動

(ホ) 後方支援活動（補給、輸送、整備、施設及び医療を含む。）

また、自衛隊及び米軍が果たす役割に加え、その他の政府機関が果たす役割も考慮するとともに、近年におけるC4Iシステム（指揮、統制、通信、コンピューター及び情報のシステム）の向上も考慮する。

3. 周辺事態における協力

(1) 対応の準備及び事態の拡大を抑制するための措置

周辺事態が予想される場合、日米両国政府は、情報交換及び政策協議を強化するとともに、日米両国間の調整メカニズムの運用を早期に開始する。日米両国政府は、適切に協力しつつ、合意によって選択された準備段階に従い、整合のとれた対応を確保するために必要な準備を行う。また、日米両国政府は、情勢の変化に応じ、情報収集、警戒監視及び不法行為対処の態勢を強化するとともに、事態の拡大を抑制するための措置を講ずる。

(2) 日米協力の機能及び分野

周辺事態に際して、日米両国政府は、適切な対応措置を講ずる。日米両国政府は、適切な取決めに従って、相互支援のための活動を行う。SDCがこれまでに協議した協力検討項目の例は、以下に整理し、別表に列挙するとおりである。なお、この別表は、すべての協力項目を網羅的に示すものではなく、今後の更なる作業の結果、修正・追加があり得る。

(イ) 人道的活動

日米両国政府は、現地当局の同意と協力を得つつ、各々の判断の下に、人道的な救援活動を行う。日米両国政府は、各々の能力を勘案しつつ、必要に応じて協力する。

日米両国政府は、必要に応じて、避難民の取扱いについて協力する。避難民が日本の領域に流入してくる場合については、主として日本が責任をもってこれに対応し、米国は適切な支援を行う。

(ロ) 捜索・救難

日本両国政府は、日本周辺海域における捜索・救難活動について適切に協力する。

(ハ) 国際の平和と安定の維持を目的とする経済制裁の実効性を確保するための活動

日米両国政府は、国際の平和と安定の維持を目的とする経済制裁の実効

性を確保するための活動に対し、各々の判断の下に寄与するとともに、各々の能力を勘案しつつ、適切に協力する。

（ニ）非戦闘員を退避させるための活動

　緊急事態に際して、日米両国政府は、状況が許す限り、各々の国民を安全な地域に退避させる。日米両国政府は、自国の国民の退避及び現地当局との関係について各々責任を有するが、日米両国政府は、いずれか一方の政府の要請に基づき、適切な場合には、所要及び能力に関する情報を交換する。

（ホ）米軍の活動に対する日本の支援

（i）施設の使用

　　日米安全保障条約及びその関連取極に基づき、日本は、施設・区域の追加提供を適時かつ適切に行うとともに、米軍による自衛隊施設及び民間空港・港湾の一時的使用を確保する。

（ii）後方地域支援

　　日本は、日米安全保障条約の目的の達成のため活動する米軍に対して、後方地域支援を行う。この後方地域支援は、米軍が施設の使用及び種々の活動を効果的に行うことを可能とすることを主眼とするものである。そのような性質から、後方地域支援は、主として日本の領域において行われるが、戦闘行動が行われている地域とは一線を画される日本周辺の公海及びその上空において行われることもあると考えられる。

　　後方地域支援を行うに当たって、日本は、中央政府及び地方公共団体の機関が有する権限及び能力並びに民間が有する能力を適切に活用する。自衛隊は、日本の防衛及び公共の秩序維持のための任務の遂行と整合を図りつつ、適切にこのような支援を行う。

（ヘ）運用面における日米協力

　　周辺事態は、日本の平和と安全に重要な影響を与えており、自衛隊は、生命・財産の保護及び航行の安全確保のため、情報収集、警戒監視、機雷の除去等の活動を行う。米軍は、日本周辺地域における平和と安全の回復のための活動を行う。

　　関係機関の関与を得つつ協力及び調整を行うことにより、自衛隊及び米軍の双方の活動の実効性は大きく高められる。

V. 新たな指針策定後の取組み

1. 共同作業

　日米両国の関係者は、今年秋に新たな指針が策定された後、日本に対する武力攻撃及び周辺事態に際しての日米協力に関し、新たな指針が示す一般的な大枠及び方向性の中で、以下の共同作業を行う。これに関連して、日米両国政府は、共同作業のための体制を引き続き維持しかつ改善する。このため、日米両国政府は、共同作業の実効性が確保されるよう、自衛隊及び米軍のみならず、各々の政府のその他の関係機関の

関与を得て包括的なメカニズムを構築する。このような作業は、計画的かつ効率的に進めることとし、その際、SCC及びSDCは、日米間の調整に重要な役割を果たす。その進捗及び結果は、節目節目に適切な形でSCC及びSDCに対して報告される。

(1) 共同作戦計画についての検討及び相互協力計画についての検討

共同作戦計画についての検討及び相互協力計画についての検討は、その結果が日米両国政府の各々の計画に適切に反映されることが期待されるという前提の下で、種々の状況を想定しつつ行われる。

日米両国政府は、日本に対する武力攻撃に際して共同対処行動を円滑かつ効果的に実施しうるよう、引き続き平素から協力する。自衛隊及び米軍は、作戦、情報、後方支援等の分野において協力することとし、このため、情報の変化を踏まえて、共同作戦計画についての検討を行う。

また、日米両国政府は、周辺事態に円滑かつ効果的に対応しうるよう、相互協力計画についての検討を行う。日米両国政府は、共同作戦計画についての検討と相互協力計画についての検討との間の整合を図るよう留意することにより、周辺事態が日本に対する武力攻撃に波及する可能性のある場合又は両者が同時に生起する場合にも適切に対応しうるようにする。

(2) 準備のための共通の基準の確立

日米両国政府は、日本の防衛のための準備に関し、合意により共通の準備段階を選択しうるよう、共通の基準を平素から確立する。この準備段階は、自衛隊、米軍その他の関係機関による日本の防衛のための準備に反映される。日米両国政府は、また、周辺事態における協力措置の準備に関し、合意により共通の準備段階を選択しうるよう、共通の基準を確立する。

(3) 共通の実施要領等の確立

日米両国政府は、日本の防衛のために必要な共通の実施要領等を予め準備しておく。この実施要領等には、作戦、情報及び後方支援に関する事項並びに日米の部隊間の相撃を防止するための調整要領に関する事項とともに、各々の部隊の活動を適切に律するための基準が含まれる。自衛隊及び米軍は、また、相互運用性の重要性に留意しつつ、通信電子活動等に関し、相互に必要な事項を予め予定しておく。

2. 日米両国間の調整メカニズム

日米両国政府は、日本に対する武力攻撃及び周辺事態に際して日米が各々行う活動の間の整合を図るとともに適切な日米協力を確保するため、日米両国の関係機関の関与を得て、両国間の調整メカニズムを平素から構築しておく。

Ⅵ. 新たな指針の適時かつ適切な見直し

新たな指針は、日米安全保障関係を取り巻く諸情勢の変化に適切に対応しうるよう、必要に応じて適時かつ適切な形で見直されうるものとする。

（別　表）

周辺事態における協力検討項目の例

機能及び分野			検　討　項　目　例
人道的活動			○被災地への人員及び補給品の輸送 ○被災地における医療、通信及び輸送 ○避難民の救助及び移送並びに避難民に対する応急物資の支給
捜索・救難			○日本周辺海域における捜索・救難活動及びこれに関する情報の交換
国際の平和と安定の維持を目的とする経済制裁の実効性を確保するための活動			○船舶の検査及び関連する活動 ○情報の交換
非戦闘員を退避させるための活動			○情報の交換（所要及び能力） ○自衛隊施設及び民間港湾・空港の使用 ○日本入国時の通関、出入国管理及び検疫 ○日本国内における一時的な宿泊、輸送及び医療に係る支援
米軍の活動に対する日本の支援	施設の使用		○補給等を目的とする自衛隊施設及び民間港湾・空港の使用 ○自衛隊施設及び民間港湾・空港における人員及び物資の積卸しに必要な場所及び保管施設の確保 ○自衛隊施設及び民間港湾・空港の運用時間の延長 ○米航空機による自衛隊の飛行場の使用 ○訓練・演習区域の提供 ○米軍施設・区域内における暫定的構築物の建設
	後方地域支援	補給	○自衛隊施設及び民間港湾・空港での米艦船・航空機への物資（武器・弾薬を除く。）及び燃料・油脂・潤滑油の提供 ○人員、物資及び燃料・油脂・潤滑油の輸送のための車輌及びクレーンの利用 ○米軍施設・区域に対する物資（武器・弾薬を除く。）及び燃料・油脂・潤滑油の提供
		輸送	○人員、物資及び燃料・油脂・潤滑油の日本国内における陸上・海上・航空輸送 ○公海上の米艦船に対する海上輸送
		整備	○米艦船・航空機・車輌の修理・整備 ○修理部品の提供 ○整備用資器材の一時提供
		医療	○日本に後送された傷病者の治療 ○日本国内における傷病者の移送 ○医薬品及び衛生機具の提供
		警備	○米軍施設・区域（共同施設・区域を含む。）の警備 ○米軍施設・区域周辺海域の警戒監視 ○日本国内の輸送経路上の警備 ○日本国内の治安に関する情報の提供
		通信	○日本の関係機関の間の通信のための周波数（衛星通信用を含む。）及び器材の提供
		その他	○米艦船の出入港に対する支援 ○自衛隊施設及び民間港湾・空港における物資の積卸し作業 ○米軍施設・区域内における汚水処理、給水、給電等 ○米軍従業員の一時増員
運用面における日米協力	警戒監視		○情報の交換
	機雷除去		○日本領域及び日本周辺公海上における機雷除去並びに機雷に関する情報の交換
	海・空域調整		○日本周辺海域での交通量の増大に対応した海上運航調整 ○日本周辺空域での航空交通管制及び空域調整

④ 共同発表

日米安全保障協議委員会
日米防衛協力のための指針の見直しの終了

1997年9月23日

於　ニューヨーク

　日米同盟関係は、日本の安全の確保にとって必要不可欠なものであり、また、アジア太平洋地域における平和と安定を維持するために引き続き重要な役割を果たしている。日米同盟関係は、この地域における米国の肯定的な関与を促進するものである。この同盟関係は、自由、民主主義及び人権の尊重等の共通の価値観を反映するとともに、より安定した国際的な安全保障環境の構築のための努力を始めとする広範な日米間の協力の政治的な基礎となっている。このような努力が成果を挙げることは、この地域のすべての者の利益となる。

　1978年11月27日の第17回日米安全保障協議委員会（SCC）で了承された「日米防衛協力のための指針」（「指針」）は、防衛の分野における包括的な協力態勢に関する研究・協議の結果として策定された。指針の下で行われたより緊密な防衛協力のための作業の成果には顕著なものがあり、これは、日米安全保障体制の信頼性を増進させた。

　冷戦の終結にもかかわらず、アジア太平洋地域には潜在的な不安定性と不確実性が依然として存在しており、この地域における平和と安定の維持は、日本の安全のために一層重要になっている。

　1996年4月に橋本総理大臣とクリントン大統領により発表された「日米安全保障共同宣言」は、日米安全保障関係が、共通の安全保障上の目標を達成するとともに、21世紀に向けてアジア太平洋地域において安定的で繁栄した情勢を維持するための基礎であり続けることを再確認した。また、総理大臣と大統領は、日本と米国の間に既に構築されている緊密な協力関係を増進するため、1978年の指針の見直しを開始することで意見が一致した。

　1996年6月、日米両国政府は、1995年11月の日本の「防衛計画の大綱」及び「日米安全保障共同宣言」を踏まえて指針の見直し（「見直し」）を行うため、日米安全保障協議委員会の下にある防衛協力小委員会（SDC）を改組した。防衛協力小委員会は、冷戦後の情勢の変化にかんがみ、指針の下での成果を基礎として、以下の分野について検討を行ってきた。

○平素から行う協力
○日本に対する武力攻撃に際しての対処行動等
○日本周辺地域における事態で日本の平和と安全に重要な影響を与える場合（「周辺事態」）の協力

　これらの検討は、平素からの及び緊急事態における日米両国の役割並びに協力及び調整の在り方について、一般的な大枠及び方向性を示すことを目的としたもので

ある。見直しは、特定の地域における事態を議論して行ったものではない。

　防衛協力小委員会は、1996年9月の日米安全保障協議委員会による指示を受け、1997年秋に終了することを目途に、より効果的な日米協力に資するような考え方及び具体的な項目を洗い出すことを目標として見直しを行った。見直しの過程で防衛協力小委員会において行われた議論は、1996年9月の「日米防衛協力のための指針の見直しの進捗状況報告」及び1997年6月の「日米防衛協力のための指針の見直しに関する中間とりまとめ」に整理されている。

　防衛協力小委員会は、新たな「日米防衛協力のための指針」を作成し、これを日米安全保障協議委員会に報告した。日米安全保障協議委員会は、以下に示す指針を了承し、公表した。この指針は、1978年の指針に代わるものである。

日米防衛協力のための指針

Ⅰ．指針の目的

　この指針の目的は、平素から並びに日本に対する武力攻撃及び周辺事態に際してより効果的かつ信頼性のある日米協力を行うための、堅固な基礎を構築することである。また、指針は、平素からの及び緊急事態における日米両国の役割並びに協力及び調整の在り方について、一般的な大枠及び方向性を示すものである。

Ⅱ．基本的な前提及び考え方

　指針及びその下で行われる取組みは、以下の基本的な前提及び考え方に従う。

1．日米安全保障条約及びその関連取極に基づく権利及び義務並びに日米同盟関係の基本的な枠組みは、変更されない。

2．日本のすべての行為は、日本の憲法上の制約の範囲内において、専守防衛、非核三原則等の日本の基本的な方針に従って行われる。

3．日米両国のすべての行為は、紛争の平和的解決及び主権平等を含む国際法の基本原則並びに国際連合憲章を始めとする関連する国際約束に合致するものである。

4．指針及びその下で行われる取組みは、いずれの政府にも、立法上、予算上又は行政上の措置をとることを義務づけるものではない。しかしながら、日米協力のための効果的な態勢の構築が指針及びその下で行われる取組みの目標であることから、日米両国政府が、各々の判断に従い、このような努力の結果を各々の具体的な政策や措置に適切な形で反映することが期待される。日本のすべての行為は、その時々において適用のある国内法令に従う。

Ⅲ．平素から行う協力

　日米両国政府は、現在の日米安全保障体制を堅持し、また、各々所要の防衛態勢の維持に努める。日本は、「防衛計画の大綱」にのっとり、自衛のために必要な範

安保体制

571

囲内で防衛力を保持する。米国は、そのコミットメントを達成するため、核抑止力を保持するとともに、アジア太平洋地域における前方展開兵力を維持し、かつ、来援し得るその他の兵力を保持する。

日米両国政府は、各々の政策を基礎としつつ、日本の防衛及びより安定した国際的な安全保障環境の構築のため、平素から密接な協力を維持する。

日米両国政府は、平素から様々な分野での協力を充実する。この協力には、日米物品役務相互提供協定及び日米相互防衛援助協定並びにこれらの関連取決めに基づく相互支援活動が含まれる。

1．情報交換及び政策協議

日米両国政府は、正確な情報及び的確な分析が安全保障の基礎であると認識し、アジア太平洋地域の情勢を中心として、双方が関心を有する国際情勢についての情報及び意見の交換を強化するとともに、防衛政策及び軍事態勢についての緊密な協議を継続する。

このような情報交換及び政策協議は、日米安全保障協議委員会及び日米安全保障高級事務レベル協議（SSC）を含むあらゆる機会をとらえ、できる限り広範なレベル及び分野において行われる。

2．安全保障面での種々の協力

安全保障面での地域的な及び地球的規模の諸活動を促進するための日米協力は、より安定した国際的な安全保障環境の構築に寄与する。

日米両国政府は、この地域における安全保障対話・防衛交流及び国際的な軍備管理・軍縮の意義と重要性を認識し、これらの活動を促進するとともに、必要に応じて協力する。

日米いずれかの政府又は両国政府が国際連合平和維持活動又は人道的な国際救援活動に参加する場合には、日米両国政府は、必要に応じて、相互支援のために密接に協力する。日米両国政府は、輸送、衛生、情報交換、教育訓練等の分野における協力の要領を準備する。

大規模災害の発生を受け、日米いずれかの政府又は両国政府が関係政府又は国際機関の要請に応じて緊急援助活動を行う場合には、日米両国政府は、必要に応じて密接に協力する。

3．日米共同の取組み

日米両国政府は、日本に対する武力攻撃に際しての共同作戦計画についての検討及び周辺事態に際しての相互協力計画についての検討を含む共同作業を行う。このような努力は、双方の関係機関の関与を得た包括的なメカニズムにおいて行われ、日米協力の基礎を構築する。

日米両国政府は、このような共同作業を検証するとともに、自衛隊及び米軍を始めとする日米両国の公的機関及び民間の機関による円滑かつ効果的な対応を可能とするため、共同演習・訓練を強化する。また、日米両国政府は、緊急事態において関係機関の関与を得て運用される日米間の調整メカニズムを平

素から構築しておく。

Ⅳ. 日本に対する武力攻撃に際しての対処行動等

日本に対する武力攻撃に際しての共同対処行動等は、引き続き日米防衛協力の中核的要素である。

日本に対する武力攻撃が差し迫っている場合には、日米両国政府は、事態の拡大を抑制するための措置をとるとともに、日本の防衛のために必要な準備を行う。日本に対する武力攻撃がなされた場合には、日米両国政府は、適切に共同して対処し、極力早期にこれを排除する。

1. 日本に対する武力攻撃が差し迫っている場合

日米両国政府は、情報交換及び政策協議を強化するとともに、日米間の調整メカニズムの運用を早期に開始する。日米両国政府は、適切に協力しつつ、合意によって選択された準備段階に従い、整合のとれた対応を確保するために必要な準備を行う。日本は、米軍の来援基盤を構築し、維持する。また、日米両国政府は、情勢の変化に応じ、情報収集及び警戒監視を強化するとともに、日本に対する武力攻撃に発展し得る行為に対応するための準備を行う。

日米両国政府は、事態の拡大を抑制するため、外交上のものを含むあらゆる努力を払う。

なお、日米両国政府は、周辺事態の推移によっては日本に対する武力攻撃が差し迫ったものとなるような場合もあり得ることを念頭に置きつつ、日本の防衛のための準備の周辺事態への対応又はそのための準備との間の密接な相互関係に留意する。

2. 日本に対する武力攻撃がなされた場合

(1) 整合のとれた共同対処行動のための基本的な考え方

(イ) 日本は、日本に対する武力攻撃に即応して主体的に行動し、極力早期にこれを排除する。その際、米国は、日本に対して適切に協力する。このような日米協力の在り方は、武力攻撃の規模、態様、事態の推移その他の要素により異なるが、これには、整合のとれた共同の作戦の実施及びそのための準備、事態の拡大を抑制するための措置、警戒監視並びに情報交換についての協力が含まれ得る。

(ロ) 自衛隊及び米軍が作戦を共同して実施する場合には、双方は、整合性を確保しつつ、適時かつ適切な形で、各々の防衛力を運用する。その際、双方は、各々の陸・海・空部隊の効果的な統合運用を行う。自衛隊は、主として日本の領域及びその周辺海空域において防勢作戦を行い、米軍は、自衛隊の行う作戦を支援する。米軍は、また、自衛隊の能力を補充するための作戦を実施する。

(ハ) 米国は、兵力を適時に来援させ、日本は、これを促進するための基盤を構築し、維持する。

(2) 作戦構想
(イ) 日本に対する航空侵攻に対処するための作戦
自衛隊及び米軍は、日本に対する航空侵攻に対処するための作戦を共同して実施する。
自衛隊は、防空のための作戦を主体的に実施する。
米軍は、自衛隊の行う作戦を支援するとともに、打撃力の使用を伴うような作戦を含め、自衛隊の能力を補完するための作戦を実施する。
(ロ) 日本周辺海域の防衛及び海上交通の保護のための作戦
自衛隊及び米軍は、日本周辺海域の防衛のための作戦及び海上交通の保護のための作戦を共同して実施する。
自衛隊は、日本の重要な港湾及び海峡の防備、日本周辺海域における船舶の保護並びにその他の作戦を主体的に実施する。
米軍は、自衛隊の行う作戦を支援するとともに、機動打撃力の使用を伴うような作戦を含め、自衛隊の能力を補完するための作戦を実施する。
(ハ) 日本に対する着上陸侵攻に対処するための作戦
自衛隊及び米軍は、日本に対する着上陸侵攻に対処するための作戦を共同して実施する。
自衛隊は、日本に対する着上陸侵攻を阻止し排除するための作戦を主体的に実施する。
米軍は、主として自衛隊の能力を補完するための作戦を実施する。その際、米国は、侵攻の規模、態様その他の要素に応じ、極力早期に兵力を来援させ、自衛隊の行う作戦を支援する。
(ニ) その他の脅威への対応
(i) 自衛隊は、ゲリラ・コマンドウ攻撃等日本領域に軍事力を潜入させて行う不正規型の攻撃を極力早期に阻止し排除するための作戦を主体的に実施する。その際、関係機関と密接に協力し調整するとともに、事態に応じて米軍の適切な支援を得る。
(ii) 自衛隊及び米軍は、弾道ミサイル攻撃に対応するために密接に協力し調整する。米軍は、日本に対し必要な情報を提供するとともに、必要に応じ、打撃力を有する部隊の使用を考慮する。
(3) 作戦に係る諸活動及びそれに必要な事項
(イ) 指揮及び調整
自衛隊及び米軍は、緊密な協力の下、各々の指揮系統に従って行動する。
自衛隊及び米軍は、効果的な作戦を共同して実施するため、役割分担の決定、作戦行動の整合性の確保等についての手続をあらかじめ定めておく。
(ロ) 日米間の調整メカニズム
日米両国の関係機関の間における必要な調整は、日米間の調整メカニズムを通じて行われる。自衛隊及び米軍は、効果的な作戦を共同して実施する

ため、作戦、情報活動及び後方支援について、日米共同調整所の活用を含め、この調整メカニズムを通じて相互に緊密に調整する。

(ハ) 通信電子活動

日米両国政府は、通信電子能力の効果的な活用を確保するため、相互に支援する。

(ニ) 情報活動

日米両国政府は、効果的な作戦を共同して実施するため、情報活動について協力する。これには、情報の要求、収集、処理及び配布についての調整が含まれる。その際、日米両国政府は、共有した情報の保全に関し各々責任を負う。

(ホ) 後方支援活動

自衛隊及び米軍は、日米間の適切な取決めに従い、効率的かつ適切に後方支援活動を実施する。

日米両国政府は、後方支援の効率性を向上させ、かつ、各々の能力不足を軽減するよう、中央政府及び地方公共団体が有する権限及び能力並びに民間が有する能力を適切に活用しつつ、相互支援活動を実施する。その際、特に次の事項に配慮する。

(i) 補給

米国は、米国製の装備品等の補給品の取得を支援し、日本は、日本国内における補給品の取得を支援する。

(ii) 輸送

日米両国政府は、米国から日本への補給品の航空輸送及び海上輸送を含む輸送活動について、緊密に協力する。

(iii) 整備

日本は、日本国内において米軍の装備品の整備を支援し、米国は、米国製の品目の整備であって日本の整備能力が及ばないものについて支援を行う。整備の支援には、必要に応じ、整備要員の技術指導を含む。また、日本は、サルベージ及び回収に関する米軍の需要についても支援を行う。

(iv) 施設

日本は、必要に応じ、日米安全保障条約及びその関連取極に従って新たな施設・区域を提供する。また、作戦を効果的かつ効率的に実施するために必要な場合には、自衛隊及び米軍は、同条約及びその関連取極に従って、自衛隊の施設及び米軍の施設・区域の共同使用を実施する。

(v) 衛生

日米両国政府は、衛生の分野において、傷病者の治療及び後送等の相互支援を行う。

V. 日本周辺地域における事態で日本の平和と安全に重要な影響を与える場合（周辺事態）の協力

　周辺事態は、日本の平和と安全に重要な影響を与える事態である。周辺事態の概念は、地理的なものではなく、事態の性質に着目したものである。日米両国政府は、周辺事態が発生することのないよう、外交上のものを含むあらゆる努力を払う。日米両国政府は、個々の事態の状況について共通の認識に到達した場合に、各々の行う活動を効果的に調整する。なお、周辺事態に対応する際にとられる措置は、情勢に応じて異なり得るものである。

1. 周辺事態が予想される場合

　周辺事態が予想される場合には、日米両国政府は、その事態について共通の認識に到達するための努力を含め、情報交換及び政策協議を強化する。

　同時に、日米両国政府は、事態の拡大を抑制するため、外交上のものを含むあらゆる努力を払うとともに、日米共同調整所の活用を含め、日米間の調整メカニズムの運用を早期に開始する。また、日米両国政府は、適切に協力しつつ、合意によって選択された準備段階に従い、整合のとれた対応を確保するために必要な準備を行う。更に、日米両国政府は、情勢の変化に応じ、情報収集及び警戒監視を強化するとともに、情勢に対応するための即応態勢を強化する。

2. 周辺事態への対応

　周辺事態への対応に際しては、日米両国政府は、事態の拡大の抑制のためのものを含む適切な措置をとる。これらの措置は、上記IIに掲げられた基本的な前提及び考え方に従い、かつ、各々の判断に基づいてとられる。日米両国政府は、適切な取決めに従って、必要に応じて相互支援を行う。

　協力の対象となる機能及び分野並びに協力項目例は、以下に整理し、別表に示すとおりである。

(1) 日米両国政府が各々主体的に行う活動における協力

　日米両国政府は、以下の活動を各々の判断の下に実施することができるが、日米間の協力は、その実効性を高めることとなる。

(イ) 救援活動及び避難民への対応のための措置

　日米両国政府は、被災地の現地当局の同意と協力を得つつ、救援活動を行う。日米両国政府は、各々の能力を勘案しつつ、必要に応じて協力する。

　日米両国政府は、避難民の取扱いについて、必要に応じて協力する。避難民が日本の領域に流入してくる場合については、日本がその対応の在り方を決定するとともに、主として日本が責任を持ってこれに対応し、米国は適切な支援を行う。

(ロ) 捜索・救難

　日米両国政府は、捜索・救難活動について協力する。日本は、日本領域及び戦闘行動が行われている地域とは一線を画される日本の周囲の海域において捜索・救難活動を実施する。米国は、米軍が活動している際には、活

576

動区域内及びその付近での捜索・救難活動を実施する。

(ハ) 非戦闘員を退避させるための活動

日本国民又は米国国民である非戦闘員を第三国から安全な地域に退避させる必要が生じる場合には、日米両国政府は、自国の国民の退避及び現地当局との関係について各々責任を有する。日米両国政府は、各々が適切であると判断する場合には、各々の有する能力を相互補完的に使用しつつ、輸送手段の確保、輸送及び施設の使用に係るものを含め、これらの非戦闘員の退避に関して、計画に際して調整し、また、実施に際して協力する。日本国民又は米国国民以外の非戦闘員について同様の必要が生じる場合には、日米両国が、各々の基準に従って、第三国の国民に対して退避に係る援助を行うことを検討することもある。

(ニ) 国際の平和と安定の維持を目的とする経済制裁の実効性を確保するための活動

日米両国政府は、国際の平和と安定の維持を目的とする経済制裁の実効性を確保するための活動に対し、各々の基準に従って寄与する。

また、日米両国政府は、各々の能力を勘案しつつ、適切に協力する。そのような協力には、情報交換、及び国際連合安全保障理事会決議に基づく船舶の検査に際しての協力が含まれる。

(2) 米軍の活動に対する日本の支援

(イ) 施設の使用

日米安全保障条約及びその関連取極に基づき、日本は、必要に応じ、新たな施設・区域の提供を適時かつ適切に行うとともに、米軍による自衛隊施設及び民間空港・港湾の一時的使用を確保する。

(ロ) 後方地域支援

日本は、日米安全保障条約の目的の達成のため活動する米軍に対して、後方地域支援を行う。この後方地域支援は、米軍が施設の使用及び種々の活動を効果的に行うことを可能とすることを主眼とするものである。そのような性質から、後方地域支援は、主として日本の領域において行われるが、戦闘行動が行われている地域とは一線を画される日本の周囲の公海及びその上空において行われることもあると考えられる。

後方地域支援を行うに当たって、日本は、中央政府及び地方公共団体が有する権限及び能力並びに民間が有する能力を適切に活用する。自衛隊は、日本の防衛及び公共の秩序維持のための任務の遂行と整合を図りつつ、適切にこのような支援を行う。

(3) 運用面における日米協力

周辺事態は、日本の平和と安全に重要な影響を与えることから、自衛隊は、生命・財産の保護及び航行の安全確保を目的として、情報収集、警戒監視、機雷の除去等の活動を行う。米軍は、周辺事態により影響を受けた平和と安全の

安保体制

回復のための活動を行う。

　自衛隊及び米軍の双方の活動の実効性は、関係機関の関与を得た協力及び調整により、大きく高められる。

Ⅵ. 指針の下で行われる効果的な防衛協力のための日米共同の取組み

　指針の下での日米防衛協力を効果的に進めるためには、平素、日本に対する武力攻撃及び周辺事態という安全保障上の種々の状況を通じ、日米両国が協議を行うことが必要である。日米防衛協力が確実に成果を挙げていくためには、双方が様々なレベルにおいて十分な情報の提供を受けつつ、調整を行うことが不可欠である。このため、日米両国政府は、日米安全保障協議委員会及び日米安全保障高級事務レベル協議を含むあらゆる機会をとらえて情報交換及び政策協議を充実させていくほか、協議の促進、政策調整及び作戦・活動分野の調整のための以下の2つのメカニズムを構築する。

　第一に、日米両国政府は、計画についての検討を行うとともに共通の基準及び実施要領等を確立するため、包括的なメカニズムを構築する。これには、自衛隊及び米軍のみならず、各々の政府のその他の関係機関が関与する。

　日米両国政府は、この包括的なメカニズムの在り方を必要に応じて改善する。日米安全保障協議委員会は、このメカニズムの行う作業に関する政策的な方向性を示す上で引き続き重要な役割を有する。日米安全保障協議委員会は、方針を提示し、作業の進捗を確認し、必要に応じて指示を発出する責任を有する。防衛協力小委員会は、共同作業において、日米安全保障協議委員会を補佐する。

　第二に、日米両国政府は、緊急事態において各々の活動に関する調整を行うため、両国の関係機関を含む日米間の調整メカニズムを平素から構築しておく。

1．計画についての検討並びに共通の基準及び実施要領等の確立のための共同作業

　双方の関係機関の関与を得て構築される包括的なメカニズムにおいては、以下に掲げる共同作業を計画的かつ効率的に進める。これらの作業の進捗及び結果は、節目節目に日米安全保障協議委員会及び防衛協力小委員会に対して報告される。

(1) 共同作戦計画についての検討及び相互協力計画についての検討

　自衛隊及び米軍は、日本に対する武力攻撃に際して整合のとれた行動を円滑かつ効果的に実施し得るよう、平素から共同作戦計画についての検討を行う。また、日米両国政府は、周辺事態に円滑かつ効果的に対応し得るよう、平素から相互協力計画についての検討を行う。

　共同作戦計画についての検討及び相互協力計画についての検討は、その結果が日米両国政府の各々の計画に適切に反映されることが期待されるという前提の下で、種々の状況を想定しつつ行われる。日米両国政府は、実際の状況に照らして、日米両国各々の計画を調整する。日米両国政府は、共同作戦計画についての検討と相互協力計画についての検討との間の整合を図るよう留意することにより、周辺事態が日本に対する武力攻撃に波及する可能性のある場合

又は両者が同時に生起する場合に適切に対応し得るようにする。

(2) 準備のための共通の基準の確立

　日米両国政府は、日本の防衛のための準備に関し、共通の基準を平素から確立する。この基準は、各々の準備段階における情報活動、部隊の活動、移動、後方支援その他の事項を明らかにするものである。日本に対する武力攻撃が差し迫っている場合には、日米両国政府の合意により共通の準備段階が選択され、これが、自衛隊、米軍その他の関係機関による日本の防衛のための準備のレベルに反映される。

　同様に、日米両国政府は、周辺事態における協力措置の準備に関しても、合意により共通の準備段階を選択し得るよう、共通の基準を確立する。

(3)共通の実施要領等の確立

　日米両国政府は、自衛隊及び米軍が日本の防衛のための整合のとれた作戦を円滑かつ効果的に実施できるよう、共通の実施要領等をあらかじめ準備しておく。これには、通信、目標位置の伝達、情報活動及び後方支援並びに相撃防止のための要領とともに、各々の部隊の活動を適切に律するための基準が含まれる。また、自衛隊及び米軍は、通信電子活動等に関する相互運用性の重要性を考慮し、相互に必要な事項をあらかじめ定めておく。

2．日米間の調整メカニズム

　日米両国政府は、日米両国の関係機関の関与を得て、日米間の調整メカニズムを平素から構築し、日本に対する武力攻撃及び周辺事態に際して各々が行う活動の間の調整を行う。

　調整の要領は、調整すべき事項及び関与する関係機関に応じて異なる。調整の要領には、調整会議の開催、連絡員の相互派遣及び連絡窓口の指定が含まれる。自衛隊及び米軍は、この調整メカニズムの一環として、双方の活動について調整するため、必要なハードウェア及びソフトウェアを備えた日米共同調整所を平素から準備しておく。

Ⅶ．指針の適時かつ適切な見直し

　日米安全保障関係に関連する諸情勢に変化が生じ、その時の状況に照らして必要と判断される場合には、日米両国政府は、適時かつ適切な形でこの指針を見直す。

（別　表）　周辺事態における協力の対象となる機能及び分野並びに協力項目例

機能及び分野		検 討 項 目 例
日米両国政府が各々主体的に行う活動における協力	救援活動及び避難民への対応のための措置	○被災地への人員及び補給品の輸送 ○被災地における衛生、通信及び輸送 ○避難民の救援及び輸送のための活動並びに避難民に対する応急物資の支給
	捜索・救難	○日本領域及び日本の周囲の海域における捜索・救難活動並びにこれに関する情報の交換
	非戦闘員を退避させるための活動	○情報の交換並びに非戦闘員との連絡及び非戦闘員の集結・輸送 ○非戦闘員の輸送のための米航空機・船舶による自衛隊施設及び民間空港・港湾の使用 ○非戦闘員の日本入国時の通関、出入国管理及び検疫 ○日本国内における一時的な宿泊、輸送及び衛生に係る非戦闘員への援助
	国際の平和と安定の維持を目的とする経済制裁の実効性を確保するための活動	○経済制裁の実効性を確保するために国際連合安全保障理事会決議に基づいて行われる船舶の検査及びこのような検査に関連する活動 ○情報の交換
米軍の活動に対する日本の支援	施設の使用	○補給等を目的とする米航空機・船舶による自衛隊施設及び民間空港・港湾の使用 ○自衛隊施設及び民間空港・港湾における米国による人員及び物資の積卸しに必要な場所及び保管施設の確保 ○米航空機・船舶による使用のための自衛隊施設及び民間空港・港湾の運用時間の延長 ○米航空機による自衛隊の飛行場の使用 ○訓練・演習区域の提供 ○米軍施設・区域内における事務所・宿泊所等の建設
	後方地域支援　補給	○自衛隊施設及び民間空港・港湾における米航空機・船舶に対する物資（武器・弾薬を除く。）及び燃料・油脂・潤滑油の提供 ○米軍施設・区域に対する物資（武器・弾薬を除く。）及び燃料・油脂・潤滑油の提供
	輸送	○人員、物資及び燃料・油脂、潤滑油の日本国内における陸上・海上・航空輸送 ○公海上の米船舶に対する人員及び燃料・油脂・潤滑油の海上輸送 ○人員、物資及び燃料・油脂・潤滑油の輸送のための車両及びクレーンの使用
	整備	○米航空機・船舶・車両の修理・整備 ○修理部品の提供 ○整備用資器材の一時提供
	衛生	○日本国内における傷病者の治療 ○日本国内における傷病者の輸送 ○医薬品及び衛生機具の提供
	警備	○米軍施設・区域の警備 ○米軍施設・区域の周囲の海域の警戒監視 ○日本国内の輸送経路上の警備 ○情報の交換
	通信	○日米両国の関係機関の間の通信のための周波数（衛星通信用を含む。）の確保及び器材の提供
	その他	○米船舶の出入港に対する支援 ○自衛隊施設及び民間空港・港湾における物資の積卸し ○米軍施設・区域内における汚水処理、給水、給電等 ○米軍施設・区域従業員の一時増員
運用面における日米協力	警戒監視	○情報の交換
	機雷除去	○日本領域及び日本の周囲の公海における機雷の除去並びに機雷に関する情報の交換
	海・空域調整	○日本領域及び周囲の海域における交通量の増大に対応した海上運航調整 ○日本領域及び周囲の空域における航空交通管制及び空域調整

安保体制

580

⑤「指針」見直しの経緯

年 月 日	会談・協議等	備　考
8.4.17	日米首脳会談	「日米安保共同宣言」見直し開始を明記
8.6.28	防衛協力小委員会(SDC)の改組	見直し作業開始
8.7.18	第1回SDC	SDCの下に代理会合を設置
8.8.2	第1回SDC代理会合	
8.9.13	第2回SDC代理会合	作業班の設置
8.9.17	第2回SDC	
8.9.19	日米安全保障協議委員会(2+2)	「進捗状況報告」了承
〳	専門家を含めた作業班(SDCワークショップ)を中心として作業を実施	
9.5.19	第3回SDC代理会合	
9.6.3	第4回SDC代理会合	
9.6.7	第3回SDC	「中間とりまとめ」公表
9.7.29	第5回SDC代理会合	
9.8.29	第4回SDC	
9.9.9	第6回SDC代理会合	
9.9.19	第7回SDC代理会合	
9.9.22	第5回SDC	
9.9.23	日米安全保障協議委員会(2+2)	新「指針」了承

SDC：防衛協力小委員会（Subcommittee for Defense Cooperation）

安保体制

⑥ 日米防衛協力のための指針の実効性の確保について

（平成9年9月29日閣議決定）

1. 日米両国政府は、「平成8年度以降に係る防衛計画の大綱」（平成7年11月28日閣議決定）及び「日米安全保障共同宣言」（平成8年4月17日）を踏まえて、日本と米国との間に既に構築されている緊密な協力関係を増進するため、昭和53年に日米安全保障協議委員会により了承された日米防衛協力のための指針の見直しを行ってきた。

   去る9月23日午前（日本時間24日未明）、日米両国政府は、ニュー・ヨークで日米安全保障協議委員会を開催し、同会議において、かかる見直し作業の成果として、従来の指針に代わるものとして、新たな日米防衛協力のための指針が了承され、本日、安全保障会議の了承を経て、外務大臣及び防衛庁長官から閣議報告された。

2. 政府としては、これまでも、我が国の平和と安全を確保するため、我が国に対する武力攻撃をはじめとする危機の発生を防止するとともに、万一危機が発生した場合にこれに適切に対処し得るよう各種の施策を推進してきたところであるが、今般了承された新たな日米防衛協力のための指針は、平素からの、並びに日本に対する武力攻撃及び日本周辺地域における事態で日本の平和と安全に重要な影響を与える場合に際しての、より効果的かつ信頼性のある日米協力のための堅固な基礎を構築することを目的としており、同指針の実効性を確保することは、我が国の平和と安全を確保するための態勢の充実を図る上で重要である。

3. このような観点から、今後、同指針に示された共同作戦計画及び相互協力計画についての検討を含む日米両国政府間の共同作業を円滑かつ効果的に実施していくため、政府全体が協力して作業を行うことが必要である。また、政府として、引き続き我が国の平和と安全を確保するための施策を推進するに当たっては、これらの共同作業の状況も踏まえつつ行っていくことが必要である。

4. 以上のような考え方を踏まえ、新たな日米防衛協力のための指針の実効性を確保し、もって我が国の平和と安全を確保するための態勢の充実を図るため、法的側面を含め、政府全体として検討の上、必要な措置を適切に講ずることとする。

安保体制

⑦「指針」実効性確保のための措置の経緯

年 月 日	会談・協議等	備 考
9.9.29	「日米防衛協力のための指針の実効性の確保について」閣議決定	
9.10.17	第8回SDC代理会合	
9.11.10	第9回SDC代理会合	
10.1.17	第10回SDC代理会合	
10.1.20	第6回SDC	
10.1.20	日米防衛外務閣僚級会合 （久間・小渕・コーエン）	包括的なメカニズムの構築を了承
10.3.13	第11回SDC代理会合	
10.4.28	周辺事態に際して我が国の平和及び安全を確保するための措置に関する法律案（周辺事態安全確保法案）及び自衛隊法の一部を改正する法律案を閣議決定の上国会提出。	
10.4.28	日米物品役務相互提供協定改正協定を閣議決定の上署名。	
10.4.30	日米物品役務相互提供協定改正協定を閣議決定の上国会に提出。	
11.5.24	周辺事態安全確保法、自衛隊法の一部を改正する法律が国会で成立。日米物品役務相互提供協定改正協定が国会で承認。	
11.5.28	周辺事態安全確保法公布。自衛隊法の一部を改正する法律公布・施行。	
11.8.25	周辺事態安全確保法施行。	
11.9.25	日米物品役務相互提供協定改正協定発効。	
12.1.21	第12回SDC代理会合	
12.9.10	第7回SDC	調整メカニズムの構築
12.9.11	日米安全保障協議委員会 （河野・虎島・オルブライト・コーエン）	調整メカニズムの構築を歓迎
12.10.27	船舶検査活動法案を閣議決定の上、国会提出	
12.11.30	船舶検査活動法成立	
12.12.6	船舶検査活動法公布	

SDC：防衛協力小委員会（Subcommittee for Defense Cooperation）

安保体制

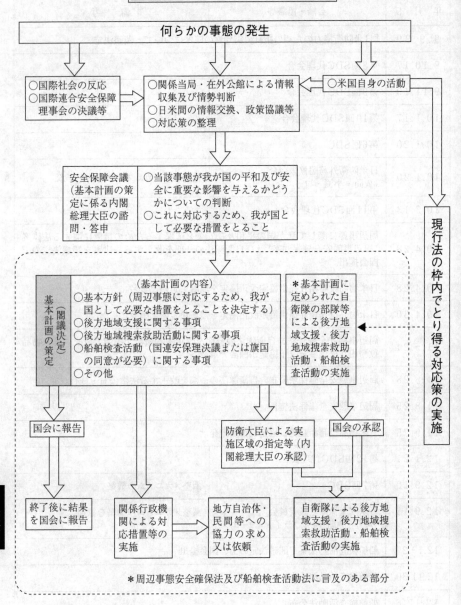

周辺事態に対する対応の手順

何らかの事態の発生

○国際社会の反応
○国際連合安全保障理事会の決議等

○関係当局・在外公館による情報収集及び情勢判断
○日米間の情報交換、政策協議等
○対応策の整理

○米国自身の活動

安全保障会議
（基本計画の策定に係る内閣総理大臣の諮問・答申

○当該事態が我が国の平和及び安全に重要な影響を与えるかどうかについての判断
○これに対応するため、我が国として必要な措置をとること

基本計画の策定
（閣議決定）

（基本計画の内容）
○基本方針（周辺事態に対応するため、我が国として必要な措置をとることを決定する）
○後方地域支援に関する事項
○後方地域捜索救助活動に関する事項
○船舶検査活動（国連安保理決議または旗国の同意が必要）に関する事項
○その他

＊基本計画に定められた自衛隊の部隊等による後方地域支援・後方地域捜索救助活動・船舶検査活動の実施

国会に報告

防衛大臣による実施区域の指定等（内閣総理大臣の承認）

国会の承認

終了後に結果を国会に報告

関係行政機関による対応措置等の実施

地方自治体・民間等への協力の求め又は依頼

自衛隊による後方地域支援・後方地域捜索救助活動・船舶検査活動の実施

＊周辺事態安全確保法及び船舶検査活動法に言及のある部分

現行法の枠内でとり得る対応策の実施

安保体制

584

⑧ 周辺事態安全確保法の概要

○ 目　　的

　　周辺事態（我が国周辺の地域における我が国の平和及び安全に重要な影響を与える事態）に対応して我が国が実施する措置、その実施の手続きその他の必要な事項を定め、日米安保条約の効果的な運用に寄与し、我が国の平和及び安全の確保に資することを目的とする。

○ 周辺事態への対応の基本原則

・政府は、周辺事態に際して、適切かつ迅速に、必要な対応措置を実施し、我が国の平和及び安全の確保に努める。

・対応措置の実施は、武力による威嚇又は武力の行使に当たるものであってはならない。

・内閣総理大臣は、対応措置の実施にあたり、基本計画に基づいて、内閣を代表して行政各部を指揮監督する。

・関係行政機関の長は、対応措置の実施に関し、相互に協力する。

○ 基本計画

・内閣総理大臣は、周辺事態に際して自衛隊が実施する後方地域支援、又は後方地域捜索救助活動等を実施する必要があると認めるときは、当該措置を実施すること及び対応措置に関する基本計画案につき、閣議の決定を求めなければならない。

・基本計画では、対応措置に関する基本方針、自衛隊の行う各活動に係る基本的事項、実施区域の範囲、関係行政機関による対応措置、地方公共団体等に対し協力を要請する内容等について定める。

○ 国会の承認

・内閣総理大臣は、周辺事態に際して、自衛隊が実施する後方地域支援又は後方地域捜索救助活動の実施前に、これらの対応措置を実施することにつき、国会の承認を得なければならない。ただし、緊急の必要がある場合には、国会の承認を得ないでこれらの対応措置を実施することができる。

・国会の承認を得ずに対応措置を実施した場合において、国会が不承認の議決を行った場合、内閣総理大臣は、速やかに、当該対応措置を終了しなければならない。

○ 自衛隊による後方地域支援及び後方地域捜索救助活動の実施

　　防衛大臣は、基本計画に従い、実施要領を定め実施区域を指定し、内閣総理大臣の承認を得て、自衛隊の部隊及び機関に当該活動の実施を命ずる。

○ 関係行政機関による対応措置の実施

　　関係行政機関の長は、法令及び基本計画に従い、対応措置を実施する。

○ 国以外の者による協力等

・関係行政機関の長は、法令及び基本計画に従い、地方公共団体の長に対し、そ

安保
体制

585

の有する権限の行使について必要な協力を求めることができる。

・関係行政機関の長は、法令及び基本計画に従い、国以外の者に対し、必要な協力を依頼することができる。

・政府は、協力を求められ又は協力を依頼された国以外の者が、その協力により損失を受けた場合には、その損失に関し、必要な財政上の措置を講ずる。

○ 国会への報告

内閣総理大臣は、基本計画の決定又は変更があったときは、その内容を、基本計画に定める対応措置が終了したときは、その結果を、遅滞なく国会に報告しなければならない。

○ 武器の使用

後方地域支援としての自衛隊の役務の提供の実施又は後方地域捜索救助活動の実施を命ぜられた自衛隊の部隊等の自衛官は、以下の場合に、自己又は自己と共に当該職務に従事する者の生命又は身体の防護のためやむを得ない必要があると認める相当の理由がある場合には、その事態に応じ合理的に必要と判断される限度で武器を使用することができる。

1) 後方地域支援としての自衛隊の役務の提供を実施する場合：その職務を行うに際し

2) 後方地域捜索救助活動を実施する場合：遭難者の救助の職務を行うに際し

⑨ 船舶検査活動法の概要

○ 目的

　この法律は、周辺事態安全確保法第一条に規定する周辺事態に対応して我が国が実施する船舶検査活動に関し、その実施の態様、手続その他の必要な事項を定め、周辺事態安全確保法と相まって、日米安保条約の効果的な運用に寄与し、我が国の平和及び安全の確保に資することを目的とする。

○ 定義

　「船舶検査活動」とは、周辺事態に際し、貿易その他の経済活動に係る規制措置であって我が国が参加するものの厳格な実施を確保する目的で、当該厳格な実施を確保するために必要な措置を執ることを要請する国際連合安全保障理事会の決議に基づいて、又は旗国の同意を得て、船舶（軍艦等を除く。）の積荷及び目的地を検査し、確認する活動並びに必要に応じ当該船舶の航路又は目的港若しくは目的地の変更を要請する活動であって、我が国領海又は我が国周辺の公海（排他的経済水域を含む。）において我が国が実施するものをいう。

○ 船舶検査活動の実施

　船舶検査活動は、自衛隊の部隊等が実施する。この場合において、船舶検査活動を行う自衛隊の部隊等において、その実施に伴い、当該活動に相当する活動を行う日米安保条約の目的の達成に寄与する活動を行っているアメリカ合衆国の軍隊の部隊に対して後方地域支援として行う自衛隊に属する物品の提供及び自衛隊による役務の提供は、周辺事態安全確保法別表第二に掲げるものとする。

○ 周辺事態安全確保法に規定する基本計画に定める事項

　船舶検査活動の実施に際しては、次に掲げる事項を周辺事態安全確保法第四条第一項に規定する基本計画（以下「基本計画」という。）に定めるものとすること。

・当該船舶検査活動に係る基本的事項
・当該船舶検査活動を行う自衛隊の部隊等の規模等
・当該船舶検査活動を実施する区域の範囲及び当該区域の指定に関する事項
・規制措置の対象物品の範囲
・当該船舶検査活動の実施に伴う第三の後方地域支援を行う場合におけるその実施に関する重要事項（当該後方地域支援を実施する区域の範囲及び当該区域の指定に関する事項を含む。）
・その他当該船舶検査活動の実施に関する重要事項

○ 船舶検査活動の実施の態様等

・防衛大臣は、基本計画に従い、船舶検査活動について、実施要項を定め、これについて内閣総理大臣の承認を得て、自衛隊の部隊等にその実施を命ずる。実施要項（実施区域を縮小する変更を除く。）の変更についても同様とする。
・防衛大臣は、実施要項において、当該船舶検査活動を実施する区域を指定すること。この場合において、実施区域は、外国による船舶検査活動に相当する活動と混交して行われることがないよう、明確に区別して指定しなければならない。

・船舶検査活動の実施の態様は、船舶の航行状況の監視、船舶の名称等の照会、船長等の承諾を得ての乗船検査・確認、航路等の変更の要請等とする。
・実施区域の指定の変更及び活動の中断については、周辺事態安全確保法第六条第四項の規定を準用する。
・後方地域支援については、周辺事態安全確保法第六条の規定を準用する。

○ 武器の使用

・船舶検査活動の実施を命ぜられた自衛隊の部隊等の自衛官は、当該船舶検査活動の対象船舶に乗船してその職務を行うに際し、自己又は自己と共に当該職務に従事する者の生命又は身体の防護のためやむを得ない必要があると認める相当の理由がある場合には、合理的に必要と判断される限度で武器を使用することができる。
・武器の使用に際しては、刑法第三十六条又は第三十七条に該当する場合のほか、人に危害を与えてはならない。

Ⅱ. 前「指針」の見直し

日米防衛協力のための指針の見直しに関する中間報告

2014年10月8日

Ⅰ. 序文

2013年10月3日に東京で開催された「2＋2」日米安全保障協議委員会(SCC)会合において、日米両国の閣僚は、複雑な地域環境と変化する世界における、より力強い同盟のための戦略的な構想を明らかにした。閣僚は、日本の安全に対する同盟の揺るぎない決意を再確認し、アジア太平洋地域における平和と安全の維持のために日米両国が果たす不可欠な役割を再確認した。閣僚はまた、同盟がアジア太平洋及びこれを越えた地域に対して前向きに貢献し続ける国際的な協力の基盤であることを認めた。より広範なパートナーシップのためのこの戦略的な構想は、能力の強化とより大きな責任の共有を必要としており、閣僚は、1997年の日米防衛協力のための指針の見直しを求めた。

指針の見直しは、日米両国の戦略的な目標及び利益と完全に一致し、アジア太平洋及びこれを越えた地域の利益となる。米国にとって、指針の見直しは、米国政府全体としてのアジア太平洋地域へのリバランスと整合する。日本にとって、指針の見直しは、その領域と国民を守るための取組及び国際協調主義に基づく「積極的平和主義」に対応する。切れ目のない安全保障法制の整備のための2014年7月1日の日本政府の閣議決定は、日本国憲法に従った自衛隊の活動の拡大を視野に入れている。指針の見直しは、この閣議決定の内容を適切に反映し、同盟を強化し、抑止力を強化する。見直し後の指針はまた、日米両国が、国際の平和と安全に対し、より広く寄与することを可能とする。

(1) 見直しプロセスの内容

　　2013年10月3日のSCC会合において、日米両国の閣僚は、防衛協力小委員会(SDC)に対し、日本を取り巻く変化する安全保障環境に対処するため、1997年の指針の変更に関する勧告を作成するよう指示した。議論は、自衛隊及び米軍各々の適切な役割及び任務を検討するための運用レベルの協議から、防衛協力に焦点を当てた政策レベルの対話にまで及んでいる。

(2) 中間報告の概観

　　SDCは、見直しについての国内外の理解を促進するため、SCCの指示の下で実施されてきた作業を要約し、この中間報告を発出する。今後の更なる作業の結果、修正や追加があり得る。

　　この中間報告は、見直し後の指針についての枠組み及び目的を明確にかつ透明性をもって示すためのものである。準備作業の過程で、日米両政府は、次の事項の重要性について共通認識に達した。

　●切れ目のない、実効的な、政府全体にわたる同盟内の調整

- 日本の安全が損なわれることを防ぐための措置をとること
- より平和で安定した国際的な安全保障環境を醸成するための日米協力の強化
- 同盟の文脈での宇宙及びサイバー空間における協力
- 適時かつ実効的な相互支援

この中間報告は、いずれの政府にも法的権利又は義務を生じさせるものではない。

Ⅱ．指針及び日米防衛協力の目的

　SDCは、新たに発生している、及び将来の安全保障上の課題によって、よりバランスのとれた、より実効的な同盟が必要となっていることを認識し、平時から緊急事態までのいかなる状況においても日本の平和と安全を確保するとともに、アジア太平洋及びこれを越えた地域が安定し、平和で繁栄したものとなるよう、相互の能力及び相互運用性の強化に基づく日米両国の適切な役割及び任務について議論を行ってきた。

　将来の日米防衛協力は次の事項を強調する。
- 切れ目のない、力強い、柔軟かつ実効的な日米共同の対応
- 日米同盟のグローバルな性質
- 地域の他のパートナーとの協力
- 日米両政府の国家安全保障政策間の相乗効果
- 政府一体となっての同盟としての取組

　将来を見据え、見直し後の指針は、日米両国の役割及び任務並びに協力及び調整の在り方についての一般的な大枠及び政策的な方向性を更新する。指針はまた、平和と安全を促進し、あり得べき紛争を抑止する。これにより、指針は日米安全保障体制についての国内外の理解を促進する。

Ⅲ．基本的な前提及び考え方

　見直し後の指針及びその下で行われる取組は、次の基本的な前提及び考え方に従う。
- 日米安全保障条約及びその関連取極に基づく権利及び義務並びに日米同盟関係の基本的な枠組みは変更されない。
- 日米両国の全ての行為は、紛争の平和的解決及び主権平等を含む国際法の基本原則並びに国際連合憲章を始めとする関連する国際約束に合致するものである。
- 日米両国の全ての行為は、各々の憲法及びその時々において適用のある国内法令並びに国家安全保障政策の基本的な方針に従って行われる。日本の行為は、専守防衛、非核三原則等の日本の基本的な方針に従って行われる。
- 指針及びその下で行われる取組は、いずれの政府にも立法上、予算上又は行政上の措置をとることを義務付けるものではなく、また、指針は、いずれの政府にも法的権利又は義務を生じさせるものではない。しかしながら、日米協力のための実効的な態勢の構築が指針及びその下で行われる取組の目標であることから、日米両政府が、各々の判断に従い、このような努力の結果を各々の具体的な政策や措置に適切な形で反映することが期待される。

Ⅳ．強化された同盟内の調整

日米両政府は、日本の平和と安全に影響を及ぼす状況、地域の及びグローバルな安定を脅かす状況、又は同盟の対応を必要とする可能性があるその他の状況に対処するため、全ての関係機関の関与を得る、切れ目のない、実効的な政府全体にわたる同盟内の調整を確保する。このため、日米両政府は、同盟内の調整の枠組みを改善し、適時の情報共有並びに政策面及び運用面の調整を可能とする。

日米両政府は、各々の政府の全ての関係機関の関与を確保する、強化された計画検討のメカニズムを通じ、日本の平和と安全に関連する共同の計画検討を強化する。

Ⅴ．日本の平和及び安全の切れ目のない確保

現在の安全保障環境の下で、持続する、及び新たに発生する国際的な脅威は、日本の平和と安全に対し深刻かつ即時の影響をもたらし得る。また、日本に対する武力攻撃を伴わないときでも、日本の平和と安全を確保するために迅速で力強い対応が必要となる場合もある。このような複雑な安全保障環境に鑑み、日米両政府は、平時から緊急事態までのいかなる段階においても、切れ目のない形で、日本の安全が損なわれることを防ぐための措置をとる。見直し後の指 針に記述されるそれらの措置は、次のものを含み得るが、これに限定されない。

- •情報収集、警戒監視及び偵察
- •訓練・演習
- •施設・区域の使用
- •後方支援
- •アセット（装備品等）の防護
- •防空及びミサイル防衛
- •施設・区域の防護
- •捜索・救難
- •経済制裁の実効性を確保するための活動
- •非戦闘員を退避させるための活動
- •避難民への対応のための措置
- •海洋安全保障

日本に対する武力攻撃の場合、日本は、当該攻撃を主体的に排除する。米国は、適切な場合の打撃作戦を含め、協力を行う。

見直し後の指針は、日本に対する武力攻撃を伴う状況及び、日本と密接な関係にある国に対する武力攻撃が発生し、日本国憲法の下、2014年7月1日の日本政府の閣議決定の内容に従って日本の武力の行使が許容される場合における日米両政府間の協力について詳述する。

東日本大震災への対応から得られた教訓に鑑み、見直し後の指針は、日本における大規模災害の場合についての日米両政府間の協力について記述する。

Ⅵ. 地域の及びグローバルな平和と安全のための協力

地域の及びグローバルな変化する安全保障環境の影響を認識し、日米両政府は、日米同盟のグローバルな性質を反映するため、協力の範 を拡大する。日米両政府は、より平和で安定した国際的な安全保障環境を醸成するため、様々な分野において二国間協力を強化する。二国間協力をより実効的なものとするため、日米両政府は、地域の同盟国やパートナーとの三か国間及び多国間の安全保障及び防衛協力を推進する。見直し後の指針は、国際法と国際的に受け入れられた規範に基づいて安全保障及び防衛協力を推進するための日米両政府の協力の在り方を示す。当該協力の対象分野は、次のものを含み得るが、これに限定されない。

- 平和維持活動
- 国際的な人道支援・災害救援
- 海洋安全保障
- 能力構築
- 情報収集、警戒監視及び偵察
- 後方支援
- 非戦闘員を退避させるための活動

Ⅶ. 新たな戦略的領域における日米共同の対応

近年、宇宙及びサイバー空間の利用及びこれらへの自由なアクセスを妨げ得るリスクが拡散し、より深刻になっている。日米両政府は、これらの新たに発生している安全保障上の課題に切れ目なく、実効的かつ適時に対処することによって、宇宙及びサイバー空間の安定及び安全を強化する決意を共有する。特に、自衛隊及び米軍は、それらの任務を達成するために依存している重要インフラのサイバーセキュリティを改善することを含め、宇宙及びサイバー空間の安全かつ安定的な利用を確保するための政府一体となっての取組に寄与しつつ、関連する宇宙アセット並びに各々のネットワーク及びシステムの抗たん性を確保するよう取り組む。

見直し後の指針は、宇宙及びサイバー空間における協力を記述する。宇宙に関する協力は、宇宙の安全かつ安定的な利用を妨げかねない行動や事象及び宇宙における抗たん性を構築するための協力方法に関する情報共有を含む。サイバー空間に関する協力は、平時から緊急事態までのサイバー脅威及び脆弱性についての情報共有並びに任務保証のためのサイバーセキュリティの強化を含む。

Ⅷ. 日米共同の取組

日米両政府は、様々な分野における緊密な協議を実施し、双方が関心を有する国際情勢についての情報共有を強化し、意見交換を継続する。日米両政府はまた、次のものを含み得るが、これに限定されない分野の安全保障及び防衛協力を強化し、発展させ続ける。

- 防衛装備・技術協力
- 情報保全

Ⅸ．見直しのための手順

見直し後の指針は、将来の指針の見直し及び更新のための手順を記述する。

日米防衛協力のための指針

2015年4月27日

Ⅰ．防衛協力と指針の目的

　平時から緊急事態までのいかなる状況においても日本の平和及び安全を確保するため、また、アジア太平洋地域及びこれを越えた地域が安定し、平和で繁栄したものとなるよう、日米両国間の安全保障及び防衛協力は、次の事項を強調する。

- 切れ目のない、力強い、柔軟かつ実効的な日米共同の対応
- 日米両政府の国家安全保障政策間の相乗効果
- 政府一体となっての同盟としての取組
- 地域の及び他のパートナー並びに国際機関との協力
- 日米同盟のグローバルな性質

　日米両政府は、日米同盟を継続的に強化する。各政府は、その国家安全保障政策に基づき、各自の防衛態勢を維持する。日本は、「国家安全保障戦略」及び「防衛計画の大綱」に基づき防衛力を保持する。米国は、引き続き、その核戦力を含むあらゆる種類の能力を通じ、日本に対して拡大抑止を提供する。米国はまた、引き続き、アジア太平洋地域において即応態勢にある戦力を前方展開するとともに、それらの戦力を迅速に増強する能力を維持する。

　日米防衛協力のための指針（以下「指針」という。）は、二国間の安全保障及び防衛協力の実効性を向上させるため、日米両国の役割及び任務並びに協力及び調整の在り方についての一般的な大枠及び政策的な方向性を示す。これにより、指針は、平和及び安全を促進し、紛争を抑止し、経済的な繁栄の基盤を確実なものとし、日米同盟の重要性についての国内外の理解を促進する。

Ⅱ．基本的な前提及び考え方

　指針並びにその下での行動及び活動は、次の基本的な前提及び考え方に従う。

- A. 日本国とアメリカ合衆国との間の相互協力及び安全保障条約（日米安全保障条約）及びその関連取極に基づく権利及び義務並びに日米同盟関係の基本的な枠組みは、変更されない。
- B. 日本及び米国により指針の下で行われる全ての行動及び活動は、紛争の平和的解決及び国家の主権平等に関するものその他の国際連合憲章の規定並びにその他の関連する国際約束を含む国際法に合致するものである。
- C. 日本及び米国により行われる全ての行動及び活動は、各々の憲法及びその時々において適用のある国内法令並びに国家安全保障政策の基本的な方針に従って行われる。日本の行動及び活動は、専守防衛、非核三原則等の日本の基本的な方針に従って行われる。

D. 指針は、いずれの政府にも立法上、予算上、行政上又はその他の措置をとる
   ことを義務付けるものではなく、また、指針は、いずれの政府にも法的権
   利又は義務を生じさせるものではない。しかしながら、二国間協力のため
   の実効的な態勢の構築が指針の目標であることから、日米両政府が、各々
   の判断に従い、このような努力の結果を各々の具体的な政策及び措置に適
   切な形で反映することが期待される。

Ⅲ. 強化された同盟内の調整
　指針の下での実効的な二国間協力のため、平時から緊急事態まで、日米両政府が
緊密な協議並びに政策面及び運用面の的確な調整を行うことが必要となる。
　二国間の安全保障及び防衛協力の成功を確かなものとするため、日米両政府は、
十分な情報を得て、様々なレベルにおいて調整を行うことが必要となる。この目標
に向かって、日米両政府は、情報共有を強化し、切れ目のない、実効的な、全ての
関係機関を含む政府全体にわたる同盟内の調整を確保するため、あらゆる経路を活
用する。この目的のため、日米両政府は、新たな、平時から利用可能な同盟調整メ
カニズムを設置し、運用面の調整を強化し、共同計画の策定を強化する。
　A. 同盟調整メカニズム
　　　持続する、及び発生する脅威は、日米両国の平和及び安全に対し深刻かつ即
　　時の影響を与え得る。日米両政府は、日本の平和及び安全に影響を与える状況
　　その他の同盟としての対応を必要とする可能性があるあらゆる状況に切れ目の
　　ない形で実効的に対処するため、同盟調整メカニズムを活用する。このメカニ
　　ズムは、平時から緊急事態までのあらゆる段階において自衛隊及び米軍により
　　実施される活動に関連した政策面及び運用面の調整を強化する。このメカニズ
　　ムはまた、適時の情報共有並びに共通の情勢認識の構築及び維持に寄与する。
　　日米両政府は、実効的な調整を確保するため、必要な手順及び基盤（施設及び
　　情報通信システムを含む。）を確立するとともに、定期的な訓練・演習を実施する。
　　　日米両政府は、同盟調整メカニズムにおける調整の手順及び参加機関の構成
　　の詳細を状況に応じたものとする。この手順の一環として、平時から、連絡窓
　　口に係る情報が共有され及び保持される。
　B. 強化された運用面の調整
　　　柔軟かつ即応性のある指揮・統制のための強化された二国間の運用面の調整
　　は、日米両国にとって決定的に重要な中核的能力である。この文脈において、
　　日米両政府は、自衛隊と米軍との間の協力を強化するため、運用面の調整機能
　　が併置されることが引き続き重要であることを認識する。
　　　自衛隊及び米軍は、緊密な情報共有を確保し、平時から緊急事態までの調整
　　を円滑にし及び国際的な活動を支援するため、要員の交換を行う。自衛隊及び
　　米軍は、緊密に協力し及び調整しつつ、各々の指揮系統を通じて行動する。

C. 共同計画の策定

　日米両政府は、自衛隊及び米軍による整合のとれた運用を円滑かつ実効的に行うことを確保するため、引き続き、共同計画を策定し及び更新する。日米両政府は、計画の実効性及び柔軟、適時かつ適切な対処能力を確保するため、適切な場合に、運用面及び後方支援面の所要並びにこれを満たす方策をあらかじめ特定することを含め、関連情報を交換する。

　日米両政府は、平時において、日本の平和及び安全に関連する緊急事態について、各々の政府の関係機関を含む改良された共同計画策定メカニズムを通じ、共同計画の策定を行う。共同計画は、適切な場合に、関係機関からの情報を得つつ策定される。日米安全保障協議委員会は、引き続き、方向性の提示、このメカニズムの下での計画の策定に係る進捗の確認及び必要に応じた指示の発出について責任を有する。日米安全保障協議委員会は、適切な下部組織により補佐される。

　共同計画は、日米両政府双方の計画に適切に反映される。

Ⅳ. 日本の平和及び安全の切れ目のない確保

　持続する、及び発生する脅威は、日本の平和及び安全に対し深刻かつ即時の影響を与え得る。この複雑さを増す安全保障環境において、日米両政府は、日本に対する武力攻撃を伴わない時の状況を含め、平時から緊急事態までのいかなる段階においても、切れ目のない形で、日本の平和及び安全を確保するための措置をとる。この文脈において、日米両政府はまた、パートナーとの更なる協力を推進する。

　日米両政府は、これらの措置が、各状況に応じた柔軟、適時かつ実効的な二国間の調整に基づいてとられる必要があること、及び同盟としての適切な対応のためには省庁間調整が不可欠であることを認識する。したがって、日米両政府は、適切な場合に、次の目的のために政府全体にわたる同盟調整メカニズムを活用する。

- 状況を評価すること
- 情報を共有すること、及び
- 柔軟に選択される抑止措置及び事態の緩和を目的とした行動を含む同盟としての適切な対応を実施するための方法を立案すること

日米両政府はまた、これらの二国間の取組を支えるため、日本の平和及び安全に影響を与える可能性がある事項に関する適切な経路を通じた戦略的な情報発信を調整する。

A. 平時からの協力措置

　日米両政府は、日本の平和及び安全の維持を確保するため、日米同盟の抑止力及び能力を強化するための、外交努力によるものを含む広範な分野にわたる協力を推進する。

　自衛隊及び米軍は、あらゆるあり得べき状況に備えるため、相互運用性、即応性及び警戒態勢を強化する。このため、日米両政府は、次のものを含むが、これに限られない措置をとる。

1．情報収集、警戒監視及び偵察

　日米両政府は、日本の平和及び安全に対する脅威のあらゆる兆候を極力早期に特定し並びに情報収集及び分析における決定的な優越を確保するため、共通の情勢認識を構築し及び維持しつつ、情報を共有し及び保護する。これには、関係機関間の調整及び協力の強化を含む。

　自衛隊及び米軍は、各々のアセットの能力及び利用可能性に応じ、情報収集、警戒監視及び偵察（ISR）活動を行う。これには、日本の平和及び安全に影響を与え得る状況の推移を常続的に監視することを確保するため、相互に支援する形で共同のISR活動を行うことを含む。

2．防空及びミサイル防衛

　自衛隊及び米軍は、弾道ミサイル発射及び経空の侵入に対する抑止及び防衛態勢を維持し及び強化する。日米両政府は、早期警戒能力、相互運用性、ネットワーク化による監視範囲及びリアルタイムの情報交換を拡大するため並びに弾道ミサイル対処能力の総合的な向上を図るため、協力する。さらに、日米両政府は、引き続き、挑発的なミサイル発射及びその他の航空活動に対処するに当たり緊密に調整する。

3．海洋安全保障

　日米両政府は、航行の自由を含む国際法に基づく海洋秩序を維持するための措置に関し、相互に緊密に協力する。自衛隊及び米軍は、必要に応じて関係機関との調整によるものを含め、海洋監視情報の共有を更に構築し及び強化しつつ、適切な場合に、ISR及び訓練・演習を通じた海洋における日米両国のプレゼンスの維持及び強化等の様々な取組において協力する。

4．アセット（装備品等）の防護

　自衛隊及び米軍は、訓練・演習中を含め、連携して日本の防衛に資する活動に現に従事している場合であって適切なときは、各々のアセット（装備品等）を相互に防護する。

5．訓練・演習

　自衛隊及び米軍は、相互運用性、持続性及び即応性を強化するため、日本国内外双方において、実効的な二国間及び多国間の訓練・演習を実施する。適時かつ実践的な訓練・演習は、抑止を強化する。日米両政府は、これらの活動を支えるため、訓練場、施設及び関連装備品が利用可能、アクセス可能かつ現代的なものであることを確保するために協力する。

6．後方支援

　日本及び米国は、いかなる段階においても、各々自衛隊及び米軍に対する後方支援の実施を主体的に行う。自衛隊及び米軍は、日本国の自衛隊とアメリカ合衆国軍隊との間における後方支援、物品又は役務の相互の提供に関する日本国政府とアメリカ合衆国政府との間の協定（日米物品役務相互提供協定）及びその関連取決めに規定する活動について、適切な場合に、補給、整備、

輸送、施設及び衛生を含むが、これらに限らない後方支援を相互に行う。

7．施設の使用

日米両政府は、自衛隊及び米軍の相互運用性を拡大し並びに柔軟性及び抗たん性を向上させるため、施設・区域の共同使用を強化し、施設・区域の安全の確保に当たって協力する。日米両政府はまた、緊急事態へ備えることの重要性を認識し、適切な場合に、民間の空港及び港湾を含む施設の実地調査の実施に当たって協力する。

B．日本の平和及び安全に対して発生する脅威への対処

同盟は、日本の平和及び安全に重要な影響を与える事態に対処する。当該事態については地理的に定めることはできない。この節に示す措置は、当該事態にいまだ至ってない状況において、両国の各々の国内法令に従ってとり得るものを含む。早期の状況把握及び二国間の行動に関する状況に合わせた断固たる意思決定は、当該事態の抑止及び緩和に寄与する。

日米両政府は、日本の平和及び安全を確保するため、平時からの協力的措置を継続することに加え、外交努力を含むあらゆる手段を追求する。日米両政府は、同盟調整メカニズムを活用しつつ、各々の決定により、次に掲げるものを含むが、これらに限らない追加的措置をとる。

1．非戦闘員を退避させるための活動

日本国民又は米国国民である非戦闘員を第三国から安全な地域に退避させる必要がある場合、各政府は、自国民の退避及び現地当局との関係の処理について責任を有する。日米両政府は、適切な場合に、日本国民又は米国国民である非戦闘員の退避を計画するに当たり調整し及び当該非戦闘員の退避の実施に当たって協力する。これらの退避活動は、輸送手段、施設等の各国の能力を相互補完的に使用して実施される。日米両政府は、各々、第三国の非戦闘員に対して退避に係る援助を行うことを検討することができる。

日米両政府は、退避者の安全、輸送手段及び施設、通関、出入国管理及び検疫、安全な地域、衛生等の分野において協力を実施するため、適切な場合に、同盟調整メカニズムを通じ初期段階からの調整を行う。日米両政府は、適切な場合に、訓練・演習の実施によるものを含め、非戦闘員を退避させるための活動における調整を平時から強化する。

2．海洋安全保障

日米両政府は、各々の能力を考慮しつつ、海洋安全保障を強化するため、緊密に協力する。協力的措置には、情報共有及び国際連合安全保障理事会決議その他の国際法上の根拠に基づく船舶の検査を含み得るが、これらに限らない。

3．避難民への対応のための措置

日米両政府は、日本への避難民の流入が発生するおそれがある又は実際に始まるような状況に至る場合には、国際法上の関係する義務に従った人

道的な方法で避難民を扱いつつ、日本の平和及び安全を維持するために協力する。当該避難民への対応については、日本が主体的に実施する。米国は、日本からの要請に基づき、適切な支援を行う。

4．捜索・救難

　日米両政府は、適切な場合に、捜索・救難活動において協力し及び相互に支援する。自衛隊は、日本の国内法令に従い、適切な場合に、関係機関と協力しつつ、米国による戦闘捜索・救難活動に対して支援を行う。

5．施設・区域の警護

　自衛隊及び米軍は、各々の施設・区域を関係当局と協力して警護する責任を有する。日本は、米国からの要請に基づき、米軍と緊密に協力し及び調整しつつ、日本国内の施設・区域の追加的な警護を実施する。

6．後方支援

　日米両政府は、実効的かつ効率的な活動を可能とするため、適切な場合に、相互の後方支援（補給、整備、輸送、施設及び衛生を含むが、これらに限らない。）を強化する。これらには、運用面及び後方支援面の所要の迅速な確認並びにこれを満たす方策の実施を含む。日本政府は、中央政府及び地方公共団体の機関が有する権限及び能力並びに民間が有する能力を適切に活用する。日本政府は、自国の国内法令に従い、適切な場合に、後方支援及び関連支援を行う。

7．施設の使用

　日本政府は、日米安全保障条約及びその関連取極に従い、必要に応じて、民間の空港及び港湾を含む施設を一時的な使用に供する。日米両政府は、施設・区域の共同使用における協力を強化する。

C．日本に対する武力攻撃への対処行動

　日本に対する武力攻撃への共同対処行動は、引き続き、日米間の安全保障及び防衛協力の中核的要素である。

　日本に対する武力攻撃が予測される場合、日米両政府は、日本の防衛のために必要な準備を行いつつ、武力攻撃を抑止し及び事態を緩和するための措置をとる。

　日本に対する武力攻撃が発生した場合、日米両政府は、極力早期にこれを排除し及び更なる攻撃を抑止するため、適切な共同対処行動を実施する。日米両政府はまた、第Ⅳ章に掲げるものを含む必要な措置をとる。

1．日本に対する武力攻撃が予測される場合

　日本に対する武力攻撃が予測される場合、日米両政府は、攻撃を抑止し及び事態を緩和するため、包括的かつ強固な政府一体となっての取組を通じ、情報共有及び政策面の協議を強化し、外交努力を含むあらゆる手段を追求する。

　自衛隊及び米軍は、必要な部隊展開の実施を含め、共同作戦のための適切

な態勢をとる。日本は、米軍の部隊展開を支援するための基盤を確立し及び維持する。日米両政府による準備には、施設・区域の共同使用、補給、整備、輸送、施設及び衛生を含むが、これらに限らない相互の後方支援及び日本国内の米国の施設・区域の警護の強化を含み得る。

2. 日本に対する武力攻撃が発生した場合

  a. 整合のとれた対処行動のための基本的考え方

    外交努力及び抑止にもかかわらず、日本に対する武力攻撃が発生した場合、日米両国は、迅速に武力攻撃を排除し及び更なる攻撃を抑止するために協力し、日本の平和及び安全を回復する。当該整合のとれた行動は、この地域の平和及び安全の回復に寄与する。

    日本は、日本の国民及び領域の防衛を引き続き主体的に実施し、日本に対する武力攻撃を極力早期に排除するため直ちに行動する。自衛隊は、日本及びその周辺海空域並びに海空域の接近経路における防勢作戦を主体的に実施する。米国は、日本と緊密に調整し、適切な支援を行う。米軍は、日本を防衛するため、自衛隊を支援し及び補完する。米国は、日本の防衛を支援し並びに平和及び安全を回復するような方法で、この地域の環境を形成するための行動をとる。

    日米両政府は、日本を防衛するためには国力の全ての手段が必要となることを認識し、同盟調整メカニズムを通じて行動を調整するため、各々の指揮系統を活用しつつ、各々政府一体となっての取組を進める。

    米国は、日本に駐留する兵力を含む前方展開兵力を運用し、所要に応じその他のあらゆる地域からの増援兵力を投入する。日本は、これらの部隊展開を円滑にするために必要な基盤を確立し及び維持する。

    日米両政府は、日本に対する武力攻撃への対処において、各々米軍又は自衛隊及びその施設を防護するための適切な行動をとる。

  b. 作戦構想

   i. 空域を防衛するための作戦

    自衛隊及び米軍は、日本の上空及び周辺空域を防衛するため、共同作戦を実施する。

    自衛隊は、航空優勢を確保しつつ、防空作戦を主体的に実施する。このため、自衛隊は、航空機及び巡航ミサイルによる攻撃に対する防衛を含むが、これに限られない必要な行動をとる。

    米軍は、自衛隊の作戦を支援し及び補完するための作戦を実施する。

   ii. 弾道ミサイル攻撃に対処するための作戦

    自衛隊及び米軍は、日本に対する弾道ミサイル攻撃に対処するため、共同作戦を実施する。

    自衛隊及び米軍は、弾道ミサイル発射を早期に探知するため、リアルタイムの情報交換を行う。弾道ミサイル攻撃の兆候がある場合、自衛隊及び

米軍は、日本に向けられた弾道ミサイル攻撃に対して防衛し、弾道ミサイル防衛作戦に従事する部隊を防護するための実効的な態勢を維持する。

自衛隊は、日本を防衛するため、弾道ミサイル防衛作戦を主体的に実施する。

米軍は、自衛隊の作戦を支援し及び補完するための作戦を実施する。

iii. 海域を防衛するための作戦

自衛隊及び米軍は、日本の周辺海域を防衛し及び海上交通の安全を確保するため、共同作戦を実施する。

自衛隊は、日本における主要な港湾及び海峡の防備、日本周辺海域における艦船の防護並びにその他の関連する作戦を主体的に実施する。このため、自衛隊は、沿岸防衛、対水上戦、対潜戦、機雷戦、対空戦及び航空阻止を含むが、これに限られない必要な行動をとる。

米軍は、自衛隊の作戦を支援し及び補完するための作戦を実施する。

自衛隊及び米軍は、当該武力攻撃に関与している敵に支援を行う船舶活動の阻止において協力する。

こうした活動の実効性は、関係機関間の情報共有その他の形態の協力を通じて強化される。

iv. 陸上攻撃に対処するための作戦

自衛隊及び米軍は、日本に対する陸上攻撃に対処するため、陸、海、空又は水陸両用部隊を用いて、共同作戦を実施する。

自衛隊は、島嶼に対するものを含む陸上攻撃を阻止し、排除するための作戦を主体的に実施する。必要が生じた場合、自衛隊は島嶼を奪回するための作戦を実施する。このため、自衛隊は、着上陸侵攻を阻止し排除するための作戦、水陸両用作戦及び迅速な部隊展開を含むが、これに限られない必要な行動をとる。

自衛隊はまた、関係機関と協力しつつ、潜入を伴うものを含め、日本における特殊作戦部隊による攻撃等の不正規型の攻撃を主体的に撃破する。

米軍は、自衛隊の作戦を支援し及び補完するための作戦を実施する。

v. 領域横断的な作戦

自衛隊及び米軍は、日本に対する武力攻撃を排除し及び更なる攻撃を抑止するため、領域横断的な共同作戦を実施する。これらの作戦は、複数の領域を横断して同時に効果を達成することを目的とする。

領域横断的な協力の例には、次に示す行動を含む。

自衛隊及び米軍は、適切な場合に、関係機関と協力しつつ、各々のISR態勢を強化し、情報共有を促進し及び各々のISRアセットを防護する。

米軍は、自衛隊を支援し及び補完するため、打撃力の使用を伴う作戦を実施することができる。米軍がそのような作戦を実施する場合、自衛隊は、必要に応じ、支援を行うことができる。これらの作戦は、適切な場合に、

緊密な二国間調整に基づいて実施される。

　日米両政府は、第Ⅵ章に示す二国間協力に従い、宇宙及びサイバー空間における脅威に対処するために協力する。

　自衛隊及び米軍の特殊作戦部隊は、作戦実施中、適切に協力する。

　c．作戦支援活動

　　日米両政府は、共同作戦を支援するため、次の活動において協力する。

　ⅰ．通信電子活動

　　日米両政府は、適切な場合に、通信電子能力の効果的な活用を確保するため、相互に支援する。

　　自衛隊及び米軍は、共通の状況認識の下での共同作戦のため、自衛隊と米軍との間の効果的な通信を確保し、共通作戦状況図を維持する。

　ⅱ．捜索・救難

　　自衛隊及び米軍は、適切な場合に、関係機関と協力しつつ、戦闘捜索・救難活動を含む捜索・救難活動において、協力し及び相互に支援する。

　ⅲ．後方支援

　　作戦上各々の後方支援能力の補完が必要となる場合、自衛隊及び米軍は、各々の能力及び利用可能性に基づき、柔軟かつ適時の後方支援を相互に行う。

　　日米両政府は、支援を行うため、中央政府及び地方公共団体の機関が有する権限及び能力並びに民間が有する能力を適切に活用する。

　ⅳ．施設の使用

　　日本政府は、必要に応じ、日米安全保障条約及びその関連取極に従い、施設の追加提供を行う。日米両政府は、施設・区域の共同使用における協力を強化する。

　ⅴ．ＣＢＲＮ（化学・生物・放射線・核）防護

　　日本政府は、日本国内でのＣＢＲＮ事案及び攻撃に引き続き主体的に対処する。米国は、日本における米軍の任務遂行能力を主体的に維持し回復する。日本からの要請に基づき、米国は、日本の防護を確実にするため、ＣＢＲＮ事案及び攻撃の予防並びに対処関連活動において、適切に日本を支援する。

D．日本以外の国に対する武力攻撃への対処行動

　日米両国が、各々、米国又は第三国に対する武力攻撃に対処するため、主権の十分な尊重を含む国際法並びに各々の憲法及び国内法に従い、武力の行使を伴う行動をとることを決定する場合であって、日本が武力攻撃を受けるに至っていないとき、日米両国は、当該武力攻撃への対処及び更なる攻撃の抑止において緊密に協力する。共同対処は、政府全体にわたる同盟調整メカニズムを通じて調整される。

　日米両国は、当該武力攻撃への対処行動をとっている他国と適切に協力する。

自衛隊は、日本と密接な関係にある他国に対する武力攻撃が発生し、これにより日本の存立が脅かされ、国民の生命、自由及び幸福追求の権利が根底から覆される明白な危険がある事態に対処し、日本の存立を全うし、日本国民を守るため、武力の行使を伴う適切な作戦を実施する。

　協力して行う作戦の例は、次に概要を示すとおりである。

1．アセットの防護

　　自衛隊及び米軍は、適切な場合に、アセットの防護において協力する。当該協力には、非戦闘員の退避のための活動又は弾道ミサイル防衛等の作戦に従事しているアセットの防護を含むが、これに限らない。

2．捜索・救難

　　自衛隊及び米軍は、適切な場合に、関係機関と協力しつつ、戦闘捜索・救難活動を含む捜索・救難活動において、協力し及び支援を行う。

3．海上作戦

　　自衛隊及び米軍は、適切な場合に、海上交通の安全を確保することを目的とするものを含む機雷掃海において協力する。

　　自衛隊及び米軍は、適切な場合に、関係機関と協力しつつ、艦船を防護するための護衛作戦において協力する。

　　自衛隊及び米軍は、適切な場合に、関係機関と協力しつつ、当該武力攻撃に関与している敵に支援を行う船舶活動の阻止において協力する。

4．弾道ミサイル攻撃に対処するための作戦

　　自衛隊及び米軍は、各々の能力に基づき、適切な場合に、弾道ミサイルの迎撃において協力する。日米両政府は、弾道ミサイル発射の早期探知を確実に行うため、情報交換を行う。

5．後方支援

　　作戦上各々の後方支援能力の補完が必要となる場合、自衛隊及び米軍は、各々の能力及び利用可能性に基づき、柔軟かつ適時に後方支援を相互に行う。

　　日米両政府は、支援を行うため、中央政府及び地方公共団体の機関が有する権限及び能力並びに民間が有する能力を適切に活用する。

E．日本における大規模災害への対処における協力

　　日本において大規模災害が発生した場合、日本は主体的に当該災害に対処する。自衛隊は、関係機関、地方公共団体及び民間主体と協力しつつ、災害救援活動を実施する。日本における大規模災害からの迅速な復旧が日本の平和及び安全の確保に不可欠であること、及び当該災害が日本における米軍の活動に影響を与える可能性があることを認識し、米国は、自国の基準に従い、日本の活動に対する適切な支援を行う。当該支援には、捜索・救難、輸送、補給、衛生、状況把握及び評価並びにその他の専門的能力を含み得る。日米両政府は、適切な場合に、同盟調整メカニズムを通じて活動を調整する。

　　日米両政府は、日本における人道支援・災害救援活動に際しての米軍による

603

協力の実効性を高めるため、情報共有によるものを含め、緊密に協力する。さらに、米軍は、災害関連訓練に参加することができ、これにより、大規模災害への対処に当たっての相互理解が深まる。

V. 地域の及びグローバルな平和と安全のための協力

相互の関係を深める世界において、日米両国は、アジア太平洋地域及びこれを越えた地域の平和、安全、安定及び経済的な繁栄の基盤を提供するため、パートナーと協力しつつ、主導的役割を果たす。半世紀をはるかに上回る間、日米両国は、世界の様々な地域における課題に対して実効的な解決策を実行するため協力してきた。

日米両政府の各々がアジア太平洋地域及びこれを越えた地域の平和及び安全のための国際的な活動に参加することを決定する場合、自衛隊及び米軍を含む日米両政府は、適切なときは、次に示す活動等において、相互に及びパートナーと緊密に協力する。この協力はまた、日米両国の平和及び安全に寄与する。

A. 国際的な活動における協力

日米両政府は、各々の判断に基づき、国際的な活動に参加する。共に活動を行う場合、自衛隊及び米軍は、実行可能な限り最大限協力する。

日米両政府は、適切な場合に、同盟調整メカニズムを通じ、当該活動の調整を行うことができ、また、これらの活動において三か国及び多国間の協力を追求する。自衛隊及び米軍は、円滑かつ実効的な協力のため、適切な場合に、手順及びベストプラクティスを共有する。日米両政府は、引き続き、この指針に必ずしも明示的には含まれない広範な事項について協力する一方で、地域的及び国際的な活動における日米両政府による一般的な協力分野は次のものを含む。

1. 平和維持活動

日米両政府が国際連合憲章に従って国際連合により権限を与えられた平和維持活動に参加する場合、日米両政府は、適切なときは、自衛隊と米軍との間の相互運用性を最大限に活用するため、緊密に協力する。日米両政府はまた、適切な場合に、同じ任務に従事する国際連合その他の要員に対する後方支援の提供及び保護において協力することができる。

2. 国際的な人道支援・災害救援

日米両政府が、大規模な人道災害及び自然災害の発生を受けた関係国政府又は国際機関からの要請に応じて、国際的な人道支援・災害救援活動を実施する場合、日米両政府は、適切なときは、参加する自衛隊と米軍との間の相互運用性を最大限に活用しつつ、相互に支援を行うため緊密に協力する。協力して行う活動の例には、相互の後方支援、運用面の調整、計画策定及び実施を含み得る。

3. 海洋安全保障

日米両政府が海洋安全保障のための活動を実施する場合、日米両政府は、

適切なときは、緊密に協力する。協力して行う活動の例には、海賊対処、機雷掃海等の安全な海上交通のための取組、大量破壊兵器の不拡散のための取組及びテロ対策活動のための取組を含み得る。

4．パートナーの能力構築支援

パートナーとの積極的な協力は、地域及び国際の平和及び安全の維持及び強化に寄与する。変化する安全保障上の課題に対処するためのパートナーの能力を強化することを目的として、日米両政府は、適切な場合に、各々の能力及び経験を最大限に活用することにより、能力構築支援活動において協力する。協力して行う活動の例には、海洋安全保障、防衛医学、防衛組織の構築、人道支援・災害救援又は平和維持活動のための部隊の即応性の向上を含み得る。

5．非戦闘員を退避させるための活動

非戦闘員の退避のために国際的な行動が必要となる状況において、日米両政府は、適切な場合に、日本国民及び米国国民を含む非戦闘員の安全を確保するため、外交努力を含むあらゆる手段を活用する。

6．情報収集、警戒監視及び偵察

日米両政府が国際的な活動に参加する場合、自衛隊及び米軍は、各々のアセットの能力及び利用可能性に基づき、適切なときは、ＩＳＲ活動において協力する。

7．訓練・演習

自衛隊及び米軍は、国際的な活動の実効性を強化するため、適切な場合に、共同訓練・演習を実施し及びこれに参加し、相互運用性、持続性及び即応性を強化する。また、日米両政府は、引き続き、同盟との相互運用性の強化並びに共通の戦術、技術及び手順の構築に寄与するため、訓練・演習においてパートナーと協力する機会を追求する。

8．後方支援

日米両政府は、国際的な活動に参加する場合、相互に後方支援を行うために協力する。日本政府は、自国の国内法令に従い、適切な場合に、後方支援を行う。

B．三か国及び多国間協力

日米両政府は、三か国及び多国間の安全保障及び防衛協力を推進し及び強化する。特に、日米両政府は、地域の及び他のパートナー並びに国際機関と協力するための取組を強化し、並びにそのための更なる機会を追求する。

日米両政府はまた、国際法及び国際的な基準に基づく協力を推進すべく、地域及び国際機関を強化するために協力する。

VI．宇宙及びサイバー空間に関する協力

A．宇宙に関する協力

日米両政府は、宇宙空間の安全保障の側面を認識し、責任ある、平和的かつ

安全な宇宙の利用を確実なものとするための両政府の連携を維持し及び強化する。

当該取組の一環として、日米両政府は、各々の宇宙システムの抗たん性を確保し及び宇宙状況監視に係る協力を強化する。日米両政府は、能力を確立し向上させるため、適切な場合に、相互に支援し、宇宙空間の安全及び安定に影響を与え、その利用を妨げ得る行動や事象についての情報を共有する。日米両政府はまた、宇宙システムに対して発生する脅威に対応するために情報を共有し、また、海洋監視並びに宇宙システムの能力及び抗たん性を強化する宇宙関係の装備・技術(ホステッド・ペイロードを含む。)における協力の機会を追求する。

自衛隊及び米軍は、各々の任務を実効的かつ効率的に達成するため、宇宙の利用に当たって、引き続き、早期警戒、ＩＳＲ、測位、航法及びタイミング、宇宙状況監視、気象観測、指揮、統制及び通信並びに任務保証のために不可欠な関係する宇宙システムの抗たん性の確保等の分野において協力し、かつ政府一体となっての取組に寄与する。各々の宇宙システムが脅威にさらされた場合、自衛隊及び米軍は、適切なときは、危険の軽減及び被害の回避において協力する。被害が発生した場合、自衛隊及び米軍は、適切なときは、関係能力の再構築において協力する。

B. サイバー空間に関する協力

日米両政府は、サイバー空間の安全かつ安定的な利用の確保に資するため、適切な場合に、サイバー空間における脅威及び脆弱性に関する情報を適時かつ適切な方法で共有する。また、日米両政府は、適切な場合に、訓練及び教育に関するベストプラクティスの交換を含め、サイバー空間における各種能力の向上に関する情報を共有する。日米両政府は、適切な場合に、民間との情報共有によるものを含め、自衛隊及び米軍が任務を達成する上で依拠する重要インフラ及びサービスを防護するために協力する。

自衛隊及び米軍は、次の措置をとる。
- 各々のネットワーク及びシステムを監視する態勢を維持すること
- サイバーセキュリティに関する知見を共有し、教育交流を行うこと
- 任務保証を達成するために各々のネットワーク及びシステムの抗たん性を確保すること
- サイバーセキュリティを向上させるための政府一体となっての取組に寄与すること
- 平時から緊急事態までのいかなる状況においてもサイバーセキュリティのための実効的な協力を確実に行うため、共同演習を実施すること

自衛隊及び日本における米軍が利用する重要インフラ及びサービスに対するものを含め、日本に対するサイバー事案が発生した場合、日本は主体的に対処し、緊密な二国間調整に基づき、米国は日本に対し適切な支援を行う。日米両政府はまた、関連情報を迅速かつ適切に共有する。日本が武力攻撃を受けている場

合に発生するものを含め、日本の安全に影響を与える深刻なサイバー事案が発生した場合、日米両政府は、緊密に協議し、適切な協力行動をとり対処する。

Ⅶ. 日米共同の取組
日米両政府は、二国間協力の実効性を更に向上させるため、安全保障及び防衛協力の基盤として、次の分野を発展させ及び強化する。

A. 防衛装備・技術協力
日米両政府は、相互運用性を強化し、効率的な取得及び整備を推進するため、次の取組を行う。
- 装備品の共同研究、開発、生産、試験評価並びに共通装備品の構成品及び役務の相互提供において協力する。
- 相互の効率性及び即応性のため、共通装備品の修理及び整備の基盤を強化する。
- 効率的な取得、相互運用性及び防衛装備・技術協力を強化するため、互恵的な防衛調達を促進する。
- 防衛装備・技術に関するパートナーとの協力の機会を探求する。

B. 情報協力・情報保全
- 日米両政府は、共通の情勢認識が不可欠であることを認識し、国家戦略レベルを含むあらゆるレベルにおける情報協力及び情報共有を強化する。
- 日米両政府は、緊密な情報協力及び情報共有を可能とするため、引き続き、秘密情報の保護に関連した政策、慣行及び手続の強化における協力を推進する。
- 日米両政府はまた、情報共有に関してパートナーとの協力の機会を探求する。

C. 教育・研究交流
日米両政府は、安全保障及び防衛に関する知的協力の重要性を認識し、関係機関の構成員の交流を深め、各々の研究・教育機関間の意思疎通を強化する。そのような取組は、安全保障・防衛当局者が知識を共有し協力を強化するための恒久的な基盤となる。

Ⅷ. 見直しのための手順
日米安全保障協議委員会は、適切な下部組織の補佐を得て、この指針が変化する情況に照らして適切なものであるか否かを定期的に評価する。日米同盟関係に関連する諸情勢に変化が生じ、その時の状況を踏まえて必要と認める場合には、日米両政府は、適時かつ適切な形でこの指針を更新する。

安保体制

9. 日米物品役務相互提供協定改正協定

　日米物品役務相互提供協定（ACSA）は、日米安保条約の円滑かつ効果的な運用と国連を中心とした国際平和のための努力に対して積極的に寄与することを目的とし、共同訓練、国連平和維持活動及び人道的な国際救援活動において自衛隊と米軍との間で、いずれか一方が物品又は役務の提供を要請した場合には、他方はその物品又は役務を提供できることを基本原則とするもので、平成8年4月に署名、10月に発効した。

　提供の対象となる物品又は役務は、食料、水、宿泊、輸送（空輸を含む。）、燃料・油脂・潤滑油、被服、通信、衛生業務、基地支援、保管、施設の利用、訓練業務、部品・構成品、修理・整備及び空港・港湾業務の各項目に係るものである。

　本協定発効後は、日米共同訓練において、自衛隊と米軍との間で食事、輸送、燃料などの相互の提供が行われてきたところである。

　なお、新たな「日米防衛協力のための指針」の実効性を確保する観点から、平成10年4月改正協定が署名され、ACSAが適用される活動の対象に「周辺事態に対応する活動」が加えられた。この改正協定は平成11年5月に国会において承認され、9月に発効した。

　また、武力攻撃事態等、国際の平和及び安全に寄与するための国際社会の努力の促進、大規模災害への対処その他の目的のための活動に適用できるようにするための改正協定が、平成16年6月に国会において承認され、同年7月に効力を発生した。

　さらに、平和安全法制により、自衛隊から米軍に対して実施し得る物品・役務提供の内容が拡大されたところ、現行の決裁手続等と同様の枠組みを適用できるようにするため、平和安全法制の内容を反映した新協定が平成28年9月に署名された。この新協定は平成29年4月に国会において承認され、同月発効した。

安保体制

608

10. 日米装備・技術定期協議 (US/Japan Systems and Technology Forum (S&TF)) について

1. 昭和55年5月28日、防衛庁において亘理事務次官（当時）と米国防総省Dr.W.ペリー次官（技術開発・調達担当）との間で、装備・技術問題に関し、日米相互の意思疎通の緊密化を図るため、双方の装備技術の責任者が定期的に年2回程度、意見交換を行う場を設けることについて合意がなされた。

2. 平成24年12月、S&TFの活動を、日米「2+2」におけるRMC（役割・任務・能力）に関する議論と連携させること、及び、共同研究・開発についてだけでなく取得等を含めた装備・技術協力全般について議論していくことに合意し、これまでS&TFは経理装備局長を日本側議長として行われてきたところ、新たに防衛力整備を所掌する防衛政策局長を日本側議長に加えることとした。

3. 平成25年8月、東京において、約7年ぶりにS&TFを開催し、安全保障環境の変化を踏まえた装備・技術協力の在り方や、日米共同研究開発事業の実施状況について議論を行った。

4. 平成27年10月の防衛装備庁の設置に伴い、防衛装備庁長官を日本側議長とし、平成28年2月、東京においてS&TFを開催し、平成27年4月に公表された日米防衛協力のための指針も踏まえた、日米間の防衛装備・技術協力の発展及び強化に係る諸課題について議論を行った。

5. 平成30年6月、東京において約2年4か月ぶりとなるS&TFが開催され、両国の基本的な防衛装備・技術政策、日米共同研究・開発、FMSに係る諸問題など、日米間で検討すべき重要な議題について議論を行った。

6. 令和元年、米国において前年に引き続きS&TFが開催された。これまで日米間で議論されてきた取組に加え、前年末に策定された防衛計画の大綱で重視されている新しい領域（宇宙、サイバー、電磁波）等においても、日米防衛装備・技術協力を深化させていくことを確認した。そのうえで、両国の防衛装備・技術政策の方向性、日米共同研究・開発の現状と今後の見通し、FMS等装備調達における課題等、日米間で検討すべき重要な議題について議論を行い、相互理解・共通認識の醸成を図るとともに、日米双方の安全保障面の能力強化に資する協力を引き続き促進することで一致した。また、こうした議論を具体的な成果に着実に繋げていくために、S&TFの枠組みを通じた日米間の議論を一層緊密化することに合意した。

安保体制

7. 令和4年、米国において約3年ぶりにS&TFが開催された。今回の協議では、両国の防衛装備・技術政策の方向性、日米共同研究開発の現状と今後の見通し、FMS等装備調達に関する取組など、日米間で検討すべき重要な議題について議論を行い、相互理解・共通認識の醸成を図るとともに、日米双方の安全保障面の能力強化に資する協力を引き続き促進することで一致した。

　また、こうした議論を具体的な成果に着実に繋げていくために、S&TFの枠組みを通じた日米間の議論を一層緊密化することに合意した。

1. 主な在日米軍兵力の現況（本土）

車力・経ヶ岬

陸軍：TPY−2レーダー
　　　　（いわゆる「Xバンド・レーダー」）

三沢

空軍：第35戦闘航空団
　　　　F−16戦闘機
海軍：P−8A対潜哨戒機など

岩国

海兵隊：第12海兵飛行大隊
　　　　F/A−18戦闘攻撃機
　　　　KC−130空中給油機
　　　　F−35B など
海軍：F/A−18戦闘攻撃機など
　　　　（空母艦載機）

横田

在日米軍司令部

空軍：第5空軍司令部
　　　　第374空輸航空団
　　　　C−130輸送機
　　　　C−12輸送機
　　　　UH−1ヘリ
　　　　CV−22オスプレイなど

座間

在日米陸軍司令部

第1軍団(前方)

厚木

海軍：MH−60ヘリ（空母艦載機）など

相模原

第38防空砲兵旅団司令部

佐世保

海軍：佐世保艦隊基地隊
- - - - - - - - - - - - - - - - - - -
　　　　揚陸艦
　　　　掃海艦
　　　　輸送艦

横須賀

在日米海軍司令部

海軍：横須賀艦隊基地隊
- - - - - - - - - - - - - - - - - - -
　　　　空母
　　　　巡洋艦
　　　　駆逐艦
　　　　揚陸指揮艦

米

軍

611

2. 在日米軍提供施設・区域配置図（本土）

（令和5.1.1現在）

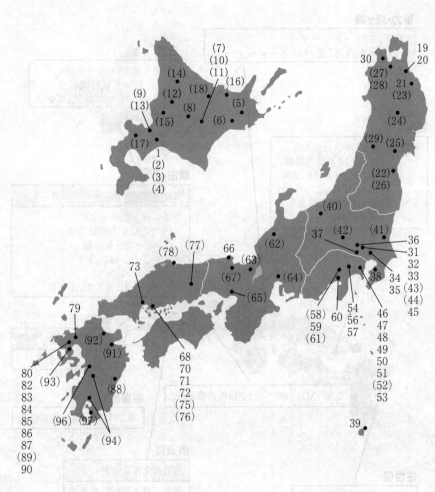

注：（ ）の施設・区域は、その全部が地位協定第2条4(b)の規定に基づいて
一時使用されているものである。

米
軍

北 海 道 防 衛 局 管 内 (北 海 道)		
1	キャンプ千歳	4,274
(2)	(東千歳駐屯地)	81
(3)	(北海道・千歳演習場)	92,288
(4)	(千歳飛行場)	2,584
(5)	(別海矢臼別大演習場)	168,178
(6)	(釧路駐屯地)	26
(7)	(鹿追駐屯地)	59
(8)	(上富良野中演習場)	34,688
(9)	(札幌駐屯地)	8
(10)	(鹿追然別中演習場)	32,832
(11)	(帯広駐屯地)	757
(12)	(旭川近文台演習場)	1,416
(13)	(丘珠駐屯地)	2
(14)	(名寄演習場)	1,734
(15)	(滝川演習場)	1,367
(16)	(美幌訓練場)	2,269
(17)	(倶知安高嶺演習場)	928
(18)	(遠軽演習場)	1,082
計	18施設	344,574

東 北 防 衛 局 管 内 (青森県、岩手県、宮城県 秋田県、山形県、福島県)		
19	三沢対地射爆撃場	7,656
20	三沢飛行場	15,968
21	八戸貯油施設	173
(22)	(仙台駐屯地)	51
(23)	(八戸駐屯地)	53
(24)	(岩手岩手山中演習場)	23,264
(25)	(大和王城寺原大演習場)	45,377
(26)	(霞の目飛行場)	260
(27)	(青森小谷演習場)	3,183
(28)	(弘前演習場)	4,904
(29)	(神町大高根演習場)	1,308
30	車力通信所	135
計	12施設	102,331

北 関 東 防 衛 局 管 内 (茨城県、栃木県、群馬県、埼玉県、千葉県、東京都、新潟県、長野県)					
31	所沢通信施設	966	39	硫黄島通信所	6,630
32	大和田通信所	1,199	(40)	(高田関山演習場)	14,080
33	キャンプ朝霞	118	(41)	(百里飛行場)	1,089
34	赤坂プレス・センター	27	(42)	(相馬原演習場)	5,796
35	ニューサンノー米軍センター	7	(43)	(朝霞駐屯地)	17
36	横田飛行場	7,139	(44)	(入間飛行場)	4
37	多摩サービス補助施設	1,948	(45)	(羽田郵便管理事務所)	建物
38	木更津飛行場	2,095	計	15施設	41,115

米軍

南関東防衛局管内
（神奈川県、山梨県、静岡県）

46	根岸住宅地区	429	(52)	（長坂小銃射撃場）	97
47	横浜ノース・ドック	523	53	池子住宅地区及び海軍補助施設	2,884
48	鶴見貯油施設	184	54	相模原住宅地区	593
49	横須賀海軍施設	2,363	55	相模総合補給廠	1,967
50	吾妻倉庫地区	802	56	厚木海軍飛行場	5,056
51	浦郷倉庫地区	194	57	キャンプ座間	2,292
			(58)	（富士演習場）	133,925
			59	富士営舎地区	1,177
			60	沼津海浜訓練場	28
			(61)	（滝ヶ原駐屯地）	8
			計	16施設	152,523

近畿中部防衛局管内
（富山県、石川県、福井県、岐阜県、愛知県、三重県 滋賀県、京都府、大阪府、兵庫県、奈良県、和歌山県）

(62)	（小松飛行場）	1,606	(65)	（伊丹駐屯地）	20
(63)	（今津饗庭野中演習場）	24,085	66	経ヶ岬通信所	36
(64)	（岐阜飛行場）	1,626	(67)	（福知山射撃場）	55
			計	6施設	27,427

中国四国防衛局管内
（鳥取県、島根県、岡山県、広島県、山口県、徳島県、香川県、愛媛県、高知県）

68	呉第6突堤	12	74	祖生通信所	24
69	灰ヶ峰通信施設	1	(75)	（第一術科学校訓練施設）	建物
70	広弾薬庫	359	(76)	（原村演習場）	1,687
71	川上弾薬庫	2,604	(77)	（日本原中演習場）	18,844
72	秋月弾薬庫	559	(78)	（美保飛行場）	778
73	岩国飛行場	8,648	計	11施設	33,516

米
軍

九州防衛局管内
(福岡県、佐賀県、長崎県、熊本県
大分県、宮崎県、鹿児島県)

No.	施設名	面積	No.	施設名	面積
79	板付飛行場	515	(88)	(新田原飛行場)	1,833
80	赤崎貯油所	754	(89)	(崎辺小銃射撃場)	建物
81	庵崎貯油所	227	90	針尾住宅地区	354
82	横瀬貯油所	679	(91)	(日出生台・十文字原演習場)	56,317
83	立神港区	135	(92)	(築城飛行場)	906
84	佐世保海軍施設	496	(93)	(大村飛行場)	建物
85	佐世保ドライ・ドック地区	83	(94)	(大矢野原・霧島演習場)	26,965
86	佐世保弾薬補給所	582	(95)	(北熊本駐屯地)	21
87	針尾島弾薬集積所	1,297	(96)	(健軍駐屯地)	39
			(97)	(鹿屋飛行場)	490
			計	19施設	91,693

(注1) 単位未満を四捨五入したので計と符合しないことがある。
(注2) ( )の施設・区域は、その全部が地位協定第2条4(b)の規定に基づいて一時使用されているものである。

米

軍

3. 主な在日米軍兵力の現況 （沖縄）

嘉手納飛行場

空軍：第18航空団
　　　F−15戦闘機
　　　KC−135空中給油機
　　　HH−60ヘリ
　　　E−3早期警戒管制機
　　　MQ−9無人機（期限を定め
　　　ない一時展開）など
海軍：沖縄艦隊基地隊
　　　対潜哨戒機中隊
　　　P−8A哨戒機　など
陸軍：第1−1防空砲兵大隊
　　　ペトリオットPAC−3

キャンプ・ハンセン

海兵隊：第12海兵沿岸連隊
　　　　第31海兵機動展開隊司令部

キャンプ・シュワブ

海兵隊：第4海兵連隊（歩兵）

トリイ通信施設

陸軍：第10支援群
　　　第1特殊部隊群
　　　（空挺）第1大隊

キャンプ・コートニー

海兵隊：第3海兵機動展開部隊司令部
　　　　第3海兵師団司令部

嘉手納
トリイ
キャンプ・コートニー
普天間
ホワイト・ビーチ地区

ホワイト・ビーチ地区

海軍：港湾施設、貯油施設

普天間飛行場

海兵隊：第36海兵航空群
　　　　CH−53ヘリ
　　　　AH−1ヘリ
　　　　UH−1ヘリ
　　　　MV−22オスプレイ　など

キャンプ瑞慶覧

第1海兵航空団司令部

牧港補給地区

第3海兵後方支援群司令部

米
軍

616

4. 在日米軍提供施設・区域配置図（沖縄）

（令和5.1.1現在）

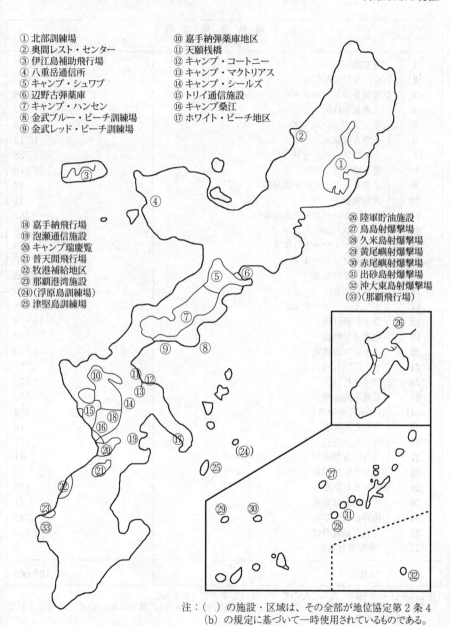

① 北部訓練場
② 奥間レスト・センター
③ 伊江島補助飛行場
④ 八重岳通信所
⑤ キャンプ・シュワブ
⑥ 辺野古弾薬庫
⑦ キャンプ・ハンセン
⑧ 金武ブルー・ビーチ訓練場
⑨ 金武レッド・ビーチ訓練場

⑩ 嘉手納弾薬庫地区
⑪ 天願桟橋
⑫ キャンプ・コートニー
⑬ キャンプ・マクトリアス
⑭ キャンプ・シールズ
⑮ トリイ通信施設
⑯ キャンプ桑江
⑰ ホワイト・ビーチ地区

⑱ 嘉手納飛行場
⑲ 泡瀬通信施設
⑳ キャンプ瑞慶覧
㉑ 普天間飛行場
㉒ 牧港補給地区
㉓ 那覇港湾施設
㉔ (浮原島訓練場)
㉕ 津堅島訓練場

㉖ 陸軍貯油施設
㉗ 鳥島射爆撃場
㉘ 久米島射爆撃場
㉙ 黄尾嶼射爆撃場
㉚ 赤尾嶼射爆撃場
㉛ 出砂島射爆撃場
㉜ 沖大東島射爆撃場
㉝ (那覇飛行場)

注：（　）の施設・区域は、その全部が地位協定第2条4
　　(b) の規定に基づいて一時使用されているものである。

米

軍

凡例：	・	施設名	面　積（千㎡）

└── 図面との符号番号

沖 縄 防 衛 局 管 内 （沖縄県）		
1	北部訓練場	36,590
2	伊江島補助飛行場	8,015
3	奥間レスト・センター	546
4	八重岳通信所	37
5	キャンプ・シュワブ	20,626
6	辺野古弾薬庫	1,214
7	キャンプ・ハンセン	48,728
8	嘉手納弾薬庫地区	26,276
9	金武レッド・ビーチ訓練場	14
10	天願桟橋	31
11	金武ブルー・ビーチ訓練場	381
12	キャンプ・コートニー	1,339
13	キャンプ・マクトリアス	379
14	キャンプ・シールズ	700
15	トリイ通信施設	1,895
16	キャンプ桑江	676
17	ホワイト・ビーチ地区	1,568
18	嘉手納飛行場	19,856
19	泡瀬通信施設	552
20	キャンプ瑞慶覧	5,342
21	普天間飛行場	4,758
22	牧港補給地区	2,675
23	那覇港湾施設	559
(24)	（浮原島訓練場）	254
25	津堅島訓練場	16
26	陸軍貯油施設	1,277
27	鳥島射爆撃場	41
28	久米島射爆撃場	2
29	黄尾嶼射爆撃場	874
30	赤尾嶼射爆撃場	41
31	出砂島射爆撃場	245
32	沖大東島射爆撃場	1,147
(33)	（那覇飛行場）	7
計	33 施設	186,662

米

軍

（注1）単位未満を四捨五入したので計と符合しないことがある。
（注2）（　）の施設・区域は、その全部が地位協定第2条4(b)の規定に基づいて一時使用されて
　　　いるものである。

5. SACO・米軍再編 (Special Action Committee on facilities and areas in Okinawa：沖縄における施設及び区域に関する特別行動委員会)

(1) SACO中間報告

1996年4月15日　　　　　　**SACO中間報告**（仮訳）

　　　　　　　池田外務大臣
　　　　　　　臼井防衛庁長官
　　　　　　　ペリー国防長官
　　　　　　　モンデール駐日大使

　沖縄に関する特別行動委員会(SACO)は、1995年11月に、日本国政府及び米国政府によって設置された。両国政府は、沖縄県民の負担を軽減し、それにより日米同盟関係を強化するために、SACOのプロセスに着手した。

　この共同の努力に着手するに当たり、SACOのプロセスの付託事項及び指針が日米両国政府により合意された。すなわち、日米双方は、日米安保条約及び関連取極の下におけるそれぞれの義務との両立を図りつつ、沖縄県における米軍の施設及び区域を整理、統合、縮小し、また、沖縄県における米軍の運用の方法を調整する方策について、SACOが日米安全保障協議委員会(SCC)に対し勧告を作成することに合意した。このようなSACOの作業は、1年で完了するものとされている。

　SACOは、日米合同委員会とともに作業しつつ、一連の集中的かつ綿密な協議を行ってきた。これらの協議の結果、SACO及び日米合同委員会は、これまでに騒音軽減のイニシアティヴ及び運用の方法の調整などの地位協定に関連する事項に対処するためのいくつかの具体的な措置を公表した。

　本日、SCCにおいて、池田大臣、臼井長官、ペリー長官及びモンデール大使は、これまでにSACOにおいて行われてきた協議に基づき、いくつかの重要なイニシアティヴに合意した。これらの措置は、実施されれば、在日米軍の能力及び即応態勢を十分に維持しつつ、沖縄県の地域社会に対する米軍の活動の影響を軽減することとなろう。沖縄県における米軍の施設及び区域の総面積は、約20パーセント減少すると見積もられる。

　SCCは、これらの措置を遅滞なく、適時に実施することの重要性を強調し、SACOに対し、1996年11月までに、具体的な実施スケジュールを付した計画を完成し、勧告するよう指示した。米軍の活動の沖縄に対する影響を最小限にするため、日本国政府及び米国政府は以下を実施するため協力する。

土地の返還
▷普天間飛行場を返還する。

　　　今後5～7年以内に、十分な代替施設が完成した後、普天間飛行場を返還する。
　　施設の移設を通じて、同飛行場の極めて重要な軍事上の機能及び能力は維持され

米
軍

る。このためには、沖縄県における他の米軍の施設及び区域におけるヘリポートの建設、嘉手納飛行場における追加的な施設の整備、KC-130航空機の岩国飛行場への移駐(騒音軽減イニシアティヴの実施を参照。)及び危険に際しての施設の緊急使用についての日米共同の研究が必要となる。

▷海への出入りを確保した上で北部訓練場の過半を返還する。

▷米軍による安波訓練場(陸上部分)の共同使用を解除する。

▷ギンバル訓練場を返還する。

　　施設は沖縄県における他の米軍の施設及び区域に移設する。

▷楚辺通信所を返還する。

　　今後5年の間にキャンプ・ハンセン(中部訓練場)に新たな通信所が建設された後に楚辺通信所を返還する。

▷読谷補助飛行場を返還する。

　　パラシュート降下訓練は、移転する。

▷キャンプ桑江の大部分を返還する。

　　海軍病院及びキャンプ桑江内のその他の施設を沖縄県における他の米軍の施設及び区域に移設する。

▷瀬名波通信施設を返還する。

　　瀬名波通信施設及びこれに関連する施設をトリイ通信所及び沖縄県における他の米軍の施設及び区域に移設し、土地の返還を可能にする。

▷牧港補給地区の一部を返還する。

　　国道58号に隣接する土地を返還する。

▷住宅地区の統合により土地を返還する。

　　沖縄県における米軍住宅地区を統合するための共同計画を作成し、それによって、キャンプ桑江(レスター)及びキャンプ瑞慶覧(フォスター)を含む古い住宅地区の土地の相当な部分の返還を可能にする。

▷那覇港湾施設の返還を加速化する。

　　浦添に新たな港湾施設を建設し、那覇港湾施設の返還を可能にする。

訓練及び運用の方法の調整

▷県道104号線越え実弾砲兵射撃訓練を取りやめる。但し、危機の際に必要な砲兵射撃は除く。155ミリ実弾砲兵射撃訓練は日本本土に移転する。

▷パラシュート降下訓練を伊江島に移転する。

▷沖縄県の公道における行軍を取りやめる。

騒音軽減のイニシアティヴの実施

▷日米合同委員会によって公表された嘉手納飛行場及び普天間飛行場における航空機騒音規制措置に関する合意を実施する。

▷KC-130(ハーキュリーズ)航空機を移駐し、その支援施設を移設し、また、AV-8(ハ

米
軍

620

リアー)航空機を移駐する。

現在普天間飛行場に配備されているKC−130航空機を岩国飛行場に移駐し、その支援施設を岩国飛行場に移設するとともに、ほぼ同数のハリアー航空機を米国へ移駐する。

▷嘉手納飛行場における海軍のP−3航空機の運用及び支援施設を海軍駐機場から主要滑走路の反対側へ移転し、MC−130航空機の運用を海軍駐機場から移転する。

▷嘉手納飛行場に新たな遮音壁を設置する。

▷普天間飛行場における夜間飛行訓練の運用を制限する。

地位協定の運用の改善

▷米軍航空機の事故についての情報を適時に提供するための新たな手続を確立する。

▷日米合同委員会の合意を一層公表することを追求する。

▷米軍の施設及び区域への立入りについてのガイドラインを再点検し、公表する。

▷米軍の公用車両の表示に関する措置についての合意を実施する。

▷任意自動車保険に関する教育計画を拡充する。

▷検疫に関する手続を再点検し、公表する。

▷キャンプ・ハンセンにおける使用済み弾薬類の除去についてのガイドラインを公表する。

日米双方は、米軍のレクリエーション施設を含め、追加的な事項につき引き続き検討することに合意した。

(2) SACO最終報告

平成8年12月2日　　　　　　　　**SACO最終報告**（仮訳）

池田外務大臣

久間防衛庁長官

ペリー国防長官

モンデール駐日大使

沖縄に関する特別行動委員会（SACO）は、平成7年11月に、日本国政府及び米国政府によって設置された。両国政府は、沖縄県民の負担を軽減し、それにより日米同盟関係を強化するために、SACOのプロセスに着手した。

この共同の努力に着手するに当たり、SACOのプロセスの付託事項及び指針が日米両国政府により定められた。すなわち、日米双方は、日米安全保障条約及び関連取極の下におけるそれぞれの義務との両立を図りつつ、沖縄県における米軍の施設及び区域を整理、統合、縮小し、また、沖縄県における米軍の運用の方法を調整する方策について、SACOが日米安全保障協議委員会（SCC）に対し勧告を作成することを決定した。このようなSACOの作業は、1年で完了するものとされた。

平成8年4月15日に開催されたSCCは、いくつかの重要なイニシアティヴを含むSACO中間報告を承認し、SACOに対し、平成8年11月までに具体的な実施スケジュールを付した計画を完成し、勧告するよう指示した。

　SACOは、日米合同委員会とともに、一連の集中的かつ綿密な協議を行い、中間報告に盛り込まれた勧告を実施するための具体的な計画及び措置をとりまとめた。

　本日、SCCにおいて、池田大臣、久間長官、ペリー長官及びモンデール大使は、このSACO最終報告を承認した。この最終報告に盛り込まれた計画及び措置は、実施されれば、沖縄県の地域社会に対する米軍活動の影響を軽減することとなろう。同時に、これらの措置は、安全及び部隊の防護の必要性に応えつつ、在日米軍の能力及び即応態勢を十分に維持することとなろう。沖縄県における米軍の施設及び区域の総面積（共同使用の施設及び区域を除く。）の約21パーセント（約5,002ヘクタール）が返還される。

　SCCの構成員は、このSACO最終報告を承認するにあたり、一年間にわたるSACOのプロセスの成功裡の結実を歓迎し、また、SACO最終報告の計画及び措置の着実かつ迅速な実施を確保するために共同の努力を継続するとの堅い決意を強調した。このような理解の下、SCCは、各案件を実現するための具体的な条件を取り扱う実施段階における両国間の主たる調整の場として、日米合同委員会を指定した。地域社会との所要の調整が行われる。

　また、SCCは、米軍の存在及び地位に関連する諸問題に対応し、米軍と日本の地域社会との間の相互理解を深めるために、あらゆる努力を行うとの両国政府のコミットメントを再確認した。これに関連して、SCCは、主として日米合同委員会における調整を通じ、これらの目的のための努力を継続すべきことに合意した。

　SCCの構成員は、SCC自体と日米安全保障高級事務レベル協議（SSC）が、前記の日米合同委員会における調整を監督し、適宜指針を与えることに合意した。また、SCCは、SSCに対し、最重要課題の一つとして沖縄に関連する問題に真剣に取り組み、この課題につき定期的にSCCに報告するよう指示した。

　平成8年4月の日米安全保障共同宣言に従い、SCCは、国際情勢、防衛政策及び軍事態勢についての緊密な協議、両国間の政策調整並びにより平和的で安定的なアジア太平洋地域の安全保障情勢に向けた努力の重要性を強調した。SCCは、SSCに対し、これらの目的を追求し、同時に、沖縄に関連する問題に取り組むよう指示した。

<u>土地の返還</u>
▷普天間飛行場　付属文書のとおり
▷北部訓練場

　以下の条件の下で、平成14年度末までを目途に、北部訓練場の過半（約3,987ヘクタール）を返還し、また、特定の貯水池（約159ヘクタール）についての米軍の共同使用を解除する。

　・北部訓練場の残余の部分から海への出入を確保するため、平成9年度末までを

目途に、土地(約38ヘクタール)及び水域(約121ヘクタール)を提供する。

・ヘリコプター着陸帯を、返還される区域から北部訓練場の残余の部分に移設する。

▷安波訓練場

北部訓練場から海への出入のための土地及び水域が提供された後に、平成9年度末までを目途に、安波訓練場(約480ヘクタール)についての米軍の共同使用を解除し、また、水域(約7,895ヘクタール)についての米軍の共同使用を解除する。

▷ギンバル訓練場

ヘリコプター着陸帯が金武ブルー・ビーチ訓練場に移設され、また、その他の施設がキャンプ・ハンセンに移設された後に、平成9年度末までを目途に、ギンバル訓練場(約60ヘクタール)を返還する。

▷楚辺通信所

アンテナ施設及び関連支援施設がキャンプ・ハンセンに移設された後に、平成12年度末までを目途に、楚辺通信所(約53ヘクタール)を返還する。

▷読谷補助飛行場

パラシュート降下訓練が伊江島補助飛行場に移転され、また、楚辺通信所が移設された後に、平成12年度末までを目途に、読谷補助飛行場(約191ヘクタール)を返還する。

▷キャンプ桑江

海軍病院がキャンプ瑞慶覧に移設され、キャンプ桑江内の残余の施設がキャンプ瑞慶覧又は沖縄県の他の米軍の施設及び区域に移設された後に、平成19年度末までを目途に、キャンプ桑江の大部分(約99ヘクタール)を返還する。

▷瀬名波通信施設

アンテナ施設及び関連支援施設がトリイ通信所に移設された後に、平成12年度末までを目途に、瀬名波通信施設(約61ヘクタール)を返還する。ただし、マイクロ・ウエーブ塔部分(約0.1ヘクタール)は、保持される。

▷牧港補給地区

国道58号を拡幅するため、返還により影響を受ける施設が牧港補給地区の残余の部分に移設された後に、同国道に隣接する土地(約3ヘクタール)を返還する。

▷那覇港湾施設

浦添埠頭地区(約35ヘクタール)への移設と関連して、那覇港湾施設(約57ヘクタール)の返還を加速化するため最大限の努力を共同で継続する。

▷住宅統合(キャンプ桑江及びキャンプ瑞慶覧)

平成19年度末までを目途に、キャンプ桑江及びキャンプ瑞慶覧の米軍住宅地区を統合し、これらの施設及び区域内の住宅地区の土地の一部を返還する。(キャンプ瑞慶覧については約83ヘクタール、さらにキャンプ桑江については35ヘクタールが、それぞれ住宅統合により返還される。このキャンプ桑江についての土地面積は、上記のキャンプ桑江の項の返還面積に含まれている。)

訓練及び運用の方法の調整

▷県道104号線越え実弾砲兵射撃訓練

　平成9年度中にこの訓練が日本本土の演習場に移転された後に、危機の際に必要な砲兵射撃を除き、県道104号線越え実弾砲兵射撃訓練を取り止める。

▷パラシュート降下訓練

　パラシュート降下訓練を伊江島補助飛行場に移転する。

▷公道における行軍

　公道における行軍は既に取り止められている。

騒音軽減イニシアティヴの実施

▷嘉手納飛行場及び普天間飛行場における航空機騒音規制措置

　平成8年3月に日米合同委員会により発表された嘉手納飛行場及び普天間飛行場における航空機騒音規制措置に関する合意は、既に実施されている。

▷KC-130ハーキュリーズ航空機及びAV-8ハリアー航空機の移駐

　現在普天間飛行場に配備されている12機のKC-130航空機を、適切な施設が提供された後、岩国飛行場に移駐する。岩国飛行場から米国への14機のAV-8航空機の移駐は完了した。

▷嘉手納飛行場における海軍航空機及びMC-130航空機の運用の移転　嘉手納飛行場における海軍航空機の運用及び支援施設を、海軍駐機場から主要滑走路の反対側に移転する。これらの措置の実施スケジュールは、普天間飛行場の返還に必要な嘉手納飛行場における追加的な施設の整備の実施スケジュールを踏まえて決定される。嘉手納飛行場におけるMC-130航空機を平成8年12月末までに海軍駐機場から主要滑走路の北西隅に移転する。

▷嘉手納飛行場における遮音壁

　平成9年度末までを目途に、嘉手納飛行場の北側に新たな遮音壁を建設する。

▷普天間飛行場における夜間飛行訓練の運用の制限

　米軍の運用上の即応態勢と両立する範囲内で、最大限可能な限り、普天間飛行場における夜間飛行訓練の運用を制限する。

地位協定の運用の改善

▷事故報告

　平成8年12月2日に発表された米軍航空機事故の調査報告書の提供手続に関する新しい日米合同委員会合意を実施する。

　さらに、良き隣人たらんとの米軍の方針の一環として、米軍の部隊・装備品等及び施設に関係する全ての主要な事故につき、日本政府及び適当な地方公共団体の職員に対して適時の通報が確保されるようあらゆる努力が払われる。

▷日米合同委員会合意の公表

　日米合同委員会合意を一層公表することを追求する。

米軍

▷米軍の施設及び区域への立入

　平成8年12月2日に日米合同委員会により発表された米軍の施設及び区域への立入に関する新しい手続を実施する。

▷米軍の公用車両の表示

　米軍の公用車両の表示に関する措置についての合意を実施する。全ての非戦闘用米軍車両には平成9年1月までに、その他の全ての米軍車両には平成9年10月までに、ナンバー・プレートが取り付けられる。

▷任意自動車保険

　任意自動車保険に関する教育計画が拡充された。さらに、米側は、自己の発意により、平成9年1月から、地位協定の下にある全ての人員を任意自動車保険に加入させることを決定した。

▷請求に対する支払い

　次の方法により、地位協定第18条6項の下の請求に関する支払い手続を改善するよう共同の努力を行う。

・前払いの請求は、日米両国政府がそれぞれの手続を活用しつつ、速やかに処理し、また、評価する。前払いは、米国の法令によって認められる場合には常に、可能な限り迅速になされる。

・米国当局による請求の最終的な裁定がなされる前に、日本側当局が、必要に応じ、請求者に対し無利子の融資を提供するとの新たな制度が、平成9年度末までに導入される。

・米国政府による支払いが裁判所の確定判決による額に満たない過去の事例は極めて少ない。しかし、仮に将来そのような事例が生じた場合には、日本政府は、必要に応じてその差額を埋めるため、請求者に対し支払いを行うよう努力する。

▷検疫手続

　12月2日に日米合同委員会により発表された更改された合意を実施する。

▷キャンプ・ハンセンにおける不発弾除去

　キャンプ・ハンセンにおいては、米国における米軍の射場に適用されている手続と同等のものである米海兵隊の不発弾除去手続を引き続き実施する。

▷日米合同委員会において、地位協定の運用を改善するための努力を継続する。

普天間飛行場に関するSACO最終報告 （仮訳）
（この文書は、SACO最終報告の不可分の一部をなすものである）

於　東京

平成8年12月2日

1．はじめに

（a）平成8年12月2日に開催された日米安全保障協議委員会（SCC）において、池田外務大臣、久間防衛庁長官、ペリー国防長官及びモンデール大使は、平成8年4月15日の沖縄に関する特別行動委員会（SACO）中間報告及び同年9月19日の

SACO現状報告に対するコミットメントを再確認した。両政府は、SACO中間報告を踏まえ、普天間飛行場の重要な軍事的機能及び能力を維持しつつ、同飛行場の返還及び同飛行場に所在する部隊・装備等の沖縄県における他の米軍施設及び区域への移転について適切な方策を決定するための作業を行ってきた。SACO現状報告は、普天間に関する特別作業班に対し、3つの具体的代替案、すなわち(1)ヘリポートの嘉手納飛行場への集約、(2)キャンプ・シュワブにおけるヘリポートの建設、並びに(3)海上施設の開発及び建設について検討するよう求めた。

(b) 平成8年12月2日、SCCは、海上施設案を追求するとのSACOの勧告を承認した。海上施設は、他の2案に比べて、米軍の運用能力を維持するとともに、沖縄県民の安全及び生活の質にも配意するとの観点から、最善の選択であると判断される。さらに、海上施設は、軍事施設として使用する間は固定施設として機能し得る一方、その必要性が失われたときには撤去可能なものである。

(c) SCCは、日米安全保障高級事務レベル協議(SSC)の監督の下に置かれ、技術専門家のチームにより支援される日米の作業班(普天間実施委員会(FIG：Futenma Implementation Group)と称する。)を設置する。FIGは、日米合同委員会とともに作業を進め、遅くとも平成9年12月までに実施計画を作成する。この実施計画についてSCCの承認を得た上で、FIGは、日米合同委員会と協力しつつ、設計、建設、試験並びに部隊・装備等の移転について監督する。このプロセスを通じ、FIGはその作業の現状について定期的にSSCに報告する。

2．SCCの決定

(a) 海上施設の建設を追求し、普天間飛行場のヘリコプター運用機能の殆どを吸収する。この施設の長さは約1,500メートルとし、計器飛行への対応能力を備えた滑走路(長さ約1,300メートル)、航空機の運用のための直接支援、並びに司令部、整備、後方支援、厚生機能及び基地業務支援等の間接支援基盤を含む普天間飛行場における飛行活動の大半を支援するものとする。海上施設は、ヘリコプターに係る部隊・装備等の駐留を支援するよう設計され、短距離で離発着できる航空機の運用をも支援する能力を有する。

(b) 岩国飛行場に12機のKC-130航空機を移駐する。これらの航空機及びその任務の支援のための関連基盤を確保すべく、同飛行場に追加施設を建設する。

(c) 現在の普天間飛行場における航空機、整備及び後方支援に係る活動であって、海上施設又は岩国飛行場に移転されないものを支援するための施設については、嘉手納飛行場において追加的に整備を行う。

(d) 危機の際に必要となる可能性のある代替施設の緊急時における使用について研究を行う。この研究は、普天間飛行場から海上施設への機能移転により、現有の運用上の柔軟性が低下することから必要となるものである。

(e) 今後5乃至7年以内に、十分な代替施設が完成し運用可能になった後、普天間飛行場を返還する。

米
軍

3．準拠すべき方針

(a) 普天間飛行場の重要な軍事的機能及び能力は今後とも維持することとし、人員及び装備の移転、並びに施設の移設が完了するまでの間も、現行水準の即応性を保ちつつ活動を継続する。

(b) 普天間飛行場の運用及び活動は、最大限可能な限り、海上施設に移転する。海上施設の滑走路が短いため同施設では対応できない運用上の能力及び緊急事態対処計画の柔軟性（戦略空輸、後方支援、緊急代替飛行場機能及び緊急時中継機能等）は、他の施設によって十分に支援されなければならない。運用、経費又は生活条件の観点から海上施設に設置することが不可能な施設があれば、現存の米軍施設及び区域内に設置する。

(c) 海上施設は、沖縄本島の東海岸沖に建設するものとし、桟橋又はコーズウェイ（連絡路）により陸地と接続することが考えられる。建設場所の選定においては、運用上の所要、空域又は海上交通路における衝突の回避、漁船の出入、環境との調和、経済への影響、騒音規制、残存性、保安、並びに他の米国の軍事施設又は住宅地区への人員アクセスについての利便性及び受入可能性を考慮する。

(d) 海上施設の設計においては、荒天や海象に対する上部構造物、航空機、装備及び人員の残存性、海上施設及び当該施設に所在するあらゆる装備についての腐食対策・予防措置、安全性、並びに上部構造物の保安を確保するため、十分な対策を盛り込むこととする。支援には、信頼性があり、かつ、安定的な燃料供給、電気、真水その他のユーティリティ及び消耗資材を含めるものとする。さらに、海上施設は、短期間の緊急事態対処活動において十分な独立的活動能力を有するものとする。

(e) 日本政府は、日米安全保障条約及び地位協定に基づき、海上施設その他の移転施設を米軍の使用に供するものとする。また、日米両政府は、海上施設の設計及び取得に係る決定に際し、ライフ・サイクル・コストに係るあらゆる側面について十分な考慮を払うものとする。

(f) 日本政府は、沖縄県民に対し、海上施設の構想、建設場所及び実施日程を含めこの計画の進捗状況について継続的に明らかにしていくものとする。

4．ありうべき海上施設の工法

日本政府の技術者等からなる「技術支援グループ」（TSG）は、政府部外の大学教授その他の専門家からなる「技術アドバイザリー・グループ」（TAG）の助言を得つつ、本件について検討を行ってきた。この検討の結果、次の3つの工法がいずれも技術的に実現可能とされた。

(a) 杭式桟橋方式（浮体工法）：海底に固定した多数の鋼管により上部構造物を支持する方式。

(b) 箱（ポンツーン）方式：鋼製の箱形ユニットからなる上部構造物を防波堤内の静かな海域に設置する方式。

(c) 半潜水（セミサブ）方式：潜没状態にある下部構造物の浮力により上部構造物

を波の影響を受けない高さに支持する方式。

5. 今後の段取り

(a) FIGは、SCCに対し海上施設の建設のための候補水域を可能な限り早期に勧告するとともに、遅くとも平成9年12月までに詳細な実施計画を作成する。この計画の作成に当たり、構想の具体化・運用所要の明確化、技術的性能諸元及び工法、現地調査、環境分析、並びに最終的な構想の確定及び建設地の選定という項目についての作業を完了することとする。

(b) FIGは、施設移設先において、運用上の能力を確保するため、施設の設計、建設、所要施設等の設置、実用試験及び新施設への運用の移転を含む段階及び日程を定めるものとする。

(c) FIGは、定期的な見直しを行うとともに、重要な節目において海上施設計画の実現可能性について所要の決定を行うものとする。

(3) 沖縄県における米軍の施設・区域に関連する問題の解決促進について

$$\left(\begin{array}{c}\text{平成 8 年 4 月 16 日}\\\text{閣　議　決　定}\end{array}\right)$$

1. 日米両国政府は、我が国に所在する米軍の施設及び区域の多くが沖縄県に集中していることに留意し、これに関連する諸問題の検討を行うため、昨年11月、日米安全保障協議委員会の下に沖縄における施設及び区域に関する特別行動委員会を設置した。両国政府は、爾来、日米安全保障条約の目的達成との調和を図りつつ、これら施設及び区域に係る問題の改善及びその整理・統合・縮小を実効的に進めるための方策について、真剣かつ精力的に検討を行ってきた。

昨15日に開催された日米安全保障協議委員会において、特別行動委員会から、これまでの検討で得られた進展をまとめるものとして中間報告が行われ、了承された。

2. 特別行動委員会においては、引き続き検討が重ねられ、今秋までに施設及び区域の整理・統合・縮小についての具体的措置を含む最終的なとりまとめを行い、日米安全保障協議委員会に報告することとされている。

政府としては、こうした検討を一層促進するとともに、特別行動委員会でとりまとめられる具体的措置の的確かつ迅速な実施を確保するための方策について、法制面及び経費面を含め総合的な観点から早急に検討を行い、十分かつ適切な措置を講ずることとする。

3. 政府としては、日米安全保障条約を堅持するとの立場に立って、必要な施設及び区域の提供という同条約上の義務を履行するために引き続き所要の措置をとっていくこととする。また、我が国周辺地域において我が国の平和と安全に重要な影響を与えるような事態に対処するため、憲法及び関係法令に従い、日米の効果的な協力態勢の構築に務めるとともに、あわせて地域的な多国間の安全保障に関する対話・協力のために日米両国が緊密な協力を積極的に進める。

(4) 沖縄に関する特別行動委員会の最終報告に盛り込まれた措置の実施の促進について

$$\left(\begin{array}{c} 平成8年12月3日 \\ 閣　議　決　定 \end{array}\right)$$

1. 政府は、平成8年4月15日に日米安全保障協議委員会が了承した沖縄に関する特別行動委員会の中間報告を踏まえた本年4月16日の閣議決定「沖縄県における米軍の施設・区域に関連する問題の解決促進について」に基づき、日米間で真剣な協議を継続するとともに、所要の措置を講じてきたところである。

2. 昨日、日米両国政府は、日米安全保障協議委員会を開催し、特別行動委員会の最終報告を了承した。

　　また、この最終報告に盛り込まれた措置に係る両国間の調整は、日米安全保障協議委員会及び日米安全保障高級事務レベル協議で定められる方針に従い、普天間飛行場代替ヘリポート案件については日米安全保障協議委員会において設置が決定された日米間の作業部会において、その他の案件については主として日米合同委員会においてそれぞれ処理されることとされている。

3. この最終報告は、沖縄県における米軍の施設及び区域に関する問題についての日米間の共同作業に一つの区切りを示すものであるが、ここに盛り込まれた措置について期限を踏まえつつ着実に実施していくためには、米国との整理が不可欠であるとともに、国内においても、引き続き政府全体が協力して、あらゆる努力を行っていくことが必要である。

　　このような考え方の下、成功裡に結実したこの最終報告に盛り込まれた措置を的確かつ迅速に実施するため、法制面及び経費面を含め、政府全体として十分かつ適切な措置を講ずることとする。

(5) 普天間実施委員会 (FIG) について

$$\left(\begin{array}{c} 平成9年1月31日 \\ 防衛庁・外務省 \end{array}\right)$$

1月31日、「沖縄に関する特別行動委員会」(SACO) 最終報告に基づき、普天間飛行場の返還に伴う代替施設に関する日米共同の作業班として「普天間実施委員会」(FIG：Futenma Implementation Group)が設置された。

1. 構成
   (1) FIGは調整・監督委員会とその下に必要に応じて設置される分野毎の部会で構成される。
   (2) 調整・監督委員会の構成
   〇日本側：防衛庁防衛審議官、外務省北米局審議官（以上共同議長）
   　　　　　防衛庁、防衛施設庁、統合幕僚会議事務局及び外務省等の関係者
   〇米国側：国防次官補代理（議長）
   　　　　　統合参謀本部、太平洋軍、在日米軍及び在京米大等の関係者

米軍

(3) 部会は、両国政府の各分野の関係者で構成され、各分野に関する細部の詰めを行う。

2. 活動

(1) 調整・監督委員会は、FIGとしての意思決定を行い、各部会の活動の調整及び監督を行う。

(2) 部会は、運用上の所要、技術、設備・建設等の各分野の問題の詳細につき協議する。

(3) 調整・監督委員会は、日常的な連絡・調整等については、時宜に応じて両国政府（我が方は防衛庁及び外務省、米国側は在日米軍司令部）の課長クラスを議長代行として開催する。（重要な節目においては、両国議長が調整・監督委員会に出席し直接その任に当たる。）

3. FIGは、日米安全保障高級事務レベル協議（SSC：Security Subcommittee、日本側：防衛庁防衛局長及び外務省北米局長ほか、米国側：国防次官補及び国務次官補ほか）の監督の下に置かれる。

4. FIGは、日米合同委員会（日米地位協定25条に基づく協議機関。日本側代表：外務省北米局長、米国側代表：在日米軍参謀長）とともに作業を進め、遅くとも平成9年12月までに実施計画を作成する。

5. FIGは、実施計画について日米安全保障協議委員会（SCC：Security Consultative Committee、日本側：防衛庁長官及び外務大臣、米国側：国防長官及び国務長官）の承認を得た上で、日米合同委員会と協力しつつ、設計、建設、試験並びに部隊・装備等の移転について監督する。FIGは、このような作業の現状について定期的にSSCに報告する。

6. 両国議長は、随時、自国政府の関係者をオブザーバーとしてFIGの会合に出席せしめることができる。

(6) 普天間飛行場の移設に係る政府方針

$$\left(\begin{array}{c} 平成11年12月28日 \\ 閣 \quad 議 \quad 決 \quad 定 \end{array} \right)$$

　政府においては、沖縄県における米軍施設・区域の負担を軽減するため、「沖縄に関する特別行動委員会」（以下「SACO」という）最終報告の着実な実現に向けて、全力で取り組んできたところである。

　SACO最終報告において大きな課題となっている普天間飛行場の移設・返還について、平成11年11月22日、沖縄県知事は移設候補地を「キャンプ・シュワブ水域内名護市辺野古沿岸域」とする旨表明し、更に12月27日、名護市長から同飛行場代替施設に係る受け入れの表明が行われた。

　こうした中で、沖縄県及び地元から、住民生活や自然環境への特別の配慮、移設先及び周辺地域の振興、沖縄県北部地域の振興及び駐留軍用地跡地の利用の促進等の要請が寄せられてきたところである。

政府としては、こうした経緯及び要請に基づき、本件に係る12月17日の第14回
沖縄政策協議会の了解を踏まえつつ、今後下記の方針に基づき取り組むこととする。

記

Ⅰ　普天間飛行場代替施設について

　　普天間飛行場代替施設(以下「代替施設」という)については、軍民共用空港を
念頭に整備を図ることとし、米国とも緊密に協議しつつ、以下の諸点を踏まえて
取り組むこととする。

１．基本計画の策定

　　建設地点を「キャンプ・シュワブ水域内名護市辺野古沿岸域」とし、今後、代
替施設の工法及び具体的建設場所の検討を含めて基本計画の策定を行う。基本計
画の策定に当たっては、移設先及び周辺地域(以下「地域」という)の住民生活に
著しい影響を与えない施設計画となるよう取り組むものとする。

　　代替施設の工法及び具体的建設場所については、地域住民の意向を尊重すべ
く、沖縄県及び地元地方公共団体とよく相談を行い、最善の方法をもって対処す
ることとする。

２．安全・環境対策

　(1)　基本方針

　　　地域の住民生活及び自然環境に著しい影響を及ぼすことのないよう最大限
　　の努力を行うものとする。

　(2)　代替施設の機能及び規模

　　　代替施設については、SACO最終報告における普天間飛行場移設に伴う機
　　能及び民間飛行場としての機能の双方の確保を図る中で、安全性や自然環境に
　　配慮した最小限の規模とする。

　(3)　環境影響評価の実施等

　　① 環境影響評価を実施するとともに、その影響を最小限に止めるための適切
　　　な対策を講じる。

　　② 必要に応じて、新たな代替環境の積極的醸成に努めることとし、そのため
　　　に必要な研究機関等の設置に努める。

　(4)　代替施設の使用に関する協定の締結

　　　地域の安全対策及び代替施設から発生する諸問題の対策等を講じるため、①
　　飛行ルート、②飛行時間の設定、③騒音対策、④航空機の夜間飛行及び夜間飛
　　行訓練、廃弾処理等、名護市における既存施設・区域の使用に関する対策、⑤
　　その他環境問題、⑥代替施設内への地方公共団体の立入りにつき、地方公共団
　　体の意見が反映したものとなるよう、政府は誠意をもって米国政府と協議を行
　　い、政府関係当局と名護市との間で協定を締結し、沖縄県が立ち会うものとする。

　(5)　協議機関等の設置

　　　代替施設の基本計画の策定に当たっては、政府、沖縄県及び地元地方公共団

米
軍

体の間で協議機関を設置し、協議を行うこととする。

　また、航空機騒音や航空機の運用に伴う事故防止等、生活環境や安全性、自然環境への影響等について、専門的な考察による客観的な分析・評価を行えるよう、政府において、適切な体制を確保することとする。

(6) 実施体制の確立

　代替施設の基本計画に基づく建設及びその後の運用段階においても、適切な協議機関等を設置し、地域の住民生活に著しい影響を及ぼさないよう取り組むこととする。また、協議機関においては、代替施設の使用に関する協定及び環境問題についての定期的なフォローアップを行うこととする。

3．使用期限問題

　政府としては、代替施設の使用期限については、国際情勢もあり厳しい問題があるとの認識を有しているが、沖縄県知事及び名護市長から要請がなされたことを重く受け止め、これを米国政府との話し合いの中で取り上げるとともに、国際情勢の変化に対応して、本代替施設を含め、在沖縄米軍の兵力構成等の軍事態勢につき、米国政府と協議していくこととする。

4．関連事項

(1) 米軍施設・区域の整理・統合・縮小への取組

　沖縄県における米軍施設・区域の負担を軽減するため、県民の理解と協力を得ながら、SACO最終報告を踏まえ、さらなる米軍施設・区域の計画的、段階的な整理・統合・縮小に向けて取り組む。

(2) 日米地位協定の改善

　地位協定の運用改善について、誠意をもって取り組み、必要な改善に努める。

(3) 名護市内の既存の米軍施設・区域に係る事項

　① キャンプ・シュワブ内の廃弾処理については、市民生活への影響に配慮し、所要の対策について取り組む。

　② 辺野古弾薬庫の危険区域の問題について取り組む。

　③ キャンプ・シュワブ内の兵站地区に現存するヘリポートの普天間飛行場代替施設への移設については、米国との話し合いに取り組む。

Ⅱ　地域の振興について

1．普天間飛行場移設先及び周辺地域の振興

　代替施設の受入れに伴い新たな負担を担うこととなる地域の振興については、平成11年12月17日の第14回沖縄政策協議会の了解を踏まえ、今後、別紙1の方針により、確実な実施を図ることとする。

2．沖縄県北部地域の振興

　沖縄県北部地域の振興については、上記第14回沖縄政策協議会の了解を踏まえ、今後、別紙2の方針により、確実な実施を図ることとする。

3. 駐留軍用地跡地利用の促進及び円滑化等

　沖縄における駐留軍用地跡地利用の促進及び円滑化等については、上記第14回沖縄政策協議会の了解を踏まえ、今後、別紙3の方針により、確実な実施を図ることとする。

別紙1

普天間飛行場移設先及び周辺地域の振興に関する方針

　市街地の中心部に位置する普天間飛行場の返還は、沖縄県民多数の願いであり、この問題の解決促進のため、沖縄県にあっては苦渋の決断として、キャンプ・シュワブ水域内名護市辺野古沿岸域を移設候補地として選定され、また、名護市においてその受入れが表明されたところである。

　地元において新たな負担を伴うこの普天間飛行場にかかる代替施設建設の課題について、その平和と安全への大きな貢献に応えるべく政府として最大限の配慮をなすべきものと考える。

　もとより国民に平和と安全をもたらす安全保障体制の確保は全国民的課題であり、衡平と公正の見地から、政府として、全国民に対し、現下の国際情勢の下で代替施設の受入れにかかる地域が新たな負担を担うことについての深い理解を求めるとともに、当該地域の発展への地元の期待に対して、全力を上げてこれに応えるべきものと考える。

　こうした観点から、政府においては、平成11年12月13日に県から提示された「普天間飛行場移設先及び周辺地域の振興に関する要望」、「沖縄問題についての内閣総理大臣談話」(平成8年9月10日閣議決定)及び「沖縄問題に関する特別行動委員会の最終報告に盛り込まれた措置の実施の促進について」(平成8年12月3日閣議決定)を踏まえ、下記の方針に基づき、移設先及び周辺地域の振興・発展に向けて全力で取り組むこととする。

記

1. 基本認識
(1) 移設先及び周辺地域(以下「地元地域」という)における住民の福利の増進を図るべく、総合的な地域活性化方策を確立し、実行性のある政策の積極的かつ計画的展開を図るべきであること。
(2) 若者が将来展望を持って地域に定着できるよう、魅力のある雇用機会の創出に努めることが大きな課題であること。
(3) 雇用機会の創出に向けて、新しい産業の集積とともに農業、漁業の振興など、既存産業の活性化を図りつつ、産業基盤の整備を進める必要があること。
(4) 自然環境との調和の視点とともに、複数世代の共生できる多様性の視点をあわせて重視した魅力のある定住条件の整備が課題であること。

米
軍

(5) 優れた環境の維持に努めるとともに、自然環境の積極的醸成に向けた取組み
が行われるべきこと。
2. 政策の具体化の方向
(1) 空港活用型産業の育成・誘致等
　　軍民共用空港を念頭に置いた新空港が地元地域の発展にとって真に有意義
なものとなるよう、民間空港として利用するためのターミナル等空港利用施設
の整備に向けた諸条件の整備を進めるとともに、空港関連産業の育成・誘致及
び空港を活用した諸産業の発展のための諸条件の検討に早期に取り組み、その
結果に基づいた具体的な事業展開を図る。
(2) 空港の経済波及効果を高めるための道路整備
　　空港の利便性を広範な経済波及効果に結びつけるため、空港へのアクセス道
路を含め、地元地域における道路網の整備を進める。
(3) 産業の育成・誘致のための条件整備
　　地元地域において、新たな産業の立地や企業誘致による雇用機会の創出を図
るため、産業業務施設を含む産業団地の造成、研究開発拠点施設や情報通信基
盤の整備等産業の育成や誘致のための条件整備を行う。また、農林水産業をは
じめとする既存産業の振興を図る。
(4) 国際情報特区構想の展開
　　沖縄経済特区21世紀プラン中間報告において新たに提唱された同構想が地
元地域において展開されるよう、同構想の検討・実現の中で取り組む。
(5) 国際交流等の推進
　　アジア・太平洋地域との産業・経済・文化等の国際交流・貢献を具体的に展
開する拠点施設や、同地域の発展に寄与する施設の誘致を図るとともに、既存
の国際交流機能の拡充・強化を図る。また、九州・沖縄サミットを契機とした
国際交流の一層の促進を図るため、アジア・太平洋地域の有数のコンベンショ
ン都市としてのポテンシャルを内外にアピールし、国際会議等の誘致に努める。
(6) 人材の育成
　　国際的な視野を持つ21世紀を担う人材を育成するとともに、アジア・太平
洋地域からの留学生・研修生の受入れや、実践的な技術・知識を有する人材を
育成するための高等教育機関の強化及び設置支援並びに研修施設の誘致等に
努める。
(7) 地域の定住と交流を促進するための生活環境施設の整備
　　地元地域の要望を踏まえ、生活環境や住民福祉の向上、利便性の確保につな
がる施設整備を進めるとともに、広域的な観点から設置される公園や港湾、市
街地開発等の整備や公共機関の設置に努める。
(8) 自然環境の保全と活用
　　優れた自然環境の創造的醸成を図る事業の推進や、それに必要な研究機関の
設置に努める。

米
軍

3．振興事業の具体化に当たっての留意事項

　　振興事業の具体化に当たっては、次の諸点に留意することとする。

(1) 上記の基本認識及び政策の具体化の方向を当面の基本としつつ、今後策定される基本方針に沿って国、県及び地元地域自治体相互の連携と協力により振興事業の具体化に鋭意取り組むこと。

(2) 振興事業の検討に当たっては、地元の創意と工夫が反映されるよう県及び地元地域自治体の協力を得て、地域を代表する農林水産業、商工業等の関係団体と協議を行うなど有益な意見の収集に努めること。

(3) 地元地域にあって、移設先地域とともに、その周辺地域に対して均衡のとれた配慮を行うこと。

(4) 周辺地域を含む地域の諸計画との整合性に配慮すること。

4．振興事業の実現のための枠組みの確保

　　振興策が確実に実現されることを担保する枠組みとして、以下の対応を図ることとする。

(1) 協議機関の設置

　　振興事業の推進にかかる基本方針の策定、事業の具体化に向けた協議及び事業実施にかかるフォローアップを行う機関として、国、県、及び地元地域自治体からなる「協議機関」を新たに設置する。

　　なお、同協議機関は、県及び地元地域自治体の協力を得て極力早期に発足させることとする。

(2) 振興事業の具体化に向けた取組

　　同協議機関の協議においては、熟度の高い事業を中心に早急に予算へ反映されるよう勤めるとともに、振興事業の実施に向けた中長期的対応をあわせて検討することとする。

(3) 新たな法制の整備

　　振興事業の具体化の着実な実現を図るため、新たな法制の整備に取り組むこととする。このため、ポスト三次振計の今後の総合的検討においても、地元地域のこの要望を踏まえて検討を行うこととする。

(4) 財源の確保

　　本振興事業については、国、県の行う事業を含め予算上の特別な配慮を行うこととする。また、平成12年度において新たに確保する特別の予算措置、新たに発足させる「北部振興事業制度」(仮称)等においては、地元地域を重視した制度運営上の工夫を地元地域の意見を踏まえて行うこととする。

　　これらの対応にSACO関連経費をはじめとする各種交付金等による対応が更に加わることにより、本振興事業の財源の確保及び一般財源の充実にかかる要望に的確に対処する。

(5) 事務局体制の確保

　　振興事業の着実な推進のため、政府部内の事務局体制を確保する。

米
軍

沖縄県北部地域の振興に関する方針

Ⅰ　現状認識及び政策の基本方向

1．人口動態にみる現状

　「沖縄県北部地域の振興についての要望（以下、「要望」と略す。）にもあるように、復帰前の昭和45年と比較した人口増加率では、中南部地域が7〜9割の増加を示してきたのに対し、北部地域はほぼ横ばいにとどまっており、県内における人口比率を大幅に低下させてきた。

　北部地域における出生者数は過去10年間で14,228人であり、これを人口千人当たりでみると、約115人となっており、他地域（同時期の人口10万人当たり中部地域約129人、南部地域約137人、八重山・宮古地域約120人）と比較して出生者比率については、それほど遜色はない。それにもかかわらずこうした北部地域の人口比率低下が生じているのは、他地域に比べて高齢者の比率が高いことと合わせて、明らかに地域外への人口の流出が大きな原因となっている。

　ちなみに、北部地域における人口の定着率（生まれた人口がどの程度その地域にとどまるかを示すもの。）を年齢別にみると、義務教育修了前の5〜9歳及び10〜14歳については、ほぼ100％とどまっており、また、高校進学期と大学進学期を挟む15〜19歳でも91.8％と、県全体の95.6％に比べて若干の開きにとどまっている。この開きは20歳以上で決定的となり、20〜24歳が69.0％（全県では85.7％）、25‐29歳が61.9％（同84.5）、30〜34歳が54.8％（同82.7％）となる。

　このように、北部地域の人口は、特に就業段階において極端に減少していく姿が浮き彫りになっており、新たな雇用機会の創出が必要不可欠の課題となっていることを示している。

2．政策の基本方向

　(1) 基本認識

　　沖縄県及び北部12市町村は、「20万人広域圏」あるいは当面の課題としての「15万人の圏域人口」を掲げている。人口動態の現状認識に立てば、定住人口の増加こそが、北部地域の活性化、ひいては県土の均衡ある発展を図る上での基礎的な課題であり、要望の中の目標もそうした認識に立脚するものと理解する。こうした目標の設定に当たっては、相当長期にわたる努力の継続が前提となるものと考えられ、容易な課題ではないが、北部地域関係者の危機感を踏まえたとき、これまでの人口潮流に変化を与えるような実効性のある取組が行われるよう、政府においても最大限の支援を行っていくことが求められているものと認識する。

　　平成10年3月に策定した新しい全国総合開発計画（平成10年3月31日閣議決定）において、「特に北部圏については、沖縄本島の一体的な発展を図る上でその果たす役割は大きく、地域特性を活かしつつ今後とも振興に向けての着実

な取組を進める。」とされているところである。政府においては、この新全総の考え方を基本認識として位置づけ、沖縄県北部地域の振興に全力を挙げていて取り組むこととする。

(2) 政策の基本方向

〈定住人口の増加を目指して〉

北部地域における定住人口の増加を目指すとき、まず第一に、人口の社会的流出の傾向に歯止めをかける必要がある。そのとき、地域の若者が定住できる雇用機会の創出が最大の課題となる。

第二に、定住人口の増加に向けた諸般の取組が、地域の若者の定住を促進するだけでなく、これと併せて、企業進出等を通じて地域外の人々が北部地域に定着するような成果にも結びつくことが期待される。すなわち、魅力ある雇用機会の創出や生活環境の整備によって人口の社会的「流入」を自然な形で実現していくことが併せて求められるところである。

〈人と産業の定住条件の整備〉

こうした成果を発揮するための対策は一言で言えば、「人と産業の定住条件の整備」である。

産業の振興は、雇用機会の創出と表裏一体の課題であり、そのためには、企業誘致の促進と内発的な産業育成が車の両輪の課題となる。観光関連や農林水産業を含めた地場産業のさらなる発展を図るための地域産業おこしの取組が企業誘致とともに併せて重要である。

また、「産業の定住条件の整備」と平行して、「人と定住条件の整備」が併せて課題となる。生活環境をより魅力あるものに整備し、複数世代が共生できる地域づくりの展開が期待される。その場合、雇用機会と併せて、若者に魅力ある都市的機能が北部地域により一層集積し、定住効果を発揮していく必要がある。

〈地域間バランスへの配慮〉

要望にもあるとおり、政策の展開を図るに当たっては、圏域内のそれぞれの地域間のバランス、とりわけ西海岸地域と東海岸地域、本島と離島それぞれのバランスに配慮する必要がある。そうした配慮の中で、北部地域全体のポテンシャルが地域そのものの振興に活かされるとともに、沖縄全体の発展のために役立てられるものと考える。

なお、若者の定住を図る上で、都市的機能の集積は避けて通れない課題であるが、要望にある地域間バランスの視点に立つとき、こうした課題が北部地域の中の南北格差、ミニ一極集中に拍車をかけることにならないよう、都市的機能の広域的分担の考え方を極力確保することやインフラ整備を通じた人の流れへの配慮などが求められる。

〈要望の考え方の重視〉

上記の諸点とともに、要望において「基本戦略」として示された「地域資源

米
軍

を活用した特色ある産業広域圏の創造」、「多様な交流と情報発信を促進する交流広域圏の創造」及び「人と自然が共生する環境広域圏の創造」の各戦略的観点についても、政府の施策展開に当たっての基本方向として重視することとする。

Ⅱ　施策の具体化の方向

　北部地域の振興に当たっては、北部の地域資源や特性を、その基盤となる自然環境に配慮しつつ、積極的に活かすことによって、効果的な展開が可能となり、また、他地域との相互補完関係の中での取組として、県全体の経済発展につながっていくものと考える。

　そうした視点から、自然環境をはじめとする観光資源の豊かな北部地域にあって、観光・リゾート産業の一層の発展が強く期待されるところである。また、「地域資源型」とも言うべき、地場の製造業や農林水産業のさらなる発展が追求されるべきである。

　商業分野については、地域住民にとっての魅力ある都市的機能としての位置づけとともに、観光・リゾート地としての関連においても活かしていくことが期待される。

　また、大きな可能性が期待される情報通信産業については、名護を中心に北部地域において企業立地に一定の成果が得られつつあるところであり、今後、さらなる集積を図ることは可能と考えられ、その振興についても重点的に取り組むこととする。

　以上のような考え方のもとで各産業分野の振興に努めるとともに、そのためのインフラストラクチャーとしての人材の育成、研究開発・国際交流の促進、北部新空港をはじめとする交通基盤の整備、企業立地基盤の整備等に取り組むこととする。

　さらに、北部振興の基本的課題が「人と産業の定住条件の整備」であることに留意し、産業振興の基盤整備と併せて、人の定住条件の整備として、潤いとやすらぎのある生活環境の整備や長寿福祉社会の実現に向けた取組などに努めることとする。

１．活力ある地域経済を目指す産業の振興

（1）観光・リゾート産業の振興

　　観光・リゾート産業は、それ自身のためだけでなく、他の地域産業の発展の牽引役として、積極的に位置づけるとともに、観光産業をNIRA研究会報告にいう「文化交流型産業」といったより広い視野から再定義し、新たな視点からのアプローチに努め、観光振興地域制度等を活用した観光拠点の重点的整備を促進する。

　　観光・リゾート産業の振興のためには、人々が安価で容易に移動できる環境を提供しなければならない。そのため、本土・那覇間の路線の航空運賃の引下げに係る措置及び沖縄自動車道の通行料金の割引に係る措置については、その延長措置の実現に向けて取り組むものとする。また、県外から北部地域への直接のアクセスのため、軍民共用空港を念頭に北部地域における新空港の整備に向けて取り組む。

　　さらに、やんばる地域のすぐれた自然環境や文化財を保全するという観点も

米軍

638

踏まえつつ、地域における観光拠点の周遊ルート化や新たな観光スポットの開発と併せ、自然をテーマとするエコツーリズム、あるいは観光・長寿をテーマとする沖縄ウェルネス計画の推進等の体験型・周遊型・滞在型観光等、地域の人々とのふれあいが可能となるような、新たな視点からの観光開発も推進することとする。

① 観光振興地域や重点整備地区における、市町村等によるアクセス道路、駐車場、上下水道等の総合的整備の推進

② エコツーリズムや、グリーン・ツーリズム、ブルー・ツーリズムなど自然環境や伝統文化等を体験し、地域住民との交流を促進するような滞在型・参加型・体験型観光の促進

③ 「ツールドおきなわ」等の各種イベントの定着化やスポーツ・リハビリ機能を備えた施設整備等を通したイベント・スポーツ観光の促進

④ 世界文化遺産に推薦している遺産群等をつなぐ琉球歴史回廊のルート化や新水族館の整備等による国営沖縄記念公園海洋博覧会地区の魅力向上など、北部観光の独自性の創造と観光資源の整備

⑤ 赤土対策や陸域・海域生態系の保全等の環境保全策を通した観光資源の質の維持・向上の促進　など

(2) 情報通信関連産業の集積促進

　過疎化、高齢化、産業の集積度の低さなどは、互いに原因結果となっており、北部地域の産業振興を図る上で大きな阻害要因となっている。

　北部地域の産業振興を強力に推し進めるためには、雇用吸収力の大きい産業を誘致するとともに、産業の集積度が高められるような企業を立地することが重要である。このため、「沖縄経済振興21世紀プラン」の中間報告における情報通信関連産業の誘致等は有効な手段であり、産業振興の大きな柱として積極的に推進する。

　情報通信関連産業の誘致を円滑に推進するため、企業誘致のためのインセンティブの創出や通信コストの低減化等に資する研究開発環境の充実等企業活動の活性化を図るための措置に加え、これからの高度情報通信社会への対応や21世紀へ向けた新たな産業創出のためにも情報通信社会インフラの整備が必要である。

① 国際情報特区構想の推進による情報通信関連産業の集積促進

② 通信コストの軽減につながる総合的な対策の推進

③ ギガビットネットワークの研究開発環境の整備

④ 亜熱帯地球環境計測技術に関する研究機関の整備

⑤ 地方公共団体による地域インターネットの整備や地域イントラネットの構築等をはじめとする情報通信インフラの整備　など

(3) 農林水産業の振興

　農業粗生産額において他地域に比較して優位にあり、大量消費者であるリゾー

米
軍

トホテル等の立地も視野に入れた北部地域での農林水産業の可能性を追求しつつ、技術開発や市場競争力の強化を図るなど、その振興を総合的に推進する。

また、国際化の進展に伴う海外農林水産物などとの競合の激化等、外部環境の変化に対し対応し得る新規品目の開発や既存品目の改良を推進するため、試験研究の拡充・強化を図る。

① 農業生産基盤の設備の推進等

亜熱帯農業の拠点産地形成を目指し、農業用水の確保、ほ場整備等の農業生産の基礎的な条件整備や農業の機械化、設備の近代化を図り、農業経営の近代化・合理化を促進する。また、既存品目の量産体制の確立、新規品目の導入等により、特色ある産地形成を図るとともに、農林水産物の高付加価値化を推進する。

② 地理的・自然的特性を活かした漁業生産基盤の整備

漁港・漁場等の生産基盤の整備をすすめるとともに、放流技術・新規養殖魚種の開発等を通じて、熱帯海域における特色ある栽培漁業や養殖業など「つくり育てる漁業」の実現を支援するとともに資源管理型漁業を推進する。

③ 森林資源の利活用

本県における木材生産拠点機能の強化を図るため、生産団地化等の推進、機械・装備の高度化及び生産施設の整備を図るとともに、県産材の需要喚起を図る。また、森林地域の保全・活用のための施策を総合的に推進する。

(4) 商工業の活性化

北部地域には、ビール、セメント、製糖などの県を代表する企業が立地し、これまで地域経済を支えてきたところであり、こうした既存産業のより一層の振興を図る観点から、産業の協業化の推進や資金融資等の既存の産業振興制度の積極的な活用を図るとともに、産業集積度の低い北部地域における戦略的な産業集積の在り方について今後とも調査研究し、戦略的な産業集積の構築を図る。

一方、商業についてみると、消費者ニーズの多様化、流通構造の変化、モータリゼーションの進展、それに伴う郊外型・大規模商業施設の立地等により、かつての中心市街地の空洞化が進行していることから、中心市街地の再活性化を図り、魅力ある商店街の再構築に努めるとともに、観光・リゾート振興の見地からも、魅力ある商業・アミューズメント施設の集積促進を図る。

2. 魅力ある地域と産業を支える基盤の整備

(1) 長期発展の基盤のための人材の育成

産業技術が日進月歩で進歩していく中、その技術に適切に対応できる人材、新たな技術を研究開発し得る人材は、地域の産業創出・育成に重要な役割を果たしていることから、各面にわたる人材の育成を図る必要がある。

このため、新たな教育機関や国際的水準の研究機関の整備や誘致を促進し、

研究開発拠点を形成するとともに、産業を支える高度・専門的な人材の育成・確保を図る。また、新たな産業展開のための知的資本の充実を図るため、産官学が連携する人材育成を推進する。
① 国立高等専門学校設置の確実な実現
② 起業のための環境整備としての人材育成資金等の助成
③ 情報通信分野における人材の育成
④ 高等教育機関等における人材育成の充実　など

(2) 研究開発と国際交流の促進

　学術、文化、スポーツ等における国際交流・協力は、世界の様々な人々が互いに理解し合う上で大きな役割を果たしている。特に、沖縄の有する地理的・自然的特性を活かした研究開発や独自の伝統文化及び国際性豊かな県民性は、アジア・太平洋地域の経済社会及び文化等の発展に貢献できる可能性を秘めている。

　その可能性の実現に向けて、研究開発や国際交流・貢献を推進するとともに国際交流・貢献施設の充実等諸条件の整備を進める。

　研究開発の面では、情報通信関連産業等の新たな産業展開のための知的資本の充実を図るため、産官学が連携する研究開発を推進するとともに、新事業創出促進法（平成10年法律第152号）に基づき策定された「沖縄県基本構想」において、今後発展する産業として位置づけられている健康・医薬関連産業、食品産業、バイオ関連産業、環境関連産業などの産業化のための研究を推進する。

　国際交流を促進する観点からは、特に国際コンベンション都市の形成に重点を置くべきであり、九州・沖縄サミットの開催をチャンスと捉え、各種国際会議の誘致に継続的に取り組むことが重要である。そのため、アジア・太平洋地域における有数の国際コンベンション都市としてのポテンシャルや国際観光地としての魅力のPR等に努める。

(3) 潤いとやすらぎのある生活環境の整備と長寿福祉社会の実現

　地域社会において、高齢者から子供までの幅広い世代が、安心して生き生きと暮らせることは、豊かな長寿福祉社会の実現と活力ある快適な生活の実現を図るものであり、北部地域についても、すべての世代が豊かさを享受できる社会として形成されるよう環境整備を促進する。

　このため、少子・高齢化が進展する中で、高齢者等が住み慣れた地域で安心して生活を営むことができるよう諸施策を推進するとともに、地域において安心して子供を生み育てることができるよう子育て支援体制の整備・充実を図るなど、地域社会の条件整備を進める。

　若者にとって魅力ある地域になるよう、所得機会の確保や生活基盤の整備を促進するとともに、循環型社会の実現に向けて快適な生活環境を形成する。

　また、アメニティに富み、活力に満ちた地域社会が形成されるよう、上下水道、集落排水等、廃棄物処理施設及び公営住宅等の整備・拡充を図るなど、生活環境基盤正義を総合的に推進する。

沖縄本島の水源地としての機能を重視し、水源の安定的な涵養を図るため、水源基金が設置され、水源地域振興事業の展開が図られており、政府としても、水源涵養等の公益的機能の高度発揮を図るための諸施策を推進することとする。

　さらに、多様な生態系を形成しているやんばる地域の国立公園化を視野に入れながら、貴重な野生生物の保護を図るなど、森林地域の保全のための諸施策を総合的に推進する。

(4) 交通体系及び企業立地基盤の整備

　道路、空港、港湾等の交通基盤は、地域住民の生活の向上をもたらすだけでなく、訪れる人々にも便利さや快適さを提供するものである。これらの交通基盤の充実は、北部と中・南部との移動を容易にし、両地域の相互補完を可能にするものであることから、交通基盤の整備に当たっては、常に他の圏域との有機的な連携を念頭に総合的な観点から取り組む必要がある。

　また、交通体系の整備に当たっては、交通基盤が産業を支えるインフラとしての側面を有しており、物の輸送の効率化や関連産業の誘致の面からも道路・空港・港湾等の整備が特に重視されなければならない。

　このため、交通基盤の整備の促進や交通ネットワークの強化を図りつつ、離島と本島との交通アクセスの確保・向上や本島内の陸上交通の利便性の向上に向け、新たな交通の在り方について検討を進める。

　軍民共用空港を念頭に置いた北部地域における新空港(以下、「新空港」という。)については、同新空港を活用した空港関連産業や空港利用産業の立地及び発展可能性についても併せてその検討を行うこととする。

　また、企業誘致及び内発型の産業育成双方の見地から、企業立地の促進のため、流通コストの低減化等企業活動の活性化を図るための措置に加え、低利融資制度の活用等、起業のための環境整備に努める必要がある。

　このため、地域プラットフォームの活用など新事業創出促進法による企業立地に向けた総合的支援策を講じるのに加え、現在検討を進めている「新規事業創出促進支援体制の総合的検討」の具体化に向けて、北部振興の観点からも検討を加えることとする。

① 新規の高い幹線道路ネットワークの形成
② 他の経済圏域とのネットワーク強化のための新空港の整備に向けた取組
③ コミューター・ネットワークの拡大を通じた離島を含む県内移動の円滑化
④ 国際クルーズ船や本土定期便船等の寄港の促進や物流機能の再構築のために必要な拠点となる港湾の整備
⑤ 本島・離島間の海上交通の拡充
⑥ 新空港整備に併せた関連産業の立地促進
⑦ 産業団地等、新たな企業立地の受皿の整備
⑧ 流通コストの軽減につながる総合的な対策の推進
⑨ 低利融資制度等、起業促進のための総合的な対策

⑩ 地域の雇用開発に関する助成金の活用など総合的な雇用対策を実施
など

Ⅲ 実現に向けた取組方針

1．当面の課題の実現

　　施策の基本方向に沿った施策・事業の実施に向け、速やかな取組を行っていくこととする。

　　このため、要望のあった「北部振興基金」については、現行の北部産業振興のための基金を平成12年度中に拡充・発展させ、実現できるよう取り組む。また、当面実施可能な施策・事業を推進するため、平成12年度において、このための特別の予算措置を行うこととする。

　　さらに、「沖縄経済振興21世紀プラン」の中間報告において「今後の検討課題」とされた「国際情報特区構想」や「ゼロエミッション・アイランド沖縄構想」などの具体化に当たっては、最終報告に向けて、北部振興の観点からも検討を深めていくこととする。

2．中長期の取組に向けた枠組みの確保

　　北部地域の振興を図る上で、当面の施策・事業の早期実現とともに、中長期的には従来と異なった視点での政策的支援が不可欠であるとの認識のもと、本案に係る施策・事業が確実に実現されることを担保する枠組みとして、平成12年度における対応に加え、以下の対応を図ることとする。

(1)「新たな沖縄振興計画」における位置づけ

　　新たな沖縄振興計画の策定とともに、新たな沖縄振興法の制定実現が要望されていることにかんがみ、政府としては、新たな時代に向けた沖縄振興新法の実現を目指すこととし、その具体的検討をポスト3次振計の検討の中で行うこととする。同法制において、21世紀の沖縄の持続的発展を図る上で地域連携を軸とする分散型の県土構造の構築が不可欠であるとの認識の下に、圏域別の計画としてこれまで以上に北部振興について積極的な位置づけが行われるよう取り組むこととする。

(2) 財政的な措置

　　本案に係る施策・事業を着実に推進する上で、相当規模の予算を要することから、今後、本案に係る施策・事業の具体化に当たっては、その進捗に応じて予算上の特別の配慮を行うこととする。

　　また、本案に係る施策・事業の着実な進捗及び市町村の財政的負担の軽減が併せ求められていることにかんがみ、市町村事業を中心として支援できるよう新たに「北部振興事業制度」（仮称）を創設し、これに対して所要の地方財政上の配慮を併せて行うこととする。

(3) 推進体制の整備

　　北部地域を振興するための施策・事業の円滑な推進に当たって、地域の自治体と県及び政府との緊密な連携・協力を図るため、国、県、地元が一体となっ

米軍

て検討、調整及びフォローアップを行う新たな協議機関を設置する。本案に係る施策・事業の具体化については、同協議機関を活用し、今後、国、県、地元が一体となって具体的事業の検討を行うこととする。

別紙3

駐留軍用地跡地利用の促進及び円滑化等に関する方針

　沖縄県における米軍施設・区域の整理・統合・縮小を着実に推進するなかで、返還跡地の利用の促進及び円滑化は、沖縄の将来発展の視点と共に、駐留軍用地の地主をはじめとする住民生活安定の視点からも課題となってきている。また、米軍施設・区域の整理・統合・縮小に伴って、駐留軍従業員の雇用の安定確保が求められるところである。

　こうしたなか、本問題の解決に向け、沖縄県知事から、「駐留軍用地跡地の利用の円滑な推進に関する要望書」が提出され、また、第十三回沖縄政策協議会においても、同じく関連要望がなされたところである。

　本問題については、沖縄における米軍施設・区域の成立の経緯等にも留意しつつ、また、沖縄における米軍施設・区域の整理・統合・縮小の着実な推進を図る観点から、新たな制度的枠組の確保を含む的確な対応が不可欠であるとの認識のもと、下記の方針で対処する。

記

1．跡地利用の促進及び円滑化のための措置
　(1) 調整機関の設置
　　　国、沖縄県、関係市町村相互の協力のもとで、跡地利用の計画の策定及びその具体化の促進に向けた国、沖縄県及び関係市町村間の総合調整等の機能を果たす調整機関を新たに設置する。
　(2) 共通措置
　　　調整機関の設置に加え、駐留軍用地跡地全体に共通する跡地利用の促進のための施策として次の措置をとる。
　[1] 「調査・測量」の早期実施への対応
　　　　駐留軍用地の返還後の跡地利用事業を早期に立ち上げるため、極力早期に返還合意が得られるよう最大限に努力するとともに、「調査・測量」の実施に関してのあっせんの申請があった場合は、個別の事案に即しつつ、最大限の配慮を払う。
　[2] 「国有財産の活用」の措置
　　　　駐留軍用地跡地内の国有財産について、沖縄振興開発計画に基づき公共の用に供する施設に関する事業を実施するため必要があると認められるときは、国有財産を関係地方公共団体等に対して、無償または時価より低い価額で譲渡し、又は貸し付けることが出来るよう対処する。

米

軍

［3］「返還実施計画に定める事項」の明示

　　返還合意後速やかに策定する「返還実施計画」において、国が行う汚染物質の調査及び除去、不発弾の調査及び除去並びに建物その他の工作物の撤去を定めるべく、予め政令上「返還実施計画に定める事項」として明示する。
(3) 大規模駐留軍用地跡地の利用の促進に関する特例措置

　　必要となる再開発に相当の困難が予想される大規模な駐留軍用地の跡地（以下、「大規模駐留軍用地跡地」という。）にあっては、上記による努力だけでは対処できないものと考えられることから、再開発事業を迅速かつ的確に推進するため、次の措置を講ずることとする。

［1］国の取組にかかる方針の策定

　　大規模駐留軍用地跡地にあっては、困難の多い再開発事業を迅速かつ的確に推進するうえで国の積極的関与が特に不可欠であるとの認識のもと、新たな根拠法令に基づき、行財政上の措置を含めた国の取組に関する具体的方針を定めることとする。

［2］事業執行主体にかかる業務の特例等

　　迅速かつ的確に跡地再開発を推進するため、跡地利用計画を踏まえて沖縄県と協議し、大規模駐留軍用地跡地にかかる跡地整備事業等を担当する事業実施主体を早急に明確にし、併せて事業の迅速化及び円滑化のための業務の特例、人材や事業資金などの資源の優先配分、資金ソースの工夫等の措置を講じることが出来るよう制度を整備する。

(4) 給付金支給にかかる特例措置

　　給付金支給に関して、駐留軍用地跡地の性格等を踏まえ、次のとおり特例措置を認めることとする。

［1］大規模駐留軍用地跡地にかかる特例措置

　　大規模駐留軍用地跡地については、その再開発事業の困難性等に鑑み、給付金の支給期間現行三年を特例措置として延長する。

［2］その他の特例

　　上記大規模駐留軍用地跡地以外の駐留軍用地跡地において、物件撤去等に通常予想される以上の期間を要する場合にあっては、その範囲のなかで、給付金支給にかかる特例措置を認める。

2. 法制の整備

　　跡地利用の促進及び円滑化にかかる上記1の(3)及び(4)の措置については、新たな法制の整備により対応することとし、所要の法案が極力早期に提出されるよう準備を進める。

3. 駐留軍従業員の雇用の安定の確保

　　米軍施設・区域の整理・統合・縮小の推進により影響を受ける駐留軍従業員の雇用対策については、出来る限り移設先又は既存施設への配置転換により雇用の機会を図ることを基本としつつ、雇用の安定的確保に向けて知識技能の習

米
軍

得のための職業訓練対策の強化を図るなど、米軍及び沖縄県とも連携を図りつつ、雇用の安定の確保に最大限の努力を行う。

(7) 普天間飛行場代替施設の基本計画について

〔平成14年7月29日〕

「普天間飛行場の移設に係る政府方針」（平成11年12月28日閣議決定）に基づき、普天間飛行場代替施設の基本計画を次のとおり定める。

1. 規模

(1) 滑走路

ア．普天間飛行場代替施設（以下「代替施設」という。）の滑走路の数は、1本とする。

イ．滑走路の方向は、おおむね真方位N55°Eとする。

ウ．滑走路の長さは、2,000メートルとする。

(2) 面積及び形状

ア．代替施設本体の面積は、最大約184ヘクタールとする。

イ．代替施設本体の形状は、おおむね長方形とする。長さ約2,500メートル、幅約730メートルとする。

2. 工法

代替施設の建設は、埋立工法で行うものとする。

3. 具体的建設場所

代替施設の具体的建設場所は、辺野古集落の中心（辺野古交番）から滑走路中心線までの最短距離が約2.2キロメートル、平島から代替施設本体までの最短距離が約0.6キロメートルの位置とする。（別図参照）※別図については省略

なお、同位置については、海底地形調査に基づく設計上の考慮や環境影響評価等を踏まえ、最終的に確定する。

4. 環境対策

代替施設の建設に当たっては、環境影響評価を実施するとともに、その影響を最小限に止めるための適切な対策を講じる。

(8) 在日米軍の兵力構成見直し等に関する政府の取組について

（平成18年5月30日
　閣　議　決　定）

1. 日米両国政府は、自衛隊及び米軍の役割・任務・能力並びに在日米軍の兵力構成見直しについて協議を進め、平成17年10月29日の日米安全保障協議委員会において、これらに関する勧告が承認された。日米両国政府は、引き続き協議を進め、平成18年5月1日の日米安全保障協議委員会において、在日米軍の兵力構成見直し等についての具体的措置（以下「再編関連措置」という。）を含む最終取りまとめが承認された。

米
軍

2．新たな安全保障環境において、引き続き我が国の安全を確保し、アジア太平洋
地域の平和と安定を維持していくためには、日米安全保障体制を維持・発展させ
ていくことが重要である。在日米軍の駐留は日米安全保障体制の中核であり、米
軍の使用する施設・区域の安定的な使用を確保する必要がある。

　　米軍の使用する施設・区域が沖縄県に集中し、また、本土においても施設・区
域の周辺で市街化が進み、住民の生活環境や地域振興に大きな影響を及ぼしてい
る。こうした現状を踏まえると、幅広い国民の理解と協力を得て今後とも施設・
区域の安定的な使用を確保し、日米安全保障体制を維持・発展させるためには、
抑止力を維持しつつ地元の負担を軽減することが重要である。

3．最終取りまとめには、米軍の使用する施設・区域が集中する沖縄県からの約
8000名の海兵隊要員の削減、普天間飛行場のキャンプ・シュワブへの移設、嘉
手納飛行場以南の人口が密集している地域の相当規模の土地の返還（普天間飛行
場、牧港補給地区、那覇港湾施設等の全面返還を含む。）、横田飛行場における航
空自衛隊航空総隊司令部の併置等による司令部間の連携強化、キャンプ座間にお
ける在日米陸軍司令部の改編、航空自衛隊車力分屯基地への弾道ミサイル防衛の
ための米軍のレーダー・システムの配置、厚木飛行場から岩国飛行場への空母艦
載機の移駐、キャンプ座間及び相模総合補給廠の一部返還、訓練の移転等の具体
的な措置が盛り込まれている。

　　これらの再編関連措置については、最終取りまとめに示された実施時期を踏ま
えつつ、着実に実施していくものとする。

4．我が国の平和と安全を保つための安全保障体制の確保は政府の最も重要な施策
の一つであり、政府が責任をもって取り組む必要がある。その上で、再編関連措
置を実施する際に、地元地方公共団体において新たな負担を伴うものについて
は、かかる負担を担う地元地方公共団体の要望に配慮し、我が国の平和と安全へ
の大きな貢献にこたえるよう、地域振興策等の措置を実施するものとする。

　　また、返還跡地の利用の促進及び駐留軍従業員の雇用の安定確保等について、
引き続き、全力で取り組むものとする。

5．沖縄県に所在する海兵隊部隊のグアムへの移転については、米軍の使用する施
設・区域が集中する沖縄県の負担の軽減にとって極めて重要であり、我が国とし
ても所要の経費を分担し、これを早期に実現するものとする。

6．政府としては、このような考え方の下、法制面及び経費面を含め、再編関連措
置を的確かつ迅速に実施するための措置を講ずることとする。他方、厳しい財政
事情の下、政府全体として一層の経費の節減合理化を行う中で、防衛関係費に
おいても、更に思い切った合理化・効率化を行い、効率的な防衛力整備に努める。
「中期防衛力整備計画（平成17年度〜平成21年度）」（平成16年12月10日閣議決
定）については、在日米軍の兵力構成見直し等の具体的な内容を踏まえ、再編関
連措置に要する経費全体の見積もりが明確となり次第、見直すものとする。

7．普天間飛行場の移設については、平成18年5月1日に日米安全保障協議委員会

において承認された案を基本として、政府、沖縄県及び関係地方公共団体の立場並びに普天間飛行場の移設に係る施設、使用協定、地域振興等に関するこれまでの協議の経緯を踏まえて、普天間飛行場の危険性の除去、周辺住民の生活の安全、自然環境の保全及び事業の実行可能性に留意して進めることとし、早急に代替施設の建設計画を策定するものとする。

具体的な代替施設の建設計画、安全・環境対策及び地域振興については、沖縄県及び関係地方公共団体と協議機関を設置して協議し、対応するものとする。

これに伴い、「普天間飛行場の移設に係る政府方針」（平成11年12月28日閣議決定）は廃止するものとする。

なお、平成18年度においては、上記の政府方針に定める「II　地域の振興について」に基づく事業については実施するものとする。

(9) 再編の実施のための日米のロードマップ(仮訳)

平成18年5月1日

ライス国務長官

ラムズフェルド国防長官

麻生外務大臣

額賀防衛庁長官

I．概観

2005年10月29日、日米安全保障協議委員会の構成員たる閣僚は、その文書「日米同盟：未来のための変革と再編」において、在日米軍及び関連する自衛隊の再編に関する勧告を承認した。その文書において、閣僚は、それぞれの事務当局に対して、「これらの個別的かつ相互に関連する具体案を最終的に取りまとめ、具体的な実施日程を含めた計画を2006年3月までに作成するよう」指示した。この作業は完了し、この文書に反映されている。

II．再編案の最終取りまとめ

個別の再編案は統一的なパッケージとなっている。これらの再編を実施することにより、同盟関係にとって死活的に重要な在日米軍のプレゼンスが確保されることとなる。

これらの案の実施における施設整備に要する建設費その他の費用は、明示されない限り日本国政府が負担するものである。米国政府は、これらの案の実施により生ずる運用上の費用を負担する。両政府は、再編に関連する費用を、地元の負担を軽減しつつ抑止力を維持するという、2005年10月29日の日米安全保障協議委員会文書におけるコミットメントに従って負担する。

III．実施に関する主な詳細

個別の再編案は統一的なパッケージとなっている。これらの再編を実施することにより、同盟関係にとって死活的に重要な在日米軍のプレゼンスが確保されることとなる。

米軍

1．沖縄における再編
　（a）普天間飛行場代替施設
　　● 日本及び米国は、普天間飛行場代替施設を、辺野古岬とこれに隣接する大
　　　浦湾と辺野古湾の水域を結ぶ形で設置し、Ｖ字型に配置される2本の滑走路
　　　はそれぞれ1600メートルの長さを有し、2つの100メートルのオーバーランを
　　　有する。各滑走路の在る部分の施設の長さは、護岸を除いて1800メートル
　　　となる。この施設は、合意された運用上の能力を確保するとともに、安全性、
　　　騒音及び環境への影響という問題に対処するものである。
　　● 合意された支援施設を含めた普天間飛行場代替施設をキャンプ・シュワブ区
　　　域に設置するため、キャンプ・シュワブの施設及び隣接する水域の再編成な
　　　どの必要な調整が行われる。
　　● 普天間飛行場代替施設の建設は、2014年までの完成が目標とされる。
　　● 普天間飛行場代替施設への移設は、同施設が完全に運用上の能力を備えた
　　　時に実施される。
　　● 普天間飛行場の能力を代替することに関連する、航空自衛隊新田原基地及
　　　び築城基地の緊急時の使用のための施設整備は、実地調査実施の後、普天
　　　間飛行場の返還の前に、必要に応じて、行われる。
　　● 民間施設の緊急時における使用を改善するための所要が、二国間の計画検
　　　討作業の文脈で検討され、普天間飛行場の返還を実現するために適切な措
　　　置がとられる。
　　● 普天間飛行場代替施設の工法は、原則として、埋立てとなる。
　　● 米国政府は、この施設から戦闘機を運用する計画を有していない。
　（b）兵力削減とグアムへの移転
　　● 約8000名の第3海兵機動展開部隊の要員と、その家族約9000名は、部隊の
　　　一体性を維持するような形で2014年までに沖縄からグアムに移転する。移
　　　転する部隊は、第3海兵機動展開部隊の指揮部隊、第3海兵師団司令部、第
　　　3海兵後方群（戦務支援群から改称）司令部、第1海兵航空団司令部及び第12
　　　海兵連隊司令部を含む。
　　● 対象となる部隊は、キャンプ・コートニー、キャンプ・ハンセン、普天間飛行場、
　　　キャンプ瑞慶覧及び牧港補給地区といった施設から移転する。
　　● 沖縄に残る米海兵隊の兵力は、司令部、陸上、航空、戦闘支援及び基地支
　　　援能力といった海兵空地任務部隊の要素から構成される。
　　● 第3海兵機動展開部隊のグアムへの移転のための施設及びインフラの整備費算定
　　　額102.7億ドルのうち、日本は、これらの兵力の移転が早期に実現されること
　　　への沖縄住民の強い希望を認識しつつ、これらの兵力の移転が可能となるよう、
　　　グアムにおける施設及びインフラ整備のため、28億ドルの直接的な財政支援を含
　　　め、60.9億ドル（2008米会計年度の価格）を提供する。米国は、グアムへの移転
　　　のための施設及びインフラ整備費の残りを負担する。これは、2008米会計年度

米
軍

の価格で算定して、財政支出31.8億ドルと道路のための約10億ドルから成る。

(c) 土地の返還及び施設の共同使用

● 普天間飛行場代替施設への移転、普天間飛行場の返還及びグアムへの第3海兵機動展開部隊要員の移転に続いて、沖縄に残る施設・区域が統合され、嘉手納飛行場以南の相当規模の土地の返還が可能となる。

● 双方は、2007年3月までに、統合のための詳細な計画を作成する。この計画においては、以下の6つの候補施設について、全面的又は部分的な返還が検討される。

○ キャンプ桑江：全面返還。

○ キャンプ瑞慶覧：部分返還及び残りの施設とインフラの可能な限りの統合。

○ 普天間飛行場：全面返還（上記の普天間飛行場代替施設の項を参照）。

○ 牧港補給地区：全面返還。

○ 那覇港湾施設：全面返還（浦添に建設される新たな施設（追加的な集積場を含む。）に移設）。

○ 陸軍貯油施設第1桑江タンク・ファーム：全面返還。

● 返還対象となる施設に所在する機能及び能力で、沖縄に残る部隊が必要とするすべてのものは、沖縄の中で移設される。これらの移設は、対象施設の返還前に実施される。

● SACO最終報告の着実な実施の重要性を強調しつつ、SACOによる移設・返還計画については、再評価が必要となる可能性がある。

● キャンプ・ハンセンは、陸上自衛隊の訓練に使用される。施設整備を必要としない共同使用は、2006年から可能となる。

● 航空自衛隊は、地元への騒音の影響を考慮しつつ、米軍との共同訓練のために嘉手納飛行場を使用する。

(d) 再編案間の関係

● 全体的なパッケージの中で、沖縄に関連する再編案は、相互に結びついている。

● 特に、嘉手納以南の統合及び土地の返還は、第3海兵機動展開部隊要員及びその家族の沖縄からグアムへの移転完了に懸かっている。

● 沖縄からグアムへの第3海兵機動展開部隊の移転は、(1)普天間飛行場代替施設の完成に向けた具体的な進展、(2)グアムにおける所要の施設及びインフラ整備のための日本の資金的貢献に懸かっている。

2. 米陸軍司令部能力の改善

● キャンプ座間の米陸軍司令部は、2008米会計年度までに改編される。その後、陸上自衛隊中央即応集団司令部が、2012年度（以下、日本国の会計年度）までにキャンプ座間に移転する。自衛隊のヘリコプターは、キャンプ座間のキャスナー・ヘリポートに出入りすることができる。

● 在日米陸軍司令部の改編に伴い、戦闘指揮訓練センターその他の支援施設が、米国の資金で相模総合補給廠内に建設される。

米
軍

650

- この改編に関連して、キャンプ座間及び相模総合補給廠の効率的かつ効果的な使用のための以下の措置が実施される。
  - 相模総合補給廠の一部は、地元の再開発のため（約15ヘクタール）、また、道路及び地下を通る線路のため（約2ヘクタール）に返還される。影響を受ける住宅は相模原住宅地区に移設される。
  - 相模総合補給廠の北西部の野積場の特定の部分（約35ヘクタール）は、緊急時や訓練目的に必要である時を除き、地元の使用に供される。
  - キャンプ座間のチャペル・ヒル住宅地区の一部（1.1ヘクタール）は、影響を受ける住宅のキャンプ座間内での移設後に、日本国政府に返還される。チャペル・ヒル住宅地区における、あり得べき追加的な土地返還に関する更なる協議は、適切に行われる。
3. 横田飛行場及び空域
  - 航空自衛隊航空総隊司令部及び関連部隊は、2010年度に横田飛行場に移転する。施設の使用に関する共同の全体計画は、施設及びインフラの所要を確保するよう作成される。
  - 横田飛行場の共同統合運用調整所は、防空及びミサイル防衛に関する調整を併置して行う機能を含む。日本国政府及び米国政府は、自らが必要とする装備やシステムにつきそれぞれ資金負担するとともに、双方は、共用する装備やシステムの適切な資金負担について調整する。
  - 軍事運用上の所要を満たしつつ、横田空域における民間航空機の航行を円滑化するため、以下の措置が追求される。
    - 民間航空の事業者に対して、横田空域を通過するための既存の手続について情報提供するプログラムを2006年度に立ち上げる。
    - 横田空域の一部について、2008年9月までに管制業務を日本に返還する。返還される空域は、2006年10月までに特定される。
    - 横田空域の一部について、軍事上の目的に必要でないときに管制業務の責任を一時的に日本国の当局に移管するための手続を2006年度に作成する。
    - 日本における空域の使用に関する、民間及び（日本及び米国の）軍事上の所要の将来の在り方を満たすような、関連空域の再編成や航空管制手続の変更のための選択肢を包括的に検討する一環として、横田空域全体のあり得べき返還に必要な条件を検討する。この検討は、嘉手納レーダー進入管制業務の移管の経験から得られる教訓や、在日米軍と日本の管制官の併置の経験から得られる教訓を考慮する。この検討は2009年度に完了する。
  - 日本国政府及び米国政府は、横田飛行場のあり得べき軍民共同使用の具体的な条件や態様に関する検討を実施し、開始から12か月以内に終了する。
    - この検討は、共同使用が横田飛行場の軍事上の運用や安全及び軍事運用上の能力を損なってはならないとの共通の理解の下で行われる。
    - 両政府は、この検討の結果に基づき協議し、その上で軍民共同使用に関

米
軍

651

する適切な決定を行う。
4．厚木飛行場から岩国飛行場への空母艦載機の移駐
　● 第5空母航空団の厚木飛行場から岩国飛行場への移駐は、F／A－18、EA
　　－6B、E－2C及びC－2航空機から構成され、(1)必要な施設が完成し、(2)
　　訓練空域及び岩国レーダー進入管制空域の調整が行われた後、2014年まで
　　に完了する。
　● 厚木飛行場から行われる継続的な米軍の運用の所要を考慮しつつ、厚木飛
　　行場において、海上自衛隊EP－3、OP－3、UP－3飛行隊等の岩国飛行場
　　からの移駐を受け入れるための必要な施設が整備される。
　● KC－130飛行隊は、司令部、整備支援施設及び家族支援施設とともに、岩
　　国飛行場を拠点とする。航空機は、訓練及び運用のため、海上自衛隊鹿屋
　　基地及びグアムに定期的にローテーションで展開する。KC－130航空機の展
　　開を支援するため、鹿屋基地において必要な施設が整備される。
　● 海兵隊CH－53Dヘリは、第3海兵機動展開部隊の要員が沖縄からグアムに
　　移転する際に、岩国飛行場からグアムに移転する。
　● 訓練空域及び岩国レーダー進入管制空域は、米軍、自衛隊及び民間航空機(隣
　　接する空域内のものを含む)の訓練及び運用上の所要を安全に満たすよう、
　　合同委員会を通じて、調整される。
　● 恒常的な空母艦載機離発着訓練施設について検討を行うための二国間の枠
　　組みが設けられ、恒常的な施設を2009年7月又はその後のできるだけ早い
　　時期に選定することを目標とする。
　● 将来の民間航空施設の一部が岩国飛行場に設けられる。
5．ミサイル防衛
　● 双方が追加的な能力を展開し、それぞれの弾道ミサイル防衛能力を向上させ
　　ることに応じて、緊密な連携が継続される。
　● 新たな米軍のXバンド・レーダー・システムの最適な展開地として航空自衛
　　隊車力分屯基地が選定された。レーダーが運用可能となる2006年夏までに、
　　必要な措置や米側の資金負担による施設改修が行われる。
　● 米国政府は、Xバンド・レーダーのデータを日本国政府と共有する。
　● 米軍のパトリオットPAC－3能力が、日本における既存の米軍施設・区域に
　　展開され、可能な限り早い時期に運用可能となる。
6．訓練移転
　● 双方は、2007年度からの共同訓練に関する年間計画を作成する。必要に応
　　じて、2006年度における補足的な計画が作成され得る。
　● 当分の間、嘉手納飛行場、三沢飛行場及び岩国飛行場の3つの米軍施設から
　　の航空機が、千歳、三沢、百里、小松、築城及び新田原の自衛隊施設から
　　行われる移転訓練に参加する。双方は、将来の共同訓練・演習のための自
　　衛隊施設の使用拡大に向けて取り組む。

米
軍

- 日本国政府は、実地調査を行った上で、必要に応じて、自衛隊施設における訓練移転のためのインフラを改善する。
- 移転される訓練については、施設や訓練の所要を考慮して、在日米軍が現在得ることのできる訓練の質を低下させることはない。
- 一般に、共同訓練は、1回につき1～5機の航空機が1～7日間参加するものから始め、いずれ、6～12機の航空機が8～14日間参加するものへと発展させる。
- 共同使用の条件が合同委員会合意で定められている自衛隊施設については、共同訓練の回数に関する制限を撤廃する。各自衛隊施設の共同使用の合計日数及び1回の訓練の期間に関する制限は維持される。

日本国政府及び米国政府は、即応性の維持が優先されることに留意しつつ、共同訓練の費用を適切に分担する。

(10) 普天間飛行場代替施設の建設に係る基本合意書
普天間飛行場代替施設の建設に係る基本合意書(名護市)

　普天間飛行場代替施設については、平成11年12月28日に閣議決定された「普天間飛行場の移設に係る政府方針」に基づき、政府、沖縄県及び関係地方公共団体が、協力して普天間飛行場代替施設の基本計画を作成し、その実施に取り組んできた。このような中で、普天間飛行場に近接した民間地域で、普天間飛行場所属大型ヘリコプターの墜落事故が発生した。一日も早い同飛行場の移設を実現することが、この問題の当初の目的にかなうものであるとの共通認識から、政府及び名護市は、下記の事項について合意する。政府は、沖縄県及び関係地方公共団体のすべての了解を得ることとする。

記

1．防衛庁と名護市は普天間飛行場代替施設の建設に当たっては、名護市の要求する辺野古地区、豊原地区及び安部地区の上空の飛行ルートを回避する方向で対応することに合意する。(別図参照)
2．防衛庁と名護市は普天間飛行場代替施設の建設場所について、平成17年10月29日に日米安全保障協議委員会に於いて承認された政府案を基本に、①周辺住民の生活の安全、②自然環境の保全、③同事業の実行可能性に留意して建設することに合意する。
3．今後、防衛庁と沖縄県、名護市及び関係地方公共団体は、この合意をもとに、普天間飛行場の代替施設の建設計画について誠意をもって継続的に協議し、結論を得ることとする。
4．政府は、平成14年7月29日に合意した「代替施設の使用協定に係る基本合意書」を踏まえ、使用協定を締結するものとする。
5．政府は、米軍再編の日米合意を実施するための閣議決定を行う際には、平成11年12月28日の「普天間飛行場の移設に係る政府方針」(閣議決定)を踏まえ、

米

軍

沖縄県・名護市及び関係地方公共団体と事前にその内容について、協議すること
に合意する。

平成18年4月7日

防衛庁長官　額賀福志郎

名護市長　島袋吉和

普天間飛行場代替施設の建設に係る基本合意書(宜野座村)

　普天間飛行場代替施設については、平成11年12月28日に閣議決定された「普
天間飛行場の移設に係る政府方針」に基づき、政府、沖縄県及び関係地方公共団体
が、協力して普天間飛行場代替施設の基本計画を作成し、その実施に取り組んでき
た。このような中で、普天間飛行場に近接した民間地域で、普天間飛行場所属大型
ヘリコプターの墜落事故が発生した。一日も早い同飛行場の移設を実現することが、
この問題の当初の目的にかなうものであるとの共通認識から、政府及び宜野座村は、
下記の事項について合意する。政府は、沖縄県及び関係地方公共団体のすべての了
解を得ることとする。

記

1．防衛庁と宜野座村は普天間飛行場代替施設の建設に当たっては、宜野座村の要
　求する宜野座村の上空の飛行ルートを回避する方向で対応することに合意する。
　(別図参照)
2．防衛庁と宜野座村は普天間飛行場代替施設の建設場所について、平成17年10
　月29日に日米安全保障協議委員会に於いて承認された政府案を基本に、①周辺
　住民の生活の安全、②自然環境の保全、③同事業の実行可能性に留意して建設す
　ることに合意する。
3．今後、防衛庁と沖縄県、宜野座村及び関係地方公共団体は、この合意をもとに、
　普天間飛行場の代替施設の建設計画について移設先として認識し、誠意をもって
　継続的に協議し、結論を得ることとする。
　　また、具体的な建設案のイメージは、この合意した図面に示すよう、政府側が
　示した沿岸案を基本とし、東宜野座村長の要請である、周辺地域の上空を飛行し
　ないとの観点から、2本の滑走路を設置する事としたものである。
　　メイン滑走路とサブの滑走路からなり、サブ滑走路の飛行コースは海側に設定
　され、離陸専用の滑走路として設置される。
4．政府は、米軍再編の日米合意を実施するための閣議決定を行う際には、平成
　11年12月28日の「普天間飛行場の移設に係る政府方針」(閣議決定)を踏まえ、
　沖縄県・宜野座村及び関係地方公共団体と事前にその内容について、協議するこ
　とに合意する。

平成18年4月7日

防衛庁長官　額賀福志郎

宜野座村長　東肇

米

軍

別図　　**滑走路2本案（V字型）**

主たる風向

普天間飛行場代替施設

嘉陽

安部

辺野古

豊原

久志

計器飛行における
進入経路

有視界飛行における飛行経路

松田

(11) 在沖米軍再編に係る基本確認書

　普天間飛行場代替施設については、平成11年12月28日に閣議決定された「普天間飛行場の移設に係る政府方針」に基づき、政府、沖縄県、名護市及び関係地方公共団体が協力して普天間飛行場代替施設の基本計画を作成し、その実施に誠実に取り組んできた。

　このような中で、普天間飛行場に近接した民間地域で、普天間飛行場所属大型ヘリコプターの墜落事故が発生した。一日も早い同飛行場の危険性を除去することが、この問題の当初の目的にかなうものであるとの共通認識から、政府及び沖縄県は、下記の事項について確認する。

記

1．政府と沖縄県は、在沖米軍の再編の実施に当たっては、戦後61年の長期にわたる過重な基地負担に苦しんだ沖縄県民の労苦に鑑み、日本の安全及びアジア太平洋地域における平和と安定に寄与する在日米軍の抑止力の維持と沖縄の負担軽減が両立する方向で対応することに合意する。

2．防衛庁と沖縄県は、平成18年5月1日に日米安全保障協議委員会において承認された政府案を基本として、①普天間飛行場の危険性の除去、②周辺住民の生活の安全、③自然環境の保全、④同事業の実行可能性—に留意して、対応することに合意する。

米
軍

3．今後、防衛庁、沖縄県、名護市及び関係地方公共団体は、この確認書をもとに、普天間飛行場代替施設の建設計画について誠意を持って継続的に協議するものとする。

4．政府は、在日米軍再編の日米合意を実施するための閣議決定を行う際には、平成11年12月28日の「普天間飛行場の移設に係る政府方針」閣議決定を踏まえ、沖縄県、名護市及び関係地方公共団体と事前にその内容について、協議することに合意する。

5．政府は、沖縄県及び渉外知事会が、日米地位協定の見直しを要求していることを踏まえ、一層の運用の改善等、対応を検討する。

平成18年5月11日

防衛庁長官　額賀福志郎

沖縄県知事　稲嶺恵一

（12）平成22年5月28日に日米安全保障協議委員会において承認された事項に関する当面の政府の取組について

（平成22年5月28日
閣　議　決　定）

1．日米両国政府は、平成18年5月1日の日米安全保障協議委員会において承認された「再編の実施のための日米ロードマップ」（以下「ロードマップ」という。）に示された普天間飛行場代替施設について検討を行い、ロードマップに一部追加・補完をし、ロードマップに示された在日米軍の兵力構成見直し等についての具体的措置を着実に実施していくことを再確認した。

これに伴い、「在日米軍の兵力構成見直し等に関する政府の取組について」（平成18年5月30日閣議決定）を見直すこととする。

2．日米安全保障条約は署名50周年を迎えたが、特に最近の北東アジアの安全保障情勢にかんがみれば、日米同盟は、引き続き日本の防衛のみならず、アジア太平洋地域の平和、安全及び繁栄にとっても不可欠である。このような日米同盟を21世紀の新たな課題にふさわしいものとすることができるように、幅広い分野における安全保障協力を推進し、深化させていかなければならない。同時に、沖縄県を含む地元の負担を軽減していくことが重要である。

このため、日米両国政府は、普天間飛行場を早期に移設・返還するために、代替の施設をキャンプシュワブ辺野古崎地区及びこれに隣接する水域に設置することとし、必要な作業を進めていくとともに、日本国内において同盟の責任をより衡平に分担することが重要であるとの観点から、代替の施設に係る進展に従い、沖縄県外への訓練移転、環境面での措置、米軍と自衛隊との間の施設の共同使用等の具体的措置を速やかに採るべきこと等を内容とする日米安全保障協議委員会の共同発表を発出した。

3．政府としては、上記共同発表に基づき、普天間飛行場の移設計画の検証・確認

米軍

を進めていくこととする。また、沖縄県に集中している基地負担を軽減し、同盟の責任を我が国全体で受け止めるとともに、日米同盟を更に深化させるため、基地負担の沖縄県外又は国外への分散及び在日米軍基地の整理・縮小に引き続き取り組むものとする。さらに、沖縄県外への訓練移転、環境面での措置、米軍と自衛隊との間の施設の共同使用等の具体的措置を速やかに実施するものとする。その際、沖縄県を始めとする関係地方公共団体等の理解を得るべく一層の努力を行うものとする。

(13) 在日米軍再編に関する日米共同報道発表

(2012年2月8日)

日本と米国は、日本の安全及びアジア太平洋地域の平和と安全を維持するため、両国の間の強固な安全保障同盟を強化することを強く決意している。両国は、沖縄における米軍の影響を軽減するとともに、普天間飛行場の代替施設をキャンプ・シュワブ辺野古崎地区及びこれに隣接する水域に建設することに引き続きコミットしている。両国は、普天間飛行場の代替施設に関する現在の計画が、唯一の有効な進め方であると信じている。

両国は、グアムが、沖縄から移転される海兵隊員を含め機動的な海兵隊のプレゼンスを持つ戦略的な拠点として発展することが、日米同盟におけるアジア太平洋戦略の不可欠な要素であり続けることを強調する。

米国は、地理的により分散し、運用面でより抗堪性があり、かつ、政治的により持続可能な米軍の態勢を地域において達成するために、アジアにおける防衛の態勢に関する戦略的な見直しを行ってきた。日本はこのイニシアティブを歓迎する。

このような共同の努力の一環として、両国政府は、再編のロードマップに示されている現行の態勢に関する計画の調整について、特に、海兵隊のグアムへの移転及びその結果として生ずる嘉手納以南の土地の返還の双方を普天間飛行場の代替施設に関する進展から切り離すことについて、公式な議論を開始した。両国は、グアムに移転する海兵隊の部隊構成及び人数についても見直しを行っているが、最終的に沖縄に残留する海兵隊のプレゼンスは、再編のロードマップに沿ったものとなることを引き続き確保していく。

今後数週間ないし数か月の間に、両国政府は、このような調整を行う際の複数の課題に取り組むべく作業を行っていく。この共同の努力は、日米同盟の戦略目標を進展させるものであり、また、アジア太平洋地域における平和と安全の維持のための日米共通のヴィジョンを反映したものである。

(14) 沖縄における在日米軍施設・区域に関する統合計画

(平成25年4月)

第1 はじめに

Ⅰ．概観

沖縄における米軍の再編（統合を含む。）は、2005年10月29日の日米安全保障協

米
軍

議委員会（SCC）文書「日米同盟：未来のための変革と再編」にあるとおり、安全保障同盟に対する日本及び米国における国民一般の支持が、日本の施設・区域における米軍の持続的なプレゼンスに寄与するものであって、このような支持を強化することが重要であると認識する日米両政府による重要な取組である。

　2006年5月1日のSCC文書「再編の実施のための日米ロードマップ」（再編のロードマップ）にあるとおり、再編を実施することにより、同盟関係にとって死活的に重要な在日米軍のプレゼンスが確保され、また、抑止力を維持し、地元への米軍の影響を軽減することとなる。

　再編を実現するため、日米両政府は、この統合計画を作成したのであり、これを実施していく。措置の順序を含むこの統合計画は、沖縄に残る施設・区域に関して共同で作成された。

　日米両政府は、再編を着実に実施するとのコミットメントを再確認する。

　米国政府は、対象となっている米海兵隊の兵力が沖縄から移転し、また、沖縄の中で移転する部隊等の機関のための施設が使用可能となるに伴い、土地を返還することに引き続きコミットしている。

　日本国政府は、残留する米海兵隊の部隊のための必要な住宅を含め、返還対象となる施設に所在し、沖縄に残留する部隊が必要とする全ての機能及び能力を米国政府と調整しつつ移設する責任に留意した。

　日米両政府は、2012年4月27日のSCC共同発表において、再編のロードマップにおいて指定された6つの施設・区域の全面的又は部分的な返還に変更はなく、米軍により使用されている前述の施設・区域の土地は以下の3つの区分で返還可能となることを確認した。

　Ｉ　必要な手続の完了後に速やかに返還可能となる区域

　ＩＩ　沖縄において代替施設が提供され次第、返還可能となる区域

　ＩＩＩ　米海兵隊の兵力が沖縄から日本国外の場所に移転するに伴い、返還可能となる区域

　この統合計画は、定期的な訓練及び演習や、これらの目的のための施設・区域の確保は米軍の即応性、運用能力及び相互運用性を確保する上で不可欠であり、米軍施設・区域には十分な収容能力が必要であり、また、平時における日常的な使用水準以上の収容能力は、緊急時の所要を満たす上で決定的に重要かつ戦略的な役割を果たすとの考え方を反映して作成された。この収容能力は、災害救援や被害対処の状況など、緊急時における地元の必要性を満たす上で不可欠かつ決定的に重要な能力を提供することができる。

　さらに、2012年4月27日のSCC共同発表において、この統合計画を作成する取組においては、沖縄における施設の共同使用によって生じ得る影響について検討すること、また、施設の共同使用が再編のロードマップの重要な目標の一つであることが留意された。日米両政府は、自衛隊による共同使用について、2010年12月に設置された共同使用に関する作業部会を含む種々の場において、引き続き協議され

ることを確認した。この作業部会における協議は、この統合計画を実施するための沖縄に残る施設・区域のマスタープランの作成過程に反映される。

　この統合計画の実施を完了する時期は、各手順の実施状況に影響される。沖縄の住民の強い希望を認識し、この統合計画は、そのプロセスを通じて運用能力（訓練能力を含む。）を確保しつつ、可能な限り早急に実施される。日米両政府は、予見可能な将来において、更なる著しい変更は必要とされないことに同意する。米国政府は、「日本国とアメリカ合衆国との間の相互協力及び安全保障条約第六条に基づく施設及び区域並びに日本国における合衆国軍隊の地位に関する協定」（日米地位協定）の目的のための施設・区域の必要性をたえず検討することを含め、日米地位協定に従って、この統合計画を実施する。付表Aにおける施設・区域の返還時期は、日米両政府により、3年ごとに更新され、公表される。

Ⅱ. 留意事項

1：地図（略）に示された返還区域及び「返還区域」に記載された区域の広さは、日米両政府間で現在合意されたものを示す。正確な面積は、将来行われる測量調査等の結果に基づき微修正されることがある。

2：「移設を要する主要施設」は、土地の返還のために移設その他の措置（ユーティリティの使用の確保等）が必要となる主要な建物を示す。移設を必要とする追加的な機能は、マスタープランの作成過程において特定される。

3：この統合計画に示された時期及び年は、日米両政府による必要な措置及び手続の完了後、特定の施設・区域が返還される時期に関する最善のケースの見込みである。これらの時期は、沖縄における移設を準備するための日本国政府の取組の進展、及び米海兵隊を日本国外の場所に移転するための米国政府の取組の進展といった要素に応じて遅延する場合がある。

4：各施設の「返還・移設手順」は、2013年度（日本国の平成25会計年度）以降に土地の返還のために必要となる主要な手続を示す。他の施設の返還・移設手順との連関は必ずしも考慮されていない。キャンプ瑞慶覧（キャンプ・フォスター）、キャンプ・ハンセン、キャンプ・コートニー及びキャンプ・シュワブへの機能の移設は、区域に現在配置されている部隊の日本国外の場所への移転後に実施が必要となる可能性がある。また、これらは移設の進展に応じて更に調整されることがある。

5：文化財調査、環境影響評価等は、実施が予想されるものについて、返還・移設手順に記載されている。したがって、返還・移設手順に文化財調査等が示されていない場合でも、将来行われる実地調査の結果によっては、文化財調査等の実施が必要となり、おおよその返還時期に遅延が生じる可能性がある。

6：「移設先」は、主要な施設が移設されることが現在計画されている区域を示すものであり、米国政府によって実施されるマスタープランの作成過程において変更されることがある。

米軍

659

第2　土地の返還

Ⅲ．必要な手続の完了後に速やかに返還可能となる区域

1．キャンプ瑞慶覧（キャンプ・フォスター）の西普天間住宅地区
　①返還区域　返還区域は、約52ヘクタール。
　②返還時期　返還のための必要な手続の完了後、2014年度（日本国の平成26会
　　　　　　　計年度）又はその後に返還可能。

2．牧港補給地区（キャンプ・キンザー）の北側進入路
　①返還区域　返還区域は、約1ヘクタール。
　②返還時期　返還のための必要な手続の完了後、2013年度（日本国の平成25会
　　　　　　　計年度）又はその後に返還可能。

3．牧港補給地区（キャンプ・キンザー）の第5ゲート付近の区域
　①返還区域　返還区域は、約2ヘクタール。
　②返還時期　返還のための必要な手続の完了後、2014年度（日本国の平成26会
　　　　　　　計年度）又はその後に返還可能。

4．キャンプ瑞慶覧（キャンプ・フォスター）の施設技術部地区内の倉庫地区の一部
　①返還区域　返還区域は、約10ヘクタール。
　注：白比川沿岸区域については、2012年4月27日のSCC共同発表の時点では返
　　　還が合意されていなかったが、地元の要請に基づく追加的な土地の返還区
　　　域とすることとする。
　②返還条件　海兵隊コミュニティサービスの庁舎（管理事務所、整備工場、倉庫等
　　　　　　　を含む。）のキャンプ・ハンセンへの移設。
　③返還時期　返還条件が満たされ、返還のための必要な手続の完了後、2019年
　　　　　　　度（日本国の平成31会計年度）又はその後に返還可能。

Ⅳ．沖縄において代替施設が提供され次第、返還可能となる区域

1．キャンプ桑江（キャンプ・レスター）
　①返還区域　返還区域は、約68ヘクタール（全面返還）。
　②返還条件
　・海軍病院及び中学校のキャンプ瑞慶覧（キャンプ・フォスター）への移設。
　・沖縄住宅統合（OHC）の下での家族住宅（375戸）のキャンプ瑞慶覧（キャンプ・フォ
　　スター）への移設。
　注：沖縄に関する特別行動委員会（SACO）の下でのOHC計画を再評価し、沖縄
　　　における米軍再編後の家族住宅の所要に基づき、既に建設が合意されてい
　　　る56戸に加えて、家族住宅約910戸（整備区域において撤去される住宅の代
　　　替を含む。）を建設する。
　③返還時期　返還条件が満たされ、返還のための必要な手続の完了後、2025年
　　　　　　　度（日本国の平成37会計年度）又はその後に返還可能。

2. キャンプ瑞慶覧(キャンプ・フォスター)

(1)ロウワー・プラザ住宅地区

 ①返還区域　返還区域は、約23ヘクタール。

 ②返還条件　OHCでの下での家族住宅(102戸)のキャンプ瑞慶覧(キャンプ・フォスター)内への移設。

 注：SACOの下でのOHC計画を再評価し、沖縄における米軍再編後の家族住宅の所要に基づき、既に建設が合意されている56戸に加えて、家族住宅約910戸(整備区域において撤去される住宅の代替を含む。)を建設する。

 ③返還時期　返還条件が満たされ、返還のための必要な手続の完了後、2024年度(日本国の平成36会計年度)又はその後に返還可能。

(2)喜舎場住宅地区の一部

 ①返還区域　返還区域は、約5ヘクタール。

 注1：返還区域は、地元の要請に基づき、SACO最終報告で合意された区域(破線部分)から修正されている。

 注2：SACOの下でのOHC計画を再評価し、沖縄における米軍再編後の家族住宅の所要に基づき、既に建設が合意されている56戸に加えて、家族住宅約910戸(整備区域において撤去される住宅の代替を含む。)を建設する。

 ②返還条件　OHCの下での家族住宅(32戸)のキャンプ瑞慶覧(キャンプ・フォスター)内への移設。

 ③返還時期　返還条件が満たされ、返還のための必要な手続の完了後、2024年度(日本国の平成36会計年度)又はその後に返還可能。

(3)インダストリアル・コリドー

 ①返還区域　返還区域は、約62ヘクタール。

 ②返還条件

 ・陸軍倉庫のトリイ通信施設への移設。

 ・スクールバスサービス関連施設の嘉手納弾薬庫地区の知花地区への移設。

 ・海兵隊輸送関連施設等のキャンプ・ハンセンへの移設。

 ・リサイクルセンター等のキャンプ・ハンセンへの移設。

 ・コミュニティ支援施設等のキャンプ瑞慶覧(キャンプ・フォスター)内への移設。

 ・海兵隊航空支援関連施設のキャンプ・シュワブへの移設。

 ・海兵隊通信関連施設のキャンプ・コートニーへの移設。

 ・海兵隊後方支援部隊の日本国外の場所への移転。

 ③返還時期　返還条件が満たされ、返還のための必要な手続の完了後、2024年度(日本国の平成36会計年度)又はその後に返還可能。

 (注)インダストリアル・コリドー南側部分の返還をできる限り早期に行う取組を、段階的返還を考慮することにより行う。

3. 牧港補給地区(キャンプ・キンザー)の倉庫地区の大半を含む部分

 ①返還区域　返還区域は、約129ヘクタール。

米軍

②返還条件
・陸軍倉庫のトリイ通信施設への移設。
・国防省支援機関の施設の嘉手納弾薬庫地区の知花地区への移設。
・海兵隊の倉庫、工場等のキャンプ・ハンセンへの移設。
・海兵隊郵便局等のキャンプ瑞慶覧(キャンプ・フォスター)への移設。
③返還時期　返還条件が満たされ、返還のための必要な手続の完了後、2025年度(日本国の平成37会計年度)又はその後に返還可能。
4．那覇港湾施設
①返還区域　返還区域は、約56ヘクタール(全面返還)。
②返還条件　那覇港湾施設の機能の浦添ふ頭地区に建設される約49ヘクタールの代替施設(追加的な集積場を含む。)への移設。
③返還時期　返還条件が満たされ、返還のための必要な手続の完了後、2028年度(日本国の平成40会計年度)又はその後に返還可能。
5．陸軍貯油施設第1桑江タンク・ファーム
①返還区域　返還区域は、約16ヘクタール(全面返還)。
②返還条件
・普天間飛行場の運用支援施設・機能のキャンプ・シュワブへの移設。
・嘉手納飛行場の運用支援施設・機能の陸軍貯油施設第2金武湾タンク・ファームへの移設。
・管理棟及び車両燃料ポイントの陸軍貯油施設第2桑江タンク・ファームへの移設。
③返還時期　返還条件が満たされ、返還のための必要な手続の完了後、2022年度(日本国の平成34会計年度)又はその後に返還可能。
6．普天間飛行場
①返還区域　返還区域は、約481ヘクタール(全面返還)。
②返還条件
・海兵隊飛行場関連施設等のキャンプ・シュワブへの移設。
・海兵隊の航空部隊・司令部機能及び関連施設のキャンプ・シュワブへの移設。
・普天間飛行場の能力の代替に関連する、航空自衛隊新田原基地及び築城基地の緊急時の使用のための施設整備は、必要に応じ、実施。
・普天間飛行場代替施設では確保されない長い滑走路を用いた活動のための緊急時における民間施設の使用の改善。
・地元住民の生活の質を損じかねない交通渋滞及び関連する諸問題の発生の回避。
・隣接する水域の必要な調整の実施。
・施設の完全な運用上の能力の取得。
・KC－130飛行隊による岩国飛行場の本拠地化。
③返還時期　返還条件が満たされ、返還のための必要な手続の完了後、2022年度(日本国の平成34会計年度)又はその後に返還可能。

米
軍

Ⅴ. 米海兵隊の兵力が沖縄から日本国外の場所に移転するに伴い、返還可能となる区域

1. キャンプ瑞慶覧(キャンプ・フォスター)の追加的な部分

　　マスタープランの作成過程における優先事項は、キャンプ瑞慶覧(キャンプ・フォスター)が日本国とアメリカ合衆国との間の相互協力及び日米安全保障条約の下で効果的かつ効率的な基地であり続けることを引き続き確保することである。日米両政府は、米軍による地元への影響を軽減するため、移設に係る措置の順序を含むこの統合計画を、キャンプ瑞慶覧(キャンプ・フォスター)の最終的な在り方を決定することに特に焦点を当てつつ、作成した。この取組においては、見直された海兵隊の部隊構成により必要とされるキャンプ瑞慶覧(キャンプ・フォスター)における土地の使用について検討し、また、沖縄における施設の共同使用によって生じ得る影響は、この取組に影響する。

　　2012年4月27日のSCC共同発表においては、キャンプ瑞慶覧(キャンプ・フォスター)の残りの施設とインフラの可能な限りの統合が図られること及び米海兵隊の兵力が沖縄から日本国外の場所に移転するに伴い、キャンプ瑞慶覧の追加的な部分が返還可能となることが述べられている。日米両政府は、この統合計画の作成過程において、この統合計画のⅥに示されたキャンプ瑞慶覧(キャンプ・フォスター)の追加的な部分の返還を特定し、合意した。また、インダストリアル・コリドーに隣接する区域については、沖縄に残る施設・区域のマスタープランの作成過程を通じて、追加的な返還が可能かどうかを特定するために検討される。米国政府は、現行の地位協定の義務に従って、この統合計画の公表後に地位協定の目的のために必要でないことが明らかになったキャンプ瑞慶覧(キャンプ・フォスター)の施設・区域を返還することに引き続きコミットする。

2. 牧港補給地区(キャンプ・キンザー)の残余の部分

　①返還区域　返還区域は、約142ヘクタール(全面返還)

　②返還条件

　・海兵隊管理棟等のキャンプ瑞慶覧(キャンプ・フォスター)への移設。

　・米軍放送網(AFN)の送信施設のキャンプ・コートニーへの移設。

　・日本国外の場所に移転する部隊を支援する機能の解除。

　③返還時期　返還条件が満たされ、返還のための必要な手続が完了し、海兵隊の国外移転完了後、2024年度(日本国の平成36会計年度)又はその後に返還可能。

第3　2012年4月27日のSCC共同発表以降の進展

Ⅵ. 追加的な土地の返還区域

1. キャンプ瑞慶覧(キャンプ・フォスター)の白比川沿岸区域

　①返還区域　返還区域は、約0.4ヘクタール。

　注：白比川沿岸区域については、2012年4月27日のSCC共同発表の時点では返

還が合意されていなかったが、地元の要請に基づく追加的な土地の返還区域とすることとする。

②返還条件　海兵隊コミュニティサービスの庁舎（管理事務所、整備工場、倉庫等を含む。）のキャンプ・ハンセンへの移設。

③返還時期　返還条件が満たされ、返還のための必要な手続の完了後、2019年度（日本国の平成31会計年度）又はその後に返還可能。

2．キャンプ瑞慶覧（キャンプ・フォスター）のインダストリアル・コリドー南側部分に隣接する区域

①返還区域　返還区域は、約0.5ヘクタール。

注：インダストリアル・コリドー南側部分に隣接する地区については、2012年4月27日のSCC共同発表の時点では返還が合意されていなかったが、追加的な土地の返還区域とすることとする。

②返還条件　インダストリアル・コリドーに所在する下記の施設等の移設。

・陸軍倉庫のトリイ通信施設への移設。
・スクールバスサービス関連施設の嘉手納弾薬庫地区の知花地区への移設。
・海兵隊輸送関連施設等のキャンプ・ハンセンへの移設。
・リサイクルセンター等のキャンプ・ハンセンへの移設。
・コミュニティ支援施設等のキャンプ瑞慶覧（キャンプ・フォスター）内への移設。
・海兵隊航空支援関連施設のキャンプ・シュワブへの移設。
・海兵隊通信関連施設のキャンプ・コートニーへの移設。
・海兵隊後方支援部隊の日本国外の場所への移転。

③返還時期　返還条件が満たされ、返還のための必要な手続の完了後、2024年度（日本国の平成36会計年度）又はその後に返還可能。

(15) 日米共同報道発表

（平成26年10月20日）

　日本及び米国は、絶えず変化する地域の及びグローバルな安全保障環境の中で、我々の安全保障同盟を強化することに強くコミットしている。この目的のため、日米両政府は、米軍の強固な前方プレゼンスを維持すること、並びに日本の防衛及び地域の平和と安定の維持のために必要な同盟の能力を強化することに取り組んできた。これらの取組と並んで、我々は、米軍施設・区域を受け入れている沖縄を始めとする日本国中の地元の心情に配慮してきた。したがって、日米両政府は、米軍のプレゼンスの政治的な持続可能性を確保するため、米軍による影響を軽減することに取り組んできた。

　この文脈において、日米両政府は、日米地位協定を補足する在日米軍に関連する環境の管理の分野における協力に関する協定につき実質合意に至ったことを発表する。この補足協定は、環境保護の重要性を認識するより広範な枠組みの一部であり、2013年12月の共同発表に定める二国間の目標を満たすものである。双方は、今後、

米
軍

この枠組み全体を完成させる技術的な事項に関する一連の付随する文書をまとめることを目指す。

補足協定の規定は、次の事項を取り扱う。

1. 環境基準： 米国政府は、自国の政策に従って、「日本環境管理基準（JEGS）」を発出し、維持する。同基準は、日本の基準、米国の基準又は国際約束の基準のうち、より厳しいものを一般的に採用し、漏出への対応及び防止のための規定を含む。

2. 立入り： 次の2つの場合において、日本の当局が米軍施設・区域への適切な立入りを行うための手続を作成し、維持する。
   (1) 現に発生した環境事故（漏出）後の立入り。
   (2) 土地の返還に関連する現地調査（文化財調査を含む。）のための立入り。

3. 財政措置： 日本政府は、環境に配慮した施設を米軍に提供するとともに、環境に配慮した種々の事業及び活動の費用を支払うために資金を提供する。

4. 情報共有： 日米両政府は、利用可能かつ適切な情報を共有する。

この成果は、政治的に持続可能であり、また運用面で抗たん性がある在日米軍の態勢を再編計画を通じて確保するための成功裡の取組と完全に整合するものである。再編の不可欠な要素として、日米両政府は、普天間飛行場の代替施設（FRF）をキャンプ・シュワブ辺野古崎地区及びこれに隣接する水域に建設する計画が、普天間飛行場の継続的な使用を回避する唯一の解決策であることを再確認する。我々は、この計画への強いコミットメントを再確認し、長きにわたり切望されてきた普天間飛行場の返還をもたらすこととなるこの計画の完了を達成する決意を強調する。2013年12月27日の沖縄県からの埋立承認の取得及び建設を可能とする諸活動の開始を含む、FRFの整備を可能にするための重要な進展が達成されてきた。FRFの建設及び2013年4月の統合計画に示す返還のための条件を満たすことは、統合計画に基づく普天間飛行場の返還のための手順の不可欠の要素である。

また、日米両政府は、2006年の「ロードマップ」及び2013年4月の統合計画に基づく嘉手納飛行場以南の土地の返還の重要性を再確認し、その実施に向けた取組を継続する決意を強調する。これらの取組により、速やかに返還されることとされた4つの土地（西普天間住宅地区を含む。）に関する昨年の日米合同委員会の決定が得られ、また、日米両政府は、これらの土地の返還の完了についての現行の二国間の計画の下での二国間の協力の重要性を強調する。これらの取組の一環として、日本政府は、米国政府との緊密な調整の下、土地の返還のためのプロセス（特に牧港補給地区（キャンプ・キンザー）におけるもの）の実施を加速化するための取組を継続し、強化する。

日米両政府は、2013年10月3日の「2+2」共同発表以降の再編及び影響軽減に関するその他の成果を歓迎する。これらの成果は、普天間飛行場における航空機の

665

運用を減らし、沖縄における訓練時間を更に減らしてきた、KC-130飛行隊の普天間飛行場から岩国飛行場への移駐の完了、沖縄の東方沖合のホテル・ホテル訓練区域の一部における使用制限の一部解除、及び三沢における空対地訓練の航空機訓練移転計画への追加を含む。2006年の「ロードマップ」及び2013年4月の統合計画に基づき、追加的な影響軽減措置が実施される。

　日米両政府は、2009年のグアム協定を改正する議定書の発効及び同協定の下での二国間の協力を認識する。沖縄から日本国外のグアムを含む場所への米海兵隊の要員の移転の完了は、米軍の前方プレゼンスの維持に資することとなり、2013年4月の統合計画に基づく沖縄における土地の返還を促進する。米国政府は、在沖縄の米海兵隊の部隊がこの地域の他の場所における訓練活動を増加させるための方法を探求することを計画している。

　日本は、MV-22を含む航空機の訓練の沖縄県外の場所への移転をこれまでの「2+2」共同発表に基づいて促進するための米国の取組を歓迎する。日米両政府は、米軍機の運用の安全性を認識し、この地域及び日本全土にわたる米軍の即応性及び対処能力を高めつつ、同盟の抑止力の信頼性を強化する運用上重要な訓練を移転するための二国間の取組を継続する意図を再確認する。将来的なティルト・ローター機のための日本本土における施設の建設に向けた陸上自衛隊の取組を考慮し、日米両政府は、米国の運用上の所要を満たす利用可能な施設・区域があることを条件として、日本国内の他の場所において訓練を実施するための同様の方法を検討する。

(16) 日本国とアメリカ合衆国との間の相互協力及び安全保障条約第六条に基づく施設及び区域並びに日本国における合衆国軍隊の地位に関する協定を補足する日本国における合衆国軍隊に関連する環境の管理の分野における協力に関する日本国とアメリカ合衆国との間の協定

（平成27年9月28日）

　日本国及びアメリカ合衆国（以下「合衆国」という。）（以下「両締約国」と総称する。）は、

　共に千九百六十年一月十九日にワシントンで署名された日本国とアメリカ合衆国との間の相互協力及び安全保障条約（以下「条約」という。）及び日本国とアメリカ合衆国との間の相互協力及び安全保障条約第六条に基づく施設及び区域並びに日本国における合衆国軍隊の地位に関する協定（以下「地位協定」という。）に基づく日本国における合衆国軍隊（以下「合衆国軍隊」という。）は、日本国の安全並びに極東における国際の平和及び安全の維持に寄与していることを確認し、

　環境の管理の重要性及び当該管理が合衆国軍隊の駐留に関連する公共の安全に対する危険の管理（条約第六条の規定に基づいて合衆国が使用を許される日本国内の施設及び区域（以下「施設及び区域」という。）又は当該施設及び区域に隣接する地域若しくは当該施設及び区域の近傍における汚染の防止を含む。）に貢献することを認め、

米軍

両締約国が環境の管理のために成功裡に取り組んできたこと（地位協定第二十五条１に規定する合同委員会（以下「合同委員会」という。）及び合同委員会の環境分科委員会その他の関連する分科委員会において長期間にわたり緊密に協力してきたことを含む。）を認識し、

　二千年九月十一日に両締約国により発表された「環境原則に関する共同発表」（合衆国軍隊により引き起こされた汚染の影響への対処についての合衆国の政策及び施設及び区域外の発生源により引き起こされた重大な汚染に対し関係法令に従い適切に対応するとの日本国の政策に言及していることを含む。）が成功裡に実施されていることを再確認し、

　地位協定第三条３の規定に従い施設及び区域における作業が公共の安全に妥当な考慮を払って引き続き行われていることを再確認し、

　地位協定を補足するこの協定を含む枠組みを設けることにより、環境の管理の分野における両締約国間の協力を強化することを希望して、

　次のとおり協定した。

第一条
　　この協定は、合衆国軍隊に関連する環境の管理のための両締約国間の協力を促進することを目的とする。

第二条
　　両締約国は、施設及び区域又は当該施設及び区域に隣接する地域若しくは当該施設及び区域の近傍における公共の安全（人の健康及び安全を含む。）に影響を及ぼすおそれのある事態に関する入手可能かつ適当な情報を相互に提供するため、合同委員会の枠組みを通じて引き続き十分に協力する。

第三条
　１．合衆国は、自国の政策に従い、施設及び区域内における合衆国軍隊の活動に関する環境適合基準を定める確定した環境管理基準（日本国については、「日本環境管理基準」（以下「JEGS」という。）という。）を発出し、及び維持する。JEGSは、漏出への対応及び漏出の予防に関する規定を含む。合衆国は、当該環境適合基準についての政策を定める責任を負う。

　２．JEGSは、適用可能な合衆国の基準、日本国の基準又は国際約束の基準のうち最も保護的なものを一般的に採用する。

　３．両締約国は、合衆国がJEGSの改定を発出する前に、又はJEGSの改定が円滑に行われるために日本国が要請したときはいつでも、JEGSに関連して合衆国が日本国の基準を正しく、かつ、正確に理解していることを確保するため、合同委員会の環境分科委員会において、協力し、及び当該基準について協議する。

第四条
　　両締約国は、特定された日本国の当局が次に掲げる場合における施設及び区域

米軍

への適切な立入りを行うことができるよう合同委員会が手続を定め、及び維持することに合意する。

(a) 環境に影響を及ぼす事故（すなわち、漏出）が現に発生した場合

(b) 施設及び区域（二千十三年十月三日付けの日米安全保障協議委員会の共同発表において言及されている日本国へ返還される施設及び区域を含む。）の日本国への返還に関連する現地調査（文化財調査を含む。）を行う場合

第五条

1. 両締約国は、いずれか一方の締約国の要請があった場合には、この協定の実施に関するいかなる事項についても合同委員会の枠組みを通じて協議を開始する。

2. 両締約国は、この協定の実施に関連して両締約国の間に紛争が生じた場合には、地位協定第二十五条に定める問題を解決するための手続に従い当該紛争を解決する。

第六条

1. この協定は、署名の日に効力を生ずる。

2. この協定は、地位協定が有効である限り効力を有する。

3. 2の規定にかかわらず、いずれの一方の締約国も、外交上の経路を通じて一年前に他方の締約国に対して書面による通告を行うことにより、この協定を終了させることができる。

以上の証拠として、下名は、署名のために正当に委任を受けてこの協定に署名した。

二千十五年九月二十八日にワシントンで、ひとしく正文である日本語及び英語により本書二通を作成した。

日本国のために
アメリカ合衆国のために

(17) 沖縄における在日米軍施設・区域の統合のための日米両国の計画の実施
日米共同報道発表

（平成27年12月4日）

1. 日本政府及び合衆国政府は、強固で安定的な在日米軍の前方プレゼンスによって、日米同盟が日本の防衛及び地域の平和と安全のために必要な抑止力及び能力を提供することが可能となることを再確認した。その上で、日米両政府は、次の措置に基づき更新される2013年4月の「沖縄における在日米軍施設・区域に関する統合計画」において更に精緻なものとされた、2006年5月の「再編実施のための日米のロードマップ」における再編案を実施するとのコミットメントを再確

米軍

668

認した。

2．日米両政府は、地元への米軍の影響を軽減しつつ、地域全体の将来の課題及び運用に関わる緊急事態に効果的に対応することができる兵力態勢の維持を目的とした、沖縄における米軍の統合のプロセスを前進させるため、沖縄における在日米軍施設・区域の返還又は共同使用に関する次の措置について一致した。

普天間飛行場

3．日米両政府は、普天間飛行場の代替施設（ＦＲＦ）をキャンプ・シュワブ辺野古崎地区及びこれに隣接する水域に建設することが、運用上、政治上、財政上及び戦略上の懸念に対処し、普天間飛行場の継続的な使用を回避するための唯一の解決策であることを再確認した。日米両政府は、この計画に対する両政府の揺るぎないコミットメントを再確認した。

4．日米両政府は、1990年6月の日米合同委員会で確認された、普天間飛行場の東側沿いの土地（約4ヘクタール）の返還に向けた作業を加速することを確認した。日米両政府の意図は、日本政府による必要な措置及び手続の完了を条件として、この返還を2017年度（以下、日本国の会計年度）中に実現することである。この返還は、「沖縄における在日米軍施設・区域に関する統合計画」の3年ごとの更新に反映される。

キャンプ瑞慶覧（キャンプ・フォスター）のインダストリアル・コリドー

5．日米両政府は、統合の取組の一環として、宜野湾市が、国道58号と西普天間住宅地区跡地を接続するためにキャンプ瑞慶覧（キャンプ・フォスター）の一部区域の上に高架式道路を設置する工事を2017年度中に開始できるよう、速やかに共同使用の合意を行うことで一致した。このため、日米両政府は、2016年に開始される調査を含む必要な作業のための宜野湾市による当該区域への立入りを支援する。

6．日米両政府は、キャンプ瑞慶覧（キャンプ・フォスター）について、「返還の条件が満たされ、返還のための必要な手続の完了後、（中略）返還可能」、「インダストリアル・コリドー南側部分の返還をできる限り早期に行う取組を、段階的返還を考慮することにより行う。」と記載する「沖縄における在日米軍施設・区域の統合計画」に従って、取組を継続する意図を改めて表明した。また、日米両政府は、統合計画の一貫した、かつ包括的な実施を維持するために、キャンプ瑞慶覧（キャンプ・フォスター）の段階的返還に係る更なる議論は、「沖縄における在日米軍施設・区域に関する統合計画」の3年ごとの更新の文脈で行うと理解する。

米軍

669

牧港補給地区（キャンプ・キンザー）

7．日米両政府は、国道58号を拡幅し、交通渋滞を緩和するため、国道58号に隣接する牧港補給地区（キャンプ・キンザー）の土地（約3ヘクタール）の返還を2017年度中に実現するために、速やかに必要な作業を開始することで一致した。この返還は、米軍の安全基準を満たすインフラの建設及び米軍の安全基準を満たすその他の手段を含む、日米両政府による必要な措置及び手続の完了を条件とする。

8．日米両政府は、「沖縄における在日米軍施設・区域に関する統合計画」に基づき、牧港補給地区（キャンプ・キンザー）の全面返還に向け、引き続き積極的に取り組む意図を確認した。また、日米両政府は、統合計画の一貫した、かつ包括的な実施を維持するために、牧港補給地区（キャンプ・キンザー）の返還に係る更なる議論は、「沖縄における在日米軍施設・区域に関する統合計画」の3年ごとの更新の文脈で行うと理解する。

北部訓練場

9．日米両政府は、1996年のSACO最終報告で確認された北部訓練場の過半（約3,987ヘクタール）の返還の意義及び緊急性を再確認した。その上で、日米両政府は、北部訓練場の迅速な返還を促進するために必要な、二国間で合意された条件を満たすとのコミットメントを再確認した。

6. 在日米軍施設・区域件数・土地面積の推移　　　(令和5.1.1現在)

単位：千平方メートル

年月日　　区分	施 設 件 数	土 地 面 積
平成元.3.31	105 (33)	324,753 (642,904)
〃 2.3.31	105 (37)	324,699 (658,893)
〃 3.3.31	105 (38)	324,593 (661,937)
〃 4.3.31	104 (39)	324,520 (664,250)
〃 5.3.31	101 (41)	319,720 (665,194)
〃 6.3.31	97 (41)	317,987 (665,116)
〃 7.3.31	94 (41)	315,583 (665,078)
〃 8.3.31	91 (42)	314,201 (670,672)
〃 9.3.31	90 (42)	313,999 (675,182)
〃 10.3.31	90 (42)	314,002 (676,202)
〃 11.3.31	90 (43)	313,590 (697,310)
〃 12.3.31	89 (44)	313,524 (696,646)
〃 13.3.31	89 (45)	313,492 (696,632)
〃 14.3.31	89 (45)	312,636 (698,182)
〃 15.3.31	88 (47)	312,253 (699,235)
〃 16.3.31	88 (47)	312,193 (699,166)
〃 17.3.31	88 (47)	312,067 (699,064)
〃 18.3.31	87 (48)	312,201 (713,167)
〃 19.3.31	85 (48)	308,809 (713,236)
〃 20.3.31	85 (49)	308,825 (718,224)
〃 21.3.31	85 (49)	310,055 (718,212)
〃 22.3.31	84 (49)	310,053 (718,172)
〃 23.3.31	84 (49)	309,641 (718,174)
〃 24.3.31	83 (49)	308,938 (718,159)
〃 25.3.31	83 (49)	308,991 (718,162)
〃 26.3.31	84 (49)	308,237 (718,174)
〃 27.3.31	82 (49)	306,226 (718,175)
〃 28.3.31	79 (49)	303,690 (718,175)
〃 29.3.31	78 (50)	264,343 (716,678)
〃 30.3.31	78 (52)	263,192 (716,696)
〃 31.3.31	78 (53)	263,176 (717,226)
令和 2.3.31	78 (53)	263,067 (717,226)
〃 3.3.31	77 (54)	262,935 (717,232)
〃 4.3.31	76 (54)	262,608 (717,232)
〃 5.1.1	76 (54)	262,610 (717,232)

注：( )内の数字は、一時使用施設・区域(地位協定第2条4(b)適用施設・区域)で外数である。

米

軍

671

7. 駐留軍等労働者数の推移

(平成3～令和5年度)

区分 年度	基本労務契約及び船員契約関係 (MLC・MC)				諸機関労務協約関係 (ＩＨＡ)				合計 (人)
	陸軍 (人)	海軍 (人)	空軍 (人)	計 (人)	陸軍 (人)	海軍 (人)	空軍 (人)	計 (人)	
平成3	3,477	9,098	4,425	17,000	394	2,171	2,765	5,330	22,330
4	3,341	9,290	4,433	17,064	356	2,188	2,704	5,248	22,312
5	3,451	9,470	4,466	17,387	394	2,136	2,777	5,307	22,694
6	3,394	9,371	4,364	17,129	311	2,106	2,758	5,175	22,304
7	3,523	9,590	4,704	17,817	345	2,153	2,908	5,406	23,223
8	3,590	9,941	4,756	18,287	315	2,351	2,924	5,590	23,877
9	3,494	10,092	4,905	18,491	332	2,380	3,000	5,712	24,203
10	3,474	10,244	4,933	18,651	327	2,409	2,968	5,704	24,355
11	3,466	10,256	4,944	18,666	321	2,453	3,036	5,810	24,476
12	3,420	10,347	4,843	18,610	316	2,381	3,155	5,852	24,462
13	3,402	10,779	4,841	19,022	316	2,425	3,135	5,876	24,898
14	3,370	10,839	4,799	19,008	323	2,453	3,190	5,966	24,974
15	3,408	10,933	4,830	19,171	324	2,379	3,240	5,943	25,114
16	3,395	10,876	4,853	19,124	329	2,340	3,248	5,917	25,041
17	3,377	10,873	4,859	19,109	327	2,528	3,292	6,147	25,256
18	3,359	10,855	4,840	19,054	319	2,653	3,322	6,294	25,348
19	3,358	10,802	4,850	19,010	322	2,673	3,255	6,250	25,260
20	3,394	10,883	4,889	19,166	320	2,714	3,299	6,333	25,499
21	3,427	10,954	4,918	19,299	332	2,754	3,427	6,513	25,812
22	3,496	10,995	4,916	19,407	229	2,722	3,501	6,452	25,859
23	3,475	10,965	4,885	19,325	226	2,654	3,340	6,220	25,545
24	3,480	10,986	4,858	19,324	247	2,601	3,201	6,049	25,373
25	3,467	11,047	4,830	19,344	255	2,536	3,138	5,929	25,273
26	3,477	11,100	4,802	19,379	234	2,549	3,018	5,801	25,180
27	3,465	11,255	4,898	19,618	231	2,515	2,955	5,701	25,319
28	3,511	11,507	4,922	19,940	223	2,424	2,920	5,567	25,507
29	3,581	11,741	5,149	20,471	232	2,419	2,681	5,332	25,803
30	3,624	11,872	5,119	20,615	240	2,339	2,648	5,227	25,842
令和元	3,639	11,980	5,164	20,783	227	2,309	2,550	5,086	25,869
2	3,675	12,027	5,119	20,821	218	2,302	2,469	4,989	25,810
3	3,643	12,114	5,091	20,848	219	2,257	2,516	4,992	25,840
4	3,632	12,098	5,104	20,834	228	2,346	2,489	5,063	25,897
5	(3,645)	(12,231)	(5,177)	(21,053)	(232)	(2,411)	(2,381)	(5,024)	(26,077)

(注1) 各年度とも3月末日現在の労働者数である。ただし、令和5年度の（　）については令和5年11月末日現在である。

(注2) 「ＭＬＣ」とは、地位協定に基づき在日米軍に労務を充足するため日米間で締結している基本労務契約により雇用されている者をいう。

(注3) 「ＭＣ」とは、地位協定に基づき在日米軍に労務を充足するため日米間で締結している船員契約により雇用されている者をいう。

(注4) 「ＩＨＡ」とは、地位協定に基づき諸機関に労務を充足するため日米間で締結している諸機関労務協約により雇用されている者をいう。

米軍

8. 在日米軍兵力の推移

年	人員	備考	年	人員	備考
27	260,000	4月 日米安全保障条約	11	40,300	9月末現在
30	150,000	12月末現在	12	40,200	9月末現在
35	46,000	6月 新安保条約発効	13	40,200	9月末現在
40	34,700	11月現在	14	41,800	9月末現在
45	37,500	11月現在	15	40,500	9月末現在
47	65,000	5月15日 沖縄復帰	16	36,400	9月末現在
50	50,500	12月末現在	17	35,600	9月末現在
55	46,000	9月末現在	18	33,500	9月末現在
56	46,200	9月末現在	19	32,800	9月末現在
57	51,000	9月末現在	20	33,300	9月末現在
58	48,700	9月末現在	21	36,000	9月末現在
59	45,800	9月末現在	22	34,400	9月末現在
60	46,900	9月末現在	23	39,200	9月末現在
61	48,100	9月末現在	24	50,900	9月末現在
62	49,800	9月末現在	25	50,100	9月末現在
63	49,700	9月末現在	26	49,500	9月末現在
平成元	49,900	9月末現在	27	52,100	9月末現在
2	46,600	9月末現在	28	38,800	9月末現在
3	44,600	9月末現在	29	44,500	9月末現在
4	45,900	9月末現在	30	54,300	9月末現在
5	46,100	9月末現在	令和元	55,200	9月末現在
6	45,400	9月末現在	2	53,700	9月末現在
7	39,100	9月末現在	3	56,000	9月末現在
8	43,000	9月末現在	4	54,000	9月末現在
9	41,300	9月末現在	5	53,200	9月末現在
10	40,400	9月末現在			

（注1）国防人員データ・センター（DMDC）が公表している数値である。
（注2）46年までは本土のみ、47年以降は沖縄を含む。
（注3）平成7年のデータは入手不可能であったため、平成8年2月10日現在のデータを掲載。
（注4）百未満を四捨五入している。

米
軍

9. 米軍の配備状況

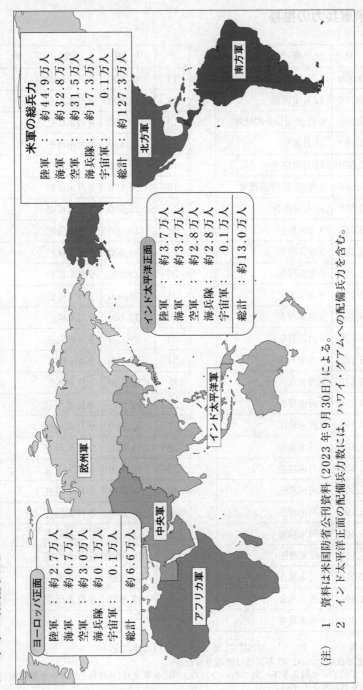

米軍の総兵力

陸軍	： 約44.9万人
海軍	： 約32.8万人
空軍	： 約31.5万人
海兵隊	： 約17.3万人
宇宙軍	： 約0.1万人
総計	： 約127.3万人

北方軍

南方軍

インド太平洋正面

陸軍	： 約3.7万人
海軍	： 約3.7万人
空軍	： 約2.8万人
海兵隊	： 約2.8万人
宇宙軍	： 約0.1万人
総計	： 約13.0万人

インド太平洋軍

欧州軍

中央軍

アフリカ軍

ヨーロッパ正面

陸軍	： 約2.7万人
海軍	： 約0.7万人
空軍	： 約3.0万人
海兵隊	： 約0.1万人
宇宙軍	： 約0.1万人
総計	： 約6.6万人

(注) 1 資料は米国防省公刊資料（2023年9月30日）による。
2 インド太平洋正面の配備兵力数には、ハワイ・グアムへの配備兵力を含む。

674

10. 米海軍第7艦隊

概　要

ア．所　属

太平洋艦隊（インド太平洋軍司令部き下）に所属している。

イ．担当海域

担当海域は約1億2,400万平方キロメートル以上。
国際日付変更線からインド、パキスタン国境ラインまで、北は千島列島から南は南極まで。

ウ．兵　力

時によって増減はあるが、通常はおおむね次のとおり。
（ア）兵員　約27,000人
（イ）艦艇　約50隻〜70隻
　　　（空母、巡洋艦、駆逐艦、潜水艦、その他）
（ウ）航空機　約150機

エ．主要基地

横須賀、佐世保、グアム

（注）米海軍第7艦隊HPによる。

米

軍

第11章　諸外国の防衛体制

1. 国際連合

(1) **成立年月日**　　1945年6月26日国連憲章に50ヵ国が署名

　　　　　　　　　　同年10月24日　　〃　　発効（国連デー）

(2) **目　　的**　（憲章第1章第1条）

　ア．国際の平和及び安全を維持すること。そのために、平和に対する脅威の防止及び除去と侵略行為その他の平和の破壊の鎮圧のため有効な集団的措置をとること並びに平和を破壊するに至る虞のある国際的な紛争又は事態の調整又は解決を平和的手段によって且つ正義及び国際法の原則に従って実現すること。

　イ．人民の同権及び自決の原則の尊重に基礎をおく諸国間の友好関係を発展させること並びに世界平和を強化するために他の適当な措置をとること。

　ウ．経済的、社会的、文化的又は人道的性質を有する国際問題を解決することについて、並びに人種、性、言語又は宗教による差別なくすべての者のために人権及び基本的自由を尊重するように助長奨励することについて、国際協力を達成すること。

　エ．これらの共通の目的の達成に当って諸国の行動を調和するための中心となること。

(3) **諸原則**（憲章第1章第2条要約）

　ア．加盟国の主権平等。

　イ．憲章上の義務の履行。

　ウ．国際紛争の平和的手段による解決。

　エ．武力による威嚇又は武力の行使の禁止。

　オ．国際連合の行動に対するあらゆる援助の供与。

　カ．非加盟国が必要に応じてこれらの原則に従って行動することの確保。

　キ．いずれかの国の国内管轄権内にある事項への不干渉。（憲章第7章に基づく強制措置の適用の場合を除く）

(4) **国際連合加盟国**（2020年3月現在）

国連加盟国数　193

場所　本部　ニューヨーク

676

(5) 国際連合機構図（国連の主要機関）

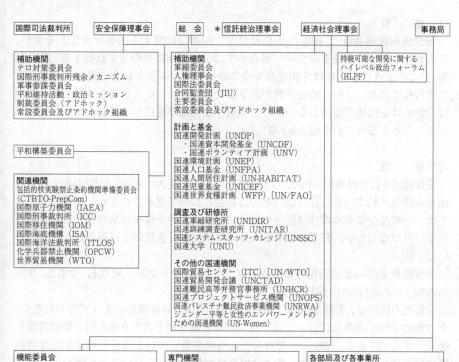

国際司法裁判所　安全保障理事会　総 会　＊信託統治理事会　経済社会理事会　事務局

補助機関
テロ対策委員会
国際刑事裁判所残余メカニズム
軍事参謀委員会
平和維持活動・政治ミッション
制裁委員会（アドホック）
常設委員会及びアドホック組織

平和構築委員会

関連機関
包括的核実験禁止条約機関準備委員会
（CTBTO-PrepCom）
国際原子力機関（IAEA）
国際刑事裁判所（ICC）
国際移住機関（IOM）
国際海底機構（ISA）
国際海洋法裁判所（ITLOS）
化学兵器禁止機関（OPCW）
世界貿易機関（WTO）

補助機関
軍縮委員会
人権理事会
国際法委員会
合同監査団（JIU）
主要委員会
常設委員会及びアドホック組織

計画と基金
国連開発計画（UNDP）
　・国連資本開発基金（UNCDF）
　・国連ボランティア計画（UNV）
国連環境計画（UNEP）
国連人口基金（UNFPA）
国連人間居住計画（UN-HABITAT）
国連児童基金（UNICEF）
国連世界食糧計画（WFP）［UN/FAO］

調査及び研修所
国連軍縮研究所（UNIDIR）
国連訓練調査研究所（UNITAR）
国連システム・スタッフ・カレッジ（UNSSC）
国連大学（UNU）

その他の国連機関
国際貿易センター（ITC）［UN/WTO］
国連貿易開発会議（UNCTAD）
国連難民高等弁務官事務所（UNHCR）
国連プロジェクトサービス機関（UNOPS）
国連パレスチナ難民救済事業機関（UNRWA）
ジェンダー平等と女性のエンパワーメントの
ための国連機関（UN-Women）

持続可能な開発に関する
ハイレベル政治フォーラム
（HLPF）

機能委員会
犯罪防止刑事司法委員会
麻薬委員会
人口開発委員会
開発のための科学技術委員会
社会開発委員会
統計委員会
女性の地位委員会
国連森林フォーラム

地域委員会
アフリカ経済委員会（ECA）
ヨーロッパ経済委員会（ECE）
ラテンアメリカ・カリブ経済委員会（ECLAC）
アジア太平洋経済社会委員会（ESCAP）
西アジア経済社会委員会（ESCWA）

その他の機関
開発政策委員会
行政専門家委員会
非政府組織委員会
先住民問題に関する常設フォーラム
国連エイズ合同計画（UNAIDS）
地理学的名称に関する
国連専門家グループ（UNGEGN）

調査及び研修所
国連地域犯罪司法研究所（UNICRI）
国連社会開発研究所（UNRISD）

専門機関
国連食糧農業機関（FAO）
国際民間航空機関（ICAO）
国際農業開発基金（IFAD）
国際労働機関（ILO）
国際通貨基金（IMF）
国際海事機関（IMO）
国際電気通信連合（ITU）
国連教育科学文化機関（UNESCO）
国連工業開発機関（UNIDO）
世界観光機関（UNWTO）
万国郵便連合（UPU）
世界保健機関（WHO）
世界知的所有権機関（WIPO）
世界気象機関（WMO）
世界銀行グループ（World Bank Group）
　・国際復興開発銀行（IBRD）
　・国際開発協会（IDA）
　・国際金融公社（IFC）

各部局及び各事業所
事務総長室（EOSG）
開発調整局（DCO）
経済社会局（DESA）
総会・会議管理局（DGACM）
グローバル・コミュニケーション局（DGC）
管理戦略・政策・コンプライアンス局
（DMSPC）
オペレーション支援局（DOS）
平和活動局（DPO）
政治・平和構成局（DPPA）
安全保安局（DSS）
人道問題調整事務所（OCHA）
テロ対策室（OCT）
軍縮部（ODA）
国連高等弁務官事務所（OHCHR）
内部監査室（OIOS）
法務局（OLA）
アフリカ担当事務総長特別顧問室（OSAA）
子どもと武力紛争に関する
国連事務総長特別代表事務所
（SRSG/CAAC）
紛争下の性的暴力に関する
事務総長特別代表事務所
（SRSG/SVC）
子どもに対する暴力に関する
事務総長特別代表事務所（SRSG/VAC）
国際防災機関（UNDRR）
国連薬物犯罪事務所（UNODC）
国連ジュネーブ事務所（UNOG）
後発開発途上国、内陸開発途上国、
小島嶼国開発途上国担当
上級代表事務所（UN-OHRLLS）
国連ナイロビ事務所（UNON）
国連パートナーシップ事務所（UNOP）
国連ウィーン事務所（UNOV）

＊信託統治理事会は最後の国連信託統治
　領パラオの独立に伴い、1994年11月1日
　以降活動を停止している。

諸外国

677

2. 安全保障理事会

(1) 地　　位

　安全保障理事会は、「国際の平和及び安全の維持に関する主要な責任」を負い、この責任に基づく義務を果たすに当たっては、加盟国に代わって行動する（憲章24条）。このように安保理は平和及び安全の維持に関する限り総会に優先する責任を与えられており、このため安保理が紛争または事態について任務を遂行している間は、総会は安保理が要請しない限りこの紛争または事態について勧告することが出来ないこととなっている（12条1項）。

(2) 構　　成

　安保理は5常任理事国（中国、フランス、ロシア、英国、米国）と10の非常任理事国から構成されている。非常任理事国は総会において選挙されるが、選挙にあたっては、平和及び安全の維持等国連の目的に対する貢献や衡平な地理的分配が考慮されなければならない。任期は2年で、退任理事国は引き続いて再選される資格がない（23条）。

　非常任理事国の地域別配分はAA5（アジア2、アフリカ3）、東欧1、ラ米2、西欧その他2である（総会決議1991A（XVIII））。

　安保理の決定は、手続き事項に関しては9理事国の賛成投票によって行われるが、その他のすべての事項については、全ての常任理事国を含む9理事国の賛成投票を必要とする（27条2、3項）。すなわちこれらの事項については常任理事国の反対投票は拒否権行使となる（欠席、棄権は拒否権行使とはならないことが慣行となっている）。

※非常任理事国＝エクアドル、日本、マルタ、モザンビーク、スイス（2024年末まで）、
　　　　　　　　アルジェリア、ガイアナ、韓国、シエラレオネ、スロベニア（2025
　　　　　　　　年末まで）

(3) 任務と権限

　安保理の任務と権限として特に重要なものは、憲章第6章（紛争の平和的解決）と第7章（平和に対する脅威、平和の破壊及び侵略行為に関する行動）に規定するものである。

　ア．憲章第6章関係
　　（ア）必要と認めるときは紛争当事者に対して紛争を平和的手段によって解決するよう要請すること。（33条2項）
　　（イ）紛争または事態の継続が国際の平和及び安全の維持を危うくするおそれがあるかどうかを決定するため調査すること。（34条）
　　（ウ）紛争または事態につき適当な調整の手続きまたは方法を勧告すること。（36条1項）

（エ）紛争の継続が国際の平和及び安全の維持を危くする虞が実際にあると認めるときに適当と認める解決条件を勧告すること。（37条2項）

イ．憲章第7章関係

（ア）平和に対する脅威、平和の破壊又は侵略行為の存在を決定すること。（39条）

（イ）事態の悪化を防ぐため、必要または望ましいと認める暫定措置に従うよう当事者に要請すること。（40条）

（ウ）平和と安全の維持と回復のために勧告を行うこと。（39条）

（エ）非軍事的措置を決定すること。（41条）

（オ）軍事的措置を決定すること。（42条）

〔安保理の決定は拘束力を有し、全ての加盟国はこれを受諾し、履行しなければならない。（25条）〕

ウ．その他

（ア）新規加盟（4条）、安保理の防止行動または強制行動の対象となった加盟国の権利と特権の行使の停止（5条）、除名（6条）につき総会に勧告すること。

（イ）信託統治地域の戦略地区における国連の任務を行うこと。（83条）

（ウ）総会とともに国際司法裁判所裁判官を選挙すること（国際司法裁判所規程8条）

（エ）総会に事務総長の任命を勧告すること。（97条）

(4) 安保理改革問題

国連は、第2次世界大戦終了時、当時の連合国を中心として戦後の国際の平和と安全の維持のために設立されたが、国連設立後、東西対立が激化したこともあり、国連憲章に規定された平和維持の制度は必ずしも十分に機能しなかった。冷戦の終結により、国際の平和と安全を維持する国連の役割に対する期待が高まったが、最近では多様化する脅威に効果的に対処できるよう、組織面を含めた国連の改革について議論が行われている。

とりわけ、安保理の改革が必要となってきた背景には、①常任理事国の国力が相対的に低下してきたこと、②国連の加盟国数が創設時の3倍以上に増加したにもかかわらず、非常任理事国数が6か国から10か国に増加されたにすぎないこと、③安保理の議席配分が欧州偏重となっていること等が指摘されている。

2004年11月30日には、ハイレベル委員会が国連改革のための報告書を公表し、安保理改革に関し「A」「B」の2モデルを提示した。モデル「A」は新たに6つの常任理事国をつくり、拒否権は与えず、地域的振り分けはアフリカ2、アジア2、欧州1、米州1である。また、非常任理事国も新たに3カ国増やす。一方、モデル「B」は新たな常任理事国はつくらず、任期4年で改選可能な新たなカテゴリーとして8カ国を加える。地域的振り分けは、アフリカ2、アジア2、欧州2、米州2である。さらに非常任理事国（改選不可）を1カ国増やす。いずれのモデルにおいても、総会はPKOや財政などで貢献した各地域の上位3カ国を理事国選出にあたり優先し、拒否権の

諸外国

新たな付与や既存の安保理理事国に関する国連憲章の改正は含まないとしている。また、同報告書は2020年に安保理構成を見直すことも提言している。

さらに2005年3月21日には、アナン国連事務総長が"In Larger Freedom"と題する報告書を発表した。この中で、同事務総長は、ハイレベル委員会の報告書で示された安保理改革の原則への支持を表明し、加盟国に対し、モデル「A」、「B」、または他の実現可能な案を考慮するとともに、同年9月の国連首脳会議までに、安保理改革について決定を下すことに同意するよう求めた。また、安保理改革は、加盟国の総意(consensus)によって行われることが望ましいが、総意に到達できなかったからといって、そのことが先延ばしの口実になってはならないと主張した。

同年7月6日、日本・ドイツ・インド・ブラジルの4カ国(G4)は、安保理改革の枠組み決議案を国連事務局に提出した。同案は、常任理事国を6カ国、非常任理事国を4カ国追加するとともに、新常任理事国の拒否権については、15年後に見直しを行うまで凍結するとした。しかし、その後の国連総会における審議において、米国・ロシア・中国等が同案への反対を表明し、イタリア・韓国・パキスタン等からなる「コンセンサス・グループ」は、非常任理事国のみを10カ国拡大する対案を提出、さらにアフリカ連合(AU)も、アフリカへの拒否権付きの常任理事国2カ国の割り当てを求める独自の決議案を提出した。G4はAUとの決議案一本化を図ったが、AU内部での意見の対立によって失敗に終わり、G4案は結局、同年9月の総会閉幕に伴い廃案となった。

一方、同年9月の国連首脳会議では、包括的な国連改革の方向性を示す「成果文書」が採択された。同文書は、平和構築委員会および人権理事会の設置や事務局改革などを提言、2006年6月には平和構築委員会及び人権理事会の初会合が開かれている。

その後、安保理改革に関する具体的な進展は見られないが、2007年2月には、「常任・非常任のカテゴリ」「拒否権」「地域配分」「拡大規模」「安保理のあり方・総会との関係」の5分野について、それぞれの検討を行う調整者(facilitators)5人が国連総会議長により指名され、同年4月に、調整者から国連総会議長に対して、安保理改革をめぐる現状と提案を盛り込んだ報告書が提出された。改革の方向性については、加盟国の多様な立場を考慮し、暫定的アプローチの採用を提案している。

また、同年5月には新たに2人の調整者が指名され、6月に報告書が提出された。報告書は、暫定的アプローチの重要性を踏まえたうえで、カテゴリや拒否権など6つの分野について具体的な選択肢を提示している。

2008年9月には、安保理改革についての政府間交渉を2009年2月から開始するとの国連総会決定が採択された。これを受け、2009年2月から国連総会非公式本会議において政府間交渉が始まり、現在、①新理事国のカテゴリー(常任・非常任などの議席を拡大するか)、②拒否権、③地域ごとの代表性、④拡大数と安保理の作業方法、⑤安保理と総会の関係といった安保理改革の様々な要素について、活発な議論が行われている。

諸外国

3. 国連平和維持活動（PKO）

(1) 冷戦後のPKO

　PKOは、伝統的には、停戦の合意が成立した後に、停戦監視などを中心として、紛争の再発防止を主たる目的として行われてきた。このような活動を行う中で、紛争当事者間で停戦の合意があること、紛争当事者の受け入れ同意があること、中立性を保つこと、武器の使用は自衛の場合に限ることなどの原則が慣行として確立した。

　冷戦の終結により、地域紛争の処理や予防に関して、安保理を中心とする国連の役割に対する期待が高まるとともに、国際社会が対応を迫られる紛争の多くが国家間の紛争から一国内における紛争へと変わった結果、PKOの任務は、武装解除の監視、治安部門の改革、選挙や行政監視、難民帰還などの人道支援など、文民の活動を含む幅広い分野にわたるようになり、活動の規模も拡大した。また、国連憲章第7章の下で、武装解除などに関し強制措置をとり得るとされる活動や、紛争を未然に防止する目的を持った活動も行われるようになった。

　2016年12月末現在、PKOの文民要員を除いた要員数は約9万9千人となっている。

(2) PKOの課題と国連・関係国による対応

　PKOは、要員や機材の確保の問題、要員の安全確保の問題（PKOにおける国連要員の犠牲者数は、2011年12月9日までで総計2,960人）に加え、関係国間の利害対立により対応策の合意が必ずしも形成されないことなど多くの課題を抱えており、国連と関係国は、これらの課題に対する方策について議論を行ってきた。

　2000年8月には、国連平和活動検討パネルが、紛争予防、平和維持、平和構築からなる一連の平和活動を国連がより効率的、実効的に行えるよう、様々な角度から勧告する報告書（いわゆるブラヒミ報告書）を公表した。報告書の勧告には、要員派遣国との協力強化を図る協議、PKO局の人員増強などが含まれていた。国連PKO局・フィールド支援局は、09（平成21）年7月、国連PKOが直面する政策面および戦略面の主要なジレンマを評価し、関係者の間で解決策を論じるために「新たなパートナーシップ・アジェンダ：国連PKOのニュー・ホライズン計画」を作成した。国連はこの文書を土台にいわゆるニュー・ホライズン・プロセスと呼ばれる検討を開始し、10（同22）年10月、同プロセスの進捗状況に関する報告書を発表した。この報告書の中で、これまで規模が拡大してきたPKOが整理・統合に向かっている可能性があること、PKO改革の課題として、文民保護や平和構築など重要分野における指針の策定、任務実施に必要な能力の向上などの分野に関し、集中的に取組が行われたことなどが指摘された。

諸
外
国

現在の国連平和維持活動 （2021年12月末現在）

名　　　称	設立年月	派遣場所
国連休戦監視機構(UNTSO)	1948.6	エジプト、レバノン、ヨルダン、シリア、イスラエル
国連インド・パキスタン軍事監視団(UNMOGIP)	1949.1	ジャム・カシミール、印パ停戦ライン
国連キプロス平和維持隊(UNFICYP)	1964.3	キプロス
国連兵力引き離し監視隊(UNDOF)	1974.5	ゴラン高原
国連レバノン暫定隊(UNIFIL)	1978.3	南部レバノン
国連西サハラ住民投票監視団(MINURSO)	1991.4	西サハラ
国連コソボ暫定行政ミッション(UNMIK)	1999.6	コソヴォ
国連コンゴ民主共和国安定化ミッション(MONUSCO)	2010.7	コンゴ
国連アビエ暫定治安部隊(UNISFA)	2011.6	アビエ
国連南スーダン共和国ミッション(UNMISS)	2011.7	南スーダン
国連マリ多面的統合安定化ミッション(MINUSMA)	2013.4	マリ
国連中央アフリカ多面的統合安定化ミッション(MINUSCA)	2014.4	中央アフリカ

4. 世界の主要な集団安全保障条約等

条　約　名	発効年 (署名年)	期　　間	当　事　者	備　　考
北大西洋条約	1949 (1949)	20年間効力を存続した後は、1年の事前通告により脱退できる	ベルギー、ブルガリア、カナダ、チェコ、デンマーク、エストニア、フランス、ドイツ、ギリシャ、ハンガリー、アイスランド、イタリア、ラトビア、リトアニア、ルクセンブルグ、オランダ、ノルウェー、ポーランド、ポルトガル、ルーマニア、スロバキア、スロベニア、スペイン、トルコ、英国、米国、アルバニア、クロアチア、モンテネグロ、北マケドニア	1966.7 フランス、軍事機構から脱退 1974.8 ギリシャ、軍事機構から脱退 (1980.10復帰) 1982.5 スペイン加盟(軍事機構には入らず) 1995.12 フランス、軍事機構への一部復帰表明 1996.11 スペイン、軍事機構への全面参加決定 1999.3 ポーランド、チェッコ、ハンガリーの3カ国が加盟 2004.3 エストニア、ラトビア、リトアニア、スロバキア、スロバニア、ブルガリア、ルーマニアの7カ国が加盟 2009.4 フランス、軍事機構へ完全復帰 2009.4 アルバニア、クロアチアの2カ国が加盟 2017.6 モンテネグロが加盟 2020.3 北マケドニアが加盟
ブラッセル条約	1948 (1948) 1955 改正	50年間効力を存続した後は、1年の事前通告により脱退できる	英国、フランス、ドイツ、イタリア、ベルギー、オランダ、ルクセンブルグ、スペイン、ポルトガル、ギリシャ	2000.11 閣僚理事会はマルセイユ宣言を採択、WEUを縮小しその機構の一部をEUに引き継ぐこと、WEU残存機構により武力攻撃に際しての相互援助規定を維持していくことを決定
米州相互援助条約 (リオ条約)	1948 (1947)	無期限に有効。2年の事前通告により脱退できる	米国及び中南米諸国計18カ国	09年に停止処分解除

条　約　名	発効年 (署名年)	期　　間	当　事　者	備　　考
オーストラリア・ニュージーランド・米国間3国安全保障条約（ANZUS条約）	1952 (1951)	無期限に有効。1年の事前通告により脱退できる	オーストラリア・ニュージーランド・米国	1986.8以来、米国は対NZ防衛義務停止
米国・フィリピン相互防衛条約	1952 (1951)	無期限に有効。1年の事前通告により条約終了	米国、フィリピン	
米国・韓国相互防衛条約	1954 (1953)	無期限に有効。1年の事前通告により条約終了	米国、韓国	共同演習を実施
東南アジア集団防衛条約	1955 (1954)	無期限に有効。1年の事前通告により脱退できる	オーストラリア、ニュージーランド、フィリピン、タイ、英国、米国	条約運用機構は、1977.6に解体。ただし、条約は継続
5カ国防衛取決め（FPDA）	1971 (1971)	無期限に有効。1年の事前通告により条約終了	マレーシア、シンガポール、英国、オーストラリア、ニュージーランド	共同演習等を実施
日本・米国相互協力及び安全保障条約	1960 (1960)	10年間効力を存続した後は、1年の事前通告により条約終了	日本、米国	旧安保条約は、1951.9署名
米国・スペイン防衛協力協定	1989 (1988)	8年間有効。期間終了後は、6カ月の事前通告により協定終了	米国、スペイン	
CIS集団安全保障条約	1994 (1992)	5年。6カ月前の事前通告により脱退できる	ロシア、カザフスタン、キルギス、タジキスタン、アルメニア、ベラルーシ	
ロシア・アゼルバイジャン友好協力相互安全保障条約	1998 (1997)	10年。期間満了の6カ月前までに廃棄通告のない場合は、更に5年間自動延長	ロシア、アゼルバイジャン	
ロシア・アルメニア友好協力相互安全保障条約	1998 (1997)	10年。期間満了の1年前までに廃棄通告のない場合は、更に10年間自動延長	ロシア、アルメニア	

諸外国

条　約　名	発効年 (署名年)	期　　間	当　事　者	備　　考
ロシア・カザフスタン友好協力相互援助条約	1992 (1992)	10年。期間満了の6カ月前までに廃棄通告のない場合は、更に10年間自動延長	ロシア、カザフスタン	
ロシア・キルギス友好協力相互援助条約	(1992)	10年。期間満了の6カ月前までに廃棄通告のない場合は、更に10年間自動延長	ロシア、キルギス	
ロシア・タジキスタン友好協力相互援助条約	1993 (1993)	5年。期間満了の6カ月前までに廃棄通告のない場合は、更に5年間自動延長	ロシア、タジキスタン	
ロシア・ベラルーシ連邦条約	1997 (1997)	無期限。12カ月前の事前通告により脱退可能	ロシア、ベラルーシ	
中国・北朝鮮友好、協力及び相互援助条約	1961 (1961)	無期限に有効。改正又は終了について合意したとき、条約は終了する	中国、北朝鮮	
中露善隣友好協力条約	2002 (2001)	20年。一方が有効期限の1年以上前にもう一方に対し終了する旨を通報しない限り5年毎に自動延長	中国、ロシア	
ロシア・ウズベキスタン同盟関係条約	2006 (2005)	一方がもう一方に対し文書で停止する旨を通知した日から12カ月が経過するまで有効	ロシア、ウズベキスタン	

（注）　条約名は、仮訳名ないし略称。

諸外国

685

5. 各国・地域の軍備状況

米国	陸　　　軍　約48万人 海　　　軍　約980隻 　　　　　　（空母11、巡洋艦24、駆逐艦等67、潜水艦67（すべて原潜）等） 海 兵 隊　約19万人 航空戦力　作戦機約3,560機
ロシア	陸　　　軍　約28万人 海　　　軍　約1,130隻（空母1、巡洋艦4、駆逐艦等13、潜水艦49等） 海 兵 隊　約3.5万人 航空戦力　作戦機約1,470機
英国	陸　　　軍　約8.4万人 海　　　軍　約130隻（空母1、駆逐艦等19、潜水艦10等） 海 兵 隊　約6,600人 航空戦力　作戦機約222機
ドイツ	陸　　　軍　約6.2万人 海　　　軍　約118隻（駆逐艦等15、潜水艦6等） 航空戦力　作戦機約236機
フランス	陸　　　軍　約11.4万人 海　　　軍　約298隻（空母1、駆逐艦等22、潜水艦9（すべて原潜）等） 海 兵 隊　約2,000人 航空戦力　作戦機約430機
イタリア	陸　　　軍　約10万人 海　　　軍　約183隻（空母2、駆逐艦等17、潜水艦8等） 海 兵 隊　約3,000人 航空戦力　作戦機約268機
エジプト	陸　　　軍　約31万人 防 空 軍　8万人 海　　　軍　約135隻（駆逐艦等10、潜水艦6等） 航空戦力　作戦機約584機
イスラエル	陸　　　軍　約12.6万人 海　　　軍　約54隻（潜水艦5等） 海 兵 隊　約300人（推定）（コマンド） 航空戦力　作戦機約354機
イラン	陸　　　軍　約35万人 海　　　軍　約128隻（コルベット7、潜水艦19等） 海 兵 隊　約5,000人 航空戦力　作戦機約333機 革命防衛隊　約19万人
シリア	陸　　　軍　約13万人 海　　　軍　約42隻（コルベット1等） 防 空 軍　約2万人

インド	陸　　　軍　約124万人 海　　　軍　約315隻（空母1、潜水艦17等） 海 兵 隊　約1,200人 航空戦力　作戦機約890機
パキスタン	陸　　　軍　約56万人 海　　　軍　約51隻（フリゲート等9、潜水艦8等） 海 兵 隊　約3,200人（推定） 航空戦力　作戦機約413機
タイ	陸　　　軍　約25万人 海　　　軍　約140隻（空母1、フリゲート9等） 海 兵 隊　約2.3万人 航空戦力　作戦機約153機
オーストラリア	陸　　　軍　約2.9万人 海　　　軍　約67隻（フリゲート8、潜水艦6等） 航空戦力　作戦機約164機
インドネシア	陸　　　軍　約30万人 海　　　軍　約180隻（フリゲート11、潜水艦4等） 海 兵 隊　約2万人（推定） 航空戦力　作戦機約109機
台湾	陸　　　軍　約9万人 海　　　軍　約230隻（フリゲート等約30、潜水艦4等） 海 兵 隊　約1万人 航空戦力　作戦機約520機
中国	陸　　　軍　約98万人 海　　　軍　約750隻（空母1、駆逐艦等約90、潜水艦約59等） 海 兵 隊　約3万人 航空戦力　作戦機約3,020機
韓国	陸　　　軍　約46万人 海　　　軍　約240隻（駆逐艦等25、潜水艦14等） 海 兵 隊　約2.9万人 航空戦力　作戦機約620機
北朝鮮	陸　　　軍　約110万人 海　　　軍　約800隻（フリゲート4、潜水艦25等） 航空戦力　作戦機約550機

（注1）　ミリタリー・バランス（2020）等による。
（注2）　「作戦機」とは、爆撃機、戦闘機、攻撃機、偵察機、対ゲリラ戦機等の総称であり、ヘリコプターは含まれない。

6. 中国・台湾の軍事力

		中 国	台 湾
総 兵 力		約204万人	約17万人
陸上戦力	陸上兵力	約97万人	約9万4千人
	戦車等	99/A型、96/A型、88A/B型など 約6,050両	M-60A3、CM-11など 約750両
海上戦力	艦 艇	約720隻 約230万トン	約250隻 約21万トン
	空母・駆逐艦・フリゲート	約90隻	約30隻
	潜水艦	約70隻	4隻
	海兵隊	約4万人	約1万人
航空戦力	作戦機	約3,200機	約510機
	近代的戦闘機	J-10×588機 Su-27/J-11×329機 Su-30×97機 Su-35×24機 J-15×60機 J-16×262機 J-20×140機 （第4・5世代戦闘機 合計1,500機）	ミラージュ2000×54機 F-16（A/B）×77機 F-16（改修V型）×63機 経国×127機 （第4世代戦闘機 合計321機）
参考	人 口	約14億2,000万人	約2,350万人
	兵 役	2年	2018年末より志願兵制に移行（適齢男性に対する4カ月の軍事訓練義務は維持）していたものの、2024年より適齢男性に対する兵役を再開することを決定（任期1年）

(注) 令和5年版「防衛白書」より

7. 中国人民解放軍の配置　出典：「令和4年版日本の防衛」（防衛白書）

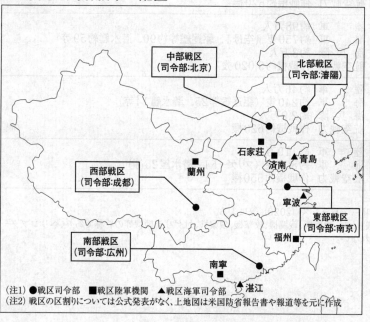

(注1) ●戦区司令部　■戦区陸軍機関　▲戦区海軍司令部
(注2) 戦区の区割りについては公式発表がなく、上記地図は米国防省報告書や報道等を元に作成

諸外国

8. ロシア軍の兵力

	総 兵 力	約115万人
陸上戦力	陸 上 兵 力	約62万人
	戦 車	T-90、T-80、T-72など約2070両 (保管状態のものを含まず。保管状態のものを含めると約7,070両)
海上戦力	艦 艇	1,170隻　約210万トン
	空 母	1隻
	巡 洋 艦	3隻
	駆 逐 艦	11隻
	フリゲート	19隻
	潜 水 艦	72隻
	海 兵 隊	約3万人
航空戦力	作 戦 機	1,430機
	近代的戦闘機	MiG-29×109機、Su-30×122機、MiG-31×129機、Su-33×17機、 Su-25×185機、Su-34×112機、Su-35×99機 (第4世代戦闘機　合計915機) Su-57×6機 (第5世代戦闘機　合計6機)
	爆 撃 機	Tu-160×16機、Tu-95×60機、Tu-22M×61機
参考	人 口	約1億4,202万人
	兵 役	1年(徴集以外に契約勤務制度がある)

(注1) 令和5年版「防衛白書」より

(注2) 陸上兵力は地上軍28万人のほか空挺部隊4.5万人を含む。

9. ロシア軍の配置

諸外国

10. 朝鮮半島の軍事力

朝鮮半島における軍事力の対峙

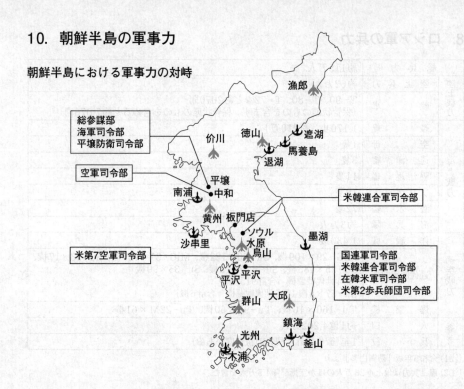

		北　朝　鮮	韓　　国	在韓米軍
	総　兵　力	約128万人	約56万人	約3万人
陸軍	陸　上　兵　力	約110万人	約42万人	約2万人
	戦　　　車	T-62、T-54/-55など 約3,500両	M-48、K-1、T-80など 約2,150両	M-1A25EPv2
海軍	艦　　　艇	約790隻　10万トン	約230隻　29万トン	支援部隊のみ
	駆　逐　艦		12隻	
	フリゲート	6隻	14隻	
	潜　水　艦	21隻	19隻	
	海　兵　隊		約2.9万人	
空軍	作　戦　機	約550機	約660機	80機
	第3/4世代戦闘機	MiG-23×56機 MiG-29×18機	F- 4× 29機 F-16× 161機 F-15× 59機 F-35× 40機	F-16×60機
参考	人　　　口	2,564万人	5,184万人	
	兵　　　役	男性　10年 女性　7年	陸軍　18カ月 海軍　20カ月 空軍　21カ月	

(注1) 令和5年版「防衛白書」より
(注2) 韓国は2018年から2021年にかけて兵役期間を段階的に短縮中。

11. 第2次世界大戦後の武力紛争

地域	紛 争 名	期 間	当 事 者	摘 要
	国共内戦	1945〜49	中国国民党←→中国共産党	中国国民党と中国共産党の直接対立化を契機とした中国共産党による中国の統一
	インドネシア独立戦争	1945〜49	オランダ←→インドネシア	オランダからの独立をめぐる紛争
	インドシナ戦争	1946〜54	フランス←→ベトナム民主共和国（北ベトナム）	フランスからの独立をめぐる紛争
	第1次印パ紛争	1947〜49	インド←→パキスタン	独立直後のカシミールの帰属をめぐる紛争
	マラヤの反乱	1948〜57	英国←→共産ゲリラ	英領マレー各州の支配権を握ろうとする共産ゲリラの試み
ア	マラヤの反乱	1957〜60	マラヤ連邦←→共産ゲリラ	マラヤ連邦各州の支配権を握ろうとする共産ゲリラの試み
	朝鮮戦争	1950〜53	韓国・米国など（国連）←→北朝鮮・中国	北朝鮮の武力による朝鮮半島の統一の試み
ジ	金門・馬祖砲撃	1954〜78	台湾←→中国	金門・馬祖両島をめぐる砲撃、宣伝戦
	ラオス内戦	1959〜75	ラオス政府（右派、中立派）←→パテト・ラオ（左派）、北ベトナム	ラオス政府と北ベトナムの支援を受けたパテト・ラオ軍との間の紛争
ア	チベット反乱	1959	ダライ・ラマ派←→中国政府	チベット問題をめぐるダライ・ラマ派の反乱
	中印国境紛争	1959〜62	インド←→中国	国境線をめぐる紛争
	ベトナム戦争	1960〜75	南ベトナム・米国など←→南ベトナム民族解放戦線、北ベトナム	米国の支援を受けた南ベトナム政府と北ベトナム及び南ベトナム民族解放戦線との間の紛争
	ゴア紛争	1961	インド←→ポルトガル	インドによるポルトガル領ゴアなどの植民地の併合
	西イリアン紛争	1961〜62	インドネシア←→オランダ	西ニューギニアの領有をめぐる紛争

地域	紛争名	期間	当事者	摘要
ア	マレーシア紛争	1963～66	英国、マレーシア←→フィリピン	北ボルネオの領有をめぐる紛争
	マレーシア紛争	1963～66	英国、マレーシア←→インドネシア	マレーシア結成に反対したインドネシアの対決政策
	第2次印パ紛争	1965～66	インド←→パキスタン	カシミールの帰属をめぐる紛争
	中ソ国境紛争	1969	中国←→ソ連	国境をめぐって珍宝島（ダマンスキー島）、新疆裕民地区などで衝突が発生
	カンボジア内戦	1970～75	カンボジア政府←→カンプチア民族統一戦線	政府（ロンノル派）と民族統一戦線(シアヌーク派・カンボジア共産党）との内戦
	第3次印パ紛争	1971	インド、バングラデシュ←→パキスタン	バングラデシュ（東パキスタン）の独立を契機とした紛争；西沙群島紛争
ジ	西沙諸島紛争	1974	南ベトナム←→中国	西沙群島の領有をめぐる紛争；ティモール内戦
	ティモール内戦	1975～78	親インドネシア派・インドネシア（義勇兵）←→即時独立派（左派）	ポルトガルの非植民地化政策に伴う内戦
ア	ベトナム・カンボジア紛争	1977～91	ベトナム←→カンボジア	ベトナムとカンボジアとの国境紛争とベトナムのカンボジアへの軍事介入
	中越紛争	1979	中国←→ベトナム	ベトナムのカンボジアへの軍事介入に反対する中国とベトナムとの紛争
	南沙諸島紛争	1988	中国←→ベトナム	南沙群島の領有をめぐる紛争
	タジク紛争	1992～97	タジキスタン政府←→UTO（統一タジク反対派）	1992年の内戦後、アフガン領内に流出したイスラム系武装勢力とタジク政府との間のタジク・アフガン国境地域での紛争 1997年6月和平協定成立

諸外国

地域	紛争名	期間	当事者	摘要
ア ジ ア	カンボジア武力衝突	1997〜98	ラナリット第1首相（当時）派部隊←→フン・セン第2首相派部隊	政府の主導権を握るラナリット第1首相（当時）派部隊とフン・セン第2首相派部隊との武力衝突
	ジャム・カシミール地方における戦闘	1999	インド←→イスラム武装勢力	ジャム・カシミール地方（カルギル）における、パキスタンから侵入した武装勢力とインド軍との戦闘
中 東 ・ 北 ア フ リ カ	第1次中東戦争	1948〜49	イスラエル←→エジプト、シリア、ヨルダン、レバノン、イラク	イスラエル国家の独立を否定するアラブ諸国の試み
	アルジェリア戦争	1954〜62	フランス政府←→FLN（アルジェリア民族解放戦線）	フランスからの独立をめぐる紛争
	キプロス紛争	1955〜59	英国政府←→EOKA（キプロス戦士全国組織）	英国の支配を排除してキプロスをギリシャと併合させようとしたギリシャ系住民の試み
	第2次中東戦争	1956	英国、フランス、イスラエル←→エジプト	スエズ運河をめぐるエジプトと英仏間の紛争、イスラエルは英仏側で参戦
	レバノン出兵	1958	レバノン政府、米国←→レバノン反乱派	キリスト教徒大統領シャムーンが再度就任しようとしたため、反乱が発生。米国はレバノン政府の要請で派兵
	クウェート出兵	1961	クウェート、英国←→イラク	イラクがクウェート併合を図ったため、英国が派兵
	イエメン内戦	1962〜69	イエメン政府、エジプト←→イエメン王党派	共和政府に対する王党派の闘争
	キプロス内戦	1963〜64	キプロス政府、ギリシャ←→トルコ系キプロス人、トルコ	ギリシャ系キプロス人の権力強化に反対するトルコ系キプロス人の反発
	アルジェリア・モロッコ国境紛争	1963〜88	アルジェリア←→モロッコ	国境地区の領有をめぐる紛争
	第3次中東戦争	1967	イスラエル←→エジプト、シリア、ヨルダン	イスラエルの独立保持をめぐる紛争

諸外国

地域	紛 争 名	期 間	当 事 者	摘 要
中東・北アフリカ	第4次中東戦争	1973	イスラエル←→エジプト、シリア	エジプトとシリアが第3次中東戦争によってイスラエルに占領された失地の回復を企図した紛争
	西サハラ紛争	1973～91	モロッコ政府、モーリタニア政府（1978年、モーリタニアはポリサリオ解放戦線と平和協定を締結）←→ポリサリオ解放戦線（アルジェリアが支援）	スペイン領サハラ（西サハラ）からスペイン撤退後の主権をめぐる紛争 1988年8月モロッコとポリサリオ解放戦線は帰属を住民投票で決定することで合意（その後、住民投票は実施されず）1997年9月モロッコとポリサリオ解放戦線は、8年の合意の実施を防げていた諸問題につき原則合意
	キプロス紛争	1974～	キプロス←→トルコ	中立派大統領（マカリオス）の追放によるキプロスのギリシャへの併合阻止及びトルコ系住民の保護のためトルコが軍事介入
	南北イエメン紛争	1978～79	北イエメン←→南イエメン、反北イエメン政府グループ	政府軍と北イエメン民族解放戦線などの反政府グループ、南イエメン軍による国境付近における紛争
諸外国	アフガニスタン紛争	1979～89	カルマル政権、ソ連←→反カルマル・反ソ勢力 1986年5月以降、ナジブラ政権、ソ連←→反ナジブラ・反ソ勢力	タラキ・アミン政権の土地改革などに対する反抗が国内で続いていたが、ソ連がこれに軍事介入。1989年2月、ソ連軍撤退完了
	イラン・イラク戦争	1980～88	イラン←→イラク	国境河川の領有権などをめぐる紛争。1988年2月停戦成立

地域	紛　争　名	期　　間	当　事　者	摘　　要
中東・北アフリカ	レバノン内戦	1975～91	キリスト教徒右派（イスラエル、イラク支援）←→アラブ平和維持軍（シリア軍）・イスラム教徒左派	キリスト教徒右派とイスラム教徒左派との抗争にシリアが介入 1989年ターイフ合意(国民和解憲章) 成立 1991年内戦終結
	レバノン侵攻	1982	イスラエル←→PLO、シリア	PLO制圧のため、イスラエル軍レバノンに侵攻（2000年撤退完了）
	スーダン南北内戦	1983～2005	スーダン中央政府←→反政府勢力（スーダン人民解放軍など）	スーダン中央政府によるイスラム法の全土適用に反発する南部反政府勢力との間の紛争が発端 2005年包括和平協定締結
	スーダン・ダルフール紛争	2003～	スーダン中央政府←→反政府勢力（スーダン解放軍など）	スーダン西部ダルフール地方におけるアラブ系同国中央政府とアフリカ系反政府勢力による内戦。 隣国チャド及び中央アフリカ共和国へ紛争が波及しているとみられている
	アフガニスタン内戦	1989～2001	1989年2月以降、ナジブラ政権←→反ナジブラ政府勢力 1992年6月以降、ラバニ政権←→反ラバニ政府勢力 1996年9月以降、タリバーン政権←→反タリバーン政府勢力	ソ連軍撤退後も内戦が継続したが、2001年、タリバーン政権崩壊により終結
	湾岸危機	1990～91	イラク←→クウェート、米国、英国、サウジアラビア、エジプトなど	イラクがクウェートに侵攻、米国、英国等28か国が国連決議を受けて派兵 1991年4月正式停戦
	イエメン内戦	1994	サーレハ大統領（北）とベイド副大統領（南）を中心とする旧南北政治指導者	統一後の政治運営をめぐり旧南北指導者層間での対立が激化、旧南北両軍の衝突で内戦に突入。北軍のアデン制圧で内戦終結

地域	紛争名	期間	当事者	摘要
中東・北アフリカ	イエメン内戦	2015～	イスラム教シーア派武装組織フーシ←→アラブ連合軍、暫定政権	クーデターを起こしたフーシ派と、その掃討のために軍事介入したアラブ連合軍、暫定政権の戦闘
	アフガニスタン軍事作戦	2001.10～	タリバーン、アルカイダ←→米国、英国、フランス、カナダ、豪州などの各国及び北部同盟などの反タリバーン勢力	米国同時多発テロを行ったアルカイダ及びこれをかくまったタリバーンをアフガニスタンから排除するための米英や北部同盟などによる軍事作戦2001年12月カンダハル陥落 その後もタリバーン、アルカイダの掃討作戦が続いたが、2020年2月、米国とタリバーンが和平合意
	イラク軍事作戦	2003～2011	イラク←→英米など	イラクのフセイン政権に対する米英などによる武力行使（2003年5月ブッシュ大統領、戦闘の終結宣言） 現在は治安維持対策等を実施 2011年12月、米国軍及びNATO軍は、イラクから撤退
	イラク内戦	2014～	米英仏など有志連合軍←→過激派組織「イスラム国」(ISIL)	生来の決意作戦。「イスラム国」(ISIL)の攻撃で危機に直面するイラクを支援するため、ISIL拠点を攻撃。戦闘はシリアにも拡大
諸外国	イスラエル・レバノン紛争	2006	イスラエル←→ヒズボラ	ヒズボラがイスラエル兵を拉致したことを契機に、イスラエルがレバノンへ侵攻。2006年8月に国連安保理が停戦決議を採択し、10月にイスラエル軍はレバノン南部から撤退

地域	紛　争　名	期　間	当　事　者	摘　　　要
中東・北アフリカ	シリア内戦	2011～	シリア政府軍←→シリア反体制派、過激派組織「イスラム国」（ISIL）など	アサド大統領退陣を求める抗議運動と弾圧が拡大。ヌスラ戦線、ISIL等の国際テロ組織が参戦、米、露、仏なども空爆に参加
	マリ北部紛争	2012～	MNLA（アザワド解放民族運動）←→政府軍、フランス軍	リビアのカダフィ政権崩壊後、帰還した元傭兵のトゥアレグ族がMNLAを結成し、政府軍への攻撃を開始。イスラム過激派組織「アンサル・ディーン」の支援を受けてマリ北部を制圧し、独立を宣言。その後、MNLAと「アンサル・ディーン」が対立。マリ政府の要請を受けたフランスも参戦。現在、国連マリ多角的統合安定化ミッション（MINUSMA）が展開中
	リビア軍事作戦	2011	リビア←→米英仏等	リビアのカダフィ政権に対する多国籍軍による武力行使。2011年8月に首都トリポリが陥落、10月にはカダフィ氏死亡を受け軍事作戦終了
	2014年リビア内戦	2014～	制憲議会←→国民議会	カダフィ政権崩壊後の国政選挙で発足した制憲議会が、2014年の国民議会選挙で発足した国民議会に対し、解散を拒否して権限を委譲しなかったため、両議会が対立。その政治空白をついてイスラム国（IS）、アルカイダ等の過激派組織が勢力を拡大

諸外国

地域	紛 争 名	期 間	当 事 者	摘 要
中部・南部アフリカ	コンゴ動乱	1960〜63	コンゴ政府←→分離派、ベルギー	コンゴの統一保持に対する分離独立派の反乱、国連による調停で国家統一保持
	チャド・リビア紛争	1960〜94	チャド←→リビア	政権をめぐる部族間の対立とアオゾウ地区の領有をめぐるチャド・リビア間の対立 1994年5月リビア軍がアオゾウ地区から完全撤収
	エチオピア内戦	1962〜93	エチオピア政府←→エリトリア・ティグレ解放勢力	政府とエリトリア州・ティグレ州の分離独立を要求する反政府勢力との紛争 1993年5月エリトリア独立
	南ローデシア紛争	1965〜79	南ローデシア政府←→ZANU（ジンバブエ・アフリカ民族同盟）、ZAPU（ジンバブエ・アフリカ人民同盟）	スミス白人政権と黒人ゲリラ組織との紛争
	ナイジェリア内戦	1967〜70	ナイジェリア政府←→ビアフラ州	ナイジェリアの統一保持に対する分離独立派による紛争
	ナミビア独立紛争	1975〜90	南アフリカ政府←→SWAPO（南西アフリカ人民機構）	ナミビアの独立を求めるSWAPOと南アフリカ政府との対立
	アンゴラ内戦	1975〜94	MPLA（アンゴラ解放人民運動）←→FNLA（アンゴラ民族解放戦線）、UNITA（アンゴラ全面独立民族同盟）FNLAはアンゴラ独立後弱体化	ポルトガルからの独立（1975年11月）に伴った解放グループ間の対立抗争
	モザンビーク内戦	1975〜91	モザンビーク解放戦線（FRELIMO）←→反政府組織モザンビーク民族抵抗運動（RENAMO）	1975年のポルトガルからの独立以来続いた社会主義路線を歩む政府勢力FRELIMOと南アフリカ共和国の支援を受けたRENAMOとの紛争

地域	紛争名	期間	当事者	摘要
中部・南部アフリカ	エチオピア・ソマリア紛争	1977〜78	エチオピア←→西ソマリア解放戦線、ソマリア	オガデン地方をめぐる紛争
	ソマリア内戦	1988〜	バーレ政権←→反政府勢力、その後複数の武装勢力間	北部で激化したバーレ政権と反政府ゲリラとの間の戦闘が、全国に波及し、複数勢力間の内戦に発展
	リベリア内戦	1989〜2003	ドウ政権←→NPFL（国民愛国戦線）、その後複数の武装勢力間	ドウ政権とNPFLとの間の武力闘争が発展・複雑化した、複数勢力間の内戦。テーラー大統領が選出されるも、反政府勢力との戦闘が継続。2003年8月和平協定調印
	ルワンダ内戦	1990〜94	ルワンダ政府←→RPF（ルワンダ愛国戦線）	フツ族による政権とツチ族主導のRPFとの間の紛争
	ザイール内戦	1996〜97	モブツ政権←→コンゴ・ザイール解放民主勢力連盟（ADFL）等	ザイール東部地域のツチ族系住民バニャムレンゲが、武装蜂起したことを契機に始まった、モブツ大統領の独裁政権とそれに反対する勢力の武力闘争。1997年5月コンゴ・ザイール解放民主勢力連盟（ADFL）が「コンゴ民主共和国」への国名変更を宣言
	シエラレオネ紛争	1997〜98	AFRC（軍事革命評議会）←→ECOMOG（西アフリカ諸国経済共同体平和維持軍）	下級兵士のクデーター（民選のカバ大統領を追放）により発足したAFRC政権と民政回復を求めたナイジェリア・ECOMOGとの紛争。1998年5月カバ大統領が帰国

地域	紛争名	期間	当事者	摘要
中部・南部アフリカ	コンゴ共和国内戦	1997	政府軍←→前大統領派（アンゴラが支援）	大統領選挙をめぐってリスバ大統領派（政府軍）とサス・ンゲソ前大統領派の私兵が衝突。1997年10月サス・ンゲソ前大統領が大統領に復帰
	エチオピア・エリトリア紛争	1998〜2000	エチオピア←→エリトリア	両国間の未確定の国境線をめぐる紛争 2000年6月両国が休戦合意受け入れ
	ギニア・ビサウ内戦	1998〜	政府軍←→元参謀長派	大統領派と元参謀長派との紛争
	コンゴ民主共和国内戦	1998〜99	カビラ政権（アンゴラ等が支援）←→DRC（コンゴ民主連合）等の反政府勢力（ルワンダ等が支援）	ツチ族とフツ族の対立に起因する、カビラ大統領率いる政府軍と反政府勢力との紛争。周辺諸国を巻き込んで拡大。1999年8月紛争の停戦合意が成立
	シエラレオネ内戦	1998〜99	ECOMOG（西アフリカ諸国経済共同体平和維持軍）←→RUF（革命統一戦線）	政府を支援するナイジェリア主導のECOMOGと旧軍事政権の兵士が合流した反政府勢力RUFとの紛争 1999年7月政府とRUFとの間で和平合意成立
	アンゴラ内戦	1998〜2002	政府軍←→UNITA（アンゴラ全面独立民族同盟）	政府軍と反政府勢力UNITAとの紛争。2002年3月両者が停戦協定に調印
	コートジボワール内戦	2002.9〜2003.7	コートジボワール政府←→MPCI（コートジボワール愛国運動）など	退役を拒否する軍人らの烽起を契機に内戦状態に突入 2003年7月、内戦終結宣言

地域	紛 争 名	期 間	当 事 者	摘 要
	ギリシャ内戦	1946～49	ギリシャ政府←→ELAS（ギリシャ人民解放軍）	共産党が反乱軍を指導して山岳を利用したゲリラ戦を展開
	ベルリン封鎖	1948～49	英国、米国、フランス←→ソ連	ソ連による西ベルリンへの交通路遮断をめぐる紛争
	ハンガリー動乱	1956	ハンガリー政府、ソ連←→ハンガリー民族主義派	ハンガリー国民の民族革命的運動に対するソ連の介入、これに対する運動
	チェコ事件	1968	チェコ・スロバキア←→ソ連を含むワルシャワ条約機構加盟5カ国	チェコ・スロバキアの自由化を阻止するための武力介入
欧	北アイルランド紛争	1969～98	カトリック系過激派組織←→プロテスタント系過激派組織	北アイルランドの少数派であるカトリック系住民の地位向上と独立をめぐる紛争。1998年に和平合意
州	ナゴルノ・カラバフ紛争	1988～94	アゼルバイジャン←→アルメニア武装勢力	アゼルバイジャン領ナゴルノ・カラバフ自治州のアルメニア系住民がアルメニアへの帰属換えを要求し、アゼルバイジャン軍と武力衝突
	ルーマニア政変	1989	チャウシェスク政権（国内軍・秘密警察）←→ルーマニア民主化グループ（ルーマニア人民軍）	独裁、抑圧政策を強行するチャウシェスク政権を民主化運動グループ及び市民側を支持する人民軍が打倒
	アブハジア紛争	1992～	アブハジア←→グルジア	グルジア共和国アブハジア自治共和国が「アブハジア共和国」として独立宣言。グルジア政府と武力紛争
	スロベニア内戦	1991	スロベニア←→旧ユーゴー連邦軍	旧ユーゴー連邦から独立を目指すスロベニアとそれを阻止すべく介入した連邦軍側との紛争1991年7月停戦成立

諸外国

地域	紛　争　名	期　間	当　事　者	摘　　要
欧州	クロアチア内戦	1991〜95	クロアチア←→旧ユーゴ連邦軍、セルビア人武装勢力	旧ユーゴ連邦からの独立を目指すクロアチアとそれを阻止すべく介入した連邦軍側との紛争旧ユーゴ連邦解体後もセルビア人武装勢力との内戦が継続1995年11月に和平協定成立
欧州	ボスニア・ヘルツェゴビナ内戦	1992〜95	ムスリム政府（武装）勢力、クロアチア人武装勢力←→セルビア人武装勢力	ボスニア・ヘルツェゴビナの旧ユーゴからの独立問題を契機としたムスリム、セルビア人、クロアチア人3民族間の勢力争い1995年12月に和平協定成立
欧州	チェチェン紛争	1994〜961999〜2009	ロシア政府←→チェチェン武装勢力	ロシアからの独立を目指すチェチェン共和国武装勢力とそれを阻止しようとするロシア政府との紛争1996年に停戦合意1999年から武力衝突、2009年対テロ作戦地域指定解除
欧州	コソボ紛争	1998〜99	ユーゴ連邦政府、セルビア共和国政府←→アルバニア系武装勢力	ユーゴ連邦からの独立を目指すアルバニア系武装勢力とそれを阻止しようとするユーゴ連邦政府及びセルビア共和国政府との紛争1999年、ユーゴスラビア連邦政府、米欧露提示の和平案を受諾
欧州	グルジア紛争	2008	ロシア←→グルジア	グルジアと南オセチアとの武力衝突をきっかけに、ロシアが大規模な武力介入
欧州	ウクライナ内戦	2014〜	ウクライナ政府軍←→親ロシア派武装勢力	親欧州派のウクライナ政府軍と、親ロシア派の分離独立派の武力衝突

諸外国

地域	紛　争　名	期　　間	当　事　者	摘　　　　要
欧州	ウクライナ戦争	2022〜	ウクライナ←→ロシア	ウクライナに侵攻したロシアと、EU、米などの支援を受けたウクライナとの戦争
米　　州	グアテマラの反革命	1954	グアテマラ政府←→反革命派	政府の農地改革などに反抗した保守勢力のクーデターで政権が交代
	キューバ革命	1956〜59	バチスタ政権←→反政府派	極端な弾圧政策のため国民の支持を失ったバチスタ政権を、反政府派が打倒
	キューバ進攻	1961	キューバ政府←→キューバ亡命者	在米キューバ人がキューバに進攻して敗退
	キューバ危機	1962	米国←→ソ連、キューバ	ソ連の中距離ミサイルがキューバに持ち込まれたことから起きた危機
	ベネズエラの反乱活動	1962〜63	ベネズエラ政府←→反乱派	社会改革の穏健派の政権に対する共産党、MIRなどの反乱活動
	ドミニカ共和国内乱	1965	ドミニカ政府、米国←→反乱派	若手将校グループが立憲主義復帰を目指して反乱を起こしたことから内戦状態に発展、米軍及び米州機構平和維持軍が介入
	ニカラグア内戦	1979〜90	ニカラグア政府←→反政府派	サンディニスタ民族解放戦線（FSLN）などによる革命・政権樹立後、同政権の左傾化に反対する勢力（コントラ）がゲリラ戦を展開
	エルサルバドル内戦	1979〜92	エルサルバドル政府←→反政府派	ファラブンド・マルチ民族解放戦線（FMLN）が現政府打倒のためゲリラ戦を展開
	フォークランド（マルビーナス）紛争	1982	英国←→アルゼンチン	フォークランド（マルビーナス）諸島の領有権をめぐる軍事衝突

諸外国

地域	紛　争　名	期　間	当　事　者	摘　　要
米 州	グレナダ派兵	1983	グレナダ反乱派←→米国、ジャマイカ、バルバドス、東カリブ海諸国	東カリブ海諸国機構設立条約加盟国が同条約に基づく集団措置として、また、米国などが上記措置への支援の要請に応じて、グレナダに派兵
	パナマ派兵	1989	米国←→パナマ	パナマの実権を握るノリエガ国防軍最高司令官と米国との間の対立

12. 欧州通常戦力（CFE）条約と同条約適合合意の比較

(Conventional Armed Forces in Europe（CFE）Treaty)

項　　目	CFE条約（1990年）	適合合意（1999年）
目的	欧州の通常戦略バランスをより低い水準で均衡させ、奇襲攻撃や大規模攻勢能力を除去	同様（冷戦終結後の安全保障環境に適合させるための概念を導入）
締約国	30カ国（1990年時点でNATO16カ国、旧WPO14カ国）	同様（加入条項が設けられ、全OSCE諸国に開放）
署名及び発効年月日	署　　名　　1990年11月19日 暫定発効　　1992年7月17日 正式発効　　1992年11月9日	署　名　　1999年11月19日 （ロシア、カザフスタン、ウクライナ、ベラルーシのみの批准のため、未発効）
適用地域	大西洋からウラル山脈までの締約国の領土	同様
対象兵器	戦車、装甲戦闘車両、火砲、戦闘航空機、攻撃ヘリの5カテゴリー	同様
兵器の保有制限の設定単位及びその方法	○東西対峙を前提に地域別（東西両地域）に保有上限を設定 ○欧州全土をドイツ等を中心に同心円を描くような形で東西それぞれ4つの地域に分け、中心部は厳しく保有制限し、周辺部にかけて緩やかに制限	○国別の保有上限及び領域別の保有上限（国別保有上限＋領域内の外国駐留軍の兵器量）を設定 ○NATO新規加盟国（ポーランド、チェッコ、ハンガリー）の国別・領域別上限を同じにするなどロシアの懸念に配慮
削減方法	発効後40カ月以内に3段階に分け破壊又は民生転用などの方法で削減	ほぼ同様であるが削減期限等はない（ほぼ各国とも現行の兵器量が国別の保有上限を下回っており、実際上削減の必要なし）
締約国全体の兵器保有数量	戦車　　　　　　4万（NATO、WPO各々2万） 装甲戦闘車両　6万（各々3万） 火砲　　　　　4万（各々2万） 戦闘航空機　　13,600（各々6,800） 攻撃ヘリ　　　4,000（各々2,000）	戦車　　　　　　35,600 装甲戦闘車両　56,600 火砲　　　　　36,300 戦闘航空機　　13,200 攻撃ヘリ　　　　4,000

諸外国

13. 各国の主要な核戦力

		米 国	ロ シ ア	英 国	フランス	中 国
ミ サ イ ル	ICBM （大陸間弾道 ミサイル）	400基 ミニットマンⅢ 400	339基 SS-18　　46 SS-19　　26 SS-25　　 9 SS-27（単弾頭） 78 SS-27（多弾頭） 117 SS-27（Yars-S、 多弾頭）　63	――――	――――	130基 DF-5 （CSS-4）　20 DF-31 （CSS-10）86 DF-41　　24
	IRBM MRBM	――――	――――	――――	――――	214基 DF-4 （CSS-3）　10 DF-26　 110
						DF-21 （CSS-5）　70 DF-17 （CSS-22) 24
	SLBM （潜水艦発射 弾頭ミサイル）	280基 トライデントD-5 280	176基 SS-N-23　96 SS-N-32　80	48基 トライデントD-5 48	64基 M-51　　64	72基 JL-2 （CSS-NX-14） /JL-3 （CSS-NX-20） 72
弾道ミサイル搭載 原子力潜水艦		14	11	4	4	6
航空機		66機 B-2　　20 B-52　　46	76機 Tu-95（ベア）60 Tu-160 （ブラックジャック）16	――――	40機 ラファール 40	104機 H-6K　 100 H-6N　　 4
弾頭数		約3,708	約4,477 （うち戦術核約 1,912）	180-225	290	約350

(注) 令和5年版「防衛白書」より

14. 主要各国の主要装備の性能諸元 （資料源：「ジェーン年鑑」等）

(1) 各国主要戦車性能諸元

国別	名称	装備重量(トン)	エンジン馬力種類	最高速度(km/h)	行動距離(km)	装備	乗員(人)	備考
米国	M1A2	63.1	1500/ガスタービン	67.6	426	120ミリ滑腔砲×1 12.7ミリ機関銃×1 7.62ミリ機関銃×2	4	M1A1の改良型（装甲・射統装置の改良）NBC防護、冷暖房装置
ロシア	T-72A	50	1000/ディーゼル	60	480(550)	125ミリ滑腔砲(2A46M)×1 12.7ミリ機関銃×1 7.62ミリ機関銃×1	3	自動装填装置リアクティブアーマー、NBC防護
	T-80U	46	1250/ガスタービン	70	335	125ミリ滑腔砲×1（対戦車ミサイル発射可能）12.7ミリ機関銃×1 7.62ミリ機関銃×1	3	T-80の改良型（エンジン、装甲等を改良）自動装填、NBC防護
	T-90S	46.5	1000/多種燃料ディーゼル	65	550	125ミリ滑腔砲(2A46M)×1 12.7ミリ機関銃×1 7.62ミリ機関銃×1	3	自動装填装置、リアクティブアーマー、NBC防護、防護システム（シトラー1）
中国	VT4	52	1200/ディーゼル	70	500	125mm滑腔砲×1 12.7ミリ機関銃×1 7.62ミリ機関銃×1	3	海外輸出向け
	Type-96A	46	1000/ディーゼル	60	400	125mm滑腔砲×1 7.62ミリ機関銃×1	3	複合装甲、リアクティブアーマー
	Type-98	50	1200/ディーゼル	65	500(650)	125ミリ滑腔砲×1 12.7ミリ機関銃×1 7.62ミリ機関銃×1	3	複合装甲、NBC防護
フランス	ルクレール	56.5	1500/ディーゼル	72	450(550)	120ミリ滑腔砲×1 12.7ミリ機関銃×1 7.62ミリ機関銃×1	3	複合装甲、NBC防護
イギリス	チャレンジャー2	62.5	1200/ディーゼル	56	550	120ミリ施線砲×1 7.62ミリ機関銃×2	4	油気圧懸架、NBC防護
	チャレンジャー1	62	1200/ディーゼル	56	450	120ミリ施線砲×1 7.62ミリ機関銃×2	4	複合装甲、NBC防護

国別	名称	装備重量(トン)	エンジン馬力種類	最高速度(km/h)	行動距離(km)	装備	乗員(人)	備考
ドイツ	レオパルド2	55.2	1500/ディーゼル	72	550	120 ミリ滑腔砲×1 7.62 ミリ機関銃×2	4	NBC防護
ドイツ	レオパルド2A6EX	62.4	1500/ディーゼル	72	450	120 ミリ滑腔砲×1 7.62 ミリ機関銃×2	4	レオパルト2の改良型(装甲、射統装置等を改良)、NBC防護
イスラエル	メルカバMk1	60	900/ディーゼル	45	400	105 ミリ施線砲×1 7.62 ミリ機関銃×3 60 ミリ迫撃砲×1	4	NBC防護
イスラエル	メルカバMk2	63	900/ディーゼル	54	500	105 ミリ施線砲×1 7.62 ミリ機関銃×3 60 ミリ迫撃砲×1	4	メルカバMk1の改良型
イスラエル	メルカバMk3	65	1200/ディーゼル	60	500	120 ミリ滑腔砲×1 7.62 ミリ機関銃×3 60 ミリ迫撃砲×1	4	メルカバMk2の大幅改良(装甲、射統装置、懸架装置等の改良)、NBC防護
イスラエル	メルカバMK4	65	1500/ディーゼル	60	500	120 ミリ滑腔砲×1 12.7ミリ重機関銃×1 7.62 ミリ機関銃×2 60 ミリ迫撃砲×1	4	トロフィーアクティブ防護システム、NBC防護
スウェーデン	レオパルド2	62	1500/ディーゼル	72	470	120 ミリ滑腔砲×1 7.62 ミリ機関銃×2	4	NBC防護
韓国	K1	51	1200/ディーゼル	65	500	105 ミリ施線砲×1 12.7 ミリ機関銃×1 7.62 ミリ機関銃×2	4	米国の設計、主要構成要素は輸入、NBC防護
韓国	K1A1	54.5	1200/ディーゼル	60	500	125mm滑腔砲×1 12.7 ミリ重機関銃×1 7.62 ミリ機関銃×2	4	複合装甲、NBC防護
韓国	K2	56	1500/ディーゼル	70	450	120 ミリ滑腔砲×1 12.7 ミリ重機関銃×1 7.62 ミリ機関銃×1	3	複合装甲、NBC防護
インド	T-90S	46.5	1000/多種燃料ディーゼル	65	550	125 ミリ滑腔砲×1 12.7 ミリ機関銃×1 7.62 ミリ機関銃×1	3	爆発反応装甲、自動装填装置

国別	名　称	装備重量(トン)	エンジン馬力種類	最高速度(km/h)	行動距離(km)	装　備	乗員(人)	備考
イタリア	アリエテ	54	1275/ディーゼル	65	550	120 ミリ滑腔砲×1 7.62 ミリ機関銃×2	4	NBC防護
	レオパルド1A1A4	42.4	830/多種燃料ディーゼル	65	450～600	105 ミリ施線砲×1 7.62 ミリ機関銃×2	4	NBC防護
ポーランド	PT-91	45.9	850/多種燃料ディーゼル	60	650	125 ミリ滑腔砲×1 7.62 ミリ機関銃×1 12.7 ミリ機関銃×1	3	T-72M1の改良型 爆発反応装甲、射撃統制装置等の改良、NBC防護
	レオパルド2A4	55.2	1500/ディーゼル	72	550	120 ミリ滑腔砲×1 7.62 ミリ機関銃×2	4	NBC防護
ウクライナ	T-84	46	1200/多種燃料ディーゼル	65	540	125 ミリ滑腔砲×1 7.62 ミリ機関銃×1 12.7 ミリ機関銃×1	3	T-80UD改良型 リアクティブアーマー、NBC防護、防護システム（シトラー1）
南アフリカ	オリファントMk1　A	56	750/ディーゼル	45	500	105 ミリ施線砲×1 7.62 ミリ機関銃×2	4	

（注）　行動距離の（　）内の数字は、燃料タンクを追加した時の最大行動距離を示す。

諸外国

709

(2) 各国主要艦艇性能諸元

ア. 航空母艦等

国別	艦種	艦名	隻数	排水量(トン) 基準	排水量(トン) 満載	速力 (ノット)	装備	乗員 (人)	備考
米国	CVNM	ニミッツ(級) (ニミッツ、アイゼンハワー、カール・ビンソン) (ルーズベルト) (リンカーン、ワシントン、ステニス、トルーマン、ロナルド・レーガン、ジョージ・ブッシュ)	3 1 6	74,086 75,160 75,160	92,955 97,933 103,637	30以上	航空機×52機、ヘリコプター×15、シー・スパロー(SAM)×2、RIM116×2、20mmファランクス(CIWS)×2(リンカーン、ステニス、トルーマンは3)	5,750 〔2,480〕	原子力艦
	CVN	ジェラルド・R・フォード(級)	1 (2)		101,605	30	航空機×75、発展型シー・スパロー発射機×2、ESSM短SAMランチャー×2、RIM116近接防空ミサイル×2、CIWS×3	4,550	原子力艦
ロシア	CVGM	クズネツォフ(級)	1	46,637	59,439	30	航空機×20、ヘリコプター×17 SS-N-19シップレック(SSM)用VLS×12、SA-N-9ガントレット用VLS(SAM)(6)×4、CADS-N-1(CIWS)×8(各々30mmガトリング砲(2)×1及びSA-N-11グリソン(SAM)×8)、30mm AK630ガトリング砲(CIWS)×4	2,586 〔626〕	
フランス	CVNM	シャルル・ド・ゴール(級)	1	37,680	43,182	27	航空機×約32、ヘリコプター×4 アスター15(SAM)用VLS(8)×4、ミストラル(SAM)(6)×2、20mm機銃×4	1,862 〔542〕	原子力艦
イタリア	CVS	ジュゼッペ・ガリバルディ(級)	1	10,262	14,072	30	ヘリコプター×18 アルバトロス(SAM)(8)×2 40mm砲(2)×2、324mm魚雷発射管(3)×2	812 〔230〕	V/STOL機搭載
	CV	カブール(級)	1	—	27,535	28	航空機×8、ヘリコプター×12、アスター15(4×8セル)×32、76mm砲×2	696 〔168〕	V/STOL機搭載
英国	CV	クイーン・エリザベス級	1		65,000	27	航空機×40、20mm CIWS×3、30mm単装機銃×4	733	

国別	艦種	艦名	隻数	排水量（トン）基準	排水量（トン）満載	速力（ノット）	装備	乗員（人）	備考
中国	CV	遼寧	1	46,637	59,439	30	航空機×24、ヘリ×10、HHQ−10（18セル）×4、30mm CIWS×3	1,960〔626〕	
インド	CVM	ヴィクラント（級）	(1)	40,642		28	航空機×20、ヘリコプター×10、ラファエル・バラック短SAM、CIWS	1,400〔160〕	
インド	CVM	キエフ（級）（ヴィクラマーディティア）	1	—	46,129	29	航空機×12、ヘリコプター×6、バラック8（SAM）、30mm砲×4	1,326	2005年3月にロシアより購入
タイ	CVM	チャクリ・ナルエベト（級）	1	—	11,669	26	航空機×6、ヘリコプター×6 LCHR8セルVLS×1、サドラル発射管(6)×4	601〔146〕	V/STOL機搭載

〔注〕隻数（ ）内は建造中 乗員〔 〕内は航空要員 ミサイル等（ ）内は連装数

イ．巡洋艦等

国別	艦種	艦名	隻数	排水量（トン）基準	排水量（トン）満載	速力（ノット）	装備	乗員（人）	備考
米国	CG	タイコンデロガ（級）	22		10,117	30以上	Mk41垂直発射システム（スタンダード・ミサイル、垂直発射型アスロック、トマホーク）、ハープーン（SSM）(4)×2、127mm砲×2、20mmファランクス（CIWS）×2、25mm機銃×2、324mm魚雷発射管(3)×2、ヘリコプター×2	330	イージス艦
ロシア	CG	キーロフ（級）	1	19,305	24,690	30	SS−N−19シップレック（SSM）用VLS×20、SA−N−20ガーゴイル（SAM）用VLS(12)×1、SA−N−4ゲッコー(2)×2、SA−N−9ガントレット用VLS(8)×2、CADS−N1（CIWS）×6（各々30mmガトリング砲(2)×1とSA−N−11グリソン（SAM）×8からなる）、対潜用SS−N−15スターフィッシュ×1、130mm砲(2)×1,533mm魚雷発射管(5)×2、RBU12,000対潜ロケット発射機×1、ヘリコプター×3	744〔18〕	原子力艦
ロシア	CG	スラヴァ（級）	3	9,531	11,674	32	SS−N−12サンドボックス（SSM）×16,SA−N−6グランブル（SAM）用VLS(8)×8、SA−N−4ゲッコー(2)×2、130mm砲(2)×1、30mmAK650ガトリング砲（CIWS）×6、533mm魚雷発射管(5)×2、RBU6,000対潜ロケット発射機(2)×2、ヘリコプター×1	476	

ウ．駆逐艦・フリゲート

国別	艦種	艦名	隻数	排水量（トン）基準	排水量（トン）満載	速力（ノット）	装備	乗員（人）	備考
米国	DDG	アーレイ・バーク（級）（FLIGHTS I，II）	28		8,364/8,814	32	Mk41垂直発射システム（スタンダード・ミサイル、垂直発射アスロック、トマホーク）、SeaRAM×1、ハープーン（SSM）(4)×2、127mm砲×1、20mmファランクス（CIWS）×2、324mm魚雷発射管(3)×2	283～286	イージス艦
	DDG	アーレイ・バーク（級）（FLIGHTS IIA）	38+9		9,880	31	Mk41垂直発射システム（スタンダード・ミサイル、垂直発射アスロック、トマホーク）、ハープーン（SSM）(4)×2、127mm砲×1、20mmファランクス（CIWS）×2、324mm魚雷発射管(3)×2、ヘリコプター×2	329	イージス艦
	DDG	ズムウォルト	2+1	15,995		30	Mk57ミサイル発射システム（シースパロー、トマホーク）、155mm機関砲、30mm機関砲、ヘリコプター×2	147	
ロシア	DDG	ソブレメンヌイ（級）	4	6,604	8,067	32	SS-N-22サンバーン（SSM）(4)×2、SA-N-7グリズリー（SAM）×2、130mm砲×2、30mm AK630ガトリング砲（CIWS）×4、533mm魚雷発射管(2)×2、RBU1,000対潜ロケット発射機(6)×2、ヘリコプター×1	296+60（予備）	
	DDG	ウダロイ（級）	7	6,808	8,636	29	SA-N-9ガントレット（SAM）用VLS×8、SS-N-14サイレックス（SSM）(4)×2、100mm砲×2、30mm AK630（CIWS）×4、533mm魚雷発射管(4)×2、RBU6,000対潜ロケット発射機(12)×2、ヘリコプター×2	249	
	DDG	ウダロイII（級）	1	7,824	9,043	28	SS-N-22サンバーン（SSM）(4)×2、SA-N-9ガントレット（SAM）用VLS×8、CADS-N-1（CIWS）×2（各々30mmガトリング砲(2)×1とSA-N-11グリソン（SAM）×8からなる）、130mm砲(2)×1、SS-N-15スターフィッシュ×1、RBU6,000対潜ロケット発射機(12)×2、533mm魚雷発射管(4)×2、ヘリコプター×2	249	

諸外国

国別	艦種	艦名	隻数	排水量(トン) 基準	排水量(トン) 満載	速力(ノット)	装備	乗員(人)	備考
ロ シ ア	FFH	ネウストラシムイ (級)	2	3,505	4,318	30	SA-N-9ガントレット(SAM)用VLS(8)×4、SS-N-15/16(SSM)、100mm砲×1、CADS-N-1(CIWS)×2(各々30mmガトリング砲(2)×1とSA-N-11グリソン(SAM)×8からなる)、533mm魚雷発射管×4、RBU12,000対潜ロケット発射機(10)×1、ヘリコプター×1	210	SS-N-25(4)×4搭載可
	FFM	クリバック(級)	2	3,150	3,709	32	SS-N-14サイレックス(4)×1、SA-N-4ゲッコー(2)×2(I、II)、SS-N-25スウィッチブレード(SSM)(4)×2、76mm砲(1)×2(I)、100mm砲×2(II)、RBU6,000対潜ロケット発射機(12)×2、533mm魚雷発射管(4)×2	194	
	FFL	グリシャ(級) グリシャIII グリシャV	20	965	1,219	30	SA-N-4ゲッコー(2)×1、57mm砲(2)×1、76mm砲×1(V)、30mmガトリング砲(CIWS)×1(III、V)、533mm魚雷発射管(2)×2、RBU6,000対潜ロケット発射機(12)×2(Vには1のみ)	70	
	FFGM	ゲパルト(級)	2	1,585	1,961	26	ズベズダSS-N-25スウィッチブレード(2)×8、SA-N-4ゲッコー(2)×1、76mm砲×1、30mmAK630ガトリング砲(CIWS)×2、533mm魚雷発射管(2)×2、RBU6,000対潜ロケット発射機(12)×1	120+28(予備)	
英 国	DDG	タイプ45 デアリング(級)	6	5,893	7,570	31	シーバイパー(SAM)用VLS×1、30mm砲×2、20mmファランクス(CIWS)×2、ヘリコプター×1	191+41(予備)	
	FFG	デューク(級)	13	3,556	4.267	28	シーウルフ(SAM)用VLS×1、ハープーン(4)×2、114mm砲×1、30mm機銃×2、324mm魚雷発射管(2)×2、ヘリコプター×1	181	
フ ラ ン ス	FFG	カサール(級)	2	4,298	5,080	29.5	エグゾセ(SSM)(4)×2、スタンダード(SAM)×1、サドラル(SAM)(6)×1、100mm砲×1、20mm機関銃×2、KD59E魚雷発射管×2、ヘリコプター×1	250	
	FFG	ラ・ファイエット(級)	5	3,353	3,810	25	エグゾセ(SSM)(4)×2、クロタル(SAM)(8)×1、100mm砲×1、20mm機銃×2、ヘリコプター×1	178	

諸外国

713

国別	艦種	艦名	隻数	排水量(トン) 基準	排水量(トン) 満載	速力(ノット)	装備	乗員(人)	備考
フランス	PSO	デチアン・ドルヴ(級)	7	1,194	1,270〜1,351	24〜25	シンバッド(SAM)(2)×1、100mm砲×1、20mm機銃×2、魚雷発射管×4	108	
フランス	FFG	フロレアル(級)	6	2,642	2,997	20	エグゾセ(SSM)×2、100mm砲×1、20mm機銃×2、ヘリコプター×1	83 +24 (海兵隊員) +13 (予備)	
イタリア	DDG	デ・ラ・ペンネ(級)	2	4,615	5,869	31	テセオ(SSM)(2.4)×2、ミラス×1、スタンダード(SAM)×40、アスピーデ(SAM)(8)×2、127mm砲×1、76mm砲×3、324mm魚雷発射管(3)×2、ヘリコプター×2	331	
イタリア	DDG	アンドレア・ドーレア(級)	2		6,741	29	テセオ(SSM)×8、シルバーVLS48セル、76mm砲×3、324mm魚雷発射管(3)×2、ヘリコプター×1	220	
イタリア	FFG	アルティリエーレ(級)	1	2,243	2,566	35	テセオ(SSM)×8、アスピーデ(SAM)(8)×1、127mm砲×1、40mm砲×2、ヘリコプター×1	177	
イタリア	FFG	マエストラーレ(級)	6	2,540	3,251	32	テセオ(SSM)×4、アスピーデ(SAM)(8)×2、127mm砲×1、40mm砲×2、ヘリコプター×2	205	
中国	DDG	ソブレメンヌイ(級)	4		8,067	32	SS-N-22サンバーン(SSM)(4)×2、SA-N-7ガドフライ(SAM)×2、130mm砲×2、CADS-N-1近接防御システム(30mmガトリング機銃及びSA-N-11×8 艦番号138、139)、30mmガトリング砲(CIWS)×4(艦番号136、137)、魚雷発射管(6)×2、RBU1,000×2、ヘリコプター×1	296 +60 (予備)	
中国	DDG	ルフ(級)	2		4,674	31	サッケイド(SSM)×16、クロタル(SAM)(8)×1、100mm砲×1、37mm対空機関砲(2)×4、324mm魚雷発射管(3)×2、FQF2,500対潜ロケット発射機×2、ヘリコプター×2	266	
中国	DDG	ルーハイ(級)	1		6,096	29	サッケイド(YJ-83)(SSM)×16、クロタル(HQ-7)(SAM)(8)×1、100mm砲×1、37mm対空機関砲×4、324mm魚雷発射管(3)×2、ヘリコプター×2	250	

諸外国

714

国別	艦種	艦名	隻数	排水量(トン)		速力(ノット)	装備	乗員(人)	備考
				基準	満載				
中国	DDG	ルーヤンⅠ（級）	2		7,112	29	サッケイド(YJ-83/C)(SSM)×4、グリズリーSA-N-12(SAM)×1、100mm砲×1、30mm機関砲×2、多連装ランチャー×4、ヘリコプター×1	280	
	DDG	ルーヤンⅡ（級）	6		7,112	29	YJ-62(SSM)(4)×2、HHQ-9(SAM)×8、100mm砲×1、30mm機関砲×2、ヘリコプター×2	280	
	FFG	ジャンウェイⅡ(級)	8		2,286	27	サッケイド(YJ-83)(SSM)(4)×2、クロタル(HQ-7)(SAM)(8)×1、100mm砲×1、37mm対空機関砲(2)×4、RBU1,200対潜ロケット発射機(5)×2、ヘリコプター×2	170	
	FFG	ジャンフⅢ（級）	1		1,955	26	サッケイド(YJ-83/C5S-N-8)(SSM)(2)×2、100mm砲(2)×2、37mm対空機関砲(2)×4、RBU1,200対潜ロケット発射機対潜ロケット発射機(5)×2	200	
	FFG	ジャンカイⅠ（級）	2	3,556	3,963	27	サッケイド(YJ-83)(SSM)×8、クロタル(HQ-7)(SAM)×1、100mm砲×1、30mm AK630(CIWS)×4、324mm魚雷発射管(3)×2、ヘリコプター×1	190	
	FFG	ジャンカイⅡ（級）	29+1	3,556	3,963	27	サッケイド(YJ-83)(SSM)×2、HHQ-16(SAM)×1(32セル)、76mm砲×1、30mm機関砲(タイプ730A)×2、324mm魚雷発射管(3)×2、ヘリコプター×1	190	

エ．ミサイル潜水艦等

国別	艦種	艦名	隻数	水上排水量(トン)	水中排水量(トン)	水上速力(ノット)	水中速力(ノット)	装備	乗員(人)	備考
米国	SSBN	オハイオ（級）	14	17,033	19,000	—	24	トライデントII（SLBM）発射管×24、533mm魚雷発射管×4（トマホーク等）	155	原子力艦
	SSGN	オハイオ（級）	4	17,033	19,000	—	25	トマホーク（SLCM）用VLS、533mm魚雷発射管×4	159	原子力艦
	SSN	シーウルフ（級）	3	8,189	9,285	—	39	660mm魚雷発射管×8、（ハープーン、トマホーク等）	140	原子力艦
	SSN	ロサンゼルス（級）	31	7,011	7,124	—	33	533mm魚雷発射管×4、（ハープーン、トマホーク等）	143	原子力艦 SSN719以降VLS（トマホーク）装備
	SSN	バージニア（級）	17+11	—	7,925	—	34	533mm魚雷発射管×4、（ハープーン、トマホーク等）	132	原子力艦
ロシア	SSBN	タイフーン（級）	1	18,797	26,925	12	25	SS−NX−32ブラバ(SLBM)発射管×20、SA−N−8(SAM)（浮上時）、533mm魚雷発射管×6	175	原子力艦
	SSBN	デルタIV（級）	6	10,973	13,717	14	24	SS−N−15スターフィッシュ(SSM)、SS−N−23シネヴ(SLBM)発射管×16、533mm魚雷発射管×4	130	原子力艦
	SSBN	デルタIII（級）	1	10,719	13,463	14	24	SS−N−18スティングレイ(SLBM)発射管×16、533mm/400mm魚雷発射管×4/2	130	原子力艦
	SSGN	オスカーII（級）	8	14,123	18,594	15	28	SS−N−19シップレック(SSM)発射管×24、533mm/650mm魚雷発射管×4/2（SS−N−15スターフィッシュ/16スタリオン(SSM)等）	107	原子力艦
	SSN	アクラ（級） アクラI アクラII	9 2	7,620 7,620	9,246 9,652	10 10	28 28	533mm/650mm魚雷発射管×4/4、（SS−N−21サンプソン(SLCM)、SS−N−15スターフィッシュ/16スタリオン等）、SA−N−5/8ストレラ(SAM)発射管	62	原子力艦
	SSN	シェラI（級）	2	7,316	8,230	10	34	533mm/650mm魚雷発射管×4/4、（SS−N−21サンプソン(SLCM)、SS−N−15スターフィッシュ/16スタリオン(SSM)等）	61	原子力艦

諸外国

国別	艦種	艦名	隻数	水上排水量（トン）	水中排水量（トン）	水上速力（ノット）	水中速力（ノット）	装備	乗員（人）	備考
ロシア	SSN	シェラII（級）	2	7,722	9,246	10	32	533mm/650mm魚雷発射管×4/4、(SS－N－21サンプソン（SLCM）、SA－N－5/8ストレラ（SAM）×1、SS－N－15スターフィッシ/16スタリオン（SSM）等)	61	原子力艦
	SSN	ビクターIII（級）	3	4,928	6,401	10	30	533mm/650mm魚雷発射管×4/2、(SS－N－21サンプソン（SLCM）、SS－N－15スターフィッシ/16スタリオン（SSM）等)	98	原子力艦
	SSK	キロ（級）	10	2,362	3,125	10	17	SA－N－5/8×6－8ストレラ（SAM）、533mm魚雷発射管×6	52	ディーゼル
	SSK	ラダ（級）	1+(2)	1,793	2,693	10	17	533mm魚雷発射管×6	37	ディーゼル
英国	SSBN	バンガード（級）	4	—	16,236	—	25	トライデント2（D5）（SLBM）発射管×16、533mm魚雷発射管×4	135	原子力艦
	SSN	トラファルガー（級）	3	4,816	5,292	—	32	533mm魚雷発射管×5（ハープーン、トマホーク等）	130	原子力艦
フランス	SSBN	ル・トリオンファン（級）	4	12,843	14,565	—	25	M－45（SLBM）発射管×16、533mm魚雷発射管×4（エグゾセ等）	111	原子力艦
	SSN	リュビ（級）	6	2,449	2,713	—	25	533mm魚雷発射管×4（エグゾセ等）	68	原子力艦
イタリア	SSK	トーダロ（級）	4	1,522	1,727	12	20	533mm魚雷発射管×6	27	(AIP搭載)
	SSK	サウロ（級）	4	1,500〜1,680	1,689〜1,892	11	19	533mm魚雷発射管×6	51	ディーゼル
中国	SSBN	ジン（級）	4+1	8,000	10,000	—	—	JL－2（CSS－NX－5）（SLBM）発射管×12、533mm魚雷発射管×6	140	原子力艦
	SSN	ハン（級）	3	4,572	5,639	12	25	533mm魚雷発射管×6、YJ－82（SSM）	75	原子力艦
	SSN	シャン（級）	6	—	6,096	—	30	533mm魚雷発射管×6、YJ－82（SSM）	100	原子力艦
	SSG	キロ（級）	12	2,362	3,125	10	17	533mm魚雷発射管×6、SS－N－27（SLCM）	52	ロシアから輸入
	SS	ミン（級）	14	1,609	2,147	15	18	533mm魚雷発射管×8	57	ディーゼル
	SSG	ソン（級）	13	1,727	2,286	15	22	533mm魚雷発射管×6、YJ－82（SSM）	60	ディーゼル
	SSG	ユアン（級）	17	2,725	3,600	—	—	533mm魚雷発射管×6、YJ－82（SSM）	—	ディーゼル

諸外国

国別	艦種	艦名	隻数	水上排水量（トン）	水中排水量（トン）	水上速力（ノット）	水中速力（ノット）	装備	乗員（人）	備考
韓国	SSK	チャン・ボゴ（級）	9	1,118	1,306	11	22	533mm魚雷発射管×8（ハープーン等） 533mm魚雷発射管×8	33	ディーゼル
	SSK	ソン・ウォンイル（級）	7+2	1,727	1,890	12	20	533mm魚雷発射管×8（ハープーン等）	27	（AIP搭載）
台湾	SSK	ハイルン（級）	2	2,414	2,703	12	20	533mm魚雷発射管×6	67	ディーゼル
	SS	グッピーⅡ（級）	2	1,900	2,459	18	15	533mm魚雷発射管×10	75	ディーゼル

オ．コルベット

国別	艦種	艦名	隻数	排水量（トン） 基準	排水量（トン） 満載	速力（ノット）	装備	乗員（人）	備考
ロシア	FSG	ナヌチカ（級）	13		671	33	SS－N－9サイレン（SSM）(3)×2、SA－N－4ゲッコー（SAM）(2)×1、30mm砲×1、76mm砲×1	42	
	PGGJM	シヴーチ（級）	2		1,067	53	SS－N－22サンバーン（SSM）(4)×2、SA－N－4ゲッコー（SAM）(2)×176mm砲×1、30mmガトリング砲（CIWS）×2	67	
	FSGM	タラントゥル（級）	24	391	462	36	SS－N－2Dスティックス（SSM）(2)×2、SS－N－22サンバーン（SSM）(2)×2、SA－N－5グレイル（SAM）(4)×1、76mm砲×1、30mmガトリング砲（CIWS）×2	34	

カ. 揚陸艦等

国別	艦種	艦名	隻数	排水量(トン) 基準	満載	速力(ノット)	装備	乗員(人)	備考
米国	LCC	ブルーリッジ (級)				23	20mmファランクス (CIWS)×2、ヘリコプター×1		揚陸指揮艦 輸送能力：兵員700人、LCP×3、LCVP×2
		ブルーリッジ	1	13,287	19,963			790	
		マウントホイットニー	1	12,635	17,766			790	
	LHD	ワスプ (級)	8		41,302 /41,006 /42,330	22	Mk－29(SAM)×2、シースパロー(SAM)(8)×2、RAM(SAM)×2、20mmファランクス(CIWS)×2、25mm機銃×3、V/STOL機×6－8(最大20)、ヘリコプター×42	994	強襲揚陸艦 輸送能力：兵員1,687人、LCAC×3若しくはLCM6×12、航空機燃料1,232㌧/1,960㌧
	LPD	サン・アントニオ (級)	10+3		24,900	22	RAM(SAM)×2、30mm機銃×2、12.7mm機銃×4、ヘリコプター×1～2	374 +22 (予備)	ドッグ型輸送揚陸艦 輸送能力：兵員699人、LCAC×2
	LCD	ホイットビーアイランド (級)	8	11,304	16,195	22	Mk49ミサイル発射システム (RAM)、20mmファランクス(CIWS)×2、25mm機銃×2	413	ドック型揚陸艦 輸送能力：5,000立方フィートの貨物スペース、12,500平方フィートの車両スペース(LCAC×4含む)
		ハーパーズフェリー (級)	4		17,009				
ロシア	LST	ロプーチャ (級)	15		4,471	17.5	SA－N－5グレイル(SAM)(4)×4、57mm砲×4、76mm砲×1、30mm AK630ガトリング砲(CIWS)×2、122mmロケットランチャー×2	95	戦車揚陸艦 輸送能力：MBT×10と兵員190人、若しくはAFV×24と兵員170人
	LST	アリゲーター (級)	4	3,455	4,775	18	SA－N－5グレイル(SAM)(2)×2－3、57mm砲(2)×1、25mm機銃(2)×2、122mmロケットランチャー×1	100	戦車揚陸艦 輸送能力：兵員300人、戦車×20、AFV×40
	ACV	ポモルニク (級)	2		559	63	SA－N－5グレイル(SAM)(4)×2、30mm AK630ガトリング砲(CIWS)×2、140mmロケットランチャー×2	31	エアクッション型揚陸艇 輸送能力：MBT×3若しくは兵員輸送車×10、兵員230人 (合計130㌧)

国別	艦種	艦名	隻数	排水量(トン) 基準	満載	速力 (ノット)	装備	乗員 (人)	備考
中 国	LPD	ユージャオ(級)	6+1	19,855		25	76mm砲×1、30mm AK630ガトリング砲(CIWS)×4	156	強襲型揚陸艦 輸送能力:エアクッション型揚陸艇×4、水陸両用戦闘車両×35～40、兵員500～800人
	LST	ユティンI(級)	10	3,830	4,877	17	37mm機関砲×6	120	輸送能力:戦車×10、LCVP×4、兵員250人
	LST	ユティンII(級)	15	3,830	4,877	17	37mm機関砲×2	120	輸送能力:戦車×10、LCVP×4、兵員250人
	LST	ユカン(級)	4	3,160	4,237	18	57mm砲×2、25mm機銃×2	109	輸送能力:戦車×10、LCVP×2、兵員200人(合計500㌧)

(3) 各国主要航空機性能諸元

ア．戦闘機／攻撃機

国別	名 称	最大離陸重量(トン)	全幅×全長(メートル)	エンジン推力×基数(トン)	最大速度(マッハ/高度メートル)	航続距離〔又は行動半径〕(キロメートル)	武 装	乗員(人)	備 考
米国	A-10A サンダーボルトⅡ	21.5	17.5×16.3	4.1×2	833 km/h	4,259 (フェリー、無風)	30mm機関砲(7銃回転式)×1、爆弾、AGM-65マーベリック、AIM-9 搭載量:7.3トン	1	
	F-15C/D イーグル	30.8	13.0×19.4	10.7×2	2.5	4,630以上 (フェリー、増槽)	20mm機関砲×1、AIM-9/-7/-120、爆弾、ロケット、ECM装置	1	D型は複座
	F-15E ストライクイーグル	36.7	13.0×19.4	11.3～13.2×2	2.5	4,444 (フェリー、増槽)	20mm機関砲×1、AIM-9/-7/-120、ASM、爆弾、ロケット、核兵器	1	I型はイスラエル、S型はサウジアラビア、K型は韓国向け輸出型
	F-16A ファイティング・ファルコン	19.2	9.5×15.0	12.3×1	2.0	3,889以上 (フェリー、増槽)〔行動半径:1,361以上〕	20mm機関砲×1、AAM、ASM、爆弾、ロケット	1	D型は複座
	F/A-18C/D ホーネット	23.5	11.4×17.0	8.0×2	1.7以上	2,844以上(フェリー、増槽、AIM-9×2)〔行動半径:537〕	20mm機関砲×1、AIM-9/-7/-120、ASM、爆弾、搭載量:7トン	1	D型は複座
	F/A-18E/F スーパーホーネット	30.2	13.7×18.4	10.0×2	1.6以上	3,074 (フェリー、増槽、AIM-9×2)	20mm機関砲×1、AIM-9/-7/-120、ASM、爆弾、ロケット	1	F型は複座
	F-22A ラプター	27.2	13.6×18.9	15.9×2	1.7/9,144	2,960以上 (増槽)	20mm機関砲×1、AIM-9/-120、爆弾		ステルス戦闘機
	F-35A	32	10.7×5.7	19.5×1	1.6	行動半径:1,092	任務要件による	1	
ロシア	MiG-29 フルクラム	18.5	11.4×17.3	8.3×2	2.3	2,898以上 (フェリー、増槽)	30mm機関砲×1、AAM、爆弾、ロケット	1	
	MiG-31 フォックスハウンド	46.2	13.5×22.7	15.5×2	2.83/高高度	3,300 (フェリー、増槽)〔行動半径:1,448(増槽)〕	23mm機関砲×1、AAM	2	

諸外国

国別	名　称	最大離陸重量(トン)	全幅×全長(メートル)	エンジン推力×基数(トン)	最大速度(マッハ/高度メートル)	航続距離(又は行動半径)(キロメートル)	武　　装	乗員(人)	備　考
ロシア	Su-24Mフェンサー	39.7	10.4～17.6(可変)×24.6	11.2×2	1.35/高高度1.08/低高度	2,500(フェリー)行動半径 1,046(増槽)	AAM、ASM、爆弾23mm機関砲×1爆弾搭載量:8.1トン	2	Su-24MR型は偵察機、Su-24MP型は電子戦機
	Su-25フロッグフットA	17.6	14.4×15.5	4.0×2	0.8	750(低空、増槽)1,250(高空、増槽)	30mm機関砲×1、ASM、爆弾、ロケット、AAM	1	対地攻撃機
	Su-34フルバック	31.7	14.7×23.3	10.25×2	1.6	4,000(フェリー)	30mm機関砲、AAM、爆弾、ASM	2	
英国	シーハリアーFA・Mk2	11.9	7.7×14.2	9.8×1	1.25/高高度	〔行動半径:750〕	固定武装なし30mm機関砲、ロケット、爆弾(核爆弾含む)、AAM	1	V/STOL機、偵察機、攻撃機
	ホーク200	9.1	9.4×11.4	2.6×1	1.2	2,528以上(フェリー)	固定武装なし	1	
フランス	ミラージュ2000	17	9.1×14.4	9.7×1	2.2/高高度1.2/低高度	3,333(増槽)	30mm機関砲×2、AAM、ASM、ロケット、爆弾搭載量:6.3トン	1	
	シュペールエタンダール	12	9.6×14.3	5.0×1	1.0/高高度	行動半径 850(増槽)	30mm機関砲×2、AAM、ASM、ロケット、爆弾、戦術核	1	艦載攻撃機
	ラファール/B/C/M	24.0～24.5	10.9×15.3	7.4×2	1.8/高高度	行動半径 1,759(増槽)	30mm機関砲×1、AAM、ASMP(核兵器)、ASM、爆弾	1	B型は複座C型は単座M型は艦載機
米英	AV-8B(米)ハリアーGR.Mk7(英)	8.1～14.1	9.3×14.1	10.8×1	0.98/高高度0.87/低高度	3,641(フェリー、増槽)〔行動半径:1,101(増槽)〕	25mm機関砲ポッド×1、AAM、ASM、ロケット、爆弾	1	V/STOL機ハリアーⅡプラス開発中(AMRAAM搭載可能)

諸外国

国別	名称	最大離陸重量(トン)	全幅×全長(メートル)	エンジン推力×基数(トン)	最大速度(マッハ/高度メートル)	航続距離〔又は行動半径〕(キロメートル)	武装	乗員(人)	備考
英独伊	トーネードF.Mk3(要撃機型)	28.0	8.6～13.9(可変)×16.7	7.5×2	2.2/高高度	行動半径560以上(超音速要撃)1,900以上(亜音速要撃)	27mm機関砲×1、AAM	2	
	トーネードIDS(侵攻/攻撃型)	27.9	8.6～13.9(可変)×16.7	6.8×2	2.2/高高度	約3,889以上(フェリー)〔行動半径:1,389〕	27mm機関砲×2、AAM、ASM、爆弾(含核爆弾、誘導爆弾)、MW-1ディスペンサーなど 搭載量:9トン以上		トーネードECRは独、伊の電子戦/偵察型
スペイン英国イ独伊	ユーロファイタータイフーン	21	11.1×16.0	12.4×1	2.0	〔行動半径:1,389〕	27mm機関砲×1、AAM、空対地兵器	1	
スウェーデン	AJS-37ビゲン	20.5	8.4×14.1	8.2×1	2以上/高高度	〔行動半径:1,100〕	30mm機関砲、AAM、ASM、ロケット	1	
	JAS-39グリペン	14.0	8.4×14.1	2.6×1	2.0/高空	〔行動半径:800以上〕	27mm機関砲×1、AAM、ASM、ディスペンサー	1	
ブラジル伊	AMX	13.0	8.9×13.2	5.0×1	0.86/高空	3,333(フェリー・増槽)〔行動半径:926〕	爆弾、AAM、ASM、ロケット、20mm機関砲×1	1	
中国	J-7/F-7	7.5以上	8.3/7.2×14.9	6.6×1	2.35/12,500～18,500	1,739以上(ミサイル、増槽)〔行動半径:370～850〕	30mm機関砲×2、AAM、爆弾、ロケット		中国製MiG-21
	FC-1	12.4	8.5×14.3	8.3×1	1.6	2,037(フェリー)〔行動半径:700～1,200〕	23mm機関砲×1、AAM、ASM、爆弾、ロケット	1	
	J-8BフィンバックB	18.9	9.3×21.4	6.7×2	2.2	1,900(フェリー)〔行動半径:800〕	23mm機関砲×1、AAM、爆弾、ロケット		J-8BはJ-8を大幅に改造した発展型
	Q-5ファンタン	11.8	9.7×15.7	3.2×2	1.1	1,820(増槽)〔行動半径:400〕	23mm機関砲×1、ロケット、AAM、爆弾、対艦ミサイル		MIG-19の改良型
	JH-7	28.5	12.7×21	9.3×2	1.7/11,000	3,650(フェリー)〔行動半径:1,650〕	23mm機関砲×1、AAM、対艦ミサイル	2	
	J-10A	18.6	9.8×16.4	12.5×1	1.8	1,648(フェリー、増槽)〔行動半径:555〕	AAM、ASM(推定)、爆弾、23mm機関砲等	1	

諸外国

723

国別	名称	最大離陸重量（トン）	全幅×全長（メートル）	エンジン推力×基数（トン）	最大速度（マッハ/高度）メートル	航続距離〔又は行動半径〕（キロメートル）	武装	乗員（人）	備考
中国	Su-27（J-10）	33.0〜33.5	14.7×21.9	12.3×2	2.17〜2.35/高高度	3,000〜5,198〔行動半径：1,500〜1,560〕	30mm機関砲×1、AAM、爆弾、ロケット	1	
台湾	F-CK-1（経国）	12.2	8.5×13.2	4.2×2	1,296km/h約11,000	1,500以上	20mm機関砲×1、AAM、ASM、対艦ミサイル、爆弾、ロケット	1	

イ．爆撃機

国別	名称	最大離陸重量（トン）	全幅×全長（メートル）	エンジン推力×基数（トン）	最大速度（マッハ/高度）メートル	航続距離〔又は行動半径〕（キロメートル）	武装	乗員（人）	備考
米国	B-52Hストラトフォートレス	221.4以上	56.4×49.0	7.7×8	0.9/高高度	16,084	爆弾、核兵器、AGM-84/-86/-129/-142搭載量：約31.5トン	6	
	B-1Bランサー	216.4	41.7〜23.8（可変）×44.8	13.6×4	約1.25	約12,000	爆弾、AGM-86/-154	4	
	B-2Aスピリット	152.6	52.4×21.0	7.9×4	high subsonic	11,667（16.9トン搭載、HHH）8,148（16.9トン搭載、HLH）	爆弾、核兵器、AGM-129SRAM	2	ステルス爆撃機
ロシア	Tu-142Mベア F Tu-95MSベア H	185.0	50.0×49.1	15,000馬力×4	828km/h	〔行動半径：6,400〕	ASMALCM（ベア H）	10（F型）7（H型）	戦略ASM搭載機（ベア H）偵察/対潜型（ベア F）
	Tu-22M3バックファイア C	124〜126	34.3〜23.3（可変）×42.5	24.5×2	1.88/高高度0.86/低高度	行動半径：2,410（亜音速、12トン搭載、HLH）	爆弾、23mm機関砲、ASM、SRAM搭載量：24トン	4	
	Tu-160ブラックジャック	275	55.7〜35.6（可変）×54.1	24.5×4	2.05/高高度	12,300〔行動半径：2,000〕	爆弾、ALCM、SRAM搭載量：40トン	4	
中国	H-6	72〜75.8	34.2×34.8	9.5×2	785km/h	6,000〔行動半径：1,800〕	機関砲、爆弾、対艦/巡航ミサイル	6	Tu-16（バジャー）をライセンス生産

ウ．偵察機・哨戒機等

国別	名称	最大離陸重量(トン)	全幅×全長(メートル)	エンジン推力×基数(トン)	最大速度(マッハ/高度メートル)	航続距離〔又は行動半径〕(キロメートル)	武装	乗員(人)	備考
米国	EA-6B プロウラー	29.5	15.9×18.2	4.7×2	1,048 km/h	3,250(フェリー、増槽)	電子妨害装置、AGM-88	4	電子妨害機
	E-2C ホークアイ	24.7	24.6×17.6	5,100馬力×2	648 km/h	2,707(フェリー、増槽)	早期警戒用各装置	5	空中警戒機
	E-3B/C セントリー	156.2	44.0×39.7	9.5×4	842 km/h 12,200m	9,250以上	早期警戒用レーダー及び各種指揮通信器材	17〜23	AWACS機
	P-3C オライオン	64.4	30.4×35.6	2.1×4	761 km/h	〔行動半径:3,833〕滞空3時間(進出2,492km)積載量:9.1トン	機雷、爆弾、AGM-65/-84	11	対潜哨戒機
	S-3B バイキング	23.9	20.9×16.3	4.2×2	0.79(巡航)	3,700(ペイロード最大)	機雷、爆雷、魚雷、爆弾、ロケット、AGM-65/-84	3	対潜哨戒機(艦載)
	E-6B マーキュリー	155	45.2×46.6	10.0×4	843 km/h(巡航)	11,760(無給油)滞空15.4時間	VLF通信器材	22	長距離通信中継機
	E-8 Joint STARS	152.4	44.4×46.6	8.7×4	0.84	滞空11時間	サイドルッキングレーダー	4〜15	地上目標捜索監視機
ロシア	Il-38 メイ	66.0	37.4×40.1	4,190馬力×4	722 km/h/高度度	9,500(最大燃料)滞空12時間(最大燃料)	機雷、爆弾、ソノブイ、MAD	7〜8	対潜哨戒機
	A-50 メインスティ	190	50.5×46.6	12.0×4	787 km/h	1,000km先の空域で4時間の警戒飛行	Il-76の胴体上部に大型レーダーアンテナ搭載	15	空中警戒管制機
	A-40 アルバトロス	86	41.6×43.8	15.0×2	720 km/h	5,500(最大燃料)	―	8	哨戒飛行艇
英国	ニムロッド MR2	105.1	38.7×38.6	7.0×4	787 km/h	11,112	ASM、爆弾、機雷、爆雷、魚雷、ソナー、水上艦探知レーダー、ESM装置、MAD等を装備	12	対潜哨戒機
フランス	アトランティック2	46.2	37.4×31	6,000馬力×2	648 km/h	9,074(フェリー)	爆弾、爆雷、魚雷、ASM、その他(レーダー、ESM装置、MAD等を装備)	10〜12	対潜哨戒機
中国	SH-5	45	36.0×38.9	3,150馬力×4	556 km/h	4,750滞空12時間(エンジン×2)	対艦ミサイル、魚雷、機雷、爆弾、レーダー、MAD、ソノブイ	8	対潜/哨戒飛行艇

諸外国

エ. 輸送機、給油機

国別	名　称	最大離陸重量(トン)	全幅×全長(メートル)	エンジン推力×基数(トン)	最大速度(マッハ/高度メートル)	航続距離[又は行動半径](キロメートル)	武　器	乗員(人)	備　考
米国	C-130H ハーキュリーズ	79.4	40.4×29.8	4,700馬力×4	602 km/h	7,871 (7トン搭載)	兵員:92人 降下兵:64人 最大搭載量:19.4トン	3	
	C-17A グローブマスター	265.4	51.7×53.0	18.4×4	0.77/8,534	4,630 (72.6トン搭載) 8,778(フェリー)	兵員:102人 最大搭載量:77.5トン	3	
	C-5B ギャラクシー	379.7	67.9×75.5	19.5×4	919 km/h	10,404	最大搭載量:118.4トン	17〜23	AWACS機
	KC-135R ストラトタンカー	134.7	39.9×41.5	9.8×4	853 km/h/9,144	2,149 (68.0トン搭載)	燃料最大搭載量:90.7トン、貨物37.6トン又は兵員:37人(推定)	6	空中給油機
	KC-10A エクステンダー	267.6	50.0×54.4	23.6×3	0.825	7,032 (76.6トン搭載)	最大燃料搭載量:200kℓ 又は最大貨物搭載量:76.8トン	4	DC-10の給油型
ウクライナ	An-12BP カブ	61.0	38.0×33.1	4,000馬力×4	776 km/h	3,600 (最大ペイロード) 5,700(最大燃料)	兵員:90人又は落下傘兵60人、23km機関砲×2(胴体尾部)、最大搭載量:20トン	6	カブA、Bは電子偵察、C、Dは電子妨害機
	An-70	145	44.1×40.6	13,800馬力×4	750 km/h (巡航)	5,000 (35トン搭載) 8,000(最大燃料)	兵員:170人 標準搭載量:35トン	3〜4	An-12の後継
ロシア	An-124 コンドル	402	73.3×69.1	23.4×4	865 km/h (巡航)	14,000(最大燃料) 3,700 (150トン搭載時)	兵員:88人 最大搭載量:150トン	6〜12	
	Iℓ-76MD キャンディッドB	190〜210	50.5×46.6	12.0×4	850 km/h	7,300 (20トン搭載時)	兵士140人 又は落下傘兵125人、最大搭載量:47トン	7	
	Iℓ-78 マイダス	190	50.5×46.6	12.0×4	750 km/h (巡航)	給油半径 1,000(60〜65トン給油) 2,500(32〜36トン給油)	プローブ/ドローグ給油装置×3	7	空中給油機
仏独	C-160 トランザール	51.0	40.0×32.4	6,100馬力×2	592 km/h	8,852	兵員:93人 降下兵:61〜88人 搭載量:16トン	3	
英国	トライスターK1	244.9	50.1×50.1	22.7×3	0.89 (巡航)	—	空中給油装置 燃料:142トン	3	L-1011の給油型

オ．武装・対潜ヘリコプター

	国別	名称	最大離陸重量(トン)	ローター直径×全長(メートル)	エンジン馬力×基数	最大速度キロメートル/時	航続距離〔又は行動半径〕(キロメートル)	武装	乗員(人)	備考
武装ヘリコプター	ロシア	Mi-24P ハインドF	12.0	17.3×21.4	2,220馬力×2	320	1,000 (増槽)	対戦車ミサイル、機関砲、ロケット、爆弾、AAM	2	
		Ka-50 ホーカム	10.8	14.5×16.0	2,190馬力×2	270〜300	1,100 (増槽)	30mm機関砲×1、ASM、対戦車、ミサイル、ロケット、AAM、爆弾	1	
		Mi-28N ハボックB	11.5	17.2×16.9	2,190馬力×2	300〜319	433〔行動半径：200〕滞空時間2時間(最大燃料)	30mm機関砲×1、AAM、対戦車ミサイル、ロケット	2	
	米国	AH-1Z スーパーコブラ	8.3	14.6×17.8	1,775馬力×2	410	685	TOW対戦車ミサイル、AAM、ASM搭載可能、20mm機関砲×1、ロケット	11	米海兵隊用
		AH-64A/D アパッチ	9.5	14.6×17.8	1,696馬力×2(A型)	365 (A型)	482 (A型)	30mm機関砲×1、ヘルファイアー×16、ロケット、AAM	3	D型はA型の改良型
	仏独	TIGER	6	13×15.8	1,285馬力×2	230〜280	滞空2時間50分(作戦時)	VLF通信器材	2	
	伊	A-129 マングスタ	4.1	11.9×14.3	825馬力×2	250/低高度	滞空3時間	対戦車ミサイル×8、機関砲ポッド又はロケットポッド、AAM	2	
対潜ヘリコプター	ロシア	Ka-27 ヘリックスA	11	15.9×12.3	2,190馬力×2	270	〔200〕	レーダー、ソナー、MAD、魚雷、爆雷等	3	一部性能諸元はKa-32の値
	米国	SH-60B シーホーク	9.9	16.7×19.8	1,940馬力×2	233/1,524m	600	レーダー、MAD、ソノブイ、魚雷、対艦ミサイル等	3〜4	B型は水上戦闘艦搭載型、F型は空母搭載型
	英伊	EH-101	14.6	18.6×22.8	2,100馬力×3	309	1,129〜1,389	レーダー、ソナー、魚雷、ASM	3〜4	
	仏独、伊、オランダ	NH-90	10.6	16.3×19.5	2,040馬力×2(推定)	244〜306	796〜1,218	レーダー、ソナー、ASM、魚雷、AAM	1〜4	
	中国	Z-9C	4.1	11.9×13.7	705馬力×2	296	437	レーダー、ソナー、魚雷、対艦ミサイル	3	ユーロコプターAS565MAと同型

諸外国

727

(4) 各国主要誘導武器等性能諸元

ア．陸上発射ミサイル
① 弾道ミサイル

(注：HE＝高性能炸薬)

区分	国別	名　称	速度 (マッハ)	射程 (km)	弾　頭	誘導方法	備　考
	米国	ミニットマンⅢ (LGM－30G)	－	13,000	核 W78 (300～350KT)	慣性	MIRV (多目標弾頭)、3段固燃
I C B M	ロシア	SS－18 (サタン) Mod6 Mod5 Mod3.4	－	16,000 11,000 11,000	核 (8MT) 核 (800KT×10) 核 (500KT×10)	慣性 〃 〃	2段液燃 MIRV、2段液燃 〃
		SS－19 (スチレトウ)	－	9,000	核 (500～750KT×6)	慣性	MIRV、2段液燃
		SS－25 (シクル)	－	11,000	核 (550KT)	慣性+コンピューター制御	3段固燃
		SS－27 (Topol－M)	－	11,000	核 (550KT、推定)	慣性+Glonass	3段固燃 SS－25の発展型
	中国	CSS－4 (DF－5)	－	12,000～ 13,000	核 (3MT～350KT) 又は3MIRV	慣性	2段液燃
		CSS－9 (DF－31)	－	7,200～ 11,200	核 (1MT) 又は3MIRV	慣性+天測	3段固燃
I / M R B M	中国	CSS－2 (DF－3)	－	2,400～ 2,800	核 (3MT) 非核　HE	慣性	液燃
		CSS－3 (DF－4)	－	5,500	核 (3MT)	慣性	2段液燃
		CSS－5 (DF－21)	－	1,500～ 2,150	核 (500KT)	慣性 (+GPS、レーダー終末制御)	2段固燃
	インド	アグニ2	－	2,000～ 3,500	核 (150～200KT)	慣性+GPS、レーダー終末制御	2段固燃
	パキスタン	ハトフ5 (ガウリ)	－	1,800	核／非核：化学、HE	慣性	液燃
		ハトフ6 (シャヒーン2)	－	2,000	核／非核：化学、HE等	慣性	2段固燃
	イラン	シャハブ3	－	1,500～ 2,000	核／非核：化学、HE	慣性	液燃
	イスラエル	ジェリコ2	－	1,500～ 3,500	核／非核：HE	慣性	2段固燃
	北朝鮮	ノドン	－	1,300～ 1,500	核／ 非核：HE、化学	慣性	液燃
		テポドン1	－	2,000～ 5,000	核／非核：化学、生物、HE	慣性	2段液燃
		テポドン2	－		核／非核：化学、生物、HE	慣性	3段液燃

諸外国

区分	国別	名 称	速度 (マッハ)	射程 (km)	弾 頭	誘導方法	備 考
S R B M	米国	ATACMS (MGM-140) ブロックIA	—	300	非核：HE	慣性+GPS	固燃、多連装ロケッ トシステム(MLRS) より射出
	ロシア	FROG-7	—	68	核（3-200KT)／ 非核：HE、化学		固燃
		SS-21（スカラブA)	—	70	核／非核：化学、HE	慣性	固燃
		SS-21（スカラブB)	—	120	核（10又は100KT) ／非核：HE、化学	慣性+終末パッシ ブレーダー誘導	固燃
	アルゼンチン	アラクラン	—	150	非核／HE、化学	慣性	固燃
	中国	CSS-6 (DF-15)	—	600	核：90KT 非核：HE、電磁波	慣性+終末制御	固燃
		CSS-7 (DF-11)	—	280～ 350	核：2,10,20KT 非核：HE、化学等	慣性+終末制御 (+GPS)	固燃
		CSS-8 (M-7)	—	150	非核：HE、化学等	慣性+指令	2段固燃
	北朝鮮	スカッドC	—	500	非核：HE、化学	慣性	液燃
	パキスタン	ハトフ2（アブダリ)	—	200	核／非核：HE	慣性	固燃
		ハトフ3（ガズナビ)	—	320	核／非核：HE	慣性	固燃
		ハトフ4（シャヒーンI)	—	750	核／非核：化学、HE	慣性	固燃
	インド	プリスビ（プリトビ)					
		SS-150	—	150	非核：化学、HE	慣性	液燃
		SS-250	—	250	核／非核：HE	慣性	液燃

② その他のミサイル

（注：HE＝高性能炸薬）

区分	国別	名　称	速度 (マッハ)	射程 (km)	弾頭	誘導方法	備考
対艦ミサイル	ロシア	SSC-3 （スティックス）	—	80	非核	オートパイロット＋アクティブ・レーダー・ホーミング又は赤外線ホーミング	液燃
		SSC-1B （セパール）	—	450	核/非核	慣性＋無線指令＋アクティブ・レーダー・ホーミング又は赤外線ホーミング	固燃ブースター＋ターボジェット
	中国	HY-1 （シルクワーム）	1.1	40	非核	オートパイロット＋アクティブ・レーダー・ホーミング	ロシアSS-N-2Aの中国製、固燃ブースター＋液燃
		HY-2 （シアサッカー）	1.1	95	非核	オートパイロット＋アクティブ・レーダー・ホーミング又は赤外線ホーミング	液燃
		HY-4 （サドサック）	0.8	200	非核	オートパイロット＋アクティブ・レーダー・ホーミング等	液燃＋ターボジェット
		FL-1	0.9	45	非核	オートパイロット＋アクティブ・レーダー・ホーミング	固燃ブースター＋液燃
		FL-2	0.9	50	非核	オートパイロット＋アクティブ・レーダー・ホーミング	固燃ブースター＋固燃
		FL-7	1.4	30	非核	オートパイロット＋アクティブ・レーダー・ホーミング	固燃ブースター＋液燃
		YJ-8（C-801）	0.9	50	非核	慣性＋アクティブ・レーダー・ホーミング	固燃
		YJ-83KM （C-802AKG）	0.9	230	非核	慣性＋アクティブ・レーダー・ホーミング＋TV＋赤外線画像誘導	固燃ブースター＋ターボ・ジェット
	フランス	エグゾセAM39	0.9	70	非核	慣性＋アクティブ・レーダー・ホーミング	固燃
	国際	ブラモスNG	3.5	290	非核	慣性＋アクティブ・レーダー・ホーミング	固燃ブースター＋液体ラムジェット、露印共同開発
	スウェーデン	RBS15 Mk-3		200	非核	慣性＋GPS＋アクティブ・レーダー・ホーミング	ターボジェット
	ノルウェー	JSM	0.9	555.6	非核	慣性＋GPS＋赤外線パッシブホーミング	固燃
	台湾	シオン・フォン1 （雄風-1）	0.9	35	非核	オートパイロット＋セミ・アクティブ・レーダー・ホーミング	固燃ブースター＋固燃
		シオン・フォン2 （雄風-2）	0.85	1,250	非核	慣性＋アクティブ・レーダー・ホーミング＋赤外線画像誘導	固燃ブースター＋ターボジェット
		シオン・フォン3 （雄風-3）	2	200	非核	慣性＋アクティブ・レーター・ホーミング＋赤外装置画像誘導	固燃ブースター＋ラムジェット

区分	国別	名　称	速度 (マッハ)	射程 (km)	弾頭	誘　導　方　法	備　考
A B M	ロシア	SH－08 （ガゼル）	10	80	核 （10KT）/ 非核	無線指令＋慣性誘導	固燃
		SH－11 （ゴーゴン）	—	350	核 （10KT）/ 非核	無線指令＋慣性誘導	SH－01の後継
対空ミサイル	米国	ホーク	2.7	40	非核	セミアクティブ・レーダー誘導	
		ペトリオット （PAC－2）	5	160	非核	指令＋慣性＋セミアクティブ・ レーダー誘導	
		ナイキ・ハーキュ リーズ	3.5～ 3.65	155～ 182.9	非核	指令	
		PAC－3	—	15～22	非核	慣性＋アクティブ・レーダー	
	ロシア	SA－2（ガイドライン）	3.5	30～58	核/非核	無線指令	
		SA－3（ゴア）	3.5	15～25	非核	指令	
		SA－5（ガモン）	—	150～300	核/非核	指令＋アクティブ・レーダー誘導	
		SA－6（ゲインフル）	600m/s	23	非核	セミアクティブ・レーダー誘導	
		SA－8（ゲッコー）	540m/s	10	非核	指令	
		SA－10/20 （グランブル）	—	45～200	核/非核	慣性＋TVM	
		SA－11 （ガッドフライ）	1.2km/s	15	非核	慣性＋セミアクティブ、レーダー 誘導	
		SA－12 （グラディエーター / ジャイアント）	1.7～7.6	75～100	非核	慣性＋セミアクティブ・レーダー 誘導	
		SA－15 （ガントレット）	700～ 800m/s	12	非核	無線指令	SA－8の後継
		SA－17（グリズリー）	1.23km/s	42	非核	慣性＋セミアクティブ・レーダー 誘導	
		SA－19（グリソン）	0.9～1.3 km/s	10～20	非核	指令	
		S－400（トリウムフ）	0.9～1.0 km/s	60～250	非核	慣性＋指令＋アクティブ・レー ダー誘導	
	中国	SH－08（ガゼル）	10	80	核（10KT） /非核	無線指令＋慣性誘導	
		SH－11（ゴーゴン）	—	350	核（10KT） /非核	無線指令＋慣性誘導	SH－01の後継
	台湾	天弓1	4	70	非核	指令、慣性、セミアクティブ・レー ダー誘導又は赤外線誘導	射高24km
		天弓2	4.5	150	非核	指令、慣性、アクティブ・レーダー	射高30km

区分	国別	名　称	速度 (マッハ)	射程 (km)	弾頭	誘導方法	備考
対空ミサイル	フランス	クロタール	750m/s	9.5	非核	指令	射高5.5km
	イギリス	レイピア 2000MK2	2.5	8	非核	無線指令	射高5km
	イタリア	スパダ	2.5以上	24	非核	セミアクティブ・レーダー誘導	射高8km
	イスラエル	バラク/ADAMS	2.17	12	非核	指令誘導	射高10km
		アロー2	9.0	90		慣性＋指令＋赤外線誘導等	

イ．海上発射ミサイル等
① 弾道ミサイル

区分	国別	名　称	速度 (マッハ)	射程 (km)	弾頭	誘導方法	備考
S L B M	米国	トライデントⅡ（D−5）	—	12,000	核（W76（100KT） ×8 又はW88（475KT） ×8	慣性＋天測	オハイオ級、MIRV、固燃
	ロシア	SS−N−18（スティングレイ） 　Mod1 　Mod2 　Mod3	— 	 5,500 8,000 6,500	 核（200KT×3） 核（450KT×1） 核（100KT×7）	慣性＋天測 〃 〃	 D−Ⅲ級、MIRV、液燃 D−Ⅲ級、液燃 D−Ⅲ級、MIRV、液燃
		SS−N−20（スタージョン）	—	8,300	核（20KT×10）	〃	タイフーン級、 MIRV、固燃
		SS−N−23（スキフ）	—	12,000	核（100KT×6）	〃	D−Ⅳ級、液燃、 MIRV
	英国	トライデントⅡ（D−5）	—	12,000	核（100KT×8） 又は475KT×8	慣性＋天測	バンガード級、 MIRV、固燃
	フランス	M−45	—	8,000	核（150KT×6）	慣性	ル・トリオンファン級、 MIRV、固燃
	中国	CSS−N−3（JL−1）	—	2,150	核（250KT又は 500KT×1）	慣性	シア級、固燃
		CSS−NX−5（JL−2）	—	8,000	核（1MT）又は 3〜8MIRV	慣性＋天測	ジン級

② その他のミサイル

区分	国別	名　称	速度 (マッハ)	射程(km)	弾頭	誘導方法	備　考
長距離巡航ミサイル	米国	トマホーク					
		RGM109A	918 km/h	2,500	核(200KT ×1)	慣性＋地形照合 (TERCOM)	CG、DDG、 SSN
		UGM109C	918 km/h	1,125	非核	慣性＋地形照合 (＋GPS)情景照合 (DSMAC)	CG、DDG、 SSN
		RGM109D	918 km/h	1,610	〃	〃	CG、DDG、 SSN
	ロシア	SS−N−21 (サンプソン)	0.7 〜2.7	2,500	核(200KT ×1)/非核	慣性＋アクティブ・ レーダーホーミング	シエラⅡ級、ア クラ級、ビクター Ⅲ級等
対地／対艦ミサイル	米国	ハープーン	—	ブロック1/1C 124km、 ブロック1D 240km、 ブロック2 約124km	非核	慣性(＋GPS)アク ティブ・レーダーホー ミング	ＣＧ、ＤＤＧ、 SSN等
	ロシア	SS−N−2 (スティックス)	0.9 〜1.3	40〜80	非核	オートパイロット＋アク ティブレーダー	タラントルⅠ/Ⅱ級、 マトカ級
		SS−N−3B (セパール)	1.3	300〜450	核(10、 200KT)/ 非核	指令＋アクティブ レーダー	キンダ級
		SS−N−9 (サイレン)	0.9	110	核(200KT) /非核	アクティブレーダー 又は赤外線ホーミン グ	ナヌチカI/Ⅲ級
		SS−N−12 (サンドボックス)	2.0	550	核(350KT) /非核	慣性＋指令＋パッシブ レーダーホーミング	スラバ級、キーロ フ級、オスカーⅡ 級等
		SS−N−19 (シップレック)	2.5	550	核(500KT) /非核	慣性＋指令＋アクティ ブレーダーホーミング	
		SS−N−22 (サンバーン)	2.6	90〜140	核(200KT) /非核	慣性＋アクティブ/パッ シブレーダー	ソブレメンヌイ級、 タラントルⅢ級
		SS−N−25 (スウィッチブレード)	0.8	130	非核	慣性＋アクティブレー ダー	カシン級、ゲパル ト級
	フランス	エグゾセMM38/40	0.9	38〜200	非核	慣性＋アクティブレー ダー・ホーミング	潜水艦搭載型 (SM39)は射程 70km
		オトマットMk1/Mk2	0.9	60/170	〃	〃	仏・伊共同開発
	伊	シーキラー	0.9	25	非核	慣性＋アクティブレー ダー・ホーミング	固燃
対地／対艦ミサイル	中国	CSS−N−4(YJ−8)	0.9	42	非核	慣性＋アクティブ・レー ダーホーミング	ルダⅢ級
		CSSC−2(HY−2)	0.9	95	〃	オートパイロット＋アクティ ブレーダーホーミング又 は赤外線ホーミング	別名シルクワー ム
		CSSC−3(HY−3)	0.9	100	〃	オートパイロット＋アクティ ブ・レーダーホーミング	

区分	国別	名　称	速度 (マッハ)	射程(km)	弾頭	誘導方法	備　考
対空ミサイル	米国	シー・スパロー	2.5	16～18	非核	セミアクティブ・レーダー	NATOシースパロー・ミサイル・システム（NSSMS）
		スタンダードSM-1（MR）	2	40	〃	セミアクティブ・レーダーホーミング	アーレイバーク級、タイコンデロガ級、オリバー・ハザード・ペリー級等
		スタンダードSM-2（MR）	3		〃	指令/慣性＋セミアクティブ・レーダーホーミング	アーレイバーク級、タイコンデロガ級、オリバー・ハザード・ペリー級等
		スタンダードSM-2ER/BlockⅣ	3	370	〃	〃	アーレイバーク級、タイコンデロガ級
		RIM116RIM	2.5	10	非核	パッシブ・レーダー＋赤外線ホーミング	LHA、LSD、LPD、DD、CG
	ロシア	SA-N-3（ゴブレット）	3.5	7～32	非核	指令＋セミアクティブ・レーダーホーミング	カラ級
		SA-N-4（ゲッコー）	2.35	1.2～10	〃	指令	スラバ級、カラ級、クリバック級等
		SA-N-6（グランブル）	3.8	13.5～150	核/非核	指令/慣性＋TVM＋セミアクティブ・レーダー	キーロフ級、スラバ級
		SA-N-7（ガドフライ）	3	3.25～30	非核	慣性＋セミアクティブ・レーダー	ソブレメンヌイ級等
		SA-N-9（ゴーントレット）	850m/s	12	〃	指令	クズネツォフ級、キーロフ級、ウダロイ級
		SA-N-11（グリソン）	0.9～1.3km/s	10～20	非核	指令	ウロダイⅡ級
		SA-N-12（グリズリー）	1.5km/s	42	非核	慣性＋セミアクティブ・レーダー	ソブレメンヌ級
	英国	シー・ダート シーウルフ	3.5 2以上	40 6	非核 〃	セミアクティブ・レーダー CLOS	タイプ42級等 デューク級
	フランス	クロタール・ネーバル	2.4	13	非核	無線指令/赤外線ホーミング、セミアクティブ・レーダー	ラファイエット級等
	国際	アスター15/30	3/4.5	30/120	非核	慣性＋指令＋アクティブ・レーダー	仏伊共同開発
対空ミサイル対地ミサイル	国際	タウルス・ケプド150/300	0.8	150	非核	慣性＋GPS＋赤外線ホーミング	ターボジェット

諸外国

734

区分	国別	名　称	速度(マッハ)	射程(km)	弾頭	誘　導　方　法	備　　考
対潜水艦ミサイル	米国	アスロック	―	10	非核	半誘導	対潜魚雷として MK44、MK46 を使用
	ロシア	SS-N-14 (サイレックス)	0.95	55.6	非核	オートパイロット+ 指令、慣性+赤外 線ホーミング	カラ級、ウダロイ I級,クリヴァク級、 タイフーン級、デ ルタⅣ、アクラ級、 キーロフ級等
		SS-N-15 (スターフィッシュ)	―	45	核(200KT) /非核	慣性	米海軍アスロッ クに類似
		SS-N-16 (スタリオン)	―	50～120	核/非核	〃	(搭載艦はSS- N-15と同種)

ウ．空対地ミサイル

国別	名　称	速度(マッハ)	射程(km)	弾頭	誘　導　方　法	備　考
米　国	ヘルファイアー	―	8	非核	セミアクティブ・レー ザー誘導	
	マーベリック	―	3～25	〃	TV誘導(A/B/H型) 赤外線映像誘導 (D/ F/G型)レーザー誘導 (E型)	
	AGM-85ハープーン	―	220	〃	慣性+アクティブ・ レーダー誘導	
	SLAM	―	95	〃	慣性/GPS+赤外線 画像誘導	
	AGM-88HARM	2.9	148	〃	パッシブ・レーダー誘導	
	AGM-129ACM		約3,450	核 (150KT)	慣性GPS	
	LRASM-158C	亜音速	926	非核	慣性+GPS+赤外線 画像誘導	
	ALCM/AGM-86B	亜音速	2,400	核(200KT)	慣性+地形照合	
	ALCM/AGM-86C/D	―	1,200	非核	慣性+GPS	
ロシア	AS-4 (キッチン)	3.4～ 4.6	600	核 (200KT) /非核	慣性+アクティブ・ レーダー誘導	TU-22M3、 バックファイアC
	AS-10 (カレン)	2～2.7	8～40	非核	無線指令セミアクティ ブ・レーザー誘導、 TV誘導、赤外線誘 導又は慣性+アクティ ブ・レーザー誘導	
	AS-11 (キルター)	3.6	36～200	〃	慣性+パッシブ・レー ダー誘導	
	AS-12 (ケーグラー)	―	40	〃	慣性+パッシブ・レー ダー誘導	
	AS-13(キングボルト)	0.85	40	〃	TV指令	

国別	名　称	速度 (マッハ)	射程(km)	弾　頭	誘　導　方　法	備　考
ロシア	AS-14（ケッジ）	0.8	12～30	非核	セミアクティブ・レーザー誘導又はTV指令	TU－95MSベアH、TU-160
	AS-15（ケント）	0.8	2,500～3,000	核（200KT）/非核	慣性＋地形照合	
	AS-16（キックバック）	5（高高度）	150	核（350KT）/非核	慣性＋パッシブ又はアクティブレーダー誘導	TU－95MSベアH、TU-160、TU-22M3、バックファイアC
	AS-17（クリプトン）	2.94～3.23	50～250	非核	慣性＋パッシブ又はアクティブ・レーダー誘導	
	Kh-101/-102	0.75	5,000	非核	慣性＋Glonass、EOターミナルシーカー	
	AS-18（Kh-59M）	—	115	非核	慣性、TV指令	
	AS-20（Kh35）	—	130～260	非核	慣性＋アクティブ・レーダー誘導	
英国	ALARM	—	93	非核	慣性＋パッシブ・レーダー誘導	
	シー・スキュア	0.85	20	〃	セミアクティブ・レーダー誘導	
フランス	AS-30L	1.32	12	非核	慣性＋セミアクティブ・レーザー誘導	AS－30のレーザー誘導型
	AM-39（エグゾセ）	0.93	50～70	〃	慣性＋アクティブ・レーダーホーミング	
	ASMP	3	300	核（300KT）	慣性＋地形照合	
	APACHE	0.82（推定）	140	非核	慣性＋アクティブ・レーダー誘導	
ドイツ	コルモラン1、2	0.9	30、55	非核	慣性＋アクティブ・レーダー誘導	
イスラエル	ガブリエルⅢ	—	35	非核	慣性＋指令＋レーダー誘導	
	ポップアイ1、2	—	75～80	〃	慣性＋TV又は赤外線画像誘導	
ノルウェー	ペンギンⅢ	—	55	非核	慣性＋赤外線誘導	
スウェーデン	RBS-15F	—	100～300	非核	慣性＋アクティブ・レーダー＋GPS誘導	
イギリスフランス	マーテル（AS－37/AJ-168）	——	20(AJ-168)55(AS-37)	非核	TV誘導（AJ－168）又はパッシブレーダー誘導（AS-37）	
中国	YJ-1（CSS-N-4）	0.85	50	非核	慣性＋アクティブ・レーダー誘導	
	YJ-6	0.9巡航	100	〃	〃	
	YJ-16（CSSC-5）	2巡航	45	〃		

諸外国

736

エ. 空対空ミサイル

国別	名　称	速度 (マッハ)	射程 (km)	弾頭	誘 導 方 法	備　考
米　国	フェニックス	5	135	非核	慣性＋セミアクティブ・レーダー誘導＋アクティブ・レーダー誘導	AIM－54A/B型
	サイドワインダー	2.5	18	非核	赤外線誘導	AIM－9L
	スパロー	—	70	〃	セミアクティブ・レーダー誘導	AIM－7M/P型
	AMRAAM	4	50	非核	慣性＋アクティブ・レーダー誘導	AIM－120
ロシア	AA－7（アペックス）	—	50	非核	指令＋赤外線誘導又はセミアクティブレーダー誘導	
	AA－8（アフィッド）	—	8〜10	〃	赤外線誘導	
	AA－9（アモス）	—	120〜160	〃	慣性＋指令＋セミアクティブ・レーダー誘導	
	AA－10（アラモ）	—	60〜110	〃	赤外線又は慣性＋指令＋セミアクティブ・レーダー誘導	
	AA－11（アーチャー）	—	30〜40	〃	慣性＋赤外線誘導	
	AA－12（アダー）	—	80〜110	〃	慣性＋指令＋アクティブ・レーダー誘導	
イギリス	スカイ・フラッシュ	—	40	非核	セミアクティブ・レーダー誘導	
	ASRAAM	3.5	25	〃	慣性＋赤外線画像誘導	
フランス	スーパー530D	—	40	非核	セミアクティブ・レーダー誘導	
	R550マジック2	2	20	〃	赤外線誘導	
	MICA	—	60	〃	指令＋慣性＋アクティブ・レーダー誘導＋赤外線画像誘導	
イタリア	アスピーデ	—	35/40	非核	セミアクティブ又はアクティブ・レーダー誘導	
イスラエル	パイソン3	3.5	15	非核	赤外線誘導	
	パイソン5	4	20	〃	〃	
中　国	PL－5E	2.5	16	非核	赤外線誘導	
	PL－7	—	3/5	〃	〃	
	PL－8	3.5	15	〃	〃	
	PL－9/C	3.5	15/22	〃	〃	
	PL－11	—	25	〃	セミアクティブ・レーダー誘導	
台　湾	天剣1	—	8	非核	赤外線誘導	
	天剣2	—	60	〃	アクティブ・レーダー＋慣性	
南アフリカ	ダーター	—	5	非核	赤外線誘導	
	R－ダーター	—	63	〃	慣性＋アクティブ・レーダー誘導	

諸外国

737

第12章　防衛に関する政府見解

(1) 自衛権の存在（鳩山内閣の統一見解）

$$\left(\begin{array}{l}\text{衆・予算委　昭和29.12.22}\\\text{大村防衛庁長官答弁}\end{array}\right)$$

　第一に、憲法は、自衛権を否定していない。自衛権は国が独立国である以上、その国が当然に保有する権利である。憲法はこれを否定していない。従って現行憲法のもとで、わが国が自衛権を持っていることはきわめて明白である。

　二、憲法は戦争を放棄したが、自衛のための抗争は放棄していない。一、戦争と武力の威嚇、武力の行使が放棄されるのは、「国際紛争を解決する手段としては」ということである。二、他国から武力攻撃があった場合に、武力攻撃そのものを阻止することは、自己防衛そのものであって、国際紛争を解決することとは本質が違う。従って自国に対して武力攻撃が加えられた場合に、国土を防衛する手段として武力を行使することは、憲法に違反しない。

（参考）

　最高裁判所は、いわゆる砂川事件判決（昭和34年12月16日）において、「わが国が主権国として持つ固有の自衛権は何ら否定されたものではなく、わが憲法の平和主義は決して無防備、無抵抗を定めたものではない」のであって、「わが国が、自国の平和と安全を維持しその存立を全うするために必要な自衛のための措置をとりうることは、国家固有の権能の行使として当然のことといわなければならない」と判示している。

（関連1）

$$\left(\begin{array}{l}\text{昭和55.12.5衆議院　森清議員}\\\text{質問主意書に対する答弁書}\end{array}\right)$$

　憲法第9条第1項は、独立国家に固有の自衛権までも否定する趣旨のものではなく、自衛のための必要最小限度の武力を行使することは認められているところであると解している。政府としては、このような見解を従来から一貫して採ってきているところである。

（関連2）

$$\left(\begin{array}{l}\text{衆・内閣委　昭和61.11.20}\\\text{味村法制局長官答弁}\end{array}\right)$$

　我が国の憲法は、その前文におきまして平和主義及び国際協調主義の理想を高く掲げまして、その理想のもとに、憲法9条におきまして戦争の放棄について定めているところでございます。

　政府といたしましては、憲法第9条は独立国家に固有の自衛権までも否定する趣旨のものではございませんで、自衛のための必要最小限度の武力を行使することは憲法第9条のもとにおいても認められておりますし、また、自衛のための必要最小

限度の実力の保持は同条によって禁止されていないという見解を、これは従来から
とってきているところでございます。

　政府は、このような立場から、憲法9条のもとにおきましては自衛のための必要
最小限度の範囲を超えて武力を行使すること及び自衛のための必要最小限度を超え
る実力を保持することは許されないと解釈しておりまして、したがって、集団的自
衛権を行使することとか、いわゆる海外派兵をすること、あるいは性能上専ら相手
国の国土の壊滅的破壊のために用いられる、例えばICBM等の兵器を保有するこ
とは許されないと解釈しておりまして、このことも従前から表明してきているとこ
ろでございます。

(2) 憲法9条の下で許容される自衛の措置としての武力の行使の三要件

$$\begin{pmatrix} 平成26年7月1日 \\ 国家安全保障会議決定 \\ 閣　　議　　決　　定 \end{pmatrix}$$

　………我が国を取り巻く安全保障環境の変化に対応し、いかなる事態においても
国民の命と平和な暮らしを守り抜くためには、これまでの憲法解釈のままでは必ず
しも十分な対応ができないおそれがあることから、いかなる解釈が適切か検討して
きた。その際、政府の憲法解釈には論理的整合性と法的安定性が求められる。した
がって、従来の政府見解における憲法第9条の解釈の基本的な論理の枠内で、国民
の命と平和な暮らしを守り抜くための論理的な帰結を導く必要がある。

　憲法第9条はその文言からすると、国際関係における「武力の行使」を一切禁じ
ているように見えるが、憲法前文で確認している「国民の平和的生存権」や憲法第
13条が「生命、自由及び幸福追求に対する国民の権利」は国政の上で最大の尊重
を必要とする旨定めている趣旨を踏まえて考えると、憲法第9条が、我が国が自国
の平和と安全を維持し、その存立を全うするために必要な自衛の措置を採ることを
禁じているとは到底解されない。一方、この自衛の措置は、あくまで外国の武力攻
撃によって国民の生命、自由及び幸福追求の権利が根底から覆されるという急迫、
不正の事態に対処し、国民のこれらの権利を守るためのやむを得ない措置として初
めて容認されるものであり、そのための必要最小限度の「武力の行使」は許容される。
これが、憲法第9条の下で例外的に許容される「武力の行使」について、従来から
政府が一貫して表明してきた見解の根幹、いわば基本的な論理であり、昭和47年
10月14日に参議院決算委員会に対し政府から提出された資料「集団的自衛権と憲
法との関係」に明確に示されているところである。

　この基本的な論理は、憲法第9条の下では今後とも維持されなければならない。

　これまで政府は、この基本的な論理の下、「武力の行使」が許容されるのは、我
が国に対する武力攻撃が発生した場合に限られると考えてきた。しかし、冒頭で述
べたように、パワーバランスの変化や技術革新の急速な進展、大量破壊兵器などの
脅威等により我が国を取り巻く安全保障環境が根本的に変容し、変化し続けている

政府見解

状況を踏まえれば、今後他国に対して発生する武力攻撃であったとしても、その目的、規模、態様等によっては、我が国の存立を脅かすことも現実に起こり得る。

　我が国としては、紛争が生じた場合にはこれを平和的に解決するために最大限の外交努力を尽くすとともに、これまでの憲法解釈に基づいて整備されてきた既存の国内法令による対応や当該憲法解釈の枠内で可能な法整備などあらゆる必要な対応を採ることは当然であるが、それでもなお我が国の存立を全うし、国民を守るために万全を期す必要がある。

　こうした問題意識の下に、現在の安全保障環境に照らして慎重に検討した結果、我が国に対する武力攻撃が発生した場合のみならず、我が国と密接な関係にある他国に対する武力攻撃が発生し、これにより我が国の存立が脅かされ、国民の生命、自由及び幸福追求の権利が根底から覆される明白な危険がある場合において、これを排除し、我が国の存立を全うし、国民を守るために他に適当な手段がないときに、必要最小限度の実力を行使することは、従来の政府見解の基本的な論理に基づく自衛のための措置として、憲法上許容されると考えるべきであると判断するに至った。

　我が国による「武力の行使」が国際法を遵守して行われることは当然であるが、国際法上の根拠と憲法解釈は区別して理解する必要がある。憲法上許容される上記の「武力の行使」は、国際法上は、集団的自衛権が根拠となる場合がある。この「武力の行使」には、他国に対する武力攻撃が発生した場合を契機とするものが含まれるが、憲法上は、あくまでも我が国の存立を全うし、国民を守るため、すなわち、我が国を防衛するためのやむを得ない自衛の措置として初めて許容されるものである。

　また、憲法上「武力の行使」が許容されるとしても、それが国民の命と平和な暮らしを守るためのものである以上、民主的統制の確保が求められることは当然である。政府としては、我が国ではなく他国に対して武力攻撃が発生した場合に、憲法上許容される「武力の行使」を行うために自衛隊に出動を命ずるに際しては、現行法令に規定する防衛出動に関する手続と同様、原則として事前に国会の承認を求めることを法案に明記することとする。

政府見解

（関連1）

$$\left(\begin{array}{l}\text{参・決算委提出資料　昭和47.10.14} \\ \text{水口宏三委員要求}\end{array}\right)$$

　国際法上、国家は、いわゆる集団的自衛権、すなわち、自国と密接な関係にある外国に対する武力攻撃を、自国が直接攻撃されていないにもかかわらず、実力をもって阻止することが正当化されるという地位を有しているものとされており、国際連合憲章第51条、日本国との平和条約第5条（C）、日本国とアメリカ合衆国との間の相互協力及び安全保障条約前文並びに日本国とソヴィエト社会主義共和国連邦との共同宣言3第2段の規定は、この国際法の原則を宣明したものと思われる。そして、わが国が、国際法上右の集団的自衛権を有していることは、主権国家である以上、当然といわなければならない。

　ところで、政府は、従来から一貫して、わが国は国際法上いわゆる集団的自衛権

を有しているとしても、国権の発動としてこれを行使することは、憲法の容認する自衛の措置の限界をこえるものであって許されないとの立場に立っているが、これは次のような考え方に基づくものである。

　憲法は、第9条において、同条にいわゆる戦争を放棄し、いわゆる戦力の保持を禁止しているが、前文において「全世界の国民が……平和のうちに生存する権利を有する」ことを確認し、また、第13条において「生命・自由及び幸福追求に対する国民の権利については、……国政の上で、最大の尊重を必要とする」旨を定めていることから、わが国がみずからの存立を全うし国民が平和のうちに生存することまでも放棄していないことは明らかであって、自国の平和と安全を維持しその存立を全うするために必要な自衛の措置をとることを禁じているとはとうてい解されない。しかしながら、だからといって、平和主義をその基本原則とする憲法が、右にいう自衛のための措置を無制限に認めているとは解されないのであって、それは、あくまでも外国の武力攻撃によって国民の生命、自由及び幸福追求の権利が根底からくつがえされるという急迫、不正の事態に対処し、国民のこれらの権利を守るための止むを得ない措置として、はじめて容認されるものであるから、その措置は、右の事態を排除するためとられるべき必要最小限度の範囲にとどまるべきものである。そうだとすれば、わが憲法の下で武力行使を行うことが許されるのは、わが国に対する急迫、不正の侵害に対処する場合に限られるのであって、したがって、他国に加えられた武力攻撃を阻止することをその内容とするいわゆる集団的自衛権の行使は、憲法上許されないと言わざるを得ない。

(関連2)　新三要件の従前の憲法解釈との論理的整合性等について

$$\left(\begin{array}{l}\text{平成27年6月9日}\\\text{内閣官房 内閣法制局}\end{array}\right)$$

(従前の解釈との論理的整合性等について)

1．「国の存立を全うし、国民を守るための切れ目のない安全保障法制の整備について」（平成26年7月1日閣議決定）でお示しした「武力の行使」の三要件（以下「新三要件」という。）は、その文言からすると国際関係において一切の実力の行使を禁じているかのように見える憲法第9条の下でも、例外的に自衛のための武力の行使が許される場合があるという昭和47年10月14日に参議院決算委員会に対し政府が提出した資料「集団的自衛権と憲法との関係」で示された政府見解（以下「昭和47年の政府見解」という。）の基本的な論理を維持したものである。この昭和47年の政府見解においては、

(1)　まず、「憲法は、第9条において、同条にいわゆる戦争を放棄し、いわゆる戦力の保持を禁止しているが、前文において「全世界の国民が…平和のうちに生存する権利を有する」ことを確認し、また、第13条において「生命、自由及び幸福追求に対する国民の権利については、…国政の上で、最大の尊重を必要とする」旨を定めていることからも、わが国がみずからの存立を全うし国民が

政府見解

平和のうちに生存することまでも放棄していないことは明らかであつて、自国の平和と安全を維持しその存立を全うするために必要な自衛の措置をとることを禁じているとはとうてい解されない。」としている。この部分は、昭和34年12月16日の砂川事件最高裁大法廷判決の「わが国が、自国の平和と安全を維持しその存立を全うするために必要な自衛のための措置をとりうることは、国家固有の権能の行使として当然のことといわなければならない。」という判示と軌を一にするものである。

(2) 次に、「しかしながら、だからといって、平和主義をその基本原則とする憲法が、右にいう自衛のための措置を無制限に認めているとは解されないのであって、それは、あくまで外国の武力攻撃によって国民の生命、自由及び幸福追求の権利が根底からくつがえされるという急迫、不正の事態に対処し、国民のこれらの権利を守るための止むを得ない措置としてはじめて容認されるものであるから、その措置は、右の事態を排除するためとられるべき必要最少限度の範囲にとどまるべきものである。」として、このような場合に限って、例外的に自衛のための武力の行使が許されるという基本的な論理を示している。

(3) その上で、結論として、「そうだとすれば、わが憲法の下で武力行使を行うことが許されるのは、わが国に対する急迫、不正の侵害に対処する場合に限られるのであって、したがって、他国に加えられた武力攻撃を阻止することをその内容とするいわゆる集団的自衛権の行使は、憲法上許されないといわざるを得ない。」として、(1) 及び (2) の基本的な論理に当てはまる例外的な場合としては、我が国に対する武力攻撃が発生した場合に限られるという見解が述べられている。

2. 一方、パワーバランスの変化や技術革新の急速な進展、大量破壊兵器などの脅威等により我が国を取り巻く安全保障環境が根本的に変容し、変化し続けている状況を踏まえれば、今後他国に対して発生する武力攻撃であったとしてもその目的、規模、態様等によっては、我が国の存立を脅かすことも現実に起こり得る。新三要件は、こうした問題意識の下に、現在の安全保障環境に照らして慎重に検討した結果、このような昭和47年の政府見解の (1) 及び (2) の基本的な論理を維持し、この考え方を前提として、これに当てはまる例外的な場合として、我が国に対する武力攻撃が発生した場合に限られるとしてきたこれまでの認識を改め、「我が国と密接な関係にある他国に対する武力攻撃が発生し、これにより我が国の存立が脅かされ、国民の生命、自由及び幸福追求の権利が根底から覆される明白な危険がある」場合もこれに当てはまるとしたものである。すなわち、国際法上集団的自衛権の行使として認められる他国を防衛するための武力の行使それ自体を認めるものではなく、あくまでも我が国の存立を全うし、国民を守るため、すなわち我が国を防衛するためのやむを得ない自衛の措置として、一部、限定された場合において他国に対する武力攻撃が発生した場合を契機とする武力の行使を認めるにとどまるものである。したがって、これまでの政府の憲法

解釈との論理的整合性及び法的安定性は保たれている。

3．新三要件の下で認められる武力の行使のうち、国際法上は集団的自衛権として違法性が阻却されるものは、他国を防衛するための武力の行使ではなく、あくまでも我が国を防衛するためのやむを得ない必要最小限度の自衛の措置にとどまるものである。

（明確性について）

4．憲法の解釈が明確でなければならないことは当然である。もっとも、新三要件においては、国際情勢の変化等によって将来実際に何が起こるかを具体的に予測することが一層困難となっている中で、憲法の平和主義や第9条の規範性を損なうことなく、いかなる事態においても、我が国と国民を守ることができるように備えておくとの要請に応えるという事柄の性質上、ある程度抽象的な表現が用いられることは避けられないところである。

　その上で、第一要件においては、「我が国と密接な関係にある他国に対する武力攻撃が発生し、これにより我が国の存立が脅かされ、国民の生命、自由及び幸福追求の権利が根底から覆される明白な危険があること」とし、他国に対する武力攻撃が発生したということだけではなく、そのままでは、すなわち、その状況の下、武力を用いた対処をしなければ、国民に我が国が武力攻撃を受けた場合と同様な深刻、重大な被害が及ぶことが明らかであるということが必要であることを明らかにするとともに、第二要件においては、「これを排除し、我が国の存立を全うし、国民を守るために他に適当な手段がないこと」とし、他国に対する武力攻撃の発生を契機とする「武力の行使」についても、あくまでも我が国を防衛するためのやむを得ない自衛の措置に限られ、当該他国に対する武力攻撃の排除それ自体を目的とするものでないことを明らかにし、第三要件においては、これまで通り、我が国を防衛するための「必要最小限度の実力の行使にとどまるべきこと」としている。

　このように、新三要件は、憲法第9条の下で許される「武力の行使」について、国際法上集団的自衛権の行使として認められる他国を防衛するための武力の行使それ自体ではなく、あくまでも我が国の存立を全うし、国民を守るため、すなわち我が国を防衛するためのやむを得ない必要最小限度の自衛の措置に限られることを明らかにしており、憲法の解釈として規範性を有する十分に明確なものである。

　なお、ある事態が新三要件に該当するか否かについては、実際に他国に対する武力攻撃が発生した場合において、事態の個別具体的な状況に即して、主に、攻撃国の意思・能力、事態の発生場所、その規模、態様、推移などの要素を総合的に考慮し、我が国に戦禍が及ぶ蓋然性、国民が被ることとなる犠牲の深刻性、重大性などから客観的、合理的に判断する必要があり、あらかじめ具体的、詳細に示すことは困難であって、このことは、従来の自衛権行使の三要件の第一要件である「我が国に対する武力攻撃」に当たる事例について、「あらかじめ定型的、

類型的にお答えすることは困難である」とお答えしてきたところと同じである。

（結論）

5．以上のとおり、新三要件は、従前の憲法解釈との論理的整合性等が十分に保たれている。

(3) 自衛隊の合憲性 （鳩山内閣の統一見解）

（衆・予算委　昭和29.12.22
大村防衛庁長官答弁）

　憲法第9条は、独立国としてわが国が自衛権を持つことを認めている。従って自衛隊のような自衛のための任務を有し、かつその目的のため必要相当な範囲の実力部隊を設けることは、何ら憲法に違反するものではない。

（関連1）

（昭和55.12.5衆議院　森清議員
質問主意書に対する答弁書）

　我が国が自衛のための必要最小限度の実力を保持することは、憲法第9条の禁止するところではない。自衛隊は、我が国を防衛するための必要最小限度の実力組織であるから憲法に違反するものでないことはいうまでもない。

（関連2）

（参・予算委　昭和42.3.31
佐藤総理答弁）

　政府としては、自衛隊法と、これに基づいて設置され維持されている自衛隊が、憲法に違反するのでないことは、憲法解釈論として一貫して堅持してきた見解であります。いわゆる砂川事件についての最高裁の判決は、自衛隊の合憲、非合憲の問題については、これを否定もしておらないし、肯定もしておりません。

（参考）

　最高裁判所は、いわゆる砂川事件判決において「……同条2項がいわゆる自衛のための戦力の保持を禁じたものであるか否かは別として……」外国軍隊の駐留はここにいう戦力には該当しないと解すべきであると判示している。

（関連3）

（参・予算委　昭和57.3.10
角田法制局長官答弁）

　……憲法第9条についてでありますが、この点につきましては従来からしばしば申し上げていますように、私どもとしては、自衛のため必要最小限度の防衛力を保持することは9条の禁止するところではないというふうに考えておりますし、自衛隊が合憲であるということについて、いささかの疑義も持っておりません。

(4) 自衛隊と戦力

（昭和55.12.5衆議院　森清議員
質問主意書に対する答弁書）

　憲法第9条第2項の「前項の目的を達するため」という言葉は、同条第1項全体の趣旨、すなわち、同項では国際紛争を解決する手段としての戦争、武力による威嚇、武力の行使を放棄しているが、自衛権は否定されておらず、自衛のための必要最小限度の武力の行使は認められているということを受けていると解している。

　したがって、同条第2項は「戦力」の保持を禁止しているが、このことは、自衛のための必要最小限度の実力を保持することまで禁止する趣旨のものではなく、これを超える実力を保持することを禁止する趣旨のものであると解している。

（関連1）

（衆・予算委　昭和29.12.21
林法制局長官答弁）

　憲法第9条は、………第1項におきまして、国は自衛権、あるいは自衛のための武力行使ということを当然独立国家として固有のものとして認められておるわけでありますから、第2項はやはりその観点と関連いたしまして解釈すべきものだ、かように考えるわけでございます。………この陸海空軍その他の戦力を保持しないという言葉の意味につきましては、戦力という言葉をごく素朴な意味で戦い得る力と解釈すれば、これは治安維持のための警察力あるいは商船とか、そういうものもみな入ることに相なるわけでありますが、憲法の趣旨から考えて、そういう意味の国内治安のための警察力というものの保持を禁止したものとはとうてい考えられないわけであります。………従いまして国家が自衛権を持っておる以上………、憲法が………、今の自衛隊のごとき、国土保全を任務とし、しかもそのために必要な限度において持つところの自衛力というものを禁止しておるということは当然これは考えられない、すなわち第2項におきます陸海空軍その他の戦力は保持しないという意味の戦力にはこれは当たらない、さように考えます。

（関連2）

（参・予算委　昭和32.4.24
岸総理答弁）

　……自衛権に基づいて、わが国が外国から急迫不正な侵害を受ける、それを防止するというだけの必要な最小限度の力を保有しても、それは当然自衛権の内容として、これは憲法に違反するものではないという見解を私どもはとっております。しかして現在われわれの持っているこの防衛力、自衛隊の力というものは、そういう意味において、最小限度のものをわれわれが持つという建前のもとに、今日まで増強して参ったのでありまして、私どもの解釈では、これは自衛権の当然の内容であって、いわゆる憲法9条が禁止しておる戦力には当たらないと、こう解釈いたしております。

政府見解

　戦力とは、広く考えますと、文字どおり、戦う力ということでございます。そのようなことばの意味だけから申せば、一切の実力組織が戦力に当たるといってよいでございましょうが、憲法第9条第2項が保持を禁じている戦力は、右のようなことばの意味どおりの戦力のうちでも、自衛のための必要最小限度を超えるものでございます。それ以下の実力の保持は、同条項によって禁じられてはいないということでございまして、この見解は、年来政府のとっているところでございます。

　………戦力とは近代戦争遂行に役立つ程度の装備編制を備えるものという定義の問題について申し上げます。

　………吉田内閣当時における国会答弁では、戦力の定義といたしまして、近代戦争遂行能力あるいは近代戦争を遂行するに足りる装備編制を備えるものという趣旨の言葉を使って説明をいたしておりますが、これは、近代戦争あるいは近代戦と申しますか、そういうようなものは、現代における戦争の攻守両面にわたりまして最新の兵器及びあらゆる手段方法を用いまして遂行される戦争、そういうものを指称するものであると解しました上で、近代戦争遂行能力とは右のような戦争を独自で遂行することができる総体としての実力をいうものと解したものと考えられます。近代戦争遂行能力という趣旨の答弁は、第12回国会において初めて行われて以来第4次吉田内閣まで、言い回しやことばづかいは多少異なっておりますけれども、同じような趣旨で行われております。

　ところで、政府は、昭和29年12月以来は、憲法第9条第2項の戦力の定義といたしまして、自衛のため必要な最小限度を超えるものという………趣旨の答弁を申し上げて、近代戦争遂行能力という言い方をやめております。それは次のような理由によるものでございます。

　第1には、およそ憲法の解釈の方法といたしまして、戦力についても、それがわが国が保持を禁じられている実力を指すものであるという意味合いを踏まえて定義するほうが、よりよいのではないでしょうか。このような観点からいたしますれば、近代戦争遂行能力という定義のしかたは、戦力ということばを単に言いかえたのにすぎないのではないかといわれるような面もございまして、必ずしも妥当とは言いがたいのではないか。むしろ、右に申したような憲法上の実質的な意味合いを定義の上で表現したほうがよいと考えたことでございます。

　第2には、近代戦争遂行能力という表現が具体的な実力の程度を表わすものでございまするならば、それも一つの言い方であろうと思いますけれども、結局は抽象的表現にとどまるものでございます。

　第3には、右のようでございまするならば、憲法第9条第1項で自衛権は否定されておりません。その否定されていない自衛権の行使の裏づけといたしまして、自衛のため必要最小限度の実力を備えることは許されるものと解されまするので、その最小限度を越えるものが憲法第9条第2項の戦力であると解することが論理的で

はないだろうか。

　このような考え方で定義をしてまいったわけでございますが、それでは、現時点において、戦力とは近代戦争遂行能力であると定義することは間違いなのかどうかということに相なりますと、政府といたしましては、先ほども申し上げましたように、昭和29年12月以来、戦力の定義といたしましてそのようなことばを用いておりませんので、それが今日どういう意味で用いられるかということを、まず定めなければ、その是非を判定する立場にはございません。しかし、近代戦争遂行能力ということばについて申し上げれば、戦力の字義から言えば、文字の意味だけから申すならば、近代戦争を遂行する能力というものも戦力の一つの定義ではあると思います。結局、先ほど政府は昭和29年12月より前に近代戦争遂行能力ということばを用いました意味を申し上げたわけでございますが、そのような意味でありますならば、言い回し方は違うといたしましても、一がいに間違いであるということはないと存じます。

（関連4）　　　　　　　　　　　　　（参・予算委　昭和62.5.12
　　　　　　　　　　　　　　　　　　　味村法制局長官答弁）

　憲法9条2項に言います戦力は、これを政府は従来から憲法9条の1項が自衛権、我が国の固有の自衛権は否定しておりませんので、その自衛権の裏づけとなります自衛のため必要最小限度の実力というものは、これは戦力に該当しない、それを超える実力が戦力であると、このように従前から申し述べているとおりでございます。

(5) 自衛隊と軍隊

（昭和60.11.5　衆議院秦豊議員
　　　　　質問主意書に対する答弁書）

　自衛隊は、憲法上必要最小限度を超える実力を保持し得ない等の制約を課せられており、通常の観念で考えられる軍隊とは異なるものと考える。

（関連1）　鳩山内閣の統一見解　　　（衆・予算委　昭和29.12.22
　　　　　　　　　　　　　　　　　　　大村防衛庁長官答弁）

　自衛隊は軍隊か。自衛隊は、外国からの侵略に対するという任務を有するが、こういうものを軍隊というならば、自衛隊も軍隊ということができる。しかし、かような実力部隊を持つことは憲法に違反するものではない。

（関連2）　　　　　　　　　　　　　（衆・日米安保特別委　昭和35.4.28
　　　　　　　　　　　　　　　　　　　林法制局長官答弁）

　自衛隊につきましては、自衛隊法に基づきまして、その任務あるいは権能等は詳しく規定されておるわけでございます。同時に憲法第9条の制約がかぶっておるわけであります。その意味におきまして、いわゆる普通の諸外国のそういう制約のな

政府見解

い軍隊とは、私はやはり違うと思います。

(関連3)
$$\left(\begin{array}{l}参・予算委　昭和42.3.31 \\ 高辻法制局長官答弁\end{array}\right)$$

………自衛隊が軍隊であるかどうかというのが実は重要な点ではなくて、自衛隊というものが憲法上の制約をもっておる。………そういうものは、通常いう軍隊とは性格が違うようだ。いずれにしても定義の問題に帰着する………。

(関連4)
$$\left(\begin{array}{l}参・予算委　昭和42.3.31 \\ 佐藤総理答弁\end{array}\right)$$

………自衛隊を、今後とも軍隊と呼称することはいたしません。はっきり申しておきます。

(関連5)
$$\left(\begin{array}{l}参・安保特委　昭和56.11.13 \\ 塩田防衛局長答弁\end{array}\right)$$

軍隊にはいろいろな定義があろうかと思いますが、通常の観念で考えられております軍隊は、外敵と戦いを交えることを任務とし、その活動については交戦権の行使に当たるものというふうに言ってよろしいかと思います。自衛隊は外国による侵略に対しまして、わが国を防衛する任務を有するものではありますけれども、交戦権の行使は認められておりません。そのほか憲法上各種の厳しい制約下にあります。そういう意味では、自衛隊を通常の観念で言う軍隊とは異なるというふうに私どもは考えておるわけであります。

(関連6)
$$\left(\begin{array}{l}衆・本会議　平成2.10.18 \\ 中山外務大臣答弁\end{array}\right)$$

自衛隊は、憲法上必要最小限度を超える実力を保持し得ない等の厳しい制約を課せられております。通常の観念で考えられます軍隊ではありませんが、国際法上は軍隊として取り扱われておりまして、自衛官は軍隊の構成員に該当いたします。

(6) 交戦権と自衛権の行使

$$\left(\begin{array}{l}昭和56.5.15衆議院稲葉誠一議員 \\ 質問主意書に対する答弁書\end{array}\right)$$

憲法第9条第2項の「交戦権」とは、戦いを交える権利という意味ではなく、交戦国が国際法上有する種々の権利の総称であって、このような意味の交戦権が否認されていると解している。

他方、我が国は、自衛権の行使に当たっては、我が国を防衛するため必要最小限度の実力を行使することが当然に認められているのであってその行使として相手国兵力の殺傷及び破壊等を行うことは、交戦権の行使として相手国兵力の殺傷及び破壊等を行うこととは別の観念のものである。実際上、自衛権の行使としての実力の行

政府見解

使の態様がいかなるものになるかについては、具体的な状況に応じて異なると考えられるから、一概に述べることは困難であるが、例えば、相手国の領土の占領、そこにおける占領行政などは、自衛のための必要最小限度を超えるものと考えている。

(関連1)

参・内閣委　昭和29.5.25
佐藤法制局長官答弁

　………交戦権そのものというものは、これは交戦者としての権利、而して最も典型的なものとしては敵性船舶の拿捕であるとか、或いは占領地の行政権であるとかいうことが憲法制定当時から答弁に出ているわけでございますが………平時において、普通、通常許されないような外敵行為というようなものが、交戦権を与えられることによってこれが合法として認められるという考え方は私どもも必ずしも排撃いたしておりません。………自衛権というものは、………国の基本的生存維持の権利でございますからして、………即ち急迫不正の侵害に対してそれを排除するに必要止むを得ない限度の実力行使は、自衛権として当然許される………ところが交戦権を更に持つということになりますと、………敵が攻めて来た場合、ずっと敵を追い詰めて行って、そうして将来の禍根を断つために、もう本国までも全部やっつけてしまうというようなことが………許されるであろう、併しないからそれは許されない。即ち自衛権の限度内でしかいわゆる外敵行動というものはできない……。

(関連2)

参・内閣委　昭和30.7.26
林法制局長官答弁

　………交戦権の意味については、………学説………が、大別………二つ………あるように存じます。………交戦権ということを………戦争をする権利というふうに広く解釈する説と、………交戦国として国際法上一国が持つ種々の権利という意味に解釈する説とございます。普通………後者に解釈しているように考える……。………憲法9条2項の後段におきましては、日本が普通の意味において交戦国として持ついろいろの国際法上の権利というものは一応否認をされている………しかし………1項において自衛権を否認しておらず、従って自衛のために、日本が外国から侵略を受けた場合に、………排除する意味において行動する権利は否認されておらないものと考えるわけです。

(関連3)

衆・安保特委　昭和56.4.20
角田法制局長官答弁

　………交戦権というものについては、これは憲法9条2項によってあくまで否認をされている、しかし、従来から政府の見解として申し上げているところでございますが、わが国が自衛権を持っているということは憲法9条によっても否定されておらない、そして、自衛権の行使として実際上いろいろな実力行動をとることは交戦権の行使とは別のことである、そういうことは憲法上当然認められているという

政府見解

ことを申し上げた上で、仮に、わが国に武力攻撃を加えている国の軍隊の武器を第三国の船が輸送をしている、それを臨検することができるかという点でございますが、一般論として申し上げるならば、ある国がわが国に対して現に武力攻撃を加えているわけでございますから、その国のために働いているその船舶に対して臨検等の必要な措置をとることは、自衛権の行使として認められる限度内のものであれば、それはできるのではないかというふうに私どもは考えております、ということを申し上げたわけでありまして、あくまでも自衛権の行使として認められる限度内のもの、すなわち必要最小限度の範囲内のものであれば、そういう措置がとれるという可能性があり得るのではないかということを申し述べただけでございまして、従来の政府の解釈を変更するものではないというふうに心得ております。

(7) 自衛隊の行動の地理的範囲

（昭和56.4.17衆議院楢崎弥之助議員
質問主意書に対する答弁書）

　我が国が自衛権の行使として我が国を防衛するため必要最小限度の実力を行使することのできる地理的範囲は、必ずしも我が国の領土、領海、領空に限られるものではないことについては、政府が従来から一貫して明らかにしているところであるが、それが具体的にどこまで及ぶかは個々の状況に応じて異なるので一概にはいえない。

（関連1）

（昭和44.12.29参議院春日正一議員
質問主意書に対する答弁書）

ア　自衛隊法上、自衛隊は、侵略に対して、わが国を防衛することを任務としており、わが国に対し外部からの武力の攻撃がある場合には、わが国の防衛に必要な限度において、わが国の領土・領海・領空においてばかりでなく、周辺の公海・公空においてこれに対処することがあっても、このことは、自衛権の限度をこえるものではなく、憲法の禁止するところとは考えられない。

イ　自衛隊が外部からの武力攻撃に対処するため行動することができる公海・公空の範囲は、外部からの武力攻撃の態様に応ずるものであり、一概にはいえないが、自衛権の行使に必要な限度内での公海・公空に及ぶことができるものと解している。

（関連2）

（昭和60.9.27衆議院森清議員提出
憲法第9条の解釈に関する質問に対する答弁書）

　我が国が自衛権の行使として我が国を防衛するため必要最小限度の実力を行使することのできる地理的範囲は、必ずしも我が国の領土、領海、領空に限られるものではなく、公海及び公空にも及び得るが、武力行使の目的をもって自衛隊を他国の領土、領海、領空に派遣することは、一般に自衛のための必要最小限度を超えるものであって、憲法上許されないと考えている。

政府見解

750

(8) 海外派兵

昭和55.10.28衆議院稲葉誠一議員
質問主意書に対する答弁書

ア 従来、「いわゆる海外派兵とは、一般的にいえば、武力行使の目的をもって武装した部隊を他国の領土、領海、領空に派遣することである」と定義づけて説明されているが、このような海外派兵は、一般に自衛のための必要最小限度を超えるものであって、憲法上許されないと考えている………。

イ これに対し、いわゆる海外派遣については、従来これを定義づけたことはないが、武力行使の目的をもたないで部隊を他国へ派遣することは、憲法上許されないわけではないと考えている。しかしながら、法律上、自衛隊の任務、権限として規定されていないものについては、その部隊を他国へ派遣することはできないと考えている。

（関連1）

昭和44.3.25衆議院松本善明議員
質問主意書及び昭和44.4.8答弁書

質問主意書………3月10日の衆議院予算委員会で高辻法制局長官は、海外派兵と憲法の関係について「（海外派兵を）自衛権の限界をこえた海外における武力行動という定義を下すことになれば、自衛権の限界を越えないものはよろしい」「要するにそれが自衛権発動の3要件に該当する場合であるかないかだけにかかる問題であろう」と答えている。

これは、自衛権発動の3要件に該当する場合には、海外における武力行動も合憲であるということか………。

答弁書………政府は、従来、わが国には固有の自衛権があり、その限界内で自衛行動をとることは憲法上許されるとの見解のもとに、いわゆる「海外派兵」は、自衛権の限界をこえるが故に、憲法上許されないとの立場を堅持しており、御指摘の、3月10日の参議院予算委員会における高辻法制局長官の答弁は、重ねてこのような見解を明らかにしたものである。

かりに、海外における武力行動で、自衛権発動の3要件（わが国に対する急迫不正な侵害があること、この場合に他に適当な手段がないこと及び必要最小限度の実力行使にとどまるべきこと）に該当するものがあるとすれば、憲法上の理論としては、そのような行動をとることが許されないわけではないと考える。この趣旨は、昭和31年2月29日の衆議院内閣委員会で示された政府の統一見解によってすでに明らかにされているところである………。

（関連2）

衆・内閣委 昭和46.5.14
高辻法制局長官答弁

………主として海外派兵というものが論ぜられるのは、………外部からの武力攻撃に際してわが国の国民の安全と生存を保持するためにやむなく武力を行使して抵抗

政府見解

751

をするという………場合でも自衛権の行使の限界というものを非常に重大視しておる
わけで、それを越えるような、たとえば海外に対する派兵というようなことになりま
すと、自衛権の限界を越えるがゆえに憲法に違反するという考え方を持つわけです。

　………通常敵国の領土に兵力を派遣しまして、そうして事実上兵力による制圧の
状態をそこに確立するというのはいわゆる海外派兵となり自衛権の行使の限界を越
えるというのが普通の姿だと思いますのでそれらは許されないと考えるのが当然で
あろうと思います。

（関連3）　　　　　　　　　　　　　　衆・本会議　昭和57.3.26
　　　　　　　　　　　　　　　　　　　伊藤防衛庁長官答弁

　海外派兵の問題でございますが、政府は、従来から、憲法にのっとり専守防衛の
立場を堅持し、………いわゆる海外派兵は、一般に自衛のための必要最小限度を超
えることから海外派兵は行わないこととしておりますが、このような考え方は今後
とも堅持をしてまいる所存でございます。

（関連4）　　　　　　　　　　　　　　参・国際平和協力特委　平成4.4.28
　　　　　　　　　　　　　　　　　　　工藤法制局長官答弁

　………海外派兵につきまして一般的に申し上げますと、武力行使の目的を持って
武装した部隊を他国の領土、領海、領空に派遣することというふうに従来定義して
申し上げているわけでございます。このような海外派兵、これは一般に自衛のため
の必要最小限度を超えるものということで憲法上許されないと解しておりますが、
今回の法案に基づきますPKO活動への参加、この場合には、ただいま申し上げま
したとおり我が国が武力行使をするとの評価を受けることはございませんので、そ
ういう意味で今回の法案に基づくPKOへの参加というものは憲法の禁ずる海外派
兵に当たるものではない、かように考えております。

（関連5）　いわゆる「海外派兵」に関する政府の考え方を変えない理由について
　　　　　　　　　　　　　平成27.7.14衆・平安特委理事会提出資料
　　　　　　　　　　　　　　寺　田　学　議　員　要　求
　　　　　　　　　　　　　　平　成　2　7　年　7　月　1　4　日
　　　　　　　　　　　　　　内　　閣　　官　　房

　従来から、武力行使の目的を持って武装した部隊を他国の領土、領海、領空へ派
遣するいわゆる「海外派兵」は、一般に、自衛のための必要最小限度を超えるもの
であって、憲法上許されないと解してきている。

　これは、我が国に対する武力攻撃が発生し、これを排除するために武力を行使す
るほか適当な手段がない場合においても、対処の手段、態様、程度の問題として、
一般に、他国の領域において「武力の行使」に及ぶことは、「自衛権発動の三要件」
の第三要件の自衛のための必要最小限度を超えるものという基本的な考え方を示し

政府見解

たものである。

このような従来からの考え方は、「新三要件」の下で行われる自衛の措置、すなわち他国の防衛を目的とするものではなく、あくまでも我が国を防衛するための必要最小限度の措置にとどまるものとしての「武力の行使」における対処の手段、態様、程度の問題として、そのまま当てはまるものと考えている。

第三要件にいう必要最小限度は、「新三要件」の下で集団的自衛権を行使する場合においても、我が国の存立を全うし、国民を守るための必要最小限度を意味し、これは、個別的自衛権を行使する場合と変わらない。

なお、「新三要件」を満たす場合に例外的に外国の領域において行う「武力の行使」については、ホルムズ海峡での機雷掃海のほかに、現時点で個別具体的な活動を念頭には置いていない。

(9) 自衛隊の海外出動禁止決議 （参議院）

（参・本会議　昭和29. 6. 2）

自衛隊の海外出動を為さざることに関する決議

本院は、自衛隊の創設に際し、現行憲法の条章と、わが国民の熾烈なる平和愛好精神に照し、海外出動はこれを行わないことを、茲に更めて確認する。

右決議する。

（関連）

（参・本会議　昭和29.6.2　　　
　木村保安庁長官発言　）

只今の本院の決議に対しまして、一言、政府の所信を申し上げます。

申すまでもなく自衛隊は、我が国の平和と独立を守り、国の安全を保つため、直接並びに間接の侵略に対して我が国を防衛することを任務とするものでありまして、海外派遣というような目的は持っていないのであります。従いまして、只今の決議の趣旨は、十分これを尊重する所存であります。

(10) 敵基地攻撃と自衛権の範囲 （統一見解）

（衆・内閣委　昭和31.2.29　　　
　鳩山総理答弁船田防衛庁長官代読　）

わが国に対して急迫不正の侵害が行われ、その侵害の手段としてわが国土に対し、誘導弾等による攻撃が行われた場合、座して自滅を待つべしというのが憲法の趣旨とするところだというふうには、どうしても考えられないと思うのです。そういう場合には、そのような攻撃を防ぐのに万やむを得ない必要最小限度の措置をとること、たとえば誘導弾等による攻撃を防御するのに、他に手段がないと認められる限り、誘導弾等の基地をたたくことは、法理的には自衛の範囲に含まれ、可能であるというべきものと思います。

政府見解

（関連1）

衆・内閣委　昭和34.3.19
伊能防衛庁長官答弁

………誘導弾等による攻撃を受けて、これを防御する手段がほかに全然ないというような場合、敵基地をたたくことも自衛権の範囲に入るということは、独立国として自衛権を持つ以上、座して自滅を待つべしというのが憲法の趣旨ではあるまい。そういうような場合にはそのような攻撃を防ぐのに万やむを得ない必要最小限度の措置をとること、たとえば誘導弾等による攻撃を防御するのに他に全然方法がないと認められる限り、誘導弾などの基地をたたくということは、法理的には自衛の範囲に含まれており、また可能であると私どもは考えております。しかしこのような事態は今日においては現実の問題として起こりがたいのでありまして、こういう仮定の事態を想定して、その危険があるからといって平生から他国を攻撃するような、攻撃的な脅威を与えるような兵器を持っているということは、憲法の趣旨とするところではない。かようにこの二つの観念は別個の問題で、決して矛盾するものではない………。

（関連2）

令和4年12月16日
国家安全保障会議決定
閣　議　決　定

………我が国への侵攻を抑止する上で鍵となるのは、スタンド・オフ防衛能力等を活用した反撃能力である。

　近年、我が国周辺では、極超音速兵器等のミサイル関連技術と飽和攻撃など実戦的なミサイル運用能力が飛躍的に向上し、質・量ともにミサイル戦力が著しく増強される中、ミサイルの発射も繰り返されており、我が国へのミサイル攻撃が現実の脅威となっている。

　こうした中、今後も、変則的な軌道で飛翔するミサイル等に対応し得る技術開発を行うなど、ミサイル防衛能力を質・量ともに不断に強化していく。

　しかしながら、弾道ミサイル防衛という手段だけに依拠し続けた場合、今後、この脅威に対し、既存のミサイル防衛網だけで完全に対応することは難しくなりつつある。

　このため、相手からミサイルによる攻撃がなされた場合、ミサイル防衛網により、飛来するミサイルを防ぎつつ、相手からの更なる武力攻撃を防ぐために、我が国から有効な反撃を相手に加える能力、すなわち反撃能力を保有する必要がある。

　この反撃能力とは、我が国に対する武力攻撃が発生し、その手段として弾道ミサイル等による攻撃が行われた場合、武力の行使の三要件に基づき、そのような攻撃を防ぐのにやむを得ない必要最小限度の自衛の措置として、相手の領域において、我が国が有効な反撃を加えることを可能とする、スタンド・オフ防衛能力等を活用した自衛隊の能力をいう。

　こうした有効な反撃を加える能力を持つことにより、武力攻撃そのものを抑止

する。その上で、万一、相手からミサイルが発射される際にも、ミサイル防衛網により、飛来するミサイルを防ぎつつ、反撃能力により相手からの更なる武力攻撃を防ぎ、国民の命と平和な暮らしを守っていく。

この反撃能力については、1956年2月29日に政府見解として、憲法上、「誘導弾等による攻撃を防御するのに、他に手段がないと認められる限り、誘導弾等の基地をたたくことは、法理的には自衛の範囲に含まれ、可能である」としたものの、これまで政策判断として保有することとしてこなかった能力に当たるものである。

この政府見解は、2015年の平和安全法制に際して示された武力の行使の三要件の下で行われる自衛の措置にもそのまま当てはまるものであり、今般保有することとする能力は、この考え方の下で上記三要件を満たす場合に行使し得るものである。

この反撃能力は、憲法及び国際法の範囲内で、専守防衛の考え方を変更するものではなく、武力の行使の三要件を満たして初めて行使され、武力攻撃が発生していない段階で自ら先に攻撃する先制攻撃は許されないことはいうまでもない。

また、日米の基本的な役割分担は今後も変更はないが、我が国が反撃能力を保有することに伴い、弾道ミサイル等の対処と同様に、日米が協力して対処していくこととする。

(11) 自衛隊の国連軍への派遣

(昭和55.10.28衆議院稲葉誠一議員)
(質問主意書に対する答弁書)

いわゆる「国連軍」は、個々の事例によりその目的・任務が異なるので、それへの参加の可否を一律に論ずることはできないが、当該「国連軍」の目的・任務が武力行使を伴うものであれば、自衛隊がこれに参加することは憲法上許されないと考えている。これに対し、当該「国連軍」の目的・任務が武力行使を伴わないものであれば、自衛隊がこれに参加することは憲法上許されないわけではないが、現行自衛隊法上は自衛隊にそのような任務を与えていないので、これに参加することは許されないと考えている。

(関連1)

(衆・本会議　昭和36.2.23)
(池田総理答弁)

国連の警察軍につきましては、その目的、任務、機能あるいは組織等、いろいろの場合が考えられるのであります。………国連警察軍に今派兵ができるかできないかという問題につきましては、………具体的な事例でないと、憲法上違憲なりやいなやという判断はできません。すなわち、戦争目的を持たない純然たる国内的警察の場合、あるいは、世界治安維持機関としては、ほんとうに国家間の闘争のためでない治安問題につきましてできるかできないかということになりますと、憲法論としてはいろいろ議論がございましょう。私は、その憲法論につきましては、その警

政府見解

察軍の目的、任務、機能、組織等から考え、具体的の場合でないと判断はできないというのであります。これが純然たる警察目的のために派兵する場合において、憲法第9条の問題との関係は私は考えられる、ほんとうに警察目的であって、しかも、世界治安維持のためならば、憲法上考えられる場合もあるということを言っているのであります。ただ、問題は、今の自衛隊法におきましては、海外派兵を認めておりません。

（関連2）

（参・予算委　平成2.10.22　工藤法制局長官答弁）

………国連憲章の第7章に基づく国連軍、今42条をお引きになりましたが、43条で、そういうときに特別協定に従って各国が利用させることを約束するというような規定もございます。国連憲章の第7章に基づく国連軍というのは、現在のところまだ、第7章の42条、43条といったところの国連軍は現実のものとなっておりません。したがいまして、我が国がこれに関与するその仕方あるいは参加の態様というものが現実の姿となっていない以上、明確な形で申し上げるわけにはまいらないと思います。

　ただ、こういうことだけは申し上げられるということで、従来思考過程あるいは研究過程ということで申し上げましたが、まず、………自衛隊につきましては、我が国の自衛のための必要最小限度の実力組織である、そういう意味におきましていわゆる憲法9条に違反するものではない、こういうことは従来から申し上げてきているところでございます。

　これから派生するといいますか、そういう自衛隊の存在理由からまいりまして3つだけ、まずその系といいますか、そういう形で申し上げられると思うんですが、まず、武力行使の目的を持って武装した部隊、これを他国の領土、領海、領空に派遣するという、いわゆる海外派兵と言っておりますが、この海外派兵は一般に自衛のための必要最小限度を超えるものだ、かように観念できますので、憲法上許されないということを申し上げてきているわけでございます。

　それから次に、集団的自衛権、これは今総理も申されましたが、自国と密接な関係にある外国、これに対する武力攻撃を、自国が直接攻撃されていないにもかかわらず実力をもって阻止する権利、かように定義いたしますと、我が国は国際法上こういう権利を持っていることは主権国家という意味におきまして当然ではございますけれども、その権利を行使することは、先ほど出ました憲法9条のもとで許されている我が国を防衛するため必要最小限度、こういうことの範囲を超えるものであって憲法上許されない、これが従来の解釈だろうと思います。

　それから3番目に、国連の平和維持活動を行う従来のいわゆる国連軍と称されるものがございます。これはさまざまな形態がございますので一概に言うわけにはまいりませんが、その中で、その目的、任務が武力行使を伴うものであればこれに参加することが許されない、これも従来申し上げてきているところかと思います。

　そのような憲法9条あるいはそれに関連する事項の解釈なり適用、こういうもの

を積み重ねてきているわけでございますが、こういうものから推論いたしますと、任務が我が国を防衛するものと言えないいわゆる、いわゆるというか、正規のと申しますか、そういう国連憲章上の国連軍に自衛隊を参加させること、これについては憲法上の問題が残る、こういうふうなことを申し上げたところでございます。

それで、冒頭も申し上げましたけれども、国連憲章の第7章に基づきます国連軍、これはまだ設けられたことはないわけでございます。43条で特別協定を結ぶということになっておりますが、その43条の特別協定の内容につきましても、どのような内容になるか、具体なものがまだないわけでございます。また、国連憲章の43条におきましては手段として3つのことが書いてありまして、その貢献の中身として兵力、援助及び便益を利用させること、こういうふうな3つのことが書いてございます。この3つは必ずしもそのすべてが満たされなければならないとは解されていないようでございます。そういう意味におきまして、この3つが絶えずペアでと申しますか、絶えず一体となっている必要はないというふうな解釈もございます。

さらに、国際情勢、これは急速に変化しつつある。そういう意味で、今後この42条、43条というふうなものも含めましてどのような形になっていくか、そういったことを全体として考えますと、将来この国連憲章第7章に基づきます、特に42条、43条に基づきます国連軍の編成が現実の問題となる場合に、従来の憲法解釈、積み重ねというのはそういうことがございますから、その時点でこれとの適合ということを総合勘案して判断すべきである、かように考えているところでございます。

（関連3）

$$\left(\begin{array}{l}\text{衆・国連特委　平成2.10.30}\\\text{工藤法制局長官答弁}\end{array}\right)$$

林元法制局長官あるいは高辻元法制局長官が何度かそのような観点から御答弁申し上げておりますが、その場合に前提としておりますのは、いわば理想的な国際社会におきます国連軍というふうなことでございまして、先日から私が申し上げておりますいわゆる国連憲章の第7章に基づきます国連軍、それよりもさらにもう一歩先の理想的な社会、こういうふうなものを描かれての答弁であると記憶しております。そういう意味におきまして、それよりもう一歩手前のいわゆる国連憲章第7章に基づきます正規の国連軍、これにつきましての答弁は先日から申し上げているところでございまして、要するに43条の特別協定のようなもの、こういうふうなものが明らかになりました段階でそういう判断がなされるべきもの、かように考えております。

（関連4）いわゆる国連軍への平和協力隊の参加と協力についての政府統一見解

$$\left(\begin{array}{l}\text{衆・国連特委　平成2.10.26}\\\text{中山外務大臣答弁}\end{array}\right)$$

ア　いわゆる「国連軍」に対する関与のあり方としては、「参加」と「協力」とが考えられる。

政府見解

イ　昭和55年10月28日付政府答弁書にいう「参加」とは、当該「国連軍」の司令官の指揮下に入り、その一員として行動することを意味し、平和協力隊が当該「国連軍」に参加することは、当該「国連軍」の目的・任務が武力行使を伴うものであれば、自衛隊が当該「国連軍」に参加する場合と同様、自衛のための必要最小限度の範囲を超えるものであって、憲法上許されないと考えている。

ウ　これに対し、「協力」とは、「国連軍」に対する右の「参加」を含む広い意味での関与形態を表すものであり、当該「国連軍」の組織の外にあって行う「参加」に至らない各種の支援をも含むと解される。

エ　右の「参加」に至らない「協力」については、当該「国連軍」の目的・任務が武力行使を伴うものであっても、それがすべて許されないわけではなく、当該「国連軍」の武力行使と一体となるようなものは憲法上許されないが、当該「国連軍」の武力行使と一体とならないようなものは憲法上許されると解される。

（関連5）

$$\left(\begin{array}{l} \text{衆・国際平和協力特委　平成3.9.25} \\ \text{工藤法制局長官答弁} \end{array} \right)$$

………それで、従来の考え方を若干申し上げますと、例えば昭和55年の政府答弁書、ここにおきまして、政府は、国連がその平和維持活動として編成した平和維持隊などの組織について、個々の事例によりその目的・任務が異なるので、それへの参加の可否を一律に論ずることはできないが、その目的・任務が武力行使を伴うものであれば我が国がこれに参加することは憲法上許されないと解してきた、こういうことでございます。この政府見解の趣旨としますところは、ただいま申し上げました憲法の9条との関係におきまして、通常この平和維持隊の、これに参加したのが我が国自身が武力行使をする、こういうことが予定される、あるいは、我が国自身が武力行使をしないまでも、仮にその他の国が参加しております平和維持隊が武力行使をすれば、我が国としてもその平和維持軍への参加を通じてその武力行使と一体化することになるのではないか、そういうことで我が国が武力行使をするとの評価を受けることを、そのおそれがあるのではないか、こういうことの趣旨を申し上げたわけで、基本的にはあくまでも憲法9条の武力行使との関係を申し上げているわけでございます。

　その意味におきまして、今回の法案におきましては、その目的・任務というのが武力行使を伴う平和維持隊につきまして一つのといいますか、大きく二つの前提を設けました。それは、先ほどからの繰り返しになりますが、武器の使用は我が国要員の生命、身体の防衛のために必要な最小限度のものに限られる。それから二番目として、もし紛争当事者間の停戦合意が破れる、こういうことなどがございまして、我が国が平和維持隊に参加して活動する、こういう前提が崩れまして、しかも短期間にこのような前提が回復しない場合には我が国から参加した部隊の派遣を終了させる、こういう前提を設けたわけでございます。

　そういう前提のもとで考えました場合には、仮に他国が参加している平和維持隊

が武力行使をするようなことがあるとしても、我が国としてみずから武力行使はしない、あるいは他国の参加しております平和維持隊の行う武力行使、こういうものと一体化しない、こういうことが確保されるわけでございます。そういう意味におきまして、我が国が武力行使をするとの評価を受けないわけでございますから、そういう意味で憲法9条に反するものではございませんし、そういう意味で憲法9条に関して、あるいは平和維持隊に関しまして従来から政府が申し上げてきた解釈を変えるものではございませんし、いわゆる一般的な問題を、条件をつけて申し上げているわけでございますから、変更では何らございません。

（関連6）
$$\left(\begin{array}{l} \text{参・国際平和協力特委　平成4.5.22} \\ \text{宮沢総理答弁} \end{array} \right)$$

　………いわゆる国連軍に我が国が現行の憲法のもとで参加できるかどうかということにつきましては、国連憲章第七章で国連軍というようなことが想定されておるようではございますけれども、かつて国連軍が真剣に議論されたあるいは創設されたことはもとよりないわけでございます。そしてそれとの関連で、そのためには国連憲章の第四十三条でございますか、特別協定を結ぶことが必要であるというふうなことも書かれておりますけれども、その特別協定がいかなるものであるかも実はそれ以上敷衍されておりません。

　したがいまして、国連軍というお尋ねについて、国連軍というものが定義されておりませんので明確なお答えができない。むしろ、ある一定のもとにこういう種類の国連軍についてはどうかということであれば、これはまた法制上の立場からもお答えができるわけでございますけれども、国連軍そのものが明確に規定されておりませんために正確なお答えができないということが真実ではないかと考えております。

（関連7）
$$\left(\begin{array}{l} \text{参・予算委員会　平成19.10.15} \\ \text{高村外務大臣答弁} \end{array} \right)$$

　国連中心主義というのはいろいろ幅がありますから、国連中心主義が悪いということは申し上げませんが、国連の決議があれば武力行使もいいんだよというのは、我が国政府が一貫して取ってきた考え方と相入れないということだけは確かであります。国連がもっとちゃんとした体を成して、もっとですよ、そして正規の意味の国連軍ができて、自衛隊が出たとしても、完全にその主権国家としての行動ではなくて、完全に国連の指揮の下に入った典型的な国連軍ができた場合にはいろいろな考え方があり得ると思います。

　ただ、今、国連決議があって、そこに主権国家たる日本が自衛隊を出して、そしてその中で活動をするのに、これは国連の活動だから武力行使しても憲法違反にならないと、こういう考え方は私は取り得ない考え方だと。政府はそういうことは一貫して否定してきております。

759

(12) 自衛力の限界（自衛隊増強の限度）

（参・予算委　昭和42.3.31
　　　　　佐藤総理答弁）

　………わが国が持ち得る自衛力、これは他国に対して侵略的脅威を与えない、侵略的脅威を与えるようなものであってはならないのであります。これは、いま自衛隊の自衛力の限界だ。………ただいま言われますように、だんだん強くなっております。これはまたいろいろ武器等におきましても、地域的な通常兵器による侵略と申しましても、いろいろそのほうの力が強くなってきておりますから、それは、これに対応し得る抑圧力、そのためには私のほうも整備していかなければならぬ。かように思っておりますが、その問題とは違って、憲法が許しておりますものは、他国に対し侵略的な脅威を与えない。こういうことで、はっきり限度がおわかりいただけるだろうと思います。

（関連1）

（昭和53.2.14衆・予算委提出資料
　　　　　小林進委員要求）

　憲法第9条第2項が保持を禁止している「戦力」は、自衛のための必要最小限度を超えるものである。

　右の憲法上の制約の下において保持を許される自衛力の具体的な限度については、その時々の国際情勢、軍事技術の水準その他の諸条件により変わり得る相対的な面を有することは否定し得ない。もっとも、性能上専ら他国の国土の潰滅的破壊のためにのみ用いられる兵器（例えば、ICBM、長距離戦略爆撃機等）については、いかなる場合においても、これを保持することが許されないのはいうまでもない。

　これらの点は、政府のかねがね申し述べてきた見解であり、今日においても変わりはない。

（関連2）

（参・予算委　昭和47.11.13
　　　　　田中総理答弁）

　自衛のため、防衛のため必要な力というものは、相手側が非常に高速になってくれば、こちらも高速にならざるを得ない。ただ、これは攻撃というのではなく、あくまでも自衛のため、防衛のため、受け身のものではございますが、いずれにしても、質が、相手の質がよくなれば、防衛力というものそのまま………これは相対的なものでございますから、相手が強くなればこちらも強くならなければいかぬということでございまして、質の面では相対して強くならなければならないということは、そのとおりだと思います。

（関連3）

（参・予算委　昭和50.3.5
　　　　　三木総理答弁）

　自衛隊というものの限度はここだということは言い切れない。そのときの国際的

政府見解

ないわゆる客観情勢とか、科学技術の進歩とか、いろいろな条件がありますから、これだけが限度でございますということは困難であって、これはあんまり国の防衛というものを単に防衛力だけで狭く見ることはいけない。それにはやっぱり外交の努力もあるし、いろいろ総合的に国の防衛力を見ることが必要だというふうに思えますから、日本の防衛力のこれが一番適切な規模だというようなことは、私はそういうことは言えないと思います。

(13) 核兵器の保有に関する憲法第9条の解釈

(参・予算委　昭和53.3.11)
(真田法制局長官答弁)

一　政府は、従来から、自衛のための必要最小限度を超えない実力を保持することは憲法第9条第2項によっても禁止されておらず、したがって、右の限界の範囲内にとどまるものである限り、核兵器であると通常兵器であるとを問わず、これを保有することは同項の禁ずるところではないとの解釈をとってきている。

二　憲法のみならずおよそ法令については、これを解釈する者によっていろいろの説が存することがあり得るものであるが、政府としては、憲法第9条第2項に関する解釈については、一に述べた解釈が法解釈論として正しいものであると信じており、これ以外の見解はとり得ないところである。

三　憲法上その保有を禁じられていないものを含め、一切の核兵器について、政府は、政策として非核3原則によりこれを保有しないこととしており、また、法律上及び条約上においても、原子力基本法及び核兵器不拡散条約の規定によりその保有が禁止されているところであるが、これらのことと核兵器の保有に関する憲法第9条の法的解釈とは全く別の問題である。

(関連1)

(参・予算委　昭和53.4.3)
(真田法制局長官答弁)

………核兵器の保有に関する憲法第9条の解釈についての補足説明を申し上げます。

一　憲法上核兵器の保有が許されるか否かは、それが憲法第9条第2項の「戦力」を構成するものであるか否かの問題に帰することは明らかであるが、政府が従来から憲法第9条に関してとっている解釈は、同条が我が国が独立国として固有の自衛権を有することを否定していないことは憲法の前文をはじめ全体の趣旨に照らしてみても明らかであり、その裏付けとしての自衛のための必要最小限度の範囲内の実力を保持することは同条第2項によっても禁止されておらず、右の限度を超えるものが同項によりその保持を禁止される「戦力」に当たるというものである。

そして、この解釈からすれば、個々の兵器の保持についても、それが同項によって禁止されるか否かは、それにより右の自衛のための必要最小限度の範囲を超え

政府見解

761

ることとなるか否かによって定まるべきものであって、右の限度の範囲内にとどまる限りは、その保有する兵器がどのような兵器であるかということは、同項の問うところではないと解される。

したがって、通常兵器であっても自衛のための必要最小限度の範囲を超えることとなるものは、その保有を許されないと解される一方、核兵器であっても仮に右の限度の範囲内にとどまるものがあるとすれば、憲法上その保有が許されることになるというのが法解釈論としての当然の論理的帰結であり、政府が従来国会において、御質問に応じ繰り返し説明してきた趣旨も、右の考え方によるものであって、何らかの政治的考慮に基づくものでないことはいうまでもない。

二　憲法をはじめ法令の解釈は、当該法令の規定の文言、趣旨等に即しつつ、それが法規範として持つ意味内容を論理的に追求し、確定することであるから、それぞれの解釈者にとって論理的に得られる正しい結論は当然一つしかなく、幾つかの結論の中からある政策に合致するものを選択して採用すればよいという性質のものでないことは明らかである。政府が核兵器の保有に関する憲法第9条の解釈につき、一に述べた見解をとっているのも、右の法解釈論の原理に従った結果であり、何らかの政治的考慮を加えることによりこれ以外の見解をとる余地はないといわざるを得ない。

三　もっとも、一に述べた解釈において、核兵器であっても仮に自衛のための必要最小限度の範囲内にとどまるものがあるとすれば、憲法上その保有を許されるとしている意味は、もともと、単にその保有を禁じていないというにとどまり、その保有を義務付けているというものでないことは当然であるから、これを保有しないこととする政策的選択を行うことは憲法上何ら否定されていないのであって、現に我が国は、そうした政策的選択の下に、国是ともいうべき非核三原則を堅持し、更に原子力基本法及び核兵器不拡散条約の規定により一切の核兵器を保有し得ないこととしているところである。

以上でございます。

（関連2）

$\left(\begin{array}{l}\text{参・予算委　昭和57.4.5}\\\text{角田法制局長官答弁}\end{array}\right)$

核兵器と憲法との関係については、これまで再々申し上げておりますが、基本的に政府は自衛のための必要最小限度を超えない実力を保持することは、憲法9条2項によっても禁止されておらない。したがって右の限度の範囲内にとどまるものである限り、核兵器であると通常兵器であるとを問わずこれを保有することは同項の禁ずるところではない、こういう解釈を従来から政府の統一見解として繰り返して申し上げているところであります。したがって、核兵器のすべてが憲法上持てないというのではなくて、自衛のため必要最小限度の範囲内に属する核兵器というものがもしあるとすればそれは持ち得ると。ただし非核三原則というわが国の国是とも言うべき方針によって一切の核兵器は持たない、こういう政策的な選択をしている、

政府見解

これが正確な政府の見解でございます。

(14) 核兵器及び通常兵器について

昭和33.4.15参・内閣委提出資料
田畑金光委員要求

核兵器及び通常兵器については、今日、国際的に定説と称すべきものは見出しがたいが、一般的に次のように用いられているようである。

ア　核兵器とは、原子核の分裂又は核融合反応より生ずる放射エネルギーを破壊力又は殺傷力として使用する兵器をいう。

イ　通常兵器とは、おおむね非核兵器を総称したものである。

従って

(1) サイドワインダー、エリコンのように核弾頭を装着することのできないものは非核兵器である。

(2) オネストジョンのように核・非核両弾頭を装着できるものは、核弾頭を装着した場合は核兵器であるが、核弾頭を装着しない場合は非核兵器である。

(3) ICBM、IRBMのように本来的に核弾頭が装着されるものは核兵器である。

(15) 攻撃的兵器、防御的兵器の区分

昭和55.10.14衆議院楢崎弥之助議員
質問主意書に対する答弁書

政府は、従来から、自衛のための必要最小限度を超えない実力を保持することは、憲法第9条第2項によって禁じられていないと解しているが、性能上専ら他国の国土の潰滅的破壊のためにのみ用いられる兵器については、これを保持することが許されないと考えている。

(関連1)

昭和44.3.25衆議院松本善明議員質問
主意書及び44. 4. 8答弁書

質問主意書………昭和44年3月10日の衆議院予算委員会において高辻法制局長官は「今後兵器の発達によってその兵器が性能から見てもっぱら防衛の用に供するものであるか、侵略の用以外には用がないものであるか区別のつけられないものがふえるであろう。そういうものについては、使用するものの意思によって制約を加える以外に方法はない」という趣旨の答弁をしている。

これは、自衛のために使用する意思をもってさえおれば、もっぱら侵略の用に供する以外に性能をもった兵器のほかは憲法上もつことを許されるということか………。

答弁書………性能上純粋に国土を守ることのみに用いられる兵器の保持が憲法上禁止されていないことは、明らかであるし、また、性能上相手国の国土の壊滅的破壊のためにのみ用いられる兵器の保持は、憲法上許されないものといわなければならない。

763

このような、それ自体の性能からみて憲法上の保持の可否が明らかな兵器以外の兵器は、自衛権の限界をこえる行動の用に供することはむろんのこと、将来自衛権の限界をこえる行動の用に供する意図のもとに保持することも憲法上許されないことは、いうまでもないが、他面、自衛権の限界内の行動の用にのみ供する意図でありさえすれば、無限に保持することが許されるというものでもない。けだし、本来わが国が保持し得る防衛力には、自衛のために必要最小限度という憲法上の制約があるので、当該兵器を含むわが国の防衛力の全体がこの制約の範囲内にとどまることを要するからである。

　御指摘の3月10日の参議院予算委員会における高辻法制局長官の答弁が、この問題を使用するものの意思との関係で論じたのは、先に述べたような趣旨を明らかにしたものであって、自衛のために使用する意思をもってさえいれば、憲法上先に述べた兵器を無制限に保持し得ることを述べたわけでは、もとよりない。

（関連2）

衆・内閣委　昭和46.5.15
久保防衛局長答弁

　まず攻撃的兵器と防御的兵器の区別をすることは困難であるということは、外国の専門家も言っておりますし、われわれもそう思います。なぜかならば、防御的な兵器でありましてもすぐに攻撃的な兵器に転用し得るわけでありますから、したがいまして私どもが区別すべきものは、外国が脅威を感ずるような、脅威を受けるような攻撃的兵器というふうに見るべきではなかろうか、そう思います。そういたしますと、脅威を受けるような、あるいは脅威を与えるような攻撃的兵器と申しますと、たとえばICBMでありますとか、IRBMでありますとか、非常に距離が長く、しかも破壊能力が非常に強大であるといったようなもの、あるいは当然潜水艦に積んでおります長距離の弾道弾ミサイルなどもこれに入ります。また米国の飛行機で例を言うならば、B52のように数百マイルもの行動半径を持つようなもの、これも日本の防衛に役立つということではなくて、むしろ相手方に戦略的な攻撃力を持つという意味で脅威を与えるというふうに考えます。

（関連3）

衆・予算委　昭和53.2.13
伊藤防衛局長答弁

　持てない兵器というものをすべて分類してお答えするというのはきわめてむずかしいものでございます。といいますのは、攻撃的兵器、防御的兵器というのが、それぞれについて画然と分かれるということはなかなかないわけでございます。しかしながら、その中でも特に純粋に国土を守るためのもの、たとえば以前でございますと高射砲、現在で申しますとナイキとかホーク、そういったものは純粋に国土を守る防御用兵器であろうと思いますし、またICBMとかあるいはIRBM、中距離弾道弾あるいはB52のような長距離爆撃機、こういうものは直接相手に攻撃を加え壊滅的な打撃を与える兵器でございますので、こういったものはいわゆる攻撃的

兵器というふうに考えておるわけでございます。

（関連4）
（参・予算委　昭和57.3.20　伊藤防衛庁長官答弁）

　………他国に侵略的攻撃的脅威を与えるような装備とは、わが国を防衛するためにどうしても必要だと考えられる範囲を超え、他国を侵略あるいは攻撃するために使用されるものであり、またその能力を持っておると客観的に考えられるような装備を言うものと考えておりますが、どのような装備がそれに当たるかということは、………その装備の用途、能力あるいは周辺諸国の軍事能力など、そのときにおける軍事技術等を総合的に考慮して判断すべきものであるものと考えております。したがいまして、その判断基準を具体的に申し上げることは困難でございますが、性能上もっぱら他国の国土の壊滅的破壊のためにのみ用いられる兵器、先生御指摘のたとえばICBM、長距離戦略爆撃機等はこれに該当するものと考えております。

（関連5）
（参・予算委　昭和59.3.21　矢﨑防衛局長答弁）

　ただいま御指摘の開発中のSSMの問題でございますけれども、これは海上からの我が国に対します武力攻撃に従事します艦船、これを目標にいたしまして、これをできる限り水際以遠で撃破をして、国土に戦闘が及ぶのを最小限に食いとめようと、こういうための装備でございます。したがいまして、その運用のあり方といたしましては、今政府委員からもお答えしましたように、相当程度の射程は持たせたいと思っておりますけれども、これは航空機等の砲爆撃からの防御の点も考慮しなければいけませんので、内陸部の方から発射する、こういう運用構想を持っているわけでございまして、そういう内陸の奥の方から一定のプログラミングを持たせましてこれを海上における艦艇の目標にまで到達せしめる、そういうことのために長距離の射程を持たせようということでございまして、その機能といたしまして申し上げますと、この地対艦誘導弾が内蔵するレーダーと申しますのは、目標を識別しやすい洋上の艦船を攻撃目標とするということで開発をしているわけでございます。地上の目標を選別してそれに命中させるというふうな機能を持たせたものじゃございません。そういったような意味で、これらは専守防衛に適した兵器であるというふうに私どもは考えている次第でございます。

（関連6）
（参・予算委　昭和63.4.6　瓦防衛庁長官答弁）

　3月11日の参議院予算委員会における久保委員の質問に対してお答えします。
　政府が従来から申し上げているとおり、憲法第9条第2項で我が国が保持することが禁じられている戦力とは、自衛のための必要最小限度の実力を超えるものを指すと解されるところであり、同項の、「戦力」に当たるか否かは、我が国が保持す

政府見解

765

る全体の実力についての問題であって、自衛隊の保有する個々の兵器については、これを保有することにより、我が国の保持する実力の全体が右の限度を超えることとなるか否かによって、その保有の可否が決せられるものであります。

しかしながら、個々の兵器のうちでも、性能上専ら相手国の国土の潰滅的破壊のためにのみ用いられるいわゆる攻撃的兵器を保有することは、これにより直ちに自衛のための必要最小限度の範囲を超えることとなるから、いかなる場合にも許されず、したがって、例えばICBM、長距離戦略爆撃機、あるいは攻撃型空母を自衛隊が保有することは許されず、このことは、累次申し上げてきているとおりであります。

なお、昨年5月19日参議院予算委員会において当時の中曽根内閣総理大臣が答弁したとおり、我が国が憲法上保有し得る空母についても、現在これを保有する計画はないとの見解に変わりはありません。

(16) 徴兵制度

（昭和55.8.15衆議院稲葉誠一議員
質問主意書に対する答弁書）

一般に、徴兵制度とは、国民をして兵役に服する義務を強制的に負わせる国民皆兵制度であって、軍隊を常設し、これに要する兵員を毎年徴集し、一定期間訓練して、新陳交代させ、戦時編制の要員として備えるものをいうと理解している。

このような徴兵制度は、わが憲法の秩序の下では、社会の構成員が社会生活を営むについて、公共の福祉に照らし当然に負担すべきものとして社会的に認められるようなものでないのに、兵役といわれる役務の提供を義務として課されるという点にその本質があり、平時であると有事であるとを問わず、憲法第13条、第18条などの規定の趣旨からみて、許容されるものではないと考える。

（関連1）

（昭和56.3.10衆議院森清議員
質問主意書に対する答弁書）

政府は、徴兵制度によって一定の役務に強制的に従事されることが憲法第18条に規定する「奴隷的拘束」に当たるとは、毛頭考えていない。まして、現在の自衛隊員がその職務に従事することがこれに当たらないことはいうまでもない。

政府が徴兵制度を違憲とする論拠の一つとして憲法第18条を引用しているのは、徴兵制度によって一定の役務に従事することが本人の意思に反して強制させるものであることに着目して、二において述べたような意味で「その意に反する苦役」に当たると考えているからである。なお、現在の自衛隊員は、志願制により本人の自由意思に基づいて採用されるものであり、その職務に従事することが「その意に反する苦役」に当たらないことはいうまでもない。

政府の見解は、以上のとおりであり、徴兵制度を違憲とする論理の一つとして憲法第18条を引用する従来の政府の解釈を変更することは考えていない。

766

（関連2）

（衆・内閣委　昭和45.10.28
　　高辻法制局長官答弁）

　徴兵制度は、国民をして兵役に服する義務を強制的に負わせる国民皆兵制度である、すなわち、軍隊を平時において常設し、これに要する兵を毎年徴集し一定期間訓練して、新陳交代させ、戦時編制の要員として備えるもの、………というように、一般に兵役といわれる役務の提供は、わが憲法の秩序のもとで申しますと、社会の構成員が社会生活を営むについて、公共の福祉に照らし当然に負担すべきものと社会的に認められるわけでもないのに義務として課される点にその本質があるように思われます。このような徴兵制度は、憲法の条文からいいますと、どの条文に当たるか、多少論議の余地がございますが、関係ある条文としては、憲法第18条「その意に反する苦役に服させられない。」という規定か、あるいは少なくとも憲法第13条の、国民の個人的存立条件の尊重の原則に反することになるか、そのいずれになるか、私は多少論議の余地があるかと思いますが、いま申したような徴兵制度、これは憲法の許容するところではないと私どもは考えます。

　………徴兵制度というものは一体何であるかという辺りから調べまして、いまそういうような一般に徴兵制度といわれるような内容の徴兵制度、それはわが憲法のもとでは許されないということをはっきりと申し上げておるわけでございます。………

（関連3）

（衆・内閣委　昭和61.10.28
　　味村法制局長官答弁）

　この問題につきましてはもう従前からたびたびお答え申し上げておりますが、一般に、徴兵制度と申しますと、国民をして兵役に服する義務を強制的に負わせる国民皆兵制度でございまして、軍隊を常設し、これに要する兵員を毎年徴集し、一定期間訓練して、新陳交代させ、戦時編成の要員として備えるものをいうと理解しております。

　このような徴兵制度は、我が憲法の秩序のもとでは、社会の構成員が社会生活を営むについて、公共の福祉の照らし当然に負担すべきものとして社会的に認められるようなものでないのに、兵役と言われる役務の提供を義務として課されるという点にその本質がございまして、平時であると有事であるとを問いませず、憲法の規定の趣旨から見て、許容されるものではないというのが政府の見解でございます。

(17) 文民の解釈（自衛官と文民）

（昭和48.12.7衆・予算委理事会
　　配布資料　内閣法制局作成）

　憲法第66条第2項の文民とは、次に掲げる者以外の者をいう。

　ア　旧陸海軍の職業軍人の経歴を有する者であって、軍国主義的思想に深く染
　　まっていると考えられるもの

政府見解

イ　自衛官の職に在る者

憲法第66条第2項の「文民」の解釈について
ア　「文民」は、「武人」に対する用語であり、本来は、「国の武力組織に職業上の地位を有しない者」と解すべきで、自衛隊も憲法で認められる範囲内にあるものとはいえ一つの国の武力組織である以上自衛官は、その地位にある限り、「文民」ではない。
　　また、憲法第66条第2項の趣旨は、国政が武断政治におちいることを防ぐところにあるから「旧職業軍人の経歴を有する者であって、軍国主義的思想に深く染まっていると考えられるもの」もまた、文民には該当しない。
イ　学説には「文民」を単に「旧職業軍人の経歴を有しない者」と解するものもあるが、旧職業軍人であったという一事をもって一律に「文民」ではないとすることは、憲法第66条の趣旨に照らして正しくないばかりでなく、法の下の平等を定めた憲法第14条の精神にも反するおそれがある。
ウ　元自衛官は、過去に自衛官であったとしても、現に国の武力組織たる自衛隊を離れ、自衛官の職務を行っていない以上「文民」に当たる。なお、旧職業軍人で軍国主義に深く染まっていると考えられる者が文民に当たらないこととの均衡上どうかという疑問も考えられるが、自衛隊は、旧陸海軍の組織と異なり、平和主義と民主主義を基調とする現憲法下における、国の独立と平和を守り、その安全を保つための組織であって、それに勤務したからといって軍国主義的思想に染まることはあり得ず、両者を同視すべきでない。

（関連1）シビリアン・コントロールの原則

（昭和55.10.14衆議院楢崎弥之助議員
質問主意書に対する答弁書）

　民主主義国家において、政治の軍事に対する優先は確保されなければならないものと考えている。
　わが国の現行制度においては、国防に関する国務を含め、国政の執行を担当する最高の責任者たる内閣総理大臣及び国務大臣は、憲法上すべて文民でなければならないこととされ、また、国防に関する重要事項については国防会議の議を経ることとされており、更に国防組織たる自衛隊も法律、予算等について国会の民主的コントロールの下に置かれているのであるから、シビリアン・コントロールの原則は、貫かれているものと考えている。
　政府としては、このような制度の下に自衛隊を厳格に管理しているところであり、今後ともこの点に十分配慮していく所存である。

$$\left(\begin{array}{l}\text{平成13.5.22衆議院平岡秀夫議員}\\ \qquad\qquad \text{質問主意書に対する答弁書}\end{array}\right)$$

………元自衛官は、過去に自衛官であったとしても、現に国の武力組織たる自衛隊を離れ、自衛官の職務を行っていない以上、「文民」に当たると解してきており、お尋ねの国務大臣の任命が憲法第66条第2項に違反するとの御指摘は当たらない。

(18) 自衛隊法の武力攻撃と間接侵略

$$\left(\begin{array}{l}\text{衆・内閣委}\quad \text{昭和36.4.21}\\ \qquad \text{加藤防衛庁官房長答弁}\end{array}\right)$$

ア　自衛隊法第76条にいっておりますする外部からの武力攻撃というのは、………他国のわが国に対する計画的、組織的な武力による攻撃をいうものであります。

イ　自衛隊法の第78条の間接侵略というのは、旧安保条約の第1条の規定にありました1または2以上の外国の教唆または干渉による大規模な内乱または騒擾をいうもの………と解釈して、従来そのように申し上げておるところでございます。この意味の間接侵略は、原則的には外部からの武力攻撃の形をとることはないであろうと思うのでありまするが、その干渉が不正規軍による侵入の如き形態をとりまして、わが国に対する計画的、組織的な武力攻撃に該当するという場合は、これは自衛隊法第76条の適用を受け得る事態であると解釈するわけでございます。

(19) 自衛権行使の前提となる武力攻撃の発生の時点

$$\left(\begin{array}{l}\text{衆・予算委}\quad \text{昭和45.3.18}\\ \qquad \text{愛知外務大臣答弁}\end{array}\right)$$

御質問は、国連憲章第51条及び日米安保条約第5条の「武力攻撃が発生した場合」及び「武力攻撃」の意味についての統一解釈を次の事例で示してもらいたいということでございました。

ア　「ニイタカヤマノボレ」の無電が発せられた時点、すなわち、攻撃の意思をもって日本艦隊がハワイ群島に向け退転した時点。

イ　攻撃隊が母艦を発進し、いまだ公海、公空上にある時点。

ウ　来襲機が領域に入った時点。

安保条約第5条は、国連憲章第51条のワク内において発動するものでありますが、国連憲章においても、自衛権は武力攻撃が発生した場合にのみ発動し得るものであり、そのおそれや脅威のある場合には発動することはできず、したがって、いわゆる予防戦争などが排除せられていることは、従来より政府の一貫して説明しているところであります。こうして、安保条約第5条の意義はわが国に対する武力攻撃に対しては、わが国自身の自衛措置のみならず、米国の強大な軍事力による抵抗によって対処せられるものとなることをあらかじめ明らかにし、もってわが国に対する侵

政府見解

略の発生を未然に防止する抑止機能にあります。さらに、現実の事態において、どの時点で武力攻撃が発生したかは、そのときの国際情勢、相手国の明示された意図、攻撃の手段、態様等々によるものでありまして、抽象的に、または限られた与件のみ仮設して論ずべきものではございません。したがって、政府としては、御質問に述べられた三つの場合について、武力攻撃発生、したがって自衛権発動の時点を論ずることは、適当とは考えない次第でございます。

（関連1）

$$\left(\begin{array}{l} \text{衆・予算委} \quad \text{昭和45.3.18} \\ \text{高辻法制局長官答弁} \end{array} \right)$$

　要するに武力攻撃が発生したときということでありますから、まず武力攻撃のおそれがあると推量される時期ではない。そういう場合に攻撃することを通常先制攻撃というと思いますが、まずそういう場合ではない。次にまた武力攻撃による現実の侵害があってから後ではない。武力攻撃が始まったときである。………始まったときがいつであるかというのは、諸般の事情による認定の問題になるわけです。認定はいろいろ場合によって、その場合がこれに当たるかどうかということでありまして………ごく大ざっぱな言い方でこの場合が当たるとか当たらぬとかということを軽々と申し上げるのはいかがかということで、政府はその点の認定を軽々しくやらないという態度でいるわけです。

（関連2）

$$\left(\begin{array}{l} \text{衆・安保特委} \quad \text{昭和56.11.9} \\ \text{栗山条約局長答弁} \end{array} \right)$$

　………単に相手国のそういう意図があるかもしれないとかあるいは脅威があるということで自衛権の発動が許されるということではございませんで、武力攻撃というのは組織的、計画的な武力の行使ということで、一つの客観的にだれしも認識できる明白な事態であろうと思いますので、そういう事態が発生しましたときにはその攻撃の対象になっている国は自衛権の行使が認められる、こういうことでございます。

（関連3）

$$\left(\begin{array}{l} \text{参・外交・防衛委} \quad \text{平成11.3.15} \\ \text{野呂田防衛庁長官答弁} \end{array} \right)$$

　………敵基地への攻撃については昭和31年の政府統一見解がありまして、我が国に対して急迫不正の侵害が行われた場合、その手段として我が国に対し誘導弾等によって攻撃をされた場合、日本としては座して自滅を待つわけにはいかぬので、そういう場合においては、敵の誘導弾等の基地をたたくことは、他に手段がないと認められる限り、法理的に自衛の範囲に含まれるということで可能であるというふうに一貫して答弁してきたところであります。

　………いわゆる先制攻撃というのは、武力攻撃のおそれがあると推量される場合に他国を攻撃することと考えているわけでありますから、私は各委員会において敵基地攻撃に関する従来からの政府としての考え方を説明の上、そのような場合には、

770

武力攻撃のおそれがあると推量される場合ではなくて我が国に対し急迫不正の侵害がある場合、つまり我が国に対する武力攻撃が発生した場合であるということから、我が国に現実に被害が発生していない時点にあっても我が国として自衛権を発動し敵基地を攻撃することは法理的には可能である旨を答弁したわけでありまして、先制攻撃を認めたものではないということを改めて御答弁させていただきたいと思います。

（関連4）

$$\begin{pmatrix} 参・事態対処特委　平成15.5.28 \\ 宮崎法制局第一部長答弁 \end{pmatrix}$$

　………弾道ミサイルによります攻撃といいますのは、一つは無人の飛行物体でありまして、いったん発射されますと、その後は事実上制御が不能であるというようなこと、それからこれを迎撃し得る時間帯が極めて限られているということ、それから我が国に着弾した場合に、弾頭の種類によっては壊滅的な被害が生ずるというような特性があるわけでございますので、このようなものを考慮いたしますと、発射後の弾道ミサイルにつきましては、艦船等通常の兵器によります攻撃の場合ほど確実と言えなくても、我が国に対するものかどうかにつきまして相当の根拠がありまして、我が国を標的として飛来するという蓋然性がかなり高い、別の言い方をしますと、我が国を標的として飛来してくる蓋然性につきまして相当の根拠があるという場合におきましては、我が国に対する武力攻撃の発生と判断いたしまして、自衛権発動によってこれを迎撃することも許されるというふうに考えておるわけでございます。

(20)　武力の行使との一体化

$$\begin{pmatrix} 平成２６年７月１日 \\ 国家安全保障会議決定 \\ 閣　　議　　決　　定 \end{pmatrix}$$

　いわゆる後方支援と言われる支援活動それ自体は、「武力の行使」に当たらない活動である。例えば、国際の平和及び安全が脅かされ、国際社会が国際連合安全保障理事会決議に基づいて一致団結して対応するようなときに、我が国が当該決議に基づき正当な「武力の行使」を行う他国軍隊に対してこうした支援活動を行うことが必要な場合がある。一方、憲法第9条との関係で、我が国による支援活動については、他国の「武力の行使と一体化」することにより、我が国自身が憲法の下で認められない「武力の行使」を行ったとの法的評価を受けることがないよう、これまでの法律においては、活動の地域を「後方地域」や、いわゆる「非戦闘地域」に限定するなどの法律上の枠組みを設定し、「武力の行使との一体化」の問題が生じないようにしてきた。

　こうした法律上の枠組みの下でも、自衛隊は、各種の支援活動を着実に積み重ね、我が国に対する期待と信頼は高まっている。安全保障環境が更に大きく変化する中で、国際協調主義に基づく「積極的平和主義」の立場から、国際社会の平和と安定のために、自衛隊が幅広い支援活動で十分に役割を果たすことができるようにする

ことが必要である。また、このような活動をこれまで以上に支障なくできるように
することは、我が国の平和及び安全の確保の観点からも極めて重要である。

　政府としては、いわゆる「武力の行使との一体化」論それ自体は前提とした上で、
その議論の積み重ねを踏まえつつ、これまでの自衛隊の活動の実経験、国際連合の
集団安全保障措置の実態等を勘案して、従来の「後方地域」あるいはいわゆる「非
戦闘地域」といった自衛隊が活動する範囲をおよそ一体化の問題が生じない地域に
一律に区切る枠組みではなく、他国が「現に戦闘行為を行っている現場」ではない
場所で実施する補給、輸送などの我が国の支援活動については、当該他国の「武力
の行使と一体化」するものではないという認識を基本とした以下の考え方に立って、
我が国の安全の確保や国際社会の平和と安定のために活動する他国軍隊に対して、
必要な支援活動を実施できるようにするための法整備を進めることとする。

　（ア）我が国の支援対象となる他国軍隊が「現に戦闘行為を行っている現場」では、
　　　　支援活動は実施しない。
　（イ）仮に、状況変化により、我が国が支援活動を実施している場所が「現に戦闘
　　　　行為を行っている現場」となる場合には、直ちにそこで実施している支援
　　　　活動を休止又は中断する。

（関連1）他国の武力の行使との一体化の回避について

$$\left.\begin{array}{l}\text{平成27.6.9衆・平安特委理事会提出資料}\\\text{平 成 2 7 年 6 月 9 日}\\\text{内 閣 官 房}\\\text{内 閣 法 制 局}\end{array}\right)$$

1．いわゆる「他国の武力の行使との一体化」の考え方は、我が国が行う他国の軍
　隊に対する補給、輸送等、それ自体は直接武力の行使を行う活動ではないが、他
　の者の行う武力の行使への関与の密接性等から、我が国も武力の行使をしたとの
　法的評価を受ける場合があり得るというものであり、そのような武力の行使と評
　価される活動を我が国が行うことは、憲法第9条により許されないという考え方
　であるが、これは、いわば憲法上の判断に関する当然の事理を述べたものである。
2．我が国の活動が、他国の武力の行使と一体化するかの判断については、従来か
　ら、①戦闘活動が行われている、又は行われようとしている地点と当該行動がな
　される場所との地理的関係、②当該行動等の具体的内容、③他国の武力の行使の
　任に当たる者との関係の密接性、④協力しようとする相手の活動の現況等の諸般
　の事情を総合的に勘案して、個々的に判断するとしている。
3．今般の法整備は、従来の「非戦闘地域」や「後方地域」といった枠組みを見直し、
　①　我が国の支援対象となる他国軍隊が「現に戦闘行為を行っている現場」では、
　　　支援活動は実施しない。
　②　仮に、状況変化により、我が国が支援活動を実施している場所が「現に戦闘
　　　行為を行っている現場」となる場合には、直ちにそこで実施している支援活動

を休止又は中断する。

　という、「国の存立を全うし、国民を守るための切れ目のない安全保障法制の整備について」（平成26年7月1日閣議決定）で示された考え方に立ったものであるが、これまでの「一体化」についての考え方自体を変えるものではなく、これによって、これまでと同様に、「一体化」の回避という憲法上の要請は満たすものと考えている。

（関連2）

（参・平安特委　平成27.8.4　横畠法制局長官答弁）

　従前、発進準備中の航空機への給油等、武器弾薬の提供等を除外していましたのは、実際のニーズがないということによるものであり、それがそれ自体で他国の武力の行使と一体化するという理由によるものではございません。

　今般、そのニーズがあるということを前提としてこれらの活動について改めて慎重に検討した結果、現に戦闘行為を行っている現場では支援活動を実施しないという今般の一体化回避の枠組み、すなわちそのような類型が適用できると判断したものでございます。

　すなわち、発進準備中の航空機への給油等は、当該航空機によって行われる戦闘行為と時間的に近いものであるとはいえ、地理的関係について申し上げれば、実際に戦闘行為が行われる場所とは一線を画する場所で行うものであること、支援活動の具体的内容としては、船舶、車両に対するものと同様の活動であり、戦闘行為それ自体とは明確に区別することができる活動であること、関係の密接性については、自衛隊は他国の軍隊の指揮命令を受けてそれに組み込まれるというものではなく、あくまでも我が国の法令に従い自らの判断で活動するものであること、協力しようとする相手方の活動の現況につきましては、発進に向けた準備中であり、現に戦闘行為を行っているものではない、そこがポイントでございますけれども、まさに戦闘行為を行っているものではないということを考慮しますと、一体化するものではないという、そういう評価ができるということでございます。

（関連3）

（参・平安特委　平成27.3.3　横畠法制局長官答弁）

　この一体化の問題につきましては、提供する物資が武器弾薬であるか、あるいは食料、水等であるか、その物によって結論が異なる、そういう考え方は基本的にとってはおりません。

　例えば、前線、戦場におきまして食料、水を提供する、それもまさに戦う力を補強する、現場で補強するということになりますので、それは一体化し得るというふうに考えております。武器弾薬でありましても、離れた場所で提供する場合には、いずれそれが戦場で使われるかもしれませんけれども、それは一体化するものではないというふうに整理しております。

政府見解

それから、発進準備中の戦闘機に対する給油等でございますけれども、これにつきましては、明確にそれ自体が一体化するものであるから避けるという整理ではございませんで、そういうニーズはないだろうということでこれまで取り上げていないというふうに理解しております。

（関連4）　　　　　　　　　　　　　　　（平成27年8月26日　参・平安特委）
〇政府特別補佐人（横畠裕介君）
　我が国の活動が他国の武力の行使と一体化するかどうかの判断につきましては、従来から、①戦闘活動が行われている、又は行われようとしている地点と当該行動がなされる場所との地理的関係、②当該行動等の具体的内容、③他国の武力の行使の任に当たる者との関係の密接性、④協力しようとする相手の活動の現況等の諸般の事情を総合的に勘案して個々的に判断するとしており、このような考え方に変わりはございません。
〇政府特別補佐人（横畠裕介君）
　一体化の考え方につきましては、先ほど申し上げた四つの考慮事項を基本として、諸般の事情を総合的に勘案して個々的に判断するという考え方でございますが、自衛隊が支援活動を実施する都度、一体化するか否かを個別に判断するということは実際的ではないことから、平成十一年の周辺事態安全確保法においては後方地域、平成十三年のテロ特措法及び平成十五年のイラク特措法においては同様のいわゆる非戦闘地域という要件を定めて、そこで実施する補給、輸送等の支援活動については類型的に他国の武力の行使と一体化するものではないと整理したところでございます。
　その考え方は、戦闘行為が行われている場所と一線を画する場所で行うという①の地理的関係を中心として、②の支援活動の具体的内容については、補給、輸送といった戦闘行為とは明確に区別することができる異質の活動であること、③の関係の密接性については、自衛隊は他国の軍隊の指揮命令を受けてそれに組み込まれるというものではなく、我が国の法令に従い自らの判断で活動するものであること、④の協力しようとする相手の活動の現況につきましては、現に戦闘行為を行っているものではないことなどを考慮したものでございます。
〇政府特別補佐人（横畠裕介君）
　今般の法整備におきましては、その後の自衛隊の活動の経験、国際連合の集団安全保障措置の実態、実務上のニーズの変化などを踏まえ、支援活動の実施、運用の柔軟性を確保する観点から、自衛隊が支援活動を円滑かつ安全に実施することができるように実施区域を指定するということを前提に、自衛隊の安全を確保するための仕組みとは区別して、憲法上の要請である一体化を回避するための類型としての要件を再整理したものでございます。
　すなわち、一体化を回避するための仕組みとしては、我が国の支援対象となる他国軍隊が現に戦闘行為を行っている現場では支援活動を実施しないこと、仮に状況変化により我が国が支援活動を実施している場所が現に戦闘行為を行っている現場

774

となる場合には、直ちにそこで実施している活動を休止又は中断することとしたものでございます。

　その考え方は、協力しようとする相手が現に戦闘行為を行っているものではないという先ほどの④の相手の活動の現況を中心として、そうであるならば、①の地理的関係においても、戦闘行為が行われる場所とは一線を画する場所で行うものであることに変わりはなく、また、②の支援活動の具体的な内容については、補給、輸送といった戦闘行為とは明確に区別することができる異質の活動であり、③の関係の密接性についても、自衛隊は他国の軍隊の指揮命令を受けてそれに組み込まれるというものではなく、我が国の法令に従い自らの判断で活動するものであって、これまでと同様であることから、全体として一体化を回避するための仕組み、担保として十分であるということでございます。

(21) 外国の領土における武器の使用

$$\left(\begin{array}{l} \text{衆・国連特委　平成2.10.30} \\ \text{工藤法制局長官答弁} \end{array} \right)$$

　（外国の領土における）応戦ということの意味でございますけれども、いわゆる武力の行使のような、武力の行使に当たるようなことはできません。そういうことを意味しての応戦でございましたら、これはできないと申し上げるべきことだと思います。

　それに対しまして、……いわゆる携行している武器で、危難を避けるために必要最小限度の、いわば正当防衛、緊急避難的な武器の使用ということであれば、これは事態によっては考えられないことはない。ただ、それはいわゆる応戦、通常言われるような意味におきます応戦というふうなものではございませんで、あくまでも護身、身を守りあるいは緊急に避難する、こういう限度において、言ってみれば、本来は回避すべきところでございましょうけれどもそのいとまがないというふうなときに限定されて認められる、こういうふうに考えております。

（関連1）

$$\left(\begin{array}{l} \text{衆・国際平和協力特委　平成4.6.10} \\ \text{宮沢総理答弁} \end{array} \right)$$

　………私どもは武力の行使というものと厳密な意味の器の使用というものを分けて考えておりまして、この法案において武器の使用というものは、この平和維持活動に従事する者が自分の身に危険があったときに自衛をするということについてのみ武器の使用が認められておる。そのことは、武力の行使にわたりませんようにわざわざ国連の標準コードよりも極めて厳しく武器の使用を認められる場合に限っておるわけでございます。それは五原則の一つとして御承知のとおりでございます。これは、万一にも自衛のための武器の使用と思われるものが武力の行使にわたってはならないという配慮からなされておりますことは御承知のとおりでございます。

（関連2）武器の使用と武力の行使の関係について

（衆・PKO特委　平成3.9.27）

1．一般に、憲法第9条第1項の「武力の行使」とは、我が国の物的・人的組織体による国際的な武力紛争の一環としての戦闘行為をいい、法案第24条の「武器の使用」とは、火器、火薬類、刀剣類その他直接人を殺傷し、又は武力闘争の手段として物を破壊することを目的とする機械、器具、装置をその物の本来の用途に従って用いることをいうと解される。

2．憲法第9条第1項の「武力の行使」は、「武器の使用」を含む実力の行使に係る概念であるが、「武器の使用」がすべて同項の禁止する「武力の行使」に当たるとはいえない。例えば、自己又は自己と共に現場に所在する我が国要員の生命又は身体を防衛することは、いわば自己保存のための自然権的権利というべきものであるから、そのために必要な最小限の「武器の使用」は、憲法第9条第1項で禁止された「武力の行使」には当たらない。

（関連3）自衛隊法第95条に規定する武器の使用について

（衆・防衛指針特委　平成11.4.23）

1．平成3年9月27日の政府見解の趣旨

　平成3年9月27日の政府見解は、国際平和協力法第24条に規定する自己又は自己と共に現場に所在する我が国要員の生命又は身体を防衛するための武器の使用を、憲法第9条第1項の禁止する「武力の行使」に該当しないものの例示として挙げ、その理由として、それが「いわば自己保存のための自然権的権利というべきもの」であることを述べているものであり、憲法第9条第1項の禁止する「武力の行使」に該当しない武器の使用を自己保存のための自然権的権利に基づくものに限定しているものではない。

2．自衛隊法第95条に規定する武器の使用と武力の行使との関係

　自衛隊法第95条に規定する武器の使用も憲法第9条第1項の禁止する「武力の行使」に該当しないものの例である。

　すなわち、自衛隊法第95条は、自衛隊の武器等という我が国の防衛力を構成する重要な物的手段を破壊、奪取しようとする行為から当該武器等を防護するために認められているものであり、その行使の要件は、従来から以下のように解されている。

(1) 武器を使用できるのは、職務上武器等の警護に当たる自衛官に限られていること。

(2) 武器等の退避によってもその防護が不可能である場合等、他に手段のないやむを得ない場合でなければ武器を使用できないこと。

(3) 武器の使用は、いわゆる警察比例の原則に基づき、事態に応じて合理的に必要と判断される限度に限られていること。

(4) 防護対象の武器等が破壊された場合や、相手方が襲撃を中止し、又は逃走した場合には、武器の使用ができなくなること。

政府見解

(5) 正当防衛又は緊急避難の要件を満たす場合でなければ人に危害を与えてはならないこと。

　自衛隊法第95条に基づく武器の使用は、以上のような性格を持つものであり、あくまで現場に在る防護対象を防護するための受動的な武器使用である。

　このような武器の使用は、自衛隊の武器等という我が国の防衛力を構成する重要な物的手段を破壊、奪取しようとする行為からこれらを防護するための極めて受動的かつ限定的な必要最小限の行為であり、それが我が国領域外で行われたとしても、憲法第9条第1項で禁止された「武力の行使」には当たらない。

（関連4）
平成13年9月11日のアメリカ合衆国において発生したテロリストによる攻撃等に対応して行われる国際連合憲章の目的達成のための諸外国の活動に対して我が国が実施する措置及び関連する国際連合決議等に基づく人道的措置に関する特別措置法案第11条に規定する武器の使用について

（衆・テロ特委理事会提出　平成13.10.15）

　本法案第11条も、これらの法律の規定と同じ考え方に基づくものである。すなわち、本法案が規定する協力支援活動、捜索救助活動及び被災民救援活動においては、例えば、傷病兵や被災民の治療、人員の輸送、国際機関や他国の軍隊との連絡調整など、活動の実施を命ぜられた自衛官がその職務を行うに伴い、幅広い場面で自衛隊員以外の者と共に活動することが想定されるところ、このような者のうち、自衛隊の宿営地、診療所、車両内といった自衛隊が秩序維持・安全管理を行っている場に所在するもの、あるいは通訳、連絡員等として自衛官に同行しているものなど、不測の攻撃を受けて自衛官と共通の危険にさらされたときに、その現場において、その生命又は身体の安全確保について自衛官の指示に従うことが期待される者を防護の対象としようとするものであり、このような関係にある者を「自己と共に現場に所在する……その職務を行うに伴い自己の管理の下に入った者」と表現しているものである。

　したがって、本法案第11条に基づく武器の使用は、「自己と共に現場に所在する……その職務を行うに伴い自己の管理の下に入った者」の生命又は身体を防護する部分を含めて、その全体が「いわば自己保存のための自然権的権利というべきもの」と言うことができ、憲法第9条で禁止された「武力の行使」には当たらないと考える。

　人の生命・身体は、かけがえないものであり、その身を守る手段を十分に有さず、自衛官と共に在って、いわば自らの身の安全を自衛官に委ねているに等しいこのような者の生命又は身体を防護するための武器使用が憲法上許されると解することは、人道的見地からみても妥当なものと考える。
（注）第11条は修正により第12条に。

政府見解

参・外交防衛委　平成15.5.15
宮崎法制局第一部長答弁

　………自衛隊の部隊の所在地からかなり離れた場所に所在します他国の部隊なり隊員さんの下に駆け付けて武器使用するという場合は、我が国の自衛官自身の生命又は身体の危険が存在しない場合の武器使用だという前提だというお尋ねだと思います。

　………今お尋ねのような場面でございますと、我が国自衛官の生命、身体の危険は取りあえずないという前提でございますので、このような場合に駆け付けて武器を使用するということは、言わば自己保存のための自然権的権利というべきものだという説明はできないわけでございます。

　………そうしますと、………その駆け付けて応援しようとした対象の事態、ある今お尋ねの攻撃をしているその主体というものが国又は国に準ずる者である場合もあり得るわけでございまして、そうでありますと、そうでありますと、それは国際紛争を解決する手段としての武力の行使ということに及ぶことが、及びかねないということになるわけでございまして、そうでありますと、憲法九条の禁じます武力の行使に当たるおそれがあるというふうに考えてきたわけでございます。

平成２６年７月１日
国家安全保障会議決定
閣　　議　　決　　定

　我が国は、これまで必要な法整備を行い、過去20年以上にわたり、国際的な平和協力活動を実施してきた。その中で、いわゆる「駆け付け警護」に伴う武器使用や「任務遂行のための武器使用」については、これを「国家又は国家に準ずる組織」に対して行った場合には、憲法第９条が禁ずる「武力の行使」に該当するおそれがあることから、国際的な平和協力活動に従事する自衛官の武器使用権限はいわゆる自己保存型と武器等防護に限定してきた。

　我が国としては、国際協調主義に基づく「積極的平和主義」の立場から、国際社会の平和と安定のために一層取り組んでいく必要があり、そのために、国際連合平和維持活動（ＰＫＯ）などの国際的な平和協力活動に十分かつ積極的に参加できることが重要である。また、自国領域内に所在する外国人の保護は、国際法上、当該領域国の義務であるが、多くの日本人が海外で活躍し、テロなどの緊急事態に巻き込まれる可能性がある中で、当該領域国の受入れ同意がある場合には、武器使用を伴う在外邦人の救出についても対応できるようにする必要がある。

　以上を踏まえ、我が国として、「国家又は国家に準ずる組織」が敵対するものとして登場しないことを確保した上で、国際連合平和維持活動などの「武力の行使」を伴わない国際的な平和協力活動におけるいわゆる「駆け付け警護」に伴う武器使用及び「任務遂行のための武器使用」のほか、領域国の同意に基づく邦人救出などの「武力の行使」を伴わない警察的な活動ができるよう、以下の考え方を基本として、法整備を進めることとする。

政府見解

（ア）国際連合平和維持活動等については、ＰＫＯ参加５原則の枠組みの下で、「当
　　該活動が行われる地域の属する国の同意」及び「紛争当事者の当該活動が行
　　われることについての同意」が必要とされており、受入れ同意をしている
　　紛争当事者以外の「国家に準ずる組織」が敵対するものとして登場するこ
　　とは基本的にないと考えられる。このことは、過去20年以上にわたる我が
　　国の国際連合平和維持活動等の経験からも裏付けられる。近年の国際連合
　　平和維持活動において重要な任務と位置付けられている住民保護などの治
　　安の維持を任務とする場合を含め、任務の遂行に際して、自己保存及び武
　　器等防護を超える武器使用が見込まれる場合には、特に、その活動の性格上、
　　紛争当事者の受入れ同意が安定的に維持されていることが必要である。

（イ）自衛隊の部隊が、領域国政府の同意に基づき、当該領域国における邦人救出
　　などの「武力の行使」を伴わない警察的な活動を行う場合には、領域国政
　　府の同意が及ぶ範囲、すなわち、その領域において権力が維持されている
　　範囲で活動することは当然であり、これは、その範囲においては「国家に
　　準ずる組織」は存在していないということを意味する。

（ウ）受入れ同意が安定的に維持されているかや領域国政府の同意が及ぶ範囲等に
　　ついては、国家安全保障会議における審議等に基づき、内閣として判断する。

（エ）なお、これらの活動における武器使用については、警察比例の原則に類似し
　　た厳格な比例原則が働くという内在的制約がある。

（関連7）
「駆け付け警護」と「安全確保業務」における武器の使用と憲法の適合性について

（ 衆・平安特委　平成27.6.12
　横畠法制局長官答弁 ）

　従来からのこの問題につきましての考え方でございますけれども、憲法第九条一
項の武力の行使というものがそもそも何であるかということでございますけれど
も、基本的には、我が国の物的、人的組織体による、国際的な武力紛争、すなわち、
国家または国家に準ずる組織の間において生ずる武力を用いた争いの一環としての
戦闘行為をいうというふうに定義づけて用いてございます。そこでのポイントとい
いますのは、相手方が国家または国家に準ずる組織であるということが重要なポイ
ントでございます。

　その上で、憲法第九条のもとで我が国が武力の行使を行うことができるといいま
すのは、我が国を防衛するためのやむを得ない場合における必要最小限度のものに
限られて、それを超えるもの、それ以外の武力の行使は許されないという考え方で
ございます。この武力の行使の考え方については、今回の新三要件のもとにおいて
も、まさに我が国を防衛するためということで、その範囲は変わっておりません。

　その上ででございますけれども、相手方が国家または国家に準ずる組織である場
合においても、いわば自己保存のための自然権的権利というべきものと自衛隊の武

政府
見解

器等防護のための武器使用というものは、憲法で禁じられている武力の行使には当たらないというふうに整理してきております。まさに不測の攻撃を受けたときに、要員がそのまま被害に遭う、生命を失う、そういうことまでさすがに憲法も命じているはずないでありましょうし、まさに我が国を防衛するため必須の物的装備であります自衛隊の装備というものを、いわば相手方に奪われる、そのようなことを許しているはずもない、そういう基本的な考え方でございます。

その上で、さらに、これらのものを超えるような武器の使用、御指摘の、任務遂行のための武器使用あるいは駆けつけ警護といった、これらのものを超えるような武器の使用につきましては、相手方がまさに国家または国家に準ずる組織である場合には、やはり武力の行使に当たり憲法上の問題を生じるというふうに整理してきたものでございまして、御紹介いただきました、当時の内閣法制局の答弁もその趣旨を申し上げているものでございます。このような考え方は今回も全く変えておりません。

ただ、今般の法整備におきましては、ＰＫＯ法の改正により、いわゆる自己保存のための自然権的権利というべきものである武器の使用等を超えるものとして、安全確保業務の実施を妨害する行為を排除するための武器使用、それと、いわゆる駆けつけ警護に伴う武器使用という権限を新たに認めてございます。

なぜそのようなことができるようになったのかということでございますけれども、これは先ほど申し上げたとおり、憲法第九条の禁ずる武力の行使に当たらないための理由は、まさに、国家または国家に準ずる組織が敵対するものとして登場することがないということを確保しているからでございます。

今回の法整備におきまして、いわゆる安全確保業務及び駆けつけ警護を実施する場合にありましては、領域国及び紛争当事者の受け入れ同意がこれらの活動業務が行われる期間を通じて安定的に維持されることが認められるということを要件としており、そのことを担保しているわけでございます。

【参考】平成27年6月19日の宮本徹議員の指摘事項について
　　　　（参・平和安全特委提出。平成27年7月10日防衛省）

政府見解

1．現行の自衛隊法第95条による武器の使用は、自衛隊の武器等という我が国の防衛力を構成する重要な物的手段を防護するために認められているものであり、「我が国及び国際社会の平和及び安全の確保に資するための自衛隊法等の一部を改正する法律案」による改正後の自衛隊法第95条の2は、この考え方を参考として新設するものである。すなわち、自衛隊と連携して「我が国の防衛に資する活動（共同訓練を含み、現に戦闘行為が行われている現場で行われるものを除く。）」に現に従事しているアメリカ合衆国の軍隊その他の外国の軍隊その他これに類する組織の部隊の武器等であれば、我が国の防衛力を構成する重要な物的手段に相当するものと評価することができることから、これらを武力攻撃に至らない侵害から防護するため、現行の自衛隊法第95条による武器の使用と同様に極めて受動的かつ限定的な必要最小限の武器の使用を認めるものである。

2．この「極めて受動的かつ限定的」との点について、平成11年4月23日の衆議院日米防衛協力のための指針に関する特別委員会理事会提出資料「自衛隊法第95条に規定する武器の使用について」においては、現行の自衛隊法第95条について、「その行使の要件は、従来から以下のように解されている。
  (1) 武器を使用できるのは、職務上武器等の警護に当たる自衛官に限られていること。
  (2) 武器等の退避によってもその防護が不可能である場合等、他に手段のないやむを得ない場合でなければ武器を使用できないこと。
  (3) 武器の使用は、いわゆる警察比例の原則に基づき、事態に応じて合理的に必要と判断される限度に限られていること。
  (4) 防護対象の武器等が破壊された場合や、相手方が襲撃を中止し、又は逃走した場合には、武器の使用ができなくなること。
  (5) 正当防衛又は緊急避難の要件を満たす場合でなければ人に危害を与えてはならないこと。」としている。
3．上記（1）から（5）までの要件は、改正後の自衛隊法第95条の2による武器の使用についても、同様に満たされなければならない。したがって、改正後の自衛隊法第95条の2による武器の使用は、現行の自衛隊法第95条による武器の使用と同様に極めて受動的かつ限定的なものであるということができる。

（関連8）新任務付与に関する基本的な考え方

平成28年11月15日
内　閣　官　房
内　閣　府
外　務　省
防　衛　省

【前提】
1．南スーダンにおける治安の維持については、原則として南スーダン警察と南スーダン政府軍が責任を有しており、これをUNMISS（国連南スーダン共和国ミッション）の部隊が補完しているが、これは専らUNMISSの歩兵部隊が担うものである。
2．我が国が派遣しているのは、自衛隊の施設部隊であり、治安維持は任務ではない。
【いわゆる「駆け付け警護」】
3．「駆け付け警護」については、自衛隊の施設部隊の近傍でNGO等の活動関係者が襲われ、他に速やかに対応できる国連部隊が存在しない、といった極めて限定的な場面で、緊急の要請を受け、その人道性及び緊急性に鑑み、応急的かつ一時的な措置としてその能力の範囲内で行うものである。
4．南スーダンには、現在も、ジュバ市内を中心に少数ながら邦人が滞在しており、邦人に不測の事態が生じる可能性は皆無ではない。
　（注）現時点において、ジュバ市内に約20人。

5．過去には、自衛隊が、東ティモールやザイール（当時。現在のコンゴ民主共和国）に派遣されていた時にも、不測の事態に直面した邦人から保護を要請されたことがあった。

その際、自衛隊は、そのための十分な訓練を受けておらず、法律上の任務や権限が限定されていた中でも、できる範囲で、現場に駆け付け、邦人を安全な場所まで輸送するなど、邦人の保護のため、全力を尽くしてきた。

6．実際の現場においては、自衛隊が近くにいて、助ける能力があるにもかかわらず、何もしない、というわけにはいかない。

しかし、これまでは、法制度がないため、そのしわ寄せは、結果として、現場の自衛隊員に押し付けられてきた。本来、あってはならないことである。

7．「駆け付け警護」はリスクを伴う任務である。

しかし、万が一にも、邦人に不測の事態があり得る以上、

①「駆け付け警護」という、しっかりとした任務と必要な権限をきちんと付与し、

② 事前に十分な訓練を行った上で、しっかりと体制を整えた方が、邦人の安全に資するだけではなく、自衛隊のリスクの低減に資する面もあると考えている。

8．自衛隊は自己防護のための能力を有するだけであり、あくまでもその能力の範囲で、可能な対応を行うものである。

他国の軍人は、通常自己防護のための能力を有しているが、それでも対応困難な危機に陥った場合、その保護のために出動するのは、基本的には南スーダン政府軍とUNMISSの歩兵部隊であり、そもそも治安維持に必要な能力を有していない施設部隊である自衛隊が、他国の軍人を「駆け付け警護」することは想定されないものと考えている。

9．これまでの活動実績を踏まえ、第十一次隊から南スーダンにおける活動地域を「ジュバ及びその周辺地域」に限定する。

このため、「駆け付け警護」の実施も、この活動地域内に自ずと限定される。

【宿営地の共同防護】

10．国連PKO等の現場では、複数の国の要員が協力して活動を行うことが通常となっており、南スーダンにおいても、一つの宿営地を、自衛隊の部隊の他、ルワンダ等、いくつかの部隊が活動拠点としている。

11．このような宿営地に武装集団による襲撃があり、他国の要員が危機に瀕している場合でも、これまでは、自衛隊は共同して対応することはできず、平素の訓練にも参加できなかった。

12．しかし、同じ宿営地にいる以上、他国の要員がたおれてしまえば、自衛隊員が襲撃される恐れがある。他国の要員と自衛隊員は、いわば運命共同体であり、共同して対処した方が、その安全を高めることができる。

13．また、平素から共同して訓練を行うことが可能になるため、緊急の場合の他国との意思疎通や協力も円滑になり、宿営地全体としての安全性を高めることに

つながると考えられる。

14. このように、宿営地の共同防護は、厳しい治安情勢の下で、自己の安全を高めるためのものである。これにより、自衛隊は、より円滑かつ安全に活動を実施することができるようになり、自衛隊に対するリスクの低減に資するものと考えている。

【武力紛争】

15. 南スーダンにおいては、武力衝突や一般市民の殺傷行為が度々生じている。

　　自衛隊が展開している首都ジュバについては、七月に大規模な衝突が発生し、今後の状況は楽観できず、引き続き注視する必要があるが、現在は比較的落ち着いている。

　　政府としても、邦人に対して、首都ジュバを含め、南スーダン全土に「退避勧告」を出している。これは、最も厳しいレベル四の措置であり、治安情勢が厳しいことは十分認識している。

　　こうした厳しい状況においても、南スーダンには、世界のあらゆる地域から、六十か国以上が部隊等を派遣している。現時点で、現地の治安情勢を理由として部隊の撤収を検討している国があるとは承知していない。

16. その上で、自衛隊を派遣し、活動を継続するに当たっては、大きく、二つの判断要素がある。

　　① まずは、要員の安全を確保した上で、意義のある活動を行えるか、という実態面の判断であり、

　　② もう一つは、PKO参加五原則を満たしているか、という法的な判断である。

　　この二つは、分けて考える必要があり、「武力紛争」が発生しているか否かは、このうち後者の法的な判断である。

17. 自衛隊の派遣は、大きな意義のあるものであり、現在も、厳しい情勢の下ではあるが、専門的な教育訓練を受けたプロとして、安全を確保しながら、道路整備や避難民向けの施設構築を行うなど、意義のある活動を行っている。

　　危険の伴う活動ではあるが、自衛隊にしかできない責務を、しっかりと果たすことができている。

18. このような自衛隊派遣は、南スーダン政府から高い評価を受けている。例えば、キール大統領及び政府内で反主流派を代表するタバン・デン第一副大統領からも自衛隊のこれまでの貢献に対して謝意が示されている。また、国連をはじめ、国際社会からも高い評価を受けている。

19. しかしながら、政府としては、PKO参加五原則が満たされている場合であっても、安全を確保しつつ有意義な活動を実施することが困難と認められる場合には、自衛隊の部隊を撤収することとしており、この旨実施計画にも明記している。

20. PKO参加五原則に関する判断は、憲法に合致した活動であることを担保するものであり、そのような意味で「法的な判断」である。

21. 具体的には、憲法第九条が、武力の行使などを「国際紛争を解決する手段と

政府見解

783

しては、永久にこれを放棄する」と定めているように、憲法との関係では、国家または国家に準ずる組織の間で、武力を用いた争いが生じているか、という点を検討し判断することとなる。

22. 仮にそのような争いが生じているとすれば、それはPKO法上の「武力紛争」が発生している、ということになる。

23. 政府としては、従来から、PKO法上の「武力紛争」に該当するか否かについては、事案の態様、当事者及びその意思等を総合的に勘案して個別具体的に判断することとしている。

24. これを南スーダンに当てはめた場合、当事者については、反主流派の内、「マシャール派」が武力紛争の当事者（紛争当事者）であるか否かが判断材料となるが、少なくとも、

　　　○ 同派は系統だった組織性を有しているとは言えないこと、

　　　○ 同派により「支配が確立されるに至った領域」があるとは言えないこと、また、

　　　○ 南スーダン政府と反主流派双方とも、事案の平和的解決を求める意思を有していること

　　等を総合的に勘案すると、UNMISSの活動地域においてPKO法における「武力紛争」は発生しておらず、マシャール派が武力紛争の当事者（紛争当事者）に当たるとも考えていない。

25. 南スーダンの治安状況は極めて悪く、多くの市民が殺傷される事態が度々生じているが、武力紛争の当事者（紛争当事者）となり得る「国家に準ずる組織」は存在しておらず、PKO法上の「武力紛争」が発生したとは考えていない。

(22) 原子力基本法第2条と自衛艦の推進力としての原子力の利用とに関する統一見解

（衆・科学技術振興対策特別委　昭和40.4.14　
愛知科学技術庁長官答弁）

原子力基本法第2条には、「原子力の研究、開発及び利用は、平和の目的に限り、」云々と規定されており、わが国における原子力の利用が平和の目的に限られていることは明らかであります。したがって、自衛隊が殺傷力ないし破壊力として原子力を用いるいわゆる核兵器を保持することは、同法の認めないところであります。また、原子力が殺傷力ないし破壊力としてではなく、自衛艦の推進力として使用されることも、船舶の推進力としての原子力利用が一般化していない現状においては、同じく認められないと考えられます。

（補足説明）

推進力として原子力の利用が一般化した状況というものが現在においては想像の域を出ないので、そのような想像をもとにして政府の方針を述べるわけにはまいりませんが、現時点において言う限り、原子力基本法第2条のもとで、原子力を自衛艦の推進力として利用することは毛頭考えておりません。

（注）　補足説明は、午前中の委員会での統一見解中の「船舶の推進力としての原子力利用が一般化していない現状においては、」の反対解釈として、一般化したときは考えるのかとの質問に対し、午後の委員会において政府部内の打合せ結果を説明したものである。

（関連1）

$$\left(\begin{array}{l} 衆・科学技術振興対策特別委　昭和40.4.14 \\ 中曾根防衛庁長官答弁 \end{array} \right)$$

　……推進力としての普遍性を持ってくる場合には、自衛隊がこれを推進力として使っても、この基本法に違反しない。

（関連2）

$$\left(\begin{array}{l} 衆・科技特委　昭和46.3.10 \\ 西田科学技術庁長官答弁 \end{array} \right)$$

　船舶の推進力として………これが普遍化いたしまして、一般に船の推進力として原子力が用いられるというときになりました場合に、軍の使う船舶に限ってこれを用いてはならないというところまではこの原子力基本法は認めておらない、こういうふうに思うわけでございますから、つまり一般化いたしました場合には差しつかえない、こういうふうに考えます。

(23)　非核兵器ならびに沖縄米軍基地縮小に関する決議（衆議院）

（衆・本会議　昭和46.11.24）

1．政府は、核兵器を持たず、作らず、持ち込まさずの非核三原則を遵守するとともに、沖縄返還時に適切なる手段をもって、核が沖縄に存在しないこと、ならびに返還後も核を持ち込ませないことを明らかにする措置をとるべきである。

1．政府は、沖縄米軍基地についてすみやかな将来の縮小整理の措置をとるべきである。右決議する。

(24)　戦闘作戦行動（事前協議の主題関連）

$$\left(\begin{array}{l} 衆・沖縄北方特別委　昭和47.6.7 \\ 高島条約局長答弁 \end{array} \right)$$

　………昭和35年以来国会を通じましていろいろな形で答弁してまいりましたことをまとめまして、ここに戦闘作戦行動とは何かということにつきまして、わがほうの見解を申し上げます。………

　ア　事前協議の主題となる「日本国から行われる戦闘作戦行動のための基地としての日本国内の施設及び区域の使用」にいう「戦闘作戦行動」とは、直接戦闘に従事することを目的とした軍事行動を指すものであり、したがって、米軍がわが国の施設・区域から発進する際の任務・態様がかかる行動のための施設・区域の使用に該当する場合には、米国はわが国と事前協議を行う義務を有する。

　イ　わが国の施設・区域を発進基地として使用するような戦闘作戦行動の典型的

なものとして考えられるのは、航空部隊による爆撃、空挺部隊の戦場への降下、地上部隊の上陸作戦等であるが、このような典型的なもの以外の行動については、個々の行動の任務・態様の具体的内容を考慮して判断するよりほかない。

ウ　事前協議の主題とされているのは「日本国から行われる戦闘作戦行動のための基地としての施設・区域の使用」であるから、補給、移動、偵察等直接戦闘に従事することを目的としない軍事行動のための施設・区域の使用は、事前協議の対象とならない。

以上でございます。

$$\left(\begin{array}{l}\text{衆・外務委　昭和 41.5.25}\\\text{安川アメリカ局長}\end{array}\right)$$

　航空母艦で申しますならば、航空母艦から搭載した飛行機が飛び立ちまして敵地を爆撃するというのはまさに戦闘作戦行動でございますけれども、航空母艦それ自体が日本の港に入って補給を受けて、そして出港するという場合には、航空母艦自体が日本の基地を作戦行動の基地として使用するという場合には該当しない。

(25) 専守防衛

$$\left(\begin{array}{l}\text{衆・本会議　昭和 47.10.31}\\\text{田中総理答弁}\end{array}\right)$$

　専守防衛ないし専守防御というのは、防衛上の必要からも相手の基地を攻撃することなく、もっぱらわが国土及びその周辺において防衛を行なうということでございまして、これはわが国防衛の基本的な方針であり、この考え方を変えるということは全くありません。なお戦略守勢も、軍事的な用語としては、この専守防衛と同様の意味のものであります。積極的な意味を持つかのように誤解されない——専守防衛と同様の意味を持つものでございます。

$$\left(\begin{array}{l}\text{参・予算委　昭和 56.3.19}\\\text{大村防衛庁長官答弁}\end{array}\right)$$

　専守防衛とは相手から武力攻撃を受けたときに初めて防衛力を行使し、その防衛力行使の態様も自衛のための必要最小限度にとどめ、また保持する防衛力も自衛のための必要最小限度のものに限るなど、憲法の精神にのっとった受動的な防衛戦略の姿勢をいうものと考えております。これがわが国の防衛の基本的な方針となっているものでございます。

　また、政府といたしましては、この専守防衛を基本として防衛力の整備を行うとともに、米国との安全保障体制と相まってわが国の平和と安全を確保し、安保条約と相まって専守防衛をやっていくという基本的な考えを持っていることを、つけ加えさせていただきます。

〈参考〉

　全般的な防衛体制の中で、相手から武力攻撃を受けた後に初めて防衛力を行使し、

政府見解

防衛力行使の態様も自衛のための必要最小限度にとどめ、防衛上の必要からも相手国の基地を攻撃するというような戦略的な攻勢はとらず、専らわが国土及びその周辺において防衛を行い、侵攻してくる相手をそのつど撃退するという受動的な防衛戦略の姿勢をいい、わが国の防衛の基本的な方針となっている。

「専守防衛」の語は、「専守防御」や「戦略守勢」とほぼ同義であって、従前はあまり用いられず、防衛関係の用語としても確立されたものではなかったが、昭和45年10月に発表されたいわゆる防衛白書「日本の防衛」では、「わが国の防衛は専守防衛を本旨とする。」と正式に用いられ、以後、国会における防衛に関する質疑応答でもしばしば用いられ、マスコミでも使用されて、わが国の防衛の姿勢、特徴を示す言葉として次第に定着してきている。

わが国が保有することのできる防衛力は、憲法の許容する範囲内のものでなければならないことはいうまでもなく、憲法の趣旨から、自衛のために必要最小限度のものに限られる。専守防衛は、このような性格をもつわが国の防衛力の運用についての基本的な原則であり、わが国の防衛力整備の前提となるものと考えられている。

わが国の防衛力は、専守防衛を本旨とするため、たとえば防衛上の必要からも相手国の基地を攻撃するような戦略的攻撃はとれず、このような目的に専ら用いられる、例えばB−52のような爆撃機、ICBMのような戦略ミサイル、攻撃空母などの戦略兵器を装備することはできない（これらは、憲法上の制約により保持しえない「他国に侵攻的・攻撃的脅威を与えるような兵器」であると考えられている）。わが国の防衛力がこのように戦略的攻撃手段を全く保有しないことから生ずる防衛上の弱点については、日米安全保障体制に基づく米国の戦略攻撃力に依存して補うことになっており、この点からも日米安全保障体制が必要であるとされている。

また、わが国の防衛力が専守防衛の原則によるため、相手からの侵略が予想されても相手国に対する先制攻撃をすることはできず、必ず侵略者の攻撃に対してそのつどこれを防御し排除しなければならない。このことは、わが国の国土が南北に細長く、しかも大陸に接近しているため、航空機等による攻撃に対しては、防衛上の距離的、時間的余裕に乏しいという地理的特性とあいまって、わが国の防衛を難かしいものにしている。このため、わが国を防衛するためには、侵略者の意図や動静を少しでも早く察知してこれに対する防衛体制をとらなければならず、警戒、監視、偵察等の手段を特に重視することが要請され、レーダー等による早期警戒機能の充実や性能の良い偵察機の装備などが必要とされる。また、短期間で侵入機を迎撃できる高性能の要撃戦闘機や地対空誘導弾の整備も重要な問題となる。更に、専守防衛においては、いわゆる海外派兵ということは全くあり得ず、防衛戦闘は常にわが国土及びその周辺で行われることになることから、国内で防衛戦闘が行われて被害を生ずることを防ぐ意味からも、侵略を未然に抑制することが重要であり、抑止力としての防衛力の意義が重視される。また、万一の侵略事態に備えてのいわゆる民間防衛の問題も、今後検討すべき重要課題であるといわれている。（行政百科大辞典より）

政府見解

専守防衛の定義が変化したかについて

$$\left(\begin{array}{l}\text{平成27.8.18参・平安特委理事会提出資料}\\\text{大 塚 耕 平 議 員 要 求}\\\text{平 成 2 7 年 8 月 1 8 日}\\\text{防 　 衛 　 省}\end{array}\right)$$

1. 「専守防衛」とは、相手から武力攻撃を受けたとき初めて防衛力を行使し、その態様も自衛のための必要最小限にとどめ、また保持する防衛力も自衛のための必要最小限のものに限るなど、憲法の精神にのっとった受動的な防衛戦略の姿勢をいうものであり、我が国の防衛の基本的な方針である。

2. 「国の存立を全うし、国民を守るための切れ目のない安全保障法制の整備について」（平成26年7月1日閣議決定）においても、憲法第9条の下で許容される「武力の行使」は、あくまでも、同閣議決定でお示しした「新三要件」に該当する場合の自衛の措置としての「武力の行使」に限られており、我が国又は我が国と密接な関係にある他国に対する武力攻撃の発生が前提であり、また、他国を防衛すること自体を目的とするものではない。

3. このように、「専守防衛」は、引き続き、憲法の精神にのっとった受動的な防衛戦略の姿勢をいうものであり、その定義に変更はなく、また、政府として、我が国の防衛の基本的な方針である「専守防衛」を維持することに変わりはない。

(26) 有事法制の研究

$$\left(\begin{array}{l}\text{参・予算委　昭和53.10.9}\\\text{福田総理答弁}\end{array}\right)$$

……自衛隊が何のために一体あるのだ、これはもう有事のためにこそあるわけなんでありますから、その有事の際に自衛隊がその与えられた任務を完全に遂行できる、こういう体制に置かれなければならない。その体制はいかにあるべきかということ、これについて検討するということは、私はもう当然だというよりは、これは政府、防衛庁、自衛隊の責任である、義務である、このように考えておるわけであります………。

$$\left(\begin{array}{l}\text{参・予算委　昭和53.10.11}\\\text{福田総理答弁}\end{array}\right)$$

今回はとにかく、私の了解のもとに防衛庁長官の指示で研究するんだ、その際には憲法の枠内であることはもとより、シビリアンコントロールのこの大原則、これを踏んまえてやります、その辺が三矢研究と今回の研究は基本的に違うと、こういう認識でございます。

$$\left(\begin{array}{l}\text{参・予算委53. 10. 11}\\\text{福田総理答弁}\end{array}\right)$$

防衛庁の統一見解で徴兵法は研究対象にはしない。戒厳令につきましても研究対

象にしない。それと並んで秘密保護法ですが、それにつきましても検討の対象にしないと、こういうふうになっておりますが、私はそれらの設例ですね、見てみますと、これは戒厳令でありますとか徴兵法でありますとか、そういうものはこれは今後といえども検討の対象にいたすことはできない、このように考えますけれども、秘密保護法、いま言論統制というようなお話ですが、そういう大げさな話を私は言っているわけじゃないのです。いまわが国の機密防衛体制は、自衛隊の関係する面から見ましても非常にこれは力弱いものです。………こと有事になった……という際に、3万円の罰金で済んだ、1年以下の懲役で済んだ、ひとつこの機密を漏らそうというような人が出てこないとも限らないわけですから、そういうような一事を見ましても、秘密問題につきましては、なおなお私は有事の際のことを考えますと検討の余地がある、このようなことを申し上げております。ただ、当面は検討をしない。まあしかし先々いったら検討することがあるかもしらぬ、こういうことを申し上げておるわけです。

$$\left(\begin{array}{l}\text{参・予算委　昭和53.10.19}\\\text{金丸防衛庁長官答弁}\end{array}\right)$$

　………有事法制の問題については、私は憲法の範囲内でひとつ対処する方法を十二分に考えてほしいということで、三原長官の後を受けまして防衛庁がやっておるわけではありますが、しかし、20、30、一遍にそんな研究はできるものじゃないんですから、一つこれとこれとこれとこれと、こういう憲法の範囲内のものをやりますというようなものはぼつぼつ出てきてもいいんじゃないかという私も考え方を持っておりますし、またそういうものも中間報告をしろといえば国会へ中間報告して、シビリアン・コントロールとは政治優先ということでありますから、国会議員の先生方に十分な御審議をいただくという方法をとることが妥当な方法だと、こうも考えておるわけでありまして、………

$$\left(\begin{array}{l}\text{参・予算委　昭和62.7.30}\\\text{中曽根総理答弁}\end{array}\right)$$

政府見解

　有事法制の取り扱いでございますが、第1分類及び第2分類の法制化の問題については、高度の政治判断にかかるものであり、国会における御審議、国民世論の動向等を踏まえて慎重に検討すべきものと思います。第3分類に属する事項は、政府全体として取り組むべき性格の問題でございまして、現在、諸般の準備をし、検討を加えておるところでございます。

防衛庁における有事法制の研究について

$$\left(\begin{array}{l}\text{昭和53年9月21日}\\\text{防衛庁見解}\end{array}\right)$$

1. 現在、防衛庁が行っている有事法制の研究は、シビリアン・コントロールの原則に従って、昨年8月、内閣総理大臣の了承の下に、三原前防衛庁長官の指示に

よって開始されたものである。

2. 研究の対象は、自衛隊法第76条の規定により防衛出動を命ぜられるという事態において自衛隊がその任務を有効かつ円滑に遂行する上での法制上の諸問題である。

現行の自衛隊法によって自衛隊の任務遂行に必要な法制の骨幹は整備されているが、なお残された法制上の不備はないか、不備があるとすればどのような事項か等の問題点の整理が今回の研究の目的であり、近い将来に国会提出を予定した立法の準備ではない。

また、最近問題となった防衛出動命令下令前に急迫不正の侵害を受けた場合の部隊の対応措置に関するいわゆる奇襲対処の問題は、本研究とは別個に検討している。

3. 自衛隊の行動は、もとより国家と国民の安全と生存を守るためのものであり、有事の場合においても可能な限り個々の国民の権利が尊重されるべきことは当然である。今回の研究は、むろん現行憲法の範囲内で行うものであるから、旧憲法下の戒厳令や徴兵制のような制度を考えることはあり得ないし、また、言論統制などの措置も検討の対象としない。

4. この研究は、別途着手されているいわゆる防衛研究の作業結果を前提としなければならない面もあり、また、防衛庁以外の省庁等の所管にかかわる検討事項も多いので、相当長期に及ぶ広範かつ詳細な検討を必要とするものである。

幸い、現在の我が国をめぐる国際情勢は、早急に有事の際の法制上の具体的措置を必要とするような緊迫した状況にはなく、また、いわゆる有事の事態を招来しないために平和外交の推進や民生の安定などの努力が重要であることはいうまでもないが、有事の際における自衛隊の行動のための法制に係る研究も当然必要なことであり、むしろこの種の研究は、今日のような平穏な時期においてこそ、冷静かつ慎重に進められるべきものであると考える。

5. 今回の研究の成果は、ある程度まとまり次第、適時適切に国民の前に明らかにし、そのコンセンサスを得たいと考えている。

防衛庁における有事法制の研究について

（昭和56年4月22日）

有事法制の研究については、その基本的な考え方を昭和53年9月21日の見解で示したところであり、現在、これに基づいて作業を進めている。

この見解でも述べているように、有事に際しての自衛隊の任務遂行に必要な法制は、現行の自衛隊法によってその骨幹は整備されている。しかし、なお残された法制上の不備はないか、不備があるとすれば、どのような事項か等の問題点の整理を目的としてこれまで研究を行ってきたところである。

研究はまだその途中にあり、全体としてまとまる段階には至っていないが、現在までの研究の状況及び問題点の概要を中間的にまとめれば、次のとおりである。

1．研究の経過
 (1) 研究の対象となる法令の区分
　　研究の対象となる法令を大別すると、次のように区分される。
　　　　防衛庁所管の法令（第1分類）
　　　　他省庁所管の法令（第2分類）
　　　　所管省庁が明確でない事項に関する法令（第3分類）
　　第1分類に属するものとしては、防衛庁設置法、自衛隊法及び防衛庁職員給与法があり、これらには有事の際の関係規定が設けられているが、これで十分かどうかについて検討する必要がある。
　　第2分類に属するものとしては、部隊の移動、資材の輸送等に関連する法令、通信連絡に関連する法令、火薬類の取扱いに関連する法令など、自衛隊の有事の際の行動に関連ある法令多数が含まれる。これらの法令の一部については、自衛隊についての適用除外ないし特例措置が規定されているが、有事の際の自衛隊の行動の円滑を確保するうえで、これで十分かどうかについて検討する必要がある。
　　第3分類に属するものとしては、有事に際しての住民の保護、避難又は誘導の措置を適切に行うための法制あるいは人道に関する国際条約（いわゆるジュネーブ4条約）の国内法制のような問題がある。これらの問題は、法制的に何らかの整備が必要であるとは考えられ、また、自衛隊の行動と関連はするが、防衛庁の所掌事務の範囲を超える事項も含まれているところから、より広い立場からの研究が必要である。
 (2) 各区分の検討状況
　　このように大別した三区分については、第1分類を優先的に検討することとし、第2分類については第1分類に引き続いて検討することとし、第3分類についてはこの問題をどのような場で扱うことが適当であるかが決められた後に研究することとして、作業を進めてきた。
　　したがって、現段階においては、第1分類についてはかなり検討が進んでいるが、第2分類については他省庁との調整事項等も多く検討が進んでいる状況にはなく、第3分類については未だ研究に着手してない。
2．第1分類についての問題点の概要
 (1) 現行法令に基づく法令の未制定の問題
　ア　自衛隊法第103条は、有事の際の物資の収用、土地の使用等について規定しているが、物資の収用、土地の使用等について知事に要請する者、要請に基づき知事が管理する施設、必要な手続等は、政令で定めることとされており、この政令が未だ制定されていない。
　　　したがって、同条の規定により必要な措置をとりうることとするためには、この政令を整備しておくことが必要であり、この政令に盛り込むべき内容について検討した。
　　　この概略は、別紙のとおりである。

イ　防衛庁職員給与法第30条は、出動を命ぜられた職員に対する出動手当の支給、災害補償その他給与に関し必要な特別の措置について別に法律で定めると規定しているが、この法律は、未だ制定されていない。

　　　　この法律に盛り込むべき内容としては、支給すべき手当の種類、支給の基準、支給対象者、災害補償の種類等が考えられ、これらの項目について検討を進めているところである。

(2) 現行規定の補備の問題

ア　自衛隊法第103条の規定による措置をとるに際して、処分の相手方の居所が不明の場合等、公用令書の交付ができない場合についての規定がない。このため、物資の収用、土地の使用等を行いえない事態が生ずることがあり、そのような場合に措置をとりうるようにすることが必要であると考えられる。

イ　自衛隊法第103条の規定により土地の使用を行う場合、その土地にある工作物の撤去についての規定がない。このため、土地の使用に際してその使用の有効性が失われることがあり、工作物を撤去しうるようにすることが必要であると考えられる。

ウ　自衛隊法第103条の規定により物資の保管命令を発する場合に、この命令に従わない者に対する罰則規定がないが、災害救助法等の同種の規定には罰則があるので権衡上必要ではないかとかの見方もあり、必要性、有効性等につき引き続いて検討していくこととしている。

エ　なお、有事法制の研究と直接関連するものではないが、自衛隊法第95条に規定する防護対象には、レーダー、通信器材等が含まれていないので、これらを防護対象に加えることが必要であると考えられる。

(3) 現行規定の適用時期の問題

ア　自衛隊法の第103条の規定による土地の使用に関しては、陣地の構築等の措置をとるには相当の期間を要するので、そのような土地の使用については、防衛出動命令下令後から措置するのでは間に合わないことがあるため、例えば、防衛出動待機命令下令時から、これを行いうるようにすることが必要であると考えられる。

イ　自衛隊法第22条の規定による特別の部隊の編成等に関しては、編成等に相当の期間を要し、防衛出動命令下令後から行うのでは間に合わないことがあるので、例えば、防衛出動待機命令下令時から、これを行いうるようにすることが必要であると考えられる。

ウ　自衛隊法第70条の規定による予備自衛官の招集に関しては、招集に相当の期間を要し、防衛出動命令下令後から行うのでは間に合わないことがあるので、例えば、防衛出動待機命令下令時から、これを行いうるようにすることが必要であると考えられる。

(4) 新たな規定の追加の問題

ア　自衛隊法には、自衛隊の部隊が緊急に移動する必要がある場合に公共の用

に供されていない土地等を通行するための規定がない。このため、部隊の迅速な移動ができず、自衛隊の行動に支障をきたすことがあるので、このような場合には、公共の用に供されていない土地等の通行を行いうることとする規定が必要であると考えられる。

イ　自衛隊法には、防衛出動待機命令下にある部隊が侵害を受けた場合に、部隊の要員を防護するために必要な措置をとるための規定がない。このため、部隊に大きな被害を生じ、自衛隊の行動に支障をきたすことがあるので、当該部隊の要員を防護するため武器を使用しうることとする規定が必要であると考えられる。

3．今後の研究の進め方及び問題点の取扱い

今後の有事法制の研究については、今回まとめた内容にさらに検討を加えるとともに、未だ検討が進んでいない分野について検討を進めていくことを予定しているところである。

なお、今回の報告で取り上げた問題点の今後の取扱いについては、有事法制の研究とは別に、防衛庁において検討するとともに、関係省庁等との調整を経て最終的な決定を行うこととなろう。

別紙　自衛隊法第103条の政令に盛り込むべき内容について

1．要請者、要請方法

(1) 物資の収用、土地の使用等について都道府県知事に要請する者は、防衛出動を命ぜられた自衛隊の方面総監、師団長、自衛艦隊司令官、地方総監、航空総隊司令官、航空方面隊司令官等とすること。

(2) この要請は、文書をもって行うこと。

2．管理する施設

要請を受けた都道府県知事が管理する施設として政令で定めるものは、燃料、弾火薬類等の緊急需要に備えての保管施設と装備品等の応急修理のための施設とすること。

3．医療等に従事する者

医療、土木建築工事又は輸送に従事する者の範囲は、災害救助法施行令に規定するものとおおむね同様のものとすること。

4．公用令書関係手続

(1) 公用令書の交付先

ア　管理、使用又は収用の場合の公用令書は、対象となる施設、土地等又は物資の所有者に対して交付するものとすること。ただし、所有者に交付することが困難な場合においては、当該施設、土地等又は物資の占有者に対して交付すれば足りること。また、所有者が占有者でないときは、占有者に対しても公用令書を交付しなければならないこと。

イ　保管命令の場合の公用令書は、保管の対象となる物資の生産、集荷、販売、

政府見解

配給、保管又は輸送を業とする者に対して交付すること。

　　ウ　業務従事命令の場合の公用令書は、業務従事命令を受ける者に対して交付すること。

（2）公用令書の記載事項

　　ア　施設の管理等の場合の公用令書の記載事項は、①公用令書の交付を受ける者の氏名及び住所　②処分の要請を行った者の官職及び氏名　③管理すべき施設の名称、種類及び所在の場所並びに管理の範囲及び期間、使用すべき土地又は家屋の種類及び所在の場所並びに使用の範囲及び期間、使用又は収用すべき物資の種類、数量、所在の場所及び引渡時期並びに使用又は収用の期間又は期日、保管すべき物資の種類、数量及び保管場所並びに保管の期間等とすること。

　　イ　業務従事命令の場合の公用令書の記載事項は、①命令を受ける者の氏名、職業、年齢及び住所　②処分の要請を行った者の官職及び氏名　③従事すべき業務　④従事すべき場所及び期間　⑤出頭すべき日時及び場所等とすること。

（3）業務従事命令に応じることができない場合の手続

　　公用令書の交付を受けた者が病気、災害その他のやむをえない事故により業務に従事することができない場合には、直ちにその事由を付して都道府県知事にその旨を届け出なければならないこと。

　　この場合、都道府県知事は、その業務に従事させることが適当でないと認めるときは、その処分を取り消すことができること。

（4）公用令書の変更及び取消

　　公用令書を交付した後、処分内容を変更し、又は取り消したときは、速やかに公用変更令書又は公用取消令書を交付しなければならないこと。

（5）公用令書の写しの送付

　　都道府県知事が公用令書、公用変更令書又は公用取消令書を交付したときは、直ちにその写しを処分の要請者に送付しなければならないこと。また、防衛庁長官等が公用令書、公用変更令書又は公用取消令書を交付したときは、直ちにその写しを都道府県知事に送付しなければならないこと。

5．物資の引渡し

（1）占有者の義務

　　使用又は収用の対象となる物資の占有者は、公用令書に記載されている引渡時期にその所在の場所において処分を行う都道府県知事又は防衛庁長官等にその物資を引き渡さなければならないこと。

（2）受領調書の交付

　　物資の引渡しを受けたときは、引渡しを行った占有者に対して受領調書を交付しなければならないこと。

6．都道府県知事の職務

　　都道府県知事が施設の管理、土地等の使用若しくは物資の収用を行い又は物資

の保管命令若しくは業務従事命令を発する場合には、都道府県知事は、公用令書の交付後、防衛庁長官等が行った処分の要請の趣旨に沿い、適切な措置をとるように努めること。

7. 損失補償、実費弁償等

(1) 損失補償の申請

　　処分による損失の補償を受けようとする者は、管理、使用又は保管命令の場合にあっては管理、使用又は保管命令が取り消され、又はその期間が満了した後、収用の場合にあっては収用の後、1年以内に補償申請額等を記載した損失補償申請書を都道府県知事又は、防衛庁長官に提出しなけらばならないこと。ただし、管理、使用又は保管命令の場合にあっては、管理、使用又は保管の期間が1月を経過するごとにその経過した期間の分について申請できること。

(2) 実費弁償の基準

　　業務従事命令による実費弁償の基準は、災害対策基本法施行令第35条の規定（業務に従事した時間に応じて手当を支給すること、支給額は、同種業務に従事する都道府県職員の給与を考慮すること等）を準用すること。

(3) 実費弁償の申請

　　業務従事命令による実費の弁償を受けようとする者は、業務従事命令が取り消され、又はその期間が満了した後1年以内に実費弁償申請額等を記載した実費弁償申請書を都道府県知事に提出しなければならないこと。ただし、業務従事の期間が7日以上経過するごとに、その経過した期間の分について申請できること。

(4) 扶助金の種類、基準等

　　業務従事命令による扶助金の種類（療養扶助金、休業扶助金、障害扶助金、遺族扶助金、葬祭扶助金及び打切扶助金の六種）及び扶助金の支給については、災害救助法施行令第13条から第22条までの規定を準用すること。

(5) 扶助金支給の申請

　　業務従事命令による扶助金の支給を受けようとする者は、業務従事命令が取り消され、又はその期間が満了した後1年以内に扶助金支給申請額等を記載した扶助金支給申請書を都道府県知事に提出しなければならないこと。ただし、療養扶助金又は休業扶助金については、療養又は休業の期間が1月を経過するごとにその経過した期間の分について申請できること。

(6) 損失補償額等の決定及び通知

　　都道府県知事又は防衛庁長官は、損失補償申請書、実費弁償申請書又は扶助金支給申請書を受理したときは、補償すべき損失、弁償すべき実費又は支給すべき扶助金の有無及び補償、弁償又は支給すべき場合にはその額を決定し、遅滞なくこれを申請者に通知しなければならないこと。

有事法制の研究について　　　　　　　　　　　　　　　　（昭和59年10月16日）

1．経緯及び第2分類の検討

(1) 経緯

　ア　有事法制の研究は、昭和52年8月、内閣総理大臣の了承の下に、防衛庁長官の指示によって開始されたものであり、自衛隊法第76条の規定により防衛出動を命ぜられるという事態において自衛隊がその任務を有効かつ円滑に遂行する上での法制上の諸問題を研究の対象とするものである。自衛隊は有事に際して我が国の平和と独立を守り国の安全を保つためのものである以上、日ごろからこれに備えて研究しておくことは当然であると考える。研究を進めるに当たっての基本的な考え方については、昭和53年9月21日の見解で示したところであり、現在これに基づいて作業を進めているところである。

　イ　有事法制の研究の対象となる法令は、防衛庁所管の法令（第1分類）、他省庁所管の法令（第2分類）及び所管省庁が明確でない事項に関する法令（第3分類）に区分され、そのうち第1分類については、問題点の概要を取りまとめて、昭和56年4月、国会の関係委員会に報告したところである。

　ウ　その後の有事法制の研究では、第1分類に引き続いて第2分類に重点を置いて検討を進めた。

(2) 第2分類の検討

　他省庁所管の法令について、現行規定の下で有事に際しての自衛隊の行動の円滑を確保する上で支障がないかどうかを防衛庁の立場から検討し、検討項目を拾い出した上、当該項目に関係する条文の解釈、適用関係について関係省庁と協議、調整を行った。

　現在までに検討した事項と問題点の概要を整理すれば、次のとおりである。

2．第2分類で検討した事項と問題点の概要

　現行自衛隊法においては、他省庁所管の法令について、特例や適用除外の規定があり、自衛隊の任務遂行に必要な法制の骨幹は、整備されているが、今回検討した項目には、なお法令上特例措置が必要と考えられる事項もあり、また法令上必要とされる特定行政庁の承認、協議等手続に係る事項も相当数含まれている。

　特定行政庁の承認、協議等の手続は、有事に際しての自衛隊の行動の円滑を確保するため関係省庁の協力を得て迅速に措置されることが必要である。

　自衛隊と他省庁との連絡協力については、自衛隊法第86条の関係機関との連絡及び協力の規定並びに同法第101条の海上保安庁等との関係の規定によって、基本的枠組が整備されており、また、具体的な手続に際して、手続の迅速化を配慮するなど関係省庁の協力が当然得られるものと考えられるところである。

　このような基本的枠組等を踏まえて、有事に際しての自衛隊の行動等の態様に区分して検討した事項と問題点の概要を整理すれば、次のとおりである。

政府見解

(1) 部隊の移動、輸送について

　ア　陸上移動等

　　　有事に際しては、速やかに部隊を移動させ、その任務遂行上必要な物資を輸送する必要があるが、これについては「道路交通法」に基づく公安委員会等による交通規制の実施及び公安委員会の指定に係る緊急自動車の運用により、おおむね円滑に行えるものと考えられる。

　　　しかしながら、道路、橋が損傷している場合に、部隊の移動、物資の輸送のためその道路等を応急補修し、通行しなければならないことが考えられるが、この場合「道路法」上、部隊自らがその補修を行うことができないことがある。したがって、部隊自らが応急補修を行うことも含めて、損傷した道路等を滞りなく通行できるよう「道路法」に関して特例措置が必要であると考えられる。

　イ　海上移動等

　　　有事に際して自衛隊の使用する船舶は、その任務の有効かつ円滑な遂行を図るため、速やかに移動、輸送を行う必要があるが、その航行等については民間船舶と同様に船舶交通の安全を図るための「港則法」、「海上交通安全法」及び「海上衝突予防法」が適用される。

　　　この場合、一定の港における「港則法」による夜間入港の制限又は特定海域における「海上交通安全法」による航路航行義務等の航行規制を受けるが、これらについては、夜間入港の際の港長の迅速な許可又は緊急用務船舶の指定により、自衛隊の任務遂行上支障がないと考えられる。

　　　なお、「海上衝突予防法」の適用について検討を加えたが特に問題とする事項はないと思われる。

　ウ　航空移動等

　　　有事に際して自衛隊機は、その任務の有効かつ円滑な遂行を図るため、速やかに移動、輸送を行う必要がある。

　　　防衛出動時の自衛隊機の飛行については、その任務と行動の特性から自衛隊法第107条により「航空法」の規定の相当部分が適用除外されている。

　　　しかし、自衛隊機は、その任務遂行のため、計器気象状態（悪天候）であっても計器飛行方式によらないで飛行する必要があり、このような飛行は、「航空法」によって、やむを得ない事由がある場合又は運輸大臣の許可を受けた場合でなければできないとされている。また、特別管制空域を計器飛行方式によらないで飛行する必要があり、これについても、同法によって運輸大臣の許可を得なければならないとされている。これらの飛行については、同法に基づく運輸大臣の迅速な許可等の措置がなされれば、自衛隊機の行動に支障がないものと考えられる。

(2) 土地の使用について

　部隊は、侵攻が予想される地域に陣地を構築するために土地を使用する必要

がある。

　一方、国土の利用について海岸、河川、森林などの態様に応じて「海岸法」、「河川法」、「森林法」、「自然公園法」等の法令により、国土の保全に資する等の観点から、一定の区域について立入り、木竹の伐採、土地の形状の変更等に対する制限等が設けられ、土地を使用する場合には、原則として法令で定められている手続が必要である。

　部隊があらかじめ陣地を構築するために土地を使用する場合においても、法令に定められた許可手続に従い又は許可手続の例により行うほかなく、侵攻の態様によってはそれらの手続をとるいとまがないことが考えられ、また、法令によっては「非常災害」に際しての応急的な措置について、手続をとらなくても一定の範囲内で土地を使用し得るとされているものもあるが、これにも当たらないとされている。さらに、構築される陣地の形態によっては、これらの法令上許可し得る範囲を超えることも考えられる。

　したがって、有事に際しての自衛隊による土地の使用等については、「海岸法」等に関して特例措置が必要であると考えられる。

(3) 構築物建造について

　有事に際して、航空基地等では、他の基地に所在する航空部隊の機動展開を受け入れ、あるいは、抗たん性を強化するために航空機用えん体、指揮所、倉庫等を建築することがある。

　一方、「建築基準法」は、建築物を建築する際の工事計画の建築主事への通知等の手続、構造の基準等を定めている。

　航空機用えん体、指揮所、倉庫等を建築する際にも、同法に定められている手続を行い、構造の基準を満たさなければならないため、速やかに建築を進めることができないことも考えられる。

　したがって、有事に際して自衛隊の建築する建築物については、「建築基準法」に関して特例措置が必要であると考えられる。

(4) 電気通信について

　有事に際しては、部隊等相互間において通信量が増大することが予想され、また通信系の抗たん性を確保することが必要となる。

　自衛隊法第104条では、防衛庁長官は、防衛出動を命ぜられた自衛隊の任務遂行上必要があると認める場合には、緊急を要する通信を確保するため、郵政大臣に対し、公衆電気通信設備を優先的に利用すること及び「有線電気通信法」第3条第3項第3号に掲げる者が設置している電気通信設備を使用することについて必要な措置をとることを求めることができ、郵政大臣はその要求に沿うように適当な措置をとるものとすることが規定されており、また「有線電気通信法」、「公衆電気通信法」及び「電波法」では、天災、事変等一般的に住民の生命、財産の安全又は公共の安全が脅かされるような非常事態の際の重要な通信の確保について規定されている。防衛出動下令事態における自衛隊の任務遂

行上必要な通信の確保については、これらの諸規定に従って措置されるものであり、自衛隊の任務遂行に支障がないものと考えられる。

(5) 火薬類の取扱いについて

ア　自衛隊の保有する火薬類は、各地の自衛隊の施設内の弾薬庫に貯蔵されており、有事に際して部隊が展開する地域へ輸送する必要がある。火薬類の輸送手段としては、鉄道輸送、車両輸送、船舶輸送等が考えられ、火薬類の積載方法、積載重量、運搬方法等について、「火薬類取締法」等の法令によって規制されているが、自衛隊機及び自衛艦による輸送については、自衛隊法第107条及び第109条により、積載方法、積載重量等について適用除外されている。火薬類の輸送については、それらの法令に従いおおむね円滑に実施できるものと考えられる。

　しかしながら、火薬類を車両に積載して輸送する場合に、状況によっては夜間に火薬類の積卸しを行う必要があるが、「火薬類の運搬に関する総理府令」によって火薬類の積卸しは夜間を避けて行うこととされている。また、隊員が一定量以上の火薬類を携帯して民間自動車渡船（フェリー）に乗船する場合や、火薬類を積載した車両を一般の隊員とともに自動車渡船に積載する場合もあるが、「危険物船舶運送及び貯蔵規則」によれば、一定量以下の火薬類を除き船舶に持ち込んではならず、また、火薬類を積載した車両の運転手、乗務員及び貨物の看守者以外の者が乗船している自動車渡船に火薬類を積載した車両を積載してはならないとされている。

　したがって、これらについて自衛隊の任務遂行に支障が生じないよう措置することが必要であると考えられる。

イ　防衛行動において使用される火薬類を、使用又は輸送するために必要な範囲内で、一時的に野外に集積することが考えられるがそのような集積は、「火薬類取締法」上の「消費」又は「運搬」に当たるものと解される。「消費」に当たる場合は、自衛隊法第106条により規制が適用除外とされており、また、「運搬」に当たる場合は、安全措置等を講じることが必要とはなるが、自衛隊の任務遂行に支障はないものと考えられる。

(6) 衛生医療について

　有事に際しては負傷者が多数発生することが考えられるが、負傷者の容体からみて早急に処置を必要とする場合又は既設の病院、診療所へ輸送する手段がない場合には、自衛隊の設置する野戦病院等に負傷者を収容し、医療を行わなければならないことがある。

　一方、「医療法」によれば病院等を設置する場合には厚生大臣に協議等を行うこと、また、その病院等は同法に定める構造設備を有することとされている。

　自衛隊の設置する野戦病院等は、部隊の移動に合わせて移動する必要があるため、構造設備等の基準を満たすことは困難であると思われる。

　したがって、有事に際して自衛隊の設置する野戦病院等については、「医療

法」に関して特例措置が必要であると考えられる。

(7) 戦死者の取扱いについて

　有事に際して戦死者については、人道上、衛生上の見地から、部隊が埋葬又は火葬することが考えられる。

　一方、「墓地、埋葬等に関する法律」によって、墓地以外の場所に埋葬すること、火葬場以外の場所で火葬することが禁じられており、また、墓地に埋葬し、火葬場で火葬する場合にも、市長村長の許可が必要であるとされている。

　死者が一時的に広範な地域にわたって生じた場合には、既存の墓地、火葬場で埋葬、火葬することが困難となり、市町村長の許可を迅速に得ることも困難であると思われる。

　したがって、有事に際して部隊が行う埋葬及び火葬については、「墓地、埋葬等に関する法律」に関して特例措置が必要であると考えられる。

(8) 会計経理について

　自衛隊が必要とする工事用資材等の物資を調達する場合、現行の会計法令上では、いわゆる同時履行の原則によることとされているが、自衛隊が必要とする船舶、航空機等については、前金払及び概算払の方式が認められているところである。

　有事に際しては、自衛隊の任務遂行に支障が生じないよう工事用資材等の物資の調達についても、前金払等の方式が講ぜられるよう措置されることが必要であると考えられる。

3. 今後の研究の進め方

　以上に述べたとおり、第2分類について問題点の整理はおおむね終了したと考えられるが、なお、研究は今後も引き続き進める必要があり、その際、有事において自衛隊の行動が円滑に行われるための準備の重要性にかんがみ、陣地の構築のための土地の使用、建築物の建築等の特例措置について、例えば、防衛出動待機命令下令時から適用するというような点をも考慮する必要があると考えている。

　また、これまでの検討を踏まえて整理すれば、有事における、住民の保護、避難又は誘導を適切に行う措置、民間船舶及び民間航空機の航行の安全を確保するための措置、電波の効果的な使用に関する措置など国民の生命財産の保護に直接関係し、かつ、自衛隊の行動にも関連するため総合的な検討が必要と考えられる事項及び人道に関する国際条約（いわゆるジュネーブ4条約）に基づく捕虜収容所の設置等捕虜の取扱いの国内法制化など所管省庁が明確でない事項が考えられ、これらについては、今後より広い立場において研究を進めることが必要であると考えている。

〈資料〉関係ある法令の条文

「有事法制の研究について」本文で述べた問題点等の概要のうち、有事に際して、自衛隊の円滑な行動等を確保する上で、法令上関係があると考えられる条文を整理すれば、次のとおりである。

800

1．法律関係
　(1) 道路等が損傷している場合に、滞りなく通行するためには、次の規定との関係が問題となると考えられる。
　　　道路法第24条（道路管理者以外の者の行う工事）
　　　同　　　第43条（道路に関する禁止行為）
　　　同　　　第46条（通行の禁止又は制限）
　(2) 陣地の構築のため速やかに土地を使用するためには、次の規定との関係が問題となると考えられる。
　　ア　海岸法第7条（海岸保全区域の占用）
　　　　同　　　第8条（海岸保全区域における行為の制限）
　　　　同　　　第10条（許可の特例）
　　イ　河川法第24条（土地の占有の許可）
　　　　同　　　第25条（土石等の採取の許可）
　　　　同　　　第26条（工作物の新築等の許可）
　　　　同　　　第27条（土地の堀さく等の許可）
　　　　同　　　第55条（河川保全区域における行為の制限）
　　　　同　　　第57条（河川予定地における行為の制限）
　　　　同　　　第95条（河川の使用等に関する国の特例）
　　ウ　森林法第34条（保安林における制限）
　　エ　自然公園法第17条（特別地域）
　　　　同　　　第18条（特別保護地区）
　　　　同　　　第18条の2（海中公園地区）
　　　　同　　　第19条（条件）
　　　　同　　　第20条（普通地域）
　　　　同　　　第40条（国に関する特例）
　　　　同　　　第42条（保護及び利用）
　(3) 自衛隊の行動に必要な建築物を速やかに建築し使用するためには、建築物に対する制限の緩和に関して、次の規定との関係が問題となると考えられる。
　　　建築基準法第18条　（国、都道府県又は建築主事を置く市町村の建築物に対する確認、検査又は是正措置に関する手続の特例）
　　　同　　　第19条（敷地の衛生及び安全）
　　　同　　　第21条（大規模の建築物の主要構造部）
　　　同　　　第22条（屋根）
　　　同　　　第23条（外壁）
　　　同　　　第26条（防火壁）
　　　同　　　第35条（特殊建築物等の避難及び消火に関する技術的基準）
　　　同　　　第36条（この章の規定を実施し、又は補足するため必要な技術的基準）
　　　同　　　第37条（建築材料の品質）

政府見解

　　同　　　第39条（災害危険区域）

　　同　　　第40条（地方公共団体の条例による制限の附加）

　　同　　　第3章（都市計画区域内の建築物の敷地、構造及び建築設備）

(4) 自衛隊が野戦病院等を設置し円滑、速やかに医療を行うためには、次の規定
　との関係が問題となると考えられる。

　　医療法第7条（開設許可）

　　同　　　第9条（病院等の休廃止等の届出）

　　同　　　第12条（開設者の管理等）

　　同　　　第13条（診療所の患者収容時間の制限）

　　同　　　第18条（専属薬剤師）

　　同　　　第21条（病院の法定人員及び施設の基準等）

　　同　　　第23条（省令への委任等）

　　同　　　第24条（施設の使用制限命令等）

　　同　　　第25条（報告の徴収、立入検査）

　　同　　　第27条（使用許可）

(5) 戦死者を速やかに埋葬又は火葬するためには、次の規定との関係が問題とな
　ると考えられる。

　　墓地、埋葬等に関する法律第4条（墓地外の埋葬、火葬場外の火葬の禁止）

　　　　　　　　　同　　　　　　第5条（埋葬・火葬・改葬の許可）

2．政令関係

　　自衛隊が必要とする工事資材等の円滑な調達については、次の規定との関係
　が問題となると考えられる。

　　予算決算及び会計令臨時特例第2条（前金払のできる経費）

　　　　　　　　　同　　　　　　第3条（概算払のできる経費）

3．総理府令及び省令関係

(1) 火薬類の車両による円滑、速やかな運搬については、次の規定との関係が問
　題となると考えられる。

　　火薬類の運搬に関する総理府令第15条（運搬方法）

(2) 民間自動車渡船（フェリー）に、隊員が一定量以上の火薬類を携帯して乗船
　したり、火薬類を積載した車両を一般の隊員とともに積載するためには、次の
　規定との関係が問題となると考えられる。

　　危険物船舶運送及び貯蔵規則第4条（持込の制限）

　　同　　　第21条（自動車渡船による危険物の運送）

(27) いわゆる奇襲対処の問題について

$\left(\begin{array}{l}\text{昭和53年9月21日}\\\text{防衛庁見解}\end{array}\right)$

1. 自衛隊法第76条の規定は、外部からの武力攻撃（そのおそれのある場合を含む。）に際して、内閣総理大臣がわが国を防衛するため必要があると認める場合に、国会の承認を得て自衛隊の全部又は一部に対しいわゆる防衛出動を命じ得ることを定めており、この防衛出動の命令を受けた自衛隊は、同法第88条の規定によりわが国を防衛するため必要な武力を行使し得ることとされている。

　　このように、外部からの武力攻撃に対し自衛隊が必要な武力を行使することは、厳格な文民統制の下にのみ許されるものとされており、したがって、防衛出動命令が下令されていない場合には、自衛隊が右のような武力行使をすることは認められない。

ア　自衛隊法第76条は、特に緊急の必要がある場合には、内閣総理大臣が事前に国会の承認を受けないでも防衛出動を命令することができることとされており、しかも、この命令は武力攻撃が現に発生した事態に限らず、武力攻撃のおそれのある場合にも許されるので、いわゆる奇襲攻撃に対しても基本的に対応できる仕組みとなっており、防衛上の問題として、いわゆる奇襲攻撃が絶無といえないとしても、各種の手段により、政治、軍事、その他のあらゆる情報を事前に収集することによって、実際上、奇襲を受けることのないよう努力することが重要であると考える。

イ　自衛隊がいわゆる奇襲攻撃に対してとるべき方策については、右に述べた見地から情報機能、通信機能等の強化を含む防衛の態勢をできるだけ高い水準に整備するよう努めることがあくまでも基本でなければならないが、更に、いわゆる奇襲攻撃を受けた場合を想定した上で、防衛出動命令の下令前における自衛隊としての任務遂行のための応急的な対処行動のあり方につき、文民統制の原則と組織行動を本旨とする自衛隊の特性等を踏まえて、法的側面を含め、慎重に検討することとしたい。

(28) リムパックへの海上自衛隊の参加について

$\left(\begin{array}{l}\text{昭和54年12月11日}\\\text{衆・予算委提出資料}\end{array}\right)$

ア　リムパックとはRIM OF THE PACIFIC EXERCISEの略称である。リムパックは、米海軍の第三艦隊が計画する総合的な訓練で、外国艦艇等の参加を得て行うものであり、昭和46年以来6回ハワイ周辺の中部太平洋で実施されている。これまでの訓練には、米海軍のほかカナダ、オーストラリア、ニュージーランドの海上部隊が参加したと承知している。

　　リムパックの目的は、参加艦艇等の能力評価を行い、練度の向上を図ることであり、このため、対水上艦艇、対潜水艦、対航空機等の各種訓練とともに誘

政府見解

導武器評価施設を使用した魚雷等の発射訓練も併せ実施するものである。

イ　海上自衛隊は、戦術技量の向上を図るために、これまで護衛艦、潜水艦、対潜哨戒機をハワイに派遣し、米海軍の協力を得て、誘導武器評価施設を使用した魚雷発射訓練、陸上施設利用訓練及びハワイ周辺海域における洋上訓練を実施してきたところであるが、このようなハワイ派遣訓練の充実強化のために、かねてから、より高度の訓練を実施したいとの意向を持っていたところ、本年三月、米側よりリムパックへの参加についての意向打診があった。

ウ　防衛庁としては、この訓練の目的等について米側に確認する等慎重に検討した結果、この訓練は、いわゆる集団的自衛権の行使を前提として特定の国を防衛するというようなものではなく、単なる戦術技量の向上を図るためのものであり、この訓練に参加することにより、従来のハワイ派遣訓練では得ることのできない米海軍の最新の戦闘技術を習得でき、これまで毎年実施しているハワイ派遣訓練の充実強化になると考え、本年十月参加を決定し、この旨を米側に伝えた。

なお、米側以外の参加国は現在のところ公表されていないが、わが国としては、リムパック主催国である米国との訓練を念頭に置いて参加することとしたものである。

エ　今回参加予定のリムパックは、来春、中部太平洋において行われることとなっており、防衛庁としては護衛艦2隻及び対潜哨戒機8機をこれに参加させることを計画している。

わが国以外の参加艦艇等は、現在のところ未定である。

オ　自衛隊が外国との間において訓練を行うことができることの法的根拠は、防衛庁設置法第5条21号の規定である。すなわち、同号は、「所掌事務の遂行に必要な教育訓練を行うこと」と規定しており、この所掌事務の遂行に必要な範囲内のものであれば、外国との間において訓練を行うことも可能であると解している。

もとより、自衛隊は、憲法及び自衛隊法に従ってわが国を防衛することを任務としているのであるから、その任務の遂行に必要な範囲を超える訓練まで行うことができるわけではない。例えば、わが国は、憲法上いわゆる集団的自衛権の行使は認められていないので、わが国がそれを前提として外国と訓練を行うことは、憲法の趣旨に反して許されないところであり、したがって、このような訓練は、ここにいう「所掌事務の遂行に必要な」範囲内のものといえないことはいうまでもない。

今回のリムパックに参加して行う訓練は、ア及びウにおいて述べたようなものであり、「所掌事務の遂行に必要な」範囲内のものであると考えている。

(29)　潜在的脅威の判断基準

$$\left(\begin{array}{l}\text{衆・内閣委　昭和55.11.4}\\\text{大村防衛庁長官答弁}\end{array}\right)$$

ただいま潜在的脅威の判断の基準はどうかというお尋ねでございました。もとも

政府見解

と脅威は侵略し得る能力と侵略意図が結びついて顕在化するものでありまして、この意味でのわが国に対する差し迫った脅威が現在あるとは考えておりませんが、意図というものは変化するものであり、防衛を考える場合には、わが国周辺における軍事能力について配慮する必要があると考えております。潜在的脅威というものは、侵略し得る軍事能力に着目し、そのときどきの国際情勢等を背景として総合的に判断して使ってきた表現でございます。いずれにせよ、潜在的脅威であると判断したからといって決して敵視することを意味するものではございません。

(30) 防衛研究

（衆・内閣委　昭和56.2.4
大村防衛庁長官答弁）

　防衛研究は………有事の際、わが国の防衛力を効果的に運用して、その能力を有効に発揮させるため、陸海空各自衛隊の統合的運用の観点から、各種の侵攻事態における自衛隊の運用方針、防衛準備の要領、その他自衛隊の運用と、これに関連して必要となる防衛上の施策についてどのような問題があるか、また、どうあるべきかを総合的に研究したものであります。

　本研究は、国際情勢の緊迫からわが国に対する武力侵攻に至るまでの間生起すると考えられるさまざまの状況のうち、研究上適当と考えられる主要な特定の状況を取り上げ、その状況に対応して自衛隊のとる措置を考え、その際の問題点を検討し、警戒態勢、防衛準備、統合的対処構想等の事項についてはその改善策の概括的な検討を行ったものであります。

　なお、防衛研究はあくまで研究そのものでありまして、これをそのまま直ちに施策に移すという性格のものではなく、具体的施策に移す場合には、改めていろいろな角度から慎重に掘り下げて検討し、結論を出す考えでございます。

（衆・決算委　昭和56.4.7
塩田防衛局長答弁）

　防衛研究につきまして、概要どういうことを研究したかということを御報告させていただきます。

　もともとこの研究は、わが国の自衛隊が有事の場合にとるべき行動についての研究でございますが、項目といたしましては5つばかりございます。

　順番に申し上げますと、第一は警戒態勢でございます。情勢の緊迫度に応じまして、それぞれの段階に応じて自衛隊がいかなる措置をとるべきかというようなことを研究したものでございます。

　それから第二は防衛の準備態勢でございまして、これもわが国に対する武力攻撃が発生する可能性が認められるという事態におきまして、防衛出動が下令されましたら当然武力攻撃をもって対処するわけでございますが、その場合に防衛力を有効に発揮するためには事前にどういう準備をしておくべきかといったようなことを研

政府
見解

究したわけでございます。

それから三番目に、三自衛隊の統合対処の構想につきまして、有機的、統合的に運用を図るための研究をしたわけであります。

それから四番目に、有事の際におきます防衛庁長官の指揮命令に関します統合幕僚会議議長の補佐及び各幕僚長の補佐のあり方についての研究をしたわけであります。

それから五番目に、有事の際におきます民間の船舶、航空機等の運航の安全を図るために関係機関との間でどういう措置をとったらよいかというような、いわゆる船舶、航空機の安全確保のための措置、そういったような五つの項目について研究をしたわけでございます。

(31) 極東有事研究とわが国の防衛力整備

（昭和57.1.26参議院黒柳明議員
質問主意書に対する答弁書）

1～3

「日米防衛協力のための指針」に基づく日本以外の極東における事態で日本の安全に重要な影響を与える場合に日本が米軍に対して行う便宜供与の在り方については、今後の研究作業の結果を持たなければならないが、右便宜供与の在り方が日米安保条約、その関連取極、その他の日米間の関係取極及び日本の関係法令によって規律されることは、右「指針」に明記されているとおりである。また、右「指針」の作成のための研究・協議については、わが国の憲法上の制約に関する諸問題がその対象とされない旨及び右研究・協議の結論が日米両国政府の立法、予算ないし行政上の措置を義務づけるものではない旨日米間であらかじめ確認されており、したがって、このような「指針」に基づいて行われる研究作業において憲法の枠を超えるようなものが出てきたり、研究作業の結果が両国政府の立法、予算ないし行政上の措置を義務づけるようなものとなったりすることがないことはいうまでもない。

4～8略

(32) 日米安全保障条約にいう「極東」の範囲

（昭和35年2月26日衆議院安保特別委員会に提出した政府統一見解）

新条約の条約区域は、「日本国の施政の下にある領域」と明確に定められている。他方同条約は、「極東における国際の平和及び安全」ということもいっている。

一般的な用語としてつかわれる「極東」は、別に地理学上正確に確定されたものではない。しかし、日米両国が、条約にいうとおり共通の関心をもっているのは、極東における国際の平和及び安全の維持ということである。この意味で実際問題として両国共通の関心の的となる極東の区域は、この条約に関する限り、在日米軍が日本の施設及び区域を使用して武力攻撃に対する防衛に寄与しうる区域である。かかる区域は、大体において、フィリピン以北並びに日本及びその周辺の地域であって、韓国及び中華民国の支配下にある地域もこれに含まれている。（「中華民国の支

政府
見解

806

配下にある地域」は「台湾地域」と読替えている。）

　新条約の基本的な考え方は、右のとおりであるが、この区域に対して武力攻撃が行われ、あるいは、この区域の安全が周辺地域に起こった事情のため脅威されるような場合、米国がこれに対処するために執ることのある行動の範囲は、その攻撃又は脅威の性質いかんにかかるのであって、必ずしも前記の区域に局限されるわけではない。

　しかしながら米国の行動には、基本的な制約がある。すなわち米国の行動は常に国際連合憲章の認める個別的又は集団的自衛権の行使として、侵略に抵抗するためにのみ執られることになっているからである。またかかる米国の行動が戦闘行為を伴うときは、そのための日本の施設の使用には、当然に日本政府との事前協議が必要となっている。そして、この点については、アイゼンハウァー大統領が岸総理大臣に対し、米国は事前協議に際し表明された日本国政府の意思に反して行動する意図のないことを保証しているのである。

1. 国際連合平和維持活動等に対する協力

「国際平和協力に関する合意覚書」（自民、公明、民社の3党合意）

（平成2年11月9日）

1. 憲法の平和原則を堅持し、国連中心主義を貫くものとする。
1. 今国会の審議の過程で各党が一致したことはわが国の国連に対する協力が資金や物資だけでなく人的な協力も必要であるということである。
1. そのため、自衛隊とは別個に、国連の平和維持活動に協力する組織をつくることとする。
1. この組織は、国連の平和維持活動に対する協力及び国連決議に関連して人道的な救援活動に対する協力を行うものとする。
1. また、この組織は、国際緊急援助隊派遣法の定めるところにより災害救助活動に従事することができるものとする。
1. この合意した原則にもとづき立法作業に着手し早急に成案を得るよう努力すること。

　　　平成2年11月9日

自由民主党
公　明　党
民　社　党

新たな国際平和協力に関する基本的考え方（案）

（3党の協議のための中間報告）

（平成3年8月2日）

1. 目的

　国連平和維持活動及び国連決議又は人道的活動に従事する国際的な機関からの要請に基づく人道的な救援活動に対する協力を適切かつ迅速に実施するため、「平和維持活動協力隊」（仮称）の海外派遣の実施体制を整備するとともに、これらの活動に対する物資協力のための措置等を講じ、国連を中心とした国際平和のための努力に積極的に寄与する。

2. 協力の基本原則

　(1)「平和維持活動協力業務」（仮称）の実施等は、武力による威嚇又は武力の行使にあたるものであってはならない。

　(2) 内閣総理大臣は、「平和維持活動協力業務」（仮称）の実施に当たり「平和維持活動協力業務計画」（仮称）に基づいて、内閣を代表して行政各部を指揮

監督する。

3. 「平和維持活動協力業務」（仮称）の内容
 (1) 国連平和維持活動に関する以下の業務
  ① 武力紛争当事者の兵力引き離し、停戦の確保及びこれらに類するもの並び
    に停戦の監視（武力行使を伴わないものに限る）。
  ② 行政事務に関する助言・監督
  ③ 選挙監視及び管理
  ④ 文民警察
  ⑤ 輸送、通信、建設及び資機材の据付・修理等
  ⑥ 医療活動
 (2) 人道的な救援活動
  ① 紛争によって被害を受けた住民その他の者の救援のための活動
  ② 紛争によって生じた被害の復旧のための活動

4. 「平和維持活動協力本部」（仮称）の設置
    総理府に「平和維持活動協力本部」（仮称）を置く。本部長は内閣総理大臣。
  本部に常設の事務局を置く。本部に、業務計画に従い、政令で定めるところに
  より「平和維持活動協力隊」（仮称）を置くことができる。

5. 「平和維持活動協力隊」（仮称）の構成
    「隊員」の任用は次の方法による。
 (1) 本部長の選考による任期を定めた採用
 (2) 本部長の要請を受けた関係行政機関等より任期を定めた職員の派遣（自衛隊
    の部隊又は自衛隊員の参加については、「隊員」の身分及び自衛隊員の身分
    を併せ有することとして、所要の検討を行う。）

6. 定員
    「隊員」の定員は、政令で定めるものとする。「隊」の規模の上限を定める。

7. 手当支給
    「隊員」に対し、「手当」を支給することができる。

8. 武器の使用
    武器の使用は、要員の生命等の保護のため、必要な最小限のものに限る。

9. 輸送手段の確保
    本部長は、自衛隊の航空機・船舶に輸送を委託することができる。

10. 物資協力
    政府は、物資協力を行うことができる。

11. 民間の協力
    本部長は、国以外の者に協力を求めることができる。政府は協力を求められ
  た国以外の者に対し、適正な対価を支払うとともに、その損失に関し、必要な
  財政上の措置を講ずるものとする。

12. その他所要の規定の整備

「国際連合平和維持活動等に対する協力に関する法律案」
国会提出にあたっての内閣官房長官談話

1. 本日、政府は、国際連合平和維持活動等に対する協力に関する法律案を閣議決定し、国会での審議をお願いすることとした。

    この機会に、この法律案を作成するに至った背景、経緯及びこの法律案に盛り込まれている国連の平和維持隊への参加に関しての政府の基本的な考えを述べたいと考える。

2. 先の湾岸危機が、国連の下に団結した国際社会の努力によって解決されたことを背景として、冷戦構造克服後の世界の新たな秩序を作るに当たって、国連の重要性が更に認識されるに至った。また、我が国においては、この過程で我が国が世界平和のために資金、物質面のみならず、人的側面においても積極的な役割を果たしていくべきであるとの共通の理解が国民の間に深まった。

    国連中心主義を外交政策の柱の一つとしている我が国にとって、国連の活動の中でますます重要性を高めつつある平和維持活動及び人道的な国際救援活動に対する協力を今後とも充実強化することは、国際協調の下に恒久の平和を希求する我が国憲法の平和主義の理念に合致するものである。

    このような観点から、政府としては、今後、国連を中心とした人的な面での活動に対する協力を一層適切かつ迅速に行い得るよう国内体制を整備する必要があると考え、今般、自民、公明、民社三党間での協議等を踏まえて、この法律案を作成した次第である。

3. 次に、国連の平和維持活動、就中平和維持隊の基本的性格について述べたい。国連の平和維持隊は、紛争当事者の間に停戦の合意が成立し、紛争当事者が平和維持隊の活動に同意していることを前提に、中立・非強制の立場で国連の権威と説得により停戦確保等の任務を遂行するものであって、強制的手段によって平和を回復する機能を持つものではない。したがって、国連平和維持隊は従来の概念の軍隊とは全く違うものであり、「闘わない部隊」とか「敵のいない部隊」と呼ばれるゆえんである。1988年に、平和維持隊や停戦監視団を含む国連の平和維持活動がノーベル平和賞を受賞したのはそのためである。

    なお、平和維持隊はこのような実態のものであるから、政府としては、先般の自民、公明、民社三党間の協議の結果にかんがみ、今後、PKF（Peace Keeping Forces）の訳を「平和維持隊」という呼称で統一することとした次第である。

4. ところで、国連の平和維持隊においては、任務の遂行に当たり武器の使用が認められる場合があるため、政府としては、かかる武器の使用と我が国憲法第9条上禁止されている「武力の行使」との関係につき慎重に検討を行ってきた。その結果、我が国から平和維持隊に参加する場合の武器の使用は「要員の生命等の防護のため」に必要な最小限のものに限ることを中心的要素とする「平和維持隊への参加に当たっての基本方針」を取りまとめた次第である。

この「平和維持隊への参加に当たっての基本方針」に沿って立案された今回の法案に基づいて参加する場合には、①武器の使用は我が国要員の生命又は身体の防衛のために必要な最小限のものに限られること、及び②紛争当事者間の停戦合意が破れるなどにより、平和維持隊が武力行使をするような場合には、我が国が当該平和維持隊に参加して活動する前提自体が崩れた場合であるので、短期間にかかる前提が回復しない場合には我が国から参加した部隊の派遣を終了させること、等の前提を設けて参加することとなるので、我が国が憲法9条上禁止されている「武力の行使」をするとの評価を受けることはない。

　また、従来の政府の見解は、我が国がなんらの前提を設けることなく平和維持隊に参加する一般的な場合についての解釈を示したものであって、特に前提を設けて参加する場合について言及したものではない。

　したがって、今回の法案に基づいて平和維持隊に参加することは、憲法9条に違反するものではなく、このように解することは、従来の政府見解とも整合性を有するものである。

　以上がこの法律案を国会に提出するに当たっての私の談話である。ついては、国民各位の御理解と御支援を賜りたい。

国際連合平和維持活動等に対する協力に関する法律及び国際緊急援助隊の派遣に関する法律の一部を改正する法律成立に際しての内閣総理大臣談話

（平成4年6月15日）

1．国際連合平和維持活動等に対する協力に関する法律及び国際緊急援助隊の派遣に関する法律の一部を改正する法律が、本日成立いたしました。

　この機会に、法律の成立に御尽力いただいた各位に心から御礼を申し上げるとともに、この2つの法律が目指している、世界の平和の維持と人道的な面における我が国の人的な国際的協力について、所見を申し述べたいと思います。

2．はじめに、国連の平和維持活動とその基本的性格について改めて御説明し、各位の御理解を得たいと思います。

　国連の平和維持活動は、紛争当事者の間に停戦の合意が成立し、紛争当時者がこれに同意していることを前提に、中立・非強制の立場で国連の権威と説得により停戦の確保や選挙監視等の任務を遂行するものでありまして、強制的な手段によって平和を回復する機能を持つものではないのであります。したがって、平和維持活動の重要な一部をなす国連平和維持隊は、いわゆる「軍隊」とは全く異なるものでありまして、「戦わない部隊」とか「敵のいない部隊」と呼ばれるゆえんも、ここにあるのであります。1988年に、国連平和維持隊や停戦監視団を含む国連の平和維持活動がノーベル平和賞を受賞したのは、まさに、このためであります。

3．我が国が国際連合平和維持活動等に対する協力に関する法律に基づいてこれに参加する場合には、その活動は、右に述べました国連の平和維持活動の基本的性

格を前提として行われるのでありまして、紛争当事者の合意、同意あるいは中立の原則が崩れた際には、我が国から参加した部隊は、業務を中断し、又は派遣を終了することとしているのであります。また、武器の使用は、我が国要員の生命又は身体の防衛のために必要な最小限のものに限ることとしております。したがって、このような前提を設けて国連の平和維持活動に我が国が参加することは、憲法第9条で禁止された「武力の行使」あるいは「海外派兵」に当たるというような懸念は、いささかも無いことはもとより、専守防衛等の我が国の基本的防衛政策を変更するものでもありません。

4．この2つの法律については、昨年9月19日に国会に政府原案を提出以来、衆参両議院において長時間にわたる活発な審議が行われました。

　この審議の過程で、国連平和維持活動等に対する協力に関する法律については、国会において、政府原案の基本的な考え方と枠組みは維持しつつ、この法律に対する一層広範な理解と支持を得ていくとの趣旨で、修正が行われたところであります。具体的には、自衛隊の部隊によるいわゆる国連平和維持隊本体への参加については、別途法律で定める日までは、実施しないこと、また、将来、実施する場合には、国会承認の対象とすること等が修正の内容であります。したがって、当面は停戦監視団への個人単位の参加やいわゆる医療、輸送等の後方支援部門等への参加が可能となります。

5．国際連合平和維持活動等に対する協力に関する法律に基づき、政府としては、広く国連の平和維持活動等に協力していきたいと考えております。

　カンボディアの永続的平和の達成はアジア地域全体の平和と安定のために極めて重要でありますので、当面は、まず、カンボディアにおける国連の平和維持活動に対する人的協力の早期実現に努力していく所存であります。

6．我が国としては、今後世界の平和と安定のために一層の責務を果たしていくに当たり、過去の教訓を踏まえ、平和憲法の下、専守防衛に徹し、他国に脅威を与えるような軍事大国にならないとの基本方針を引き続き堅持していくことを、改めて確認しておきたいと思います。

7．この2つの法律により、我が国としては、文民を含む幅広い人的な側面で、国際協力のために積極的な役割を果たすことが可能となります。これらの法律に基づき、自衛隊が、国連の平和維持活動や大規模災害に対する国際緊急援助活動等に従事することは、国際協調の下に恒久の平和を希求する我が国平和憲法の理念に合致したものであります。

　政府としては、これらの法律の適切な運用に努め、世界平和の維持と増進のため我が国としてなし得る最大限の貢献を、積極的に果たしていく所存でありますが、各位の一層の御理解と御支援を賜りますようお願い申し上げます。

「国際連合平和維持活動に対する協力に関する法律」の審議に於ける政府統一見解

（平成4年9月1日）

1．武器の使用と武力の行使の関係について

（平成3年9月26日　衆・PKO特委）

2．政府のシビリアン・コントロールについての考え方

（平成3年9月30日　衆・PKO特委）

3．国連のいわゆる「コマンド」と法律第八条第二項の「指図」の関係について

（平成3年11月20日　衆・PKO特委）

4．「コマンド」、「指揮」及び「指図」について

（平成3年12月6日　衆・PKO特委）

5．参議院国際平和協力特別委員会における外務大臣発言

（平成4年5月18日　参・PKO特委）

6．自衛隊法における「一部指揮」と国連の「コマンド」との関係について

（平成4年5月22日　参・内閣特委）

7．自衛隊の部隊等が行う国際平和協力業務について

（平成4年6月2日　参・PKO特委）

（参　考）

○ 国連平和維持隊についての自・公・民統一見解

（平成4年6月4日　参・PKO特委）

1．武器の使用と武力の行使の関係について

（平成3年9月27日　衆・PKO特委）

1．一般に、憲法第9条第1項の「武力の行使」とは、我が国の物的・人的組織体による国際的な武力紛争の一環としての戦闘行為をいい、法案第24条の「武器の使用」とは、火器、火薬類、刀剣類その他直接人を殺傷し、又は武力闘争の手段として物を破壊することを目的とする機械、器具、装置をその物の本来の用法に従って用いることをいうと解される。

2．憲法第9条第1項の「武力の行使」は、「武器の使用」を含む実力の行使に係る概念であるが、「武器の使用」が、すべて同項の禁止する「武力の行使」に当たるとはいえない。例えば、自己又は自己と共に現場に所在する我が国要員の生命又は身体を防衛することは、いわば自己保存のための自然権的権利というべきものであるから、そのために必要な最小限の「武器の使用」は、憲法第9条第1項で禁止された「武器の行使」には当たらない。

2．政府のシビリアン・コントロールについての考え方

（平成3年9月30日　衆・PKO特委）

1．政府のシビリアン・コントロールに対する基本方針

政治の軍事に対する優先が、民主主義国家においても、是非とも確保されね

ばならないものであることはいうまでもない。

　我が国の現行制度においては、自衛隊は、文民である内閣総理大臣、防衛庁長官の下で十分管理されているほか、法律、予算等について国会の民主的コントロールの下に置かれている。また、国防に関する重要事項については、内閣総理大臣を議長とする安全保障会議の議を経ることとされている。

　以上のように、我が国のシビリアン・コントロールの制度は十分整っており、この制度の適正な運用を期していく方針である。

2．防衛出動、治安出動とPKOのシビリアン・コントロールの考え方

（1）防衛出動及び命令による治安出動について

　防衛出動については、自衛隊法第76条により、内閣総理大臣が、原則として、事前に国会の承認を得なければならない旨を規定しており、また、命令による治安出動については、自衛隊法第78条により、内閣総理大臣が、事後に国会の承認を得なければならない旨を規定している。

　これらの事態は、そもそも我が国にとって重大な事態であり、また、国民の権利義務に関係するところが多い面もあることから、慎重を期して、行政府の判断のほか、国権の最高機関である国会の判断を求めることとしたものである。

（2）PKOについて

　これに対し、PKOは、そもそも、紛争当事者間の停戦の合意が成立し、紛争当事者がPKOの活動に同意していることを前提に、中立・非強制の立場で国連の権威と説得により停戦確保等の任務を遂行するものである。我が国としては、国連からの要請を受けてこれに協力することにより、国連のPKO活動（強制的手段によって平和を回復するものではない。）に積極的に貢献せんとするものである。

　したがって、PKOへの協力については、以上のとおりに基本的性格から、上記（1）の如き我が国にとっての重大な事態への対応ではなく、また国民の権利義務に直接関係する面はないので、これへの自衛隊の参加については上記（1）と同様に国会の承認までの手続きを必要とするとは考えない。ただし、自衛隊の部隊等が海外において行動することでもあり、国会に十分ご理解をいただくとともに、国会のご意向を実施面に反映させていく必要があると考え、この法律案の第7条において、次の各場合について、それぞれ国会へ遅滞なく報告しなければならないこととした。

　① 実施計画の決定又は変更があったとき

　② 実施計画に定める国際平和協力業務が終了したとき、及び

　③ 実施計画に定める国際平和協力業務を行う期間に係る変更があったとき

　国会においては、この報告について、シビリアン・コントロールの観点からも十分に議論されることになると考えているが、その際政府としては、審議で表明された意見を踏まえて実施に当たることは当然であり、また、審議の結果

814

は、いずれ実施計画を変更する場合には、変更の端緒にもなりうるものであり、政府としては承認にも匹敵するような重みのあるものとして受け止める考えである。

　また、自衛隊の部隊等の派遣決定等に先立ち、必要に応じ安全保障会議の議を経、その後、部隊等は、閣議決定による実施計画及び国際平和協力本部長（内閣総理大臣）の作成する実施要領に従って国際平和協力業務に従事するとの体制にあるので、この観点からも、シビリアン・コントロールは十分確保されているものと認識している。

3．国連のいわゆる「コマンド」と法案第八条第二項の「指図」の関係について
（平成3年11月20日　衆・PKO特委）

1．派遣国により提供される要員は、国連平和維持活動に派遣される間も、派遣国の公務員としてこれを行うが、この間国連の「コマンド」の下に置かれる。ここでいう国連の「コマンド」とは、国連事務局が、国連平和維持活動の慣行及び国連平和維持活動に要員を提供している諸国と国連との間の最近の取極を踏まえて1991年5月に作成・公表した「国際連合と国際連合平和維持活動に人員及び装備を提供する国際連合加盟国との間のモデル協定案」第七項及び第八項にも反映されているとおり、派遣された要員や部隊の配置等に関する権限であり、懲戒処分等の身分に関する権限は、引き続き派遣国が有する。

2．法案第八条第二項にいう国連の「指図」は、前記1．にいう国連の「コマンド」を意味している。

　我が国の国内法の用例では、一般に「指揮」又は「指揮監督」は、職務上の上司がその下僚たる所属職員に対して職務上の命令をすること又は上級官庁が下級官庁に対してその所掌事務について指示又は命令することを意味しており、その違反行為に対し懲戒権等何らかの強制手段を伴うのが通例である。これに対し、前記1．にいう国連の「コマンド」は、派遣国により提供される要員がその公務員として行う職務に関して国連が行使するという性格の権限であって、かつ、懲戒権等の強制手段を伴わない作用であり、そのような「指揮」又は「指揮監督」とは性格を異にしていることから、混乱を避けるため、法案第八条第二項においては「指揮」又は「指揮監督」ではなく、「指図」という語を用いたものである。

3．我が国から派遣された要員は、本部長が作成する実施要領に従い国際平和協力業務を行うこととなるが、実施要領は「平和維持隊への参加に当たっての基本方針」（いわゆる「五原則」）を盛り込んだ法案の枠内で国連の「指図」に適合するように作成されることになっている（法案第八条第二項）ので、我が国から派遣される要員は、そのような実施要領に従い、いわゆる「五原則」と合致した形で国連の「コマンド」の下に置かれることとなる。

4. 「コマンド」、「指揮」及び「指図」について

（平成3年12月6日　衆・PKO特委）

1．派遣国により提供される要員は、国連平和維持活動に派遣される間も、派遣国の公務員としてこれを行うが、この間国連の「コマンド」の下に置かれる。ここでいう国連の「コマンド」とは、国連事務局が、国連平和維持活動の慣行及び国連平和維持活動に要員を提供している諸国と国連との間の最近の取極を踏まえて1991年5月に作成・公表した「国際連合と国際連合平和維持活動に人員及び装備を提供する国際連合加盟国との間のモデル協定案」第7項及び第8項にも反映されているとおり、派遣された要員や部隊の配置等に関する権限であり、懲戒処分等の身分に関する権限は、引き続き派遣国が有する。

2．法律第8条第8項にいう国連の「指図」は、前記1、にいう国連の「コマンド」を意味している。

　　　我が国の国内法の用例では、一般に「指揮」又は「指揮監督」は、職務上の上司がその下僚たる所属職員に対して職務上の命令をすること又は上級官庁が下級官庁に対してその所掌事務について指示又は命令することを意味しており、その違反行為に対し懲戒権等何らかの強制手段を伴うのが通例である。これに対し、前記1、にいう国連の「コマンド」は、派遣国により提供される要員がその公務員として行う職務に関して国連が行使するという性格の権限であって、かつ、懲戒権等の強制手段を伴わない作用であり、そのような「指揮」又は「指揮監督」とは性格を異にしていることから、混乱を避けるため、法案第8条第2項においては「指揮」又は「指揮監督」ではなく、「指図」という語を用いたものである。

3．我が国から派遣された要員は、本部長が作成する実施要領に従い、我が国の指揮監督に服しつつ、国際平和協力業務を行うこととなるが、実施要領は、「平和維持隊への参加に当たっての基本方針」（いわゆる「5原則」）を盛り込んだ法案の枠内で国連の「指図」に適合するように作成されることになっている（法律第8条第2項）ので、我が国から派遣される要員は、そのような実施要領に従い、いわゆる「5原則」と合致した形で国連の「コマンド」の下に置かれることとなる。すなわち、国連の「コマンド」の内容は、法案の枠内で、実施要領を介して、我が国の要員によりそのとおりに実施される。

4．平成3年12月5日の参議院国際平和協力等に関する特別委員会において、政府側より、「我が国の公務員でございますから、そういう意味で我が国に指揮監督権があるということは、……そのとおりでございます。……行った部隊はその組織なり配備なり行動なりについてはまさに国連のコマンドを受ける。……そこで、その間をつなぎとめますために、……実施要領はコマンドにちゃんと服するようなふうに、……実施要領を書かなければならないと書いてあります……」との答弁を行ったのも、前記3、の趣旨を述べたものである。

5．また、平成3年11月18日の衆議院国際平和協力等に関する特別委員会において、政府側より、「主権国家がどうして国連の事務総長の指揮に従うことがあるか」との答弁を行ったのは、実施要領は「指図」に適合するように作成される旨を述べた上で、国連平和維持活動に各国から派遣された要員は、国際公務員になるのではなく、あくまで派遣国の公務員として活動を行うものであり、通例懲戒処分等の身分に関する権限を伴うような国内法でいう「指揮」を国連事務総長から受けることはない旨を述べたものである。

5. 参議院国際平和協力特別委員会における外務大臣発言

(平成4年5月18日　参・PKO特委)

1．国連の現地司令官は、各国から派遣される部隊が、いつ、どこで、どのような業務に従事するかといった部隊の配置等についての権限を有している。この権限は、長年の国連平和維持活動の慣行を踏まえて作成された派遣国と国連との「モデル協定」第7項において、国連の「コマンド」と言われている。国連のこの権限を法案では「指図」と規定しており、「指図」と「モデル協定」第7項にいう国連の「コマンド」とは同義である。

2．法案では、自衛隊の部隊が国連平和維持活動に参加する場合、本部長は、国連の「コマンド」に適合するように実施要領を作成又は変更し、防衛庁長官は、この実施要領に従って、我が国から派遣される部隊を指揮監督し、国際平和協力業務を行わせることとなっている。このように、国連の「コマンド」は、実施要領を介して我が国から派遣される部隊によって実施されることとなっており、その意味で、我が国から派遣される部隊は、国連の「コマンド」の下にある、あるいは、「コマンド」に従うということができる。

3．もっとも、法案には「平和維持隊への参加に当たっての基本方針」、いわゆる「5原則」が盛り込まれている。このため、我が国の部隊により、国連の「コマンド」は、いわゆる「5原則」と合致した形で実施されることとなる。

6. 自衛隊法における「一部指揮」と国連の「コマンド」との関係について

(平成4年5月22日　参・内閣特委)

1．自衛隊法における「一部指揮」については、第22条第1項と第2項において、内閣総理大臣が、防衛出動又は治安出動を命じた場合及び防衛庁長官が、海上における警備行動、災害派遣、地震防災派遣、訓練その他の事由により必要がある場合に、「所要の部隊をその隷属する指揮官以外の指揮官の一部指揮下に置くことができる。」と定められている。この「一部指揮」は、ある部隊について、その本来隷属する指揮官の指揮権の中の一部特定事項、例えば、特定の時期・場所における特定の行動といったような限定された事項についての指揮を、その隷属する指揮官以外の指揮官が行うというものであり、その他の事項についての指揮は、その本来隷属する指揮官が行うものである。

いずれにせよ、この「一部指揮」下に置かれる部隊も、内閣総理大臣及び防衛庁長官の指揮監督を受けていることには変わりない。

２．他方、国連の「コマンド」は、派遣国により提供される要員がその公務員として行う職務に関して国連が行使するという性格の権限であって、「一部指揮」とは性格を異にしている。

7．自衛隊の部隊等が行う国際平和協力業務について

（平成4年6月2日　参・PKO特委）

１．自衛隊の部隊等が行う国際平和協力業務について、第3条第3号ヌからタまでに掲げる業務又はこれらの業務に類するものとして同号レの政令で定める業務が、第3条第3号イからへまでに掲げる業務又はこれらの業務に類するものとして同号レの政令で定める業務と複合してしか実行できないようなケースは、後者が第6条第7項の国会の承認の対象であり、また、附則第2条にいう別の法律で定める日までの間は、実施の対象とならないので、その結果、前者も事実上同じ扱いとなる。

２．我が国が国際平和協力業務として第3条第3号ヌからタまでに掲げる業務又はこれらの業務に類するものとして同号レの政令で定める業務を実施するにあたり、隊員の生命又は身体の安全を確保するため、地雷等の有無を確認し、その結果偶発的に発見された地雷等を処分する行為は、隊員に対する安全配慮に係る措置であるとの見地からして同号ヌからタまでに掲げる業務又はこれらの業務に類するものとして同号レの政令で定める業務それぞれに含まれるものであり、第6条第7項の国会の承認の対象ではなく、附則第2条にいう別に法律で定める日までの間も実施の対象となる。

３．国際平和協力業務を実施するに当たっては、実施計画・実施要領の作成・変更に際し、前2項の趣旨にのっとり、我が国が行うことのできる業務の内容及び限界並びに当該業務に係る諸事項を正確にかつわかりやすく記載するものとする。

（参考）

国連平和維持隊についての自・公・民統一見解

（平成4年6月4日　参・PKO特委）

　国連平和維持隊については、国連の中でも厳密な定義は必ずしも存在しておらず、この言葉が用いられる状況の文脈などにより判断されるものであります。

　この修正案で使われている平和維持隊の意味は、丸腰で出かける停戦監視要員は別として、広く部隊等が参加する国連平和維持活動の組織を一般的に指しているものであります。これを具体的に例示すれば、①武装解除の監視、駐留・巡回、検問、放棄された武器の処分等、歩兵部隊等によって行われるもの、及び②右①の業務を支援する輸送、通信等の業務で輸送部隊、通信部隊等によって行われる活動の組織を指しています。

国連南スーダン共和国ミッション

南スーダン国際平和協力業務実施計画

平成23年11月15日
閣　議　決　定
変　　　　　更
平成23年12月20日
平成24年10月16日
平成25年10月15日
平成26年10月21日
平成27年2月10日
平成27年8月7日
平成28年2月9日
平成28年3月22日
平成28年10月25日
平成28年11月15日
平成29年3月24日
平成29年6月1日
平成30年2月16日
平成30年5月18日
令和元年5月17日
令和2年5月22日
令和3年5月21日
令和4年5月20日
令和5年5月12日

国際貢献
国際輸送
邦人

　国際連合平和維持活動等に対する協力に関する法律（平成4年法律第79号）第6条第1項の規定に基づき、南スーダンにおける国際連合平和維持活動のため、国際平和協力業務を実施することとし、別冊のとおり、南スーダン国際平和協力業務実施計画を定める。

（別冊）

1．基本方針

　南部スーダン独立前のスーダンにおいては、1983年以降、スーダン政府とスーダン人民解放運動・軍（SPLM/A）との間で20年以上にわたり武力紛争が続いていたが、2005年1月、両者は「南北包括和平合意」（以下「CPA」という。）に署名し、武力紛争が終結した。国際連合安全保障理事会（以下「安保理」という。）は、

2005年3月に決議第1590号を採択し、CPAの履行の支援等を任務とする国際連合スーダン・ミッション（以下「UNMIS」という。）を設立した。

2011年1月、CPAの履行の一環として、UNMISの支援も受けて、南部スーダンの独立の是非を問う住民投票が実施され、有効投票総数の約99％が南部スーダンのスーダンからの分離を支持する結果となった。同年2月、スーダン政府は、大統領令を発出し、この結果を受け入れた。同年7月9日、南スーダン共和国が独立し、UNMISはその活動を終了した。

一方、南スーダン共和国が効果的かつ民主的に統治されるとともに、同国が近隣国と良好な関係を確立する能力を強化することが必要であることから、同年7月8日、安保理は決議第1996号を採択し、平和と安全の定着及び南スーダン共和国における発展のための環境の構築の支援を任務とする国際連合南スーダン共和国ミッション（以下「UNMISS」という。）の設立を決定し、同月9日、UNMISSを設立した。

このような状況の下、国際連合から我が国に対し、UNMISSへの要員の派遣について要請があり、我が国としても、世界の平和と安定のために一層の責務を果たしていくに当たり、国際連合による国際平和のための努力に対し人的な協力を積極的に果たしていくため、この要請に応分の協力を行うこととする。このため、UNMISSの活動期間において、南スーダン国際平和協力隊を設置し、司令部業務分野における国際平和協力業務及び当該業務を円滑かつ効果的に行うための連絡調整の分野における国際平和協力業務を実施することとする。

なお、国際連合平和維持活動等に対する協力に関する法律（平成4年法律第79号。以下「国際平和協力法」という。）第3条第1号ロに規定する武力紛争が終了して紛争当事者が当該活動が行われる地域に存在しなくなった場合における国際連合平和維持活動についての受入れ国の同意及び国際平和協力法第6条第1項第1号に規定する我が国の国際平和協力業務の実施についての受入れ国の同意についてはいずれも得られている。

2．南スーダン国際平和協力業務の実施に関する事項
(1) 国際平和協力業務の種類及び内容
　ア　国際平和協力法第3条第5号ネに掲げる業務（同号ツに掲げる業務の実施に必要な調整に係るものに限る。）並びに同号ナに掲げる業務として南スーダン国際平和協力隊の設置等に関する政令（平成23年政令第345号。以下「設置等政令」という。）第2条第2号（調整に係るものに限る。）、第3号及び第4号に掲げる業務に係る国際平和協力業務であって、UNMISS軍事部門司令部において行われるもの
　イ　国際平和協力法第3条第5号ネに掲げる業務のうちデータベース（南スーダンにおける国際連合平和維持活動に係る情報の集合物であって、それらの情報を電子計算機を用いて検索することができるように体系的に構成したものをいう。）の管理の用に供する電子情報処理組織の保守管理に係る国際平和協力

業務であって、UNMISS統合ミッション分析センターにおいて行われるもの
ウ　国際平和協力法第3条第5号ネに掲げる業務（同号タ、レ及びツに掲げる業務の実施に必要な企画及び調整に係るものに限る。）並びに同号ナに掲げる業務として設置等政令第2条第1号及び第2号に掲げる業務に係る国際平和協力業務であって、UNMISSミッション支援部において行われるもの
エ　アからウまでに掲げる業務のうち、派遣先国の政府その他の関係機関とこれらの業務に従事する南スーダン国際平和協力隊との間の連絡調整に係る国際平和協力業務

　　アからエまでに掲げる業務は、国際平和協力法第2条第2項の規定の趣旨を損なわない範囲内において行う。
(2)　派遣先国
　南スーダン共和国とする。
　ただし、ウガンダにおいて(1)に掲げる業務を行うことができる。
(3)　国際平和協力業務を行うべき期間
　　　平成23年11月18日から令和6年5月31日までの間
(4)　南スーダン国際平和協力隊の規模及び構成並びに装備
　ア　規模及び構成
　（ア）(1)　アに掲げる業務に従事する者
　　　　自衛官1名（ただし、人員の交替を行う場合は2名）
　（イ）(1)　イに掲げる業務に従事する者
　　　　自衛官1名（ただし、人員の交替を行う場合は2名）
　（ウ）(1)　ウに掲げる業務に従事する者
　　　　自衛官2名（ただし、人員の交替を行う場合は4名）
　（エ）(1)　エに掲げる業務に従事する者
　　　　(1)　エに掲げる業務を遂行するために必要な技術、能力等を有する者3名（ただし、人員の交替を行う場合は6名）
　（オ）国際平和協力本部長（以下「本部長」という。）は、（ア）から（エ）までに掲げる者のうち1名を隊長として指名するものとし、隊長は、本部長の定めるところにより隊務を掌理するものとする。
　イ　装備
　　　南スーダン国際平和協力隊の隊員の健康及び安全の確保並びに(1)に掲げる業務に必要な個人用装備（武器を除く。）
(5)　関係行政機関の協力に関する重要事項
　ア　関係行政機関の長は、本部長から、(1)に掲げる業務を実施するため必要な技術、能力等を有する職員を南スーダン国際平和協力隊に派遣するよう要請があったときは、その所掌事務に支障を生じない限度において、当該職員を南スーダン国際平和協力隊に派遣するものとする。
　イ　外務大臣の指定する在外公館長は、外務大臣の命を受け、国際平和協力業

国際貢献
邦人輸送

821

務の実施のため必要な協力を行うものとする。

　　ウ　関係行政機関の長は、その所掌事務に支障を生じない限度において、本部長の定めるところにより行われる研修のため必要な協力を行うものとする。

　　エ　関係行政機関の長は、本部長から、その所管に属する物品の管理換えその他の協力の要請があったときは、その所掌事務に支障を生じない限度において、当該協力を行うものとする。

　(6)　その他国際平和協力業務の実施に関する重要事項

　　ア　国際平和協力業務が行われる期間中において、我が国として国際連合平和維持隊に参加するに際しての基本的な五つの原則が満たされている場合であっても、安全を確保しつつ有意義な活動を実施することが困難と認められる場合には、国家安全保障会議における審議の上、南スーダン国際平和協力隊を撤収する。

　　イ　本部長は、国際平和協力業務の実施に当たり、必要があると認めるときは、関係行政機関の長の協力を得て、物品の譲渡若しくは貸付け又は役務の提供について国以外の者に協力を求めることができる。

南スーダン国際平和協力隊の設置等に関する政令

$$\left(\begin{array}{l}\text{平成23年11月18日政令第345号}\\\text{最終改正年月日：令和5年5月17日政令第181号}\end{array}\right)$$

　　内閣は、国際連合平和維持活動等に対する協力に関する法律（平成4年法律第79号）第3条第3号レ、第5条第8項及び第16条第2項の規定に基づき、この政令を制定する。
（国際平和協力隊の設置）

第1条　国際平和協力本部に、南スーダンにおける国際連合平和維持活動のため、次に掲げる業務及び事務を行う組織として、令和6年5月31日までの間、南スーダン国際平和協力隊（以下「協力隊」という。）を置く。

　1　国際連合平和維持活動等に対する協力に関する法律（以下「法」という。）第3条第5号ネに掲げる業務（同号ツに掲げる業務の実施に必要な調整に係るものに限る。）並びに次条第2号（調整に係るものに限る。）、第3号及び第4号に掲げる業務に係る国際平和協力業務であって、国際連合南スーダン共和国ミッション軍事部門司令部において行われるもの

　2　法第3条第5号ネに掲げる業務のうちデータベース（南スーダンにおける国際連合平和維持活動に係る情報の集合物であって、それらの情報を電子計算機を用いて検索することができるように体系的に構成したものをいう。）の管理の用に供する電子情報処理組織の保守管理に係る国際平和協力業務であって、国際連合南スーダン共和国ミッション統合ミッション分析センターにおいて行われるもの

3　法第3条第5号ネに掲げる業務（同号タ、レ及びツに掲げる業務の実施に
　　必要な企画及び調整に係るものに限る。）並びに次条第1号及び第2号に
　　掲げる業務に係る国際平和協力業務であって、国際連合南スーダン共和
　　国ミッションミッション支援部において行われるもの
4　法第4条第2項第3号に掲げる事務
　2　国際平和協力本部長は、協力隊の隊員のうち1人を隊長として指命
　し、国際平和協力本部長の定めるところにより隊務を掌理させる

（政令で定める業務）
第2条　南スーダンにおける国際連合平和維持活動に係る法第3条第5号ナの規定
　　　　により同号ネに掲げる業務に類するものとして政令で定める業務は、次
　　　　に掲げる業務とする。
1　国際連合平和維持活動を統括する組織において行う自然災害によって被
　　害を受けた施設又は設備であってその被災者の生活上必要なものの復旧
　　又は整備のための措置の実施に必要な企画及び調整
2　国際連合平和維持活動を統括する組織において行う宿泊又は作業のため
　　の施設の維持管理の実施に必要な企画及び調整
3　国際連合平和維持活動を統括する組織において行う物資の調達の実施に
　　必要な調整
4　国際連合平和維持活動を統括する組織において行う飲食物の調製の実施
　　に必要な調整

（国際平和協力手当）
第3条　南スーダンにおける国際連合平和維持活動のために実施される国際平和協
　　　　力業務に従事する協力隊の隊員に、この条の定めるところに従い、法第17
　　　　条第1項に規定する国際平和協力手当（以下「手当」という。）を支給する。
　2　手当は、国際平和協力業務に従事した日1日につき、別表の中欄に掲げ
　　る区分に応じ、それぞれ同表の下欄に定める額とする。
　3　前項に定めるもののほか、手当の支給に関しては、一般職の職員の給与に
　　関する法律（昭和25年法律第95号）に基づく特殊勤務手当の支給の例による。

別表（第3条関係）

1	2	3
南スーダン内の地域において業務を行う場合（2の項（1）に規定する場合を除く。）	（一）南スーダン内の地域において、派遣先国の政府その他の関係機関と1の項に規定する業務に従事する協力隊の隊員との間の連絡調整に係る業務を行う場合 （二）ウガンダ内の地域において業務を行う場合（3の項に規定する場合を除く。）	ウガンダ内の地域において、派遣先国の政府その他の関係機関と2の項（2）に規定する業務に従事する協力隊の隊員との間の連絡調整に係る業務を行う場合
16,000円	6,000円	3,000円

南スーダン国際平和協力業務実施要領（司令部業務分野）（概要）

1．国際平和協力業務が行われるべき地域及び期間
 （1）地域
　　　南スーダン共和国及びウガンダ内において、国際連合事務総長又は国際連合南スーダン共和国ミッション（以下「UNMISS」という。）国際連合事務総長特別代表その他の国際連合事務総長の権限を行使する者（以下「事務総長等」という。）が指図する地域
 （2）期間
　　　平成23年11月28日から令和6年5月31日までの間
2．国際平和協力業務の種類及び内容
 （1）次に掲げる業務の実施に必要な調整に係る国際平和協力業務であって、UNMISS軍事部門司令部において行われるもの。
　　ア　輸送、保管（備蓄を含む。）、通信、建設、機械器具の据付け、検査若しくは修理又は補給（武器の提供を行う補給を除く。）
　　イ　宿泊又は作業のための施設の維持管理
　　ウ　物資の調達
　　エ　飲食物の調製
 （2）UNMISSの活動に係るデータベースの管理の用に供する電子情報処理組織の保守管理に係る国際平和協力業務であって、UNMISS統合ミッション分析センターにおいて行われるもの。
 （3）次に掲げる業務の実施に必要な企画及び調整に係る国際平和協力業務であって、UNMISSミッション支援部において行われるもの。
　　ア　被災民を収容するための施設又は設備の設置
　　イ　紛争によって被害を受けた施設又は設備であって被災民の生活上必要なものの復旧又は整備のための措置
　　ウ　輸送、保管（備蓄を含む。）、通信、建設、機械器具の据付け、検査若しくは修理又は補給（武器の提供を行う補給を除く。）
　　エ　自然災害によって被害を受けた施設又は設備であってその被災者の生活上必要なものの復旧又は整備のための措置
　　オ　宿泊又は作業のための施設の維持管理
3．国際平和協力業務の実施の方法
 （1）実施計画及び実施要領の範囲内において、事務総長等による指図の内容に従い業務を行う。
 （2）隊員は、事務総長等の定めるところにより、事務総長等と緊密に連絡を取る。
 （3）派遣後、おおむね1年を経過した後、隊員の交替を行う。
4．国際平和協力業務に従事すべき者に関する事項
　　　以下に掲げる要件を満足する自衛官

(1) 国際連合の要請する階級を有する者であること。

(2) 国際平和協力業務を遂行するために必要な体力及び精神力を有する者であること。

(3) 国際平和協力業務を遂行するために必要な語学力を有する者であること。

(4) 南スーダン共和国に関して政治的な利害関係を有していない者であること。

(5) その他国際平和協力業務を遂行するために必要な技術、能力等を有する者であること。

5．派遣先国の関係当局及び住民との関係に関する事項

(1) 派遣先国の関係当局との関係に関する事項

(2) 派遣先国の住民との関係に関する事項

6．中断に関する事項（国際平和協力法第6条第13項第2号に掲げる場合において国際平和協力業務に従事する者が行うべき国際平和協力業務の中断に関する事項）

(1) 隊員は、国際平和協力本部長から、国際平和協力業務を中断するよう指示された場合、当該業務を中断する。

(2) 次に掲げる場合には、その状況等を本部長に報告し、指示を受ける。

　ア　武力紛争が発生したと判断すべき事態が生じた場合

　イ　国際連合平和維持活動についての受入れ国の同意及び我が国の国際平和協力業務の実施についての受入れ国の同意が存在しなくなったと認められる場合

(3) 業務の中断の報告

(4) 業務を中断すべき状況が解消したと判断した場合の報告及び指示

7．危険を回避するための国際平和協力業務の一時休止その他の隊員の安全を確保するための措置に関する事項

(1) 隊員は、状況が隊員の生命又は身体に危害を及ぼす可能性があり、安全の確保のため必要であると判断され、本部長の指示を受ける暇及び事務総長等と連絡を取る暇がないときは、国際平和協力業務を一時休止する。

(2) 隊員は、必要に応じて、他のUNMISS要員、連絡調整要員及び在南スーダン日本国大使館と連絡を取る等積極的に安全に係る情報の収集に努めるとともに、常に安全の確保に留意する。

8．その他本部長が国際平和協力業務の実施のために必要と認める事項

(1) 実施計画又は実施要領の変更を必要とする事務総長等の指図があった場合の措置

　　隊員は、当該指図の内容その他必要な事項につき、可能な限り速やかに本部長に報告し、その指示を受けるものとする。

(2) 業務を遂行できない場合の措置

　　病気、事故等の場合、本部長に報告するとともに、事務総長等に連絡する。

(3) 調査、効果の測定等についての報告

　　隊員は、業務に関する調査並びに効果の測定及び分析について本部長に随時報告する。

（4）装備の取扱い

　　　隊員は、外為法上の武器を隊員以外の者に貸与し又は供与してはならない。

（5）連絡調整要員との連携

　　　隊員は、連絡調整要員と緊密に連携を図りつつ、業務を実施する。

（6）南スーダン国際平和協力隊の隊長と隊員との関係

　　　別途本部長が定める。

南スーダン国際平和協力業務実施要領（連絡調整分野）（概要）

1．国際平和協力業務が行われるべき地域及び期間

（1）地域

　　　2に掲げる業務を実施するために必要な南スーダン共和国及びウガンダ内の地域

（2）期間

　　　平成23年11月18日から令和6年5月31日までの間

2．国際平和協力業務の種類及び内容

　　　派遣先国の政府その他の関係機関と司令部要員との間の連絡調整に係る国際平和協力業務

3．国際平和協力業務の実施の方法

　　　隊員は、実施計画及び実施要領の範囲内において、当該業務を行う。

4．国際平和協力業務に従事すべき者に関する事項

　　　以下に掲げる要件を満足する者

（1）国際平和協力業務を遂行するために必要な体力及び精神力を有する者であること。

（2）国際平和協力業務を遂行するために必要な語学力を有する者であること。

（3）南スーダン共和国に関して政治的な利害関係を有していない者であること。

（4）その他国際平和協力業務を遂行するために必要な技術、能力等を有する者であること。

5．派遣先国の関係当局及び住民との関係に関する事項

（1）派遣先国の住民との関係に関する事項

（2）派遣先国の関係当局との関係に関する事項

6．中断に関する事項（国際平和協力法第6条第13項第2号に掲げる場合において国際平和協力業務に従事する者が行うべき国際平和協力業務の中断に関する事項）

（1）隊員は、国際平和協力本部長から、国際平和協力業務を中断するよう指示された場合、当該業務を中断する。

（2）次に掲げる場合には、その状況等を本部長に報告し、指示を受ける。

　　ア　武力紛争が発生したと判断すべき事態が生じた場合

イ　国際連合平和維持活動についての受入れ国の同意及び我が国の国際平和協
　　　力業務の実施についての受入れ国の同意が存在しなくなったと認められる場合
　(3)　業務の中断の報告
　(4)　業務を中断すべき状況が解消したと判断した場合の報告及び指示
7．危険を回避するための国際平和協力業務の一時休止その他の隊員の安全を確保
　するための措置に関する事項
　(1)　隊員は、状況が隊員の生命又は身体に危害を及ぼす可能性があり、安全の確
　　　保のため必要であると判断され、本部長の指示を受ける暇がないときは、国
　　　際平和協力業務を一時休止する。
　(2)　隊員は、必要に応じて、司令部要員及び在南スーダン日本国大使館と連絡を
　　　取る等積極的に安全に係る情報の収集に努めるとともに、常に安全の確保
　　　に留意する。
8．その他本部長が国際平和協力業務の実施のために必要と認める事項
　(1)　実施計画又は実施要領の変更を必要とする場合の措置
　　　　　隊員は、必要な事項につき、可能な限り速やかに本部長に報告し、その
　　　指示を受けるものとする。
　(2)　業務を遂行できない場合の措置
　　　　　病気、事故等の場合、本部長に報告するとともに、事務総長等に連絡する。
　(3)　調査、効果の測定等についての報告
　　　　　隊員は、業務に関する調査並びに効果の測定及び分析について本部長に
　　　随時報告する。
　(4)　装備の取扱い
　　　　　隊員は、外為法上の武器を隊員以外の者に貸与し又は供与してはならない
　(5)　司令部要員との連携
　　　　　隊員は、司令部要員と緊密に連携を図りつつ、業務を実施する。
　(6)　南スーダン国際平和協力隊の隊長と隊員との関係
　　　　　別途本部長が定める。

南スーダン国際平和協力業務の概要

1．国連南スーダン共和国ミッションの設立経緯と任務
　(1)　経緯
　　　○南部スーダン独立前は、スーダン政府（イスラム教・アラブ系）とスーダ
　　　ン人民解放運動・軍（キリスト教・アフリカ系）の対立が長年にわたり継
　　　続しており、犠牲者の数は200万人以上。
　　　○2005年1月、両者はCPA（南北包括和平合意）に署名し、紛争終結。2011年1月、
　　　南部スーダン住民投票を実施した結果、有効投票総数の約99％が南部スーダ

ンのスーダンからの分離を支持。同年2月、スーダン政府はこの結果を受入れ。
〇同年7月9日、南スーダン独立に伴い、国連安保理決議1996号により
UNMISSが設立。
(2) 任務
①文民保護　②人権状況の監視及び調査　③人道支援実施の環境作り
④衝突解決合意の履行支援
2．経緯

平成23年	9月21日	司令部要員派遣準備に係る防衛大臣準備指示を発出
	11月1日	施設部隊派遣準備に係る防衛大臣準備指示を発出
	11月15日	南スーダン国際平和協力業務（司令部要員）実施計画及び政令の閣議決定
	11月28日	司令部要員（第1次要員）2名出国
	12月20日	南スーダン国際平和協力業務実施計画変更（施設部隊等派遣）及び政令改正の閣議決定
平成24年	1月	施設部隊（第1次要員）出発 現地支援調整所展開開始
	1月26日〜2月4日	輸送物資等のため、C-130Hをウガンダへ派遣（小牧発、1月30日エンテベ着、2月4日小牧着）
	2月6日	司令部要員（第1次要員：施設幕僚）1名出国
	2月15日〜25日	人員・物資等輸送のため、C-130Hをウガンダへ派遣（小牧発、2月20日エンテベ着、2月25日小牧着）
	5月11日	南スーダン国際平和協力業務の実施に関する自衛隊行動命令の一部を変更する行動命令発出
	5月、7月	第1次司令部要員から第2次司令部要員へ交代
	5月〜6月	施設部隊（第1次要員→第2次要員）及び現地支援調整所要員の交代
	6月7日〜16日	物資等輸送のため、C-130Hを南スーダンへ派遣（小牧発、6月11日ジュバ着、6月16日小牧着）
	10月16日	南スーダン国際平和協力業務実施計画変更閣議決定（業務実施期間の延長） 実施計画の変更及び業務の実施の状況について国会へ報告（国際平和協力本部）
	11月〜12月	施設部隊（第2次要員→第3次要員）及び現地支援調整所要員の交代
	12月3日〜13日	物資等輸送のため、C-130Hを南スーダンへ派遣（小牧発、12月7日ジュバ着、12月13日小牧着）
	12月、平成25年1月	第2次司令部要員から第3次司令部要員へ交代
平成25年	5月〜6月	施設部隊（第3次要員→第4次要員）及び現地支援調

	整所要員の交代
5月28日	南スーダン国際平和協力業務の実施に関する自衛隊行動命令の一部を変更する行動命令発出
6月6日～16日	物資輸送等のため、C-130を南スーダンへ派遣(小牧発、1月10日ジュバ着、1月16日小牧着)
7月	第3次司令部要員から第4次司令部要員へ交代
10月15日	南スーダン国際平和協力業務実施計画変更閣議決定(業務実施期間の延長等)
	実施計画の変更及び業務の実施の状況について国会へ報告(国際平和協力業務)
	南スーダン国際平和協力業務の実施に関する自衛隊行動命令の一部を変更する行動命令発出
	南スーダン現地支援調整所の廃止に関する自衛隊行動命令発出
11月～12月	施設部隊(第4次要員→第5次要員)の交代
11月17日～26日	物資等輸送のため、C-130を南スーダンへ派遣(小牧発、11月21日ジュバ着、11月26日小牧着)
12月23日	UNMISSに係る物資協力の閣議決定
12月24日	南スーダン国際平和協力業務の実施に関する自衛隊行動命令の一部を変更する行動命令発出
平成26年 1月	第4次司令部要員から第5次司令部要員へ交代
5月13日	派遣施設隊の編成変更に関する自衛隊行動命令発出
5月～6月	施設部隊(第5次要員→第6次要員)の交代
5月22日～31日	物資等輸送のため、C-130を南スーダンへ派遣(小牧発、5月26日ジュバ着、5月31日小牧着)
6月	第5次司令部要員から第6次司令部要員へ交代
10月21日	南スーダン国際平和協力業務実施計画変更閣議決定(司令部要員の1名増員等)
11月～12月	施設部隊(第5次要員→第6次要員)の交代
12月9日～19日	物資等輸送のため、C-130を南スーダンへ派遣(小牧発、12月14日ジュバ着、12月19日小牧着)
平成27年 1月	第5次司令部要員から第6次司令部要員へ交代
	航空運用幕僚1名を新たに派遣
2月10日	南スーダン国際平和協力業務実施計画変更閣議決定(業務実施期間の延長)
5月～6月	施設部隊(第7次要員→第8次要員)の交代
5月22日～6月3日	物資等輸送のため、C-130を南スーダンへ派遣(小牧発、5月29日ジュバ着、6月3日小牧着)

国際貢献
邦人輸送

	6月	第6次司令部要員から第7次司令部要員へ交代
	8月7日	南スーダン国際平和協力業務実施計画変更閣議決定（業務実施期間の延長）
	11月～12月	施設部隊（第8次要員→第9次要員）の交代
	11月26日～12月5日	物資等輸送のため、C-130を南スーダンへ派遣（小牧発、11月30日ジュバ着、12月5日小牧着）
	12月	第7次司令部要員から第8次司令部要員へ交代
平成28年	5月～6月	施設部隊（第9次要員→第10次要員）の交代
	10月25日	南スーダン国際平和協力業務実施計画変更閣議決定（業務実施期間の延長）
	11月15日	南スーダン国際平和協力業務実施計画変更閣議決定（新任務付与）
	11月～12月	施設部隊（第10次要員→第11次要員）の交代
平成29年	3月10日	国連南スーダン共和国ミッション（UNMISS）への自衛隊部隊の派遣終了を発表
	3月24日	「南スーダン国際平和協力業務実施計画」変更の閣議決定
	5月31日	国連南スーダン共和国ミッション（UNMISS）への自衛隊部隊の派遣終了
平成30年	5月18日	南スーダン国際平和協力業務実施計画変更閣議決定（業務実施期間の延長）
令和元年	5月17日	南スーダン国際平和協力業務実施計画変更閣議決定（業務実施期間の延長）
令和2年	5月22日	南スーダン国際平和協力業務実施計画変更閣議決定（業務実施期間の延長）
令和3年	5月21日	南スーダン国際平和協力業務実施計画変更閣議決定（業務実施期間の延長）
令和4年	5月20日	南スーダン国際平和協力業務実施計画変更閣議決定（業務実施期間の延長）
令和5年	5月12日	南スーダン国際平和協力業務実施計画変更閣議決定（業務実施期間の延長）

3．我が国派遣部隊の任務及び規模

(1)南スーダン派遣施設隊　人　員：239名（1次要員）、349名（2～4次要員）、401名（5、6次要員）、353名（7～10次要員）、354名（11次要員）、58名（撤収支援要員）（1～4次要員数は、現地支援調整所の要員数も含む）

主要装備：軽装甲機動車、トラック、ドーザ等約180両拳銃、小銃、機関銃等

(2) 南スーダン空輸隊等　人　員：約170名

（参考）UNMISS司令部要員 人　　員：4名
※上記自衛隊部隊及び司令部要員の他、派遣先国政府等との間の連絡調整等を行
　う連絡調整要員（自衛隊員を含む最大3名）を南スーダン国際平和協力隊員と
　して派遣。

シナイ半島国際平和協力業務実施計画

> 平成31年4月2日
> 閣　議　決　定
> 変更　令和5年11月7日

　国際連合平和維持活動等に対する協力に関する法律（平成4年法律第79号）第6条第1項の規定に基づき、シナイ半島における国際連携平和安全活動のため、国際平和協力業務を実施することとし、別冊のとおり、シナイ半島国際平和協力業務実施計画を定める。

（別冊）

1．基本方針

　1973年の第4次中東戦争の後、1978年9月、エジプト・アラブ共和国とイスラエル国は、アメリカ合衆国の仲介により、「キャンプ・デービッドにおいて合意をみた中東における平和の枠組」及び「エジプト・イスラエル平和条約締結のための枠組」に署名し、1979年3月26日には、「エジプト・アラブ共和国及びイスラエル国との間の平和条約」（以下「平和条約」という。）が締結された。

　これを受け、関係各国は、平和条約に基づく国際連合の部隊及び監視団の派遣について、国際連合安全保障理事会（以下「安保理」という。）の合意を取り付けるべく働きかけを行ったが、1981年5月の安保理議長からの合意不成立の通告を踏まえ、同年8月3日、紛争当事者であるエジプト・アラブ共和国とイスラエル国は、アメリカ合衆国の仲介により、多国籍部隊・監視団（以下「MFO」という。）設立の根拠となる「エジプト・アラブ共和国とイスラエル国との間の平和条約の議定書」に署名し、平和条約に定められた国際連合の部隊及び監視団の任務及び責任を代替する機関としてMFOが設立された。

　MFOは、1982年の活動開始以来、エジプト・アラブ共和国とイスラエル国との間の対話や信頼醸成の促進を支援することにより、我が国の「平和と繁栄の土台」である中東の平和と安定に貢献してきた。また、我が国は、中東における我が国の果たす役割への期待が高まってきた中、1988年度に初めてMFOへの財政支援を実施し、それ以来、MFOへの財政貢献を行ってきたところである。

　このような財政支援を通じた中東の平和と安定への我が国の貢献についてMFOから高い評価がなされ、MFOから我が国に対し、要員の派遣について要請があり、我が国としても、世界の平和と安定のために一層の責務を果たしていくに当たり、中東地域の平和と安定への貢献を通じたMFOによる国際平和のための努力に対し人的な協力を積極的に果たしていくため、この要請に応分の協力

を行うこととする。このため、MFOの活動期間の内、以下2（3）に定める期間において、シナイ半島国際平和協力隊を設置し、司令部業務分野における国際平和協力業務及び当該業務を円滑かつ効果的に行うための連絡調整の分野における国際平和協力業務を実施することとする。

　なお、国際連合平和維持活動等に対する協力に関する法律（平成4年法律第79号。以下「国際平和協力法」という。）第3条第2号イに規定する武力紛争の停止及びこれを維持するとの紛争当事者間の合意、受入れ国及び紛争当事者の国際連携平和安全活動への同意並びに当該活動の中立性という点に関しては、MFOについてそれぞれが満たされており、また、国際平和協力法第6条第1項第2号に規定する我が国の国際平和協力業務の実施についての紛争当事者及び受入れ国の同意についてはいずれも得られている。

2．シナイ半島国際平和協力業務の実施に関する事項
(1) 国際平和協力業務の種類及び内容
　　ア　国際平和協力法第3条第5号ネに掲げる業務（同号イ、ロ及びツに掲げる業務の実施に必要な調整に係るもののうち、エジプト及びイスラエルの政府その他の関係機関とMFOとの間の連絡調整に係るものに限る。）に係る国際平和協力業務であって、MFO司令部において行われるもの
　　イ　アに掲げる業務のうち、派遣先国の政府その他の関係機関とこの業務に従事するシナイ半島国際平和協力隊との間の連絡調整に係る国際平和協力業務
　　　　ア及びイに掲げる業務は、国際平和協力法第2条第2項の規定の趣旨を損なわない範囲内において行う。
(2) 派遣先国
　　エジプト・アラブ共和国及びイスラエル国とする。
(3) 国際平和協力業務を行うべき期間
　　平成31年4月19日から令和6年11月30日までの間
(4) シナイ半島国際平和協力隊の規模及び構成並びに装備
　　ア　規模及び構成
　　（ア）(1) アに掲げる業務に従事する者
　　　　　自衛官　2名（ただし、人員の交替を行う場合は4名）
　　（イ）(1) イに掲げる業務に従事する者
　　　　　(1) イに掲げる業務を遂行するために必要な技術、能力等を有する者　1名（ただし、人員の交替を行う場合は2名）
　　（ウ）国際平和協力本部長（以下「本部長」という。）は、（ア）及び（イ）に掲げる者のうち1名を隊長として指名するものとし、隊長は、本部長の定めるところにより隊務を掌理するものとする。

イ　装備

（ア）武器

(1) アに掲げる業務に従事する者について、9mm拳銃2丁及び89式5.56mm小銃2丁（装備の交換を行う場合は、当該交換に必要な数を加えることができる。）

（イ）その他

シナイ半島国際平和協力隊の隊員の健康及び安全の確保並びに（1）に掲げる業務に必要な個人用装備（（ア）に掲げるものを除く。）

(5) 関係行政機関の協力に関する重要事項

ア　関係行政機関の長は、本部長から、（1）に掲げる業務を実施するため必要な技術、能力等を有する職員をシナイ半島国際平和協力隊に派遣するよう要請があったときは、その所掌事務に支障を生じない限度において、当該職員をシナイ半島国際平和協力隊に派遣するものとする。

イ　外務大臣の指定する在外公館長は、外務大臣の命を受け、国際平和協力業務の実施のため必要な協力を行うものとする。

ウ　関係行政機関の長は、その所掌事務に支障を生じない限度において、本部長の定めるところにより行われる研修のため必要な協力を行うものとする。

エ　関係行政機関の長は、本部長から、その所管に属する物品の管理換えその他の協力の要請があったときは、その所掌事務に支障を生じない限度において、当該協力を行うものとする。

(6) その他国際平和協力業務の実施に関する重要事項

ア　国際平和協力業務が行われる期間中において、我が国としてMFOに参加するに際しての基本的な五つの原則が満たされている場合であっても、安全を確保しつつ有意義な活動を実施することが困難と認められる場合には、国家安全保障会議における審議の上、シナイ半島国際平和協力隊を撤収する。

イ　本部長は、国際平和協力業務の実施に当たり、必要があると認めるときは、関係行政機関の長の協力を得て、物品の譲渡若しくは貸付け又は役務の提供について国以外の者に協力を求めることができる。

834

シナイ半島国際平和協力隊の設置等に関する政令

（平成31年4月5日政令第148号）
（改正　令和5年11月10日政令第326号）

　内閣は、国際連合平和維持活動等に対する協力に関する法律（平成4年法律第79号）第5条第8項、第17条第2項及び第18条第1項の規定に基づき、この政令を制定する。

（国際平和協力隊の設置）

第1条　国際平和協力本部に、シナイ半島における国際連携平和安全活動のため、次に掲げる業務及び事務を行う組織として、令和6年11月30日までの間、シナイ半島国際平和協力隊（以下「協力隊」という。）を置く。

　一　国際連合平和維持活動等に対する協力に関する法律（以下「法」という。）第3条第5号ネに掲げる業務（同号イ、ロ及びツに掲げる業務の実施に必要な調整に係るもののうち、エジプト及びイスラエルの政府その他の関係機関と多国籍部隊・監視団（1981年8月3日に署名されたエジプト・アラブ共和国とイスラエル国との間の平和条約の議定書により設立された多国籍部隊・監視団をいう。以下この号及び第3条において同じ。）との間の連絡調整に係るものに限る。）に係る国際平和協力業務であって、多国籍部隊・監視団司令部において行われるもの

　二　法第4条第2項第3号に掲げる事務

　2　国際平和協力本部長は、協力隊の隊員のうち一人を隊長として指名し、国際平和協力本部長の定めるところにより隊務を掌理させる。

（国際平和協力手当）

第2条　シナイ半島における国際連携平和安全活動のために実施される国際平和協力業務に従事する協力隊の隊員に、この条の定めるところに従い、法第17条第1項に規定する国際平和協力手当（以下「手当」という。）を支給する。

　2　手当は、国際平和協力業務に従事した日1日につき、別表の中欄に掲げる区分に応じ、それぞれ同表の下欄に定める額とする。

　3　前項に定めるもののほか、手当の支給に関しては、一般職の職員の給与に関する法律（昭和25年法律第95号）に基づく特殊勤務手当の支給の例による。

（多国籍部隊・監視団から提供される記章等の着用）

第3条　シナイ半島における国際連携平和安全活動として実施される国際平和協力業務に従事する者は、当該業務に従事する者としての地位を表示する記章、帽子、スカーフその他これらに類する物であって多国籍部隊・監視団から提供されるものを着用するものとする。

国際貢献
邦人輸送

別表（第2条関係）

1	2	3	4	5
エジプト（北シナイ県及び南シナイ県の区域（シャルム・エル・シェイク市の区域を除く。）に限る。）又はイスラエル（エシュコル地区の区域に限る。）内の地域において業務を行う場合（3の項に規定する場合を除く。）	エジプト（1の項に規定する地域及びシャルム・エル・シェイク市の区域を除く。）又はイスラエル（同項に規定する地域を除く。）内の地域において業務を行う場合（4の項（2）に規定する場合を除く。）	1の項に規定する地域において、派遣先国の政府その他の関係機関と同項、2の項及び4の項（1）に規定する業務に従事する協力隊の隊員との間の連絡調整に係る業務（同項（2）及び5の項において「連絡調整業務」という。）を行う場合	(1) エジプト（シャルム・エル・シェイク市の区域に限る。）内の地域において業務を行う場合（5の項に規定する場合を除く。） (2) 2の項に規定する地域において連絡調整業務を行う場合	4の項（1）に規定する地域において連絡調整業務を行う場合
12,000円	8,000円	5,000円	4,000円	3,000円

シナイ半島国際平和協力業務実施要領（司令部業務分野）（概要）

1. 国際平和協力業務が行われるべき地域及び期間
   (1) 地域
   　　エジプト・アラブ共和国及びイスラエル国内において、多国籍部隊・監視団（以下「MFO」という。）事務局長又はMFO司令官その他のMFO事務局長の権限を行使する者（以下「事務局長等」という。）が指図する地域
   (2) 期間
   　　平成31年4月19日から令和5年11月30日までの間
2. 国際平和協力業務の種類及び内容
   　　次に掲げる業務の実施に必要な調整（エジプト及びイスラエルの政府その他の関係機関とMFOとの間の連絡調整に係るものに限る。）に係る国際平和協力業務であって、MFO司令部において行われるもの
   　ア　武力紛争の停止の遵守状況の監視又は紛争当事者間で合意された軍隊の再配置若しくは撤退若しくは武装解除の履行の監視
   　イ　緩衝地帯その他の武力紛争の発生の防止のために設けられた地域における駐留及び巡回
   　ウ　輸送、保管（備蓄を含む。）、通信、建設、機械器具の据付け、検査若しく

は修理又は補給（武器の提供を行う補給を除く。）

3．国際平和協力業務の実施の方法

(1) 実施計画及び実施要領の範囲内において、事務局長等による指図の内容に従い業務を行う。

(2) 隊員は、事務局長等の定めるところにより、事務局長等と緊密に連絡を取る。

(3) 派遣後、おおむね1年を経過した後、隊員の交替を行う。

4．国際平和協力業務に従事すべき者に関する事項

以下に掲げる要件を満足する自衛官

(1) MFOの要請する階級を有する者であること。

(2) 国際平和協力業務を遂行するために必要な体力及び精神力を有する者であること。

(3) 国際平和協力業務を遂行するために必要な語学力を有する者であること。

(4) エジプト・アラブ共和国及びイスラエル国に関して政治的な利害関係を有していない者であること。

(5) その他国際平和協力業務を遂行するために必要な技術、能力等を有する者であること。

5．派遣先国の関係当局及び住民との関係に関する事項

(1) 派遣先国の関係当局との関係に関する事項

(2) 派遣先国の住民との関係に関する事項

6．中断に関する事項（国際平和協力法第6条第13項第4号に掲げる場合において国際平和協力業務に従事する者が行うべき国際平和協力業務の中断に関する事項）

(1) 隊員は、国際平和協力本部長から、国際平和協力業務を中断するよう指示された場合、当該業務を中断する。

(2) 隊員は、次に掲げる場合には、その状況等を本部長に報告し、指示を受ける。

ア　武力紛争が発生したと判断すべき事態が生じた場合

イ　武力紛争の停止及びこれを維持するとの紛争当事者間の合意若しくは国際連携平和安全活動についての受入れ国及び紛争当事者の同意又は我が国の国際平和協力業務の実施についての受入れ国及び紛争当事者の同意が存在しなくなったと認められる場合

ウ　国際連携平和安全活動がいずれの紛争当事者にも偏ることなく実施されなくなったと認められる場合

(3) 業務の中断の報告

(4) 業務を中断すべき状況が解消したと判断した場合の報告及び指示

7．危険を回避するための国際平和協力業務の一時休止その他の隊員の安全を確保するための措置に関する事項

(1) 隊員は、状況が隊員の生命又は身体に危害を及ぼす可能性があり、安全の確保のため必要であると判断され、本部長の指示を受ける暇及び事務局長等と連絡を取る暇がないときは、国際平和協力業務を一時休止する。

(2) 隊員は、必要に応じて、他のMFO要員、連絡調整要員、在エジプト日本国大使館及び在イスラエル日本国大使館と連絡を取る等積極的に安全に係る情報の収集に努めるとともに、常に安全の確保に留意する。

8．その他本部長が国際平和協力業務の実施のために必要と認める事項

(1) 実施計画又は実施要領の変更を必要とする事務局長等の指図があった場合の措置

　　隊員は、当該指図の内容その他必要な事項につき、可能な限り速やかに本部長に報告し、その指示を受ける。

(2) 業務を遂行できない場合の措置

　　病気、事故等の場合、本部長に報告するとともに、事務局長等に連絡する。

(3) 武器の携行、保管及び使用

　ア　武器の携行、保管

　　武器は保安上適当と認める場所に厳重に保管する。必要と認める場合は、事務局長等の指図の範囲内において武器を携行することができる。

　イ　武器の使用

　　国際平和協力法第25条に定めるところによる。

(4) 調査、効果の測定等についての報告

　　隊員は、業務に関する調査並びに効果の測定及び分析について本部長に随時報告する。

(5) 装備の取扱い

　　隊員は、外為法上の武器を隊員以外の者に貸与し又は供与してはならない。

(6) 連絡調整要員との連携

　　隊員は、連絡調整要員と緊密に連携を図りつつ、業務を実施する。

(7) シナイ半島国際平和協力隊の隊長と隊員との関係

　　別途本部長が定める。

シナイ半島国際平和協力業務実施要領（連絡調整分野）（概要）

1．国際平和協力業務が行われるべき地域及び期間

(1) 地域

　　2に掲げる業務を実施するために必要なエジプト・アラブ共和国及びイスラエル国内の地域

(2) 期間

　　平成31年4月19日から令和5年11月30日までの間

2．国際平和協力業務の種類及び内容

　派遣先国の政府その他の関係機関と司令部要員との間の連絡調整に係る国際平和協力業務

3．国際平和協力業務の実施の方法
　　隊員は、実施計画及び実施要領の範囲内において、当該業務を行う。
4．国際平和協力業務に従事すべき者に関する事項
　　以下に掲げる要件を満足する者
　(1) 国際平和協力業務を遂行するために必要な体力及び精神力を有する者であること。
　(2) 国際平和協力業務を遂行するために必要な語学力を有する者であること。
　(3) エジプト・アラブ共和国及びイスラエル国に関して政治的な利害関係を有していない者であること。
　(4) その他国際平和協力業務を遂行するために必要な技術、能力等を有する者であること。
5．派遣先国の関係当局及び住民との関係に関する事項
　(1) 派遣先国の住民との関係に関する事項
　(2) 派遣先国の関係当局との関係に関する事項
6．中断に関する事項（国際平和協力法第6条第13項第4号に掲げる場合において国際平和協力業務に従事する者が行うべき国際平和協力業務の中断に関する事項）
　(1) 隊員は、国際平和協力本部長から、国際平和協力業務を中断するよう指示された場合、当該業務を中断する。
　(2) 次に掲げる場合には、その状況等を本部長に報告し、指示を受ける。
　　ア　武力紛争が発生したと判断すべき事態が生じた場合
　　イ　武力紛争の停止及びこれを維持するとの紛争当事者間の合意、国際連携平和安全活動についての受入れ国及び紛争当事者の同意並びに我が国の国際平和協力業務の実施についての受入れ国及び紛争当事者の同意が存在しなくなったと認められる場合
　　ウ　国際連携平和安全活動がいずれの紛争当事者にも偏ることなく実施されなくなったと認められる場合
　(3) 業務の中断の報告
　(4) 業務を中断すべき状況が解消したと判断した場合の報告及び指示
7．危険を回避するための国際平和協力業務の一時休止その他の隊員の安全を確保するための措置に関する事項
　(1) 隊員は、状況が隊員の生命又は身体に危害を及ぼす可能性があり、安全の確保のため必要であると判断され、本部長の指示を受ける暇がないときは、国際平和協力業務を一時休止する。
　(2) 隊員は、必要に応じて、司令部要員、在エジプト日本国大使館及び在イスラエル日本国大使館と連絡を取る等積極的に安全に係る情報の収集に努めるとともに、常に安全の確保に留意する。
8．その他本部長が国際平和協力業務の実施のために必要と認める事項
　(1) 実施計画又は実施要領の変更を必要とする場合の措置

隊員は、必要な事項につき、可能な限り速やかに本部長に報告し、その指示を受ける。
(2) 業務を遂行できない場合の措置
　　病気、事故等の場合、本部長に報告する。
(3) 調査、効果の測定等についての報告
　　隊員は、業務に関する調査並びに効果の測定及び分析について本部長に随時報告する。
(4) 装備の取扱い
　　隊員は、外為法上の武器を隊員以外の者に貸与し又は供与してはならない。
(5) 司令部要員との連携
　　隊員は、司令部要員と緊密に連携を図りつつ、業務を実施する。
(6) シナイ半島国際平和協力隊の隊長と隊員との関係
　　別途本部長が定める。

シナイ半島国際平和協力業務の概要

1. 多国籍部隊・監視団（MFO：Multinational Force and Observers）の設立経緯と任務
　○ 1973（昭和48）年の第4次中東戦争の後、1979（昭和54）年3月に「エジプト・アラブ共和国及びイスラエル国との間の平和条約」が締結された。しかしながら、同平和条約に基づく国連の部隊及び監視団の設立については、国連安保理議長からの合意不成立の通告があったことから、1981（昭和56）年8月、紛争当事者であるエジプトとイスラエルは、米国の仲介により、多国籍部隊・監視団（以下「MFO」という。）設立の根拠となる「エジプト・アラブ共和国とイスラエル国との間の平和条約の議定書」に署名し、平和条約に定められた国際連合の部隊及び監視団の任務及び責任を代替する機関としてMFOが設立された。

2. 経緯
　平成31年2月 28日　MFOへの派遣に係る準備に関する防衛大臣指示（同日の内閣官房長官記者会見におけるMFOへの派遣に係る準備の表明を受けて発出）
　　　　　　　4月 2日　実施計画等閣議決定
　　　　　　　4月26日　司令部要員出発
　令和元年11月 12日　実施計画の変更閣議決定（業務実施期間の延長）
　　　　　　　　　　　　実施計画の変更及び業務実施の状況について国会報告（国際平和協力本部）
　令和2年11月10日　実施計画の変更閣議決定（業務実施期間の延長）

令和3年11月16日 　実施計画の変更閣議決定（業務実施期間の延長）
　　　　　　　　　　実施計画の変更及び業務実施の状況について国会報告（国際平和協力本部）

令和4年11月1日 　実施計画の変更閣議決定（業務実施期間の延長）
　　　　　　　　　　実施計画の変更及び業務実施の状況について国会報告（国際平和協力本部）

令和5年5月12日 　実施計画の変更閣議決定（司令部要員の追加派遣等）
　　　　　　　　　　実施計画の変更及び業務実施の状況について国会報告（国際平和協力本部）

令和5年11月7日 　実施計画の変更閣議決定（業務実施期間の延長）
　　　　　　　　　　実施計画の変更及び業務実施の状況について国会報告（国際平和協力本部）

3．我が国司令部要員の任務及び規模
　〇 任務：MFOの停戦監視活動の実施に関するエジプト及びイスラエルとの連絡調整や、領空通過・滑走路使用許可取得に係る調整等に加え、エジプト・イスラエル両国の軍事当局間の対話・信頼醸成の促進支援等
　〇 人員：2名（2等陸佐×1名、3等陸佐×1名）（2020年12月時点）
　〇 人員：4名（2等陸佐×1名、3等陸佐×2名、2等陸曹×1名）（2023年5月時点）
　※上記司令部要員の他、派遣先国政府等との間の連絡調整等を行う連絡調整要員（1名）をシナイ半島国際平和協力隊員として派遣

国際貢献
邦人輸送

ウクライナ被災民救援国際平和協力業務実施計画

> 令和4年4月28日
> 閣　議　決　定

1．基本方針

　ウクライナ国（以下「ウクライナ」という。）については、ロシアが、2022年2月24日、ウクライナにおける「非軍事化」「非ナチ化」を追求するとして、「特別軍事作戦」の開始を発表し、ウクライナへの侵略を開始した。ロシア軍はウクライナ北部、東部、南部に進軍し、各地で激しい武力衝突が発生した。ロシア軍は一般市民も標的にしており、多数の死傷者が生じている。4月上旬には、ロシア軍が撤退したキーウ州の各都市において虐殺された多数の市民の死体が発見された。また、マリウポリ市を始めとするウクライナ東部等では、ロシア軍による無差別攻撃により一般市民の犠牲者が発生しているほか、人道回廊を通じた避難もロシア軍により妨害されている。ロシア軍はウクライナ北部からは撤退したが東部及び南部において攻勢を強める動きがあり、停戦のめどは立っておらず、一般市民の犠牲や避難も継続している。

　国際連合難民高等弁務官事務所（以下「UNHCR」という。）によれば、軍事侵攻の結果ウクライナから周辺諸国へ避難したウクライナ国民は、本年4月19日現在、500万人を超えており、ポーランドに約283万人、ルーマニアに約76万人、ハンガリーに約47万人、モルドバに約43万人及びスロバキアに約34万人が流入したとされている。

　このような状況に対処するため、UNHCRは、ウクライナ、ポーランド、ルーマニア、ハンガリー、モルドバ及びスロバキアにおいて、ウクライナ被災民に対する救援活動を行っている。

　UNHCRは、上記のウクライナ被災民に対する救援に資するために、人道救援物資をアラブ首長国連邦（ドバイ）の倉庫からポーランド及びルーマニアに輸送するなどの人道的な国際救援活動を行っているところ、今般、UNHCRから我が国に対し、UNHCRの備蓄物資の輸送について要請がなされた。我が国としても、世界の平和と安定のために一層の責務を果たしていくに当たり、国際連合を中心とした国際平和のための活動に対し、国際協調の下で積極的な貢献を行うため、この輸送の要請に応分の協力を行うこととする。このため、ウクライナ被災民救援国際平和協力隊を設置し、我が国のウクライナ被災民救援活動として輸送を円滑かつ効果的に行うための連絡調整の分野における国際平和協力業務を行うとともに、自衛隊の部隊等により、輸送分野における国際平和協力業務を実施することとする。

　なお、国際連合平和維持活動等に対する協力に関する法律（平成4年法律第79

号。以下「国際平和協力法」という。）第3条第3号に規定するUNHCRの人道的な国際救援活動が行われる地域の属する国（以下「受入国」という。）の当該活動への同意及び同法第6条第1項第3号に規定する受入国の、我が国の国際平和協力業務への同意についてはいずれも得られている。

2．ウクライナ被災民救援国際平和協力業務の実施に関する事項
(1) 国際平和協力業務の種類及び内容
　ア　イに掲げる業務のうち、派遣先国の政府その他の関係機関とこの業務に従事する自衛隊の部隊等との間の連絡調整に係る国際平和協力業務であって、自衛隊の部隊等以外の者が行うもの
　イ　国際平和協力法第3条第5号ツに掲げる業務のうち、輸送に係る国際平和協力業務
　　　ア及びイに掲げる業務は、国際平和協力法第2条第2項の規定の趣旨を損なわない範囲内において行う。
(2) 派遣先国
　ア　受入国
　　　アラブ首長国連邦、ポーランド共和国及びルーマニアとする。
　イ　受入国以外の国
　　　エジプト・アラブ共和国、オマーン国、カンボジア王国、サウジアラビア王国、スリランカ民主社会主義共和国、タイ王国、トルコ共和国、フィリピン共和国、ベトナム社会主義共和国、マレーシア及びモルディブ共和国において、(1)イに掲げる業務のうち附帯する業務として補給及び輸送を行うことができる。
(3) 国際平和協力業務を行うべき期間
　　　令和4年4月29日から同年7月15日までの間
(4) ウクライナ被災民救援国際平和協力隊の規模及び構成並びに装備
　ア　規模及び構成
　（ア）(1) アに掲げる業務に従事する者
　　　　(1) アに掲げる業務を遂行するために必要な技術、能力等を有する者5名（ただし、人員の交替を行う場合は10名）
　（イ）(1) イに掲げる業務に従事することとなった結果、国際平和協力法第14条第2項の規定により、国際平和協力法第4条第2項第3号に掲げる事務に従事する者
(5) イ（ア）に掲げる部隊に所属する自衛隊員
　イ　装備
　　　ウクライナ被災民救援国際平和協力隊の隊員の健康及び安全の確保並びに(1) アに掲げる業務に必要な個人用装備（武器を除く。）
(6) 自衛隊の部隊等が行う国
　ア　自衛隊の部隊等が行う国際平和協力業務の種類及び内容
　　　(1) イに掲げる業務

イ　国際平和協力業務を行う自衛隊の部隊等の規模及び構成並びに装備

（ア）規模及び構成

（1）イに掲げる業務を行うための航空自衛隊の部隊（人員201名）

（イ）装備

①航空機

輸送機（C−2）2機、空中給油・輸送機（KC−767）1機、政府専用機（B−777）1機及び輸送機（C−130H）1機

②その他

自衛隊員の健康及び安全の確保並びに（1）イに掲げる業務に必要な装備（武器及び①に掲げるものを除く。）

（6）関係行政機関の協力に関する重要事項

ア　関係行政機関の長は、国際平和協力本部長（以下「本部長」という。）から、（1）アに掲げる業務を実施するため必要な技術、能力等を有する職員をウクライナ被災民救援国際平和協力隊に派遣するよう要請があったときは、その所掌事務に支障を生じない限度において、当該職員をウクライナ被災民救援国際平和協力隊に派遣するものとする。

イ　外務大臣の指定する在外公館長は、外務大臣の命を受け、国際平和協力業務の実施のため必要な協力を行うものとする。

ウ　関係行政機関の長は、その所掌事務に支障を生じない限度において、本部長の定めるところにより行われる研修のため必要な協力を行うものとする。

エ　関係行政機関の長は、本部長から、その所管に属する物品の管理換えその他の協力の要請があったときは、その所掌事務に支障を生じない限度において、当該協力を行うものとする。

（7）その他国際平和協力業務の実施に関する重要事項

本部長は、国際平和協力業務の実施に当たり、必要があると認めるときは、関係行政機関の長の協力を得て、物品の譲渡若しくは貸付け又は役務の提供について国以外の者に協力を求めることができる。

ウクライナ被災民救援国際平和協力隊の設置等に関する政令

内閣は、国際連合平和維持活動等に対する協力に関する法律（平成四年法律第七十九号）第五条第八項及び第十七条第二項の規定に基づき、この政令を制定する。

（国際平和協力隊の設置）

第一条　国際平和協力本部に、ウクライナ被災民（ウクライナにおける紛争によって被害を受け又は受けるおそれがある住民その他の者をいう。以下同じ。）に対する人道的な国際救援活動のため、国際連合平和維持活動等に対する協力に関する法律（以下「法」という。）第三条第五号ツに掲げる業務のうち輸送に係

る国際平和協力業務（派遣先国の政府その他の関係機関と当該国際平和協力業務
に従事する自衛隊の部隊等との間の連絡調整に係るものに限る。）及び法第四条
第二項第三号に掲げる事務を行う組織として、令和四年七月十五日までの間、ウ
クライナ被災民救援国際平和協力隊（以下「協力隊」という。）を置く。

（国際平和協力手当）

第二条　ウクライナ被災民に対する人道的な国際救援活動のために実施される国
際平和協力業務に従事する協力隊の隊員及び法第九条第五項に規定する自衛隊
員（以下「部隊派遣自衛隊員」という。）に、この条の定めるところに従い、法第
十七条第一項に規定する国際平和協力手当（以下「手当」という。）を支給する。

2　手当は、国際平和協力業務に従事した日一日につき、別表の中欄に掲げる区
分に応じ、それぞれ同表の下欄に定める額とする。

3　前項に定めるもののほか、手当の支給に関しては、協力隊の隊員（部隊派遣
自衛隊員の身分を併せ有する者を除く。）については一般職の職員の給与に関
する法律（昭和二十五年法律第九十五号）に基づく特殊勤務手当の支給の例に
より、部隊派遣自衛隊員については防衛省の職員の給与等に関する法律（昭和
二十七年法律第二百六十六号）に基づく特殊勤務手当の支給の例による。

附則

この政令は、公布の日から施行する。

別表（第二条関係）

一	二
（一）　アラブ首長国連邦内の地域において、法第三条第五号ツに掲げる業務のうち空路による輸送に係る業務（以下「空輸業務」という。）を行う場合（（二）並びに二の項及び（二）に規定する場合を除く。）。ただし、陸上の場所に留まって行う場合に限る。 （二）アラブ首長国連邦、エジプト、オマーン、カンボジア、サウジアラビア、スリランカ、タイ、トルコ、フィリピン、ベトナム、マレーシア又はモルディブに所在する空港の区域又はその周辺の区域において、空輸業務に附帯する業務として、空路により当該空輸業務に従事する人員の輸送又は当該空輸業務に必要な物資の補給を行う場合（二の項（一）及び（二）に規定する場合を除く。）。ただし、陸上の場所に留まって行う場合に限る。	（一）　一の項（一）に規定する地域において第一条に規定する国際平和協力業務を行う場合 （二）　一の項（二）に規定する区域において、空輸業務に附帯する業務として、空路により乗員が当該空輸業務に従事する人員の輸送又は当該空輸業務に必要な物資の補給を行う場合。ただし、陸上の場所に留まって行う場合に限る。 （三）　ポーランド又はルーマニア内の地域において空輸業務を行う場合。ただし、陸上の場所に留まって行うものに限る
三千円	千四百円

ウクライナ被災民救援国際平和協力業務実施要領（輸送分野）（概要）

1．国際平和協力業務が行われるべき地域及び期間
   (1) 地域
      2 (1) に掲げる業務を実施するために必要なアラブ首長国連邦、ポーランド
      共和国及びルーマニア内の地域とする。 ただし、2 (2) に掲げる業務を
      行う場合は、当該業務を実施するために必要なエジプト・アラブ共和国、
      オマーン国、カンボジア王国、サウジアラビア王国、スリランカ民主社
      会主義共和国、タイ王国、トルコ共和国、フィリピン共和国、ベトナム
      社会主義共和国、マレーシア及びモルディブ共和国内の地域を含む。
   (2) 期間
      令和4年4月29日から同年6月30日までの間
2．国際平和協力業務の種類及び内容
   (1) ウクライナ被災民救援のための物資の輸送
   (2) (1) に掲げる業務のうち附帯する業務としての物資の補給及び人員の輸送
3．国際平和協力業務の実施の方法
   (1) 原則
      遣部隊は、実施計画及び実施要領の範囲内において、国際連合難民高等弁務
      官事務所（以下「UNHCR」という。）とも協調を図りつつ、当該業務を行う。
   (2) 装備
      輸送機（C－2）2機、空中給油・輸送機（KC－767）1機、政府専用機（B
      －777）1機及び輸送機（C－130H）1機により実施する。
4．国際平和協力業務に従事すべき者に関する事項
      以下に掲げる要件を満足する自衛官
   (1) 国際平和協力業務を遂行するために必要な体力及び精神力を有する者であ
      ること。
   (2) 国際平和協力業務を遂行するために必要な語学力を有する者であること。
   (3) その他国際平和協力業務を遂行するために必要な技術、能力等を有する者で
      あること。
5．派遣先国の関係当局及び住民との関係に関する事項
   (1) 派遣先国の関係当局との関係に関する事項
   (2) 派遣先国の住民との関係に関する事項
6．業務の中断に関する事項
   (1) 部隊長等は、防衛大臣が国際平和協力本部長と協議の上、国際平和協力業務
      を中断するよう指示した場合、当該業務を中断する。
   (2) 部隊長等は、次に掲げる場合には、その状況等を防衛大臣を通じ本部長に報
      告し、防衛大臣が本部長と協議した上で発出する指示を受ける。
      ア　人道的な国際救援活動又は国際平和協力業務の実施について、受入国から

同意を撤回する旨の意思表示があった場合

　イ　アに掲げる場合のほか、人道的な国際救援活動又は国際平和協力業務の実施についての受入国の同意が存在しなくなったと認められる場合

　ウ　受入国が紛争当事者となったと認められる場合

(3)　業務中断中の情報収集及び報告

(4)　業務を中断すべき状況が解消したと判断した場合の報告及び指示

7．危険を回避するための国際平和協力業務の一時休止等の措置に関する事項

(1)　部隊長等は、状況が隊員の生命又は身体に危害を及ぼす可能性があり、安全の確保のため必要であると判断され、防衛大臣の指示を受ける暇がないときは、国際平和協力業務を一時休止する。

(2)　部隊長等は、必要に応じて、関係在外公館、UNHCR及び連絡調整要員等と連絡をとる等積極的に部隊の安全に係る情報の収集に努めるとともに、常に安全の確保に留意する。

8．その他の事項

(1)　実施計画又は実施要領の変更を必要とするUNHCRからの要請があった場合の措置　部隊長等は、当該要請の内容その他必要な事項につき、防衛大臣を通じ本部長に報告し、防衛大臣が発出する指示を受ける。

(2)　調査、効果の測定等についての報告

　ア　報告の内容

　　　国際平和協力隊の隊員は、派遣部隊の指揮系統に従って、業務に関する調査並びに効果の測定及び分析について、部隊長たる国際平和協力隊の隊員に随時報告する。

　イ　報告の要領

　　　部隊長たる国際平和協力隊の隊員は、速やかに当該内容を取りまとめの上、本部長に対して報告する。

(3)　隊員の交替

　　　政令に定める場合のほか、疾病、事故その他のやむを得ざる理由により、隊員が国際平和協力隊の隊員でなくなることを申し出て、本部長がそれを承認した場合には、防衛大臣は隊員を交替させることができる。

(4)　装備の取扱い

　　　隊員は、輸出貿易管理令上の武器を隊員以外の者に貸与し又は供与してはならない。

(5)　連絡調整要員との連携

　　　隊員は、連絡調整要員と緊密に連携を図りつつ、国際平和協力業務を実施する。

ウクライナ被災民救援国際平和協力業務実施要領（連絡調整分野）（概要）

1. 国際平和協力業務が行われるべき地域及び期間
   (1) 地域
       2に掲げる業務を実施するために必要なアラブ首長国連邦、ポーランド共和国及びルーマニア内の地域
   (2) 期間
       令和4年4月29日から同年7月15日までの間
2. 国際平和協力業務の種類及び内容
       派遣先国の政府その他の関係機関とこの業務に従事する自衛隊の部隊等との間の連絡調整に係る国際平和協力業務
3. 国際平和協力業務の実施の方法
       隊員は、実施計画及び実施要領の範囲内において、当該業務を行う。
4. 国際平和協力業務に従事すべき者に関する事項
       以下に掲げる要件を満足する者
   (1) 国際平和協力業務を遂行するために必要な体力及び精神力を有する者であること。
   (2) 国際平和協力業務を遂行するために必要な語学力を有する者であること。
   (3) その他国際平和協力業務を遂行するために必要な技術、能力等を有する者であること。
5. 派遣先国の関係当局及び住民との関係に関する事項
   (1) 派遣先国の住民との関係に関する事項
   (2) 派遣先国の関係当局との関係に関する事項
6. 中断に関する事項（国際平和協力法第6条第13項第7号に掲げる場合において国際平和協力業務に従事する者が行うべき国際平和協力業務の中断に関する事項）
   (1) 隊員は、国際平和協力本部長から、国際平和協力業務を中断するよう指示された場合、当該業務を中断する。
   (2) 次に掲げる場合には、その状況等を本部長に報告し、本部長の指示を受ける。
       ア　人道的な国際救援活動又は国際平和協力業務の実施について、受入国から同意を撤回する旨の意思表示があった場合
       イ　アに掲げる場合のほか、人道的な国際救援活動又は国際平和協力業務の実施についての受入国の同意が存在しなくなったと認められる場合
       ウ　受入国が紛争当事者となったと認められる場合
   (3) 業務中断中の情報収集及び報告
   (4) 業務を中断すべき状況が解消したと判断した場合の報告及び指示
7. 危険を回避するための国際平和協力業務の一時休止その他の隊員の安全を確保するための措置に関する事項

(1) 隊員は、状況が隊員の生命又は身体に危害を及ぼす可能性があり、安全の確保のため必要であると判断され、かつ、本部長の指示を受ける暇がないときは、国際平和協力業務を一時休止する。

(2) 隊員は、必要に応じて、自衛隊の部隊等、UNHCR及び関係在外公館と連絡を取る等積極的に安全に係る情報の収集に努めるとともに、常に安全の確保に留意する。

8. その他本部長が国際平和協力業務の実施のために必要と認める事項

(1) 実施計画又は実施要領の変更を必要とする場合の措置

隊員は、必要な事項につき、可能な限り速やかに本部長に報告し、その指示を受ける。

(2) 業務を遂行できない場合の措置

病気又は事故等の場合、本部長に報告する。

(3) 調査、効果の測定等についての報告

隊員は、業務に関する調査並びに効果の測定及び分析について本部長に随時報告する。

(4) 装備の取扱い

隊員は、輸出貿易管理令上の武器を隊員以外の者に貸与し又は供与してはならない。

(5) 自衛隊の部隊等との連携

隊員は、自衛隊の部隊等と緊密に連携を図りつつ、業務を実施する。

ウクライナ被災民救援国際平和協力業務の概要

1. 経緯

| 令和4年4月28日 | ウクライナ被災民救援国際平和協力業務実施計画閣議決定 ウクライナ被災民救援国際平和協力業務の実施に関する自衛隊行動命令発出 |

5月 1日　第1便C-2輸送機が出発（入間発、5月3日ポーランド着、5月6日入間着）

5月11日　第2便C-2輸送機が出発（美保発、5月13日ルーマニア着、5月16日入間着）

5月18日　第3便C-2輸送機が出発（入間発、5月20日ポーランド着、5月23日入間着）

5月25日　第4便C-2輸送機が出発（美保発、5月27日ルーマニア着、5月30日美保着）

6月 1日　第5便KC-767空中給油・輸送機が出発（小牧発、6月3日ポーランド着、6月6日小牧着）

6月 8日	第6便C-2輸送機が出発（美保発、6月11日ルーマニア着、6月14日美保着）
6月15日	第7便KC-767空中給油・輸送機が出発（小牧発、6月17日ポーランド着、6月20日小牧着）
6月22日	第8便C-2輸送機が出発（入間発、6月24日ルーマニア着、6月27日入間着）
7月15日	ウクライナ被災民救援空輸隊等の編組解除に関する自衛隊行動命令を発出
8月 5日	業務実施の結果の国会報告（国際平和協力本部）

2．我が国派遣部隊の任務、実績及び規模

〇任務

　ドバイ（アラブ首長国連邦）にある国連難民高等弁務官事務所（UNHCR）の倉庫に備蓄された人道救援物資をウクライナ周辺国（ポーランド及びルーマニア）に自衛隊の航空機により空輸

〇実績

　C-2輸送機及びKC-767空中給油・輸送機を用いて計8便を運航し、毛布17,280枚、ビニールシート12,000枚、ソーラーランプ5,184個及びキッチンセット3,380個、計4品目で約103トンの人道救援物資をドバイからポーランド又はルーマニアに空輸

〇部隊の規模

　ウクライナ被災民救援空輸隊等　人員：延べ142人

ウクライナ被災民救援国際平和協力業務の実施の結果

　この報告は、国際連合平和維持活動等に対する協力に関する法律（平成4年法律第79号）第7条の規定に基づき、国会に報告するものである。

ウクライナ被災民救援国際平和協力業務の実施の結果

1．経緯

　ウクライナ国（以下「ウクライナ」という。）については、ロシアが、2022年2月24日、ウクライナへの侵略を開始した。ロシア軍はウクライナ北部、東部、南部に進軍し、各地で激しい武力衝突が発生した。その後、ロシア軍はウクライナ北部からは撤退したが東部及び南部において攻勢を強め、その他の地域の都市へのミサイル攻撃等も断続的に行う等、停戦のめどは立っておらず、一般市民の犠牲やウクライナ周辺諸国への避難も継続している。

　このような状況に対処するため、国際連合難民高等弁務官事務所（以下「UNHCR」という。）は、ウクライナ、ポーランド、ルーマニア、ハンガリー、

モルドバ及びスロバキアにおいて、ウクライナ被災民に対する救援活動を行っている。

　UNHCRは、上記のウクライナ被災民に対する救援に資するために、人道救援物資をアラブ首長国連邦（ドバイ）の倉庫からポーランド及びルーマニアに輸送するなどの人道的な国際救援活動を行っていたところ、UNHCRから我が国に対し、UNHCRの人道救援物資の輸送について要請がなされた。

　我が国としては、世界の平和と安定のために一層の責務を果たしていくに当たり、国際連合を中心とした国際平和のための活動に対し、国際協調の下で積極的な貢献を行うため、この輸送の要請に対する応分の協力として、UNHCRの人道救援物資のアラブ首長国連邦（ドバイ）からポーランド及びルーマニアへの輸送を行うこととし、同年4月28日に「ウクライナ被災民救援国際平和協力業務の実施について」及び「ウクライナ被災民救援国際平和協力隊の設置等に関する政令（令和4年政令第186号）」を閣議決定して、同日、ウクライナ被災民救援国際平和協力隊を設置した。

　なお、今回の輸送協力について、国際連合平和維持活動等に対する協力に関する法律（平成4年法律第79号。以下「国際平和協力法」という。）に規定する国際平和協力業務を実施するための各要件は満たされていた。具体的には、UNHCRの人道的な国際救援活動が行われるアラブ首長国連邦、ポーランド及びルーマニアについては、国際平和協力法第3条第3号に規定する紛争当事者に当たらなかったため、紛争当事者間の停戦合意はそもそも必要とされなかったほか、同号に規定するUNHCRの人道的な国際救援活動への同意及び国際平和協力法第6条第1項第3号に規定する、我が国の国際平和協力業務への同意はいずれも得られていた。

　我が国は、以上の経緯をもって、自衛隊の部隊により、輸送分野における国際平和協力業務を実施するとともに、併せて連絡調整要員をアラブ首長国連邦（ドバイ）、ポーランド又はルーマニアに派遣し、派遣先国のUNHCR事務所、大使館、空港当局、グランドハンドリング業者等と自衛隊の部隊との間の連絡調整分野における国際平和協力業務を実施した。

2．ウクライナ被災民救援国際平和協力業務の実施の結果に関する事項
(1) 輸送業務の概要
　　航空自衛隊の航空支援集団司令官森川龍介空将の指揮の下、延べ142名のウクライナ被災民救援空輸隊（以下「空輸隊」という。）は、国際平和協力本部による研修を受け、所要の準備を経て、本年5月1日から6月27日までの間に、航空自衛隊の航空機による空輸業務を実施した。航空機はC－2輸送機及びKC－767空中給油・輸送機を用い、本邦を出発して、UNHCRの人道救援物資の備蓄倉庫が所在するアラブ首長国連邦のドバイに向けて飛び立ち、ドバイに到着後、同倉庫に備蓄されている各種の人道救援物資を積み込み、ポーランド又はルーマニアまで空輸して現地UNHCR事務所

851

に引き渡し、本邦に帰着するという行程を6日間を基準として行い、おおむね週に1回の頻度で合計8便の空輸業務を、各便とも航空機1機により実施した。

第1便はC－2輸送機により5月1日に埼玉県の入間基地を出発し、5月3日未明にドバイにおいてビニールシート6,000枚、約23.6トンを積み込んだ後、物資の集積地となっているポーランドのジェシュフ・ヤシオンカ空港へ向けて飛び立ち、同日午後、同空港において物資を現地UNHCR事務所に引き渡し、5月6日に入間基地へ帰着した。

第2便はC－2輸送機により5月11日に鳥取県の美保基地を出発し、5月13日未明にドバイにおいてソーラーランプ5,184個、約7.4トンを積み込んだ後、物資の集積地となっているルーマニアの首都ブカレストのアンリ・コアンダ国際空港へ向けて飛び立ち、同日午後、同空港において物資を現地UNHCR事務所に引き渡し、5月16日に美保基地へ帰着した。

第3便はC－2輸送機により5月18日に入間基地を出発し、5月20日未明にドバイにおいて毛布4,320枚、約6.3トンを積み込んだ後、ジェシュフ・ヤシオンカ空港へ向けて飛び立ち、同日午前、同空港において物資を現地UNHCR事務所に引き渡し、5月23日に入間基地へ帰着した。

第4便はC－2輸送機により5月25日に美保基地を出発し、5月27日未明にドバイにおいて毛布4,320枚、約6.3トンを積み込んだ後、アンリ・コアンダ国際空港へ向けて飛び立ち、同日午前、同空港において物資を現地UNHCR事務所に引き渡し、5月30日に美保基地へ帰着した。

第5便はKC－767空中給油・輸送機により6月1日に愛知県の小牧基地を出発し、6月3日未明にドバイにおいてビニールシート6,000枚、約23.4トンを積み込んだ後、ジェシュフ・ヤシオンカ空港へ向けて飛び立ち、同日午後、同空港において物資を現地UNHCR事務所に引き渡し、6月6日に小牧基地へ帰着した。

第6便はC－2輸送機により6月8日に美保基地を出発し、6月11日未にドバイにおいて毛布4,320枚、約6.3トンを積み込んだ後、アンリ・コアンダ国際空港へ向けて飛び立ち、同日午前、同空港において物資を現地UNHCR事務所に引き渡し、6月14日に美保基地へ帰着した。

第7便はKC－767空中給油・輸送機により6月15日に小牧基地を出発し、6月17日未明にドバイにおいてキッチンセット3,380個、約23.4トンを積み込んだ後、ジェシュフ・ヤシオンカ空港へ向けて飛び立ち、同日午前、同空港において物資を現地UNHCR事務所に引き渡し、6月20日に小牧基地へ帰着した。

第8便はC－2輸送機により6月22日に入間基地を出発し、6月24日未明にドバイにおいて毛布4,320枚、約6.3トンを積み込んだ後、アンリ・コアンダ国際空港へ向けて飛び立ち、同日午前、同空港において物資を現地UNHCR事務所に引き渡し、6月27日に入間基地へ帰着した。

空輸隊は、約2か月間、計8便の運航でビニールシート12,000枚、ソーラー

ランプ5,184個、毛布17,280枚及びキッチンセット3,380個、計4品目で約103トンの人道救援物資をドバイからポーランド又はルーマニアに空輸し、UNHCRから要請された全ての人道救援物資の空輸を終了した。また、空輸隊の要員は、アラブ首長国連邦（ドバイ）、ポーランド又はルーマニアに所要に応じて適時に派遣された連絡調整要員と連携しながら、現地UNHCR事務所と実施業務に関する調整を行うなど、UNHCRとの緊密な連携の維持に努めたほか、現地空港当局関係者等からの協力も得て円滑に業務を実施した。

なお、今次輸送業務については、途中マレーシア及び一部の便についてはトルコ共和国において給油等を行った。

さらに、この間、空輸業務に当たるC－2輸送機及びKC－767空中給油・輸送機の故障等の不測事態に備え、常に国内で予備機及び救援のための整備要員98名を待機させた。

(2) 連絡調整業務の概要

関係府省（内閣府、外務省及び防衛省）から派遣された連絡調整要員は、空輸隊の活動を円滑かつ効果的に行うため、国際平和協力本部による研修を受け、本年4月30日以降、逐次業務に従事した。連絡調整要員は、アラブ首長国連邦のドバイ、ポーランドのジェシュフ又はルーマニアのブカレスト等に合わせて最大3名派遣され、派遣先国のUNHCR事務所、大使館、空港当局、グランドハンドリング業者等と空輸隊との間の連絡調整業務に従事した後、6月26日までに帰国した。

3．まとめ

今回、我が国が実施した活動は、UNHCRが実施しているウクライナ被災民に対する救援活動への協力として行ったものであり、我が国として同活動に大きく寄与することにより、国際平和のための努力に貢献することができたものと考えている。また、今般、本邦を拠点として入念な準備を行い、定期的な海外での長距離の任務運航を行うというかたちで国際平和協力業務を成功裏に終わらせることができたことは、我が国の強みである国際拠点間輸送能力を国際社会に示すこととなり、今後の国際貢献の幅を広げるものであったと考えている。

空輸隊にとって、今回与えられた任務そのものは、その能力をもってすれば十分対応可能であったが、運航中、機内で一人でも新型コロナウイルス感染者が発生した場合、ほかの運航要員も濃厚接触等により当該運航そのものが継続困難になるという事態を回避するため、厳格な新型コロナウイルス感染対策を行いつつ、往復約3万キロ以上もの長距離の運航を行わなければならなかったことを考慮すると、毎週安定的に輸送業務を実施することは、日本国内での作業と比較して決して容易なものではなかったと言える。また、UNHCRから、我が国の特別な協力に対して心からの謝意が表明されているほか、ウクライナ政府関係者からも感謝と高い評価が得られており、さらにウクライナ被災民に対する人道支援を行っているポーランドやルーマニアとの協力の観点からも意義深いものがあ

り、今回の我が国の活動は、時宜にかなった協力であったと考えている。

　政府としては、今回の活動における貴重な経験を今後の業務の実施にいかすことが肝要と考えており、今後とも、国民の理解と支持を得つつ、国際平和協力法に基づく協力を進めていくこととしたい。

国際貢献　邦人輸送

2. 海賊対処活動

（1）海賊対処活動の経緯
　〇海上警備行動での対処
　　　海賊行為は、海上における公共の安全と秩序の維持に対する重大な脅威であり、我が国の人命・財産を保護することは政府の重大な責務である。

　　　ソマリア沖・アデン湾は、我が国にとって極めて重要な海上交通路であり、当海域における海賊行為は我が国のみならず、世界経済に多大な影響を与えることから、国際社会と協力して対処していくことが重要である。

　　　自衛隊による海賊対処については、新たな法律を整備した上で対応することが基本であり、政府は平成21年3月13日、海賊行為の処罰及び海賊行為への対処に関する法律案（以下海賊対処法という。）を、閣議決定し国会に提出した。一方、近年、同海域では海賊事案が多発・急増しており、我が国の人命・財産を緊急に保護する必要があることから、平成21年3月13日、新法整備までの応急措置として、ソマリア沖・アデン湾において、我が国関係船舶を海賊行為から防護するために、自衛隊法第82条の規定により海上警備行動を発令し、翌14日、護衛艦「さざなみ」「さみだれ」を派遣し、同月30日から日本関係船舶の護衛を開始した。

　　　また、アデン湾の広大な海域の警戒監視を行うため、同年5月28日に固定翼哨戒機P-3Cをジブチに派遣し、同年6月11日から任務を開始した。
　〇海賊対処法での対処
　　　海賊対処法は平成21年6月19日に成立し、同年7月24日に施行された。

　　　同日付で防衛大臣は内閣総理大臣の承認を得て海賊対処行動を命じ、同日から海賊対処行動によるP-3Cの警戒監視等が、また、同月28日から第2次隊として派遣された護衛艦「はるさめ」「あまぎり」による海賊対処法に基づく海賊対処行動による民間船舶の護衛が開始された。これにより、我が国関係船舶のみならず、すべての民間船舶を防護することが可能となった。

　　　政府は、平成25年7月9日、海賊対処を行う諸外国の部隊と協調してより効果的に船舶を防護するため、派遣海賊対処行動水上部隊を第151連合任務部隊（CTF151）に参加させて、ゾーンディフェンスを行うことを決定した。これを受け、同年12月10日より、派遣海賊対処行動水上部隊第17次隊が、CTF151に参加し、ゾーンディフェンスを開始した。また、平成26年2月からは派遣海賊対処行動航空隊もCTF151に参加している。さらに、同年7月には、自衛隊からCTF151司令官、司令部要員を派遣する方針を決定し、同年8月末から初のCTF151司令部要員として海上自衛官を派遣した。また平成27年5月末から8月末までの間には、自衛隊から初めてCTF151司令官を派遣し、その後平成29年3月から6月までの間、平成30年3月から6月までの間、令和2年2月から6月までの間もそれぞれCTF151司令官及び司令部要員を派遣している。

さらには、CTF151の上級部隊である連合海上部隊（CMF）にも情報収集等のための連絡要員を派遣してきた。令和3年6月10日、CMF及びCTF151は、効率的な部隊運用を目的とした組織改編を実施した。自衛隊は、引き続き国際社会と連携して海賊対処行動に取り組むために、組織改編後のCMF及び第151連合任務群にも司令部要員を派遣することとした。

（2）海賊行為の処罰及び海賊行為への対処に関する法律の概要

1．法律の目的

我が国の経済社会及び国民生活における船舶航行の安全確保の重要性並びに国連海洋法条約の趣旨にかんがみ、海賊行為の処罰及び海賊行為への適切かつ効果的な対処のために必要な事項を定め、海上における公共の安全と秩序の維持を図る。

2．海賊行為の定義

「海賊行為」……船舶（軍艦等を除く）に乗り組み又は乗船した者が、私的目的で、公海（排他的経済水域を含む）又は我が国領海等において行う次の行為。

(1) 船舶強取・運航支配
(2) 船舶内の財物強取等
(3) 船舶内にある者の略取
(4) 人質強要
(5) (1)～(4)の目的での① 船舶侵入・損壊、② 他の船舶への著しい接近等、③ 凶器準備航行

3．海賊行為に関する罪

海賊行為をした者は次に掲げる刑に処する。

(1) 2 (1)～(4)：無期又は5年以上の懲役。人を負傷させたときは無期又は6年以上の懲役。人を死亡させたときは死刑又は無期懲役
(2) 2 (5) ①・②：5年以下の懲役
(3) 2 (5) ③：3年以下の懲役

4．海上保安庁による海賊行為への対処

(1) 海賊行為への対処は海上保安庁が必要な措置を実施する。
(2) 海上保安官等は警察官職務執行法第7条の規定により武器使用するほか、現に行われている2 (5)②の制止に当たり、他の制止の措置に従わず、なお2 (5) ②の行為を継続しようとする場合に、他に手段がないと信ずるに足りる相当な理由のあるときには、その事態に応じて合理的に必要と判断される限度において、武器使用が可能。

5．自衛隊による海賊行為への対処

(1) 防衛大臣は、海賊行為に対処するため特別の必要がある場合には、内閣総理大臣の承認を得て海賊対処行動を命ずることができる。承認を

受けようとするときは対処要項を作成して内閣総理大臣に提出（急を
　　要するときは行動の概要を通知すれば足りる）。
（2）対処要項には、海賊対処行動の必要性、区域、部隊の規模、期間、そ
　　の他重要事項を記載。
（3）内閣総理大臣は、海賊対処行動を承認したとき及び海賊対処行動が終
　　了したときに国会報告を行う。
（4）自衛官に海上保安庁法の所要の規定、武器使用に関する警察官職務執
　　行法第7条の規定及び4（2）を準用。

（3）対処要項

　海賊行為の処罰及び海賊行為への対処に関する法律に基づく海賊対処行動
に関する対処要項

1. 海賊対処行動の必要性

　　ソマリア沖・アデン湾は、我が国及び国際社会にとって、欧州や中東から
　東アジアを結ぶ極めて重要な海上交通路に当たる。当該海域における重火
　器で武装した海賊による事案の多発・急増に鑑み、平成21年7月24日から
　海賊行為の処罰及び海賊行為への対処に関する法律（平成21年法律第55号。
　以下「海賊対処法」という。）第7条第1項の規定による海賊対処行動により、
　自衛隊の部隊を派遣し、ソマリア沖・アデン湾において、海賊行為に対処
　するために必要な行動を実施してきた。

　　現在、ソマリア沖・アデン湾における海賊による事案の発生件数は低い
　水準で推移しており、これには自衛隊を含む各国部隊による海賊対処活動、
　船舶の自衛措置、民間武装警備員による乗船警備等が大きく寄与している。
　自衛隊の護衛活動については、直接護衛の申請件数は減少しているものの
　海賊行為に脆弱な船舶からの護衛の要望は継続しており、海賊を生み出す
　根本的な原因はいまだ解決しておらず、海賊による脅威が引き続き存在し
　ていることから、海賊行為に対処しなければならない状況には依然として
　変化が見られない。

　　また、海上保安庁がソマリア沖・アデン湾における海賊行為に対処する
　ことが困難であることについては、国土交通大臣から別添のとおり判断が
　示されたところである。

　　このため、引き続き海賊行為に対処するため特別の必要があると認められ
　ることから、海賊対処法第7条第1項の規定による海賊対処行動により、自
　衛隊の部隊を派遣し、ソマリア沖・アデン湾において、海賊行為に対処す
　るために必要な行動を継続することとする。

2. 海賊対処行動を行う海上の区域

　　自衛隊が海賊行為への対処を行う海上の区域は、ソマリア沖・アデン湾と
　する。

3．海賊対処行動を命ずる自衛隊の部隊の規模及び構成並びに装備並びに期間
  (1) 規模及び構成
    ア　海賊行為への対処を護衛艦により行うための部隊（人員約200名。ただし、部隊の交替を行う場合は約400名）
    イ　海賊行為への対処を航空機により行うためジブチを拠点とする部隊（人員約60名。ただし、部隊の交替を行う場合は約130名）及び必要に応じ人員や整備機材等の航空輸送を本邦と当該拠点との間で実施するための部隊（人員約130名）
    ウ　ア及びイに規定する部隊が海賊行為への対処を行うために必要な業務を行うための部隊（人員約130名。ただし、部隊の交替を行う場合は約260名）
    エ　自衛隊が海賊対処行動を的確かつ効果的に行うため、次に掲げる部隊及び関係諸機関と第151連合任務群司令部との連絡調整を行うための部隊（人員15名以内）
        (ア) ア及びイに規定する部隊
        (イ) 第151連合任務部隊に参加する諸外国の軍隊その他の関係諸機関
    オ　自衛隊が海賊対処行動を的確かつ効果的に行うため、次に掲げる部隊及び関係諸機関と連合海上部隊司令部との連携調整を行うための部隊（人員2名以内。ただし、部隊の交替を行う場合は4名以内）
        (ア) 第151連合任務群司令部
        (イ) ア及びイに規定する部隊
        (ウ) 第151連合任務群に参加する諸外国の軍隊その他の関係機関
  (2) 装備
    ア　艦船
        護衛艦1隻（ただし、部隊の交替を行う場合は護衛艦2隻）
    イ　航空機
        (ア) 固定翼哨戒機P－3C1機（ただし、部隊の交替を行う場合は固定翼哨戒機P－3C2機）
        (イ) 必要に応じ輸送機C－130Hその他の輸送に適した航空機3機以内
    ウ　その他
        自衛隊員の健康及び安全の確保、自衛隊の装備品等の警護並びに海賊行為への対処に必要な装備（ア及びイに掲げるものを除く。）
  (3) 期間
        令和5年11月20日から令和6年11月19日
4．その他海賊対処行動に関する重要事項
  (1) 自衛隊は、2に規定する区域における諸外国の活動の全般的状況、現地の海賊の状況等に関する情報その他の海賊対処行動の実施に必要な情報に関し、関係行政機関と相互に密接に連絡をとるものとする。
  (2) 自衛隊が本海賊対処行動を行うに当たって、海上保安官は、護衛艦に同乗

し、必要となる司法警察活動を行うものとする。
　（3）自衛隊は、海賊対処行動を的確かつ効果的に行うため、海賊行為への対処を行う諸外国の軍隊その他の関係諸機関と必要な協力を行うものとする。

別添

　我が国においては、海賊行為への対処は、海上における人命若しくは財産の保護又は治安の維持について第一義的責務を有する海上保安庁の任務であるが、ソマリア沖・アデン湾の海賊対策として、海上保安庁の巡視船を派遣することは、①我が国からソマリア沖までの距離が約6500海里離れていること、②ソマリア沖の海賊がロケットランチャー等の重火器で武装していること、③海上保安庁が諸外国の海軍軍艦との連携行動の実績がないこと等を総合的に勘案すると、現状においては、困難である。

（4）海賊対処行動に係るこれまでの動き

平成20年	10月17日	衆・テロ対策特委で、長島昭久議員（民主）がソマリア沖・アデン湾の海賊対処のため海自艦艇の派遣を提案。麻生総理が検討する旨、答弁。
	12月26日	麻生総理が浜田防衛大臣に、海賊対策について早急に対応できるよう検討の加速を指示。
平成21年	1月 7日	与党・海賊対策等に関するプロジェクトチーム発足。
	1月27日	与党がソマリア沖・アデン湾の海賊対処のため、海賊対処法の国会提出と海上警備行動での海自部隊の派遣を決定。
	1月28日	防衛大臣によるソマリア沖・アデン湾の海賊対処のため準備指示・命令発出。
	2月 8日	アデン湾周辺国へ防衛省の現地調査チーム派遣。
	2月20日	海自・海保庁による海賊対処のための共同訓練。
	3月13日	海賊対処法案閣議決定、国会提出。ソマリア沖・アデン湾における海賊対処のための海上警備行動命令。
	3月14日	派遣海賊対処行動水上部隊護衛艦「さざなみ」、「さみだれ」が呉から出港。
	3月30日	派遣海賊対処行動水上部隊がアデン湾で我が国関係船舶の護衛を開始（海上警備行動）。
	4月17日	防衛大臣による海賊対処のためのP－3C派遣に関する準備指示・命令発出。
	5月15日	防衛大臣による海賊対処のためのP－3C派遣命令発出。
	5月28日	派遣海賊対処行動航空隊のP－3C2機が厚木基地から出発。
	5月29日	平成21年度第1次補正予算成立（海賊対処経費約145億円）。
	6月11日	派遣海賊対処行動航空隊のP－3Cによる警戒監視飛行開始（海上警備行動）。

	6月19日	海賊対処法成立。
	7月 6日	派遣海賊対処行動水上部隊（2次隊）の護衛艦「はるな」（横須賀）、「あまぎり」（舞鶴）が出港。
	7月24日	海賊対処法施行。防衛大臣による海賊対処行動命令発出。
	7月28日	派遣海賊対処行動水上部隊（2次隊）の護衛艦「はるさめ」「あまぎり」が護衛活動を開始（海賊対処行動）。
	11月22日	派遣海賊対処行動航空隊のP-3Cによる任務飛行100回達成（海上警備行動時含む）。
	11月23日	国際海事機関（IMO）から派遣部隊がIMO勇敢賞を受賞
平成22年	1月24日	派遣海賊対処行動水上部隊による護衛活動100回達成（海上警備行動時含む）。
	3月24日	平成22年度予算成立（海賊対処経費約52億円）
	4月21日	派遣海賊対処行動航空隊のP-3Cによる任務飛行200回達成（海上警備行動時含む）。
	7月16日	海賊対処行動に係る内閣総理大臣の承認閣議決定（海賊対処行動の1年間継続）。
	7月20日	平成22年度予備費閣議決定（海賊対処経費約71億円）。
	8月10日	海賊対処法下における護衛隻数1000隻達成。
	9月 5日	派遣海賊対処行動航空隊のP-3Cによる任務飛行300回達成（海上警備行動時含む）。
	12月17日	派遣海賊対処行動水上部隊による護衛活動200回達成（海上警備行動時含む）。
平成23年	1月29日	派遣海賊対処行動航空隊のP-3Cによる任務飛行400回達成（海上警備行動時含む）。
	6月 1日	派遣海賊対処行動航空隊のジブチにおける活動拠点の運用開始
	7月 7日	ジブチ活動拠点開所記念式典。
	7月 8日	海賊対処行動に係る内閣総理大臣の承認閣議決定（海賊対処行動の1年間継続）。
	7月21日	派遣海賊対処行動航空隊のP-3Cによる任務飛行500回達成（海上警備行動時含む）。
	11月14日	派遣海賊対処行動水上部隊による護衛活動300回達成（海上警備行動時含む）。
平成24年	1月 1日	派遣海賊対処行動航空隊のP-3Cによる任務飛行600回達成（海上警備行動時含む）
	6月18日	派遣海賊対処行動航空隊のP-3Cによる任務飛行700回達成（海上警備行動時含む）。
	7月13日	海賊対処行動に係る内閣総理大臣の承認閣議決定（海賊対

　　　　　　　　　　処行動の1年間継続）

　　　　10月14日　派遣海賊対処行動水上部隊による護衛活動400回達成（海上警備行動時含む）。

　　　　12月 5日　派遣海賊対処行動航空隊のP−3Cによる任務飛行800回達成（海上警備行動時含む）。

平成25年 5月22日　派遣海賊対処行動航空隊のP−3Cによる任務飛行900回達成（海上警備行動時含む）。

　　　　 7月 9日　海賊対処行動に係る内閣総理大臣の承認閣議決定（海賊対処行動の1年間継続）。

　　　　　　　　　　派遣海賊対処行動水上部隊の第151連合任務部隊(CTF151)への参加を決定。

　　　　 9月30日　派遣海賊対処行動水上部隊による護衛活動500回達成（海上警備行動時含む）。

　　　　11月 9日　派遣海賊対処行動航空隊のP−3Cによる任務飛行1000回達成（海上警備行動時含む）。

　　　　12月10日　派遣海賊対処行動水上部隊（第17次隊）がCTF151の下でゾーンディフェンスを開始。

　　　　12月17日　派遣海賊対処行動航空隊のCTF151への参加を決定。

平成26年 2月11日　派遣海賊対処行動航空隊（第15次隊）がCTF151の下で警戒監視飛行を開始。

　　　　 5月28日　派遣海賊対処行動航空隊のP−3Cによる任務飛行1100回達成（海上警備行動時含む）。

　　　　 7月18日　海賊対処行動に係る内閣総理大臣の承認閣議決定（海賊対処行動の1年間継続）。自衛隊からCTF151司令官・司令部要員を派遣する方針を決定。　　　 9月　　 28日

　　　　11月19日　派遣海賊対処行動水上部隊による護衛活動600回達成（海上警備行動時含む）。

平成27年 3月26日　派遣海賊対処行動航空隊のP−3Cによる任務飛行1300回達成（海上警備行動時含む）。

　　　　 5月31日　CTF151司令官として海上自衛官（伊藤海将補）を派遣（8月27日まで）。

　　　　 7月 7日　海賊対処行動に係る内閣総理大臣の承認閣議決定（海賊対処行動の1年間継続）。

　　　　 9月 7日　派遣海賊対処行動航空隊のP−3Cによる任務飛行1400回達成（海上警備行動時含む）。

平成28年 1月14日　派遣海賊対処行動水上部隊による護衛活動700回達成（海上警備行動時含む）。

　　　　 2月 6日　派遣海賊対処行動航空隊のP−3Cによる任務飛行1500回

		達成（海上警備行動時含む）。
	6月17日	海賊対処行動に係る内閣総理大臣の承認閣議決定（海賊対処行動の1年間継続）
	7月19日	派遣海賊対処行動航空隊のP-3Cによる任務飛行1600回達成（海上警備行動時含む）。
	11月 1日	海賊対処行動に係る内閣総理大臣の承認閣議決定（2隻から1隻への態勢変更）。
	12月18日	派遣海賊対処行動航空隊のP-3Cによる任務飛行1700回達成（海上警備行動時含む）。
平成29年	3月 9日	CTF151司令官として海上自衛官（福田海将補）を派遣（6月28日まで）。
	5月16日	派遣海賊対処行動航空隊のP-3Cによる任務飛行1800回達成（海上警備行動時含む）。
	8月28日	派遣海賊対処行動水上部隊による護衛活動800回達成（海上警備行動時含む）。
	10月12日	派遣海賊対処行動航空隊のP-3Cによる任務飛行1900回達成（海上警備行動時含む）。
	11月 2日	海賊対処行動に係る内閣総理大臣の承認閣議決定（海賊対処行動の1年間継続）。自衛隊からCTF司令官・司令部要員を派遣する方針を決定。
	11月20日	自衛隊活動拠点の東側隣接地を本地に加え借り上げ。
平成30年	3月 1日	CTF151司令官として海上自衛官（梶元海将補）を派遣（6月27日まで）。
	3月17日	派遣海賊対処行動航空隊のP-3Cによる任務飛行2000回達成（海上警備行動時含む）。
	8月18日	派遣海賊対処行動航空隊のP-3Cによる任務飛行2100回達成（海上警備行動時含む）。
	11月 9日	海賊対処行動に係る内閣総理大臣の承認閣議決定（海賊対処行動の1年間継続）
平成31年	1月17日	派遣海賊対処行動航空隊のP-3Cによる任務飛行2200回達成（海上警備行動時含む）。
	4月19日	水上部隊指揮官を護衛隊司令から護衛艦艦長へ変更。
令和元年	6月19日	派遣海賊対処行動航空隊のP-3Cによる任務飛行2300回達成（海上警備行動時含む）。
	11月12日	海賊対処行動に係る内閣総理大臣の承認閣議決定（海賊対処行動の1年間継続）。
	11月19日	派遣海賊対処行動航空隊のP-3Cによる任務飛行2400回達成（海上警備行動時含む）。

令和2年	2月20日	CTF151司令官として海上自衛官（石巻海将補）を派遣（6月25日まで）
	4月22日	派遣海賊対処行動航空隊のP-3Cによる任務飛行2500回達成（海上警備行動時含む）
	10月 8日	派遣海賊対処行動航空隊のP-3Cによる任務飛行2600回達成（海上警備行動時含む）。
	11月10日	海賊対処行動に係る内閣総理大臣の承認閣議決定（海賊対処行動の1年間継続）
令和3年	3月16日	派遣海賊対処行動航空隊のP-3による任務飛行2700回達成（海上警備行動時含む）。
	5月21日	海賊対処行動に係る内閣総理大臣の承認閣議決定（多国籍部隊への司令部要員の派遣）、自衛隊からCMF司令部要員を派遣する方針を決定。
	9月28日	派遣海賊対処行動航空隊のP-3による任務飛行2800回達成（海上警備行動時含む）。
	11月16日	海賊対処行動に係る内閣総理大臣の承認閣議決定（海賊対処行動の1年間継続）。
令和4年	5月 5日	ジブチ自衛隊活動拠点開設10周年記念行事を実施。
	11月 1日	海賊対処行動に係る内閣総理大臣の承認閣議決定（海賊対処行動の1年間継続）。
令和5年	11月 7日	海賊対処行動に係る内閣総理大臣の承認閣議決定（海賊対処行動の1年間継続、P-3C哨戒機の1機化）。

国際貢献
邦人輸送

3. 国際緊急援助隊

国際緊急援助隊の派遣について

（平成3年9月19日閣議決定）

　国際緊急援助隊（国際緊急援助隊の派遣に関する法律（昭和62年法律第93号）定めるものをいう。以下同じ。）の派遣等については、引き続き下記の方針に従って実施されるものとする。

記

1. 国際緊急援助隊を派遣するに際し、その任務、規模、活動期間等について、被災国政府等の要請を十分に尊重したものとする。
2. 被災国内において、治安の状況等による危険が存し、国際緊急援助活動又はこれに係る輸送を行う人員の生命、身体、当該活動に係る機材等を防護するために武器（直接人を殺傷し、又は、武力闘争の手段として物を破壊することを目的とする機械等をいう。以下同じ。）の使用が必要と認められる場合には、国際緊急援助隊を派遣しないものとする。

　　したがって、被災国内で国際緊急援助活動又はこれに係る輸送を行う人員の生命、身体、当該活動に係る機材等の防護のために、当該国内において武器を携行することはない。

説明書

1. 国際緊急援助隊の派遣に関する法律が昭和62年9月に施行されて以来、我が国は海外の地域、特に開発途上にある地域において大規模な災害が発生した場合には、国際緊急援助隊を派遣し、国際緊急援助活動を実施してきており、これまで19回にわたる派遣を行ってきた。
2. 今般、政府は、国際緊急援助活動を一層拡充強化するため、自衛隊の保有する能力を国際緊急援助活動に活用するとともに、自衛隊及び海上保安庁による国際緊急援助隊の輸送を可能とする改正法案を今次臨時国会に提出する予定であるが、右提出にあたり、政府は国際緊急援助隊の派遣等について次の方針を引き続き堅持することとする。
   (1) 国際緊急援助隊を派遣するに際し、その任務、規模、活動期間等について、被災国政府等の要請を十分に尊重したものとする。
   (2) 被災国内において、治安の状況等による危険が存し、国際緊急援助活動又はこれに係る輸送を行う人員の生命、身体、当該活動に係る機材等を防護するために武器の使用が必要と認められる場合には、国際緊急援助隊を派遣しないものとする。

   　　したがって、被災国内で国際緊急援助活動等を行う人員の生命、身体、当該活動に係る機材等の防護のために、当該国内において武器を携行することはない。

3．このことは、我が国が大規模な災害に見舞われた海外の地域に対する人道的立
　場からの人的貢献を効果的に実施し、もって我が国の国力にふさわしい国際的責
　任を果たしていく上で意義あることと考えられる。

国際緊急援助活動の平素からの待機の態勢

　防衛省では、国際緊急援助隊の派遣に関する法律の一部を改正する法律（平成4
年法律第80号）の施行を受け、海外の地域、特に開発途上地域において大規模な災
害が発生又はその恐れがあり、被災国の政府等からの要請に基づき外務大臣が防衛
大臣と協議した場合、迅速かつ適切に国際緊急援助活動を実施するため次のような
態勢を維持している。
（1）態勢の規模（基準）
　　ア　陸上自衛隊
　　　　医官（各種傷病等に対し適切に対処できる医官及びその他の医療従事者を派
　　　　遣し得る態勢を準備する。この際、特に感染症、小児及び、女性への対応
　　　　についても配慮する。）、ヘリコプター及び浄水セットにより以下の援助活動
　　　　を行い得る規模
　　　　① 医療活動（防疫活動を含む）
　　　　② 援助物資等の航空輸送
　　　　③ 給水活動
　　イ　海上自衛隊
　　　　輸送艦（LST）、補給艦（AOE）、護衛艦（DD/DDH）及び固定翼哨戒機
　　　　（MPRA）により以下の活動を行い得る規模
　　　　① 援助活動部隊の海上輸送
　　　　② 援助活動部隊への補給品等の海上輸送
　　　　③ 自衛隊以外の国際緊急援助隊の人員又は物資の被災地への海上輸送
　　　　④ 被災地における援助物資等の海上輸送
　　　　⑤ 海上における艦艇による被災者等の捜索・救助活動
　　　　⑥ 海上における哨戒機による被災者等の捜索活動
　　ウ　航空自衛隊
　　　　輸送機により以下の活動を行い得る規模
　　　　① 援助活動部隊の航空輸送
　　　　② 援助活動部隊への補給品等の航空輸送
　　　　③ 自衛隊以外の国際緊急援助隊の人員又は物資の被災地への航空輸送
　　　　④ 被災地における被災民・援助物資等の航空輸送
（2）態勢維持の担任等
　　　　態勢維持の主な担任は、次のとおりとする。
　　ア　陸上自衛隊：陸上総隊・各方面隊

イ　海上自衛隊：自衛艦隊・各地方隊
　ウ　航空自衛隊：航空支援集団
(3)　派遣を円滑に実施するための措置
　　　災害の発生に際し自衛隊が派遣される場合には、円滑かつ迅速に実施し得るよう、各幕僚監部所定により、援助活動等実施部隊編成の準備（要員候補者の指定、要員候補者に対する予防接種、旅券の事前取得の措置の実施を含む。）、情報収集（地誌、国外運航に関する資料等の整備を含む。）、装備品等の整備、調達、集積等、所要の教育訓練等に関し、必要な措置を実施する。

国際緊急援助活動実施等のための主な運用方針

(1)　派遣対象地域
　　　主として、アジア及び大洋州の開発途上地域。
(2)　援助活動等実施部隊の規模等の決定
　　　被災国からの要請、被災地域の状況及び外務省との協議によりその都度判断。
(3)　派遣要領
　　　先遣隊は派遣命令後48時間以内に、主力部隊は派遣命令後5日以内に可能な限り速やかに被災国等へ移動を開始。
(4)　活動期間
　　　援助活動実施部隊の主力到着から概ね3週間程度を目途。

インドネシア・ジャワ島中部における地震被害に対しての国際緊急援助活動

1.　経緯
(1)　平成18年5月27日、インドネシア共和国ジャワ島中部沖を震源とする地震（M6.3）が発生。同国では家屋の倒壊や土砂崩れ等、大規模な被害が生じ、多数の死傷者が発生した。
　　　同月29日、外務大臣から防衛庁長官に対する国際緊急援助隊法に基づき協力を求める協議を経て、「インドネシア共和国への国際緊急援助隊の派遣に係る準備に関する長官指示」を発出。また、翌30日、先遣チーム（19名）を同国に派遣。
(2)　同月31日、防衛庁長官より「インドネシア共和国における国際緊急援助活動等の実施に関する自衛隊一般命令」を発出。
　　　さらに、6月2日、医療活動等のニーズが大きいことを踏まえ、100名を追加派遣することについて、自衛隊一般命令の一部を変更する命令を発出
(3)　陸上自衛隊の派遣部隊（49名）は同月2日にジョグジャカルタに到着（追加派遣の要員（100名）は5日到着）。

同日から医療活動を開始（同月7日より防疫活動を開始）。同月13日、防衛庁長官より「インドネシア共和国における国際緊急援助活動等の終結に関する自衛隊一般命令」を発出。これを受け同月16日をもって医療・防疫活動を終了。派遣部隊主力は同月21日に本邦へ帰国。

2．派遣部隊の概要

インドネシア国際緊急医療援助隊（陸上自衛隊）

　　任　務：医療・防疫活動
　　編　成：隊本部、本部付隊及び治療隊等から構成
　　人　員：149名
　　装　備：小型トラック×1、携帯無線機×14

インドネシア国際緊急援助空輸隊等（航空自衛隊）

　　任　務：陸上自衛隊の国際緊急医療援助隊の航空輸送
　　編　成：インドネシア国際緊急援助空輸隊及び第1支援機隊等から構成
　　人　員：85名
　　装　備：C−130H×2機

　※第1〜第3運航支援隊をマニラ、マカッサル、ジョグジャカルタ（人員各2名）に派遣し空輸隊の運航支援を実施。
　　　また、第1、2支援機隊（人員47名、C−130H×1機、U−4×1機、本邦において待機）が本邦と実施地域等との間の人員及び物資の航空輸送並びに航空機の故障等の修復等のため編成された。

3．活動実績

(1) 陸上自衛隊の派遣部隊は、6月2日から6月16日までジョグジャカルタで医療活動及び防疫活動を実施（医療・防疫実績：診療3759名（外科1276名、内科2483名）、予防接種1683名、防疫4300㎡）。

(2) 航空自衛隊の派遣部隊は、6月1日から6月22日までに、本邦〜ジョグジャカルタ間で陸上自衛隊の国際緊急医療援助隊の要員等の輸送を実施（輸送実績：貨物約30t、人員18名）。

インドネシア西スマトラ州パダン沖地震災害に対しての国際緊急援助活動

1．経緯

(1) 平成21年9月30日、インドネシア西スマトラ州パダン沖を震源とする地震（M7.6）が発生。震源地に近い町では多数の建物が損壊（（平成21年10月2日現在)インドネシア報道等によれば、死者約1,100名、負傷者約2,300名)。10月2日、インドネシア共和国政府から、航空輸送、医療及び給水に係る自衛隊の活動について要請。

(2) 10月3日、外務大臣から防衛大臣に対し、国際緊急援助活動の実施につき協議があったことを受け、同日、「インドネシア共和国への国際緊急援助隊の派遣に係る準備に関する防衛大臣指示」を発出。また同日、国際緊急援助隊の派遣のため、同国に向け調査チーム（約30名）を派遣。

(3) 同月5日、防衛大臣より「国際緊急援助活動の実施に関する自衛隊行動命令」を発出、同日より医療活動を実施することとし、インドネシア国際緊急医療援助隊を編成するとともに現地で関係機関との連絡調整等に当たる統合連絡調整所を設置。

(4) 同日、行動命令を受け、医療援助隊は西スマトラ州パダン・パリアマン県において、医療活動開始。同月16日、防衛大臣より「国際緊急援助活動の終結に関する自衛隊行動命令」を発出、同命令を受け、同月17日、医療活動を終了。同月20日、派遣部隊全員が帰国。

2．派遣部隊の概要

(1) インドネシア国際緊急医療援助隊（陸上自衛隊）

　　　任　務：被災地における応急的な医療活動

　　　人　員：約10名

(2) 統合連絡調整所

　　　任　務：被災地等における、所要の情報収集及びインドネシア共和国関係機関、関係国等との連絡調整等

3．活動実績

(1) 現地に派遣された医療援助隊は、10月5日から17日までの間、西スマトラ州パダン・パリアマン県クドゥ・ガンティン村における医療活動とその周辺地域の巡回診療により、計919名を診察。

(2) 統合連絡調整所は、パダン及びジャカルタにおいて、支援ニーズに関する情報収集、関係機関等との調整等を実施。

ハイチにおける大地震に対しての国際緊急援助活動

1．経緯

(1) 平成22年1月13日（日本時間）、カリブ海のハイチの首都ポルトープランス郊外約15キロを震源とする地震（M7.0）が発生。震源地付近では建物の8

～9割が損壊（国連人道問題調整事務所＝OCHA）。ハイチ政府によれば、死者約17万人以上（1月27日現在）、負傷者約25万人（OCHA）。同月14日、ハイチ共和国政府から、日本国政府に援助要請。同日、外務省、防衛省、及び国際協力機構（JICA）から成る緊急調査チームを現地へ向け派遣。

(2) 同月15日、外務大臣から防衛大臣に対し、国際緊急援助活動を行う人員等の輸送活動についての協議を受け、同日、「ハイチ共和国への国際緊急援助隊の派遣に係る準備に関する自衛隊一般命令」を発出。また、同日、昨年12月27日より訓練のため米国本土に派遣されたC－130H輸送機の帰国を中止し、ホームステッド米軍基地（フロリダ州）へ移動させ待機。

(3) 同月17日、防衛大臣より「国際緊急援助活動に係る輸送活動の実施に関する自衛隊行動命令」を発出。国際緊急援助医療チームがマイアミに到着後、マイアミからハイチまでの航空輸送を実施するとともに、同日の外務大臣からの協議を受け、国際緊急援助活動として復路において被災民34名（米国民）の航空輸送を実施。

(4) 同月18日、防衛大臣から各幕僚長に対し「ハイチ共和国への国際緊急援助隊の派遣に係る準備に関する大臣指示」及び中部方面総監等に対し、「ハイチ共和国への国際緊急援助隊の派遣に係る準備に関する自衛隊一般命令」を発出。所要の調査をするため要員12名が現地に向け出発。

(5) 同月20日、防衛大臣から自衛隊の部隊による医療活動の実施について行動命令を発出。同月21日、自衛隊の医療援助隊（約100名）はチャーター機で出国。同月23日、医療援助隊のうち34名（うち医官2名）がC－130H輸送機によりポルトープランス国際空港に到着後、陸路にてレオガンに移動し、医療援助活動を開始、じ後、順次医療援助活動を実施。

(6) 2月12日、診療に訪れる患者の症状は地震と関係のない慢性疾患が8割以上をしめていることや現地の医療機関も診療を再開していること等を踏まえ、防衛大臣より国際緊急援助活動の終結に関する行動命令を発出。

(7) 同月14日、医療援助活動を終結。同月18日、医療援助隊が本邦へ帰国。

2．派遣部隊の概要

(1) 統合連絡調整所
    任　務：被災地において、現地政府及び関係機関等との連絡調整等
    人　員：33名

(2) 医療援助隊
    任　務：被災地における応急的な医療活動
    人　員：104名（医官など13名を含む）
    装　備：医療セット

(3) ハイチ国際緊急援助空輸隊
    任　務：C－130H輸送機による国際緊急援助隊医療チームの輸送活動（米国フロリダ州～ハイチ共和国）及び同輸送機がハイチから米国へ帰還

国際貢献・邦人輸送

する際、被災民の航空輸送、並びにハイチ国際緊急医療援助隊の人員及び物資の輸送等（米国フロリダ州～ハイチ共和国）。

　　　人　員：62名

　　　装　備：C-130H×1

(4) 帰国支援空輸隊

　　　任　務：ハイチ国際緊急医療援助隊等の人員及び物資の帰国のための輸送

　　　人　員：35名

　　　装　備：B-747政府専用機

3．活動実績

(1) 統合連絡調整所は、マイアミ、ハイチ及びドミニカにおいて、現地政府及び関係機関との調整を実施。

(2) ハイチ国際緊急医療援助隊は、1月23日から2月13日までの間、レオガン市エピスコパル看護学校において、医療活動により計2954名を診察。

(3) ハイチ国際緊急援助空輸隊は、1月17日に国際緊急援助医療チームをマイアミからハイチまで航空輸送し、復路において被災民34名（米国民）の航空輸送を実施。1月18日から2月15日までの間、米国フロリダ州とハイチ共和国ポルトープランスとの間を19回任務飛行。

(4) 帰国支援空輸隊は、B-747政府専用機によってハイチ国際緊急医療援助隊等の人員及び物資の帰国のためアメリカ合衆国と本邦の間を輸送。

パキスタン・イスラム共和国における洪水被害に対する国際緊急援助活動

1．経緯

(1) 平成22年7月下旬からパキスタン・イスラム共和国で豪雨に伴う大規模な洪水被害が発生。OCHAによれば、死者約1870名、被災者2025万名以上、損壊家屋190万棟以上（9月20日時点）。8月9日夜（現地時間）、パキスタン政府から我が国政府に対してヘリコプターの派遣要請。同月13日、調査要員9名（うち外務省職員2名）が出国。

(2) 同月19日、外務大臣から自衛隊による国際緊急援助活動の実施について協議があったことを受け、防衛大臣から統合幕僚長等に対し、「パキスタン・イスラム共和国への国際緊急援助隊の派遣に係る準備に関する防衛大臣指示」を発出。先遣調査チーム要員21名が出国。

(3) 同月20日、防衛大臣から「国際緊急援助活動の実施に関する行動命令」を発出。同月21日、国際緊急航空援助隊要員50名が出国。じ後、残る要員も順次出国。同月23日以降、輸送機C-130H、輸送艦「しもきた」及び大型輸送民航機アントノフによって国際緊急航空援助隊のヘリ6機の輸送を開始。

(4) 同月31日、UH-1により、ムルタンにおいて物資等の輸送任務開始。9月16日、CH-47による物資等の輸送任務開始。

(5) 10月5日、洪水被害の状況の改善に伴い、航空輸送ニーズが徐々に低下していることを踏まえ、パキスタン政府より輸送活動の終結に関する要請を受けたことから、防衛大臣より国際緊急援助活動の終結に関する行動命令を発出。同月10日、現地における輸送活動を終了。同月26日、KC-767により派遣部隊主力が帰国。11月9日、航空援助隊のヘリ6機等を載せた輸送艦しもきた帰港。

2．派遣部隊
  (1) 統合運用調整所
      任　務：パキスタン関係機関や関係国等との統合調整等
      人　員：27人
  (2) パキスタン国際緊急航空援助隊
      任　務：被災地域における物資等の航空輸送
      人　員：184人
      装　備：CH-47×3機、UH-1×3機
  (3) パキスタン国際緊急援助海上輸送隊
      任　務：本邦とカラチとの間におけるパキスタン国際緊急航空援助隊の海上輸送等
      人　員：154人
      装　備：輸送艦1隻等
  (4) 第1パキスタン国際緊急援助空輸隊等
      任　務：本邦とムルタンとの間におけるパキスタン国際緊急航空援助隊の航空輸送等
      人　員：149人
      装　備：C-130×7機、KC-767×1機

3．活動実績
  (1) 統合運用調整所は、イスラマバードおよびムルタンにおいて、現地政府、国際機関、他国軍等との調整を実施。
  (2) パキスタン国際緊急航空援助隊は、8月31日から10月10日までムルタンで物資等の輸送活動を実施（輸送実績：物資260.0トン、人員49名）。
  (3) パキスタン国際緊急援助海上輸送隊は、CH-47×2機等を本邦からカラチまで海上輸送（8月26日から9月18日）。UH-1×3機とCH-47×3機等をカラチから本邦まで海上輸送（9月22日から11月9日）。
  (4) 第1パキスタン国際緊急援助空輸隊等は、7機のC-130によって3機のUH-1等を本邦からカラチまで航空輸送（8月23日から同月30日）。1機のKC-767によって国際緊急航空援助隊の人員をカラチから本邦まで航空輸送（10月25日から同月26日）。

ニュージーランド南島における地震災害に対する自衛隊部隊による国際緊急援助活動

1．経緯

(1) 平成23年2月22日8時51分（日本時間）、ニュージーランド南島クライストチャーチ市南東約10キロを震源とする地震（M6.3）が発生。ニュージーランド警察によれば、死者は181名（平成23年3月8日現在）。同日、ニュージーランド国政府から我が国政府に対してクライストチャーチ市街地での緊急支援につき要請。我が国政府内での検討の結果、JICAが主体となった救助チームをクライストチャーチに派遣することと決定。

(2) 翌23日、外務大臣から防衛大臣に対する国際緊急援助隊の派遣につき協力を求める協議を受け、同日朝、防衛大臣から統合幕僚長等に対し、「国際緊急援助活動等の実施に関する行動命令」を発出。

(3) 同日午前に千歳基地を出発したB－747政府専用機は、成田空港において人員及び物資等を搭載した後、同月24日にクライストチャーチ国際空港に到着。

(4) 3月2日、防衛大臣より「国際緊急援助活動等の終結に関する行動命令」を発出。（終結日は3日）

(5) 同月3日午前、政府専用機は本邦（成田空港）に到着。その後千歳基地に帰投。

2．派遣部隊の概要

ニュージーランド国際緊急援助空輸隊

　人　　員：約40名

　主要装備：政府専用機2機（1機は千歳基地にて待機）

　任　　務：国際緊急援助隊の人員及び物資の輸送（本邦・ニュージーランド間）

3．活動実績

(1) 2月23日、千歳基地を出発した政府専用機1機は、成田空港にて人員約70名及び活動器材等約10トン（救助犬3頭を含む）を積み込み出発し、翌24日にクライストチャーチに到着。

(2) 同月24日から3月2日までの間、政府専用機はオークランドにて駐機。

(3) 3月2日、政府専用機はクライストチャーチにて人員65名及び活動機材等約3トン（救助犬3頭を含む）を積み込み本邦に向け出発。翌3日、本邦（成田空港）に到着。その後、千歳基地に帰投。

フィリピン共和国における台風被害に対する国際緊急援助活動

1．経緯

(1) 平成25年11月8日にフィリピン共和国を横断した台風により大規模な被害が生じ、同月12日、フィリピン政府から我が国政府に対して救援活動の要請。同日、外務大臣から国際緊急援助隊派遣について協力を求める協議を受け、防衛大臣から「国際緊急援助活動の実施に関する行動命令」を発出。同日夜から14日にかけて、フィリピン国際緊急援助隊50名が出国し、15日以降

レイテ島タクロバンにおいて医療活動等を開始。

(2) 同月14日付でフィリピン政府より具体的な活動の受け入れにかかる表明があったことから、同月15日、防衛大臣は「フィリピン国際緊急援助隊等の廃止及び国際緊急援助活動の実施に関する自衛隊行動命令の一部変更に関する自衛隊行動命令」を発出。17日にフィリピン国際緊急援助隊及びフィリピン国際緊急援助空輸隊等を廃止し、新たに国際緊急援助活動に際しては初の統合任務部隊となるフィリピン国際緊急援助統合任務部隊を編成するとともに、現地で関係機関との連絡調整等に当たるフィリピン現地運用調整所を設置。18日以降、C-130H輸送機等による物資等の輸送任務を開始。同月24日以降、最大1180名体制による全てのアセットを用いた活動を開始。

(3) 12月13日、医療・輸送ニーズが変化し、緊急対応の段階から復興の段階へと変化してきたことを踏まえ、防衛大臣から「国際緊急援助活動の終結に関する自衛隊行動命令」を発出。同命令に基づき、同日から順次活動を終了し、本邦に帰国を開始、同月20日に全ての部隊が本邦へ帰国。

2．派遣部隊の概要

(1) フィリピン国際緊急援助隊（11月12日～17日）

　　　　任　務：被災状況に関する情報収集、フィリピン共和国関係機関、関係国等との調整及び活動地域における医療活動等

　　　　人　員：50名

　　※なお、フィリピン国際緊急援助統合任務部隊指揮官が現地に到着するまでの間、フィリピン国際緊急援助隊に所属していた隊員は、国際緊急援助活動の実施に関し、現地運用調整所長の指揮を受ける。

(2) フィリピン国際緊急援助空輸隊（11月12日～17日）

　　　　任　務：所要に応じたフィリピン国際緊急援助隊の本邦からフィリピン共和国までの間の航空輸送

　　　　人　員：12名

　　※この他、運航支援隊（人員2名、現地で航空機の運航支援を実施）、支援機隊及び救難整備隊（人員計32名、航空機の故障等の修復等のため本邦で待機）が編成された。

(3) フィリピン現地運用調整所（11月17日～12月21日）

　　　　任　務：フィリピン共和国関係機関、関係国等との調整等

　　　　人　員：14名

(4) フィリピン国際緊急援助統合任務部隊（11月17日～12月20日：人員約1170名）

　　ア　医療・航空援助隊

　　　　任　務：医療活動、国際緊急援助活動を行う部隊の人員等の輸送、救援物資その他我が国として行う国際緊急援助活動の実施に必要な物資等の輸送、救助活動等

　　　　編　成：本部、本部付隊、医療隊、航空隊、現地情報班、後方支援班から

873

構成
　　装　備：CH‐47×3機、UH‐1×3機
　イ　海上派遣部隊
　　任　務：国際緊急援助活動を行う部隊の人員等の輸送、救援物資その他我
　　　　　　が国として行う国際緊急援助活動の実施に必要な物資等の輸送等
　　編　成：護衛艦「いせ」、輸送艦「おおすみ」、補給艦「とわだ」
　ウ　空輸隊
　　任　務：国際緊急援助活動を行う部隊の人員等の輸送、救援物資その他我
　　　　　　が国として行う国際緊急援助活動の実施に必要な物資等の輸送等
　　編　成：C‐130H飛行隊、KC‐767飛行隊から構成
　　装　備：C‐130H×6機、KC‐767×2機
　※この他、第1～第3運航支援隊（現地で航空機の運航支援を実施）、第1～
　　第2支援機隊及び第1～第2救援整備隊（航空機の故障等の修復等のため本
　　邦で待機）が編成された。

3．活動実績
　(1) フィリピン国際緊急援助隊は、11月15日及び16日にかけ、タクロバンにて
　　計13名を診療。
　(2) フィリピン国際緊急援助空輸隊は、11月13日、本邦・フィリピン共和国間
　　で自衛隊医療チーム10名を輸送。
　(3) フィリピン現地運用調整所は、マニラ等において現地政府、国際機関、他国
　　軍等との調整を実施。
　(4) フィリピン国際緊急援助統合任務部隊は、11月17日から12月18日まで、
　　セブ島、レイテ島等において、医療・防疫活動（実績：診療2,633名、ワク
　　チン接種11,924名、防疫約95,600㎡）及び救援物資等の輸送（実績：物資
　　約630トン、被災民約2,768名）等を実施。

マレーシア航空機不明事案に対する国際緊急援助活動

1．経緯
　(1) 平成26年3月8日にクアラルンプール発北京行きのマレーシア航空370便が
　　消息不明となり、同月10日マレーシア政府から支援の要請。同月11日外務
　　大臣から国際緊急援助隊派遣について協力を求める協議を受け、防衛大臣
　　から「国際緊急援助活動の実施に関する行動命令」を発出。同月12日、先
　　遣隊4名が出国。
　(2) 同日防衛大臣は、「国際緊急援助活動の実施に関する行動命令の一部変更に
　　関する自衛隊行動命令」を発出、同日から同月13日にかけてC‐130H輸
　　送機2機が、同月14日にP‐3C哨戒機2機が那覇空港を出発し、それぞれ
　　13日と15日に捜索活動を開始した。

(3) マレーシア政府及びオーストラリア政府の要請を受け、同月21日「国際緊急援助活動の実施に関する自衛隊行動命令の一部を変更する自衛隊行動命令」を発出、同月24日からP－3C哨戒機2機によるオーストラリア沖での捜索活動を開始。

(4) 同年4月28日にアボット豪首相が海上捜索から海底捜索の段階に移行すると発表したことを受け、同日防衛大臣から「国際緊急援助活動の終結に関する自衛隊行動命令」を発出。同年5月1日に本邦（那覇基地）に帰着。同月2日厚木基地に帰投。

2．派遣部隊の概要

(1) マレーシア国際緊急援助先遣隊（3月11日～12日）

　　　任　務：マレーシア航空370便の救助活動に関する情報収集、マレーシア関係機関、関係国等との調整等

　　　人　員：4名

(2) マレーシア現地支援調整所（3月12日～5月1日）

　　　任　務：マレーシア航空370便の救助活動に関する情報収集、マレーシア関係機関、関係国等との調整

　　　人　員：10名

(3) 海国際緊急援助飛行隊（3月12日～4月28日）

　　　任　務：マレーシア航空370便の救助活動

　　　人　員：約40名

　　　装　備：P－3C哨戒機2機

(4) 空国際緊急援助飛行隊（3月12日～5月1日）

　　　任　務：マレーシア航空370便の救助活動

　　　人　員：約110名

　　　装　備：C－130H輸送機2機

※この他、第1～第3支援機隊（航空機の故障の修復のための人員及び物資の輸送等を実施）、救援整備隊（航空機の故障等の修復）及び運航支援隊（航空機の運航を円滑に実施するための支援）が編成された。

3．活動実績

(1) P－3C哨戒機やC－130H輸送機のべ6機、派遣隊員約140名が活動に従事し、計46回、約400時間の捜索を行った。

西アフリカにおけるエボラ出血熱の流行に対する国際緊急援助活動に必要な物資の輸送

1．経緯

(1) 平成26年9月、西アフリカにおけるエボラ出血熱の流行を受け、国連は国際機関や各国によるエボラ対策の統括・調整を実施することを目的と

して、ガーナの首都アクラを拠点とする国連エボラ緊急対応ミッション（UNMEER）が設立した。
- (2) 同年11月26日、UNMEERから現地においてニーズの大きい個人防護具の迅速かつ確実な輸送の要請があり、同月28日外務大臣から防衛大臣に対し、国際緊急援助隊派遣について協力を求める協議を受け、同日防衛大臣が「西アフリカにおけるエボラ出血熱の流行に対する国際緊急援助活動に必要な物資の輸送に関する自衛隊行動命令」を発出。
- (3) 同月5日に現地調整所4名が出国、同月6日小牧基地を出発し、8日にアクラに到着。引き渡し後は速やかに撤収を行い、11日に小牧基地帰着。

2．派遣部隊の概要
- (1) 現地調整所（11月28日～12月11日）
    - 任　務：国際緊急援助活動に従事する外務省及び国際協力機構（JICA）並びにUNMEERその他関係機関との調整等
    - 人　員：4名
- (2) 西アフリカ国際緊急援助空輸隊（12月5日～12月11日）
    - 任　務：輸送活動
    - 人　員：約10名
    - 装　備：KC－767空中給油・輸送機
    - ※この他、支援機隊（航空機の故障の修復のための人員及び物資の輸送等を実施）、救援整備隊（航空機の故障等の修復）が編成された。

3．活動実績
- (1) 小牧基地からアクラまで個人防護具2万着を輸送

エア・アジア航空機不明事案に対する国際緊急援助活動

1．経緯
- (1) 平成26年12月28日にスラバヤ発シンガポール行きのエア・アジア8501便が消息不明となり、同月31日、インドネシア政府から支援の要請。同日外務大臣から国際緊急援助隊派遣について協力を求める協議を受け、防衛大臣から「国際緊急援助活動の実施に関する行動命令」を発出し、先遣チーム3名が出国。
- (2) 平成27年1月3日に護衛艦2隻等が現場海域に到着し、捜索・救助活動を開始した。
- (3) 捜索活動全体の進捗状況等を踏まえ、インドネシア政府と調整を行った結果、護衛艦による活動継続の要請は示されなかったことから、同月9日防衛大臣から「国際緊急援助活動の終結に関する自衛隊行動命令」を発出。

2．派遣部隊の概要
- (1) インドネシア現地支援調整所（平成26年12月31日～平成27年1月11日）
    - 任　務：消息不明のエア・アジア航空8501便の捜索を含む救助活動に関する情報収集、関係機関、関係国等との調整等

人　員：3名
　(2) インドネシア国際緊急援助水上部隊（平成26年12月31日〜平成27年1月9日）
　　　任　務：消息不明のエア・アジア8501便の捜索を含む救助活動
　　　人　員：約350名
　　　編　成：護衛艦「たかなみ」、護衛艦「おおなみ」
3．活動実績
　(1) 護衛艦2隻などが活動に従事し、御遺体4名と救命胴衣1着の収容を行った。

ネパール連邦民主共和国における地震被害に対する国際緊急援助活動

1．経緯
　(1) 平成27年4月25日15時15分頃（日本時間）、ネパール連邦民主共和国ガン
　　　ダキ県ラムジュン郡を震源とする地震（M7.8）が発生。カトマンズ市内各
　　　所で建造物が倒壊、ネパール内務省によれば、死者約1,905名（平成27年4
　　　月25日現在）同日、ネパール政府は、日本を含む国際社会からのあらゆる
　　　形の人道支援を要請。
　(2) 同月26日午後、調査チーム3名を現地に派遣。
　(3) 同月27日、外務大臣から防衛大臣に対し、自衛隊の部隊による国際緊急援
　　　助活動等への協力を求めるための協議を受け、防衛大臣から「国際緊急援
　　　助活動の実施に関する自衛隊行動命令」を発出。同月28日、医療援助隊を
　　　派遣（約110名）するとともに、医療活動に必要な物資等を空自輸送機によ
　　　り輸送。
　(4) 5月19日、医療機関の機能回復により、震災を原因とする医療ニーズについ
　　　ては順調に減少していることを受け、防衛大臣から「国際緊急援助活動の
　　　終結に関する自衛隊行動命令」を発出。同命令に基づき、同日、順次活動
　　　を終了し、本邦に帰国を開始、同月28日までに全ての部隊が本邦へ帰国。
2．派遣部隊の概要
　(1) ネパール統合運用調整所（4月28日〜5月25日）
　　　任　務：被災地における現地政府及び関係機関等との連絡調整等
　　　人　員：4名
　(2) ネパール国際緊急援助医療援助隊（4月28日〜5月28日）
　　　任　務：被災地における応急的な医療活動
　　　人　員：約110名
　(3) ネパール国際緊急援助空輸隊
　　　任　務：医療援助隊が活動を実施する際に必要となる物資・機材等の輸送
　　　人　員：約30名
　　　装　備：C-130H×2機
3．活動実績

(1) 医療援助隊は、カトマンズ市内のラトナパーク等において2,896名に対する診療、同市内メラムチにおいて防疫活動、トリブバン大学においてメンタルヘルスに関する講義を実施。

(2) 空輸隊は、C−130H×2機により、人員4名及び医療資器材等9.5tを空輸。

ニュージーランドにおける地震被害に対する国際緊急援助活動

1．経緯

(1) 平成28年11月13日20時頃（日本時間）、ニュージーランド南島（カンタベリー地域北部）を震源地とする地震（M7.8）が発生、南島北東沿岸部カイコウラにおいて2m規模の津波を観測。ニュージーランド政府は、震源地近郊のカイコウラで非常事態宣言を発出。

(2) 同月15日、外務大臣から防衛大臣に対し、国際緊急援助活動等への協力を求めるための協議を受け、共同訓練のためニュージーランドに派遣されているP−1を国際緊急援助隊として活動させることを決定。防衛大臣から「国際緊急援助活動の実施に関する自衛隊行動命令」を発出。

(3) 同日午後からP−1による被災状況の確認飛行を実施、18日まで確認飛行を実施した後、防衛大臣から「国際緊急援助活動の終結に関する自衛隊行動命令」を発出、活動を終結。

2．派遣部隊の概要

・ニュージーランド国際緊急援助航空隊

    任　務：被災状況の確認

    人　員：約30名

    装　備：P−1×1機

国際貢献
邦人輸送

インドネシア・スラウェシ島における地震・津波被害に対する国際緊急援助活動

1．経緯

(1) 平成30年9月28日19時頃（日本時間）、インドネシア中部スラウェシ島付近を震源地とする地震（M7.5）及び6mの津波が発生。同国では死者2,000名以上、負傷者2,000名以上、約6.6万戸が被災し、避難者7万人以上の被害が生じ（平成30年10月12日現在）、10月1日、インドネシア政府が、日本を含む国際社会からの支援を受け入れることを決定。

(2) 同月3日、外務大臣から防衛大臣に対し、自衛隊の部隊による国際緊急援助活動への協力を求めるための協議があったことを受け、同日、防衛大臣から「国際緊急援助活動の実施に関する自衛隊行動命令」を発出し、現地調整所要員8名、国際緊急援助空輸隊要員約40名及びC−130H×1機が出国。

(3) インドネシア政府との調整を経て、同月25日、「国際緊急援助活動の終結に

関する自衛隊行動命令」を発出。同月26日、現地での活動を終了し、国際緊急援助空輸隊要員及びC-130Hが本邦に帰国。同月27日、現地調整所要員が本邦に帰国。

2．派遣部隊の概要
(1) インドネシア現地調整所（10月3日～27日）
　　　任　務：被災状況及び現地活動に関する情報収集、インドネシア共和国関係機関、関係国との調整等
　　　人　員：約10名
(2) インドネシア国際緊急援助空輸隊（10月3日～26日）
　　　任　務：国際緊急援助活動として行う人員又は物資の輸送
　　　人　員：約60名
　　　装　備：C-130H×のべ2機

3．活動実績
(1) インドネシア現地調整所は、バリクパパン及びジャカルタにおいて現地政府、国際機関、他国軍等との調整を実施。
(2) インドネシア国際緊急援助空輸隊は、C-130H×のべ2機により、バリクパパンを拠点として、10月6日から10月25日までバリクパパンとパルの間で支援物資約200ｔ及び被災民等約400名を輸送。

ジブチ共和国における大雨・洪水被害に対する国際緊急援助活動

1．経緯
(1) 令和元年11月21日から23日にかけて、ジブチ共和国において断続的な大雨による洪水被害が発生。
(2) 同月26日、外務大臣から防衛大臣に対し、自衛隊の部隊による国際緊急援助活動への協力を求めるための協議があったことを受け、同日、防衛大臣から「国際緊急援助活動の実施に関する自衛隊行動命令」を発出。
(3) 同日から、ソマリア沖・アデン湾における海賊対処行動のために派遣中の海賊対処行動部隊の一部をもって、浸水地域における排水作業を開始。
(4) 12月2日、ジブチ政府との調整を踏まえ、「国際緊急援助活動の終結に関する自衛隊行動命令」を発出し、活動を終結。

2．派遣部隊の概要
・海賊対処行動部隊の一部
　　　任　務：公共施設（小中学校）の排水及び機能復旧、緊急援助物資の輸送及び配布
　　　人　員：延べ約230名
　　　装　備：排水ポンプ、車両

3．活動実績

海賊対処行動部隊の一部をもって、ジブチ市内の小学校及び中学校において、延べ約1,950トンの排水作業を実施

　　また、11月28日及び12月1日に、日本政府がJICAを通じて供与したテント、毛布等の緊急援助物資約4.3トンの車両による輸送及び配布を実施。

オーストラリア連邦における森林火災に対する国際緊急援助活動

1．経緯

(1) 令和元年9月から、オーストラリア連邦全土において森林火災が発生。

(2) 令和2年1月13日、調査チーム8名を現地に派遣。

(3) 同月15日、外務大臣から防衛大臣に対し、自衛隊の部隊による国際緊急援助活動への協力を求めるための協議があったことを受け、同日、防衛大臣から「国際緊急援助活動の実施に関する自衛隊行動命令」を発出。同日、C－130H輸送機2機が出国。

(4) 同月18日より、リッチモンド空軍基地を拠点として、消火及び復旧活動に関連する人員及び物資などを輸送した。

(5) 2月7日、オーストラリア政府との調整を踏まえ、「国際緊急援助活動の終結に関する自衛隊行動命令」を発出。同月8日に活動を終結。

2．派遣部隊の概要

(1)オーストラリア現地調整所(1月15日〜2月8日)

　　任　務：被災状況及び現地活動に関する情報収集、オーストラリア連邦国関係機関、関係国との調整等

　　人　員：約10名

(2)オーストラリア国際緊急援助航空隊

　　任　務：消火や救援活動に必要な物資、消防隊員などの輸送

　　人　員：約70名

3．活動実績

(1) オーストラリア現地調整所は、リッチモンド空軍基地を拠点とし、現地政府、国際機関、他国軍等との調整を実施。

(2) オーストラリア国際緊急援助航空隊は、C－130H延べ2機により、リッチモンド空軍基地を拠点として、1月18日から2月8日まで消火・復旧活動に関連する人員や被災者など延べ約600名や消火・復旧活動に関連する物資など延べ約11トンを輸送。

トンガ王国における火山島の噴火被害に対する国際緊急援助活動

1．経緯

(1) 令和4年1月15日にトンガ王国で発生した大規模な海底火山の噴火により、

津波や降灰などによる被害が発生。
- (2) 令和4年1月20日、外務大臣から防衛大臣に対して、自衛隊の部隊による国際緊急援助活動への協力を求めるための協議があったことを受け、同日、防衛大臣から「国際緊急援助活動の実施に関する自衛隊行動命令」を発出。
- (3) 2月17日、トンガ政府との調整を踏まえ、「国際緊急援助活動の終結に関する自衛隊行動命令」を発出。同命令に基づき、同日から順次活動を終結し、本邦に帰国を開始、3月5日に全ての部隊が本邦へ帰国。

2．派遣部隊の概要
- (1) トンガ王国国際緊急援助活動統合任務部隊
  - 任　務：緊急援助物資の海上輸送、給水活動
  - 人　員：約240名
- (2) トンガ王国国際緊急援助空輸隊等
  - 任　務：緊急援助物資の航空輸送
  - 人　員：約120名
- (3) 現地調整所
  - 任　務：トンガ王国・オーストラリア連邦関係機関、関係国等との調整

3．活動実績
　　今般の活動において、C-130輸送機2機については、1月22日から2月2日までの間、4回の物資輸送を実施し、飲用水、高圧洗浄機、缶詰等の約17トンの緊急援助物資を、また、輸送艦「おおすみ」は飲用水、火山灰撤去のための用具等といった約210トンの緊急援助物資等（うちCH-47ヘリコプターにより離島に輸送された約30トンの飲用水を含む。）を輸送。

トルコにおける地震被害に対する国際緊急援助活動

1．経緯
- (1) 令和5年2月6日、トルコ南東部を震源とする地震により、トルコにおいては、死者が5万人を超えるなど、大きな被害が発生。
- (2) 同月13日、外務大臣から防衛大臣に対し、自衛隊の部隊による国際緊急援助活動等への協力を求めるための協議を受け、防衛大臣から「トルコ共和国における国際緊急援助活動に必要な機材等の輸送に関する自衛隊行動命令」を発出。同日、トルコ共和国国際緊急援助空輸隊等を編成し、14日に現地で活動する医療チームに必要な機材等をB-777特別輸送機1機により本邦からトルコへ輸送。
- (3) 3月13日のトルコ政府及びNATOからの協力要請を踏まえ、KC-767空中給油・輸送機1機が、同月14日に本邦を出発。17日、18日、21日、23日の計4回、パキスタンにある緊急援助物資をトルコへ輸送。
- (4) 3月24日、トルコ政府及びNATOから要請のあった緊急援助物資の引渡しが終了したこと等を踏まえ、防衛大臣から「国際緊急援助活動等の終結に

関する自衛隊行動命令」を発出し、活動を終結。
2．派遣部隊の概要
　(1) 現地調整所
　　　任　務：トルコ共和国関係機関、関係国等との調整
　　　人　員：10名
　(2) トルコ共和国国際緊急援助空輸隊等
　　　任　務：緊急援助物資及び国際緊急援助活動に必要な機材等の航空輸送
　　　人　員：約50名
　　　装　備：B-777特別輸送機、KC-767空中給油・輸送機
3．活動実績
　(1) 現地調整所
　　　トルコ共和国及びパキスタンにおいて関係機関、関係国等との調整を実施。
　(2) トルコ国際緊急援助空輸隊
　　ア　B-777特別輸送機1機により、2月13日～17日の間、本邦からトルコまで、現地で活動する国際緊急援助隊・医療チームの活動に必要な機材等、約15.4トンを輸送。
　　イ　トルコ政府及びNATOからの協力要請を踏まえ、KC-767空中給油・輸送機1機により、3月17日、19日、21日、23日の計4回、パキスタンにあるトルコ向けのテント及びテント用断熱用具をトルコまで、計約89.5トンを輸送。

国際貢献
邦人輸送

4. 在外邦人等の保護措置

1. 自衛隊法上の規定

　〇自衛隊法第84条の3（「在外邦人等の保護措置」）は、領域国の同意に基づく「武力の行使」を伴わない警察的な活動として行われるものである。この場合における警察的な活動とは、我が国の法執行としての警察活動とは別のものであり、本来、当該領域国が行うべき在外邦人等の生命又は身体の保護を、当該領域国の同意を得て当該領域国の統治権の一部である警察権を補完・代行する事実行為として、自衛隊の部隊等が行うものである。

　〇在外邦人等の保護措置は、「外国における緊急事態」において、外務大臣からの保護のための措置を行うことの依頼に基づき、以下の要件のいずれにも該当すると認めるときは、防衛大臣は、内閣総理大臣の承認を得て、部隊等に当該保護措置を行わせることができると規定。

　　①外国の領域の「在外邦人等の保護措置」を行う場所において、当該外国の権限ある当局が現に公共の安全と秩序の維持に当たっており、戦闘行為が行われることがないと認められること（第84条の3第1項第1号）

　　②自衛隊が当該保護措置（武器の使用を含む。）を行うことについて、当該外国又は国連決議に従って当該外国において施政を行う機関の同意があること（第84条の3第1項第2号）

　　③予想される危険に対応して当該保護措置をできる限り円滑かつ安全に行うための自衛隊の部隊等と当該外国の権限ある当局との間の連携及び協力が確保されることが見込まれること（第84条の3第1項第3号）

　〇当該保護措置において、保護を要する邦人以外に、外務大臣から保護することを依頼された外国人のほか、邦人とともに監禁されていることが判明した外国人等その他の保護措置と併せて保護を行うことが適当と認められる者を保護することができる。

　〇在外邦人等の保護措置に従事する自衛官には、第84条の3第1項第1号及び第2号の要件のいずれにも該当する場合であって、その職務を行うに際し、自己若しくは保護措置の対象である邦人若しくはその他の保護対象者の生命若しくは身体の防護又はその職務を妨害する行為の排除のためやむを得ない必要があると認める相当の理由がある場合には、その事態に応じ合理的に必要と判断される限度で武器を使用することができる（任務遂行型の武器使用）。ただし、正当防衛又は緊急避難に該当する場合のほか、人に危害を与えてはならない。また、第1号の要件に該当しない場合であっても、自己保存型の武器使用は認められる。その他、武器等防護のための武器使用権限が付与できる。

　〇在外邦人等の保護措置に際しての安全確保の考え方については、任務の実施に際し、邦人及び派遣された隊員の安全の確保について見通しが立つことが任務の実施の前提であることを踏まえつつ、隊員と邦人の安全の確保のため、第

84条の3第1項第3号に、「予想される危険に対応して当該保護措置をできる限り円滑かつ安全に行うための部隊等と当該外国の権限ある当局との間の連携及び協力が確保されると見込まれること。」を要件の1つとして規定している。

2．法整備の経緯

「国の存立を全うし、国民を守るための切れ目のない安全保障法制の整備について」（平成26年閣議決定）において、国際社会の平和と安定への一層の貢献として、多くの日本人が海外で活躍し、テロなどの緊急事態に巻き込まれる可能性がある中で、当該領域国の受入れ同意がある場合には、武器使用を伴う在外邦人の救出についても対応できるようにする必要があるという認識の下、我が国として「国家又は国家に準ずる組織」が敵対するものとして登場しないことを確保した上で、領域国の同意に基づく邦人救出などの「武力の行使」を伴わない警察的な活動ができるよう法整備が進められることとなった。

5. 在外邦人等の輸送

1. 在外邦人等の輸送の概要
(1) 自衛隊法上の規定
○自衛隊法第84条の4（「在外邦人等の輸送」）は、「外国における災害、騒乱、その他の緊急事態」において、外務大臣からの輸送の依頼があった場合に、防衛大臣が外務大臣と予想される危険及びこれを避けるための方策について協議し、当該方策を講ずることができると認めるときは、防衛大臣は、以下の者の輸送を行うことができると規定。

— 緊急事態に際して生命又は身体の保護を要する邦人（邦人の配偶者及び子など、我が国国民と同視できるものを含む）又は外国人

— 輸送の実施に伴い自衛官に同行させる必要があると認められる者（例：我が国政府職員、企業関係者、医師等）

— 保護を要する邦人又は外国人の関係者で早期に面会させ、若しくは同行させることが適当であると認められる者（例：早期面会を希望する家族等）

○当該輸送は、自衛隊が保有する航空機、船舶により行い、特に必要があると認められる場合には、在外邦人等の輸送に適する車両（借り受けて使用するものを含む。）により行うものと規定。

○在外邦人等の輸送に従事する自衛官には自己保存型の武器使用権限及び武器等防護のための武器使用権限が付与される。

○在外邦人等の輸送については、平成6年の法整備当初から、「輸送の安全」の確保が規定されている。ここでいう「輸送の安全」が確保されているとは、邦人の輸送を安全に実施するため、航空機等の正常な運航が可能なことを意味するものであり、これは、派遣先国の空港等において、当該「輸送の安全」が確保されていない場合にあえて輸送を実施すれば輸送対象たる邦人に事故等が起こることにもなりかねず、「在外邦人の安全確保」という立法目的自体を達成することができなくなるために求められていた。

　　一方、当該「輸送の安全」の規定は、あたかも民間機での輸送も可能な程度に安全な場合にしか自衛隊を派遣できない、との意味に解されてしまうようなことがあった。そこで、平成25年の改正時に、その本来の趣旨（緊急事態に際しての輸送において予想される危険を回避する方策をとることにより安全に輸送できること）をより明確かつ簡潔に示す表現に改められた（内容を実質的に変更するものではない）。

　　また、令和4年改正において、緊急時の意思決定を迅速かつ的確に行うことができるよう、予想される危険を避けるための方策を講ずることができると認められることを防衛大臣の判断事項として明文化した。これにより、今後も、在外邦人等の輸送の実施に当たって、その安全をこれまで通り確保していくとしている。

(2) 法整備の経緯

　　○平成6年の法整備

　　　　在外邦人等を本邦等の安全な地域へ避難させる必要が生じた場合、従前は、民間の定期便等による自発的な避難を促すとともに、民間定期便等の利用が困難な場合には、民間機をチャーターすることにより対処することとしていた。しかしながら、民間機のチャーターについては、民間航空会社との調整に手間取るなどの問題（※）があった。このため、平成4年4月、政府専用機が防衛庁へ移管されたことを機に、政府として、当該政府専用機等により在外邦人輸送を行うこととし、平成6年11月に自衛隊法を改正した（第100条の8）。なお、平成5年11月に当該法案を提出するに当たり自衛隊の航空機の使用等に関する方針が閣議決定により示された。

　　　　（※）1985年3月のイラン・イラク紛争時、在イラン邦人出国のため、救援機派遣の準備を進めたが、結局間に合わず大多数の邦人はトルコ航空で出国することとなった事例。

　　○平成11年の法改正

　　　　その後、政府部内の緊急事態対処に係る検討及び日米ガイドラインに基づく周辺事態における非戦闘員退避活動の実効性確保に係る検討を背景として、平成11年5月の改正において、輸送手段に船舶、回転翼機を追加するとともに、自己等を防護するための武器使用に係る規定を整備した。また、当該改正に伴い、自衛隊の航空機の使用等に関する方針を示した閣議決定についても「輸送の準備行為」を閣議決定にかからしめる等の改正が行われた（※）。

　　　　（※）「在外邦人等の輸送のための自衛隊の航空機及び船舶の使用等について」（平成11年5月28日閣議決定）

　　○平成19年の法改正

　　　　平成19年1月の法改正により、在外邦人等の輸送は本来任務化され、関連条文は第八章の雑則（第100条の8）から第六章の自衛隊の行動（第84条の3）に規定することとした。

　　○平成25年の法改正

　　　　平成25年1月に発生した在アルジェリア邦人に対するテロ事件を受け、政府検証委員会や与党PT等の提言を踏まえ、緊急事態に際する在外邦人の保護を強化する一環として、自衛隊法の在外邦人等の輸送に関する規定の改正を行った。主な改正点は以下の4点。

― 「輸送の安全」についての規定を「予想される危険を回避し、輸送を安全に実施できるとき」と改め、その本来の趣旨をより明確に表現すること（内容を実施的に変更するものではない）。

― 輸送対象者の範囲を拡大し、政府職員や医師、企業関係者、家族などを輸送できるようにすること。

― 自衛隊が用いる輸送手段として、車両を加えること。

― 以上の改正に伴い、武器使用に係る規定について防護対象者を拡大し、武器使用できる場所を追加すること(武器使用権限は自己保存型のまま)。

　　また、車両による陸上輸送を可能とする当該改正に伴い、在外邦人等の輸送の手段として航空機及び船舶を想定した従来の閣議決定についても、改正を実施した(※)。

　　(※)「自衛隊による在外邦人等の輸送の実施について」(平成25年11月29日閣議決定)

○平和安全法制による法改正

　　平和安全法制により、新たに「在外邦人等の保護措置」を自衛隊法第84条の3として追加したことに伴い、同法第84条の4に移動。

○令和4年の法改正

　　令和3年8月の在アフガニスタン邦人等輸送の経験等を踏まえ、将来の緊急事態に際し、在外邦人等の輸送をより迅速かつ柔軟に実施する必要から、改正を実施した。主な改正内容は以下の3点。

― 政府専用機の使用を原則とする規定の削除

― 「輸送の安全」に関する規定の改正

― 輸送の主たる対象者の範囲の拡大(「邦人」に、日本国籍を有する者のほか、①邦人の配偶者又は子、②名誉総領事若しくは名誉領事又は外務公務員法第25条第2項の規定により採用された者及び、③独立行政法人との契約により外国において当該独立行政法人のために勤務する者として採用された者を含むこととした。)

2．自衛隊法第84条の4に基づく邦人輸送の実績と準備行為

(1) 邦人輸送の実績

　ア　在イラク邦人等の輸送 (平成16年4月)

　(活動内容)イラクからクウェートまでのC-130Hによる邦人等の輸送

　(開 始 時)14日、外務省から防衛庁宛の輸送の依頼を受け、同日、輸送の実施に関する命令を発出。翌15日、輸送を実施。

　イ　在アルジェリア邦人等の輸送 (平成25年1月)

　(活動内容)アルジェリア(ウアリ・ブーメディアン空港)から本邦(羽田空港)までのB-747政府専用機による邦人7名の輸送

　(開 始 時)21日、外務大臣から防衛大臣宛の輸送の依頼を受け、同日、輸送の実施に関する命令を発出。25日に輸送を完了。同日、輸送の終結に関する命令を発出。

　ウ　在バングラデシュ邦人等の輸送 (平成28年7月)

　(活動内容)バングラデシュ・ダッカから本邦(羽田空港)まで、B-747政府専用機による遺体を含む邦人等の輸送

　(開 始 時)1日、バングラデシュ・ダッカでテロリストがレストランを襲撃し、

邦人7人が死亡。3日、B-747政府専用機が羽田空港を出発し、4日未明、ダッカに到着。7人の遺体を乗せて5日、羽田空港に到着。

エ　在南スーダン邦人等の輸送（平成28年7月）

（活動内容）南スーダンからジブチまでのC-130Hによる邦人等の輸送

（開　始　時）14日、外務大臣から防衛大臣宛の輸送の依頼を受け、同日、輸送の実施に関する命令を発出。同日、輸送を完了。

オ　在アフガニスタン邦人等の輸送（令和3年8月）

（活動内容）統合任務部隊を編成し、C-2×1、C-130×2、B-777×1、誘導輸送隊等を派遣。C-130により、アフガニスタン（カブール空港）から周辺国拠点まで邦人1名及び米国から依頼を受けたアフガニスタン人14名を輸送。

（開　始　時）23日、外務大臣臨時代理から防衛大臣宛の輸送の依頼を受け、同日、輸送の実施に関する命令を発出。26日及び27日に輸送を実施。31日、輸送の終結に関する命令を発出。

カ　在スーダン邦人等の輸送（令和5年4月）

（活動内容）統合任務部隊を編成し、C-130×2、C-2×2、KC-767×1、誘導輸送隊等をジブチに派遣。C-2×1により、スーダン（ポートスーダン空港）からジブチ（ジブチ空港）まで45名の邦人等を輸送。

（開　始　時）23日、外務大臣から防衛大臣宛の輸送の依頼を受け、同日、輸送の実施に関する命令を発出。24日に輸送を実施。28日、輸送の終結に関する命令を発出。

キ　在イスラエル邦人等の輸送（令和5年10月〜）

（活動内容）統合任務部隊を編成し、C-2×2、KC-767×1、誘導輸送隊等をヨルダン等に派遣。KC-767×1により、イスラエル（ベングリオン空港）から本邦（羽田空港）まで、10月21日に83名、11月3日に46名、計129名の邦人等を輸送（令和6年2月現在）。

（開　始　時）令和5年10月18日、外務大臣から防衛大臣宛の輸送の依頼を受け、同日、輸送の実施に関する命令を発出。10月21日及び11月3日に輸送を実施。令和6年2月現在、本邦において待機を継続中。

(2) 邦人輸送の準備行為

ア　在カンボディア邦人等の輸送（平成9年7月）

（活動内容）在外邦人等の輸送を行うための準備行為として、C-130H×3をタイ・ウタパオ空港に移動。

（開　始　時）9日、外務大臣から防衛庁長官宛の準備行為開始依頼を受け、同日、実施態勢の確立に関する命令を発出（那覇まで前進）、3日後の12日、外務省の準備行為としての国外への移動依頼を受け、同日、実施態勢の確立に関する命令を発出。

（撤　収　時）16日、外務省の撤収に関する依頼を受け、同日、輸送の実施態勢
　　　　　　　の解除に関する命令を発出。

イ　在インドネシア邦人等の輸送（平成10年5月）

（活動内容）在外邦人等の輸送を行うための準備行為として、C－130H×6を
　　　　　　シンガポール・パヤレバ空港に移動。

（開　始　時）17日、外務大臣から防衛庁長官宛ての準備行為依頼を受け、同日、
　　　　　　　長官の準備指示を発出し、翌18日、態勢確立に関する命令（いわ
　　　　　　　ゆる準備命令）を発出。

（撤　収　時）26日、外務大臣から防衛庁長官宛の撤収依頼文書を受け、同日、
　　　　　　　輸送の実施態勢の解除に関する命令を発出。

ウ　在インド・在パキスタン邦人等の輸送（平成14年6月）

（活動内容）B－747、C－130H、U－4、誘導隊を含む編成準備・国内待機

（開　始　時）7日、外務大臣から防衛庁長官宛の準備行為依頼を受け、同日、
　　　　　　　輸送の準備に関する長官指示を発出。

（終　了　時）26日、外務大臣から防衛庁長官宛の準備行為解除依頼を受け、同
　　　　　　　日、措置の終了に関する長官指示を発出。

エ　在クウェート邦人等の輸送（平成15年3月）

（活動内容）B－747×2機が国内待機

（開　始　時）7日、外務大臣から防衛庁長官宛の準備行為依頼を受け、同日、
　　　　　　　実施態勢の確立に関する命令を発出。

（終　了　時）25日、外務大臣から防衛庁長官宛の準備行為解除依頼を受け、
　　　　　　　同日実施態勢の解除に関する命令を発出。

1.　自衛隊・防衛問題に関する世論調査

「自衛隊・防衛問題に関する世論調査」の概要

平成30年3月
内閣府政府広報室

調査対象　全国の日本国籍を有する18歳以上の者（3,000人）
　　　　　有効回収数1,671人（回収率55.7％）

調査期間　平成30年1月11日～1月21日（調査員による個別面接聴取）

調査目的　自衛隊・防衛問題に関する国民の意識を把握し、今後の施策の参考とする。

調査項目　1　自衛隊に対する関心
　　　　　2　自衛隊に対する印象
　　　　　3　防衛体制についての考え方
　　　　　4　自衛隊の役割と活動に対する意識
　　　　　5　防衛についての意識
　　　　　6　日本の防衛のあり方に関する意識

調査実績　「自衛隊・防衛問題に関する世論調査」
　　　　　・昭和47年11月、50年10月、53年12月、56年12月、59年11月、63年1月、
　　　　　　平成3年2月、6年1月、9年2月、15年1月、18年2月、21年1月、24年1月、
　　　　　　27年1月（以上3,000人、20歳以上）
　　　　　・平成12年1月（5,000人、20歳以上）
　　　　　「自衛隊の補給支援活動に関する特別世論調査」平成21年1月（3,000人、
　　　　　20歳以上）
　　　　　「自衛隊のイラク人道復興支援活動に関する特別世論調査」平成18年9月
　　　　　（3,000人、20歳以上）
　　　　　「今後の自衛隊の役割に関する世論調査」平成7年7月（3,000人、20歳以上）
　　　　　「自衛隊に関する世論調査」昭和44年9月（3,000人、20歳以上）
　　　　　（平成18年度の調査から、調査対象者に調査主体が「内閣府」である
　　　　　ことを提示した上で実施）

その他　　平成28年度から調査対象年齢を18歳以上に引き下げているため、20
　　　　　歳以上を対象としていた平成27年度以前の調査との単純な比較には注
　　　　　意を要する。

出典：「自衛隊・防衛問題に関する世論調査」（内閣府）
（http://survey.gov-online.go.jp/h29/h29-bouei/gairyaku.pdf）
＊本資料は、上記出典を加工して作成。

世論調査

1 自衛隊に対する関心

問1 あなたは自衛隊について関心がありますか。この中から1つだけお答えください。

平成30年1月

- ・関心がある（小計）　　　　67.8%
  - ・非常に関心がある　　　　14.9%
  - ・ある程度関心がある　　　52.9%
- ・関心がない（小計）　　　　31.4%
  - ・あまり関心がない　　　　25.9%
  - ・全く関心がない　　　　　5.5%

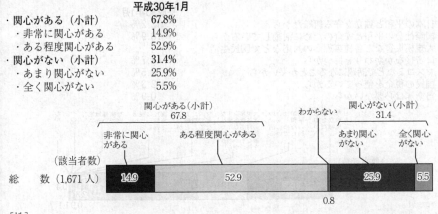

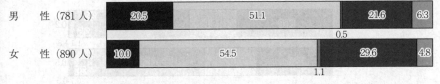

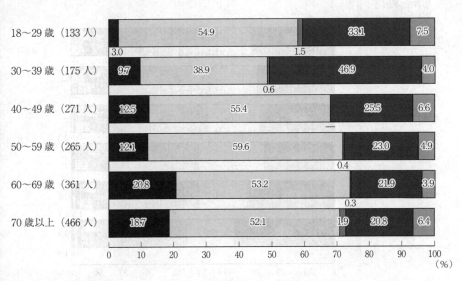

更問１（問１で、「非常に関心がある」、「ある程度関心がある」と答えた方（1,133人）に）
　　　　その理由は何ですか。この中から１つだけお答えください。

平成30年1月

・日本の平和と独立を守る組織だから　　　　　　　　　32.2%
・国際社会の平和と安全のために活動しているから　　　18.9%
・大規模災害など各種事態への対応などで国民生活
　に密接なかかわりを持つから　　　　　　　　　　　41.7%
・マスコミなどで話題になることが多いから　　　　　　2.5%
・国民の税金を使っているから　　　　　　　　　　　　2.3%
・自衛隊は必要ないから　　　　　　　　　　　　　　　0.9%

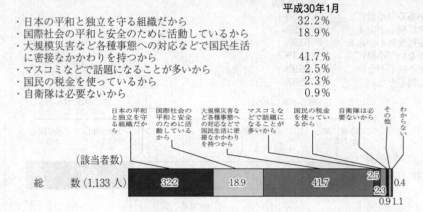

〔　性　〕

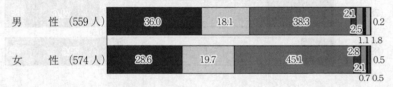

〔　年　齢　〕

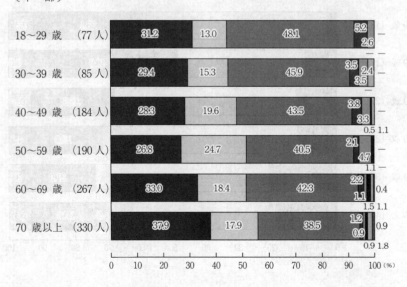

イ 自衛隊や防衛問題に関心がない理由

更問2 （問1で、「あまり関心がない」、「全く関心がない」と答えた方（524人）に）
　　　その理由は何ですか。この中から1つだけお答えください。

平成30年1月

・差し迫った軍事的脅威が存在しないから　　　16.4%
・自衛隊は必要ないから　　　　　　　　　　　1.9%
・自分の生活に関係ないから　　　　　　　　　39.1%
・自衛隊についてよくわからないから　　　　　37.6%

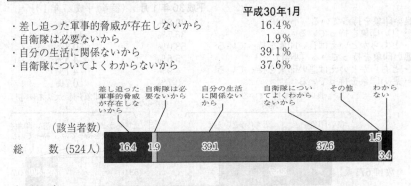

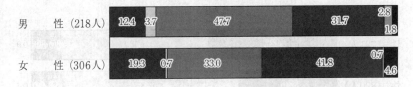

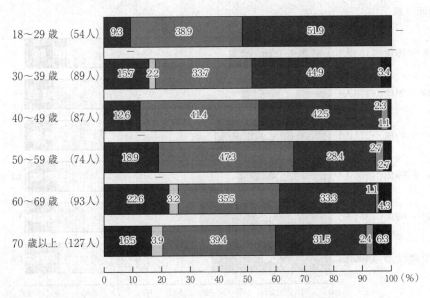

893

2 自衛隊に対する印象

問2 全般的に見てあなたは自衛隊に対して良い印象を持っていますか、それとも悪い印象を持っていますか。この中から1つだけお答えください。

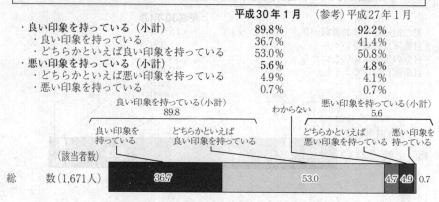

	平成30年1月	（参考）平成27年1月
・良い印象を持っている（小計）	89.8%	92.2%
・良い印象を持っている	36.7%	41.4%
・どちらかといえば良い印象を持っている	53.0%	50.8%
・悪い印象を持っている（小計）	5.6%	4.8%
・どちらかといえば悪い印象を持っている	4.9%	4.1%
・悪い印象を持っている	0.7%	0.7%

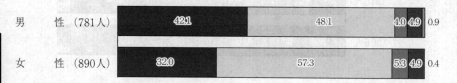

〔 性 〕

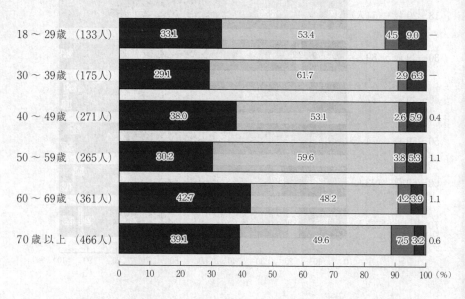

〔 年 齢 〕

3 防衛体制についての考え方
自衛隊の防衛力

> 問3 全般的に見て日本の自衛隊は増強した方がよいと思いますか。今の程度でよいと思いますか、
> それとも縮小した方がよいと思いますか。この中から1つだけお答えください。（※資料1）

	平成30年1月	（参考）平成27年1月
・増強した方がよい	29.1%	29.9%
・今の程度でよい	60.1%	59.2%
・縮小した方がよい	4.5%	4.6%

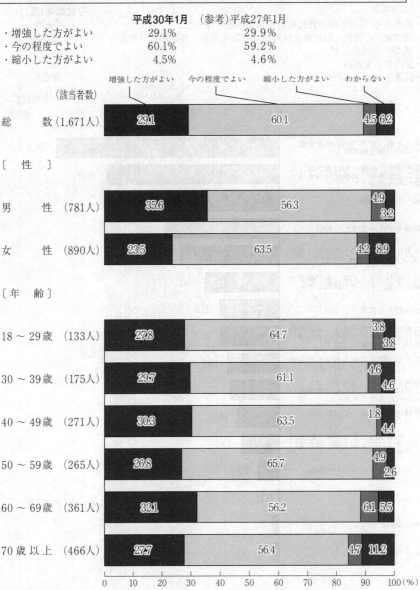

増強した方がよい　今の程度でよい　縮小した方がよい　わからない

（該当者数）				
総　　数（1,671人）	29.1	60.1	4.5	6.2

〔 性 〕

男　　性（781人）	35.6	56.3	4.9	3.2
女　　性（890人）	23.5	63.5	4.2	8.9

〔 年　齢 〕

18～29歳（133人）	27.8	64.7	3.8	3.8
30～39歳（175人）	29.7	61.1	4.6	4.6
40～49歳（271人）	30.3	63.5	1.8	4.4
50～59歳（265人）	26.8	65.7	4.9	2.6
60～69歳（361人）	32.1	56.2	6.1	5.5
70歳以上（466人）	27.7	56.4	4.7	11.2

0　10　20　30　40　50　60　70　80　90　100（%）

世論調査

4 自衛隊の役割と活動に対する意識
（1）自衛隊に期待する役割

> **問4 あなたは、自衛隊にどのような役割を期待しますか。**
> **この中からいくつでもあげてください。（複数回答）**

（上位4項目）　　　　　　　　　　　　　　　　　　　　　　　　　**平成30年1月**
- 災害派遣（災害の時の救援活動や緊急の患者輸送など）　　　　　　　79.2％
- 国の安全の確保（周辺海空域における安全確保、島嶼部に対する　　　60.9％
  攻撃への対応など）
- 国内の治安維持　　　　　　　　　　　　　　　　　　　　　　　　49.8％
- 弾道ミサイルへの対応　　　　　　　　　　　　　　　　　　　　　40.2％

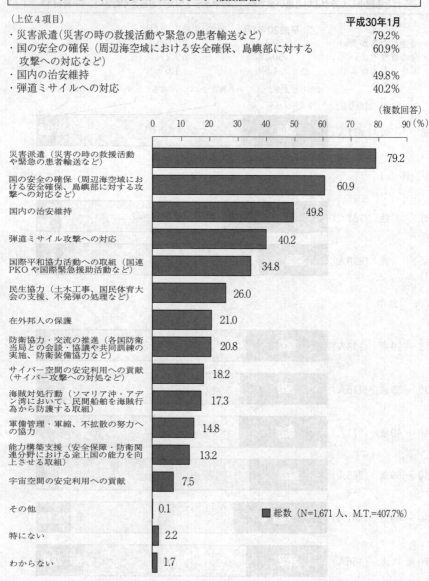

（複数回答）

	（％）
災害派遣（災害の時の救援活動や緊急の患者輸送など）	79.2
国の安全の確保（周辺海空域における安全確保、島嶼部に対する攻撃への対応など）	60.9
国内の治安維持	49.8
弾道ミサイル攻撃への対応	40.2
国際平和協力活動への取組（国連PKOや国際緊急援助活動など）	34.8
民生協力（土木工事、国民体育大会の支援、不発弾の処理など）	26.0
在外邦人の保護	21.0
防衛協力・交流の推進（各国防衛当局との会談・協議や共同訓練の実施、防衛装備協力など）	20.8
サイバー空間の安定利用への貢献（サイバー攻撃への対処など）	18.2
海賊対処行動（ソマリア沖・アデン湾において、民間船舶を海賊行為から防護する取組）	17.3
軍備管理・軍縮、不拡散の努力への協力	14.8
能力構築支援（安全保障・防衛関連分野における途上国の能力を向上させる取組）	13.2
宇宙空間の安定利用への貢献	7.5
その他	0.1
特にない	2.2
わからない	1.7

■ 総数（N=1,671人、M.T.=407.7%）

世論調査

(2) 自衛隊の災害派遣活動の認知度

> 問5 自衛隊が今までに実施してきた災害派遣活動について、あなたはどのような活動を知っていますか。この中からいくつでもあげてください。（複数回答）

（上位4項目）　　　　　　　　　　　　　　　　　　　　　　平成30年1月
・被災者の救難・捜索などの人命救助活動　　　　　　　　　　94.9%
・被災者への給食・給水・入浴などの生活支援活動　　　　　　89.6%
・水・医薬品・おむつなどの緊急物資の輸送　　　　　　　　　78.5%
・被災者への医療支援活動　　　　　　　　　　　　　　　　　74.8%

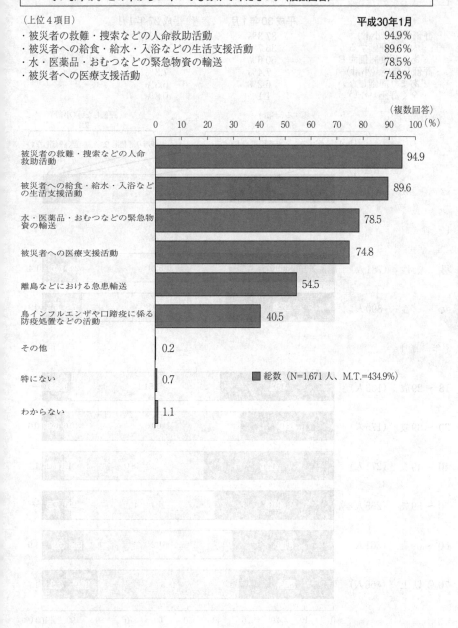

（複数回答）

被災者の救難・捜索などの人命救助活動　94.9
被災者への給食・給水・入浴などの生活支援活動　89.6
水・医薬品・おむつなどの緊急物資の輸送　78.5
被災者への医療支援活動　74.8
離島などにおける急患輸送　54.5
鳥インフルエンザや口蹄疫に係る防疫処置などの活動　40.5
その他　0.2
特にない　0.7
わからない　1.1

■ 総数（N=1,671人、M.T.=434.9%）

世論調査

（3）自衛隊の海外での活動に対する評価

> 問6 あなたは、これまでの自衛隊の海外での活動について、どの程度評価していますか。
> この中から1つだけお答えください。（※資料2）

	平成30年1月	(参考)平成27年1月
・評価する（小計）	87.3%	89.8%
・大いに評価する	36.7%	39.2%
・ある程度評価する	50.6%	50.6%
・評価しない（小計）	7.4%	7.3%
・あまり評価しない	6.2%	6.5%
・全く評価しない	1.1%	0.8%

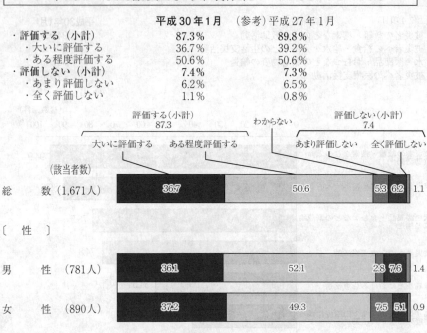

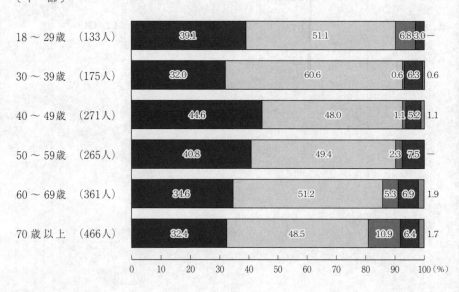

問7 あなたは、自衛隊による国連PKOへの参加や国際緊急援助活動などの「国際平和協力
活動」について、今後、どのように取り組んでいくべきだと思いますか。
この中から1つだけお答えください。

	平成30年1月	（参考）平成27年1月
・これまで以上に積極的に取り組むべきである	20.6%	25.9%
・現状の取り組みを維持すべきである	66.8%	65.4%
・これまでの取り組みから縮小すべきである	5.3%	4.6%
・取り組むべきでない	1.7%	1.0%

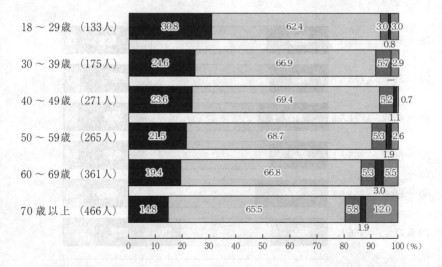

総 数（1,671人）／男 性（781人）／女 性（890人）／18～29歳（133人）／30～39歳（175人）／40～49歳（271人）／50～59歳（265人）／60～69歳（361人）／70歳以上（466人）

これまで以上に積極的に取り組むべきである／現状の取り組みを維持すべきである／これまでの取り組みから縮小すべきである／取り組むべきでない／わからない

〔 性 〕

〔 年 齢 〕

5 防衛についての意識
（1）身近な人が自衛隊員になることの賛否

> **問8** もし身近な人が自衛隊員になりたいと言ったら、あなたは賛成しますか、反対しますか。この中から1つだけお答えください。

	平成30年1月	（参考）平成27年1月
・賛成する（小計）	62.4%	70.4%
・賛成する	23.7%	27.9%
・どちらかといえば賛成する	38.7%	42.6%
・反対する（小計）	29.4%	23.0%
・どちらかといえば反対する	21.6%	17.0%
・反対する	7.8%	6.0%

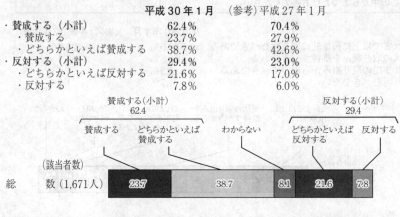

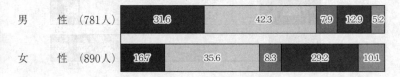

〔 性 〕

〔 年 齢 〕

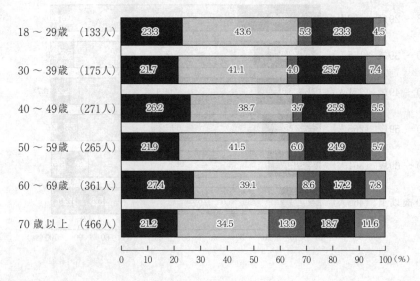

ア 身近な人が自衛隊員になることに賛成の理由

> 更問1（問8で、「賛成する」、「どちらかといえば賛成する」と答えた方（1,043人）に）
> その理由は何でしょうか。この中からいくつでもあげてください。（複数回答）

（上位3項目）　　　　　　　　　　　　　　　**平成30年1月**　（参考）平成27年1月
・日本の平和と独立を守るという誇りのある仕事だから　　61.3%　　　　　60.9%
・立派な職業のひとつだから　　　　　　　　　　　　　50.5%　　　　　47.4%
・国際社会の安定に役立つ仕事だから　　　　　　　　　46.4%　　　　　46.2%

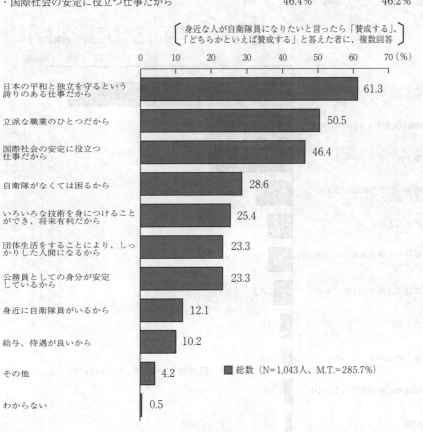

> 身近な人が自衛隊員になりたいと言ったら「賛成する」、
> 「どちらかといえば賛成する」と答えた者に、複数回答

日本の平和と独立を守るという誇りのある仕事だから	61.3
立派な職業のひとつだから	50.5
国際社会の安定に役立つ仕事だから	46.4
自衛隊がなくては困るから	28.6
いろいろな技術を身につけることができ、将来有利だから	25.4
団体生活をすることにより、しっかりした人間になるから	23.3
公務員としての身分が安定しているから	23.3
身近に自衛隊員がいるから	12.1
給与、待遇が良いから	10.2
その他	4.2
わからない	0.5

■総数（N=1,043人、M.T.=285.7%）

世論調査

イ　身近な人が自衛隊員になることに反対の理由

> 更問2　（問8で、「どちらかといえば反対する」、「反対する」と答えた方（492人）に）
> その理由は何でしょうか。この中からいくつでもあげてください。（複数回答）

（上位3項目）　　　　　　　　　　　　　　　　　　　　　　　**平成30年1月**　　（参考）平成27年1月
・戦争などが起こった時は危険な仕事だから　　　　　　　81.3%　　　　　　75.1%
・自衛隊の実情がよくわからないから　　　　　　　　　　30.9%　　　　　　32.4%
・仕事が厳しそうだから　　　　　　　　　　　　　　　　30.1%　　　　　　25.4%

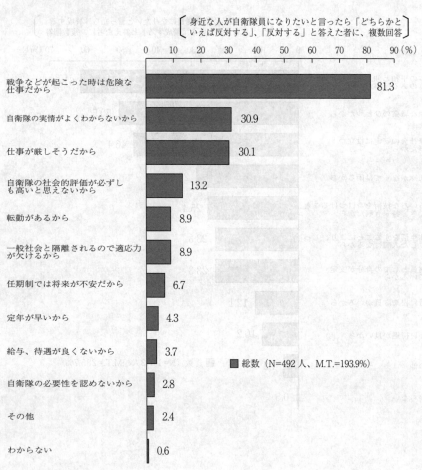

身近な人が自衛隊員になりたいと言ったら「どちらかといえば反対する」、「反対する」と答えた者に、複数回答

戦争などが起こった時は危険な仕事だから　81.3
自衛隊の実情がよくわからないから　30.9
仕事が厳しそうだから　30.1
自衛隊の社会的評価が必ずしも高いと思えないから　13.2
転勤があるから　8.9
一般社会と隔離されるので適応力が欠けるから　8.9
任期制では将来が不安だから　6.7
定年が早いから　4.3
給与、待遇が良くないから　3.7
自衛隊の必要性を認めないから　2.8
その他　2.4
わからない　0.6

■ 総数（N＝492人、M.T.＝193.9%）

世論調査

問9 もし日本が外国から侵略された場合、あなたはどうしますか。
この中から1つだけお答えください。

	平成30年1月	（参考）平成27年1月
・自衛隊に参加して戦う （自衛隊に志願して、自衛官となって戦う）	5.9%	6.8%
・何らかの方法で自衛隊を支援する（自衛隊に志願 しないものの、自衛隊の行う作戦などを支援する）	54.6%	56.8% ※
・ゲリラ的な抵抗をする（自衛隊には志願や支援し ないものの、武力を用いた行動をする）	1.9%	1.9%
・武力によらない抵抗をする（侵略した外国に対し て不服従の態度を取り、協力しない）	19.6%	19.5%
・一切抵抗しない（侵略した外国の指示に服従し、 協力する）	6.6%	5.1%
・わからない	10.6%	8.9%

※平成27年1月調査では、「何らかの方法で自衛隊を支援する（自衛隊に志願しないものの、あらゆる手段で
自衛隊の行う作戦などを支援する」となっている。

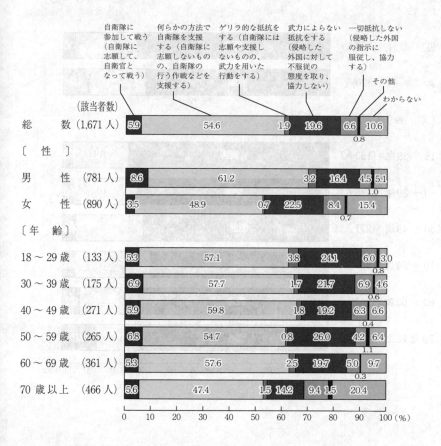

(3) 国を守るという気持ちの教育の必要性

> 問10 あなたは、国民が国を守るという気持ちをもっと持つようにするため、教育の場で取り上げる必要があると思いますか、それともその必要はないと思いますか。
> この中から1つだけお答えください。

平成30年1月　（参考）平成27年1月

・教育の場で取り上げる必要がある　70.4%　72.3%
・教育の場で取り上げる必要はない　22.3%　21.6%

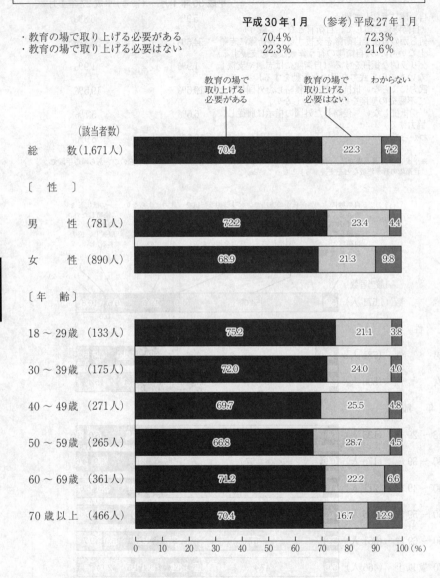

6 日本の防衛のあり方に関する意識
(1) 日米安全保障条約についての考え方

> 問11 日本の防衛のあり方について伺います。日本は現在、アメリカと安全保障条約を結んでいますが、この日米安全保障条約は日本の平和と安全に役立っていると思いますか、役立っていないと思いますか。この中から1つだけお答えください。

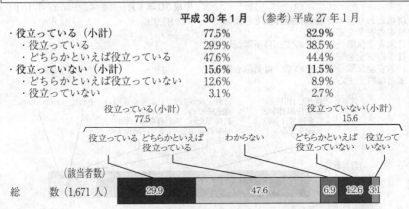

	平成30年1月	(参考)平成27年1月
・役立っている（小計）	77.5%	82.9%
・役立っている	29.9%	38.5%
・どちらかといえば役立っている	47.6%	44.4%
・役立っていない（小計）	15.6%	11.5%
・どちらかといえば役立っていない	12.6%	8.9%
・役立っていない	3.1%	2.7%

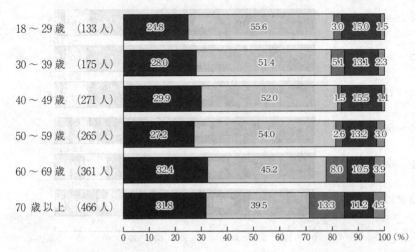

（2）日本の安全を守るための方法

問12 では、あなたは日本の安全を守るためにはどのような方法をとるべきだと思いますか。この中から1つだけお答えください。

	平成30年1月	（参考）平成27年1月
・現状どおり日米の安全保障体制と自衛隊で日本の安全を守る	81.9%	84.6%
・日米安全保障条約をやめて、自衛隊だけで日本の安全を守る	7.1%	6.6%
・日米安全保障条約をやめて、自衛隊も縮小または廃止する	2.9%	2.6%

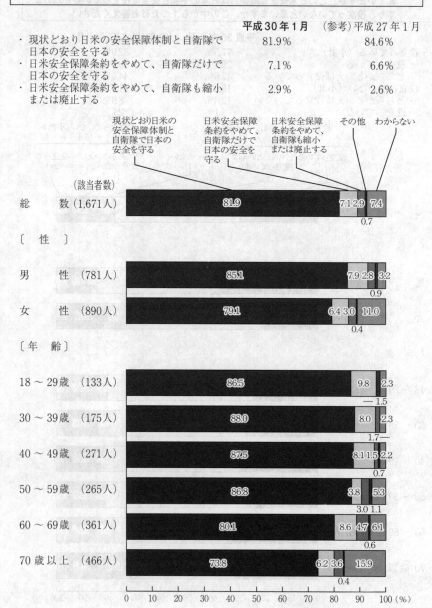

（3）日本が戦争に巻き込まれる危険性

> **問13** あなたは、現在の世界の情勢から考えて日本が戦争を仕掛けられたり戦争に巻き込まれたりする危険があると思いますか。それともそのような危険はないと思いますか。この中から1つだけお答えください。

	平成30年1月	（参考）平成27年1月
・危険がある（小計）	85.5%	75.5%
・危険がある	38.0%	28.3%
・どちらかといえば危険がある	47.5%	47.2%
・危険はない（小計）	10.7%	19.8%
・どちらかといえば危険がない	8.1%	16.0%
・危険はない	2.5%	3.8%

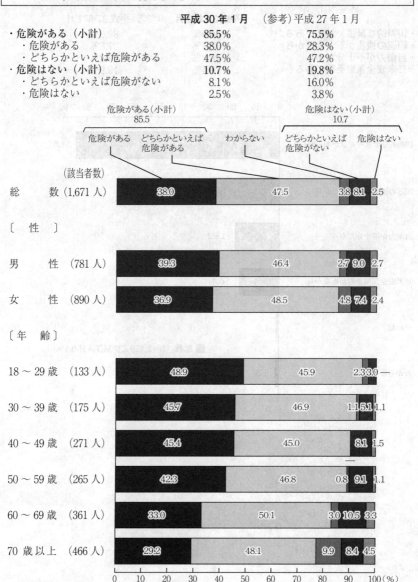

907

ア　日本が戦争に巻き込まれる危険があると思う理由

> 更問1　（問13で、「危険がある」、「どちらかといえば危険がある」と答えた方（1,429人）に）どうしてそう思うのですか。この中からいくつでもあげてください。（複数回答）

	平成30年1月	（参考）平成27年1月
・国際的な緊張や対立があるから	84.5%	82.6%
・国連の機能が不十分だから	28.7%	27.8%
・自衛力が不十分だから	18.2%	19.2%
・日米安全保障条約があるから	16.4%	12.9%

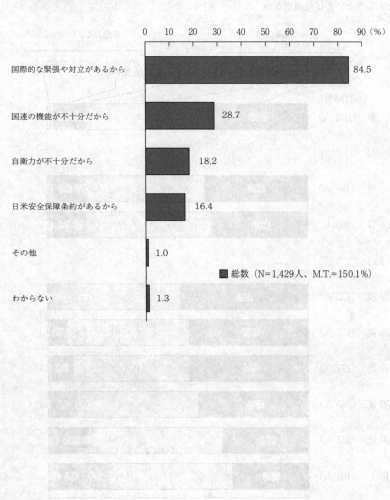

- 国際的な緊張や対立があるから　84.5
- 国連の機能が不十分だから　28.7
- 自衛力が不十分だから　18.2
- 日米安全保障条約があるから　16.4
- その他　1.0
- わからない　1.3

■総数（N=1,429人、M.T.=150.1%）

イ　日本が戦争に巻き込まれる危険がないと思う理由

更問2　（問13で、「どちらかといえば危険がない」、「危険はない」と答えた方（178人）に）
どうしてそう思うのですか。この中からいくつでもあげてください。（複数回答）

平成30年1月　　（参考）平成27年1月

（上位3項目）
・日米安全保障条約があるから　　　　　　44.4%　　　　　　47.9%
・国連が平和への努力をしているから　　　31.5%　　　　　　34.3%
・戦争放棄の憲法があるから　　　　　　　31.5%　　　　　　43.1%

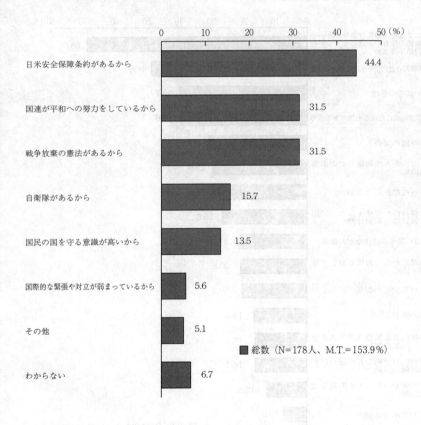

（4）防衛問題に対する関心

> **問14　防衛問題について、あなたが関心を持っていることがありましたら、この中から
> いくつでもあげてください。（複数回答）**

（上位4項目）　　　　　　　　　　　　　　　　　　　　　　　　**平成30年1月**

・北朝鮮による核兵器及びサリンといった化学兵器の保有や
　弾道ミサイル開発などの朝鮮半島情勢　　　　　　　　　　　　　　68.6%
・中国の軍事力の近代化や海洋における活動　　　　　　　　　　　　48.6%
・国際テロ組織の活動　　　　　　　　　　　　　　　　　　　　　　39.7%
・日本の周辺地域における米国の軍事情勢　　　　　　　　　　　　　39.6%

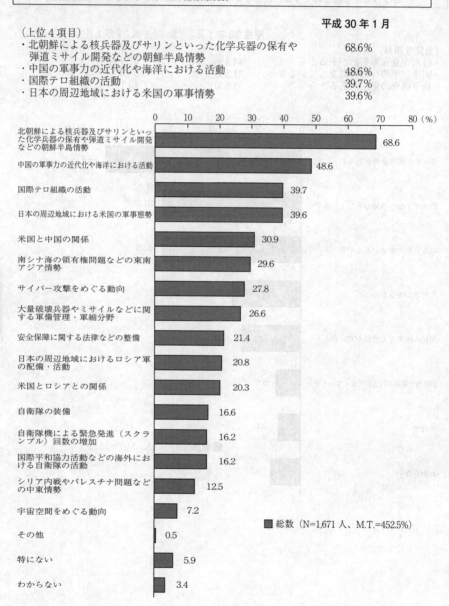

北朝鮮による核兵器及びサリンといった化学兵器の保有や弾道ミサイル開発などの朝鮮半島情勢　68.6
中国の軍事力の近代化や海洋における活動　48.6
国際テロ組織の活動　39.7
日本の周辺地域における米国の軍事態勢　39.6
米国と中国の関係　30.9
南シナ海の領有権問題などの東南アジア情勢　29.6
サイバー攻撃をめぐる動向　27.8
大量破壊兵器やミサイルなどに関する軍備管理・軍縮分野　26.6
安全保障に関する法律などの整備　21.4
日本の周辺地域におけるロシア軍の配備・活動　20.8
米国とロシアとの関係　20.3
自衛隊の装備　16.6
自衛隊機による緊急発進（スクランブル）回数の増加　16.2
国際平和協力活動などの海外における自衛隊の活動　16.2
シリア内戦やパレスチナ問題などの中東情勢　12.5
宇宙空間をめぐる動向　7.2
その他　0.5
特にない　5.9
わからない　3.4

■ 総数（N=1,671人、M.T.=452.5%）

（5）平和安全法制についての考え方

> **問15** 国民の生命と平和な暮らしを守り、日本が国際社会の平和と安定に積極的に貢献するため、平成27年9月に平和安全法制が成立しました。平和安全法制によって可能となった対応のうち、あなたが日本の安全保障に役立つと思うものはどれですか。この中からいくつでもあげてください。（複数回答）

（上位4項目）　　　　　　　　　　　　　　　　　　　　　　　平成30年1月

・外国における緊急事態において、自衛隊が外国に在住する日本人の警護、救出などを行うことが可能となったこと	42.4%
・日本と密接な関係にある米国などの他国が武力攻撃を受けたときに、日本が武力で対処をしなければ、深刻・重大な被害が日本国民に及ぶことが明らかな状況（存立危機事態）において、日本の防衛のために自衛隊が対処することが可能となったこと	41.7%
・そのまま放置すれば日本に対する直接の武力攻撃に及ぶ恐れのある事態など、日本の平和と安全に重要な影響を与える場合（重要影響事態）に、これに対処して活動する外国の軍隊を支援することが可能となったこと	33.3%
・国連平和維持活動（PKO）などにおいて、自衛隊の近くで活動するNGOなどが暴徒などに襲撃されたときに、襲撃されたNGOなどの緊急の要請を受け、自衛隊が駆け付けて保護するための活動が可能となったこと（いわゆる駆け付け警護）	31.1%
・わからない	19.3%

（ウ）外国における緊急事態において、自衛隊が外国に在住する日本人の警護、救出などを行うことが可能となったこと　42.4

（ア）日本と密接な関係にある米国などの他国が武力攻撃を受けたときに、日本が武力で対処をしなければ、深刻・重大な被害が日本国民に及ぶことが明らかな状況（存立危機事態）において、日本の防衛のために自衛隊が対処することが可能となった　41.7

（イ）そのまま放置すれば日本に対する直接の武力攻撃に及ぶ恐れのある事態など、日本の平和と安全に重要な影響を与える事態（重要影響事態）に、これに対処して活動する外国の軍隊を支援することが可能となったこと　33.3

（エ）国連平和維持活動（PKO）などにおいて、自衛隊の近くで活動するNGOなどが暴徒などに襲撃されたときに、襲撃されたNGOなどの緊急の要請を受け、自衛隊が駆け付けて保護するための活動が可能となったこと（いわゆる駆け付け警護）　31.1

（キ）日本の防衛のために活動している米軍などの船舶、航空機、車両などを自衛隊が守ることができるようになったこと　24.4

（オ）国際社会の平和と安全が脅かされ、日本を含む国際社会が共同して対処する場合（国際共同対処事態）において、国連決議に基づいて活動する外国の軍隊を支援することが可能となったこと　20.2

（カ）（オ）の国際共同対処事態においても、日本が参加する経済制裁の実効性を確保するために船舶の積荷などの検査を行うことが可能となったこと　18.1

特にない　5.8

その他　0.3

■ 総数（N=1,671人、M.T.=236.5%）

わからない　19.3

（6）米国以外との防衛協力・交流についての意識

> **問13** あなたは、同盟国であるアメリカ以外の国とも防衛協力・交流を進展させることは、日本の平和と安全に役立っていると思いますか、役立っていないと思いますか。この中から1つだけお答えください。（※資料3）

	平成30年1月	（参考）平成27年1月
・役立っている（小計）	79.6％	82.3％
・役立っている	39.2％	42.1％
・どちらかといえば役立っている	40.4％	40.2％
・役立っていない（小計）	9.8％	9.7％
・どちらかといえば役立っていない	7.0％	7.5％
・役立っていない	2.8％	2.2％
・わからない	10.7％	8.0％

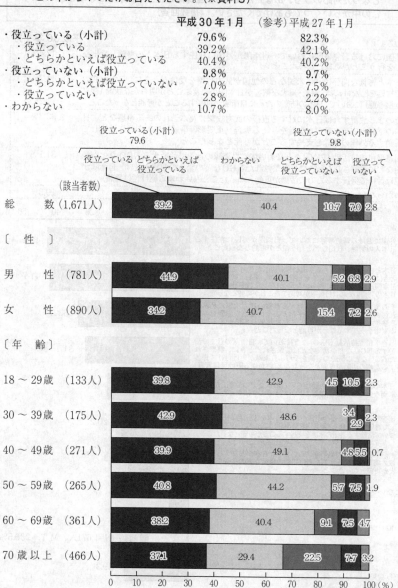

ア　役立っていると考える国・地域

更問　（問16で、「役立っている」、「どちらかといえば役立っている」と答えた方（1,330人）に）
　　　特に、どの国や地域との防衛協力・交流が日本の平和と安全にとり、役に立つと思い
　　　ますか。この中からいくつでもあげてください。（複数回答）

	平成30年1月	（参考）平成27年1月
（上位5項目）		
・中国	43.8%	40.3%
・東南アジア諸国	42.2%	49.0% ※
・韓国	41.1%	40.8%
・ヨーロッパ諸国（ロシアを除く、	34.1%	36.9%
イギリス、フランスなどの主要国）		
・オーストラリア	30.2%	25.8%

※平成27年1月調査では、「東南アジア諸国連合」となっている。

同盟国であるアメリカ以外の国とも防衛上の交流を行う
ことは、日本の平和と安全に「役立っている」、「どちら
かといえば役立っている」と答えた者に、複数回答

中　　　　国　43.8
東南アジア諸国　42.2
韓　　　　国　41.1
ヨーロッパ諸国（ロシアを除く、
イギリス、フランスなどの主要国）　34.1
オーストラリア　30.2
ロ　シ　ア　26.1
イ　ン　ド　24.3
そ　の　他　0.5
わ　か　ら　な　い　8.3

■ 総数（N=1,330人、M.T.=250.5%）

【資料1】

アジア太平洋地域における各国及び地域の陸上、海上、航空兵力概数

国と地域		陸上兵力 （人数）	海上兵力 （艦艇トン数）	航空兵力 （作戦機数）
日　　本		14万人	47.9万t	400機
韓　　国		49.5万人 （海）2.9万人	21.3万t	620機
北　朝　鮮		102万人	10.4万t	560機
中　　国		115万人 （海）1万人	163.0万t	2,720機
台　　湾		13万人 （海）1万人	20.5万t	510機
極東ロシア		8万人	63万t	390機
米国	在日米軍	1.6万人		150機
	米第7艦隊		40万t	50機
	在韓米軍	1.5万人		80機

(注) 1 資料は、米国防省公表資料、ミリタリーバランス（2017）などによる。
　　　　（日本は平成28年度末実勢力を示し、航空兵力（作戦機数）は航空自衛隊の
　　　　作戦機（輸送機を除く）および海上自衛隊の作戦機（固定翼のみ）の合計）
　　　2 （海）は海兵隊を示し、陸上兵力の数には含まれない。
　　　3 在日・在韓米軍の陸上兵力は、陸軍及び海兵隊の総数を示す。
　　　4 諸外国の作戦機については、海軍及び海兵隊機を含む。
　　　5 第7艦隊とは、日本及びグアムに前方展開している兵力である。

世論調査

914

1991年に海上自衛隊の掃海部隊がペルシャ湾に派遣され、これを出発点として自衛隊による国際平和協力活動などの海外での活動が開始されて以降、25年以上が経過しています。この間、アジア、中東、アフリカ、中米など、約30の国や地域で、のべ約6万人の自衛隊員を派遣してきました。これまで自衛隊が取り組んできた海外での活動には次のようなものがあります。(2017年11月現在)

国際平和協力業務

■ 国連平和維持活動(国連PKO)として、
カンボジア、ゴラン高原、ハイチ、東ティモール、南スーダンなどにおける9件の国連PKOに参加。(南スーダンで現在も司令部要員4人が活動中)
■ 人道的な国際救援活動として、
ルワンダ難民救援、東ティモール避難民救援などの5件の活動に参加。

国際緊急援助活動

ホンジュラス(ハリケーン災害)、インドネシア(地震災害)、ハイチ(地震災害)、パキスタン(水害)、フィリピン(台風災害)などにおける20件の国際緊急援助隊法に基づく活動に参加。

その他の活動

ペルシャ湾への掃海部隊派遣、イラクにおける人道復興支援活動、インド洋における補給支援活動、ソマリア沖・アデン湾における海賊対処(現在約370人が活動中)。

【資料3】

日本の安全と繁栄を確保するため、防衛省・自衛隊は、日米同盟を基軸としつつ、二国間及び多国間の対話・協力・交流の枠組みを多層的に組み合わせたネットワークの構築を進めています。

具体的には、韓国との連携の確立やオーストラリアとの関係の一層の深化、中国やロシアとの安全保障対話の活発化、東南アジア諸国やインドとの共同訓練の実施、地域における能力構築支援の拡充など、各国との協調的な取り組みを多層的に推進しています。

さらに、国際平和協力活動等の推進などの取り組みを通じて国際社会と連携を図り、特にEU(欧州連合)、NATO(北大西洋条約機構)ならびに英国およびフランスをはじめとする、欧州諸国との協力を一層強化することとしています。

Ⅱ　自衛隊の補給支援活動に関する特別世論調査

調査の概要

1．調査目的　　　自衛隊の補給支援活動に関する国民の意識を調査し、今後の施策の参考とする。

2．調査項目　　　(1) 補給支援活動の認知度
　　　　　　　　(2) 補給支援活動を何から知ったか
　　　　　　　　(3) 補給支援活動についての評価
　　　　　　　　(4) 評価する理由／評価しない理由
　　　　　　　　(5) 「高山」襲撃事案の認知度
　　　　　　　　(6) 国際平和協力活動の周知
　　　　　　　　(7) 国際平和協力活動の今後の取組

3．関係省庁　　　防衛省

4．調査対象　　　(1) 母集団　全国20歳以上の者
　　　　　　　　(2) 標本数　3,000人
　　　　　　　　(3) 抽出方法　層化2段無作為抽出法

5．調査時期　　　平成21年1月22日〜2月1日

6．調査方法　　　調査員による個別面接聴取

7．調査実施機関　社団法人　新情報センター

8．回収結果　　　(1) 有効回収数（率）　1,684人（56.1％）
　　　　　　　　(2) 調査不能数（率）　1,316人（43.9％）
　　　　　　　　－不能内訳－
　　　　　　　　転居 127　　長期不在 57　　一時不在 448
　　　　　　　　住所不明 39　　拒否 574　　その他（病気など）71

9．性・年齢別回収結果

性・年齢		標本数	回収数	回収率	性・年齢		標本数	回収数	回収率
				%					%
男性	20〜29歳	181	84	46.4	女性	20〜29歳	178	77	43.3
	30〜39歳	240	107	44.6		30〜39歳	246	139	56.5
	40〜49歳	225	117	52.0		40〜49歳	263	154	58.6
	50〜59歳	303	166	54.8		50〜59歳	267	159	59.6
	60〜69歳	297	200	67.3		60〜69歳	320	204	63.8
	70歳以上	229	129	56.3		70歳以上	251	148	59.0
計		1,475	803	54.4	計		1,525	881	57.8

［自衛隊・防衛問題に関する特別世論調査］の要旨

内閣府政府広報室

> 調査時期：平成21年1月22日～2月1日
> 調査対象：全国20歳以上の者3,000人
> 有効回収数（率）：1,684人（56.1％）

1. 補給支援活動の認知度

	平成21年1月
・聞いたことがあり、活動の内容も知っている	70.8％
・聞いたことがあるが、活動の内容までは知らない	22.4％
・聞いたことがない	5.6％
・わからない	1.1％

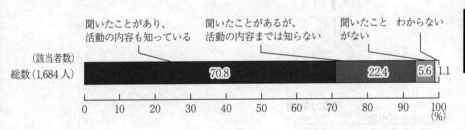

（該当者数）
総数（1,684人）

聞いたことがあり、活動の内容も知っている　聞いたことがあるが、活動の内容までは知らない　聞いたことがない　わからない

70.8　22.4　5.6　1.1

世論調査

2. 補給支援活動を何から知ったか（複数回答）

平成21年1月

・テレビ	96.5%
・新聞	75.1%
・ラジオ	14.6%
・インターネット	12.0%

> 「聞いたことがあり、活動の内容も知っている」、「聞いたことがあるが、活動の内容までは知らない」と答えた者に、複数回答

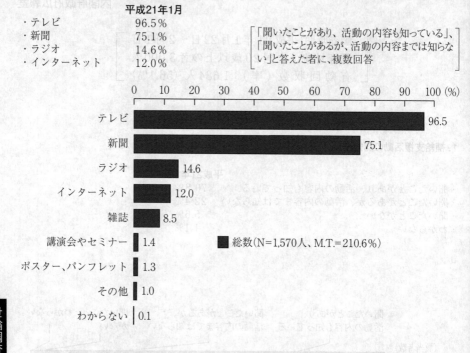

総数（N=1,570人、M.T.=210.6%）

3. 補給支援活動についての評価

平成21年1月

・評価する（小計）	70.4%
・高く評価する	23.2%
・多少は評価する	47.2%
・評価しない（小計）	22.6%
・あまり評価しない	17.6%
・全く評価しない	5.0%
・わからない	7.0%

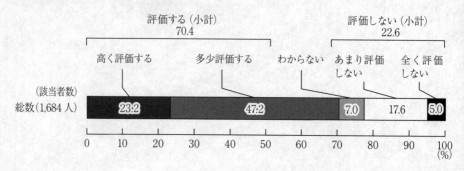

4.

(1) 評価する理由（複数回答）

平成21年1月

・国際社会の一員として責任ある役割を果たすことにより、日本に対する国際的　65.2％
　な評価が高まるから
・日本の平和と安定を守るために役立つから　43.1％
・海上交通の安全に寄与することで、中東地域からの石油の安定的な確保に役立つから　32.8％
・米国とともに国際テロ対応に取り組むことで、日米関係の強化に役立つから　24.5％
・テロリズムの根絶や抑止に役立っているから　22.2％

［「高く評価する」、「多少は評価する」と答えた者に、複数回答］

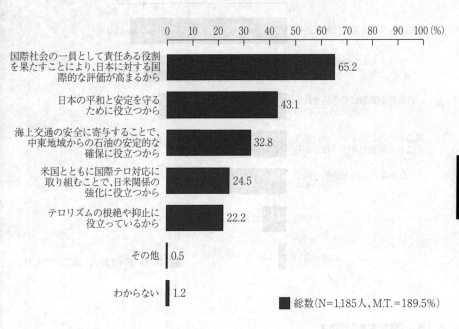

総数（N＝1,185人、M.T.＝189.5％）

世論調査

919

(2)評価しない理由（複数回答）

	平成21年1月
・自衛隊の海外派遣に反対だから	43.3%
・テロリズムの根絶や抑止に役立っていないから	39.4%
・自衛隊が戦闘に巻き込まれる危険性があるから	35.2%
・派遣のために日本がテロに巻き込まれる可能性が高くなるから	29.9%

［「あまり評価しない」、「全く評価しない」と答えた者に、複数回答］

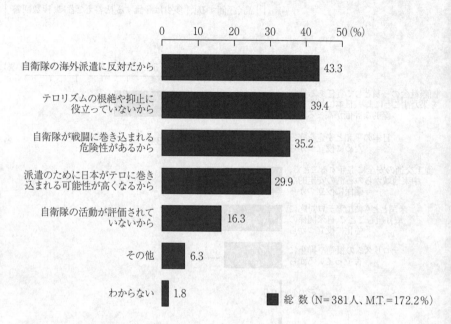

総 数（N＝381人、M.T.＝172.2%）

5.「高山」襲撃事案の認知度

	平成21年1月
・知っていた	32.8%
・知らなかった	67.2%

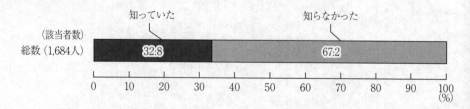

6. 国際平和協力活動の周知（複数回答）

	平成18年2月		平成21年1月
・国際緊急援助活動	68.9%	→	71.4%
・イラク国家再建に向けた取組への協力	88.4%	→	61.9%
・国際平和協力業務	45.3%	→	44.9%
・国際テロリズム対応のための活動	28.5%	→	44.8%

（複数回答）

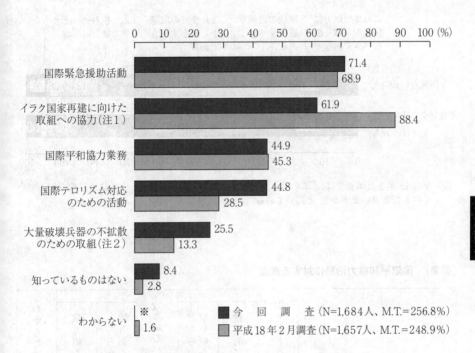

(注1) 平成18年2月調査では、資料の例示が「イラクの復興のための医療活動、給水活動（17年2月4日まで）、学校などの公共施設の復旧・整備、人道復興関連物資の輸送活動」となっている。
(注2) 平成18年2月調査では、「（大量破壊兵器の）拡散に対する安全保障構想（PSI）への取組」となっている。
※：調査をしていない項目

7. 国際平和協力活動の今後の取り組み

	平成18年2月		平成21年1月
・これまで以上に積極的に取り組むべきである	31.0%	→	27.4%
・現状の取組を維持すべきである	53.5%	→	50.8%
・これまでの取組から縮小すべきである	9.1%	→	12.0%
・取り組むべきではない	2.1%	→	2.6%
・わからない	4.4%	→	7.2%

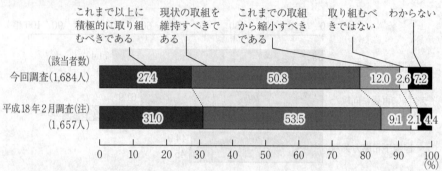

（注）平成18年2月調査では、「このような国際平和協力活動に、今後、どのように取り組んでいくべきだと思いますか。」と聞いている。

〔参考〕 国際平和協力活動に対する意識

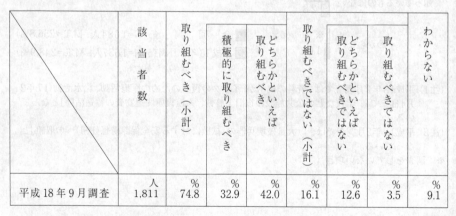

	該当者数	取り組むべき（小計）	積極的に取り組むべき	どちらかといえば取り組むべき	取り組むべきではない（小計）	どちらかといえば取り組むべきではない	取り組むべきではない	わからない
平成18年9月調査	人 1,811	% 74.8	% 32.9	% 42.0	% 16.1	% 12.6	% 3.5	% 9.1

注）平成18年9月調査では、「自衛隊は、イラク人道復興支援活動以外にも、テロ対策のための協力支援活動や、国連平和維持活動、国際緊急援助活動などといった国際平和協力活動を実施しています。今後、このような国際平和協力活動に積極的に取り組むべきだと思いますか。それとも、取り組むべきではないと思いますか。」と聞いている。

922

2. 防衛省ホームページ等

　公式ホームページの開設及びソーシャル・ネットワーク・サービスを活用し、防衛省・自衛隊の概要、防衛政策、白書の紹介等各種情報を発信

（参考）2020年12月現在

種　　別		開設時期	数　　値	アカウント等
ホームページ	公式	1996年 7月開始	10,678,077	https://www.mod.go.jp/index.html
	English	1997年 4月開始	565,734	https://www.mod.go.jp/e/
	キッズ	2006年 12月開始	101,026	https://www.mod.go.jp/kids/
Twitter	防衛省	2011年 3月開始	1,066,915	@ModJapan_jp
	防衛省（災害対策）	2019年 10月開始	147,698	@ModJapan_saigai
	防衛省（英語）	2019年 1月開始	15,772	@ModJapan_en
	統合幕僚監部	2017年 5月開始	166,655	@jointstaffpa
	陸上自衛隊	2011年 3月開始	814,714	@JGSDF_pr
	陸上自衛隊（英語）	2014年 8月開始	4,924	@Japan_GSDF
	海上自衛隊	2011年 3月開始	816,573	@JMSDF_PAO
	海上自衛隊（英語）	2018年 7月開始	9,137	@JMSDF_PAO_eng
	航空自衛隊	2014年 2月開始	506,336	@JASDF_PAO
	航空自衛隊（英語）	2018年 7月開始	8,324	@JASDF_PAO_ENG
Facebook		2012年 7月開始	155,485	@mod.japan
Instagram		2019年 9月開始	49,000	modjapan
YouTube		2008年 9月開始	43,300	modchannel

（注）数値は、防衛省HP：閲覧数（1カ月）、YouTube：登録者数、それ以外はフォロワー数を示す。

3. 防衛省・自衛隊の広報映画・ビデオ

広報映画・ビデオ

区分	題　名	規格		上映時間	内　　容	保有
防衛省全般	令和元年防衛省記録	省記録	HP	20分	令和元年における防衛省・自衛隊の国内外における主な取り組みや活動について紹介	HP
	プロフェッショナル自衛隊 ～あらゆる事態に 　対応するために～ 平成30年防衛省記録	本編	DVD HP	12分	あらゆる事態に対応する、陸海空自衛隊のプロフェッショナル達の平素の任務を紹介	HP・地本・陸・海・空
		ダイジェスト		5分		
		省記録		14分	平成30年における防衛省・自衛隊の国内外における主な取り組みや活動について紹介	
	女性自衛官の活躍推進 ～時代と環境に適応した魅力 ある自衛隊を目指して～ 平成29年防衛省記録	本編	DVD HP	14分	女性自衛官活躍推進の意義や取り組みなど、女性自衛官の活躍推進について紹介	HP・地本・陸・海・空
		ダイジェスト		7分		
		省記録		14分	平成29年における防衛省・自衛隊の国内外における主な取り組みや活動について紹介	
	進化する防衛の力 ～あらゆる事態に 　対応するために～ 平成28年防衛省記録	本編	DVD HP	14分	自衛隊の体制整備など、あらゆる事態に対応するための防衛力整備について紹介	HP・地本・陸・海・空
		ダイジェスト		5分		
		省記録		14分	平成28年における防衛省・自衛隊の国内外における主な取り組みや活動について紹介	
	和 ～明日の笑顔のために～ 平成27年防衛省記録	本編	DVD HP	16分	平成27年に成立した平和安全法制や見直しが行われた日米防衛協力のための指針について紹介	HP・地本・陸・海・空
		ダイジェスト		6分		
		省記録		6分	平成27年における防衛省・自衛隊の国内外における主な取り組みや活動について紹介	
	見たい笑顔がそこにある ～世界の平和と安定のために～ 平成26年防衛省記録	本編	DVD HP	22分	国際社会と連携し、グローバルな安全保障環境を醸成するための防衛省・自衛隊の各種取り組みや活動などについて紹介	HP・地本・陸・海・空
		ダイジェスト		6分		
		省記録		21分	平成26年における防衛省・自衛隊の国内外における主な取り組みや活動について紹介	
	ボーエもんの防衛だもん ～よくわかる自衛隊～	本編	DVD HP	18分	知っているようで意外と知らない防衛省・自衛隊。そんな防衛省・自衛隊の各種取り組みや国内外における活動等を、楽しみながら知ってもらうためアニメーションで紹介	HP・地本・陸・海・空
		予告編		4分		
	わが国を守るために！ ～防衛省・自衛隊の国を 　守る任務と活動～ 平成25年防衛省記録	本編	DVD HP	24分	防衛省・自衛隊の任務や役割及び国内外の各種取り組みや活動などについて紹介	HP・地本・陸・海・空
		ダイジェスト		8分		
		省記録		30分	平成25年における防衛省・自衛隊の国内外における主な取り組みや活動について紹介	
	陸・海・空のパワーを集結！ ～統合運用体制における 　自衛隊の活動～ 平成24年防衛省記録	本編	DVD HP	25分	自衛隊の統合運用の歴史や運用の実績について紹介	HP・地本・陸・海・空
		ダイジェスト		6分		
		省記録		27分	平成24年における防衛省・自衛隊の国内外における主な取り組みや活動について紹介	
	東日本大震災 災害派遣活動記録映像 ～ただ、目の前の命のために～ 全国民の「想い」を胸に、被災地へ	本編	DVD HP	16分	東日本大震災に対して自衛隊は過去に例を見ない規模で対応した。その活動は、広範多岐にわたった。それぞれの活動を、任務にあたった隊員の声とともに紹介	HP・地本・陸・海・空
		ダイジェスト		7分		

区分	題　　名		規格	上映時間	内　　容	保有
防衛省全般	世界に誇る自衛隊の活動～ハイチにおける　国際平和協力活動～平成22年防衛省記録	本編	DVDHP	36分	ハイチにおける国際平和協力活動を通じて、防衛省・自衛隊が行う国際平和協力活動等への主体的かつ積極的な取組に関する基本的な考え方について解説	HP・地本・陸・海・空
		ダイジェスト		17分		
		省記録		35分	平成22年における防衛省・自衛隊の国内外における主な取り組みや活動について紹介	
	国際テロのない世界にむけて～海上自衛隊による補給支援活動～		HP	5分	テロ対策として実施しているインド洋での海上自衛隊の給油活動を紹介するとともに、なぜ、インド洋で活動するかなどを解説	HP
陸上自衛隊	島嶼部に対する攻撃への対応		DVDHP	12分	陸上自衛隊の真の姿を紹介	地本・陸
	進化し続けるJGSDF		DVDHP	18分	戦後70周年を踏まえ、陸上自衛隊が創隊以来、世界の平和と安定に寄与してきた歴史を紹介	地本・陸
				8分		
	強靱な陸上自衛隊の創造		DVDHP	15分	統合機動防衛力の実現に向けた即応機動する陸上防衛力を構築するための各種取組について紹介	地本・陸
				3分		
	「統合運用における陸上自衛隊」		DVD	13:16	統合運用における各種事態での陸上自衛隊の役割を紹介	地本・陸
	Full Spectrum—守りたい心、支える思い—		DVD	15分	陸上自衛隊の編成・組織などの概要と隊員の思いを紹介	地本・陸
				30分		
	無信不立イラク人道復興支援		DVD	20分	平成16年から約2年半にわたり、イラク人道復興支援活動の任務を完遂した陸上自衛隊の軌跡	地本・陸
	ひろしの不思議な旅～探検！陸上自衛隊～		DVD	15分	ひろし君が夢の中で様々な陸上自衛隊の活動等を探検していく旅	地本・陸
	精鋭		DVD	15分	陸上自衛隊の教育訓練や各種活動を総合的に紹介	地本・陸
	アプローチこの手を届かせるために		DVD	14分	陸上自衛隊の災害派遣への取組みについて紹介	地本・陸
	新たな次元へ進化する陸上自衛隊～多次元統合防衛力の構築に向けて～		データ	22分	陸上自衛隊の教育訓練や各種活動を総合的に紹介	地本・陸
海上自衛隊	STRENGTH & READINESS精強即応～海上自衛隊6つのアクティビティ～		BDDVDHP	34分	平成29年度に作成した海上自衛隊全般の紹介	HP・地本・陸・海・空
	DEEP BLUE SPIRITS		BDDVDHP	45分	平成25年度に制作した海上自衛隊全般の紹介	HP・地本・海・空
	令和2年度　遠洋練習航海（前期）（後期）		BDDVDHP	前期12分	初級幹部が慣海性をかん養し、幹部自衛官として必要な資質を育成するために実施している遠洋練習航海の内容を紹介	HP・地本・海
				後期12分		
	第61次南極地域観測協力行動しらせ氷海を行く		BDDVD	31分	「しらせ」海上自衛隊隊員の南極までの行動及び昭和基地での活動状況を紹介	地本・海
				17分		

広報映画・ビデオ

925

区分	題　　名	規格	上映時間	内　　容	保有
航空自衛隊	Protecting our Peaceful Sky ～航空自衛隊6つのミッション～	DVD HP	27分	航空自衛隊の多種多様な任務を「監・防・阻・運・救・協」の6つのミッションとして取り上げ、それぞれの活動内容、装備品及び職種（隊員）を紹介	HP・地本・空
	THE EXPERTS	DVD	30分	隊員をはじめ防空任務、災害派遣活動や国際貢献など様々な航空自衛隊を音楽隊による音楽に合わせて紹介	地本・空
	PEACE MAKERS	DVD	45分	戦闘機と救難捜索機パイロットの目を通したドキュメンタリー。その他航空機等の紹介	地本・空
防医大	笑顔のチカラに。The power to make everyone smile.	DVD	35分	医学科・看護学科学生の日常生活、教育・訓練内容等を具体的に紹介。また、防衛医科大学校病院を併せて紹介	地本・陸・海・空

保有区分のうち、HPは防衛省ホームページに掲載しており、「地本」は各自衛隊地方協力本部で、「陸・海・空」は、陸・海・空各自衛隊の主要部隊で保有していることを示します。

4. 防衛省・自衛隊、施設等機関所在地

防 衛 省 等			
名　　称	☎	所　　在　　地	電　話
防衛省	162-8801	東京都新宿区市谷本村町5番1号	03(3268)3111(代表) 03(5366)3111
防衛大学校	239-8686	神奈川県横須賀市走水1丁目10-20	046(841)3810
防衛医科大学校	359-8513	埼玉県所沢市並木3丁目2番地	04(2995)1211
防衛医大病院	359-8513	埼玉県所沢市並木3丁目2番地	04(2995)1511
防衛研究所	162-8808	東京都新宿区市谷本村町5番1号	03(3268)3111(代表) 03(5366)3111
情報本部	162-8806	東京都新宿区市谷本村町5番1号	03(3268)3111(代表) 03(5366)3111
防衛監察本部	162-8807	東京都新宿区市谷本村町5番1号	03(3268)3111(代表) 03(5366)3111
北海道防衛局	060-0042	北海道札幌市中央区大通西12 (札幌第3合同庁舎)	011(272)7578
千歳防衛事務所	066-0042	北海道千歳市東雲町3-2-1	0123(23)3145
帯広防衛支局	080-0016	北海道帯広市西6条南7-3 (帯広地方合同庁舎)	0155(22)1181
東北防衛局	983-0842	宮城県仙台市宮城野区五輪1-3-15 (仙台第3合同庁舎)	022(297)8209
三沢防衛事務所	033-0012	青森県三沢市平畑1-1-31	0176(53)3116
郡山防衛事務所	963-0201	福島県郡山市大槻町字長右ヱ門林1 陸上自衛隊郡山駐屯地内	024(961)7681
北関東防衛局	330-9721	埼玉県さいたま市中央区新都心2-1 (さいたま新都心合同庁舎2号館)	048(600)1800
装備企画課、装備第1課	114-8564	東京都北区十条台1-5-70 陸上自衛隊十条駐屯地内	03(3908)5121
装備第2課	183-8521	東京都府中市浅間町1-5-5 航空自衛隊府中基地内	042(362)2971
百里防衛事務所	311-3423	茨城県小美玉市小川1853-2	0299(58)2220
宇都宮防衛事務所	320-0845	栃木県宇都宮市明保野町1-4 (宇都宮第2地方合同庁舎)	028(638)1384
前橋防衛事務所	371-0026	群馬県前橋市大手町2-3-1 (前橋地方合同庁舎)	027(221)5351
千葉防衛事務所	260-0013	千葉県千葉市中央区中央4-11-1 (千葉第2地方合同庁舎)	043(221)3541
横田防衛事務所	197-0003	東京都福生市熊川864	042(551)0319
新潟防衛事務所	950-0954	新潟県新潟市中央区美咲町1-1-1 (新潟美咲合同庁舎1号館)	025(285)1120
小笠原出張所	100-2101	東京都小笠原村父島字東町152 (小笠原総合事務所)	04998(2)2025
南関東防衛局	231-0003	神奈川県横浜市中区北仲通5-57 (横浜第2合同庁舎)	045(211)7100
横須賀防衛事務所	238-0005	神奈川県横須賀市新港町1番地8 (横須賀地方合同庁舎)	046(822)2254
座間防衛事務所	242-0004	神奈川県大和市鶴間1-13-2	046(261)4332
吉田防衛事務所	403-0032	山梨県富士吉田市上吉田東1-10-22	0555(22)4121

住所一覧

名　　称	☎	所　在　地	電　話
浜松防衛事務所	430-0929	静岡県浜松市中央区中央1-12-4 (浜松合同庁舎)	053(453)8958
富士防衛事務所	412-0042	静岡県御殿場市萩原606	0550(82)1622
近畿中部防衛局	540-0008	大阪府大阪市中央区大手前4-1-67 (大阪合同庁舎第2号館)	06(6945)4951
装備課(神戸分室)	651-0073	兵庫県神戸市中央区脇浜海岸通1-4-3 (神戸防災合同庁舎)	078(261)5020
小松防衛事務所	923-0993	石川県小松市浮柳町ヨ21 (大阪航空局小松空港庁舎内)	0761(24)1690
京都防衛事務所	604-8482	京都府京都市中京区西ノ京笠殿町38 (京都地方合同庁舎)	075(812)1887
舞鶴防衛事務所	625-0087	京都府舞鶴市余部下1190 海上自衛隊舞鶴地方総監部内	0773(62)0305
東海防衛支局	460-0001	愛知県名古屋市中区三の丸2-2-1 (名古屋合同庁舎第1号館)	052(952)8221
岐阜防衛事務所	504-8701	岐阜県各務原市那加官有無番地 航空自衛隊岐阜基地内	058(383)5935
中国四国防衛局	730-0012	広島県広島市中区上八丁堀6-30 (広島合同庁舎4号館)	082(223)8284
美保防衛事務所	683-0067	鳥取県米子市東町124-16 (米子地方合同庁舎)	0859(34)9363
津山防衛事務所	708-0006	岡山県津山市小田中1303-9	0868(22)7516
玉野防衛事務所	706-0012	岡山県玉野市玉4-1-6(立石ビル)	0863(21)3724
岩国防衛事務所	740-0027	山口県岩国市中津町2-15-7	0827(21)6195
高松防衛事務所	760-0019	香川県高松市サンポート3-33 (高松サンポート合同庁舎南館)	087(823)1331
九州防衛局	812-0013	福岡県福岡市博多区博多駅東2-10-7 (福岡第2合同庁舎)	092(483)8811
佐世保防衛事務所	857-0041	長崎県佐世保市木場田町2-19 (佐世保合同庁舎)	0956(23)3157
別府防衛事務所	874-0000	大分県別府市大字別府3051-1	0977(21)0215
長崎防衛支局	850-0862	長崎県長崎市出島町2-25	095(825)5303
熊本防衛支局	862-0901	熊本県熊本市東区東町1-1-11	096(368)2171
宮崎防衛事務所	880-0816	宮崎県宮崎市江平東2-6-35 (宮崎地方法務局分室内)	0985(55)0277
鹿児島防衛事務所	892-0846	鹿児島県鹿児島市加治屋町13-4 MAX加治屋町ビル5階	099(219)9055
沖縄防衛局	904-0295	沖縄県中頭郡嘉手納町字嘉手納290-9	098(921)8131
名護防衛事務所	905-2171	沖縄県名護市字辺野古1007-145	0980(50)0326
金武出張所	904-1202	沖縄県国頭郡金武町字伊芸76-1 2階	098(968)3100
那覇出張所	900-0016	沖縄県那覇市前島3丁目24番地3-1 (自衛隊沖縄地方協力本部庁舎)	098(941)7650

名　　称	〒	所　在　地	電　話
防衛装備庁	162-8870	東京都新宿区市谷本村町5番1号	03(3268)3111(代表) 03(5366)3111(代表)
航空装備研究所	190-8533	東京都立川市栄町1丁目2-10	042(524)2411
土浦支所	300-0304	茨城県稲敷郡阿見町掛馬1970	029(887)1168
新島支所	100-0400	東京都新島村字水尻	04992(5)0385
陸上装備研究所	252-0206	神奈川県相模原市中央区淵野辺2丁目9-54	042(752)2941
艦艇装備研究所	153-8630	東京都目黒区中目黒2丁目2-1	03(5721)7005
川崎支所	216-0014	神奈川県川崎市宮前区菅生ケ丘10-1	044(977)3773
岩国海洋環境試験評価サテライト	740-0045	山口県岩国市長野1805-1	03(3268)3111(代表) 03(5326)3111
次世代装備研究所	154-8511	東京都世田谷区池尻1丁目2-24	03(3411)0151
飯岡支所	289-2702	千葉県旭市大字塙字三番割	0479(57)3043
千歳試験場	066-0011	北海道千歳市駒里1032	0123(42)3501
下北試験場	039-4223	青森県下北郡東通村大字小田野沢字荒沼18	0175(48)2111
岐阜試験場	504-0000	岐阜県各務原市那加(岐阜基地内)	0583(82)1101

統 合 幕 僚 監 部

名　　称	〒	所　在　地	電　話
統合幕僚監部	162-8805	東京都新宿区市谷本村町5番1号	03(3268)3111(代表) 03(5366)3111(代表)
統合幕僚学校	153-0061	東京都目黒区中目黒2丁目2-1	03(5721)7006

共 同 の 部 隊

名　　称	〒	所　在　地	電　話
自衛隊サイバー防衛隊	162-8805	東京都新宿区市谷本村町5番1号	03(3268)3111(代表) 03(5366)3111(代表)
自衛隊情報保全隊	162-8802	東京都新宿区市谷本村町5番1号	03(3208)3111(代表) 03(5366)3111(代表)
中央情報保全隊	162-8802	東京都新宿区市谷本村町5番1号	03(3208)3111(代表) 03(5366)3111(代表)
北部情報保全隊	064-8510	北海道札幌市中央区南26条西10丁目	011(511)7116
東北情報保全隊	983-8580	宮城県仙台市宮城野区南目館1-1	022(231)1111
東部情報保全隊	178-8501	東京都練馬区大泉学園町	048(460)1711
中部情報保全隊	664-0012	兵庫県伊丹市緑ヶ丘7-1-1	072(782)0001
西部情報保全隊	862-0901	熊本県熊本市東区東町1-1-1	096(368)5111

住所一覧

陸 上 自 衛 隊

駐屯地	主要部隊名	☎	所 在 地	電 話
陸上幕僚監部		162-8802	東京都新宿区市谷本村町5番1号	03(3268)3111^(代表) 03(5366)3111^(代表)
陸上総隊司令部		178-8501	東京都練馬区大泉学園町	048(460)1711

北部方面区

駐屯地	主要部隊名	☎	所 在 地	電 話
北部方面総監部		064-8510	北海道札幌市中央区南26条西10丁目	011(511)7116
第2師団司令部		070-8630	北海道旭川市春光町国有無番地	0166(51)6111
第5旅団司令部		080-8639	北海道帯広市南町南7線31番地	0155(48)5121
第7師団司令部		066-8577	北海道千歳市祝梅1016	0123(23)5131
第11旅団司令部		005-8543	北海道札幌市南区真駒内17	011(581)3191
名　寄	第3即応機動連隊、第2特科連隊（一部）、第2偵察隊、第4高射特科群	096-8584	北海道名寄市字内淵84	01654(3)2137
（稚内）	第301沿岸監視隊	097-0025	北海道稚内市恵比須5-2-1	0162(23)5377
（礼文）	第301沿岸監視隊派遣隊	097-1111	北海道礼文郡礼文町大字船泊村字沼ノ沢	0163(87)2458
留　萌	第26普通科連隊	077-8555	北海道留萌市緑ヶ丘町1-6	0164(42)2655
遠　軽	第25普通科連隊	099-0497	北海道紋別郡遠軽町向遠軽272	0158(42)5275
旭　川	第2師団司令部、第26普通科連隊（一部）、第2特科連隊、第2高射特科大隊、第2施設大隊、第2通信大隊、第2特殊武器防護隊、第2後方支援連隊、第2飛行隊、第52普通科連隊（一部）	070-8630	北海道旭川市春光町国有無番地	0166(51)6111
（沼田）	北海道補給処沼田弾薬支処	078-2222	北海道雨竜郡沼田町字沼田1142-1	0164(35)1910
（近文台）	北海道補給処近文台燃料支処	070-0821	（燃料）北海道旭川市字近文5-2	0166(51)6031
	北海道補給処近文台弾薬支処	070-8630	（弾薬）北海道旭川市字近文7-1	0166(51)6455
滝　川	第10即応機動連隊	073-8510	北海道滝川市泉町236	0125(22)2141
上富良野	第4特科群、第2戦車連隊、第2対舟艇対戦車中隊、第3地対艦ミサイル連隊、第103全般支援大隊、第14施設群	071-0595	北海道空知郡上富良野町南町4丁目948	0167(45)3101
（多田）	北海道補給処多田弾薬支処	071-0595	北海道空知郡上富良野町字上富良野	0167(45)4411

駐屯地	主要部隊名	☎	所　在　地	電　話
美　幌	第6即応機動連隊、第1特科群（一部）	092-8501	北海道網走郡美幌町字田中国有地	0152(73)2114
別　海	第5偵察隊、第27普通科連隊（一部）	088-2593	北海道野付郡別海町西春別42-1	0153(77)2231
美　唄	第2地対艦ミサイル連隊	072-0821	北海道美唄市南美唄町上1条4丁目	0126(62)7141
釧　路	第27普通科連隊	088-0604	北海道釧路郡釧路町別保112	0154(40)2011
（標津）	第302沿岸監視隊	086-1652	北海道標津郡標津町南2条西5-3-1	0153(82)2145
岩見沢	第12施設群	068-0822	北海道岩見沢市日の出台4-313	0126(22)1001
札　幌	北部方面総監部、北部方面システム通信群、北部方面会計隊、北部方面情報隊	064-8510	北海道札幌市中央区南26条西10丁目	011(511)7116
丘　珠	北部方面航空隊、第7飛行隊、第11飛行隊	007-8503	北海道札幌市東区丘珠町161	011(781)8321
真駒内	第11旅団司令部、第18普通科連隊、第11特科隊、第11高射特科隊、第11偵察隊、第11施設隊、第11通信隊、第11後方支援隊、第52普通科連隊、第120教育大隊、冬季戦技教育隊、北部方面衛生隊、北部方面音楽隊、第102全般支援大隊、第11特殊武器防護隊、第11情報隊、自衛隊札幌病院	005-8543	北海道札幌市南区真駒内17	011(581)3191
北千歳	第1特科団本部、第1特科群、第71戦車連隊、第1地対艦ミサイル連隊、第101特科直接支援大隊	066-8668	北海道千歳市北信濃724	0123(23)2106
東千歳	第7師団司令部、第1高射特科団本部、北部方面混成団本部、第11普通科連隊、第7特科連隊、第1陸曹教育隊、第7高射特科連隊（一部）、第7偵察隊、第7施設大隊、第7通信大隊、第7化学防護隊、第7後方支援連隊、第1高射特科群、第101高射直接支援大隊	066-8577	北海道千歳市祝梅1016	0123(23)5131

住所一覧

931

駐屯地	主要部隊名	〒	所　在　地	電　話
帯　広	第5旅団司令部、第4普通科連隊、第5特科隊、第5後方支援隊、第5飛行隊、第1対戦車ヘリコプター隊、第5化学防護隊、第5情報隊、第5施設隊、第5通信隊	080-8639	北海道帯広市南町南7線31番地	0155(48)5121
（足　寄）	北海道補給処足寄弾薬支処	089-3725	北海道足寄郡足寄町平和173	0156(25)5811
鹿　追	第5戦車隊	081-0294	北海道河東郡鹿追町笹川北12線10	0156(66)2211
北恵庭	第11戦車隊、第72戦車連隊	061-1423	北海道恵庭市柏木町531	0123(32)2101
南恵庭	第3施設団本部、第73戦車連隊、第101施設直接支援大隊	061-1411	北海道恵庭市恵南63	0123(32)3101
島　松	北海道補給処（本処）、第1高射特科群（一部）、北部方面後方支援隊	061-1356	北海道恵庭市西島松308	0123(36)8611
（苗　穂）	北海道補給処苗穂支処	065-0043	北海道札幌市東区苗穂町7-1-1	011(711)4251
（日　高）	北海道補給処日高弾薬支処	079-2314	北海道沙流郡日高町字千栄75	01457(6)2241
安　平	北海道補給処安平弾薬支処	059-1511	北海道勇払郡安平町字安平番外地	0145(23)2231
（早　来）	北海道補給処早来燃料支処	059-1503	北海道勇払郡安平町東早来番外地	0145(22)2505
白　老	北海道補給処白老弾薬支処	059-0900	北海道白老郡白老町字白老782-1	0144(82)2107
幌　別	第13施設群	059-0024	北海道登別市緑町3-1	0143(85)2011
倶知安	北部方面対舟艇対戦車隊	044-0076	北海道虻田郡倶知安町字高砂232-2	0136(22)1195
静　内	第7高射特科連隊、北部方面無人偵察機隊	059-2598	北海道日高郡新ひだか町静内浦和125	0146(44)2121
函　館	第28普通科連隊	042-8567	北海道函館市広野町6-18	0138(51)9171

東北方面区

東北方面総監部		983-8580	宮城県仙台市宮城野区南目館1-1	022(231)1111
第6師団司令部		999-3797	山形県東根市神町南3-1-1	0237(48)1151
第9師団司令部		038-0022	青森県青森市浪館字近野45	017(781)0161
青　森	第9師団司令部、第5普通科連隊、第9通信大隊、第9後方支援連隊（一部）、第9化学防護隊	038-0022	青森県青森市浪館字近野45	017(781)0161
弘　前	第39普通科連隊	036-8533	青森県弘前市大字原ヶ平字山中18-117	0172(87)2111

駐屯地	主要部隊名	☎	所　在　地	電　話
八　戸	第4地対艦ミサイル連隊、第38普通科連隊(一部)、第101高射特科隊、第9施設大隊、第2対戦車ヘリコプター隊、第9飛行隊、第9後方支援連隊、第5高射特科群	039-2295	青森県八戸市大字市川町字桔梗野官地	0178(28)3111
岩　手	東北方面特科連隊、第9高射特科大隊、第9偵察戦闘大隊	020-0601	岩手県滝沢市後268-433	019(688)4311
霞　目	東北方面航空隊、東北方面輸送隊	984-8580	宮城県仙台市若林区霞目1-1-1	022(286)3101
多 賀 城	第22即応機動連隊、第38普通科連隊、第119教育大隊、東北補給処多賀城燃料支処	985-0834	宮城県多賀城市丸山2-1-1	022(365)2121
大　和	第6偵察隊、第22普通科連隊(一部)	981-3684	宮城県黒川郡大和町吉岡字西原21-9	022(345)2191
仙　台	東北方面総監部、東北方面混成団本部、東北方面特科隊、東北方面システム通信群、第2陸曹教育隊、東北補給処(本処)、東北方面衛生隊、東北方面会計隊、東北方面音楽隊、自衛隊仙台病院、東北方面後方支援隊	983-8580	宮城県仙台市宮城野区南目館1-1	022(231)1111
(反町)	東北補給処反町弾薬支処	981-0204	宮城県宮城郡松島町初原字樋の沢16	022(354)3007
船　岡	第2施設団本部、第10施設群、東北補給処船岡弾薬支処	989-1694	宮城県柴田郡柴田町大字船岡字大沼端1-1	0224(55)2301
秋　田	第21普通科連隊	011-8611	秋田県秋田市寺内字将軍野1	018(845)0125
神　町	第6師団司令部、第20普通科連隊、第6情報隊、第6施設大隊、第6通信大隊、第6飛行隊、第6特殊武器防護隊、第6後方支援連隊	999-3797	山形県東根市神町南3-1-1	0237(48)1151
福　島	第44普通科連隊、第11施設群	960-2156	福島県福島市荒井字原宿1	024(593)1212
郡　山	東北方面特科連隊(一部)、第6高射特科大隊	963-0201	福島県郡山市大槻町字長右エ門林1	024(951)0225

住所一覧

駐屯地	主要部隊名	〒	所　在　地	電　話
東部方面区				
東部方面総監部		178-8501	東京都練馬区大泉学園町	048(460)1711
第1師団司令部		179-0081	東京都練馬区北町4-1-1	03(3933)1161
第12旅団司令部		370-3594	群馬県北群馬郡榛東村新井1017-2	0279(54)2011
勝　田	施設学校、施設教導隊	312-8509	茨城県ひたちなか市勝倉3433	029(274)3211
土　浦	武器学校、武器教導隊	300-0301	茨城県稲敷郡阿見町青宿121-1	029(887)1171
霞ケ浦	関東補給処(本処)、航空学校霞ケ浦校	300-8619	茨城県土浦市右籾2410	029(842)1211
(朝日)	関東補給処朝日燃料支処	300-0341	茨城県稲敷郡阿見町うずら野3-47	029(841)0102
古　河	第1施設団本部、関東補給処古河支処、第102施設直接支援大隊	306-0234	茨城県古河市上辺見1195	0280(32)4141
北宇都宮	航空学校宇都宮校、第12ヘリコプター隊(一部)	321-0106	栃木県宇都宮市上横田町1360	028(658)2151
宇都宮	中央即応連隊、東部方面特科連隊(一部)、第307施設隊	321-0145	栃木県宇都宮市茂原1-5-45	028(653)1551
相馬原	第12旅団司令部、第48普通科連隊、第12偵察戦闘大隊、第12ヘリコプター隊、第12化学防護隊	370-3594	群馬県北群馬郡榛東村新井1017-2	0279(54)2011
新　町	第12後方支援隊	370-1394	群馬県高崎市新町1080	0274(42)1121
(吉井)	関東補給処吉井弾薬支処	370-2104	群馬県高崎市吉井町馬庭2529	027(388)2818
大　宮	化学学校、第32普通科連隊、化学教導隊、中央特殊武器防護隊	331-8550	埼玉県さいたま市北区日進町1-40-7	048(663)4241
朝　霞	陸上総隊司令部、東部方面総監部、東部方面システム通信群、第1偵察戦闘大隊、第1施設大隊、女性自衛官教育隊、東部方面後方支援隊、東部方面衛生隊、東部方面会計隊、中央情報隊、電子作戦隊、中央音楽隊、輸送学校、東部方面音楽隊、(体育学校)	178-8501	東京都練馬区大泉学園町	048(460)1711
座　間	第4施設群、陸上総隊司令部(一部)	252-0326	神奈川県相模原市南区新戸2958	046(253)7670

駐屯地	主要部隊名	〒	所　在　地	電　話
松　戸	需品学校、需品教導隊、関東補給処松戸支処、第2高射特科群	270-2288	千葉県松戸市五香六実17	047(387)2171
習 志 野	第1空挺団、特殊作戦群	274-8577	千葉県船橋市薬円台3-20-1	047(466)2141
下 志 津	高射学校、高射教導隊	264-8501	千葉県千葉市若葉区若松町902	043(422)0221
木 更 津	第1ヘリコプター団、第4対戦車ヘリコプター隊	292-8510	千葉県木更津市吾妻地先	0438(23)3411
練　馬	第1師団司令部、第1普通科連隊、第1偵察隊、第1通信大隊、第1特殊武器防護隊、第1後方支援連隊	179-8523	東京都練馬区北町4-1-1	03(3933)1161
十　条	補給統制本部	114-8564	東京都北区十条台1-5-70	03(3908)5121
市 ヶ 谷	陸上幕僚監部、中央業務支援隊、システム通信団、中央管制気象隊、中央会計隊、会計監査隊、警務隊本部、中央警務隊、第302保安警務中隊、システム開発隊、基礎情報隊	162-8802	東京都新宿区市谷本村町5番1号	03(3268)3111 (大代表)
三　宿	衛生学校、対特殊武器衛生隊、衛生教導隊、自衛隊中央病院	154-0001	東京都世田谷区池尻1-2-24	03(3411)0151
目　黒	教育訓練研究本部	153-8933	東京都目黒区中目黒2-2-1	03(5721)7009
用　賀	関東補給処用賀支処	158-0098	東京都世田谷区上用賀1-20-1	03(3429)5241
小　平	小平学校、情報学校（一部）	187-8543	東京都小平市喜平町2-3-1	042(322)0661
東 立 川	地理情報隊	190-8585	東京都立川市栄町1-2-10	042(524)4131
立　川	東部方面航空隊、第1飛行隊	190-8501	東京都立川市緑町5	042(524)9321
横　浜	中央輸送隊	240-0062	神奈川県横浜市保土ヶ谷区岡沢町273	045(335)1151
久 里 浜	システム通信・サイバー学校、通信教導隊、中央野外通信群	239-0828	神奈川県横須賀市久比里2-1-1	046(841)3300
武　山	高等工科学校、第31普通科連隊、東部方面混成団本部、第117教育大隊	238-0317	神奈川県横須賀市御幸浜1-1	046(856)1291
新 発 田	第30普通科連隊	957-8530	新潟県新発田市大手町6-4-16	0254(22)3151
高　田	第2普通科連隊、第5施設群	943-8501	新潟県上越市南城町3-7-1	025(523)5117
北 富 士	東部方面特科連隊、部隊訓練評価隊	401-0511	山梨県南都留郡忍野村忍草3093	0555(84)3135

駐屯地	主要部隊名	☎	所　在　地	電　話
松　本	第13普通科連隊、第306施設隊	390-8508	長野県松本市高宮西1-1	0263(26)2766
富　士	富士学校、情報学校、富士教導団、情報教導隊、開発実験団本部、富士教育直接支援大隊、自衛隊富士病院	410-1432	静岡県駿東郡小山町須走481-27	0550(75)2311
滝ヶ原	普通科教導連隊、教育支援施設隊	412-8550	静岡県御殿場市中畑2092-2	0550(89)0711
駒　門	国際活動教育隊、機甲教導連隊、第1高射特科大隊、第1戦車大隊、第4施設群(一部)	412-8585	静岡県御殿場市駒門5-1	0550(87)1212
板　妻	第34普通科連隊、第3陸曹教育隊	412-8634	静岡県御殿場市板妻40-1	0550(89)1310

中部方面区

中部方面総監部		664-0012	兵庫県伊丹市緑ヶ丘7-1-1	072(782)0001
第3師団司令部		664-0014	兵庫県伊丹市広畑1-1	072(781)0021
第10師団司令部		463-8686	愛知県名古屋市守山区守山3丁目12-1	052(791)2191
第13旅団司令部		736-8502	広島県安芸郡海田町寿町2-1	082(822)3101
第14旅団司令部		765-8502	香川県善通寺市南町2-1-1	0877(62)2311
富　山	第382施設中隊	939-1338	富山県砺波市鷹栖出935	0763(33)2392
金　沢	第14普通科連隊	921-8520	石川県金沢市野田町1-8	076(241)2171
鯖　江	第372施設中隊	916-0001	福井県鯖江市吉江町4-1	0778(51)4675
春日井	第10後方支援連隊、第10施設大隊	486-8550	愛知県春日井市西山町無番地	0568(81)7183
守　山	第10師団司令部、第35普通科連隊、第10通信大隊、第10特殊武器防護隊	463-0067	愛知県名古屋市守山区守山3-12-1	052(791)2191
(岐　阜)	第402施設中隊	504-8701	岐阜県各務原市那加官有無番地	058(383)9020
豊　川	第10偵察戦闘大隊、中部方面特科連隊(一部)、第6施設群、第10高射特科大隊、第49普通科連隊	442-0061	愛知県豊川市穂ノ原1-1	0533(86)3151
久　居	第33普通科連隊	514-1118	三重県津市久居新町975	059(255)3133
明　野	航空学校、第10飛行隊、第5対戦車ヘリコプター隊、飛行教導隊	519-0596	三重県伊勢市小俣町明野5593-1	0596(37)0111

駐屯地	主要部隊名	☎	所　在　地	電　話
今　津	第3偵察戦闘大隊、第10戦車大隊、中部方面無人偵察機隊、中部方面移動監視隊	520-1621	滋賀県高島市今津町今津平郷国有地	0740(22)2581
大　津	中部方面混成団本部、第109教育大隊、第4陸曹教育隊	520-0002	滋賀県大津市際川1-1-1	077(523)0034
福知山	第7普通科連隊	620-8502	京都府福知山市天田番地	0773(22)4141
桂	中部方面後方支援隊、関西補給処桂支処、中部方面輸送隊	615-8103	京都府京都市西京区川島六の坪	075(381)2125
宇　治	関西補給処(本処)	611-0011	京都府宇治市五ヶ庄	0774(31)8121
(祝 園)	関西補給処祝園弾薬支処	619-0244	京都府相楽郡精華町大字北稲八間小字縄田259	0774(94)2104
大 久 保	第4施設団本部、第3施設大隊、第7施設群	611-0031	京都府宇治市広野町風呂垣外1-1	0774(44)0001
八　尾	中部方面航空隊、第3飛行隊	581-0043	大阪府八尾市空港1-81	072(949)5131
信 太 山	第37普通科連隊	594-8502	大阪府和泉市伯太町官有地	0725(41)0090
川　西	自衛隊阪神病院	666-0024	兵庫県川西市久代4-1-50	072(782)0001
伊　丹	中部方面総監部、第36普通科連隊、中部方面システム通信群、中部方面情報隊本部、中部方面衛生隊、中部方面会計隊、中部方面音楽隊	664-0012	兵庫県伊丹市緑ヶ丘7-1-1	072(782)0001
千　僧	第3師団司令部、第3通信大隊、第3後方支援連隊、第3特殊武器防護隊	664-0014	兵庫県伊丹市広畑1-1	072(781)0021
青 野 原	第8高射特科群	675-1351	兵庫県小野市桜台1	0794(66)7301
姫　路	中部方面特科連隊、第3高射特科大隊	670-8580	兵庫県姫路市峰南町1-70	079(222)4001
和 歌 山	第304水際障害中隊	644-0044	和歌山県日高郡美浜町和田1138	0738(22)2501
米　子	第8普通科連隊	683-0853	鳥取県米子市両三柳2603	0859(29)2161
(美 保)	中部方面ヘリコプター隊第3飛行隊	684-0053	鳥取県境港市小篠津町2258	0859(45)0230
出　雲	第13偵察戦闘大隊、第304施設隊	693-0052	島根県出雲市松寄下町1142-1	0853(21)1045
日 本 原	中部方面特科連隊(一部)、第14戦車中隊、第13高射特科中隊	708-1393	岡山県勝田郡奈義町滝本官有番地	0868(36)5151
三 軒 屋	関西補給処三軒屋弾薬支処、第305施設隊	700-0001	岡山県岡山市北区宿978	086(228)0111

住所一覧

937

駐屯地	主要部隊名	〒	所　在　地	電　話
海田市	第13旅団司令部、第46普通科連隊、第47普通科連隊、第13後方支援隊、第13特殊武器防護隊	736-8502	広島県安芸郡海田町寿町2-1	082(822)3101
山　口（防府）	第17普通科連隊第13飛行隊	753-8503 747-8567	山口県山口市大字上宇野令784山口県防府市田島無番地	083(922)2281 0835(22)1950
善通寺	第14旅団司令部、第15即応機動連隊、第14後方支援隊、第14偵察隊、第14特殊武器防護隊	765-8502	香川県善通寺市南町2-1-1	0877(62)2311
松　山	中部方面特科連隊（一部）、第14高射特科中隊、第110教育大隊	791-0245	愛媛県松山市南梅本町乙の115	089(975)0911
高　知	第50普通科連隊	781-5451	高知県香南市香我美町上分3390	0887(56)3471
徳　島（北徳島）	第14施設隊第14飛行隊	779-1116 771-0218	徳島県阿南市那賀川町小延413-1徳島県板野郡松茂町住吉字住吉開拓38	0884(42)0991 088(699)5111

西部方面区

西部方面総監部		862-8710	熊本県熊本市東区東町1-1-1	096(368)5111
第4師団司令部		816-8666	福岡県春日市大和町5-12	092(591)1020
第8師団司令部		860-8529	熊本県熊本市北区八景水谷2-17-1	096(343)3141
第15旅団司令部		901-0192	沖縄県那覇市鏡水679	098(857)1155
福　岡	第4師団司令部、第19普通科連隊、第4偵察戦闘大隊、第4通信大隊、第4特殊武器防護隊、第4後方支援連隊	816-8666	福岡県春日市大和町5-12	092(591)1020
春　日	自衛隊福岡病院	816-0826	福岡県春日市小倉東1丁目61	092(581)0431
小　倉（富野）	第40普通科連隊九州補給処富野弾薬支処	802-8567 802-0036	福岡県北九州市小倉南区北方5-1-1福岡県北九州市小倉北区大字富野官有無番地	093(962)7681 093(531)0484
飯　塚	第2高射特科団本部、第3高射特科群、第2施設群、第102高射直接支援大隊、第103施設直接支援大隊(一部)、西部方面無人偵察機隊	820-8607	福岡県飯塚市大字津島282	0948(22)7651
小　郡	第5施設団本部、第9施設群、第103施設直接支援大隊	838-0193	福岡県小郡市小郡2277	0942(72)3161

駐屯地	主要部隊名	☎	所　　在　　地	電　　話
久 留 米	第4高射特科大隊、西部方面混成団本部、第5陸曹教育隊、第118教育大隊、西部方面特科連隊(一部)	839-8504	福岡県久留米市国分町100	0942(43)5391
前 川 原	幹部候補生学校	839-8505	福岡県久留米市高良内町2728	0942(43)5215
目 達 原	九州補給処(本処)、西部方面ヘリコプター隊、第4飛行隊、西部方面後方支援隊、第1戦闘ヘリコプター隊	842-0032	佐賀県神埼郡吉野ヶ里町立野7	0952(52)2161
(鳥栖)	九州補給処鳥栖燃料支処	841-0072	佐賀県鳥栖市村田町1089-1	0942(82)4155
対 馬	対馬警備隊	817-0005	長崎県対馬市厳原町桟原38	0920(52)0791
相 浦	水陸機動団	858-8555	長崎県佐世保市大潟町678	0956(47)2166
(崎辺)	水陸機動団(戦闘上陸大隊)	857-1194	長崎県佐世保市崎辺町11-2	0956(34)1155
大 村	第16普通科連隊、第4施設大隊	856-8516	長崎県大村市西乾馬場町416	0957(52)2131
竹 松	第7高射特科群(一部)、第102高射直接支援大隊(一部)、第3水陸機動連隊	856-0806	長崎県大村市富の原1-1000	0957(52)3141
熊 本	自衛隊熊本病院	862-0902	熊本県熊本市東区東本町15-1	096(368)5111
健 軍	西部方面総監部、西部方面システム通信群、西部方面輸送隊、九州補給処健軍支処、西部方面会計隊、西部方面情報隊本部、西部方面音楽隊、第5地対艦ミサイル連隊、西部方面衛生隊	862-8710	熊本県熊本市東区東町1-1-1 (総監部以外の〒番号は862-8720)	096(368)5111
(高遊原)	西部方面航空隊、第8飛行隊	861-2204	熊本県上益城郡益城町大字小谷1812	096(232)2101
北 熊 本	第8師団司令部、第42即応機動連隊、西部方面特科連隊、第8偵察隊、第8通信大隊、第8特殊武器防護隊、第8後方支援連隊、第8高射特科大隊、西部方面移動監視隊	861-8529	熊本県熊本市北区八景水谷2-17-1	096(343)3141
別 府	第41普通科連隊	874-0849	大分県別府市大字鶴見4548-143	0977(22)4311

駐屯地	主要部隊名	☎	所　在　地	電　話
（大　分）	九州補給処大分弾薬支処	870-1121	大分県大分市大字鴬野129	097(569)3510
湯　布　院	西部方面特科隊、水陸機動団（特科大隊）	879-5195	大分県由布市湯布院町川上941	0977(84)2111
玖　　　珠	西部方面戦車隊、水陸機動団（戦闘上陸大隊＝一部）、西部方面対舟艇対戦車隊、西部方面特科連隊（一部）	879-4498	大分県玖珠郡玖珠町大字帆足2494	0973(72)1116
え　び　の	第24普通科連隊、西部方面特科連隊（一部）	889-4314	宮崎県えびの市大字大河平4455-1	0984(33)3904
都　　　城	第43普通科連隊	885-0086	宮崎県都城市久保原町1街区12号	0986(23)3944
川　　　内	第8施設大隊	895-0053	鹿児島県薩摩川内市冷水町539-2	0996(20)3900
国　　　分	第12普通科連隊、第113教育大隊	899-4392	鹿児島県霧島市国分福島2-4-14	0995(46)0350
奄　　　美	奄美警備隊、第344高射中隊	894-0001	鹿児島県奄美市名瀬大字大熊字中畑266-49	0997(54)1060
（瀬戸内）	奄美警備隊（一部）、第7地対艦ミサイル連隊（一部）	894-1514	鹿児島県大島郡瀬戸内町大字節子字犬山684-2	0997(78)0301
那　　　覇	第15旅団司令部、第51普通科連隊、第15偵察隊、第15情報隊、第15施設中隊、第15通信隊、第15ヘリコプター隊、第15特殊武器防護隊、第15後方支援隊、第101不発弾処理隊	901-0192	沖縄県那覇市鏡水679	098(857)1155
南　那　覇	自衛隊那覇病院	901-0144	沖縄県那覇市字当間301	098(857)1191
（八重瀬）	第15高射特科連隊	901-0496	沖縄県島尻郡八重瀬町字富盛2608	098(998)3437(代)
（白　川）	第3高射中隊	904-2144	沖縄県沖縄市字白川119番地	098(938)3335
（勝　連）	第2高射中隊、第7地対艦ミサイル連隊	904-2313	沖縄県うるま市勝連内間2530	098(978)4001
（知　念）	第1高射中隊	901-1513	沖縄県南城市知念字知念1177-2	098(948)2814
（南与座）	第4高射中隊	901-0514	沖縄県島尻郡八重瀬町字安里569	098(998)3439
与　那　国	与那国沿岸監視隊	907-1801	沖縄県八重山郡与那国町字与那国樽舞3765-1	0980(87)3771
宮　古　島	宮古警備隊、第7高射特科群、第7地対艦ミサイル連隊（一部）	906-0212	沖縄県宮古島市上野字カギモリ原83-5	0980(76)6661
石　　　垣	八重山警備隊、第348高射中隊、第7地対艦ミサイル連隊（一部）	907-0003	沖縄県石垣市字平得大俣1273-404	0907(0)0003

住所一覧

940

海 上 自 衛 隊

地 区	主要部隊名	☎	所 在 地	電 話
海上幕僚監部		162-8803	東京都新宿区市谷本村町5番1号	03(3268)3111(代表) 03(5366)3111(代表)
市ヶ谷	海上幕僚監部、東京業務隊システム通信隊群司令部、中央システム通信隊、保全監査隊、警務隊本部	162-8803	東京都新宿区市谷本村町5番1号	03(3268)3111(代表) 03(5366)3111(代表)
十 条	補給本部	114-8565	東京都北区十条台1-5-70	03(3908)5121
目 黒	幹部学校	153-8933	東京都目黒区中目黒2-2-1	03(5721)7010
上用賀	東京音楽隊	158-0098	東京都世田谷区上用賀1丁目17番13号	03(3700)0136
横須賀	横須賀地方総監部、横須賀システム通信隊本部、横須賀造修補給所、横須賀地方警務隊	238-0046	神奈川県横須賀市西逸見町1丁目無番地	046(822)3500
	横須賀基地業務隊、横須賀衛生隊、第1護衛隊群	237-8515	神奈川県横須賀市長浦町1-43 (横須賀基地業務隊気付)	046(822)3500
	第2潜水隊群、横須賀潜水艦基地隊、対潜資料隊	238-0002	神奈川県横須賀市楠ヶ浦	046(825)1405
船 越	自衛艦隊司令部、潜水艦隊司令部、海洋業務・対潜支援群司令部、艦隊情報群司令部、開発隊群司令部、電磁情報隊、作戦情報隊、船越保全監査分遣隊、船越基地業務分遣隊、対潜評価隊、水上戦術開発指導隊、技術評価開発隊、海上システム開発隊	237-0076	神奈川県横須賀市船越町7-73	046(861)8281~8
	護衛艦隊司令部、掃海隊群司令部、第1海上補給隊		(横須賀基地業務隊気付)	046(861)8281~8
新 井	横須賀警備隊、海上訓練指導隊群司令部、横須賀海上訓練指導隊	237-8515	神奈川県横須賀市長浦町1-1555	046(822)3500
田 浦	第2術科学校、艦船補給処、横須賀弾薬整備補給所、潜水医学実験隊	237-0071	神奈川県横須賀市田浦港町無番地	046(822)3500
	自衛隊横須賀病院	237-0071	神奈川県横須賀市田浦港町1766-1	046(823)0270
武 山	横須賀教育隊、横須賀音楽隊	238-0317	神奈川県横須賀市御幸浜4番1号	046(856)2152~3

941

地 区	主要部隊名	〒	所　在　地	電 話
父　　島	父島基地分遣隊	100-2101	東京都小笠原村父島	04998(2)2027
下　　総	教育航空集団司令部、下総教育航空群、移動通信隊、第3術科学校、航空補給処下総支処、下総航空基地隊	277-8661	千葉県柏市藤ヶ谷1614-1	04(7191)2321
館　　山	第21航空群、館山航空基地隊	294-8501	千葉県館山市宮城無番地	0470(22)3191
木 更 津	航空補給処	292-8686	千葉県木更津市江川無番地	0438(23)2361
厚　　木	航空集団司令部、第4航空群、第51航空隊、第61航空隊、航空管制隊、航空プログラム開発隊、厚木航空基地隊	252-1101	神奈川県綾瀬市	0467(78)8611
硫 黄 島	硫黄島航空基地隊	100-2100	東京都小笠原村硫黄島	04998(4)1111
南 鳥 島	南鳥島航空派遣隊	100-2100	東京都小笠原村南鳥島	
呉	呉地方総監部、呉システム通信隊本部、呉地方警務隊、呉造修補給所	737-8554	広島県呉市幸町8-1	0823(22)5511
	呉教育隊	737-8554	広島県呉市幸町1-1	0823(22)5511
	第1潜水隊群、呉潜水艦基地隊	737-0025	広島県呉市昭和町4-10	0823(23)6095
	第1練習潜水隊、潜水艦教育訓練隊			
	呉警備隊、呉基地業務隊、呉衛生隊、第1輸送隊	737-8554	広島県呉市幸町7-1	0823(22)5511
	第4護衛隊群、第1海上訓練支援隊練習艦隊司令部			
	呉音楽隊	737-8554	広島県呉市幸町4-20	0823(22)5511
	呉海上訓練指導隊、自衛隊呉病院	737-0027	広島県呉市昭和町6-34	0823(22)5511
吉　　浦	呉造修補給所貯油所	737-0846	広島県呉市吉浦町乙廻	0823(31)8141
佐　　伯	佐伯基地分遣隊	876-0811	大分県佐伯市鶴谷町3丁目3-37	0972(22)0370
岩　　国	第31航空群、第111航空隊、岩国航空基地隊	740-8555	山口県岩国市三角町2丁目	0827(22)3181
徳　　島	徳島教育航空群、徳島航空基地隊	771-0292	徳島県板野郡松茂町住吉字住吉開拓38	088(699)5111
小 松 島	第24航空隊	773-8601	徳島県小松島市和田島町字洲端4-3	0885(37)2111

住所一覧

942

地 区	主要部隊名	☎	所 在 地	電 話
神 戸	阪神基地隊本部	658-0024	兵庫県神戸市東灘区魚崎浜町37	078(441)1001
江 田 島	第1術科学校、幹部候補生学校	737-2195	広島県江田島市江田島町国有無番地	0823(42)1211
	呉弾薬整備補給所	737-2111	広島県江田島市江田島町切串	0823(43)0331
紀伊由良	由良基地分遣隊	649-1113	和歌山県日高郡由良町大字阿戸708-5	0738(65)0056
東 浦	仮屋磁気測定所	656-2311	兵庫県淡路市久留麻31	0799(74)2124
佐 世 保 （平 瀬）	佐世保地方総監部、佐世保地方警務隊	857-0056	長崎県佐世保市平瀬町18番地	0956(23)7111
	佐世保システム通信隊本部			
	佐世保音楽隊			
（立 神）	佐世保造修補給所、第2護衛隊群	857-0063	長崎県佐世保市立神町無番地	0956(23)7111
（千 尽）	佐世保海上訓練指導隊、佐世保基地業務隊、佐世保衛生隊	857-8555	長崎県佐世保市千尽町9-1	0956(23)7111
（崎 辺）	佐世保教育隊、佐世保警備隊本部	857-1176	長崎県佐世保市崎辺町無番地	0956(32)1121
	佐世保弾薬整備補給所			
	第3ミサイル艇隊			
大 村	第22航空群、大村航空基地隊	856-8585	長崎県大村市今津町10番地	0957(52)3131
竹 敷	対馬防備隊本部	817-0511	長崎県対馬市美津島町竹敷4-191	0920(54)2209
上 対 馬	上対馬警備所	817-1722	長崎県対馬市上対馬大浦847	0920(86)2249
下 対 馬	下対馬警備所	817-8691	長崎県対馬市厳原町安神550	0920(52)0997
壱 岐	壱岐警備所	811-5512	長崎県壱岐市勝本町東蝕2776-6	0920(42)0167
下 関	下関基地隊本部	759-6592	山口県下関市永田本町4-8-1	083(286)2323
小 月	小月教育航空群、小月航空基地隊	750-1196	山口県下関市松屋本町3-2-1	083(282)1180
鹿 屋	第1航空群、第211、212教育航空群、第1航空修理隊、鹿屋航空基地隊	893-8510	鹿児島県鹿屋市西原3-11-2	0994(43)3111
福 山	鹿児島音響測定所	899-4501	鹿児島県霧島市福山町福山4040	0995(55)2210
え び の	えびの送信所	889-4311	宮崎県えびの市大字大明司字六本原	0984(33)5569
奄 美	奄美基地分遣隊	894-1506	鹿児島県大島郡瀬戸内町古仁屋船津27	0997(72)0250
沖 縄 （那 覇）	第5航空群、那覇航空基地隊	901-0193	沖縄県那覇市字当間252	098(857)1191
（勝 連）	沖縄基地隊本部	904-2314	沖縄県うるま市勝連平敷屋1920	098(978)2342
	沖縄海洋観測所	904-2394	沖縄県うるま市勝連平敷屋2255-2	098(978)7453

住所一覧

住所一覧

地 区	主要部隊名	☎	所 在 地	電 話
舞 鶴	舞鶴地方総監部、舞鶴システム通信隊本部、舞鶴音楽隊、第4術科学校舞鶴基地業務隊舞鶴地方警務隊舞鶴衛生隊第3護衛隊群	625-8510	京都府舞鶴市字余部下1190	0773(62)2250
	舞鶴造修補給所	625-0080	京都府舞鶴市大字北吸小字北宿1059	0773(62)2250
	舞鶴警備隊本部第2ミサイル艇隊	625-0036	京都府舞鶴市大字浜小字浜2018	0773(62)2250
	舞鶴教育隊	625-0026	京都府舞鶴市大字泉源寺小字知中175-2	0773(62)2271
	舞鶴海上訓練指導隊	625-0086	京都府舞鶴市大字長浜小字長浜1008	0773(62)2250
	舞鶴弾薬整備補給所	625-0086	京都府舞鶴市大字長浜小字長浜1007	0773(62)2250
	第23航空隊	625-0086	京都府舞鶴市長浜731-20	0773(62)9100
新 潟	新潟基地分遣隊	950-0047	新潟県新潟市東区臨海町1番1号	025(273)7771
大 湊	大湊地方総監部、大湊システム通信隊本部	035-8511	青森県むつ市大湊町4-1	0175(24)1111
	第25航空隊	035-0095	青森県むつ市大字城ヶ沢字早崎2	0175(24)1111
	大湊警備隊、大湊基地業務隊、大湊音楽隊、大湊衛生隊、大湊地方警務隊	035-8511	青森県むつ市大湊町2-50	0175(24)1111
	大湊弾薬整備補給所	035-0096	青森県むつ市大字大湊字石橋25	0175(24)1111
	大湊造修補給所、大湊海上訓練指導隊	035-8511	青森県むつ市大湊町1-22	0175(24)1111
下 北	下北海洋観測所	039-4223	青森県下北郡東通村大字小田野沢字荒沼65	0175(48)2114
八 戸	第2航空群、機動施設隊、八戸航空基地隊	039-1180	青森県八戸市大字河原木字高館	0178(28)3011
竜 飛	竜飛警備所	030-1711	青森県東津軽郡外ケ浜町字三厩龍浜54	0174(38)2101
函 館	函館基地隊本部	040-8642	北海道函館市大町10番3号	0138(23)4241
松 前	松前警備所	049-1595	北海道松前郡松前町字建石53	01394(2)2336
余 市	余市防備隊、第1ミサイル艇隊	046-0024	北海道余市郡余市町港町国有地	0135(23)2243
稚 内	稚内基地分遣隊	097-0025	北海道稚内市恵比須5丁目2-1	0162(22)4847

地　区	主要部隊名	☎	所　在　地	電　話
	航　空　自　衛　隊			（　）内は分屯基地
航空幕僚監部		162-8804	東京都新宿区市谷本村町5番1号	03(3268)3111(代表) 03(5366)3111(代表)
千　　歳	第2航空団、第1移動警戒隊、北部高射群第1指揮所運用隊・第1整備補給隊・第9・10高射隊、千歳救難隊、基地防空教導隊、特別航空輸送隊、第3移動通信隊	066-8510	北海道千歳市平和無番地	0123(23)3101
（長　沼）	第11・24高射隊	069-1394	北海道夕張郡長沼町馬追台	0123(88)2604
三　　沢	北部航空方面隊司令部、第3航空団、北部航空警戒管制団司令部・北部防空管制群、北部高射群本部・第2指揮所運用隊・第2整備補給隊、北部航空施設隊、北部航空音楽隊、警戒航空団（一部）、三沢ヘリコプター空輸隊、偵察航空隊	033-8604	青森県三沢市後久保125-7	0176(53)4121
（稚　内）	第18警戒隊	097-0025	北海道稚内市恵比須5-2-1	0162(23)5377
（網　走）	第28警戒隊	093-0087	北海道網走市字美岬官有無番地	0152(43)3666
（根　室）	第26警戒隊	087-8555	北海道根室市光洋町4丁目15番地	0153(24)8004
（当　別）	第45警戒隊	061-0294	北海道石狩郡当別町字弁華別番外地	0133(23)2344
（奥尻島）	第29警戒隊	043-1496	北海道奥尻郡奥尻町字湯浜	01397(2)2046
（襟　裳）	第36警戒隊	058-0342	北海道幌泉郡えりも町字えりも岬407	01466(3)1136
（八　雲）	第20・23高射隊	049-3118	北海道二海郡八雲町緑町34	0137(62)2262
（大　湊）	第42警戒隊	035-0096	青森県むつ市大字大湊字大近川44番地ノ内官有地	0175(24)1191
（車　力）	第21・22高射隊、第4移動通信隊	038-3393	青森県つがる市富萢町屏風山1	0173(56)2531
（東北町）	第4補給処東北支処	039-2651	青森県上北郡東北町字大沢5番地の4	0175(63)3235
（山　田）	第37警戒隊	028-1300	岩手県下閉伊郡山田町豊間根東山国有林9林班か小班	0193(82)2636
（加　茂）	第33警戒隊	010-0664	秋田県男鹿市男鹿中国有地内	0185(33)3030
（秋　田）	秋田救難隊	010-1211	秋田県秋田市雄和椿川字山籠23-26	018(886)3320
松　　島	松島救難隊、第4航空団	981-0503	宮城県東松島市矢本字板取85番地	0225(82)2111
百　　里	第7航空団、基地警備教導隊、百里救難隊	311-3494	茨城県小美玉市百里170番地	0299(52)1331

地 区	主要部隊名	☎	所 在 地	電 話
熊 谷	航空教育隊第2教育群、第4術科学校、第1移動通信隊	360-8580	埼玉県熊谷市大字拾六間839番地	048(532)3554
（木更津）	第4補給処木更津支処	292-0061	千葉県木更津市岩根1-4-1	0438(41)1111
十 条	補給本部、第2補給処十条支処	114-8566	東京都北区十条台1-5-70	03(3908)5121
市 ヶ 谷	航空幕僚監部、航空システム通信隊、航空警務隊本部、航空中央業務隊	162-8804	東京都新宿区市谷本村町5番1号	03(3268)3111（代表） 03(5366)3111（代表）
目 黒	幹部学校	153-8933	東京都目黒区中目黒2-2-1	03(5721)7014
横 田	航空総隊司令部、航空戦術教導団司令部、作戦情報隊、作戦システム運用隊	197-8503	東京都福生市大字福生2552	042(553)6611
府 中	航空支援集団司令部、航空保安管制群本部・飛行管理隊、航空気象群本部、航空開発実験集団司令部、電子開発実験群、宇宙作戦群、航空中央音楽隊	183-0001	東京都府中市浅間町1-5-5	042(362)2971
入 間	中部航空方面隊司令部　中部航空警戒管制団司令部・中部防空管制群・第2移動警戒隊、中部高射群本部・第1指揮所運用隊・第1整備補給隊・第4高射隊、中部航空方面隊司令部支援飛行隊、中部航空施設隊、航空救難団司令部、入間ヘリコプター空輸隊、電子作戦群、作戦システム運用隊（一部）、第2輸送航空隊、飛行点検隊、航空医学実験隊、航空安全管理隊、第3補給処、第4補給処	350-1394	埼玉県狭山市稲荷山2丁目3番地	042(953)6131
（大滝根山）	第27警戒隊	979-1201	福島県双葉郡川内村大字上川内字花の内6	0247(79)2277
（霞ヶ浦）	第3高射隊	300-0837	茨城県土浦市右籾2410	029(842)1211
（習志野）	第1高射隊	274-8577	千葉県船橋市薬円台3-20-1	047(466)2141

地　区	主要部隊名	☎	所　　在　　地	電　話
（峯岡山）	第44警戒隊	299-2508	千葉県南房総市丸山平塚乙2-564	0470(46)3001
（硫黄島）	硫黄島基地隊	350-1394	東京都小笠原村硫黄島（入間基地気付）	04998(4)1111
（武　山）	第2高射隊	238-0317	神奈川県横須賀市御幸浜3-1	046(856)1291
（佐　渡）	第46警戒隊	952-1208	新潟県佐渡市金井新保丙2-27	0259(63)4111
（新　潟）	新潟救難隊	950-0031	新潟県新潟市東区船江町3-135	025(273)9211
（輪　島）	第23警戒隊	928-8502	石川県輪島市河井町十部29-7	0768(22)0605
（御前崎）	第22警戒隊	437-1621	静岡県御前崎市御前崎2825-1	0548(63)2160
（笠取山）	第1警戒隊	514-1251	三重県津市榊原町4183-12	059(252)1155
（経ヶ岬）	第35警戒隊	627-0245	京都府京丹後市丹後町袖志無番地	0772(76)0631
（串　本）	第5警戒隊	649-3632	和歌山県東牟婁郡串本町須江1383-12	0735(65)0134
静　　浜	第11飛行教育団	421-0201	静岡県焼津市上小杉1602	054(622)1234
浜　　松	中部航空音楽隊、浜松救難隊、高射教導群、警戒航空団、航空教育集団司令部、第1航空団、教材整備隊、第1術科学校	432-8551	静岡県浜松市西区西山町無番地	053(472)1111
小　　牧	航空救難団整備群・救難教育隊、第1輸送航空隊、航空機動衛生隊、第5術科学校	485-8652	愛知県小牧市春日寺1-1	0568(76)2191
岐　　阜	中部高射群第2指揮所運用隊・第2整備補給隊・第13・15高射隊、飛行開発実験団、第2補給処	504-8701	岐阜県各務原市那加官有地無番地	058(382)1101
（高蔵寺）	第4補給処高蔵寺支処	487-0003	愛知県春日井市木附町無番地	0568(51)0265
（白　山）	第14高射隊	515-3137	三重県津市白山町大原297	059(269)3111
（饗庭野）	第12高射隊	520-1531	滋賀県高島市新旭町饗庭3356-1	0740(25)4343
小　　松	第6航空団、飛行教導群、小松救難隊	923-0961	石川県小松市向本折町戊267	0761(22)2101
奈　　良	幹部候補生学校	630-8001	奈良県奈良市法華寺町1578	0742(33)3951
美　　保	第3輸送航空隊	684-0053	鳥取県境港市小篠津町2258	0859(45)0211
防 府 北	第12飛行教育団、宇宙作戦群（一部）	747-8567	山口県防府市大字田島無番地	0835(22)1950
防 府 南	航空教育隊司令部・第1教育群	747-8555	山口県防府市大字田島無番地	0835(22)1950
築　　城	第8航空団、第7高射隊、航空支援隊	829-0151	福岡県築上郡築上町大字西八田番地不詳	0930(56)1150

住所一覧

947

地　区	主要部隊名	☎	所　在　地	電　話
芦　屋	西部高射群整備補給隊・第5・6高射隊、西部航空施設隊、芦屋救難隊、第13飛行教育団、第3術科学校	807-0192	福岡県遠賀郡芦屋町大字芦屋1455-1	093(223)0981
春　日	西部航空方面隊司令部、西部航空警戒管制団司令部・西部防空管制群・第3移動警戒隊、西部高射群本部・指揮所運用隊、西部航空方面隊司令部支援飛行隊、西部航空音楽隊、春日ヘリコプター空輸隊、第2移動通信隊	816-0804	福岡県春日市原町3-1-1	092(581)4031
（高尾山）	第7警戒隊	690-1312	島根県松江市美保関町森山632	0852(72)2226
（見　島）	第17警戒隊	758-0701	山口県萩市見島1518-1	0838(23)2011
（土佐清水）	土佐清水通信隊	787-0445	高知県土佐清水市下益野2078-2	0880(85)0266
（高良台）	第8高射隊	830-0064	福岡県久留米市荒木町藤田官有地	0942(21)7400
（背振山）	第43警戒隊	842-0203	佐賀県神埼市背振町服巻字背振山1358	092(803)1146
（海栗島）	第19警戒隊	817-1723	長崎県対馬市上対馬町鰐浦1217	0920(86)2202
（福江島）	第15警戒隊	853-0607	長崎県五島市三井楽町嶽770-1	0959(84)2074
（高畑山）	第13警戒隊	888-0008	宮崎県串間市大字本城4番	0987(77)0303
（下甑島）	第9警戒隊	896-1411	鹿児島県薩摩川内市下甑町長浜無番地	09969(5)0015
新田原	第5航空団、新田原救難隊、飛行教育航空隊	889-1492	宮崎県児湯郡新富町大字新田19581	0983(35)1121
那　覇	南西航空方面隊司令部、第9航空団、南西航空警戒管制団司令部・南西防空管制群・第4移動警戒隊、南西高射群本部・指揮所運用隊・整備補給隊・第17高射隊、南西航空施設隊、南西航空音楽隊、那覇救難隊、那覇ヘリコプター空輸隊、警戒航空団（一部）、第5移動通信隊	901-0194	沖縄県那覇市字当間301	098(857)1191
（奄美大島）	奄美通信隊	894-0505	鹿児島県奄美市笠利町大字平505-2	0997(63)0700
（沖永良部島）	第55警戒隊	891-9292	鹿児島県大島郡知名町瀬利覚3196-1	0997(93)2169
（恩　納）	第19高射隊	904-0411	沖縄県国頭郡恩納村字恩納7441	098(966)2053

地　区	主要部隊名	☎	所　在　地	電　話
（久米島）	第54警戒隊	901-3101	沖縄県島尻郡久米島町宇江城山田原2064-1	098(985)3690
（知　念）	第16・18高射隊	901-1403	沖縄県南城市佐敷字佐敷1641	098(948)2813
（与座岳）	第56警戒隊	901-0322	沖縄県糸満市字与座1780	098(994)2268
（宮古島）	第53警戒隊	906-0201	沖縄県宮古島市上野字野原1190-189	0980(76)6745

陸・海・空自衛隊の共同機関

名　　称	☎	所　在　地	電　話
自衛隊体育学校	178-8501	東京都練馬区大泉学園町	048(460)1711
自衛隊中央病院	154-8532	東京都世田谷区池尻1-2-24	03(3411)0151

自衛隊地区病院

自衛隊札幌病院	005-8543	札幌市南区真駒内17番地	011(581)3101
自衛隊仙台病院	983-8580	仙台市宮城野区南目館1-1	022(231)1111
自衛隊入間病院	358-0001	埼玉県入間市向陽台2-1-4	04(2955)7440
自衛隊横須賀病院	237-0071	横須賀市田浦港町1766-1	046(823)0270
自衛隊富士病院	410-1432	静岡県駿東郡小山町須走481-27	0550(75)2311
自衛隊阪神病院	666-0024	川西市久代4-1-50	072(782)0001
自衛隊呉病院	737-0027	呉市昭和町6-34	0823(22)5501
自衛隊福岡病院	816-0826	春日市小倉東1-61	092(581)0431
自衛隊熊本病院	862-0902	熊本市東区東本町15-1	096(368)5113
自衛隊那覇病院	901-0197	那覇市赤嶺322	098(857)7846

自衛隊地方協力本部

名　称	☎	所　在　地	電　話
札　幌	060-8542	札幌市中央区北4条西15丁目1	011(631)5472
函　館	042-0934	函館市広野町6-25	0138(53)6241
旭　川	070-0902	旭川市春光町国有無番地	0166(51)6055
帯　広	080-0024	帯広市西14条南14丁目4番地	0155(23)5882
青　森	030-0861	青森市長島1丁目3-5（青森第2合同庁舎2F）	017(776)1594
岩　手	020-0023	盛岡市内丸7-25（盛岡合同庁舎内2F）	019(623)3236
宮　城	983-0842	仙台市宮城野区五輪1丁目3-15（仙台第3合同庁舎1F）	022(295)2611
秋　田	010-0951	秋田市山王4丁目3-34	018(823)5404
山　形	990-0041	山形市緑町1丁目5-48（山形地方合同庁舎1・2F）	023(622)0712
福　島	960-8112	福島市花園町5-46（福島第2地方合同庁舎2F）	024(531)2351
茨　城	310-0061	水戸市北見町1-11（水戸地方合同庁舎4F）	029(231)3315

名　称	☎	所　在　地	電　話
栃　木	320-0043	宇都宮市桜5丁目1-13（宇都宮地方合同庁舎2F）	028(634)3385
群　馬	371-0805	前橋市南町3丁目64-12	027(221)4471
埼　玉	330-0061	さいたま市浦和区常盤4丁目11-15（浦和合同庁舎3F）	048(831)6043
千　葉	263-0021	千葉市稲毛区轟町1丁目1-17	043(251)7151
東　京	162-8850	新宿区市谷本村町10-1	03(3269)3513
神 奈 川	231-0023	横浜市中区山下町253-2	045(662)9429
新　潟	950-0954	新潟市中央区美咲町1丁目1番1号（新潟美咲合同庁舎1号館7F）	025(285)0515
山　梨	400-0031	甲府市丸の内1-1-18（甲府合同庁舎2F）	055(253)1591
長　野	380-0846	長野市旭町1108（長野第2合同庁舎1F）	026(233)2108
静　岡	420-0821	静岡市葵区柚木366	054(261)3151
富　山	930-0856	富山市牛島新町6-24	076(441)3271
石　川	921-8506	金沢市新神田4丁目3-10（金沢新神田合同庁舎3F）	076(291)6250
福　井	910-0019	福井市春山1丁目1-54（福井春山合同庁舎10F）	0776(23)1910
岐　阜	502-0817	岐阜市長良福光2675-3	058(232)3127
愛　知	454-0003	名古屋市中川区松重町3-41	052(331)6266
三　重	514-0003	津市桜橋1丁目91	059(225)0531
滋　賀	520-0044	大津市京町3丁目1-1（大津びわ湖合同庁舎5F）	077(524)6446
京　都	604-8482	京都市中京区西ノ京笠殿町38（京都地方合同庁舎3F）	075(803)0820
大　阪	540-0008	大阪市中央区大手前4-1-67（大阪合同庁舎第2号館3F）	06(6942)0541
兵　庫	651-0073	神戸市中央区脇浜海岸通1-4-3（神戸防災合同庁舎4F）	078(261)8600
奈　良	630-8301	奈良市高畑町552（奈良第2地方合同庁舎1F）	0742(23)7001
和 歌 山	640-8287	和歌山市築港1丁目14-6	073(422)5116
鳥　取	680-0845	鳥取市富安2-89-4（鳥取第1地方合同庁舎6F）	0857(23)2251
島　根	690-0841	松江市向島町134-10（松江地方合同庁舎4F）	0852(21)0015
岡　山	700-8517	岡山市北区下石井1丁目4-1（岡山第2合同庁舎2F）	086(226)0361
広　島	730-0012	広島市中区上八丁堀6-30（広島合同庁舎4号館6F）	082(221)2957
山　口	753-0092	山口市八幡馬場814	083(922)2325
徳　島	770-0941	徳島市万代町3-5（徳島第2地方合同庁舎5F）	088(623)2220
香　川	760-0019	高松市サンポート3-33（高松サンポート合同庁舎南館2F）	087(823)9206
愛　媛	790-0003	松山市三番町8丁目352-1	089(941)8381
高　知	780-0061	高知市栄田町2-2-10（高知よさこい咲都合同庁舎8F）	088(822)6128
福　岡	812-0878	福岡市博多区竹丘町1丁目12番	092(584)1881
佐　賀	840-0047	佐賀市与賀町2-18	0952(24)2291
長　崎	850-0862	長崎市出島町2-25（防衛省長崎合同庁舎）	095(826)8844
大　分	870-0016	大分市新川町2丁目1-36（大分合同庁舎5F）	097(536)6271
熊　本	860-0047	熊本市西区春日2丁目10番1号（熊本地方合同庁舎B棟3F）	096(297)2050
宮　崎	880-0901	宮崎市東大淀2丁目1-39	0985(53)2643
鹿 児 島	890-8541	鹿児島市東郡元町4-1（鹿児島第2合同庁舎1F）	099(253)8920
沖　縄	900-0016	那覇市前島3丁目24-3-1	098(866)5457

5. 防衛省共済組合直営施設

府県別	施設名	所在地	予約受付	定員	備考
東京	ホテルグランドヒル市ヶ谷	162-0845 新宿区市谷本村町4-1	03(3268)0111(代) (宿　泊8-6-28850～2 婚　礼8-6-28853 宴集会8-6-28854)	290名	

府県別	施設名	所在地	電話	予約受付
東京	狛江スポーツセンター	201-0013 狛江市元和泉2-30-1	03(3480)2637	●テニスコート・野球場 電話予約 ●ゴルフ 当日受付

病院

6. 自衛隊の病院一覧表

	監督者等		名　称	開設年月日	所　在　地	診　療　科　目	病床数
共同機関	陸上幕僚長	中央病院	自衛隊中央病院	昭和31.3.1	東京都世田谷区	内科、精神科、神経内科、呼吸器内科、消化器内科、循環器内科、代謝内科、腎臓内科、感染症内科、小児科、外科、整形外科、形成外科、脳神経外科、呼吸器外科、心臓血管外科、消化器外科、リウマチ科、皮膚科、泌尿器科、産婦人科、眼科、耳鼻咽喉科、リハビリテーション科、放射線科、病理診断科、歯科、麻酔科、救急科	500
		地区病院	自衛隊札幌病院	昭和30.3.5（平成27.3.26）	北海道札幌市	内科、精神科、小児科、外科、整形外科、形成外科、脳神経外科、皮膚科、泌尿器科、産婦人科、眼科、耳鼻咽喉科、リハビリテーション科、放射線科、歯科、麻酔科、救急科	200
			自衛隊仙台病院	昭和46.8.2	宮城県仙台市	内科、精神科、小児科、外科、整形外科、皮膚科、泌尿器科、眼科、耳鼻咽喉科、リハビリテーション科、歯科、麻酔科	150
			自衛隊富士病院	昭和51.2.6	静岡県駿東郡小山町	内科、外科、整形外科、歯科	50
			自衛隊阪神病院	昭和41.2.15	兵庫県川西市	内科、精神科、小児科、外科、整形外科、皮膚科、泌尿器科、産婦人科、眼科、耳鼻咽喉科、リハビリテーション科、放射線科、歯科、麻酔科	200
			自衛隊福岡病院	昭和30.3.5	福岡県春日市	内科、精神科、小児科、外科、整形外科、皮膚科、泌尿器科、産婦人科、眼科、耳鼻咽喉科、リハビリテーション科、放射線科、歯科、麻酔科	200
			自衛隊熊本病院	昭和32.10.1	熊本県熊本市	内科、心療内科、外科、整形外科、皮膚科、泌尿器科、眼科、耳鼻咽喉科、放射線科、歯科、麻酔科	100
			自衛隊那覇病院	昭和54.3.31	沖縄県那覇市	内科、外科、整形外科、歯科	50

共済組合施設

監督者等		名　称	開設年月日	所在地	診療科目	病床数
共同機関	海上幕僚長	自衛隊横須賀病院	昭和31.3.1（63.3.31）	神奈川県横須賀市	内科、精神科、小児科、外科、整形外科、脳神経外科、皮膚科、泌尿器科、婦人科、眼科、耳鼻咽喉科、リハビリテーション科、麻酔科、歯科、歯科口腔外科	100
		自衛隊呉病院	平成17.3.1	広島県呉市	内科、精神科、小児科、外科、整形外科、皮膚科、泌尿器科、眼科、耳鼻咽喉科、リハビリテーション科、麻酔科、歯科	50
	航空幕僚長	地区病院	自衛隊入間病院	令和4.3.17	埼玉県入間市	内科、精神科、小児科、救急科、外科、整形外科、麻酔科、歯科、歯科口腔外科、航空医学診療科	60
防衛医科大学校長		防衛医科大学校病院	昭和52.12.1	埼玉県所沢市	内科、精神科、小児科、外科、脳神経外科、整形外科、皮膚科、泌尿器科、眼科、耳鼻咽喉科、産科婦人科、放射線科、麻酔科、形成外科、歯科口腔外科、心臓血管外科、神経内科、循環器内科、腎臓内科、内分泌・代謝内科、消化器内科、感染症・呼吸器内科、血液内科、呼吸器外科、乳腺・内分泌外科、小児外科、がん・薬物療法・腫瘍内科、病理診断科	800
					計　2,460	

（注）札幌病院及び横須賀病院の（　）は、移設後の開設年月日を示す。

7. 自衛隊部外関係団体とその概況 (令和6.1.1現在)

(1) **公益社団法人　隊友会**（設立　昭和35.12.27）
|住　　所|東京都新宿区市谷本村町5番1号（Tel 03 - 5362 - 4871）|

住　　所　東京都新宿区市谷本村町5番1号（Tel 03 - 5362 - 4871）
理 事 長　岩崎茂
目　　的　国民と自衛隊との架け橋として、相互の理解を深めるとともに、
　　　　　防衛意識の普及高揚に努め、国の防衛及び防災施策、慰霊顕彰事
　　　　　業並びに地域社会の健全な発展に貢献することにより、我が国の
　　　　　平和と安全に寄与し、併せて自衛隊退職者等の福祉を増進する。

(2) **公益社団法人　安全保障懇話会**（設立　昭和51.4.20）
住　　所　東京都新宿区若松町18番3号（Tel 03 - 3202 - 8631）
理 事 長　杉山良行
目　　的　我が国の安全保障に関する諸問題を調査研究するとともに、防衛
　　　　　に関する諸施策に協力し、もって国民の防衛意識の高揚及び防衛
　　　　　基盤の健全な育成に貢献する。

(3) **公益社団法人　自衛隊家族会（旧全国自衛隊父兄会）**（設立　昭和51.10.28）
住　　所　東京都新宿区市谷本村町5番1号（Tel 03 - 5227 - 2468）
会　　長　増田好平
目　　的　広く国民の防衛意識の普及高揚に努めるとともに、自衛隊に対する
　　　　　協力・支援等を通じ、我が国の安全保障・防衛基盤の確立に寄与する。

(4) **公益財団法人　水交会**（設立　昭和29.12.6）
住　　所　東京都渋谷区神宮前1丁目5番3号（Tel 03 - 3403 - 1491）
理 事 長　河野克俊
目　　的　海上武人の良き伝統精神を継承しつつ、海洋安全保障に関わる思
　　　　　想の普及、施策・活動に対する協力及び先人の慰霊顕彰を行うと
　　　　　ともに、地域社会活動を支援し、併せて会員相互の一体感の高揚
　　　　　を図り、もって国政の健全な運営の確保に寄与する。

(5) **公益財団法人　偕行社**（設立　昭和32.12.28）
住　　所　東京都新宿区四谷坂町12 - 22　VORT四谷坂町5F
　　　　　（Tel 03 - 6380 - 0623）
理 事 長　火箱芳文
目　　的　安全保障等に関する調査・研究・提言及び普及、陸上自衛隊等に
　　　　　対する必要な協力、英霊の慰霊顕彰及び自衛隊殉職者の追悼等並
　　　　　びに地域社会活動に対する協力等を行い防衛基盤の強化拡充を図
　　　　　り、もってわが国の平和に関する国政の健全な運営の確保に寄与
　　　　　する。

(6) **公益財団法人　三笠保存会**（設立　昭和35.5.11）

　住　　所　神奈川県横須賀市稲岡町82番19（Tel 046 - 822 - 5225）

　会　　長　大宮英明

　目　　的　記念艦三笠を適切に保存・整備するとともに、広く観覧に供し、民族精神の高揚に資する。

(7) **公益財団法人　日本国防協会**（設立　昭和46.9.1）

　住　　所　東京都新宿区住吉町10 - 8　第一菊池ビル302

　　　　　　（Tel 03 - 5315 - 0232）

　理 事 長　岡部俊哉

　目　　的　内外の国防に対する政治、経済、社会の情勢を明らかにし、我が国の防衛のあり方を探求するとともに、国防思想の普及に関する事業を行い、もって我が国の平和と独立の維持に寄与する。

(8) **公益財団法人　防衛基盤整備協会**（設立　昭和52.11.25）

　住　　所　東京都新宿区四谷本塩町15 - 9　ラボ東京ビル2F・6～8F

　　　　　　（Tel 03 - 3358 - 8720）

　理事長　鎌田昭良

　目　　的　防衛基盤の強化発展に貢献するために防衛思想の普及に関する事業並びに防衛装備品等の生産及び調達等に関する事業並びに防衛施設の建設に関する事業（以下「防衛基盤事業」という。）、情報セキュリティ及び国際規格等の認証に関する事業を行い、もって我が国の平和と安全の確保に寄与する。

(9) **公益財団法人　防衛大学校学術・教育振興会**（設立　昭和62.8.7）

　住　　所　東京都新宿区四谷本塩町15番7号　松原ビル2F

　　　　　　（Tel 03 - 3353 - 9871）

　理 事 長　岡﨑匠

　目　　的　防衛大学校における科学技術その他の学術（以下「科学技術等」という。）に関する研究に対する助成、科学技術等の奨励及び教育訓練に対する援助・助成を行うとともに、防衛問題研究者の資質向上のための援助・助成を行い、もって、我が国の防衛基盤の育成強化に寄与する。

(10) **公益財団法人　中曽根康弘世界平和研究所（旧 世界平和研究所）**

　（設立　昭和63.6.28）

　住　　所　東京都港区虎ノ門3丁目2番2号　虎ノ門30森ビル6F

　　　　　　（Tel 03 - 5404 - 6651）

　理 事 長　中曽根弘文

　目　　的　外交、安全保障問題、国内外の政治、経済問題その他の分野について調査研究し、総合的な政策を国の内外に向けて提言し、これらの研究に関する国際交流を促進し、人材の育成を図るなどの事業を行い、もって世界の平和と繁栄の維持及び強化に寄与する。

(11) 一般社団法人　日本郷友連盟（設立　昭和31.10.10）
　　住　　所　東京都新宿区片町3－3－402（Tel 03－3353－2342）
　　会　　長　森勉
　　目　　的　内外の情勢を明らかにし、国防思想の普及を図り、英霊の顕彰及
　　　　　　　び殉職自衛隊員の慰霊を行うとともに光栄ある歴史及び伝統の継
　　　　　　　承等に関する事業を行い、もって我が国の進展に寄与する。

(12) 一般社団法人　日本防衛衛生学会（設立　昭和35.12.9）
　　住　　所　東京都目黒区東山3丁目18番9号（Tel 03－3791－1214）
　　理 事 長　畑田淳一
　　目　　的　我が国を含む国際社会の平和及び安全の保持に関わる医学、医療、
　　　　　　　保健活動（以下「防衛衛生」という。）に係わる調査・研究を行
　　　　　　　うとともに、これに必要な知識・技能の向上に寄与し、防衛衛生
　　　　　　　に関する事項の普及啓発を図る。

(13) 一般社団法人　日本防衛装備工業会（設立　昭和63.9.16）
　　住　　所　東京都新宿区下宮比町3番2号　飯田橋スクエアビル2F
　　　　　　　（Tel 03－6280－7718）
　　会　　長　村山滋
　　目　　的　防衛装備品等の研究開発の促進、生産技術の向上発展等を図り、
　　　　　　　近代化及び高性能化に資するとともに、防衛装備工業の健全な振
　　　　　　　興に努め、もって我が国の防衛基盤の確立に寄与する。

(14) 一般財団法人　防衛弘済会（設立　昭和40.10.1）
　　住　　所　東京都新宿区北山伏町1番11号　牛込食糧ビル4F
　　　　　　　（Tel 03－5946－8701）
　　理 事 長　田原義信
　　目　　的　防衛思想の普及、自衛隊員及び殉職自衛隊員遺家族の福祉の増進を
　　　　　　　図るとともに、防衛行政の効率的な推進に資する事業並びに国際協
　　　　　　　力活動への貢献活動等を行い、もって防衛基盤の育成強化に寄与す
　　　　　　　る。

(15) 一般財団法人　防衛施設協会（設立　平成26.4.1）
　　住　　所　東京都港区芝3－41－8　駐留軍健保会館3階
　　　　　　　（Tel 03－3451－9221）
　　理 事 長　千田彰
　　目　　的　防衛施設周辺の生活環境の整備等に関する諸問題の解決と改善、
　　　　　　　その他必要とされる施策についての調査及び研究を行い、その結
　　　　　　　果を国及び地方公共団体等の施策に反映させ、又必要な事業の推
　　　　　　　進に協力し、もって民生の安定及び福祉の向上に寄与する。

(16) **一般財団法人　防衛医学振興会**（設立　昭和52.9.20）
　　住　　所　埼玉県所沢市並木3丁目1番地　9－105
　　　　　　　（Tel 04－2995－1661）
　　会　　長　長谷和生
　　目　　的　自衛隊の任務遂行に必要な医学の研究の奨励及び助成並びに医
　　　　　　　学・衛生思想の普及、啓発等を行うとともに、防衛医科大学校の
　　　　　　　教職員、学生及び防衛医科大学校病院の患者等に対する福利厚生、
　　　　　　　援護等を行い、もって、自衛隊の任務遂行に必要な医学の振興と
　　　　　　　社会福祉の向上を図り、防衛基盤の育成強化に寄与する。

(17) **一般財団法人　平和・安全保障研究所**（設立　昭和53.10.20）
　　住　　所　東京都中央区日本橋茅場町2－14－5　石川ビル5階
　　　　　　　（Tel 03－6661－7324）
　　会　　長　山本正已
　　目　　的　我が国及び国際の平和と安全に関し、総合的な調査研究と政策へ
　　　　　　　の提言を行い、これらの知識を国民に普及し、これらの研究に関
　　　　　　　する国際的交流を進め、もって、我が国の独立と安全に寄与する。

(18) **一般財団法人　防衛技術協会**（設立　昭和55.3.5）
　　住　　所　東京都文京区本郷3丁目23番14号　ショウエイビル9F
　　　　　　　（Tel 03－5941－7620）
　　理 事 長　渡辺秀明
　　目　　的　防衛技術研究開発及びこれに関連する諸問題について、調査研究
　　　　　　　を行い、官民の防衛技術の交流を促進し、正しい理解と知識を広
　　　　　　　め、必要な施策の提言を行い、官民の防衛技術の向上を図るため
　　　　　　　の助成及び防衛技術研究開発に対する協力・支援を行い、もって
　　　　　　　防衛技術研究開発の振興を図り、我が国の防衛基盤の育成強化及
　　　　　　　び防衛意識の高揚に寄与する。

(19) **一般財団法人　自衛隊援護協会**（設立　昭和62.8.18）
　　住　　所　東京都新宿区天神町6番　Mビル5階（Tel 03－5227－5400）
　　理 事 長　伊藤盛夫
　　目　　的　退職予定自衛官及び退職自衛官の再就職に関する援護業務を実施
　　　　　　　するとともに、防衛行政の効率的な推進に貢献し、もって我が国
　　　　　　　の防衛基盤の育成強化に寄与する。

(20) **一般社団法人　防衛施設学会**（設立　平成28.3.1）
　　住　　所　東京都新宿区四谷本塩町15番7号　松原ビル3階
　　　　　　　（Tel 03 - 6273 - 0328）
　　理 事 長　大野友則
　　目　　的　防衛施設技術及びこれに関連する研究及び調査を推進することに
　　　　　　　より防衛施設技術の振興を図り、もって防衛基盤の育成と学術文
　　　　　　　化の発達に寄与する。

独立行政法人　駐留軍等労働者労務管理機構（設立　平成14.4.1）
　　住　　所　東京都港区三田3丁目13番12号　三田MTビル
　　　　　　　（Tel 03 - 5730 - 2163）
　　理 事 長　廣瀬行成
　　目　　的　駐留軍等及び諸機関のために労務に服する者の雇入れ、提供、
　　　　　　　労務管理、給与及び福利厚生に関する業務を行うことにより、
　　　　　　　駐留軍等及び諸機関に必要な労働力の確保を図る。

< MEMO >

《MEMO》

防衛ハンドブック2024

令 和 6 年 4 月 10 日 発 行

編 著 朝 雲 新 聞 社 編 集 局

発行所 朝 雲 新 聞 社

〒160-0002 東京都新宿区四谷坂町12番20号

☎ 03 (3225) 3841／振替 00190-4-17600

FAX 03 (3225) 3831

ISBN 978-4-7509-2045-0

© 無断転載を禁ず

乱丁、落丁本はお取り替えいたします。